中国水利学会 2010 学术年会论文集

（上册）

中国水利学会　编

黄河水利出版社

·郑州·

图书在版编目(CIP)数据

中国水利学会 2010 学术年会论文集/中国水利学会编 .
郑州:黄河水利出版社,2010.10
ISBN 978 - 7 - 80734 - 918 - 1

Ⅰ.①中⋯　Ⅱ.①中⋯　Ⅲ.①水利工程 - 文集 ②水力
发电工程 - 文集　Ⅳ.①TV - 53

中国版本图书馆 CIP 数据核字(2010)第 200423 号

出　版　社:黄河水利出版社
　　　　　地址:河南省郑州市顺河路黄委会综合楼 14 层　邮政编码:450003
发行单位:黄河水利出版社
　　　　　发行部电话:0371 - 66026940、66020550、66028024、66022620(传真)
　　　　　E-mail:hhslcbs@ 126. com
承印单位:河南省瑞光印务股份有限公司
开本:787 mm × 1 092 mm　1/16
印张:75.25
字数:1 738 千字　　　　　　　　　　印数:1—1 000
版次:2010 年 10 月第 1 版　　　　　　印次:2010 年 10 月第 1 次印刷
定价:196.00 元

前　言

　　学术交流是学会的立会之本,是学会工作的主旋律。中国水利学会紧密围绕水利中心工作,积极搭建不同形式、不同层次的学术交流平台,以提高学术交流质量和实效为着力点,把学术交流与解决水利发展中的重大问题紧密结合起来,取得了明显成效。经过多年的努力,中国水利学会已逐步建立起以学会学术年会为龙头,以分支机构、省级水利学会、团体会员单位学术交流活动为基础的学会学术交流体系,学术年会制度现已成为水利科技工作者交流与互动的重要平台。

　　中国水利学会 2010 学术年会的主题是:民生水利——理念与行动,共设有水文气象与科学防灾、城市水战略研讨、新时期我国农业水价政策研讨、水利风景区建设与管理、水利标准化 5 个分会场以及 1 个国际分会场,分别由相关专业委员会、单位会员和学会秘书处承办。

　　论文征集通知发出后,得到了广大会员和水利科技工作者的积极响应,在论文征集有效期内,共收到论文 260 篇。为保证本次学术年会入选论文的质量,各分会场承办单位组织相关领域的专家对论文进行了评审,共有 197 篇论文入选本论文集,其中 30 篇被评为优秀论文。

　　本论文集分上、下两册,上册收录了水文气象与科学防灾、新时期我国农业水价政策研讨两个专题的论文,下册收录了城市水战略研讨、水利风景区建设与管理、水利标准化专题以及国际分会场的论文。

　　本论文集的汇总由中国水利学会学术交流部牵头。论文的征集、评审,以及论文集的编辑出版工作得到了学会领导和各分会场承办单位的大力支持,参与评审和编辑的专家和工作人员克服了时间紧、任务重等困难,付出了辛劳和汗水,按期完成了任务。在此,向所有为本论文集出版作出贡献的人们表示衷心的感谢。

中国水利学会

2010 年 10 月

目　录

水文气象与科学防灾

"聚集方法"在降水数值预报和水文预报耦合中的应用 ……………………… 温立成（3）

21 世纪前十年河北省水资源质量回顾评价 ………………………………… 王树峰（10）

2009 年 3 月中旬新疆融雪型洪水气象成因分析 ………… 田　华　杨晓丹　张国平　等（15）

2009 年 7 月初珠江流域暴雨致洪成因分析 ………… 齐　丹　赵鲁强　杨晓武（22）

GABP 模型在黄河下游洪水预报中的应用 ………… 狄艳艳　焦敏辉　侯绪欣（32）

GPRS 技术在防洪减灾的应用 ……………………………………………… 蓝　标（37）

P - Ⅲ曲线拟合软件的研发与应用 ………………………………………… 邢广军（42）

安徽省淮河流域旱情评价与抗旱对策研究 ………………………………… 邓英春（50）

采用间隔流动注射仪测定总氰和氰化物的探讨 ………… 刘阳春　唐　毅　王　飞　等（55）

沧州市封停深层地下水井效果及水位回升机制分析 ……………………… 付学功（60）

长江口北支近期河床演变分析 ………… 李伯昌　余文畴　郭忠良　等（68）

丹江口水库库区水文气象特性与灾害预防研究 ………… 封光寅　张雄丽　周年华　等（77）

对水环境监测质量保证和质量控制的认识 ………………………………… 谢立新（82）

多元回归在密云水库汛期来水预报中的应用 ……………………………… 钟永华（86）

改进的均生函数模型在汛期降雨量预测中的应用 ………………………… 李　静　程　琳（92）

张家口地区干旱灾害的思考与对策 ………… 徐宝荣　徐晓雪　李晓刚（99）

灌溉措施实际节水量评价研究及其在河北省的应用

　　　　　　　　　………… 陈　伟　王玉坤　李春秀　等（103）

河北省引黄受水区水资源现状与供需分析 ………… 董丽娟　王永亮（108）

洪、枯水预警等级设置方式的研究 ………………………………………… 闵　骞（114）

黄河花园口站汛期径流量未来趋势分析 ………… 康玲玲　董飞飞　王昌高　等（119）

黄河流域气候变化特点及趋势 ………… 刘吉峰　范昺昊（125）

基于 ArcGIS 的 Cressman 插值算法研究 ………… 胡金义　刘　轩　林　红（132）

基于 ArcGIS 等值线平滑方法的研究 ………… 刘　轩　胡金义　陈德明（140）

基于 MODFLOW 的地下水模拟系统研究 ………… 吴春艳　崔亚莉　邵景力　等（144）

基于极值理论的两变量水文分析研究 ………… 戴昌军　胡健伟　孙　浩（150）

金沙江流域降水特征分析 ………… 张方伟　黄昌兴（155）

金沙江中上游可能最大洪水研究 ………… 林　芸　朱　玲　段　玮（161）

辽宁省水文资料在站整编系统研制与应用 ………… 王　兵　宋景峰　崔庆忠（166）

密云水库 94·7 暴雨洪水分析 ……………………………………………… 段新光（171）

岷江上游天然林采伐和天然林保护与水土流失变化情况简析 ………… 罗华强（177）

模糊集理论下水库汛期隶属度数学模型与汛限水位计算 …………………… 张新建（182）

南宁市城区内涝成因分析与防御对策 ……………… 徐国琼　滕培宋　陆修金（188）

建设农田水库在农业防灾减灾中的地位与作用 ……………… 王英君　薛春湘（193）

农业引黄灌溉形势分析与对策 ……………………………… 乔建宁　张新元（200）

漆水河"07·8"暴雨洪水分析 ………………………………………… 刘战胜（204）

气候变化对山东降水及极端天气气候事件的影响分析

　　　…………………………… 张胜平　张　鑫　王海军　等（209）

清水河张家口以上流域径流变化分析 ………………………………… 刘三龙（215）

入海水量估算新方法及平衡分析 ……………………… 吴俊秀　王　洋（220）

三峡库区天气雷达拼图及降水估测系统 ……… 徐卫立　陈良华　李　波　等（224）

三峡水库开县调节坝泄水闸消力池优化设计 …………………………… 陈朝旭（230）

山东省点暴雨量多年统计特征分析 ……… 陈干琴　刘炳忠　宋秀英　等（235）

未来气候变化对长江上游流域水资源影响分析 ……………… 王渺林　侯保俭（241）

深松截流对干旱牧区柠条生长的影响 ……………… 李　鑫　江培福　武　阳（246）

主成分分析方法应用于水环境质量评价的实现 …………………………… 白云鹏（252）

水位流量关系测点标准差的探讨 ……………………………………… 刁　瑞（256）

水文气象分区线性矩法规范防洪设计标准的研究和应用 ………………… 林炳章（261）

水质标识指数法在太子河水质评价中的应用 ……………… 王　林　王兴泽（270）

水质自动监测站的仪器性能测试和比对实验实例 ……………………… 韦海玲（276）

台风在浙中北登陆可能带来的影响分析 ……………… 姚月伟　邵学强　叶　勇（283）

土地利用变化与径流量演变相关性分析 ……………………………… 乔光建（289）

王石灌区渠系水利用系数测算 ……………… 孙　娟　张双翼　孙晓航（295）

西南岩溶地下水开发与干旱对策 ……………………… 潘世兵　路京选（302）

新一代流域洪水预报方法及其应用 …………………………………… 陈洋波（309）

新型 RWCU（雨水集蓄利用）集成技术的探索

　　　——节约生态型山丘区 RWCU 灌区的成功实践 ……………… 杨香东（315）

中期水文气象预报在丹江口水库调度中的应用 ……… 徐元顺　董付强　胡永光（321）

周期均值叠加法在北京市降水长期预报的应用 …………………………… 王美荣（327）

淮河流域面雨量和流量关系分析 ……… 李坤玉　赵琳娜　赵鲁强　等（330）

2010 年 7 月 28 日吉林永吉山洪气象水文模拟分析 ……… 赵鲁强　包红军　齐　丹（338）

2010 年 7 月第二松花江暴雨洪水特点分析 ……………………… 尤晓敏（346）

改进的均生函数模型在汛期降雨量预测中的应用 …………… 李　静　程　琳（349）

沂河梯级橡胶坝汛期调度运用原则探讨 ……… 徐智廷　孙廷玺　张世功　等（356）

MIKE 11 在入河排污口设置研究中的应用 ……………… 李吉学　汪中华（361）

南四湖上级湖来水量分析 ……………… 时延庆　张传信　张海廷（366）

排污口设置及环境影响评价研究 ……………… 舒博宁　李吉学　张秀敏（370）

浅谈滨州市农业旱灾及防御措施及宏观建议 ……… 卢光民　孔令太　吴冰雪（378）

山东省水环境监测现代化探讨 ……………… 冷维亮　毕钦祥　朱琳琳　等（384）

关于内陆河流域河道生态环境需水量的思考 ………………………… 王开录（389）

泗河上游段采砂行洪影响分析 ………………… 刘继军　张　涛　张振成（394）

潍坊市水资源开发利用现状及对策 ………… 孙景林　王永惠　隋　伟　等（399）

沂沭泗水系泗河 2007 年"8·17"、"8·18"洪水分析 … 陈国浩　颜　立　李吉学（403）

TIGGE 降水与水文模型的耦合在洪水预报中的应用

　　………………………………………… 包红军　赵琳娜　何　倚　等（408）

基于 TIGGE 资料的流域概率性降水预报评估 ……… 赵琳娜　吴　昊　齐　丹　等（417）

退耕还林对吴旗水文站水沙量影响的探讨 …………………………… 李泽根（430）

淮北平原水文气象要素变化趋势和突变特征分析

　　——以五道沟实验站为例 ……………… 王振龙　陈　玺　郝振纯　等（435）

淮河流域洪涝灾情评估工作的历史与展望 ………… 徐　胜　江守钰　杨亚群（445）

浅析气候变化对淮河流域地表水资源的影响分析

　　………………………………………… 梁树献　罗泽旺　王式成　等（450）

夏季淮河流域雨日降水概率的空间分布分析 …… 梁　莉　赵琳娜　巩远发　等（456）

基于分布式模型土壤含水量评估的山洪预警指标体系

　　………………………………………… 杨大文　龚　伟　刘志雨　等（464）

白山丰满水库联合调度洪水预报 ………………… 李新红　刘文斌（474）

基于动态临界雨量的中小河流山洪预警方法及其应用

　　………………………………………… 刘志雨　杨大文　胡健伟（482）

新时期我国农业水价政策研讨

安徽省淠史杭灌区末级渠系水价调查研究 ………………………… 刘士安（493）

北京农业水价政府管理与公共政策研究 …………………………… 马东春（499）

对减轻农民灌溉水费负担的建议 ………………………………… 谢开富（505）

对灌区农业水价现状的分析与思考 ……………………………… 蔺晓明（510）

加强农业节水技术推广对推动节水型社会建设的探讨

　　——以宁夏吴忠市为例 …………………………………… 马长军（515）

建立农业水价补偿机制,促进灌溉事业良性发展 ……… 李德信　刘元广　鲁海娟（519）

宁夏引黄灌区农业水价改革研究 ………………………………… 周　涛（523）

农民灌溉水费承受能力测算初步研究 ………………… 杜丽娟　柳长顺（527）

浅议我国农业水价改革 …………………………………………… 徐广生（534）

山东省农业水费征收状况与水费政策探讨 ………………… 李龙昌　李其光（540）

试论新形势下农业水价改革 …………………………… 许学强　李　华（545）

云南农业水价改革与政策研究 …………………………………… 陈　坚（552）

制定水利工程供水价格应体现以工补农政策 …………………… 李　华（559）

城市水战略研讨

建设和谐的京津冀都市圈水源供应环境
　　——从水资源争夺到水资源补偿 ……………………………… 刘登伟（567）
2009 年城市供水水价调整舆论分析及政策建议 ……………………… 姜付仁（575）
试论城市应急调水水价制定方法 ………………………………………… 李　华（585）
官厅水库枯季径流影响分析及预报方法粗探 ………………… 王　霞　王　净（592）
官厅水库流域水生态环境修复与治理效果研究 ……………… 袁博宇　张跃武（600）
浙江省好溪水利枢纽跨流域引水对下游影响分析 …… 赵　斌　王炎如　杨　娟（607）
密云水库低水位运行水量安全保障措施 ………………………………… 高训宇（611）
首都战略水源地密云水库的管理和保护 ……………………… 周上梯　刘　宁（616）
北京内城河湖排水系统分析 ……………………………………………… 王俊文（622）
城市洪水预报特点与方法解析 …………………………………………… 薛　燕（627）
低碳水利的含义与实践 …………………………………………………… 朱晨东（634）
城市雨水利用措施的低碳生态效应 …………………… 张书函　孟莹莹　陈建刚（640）
密云水库入库水量的变化趋势 ………………… 关卓今　吴敬东　胡晓静　等（646）
永定河统一管理成为首都水资源可持续发展的途径的探讨 …………… 龚秀英（653）
谈永定河水资源存在的问题及建议 ……………………………………… 吕红霞（657）
北京市朝阳区水管理研究与实践 ……………………………… 李树东　王成志（661）
海淀区农村供水保障工作的做法与前景展望 …………………………… 付艳阳（668）
北京市海淀区取水计量管理模式初探 ………………………… 宋凤义　何　思（673）
人工土快滤处理系统中水灌溉绿地效应研究 ………… 汤　灿　曹　岳　程　群　等（679）
关于北运河通州段水体还清的思考 ……………………………………… 曹　岳（687）
通州区水资源战略浅析 …………………………………………………… 高　乐（690）
城市雨水利用量的最大潜力值、参考值和雨水利用程度研究 …… 姜秀丽　武晓峰（694）
澄清回流污水处理工艺在新农村建设中的应用
　　——以延庆县王泉营污水处理站为例 ……… 王宗亮　段富平　王亚平（700）
城市再生水利用系统规划供需平衡及压力分析
　　——以北京市大兴新城为例 ………………………… 廖昭华　张卫红（706）
立足人水和谐　实现可持续发展 ………………………………………… 李海源（714）
生物慢滤水处理集成技术
　　——一种节约、生态环保、方便管理的水处理技术 …………… 杨香东（719）
沈阳市供水方略探讨 …………………………………………… 洪耀勋　张宏建（725）
上桥—阚疃洪水演进数值模拟研究 …………… 马　娟　潘　静　丁全林　等（730）
城市河流平面形态保护与控制之探析 ………………… 谢三桃　董志红　王国汉（737）
淮北市的水战略构架与实践 ……………………………………………… 李庆海（743）
绩溪县城市水生态环境发展的思考 ……………………………………… 方　华（748）
创新水资源保护机制

　　——兼论"绿色"补偿理论 ……………………………………… 梁才贵(751)

从"4·12"水灾谈玉林城区防洪排涝 ………… 李家银　李家深　黄彩虹(757)

河道景观工程助推水资源配置以城市为中心 ……………………… 孙景亮(761)

洋河水库富营养化治理对策分析 ………………… 杨　伟　孟祥秦　祁　麟(767)

城市水系综合治理规划探析 ………………………………………… 唐　明(773)

沿黄城市带发展框架与"宁夏模式"的黄河堤防实践

　　………………………………………… 薛塞光　杨　涛　马如国(776)

浅析城市水土资源保护及治理措施的对策研究 …………… 周泽民　马秀丽(784)

宁夏回族自治区水利部门绩效评估框架建构研究 ………………… 贾小蓉(788)

盐池扬黄专用工程运行管理存在的问题及建议 …………………… 黄　利(814)

浅谈搞好在建水利工程安全生产监督的做法 …………… 乔建宁　张新元(819)

济宁市山丘区低碳经济治水模式研究与实践

　　——泉水、雨水、洪水、风能资源综合利用+节水灌溉模式

　　………………………………………… 牛　奔　于在水　彭绪民(823)

泉城之水的思考 ………………………………… 时玉兰　仇登玉　孙　莹(827)

德州市建设节水型社会实行最严格水资源管理制度 … 王东云　杨传静　杨秀芹(832)

宝鸡市水资源特征 ……………………………………… 刘战胜　郭星火(836)

北洛河流域延安境内水质变化情况分析 …………………………… 夏群超(841)

新疆地源热泵技术的应用 ………………………………… 黄玉英　商思臣(847)

城市河道橡胶坝建设及其对城市防洪的影响 ……………………… 邢广军(852)

张家口市城市污水资源化规划 ……………………………………… 石佳丽(856)

京密引水渠距离生态河道有多远 ………………… 王智敏　吴洪旭　刘　阳(860)

缺水性地区供水河道水源污染风险分析 ………………… 王　涛　邱海波(863)

生态护岸技术在清河河道治理中的应用 …………………………… 李明慧(867)

水与城市规划和发展 ……………………………………… 李复兴　李贵宝(872)

网格化管理在城市防洪减灾中的应用研究 ……………… 王　毅　刘洪伟(879)

密云水库水文预报研究 ……………………………………………… 高海伶(885)

水利风景区建设与管理

艾依河水环境保护初步探讨 …………………… 王　兵　王学明　董　丽 等(895)

察尔森水利风景区建设与管理工作探析 ………………… 刘永权　赵广民(901)

滴水湖国家水利风景区水利建设管理的探索与实践 ……………… 饶应福(904)

东平湖风景区生物-生态修复途径探讨 ………… 马广岳　张桂艳　李　霞(909)

古桥保护及其对现代旅游的启示 ………………… 卞二松　李贵宝　付　华(913)

关于横排头水利风景区建设与管理的对策思考 …………… 陈玉兵　黄　娟(917)

加快水利风景区建设　拓展民生水利服务功能 …………………… 金绍兵(920)

加快水利风景区建设与管理　推动青海水利旅游上台阶上水平

　　………………………………………………… 张占君　党明芬(925)

嘉陵江源国家水利风景区建设实践与思考 ……………………………… 石　方（929）

聚龙潭水利风景区建设与水生态环境保护 ………… 赵继新　王俊力　赵　巍（935）

晋城市水利风景区建设与管理工作探索 ……………………… 曹开幸　张　辉（939）

潘家口水利风景区生态旅游营销初探 ………………………………… 李　华（944）

浅谈龙坑水利风景区的可持续发展 ………………………… 李金玲　石永成（949）

青海高原水库湿地及水生态保护问题浅析 ………………… 丁金水　张燕吉（953）

三门峡大坝风景区旅游发展实践与创新 …………… 王大勇　李　军　张健锋（962）

山东黄河水利风景区建设与管理 …………………… 张仰正　王传全　唐丽娟（966）

上海碧水金沙水利风景区的可持续发展 …………………… 夏玉兰　张福春（971）

水利风景区管理模式的实践与思考 ………………… 许歌辛　金钟权　刘兴东（976）

水利风景区与水库的关系浅析 ……………………………………… 陆　伟（980）

水生态环境综合整治的探索 ………………………… 杨香东　聂华斌　叶　明（984）

突出甘肃区域特色　打造优秀水利景区 ……………………………… 伏金定（989）

星海湖湿地生态规划与景观设计探讨 ……………… 马秀丽　李　清　马忠平（995）

试论国家水利风景区贵州杜鹃湖的文化兴旅之路 …………………… 成　凯（1000）

水利标准化

《工程建设标准编写规定》的变化情况浅析

……………………………………… 吴　剑　李建国　谢艳芳　等（1009）

泵站现场检测的质量控制 …………………………………………… 刘　春（1019）

大型输水工程施工期节能减排设计初探 …………… 闫　凯　吕子丹　王昊宇（1024）

堤防工程竣工验收检测项目确定 …………………………………… 宋新江（1027）

对水利行业产品类标准编写规定的建议

　　——SL 1 与 GB/T 1.1 的对比分析 ………… 吴　剑　李建国　金　玲　等（1032）

搞好水利工程质量监督工作的几点做法 …………………… 乔建宁　张新元（1040）

固海扬水渠道工程老化评价数学模型应用 ………………… 杜宇旭　张　玲（1043）

灌浆记录仪校验方法研究 ………………… 陶亦寿　姚振和　高鸣安　等（1050）

《海堤工程爆炸置换法处理软基技术规范》编制背景和主要内容简介

……………………………………… 吴保旗　金利军　潘桂娥（1056）

灌溉供水水资源重复利用的实践和理论 …………… 沈逸轩　黄永茂　沈小谊（1060）

流量计现场在线计量校准方法初探 ………… 吴新生　廖小永　魏国远　等（1069）

宁夏中部干旱带压砂地建设技术标准 ……………………… 薛塞光　马　斌（1075）

河道工程管理工作中的几点体会 …………………………………… 谢传宏（1081）

浅谈如何落实后扶机制，建设百姓满意工程 ………………………… 许　曼（1086）

浅谈水利行业技术标准的编制过程 ………………… 谢艳芳　李建国　金　玲（1090）

浅析欧标委有关河流水文形态标准化方法的经验 …………………………………

……………………………………… 金　玲　谢艳芳　李建国　等（1093）

水利工程建设类与非工程建设类标准界定原则探讨 ……………………………………

……………………………………… 胡　孟　吴　剑　郭　萍　等(1101)

天津地下水资源监测系统构建模成研究 …………… 阎戈卫　蔡　旭　陆　琪(1107)

帷幕灌浆在鲤鱼冲水库坝体防渗工程中的应用 ……………………… 许　曼(1112)

英国技术法规和标准体系特色与启示 ……………………… 王建文　窦以松(1116)

作物地表咸水与黄河淡水掺混灌技术研究 ………… 陈　鸿　姬文涛　李金娟(1120)

国际分会场

A Flood Reduction Master Plan Study in Canada …………… Jinhui Jeanne Huang(1131)

Analysis on Runoff Changes and their Causes in the Upper Yangtze River Basin

……………………………………… Miaolin Wang and Jun Xia(1144)

Microcomputer – Based Control and Regulation for Low – Voltage Turbine – Generator Unit

………………………………………………… Yin Gang(1153)

Framework for Adaptive Water Resources Management in South Korea

……………………………… Kang Mingoo and Park Seungwoo(1160)

Improvement of Flow Duration Curves in Downstream Reach Followed by Operations of Bakgog

and Miho Irrigation Reservoirs to be Heightened ………………… Noh and Jaekyoung(1174)

水文气象与科学防灾

"聚集方法"在降水数值预报和水文预报耦合中的应用

温立成

（水利部海委水文局，天津　300170）

摘　要：实现降雨数值预报和水文预报的耦合是延长预见期的有效手段之一，在充分利用现有水文预报方案的基础上，如何利用数值降水格点信息是水文工作者关心的问题，不同的数据处理方法将导致不同的降水信息的输入，直接影响预报成果。考虑目前水文预报方案常用的雨量输入模式仍然以"集总式"降水为主，本文尝试用"聚集方法"，并以人工观测雨量点作为参照点进行检验，对比分析了四种"聚集方法"在不同范围内的聚集效果，得出了逆距离权重法在泰森多边形内聚集效果较好的基本结论。为数值降水预报成果在水文预报中的应用找到了途径。

关键词：聚集方法　降水数值预报　水文预报　耦合

1　前言

水文预报是防洪减灾的非工程措施，这类措施又称为适应自然的措施，是当前国际上较为提倡的防汛减灾的方法。评价水文预报的标准有两个：一是预报的精度，二是预见期的长短。较长的预见期为防范水灾提供了宝贵的时间。但从大量的实践中不难看出，预见期的延长通常要降低预报的精度，从而不能满足水库实际防汛调度的需要。水文模型与气象预报相结合是目前水文预报的发展趋势，目的是延长预报预见期[1,2]。大气科学、计算机和遥感探测等专业技术的快速发展，尤其是近年来数值天气预报技术的广泛应用，定量降雨预报水平和能力逐渐提高，利用定量降水预报延长有效预见期已成为可能[3]。

数值预报的成功是20世纪人类能动地认识自然变化规律的最骄人的成果之一。数值预报是从观测到的大气当前信息出发，借助计算机对控制大气的方程进行数值积分，从而对未来天气变化作出预报[4]。其预报成果包括格点降雨预报数据，该资料空间分辨率较高，且空间点与点的降雨强弱关系比较精确，能较好地反映未来降雨的空间分布情况。如何处理、利用这部分信息，实现数值降水预报和水文预报的系统耦合，以达到延长洪水预见期的目的，使之更好地为防洪服务，这是水文工作者关心的问题。因此，基于各种尺度水文产汇流规律，开展降水数值预报与水文预报模型耦合应用研究，探讨实现水文、气象耦合试验方案，达到在一定预报精度前提下延长有效预见期的目的，是十分必要的。

2　基本原理及方法

本文充分利用现有的以"集总式"降水为输入的水文预报模型。集总式降水输入的水文模型已被国内广大水文预报工作者接受，在全国范围内广泛应用，积累了丰富的经验并具有较高的预报精度,所以这些模型在防汛、抗旱工作中发挥了重要作用,仍具有广泛的使用价值。这也是该模式存在的重要原因之一。但该模式在分布式降雨的处理上过于概化,对分布式降水的落区、强度等信息不能很好地利用,而且对分布式降水预报信息的不确定性考虑很少,这给降水数值预报和水文模型的耦合带来较大的不确定性。

不改变现有预报模型的结构和产汇流参数,在一定的范围内,采用"聚集"方法,将降水格点资料聚集到实测站点所在格点上,用该"聚集"值作为实测雨量值,将其作为现有水文模型的雨量输入,实现降水数值预报和现有水文模型的耦合。

为了实现降水数值预报和目前应用的水文预报模型的耦合,把离散的降水预报格点值(见图1)"聚集"到雨量站所在的格点上,充分考虑原有雨量站所代表的面积内降水情况的差异,在一定范围内通过适当方式的"聚集",使"聚集"后的雨量值,能够更好地代表该面积内的降水情况。克服现有预报方案中以点雨量代替一个单元面积内面雨量的不合理现象。

2.1 基本原理

"聚集"就是用低分辨率的信息描述达到与高分辨率信息描述相同的效果。"聚集"概念,是将周围相关观测值插值到某一点上,其最基本的理论假设是空间位置上越邻近的点,越具有相似的特征,对预估点的贡献值就越大,而距离越远的点,其特征相似的可能性越小,对聚集点的贡献值就越小[5,6](见图2)。在此基础上形成了多种聚集方法。

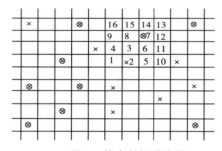
图1　格点数据分布图

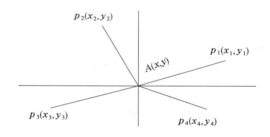
图2　聚集示意图

2.2 聚集方法

降水量的空间数据的"聚集"方法,主要有重新取样法、算术平均法、包络线法、Gressman 目标分析法、距离平方倒数法、趋势面法及克里金(Kriging)方法。文中着重介绍算术平均法、Gressman 目标分析法、逆距离权重法、普通克里金(Kriging)方法。

2.2.1 算术平均法

算术平均法是将该某一区域的同时段格点降水信息相加后除以总格点数,即为该区域内该时段的面雨量。假设变量值在给定的区域内是个常数,因而可以据此平均值来估计聚集点的数值。

其数学表达式为:

$$\bar{p} = \sum_{i=1}^{n} p_i / n \tag{1}$$

式中:n 为总各点数;p_i 为 i 格点时段雨量。

　　该方法相对较简单,但它只能在流域面积小,流域内地形起伏不大,且测站多而分布又较均匀时采用。所以,在计算算术平均值时,区域的选择特别重要。如果对所研究区的下垫面情况有充分的了解,则可以据此划定"不同的特定区域",但是这样的划分以人工为主,很难实现自动化、智能化。当然也可以借助其他系统的支持,根据系统提供的信息来分区。最简单也是最常用的一种方法是根据自然流域划定,根据河流走向划分不同区域,但这往往具有一定的主观性,不同的人会划分不同的区域。

　　该方法就是一个求平均值的概念,只要给出研究区内格点的数值雨量,然后根据区域划定,就可以很容易地得到估计值。

　　显而易见,算术平均值的算法比较简单,容易实现。但只考虑算术平均,根本没有顾及其他的空间因素,这也是其一个致命的弱点,因而在实际应用中效果不理想。

2.2.2　Gressman 目标分析法

　　首先确定聚集点受周围格点影响的半径,以聚集点为圆心,在影响半径范围内。根据不同格点与聚集点的距离,计算四周格点对聚集点的权重,再将周围的格点的数值与各自的权重相乘,得到聚集点的聚集值。计算公式如下:

$$Z_c(x,y) = \frac{\sum_{s=1}^{n} W_s Z_s(x,y)}{\sum_{s=1}^{n} W_s} \tag{2}$$

$$W_s = \frac{(R^2 - r^2)}{(R^2 + r^2)} \quad r \leq R \tag{3}$$

式中:W_s 是权重值,该值取决于影响半径 R 和聚集点到四周格点的距离 r;n 表示在影响半径范围内格点的总数。

　　该方法的局限性是插值结果受到影响半径的影响较大。如果指定的影响半径过小,得到的数值不能很好地代表空间模式;如果指定的影响半径过大,则得到一个平均值。所以,该方法 R 的确定是关键。

2.2.3　逆距离加权法

　　一般而言,距离越远的观察点对估计点的影响越小,其加权值也随距离变化而不同。因此,估计点 s_0 的值常采用若干临近点 s_1 的线形加权来拟合,即

$$z(s_0) = \sum_{i=1}^{n} \lambda_i z(s_i) \tag{4}$$

　　在逆距离加权方法中各观察点影响权重值采用下述公式:

$$\lambda_i = [d(s_i,s_0)]^{-p} \Big/ \sum_{i=1}^{n} [d(s_i,s_0)]^{-p} \tag{5}$$

式中:$d(s_i,s_0)$ 是指第 i 个观察点与估计点间的距离,指数 p 用来控制权重值随距离变化的速度,当指数增加时,距离远的观测点的权重值会下降。研究中 p 的取值范围一般为 1,2,3,而 2 最为常用。

2.2.4　Kriging 法

　　克里金(Kriging)方法包括普通克里金方法、泛克里金方法、协克里金方法等。Kriging 法是建立在地质统计学基础上的一种插值方法,也是地质统计中最为常用的插值法,它跟

逆距离加权方法一样,也是一种局部估计的加权平均。但是它对各观察点的权重的确定是通过半方差图分析获取的。Kriging 估计是以 D G Krining 的名字命名的一种对空间分布数值求最优、线性、无偏内插估计量的方法。它是根据待估点(或块段)邻域内若干信息样本数据以及它们实际存在的空间结构特征,对每一样本值分别赋予一定的权系数之后,得到一种线性、无偏、最优估计值及相应的估计方差。

普通克里金(Kriging)方法的表达式如下。

设 $z(x)$ 是点承载的区域化变量,假设 x_0 为未观测的需估值点,$x_1, x_2, \cdots, x_n$ 为其周围的观测点,观测值对应为 $z(x_1), z(x_2), \cdots, z(x_n)$。未测点的估值记为 $z(x_0)$,它由相邻测点的观测值加权求得,即

$$z(x_0) = \sum_{i=1}^{n} \lambda_i z(x_i) \tag{6}$$

式中:λ_i 为 Kriging 法的加权系数;n 为已知的观测点总数。

Kriging 法是根据无偏估计和方差最小来确定加权系数 λ_i 的,即

$$\sum_{i=1}^{n} \lambda_i = 1 \tag{7}$$

联合求解式(6)、式(7),即可知道待估值 x_0 的值 $z(x_0)$。

2.3　聚集范围选择

聚集范围有两种,一是在校正参照点所在泰森多边形范围内用聚集的方法聚集,聚集范围是固定值,如图3所示,灰色格点为校正参照点(实测雨量站点)所在格点,不规则细线圈化的区域为该校正参照点所在的泰森多边形区域;二是在校正参照点的周边一定范围内用聚集方法聚集,即在校正参照点(实测雨量站点)周边 n 个格点距离的范围内用聚集方法聚集,聚集范围是一个变量。如图4所示,浅灰色格点为校正参照点所在位置,白色格点范围为间隔为 1 个格点聚集范围,深灰色区域内为间隔 2 个格点聚集范围,依次类推。

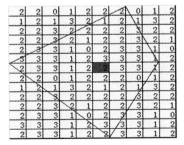

图3　泰森多边形内的聚集示意图　　　图4　聚集范围示意图

如果校正参照点与格点的位置有三种情况:一是在格点内,则用该格点的位置表示校正参照点的位置;二是不在格点内,在四个格点之间,则用周围四个格点表示校正参照点的位置;三是不在格点内,在两个格点之间,则用相临的两个格点表示校正参照点的位置。

3　聚集效果检验

选定场次降水,在不同的范围内,以校正后的每个格点的降水预报值向校正参照点聚

集,得到一个"聚集值",该"聚集值"作为"预报值"和校正参照点的实测值进行比较,然后计算所有站点实际观测值与"预报值"的误差,以此来评判估值方法的优劣。采用平均误差 ME、平均绝对误差 MAE、平均误差平方和的平方根 RMSIE 作为评估几种聚集方法的聚集效果的标准。

ME 总体反映估计误差的大小,MAE 可以估量估计值可能的误差范围,RMSIE 可以反映利用样点数据的估值灵敏度和极值效应。假设在实测雨量站所在格点 $x_0, x_1, x_2, \cdots, x_n$ 上实测的降雨量为 $p(x_0), p(x_1), \cdots, p(x_n)$,而聚集后的值为 $p'(x_0), p'(x_1), p'(x_2), \cdots, p'(x_n)$,则表达式为:

$$RMSIE = \sqrt{\sum_{i=1}^{n} [p'(x_i) - p(x_i)]^2 / n} \tag{8}$$

$$ME = \sum_{i=1}^{n} [p'(x_i) - p(x_i)]/n \tag{9}$$

$$MAE = \sum_{i=1}^{n} |p'(x_i) - p(x_i)|/n \tag{10}$$

文中选择算术平均法、Gressman 目标分析法、普通克里金(Kriging)法、逆距离权重法等四种方法。应用上述四种聚集方法,参照上述检验方法对聚集后的校正参照点预报雨量的不确定性进行分析,对比分别不同聚集方法的聚集效果。为了客观评价聚集的效果,需要场次较多的降水数据,以减弱场次降水特点及校正参照站点所在位置对聚集计算的影响。

4　实例研究

目前,潘家口水库应用的水文预报模型为新安江三水源模型,预报区域为三道河、韩家营水文站以下流域,流域面积 9 870 km²,实测雨量站有 21 个,约 500 km² 一个报汛站。

预报流域内各站泰森多边形划分见图 5,泰森多边形预报降水格点分布情况见图 6。

本次计算所用降水格点资料为所研究区域 2009 年汛期 6 ~ 9 月 MM5 时段降水预报资料(3 h 为一时段),分辨率为 3 km × 3 km。分别采用了

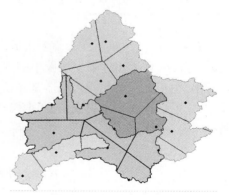

图 5　预报流域内各站泰森多边形划分

算术平均值法、Gressman 目标分析法、普通 Kriging 法、逆距离权重法等四种空间聚集方法进行对比分析,其聚集精度见表 1。从平均误差、平均绝对误差及平均误差平方和的平方根的比较结果来看,在泰森多边形范围内,普通 Kriging 法聚集效果最好,在指定距离的范围内,逆距离权重法方法聚集效果最好。Gressman 目标分析法的聚集效果较差,算术平均法的聚集效果最差。总体来说,在泰森多边形范围内聚集效果要好于其他指定范围内的聚集效果,综合考虑上述因素,建议采用逆距离权重法在泰森多边形内聚集。

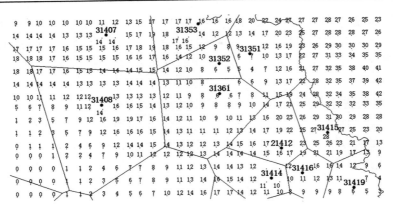

图 6　各站代表面积内格点分布示意图

表 1　聚集方法检验比较结果

聚集方法	聚集模型	泰森多边形内			周围 2 倍网格距离			周围 4 倍网格距离		
		ME	MAE	RMSIE	ME	MAE	RMSIE	ME	MAE	RMSIE
算术平均值法	算术平均	0.32	6.8	9.4	0.51	8.2	11.3	0.46	7.1	10.7
Gressman 目标分析法	$R = 5d$	0.23	5.3	8.5	0.26	6.6	10.2	0.24	6.2	9.8
普通 Kriging 法	线性模型	0.15	4.4	7.6	0.25	5.6	8.8	0.19	5.1	8.1
逆距离权重法	指数为 2	0.17	4.7	7.9	0.21	5.2	8.4	0.19	4.9	8.0

采用逆距离权重法在泰森多边形内聚集的方法。选择处于山区、其周边地形变化较大的兴隆站,和周边地形变化较小的承德站进行检验,具体过程见图 7 和图 8。从图上可以看出,由于兴隆站的周边地形差异较大,降水数值预报误差要大于周边地形变化较小的承德站,所以反映到聚集成果上,承德站的聚集效果要好于兴隆站,尤其是在降水较大时段的拟合上,误差较大,说明兴隆站降水受地形影响较大。

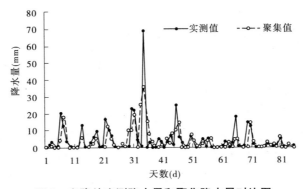

图 7　兴隆站实测降水量和聚集降水量对比图

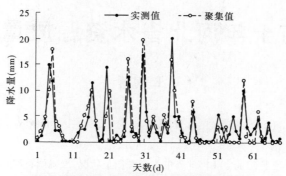

图 8　承德站实测降水量和聚集降水量对比图

5　结论与探讨

（1）通过聚集方法，可以实现数值降水预报和水文预报的有机耦合。

（2）本文在滦河流域对四种聚集方法在三种聚集空间内进行了比较分析，得出了在泰森多边形范围内聚集效果要好于其他指定范围内的聚集效果，而且逆距离权重法聚集效果优于其他方法的基本结论。

（3）由于受流域下垫面特性、降水特点影响以及资料的限制，本文的结论是否具有普遍的意义尚有待于进一步的探讨。

参 考 文 献

［1］葛文波，欧阳德和．葛洲坝电厂气象水文预报力法及应用［J］．湖北水利发电，2000（1）：7-8.

［2］刘俊萍，秦彦明，黄强，等．气象水文预报软件开发［J］．西北水电，2001（4）：45-46.

［3］杨文发，李春龙．降水预报与洪水预报耦合应用初探［J］．水资源研究，2003，24（1）：31-34.

［4］薛纪善．和预报员谈数值预报［J］．气象，2007，33（8）：3-4.

［5］Qiu－an Z, chang Z W, Jun－hui Y. The spatial interpolations in GIS［J］. Journal of Jiangxi Normal UniversityNatural Sciences, 2004, 28（2）：183-188.

［6］朱求安，张万昌，余钧辉．基于GIS的空间插值方法研究［J］．江西师范大学学报，2004，28（2）：183-188.

作者简介：温立成（1970—），男，高级工程师，水利部海委水文局。E-mail：ATWLC@163. com。

21 世纪前十年河北省水资源质量回顾评价

王树峰

（河北省水文水资源勘测局,石家庄　050031）

摘　要:回顾评价 21 世纪前十年河北省的水资源质量状况,准确回答河北省水资源质量的变化态势、变化特征,探寻影响河北省水资源质量的主控因子,揭示其变化成因,为实行最严格的水资源管理制度提供基本判断和基础资料。

关键词:21 世纪前十年　水资源质量　回顾评价　年际变化

21 世纪前十年,是河北省经济快速发展、全面建设小康社会、加快推进社会主义现代化建设的重要时期,也是各级政府高度重视水资源保护和水污染防治的十年。水资源质量受全球气候变化、大规模经济开发、水污染防治等多种因素的交织作用,因此系统调查评价这一时期河北省的水资源质量状况,分析气候变化、经济快速发展和重大涉水政策与行动共同作用下河北省水资源质量的变化趋势,是准确把握河北省水资源保护和水污染防治工作中存在问题、科学制定相关政策的前提条件,是落实最严格的水资源管理制度的重要基础工作之一。21 世纪前十年河北省水资源质量状况回顾评价,还可以为制定水利发展"十二五"规划提供必要的前期准备。

1　降水量及水资源量的年际变化

河北省是我国水资源严重短缺的地区之一,自 1956 年有完整的水文资料以来至 2009 年,多年平均降水量为 522.3 mm,多年平均地表水资源量为 108.2 亿 m³。受全球气候变化的影响,21 世纪前十年,即 2000~2009 年,河北省进入枯水期,除 2003 年、2004 年和 2008 年外,其他年份降水量均低于 500 mm,年平均降水量为 475.4 mm(见表 1),较多年平均降水量减少了 9%。受气候变化和人类活动的共同影响,河北省年平均地表水资源为 49.8 亿 m³,较多年平均减少了 54%。

表 1　河北省降水量及地表水资源量变化情况统计[1]

年份	2000	2001	2002	2003	2004	2005	2006	2007	2008	2009	平均
降水量(mm)	480.2	423.8	390	559.1	523.3	472.5	425.9	461.5	557.6	462.6	475.4
地表水资源量（亿 m³）	69.1	47.5	30.1	46.5	61.3	58	42.1	39.1	62.4	47.5	49.8

2　社会经济发展及废污水排放情况

21 世纪前十年,河北省人口自然增长率为 5.83‰,增加了约 361 万人;国内生产总值翻了 3 番,增加了 13 243.45 亿元(见表 2)。人口的增长、经济的快速发展都给河北省的水资源供给带来了巨大的压力。

表 2 河北省社会经济发展及废污水排放情况统计

年份	人口[2] (万人)	国内生产总值[2] (亿元)	废污水排放量[1] (亿 t)	处理量[1] (亿 t)	处理率 (%)	亿元产值 废污水排放量 (万 t/亿元)
2000	6 674	5 043.96	18.5	7.0	37.9	36.7
2001	6 699	5 516.76	18.9	5.9	31.4	34.3
2002	6 735	6 018.28	18.4	5.4	29.0	30.6
2003	6 769	6 921.29	20.8	6.2	29.9	30.1
2004	6 809	8 477.63	17.9	4.7	25.9	21.1
2005	6 851	10 096.11	17.2	5.4	31.5	17.0
2006	6 898	11 515.76	19.9	8.5	42.7	17.3
2007	6 943	13 709.50	19.7	8.3	42.1	14.4
2008	6 989	16 188.61	20.0	8.6	42.9	12.4
2009	7 035	18 287.41	19.8	9.5	48.2	10.8

水资源匮乏,一直是阻碍河北省社会经济可持续发展的一大瓶颈。为此,河北省各级政府部门十分重视水资源保护和水污染防治工作,进入 21 世纪的十年间出台并实施了大量的保护水资源、防治水污染的政策,加大了淘汰落后产能的力度,实施节能减排、清洁生产,努力从源头上减轻社会经济发展对水资源质量带来的压力,使河北省的亿元产值废污水排放量由 2000 年的 36.7 万 t 逐年减少到 2009 年的 10.8 万 t(见图 1)。与此同时,大力提高废污水处理能力,仅 2008 年河北省就新建城镇污水处理厂 52 座,新增污水处理能力 129.3 万 t/d,约占全国当年新增污水处理能力的 10%[2],使河北省的废污水处理率有了很大的提高。

3 河北省水资源质量回顾评价

《河北省水资源公报》是由河北省水利厅负责编制,并每年向社会公布的有关河北省水资源数量、质量的权威报告。汇总 2000～2009 年《河北省水资源公报》对河北省水资源质量的评价成果,见表 3。表 3 中的超标项目是指超过《地表水环境质量标准》Ⅲ类水标准的项目,超标率为年超标次数占年总监测次数的百分数。

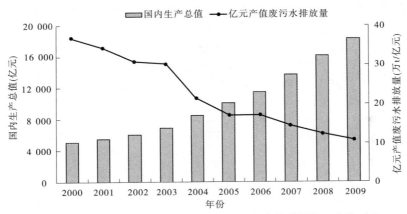

图1　河北省国内生产总值及亿元产值废污水排放量年际变化过程

表3　河北省水资源质量回顾评价统计[1]

年份	评价总河长（km）	河干（km）	Ⅰ～Ⅲ类水河长（km）	河干占总河长的比率（%）	Ⅰ～Ⅲ类水占有水河长的比率（%）	主要超标项目及超标率
2000	8 683.2	1 674.3	2 790.0	19.3	39.8	氨氮55%,化学需氧量37%,挥发酚26%
2001	8 683.2	2 119.3	3 091.0	24.4	47.1	氨氮50%,化学需氧量33%,溶解氧28%
2002	8 683.2	2 184.8	3 434.2	25.2	52.8	氨氮51%,化学需氧量42%,溶解氧35%
2003	8 683.2	1 868.3	3 392.5	21.5	49.8	氨氮42%,化学需氧量37%,溶解氧32%
2004	8 683.2	1 285.3	3 919.7	14.8	53.0	氨氮45%,溶解氧30%,化学需氧量26%
2005	8 683.2	1 550.3	3 819.5	17.9	53.5	化学需氧量45%,氨氮43%,溶解氧28%
2006	8 874.4	1 972.5	2 678.5	22.2	38.8	氨氮53%,化学需氧量53%,氟化物29%
2007	8 874.4	1 954.5	2 191.5	22.0	31.7	化学需氧量58%,氨氮54%,氟化物31%
2008	8 874.4	1 716.0	3 481.0	19.3	48.6	化学需氧量51%,氨氮48%,氟化物30%
2009	8 874.4	1 653.5	3 391.0	18.6	47.0	化学需氧量50%,氨氮45%,氟化物24%
平均	8 759.6	1 797.9	3 218.9	20.5	46.2	氨氮49%,化学需氧量43%

　　由表3可见,在有水的河段,平均有54%的河段受到污染,水质劣于地表水环境质量Ⅲ类水标准,平均有49%的河段氨氮超标,有43%的河段化学需氧量超标。在水资源质量最差的2007年,受污染的河长占有水河长的2/3强,化学需氧量的超标率高达58%,氨氮的超标率高达54%。

　　尽管进入21世纪以来河北省加大了水资源保护力度,但是从2000～2009年的水资源质量评价成果可以看出,河北省的水资源质量并没有呈现逐年向好的趋势。究其原因,一是天然径流匮乏,河流的自净能力低。十年间河北省平均有1/5强的河段河干,在最干旱的2002年甚至有1/4强的河段河干,河北省的水资源短缺程度由此可见一斑。Ⅰ～Ⅲ

类水的河长与地表水资源量有很好的相关关系(见图2),即水多的年份水资源质量相对较好,这表明水资源匮乏是导致河北省水资源质量差的关键因子。二是对面污染源治理的重视程度不够。节能减排、清洁生产、兴建城镇污水处理厂等点污染源治理卓有成效,使河北省的亿元产值废污水排放量有了大幅度的减少,为遏制河北省水资源质量的劣变趋势起到了关键的作用。但是,作为一个农业大省,面源污染对河北省水资源质量的影响不容忽视,氨氮超标是水体受到面源污染的标志性指标之一,十年间,在有水河段中,平均有49%的河段氨氮超标,有5年氨氮的超标率超过了50%。这充分说明在点源污染得到有效遏制的今天,更加凸现出面源污染对河北省水资源质量的影响之大,已到了非治理不可的程度。

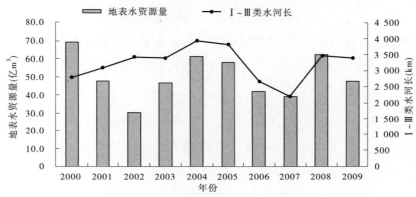

图2　河北省地表水资源量及Ⅰ-Ⅲ类水河长年际变化过程

4　结论与建议

4.1　结论

21世纪前十年河北省点污染源治理成效显著,使亿元产值废污水排放量有了大幅度的减少,为遏制河北省水资源质量的劣变趋势起到了关键的作用。但是,由于2000~2009年河北省进入枯水期,在天然径流匮乏和面源污染严重等不利因素的作用下,河北省的水资源质量没有明显的向好趋势。十年间,河北省平均有1/5强的河段河干,在有水的河段,平均有54%的河段受到污染,水质劣于地表水环境质量Ⅲ类水标准,主要超标项目为氨氮和化学需氧量。

4.2　建议

通过以上分析可以看出,在点污染源治理成效显著的今天,影响河北省水资源质量的主要因素是水资源匮乏和面源污染严重。

降水量少,水资源匮乏,是由河北省所处的地理位置决定的。在合理利用气候资源、加大实施人工增雨力度、尽快实现南水北调等开源措施的同时,采取有效措施建设节水型农业、节水型工业和节水型社会,开源和节流同举并重,是增加河流自净能力、改善河北省水资源质量的关键。

面源污染是由分布在流域面上的农药、化肥、固体废弃物等受降雨淋溶、径流挟带产生的,它以坡面汇流似的分散形式污染水环境。面污染源控制是一个世界性难题,通过制定限排标准、兴建污水处理厂等措施可以使点污染源治理立竿见影,而面污染源治理只有通过搞好水土保持、改进农业生产耕作布局、合理灌溉、合理施用化肥与科学使用农药和生态环境保护等措施来实现。由此可见,面污染源控制不仅见效慢,还需要多部门联动、全民参与,尤其是全体农民的配合。因此,面污染源治理是一项相对长期、艰巨的任务,在面源污染严重的今天,面污染源治理更是一项现实、紧迫的任务,应该引起各级行政主管部门的高度重视。

参 考 文 献

[1] 河北省水利厅. 河北省水资源公报(2000 - 2009 年)[R].

[2] 河北省人民政府办公厅,等. 河北经济年鉴 2009(总第 25 卷)[M]. 北京:中国统计出版社,2009.

作者简介:王树峰(1963—),男,高级工程师,河北省水文水资源勘测局。联系地址:河北省石家庄市建华南大街 85 号。E-mail. wsf. sjz@ 126. com。

2009 年 3 月中旬新疆融雪型洪水气象成因分析*

田　华　杨晓丹　张国平　赵琳娜

（国家气象中心,北京　100081）

摘　要:利用 1950 ~ 2006 年的新疆融雪型洪水灾情资料对新疆地区融雪型洪水发生特点进行了分析,结果表明,新疆地区融雪型洪水多发生在天山北坡,特别是伊犁河谷和塔城地区。3 月中旬到 4 月上旬为融雪型洪水的多发时期。从气候背景、天气诊断分析等方面对 2009 年 3 月中旬融雪型洪水的气象成因进行了分析,发现 2009 年 2 月降水明显偏多为 3 月中旬的融雪洪水的发生提供了基础条件,而 3 月中旬冷空气过后的气温持续迅速回升是此次北疆地区融雪洪水发生的主要气象因素。持续迅速升温过程中,平均气温由负转正、最高气温高于 5 ℃以及暖平流中心出现时间对融雪型洪水预报具有指示意义。

关键词:新疆　融雪型　洪水　成因

1　引言

融雪型洪水是新疆地区多发的气象灾害,每年都会给公路交通、下游水库、渠道等工程设施和人民生命财产的安全等造成损失。因此,研究融雪型洪水的发生规律和气象成因,探讨此类灾害的可预报性,对于新疆地区融雪洪水的防灾、减灾工作显得十分重要和有意义。对此,有关新疆地区的洪水成因和特征、防治对策等研究工作开展起来[1-3]。还有一些学者利用水文和气象资料,通过多种方法探讨新疆地区融雪洪水预报的指标和预报方法,为实现融雪型洪水的预报预测有着重大的借鉴意义[4-10]。本文从天气角度出发,利用多种资料分析新疆地区融雪洪水发生特点,在此基础上从气候背景、天气诊断分析等方面对 2009 年 3 月中旬北疆地区的融雪洪水气象成因进行分析和研究,探讨此类灾害的预报指标,拟为有效地防范融雪洪水灾害提供帮助。

2　灾情实况

2009 年 3 月中旬,北疆地区伊犁哈萨克自治州、博尔塔拉蒙古自治州、塔城地区等地相继发生融雪型洪灾。3 月 14 日至 17 日,伊犁河谷尼勒克县曾多次发生融雪型洪涝灾害,造成该地 1 700 余亩冬小麦和饲草料地被淹,直接经济损失 100 余万元。同在伊犁河谷的新源县、巩留县也遭遇融雪洪水。16 日,新疆自治区天山山区附近的裕民县发生融雪型洪涝灾害,1 人死亡,1 人失踪;农业受灾面积 415 hm^2。托里县也于 16 日晚间遭受融

─────────────
　*基金项目:公益性行业科研专项（GYHY200906037 - 02）、"十一五"国家科技支撑计划重大项目(2009BAG13A02)、中国气象局"十一五气象监测与灾害预警工程"项目、国家气象中心应用气象科研团队课题、2009 年国家气象中心预报员专项课题资助。

雪型洪灾,造成直接经济损失近 100 万元。

3　资料介绍

文中所用资料如下:

(1)1950 ~ 2006 年新疆融雪型洪水灾害资料。

(2)1951 年 1 月至 2009 年 3 月的塔城、托里、伊宁、乌鲁木齐、尼勒克、巩留、新源、裕民 8 站的逐日平均气温、最高气温、降水量数据。

(3)2009 年 3 月 12 日至 17 日 T639 数值模式零场资料,分辨率 0.235° × 0.235°,时间间隔 12 h。

4　新疆融雪型洪水发生特点

本文利用 1950 ~ 2006 年新疆融雪型洪水灾害资料对新疆融雪洪水多发地区和多发时间等进行了统计。图 1 是新疆地形和融雪型洪水多发区域图。由图 1 可知,融雪型洪水多发生在天山北坡,特别是伊犁河谷和塔城地区是融雪型洪水的多发区域。上述地区三面环山,地势整体来说东高西低,当积雪融化时,积雪融水可沿山坡快速流下,在浅山丘陵地区迅速汇集,造成排泄不畅,形成洪水,而新疆的居民点、经济发达地区及公路主要布设在河谷、山麓及冲积扇等水源充足的地带,因此常遭受洪水的破坏。

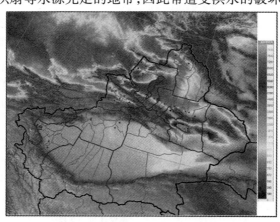

图 1　新疆地形和融雪型洪水多发区域图(黑点为灾害发生点,共 43 个)

图 2 为 1950 ~ 2006 年新疆地区融雪型洪水多发时间和持续时间分析图。由图 2 可见,新疆地区融雪型洪水从 2 月中旬至 5 月中旬都可发生,但多发生在 3 月中旬到 4 月上旬,其中 3 月下旬最多发。这是由于该段时期正是季节转换时期,气温变化幅度大,急剧的升温易导致积雪融化形成洪水。从融雪洪水持续时间来看,主要在 5 d 以内,其中 1 d 左右的洪水较多。但是持续时间长的洪水也时有发生。

5　2009 年 3 月融雪型洪水成因分析

5.1　前期降水和温度特征

相关研究[11-12]指出,冬季气温偏高可导致春季融雪在时间上的提前。而冬季降水的

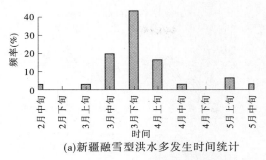
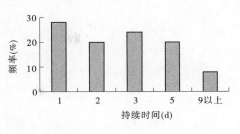

(a)新疆融雪型洪水多发生时间统计　　　　　(b)新疆融雪型洪水持续时间统计

图 2　1950～2006 年新疆地区融雪型洪水多发时间和持续时间统计图(样本数 33 个)

多寡与积雪深度关系密切,可以反映入春前积雪的厚薄[4]。本文选用塔城、托里、伊宁、乌鲁木齐、尼勒克、巩留、新源、裕民 8 站,对 2009 年冬季(2008 年 12 月至 2009 年 1 月)北疆地区的气温、降水情况进行了分析。发现 2009 年冬季北疆地区月平均气温较历史同期明显偏高,偏高幅度在 2～5 ℃。而月降水量各站则是从 12 月份至 2 月份呈逐渐增加趋势。2 月除乌鲁木齐较历史同期偏少外,其他站均较历史同期偏多,特别是托里、裕民、尼勒克、巩留、新源 5 站降水量偏接近或多于 100% 。可见,2009 年 2 月份降水较历史同期明显偏多为融雪洪水的发生提供了基础条件。

5.2　洪水发生前后的降水、温度和积雪变化分析

　　图 3(a)为北疆塔城、裕民、托里、伊宁、尼勒克、新源、巩留 7 县 2009 年 3 月 1～19 日的降水变化图。受强冷空气影响,7～9 日北疆地区出现降雪天气,裕民、伊宁、尼勒克、托里、巩留过程降雪达中到大雪量级,新源、塔城达暴雪量级,此次降雪过程对上述地区的积雪起到了补充作用。另外,尼勒克、新源、裕民、巩留等地在 16～17 日都有降雨出现,吴素芬等[4]指出升温后降雨对洪水作用非常明显,不仅可促进积雪融化,而且增加了洪峰流量,由此可见,16～17 日的降雨也是融雪洪水发生的一个有利因素。

　　从图 3(b)和图 3(c)上可以看出,3 月 1～19 日塔城、托里、裕民、伊宁、新源、巩留、尼勒克的平均气温变化呈两峰一谷型变化,即 3 月初气温呈缓慢上升状态,3 月 8～11 日受冷强空气的影响气温迅速下降,下降幅度为 8～10 ℃。12 日以后气温又迅速上升,7 站连续升温 5～6 d。托里、塔城、裕民 3 站从 3 月 15 日开始平均气温由负转正。而 16 日塔城地区的裕民和托里县发生了融雪洪水。伊宁、新源、巩留、尼勒克 4 站从 3 月 12 日开始平均气温由负转正,从 14 日开始平均气温接近或高于 6 ℃,持续到 19 日。而伊犁地区恰好在 14～17 日发生了融雪洪水。从最高气温变化情况(见图 3(d))来看,最高气温变化趋势与平均气温变化一致。融雪洪水发生时塔城、裕民、托里 3 站最高气温在 5 ℃以上,而伊宁、巩留、新源、尼勒克 4 站最高气温在 10 ℃以上。综上分析得出,本次融雪型洪水与气温变化密切相关。平均气温和最高气温对于融雪洪水预报具有指示意义。在连续或急剧升温的过程中,平均气温由负转正和最高气温高于 5 ℃极易导致融雪型洪水的发生。而伊犁地区由于纬度偏南,特别要关注平均气温高于 6 ℃和最高气温高于 10 ℃后的持续或急剧的升温。

　　表 1 为塔城、托里、裕民、伊宁、新源、巩留、尼勒克 7 地历史融雪型洪水发生时的平均气温、最高气温和有无降水情况统计表。从平均气温转正后的变化特点来看,塔城、托里、

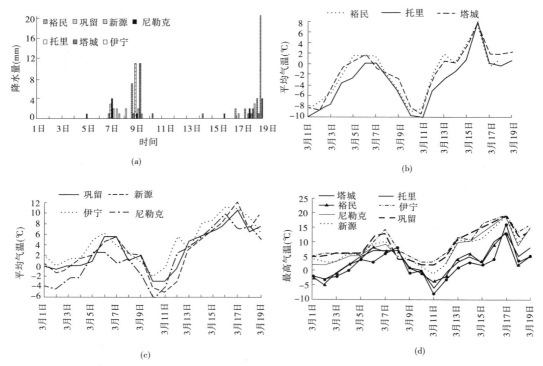

图 3　2009 年 3 月 1～19 日北疆融雪型洪水发生地区降水量、平均气温变化及最高气温

裕民地区融雪洪水的发生都在平均温度转正后,但持续时间长短不一,最长 7 d,最短 1 d。这与气温的升温剧烈程度有关。伊宁、尼勒克和巩留地区如 1985 年和 2005 年在平均温度高于 6 ℃就有融雪型洪水发生,而新源地区在平均气温高于 6 ℃且持续了 4 d 后发生融雪型洪水。另外,上述地区融雪型洪水发生时大多伴有降水出现。可见,平均气温由负转正、最高气温高于 5 ℃和升温后降水是北疆地区塔城和伊犁地区融雪型洪水预报的关注点。

表 1　北疆塔城和伊犁地区融雪型洪水发生时平均气温、最高气温和降水情况

地点	灾害发生时间	平均气温变化	持续时间	最高气温	有无降水
塔城	1966 年 3 月 15～16 日	温度转正	持续 5 d	高于 5 ℃	有
	1977 年 3 月 29～31 日	温度转正	持续 5 d	高于 5 ℃	
	2005 年 3 月 7～12 日	温度转正	持续 5 d	高于 5 ℃	有
托里	1993 年 3 月 26 日～4 月 3 日	温度转正	持续 7 d	高于 5 ℃	有
	1999 年 4 月 3～4 日	温度转正	持续 2 d	高于 5 ℃	
裕民	1991 年 3 月 17 日	温度转正	持续 1 d	高于 5 ℃	
伊宁	1985 年 3 月 27 日～4 月 3 日	温度高于 6 ℃		高于 10 ℃	有
新源	2005 年 3 月 11～17 日	温度高于 6 ℃	持续 4 d	高于 10 ℃	有
巩留	2005 年 3 月 11～17 日	温度高于 6 ℃		高于 10 ℃	有
尼勒克	2005 年 3 月 11～17 日	温度高于 6 ℃		高于 10 ℃	有

5.3　温度平流分析

由热力学能量方程[13-14]可知,对温度局部变化产生影响的主要因素有温度平流、垂直运动和非绝热因子。图 4 为 2009 年 3 月 12 ~ 17 日沿 83°E 温度平流随时间 - 经度的剖面图。由图可知,伊犁地区(43° ~ 44°N,地形高度 1 500 ~ 3 000 m)附近 11 日 20 时至17 日 20 时 700 hPa 一直为暖平流所控制,其中 13 日 20 时至 14 日 08 时有一暖中心,强度为 4 ℃/6 h。而塔城地区(46° ~ 47°N,地形高度 500 ~ 1 500 m)附近 13 日 08 时至 16日 08 时 850 hPa 和 700 hPa 也一直为暖平流所控制,16 日 08 时以后 700 hPa 则为冷平流所控制。700 hPa 和 850 hPa 暖中心分别出现在 15 日 20 时和 16 日 20 时,暖中心强度均为 2 ℃/6 h。对照前面温度变化分析发现,700 hPa 和 850 hPa 暖平流的出现时间与伊犁地区和塔城地区升温过程对应的很好,特别是暖平流中心(强度大于 2 ℃/6 h)出现的时间与融雪型洪水发生的时间接近。暖平流中心(强度大于 2 ℃/6 h)出现时间可作为融雪型洪水预报的一个参考指标。

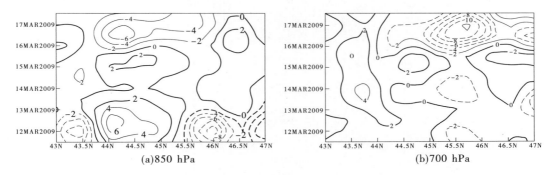

图 4　2009 年 3 月 12 ~ 17 日沿 83°E 温度平流随时间 - 经度的剖面　(单位:℃/6 h)

6　预报参考指标检验

2010 年 3 月新疆伊犁察布查尔县(10 ~ 11 日)、塔城托里、裕民、额敏县(17 ~ 18 日)、伊犁尼勒克县(21 日)等地遭受融雪型洪水袭击。表 2 为利用实况气温、降水资料以及T639 模式零场资料得出的上述融雪型洪水发生地区的 3 月 8 ~ 21 日的平均气温、最高气温、降水以及暖平流指标信息情况。从表 2 中可以看出,托里、裕民、额敏、尼勒克 4 地平均气温、最高气温以及暖平流指标出现时间都在融雪型洪水发生前的一天或两天内,具有明显的指示意义,而伊犁察不查尔县暖平流指标不明显,滞后于融雪型洪水发生时间。另外,降雨指标在上述地区融雪发生前或发生时都有出现,可见降雨融雪作用非常显著。通过以上检验可以看出,平均气温、最高气温、暖平流以及降雨指标对 2010 年新疆融雪型洪水的预报有一定的参考意义。

表 2　2010 年 3 月 8 ~ 21 日尼勒克、察布查尔、托里、裕民、额敏 5 县最高气温(T_{max})、平均气温(T_{mean})、降水、温度平流(T_{adv})指标实况信息(1 表示指标出现)

站点	参考指标	8 日	9 日	10 日	11 日	12 日	13 日	14 日	15 日	16 日	17 日	18 日	19 日	20 日	21 日
尼勒克	$T_{max} \geq 10\ ℃$		1							1	1		1		
	$T_{mean} \geq 6\ ℃$				1						1		1		
	$T_{adv} \geq 2\ ℃/6\ h$				1	1	1	1	1	1			1		
	有无降雨			1	1	1			1			1		1	
察布查尔	$T_{max} \geq 10\ ℃$	1	1		1					1			1	1	
	$T_{mean} \geq 6\ ℃$		1		1	1				1			1	1	
	$T_{adv} \geq 2\ ℃/6\ h$					1	1						1		
	有无降雨			1	1	1			1				1	1	
裕民	$T_{max} \geq 5\ ℃$				1					1	1		1	1	
	$T_{mean} \geq 0\ ℃$									1	1		1	1	
	$T_{adv} \geq 2\ ℃/6\ h$										1		1	1	
	有无降雨										1		1	1	
托里	$T_{max} \geq 5\ ℃$										1			1	
	$T_{mean} \geq 0\ ℃$										1			1	
	$T_{adv} \geq 2\ ℃/6\ h$							1	1	1	1		1	1	
	有无降雨					1						1			
额敏	$T_{max} \geq 5\ ℃$									1	1		1	1	
	$T_{mean} \geq 0\ ℃$									1	1		1	1	
	$T_{adv} \geq 2\ ℃/6\ h$				1	1					1				
	有无降雨											1	1	1	

7　总结与讨论

本文利用 1950 ~ 2006 年的新疆融雪型洪水灾情资料对新疆地区融雪型洪水发生特点进行了分析,在此基础上从气候背景、天气诊断分析等方面对 2009 年 3 月中下旬融雪洪水的气象成因进行了分析和研究。结论如下:

(1)新疆地区融雪型洪水多发生在天山北坡,特别是伊犁河谷和塔城地区是融雪型洪水的多发区域。3 月中旬到 4 月上旬为融雪型洪水的多发时期。

(2)2009 年 2 月降水较历史同期明显偏多,为 3 月中下旬的融雪型洪水的发生提供了基础条件,而 3 月中旬冷空气过后的气温持续迅速回升是此次北疆地区融雪型洪水发生的主要气象因素。此外,16 ~ 17 日降水也是触发融雪型洪水的重要因素。在持续或急剧的升温过程中,平均气温由负转正、最高气温高于 5 ℃和升温后降水是洪水预报的关键点。而伊犁地区特别要关注平均气温高于 6 ℃以及最高气温高于 10 ℃的情况。700 hPa 和 850 hPa 暖平流的出现时间与伊犁和塔城地区升温过程对应的很好,特别是暖平流中心(中心强度大于 2 ℃/6 h)出现的时间与融雪型洪水发生的时间接近,具有预报指示意义。

(3)由于资料有限,本文仅从气象角度对 2009 年 3 月中旬新疆地区融雪型洪水的个例成因进行了分析,得出了一些预报参考指标。是否具有广泛的参考意义,有待于结合更多的预报实例进行验证。此外,由于融雪型洪水具有很大的不确定性,多种外部因素如流域下垫面、生态环境、流域防灾体系是否完善、人类活动等都对融雪型洪水有着至关重要的影响。因此,在进行融雪型洪水预报时除考虑气象因素外,还需综合上述外部因素的影响。

参 考 文 献

[1] 陆智,刘志辉,闰彦. 新疆融雪洪水特征分析及防洪措施研究[J]. 水土保持研究,2007,14(6):256-261.

[2] 徐羹慧,毛炜峄,陆帼英. 新疆气象灾害近期变化和防灾减灾工作综合评述[J]. 沙漠与绿洲气象,2008,2(1):50-54.

[3] 徐羹慧,陆帼英. 21 世纪前期新疆洪旱灾害防灾减灾对策研究[J]. 沙漠与绿洲气象,2007,1(5):54-58.

[4] 吴素芬,刘志辉,邱建华. 北疆地区融雪洪水及其前期气候积雪特征分析[J]. 水文,2006,26(6):84-87.

[5] 张俊岚,毛炜峄,王金民,等. 渭干河流域暴雨融雪型洪水预报服务新技术研究[J]. 气象,2004,30(3):48-51.

[6] 李云华,李红,丁国梁,等. 军塘湖河融雪洪水个例分析[J]. 中国西部科技,2005(8):48-49.

[7] 隗经斌. 新疆军塘湖河典型融雪洪水过程研究[J]. 冰川冻土,2006,28(4):530-534.

[8] 杨绍富,刘志辉,闰彦,等. 融雪期土壤湿度与土壤温度、气温的关系[J]. 干旱区研究,2008,25(5):642-646.

[9] 魏守忠,常绪正,马健,等. 影响三工河干沟春季融雪洪水发生的气象因素[J]. 干旱区研究,2005,22(4):476-480.

[10] 王云丰. 人类活动对季节性积雪融化的影响[D]. 新疆大学硕士论文,2007.

[11] IPCC,2007:气候变化 2007:综合报告[R]. 政府间气候变化专门委员会第四次评估报告第一、第二和第三工作组的报告[核心撰写组、Pachauri, R. K 和 Reisinger, A. (编辑)]. IPCC,瑞士,日内瓦,31-33.

[12] 王建,李硕. 气候变化对中国内陆干旱区山区融雪径流的影响[J]. 中国科学 D 辑 地球科学,2005, 37(7):664-670.

[13] 朱乾根,林锦瑞,寿绍文,等. 天气学原理和方法[M]. 北京:气象出版社,2000:33-34.

[14] 周厚福. 局地温度变化中各项因子的定量估算[J]. 气象,2005,31(10):20-23.

作者简介:田华(1978—),女,工程师,国家气象中心。联系地址:北京市中关村南大街 46 号。E-mail:tianh1@ cma. gov. cn。

2009年7月初珠江流域暴雨致洪成因分析[*]

齐　丹[1]　赵鲁强[1]　杨晓武[2]

（1. 国家气象中心,北京　100081；2. 深圳市国家气候观象台,深圳　518040）

摘　要：本文利用常规气象水文资料以及 T639 模式同化资料对 2009 年 7 月初发生在珠江流域的暴雨致洪过程进行雨情和水情特征分析。结果表明,该次流域性洪涝是在有利的大尺度环流背景下,由南下冷空气和东移南支槽造成的两次暴雨过程产生的,具备华南汛期暴雨的典型特征。致洪暴雨导致多个水文站点水位起涨快、涨率大,洪峰流量高,属历史罕见,同时,雨带的移向与洪峰演进方向一致,干支流洪水遭遇,造成洪峰叠加,因而形成了珠江流域性大洪水。

关键词：暴雨致洪　珠江流域　流量　水位

1　引言

珠江流域是一个复合流域,流域西部为云贵高原,中东部为桂粤中低山区丘陵和盆地,东南部为三角洲冲积平原,北靠乌蒙山脉和南岭、苗岭山脉,南临南海。流域内水系类型众多,干支流洪水组合复杂,主要河系由西江、北江、东江和珠江三角洲诸河四个水系组成。西江是主干流,自源头至入海口,依次为南盘江、红水河、黔江、浔江、西江,沿途接纳北盘江、柳江、郁江、桂江、贺江等支流。由于流域面积广,且我国华南暴雨强度通常较大,洪水具有峰高、量大、历时长的特点。同时,西北高、东南低的地势也使流域上游易受山洪威胁,中下游的地面高程大都处于江河洪水位以下,大洪水径流总量往往超过河道自然排泄能力,水位频频超警,另外下游无天然湖泊调蓄,因而使得人口众多、经济发达的城镇和广大农田屡受洪水灾害威胁[1,2]。20 世纪 80 年代,以珠江三角洲为轴心的华南经济圈迅速崛起,创造了世人瞩目的成绩,流域洪水给人民生命财产和经济建设带来巨大影响,许多地方承灾能力差,使得小灾大害的情况突显,近百年发生的较大洪水灾害就有 1915 年、1968 年、1988 年、1996 年、1998 年的西江洪水,1959 年东江大洪水,1982 年北江大洪水,2005 年 6 月珠江流域特大洪水等,暴雨洪涝灾害依然是珠江流域的心腹之患,珠江流域的防汛抗旱任务越来越艰巨。

2009 年 7 月 1~6 日,珠江流域出现当年入汛以来强度最强的持续性大范围暴雨天气过程,本文对该次致洪暴雨天气过程的大尺度环流形势以及影响系统进行深入分析,试图找出本次华南汛期暴雨的成因。同时,利用水文观测资料,对洪水特征及其与暴雨的关系进行深入分析。所使用的资料为常规气象、水文观测资料以及国家气象中心业务下发

---

* 本文受中国气象局气象新技术推广项目"2009 年珠江流域暴雨致洪的雨情水情特征分析（CMATG2010Y23）"的资助。

的分辨率为 0.281 25° 的 T639 模式的 3 h 同化系统资料。T639 采用全球三维变分同化分析,具有较高的模式分辨率,全球水平分辨率达到 30 km,垂直分辨率 60 层,模式顶到达 0.1 hPa。

2 雨水情概况

6 月 29～30 日,降水首先出现在柳江流域,此后雨区东移南下,强度增加,较强降雨集中在 7 月 3～4 日,主雨带位于广西北部的都安—罗城—融安—资源一带地区,南部防城港、合浦等地也出现了比较集中的强降水。从 7 月 1 日 20 时至 6 日 20 时过程累计雨量来看,广西有 29 个县(区)的 108 个乡(镇)雨量超过 250 mm,有 92 个县(区)的 539 个乡(镇)雨量达到 100～249.9 mm,最大雨量出现在融安县泗维乡泗维河水库(716.1 mm),24 h 的累计雨量达 525.4 mm,超过广西国家气象观测台站有观测资料以来日降雨量历史极值。暴雨导致广西西江主要支流融江、柳江、桂江等水位超警,干流水位全线上涨,罗城县卡马水库库区受强降雨影响,水位急剧上涨,导致水库水压增大,出现山体塌方,7 月 5 日实施爆破泄洪。

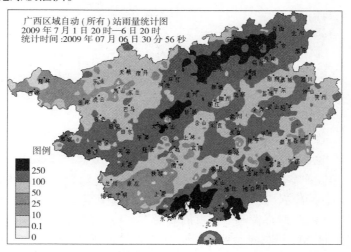

图 1　广西过程降水累计(2009 年 7 月 1 日 20 时至 6 日 20 时)　(单位:mm)

3 环流和影响系统分析

3.1 高空环流形势分析

本次过程发生在大气环流调整期,具体表现为北半球极涡由准单极型分裂为准偶极型,并分别向东亚和北美伸展,西北太平洋副热带高压东退,亚洲中东部中高纬地区呈两槽一脊模态,但径向度明显加大,南支槽同时发生替代过程(见图 2、图 3)。

从 7 月 1 日 20 时至 6 日 20 时 200 hPa 环流形式逐日演变来看,南亚高压主体位于西藏南部上空,脊线稳定维持在 25°N 附近,且南亚高压主体不断向东发展并得到加强,高压内部存在两个反气旋环流中心,而珠江流域恰好位于南亚高压主体的东南侧边缘反气旋曲率最大处的右下方,同时,华南北部上空存在一支强劲的东北—西南向急流,高空辐散对对流层中低层有明显的抽吸作用,因而对暴雨的产生极为有利。

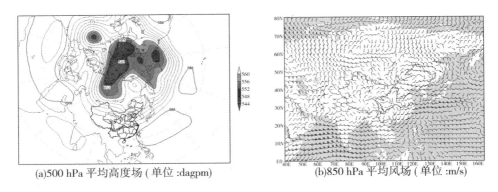

(a)500 hPa 平均高度场 (单位 :dagpm)   (b)850 hPa 平均风场 (单位 :m/s)

图2   6 月 25 ~ 30 日 500 hPa 平均高度场和 850 hPa 平均风场

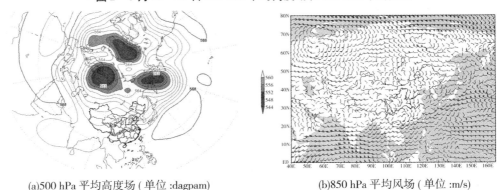

(a)500 hPa 平均高度场 (单位 :dagpam)   (b)850 hPa 平均风场 (单位 :m/s)

图3   7 月 1 ~ 6 日 500 hPa 平均高度场和 850 hPa 平均风场

500 hPa 环流维持"两槽一脊"的形式(见图3(a)),在河套地区到贝加尔湖附近是一高压脊,东北地区有一冷涡,其南面是东亚大槽,极涡南掉至巴尔喀什湖附近,其南侧西风槽宽广深厚,高空冷槽前伸至青藏高原。南支槽在替换过程中原来槽分裂东移,槽前有正涡度平流。7 月 1 日 20 时前,西太平洋副高脊线稳定维持在 20°N 附近,高压主体北部稳定控制在我国华南南部。流域处于副高西侧和北侧气流控制中。2 日 08 时起,副高主体出现明显东退,这种环流背景有利于南支槽以及西风带短波槽、低涡、切变线等低值系统的生成以及东移,也有利于孟加拉湾和中南半岛的水汽输送至广西地区。2 日 20 时,四川盆地东部有新的西南涡生成并移出。3 日 08 时至 5 日 08 时,西南涡与南支槽分裂东移的小槽系统合并,在贵州东南部和广西北部形成较宽广的低槽区,槽线压在广西境内西部,广西中东部始终受到槽前西南气流辐合区控制,具备上升运动条件。随后,低值系统不断南移,导致雨带不断南压。6 日低涡移出广西境内并减弱,副高西进,重新控制华南大部地区,强降雨结束。

3.2   中低空及地面形式分析

7 月 1 日起,700 hPa 和 850 hPa 上均有低层切变线系统生成,850 hPa 上切变线南侧均存在一支强盛的(16 ~ 18 m/s)西南低空急流,将孟加拉湾的水汽源源不断地输送到华南地区。7 月 2 ~ 3 日,低层出现闭合的低涡系统,切变线呈现西南—东北走向,位于江南南部地区并不断南移,3 日 08 时,切变线位于广西上空,并呈现准东西向,20 时,切变不断下摆,同时发生顺时针旋转,呈现西南—东北走向,广西北部再次受到西南暖湿气流的控制,且存在一支较强盛的低空急流达 18 m/s 左右,暴雨区位于在低涡中心东南侧的暖区之内。4 ~ 5 日,切变线稳定少动,略有南压,广西中南部仍有 12 ~ 18 m/s 的西南低空急流维持,广西东南部出现较大的风速切变。20 时,低涡系统南掉广西大部受到低涡倒槽的控制。

7 月 2 日 08 时,地面弱静止锋位于广西北部,7 月 3 日 08 时,静止锋位于 24°N ~ 25°N,同时在广西西北部出现了一个 1 000 hPa 的低压环流,静止锋及低压环流的共同作用造成了广西北部大范围的暴雨,东南的附近也有一个 1 001 hPa 的低压环流,造成东南部地区的暴雨。7 月 4 日,静止锋南压了两个纬距,百色、崇左一带出现 999 hPa 的低压环流,北部的降水带也随之南压,广西南部出现暴雨。

可见,该次珠江流域连续性暴雨呈现出两次不同的影响主体,首先是南下的冷空气,其次是分裂东移的南支槽,这两次过程是在有利的大尺度环流背景条件下,高低空急流、西南涡、低层切变线、地面静止锋等多种天气系统相互作用形成的。该次过程符合典型的华南暴雨天气模型[3-6]。

4　物理量场特征分析

充分的水汽条件,强烈的上升运动和大气层结不稳定以及大尺度天气系统的相对稳定是连续性暴雨过程的必要条件[3-8],下面对这次强降水过程的物理量特征进行深入的分析。

4.1　水汽条件

水汽通量散度不仅能够反映水汽的来源,也能反映水汽辐合的区域,预示降水可能的落区。从水汽通量散度分布图来看(见图 4),中低层均存在一条明显的西南—东北向的水汽辐合大值带,表明强降水的水汽来源以及水汽的辐合条件均存在,但是高层水汽通量散度的辐合大值区逐渐缩小并逐渐南压,与降水带走向一致,这表明高层水汽条件的变化先于低层表现出来,这对预报具有一定的指示意义。

为了明确水汽通量辐合大值的轴线,我们分别沿主雨带分别做水汽通量散度沿 24°N和 110°E 的剖面图(见图 5),发现在强降水时段,沿 110°E 的准南北方向存在一支较强的水汽通量辐合区,可见主要的水汽来源是来自西南低空急流携带的孟加拉湾以及北部湾的水汽输送到华南上空,是这次降水的主要水汽来源。

4.2　动力条件

对广西北部(23°N ~ 25°N)强降水区内的平均垂直速度发现(见图 6(a)),上升运动集中出现在 2 日后半段至 4 日,且强上升运动区一直伸展到 200 hPa 高空,4 日后的广西北部的上升运动较弱,主要的垂直上升运动南移到 20°N ~ 23°N 区域(见图 6(b)),这与雨带的走势也十分吻合。

高层的辐散形式与低层辐合场相配置的垂直结构是暴雨发生的极为有利的条件之一。从涡度场与风场的配置来看(见图 7(a)),低层 925 hPa 自 2 日 20 时开始出现十分强的西南低空急流,急流核达 18 m/s 左右,一直维持至 4 日 20 时,5 日后,925 hPa 辐

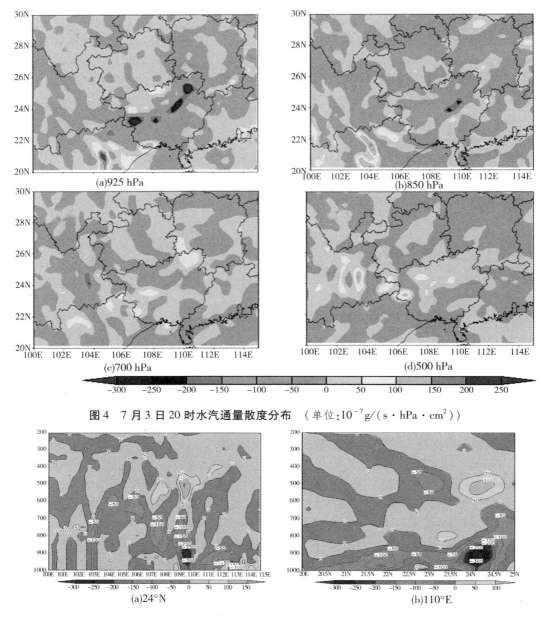

图4　7月3日20时水汽通量散度分布　（单位：10^{-7}g/（s·hPa·cm^2））

图5　7月4日08时水汽通量散度沿24°N和110°E的剖面图　（单位：10^{-7}g/（s·hPa·cm^2））

合带出现逆时针旋转，呈现准南北向，这与 850 hPa 分析的切变线的转向一致，急流的北侧与低空切变线南侧之间的区域与雨带位置对应的很好。这辐合华南前汛期暖区暴雨的特征。另外，我们发现，自低层至高层都是强盛的辐合区，直到 100 hPa 才转为辐散区，这说明高空的抽吸作用十分强盛，能够激发垂直上升运动的发展，形成暴雨。

4.3　不稳定条件

通过假相当位温的分析发现（见图8），从 925 hPa 一直延伸到 500 hPa 均存在一个高温高湿区，位势不稳定一直伸展到了 5 000 m 以上的高度，且越到高层，不稳定能量越大，

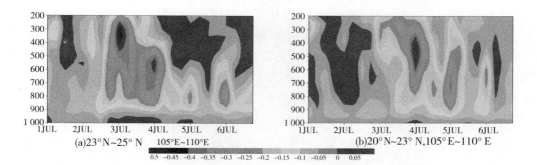

图6　7月1~6日平均垂直速度随时间演变　（单位：Pa/s）

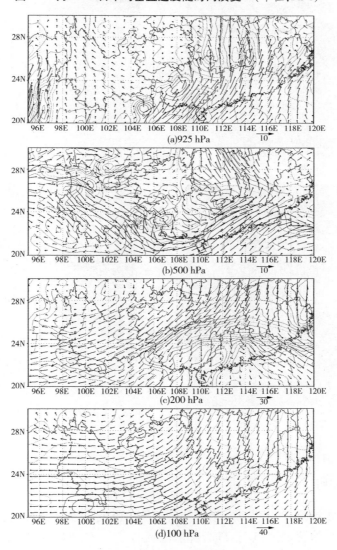

图7　7月3日20时涡度场与风场　（单位：m/s）

这说明从低层到高层,气温由低到高,空气由干到湿,是一个深厚系统。另外,从风矢来看,低层的高能来自孟加拉湾的水汽,北部湾的西南急流也不断地向广西北部输送水汽和不稳定能量,高层的高能来自青藏高原的南麓,一直输送到广西北部上空,使高温和高湿区在广西上空积聚,而暴雨区落区正好位于高空高能舌附近,不稳定能量的积蓄为这次暴雨的发生准备了良好的条件。

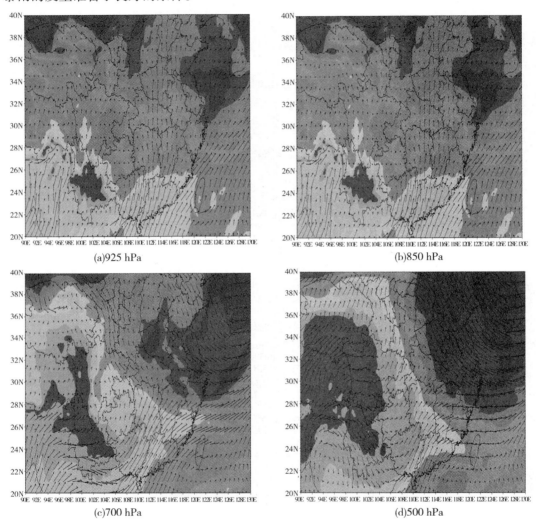

(a)925 hPa　　　　　　　　　　　　　　　(b)850 hPa

(c)700 hPa　　　　　　　　　　　　　　　(d)500 hPa

图 8　7 月 3~4 日假相当位温平均场　（单位:K）

5　洪水过程分析

受持续强降水影响,7 月 1 日六漫河等柳江小支流发生超警洪水,但幅度不大,7 月 2 日柳江干支流水位快速上涨,3 日,随着降水范围的扩大,广西桂江、柳江干流及支流均发生超警洪水,伴随着降水中心的加强,4 日 8 时,柳江柳州水文站出现超警戒水位,柳江支流东小江、小环江水位超历史极值,5 日 2 时,柳江柳州站发生 1996 年以来最大洪水,超警戒水位 7.14 m,重现期为 20 年一遇。16 时,柳江、桂江洪水全线回落,柳江干流洪峰向西江推进,受其影响,西江水位全面上涨,梧州站 5 日 8 时出现今年第一号洪峰(超过警戒水位 18 m)。6 日 20 时,洪峰水位位于大湟江口,维持时间较长(见表 1)。7 日 08 时,西江干流洪峰已通过大湟口,西江干流宣武至德庆江段水位仍超警 0.72~3.77 m。至 7 月 7 日 14 时,随着梧州水文站第一号洪峰的出峰,珠江流域水位全面回落。针对上述洪水情势,发现这次暴雨致洪过程呈现以下几个主要特征。

表 1   流域内主要水文站逐日水位 　　　　　　　　　　　　(单位:m)

水文站	6 月 30 日	7 月 1 日	7 月 2 日	7 月 3 日	7 月 4 日	7 月 5 日	7 月 6 日
桂林水文站	142.96	142.99	143.16	145.73	147.07	145.09	144
柳州水文站	78.33	78.33	78.48	80.09	87.03	89.25	83.2
江口水文站	24.39	24.75	25.2	27.01	28.64	31.8	34.48
南宁水文站	63.86	63.51	63.31	63.31	63.39	65.11	68.82
梧州水文站	10.16	10.26	10.6	12.34	14.54	18.12	20.54
石角水文站	5.06	4.93	4.77	4.36	6.83	7.51	6.83
高要水文站	2.08	1.89	1.89	2.08	3.27	5.49	7.36
天河水文站	1.71	1.7	1.7	1.78	2.01	2.69	3.54
博罗水文站	1.29	0.91	0.48	0.38	0.31	0.65	1.08

5.1   水位起涨快、涨率大

柳州水文站从 7 月 2 日起涨,4 日超警戒水位,至 5 日的 3 天内水位陡涨 10.77 m,这样快的上涨速度为柳州水文站历次洪水罕见,此后,广西北部的强降水减弱,水位迅速回落。受上游支流来水以及雨带南掉的影响,梧州水文站 7 月 3 日开始起涨,至 4 日 08 时 1 d 内涨幅 2.2 m,3~7 日的 5 d 内涨幅 9.43 m。

5.2   暴雨走向有利于造峰

该次洪水过程由于暴雨中心首先位于柳江、桂江流域及其以北地区,后扩大并逐渐向广西东南、南部移动,与洪水汇流方向一致,有利于造峰。

5.3   下游流域干支流洪水遭遇,支流水位被迫抬升

位于北江流域的石角和东江流域的博罗水文站过程降水量不大,因而流量不大,但是逐日水位差较大,造成这种现象的主要原因是支流洪水汇入干流时遇到干流洪峰通过,支流洪水不能及时汇入干流,因而在支流内滞留,形成高水位。而在洪峰通过干流后,支流洪水迅速通过,水位急速下降。

6   小结

该次持续性暴雨到特大暴雨过程是在副热带高压、南亚高压、高空槽等大尺度天气系统有利配置的环流形势下,低层低涡、切变线、静止锋、西南暖低压等天气尺度及中小尺度系统得到发展和各尺度天气系统相互作用下产生的。一方面大系统孕育了天气和中小系

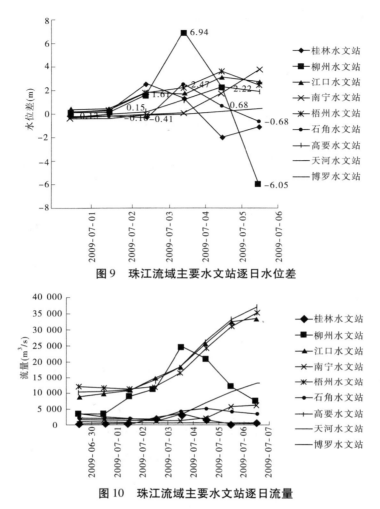

图 9　珠江流域主要水文站逐日水位差

图 10　珠江流域主要水文站逐日流量

统的发生发展与壮大,反过来又对大系统起作用,使整个暴雨系统能长时间的维持和加强,从而造就了持续性致洪暴雨天气过程。从天气系统的相互配置来看,暴雨落区位于高空槽前、南亚高压脊线反气旋曲率最大处、中低层低涡切变与低空急流之间和地面静止锋附近。在暴雨形成的动力与热力机制方面,散度、涡度、垂直速度的配置以及高能量、水汽条件在暴雨期正好形成了相互耦合的正反馈机制,使暴雨对流系统得到了加强和维持。

　　(1)副高东撤、中高纬西风带东移加深,天气形势径向加大,有利于北方冷空气南下至两广地域,有利于南支槽以及西风带短波槽、低涡、切变线等低值系统的生成以及东移,也有利于孟加拉湾和中南半岛的水汽输送至广西地区,引发了较强的暴雨过程。

　　(2)700 hPa、850 hPa 切变线在广西维持,且存在强盛的低空急流,从孟加拉湾和北部湾一带地区为广西输送大量的水汽和不稳定能量,低空急流轴与切变线之间出现大的辐合带,并伴随着深厚的垂直上升运动,使高层辐散、低层辐合作用更加明显,多尺度天气系统的组合和相互作用造成了该次致洪暴雨过程。

（3）广西北部静止锋弱,但地面闭合低压环流使低层辐合明显,对降雨的增幅有明显的作用,低压环流附近均出现强降雨带。

（4）降雨趋势与洪峰的演进方向一致,有利于造峰,是导致流域内水文测站由上向下洪水量级逐渐增大的主要原因。

参 考 文 献

［1］吴伟强,佘有贵,潘维文. 珠江"05.6"洪水水情和雨情分析［J］. 人民珠江,2005(5):11-15.

［2］佘有贵,吴伟强. 西江流域"2005.06"特大暴雨洪水分析［J］. 水文,2006,26(2):87-90.

［3］朱乾根,林锦瑞,寿绍文,等. 天气学原理及方法［M］. 北京:气象出版社,2003.

［4］陶诗言.中国之暴雨［M］.北京:科学出版社,1980:225.

［5］华南前汛期暴雨编写组. 华南前汛期暴雨［M］.广州:广东科技出版社,1986:56-69,132-144.

［6］包澄澜. 华南前汛期暴雨研究的进展［J］. 海洋学报,1986,8(1):31-40.

［7］叶萌,张东,何夏江. "05.6"广东致洪暴雨过程的预报着眼点［J］. 广东气象,2006(1):35-38.

［8］梁必骐. "94.6"珠江流域特大暴雨洪涝特征分析［J］. 中国减灾,1997,7(4):21-24.

［9］谢志强,姚章民,李继平,等. 珠江流域"94.6"、"98.6"暴雨洪水特点及其比较分析［J］.水文,2002(6):56-58.

作者简介:齐丹(1979—),女,工程师,国家气象中心。联系地址:北京市海淀区中关村南大街46号。E-mail:qidan@cma.gov.cn。

GABP 模型在黄河下游洪水预报中的应用[*]

狄艳艳[1]　　焦敏辉[1]　　侯绪欣[2]

(1.黄委会水文局,郑州　450004;2.河南黄河供水局荥阳供水处,郑州　450043)

摘　要:本文介绍了 BP、GA、GABP 三种人工神经网络模型。应用 GABP 算法,建立了黄河下游花园口—夹河滩段人工神经网络模型。利用 1980 ~ 2010 年洪水资料对该模型进行率定和检验,计算结果较好。本模型是对该河段洪水预报手段和方法的有益尝试和补充。

关键词:黄河下游　BP 模型算法　人工神经网络　洪水预报

1　引言

黄河下游花园口—夹河滩河段断面距离 96 km,河槽宽 1.5 ~ 10.0 km,该河段属典型的游荡型河段,河道宽、浅、散、乱,河床极不稳定,且本段漫滩洪水的演进规律比较复杂,各次洪水的演进情况也各不相同,洪水预报极其困难。

本文采用基于人工神经网络与遗传算法相结合的智能计算方法,结合黄河水文实时预报方面的专业化知识和经验成果,研制开发花园口—夹河滩河段洪水过程智能预报模型,探索黄河洪水预报的新理论、新方法与新技术。

2　模型原理

人工神经网络是 20 世纪 40 年代提出、80 年代复兴的一门交叉学科。它是在人类对其大脑神经网络认识理解的基础上人工构造的能够实现某种功能的神经网络。近十年来,该技术在水文预报领域有了很大的发展。

BP 算法是神经网络中应用最为广泛的一种前馈网络,它具有物理概念清晰、算法执行相对容易、映射功能强大,以及适用性广泛等优点。GA 算法是模拟达尔文生物进化论的自然选择和遗传学机理的生物进化过程的计算模型,是一种通过模拟自然进化过程搜索最优解的方法。GABP 算法是用 GA 算法优化神经网络的初始权重和阈值来改进 BP 网络,可以进行优势互补。

2.1　BP 算法原理

误差反传播网络是以误差反传播的算法(Back Propagation,BP)进行网络训练的多层前馈网络[1]。

＊**基金项目**:2009 年水利部公益性行业科研专项经费项目(200901016),2009 年水利部公益性行业科研专项经费项目(200901022)。

　　BP 网络是一种多层结构的前向网络,它含有输入层、输出层以及处于输入输出层之间的中间层。中间层也称为隐层。在隐层中的神经元称为隐单元。隐单元的状态影响输入输出之间的关系,改变隐层的权系数以及隐层的层数和神经元个数,可以改变整个多层神经网络的性能。图1为多层前馈网络的拓扑结构图。

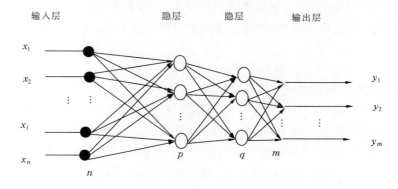

图1　多层前馈网络的拓扑结构图

　　BP 算法的基本思想是:网络的学习由输入信号的正向传播和误差的逆向传播两个过程组成。正向传播过程是指样本信号由输入层输入,经过网络权重、阈值和神经元转移函数的作用后,从输出层输出。如果输出值与期望值之间的误差值大于规定量,则进行修正,转入误差反传播阶段,误差通过隐含层向输入层逐层返回,并将误差按"梯度下降"原则"分摊"给各层神经,获得各层神经元的误差信号,作为修改权重的依据。以上两个过程反复多次进行,此循环一直进行到网络的输出误差减小到允许值或到达设定的训练次数为止。

2.2　GA 算法原理[2]

　　GA 算法的基本思想是从一组随机产生的初始解,即"种群",开始进行搜索,种群中的每一个个体,被称为"染色体";GA 算法通过染色体的"适应值"来评价染色体的好坏,适应值大的染色体被选择的概率高,相反,适应值小的染色体被选择的可能性小,被选择的染色体进入下一代;下一代中的染色体通过交叉和变异等遗传操作,产生新的染色体,即"后代";经过若干代之后,算法收敛于最好的染色体,该染色体很可能就是问题的最优解或近优解。

2.3　GABP 算法

　　在智能算法的实际应用中,BP 算法擅于局部精确搜索,但容易落入局部极小点;GA 算法以概率选择为主要搜索手段,擅于全局搜索,而对局部精确搜索显得能力不足。应用 GA 算法来改进 BP 网络,可以进行优势互补。

　　利用 GA 算法优化神经网络一般有三种方法:用 GA 算法进化神经网络结构,GA 算法优化神经网络的初始权重和阈值,GA 算法代替神经网络传统算法训练网络。

　　本项目采用 GA 算法初始化网络的权重和阀值。GA 优化网络初始权重的基本思想让遗传算法对网络的初始权重进行大范围的优化搜索,优化的目标是使网络误差最小;然后,采用 BP 算法对优化了的网络初始权重进行训练,完成网络的最终训练。

3　模型建立

本项目采用 GABP 模型对黄河下游花园口—夹河滩河段进行研究,花园口站为输入边界,夹河滩站为输出边界。BP 网络传递函数选如式(1)所示的 S 型函数。

$$y = \frac{1}{1 + e^{-x}} \tag{1}$$

考虑到河道断面资料难以实时获得,暂不考虑河道边界对洪峰的影响,学习因子取花园口站流量 $Q_花$、花园口站峰型系数 η(即花园口站洪峰流量与峰前 24 h 平均流量与之比,该因子主要用来控制洪量)、花园口站漫滩流量 $Q_漫$(由于本河段支流较少,暂不考虑区间降雨的影响)。输出因子为夹河滩站流量 $Q_夹$。时段长取 2 h,网络中的预见期为洪峰流量在河段中的平均传播时间。经过对所取资料进行分析,最终取花园口至夹河滩段的平均传播时间为 18 h。综上所述,得到式(2)所示的神经网络数学模型。

$$Q_夹 = f(Q_花、\eta、Q_漫) \tag{2}$$

式中:$Q_夹$ 为预报目标,即夹河滩站流量;η 为花园口站洪水峰型系数;$Q_漫$ 为花园口站漫滩流量,m^3/s;$Q_花$ 为花园口站流量,m^3/s。

4　模型率定及检验

选取 1980~2010 年洪水资料作为研究对象,共选出 32 场夹河滩站洪峰流量大于 4 000 m^3/s 的洪水,其中 1980~2005 年的 27 场洪水用于率定,2006~2010 年的 5 场洪水用于检验。

预报精度评定标准根据《水文情报预报规范》(GB/T 22482—2008),采用洪峰相对误差 FE 和确定性系数 DC 作业评定标准[3]。

对数据进行预处理之后,用组织好的样本,结合神经网络隐含层及各隐含层节点数目确定的原则,通过反复试验比较,确定采取双隐层结构 BP 网络,第一隐含层及第二隐含层分别取 10 个节点。通过遗传算法首先优化 BP 网络(GABP)中输入层与第一个隐含层、第一个隐含层与第二个隐含层、第二个隐含层与输出层之间的连接权重及阈值,然后通过神经网络的训练达到预定的误差,在此基础上实现流量预报。

率定和检验结果如表 1、表 2 所示,从表中可知,率定期 27 场洪水,其洪水模拟确定性系数有 11 场洪水在 0.9 以上,3 场洪水接近 0.9,平均确定性系数 0.82,表明洪水模拟过程与实测过程较为吻合;洪峰量合格率为 77.8%。检验期 5 场洪水,平均确定性系数 0.91,洪峰流量合格率 100%。

表 1 参数率定结果评定

序号	洪号	花园口洪峰流量（m³/s）	夹河滩洪峰流量		洪峰相对误差（%）	合格否	确定性系数	合格否
			实测值（m³/s）	预报值（m³/s）				
1	1980-07-06	4 440	4 240	4 725	11.44	×	0.83	√
2	1981-07-11	5 200	4 970	5 185	4.33	√	0.88	√
3	1981-07-18	5 350	5 040	5 392	6.98	√	0.88	√
4	1981-08-25	5 720	5 550	5 420	−2.34	√	0.79	√
5	1981-09-10	8 060	7 730	7 671	−0.76	√	0.93	√
6	1982-08-03	15 300	14 500	14 172	−2.26	√	0.9	√
7	1983-07-24	4 990	4 880	4 320	−11.48	×	0.72	×
8	1983-08-03	8 180	7 430	7 963	7.17	√	0.94	√
9	1983-08-13	4 690	4 470	4 700	5.15	√	0.76	√
10	1984-07-09	5 160	5 340	6 753	26.46	×	0.85	√
11	1984-08-07	6 990	6 780	6 300	−7.08	√	0.93	√
12	1984-09-12	5 300	5 550	5 280	−4.86	√	0.96	√
13	1984-09-29	6 460	6 640	6 295	−5.20	√	0.94	√
14	1985-09-18	8 260	8 320	7 780	−6.49	√	0.91	√
15	1987-08-30	4 600	4 100	4 320	5.37	√	0.79	√
16	1988-08-10	6 160	6 010	6 068	0.97	√	0.78	√
17	1988-08-13	6 640	6 500	6 846	5.32	√	0.29	×
18	1988-08-18	6 800	6 700	6 813	1.69	√	0.67	×
19	1988-08-22	6 810	6 500	6 769	4.14	√	0.93	√
20	1989-07-26	6 100	5 910	6 253	5.80	√	0.75	√
21	1989-08-21	5 140	4 820	5 400	12.03	×	0.89	√
22	1990-07-10	4 440	4 720	4 320	−8.47	√	0.42	×
23	1992-08-18	6 430	4 510	4 800	6.43	√	0.96	√
24	1994-07-12	5 170	4 480	4 830	7.81	√	0.93	√
25	1994-08-09	6 300	4 230	5 760	36.17	×	0.67	×
26	1996-08-06	7 860	7 150	7 424	3.83	√	0.85	√
27	1998-07-17	4 660	4 020	4 681	16.44	×	0.9	√
合格率						77.80%		81.50%

注:洪号以夹河滩站洪峰出现日期而定。

表 2　模型检验结果评定

序号	洪号	花园口洪峰流量（m³/s）	夹河滩洪峰流量		洪峰相对误差（%）	合格否	确定性系数	合格否
			实测值（m³/s）	预报值（m³/s）				
1	2007-06-28	4 290	4 120	4 136	0.39	√	0.96	√
2	2007-08-03	4 160	4 080	3 691	−9.53	√	0.92	√
3	2008-06-28	4 610	4 200	4 117	−1.98	√	0.94	√
4	2009-06-28	4 170	4 120	3 978	−3.45	√	0.95	√
5	2010-07-06	6 680	5 280	4 864	−7.88	√	0.76	√
合格率						100%	0.91	100%

5　结语

本文将 GABP 算法用于黄河下游花园口—夹河滩河段的洪水预报,通过对 1980～2010 年的历史资料进行率定和检验(其中 2010 年资料为报汛值),其洪峰合格率都在 75% 以上,平均确定性系数都大于 0.8,按照水利部颁发的《水文情报预报规范》(GB/T 22482—2008),方案精度达到乙等,可以用于实时作业预报,是对该河段洪水预报手段和方法的有益尝试和补充。

用于检验的 5 场洪水,4 场是调水调沙洪水,其确定性系数及洪峰合格率都较高,对于自然洪水,还有待于在以后的应用中进一步检验。

参 考 文 献

[1] 高隽.人工神经网络原理及仿真实例[M].北京:机械工业出版社,2003.
[2] 翟宜峰,李鸿雁,刘寒冰,等.人工神经网络与遗传算法在多泥沙洪水预报中的应用[J].泥沙研究,2003(2).
[3] 中华人民共和国国家标准.GB/T 22482—2008　水文情报预报规范[S].北京:中国标准出版社,2008.

作者简介:狄艳艳(1975—),女,工程师,黄委会水文局信息中心。联系地址:郑州市城北路东 12 号。E-mail:dyy1232003@163.com。

GPRS 技术在防洪减灾的应用

蓝 标

（深圳市水务局，深圳 518000）

摘 要：2010 年以来，我国极端天气不仅频繁发生，强度也明显增加。极端天气对社会发展提出了挑战，正在促使城市积极转变发展方式，同时引起各级政府对科学防洪减灾体系建设的重视。本文从防洪减灾形势现状出发，提出数字河流系统的必要性，最后介绍利用最可靠、最经济的 GPRS 通信平台角度，为保证水文资料可靠的实时收集而组成的 GPRS 技术在水文资料收集系统。

关键词：防洪减灾 GPRS 信息收集

1 现状

1.1 防洪减灾形势严峻

根据报道，2010 年 6 月 13 日以来的暴雨洪水涉及长江、闽江、西江三个流域，江西、福建等地 110 余条河流发生超警洪水，9 条河流发生超历史纪录洪水。闽江、湘江、资水等南方 11 条主要江河同时发生洪水，也是近年来少见。汛情发生早、超警多也是今年水情的一大特点。6 月 17 日珠江流域的广西西江干流出现入汛以来全国大江大河首次超警洪水。21 日，洪水淹没了湖南湘江著名风景区橘子洲部分地段。同日傍晚，江西第二大河抚河唱凯堤发生决口，下游乡镇上万人被困，受灾人口 10 余万众。与暴雨洪灾相伴的还有山洪、泥石流、滑坡、城市内涝等多种洪涝灾害的频发和全国多座水库不同程度发生的险情。随着主汛期的全面来临，大江大河随时都有发生大洪水的可能，全国防汛工作已进入紧要关头。国家防总发出紧急通知，要求江西、湖南、福建等 11 个省份强化江河堤防、圩垸、水库、水电站、大坝的巡查与险情抢护，充分发挥水库拦洪、削峰和错峰作用，及时转移危险地区的群众，做好抗洪抢险救灾工作。

但是一些薄弱环节必须引起各级政府的高度关注和重视，特别是中小河流防洪标准偏低，一旦发生大洪水出现险情的可能极大。另外，城市防洪排涝标准偏低、设施老化等突出问题也亟待解决，"我国至今尚未有较好的针对山洪的防范工程和技术支撑，局部地区因山洪、滑坡、泥石流所造成的损失严重。此外，蓄滞洪区的调度管理亟待加强，部分蓄滞洪区内布置了大量居民、农业和工矿企业，洪水灾害风险巨大。各级政府必须予以高度重视，积极防范，科学应对"。

1.2 应用科学技术应对灾害

一位工程院院士直言："一项新的科学技术的推广应用需要时间，更主要的是人们怕担风险。还有一点，是有些人或单位（部门）对我们自己研制的科研成果缺乏信心，这无疑加大了成果推广应用的难度。"渗漏防治是堤防、水坝、尾矿坝、截污坝、隧道及地下工程安全防护的共性问题和主要难点。而现行的堤坝防渗体系构建技术,程度不同地存在着工期较长、对坝体破坏性较大或造价较高等缺陷,难以满足我国众多病险堤坝除险加固的迫切需求。因此,研究开发"快速、超薄、经济、环保"堤坝防渗体系构建技术不仅意义重大,而且势在必行。有权威人士指出,防洪减灾不仅需要统筹安排、合理调度,更需要一些科学手段,不仅是在灾害发生前需要如此,在灾后的减灾救灾过程中同样需要。随着我国汛期的全面来临,发生各类灾害的几率也在加大。未雨绸缪,提前做好各种防灾减灾的预案,以应对不期而遇的灾害,才能把灾害造成的损失降到最低,也只有这样大灾害才不会演变成大灾难。

2　数字化系统

2.1　数字河道

　　国内在数字河道方面也有不少研究,但与国外相比还存在一定的差距。数字黄河是我国七大江河中最早提出的数字河道工程,是一个比较成功的例子,它包括数据采集、数据传输、数据存储及处理、数学模拟和决策支持等五个系统,主要为黄河的防汛减灾、水量调度、水质监控、水土流失治理与监测、水利工程运行与管理等提供决策支持。而目前国内大部分河道的管理都是以人工作业为主,不便于信息的存储、查询和分析,且费时费力、易出错。随着国民经济水平不断提高,科技技术的不断发展和进步,各地水利部门明显感觉目前的河道管理已不能适应新时期水利工作的需要,2001年水利部也提出了"以水利信息化带动水利现代化"的发展思路,并将"初步实现水利信息化"作为2010年水利发展的十大目标之一,加上水利信息数据量大、类型多,既具有空间分布特征又具有时态变化特征,只有利用空间数据管理的先进技术才能实现信息间的无缝集成和建库管理及数据库的联动,从而维护数据的完整性、一致性。近年来,地理信息系统(GIS)等专业技术的出现,使地理空间信息处理和管理的技术大大提高,它们的出现与发展为水利信息化的实现提供了极大的便利。

2.2　河流水文气象监测系统

　　实现河流水文、气象监测,建立河流水文气象监测系统,主要包含下面几个子系统:水文遥测子系统、流量自动监测子系统、视频监视子系统、中心控制子系统、信息发布子系统、信息查询子系统、洪水预警子系统等。所有测验数据的采集、处理及发布全部由计算机自动控制实施。除流量、视频外所有子系统采用工业总线结构接入数据采集仪,同时现场计算机作为所有数据信息的中心处理、发布等功能。站内采用以网络交换机为中心的局域网作为监测监控信息处理物理平台。根据建设目标及要求,系统应实现流量、水位、雨量、蒸发、水温、气温、空气湿度、风向风速现场信号的数据采集;采用数据采集仪终端和计算机进行本地数据存储、处理及分析。实现断面视频监测及图像传输,站内可投影到大屏幕系统应用软件实现站内水文信息实时自动采集、传输、处理入库、视频实时监控、流量自动测量和数据上传功能。

3　水文资料收集系统的介绍

3.1　系统构成

水文资料收集系统由中心站、GPRS、监测站三大部分组成。GPRS 水文资料自动收集系统包括：

（1）遥测站，由数据终端、水位计、雨量计、GPRS 模块、电源组成。

（2）中心站，基本由 GPRS 数据接收、中心端管理软件组成。

其工作的基本原理是：中心站的主控计算机在软件的支持下，通过 GPRS 平台，接收每个监测站发出的数据，数据终端完成各项数据的采集和处理，再经编码调制后，通过 GPRS 传送给主控计算机，存入中心数据库，并由主控计算机完成各种数据的显示、分析汇总、报警、打印等处理。

3.2　硬件组成

遥测站与中心站通过 GPRS 无线通信网络建立在线联系。数据终端通过 GPRS 无线通信网络传输至中心站，通过监测管理软件实现数据的远程采集、远程实时监测，并在中心完成数据的本地管理。同时，还可以手机对监测点进行设备参数设置等管理。通过水文历史资料库和实时数据库建设，结合区域水文地质条件，利用水文模拟模型软件，构建系统研究水文资料的平台，为水资源的优化配置、高效利用服务，为水资源科学管理服务。

深圳市昊景达电子有限公司生产水位雨量一体化设备（见图 1）具有功能强、操作简捷、低功耗、体积小、实时在线、准确性高等特点，由该设备组成的水位雨量收集系统具有安装方便、投资小、灵活性好等优势，是国内 GPRS 水文资料在线收集系统完整解决方案好的厂家之一。

系统具有如下功能：

（1）数据终端站采用定时自报结合定量加报的工作体制，定时时刻一到自动把数据终端站的信息发回中心站，定时间隔 1 ~ 24 h 可设置。雨量定量加报，遥测站 CPU 定时在每小时检测 60 min 的雨量累计值，与设定的 60 min 累计雨量加报阈值加报标准相比较，只要满足条件就立刻加报。

水位加报有两个水位标准，一个是警戒水位，另一个是加报水位。若当前水位高于警戒水位，测站将按设定的时间间隔发报，加报水位达到某一个加报标准时，立刻加报。

设置定时间隔、雨量加报阈值、警戒水位、加报水位可用短信（SMS）实现。

（2）水情数据终端一般工作在野外或无人值守之地无市电，用太阳能供电，为达到节省功耗的目的，利用遥测终端 MCU 的多种省电模式中的"休眠"模式，使主机实现较低的功耗。GSM 无线模块平时待命，定时一到或需加报时，遥测终端自动唤醒工作，信息发送完毕再重返"待命"状态。GSM 遥测站可随时响应中心站的拨号呼叫和短信（SMS）以响应有关指令，如系统参数远程配置命令或召测。

（3）雨量采集：雨量每次翻转触发 CPU 将雨量记录写入固态存储器后，设备再次进入休眠状态。

（4）水位采集：遥测终端通过时钟定时，每 5 min 采集一次水位。CPU 将采集到的一条水位记录写入固态存储器，然后，设备再次进入休眠状态。

图 1　雨量一体化遥测站实物图

（5）测站能响应中心站远程资料召测命令（SMS），将固态存储数据上传到中心站。

（6）遥测站支持本地通过键盘、显示器对系统的配置进行修改，也可以通过移动网络（SMS）远程修改，参数包括时钟、目的地手机号码、IP 地址等。

（7）遥测终端配置大容量非易失存储模块（2 Mbit），可存储 512 d 的水位或雨量数据，数据可以到测站用 U 盘读取，也可以通过 GPRS 遥测信道远程读取，读取的最小时间间隔为 1 d。

（8）测站收到修改配置命令后，首先修改系统配置，然后读出已修改的配置，返回一条确认核对信息。

（9）具有实时钟，以完成对水位、雨量的自动记录。

（10）遥测站 RTU 预留适量的传感器输入口，以实现对风向、风速、气压、温度、湿度等参数的自动采集，并处理传输。

（11）提供测试状态，保证在检修和维护时产生的水位和雨量数据不进入固态存储区。

（12）遥测站功耗小，设备用蓄电池供电，太阳能电池板补充能源，可保证 30 d 连续阴天，设备正常工作。

（13）遥测站 RTU 可选择向 1~4 个目的地（中心站）发送实时数据（SMS 时），GPRS 方式时接收目的地数（中心站）不限。

（14）数据终端站在硬件和软件两方面都能支持 GPRS 功能。

（15）测站能响应手机短信的召测命令（SMS），并把相应水情数据送到该手机上。

系统设备的各项功能指标达到中华人民共和国水利电力部部颁标准《水文自动测报系统规范》（SL 61—2003）要求。

3.3 软件功能简介

（1）中心接收软件。接收软件将接收的数据进客户端数据库，用户可调用数据库的数据编制应用软件。

（2）中心站数据处理软件功能简介。用户输入用户名、密码，一般用户可查询数据，检验用户权限：操作员进行权限的有修改和查询数据功能，管理员可对各表的维护包括对各表数据的增加、修改、删除功能。

4 结语

随着极端天气不断出现，今后防洪减灾的任务越来越重，充分利用先进技术发展水利自动化、河流数字化、水利信息自动收集等系统建设势在必行。深圳市昊景达电子有限公司生产的水位雨量一体化设备，既有结构简单、工作可靠、操作容易、可遥控的特点，又有一体化、易安装和维修方便等优点，是一种智能信息化设备，是构成水情自动测报系统主要的基础设备，是完成水雨情信息自动化采集传输的关键设备。由该设备组成的水位雨量收集系统具有安装方便、投资小、灵活性等优势，加上自身很高的可靠性，是一个理想的 GPRS 水文资料自动收集系统，也是数字河流系统最理想的水利信息收集系统。

参 考 文 献

［1］陈刚，蔡玉高，蒋芳. 极端天气频发倒逼城市发展方式转变与科学防灾. 2010-07-06.
［2］孙英兰. 中国今年极端天气事件频发"倒逼"科学防灾.《瞭望》新闻周刊，2010-06-29.
［3］蓝标. GPRS 技术在水文资料收集系统的应用. 2007 年度气象水文海洋仪器学术交流会论文集.

作者简介： 蓝标（1959—），男，研究生，高级工程师，深圳市水务局。联系地址：深圳市福田区新洲南路 4 号。E-mail：lbiao88@163.com。

P - Ⅲ 曲线拟合软件的研发与应用*

邢广军

（河北省张家口水文水资源勘测局，张家口　075000）

摘　要：本文介绍了一款基于水文统计学原理和 Visual Basic 技术的实用性很强的 32 位软件——P - Ⅲ 曲线拟合软件的研发和应用。该软件具有数据格式识别、数据处理、结果分析优化、绘制曲线、修改参数、形成成果表、导出曲线图和数据编辑修改等功能。可广泛应用于陆地水文、水资源调查评价、水资源论证、海洋水文和地质勘探等专业。涉及水利、地质矿产、交通、城建（城市防洪）、海洋和水利水电勘探设计等部门。

关键词：离差系数　偏差系数　适线方法　频率格纸　重绘技术

1　项目提出背景以及使用概况

当前，水资源调查评价、建设项目水资源论证以及工程防洪影响评价工作日渐重要，这些评价论证工作需要大量的数据进行特征值计算及频率曲线绘制。而现有的 P - Ⅲ 曲线拟合软件只能部分满足上述要求，因此笔者萌发了重新研发 P - Ⅲ 曲线拟合软件的想法，并于 2005 年底完成了软件的开发、测试以及完善工作。经过近两年的使用，效果不错。

2　理论依据

P - Ⅲ 型曲线是一条一端有限一端无限的不对称单峰、正偏的曲线，即伽玛分布。水文计算中，一般需要求出指定频率 P 所相应的随机变量取值 x_P，也就是通过对伽玛分布密度函数进行积分，即

$$P = P(x \geq x_P) = \frac{\beta^{\alpha}}{\Gamma(\alpha)} \int_{x_P}^{+\infty} (x - a_0)^{\alpha-1} e^{-\beta(x-a_0)} dx \qquad (1)$$

求出大于等于 x_P 的累积频率 P 值。通过变量转换，变换成下面的积分形式：

$$P(\Phi \geq \Phi_P) = \int_{\Phi_P}^{+\infty} f(\Phi C_s) d\Phi \qquad (2)$$

上式中被积函数只含有一个待定参数 C_s，其他两个参数 $\bar{x}$、C_v 都包含在 Φ 中，是标准化变量，$\Phi = (x - \bar{x})/(\bar{x} C_v)$ 称为离均系数。因此，只需要假定一个 C_s 值，便可求出 P 与 Φ 之间的关系。由 Φ 就可以求出相应频率 P 的 x 值，即

$$x_P = \bar{x}(1 + \Phi C_v) \qquad (3)$$

在 P - Ⅲ 型分布曲线中，$\bar{x}$、C_v、C_s 是三个表示其分布特征的参数。为了具体确定 P -

---

* 本文在《水文》2009 年第 2 期发表。

Ⅲ型分布曲线,水文统计学中常用矩法来估算这些参数。实际应用中,参数计算公式被修正为无偏估值公式,力求使样本系列计算出来的统计参数与总体更接近。均值、离差系数、偏差系数计算公式分别为:

$$\bar{x} = \frac{1}{n} \sum_{i=1}^{n} x_i \tag{4}$$

$$C_v = \frac{S}{\bar{x}} = \sqrt{\frac{\sum_{i=1}^{n} (K_i - 1)^2}{n - 1}} \quad (其中 K_i = \frac{x_i}{\bar{x}}) \tag{5}$$

$$C_s = \frac{\sum_{i=1}^{n} (K_i - 1)^3}{(n - 3) C_v^3} \quad (其中 K_i = \frac{x_i}{\bar{x}}) \tag{6}$$

用式(4)、式(5)、式(6)估算参数,作为配线法的参考数值。

对于某一资料系列,由于目前其系列长度不能满足水文统计学的要求,因此 C_s 不能使用计算值,故设 $C_s = nC_v(n > 0)$。

对于不连序系列,其统计参数的计算与连序系列的计算公式有所不同。如果在迄今的 N 年中已查明有 a 个特大值(其中有 l 个发生在 n 年实测或插补系列中),假定 $(n - l)$ 年系列的均值和均方差与除去特大值后的 $(N - a)$ 年系列的相等,即 $\overline{X}_{N-a} = \overline{X}_{n-l}$,$S_{n-a} = S_{n-l}$,频率和统计参数的计算公式如下:

$$P_m = \frac{a}{N + 1} + (1 - \frac{a}{N + 1}) \frac{m - l}{n - l + 1} \quad m = l + 1, \cdots, n \tag{7}$$

$$\overline{X} = \frac{1}{N} (\sum_{j=1}^{a} X_j + \frac{N - a}{n - l} \sum_{i=l+1}^{n} X_i) \tag{8}$$

$$C_v = \frac{1}{\overline{X}} \sqrt{\frac{1}{N - 1} [\sum_{j=1}^{a} (X_j - \overline{X})^2 + \frac{N - a}{n - l} \sum_{i=l+1}^{n} (X_i - \overline{X})^2]} \tag{9}$$

式中:X_j 为特大值变量($j = 1, 2, \cdots, a$);X_i 为实测值变量($j = l + 1, \cdots, n$);N 为调查考证期;a 为特大值个数;l 为从 n 项连序系列中抽出的特大值个数。

对于含有两个调查期的不连序系列,计算 $\bar{x}$ 和 C_v 值时,参考以上公式作相应变化。

软件设计开发过程中,为了满足曲线拟合的程度,已经考虑了 $\bar{x}$ 和 C_v 值根据曲线走向的较小幅度调整。同时,为了消除用样本系列的统计参数来代替总体的统计参数存在抽样误差,在实际工作中力求取得较长的资料系列来进行频率计算分析。此外,选取系列时应对选取的数据作合理性分析,以保证不会由于个别数据的存在而较大幅度影响均值和离差系数。

3　基础数据

正态频率曲线在普通格纸上是一条规则的 S 形曲线,它在 $P = 50\%$ 前后的曲线方向虽然相反,但形状完全一样,见图 1 中的①线。水文计算中常用的一种"频率格纸",其横坐标的分划就是按把标准正态频率曲线拉成一条直线的原理计算出来的,见图 1 中的②线。在绘制 P-Ⅲ型曲线时使用的正是这种频率格纸。

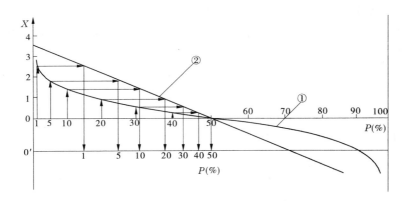

图 1　频率格纸横坐标分划图

设定 L 是频率格纸上某一特定频率到频率 50% 的距离,这种距离单位不确定,也就是说,在不同的情况下可以放大或缩小。在水文资料的实际分析中,极少有符合正态分布的情况,因此频率曲线在频率格纸上仍是一条曲线,而且是一条凹向上方的曲线。根据公式

$$P = \frac{1}{\sqrt{2\pi}} \int_{L}^{+\infty} e^{-\frac{x^2}{2}} dx \qquad (10)$$

可以计算求得的 L,其中 P 为频率;L 为 P 距离 50% 的距离。

对于这样的公式,已知 P,求 L 属于求算广义积分的下限,根据 Mathematica 数学建模软件对广义积分的计算要求,可以使用如下程序行求算相应频率的 L 值:

$$NSolve\left[\frac{1}{\sqrt{2\pi}} \int_{L}^{+\infty} e^{-\frac{x^2}{2}} dx == P, L\right] \qquad (11)$$

其中 P 为确定的频率值。L 为求算结果。根据正态分布具有对称性的结果。可以确定 50% 两端任意频率的 L 值,表 1 为较为全面的计算结果。

利用正态分布对称性原理可以确定 >50% 部分距离,根据计算的系列数据建立系统数据文件,供软件工作时使用。

4　软件设计

4.1　系统功能结构

根据水文和其他相关专业的实际需求,软件支持单一系列和综合频率曲线的绘制,并提供数据编辑功能。

数据文件与系统数据处理模块的接口、数据处理模块和输出数据以及中间数据的接口是系统中重要的数据接口,见图 2。这些接口设计直接影响了数据的处理是否正确,精度是否符合系统要求。

表1　L值计算结果

P	L	P	L	P	L	P	L
0.01	3.719 02	0.50	2.575 83	7.0	1.475 79	26	0.643 35
0.02	3.540 08	0.60	2.512 14	8.0	1.405 07	28	0.582 84
0.03	3.431 61	0.70	2.457 26	9.0	1.340 76	30	0.524 40
0.033 3	3.402 93	0.80	2.408 92	10	1.281 55	32	0.467 70
0.04	3.352 79	0.90	2.365 62	11	1.226 53	34	0.412 46
0.05	3.290 53	1.0	2.326 35	12	1.174 99	36	0.358 46
0.06	3.238 88	1.2	2.257 13	13	1.126 39	38	0.305 48
0.07	3.194 65	1.4	2.197 29	14	1.080 32	40	0.253 35
0.08	3.155 91	1.6	2.144 41	15	1.036 43	42	0.201 89
0.09	3.121 39	1.8	2.096 93	16	0.994 46	44	0.150 97
0.10	3.090 23	2.0	2.053 75	17	0.954 17	46	0.100 43
0.15	2.967 74	3.0	1.880 79	18	0.915 37	48	0.050 15
0.20	2.878 16	3.333	1.833 91	19	0.877 90	50	0
0.30	2.747 78	4.0	1.750 69	20	0.841 62		
0.333	2.713 05	5.0	1.644 85	22	0.772 19		
0.40	2.652 07	6.0	1.554 77	24	0.706 30		

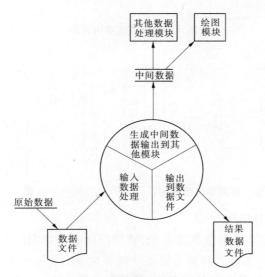

图2　数据接口示意图

　　软件的核心功能是数据处理和图形绘制。在数据处理中,会涉及数据处理的舍入、格式等问题。为此软件设计了相应的数据处理函数,用来形成满足系统要求的数据,生成合格的数据文件或中间数据,供其他模块调用。

　　软件设计时使用系统功能结构描述的方法,清楚表达了系统在结构上具有的功能,以及系统设计实现的总体功能框架。软件的程序系统主要涉及系统数据读取、数据文件数据读取和预处理、系统参数计算、数据分析和系统参数优化与调整、曲线拟合、数据表导出、频率曲线图导出、数据编辑、系统注册等模块。

　　根据相关学科和水利水电工程设计洪水计算规范的要求,制作软件的系列功能结构简图(见图3、图4、图5)。结构简图着重于功能性描述,忽略详细设计的细节,即顶层结构设计概略化;着重于结构性描述,忽略细枝末节,即结构设计总体化;着重于系统性描述,忽略具体功能实现,即功能描述模块化。

　　从图3、图4、图5可以看出,功能结构简图含有若干功能模块,模块和模块之间由中间数据连结,由用户根据需要选择触发,根据不同功能需要触发不同功能模块。系统设计每个模块只有一个出口和一个入口,目的是降低程序设计复杂度,满足设计结构化、系统维护和系统调试的需要。

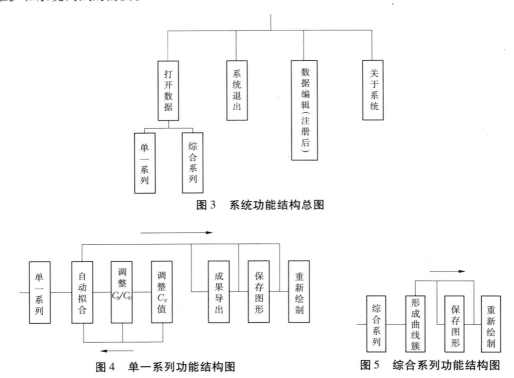

图3　　系统功能结构总图

图4　　单一系列功能结构图　　　　　　　图5　　综合系列功能结构图

4.2　数据处理模块设计目标

　　为了满足数据处理模块对数据的要求,软件设计中特别编制出一个数据编辑模块,用来供用户编辑修改保存数据。数据编辑模块建立的文件是一个以 single 和 integration 为扩展名的纯文本文件,前者表示单一系列,后者表示综合频率曲线的数据。

　　核心数据处理模块主要目标为:①数据文件的读入、分析;②数据特征值计算及优化处理;③数据系列排序和最值确定以及在坐标系统中最值的确定;④系统数据读入;⑤C_v、

C_s/C_v、$Aver$、K_p 等值的核定；⑥计算绘图实际数据；⑦实际数据到坐标数据的转换；⑧坐标系统纵轴刻度的动态实现；⑨标题系统输出；⑩成果文件的输出；⑪中间数据文件的生成（和导出）。

数据处理后的结果直接提交下一功能模块——绘图模块。

4.3　绘图模块设计目标

在图形绘制模块中，涉及了坐标系统的建立，栅格绘制，点数据到坐标值的转换，坐标的点绘，计算频率曲线参数，根据处理要求部分或全部提取系统数据，根据点群情况调整频率曲线参数，根据参数和系统数据确定曲线的走向、确定适线方法并绘制符合计算参数和点群情况的曲线，根据实际需要修改 C_v、C_s/C_v，保存结果数据或中间数据，保存图形到文件等函数或功能模块。这些模块和函数或者独立存在，或者相互联系。

本系统核心绘图模块主要实现目标为：①栅格绘制；②点绘数据坐标点据；③根据点群情况，二次优化数据处理模块准备好的中间数据；④确定系统曲线的数据；⑤绘制曲线；⑥调整曲线参数进行曲线重绘；⑦保存曲线数据以及图形。其中栅格和曲线的绘制、重绘技术和二次数据优化有较大设计难度。

4.4　用户数据文件规格说明

软件单一系列文件以 common 和 special 区分普通系列和含有调查值的系列，两种数据格式如下。

（1）common 格式

common………………………普通系列格式标注

××××××××××××………大标题

×××××………………纵坐标标题

???.?? ………………………从此以下为数据，每个数值为一行，无排序要求
⋮

（2）special 格式

special,2…………………………含有调查值的系列，其中 2 表示有两个调查期，1 表示 1 个调查期

××××××××××××……大标题

×××××…………………纵坐标标题

???.?,?,? …………………………调查期 N2，含义为调查期（排位期）、调查值个数、和调查期 N1 重合数据个数

???? ……………………………调查期 N2 的数据，无排序要求
⋮

??,?,? …………………………调查期 N1，含义为调查期（排位期）、调查值个数、和常系列 n 重合数据个数

???? ……………………………调查期 N1 的数据，无排序要求
⋮

???? ……………………………常系列 n
⋮

综合系列用 integration 区分。数据文件内容由大标题、纵坐标标题、参数变动次数、均值、C_v、C_s/C_v、频率和对应数据组成。

5　实例验证

5.1　单一系列

对于××××站洪峰流量数据收集整理如下：

调查值段 1，调查期为 150 年，数据为 2400，2900，2860，3000

调查值段 2，调查期为 80 年，数据为 3000，1800，2070，2050

常系列，数据为 368，193，2070，1330，338，427，950，2050，837，69.7，276，355，200，561，1260，298，515，383，79.7，190，67.6，608，640，800，500，750

根据软件的数据文件规格编制出含有上述数据的单一系列文件，使用该文件的数据，绘制出的频率曲线图，见图 6。

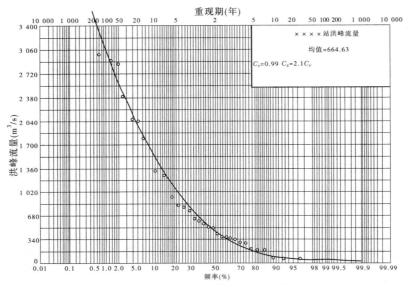

图 6　××××站洪峰流量频率曲线图

生成各种频率下的特征数据见表 2。

表 2　××××站洪峰流量不同 $C_s(C_v)$ 数据导出表

频率(%)	0.1	0.2	1	2	5	10	20	50	90	99
Average = 664.63		C_v 计算值 = 0.99		C_v = 0.99		C_s/C_v = 2.1		最大值 = 3 000		最小值 = 67.6
X_P	4 638.9	4 171.7	3 072.9	2 592.5	1 980.6	1 513.4	1 052.8	454.1	92.8	62.6

5.2　综合系列

××××站洪峰流量在不同均值时选取的 C_v 会有一定差别，根据 5 次不同均值分别取得 C_v 为 0.88、0.92、0.96、0.94、0.99，形成的综合频率曲线图见图 7。

6　结语

P – Ⅲ曲线拟合软件是集水文统计学、陆地水文、计算机软件设计、Visual Basic 程序

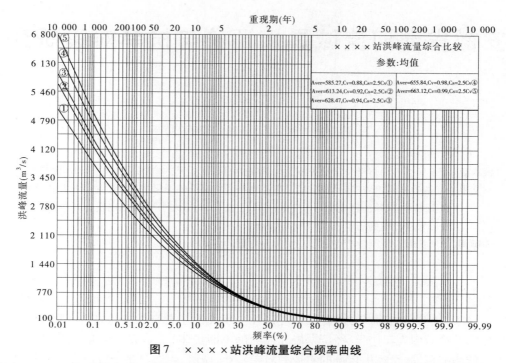

图7 ××××站洪峰流量综合频率曲线

设计、Mathematica数据处理、目标优化等系列知识的一个系统构思和全面应用的结果。该软件设计做到了软件使用简单化、界面设计简洁化,隐藏了复杂的程序设计和程序控制。程序全文的有效行数达到5 000多行。总体采用事件驱动方式,模块内采用的结构化程序设计方法。软件能够满足用户对此类软件的较高要求。

参 考 文 献

[1] 金光炎. 论水文频率计算中的适线法[J]. 水文,1990(2):8-11.

[2] 邱林,等. P－Ⅲ型分布参数估计的模糊加权优化适线法[J]. 水利学报,1998(1):25-28.

[3] 洪维恩. 数学运算大师 Mathematica 4[M]. 北京:人民邮电出版社,2002.

[4] 长江水利委员会水文局. SL44—2006 水利水电工程设计洪水计算规范[M]. 北京:水利电力出版社,2006.

[5] 刘光文. P－Ⅲ型分布参数估计[J]. 水文,1990(4):12-14.

作者简介:邢广军(1970—),男,高级工程师,河北省张家口水文水资源勘测局。联系地址:河北省张家口市桥西区沙岗东街副1号。E-mail:ted dybear@188.com。

安徽省淮河流域旱情评价与抗旱对策研究

邓英春

（安徽省水文局，合肥　230022）

摘　要：由于旱情监测与干旱定量分析是极其复杂的系统工程，它涉及多个学科和监测要素，本文根据安徽省淮河流域实际情况，通过选择几个能实时反映干旱情况的敏感指标加以系统分析，评价实时旱情等级（轻度干旱、中度干旱、严重干旱、特大干旱），并在发生各种旱情等级情况下，所采取相应的防旱、抗旱对策提出建议。

关键词：淮河流域　干旱分析　防旱　抗旱　对策

1　基本情况

干旱灾害是影响安徽省淮河流域经济、社会发展的主要自然灾害之一。随着全球气候变化以及流域内人口增长、经济发展和社会的不断进步，干旱灾害更有扩展的趋势，干旱灾害的影响范围，已经由传统的农业领域向工业、城市、生态等多个方面发展，因干旱缺水等造成的损失也愈来愈严重。

1.1　自然地理和经济社会状况

安徽省淮河流域位于安徽省中北部，在东经 114°54′～119°13′、北纬 31°01′～34°38′之间，东连江苏，西接河南，南邻长江，北依山东，流域面积约 6.7 万 km^2。其中：平原和洼地面积 4.1 万 km^2，占总面积的 61%；山丘区面积 2.4 万 km^2，占总面积的 36%；其他湖泊水面面积约 0.2 万 km^2，约占总面积的 3%。淮河以北面积 3.7 万 km^2，淮河以南面积 3.0 万 km^2。

安徽省淮河流域 2005 年总人口 3 731 万人，其中城镇总人口 1 033 万人，农村人口 2 698 万人，城镇化水平为 28%。流域内耕地面积约 276 万 hm^2，省内的淮北平原、沿淮及淮南淠史杭灌区等是安徽省乃至全国重要的商品粮、棉、油生产基地。

1.2　降水蒸发

1.2.1　降水

安徽省淮河流域多年平均降水量 946 mm，自北向南递增。大别山区为多雨区，多年平均降水量分别在 1 500 mm 以上。全省降水量年际变化趋势明显；淮河流域降水量年际变化趋势明显，最多年与最少年之比为 2～6 倍。降水年内分配不均，多年平均汛期最大 4 个月总雨量占全年总雨量的比重由南向北递增，其中除大别山区的比重为 50%～55% 外，淮河流域南部为 55%～60%，中部为 60%～65%，北部在 65% 以上。最大月降水量一般出现在 6～7 月。

1.2.2　蒸发

安徽省淮河流域多年平均水面蒸发量自北向南递减。淮北平原蒸发量最大，为 900～

1 100 mm(E601 蒸发器观测,下同);淮南丘陵区次之,为 800 ~ 1 000 mm;大别山区最小,为 750 ~ 850 mm。多年平均月最大蒸发量分别出现在 6 ~ 8 月,月最小蒸发量一般出现在 1 月。

1.3 水资源状况

安徽省淮河流域大气降水是水资源的唯一补给源。安徽淮河流域多年平均水资源总量为 226.1 亿 m^3,其中地表水资源 175.78 亿 m^3,地下水资源总量 89.4 亿 m^3(不重复地下水资源计算水量 50.36 亿 m^3)。淮河流域多年平均人均水资源占有量为 589 m^3,只及安徽省多年平均人均水资源占有量 1 125 m^3 的一半,更低于全国人均占有量,水资源形势比较紧张。

2 农业种植结构及布局

安徽省淮河流域种植业是农业经济的主体,既有粮食作物又有经济作物。种植结构,淮河以南以水稻为主,淮北平原以旱作物为主。

2.1 淮北地区

夏季(又称午季)粮油作物以小麦为主,播种面积一般为 170 万 hm^2;秋季粮食作物以玉米、大豆、薯类、水稻等为主,播种面积约 190 万 hm^2,其中水稻面积近期稳定在 20 万 ~ 25 万 hm^2,占全省水稻面积的 10% 左右。

2.2 淮南丘陵地区

农业结构以种植水稻为主,地势过高缺乏水源的岗岭地带,种植旱杂粮、经济作物。20 世纪 90 年代随着种植结构的调整,淮南丘陵地区大部分已实行油菜、水稻或小麦、水稻两熟制。

2.3 大别山区

农业结构以水稻为主,由于气温偏低,主要种植一季稻,在开阔平坦的盆地,茬口安排为油菜、水稻或绿肥、水稻等。山麓边的坡耕地,地块很小,地面不平,无灌溉设施,大多种植旱杂粮或经济作物。

3 流域旱灾

3.1 干旱等级评价

鉴于安徽省淮河流域干旱时,农业干旱和城市干旱几乎同时发生,两者联系紧密。因此,将农业干旱等级和城市干旱等级合并考虑,划分为四级,即轻度干旱(轻旱)、中度干旱(中旱)、严重干旱(重旱)、特大干旱(特旱)。

对连续无雨日数、降水距平、水库蓄水量距平百分率、河道来水量距平百分率、地下水埋深下降值、城市缺水率、作物受旱面积百分比等 7 种干旱指标逐年进行旱情等级评价。

3.2 干旱发生的频次

通过干旱划分,新中国成立 59 年,安徽省淮河流域共发生大小干旱 45 年,约合 5 年 4 遇,其中特大干旱 5 年,即 1959 年、1966 年、1978 年、1994 年、2001 年,约合 10 年一遇;重度干旱 13 年,约合 4 年一遇;中度干旱 16 年,轻度干旱 12 年,基本不旱 13 年;55 年发生连续特、重干旱 5 次,即 1958 ~ 1959 年、1966 ~ 1967 年、1976 ~ 1978 年、1985 ~ 1986 年、

2000～2001年,这些年份一般是连年少雨,重旱年与特旱年先后出现,干旱造成的损失及负面影响特别严重。

3.3 干旱成因

造成干旱频发的原因既有自然因素,又有社会因素的影响。主要包括:

(1)降雨时空分布不均匀,并且降雨偏少时段往往发生在作物需水的关键时期;

(2)既有平原圩区,又有山区、丘陵区,高差变化大,地形复杂;

(3)部分水体水污染严重,造成水质型缺水;

(4)人口增加,水资源开采利用不科学,加剧了水资源的短缺;

(5)湖泊围垦、河道淤积等,减少了调节库容;

(6)现有水利工程抗旱能力难以适应经济社会的发展等。

4 防旱对策

遵循"以防为主、防抗结合"的方针,建立健全防旱工作机制。

4.1 蓄水保水

保证水源是抗旱工作的基础和条件,不管有旱无旱,都必须将全省的蓄水状况维持在一个合理的水平。在保证工程安全前提下,各类水库和涵闸,都应按照控制运用办法的规定,适时蓄水、引水、保水,增加调节水量。有抗旱任务的各类水利工程,要制定和完善抗旱调度运用办法。

4.2 过境水资源利用

在确保防洪安全的前提下,经批准可适时适量引用过境水资源。沿淮湖泊利用淮河过境水资源。茨淮新河灌区在颍河水质较好时,从茨河铺闸引水补源,扩大供水水源。

4.3 洪水资源利用

主要针对发生洪水后的退水阶段。正确处理防洪与兴利的关系,合理承担风险,经批准可适时关闭水库泄洪设施、沿淮湖泊及河道控制闸,最大限度地利用洪水资源,增加抗旱水源。

4.4 水源调度

全省各地都要按照分级负责的原则,根据不同时期、不同阶段和灌区工农业生产生活用水实际,编制灌溉用水方案,增强计划性、科学性。在此基础上,合理优化调度,加强用水管理,减少跑、冒、滴、漏,提高水资源的利用效率。

(1)淠史杭灌区,按开灌前五大水库的实际蓄水量,编制用水方案。严格前期用水,保证关键时期用水;鼓励灌区先用塘水,后用渠水。要抓住时机,及时拦蓄横排头以上等区间径流,增加灌区可用水量。当大型水库蓄水不足时,采取保灌上游,补给中游,灌区尾部抽湖水自保的调度原则,保证灌溉用水。

(2)以蚌埠闸为中心的淮水调控体系,遇枯水年或干旱季节,要在确保防洪安全的前提下,适当抬高蚌埠闸、颍河、涡河、茨淮新河、怀洪新河、沿淮湖泊的蓄水位。近期蚌埠闸上水位按18.0～18.3 m控制,沿淮湖泊按照正常蓄水位上限进行控制。高塘湖(窑河闸)水位按18.5～19.0 m,瓦埠湖(东淝闸)按19.0 m,焦岗湖(焦岗闸)按18.0 m控制;其他位于一市境内的湖泊,在确保工程安全的基础上,由所在市按正常蓄水位的上限控制。在抗旱调度运用中,有关河道管理机构与有关市、县防指沟通,加强技术指导,落实抗旱调度的各种保障措施。特别是在实施水闸反向引水时,严格按照操作规程,确保水闸自身安全。同时,做好茨淮新河相机引用颍河来水,沿淮湖泊、怀洪新河引用淮水调度。当茨淮新河水源仍不足时,上桥站适时抽水。

(3)但在抗旱水源调度中,必须考虑圩区可能突发洪涝灾害的因素,以防旱涝急转。

4.5 节水措施

农业生产应当推行节水灌溉方式和节水耕作技术,因地制宜,合理调整农、林、牧、渔业生产布局以及作物种植结构,变对抗为适应。

要大力发展农业节水灌溉,加快灌区节水改造步伐。重点搞好田间灌溉工程配套和渠道防渗,改进地面灌溉条件,适当发展喷灌和滴灌面积。

加大城市及工业节水力度。对缺水城市要限制城市规模和耗水量大的工业发展项目,着力发展节水型工业和服务业。同时提高工业水重复利用率和使用效率,减少废水、污水排放。积极推行城市管网改造,逐步实现分质供水,优水优用;大力提倡中水回用、雨洪利用,加大城市污水处理及回用力度,改善城市及周边地区的环境;发挥水费价格杠杆调节作用,利用经济措施鼓励节水。

4.6 加强水污染防治

淮河流域水体受污染地区的县级以上人民政府应当采取有效措施,加强水质监测,加强对排污企业及排污口的监督管理,严格实行达标排放和排污总量控制,防止水环境恶化,保证抗旱用水水质。

4.7 做好抗旱基础工作

(1)根据经济社会的发展和抗旱能力的提高,及时了解、掌握流域内抗旱工作的基本情况,制定或完善各类工程抗旱调度规范性文件,避免随意性和主观性。

(2)深入研究旱情旱灾发生发展规律,加大抗旱工作研究的广度和深度,为科学抗旱提供技术支持和保障。

(3)完善各类抗旱预案。要针对当年的实际,编制实时抗旱用水方案。淮南、蚌埠、淮北、阜阳、亳州、宿州、界首等重点干旱缺水城市编制城市应急供水预案,大型灌区编制相应的调度预案,定(远)、凤(阳)、明(光)等编制区域性抗旱预案。

5 抗旱对策

旱情旱灾发展是一个渐变的过程,随着旱情的不断加重,需要采取相应的抗旱对策。因此,本预案根据受旱范围、受旱程度,将旱情发展划分为四个阶段,即轻度干旱、中度干旱、严重干旱、特大干旱,提出相应的抗旱对策。

5.1 轻度干旱抗旱对策

大面积连续 10 ~ 20 d 无有效降雨,受旱面积占相应耕地面积的 10% ~ 30% ,并且旱情对农作物正常生长开始造成不利影响。根据干旱等级指标分析,发生了轻度干旱。若预报未来一周基本无雨时,受旱地区启动相应的抗旱预案。省防指在防旱对策的基础上,启动轻度干旱抗旱对策。

5.2　中度干旱抗旱对策

大面积连续 21 ~ 30 d 未降雨,受旱面积占相应耕地面积的 31% ~ 50%,稻田缺水,旱情对作物正常生长造成影响,局部已影响产量,根据干旱等级指标分析,发生了中度干旱。若预报未来一周基本无雨时,受旱地区启动相应的抗旱预案;省防指在轻度干旱对策的基础上,启动中度干旱抗旱对策。

5.3　严重干旱抗旱对策

大面积连续 31 ~ 45 d 无有效降雨,受旱面积占相应耕地面积的 51% ~ 80%。此时田间严重缺水,稻田龟裂,禾苗枯萎死苗,对作物生长和作物产量造成严重影响,城镇供水和农村人畜饮用水发生困难。根据干旱等级指标分析,发生了严重干旱。对于全省来说,此阶段属于《安徽省抗旱条例》旱情紧急情况。若预报未来一周基本无雨时,受旱地区启动相应的抗旱预案;省防指在中度干旱对策的基础上,启动严重干旱抗旱对策。

同时,流域内各级人民政府可相机采取下列应急措施:

(1)临时设置抽水泵站,开挖输水渠道;应急性打井、挖泉、建蓄水池等;应急性跨流域调水;在保证水工程设施安全的情况下,适量抽取水库死库容;临时在河道沟渠内截水;依法适时实施人工增雨作业;对饮水水源发生严重困难地区临时实行人工送水。

(2)限制造纸、酿造、印染等高耗水、重污染企业的工业用水;限制洗车、浴池等高耗水服务业用水;缩小农业供水范围或者减少农业供水量;限制或者暂停排放工业污水;限时或限量供应城镇居民生活用水;其他限制措施。

5.4　特大干旱抗旱对策

当连续 45 d 以上无有效降雨,受旱面积大于相应耕地面积的 80%,农作物大面积枯死或需毁种,城镇供水和农村人畜饮用水面临严重困难,国民经济和社会发展遭受重大影响。根据干旱等级指标分析,发生了特大干旱。如预报未来无透墒雨时,受旱地区启动相应的抗旱预案;省防指在严重干旱对策的基础上,启动特大抗旱对策,全力抗旱救灾,确保社会稳定,尽力减轻旱灾造成的损失。

在严重干旱应急措施的基础上,加大限制力度。流域内各级人民政府可相机采取下列强制性应急措施:限制直至暂停造纸、酿造、印染等高耗水、重污染企业的工业用水;限制直至暂停洗车、浴池等高耗水服务业用水;缩小农业供水范围或者减少农业供水量;限制直至暂停排放工业污水;限时或限量供应城镇居民生活用水;其他限制措施。

作者简介:邓英春(1952—),男,安徽庐江人,高级工程师,从事水文水资源、水环境、墒情监测评价和研究工作。联系地址:安徽省合肥市桐江路 19 号安徽省水文局。E-mail:dengyc8821@163.com。

采用间隔流动注射仪测定总氰和氰化物的探讨

刘阳春 唐 毅 王 飞 周 东

（北京市水文总站，北京 100089）

摘 要：本文采用间隔流动注射的方法对水质中的氰化物进行检测，采用的仪器型号为 San++。通过选择合适的锌盐和关闭紫外灯，我们将总氰模块应用于易释放氰化物的检测。试验结果表明，仪器测定的总氰和易释放氰化物的精密度、准确度和加标回收率均满足水质检测的质量控制要求，适应环境监测的需要。

关键词：水质 间隔流动注射仪 总氰化物 易释放氰化物

氰化物属于剧毒物质，能够引起人体组织的缺氧窒息，对人体危害较大。地表水中氰化物主要来源于电镀、焦化、造气、选矿、洗印、石油化工、有机玻璃制造、农药等工业废水，来源较广。因此，氰化物的测定是环境监测的一个重要项目。氰化物按照络合的程度在水中可分为简单氰化物和络合氰化物。易释放氰化物包括简单氰化物和锌氰络合物，较易蒸馏。总氰化物包括易释放氰化物和锌氰络合物、铁氰络合物、镍氰络合物和铜氰络合物等，不包括钴氰络合物。我国目前在环境领域检测总氰化物（以下简称总氰）和易释放氰化物（以下简称氰化物）的标准为 HJ 484—2009[1]。

流动注射法（FIA）相比常规的化学分析具有速度快、精度高和节省人工的特点。由于仪器厂商对于不同样品常常提供一个通用的检测方法，使得对于特定样品的检测方法还有优化的余地[2]。在总氰化物的自动分析方法中，常常使用紫外辐射替代手工方法中的加强酸蒸馏，因紫外辐射可加速含氰络合物中的氰根和金属阳离子的离解[3]。在本文中，我们尝试了关闭仪器的紫外模块，并通过添加锌盐以减弱铁氰化物的离解作用，从而实现在同一台仪器上对水中总氰和氰化物的检测。

1 实验部分

1.1 主要仪器和试剂

本实验采用荷兰 Skalar 公司的 San++ 型间隔流动注射仪（SFA），总氰化物模板，流程图如图 1 所示，方法号 Catnr –004w/r。

蒸馏溶液：柠檬酸 $C_6H_8O_7 \cdot H_2O$ 50 g，氢氧化钠 NaOH 12 g，蒸馏水 1 L；

1% 氯化锌溶液：氯化锌 $ZnCl_2 \cdot 2H_2O$ 1 g，蒸馏水 1 L；

1% 硝酸锌溶液：硝酸锌 $Zn(NO_3)_2 \cdot 2H_2O$ 1g，蒸馏水 1 L；

1% 硫酸锌溶液：硫酸锌 $ZnSO_4 \cdot 2H_2O$ 1 g，蒸馏水 1 L；

pH5.2 的缓冲溶液：氢氧化钠 NaOH 2.3 g，邻苯二甲酸氢钾 $C_8H_5KO_4$ 20.5 g，Brij35（30%）1 mL，蒸馏水 1 000 mL；

氯胺－T 溶液:氯胺－T $C_7H_7ClNNaO_2S \cdot 3H_2O$ 2.0 g, 蒸馏水 1 L;

显色剂:氢氧化钠 NaOH 7.0 g,1,3－二甲基巴比妥酸 $C_6H_8O_3N_2$ 16.8 g,异烟酸 $C_5H_5NO_2$ 13.6 g,蒸馏水 1 000 mL;

1 mol/L 的氢氧化钠溶液;

0.1 mol/L 的氢氧化钠溶液;

取样器冲洗液:0.1% 氢氧化钠溶液。

本实验所有试剂均为国药集团所产优级纯或分析纯。实验用水均来自 MILLI－Q 超纯水系统。

1.2　总氰化物测定原理

在 pH = 3.8 的环境下,液体样品经过紫外消解,进入在线蒸馏模块,释放出氢氰酸,随后氢氰酸与通入的氯胺－T 反应转化成单氯化氰,单氯化氰再与异烟酸及 1,3－二甲基巴比妥酸反应形成红色物质。在 600 nm 处测定吸光度。

1.3　氰化物测定原理

在 pH = 3.8 的环境下,液体样品进入模块后,通过在线蒸馏,易释放氰化物的氰根转化为氢氰酸,形成氢氰酸后的反应流程同总氰化物。

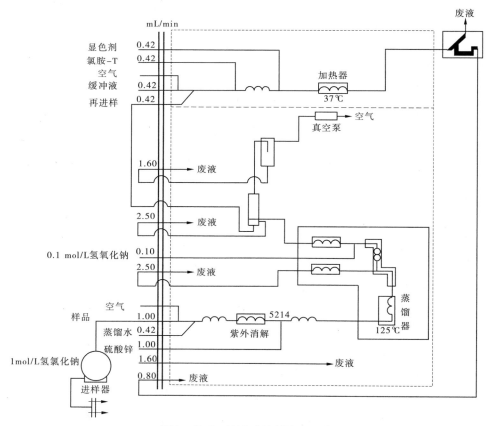

图 1　Skalar 的流动注射流程示意图

1.4　测定参数

进样时间 100 s，冲洗时间 100 s，取样针进气体时间 1 s。配制的标液浓度分别为 0 μg/L、10 μg/L、20 μg/L、50 μg/L、100 μg/L 和 200 μg/L，校正方式为采用 100 μg/L 的信号进行漂移校正。

1.5　测定步骤

打开主机电源和数据传输器电源，打开在线紫外消解器（如测定氰化物则不开）、蒸馏器、冷凝水和加热器电源，设置蒸馏温度 125 ℃，加热温度 37 ℃，将蠕动泵泵盖卡入工作位置，将所有试剂泵管放入蒸馏水中冲洗管路 30 min，激活分析项目，待基线稳定后，将试剂泵管放入相应试剂瓶，编辑仪器分析方法，再次等待基线稳定即可开始分析。仪器给出实验结束的信号后，将试剂泵管接入蒸馏水，关闭加热器电源，半小时后，关闭仪器剩余部分的电源。

1.6　实验内容

在关闭紫外灯开关的情况下，在对样品进行蒸馏之前，我们分别加入了氯化锌、硝酸锌及硫酸锌取代了蒸馏水以找到适合本模块的锌盐完成氰化物的检测。然后，按照各自的条件，分别完成该仪器对总氰和氰化物的检出限、精密度、准确度和加标回收率的测定。

2　结果与讨论

2.1　易释放氰化物反应条件的探讨

仪器附带的标准方法中并没有提供该模块适宜采用的含锌化合物的种类，因此在本文中，我们对不同锌离子的化合物对仪器的性能影响进行了研究。在关闭紫外消解装置的情况下，我们分别使用 1% 氯化锌、1% 硝酸锌和 1% 硫酸锌代替蒸馏水进行易释放氰化物的检测。在初期各物质的出峰情况相当一致，但各自使用两周后，不同含锌化合物的出峰情况有了明显的区别。如图 2 所示，氯化锌和硝酸锌的信号出现了明显的拖尾，而硫酸锌的出峰情况则最好。因此，我们在长期测量易释放氰化物的过程中，应使用硫酸锌为宜。

2.2　仪器方法检出限、精密度

方法检出限参考 EPA 的方法采用公式 $MDL = t_{(n-1,0.99)} \cdot S$ 进行测试，其中，以 0.6 μg/L 标准溶液连续测定 21 次，$t_{(20,0.99)} = 2.528$（显著水平为 0.01，自由度为 20 时的统计 t 值），S 为标准偏差；相关性为 7 次测定所用曲线 r 的平均值；准确度的测定采用样品测定 7 次的结果和约定真值的相对偏差得到，总氰采用国家环保局标准样品研究所提供的标样 202242，氰化物使用的标样为购自美国 ULTRA 公司的 U - QCI - 756 自由氰化物样品；精密度采用 100 μg/L 的标准溶液测定 10 次的相对标准偏差得到；结果数据如表 1 所示。

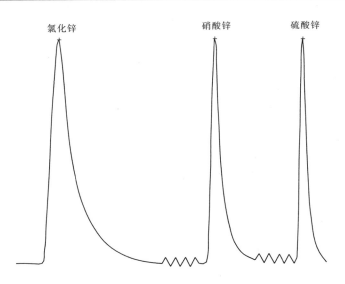

图 2　氯化锌、硝酸锌和硫酸锌的出峰图

表 1　仪器的检出限、准确度和精密度测试结果

检测项目	检出限（mg/L）	r	精密度（%）	准确度（%）
总氰化物	0.002	0.999 7	1.9	1.2
氰化物	0.002	0.999 6	2.1	1.4

2.3　不同类型水样加标实验

取地表水、中水、水源水和地下水各一份,每份分别平行测量 6 次。加标方法为取 6 mL 水样,加入 6 mL 0.2 mg/L 的标液。同时与 HJ 484 – 2009 中方法进行对比,测定结果如表 2、表 3 所示。可见两种方法在实际应用中,数值相当接近,在加标回收率上,间隔流动注射仪高于手工方法。

表 2　间隔流动注射仪加标结果

水样	本底值（mg/L）		加标后测定值（mg/L）		回收率范围（%）	
	总氰	氰化物	总氰	氰化物	总氰	氰化物
黄厂（地表水）	0.010	<0.002	0.102	0.098	95.2 ~ 99.1	96.3 ~ 99.3
清河污水厂（中水）	0.007	<0.002	0.095	0.096	90.4 ~ 93.9	94.6 ~ 98.4
白虎涧（水源水）	<0.002	<0.002	0.102	0.098	98.2 ~ 103.2	97.3 ~ 99.9
西黄村浅井（地下水）	0.013	<0.002	0.099	0.098	91.2 ~ 95.8	96.7 ~ 99.1

表3　手工方法加标结果

水样	本底值（mg/L）		加标后测定值（mg/L）		回收率范围（%）	
	总氰	氰化物	总氰	氰化物	总氰	氰化物
黄厂（地表水）	0.010	<0.002	0.098	0.094	90.5～97.9	91.4～96.3
清河污水厂（中水）	0.007	<0.002	0.097	0.094	92.5～95.3	90.6～96.4
白虎涧（水源水）	<0.002	<0.002	0.099	0.095	92.2～96.0	92.3～96.5
西黄村浅井（地下水）	0.013	<0.002	0.094	0.096	90.3～96.8	93.4～97.5

2.4　结论

由实验可知,通过更换实验试剂和关闭紫外装置,在同一台间隔流动注射仪上对氰化物和总氰进行进行检测是可行的。对于San++间隔流动注射仪的这套模板,在长期的使用中,在检测氰化物时应以硫酸锌为宜。在对仪器进行调试后,该机型在测量总氰和氰化物时,其检出限、精密度、准确度和加标回收率上都能满足水质检测的需要,实现了一机多用,为实验室节约了经费和人力资源。

参　考　文　献

[1] HJ 484—2009　水质氰化物的测定　容量法和分光光度法[S].

[2] 施新峰,袁斌伟,赵东,等.优化LACHAT流动注射仪在线氰方法分析时间的探讨[J].干旱环境监测,2007,21(4):246-249.

[3] Johannes C L. Spectrophotometric determination of total cyanide, iron－cyanide complexes, free cyanide and thiocyanate in water by a continuous－flow system[J]. Analyst, 1989, 114：959-963.

作者简介:刘阳春(1982—),男,助理工程师,北京市水文总站。联系地址:北京市海淀区北洼西里51号附属楼北京市水文总站化验室。E-mail:shiguangpingzi@ gmail.com。

沧州市封停深层地下水井效果及水位回升机制分析

付学功

（沧州水文水资源勘测局，沧州　061000）

摘　要：以沧州市2005年以来封停自备井前后深层地下水水位下降、回升数据为基础，通过对深层地下水补给与释水机制及其开采过程中激发释水效应的剖析，揭示深层地下水自然释水和开采条件下释水的规律，研究本区域深层地下水水位变化原因，为深层地下水保护和修复提出措施。

关键词：沧州市市区　封停深层地下水　效果　机制　地下水漏斗

1　前言

20世纪80年代以来，沧州市工农业生产和生活用水主要依靠大量开采地下水，由于深层地下水开采过度，逐渐形成了地下漏斗区，造成地面沉降、咸水界面下移、地面沉降等一系列难以逆转的严重后果。为涵养地下水源，全力改善地质与水资源环境，沧州市政府2005年6月颁布了《沧州市人民政府关于关停市区单位自备井的决定》。用3年时间，关停了市区内的282眼自备井。

随着市区自备井的陆续封停，深层地下水开采量逐步减少，地下水位持续下降势头得以遏制。沧州水文水资源勘测局地下水监测数据表明：2009年底沧州市市区各含水组地下水位比实施封停自备井之初的2005年均有较大幅度的上升。第Ⅲ、第Ⅳ、第Ⅴ含水组平均水位分别上升了13.46 m、18.22 m和34.28 m。

此外，近几年任丘、河间、吴桥等县（市）多次在春播抗旱的关键时期从岳城、王快等水库调水，用于工农业生产；落实农业种植结构调整战略，因水种植，减少小麦等耗水量较大的农作物播种面积，推广咸淡水混浇技术等措施，沧州西部几个县（市）深层地下水水位也在逐步回升，但是东部县（市）依然在下降。

部分区域深层地下水水位逐年回升，漏斗面积缩小，表明沧州市市区地质和水资源环境处在逐步修复改善中。其人为原因是近年来沧州市政府坚持科学发展观，大浪淀水库建成并开始引蓄黄河水，市区自来水供应不再开采地下水。客观原因是最近5年区域降水量较大，对深层地下水开采强度降低。

分析沧州市市区封停深层地下水前后水位下降、回升的物理机制，对保护深层地下水、制定深层地下水修复措施具有重要的现实意义。

2　沧州市市区深层地下水开采及水位变化

1997～2004年沧州市市区（运河区、新华区）深层地下水开采量稳定在0.4亿 m^3，以后逐年减少,到 2008 年以后开采量稳定在 0.2 亿 m^3 左右。相应的水位变化见图 1 和表 1。

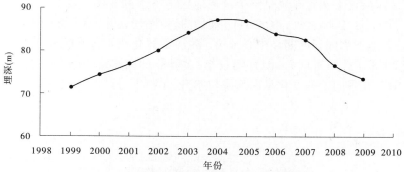

图1 沧州市区第Ⅲ含水组平均埋深过程线

表1 沧州市区深层地下水位变化 （单位:m)

年份/12 月	第Ⅲ含水组埋深	第Ⅳ含水组埋深	第Ⅴ含水组埋深
1999	71.46	68.59	58.26
2000	74.28	—	—
2001	76.95	—	—
2002	80.24	81.24	85.35
2003	84.15	—	—
2004	87.29	—	—
2005	86.85	90.18	105.06
2006	83.88	87.23	88.95
2007	82.61	83.30	78.93
2008	76.74	77.62	74.17
2009	73.39	71.96	70.78
2009 年 12 月水位与 2005 年 12 月水位相比	上升 13.46	上升 18.22	上升 34.28

从图 1 和表 1 看,1999~2004 年深层地下水水位因地下水开采量较大呈现下降趋势。其中第Ⅴ含水组下降速度最快,第Ⅳ含水组次之,第Ⅲ含水组最慢。随着市区自备井的陆续封停,深层地下水开采量大幅减少,各含水地下水得以恢复,地下水位持续下降势头得以遏制,下降速度大的含水层,回升的速度也大。漏斗中心区(即沧州市区)第Ⅴ含水组地下水较第Ⅲ含水组地下水汇流回补要快。随着时间的推移,各含水组地下水位的上升速度也逐渐趋缓,其中第Ⅴ含水组地下水位上升速率由封停之初的 16.11 m/a 减至目前的 3.39 m/a。

3 整个沧州市第Ⅲ含水组地下水漏斗变化

沧州市区深层地下水漏斗只是整个沧州地区地下水漏斗的一部分,局部和整体存在水力联系。图 2 中市区园林处、市区 641 厂机井是市区代表井,前者接受市区外的同层地下水补给,后者地下水向新的漏斗中心补给。沧县的风化店至黄骅的故仙这一区间,2009年底水位较 2008 年底虽有回升,但升幅较小;黄骅故仙以东地下水位下降,但是降幅较小。说明了漏斗在垂向上的变化是西部水位抬升,东部部分区间水位下降。

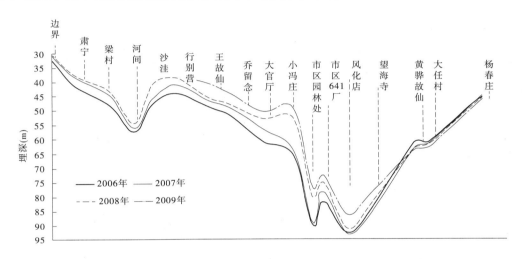

图 2 第Ⅲ含水组地下水漏斗东—西向剖面图

4 地下水回升物理机制

按照 1997 年做出的《沧州市地下水保护规划》结果,年降深为 0 m 时沧州市市区深层地下水的允许开采量为 0.092 亿 m³/a。2005 年压采后的开采量也有 0.20 亿 m³/a,不该出现水位上升现象,现在事实上却出现了,其原因是什么? 回答这个问题,我们必须了解沧州市深层地下水特征。

4.1 沧州市深层地下水自然属性

沧州市深层承压地下水几乎不可能接受本地降水入渗补给,主要接受侧向补给和越流补给,与浅层地下水之间以较厚的黏土相隔,而且愈向东部及东北部相隔厚度愈大,与浅层地下水之间水力联系愈差。深层地下水的径流方向与浅层地下水基本一致。愈是远离补给区,径流速度愈缓慢。

20 世纪 70 年代以前,沧州深层地下水的排泄途径主要是径流排泄,表现为局部地区的人工开采或向上部含水层的顶托排泄。1980 年以后,大量开采地下水,人工开采则成为深层地下水的主要排泄途径,以消耗储存量为主。

相比浅层水,深层地下水更新周期长,若基于大陆水循环尺度考虑,从补给区至沧州市区,水质点运移需要 1 万~3 万年的时间[1-2];从地表至补给区深层地下水系统顶界面的水循环也需要数百年以至千年时间。因此,深层地下水的可恢复性远不如浅层地下水,但是深层地下水的质量相对优于浅层地下水,这使得深层地下水资源具有显著的可贵性,特别是对于客观上地下水资源较贫乏的沧州市更是如此。深层地下水在埋藏条件和给水(释水)机制方面要比浅层地下水系统复杂得多。

4.2　沧州所在中东部平原区深层地下水年龄

沧州市深层地下水的[14]C年龄测试结果一般在数千年,甚至万年以上,"从山前平原径流到中部平原和东部平原需要万年以上的时间",但是并不能由此推断"深层地下水开采多少就会减少多少"。因为地下水补给过程有别于地表水,不是质点补给过程,而是通过水动力传递,是将先前补给的水质点以递推的模式依次推进,实现水量增加的补给过程,补给速度和强度取决于水动力传递性质。以降水入渗补给浅层地下水为例,假如2001年降水入渗补给地下水水量为1.2亿 m³,其[14]C年龄记做0,客观上浅层地下水系统能获得1.2亿 m³ 水量的补给,但是,事实上进入浅层地下水系统的水,其[14]C年龄至少为几十年,甚至百年。原因是自地表向下的新水以"活塞"模式向含水层中入渗,是通过水动力向下传递推移老水进入浅层含水层中[1]。深层地下水补给同理,只是方向不同,多为侧向渗透径流补给。

4.3　储量与资源概念

由于深层地下水量具有可恢复性、活动性和调节性等特点,加之人们往往从时间上的小尺度(小于50年)出发去评价、规划地下水资源的开发利用,相对于地下水形成所需的时间(一般为千年、万年)极短,自然会形成现代的补给资源(一般是采用有观测资料以来的多年平均量,指传统的动储量和调节储量)和地质历史时期形成的地下水储存量(又称储量,指传统的静储量)之间的差别。前者是当代水资源评价中的深层地下水资源,后者是深层地下水储存量。实际评价中,一般又侧重评价弹性储存量。

4.4　弹性释水与储量消耗

弹性释水:深层地下水弹性释水是指深层地下水位(水头)下降 ΔH 而从承压含水层组中获得 Q 水量的过程,表达式为:

$$Q = S_w \Delta H F$$

式中: S_w 为弹性释水系数; F 为计算区面积。

弹性释水系数(S_w)表示水头降低一个单位时,由含水层内骨架的压缩和水的膨胀而从水平面积为一个单位、高度等于含水层厚度的柱体中所释放出的水量。

实验表明[3],弹性释水系数理论值一般介于 $n \times 10^{-3} \sim n \times 10^{-5}$,沧州市所在海河流域平原区的弹性释水系数介于 $2.77 \times 10^{-3} \sim 4.7 \times 10^{-3}$ 。二者的区别在于,前者反映砂性含水层的弹性释水能力,后者代表以砂性地层为主,其间有黏性土夹层或透镜体的含水层组的释水能力,它的大小与含水层组厚度变化和黏性土夹层或透镜体分布情况有一定关联。

储量消耗:深层地下水静储存量形成于地质历史时期,按照可开采模数(万 m³/km²)计算沧州市市区现代形成的深层地下水资源量为0.092亿 m³/a 左右,主要来自山前侧向补给和越流补给。这些地下水资源的形成与开采过程无关,归属于地下水形成的自然属性。

在深层地下水开采利用中,除消耗每年形成的 0.092 亿 m³ 水资源量之外,更多的是消耗深层地下水储存量。一般将消耗深层地下水储存量的过程称为储量消耗。储量消耗的显著特点是地下水位持续下降,而地下水资源消耗则不引起地下水持续下降。换言之,沧州市市区现状的深层地下水开采量实际上是由地下水资源消耗和储量消耗两部分组成,即所抽取的水量除一部分来自补给区外,大部分来自含水层本身所储存水的释放,包括来自含水层内及附近的粉土或黏土夹层的压密。即

$$Q_{开采量} = Q_{侧向补给} + Q_{越流补给} + Q_{弹性释水} + Q_{压密释水}$$

$Q_{侧向补给}$ 和 $Q_{越流补给}$ 的一部分(指两含水层组水头差作用形成的水量)是由"资源量"供给,$Q_{弹性释水}$、$Q_{压密释水}$ 和 $Q_{越流补给}$ 的另一部分(指开采激发形成的水量)来自深层地下水储量。

4.5　深层地下水"广义补给源"和"狭义弹性释水"

根据地下水补给原理可知,深层地下水的"补给"应是来自深层承压含水层组之外的水,进入深层地下水系统后,下列关系式中若左项为正值(即 $\Delta Q > 0$),则深层地下水储存量增加,地下水水位上升。

$$\Delta Q = Q_{侧向补给} + Q_{越流补给} - Q_{开采排泄} - Q_{越流排泄}$$

式中:ΔQ 为深层地下水系统储变量。

补给项中 $Q_{弹性释水}$、$Q_{压密释水}$ 和 $Q_{越流补给}$(指开采激发形成的水量)是承压含水层组在开采外力破坏其内部水动力场条件之后,内部水动力场为达到新平衡而进行的内部水量空间上再分配的结果,与自然补给过程之间存在本质的区别。因此,深层地下水自然补给源主要有侧向补给和越流补给(指两含水层组水头差作用形成的水量)两项。

水资源评价中弹性释水往往被理解为理想化的砂性地层释水,承压含水层组中黏性土夹层、透镜体和顶底板的释水过程被忽略,或者统归为压密释水之列,但难以无法准确估算。事实上,水资源评价中使用的弹性释水系数是通过抽水实验获得的,它反映的是抽水实验当时的水头条件下被开采承压含水层组的释水能力,包括含水层组顶、底板及其夹层的释水,而不仅是砂性含水层组弹性释水系数。因此,实测弹性释水系数比理论值大,但是符合实际释水情况。

严格地讲,弹性释水系数随着水头埋深、含水层组厚度的变化而改变,不是常量,甚至第Ⅱ、Ⅲ、Ⅳ含水层组的弹性释水系数彼此差异达到数量级水平。目前,由于深层地下水实际勘察和大规模实验工作十分有限,所以实际工作中往往彼此借鉴,多用黑龙港地区参数。

4.6　深层地下水补给与释水机制

4.6.1　补给机制

从图 3 可见,由于深层承压含水层顶板隔水,使得深层地下水与大气水循环联系微弱,难以获取降水直接入渗补给,只能通过山前平原补给区降水入渗后通过侧向径流补给。非开采条件下,沧州市区深层地下水侧向补给的水力坡度为 1/8 000 左右,因为水力坡度较小,地下水径流缓慢,补给量较小;因为地下水开采漏斗的形成,现状水力坡度增加到 1/1 000 左右,加快了地下径流补给速度。如果按照达西定律,流量和水力坡度成正比计算,其补给量比正常状态增加 8 倍。此外作为漏斗中心,沧州市市区深层地下水由对下

游补给,改变为下游对漏斗中心的补给,这样市区深层地下水补给量增加了许多倍,对下游的补给改为下游补给两个因素都使漏斗区补给量增加。

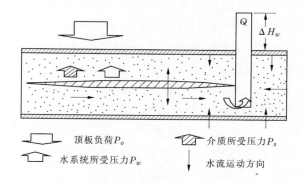

图3　深层地下水含水层组 A 释水机制示意图

深层地下水另一项补给是含水层组之间越流补给,主要是由于含水层组之间水头差作用,通过弱透水层越流补给承压含水层组。具体形式有浅层地下水越流补给深层地下水、深层承压含水层组之间下移越流补给和顶托越流补给[1]。对沧州市市区而言,浅层地下水水质较差,开采量很少,水位变化不大,随着深层地下水漏斗形成水头差增大,越流补给也是增加的。

可见,由于区域深层地下水漏斗的形成,增加了水力坡度改善了补给条件,目前沧州市市区深层地下水各项补给量均增加。

4.6.2　释水机制

深层地下水开采量源于四部分,其中包括了侧向补给和越流补给。从字面上它们与深层地下水补给项相同,但是实际上两组“侧向补给和越流补给”彼此之间存在差异。从定义范畴上讲,深层地下水资源补给项中的“侧向补给和越流补给”是区域性、广泛性的自然水量均衡要素,具有水动力场均衡属性和自然资源属性,主要与含水层组水文地质条件相关联。而开采量中的“侧向补给和越流补给”是在深层地下水系统之外的抽取因素作用下,通过改变承压含水层组内部动力场平衡后引发的,具有人为干扰激发袭夺属性特征,除了与含水层组水文地质条件有关外,与具体的开采区或开采井群的开采强度密切相关。

从动力学均衡角度分析,当从承压含水层组(S)中抽取水量 Q 时,见图3,首先引发含水层组内部水系统的压力 P_w(为孔隙水压力)在 Δt 时间内减小 $\gamma_w \Delta H_w$,破坏了原有动力场平衡,地下水介质骨架系统(S)所承受的压力 P_s 随之增加 $\gamma_w \Delta H_{ws}$,而含水层组 A 的顶板之上压力 P_o(负荷)没有改变,继续向下作用于含水层组 A 的介质骨架系统和水系统。在 P_o 的作用下,P_w、P_s 与 P_o 之间很快达到新的动力场平衡,即

$$P_w(t_1) + P_s(t_1) = P_o(t_o)$$
$$P_o(t_o) = \gamma_{ws}h ; P_w(t_1) = \gamma_w h_w$$

式中:γ_{ws} 为含水岩土的容重;h 为含水层顶板上覆地层厚度;γ_w 为水的容重;h_w 为 0 点位置水的侧压水头;ΔH_{ws} 为在 t_1 时刻 P_w、P_s 与 P_o 之间进行新的动力场平衡过程中,由介质

骨架系统 S 转移给水系统 W 的负荷。

根据太沙基(Terzaghl)有效应力原理,有

$$P_s(t_1) = P_o(t_o) - P_w(t_1)$$
$$P_s(t_1) = P_s(t_o) + (\gamma_w \Delta H_w - \Delta H_{ws})$$
$$P_w(t_1) = P_w(t_o) - (\gamma_w \Delta H_w - \Delta H_{ws})$$

上述释水过程,是传统概念的弹性释水,与实际释水机制有一定的差异性。

在实际抽取深层地下水过程中,发生上述"弹性释水"过程的同时,由于含水层组 A 内部水系统的压力(P_w)在 Δt 时间内减小 ΔH_w,而顶板、底板和含水层组 A 内部黏性土夹层或透镜体内的水压力(P_{cw})尚未改变,并大于含水层组 A 水系统孔隙水压力(P_w),压差为 ΔH_w,于是,顶、底板及其外围和夹层的水在含水层组 A 的水系统瞬间吸力(压力差)作用下,形成激发性"越流",于是黏性土夹层和顶、底板中的部分水进入含水层组 A 水系统中,并伴随发生和延缓"压密释水"过程,导致黏性土层中水压力减小 $\gamma_w \Delta H_w$,黏性土层骨架压力增加 $\gamma_w \Delta H_{ws}$,传统上将这一过程称为"压密释水"。客观上它难以与这一过程中"越流补给"区分开来,所以,这一释水过程是"激发释水"过程。激发释水往往伴随砂层弹性释水几乎同时发生,难以区分识别,所以将其与传统的"弹性释水"过程统称为广义的"弹性释水"过程,由此获得的释水系数就是实际工作中实测的"弹性释水系数",它具有实际应用客观性和真实代表性。砂层弹性释水与储水过程可互逆发生和恢复,黏性土层释水与储水不能互逆以致恢复,所以释水过程伴随地面沉降发生。

5　对沧州市深层地下水管理建议

5.1　地下水压采初见成效 但任重道远

沧州市市区深层地下水漏斗的形成和大规模超采深层地下水,改变了沧州市原有的地下水补给、释水条件。表现为漏斗中心地下水水力坡度比原来增加 7 倍左右,侧向补给量大幅度增加,同时因为深层地下水水头从 20 世纪 70 年代高于浅层地下水变为现在低于浅层地下水水位,越流补给从补给浅层地下水变为浅层地下水补给深层地下水。两个因素叠加导致漏斗区夺袭周围地下水,补给量大大增加。一旦在漏斗区采取压采措施,漏斗区地下水水位上升比较迅速,但是随着时间推移,水力坡度和水头差减少,这种上升速度会逐渐减缓,因此如果在可持续的基础上看待压采效果,既不要盲目乐观,也不要因此放松对地下水压采管理。地下水系统是一个区域相互联系的整体,压采效果最先在漏斗中心区出现,给了我们信心,但是严格的水资源管理是一项长期任务,要坚持下去,才能实现地下水持续利用。

5.2　高度重视深层地下水特殊作用

沧州市深层地下水可利用量(指均衡可开采量)虽然仅有 2.92 亿 m³/a,但是对于中东部平原城市、城镇饮用水和特殊行业用水,无疑是十分重要的水资源,即使在南水北调东线实施之后,其特殊的贡献作用势必将延续下去。如果在管理上实现优质地下水水资源专管、定向利用,合理调配,把它作为战略、国家安全的后备水资源,这部分水资源量将会发挥更大的效益。

5.3 坚持压采政策,合理利用地下水

深层地下水储量资源能否开发利用? 如果从沧州市目前的深层地下水超采状况和地下水水位降落漏斗现状来看,则结论是明确的,禁采,这也是一种比较普遍的认识。对于较深部深层地下水,特别是第三系以下的深部地下淡水资源,不应荒废,应该加以科学利用,特别是在未来 30 年人口、经济发展对水需求不断增长的高峰阶段,应发挥深层地下水的特殊作用。

5.4 加强对地下水运行规律认识

目前对深层地下水补给和释水机制的认识仍然十分有限,在地下水漏斗区尤其如此,在一定程度上限制了深层地下水的合理利用,应加强深层地下水基础科学问题研究工作。

在改善环境、科学发展的道路上,沧州已迈出了坚实的第一步,但我们必须清醒地看到:作为严重缺水的城市,全市的水资源环境还有待于进一步改善,沧州东部几个县(市)深层地下水水位依然缓慢下降,节水压采任务依然严峻。人们的节水意识还有待于进一步增强;在经济的发展中,推进技术创新和节能减排的任务还很重。要实现沧州的可持续发展,唯一出路就是全面贯彻落实科学发展观,下大力保护和改善生态环境,强化节能减排,努力建设资源节约型和环境友好型社会。必须进一步强化科学发展意识,加强领导,强化措施,把工抓紧抓实,抓出成效。

参 考 文 献

[1] 张光辉,陈宗宇,费宇红,等. 华北平原地下水形成与区域水循环演化的关系[J]. 水科学进展,2000.

[2] 张光辉,费宇红,聂振龙,等. 全新世以来太行山前倾斜平原地下水演化规律[J]. 地球学报,2000,21(2):121-127.

[3] 薛禹群,朱学愚. 地下水动力学[M]. 北京:地质出版社,1979:19-25.

作者简介:付学功(1964—),男,高级工程师,主要从事水文水资源监测与区域尺度水循环演化研究,沧州水文水资源勘测局。联系地址:沧州市交通北大道 15 号沧州水文局。E-mail:fxg3026402@126.com。

长江口北支近期河床演变分析

李伯昌[1]　余文畴[2]　郭忠良[1]　施慧燕[1]

(1.长江水利委员会长江口水文水资源勘测局,上海　200136;2.长江科学院,武汉　430010)

摘　要:根据 20 世纪 80 年代以来北支实测水下地形资料,全面分析了北支河段近期河床演变特征。表明近期北支河床呈累积性淤积,各高程下累积淤积速度分别是:0 ~ -2 m 为 0.126 亿 m^3/a, -2 ~ -5 m 为 0.118 亿 m^3/a, -5 m 以下为 0.001 亿 m^3/a;在目前河势条件下,堡镇港以下崇明北沿边滩淤积速度将会加快;随着河宽大幅度缩窄,北支深泓线趋于稳定;为维持北支一定的水深,保障河道一定的航运功能,满足沿江两岸有关县(市)的引、排水需要,可对进口段进行一定的疏浚,适当增加分流比。

关键词:平面变化　断面变化　冲淤变化　水深变化　北支　长江口

1　河道概况

长江口上起徐六泾,下至口外 50 号灯标,全长约 181.8 km。河段平面形态呈扇形,为三级分汊、四口入海的河势格局(见图 1),共有北支、北港、北槽、南槽四个入海通道。

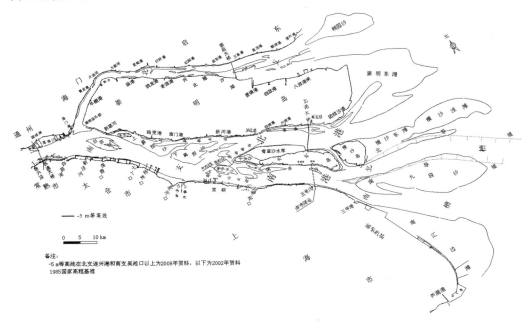

图1　长江口现状河势图

历史上北支曾经是长江入海主通道[1],18 世纪以后,长江主流改道南支,进入北支的径流逐渐减少,导致河道中沙洲大面积淤涨,河宽逐渐缩窄,北支也逐渐演变为支汊。

目前,北支是长江出海的一级汊道,西起崇明岛头,东至连兴港,全长约 83 km。根据河道地形和水动力特性,可将北支水道分为上、中、下三个河段:上段为崇头—青龙港,属涌潮消能段;中段青龙港—头星港,是北支河宽明显缩窄的涌潮河段,底沙运动活跃,滩槽交替多变;下段头星港—连兴港,是典型的喇叭展宽口门段,该段在潮流作用下易形成脊槽相间的潮流脊地形[2]。

2 岸线及平面形态分析

历史上北支大多处于自然演变状态,人类活动较少。20 世纪 90 年代以来,随着社会经济的不断发展,人类对土地和港口岸线的需求日益迫切,于是北支两岸实施了大量的圈围工程(见图 2)。

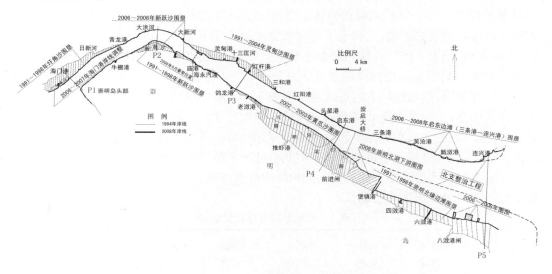

图 2　北支岸线变化图

1984～1991 年,北支两岸岸线基本无变化;1991～1998 年,北岸有两处地段岸线变化较大,一处是进口段海门港至青龙港圩角沙的围垦,另一处是灵甸港至三和港老灵甸沙的围垦并岸,围垦面积分别为 17.4 km² 和 14.3 km²,两处岸线最大外移距离分别为 2.2 km 和 1.3 km。在这期间,南岸新跃沙、永隆沙以下的崇明北缘边滩也实施了围垦。2002 年冬季,上海市在崇明北沿实施了圈围工程,在新隆沙头、黄瓜二沙尾以及新隆沙与黄瓜二沙之间筑坝堵汊,至 2003 年 6 月底,新隆沙及黄瓜二沙并岸。2004 年前后,灵甸港上游及灯杆港附近实施了圈围,面积为 6.79 km²。2006～2007 年,海门港附近实施了岸线调整工程,圈围面积约为 1.63 km²,崇头对岸岸线外移了 140 m,导致北支进口进一步缩窄。2006～2008 年,三条港—连兴港长约 18 km 的范围内实施了岸线调整工程,围垦面积约 2.66 km²,岸线平均外推约 150 m。这期间,崇明北缘主要有三处实施了圈围工程:①新跃沙北部,圈围面积约 1.45 km²,岸线平均外移约 350 m;②八滧港口附近,圈围面积约 1.59 km²,岸线最大外移距离有 1 km 之多;③前进闸—堡镇港圈围,面积约 13.3 km²,上下长约 4.5 km。目前,崇明北沿促淤圈围工程正在按《长江口综合整治开发规划》(2008 年 3 月国务院批准)确定的北支近期整治方案—中缩窄方案[3](见图 2)逐步实施。

在 1984～2008 年的近 24 年间,北支岸线外移幅度较大,北支的平面形态已由过去的沿程展宽束窄成为现在的上、中段为宽度不同的均匀直段,中间由宽度均匀的弯段连接,下段则为展宽段。随着河道的围垦缩窄,北支两岸堤外的河漫滩愈来愈少。

3　河宽变化

随着北支进口圩角沙岸线的外移以及崇头边滩的淤涨,北支上口不断缩窄,入流角度增大,进流条件恶化,加速了北支淤积萎缩。以两岸堤线的变化来反映河宽变化,统计结果显示,1984 年北支河道堤线包围面积约 537.6 km²,2008 年约 371.4 km²,减少了 166.2 km²,累积减少约 31%。从北支河宽变化看(见表 1),青龙港—庙港段为北支最窄段,2008 年该段平均为 2 088 m,目前河道最窄处位于庙港上游 800 m 处,约 1 600 m,近期受崇明北沿促淤围垦的影响,三和港下游缩窄宽度远大于其上游;1984 年北支平均河宽约 6 160 m,2008 年为 4 155 m,累积减少约 33%。1984 年三和港以下河道沿程放宽率约 243 m/km,2008 年启东港—堡镇港段放宽率为 360 m/km,堡镇港以下为 90 m/km,实施了北支中缩窄方案后,启东港以下河道放宽率为 103 m/km。近年来启东港—堡镇港段喇叭口形状有所加强,大潮涨潮期必将对启东港以上一定长度(三和港—启东港段)河床产生明显的冲刷作用;由于启东港以下河道快速放宽,落潮期,落潮流过启东港后会迅速扩散,落潮流速显著减小,再加上堡镇港以下崇明北沿处于上游围垦工程掩护范围内,因此落潮水流挟带下来的泥沙会因动力减弱而在掩护区内逐渐落淤,在目前河宽条件下,堡镇港以下崇明北沿边滩淤积速度将会加快。

表 1　北支分段河宽变化统计　　　　　　　　　　(单位:m)

项　目	崇头—青龙港	青龙港—庙港	庙港—三和港	三和港—启东港	启东港—堡镇港	堡镇港—连兴港	平均
1984 年	3 285	2 547	3 790	5 944	8 648	12 745	6 160
2008 年	2 289	2 088	2 837	3 324	5 032	9 360	4 155

4　河道深泓线的变化

近期北支河道绝大部分深泓线都偏靠左岸(见图 3)。在灵甸港—启东港段,受河道内心滩(新村沙)的影响,深泓分左右两股,右为主泓,受落潮流作用,左为副泓,受涨潮流作用。

1984 年以来,北支进口深泓线经历了由南岸往北岸的转换过程。20 世纪七八十年代,上游出徐六泾节点的长江主流正对崇头,与此同时,白茆沙南、北水道进口受拦门沙的影响,泄流不畅,造成进入北支的径流量有所增加,落潮分流比一度达到 10% 左右,落潮主流贴崇头进入北支,形成深泓位于南岸的局面;随着出徐六泾节点长江主流的南偏、圩角沙的围垦,以及白茆沙南、北水道 -10 m 线的贯通,北支分流比呈下降之势,至 2001 年已在5%以下,此时南岸边滩大幅度向左岸淤涨,进入北支的落潮主流也由南岸移至北岸。

北支深泓线变化有以下特点:①1984～2001年,中、上段摆动较为明显,而下段稳靠左岸;②2001年以后,上段稳定在左岸,中段过渡为分汊型,下段仍稳定左靠;③随着河宽大幅度缩窄,深泓线趋于稳定。

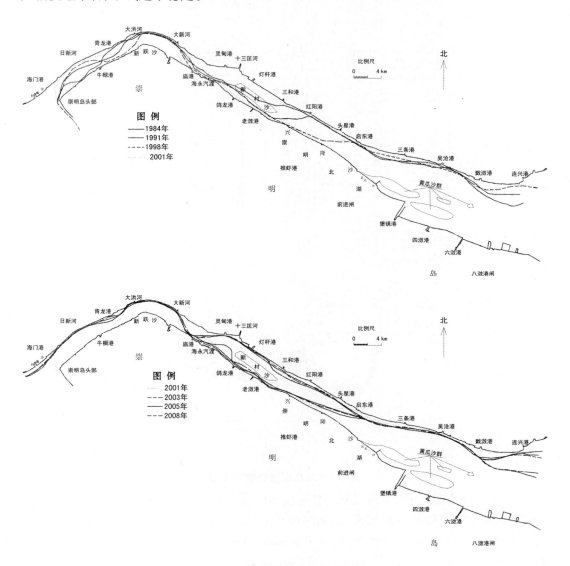

图3 北支河段近期深泓线变化图

5 河道横断面的变化

选取的横断面布置见图2,断面变化图见图4。北支除弯道P2断面形态属偏"V"形外,其余横断面基本形态均属宽浅型复式断面。近年来各断面演变的主要特点是缩窄、淤浅。

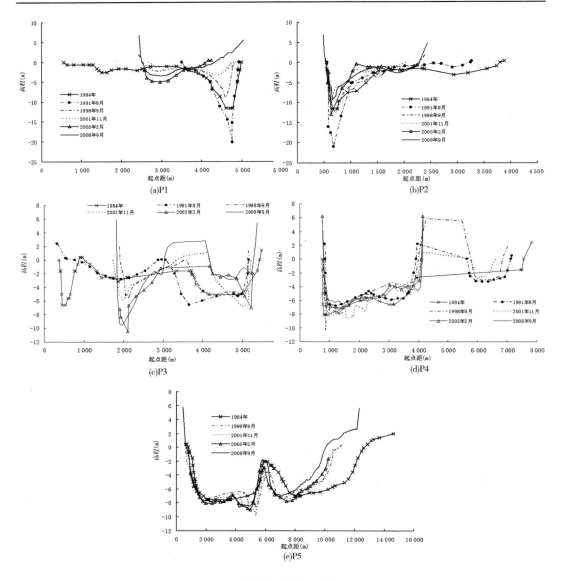

图 4   北支典型横断面变化图

20 世纪 80 年代以前,本河段断面普遍呈不同程度的左移,近年来随着左岸部分河段的围垦以及护岸工程的不断加强,断面的移动受到限制[4]。近期,本河段大部分水面宽(0 m 线计)均有不同程度的缩窄,累积缩窄率在 20%～59%,变幅最大和最小的断面分别为进、出口断面。

由于圩角沙的围垦和崇头边滩的不断淤积,北支进口断面(P1)不断向河道内收缩,且深槽淤浅。1984～2001 年,主流靠崇头一侧进入北支,深槽位于南岸,2001 年之后,落潮主槽由南岸移至北岸,崇头边滩大幅度向左岸淤涨。

在保滩护岸工程的守护下,弯道处左岸十分稳定,右岸不断左移(P2),近期深槽呈淤积之势。

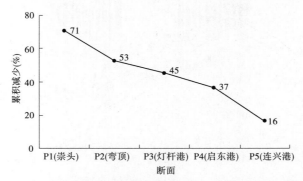

图5 北支0 m高程之下各断面面积累积(1984~2008年)减少情况统计

灵甸港—灯杆港河段左岸为北支近年来围垦面积较大区域,P3断面表现为大幅度南移。河道内新村沙不断淤高,目前滩顶高程已达2.8 m。河道被新村沙分为南北两汊,近期北汊发展,南汊淤积萎缩。

受新隆沙、黄瓜沙围垦并岸的影响,P4断面大幅度北移。历年数据显示,该段主河槽较为稳定。

随着堡镇北港上游一系列的围垦、促淤工程的实施,下游河道内黄瓜沙群不断生成及向下游淤积延伸,在P5断面变化图上表现为南岸河床不断北移;北支出口北主槽及心滩沙脊线位置相对稳定,南副槽呈淤积之势。

随着水面宽的缩窄,北支河道横断面面积(0 m线以下)出现了16%~71%的减少(见图5),且减小幅度自下而上呈递增之势,其中崇头断面(P1)减少最多,为71%,连兴港断面(P5)减小最少,为16%,说明北支上段为历年来淤积最快的区域。

从历年来北支各断面平均水深(0 m以下)变化图看(见图6),总体上,自上而下呈增加之势。由于灯杆港附近涨落潮流路分歧,河道内心滩发育旺盛,因此该段水深变幅较大。从历年来整个河道的平均水深看(见图7),变化趋势呈"M"形,其中,2003年最大,为4.45 m;2008年最小,为3.68 m,表明近期整个河道总体呈淤积状态。

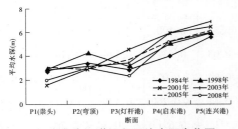

图6 北支河道沿程平均水深变化图

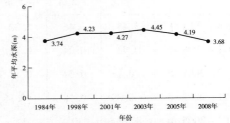

图7 北支河道年平均水深变化图

6 河床冲淤变化

为较全面地掌握北支河道各段的冲淤变化情况,根据河道特点,将北支分成6个区段(见图8)进行分析,这六个区段分别是:Ⅰ区海门港—青龙港、Ⅱ区青龙港—大新河、Ⅲ区大新河—三和港、Ⅳ区三和港—三条港、Ⅴ区新隆沙右汊段、Ⅵ区三条港—连兴港段。

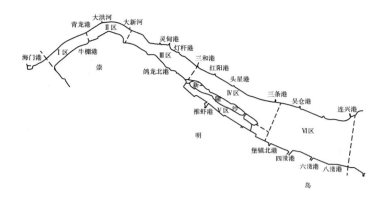

图 8　河槽空积计算分区

近年来,北支各高程下河槽容积(见图 9)虽有增减,但总趋势是减小的。与 1984 年相比,2008 年 9 月,0 m、-2 m、-5 m 高程下容积累积分别减少了 5.9 亿 m³、2.87 亿 m³ 和 0.03 亿 m³,缩减率分别是 31.3%、26.9% 和 1.3%。

就不同时期而言(见表 2),北支河床在 1991～2003 年期间,表现为淤滩冲槽:1991～2001 年,淤积主要发生在 0～-5 m 高程之间,而冲刷发生在 -5 m 高程以下;2001～2003 年,淤积主要发生在 0 m～-2 m 高程之间,而冲刷发生在 -2 m 高程以下。1984～1991 年以及 2003 年至今,北支河床各高程下普遍发生了淤积。1984 年以来,北支淤积最快的时期是 2003～2005 年,淤积速度达到 0.691 亿 m³/a;冲刷最快的时期是 2001～2003 年,冲刷速度达到 0.260 亿 m³/a;北支各高程以下累积淤积速度是:0 m 以下为 0.246 亿 m³/a,0～-2 m 为 0.126 亿 m³/a,-2～-5 m 为 0.118 亿 m³/a,-5 m 以下为 0.001 亿 m³/a。

表 2　北支各时段不同高程下河床冲淤变化统计

时段	冲淤量(亿 m³)				冲淤速度(亿 m³/a)			
	0 m 以下	0～ -2 m	-2～ -5 m	-5 m 以下	0 m 以下	0～ -2 m	-2～ -5 m	-5 m 以下
1984～1991 年	3.43	1.46	1.32	0.65	0.490	0.209	0.189	0.093
1991～1998 年	0.93	0.24	0.72	-0.03	0.131	0.034	0.101	-0.004
1998～2001 年	-0.23	0.54	0.17	-0.94	-0.073	0.170	0.054	-0.297
2001～2003 年	-0.39	0.18	-0.16	-0.41	-0.260	0.120	-0.107	-0.273
2003～2005 年	1.21	0	0.5	0.71	0.691	0	0.286	0.406
2005～2008 年	0.95	0.61	0.29	0.05	0.265	0.170	0.081	0.014
1984～2008 年	5.9	3.03	2.84	0.03	0.246	0.126	0.118	0.001

注:正值表示淤积,负值表示冲刷。

表3 北支不同区段不同高程下河床累积(1984~2008年)冲淤变化统计

(单位:亿 m³)

项目	I 区	II 区	III 区	IV 区	V 区	VI 区
0 ~ -2 m	0.339	0.183	0.456	0.382	0.690	0.981
-2 ~ -5 m	0.214	0.144	0.311	0.373	0.430	1.363
-5 m 以下	0.078	0.102	0.033	0.093	0.030	-0.303

注:正值表示淤积,负值表示冲刷。

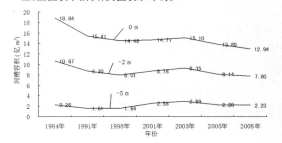

图9 全河段不同高程下容积变化

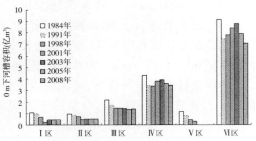

图10 不同区段 0 m 高程下容积变化

就不同区段而言(见图10~图12),北支上段的 I 区和 II 区总体呈淤积萎缩趋势,特别是1991~2001年,北支口门圩角沙圈围后,两个区段大幅度淤积,I 区0 m、-2 m、-5 m 高程以下容积分别减少了75.2%、93.1%、99.8%,II 区0 m、-2 m、-5 m 高程以下容积分别减少了44.8%、61.2%、75.0%。2001年以后,随着崇头边滩的淤涨出水,I 区河床过水断面形态逐渐调整,涨落潮流路归一,I、II 区河槽容积有所增加。

III 区目前涨落潮流路分离,涨潮流偏北,落潮流偏南,分离区形成缓流区,泥沙易于淤积,形成了新村沙。1984~2008年9月,0 m 高程以下河槽容积呈减小之势,随着新村沙的淤涨出水,近期变化较小。

IV 区0 m、-2 m、-5 m 高程以下河床的冲淤变化趋势是一致的。1984~1998年河槽普遍淤积,1984~1991年淤积速度较快,各高程以下分别为0.124亿 m³/a、0.077亿 m³/a、0.017亿 m³/a;1991~1998年淤积速度较慢,分别为0.011亿 m³/a、0.019亿 m³/a、0.004亿 m³/a;1998~2003年河床普遍冲刷,冲刷的速度分别为0.110亿 m³/a、0.120亿 m³/a、0.084亿 m³/a;2003~2008年9月河床又呈淤积之势。

V 区为新隆沙南侧的汊道,1984年以来该区域呈不断淤积萎缩之势,2003年6月底,新隆沙及黄瓜二沙正式并岸,中间的汊道形成上海首个咸水湖——北湖。

VI 区为北支出海口段,不同时段河床冲淤互现。从累积情况看,1984~2008年9月,0 m、-2 m 高程以下河槽容积累积分别减小了2.04亿 m³和1.06亿 m³,-5 m 高程以下河槽容积却累积增加了0.303亿 m³(见表3),显然,近期北支三条港以下表现为冲槽淤滩。

7 结语

(1)由于上口进流不畅,分流比减少,近期北支河床不断淤浅、缩窄,河槽容积不断减少。在目前进流条件得不到改善的情况下,总体上,今后北支河道仍以淤积萎缩为主。

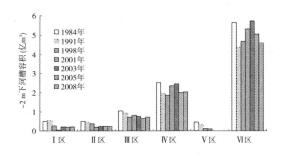 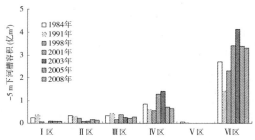

图 11　不同区段 – 2 m 高程下容积变化　　　图 12　不同区段 – 5 m 高程下容积变化

（2）近年来，随着河宽大幅度缩窄，北支深泓线趋于稳定。

（3）北支各高程以下累积淤积速度是：0 ~ – 2 m 为 0.126 亿 m³/a，– 2 ~ – 5 m 为 0.118 亿 m³/a，– 5 m 以下为 0.001 亿 m³/a。

（4）在目前河势条件下，堡镇港以下崇明北沿边滩淤积速度将会加快；崇明北沿促淤圈围工程正在按《长江口综合整治开发规划》确定的北支近期整治方案——中缩窄方案逐步实施。

（5）为维持北支一定的水深，保障河道一定的航运功能，满足沿江两岸有关县（市）的引、排水需要，可对进口段进行一定的疏浚，适当增加分流比。

参 考 文 献

［1］余文畴，卢金友.长江河道演变与治理［M］.北京：中国水利水电出版社，2005：502.

［2］恽才兴.长江河口近期演变基本规律［M］.北京：海洋出版社，2004：290.

［3］长江口综合整治开发规划（2008 年 3 月国务院批准）.水利部长江水利委员会，2004.12：128-130.

［4］李伯昌.1984 年以来长江口北支演变分析［J］.水利水运工程学报，2006（3）：9-17.

作者简介：李伯昌（1968—），男，高级工程师，长江水利委员会水文局长江口水文水资源勘测局。联系地址：上海市浦东大道 2412 号。E-mail：cjklibc@ 126.com。

丹江口水库库区水文气象特性与灾害预防研究

封光寅[1]　张雄丽[2]　周年华[1]　吴远忠[1]　付永惠[1]　甄航勇[1]

(1. 长江委水文局汉江水文水资源勘测局,丹江口　442700;
2. 长江委水文局,武汉　430010)

摘　要:论述了丹江口水库建库前库及其水源区水文气象特性,利用实测资料分析了丹江口水库修建运行后所形成的库区水文气象特性,并对库区水文气象特性易引发的灾害提出防治对策。

关键词:丹江口水库　库区水文气象　灾害防治

1　前言

丹江口水利枢纽位于中国湖北省丹江口市,坝址在支流丹江与汉江干流汇口下游0.8 km处。该工程是中国近代最早修建的一座特大型枢纽工程。枢纽初期工程1958年9月动工,1967年11月下闸蓄水运用,1974年2月竣工,总装机容量90万kW。丹江口水库是汉、丹两江并联水库,控制流域面积9 521 km²,为全流域面积的60%;初期工程,正常蓄水位157 m,相应库容为174.5亿m³(其中:汉江库区占53.9%,丹江库区占46.1%);相应回水长度:汉江174 km,丹江83 km;形成相应库面积745 km²。

丹江口水库的蓄水运用,巨大的水体使当地形成了库区水文气象特征,库区水文气候,对当地人的生活产生了有利有弊的影响。随着南水北调中线工程的建成运行,库区水文气象特征将更加突出,因此很有必要对丹江口水库库区水文气象成因及影响进行研究,以提高人们对因水利工程引起的自然灾害的预防能力。

2　丹江口水库建库前库区及其水源区水文气象特性

2.1　环流特征

丹江口水库及其水源区处于西藏高原以东、秦岭和大巴山之间。南部大巴山脉对暖湿气团背上有一定的阻碍作用,北部的秦岭山脉不但能阻滞西北冷空气南下,对东南季风北上亦有屏障作用。故该地区气候较温和湿润,为南北气候分解的过渡地带,属北亚热带季风的温和半湿润气候。

冬季丹江口以上地区受寒潮影响不如东部地区为甚,但因西藏高原的动力作用,高原南北两侧西风急流的两分支之间有死水区存在,在中低空有南北气流复合带,自川西伸向汉江上游。川西如有低涡生成沿复合带东行,则可导致丹江口水库及其水源区阴雨天气。春季长江流域地面多有锋面气旋产生,高空有移动性槽脊活动。但因水源区位置偏北,影响较小,春季降雨相对不太大。初夏南支急流消失,太平洋副热带高压势力增强,盛夏印、缅低压影响大陆南部,这两种系统的东南季风和西南季风挟带大量水气吹向内陆,在中高纬度如有低槽活动,冷暖空气相遇于极锋,锋带上即可造成暴雨或大雨天气。极锋在 7 ~ 8 月活动于本区,为本区暴雨最多月份。秋季北方冷空气势力增强,丹江口以上地区因山地阻滞,北来冷空气停止日久,造成 9 ~ 10 月的雨量交锋。但东部地区地形平坦,冷空气长驱直下,雨量较少。

2.2　降雨特性

2.2.1　降雨一般特性

丹江口水库坝址处于东南季风所及区域,气旋雨较多,流域内雨量尚称丰沛。多年平均降雨 700 ~ 1 000 mm,通常为右岸大而左岸小,其中以下游地区较丰,可达 1 100 mm;中游地区 800 ~ 900 mm;丹江口以上年雨量为 857 mm,其趋势是从大巴山脊由南向北递减,在秦岭附近以 800 ~ 900 mm 由南向北递增,表明地形有一定影响。流域年雨量分配极不均匀,多集中于 5 ~ 10 月内,占年雨量的 70% ~ 80%,其中又以 7、8 月为最丰,约占年雨量的 40%,冬季各月降雨稀少。流域多雨季节的出现日期为下游早于上游。一般可分为夏季与秋季两种类型,前者产生在 8 月份前,后者为 9 月份以后。6 月份下游地区雨季开始,7 月为全流域降雨最多月份,各地均可发生暴雨,但以支流堵河、南河一带暴雨强度大而集中,一次暴雨历时 5 ~ 8 d。8 月以汉江北岸支流唐白河、丹江雨量较大,9 月以后白河以上地区常发生历时(7 ~ 11 d)较长的暴雨,成为该区全年最大暴雨。就全流域而言,7、9 月降雨总量常较 8 月大。上述系多年平均情况,如个别年份环流异常,雨季会提前出现或推迟结束。流域内降水天数分布大致自南向北递减,丹江口以上沿河各盆地大致在 110 ~ 125 d,地区分布于年降水量分布趋势基本一致。

2.2.2　暴雨特性

汉江流域内大暴雨的产生均与我国西北南下的冷空气活动有关,故以锋面暴雨为多。当冷锋连续南下或准静止在流域上空时,暴雨历时较长久。这时高空相应有低槽或切变线存在,中层间或有低涡沿锋带活动,暴雨天气系统一般较为深厚。发生特大暴雨时天气形势主要有两种:①纬向环流占优势,西风带上有短波小槽东移,遇副热带太平洋高压阻滞形成横槽或切变,地面相应有冷风南下,即可形成偏东—西向的全流域大暴雨。如 1960 年 9 月 1 ~ 7 日有两次短波小槽东移过境,造成很大的暴雨,丹江以上 7 d 为 181 mm,最大暴雨中心在任河七里偏站为 444.0 mm。②环流经向度较大,副热带太平洋高压北挺呈南北向分布,我国东北有大槽南伸到长江流域,槽后冷空气不断南下,地面有封面或气旋若正处在地形变化很大的高山坡地区助长了这个系统的辅合上升作用,即可造成南北向的特大暴雨。如 1935 年的大暴雨从 7 月 1 ~ 10 日前后下了 10 d,以 7 月 2 ~ 8 日 7 d 暴雨为最大,主要暴雨区在堵河及丹江流域,平均雨深为 170.0 mm。因雨量强度大,地区集中,产生洪峰很高,造成了汉江很严重的自然灾害。丹江口以上地区平均雨深超过 100 mm 的大暴雨多在 7 月及 9 月出现。

2.3　气温

丹江口水库及其水源区气候温和湿润,为南北气候分界的过渡地带,年平均气温一般在 15 ~ 17 ℃。月平均温度以 7 月最高,为 22 ~ 34 ℃,1 月最低,为 -2 ~ 10 ℃,夏季酷热,极端最高气温高于 40 ℃,冬季则较温暖,特寒年只在河湾处出现薄冰。

2.4　蒸发

丹江口水库及其水源区年平均蒸发量一般为 900～1 500 mm(80 cm 蒸发皿水面蒸发数值)。分布地区为:下游大于上游,北岸大于南岸。最大月蒸发量出现在 6 月或 7 月,最小月蒸发量出现在 12 月或 1 月。

3　丹江口水库建库后库区及其水源区水文气象特性

丹江口水库的兴建,巨大的集水面积和水体,改变了该区域下垫面的条件、水文水资源环境和水量的分布,对局部蒸发、湿度、气温和降水等气候因素产生较大的影响,从而形成水库局部气候特征。

3.1　降水特性

丹江口水库周围地区以山地为主(山地占 79%),库区上游干流河段内,除一些县(市)附近有少量盆地外,其余河道穿行于群山峡谷之中。在没有修建水库之前,江面和周围蒸发的水汽,在运行过程中,当经过山坡的辐合与抬升作用时,要消耗一定的动能,动能的减弱加快水蒸气的凝聚、液化,则容易形成局部暴雨。建库蓄水后,由于水库中的水体接纳和存储大量太阳辐射能,同期水体表层水温比原天然江水的温度要高许多,由此蒸发所产生的水蒸气的平均动能要比原天然江水的水蒸气的平均动能要大,而蒸发水在上升的过程中又不会遇到爬坡而消耗动能,动能较大的水汽上升高度也较高。在大气环流的作用下,空中水汽则容易向周围地区扩散。因此,在库区上空难以形成局部暴雨,从而使库区内局部暴雨次数减少。但水蒸气向周围地区扩散,则会使水库周围地区的局部暴雨加强,甚至常发生灾害性局部暴雨。从 20 世纪 70 年代至今,丹江口水库周边地区(如郧西、郧县、丹凤等地)降雨明显增多,甚至常发生灾害性局部暴雨。例如:位于丹江上游的丹凤县,在建库后的 1983 年 8 月发生了历时 2 h 20 min 降雨量达 373 mm 的特大暴雨;1998 年 7 月 9 日晚至次日晨,在该县双槽乡宽坪村和商南县清油河乡吊庄村一带发生了暴雨中心最大点雨量 6～7 h 降雨量超过 1 300 mm,超同历时降雨量世界最大纪录的罕见特大暴雨。虽然特大暴雨的形成往往与大范围的天气系统有关,但水库蒸发产生的大量水蒸气对特大暴雨的形成起到了推波助澜的作用。

丹江口水利枢纽修建后,在枢纽坝址以上区域,自 20 世纪 60～80 年代,降水呈递增趋势。

3.2　气温特性

丹江口水利枢纽修建后对气温的影响十分明显。在枢纽坝址以上区域,自 20 世纪60～80 年代,气温呈递减趋势,而降水呈递增趋势;20 世纪 80 年代后,气温稍有上升,而降水自 1983 年以来,近 20 年里,该区域降水处于偏枯年份。一个地区的平均气温与降水往往成反比例关系,但它们之间并非存在必然的因果关系,而是比较复杂的相互影响关系。大型蓄水工程的修建对地区气温有明显的影响,首先是日温差减小;其次是年平均气温升高。丹江口水利枢纽初期工程运行至今,坝址历年平均气温由建库前的 15.3 ℃上升到 15.8 ℃,升高 0.5 ℃。

3.3　湿度和蒸发特性

丹江口水利枢纽修建后对周围地区湿度和蒸发量的影响也是非常明显的。由位于坝下 6 km 的黄家港站 1956～2001 年的蒸发量观测资料(见表 1)可知,初期工程蓄水前的历年平均蒸发量为 1 282.8 mm,蓄水后的历年平均蒸发量为 895.8 mm,蓄水后历年平均蒸发量减少值为蓄水前的 30%。

表 1　黄家港站 1956～2001 年历年蒸发量统计

	年份	1956	1957	1958	1959	1960	1961	1962	1963
建库前	蒸发量(mm)	1 164.9	1 263.3	1 149.2	1 296.4	1 223.5	1 248.9	1 326.5	1 104.3
	年份	1965	1966	1967	1968				
	蒸发量(mm)	1 415.3	1 662.1	1 439.4	1 450.8				
建库后	年份	1969	1970	1971	1972	1973	1974	1975	1976
	蒸发量(mm)	1 302.1	1 270.4	1 188.1	1 153.2	1 114.5	1 200.6	1 126.6	914.3
	年份	1978	1979	1980	1981	1982	1983	1984	1985
	蒸发量(mm)	1 016.2	918.2	772.3	935.9	777	807.8	746.5	788.3
	年份	1987	1988	1989	1990	1991	1992	1993	1994
	蒸发量(mm)	741.2	861.2	638.6	780.7	712.5	798.2	689.6	745.7
	年份	1996	1997	1998	1999	2000	2001		
	蒸发量(mm)	733.1	886.9	833.6	825.4	747.9	822.5		

4　水文气象灾害预防对策

丹江口水库所形成的库区气候特征,对当地的农牧业、水资源、自然生态系统和社会经济会产生一定的影响。其影响有正面的,也有负面的。正面的,如日温差的减小,将会给人们的生存带来舒服感;库区周围较大范围陆地上的湿度增加和蒸发量减少,将有益于减少土壤含水量,对于处于旱涝分布不均的湿润半湿润地区,则有利于农作物和其他植物的生长,对水环境是有益的。对于负面的影响,更应引起我们的重视,特别是灾害性的影响,丹江口水库所形成的库区水文气候特性所产生的灾害一般是局部的,其表现形式主要是暴雨、冰雹,以及由暴雨形成的洪水和泥石流等滋生灾害。然而,上述灾害治理很难,重点在防。

4.1　建立全库区的水文气象灾害监测和预警机制

预防丹江口水库库区及水源区的水文气象灾害,就必须在库区和水源区范围内建立完善的技术先进的水文气象监测网系与预警机制。目前,丹江口水库库区及水源区的水文气象常规监测网系已经基本形成,服务于南水北调中线工程的水文气象常规监测网系也在完善之中。降水、水位全部实现自动测报,流量监测全部实现自动报汛,个别测站实现自动监测。但灾害性天气监测、预报、预警系统还没有健全。因此,在丹江口水库库区及水源区,应健全完善灾害性天气监测、预报、预警系统,建立起灾害性天气应急信息汇集、储存、处理、分析、查询功能的数据库,搞好天气形势预测,及时有效地提供灾害性天气信息,发布重特大灾害性天气预警信号和预警级别。这样,一旦有灾害性天气预警,就可通过电视、电台、报纸、手机短信、气象预警塔、互联网等各种途径向社会发布信息。

4.2 建立完善的灾害应急和预防体系

4.2.1 建立完善的应急管理和保障机构

应急管理机构负责灾害性天气应急预案的牵头协调组织实施工作,组织对灾害性天气信息进行分析评估,达到预警启动级别的,立即启动相关应急预案;组织有关部门、单位开展应急工作;及时向上级政府和有关部门上报工作动态信息;明确和规范灾害性天气预警信号发布办法、传播渠道、方式等;聘请有关专家组成专家组,为应急管理提供决策建议,必要时参加灾害性天气的应急处置工作;国土、水利、气象、水文等有关部门建立工作联系机制,相关部门实现互联互通;根据工作进展情况适时解除应急响应。

应急保障机构,主要的任务是提供足够的人力、物力、财力和技术设备等。

4.2.2 建立先进的干预体系

关于体系主要有两个方面:一是社会干预,另一个是气象干预。社会干预主要是利用先进、科学的理念和知识,干预人们已形成的生活习惯,指导人们主动积极地做好灾害防御,例如,指导人们搬离灾害易发地带、采用可减轻水文气象灾害损失的农牧耕作方式等。气象干预措施主要有冰雹干预和霜冻干预等,当然也包括人工降雨干预。

4.2.3 要加强对自然灾害规律和致灾机理的研究

丹江口水库所形成的库区水文气候特性所产生的灾害应引起人们高度重视,随着南水北调中线工程的建成运行,库区水文气象特征对当地的影响将出现复杂多变的态势。因此,有必要对此开展深入研究,力争建立起一个灾害监测—研究—预警预报网络体系,使库区水文气候特性所产生的灾害降到最低程度。

5 结语

丹江口水利枢纽的修建运行,改变了库区和水源区域的下垫面条件、水文水资源环境和水量的分布,对库区及其周围地区的蒸发、湿度、气温和降水等水温气候因子产生较大的影响,从而形成水库局部气候特征。丹江口库区水文气候特征,对当地的农牧业、水资源、自然生态系统和社会经济会产生一定的负面影响,有些影响是灾害性的。但灾害一般是局部的,其表现形式主要是暴雨、冰雹,以及有暴雨形成的洪水和泥石流等滋生灾害。灾害治理重点在防。

参 考 文 献

[1] 刘平贵,王建卿."98·7"陕南宽平特大暴雨调查分析[J].水文,2002(2):53-57.

作者简介:封光寅(1957—),男,高级工程师,长江委水文局汉江水文水资源勘测局。联系地址:湖北省丹江口市。E-mail:hjfenggy@cjh.com.cn。

对水环境监测质量保证和质量控制的认识

谢立新

（新疆阿勒泰水文水资源勘测局，阿勒泰　836500）

摘　要： 质量控制和质量保证是水环境监测工作的重要组成部分。质量体系覆盖了监测样品、监测过程、仪器设备、人员素质、设施与环境、量值溯源与校准、检验方法和化学试剂等全部质量控制工作。水质分析质量控制工作是实验室检测工作的必需环节，是做好实验的前提，是确保实验数据准确可靠的依据。

关键词： 监测质量保证

质量控制和质量保证是实验室分析工作的重要组成部分，是水环境监测工作的技术关键和科学管理实验室的有效方法，是获得正确分析数据的一个极为重要的环节。为了保证监测工作的科学性、公正性，使检测数据能够准确反映水环境质量的现状、预测污染物发展趋势，必须实现监测技术规范化、仪器设备现代化、站点建设网络化、资料数据系统化。

水环境监测质量保证是贯穿监测全过程的质量保证体系，主要包括人员素质、监测分析方法、布点采样方案和措施、实验室内质量控制、实验室间质量控制、数据处理和报告审核等一系列质量保证措施和技术要求。主要从以下几点做到实验的质量保证。

1　分析人员的技术能力

实验室人员的能力和经验是保证监测工作质量的首要条件。检测人员水平的高低直接影响着检测数据的准确可靠，必须具有较强的事业心和钻研实干的精神，有一定的化学知识并能熟练地解决分析测试的技术难题。因为检测人员对技术判断、经验、技巧、专业水平也是非常重要的，为了保证检测工作的质量，实验室应确保其检测人员得到及时的专业理论、基本操作、计量知识、误差理论等培训并考核合格持证上岗，只有这样才能应付目前实验室越来越多也越来越复杂的现代化仪器。

2　现场采样质量控制和质量保证

水质现场采样质量控制和质量保证工作可确保样品具有代表性、完整性。能全面准确地反映该区域水环境质量及污染物的分布和变化规律，应严格按照《生活饮用水卫生标准》（GB/T 5750.2—2006）、《水环境监测规范》（SL 219—98）和《水和废水监测分析方法》（第 4 版）等规定标准进行控制。

2.1　监测站点的设置

在确定和优化监测站点时应遵循尺度范围原则、信息量原则，并注意其经济性、代表性和可控性。水质监测站点的布设关系到监测数据是否具有代表性,各断面的具体位置应能真实地反映该区域水环境质量现状及污染物分布和变化规律的特征;尽可能以最少的断面获取有足够代表性的水环境信息,同时要考虑实际采样时的可行性和方便性。

2.2　现场样品采集及保存

现场采样和保存样品首先要将采样前的准备工作做好。

2.2.1　现场测定、采样器具及记录

温度计、电导仪、塞氏圆盘等现场测定仪,要请计量监督局检定和自检合格后使用;要填写采样单,内容要有采样地点、采样时间、气象参数、水文参数、采样人,记录人员记录其水质状态是否异常或与监测方法中所描述的标准状态是否有所偏离,如水的温度、颜色、气味(嗅)、流量、水面是否有无油膜等均应作现场记录。

采样器使用有机玻璃采样器(油类使用专用采样瓶直接采取),有机及生物项目用硬质(硅酸)玻璃容器,重金属无机项目选用聚乙烯容器;无需单独采集的水质监测项目使用塑料桶,细菌采样瓶要用灭菌 2 h 的专用瓶。

水质样品、土壤底质样品采集应满足《水和废水监测分析方法》(第 4 版)对各项目的要求;特殊样品的采集要特殊对待。然后按要求填好采样地点、采样时间、采样人、记录人、核对人,出现异常要有附加说明记录。

2.2.2　采样质控措施

全程序空白实验:按年初制定的《质量控制计划》要求,抽查 1 ~ 2 个监测月样品的采样全程序空白;现场平行样:按规定要求采取 1 ~ 2 个监测月 10% ~ 20% 现场平行样;进行密码标样的检测:按标准保证值的不确定度检查质量。我们每次进行样品考核及对外检测服务时,都要采用标准样品、期间核查、加标回收率测定、分析方法比对、人员比对、仪器设备比对等方法进行准确度控制,以保证检测数据的准确可靠。

3　样品保存、运输与管理

3.1　样品保存、运输

运输前应将容器内、外盖盖紧,用采样箱装好;特殊样品(如冷藏、保温)要按要求运输。运输时有专人押运,需司机配合的要告之司机。

为保证从样品采集到测定这段时间间隔内,样品待测组分不产生任何变异或使发生的变化控制在最小程度,在样品保存、运输等各个环节都必须严格遵守有关规定并针对水样的不同情况和待测物特性实施保护措施,要力求缩短运输时间。当待测物浓度很低时,更要注意水样保存,应尽快送实验室进行分析。

3.2　样品管理

采样人员应根据不同项目的不同要求,进行有效处理和保管,指定专人运送样品并与实验室样品管理人员进行交接登记。送入实验室的水样首先要做好样品交接手续。采样人员应将样品和采样记录同时交分析室主任检查并填好样品登记记录,以免发生样品的漏、丢、不合格等事故。

3.3　样品确认

分析人员在接收样品时,要仔细核对样品和采样记录,确认正确无误后方可签收。样

品要按保存期、保存环境、保存条件和有效期等进行保存,符合要求的样品方可开展分析。

4　实验室质量控制和质量保证

环境监测质量保证包括环境监测全过程的质量管理和措施,实验室质量控制是环境监测质量保证的重要组成部分。实验室质量控制包括:①实验室内质量控制,主要是指控制监测分析人员的实验误差,使之达到规定的范围,以保证测试结果的精密度和准确度能在给定点的置信水平下,达到容许限规定的质量要求,自我评价的过程。②实验室内间质量控制,目的在于实验室间能保证基础数据质量的前提下,提供准确可靠的测试结果,主要用于上级监测机构对实验室及其分析人员的分析质量进行的定期的和不定期的考查。在此主要谈对实验室内质量控制认识。

4.1　实验室内质量控制

首先在进行检测前必须创造一个清洁、整齐、便于操作的环境,应尽量减少因室内温度、湿度、电源电压波动、空气中污染成分对分析测试的影响;分析仪器设备、玻璃量器应进行定期检定校正;分析人员应通过考核持证上岗。

4.2　纯水要求

一般实验用纯水,电导率(25 ℃)≤5.0 μS/cm,pH 值在 6.5～7.5,精密分析和研究工作用纯水电导率(25 ℃)≤1.0 μS/cm,特殊要求的实验用水,按其分析方法规定制备,需要使用相应的技术条件处理和检验,随做随检,填入检验记录表存档。

4.3　空白试验

空白试验值的大小及分散程度,对分析结果的精密度和分析方法的检测限都有很大的影响。空白试验值的大小及重现性可在相当大的程度上反映一个实验室及其分析人员的水平,如实验用水和化学试剂的纯度、玻璃容器的清洁度、分析仪器的精密度和使用情况。实验室内的环境污染状况以及分析人员的水平和经验等都会影响空白试验值,有些分析人员不太重视空白值的测定,其实空白值测定与样品处于同等重要的位置,如测高锰酸盐指数项目,当样品的含量高时就要求分析空白值,如缺少这一项算出的结果就会偏大,将影响最终结果的评价,为了减少空白测定的误差,应采用多测几个平行样来解决。

4.4　平行双样和加标回收率

随机抽取样品 10%～20%进行平行双样和加标回收率的测定,使双样平行的相对偏差和回收率范围达到质控要求,平行样测定时,要求同一样品在完全相同的条件下进行同步分析,可按样品的复杂程度、所用方法和仪器的精度等因素安排平行样的数量,当平行双样测定的合格率<95%时,就说明不合格,就应重新作平行双样测定,直至总合格率≥95%为止。加标回收率是根据分析方法、测定仪器、样品情况和操作水平等的测定。对回收率的测定时,加入标准物质的量与样品中待测物质的浓度水平约相等。一般情况下要求加标量不大于样品中待测物质含量的 0.50～2 倍。加标回收率试验由于方法简单、结果明确而常用于分析准确度的判断。

4.5　标准曲线和标准控制样品

标准曲线的斜率常随环境温度、试剂批号和储存时间等试验条件改变而改变。标准曲线随水样每月测一次,以控制标准曲线的波动范围,其测点不得少于 6 个,相关系数必须达到 0.999 以上,截距、斜率取用位数为小数点后四位。使用标准曲线时,应选用曲线的直线部分和最佳测量范围,不得任意外延。不同项目标准曲线斜率要逐次进行比对,若相差较大,应分析原因,及时更正。对密码标样进行测定,按标准保证值的不确定度检查质量。若分析结果超出不确定度范围,则要从人员、仪器、试剂等方面查找原因。

4.6　检测数据审核及处理

所有检测数据处理必须按《水环境监测规范》(SL 219—98)、《生活饮用水卫生标准》(GB/T 5750.3—2006)和《水和废水监测分析方法》(第 4 版)等有关规定进行,应执行"四舍六入五单双"原则取舍,当分析结果低于方法检测限时,以最低检测质量浓度报告测定结果;测量结果的记录、运算和报告,必须用有效数字。为了减少中间计算多次修约而造成误差传递的累加,一般采用原始数据输入计算器后直接调出计算,最后进行一次性修约。而检测数据和报告的审核执行三级审核制。一级审核为采样人员于分析人员之间的互核,二级为室质量负责人的审核,三级为技术主管的审核。所有审核人员必须在报告上签名。

4.7　内审及管理评审

内审是对质量管理体系进行自我检查、自我评价、自我完善的管理手段,通过定期开展内部审核,纠正和预防不合格工作,确保质量系统持续有效的运行,并对质量体系的改良提供依据。实验室应当在每年年初制定当年的内审计划,审核应由有资质的内审员进行,审核频次每年不少于一次。定期进行内审,是验证实验室质量活动运作持续符合管理体系要求。

管理评审是由实验室最高管理者定期对管理体系和检测活动进行的评审,确保其持续适用和有效。通过管理评审对质量体系进行全面的、系统的检查和评价,确定体系改进内容,推动质量体系持续改进和向更高层次发展。管理评审由机构负责人实施,每年至少评审一次,确保质量管理体系的适宜性、充分性、有效性和效率,以达到规定的质量目标。

通过以上环节的水质监测质量保证和控制工作,能有效地提高分析的准确性和分析质量工作,保证了实验室质量体系的正常运行,可以及时发现问题和解决问题,减少错误的发生率,使全程序质量保证工作规范化、标准化和系统化,使实验室的质量控制工作得到充分保证。

参 考 文 献

[1] 国家环境保护总局,水和废水监测分析方法编委会. 水和废水监测分析方法[M].4 版.北京:中国环境科学出版社,2002:40-80.
[2] 中国环境监测总站. 环境水质监测质量保证手册[M].北京:化学工业出版社,1984:291-302.
[3] 侯剑英. 水环境监测的质量控制和质量保证[J].山西水利,2007:55-56.

作者简介:谢立新(1966—),女,工程师,新疆阿勒泰市人,新疆阿勒泰水文水资源勘测局。联系地址:新疆阿勒泰市解放路 16 号水文水资源勘测局。E-mail:shuihuashialt@163. com。

多元回归在密云水库汛期来水预报中的应用

钟永华

（北京市密云水库管理处，北京　　101512）

摘　要：本文从分析影响预报对象的因素着手，从中挑出一批预报因子，然后用多元回归分析法（也称复直线相关法），建立预报方案进行预报。经过筛选，根据现有密云水库建库以来的水文资料选取非汛期的来水量、汛期降水量两个预报因子来进行预报作业。

关键词：汛期来水预报　多元回归　密云水库

影响中长期水文过程的因素很多，包括太阳活动、大气环流、下垫面、人类活动等。中长期预报随着预见期的加长，许多影响因素变化的不确定性增强，从而导致许多中长期预报成果的精度大大下降，甚至失去了指导工程管理的价值。因此，除少数中长期预报方法较为成功外，大多数还属于探索性的研究。另外，汛期的来水预报还要求有广泛的气象学知识。

1　流域概况

密云水库 1958 年 9 月动工兴建，1959 年拦洪，于 1960 年建成，是北京市城市供水的主要水源。密云水库总库容 43.75 亿 m^3，蓄水运用以来，为潮白河流域的防洪和北京市城市供水发挥了重要作用。目前北京城镇地表供水量的 60% 以上来自密云水库。

潮白河密云水库以上流域位于东经 115.23° ~ 117.30°，北纬 40.20° ~ 41.30°。东部和东北部与滦河流域为界，北面与内陆河闪电河为邻，西与永定河支流洋河流域相邻，流域面积密云水库以上为 15 788 km^2，占潮白河流域面积 18 000 km^2 的 88%，其中潮河流域面积为 6 716 km^2，白河流域面积为 9 072 km^2。

潮白河流域属中纬度大陆性季风气候，降水量主要集中于 6 ~ 9 月，尤其集中在 7、8 月，历年暴雨洪水常发生在 7 月下旬和 8 月上旬。汛期流域多年平均降水量为 385 mm，暴雨中心主要在库区西部，并向东北和西北方向逐渐减小。

1960 ~ 2005 年，平均年来水量为 9.743 亿 m^3，而汛期 6 ~ 9 月的来水量 6.550 亿 m^3，占全年的 67.2%。密云水库的主要功能已转变为城市供水，且供应了北京市区一半以上的日常用水，因此密云水库汛期来水量的长期预报就显得尤为重要。

2　中长期水文预报方法概述

《水文情报预报规范》把水文中长期预报方法归纳为天气学方法、数理统计方法和宇宙 - 地球物理方法三类。

（1）天气学方法是根据大气环流的演变规律，充分应用大气环流资料寻找前期环流与水文要素之间的关系,由前期环流形势预报未来水文要素的方法。

(2)宇宙－地球物理分析方法是基于水文要素与有关宇宙－地球物理因子之间存在着能量的相互交换,找出要素与因子之间的相互关系,利用前期能量因子对未来水文情势作出预报的方法。常用的有日地关系分析、海气关系分析和其他宇宙－地球物理因子分析等方法。

(3)数理统计方法是根据大量历史资料,运用数理统计方法分析水文要素自身的统计规律或水文要素与有关因子之间的统计关系,然后应用这些规律或关系制作预报的方法。

本文采用的多元回归分析法就属于上面的第三类方法。

3 多元回归分析在密云水库汛期来水预报中的应用

本文从分析影响预报对象的因素着手,从中挑出一批预报因子,然后用多元回归分析法(也称复直线相关法)建立预报方案进行预报,这是目前比较常用的方法。多元回归分析法,一是挑选预报因子,二是建立多元回归方程。

3.1 挑选预报因子

影响汛期来水的因素主要有流域土壤的前期含水量、汛期降水量、汛前流域的平均气温、平均气压;当然,还有一些不确定性因素,如人类的活动等。根据现有密云水库建库以来的水文资料选取非汛期的来水量、汛期降水量两个预报因子。非汛期的来水量主要是用来反映流域土壤的前期含水量。

3.2 建立多元回归方程

$$y = b_0 + b_1 x_1 + b_2 x_2 + \cdots + b_m x_m$$

式中:y 为预报对象;$b_0, b_1, \cdots, b_m$ 为待定系数;x_m 是预报因子。

待定系数采用最小二乘法确定,这里只选用了两个预报因子,因此 $m = 2$。

y ——汛期来水

x_1 ——非汛期来水

x_2 ——汛期降水

汛期降雨这个预报因子,在模型参数虑定的时候可以直接用历年的资料;而在预报作业的时候其实是不可知的。由于现在每年在汛前都会组织气象和水利专家对全国汛期的降雨进行分析预测。根据近几年汛期气候预测的情况来看,预测的精度还是比较高的。因此,专家对汛期的气候预测可以作为汛期来水预报的预报因子。

3.3 选取资料

密云水库白河上游于1972年、1983年相继建成了云州水库和白河堡水库。为了使资料具有一致性和代表性,选用密云水库1984～2005年的非汛期来水量、汛期来水量、汛期降水量作为推算待定系数的历史资料(按水文年划分,2003～2005年的汛期来水量扣除了上游白河堡水库的补水量)。由于密云水库汛期来水量在年际间变化较大,为了提高预报精度,根据降雨量的多少将资料分为偏枯年份和偏丰年份,如表1、表2所示。

表 1　偏枯年份资料

年份	汛期来水（亿 m³）	非汛期来水（亿 m³）	汛期降水（mm）
2005	2.601	1.879	359.8
2003	0.912	1.717	294.8
2002	0.766	1.773	262.2
2001	3.649	1.155	377.1
2000	0.738	1.124	280
1999	0.830	2.337	242.2
1997	3.467	4.29	270.1
1993	3.262	2.624	320.7
1989	3.299	2.269	329.9
1988	4.819	2.825	388.5
1985	5.078	1.252	382
1984	1.764	1.836	301.5

表 2　偏丰年份资料

年份	汛期来水（亿 m³）	非汛期来水（亿 m³）	汛期降水（mm）
2004	2.077	1.008	435.6
1998	9.039	2.053	452.1
1996	9.087	3.597	482.8
1995	4.208	2.946	416.8
1994	14.984	2.014	525.7
1992	5.795	2.338	431.2
1991	9.419	2.899	432.7
1990	8.273	2.062	472.2
1987	6.79	3.078	480.6
1986	6.419	1.866	488.4

3.4　确定模型参数

由选取的资料利用最小二乘法编程计算待定系数。

偏枯年份的模型参数为：$b_0 = -8.320$，$b_1 = 0.834$，$b_2 = 0.029$。因此，密云水库偏枯年份汛期来水预报的多元回归方程为：

$$y = 0.834x_1 + 0.029x_2 - 8.320 \tag{1}$$

偏丰年份的模型参数为：$b_0 = -28.616$，$b_1 = 1.045$，$b_2 = 0.073$。因此，密云水库偏

丰年份汛期来水预报的多元回归方程为：

$$y = 1.045x_1 + 0.073x_2 - 28.616 \tag{2}$$

3.5　预报成果

预报方程(1)的预报成果分析见表 3 和图 1，预报方程(2)的预报成果分析见表 4 和图 2。

表 3　偏枯年份预报成果

年份	2005	2003	2002	2001	2000	1999	1997	1993	1989	1988	1985	1984
实测值（亿 m³）	2.601	0.912	0.766	3.649	0.738	0.830	3.467	3.262	3.299	4.819	5.078	1.764
预报值（亿 m³）	3.681	1.661	0.762	3.579	0.737	0.653	3.091	3.169	3.139	5.303	3.802	1.955
误差（亿 m³）	1.08	0.749	-0.004	-0.07	-0.001	-0.177	-0.376	-0.093	-0.16	0.484	-1.276	0.191

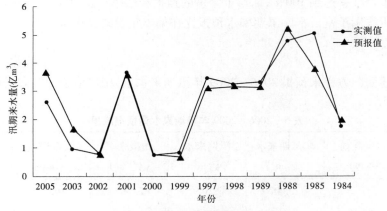

图 1　偏枯年份预报成果对比

表 4　偏丰年份预报成果

年份	2004	1998	1996	1995	1994	1992	1991	1990	1987	1986
实测值（亿 m³）	2.077	9.039	9.087	4.208	14.984	5.795	9.419	8.273	6.79	6.419
预报值（亿 m³）	4.236	6.533	10.387	4.889	11.865	5.305	6.001	8.009	9.684	8.987
误差（亿 m³）	2.159	-2.506	1.300	0.681	-3.119	-0.490	-3.418	-0.264	2.894	2.568

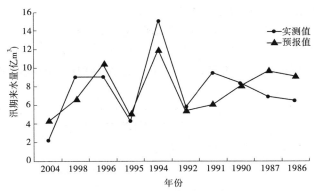

图 2 偏丰年份预报成果对比

4 预报精度评定

1984～2005 年汛期来水量的多年变幅为 14.218 亿 m³,根据《水文情报预报规范》关于中长期预报精度评定的规定:对于定量预报误差在多年变幅 20% 以内的可以用做预报。汛期来水量多年变幅的 20% 为 2.845 亿 m³,在表 3 和表 4 中可以看到,偏枯年份的汛期来水预报合格率达到 100%,而偏丰年份的预报合格率只要 70%。因此,在偏枯年份多元回归分析法用于密云水库汛期来水预报比在偏丰年份的预报精度要高。

5 预报检验

利用上述回归方程来预报 2006～2009 年汛期来水量,用以检验预报方案的优劣。预报成果见表 5。

表 5 2006～2009 年汛期来水量预报成果

年份	汛期降雨 (mm)	非汛期来水 (亿 m³)	汛期来水 (亿 m³)	预报来水 (亿 m³)	预报误差 (%)	预报方程
2006	331.7	1.545	2.349	2.588	10.17	(1)
2007	285.6	1.211	1.06	0.972	−8.30	(1)
2008	449.5	0.897	3.068	5.135	67.37	(2)
2009	300	1.747	1.073	1.837	71.20	(1)

由表 5 可见,预报方程(1)对 2006 年、2007 年汛期来水量的预报精度都比较高,预报误差分别为 10.7% 及 −8.3%。而 2008 年、2009 年的预报精度比较差。通过分析,预报精度低的原因主要是由于这两年的降雨受人工影响的因素比较大,从 2008 年到 2009 年,为了保障 2008 年北京奥运会及 2009 年国庆阅兵,人工影响天气办公室在这期间进行了大规模的作业。

6 结语与建议

由于资料收集的限制,本文只挑选了两个预报因子。如果在气象资料比较全的流域地区,在做长期预报的时候可以再分析增加一些气象因子,如太阳黑子相对数、前期流域的气压等。这样就可以进一步改善预报效果。

在预报作业的时候还可以根据人工经验来调整预报模型的参数,比如本文中的参数b_2,当预报年正处于枯水年的时候就可以将参数b_2适当调小,这样也可以提高预报精度。另外在资料选取时,尽量将人工影响因素剔除出去。

参 考 文 献

[1] 叶守泽,詹道江. 工程水文学[M]. 北京:中国水利水电出版社,1999.
[2] 中华人民共和国水利部. SL 250—2000 水文情报预报规范.
[3] 李庆扬,王能超,易大义. 数值分析[M]. 北京:清华大学出版社,2001.

作者简介:钟永华(1980—),男,密云水库防汛指挥部办公室副主任,工程师。联系地址:北京市密云水库管理处防汛办。E-mail:yonghua_zh@163.com。

改进的均生函数模型在汛期降雨量
预测中的应用

李　静[1]　程　琳[2]

（1. 北京金水信息技术发展有限公司,北京　100053;2. 水利部水文局,北京　100053）

摘　要:传统的均生函数模型在水文气象中长期预测中已有广泛的应用,具有长程多步预测等优势。神经网络模型是现代非线性模拟中一个优秀的代表,将两个模型的优势结合,构建了一种改进的均生函数模型,利用保定市56年(1951～2006年)汛期(6～9月)的降雨量资料进行模型率定,2007～2009年3年的降雨量资料进行模型预报效果的检验。结果表明,改进的均生函数模型与传统均生函数模型相比较,无论是预报精度还是拟合程度均有明显的改进,可以为水文气象中长期预报的研究和实践提供借鉴。

关键词:均生函数　双评分准则　神经网络　汛期降雨量　中长期预报

1　引言

在水文中长期预报中,利用水文要素随时间的自身演变规律进行建模预报被广泛采用,其中应用较多的有自回归模型、自回归滑动模型和门限自回归模型等,这些时间序列模型的预测结果大多趋于平均值,往往对极值的拟合效果欠佳,且这类方法只能作预报步数很少的外推。依据水文时间序列蕴涵不同时间尺度振荡的特征,魏凤英等[1]提出了时间序列的均值生成函数(简称均生函数)模型,通过构造一组源自已知序列的周期函数,进而建立时间序列与这组周期函数间的回归方程,构造模型进行预报。均生函数模型改善了对序列极值的拟合与预报效果,且可作多步预测,弥补了许多时间序列预测模型的不足,在气象、经济等诸多领域得到广泛的应用。随着科学的发展,非线性模型得到越来越多的关注和研究,为提高预报精度开辟了一条新途径。目前得到广泛研究的人工神经网络模型具有自适应性学习和非线性映射等优良性能,但模型本身不具备构造学习矩阵的能力,本文结合两种模型的优势,将均生函数模型构造的一组周期函数作为学习矩阵,利用优化的神经网络模型进行模拟预测,构建改进的均生函数模型,以探讨该改进模型的应用前景。

2　预报模型简介

2.1　均生函数模型

均生函数模型是由时间序列按不同的时间间隔计算均值,生成一组同期函数,然后建立原时间序列与这组函数间的回归预测方程。具体过程如下。

设时间序列为 $X(t)$,$(t = 1,2,\cdots,N)$,构造均生函数:

$$\overline{X}_l(i) = \frac{1}{n_l} \sum_{j=0}^{n_l-1} X(i+lj) \tag{1}$$

式中：$i = 1,2,\cdots,l$；　$l = 1,2,\cdots,\left[\dfrac{N}{2}\right]$；$n_l = \left[\dfrac{N}{l}\right]$；$[\quad]$ 表示取整。

$\overline{X}_2(i)$ 表示间隔为 2 的均生函数，包括逢单累加取平均和逢双累加取平均两种情况。类似地有 $\overline{X}_3(i),\overline{X}_4(i),\cdots,\overline{X}_L(i)$，分别表示间隔为 $3,4,\cdots,L\left(L = l_{\max} = \left[\dfrac{N}{2}\right]\right)$ 的均生函数，由此可得到以下三角矩阵：

$$H = \begin{bmatrix} \overline{X}_1(1) & & \\ \overline{X}_2(1) & \overline{X}_2(2) & \\ \vdots & \vdots & \\ \overline{X}_L(1) & \overline{X}_L(2)\cdots\overline{X}_L(L) \end{bmatrix} \tag{2}$$

称 H 为 L 阶均值生成矩阵。

对 $\overline{X}_l(i)$ 作周期性外延，即令

$$f_l(t) = \overline{X}_l\left[t - l \cdot \mathrm{int}\left(\frac{t-1}{l}\right)\right] \quad (l = 1,2,\cdots,L;\quad t = 1,2,\cdots,N) \tag{3}$$

由此构造出均生函数的外延矩阵，即

$$\overline{F} = \begin{bmatrix} \overline{X}_1(1) & \overline{X}_1(1) & \cdots & \overline{X}_1(1) & \overline{X}_1(1) & \cdots & \overline{X}_1(i_1) \\ \overline{X}_2(1) & \overline{X}_2(2) & \cdots & \overline{X}_2(2) & \overline{X}_2(1) & \cdots & \overline{X}_2(i_2) \\ \vdots & \vdots & & \vdots & \vdots & & \vdots \\ \overline{X}_L(1) & \overline{X}_L(2) & \cdots & \overline{X}_L(L) & \overline{X}_L(1) & \cdots & \overline{X}_L(i_L) \end{bmatrix} \tag{4}$$

式中：$\overline{X}_2(i_2)$ 表示按规律取 $\overline{X}_2(1)$ 和 $\overline{X}_2(2)$ 其中之一；$\overline{X}_3(i_3)$ 表示按规律取 $\overline{X}_3(1)$、$\overline{X}_3(2)$ 和 $\overline{X}_3(3)$ 其中之一，其余类推。这样就使得各均生函数定义域扩展到整个需要的同一时间轴上，并可以通过延长外延序列的长度进行多步预测。

在外延矩阵 $\overline{F}$ 中，$\overline{X}_l(i)$ 的样本数（即 n_l）由大到小，生成序列的随机性由弱到强，因此通过均值生成的外延矩阵，不同序列之间具有不同的随机性，如果用这些具有不同随机性的序列建模，就有可能较好地表示原始序列。

于是把延长得到的均生函数序列 $f_1(t),f_2(t),\cdots,f_L(t)$ 视为一种周期性基函数，从中挑选出 Y 个与原始序列关系密切的序列作为预报因子，建立多元回归模型进行预测，即

$$X(t) = \varphi_0 + \sum_{i=1}^{Y} \varphi_i f_i(t) + \varepsilon_t \tag{5}$$

这里，Y 个关系密切的序列（因子）可通过互相关分析来挑选，或直接将所有周期性基函数作为预报对象的影响因子，通过逐步回归来挑选因子并建立多元回归模型。但上述两种方法都带有相对较强的主观性和任意性，本文选用双评分准则挑选均生函数因子。

2.2　双评分准则

双评分准则[5]，又称 CSC 准则，它是从权衡预报模型的数量误差和趋势误差同时达到最小的角度来确定模型的维度，减弱了主观性的掺入。

利用双评分准则筛选因子时，首先将上述每个均生函数序列 $f_1(t),f_2(t),\cdots,f_L(t)$ 作

为预报因子,依次与原序列建立一元回归方程,由方程得到预报量的拟合值,这时依下式分别计算各因子的 CSC :

$$CSC = S_1 + S_2 \tag{6}$$

其中

$$S_1 = (N - k)(1 - \frac{Q_k}{Q_y}) \tag{7}$$

$$S_2 = 2I = 2[\sum_{i=1}^{G} \sum_{j=1}^{G} n_{ij}\ln n_{ij} + N\ln N - (\sum_{i=1}^{G} n_{i.}\ln n_{i.} + \sum_{j=1}^{G} n_{j.}\ln n_{j.})] \tag{8}$$

式中: S_1 为数量评分,称为精评分; S_2 为趋势评分,称为粗评分; N 为样本长度; k 为统计模型中变量个数,作为惩罚因子; Q_k 为模型的残差平方和; Q_y 为模型的总离差平方和。

S_2 中 G 为预测趋势类别数,趋势计算公式为:

$$\Delta x(t) = x(t+1) - x(t) \quad t = 1,2,\cdots,N \tag{9}$$

$$u = \frac{1}{N-1} \sum_{t=1}^{N-1} |\Delta x(t)|$$

在此将观测和预测趋势均分为三类,即

偏旱: $\qquad\qquad\qquad \Delta x(t) < -u$

中等: $\qquad\qquad\qquad |\Delta x(t)| \leqslant u$

偏涝: $\qquad\qquad\qquad \Delta x(t) > u$

计算观测 – 预测列联表中的样品数 n_{ij} 以及 $n_{i.} = \sum_{i=1}^{G} n_{ij}$, $n_{.j} = \sum_{j=1}^{G} n_{ij}$,然后计算最小判别信息量 $2I$ 的值。

于是对每一个均生函数序列作为一个拟合序列计算与原序列的 CSC 值,对 CSC 进行 χ^2 检验,当 $CSC > \chi^2_{v,\alpha}$ 时入选。

可以看出,双评分准则旨在使模型拟合的精度要好,趋势亦准,对水文中长期预报而言,我们最希望的就是在未来的变化趋势预测准确的基础上,预报数值越精确越好,所以这一准则对于中长期预报模型显得更加适用。

2.3 优化的 BP 网络模型

BP 网络是一个单向传播的多层前馈网络,其包含输入层、隐含层、输出层。同层节点之间不连接,每层节点的输出只影响下层节点的输出。网络的学习由输入信号的正向传播和误差的逆向传播两个过程组成。本文采用三层前馈网络,网络隐含层传递函数为双曲正切 S 型,输入输出层选用线形传递函数,模型误差测度函数选用均方误差 MSE 。

自适应 BP 网络的基本算法可表示为[2-4]:

首先通过网络将输入向前传播

$$a^{m+1} = f^{m+1}(w^{m+1}a^m) \tag{10}$$

其次通过网络将敏感性反向传播

$$\begin{cases} s^M = -2F^{M'}(n^M)(t - a) \\ s^m = F^{m'}(n^m)(W^{m+1})^{\mathrm{T}}s^{m+1} \end{cases} \tag{11}$$

最后使用近似的最速下降法更新权值

$$W^m(k+1) = W^m(k) - \alpha(k)s^m(a^{m-1})^{\mathrm{T}} + \beta\Delta W^m(k-1) \quad (12)$$

式中：a^m 为第 m 层的输出；s^m 为第 m 层的敏感性；$W^m(k)$ 为第 m 层第 k 次的权值矩阵；$\alpha(k)$ 为第 k 次的学习率。当总误差减小时，迭代进入误差曲面平坦区，给学习率乘上一个大于 1 的常数，增加步长，有利于减少迭代次数；反之则缩短步长，使误差减少。

2.4　构建预报模型

首先计算原序列的均生函数矩阵，并根据预报长度进行周期延拓；然后引入双评分准则进行预报因子的筛选，构造神经网络的学习矩阵，进而采用优化的 BP 网络模型进行水文要素的中长期预报。

3　预报模型在保定市汛期降雨预报中的应用

3.1　建模计算

本文选用上述建模方案对保定市汛期降水量（6～9 月）进行长期预报。以保定市 1951～2006 年的汛期降雨量资料率定模型参数，建立模型，2007～2009 年的数据用于检验预报效果，具体过程如下：

（1）构造均生矩阵。利用公式（1）计算 1951～2006 年汛期降雨序列的均生函数，其中 $N = 56$，构造均生函数个数 $L = \left[\dfrac{N}{2}\right] = 28$。根据预报年份作周期延拓，由此生成 28 个长度为 59 的均生函数序列。

（2）筛选预报因子。采用双评分准则（CSC）进行因子筛选，利用公式（7）和公式（8）分别计算每个均生函数序列的精评分 S_1 和粗评分 S_2，得到 CSC 值，并进行 $\chi^2_{v,a}$ 检验，此处 α 取 0.05，$\nu = \nu_1 + \nu_2 = k + (G-1)(G-1)$，在本文建立的模型中，$k = 1$，$G = 3$，经查表，$\chi^2_{5,0.05} = 11.07$。故在检验过程中，满足 $CSC > \chi^2_{5,0.05}$ 的因子入选，选取入选因子中 CSC 值最大的 6 个序列作为优化 BP 神经网络模型预报的学习矩阵，进行预报。筛选出的 6 个均生函数序列及其 CSC 值情况分别见表 1 和表 2。

表 1　筛选出的 6 个均生函数序列

$X(27)$	$X(24)$	$X(28)$	$X(18)$	$X(17)$	$X(25)$
320.1	201.0	356.5	343.4	388.0	370.9
351.1	365.5	278.4	420.2	312.8	426.9
347.8	496.3	337.4	329.8	350.5	384.1
⋮	⋮	⋮	⋮	⋮	⋮
320.1	300.4	506.2	343.4	717.6	429.6
351.1	402.4	346.0	420.2	384.4	551.4
347.8	509.0	356.5	329.8	692.3	368.4
748.3	287.2	278.4	679.3	441.9	319.1

（3）优化 BP 网络模型的预报。将筛选出的 6 个均生函数序列标准化，其结果作为优化的 BP 网络预报模型学习矩阵的输入样本。本文采用优化的 BP 网络模型，输入节点为 6，输出节点为 1，四个隐含层，对网络模型作 10 000 次运算，当误差函数稳定时结束运算，从而得到最终用于预报的模型。

表 2　筛选出均生函数的 *CSC* 值

周期长度	S_1	S_2	*CSC*
27	26.80	40.34	67.14
24	21.40	36.88	58.28
28	26.89	30.48	57.37
18	21.44	29.58	51.02
17	18.63	32.36	50.99
25	21.18	28.47	49.65

3.2　结果分析

　　为了更好地评价改进的均生函数模型的预报效果,本文同时选用传统的均生函数模型[6](即通过互相关分析挑选因子并建立多元回归模型预报)对保定市汛期雨量进行了预报,两种模型的预报结果如表 3 所示。

表 3　两种预报模型预报结果比较

年份	实测值(mm)	预报值(mm)	相对误差(%)
改进的均生函数模型			
2007	444.2	403.3	−9.2
2008	462	502.7	8.8
2009	386.0	496.4	28.6
传统均生函数方法			
2007	444.2	494.5	11.3
2008	462	300.0	−35.1
2009	386.0	570.4	47.8

　　由表 3 看出,改进的均生函数模型预报结果的相对误差明显小于传统的均生函数模型,改进方法的预报效果较传统方法有了较大程度的改善。

　　对历史样本拟合效果的好坏是评价预报方法的又一重要指标。两种模型的预报拟合效果图见图 1,两种模型拟合的平均误差和拟合值相对误差小于 30% 的个数(共 56 个)见表 4。改进的预报方法的拟合值平均相对误差只有 2%,大大优于传统的均生函数预报方法的 13%。从图 1 中也不难看出,改进的预报方法,其拟合效果明显好于传统的预报方法。

表 4　两种预报模型拟合效果的比较

方法	拟合值平均相对误差(%)	拟合值相对误差小于 30% 的个数
改进方法	2	49
传统方法	13	42

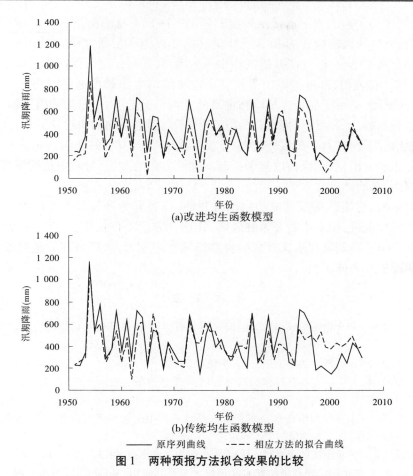

(a)改进均生函数模型

(b)传统均生函数模型

—— 原序列曲线   ---- 相应方法的拟合曲线

图1　两种预报方法拟合效果的比较

从表3、表4和图1的对比中看到,对用于检验模型预报效果的2007～2009年保定市汛期降雨的预报,改进的均生函数模型的三个预报相对误差均在30%以内,其中2007年和2008年的预报相对误差均在10%以内,而传统的均生函数模型的预报结果中,有两年的预报相对误差超过了30%,2009年的预报结果相对误差甚至将近50%。在拟合效果的比较中,改进模型的效果也明显好于传统模型。改进模型的拟合值平均相对误差只有2%,而传统模型却为13%。无论预报效果还是对历史样本的拟合效果,改进的均生函数模型都明显优于传统的均生函数模型。分析可能的原因如下:①本文在构造学习矩阵时,采用同时关注精度和趋势的双评分准则,而不是传统方法中通过计算互相关系数确定;②传统的方法是应用线性回归方法建立预报模型,这是建立在预报因子与预报量呈线性关系基础上的,但一般情况下二者的关系并不呈线性,而基于优化BP网络的均生函数方法正好改进了这一问题,它在挑选的因子与预报量间建立了非线性关系的模型。因此,改进的方法可能较传统方法在预报和拟合上会取得更好的效果。

4　结语

均生函数模型改变了以往时间序列分析的思维方式,是一种结合了周期外推和回归分析的"时间序列"模型,充分有效地挖掘和利用了序列本身的信息。人工神经网络理论发展迅速,其良好的自适应学习和非线性映射性能成为科学研究中重要而有力的工具。本文将两种方法相结合,建立了改进的均生函数模型,并对保定市汛期降雨量进行预报。

(1)实例计算表明,改进的均生函数模型较传统均生函数模型具有更好的预报和拟合精度,究其原因,是由于抓住了影响精度高低的两个关键点:一是筛选因子的方法,选用同时关注趋势和数量的双评分准则;二是预报因子与预报量间的非线性关系,预报因子与预报量一般情况下两者并不是线性相关,本文通过结合具有良好非线性拟合性能的人工神经网络方法建立模型,预报精度显著提高。这两方面的改进,对于中长期预报模型的研究,是一次有意义的尝试。

(2)本文非线性方法的改进成功启示着我们,应当着力开展具有非线性性能的智能新方法的研究和改进,使之不断完善和成熟,让这些方法不仅仅停留在理论研究里,也应用于实际工作中。特别是在水文气象结合愈加紧密的今天,为提高北方地区预报精度和延长预见期提供有力的工具。

参 考 文 献

[1] 曹鸿兴,魏凤英.基于均值生成函数的时间序列分析[J].数值计算与计算机应用,1991,12(2):82-89.
[2] 戴葵.神经网络设计[M].北京:机械工业出版社,2002.
[3] 肖瑛,李振兴,董玉华.偏差递归神经网络在区间洪水预报中的应用研究[J].洛阳大学学报,2007,22(2):68-71.
[4] 王栋,曹升乐.人工神经网络在水文水资源水环境系统中的应用研究进展[J].水利水电技术,1999,30(12):5-7.
[5] 曹鸿兴,魏凤英.多步预测的降水时序模型[J].应用气象学报,1993,4(2):198-204.
[6] 汤成友,官学文,张世明.现代中长期水文预报方法及其应用[M].北京:中国水利水电出版社,2008.

作者简介:李静(1985—),女,研究生,北京金水信息技术发展有限公司。联系地址:北京市宣武区白广路二条 2 号。E-mail:jingli@ mwr. gov. cn。

张家口地区干旱灾害的思考与对策

徐宝荣[1] 徐晓雪[1] 李晓刚[2]

（1. 张家口水文水资源勘测局，张家口　075000；
2. 张家口市高新区环保局，张家口　075000）

摘　要：张家口地区是位于河北省北部占有较大面积的农牧业地区。"十年九旱"是张家口市区的气候特点，干旱是影响张家口地区农业生产的主要自然灾害之一。干旱和水资源不足已经成为制约张家口地区经济发展的重要因素。笔者针对张家口地区历史以来的干旱灾害，进行了系统的分析和深入的思考，并提出了响应的对策。

关键词：张家口　干旱　思考　对策

1　概况

　　张家口地区是位于河北省北部占有较大面积的农牧业地区。张家口地区随着社会经济的不断发展，以及人口增长和自然资源的过度开发利用，农业及相关产业的生态环境不断地发生变化，局部发生恶化，如水土流失、水资源短缺和严重污染等。由于气候变化而引发的水灾、旱灾、沙尘暴等自然灾害的频繁发生，给该地区农业生产的可持续发展带来了极大的影响和严重的挑战。

　　在影响农业生产和经济发展过程中的一个主要问题，是水的问题。水多水少对农业生产都将产生严重的后果。干旱是影响张家口地区农业生产的主要自然灾害之一。在当前影响农业生产因素诸多的情况下，水资源的严重短缺和匮乏是主要因素之一，而用水量不断增加和扩大又加重了水资源的短缺和匮乏。所以，干旱和水资源不足已经成为制约张家口地区经济发展的重要因素。

　　针对张家口地区农业生态环境状况，应充分认识张家口"十年九旱"这一气候特点，科学分析影响这一气候特点的诸多因素，并采取不同的策略和措施，促进张家口地区农业生产的可持续。

　　张家口地区位于河北省北部，北和西北与内蒙古自治区毗连，西南与山西省接壤，东南和南部与北京市及河北省的保定市相邻[1]，面积 36 965 km²。

　　张家口地区地势较高，自西北向东南倾斜，地形复杂，可划分为坝上、坝下两个不同的地貌单元。坝上是蒙古高原的一部分，海拔 1 300 ~ 1 500 m，地面起伏较小，大部分为草滩、草坡所覆盖，内陆湖淖较多，面积 11 656 km²，占全区面积的 31.5%。坝下山峦起伏，沟壑纵横，山地、丘陵、盆地相间分布，海拔在 500 ~ 1 000 m，坝下面积 25 309 km²。本地区属寒温带大陆性季风气候，夏季凉爽短促，冬季寒冷漫长，春秋季节多风，全年大部分时间受西伯利亚冷空气影响，风多雨少，气候干燥，干旱指数为 2.0 ~ 2.5。多年平均降水量,坝上为 360 ~ 400 mm,坝下为 400 ~ 500 mm,降水量发生最小的年份为 1972 年,仅为 296.5 mm 左右。

张家口地区属东西大陆季风气候区内,属于典型的大陆性干旱和半干旱地区。首先,从降雨情况看,20 世纪 50 年代降雨相对较多,有利于农业生产,进入 60 年代以后,旱情发生几率增加,干旱少雨是主要气候特征。其次,从 20 世纪 50 年代到 2000 年张家口市区平均气温以每 10 年 0.05 ℃ 的速度递增,进入 90 年代后升幅明显增加,在"九五"期间,全市年平均气温较历年平均升高了 1.2 ℃,5 年的年平均气温均高于历年平均值,全市形成了冬暖夏热的气候特点。再次,大风是张家口市主要灾害天气之一,全市年平均大风日数有 15 ~ 19 d,在 2000 年春季,仅 3 月 2 日至 4 月 25 日就有 7 次风沙天气发生。

2 历史旱灾分析

张家口地区有史以来干旱、风沙、山洪、暴雨等的灾害发生频繁,其中以干旱最为严重,常常造成农业大幅度减产,如 1989 年大旱,粮食产量只有 3.51 亿 kg,比年平均产量少 5.23 亿 kg。

在张家口地区,春旱和夏秋旱出现几率高。但春夏秋连旱的年份也偶有发生。春旱发生在春耕播种的 4 ~ 5 月,几率为 30% ~ 60%,其中严重春旱占 10% ~ 30%;夏秋旱发生在农作物打苞抽穗至黄熟最需要水的 7 月和 8 月,坝上地区在 6 月中旬至 8 月中旬,坝下地区在 6 月下旬和 8 月底,几率为 40% ~ 70%,其中严重伏旱占 15% ~ 20%。

本地区在旧市志中,旱灾资料短缺不全,且对雨情灾情没有定量记载[2]。据统计,宋代(公元 960 ~ 1279 年)的 319 年中,有 8 次旱灾记录;元代(1280 ~ 1368 年)的 88 年中,有 13 次旱灾记录;明代(1369 ~ 1644 年)的 275 年中,有旱灾记录 29 次;清代(1645 ~ 1911 年)的 266 年中,有灾害记录 50 次;在民国(1911 ~ 1948 年)的 37 年中,有旱灾记录 14 次。以上 986 年中,有记录的旱灾 114 次,其中,大旱大饥年 57 次,有 13 次出现人民流离失所、饿殍载道、人相食的严重灾难。旱灾的另一个特点是连续的几年干旱,明嘉靖三十年和三十一年,万历十四年至十六年,崇祯十二、十三和十九年;清康熙七、八年,十三、十四年,十八、十九年和二十年连旱,乾隆七年至十五年的 9 年中,阳原、蔚县连旱 7 年,道光十一、十二年,宣化府大部分县干旱,民国十五年至十九年,察哈尔省各县连旱 3 ~ 5 年。

新中国成立以后,对旱灾的记录,日臻完善准确。1950 ~ 1989 年 40 年中,全区旱灾面积占总耕地面积 50% 以上的严重灾害 9 年,旱灾面积占总耕地面积 30% 以上的年度有 6 年,部分地区受旱全区收获中常年景的 15 年,风调雨顺的丰收年仅为 10 年。据相关资料统计分析,40 年来张家口地区旱灾总平均受灾年为 28.15%,发生极重年 7 年,重现率为 16.7%;重灾年 8 年,频率为 19%;轻灾 12 年,频率为 28.6%。

1965 年张家口地区年平均降水量仅为 241.3 mm,属特大干旱年较多年平均少 41.4%,进入 20 世纪 90 年代以来,张家口地区的旱灾又有连续、面大的特点。1999 ~ 2001 年,张家口市平均降水量仅为 320 mm,不仅春季干旱少雨,甚至主汛期无雨[3],2001 年春节(1 ~ 5 月)全市平均降水量只有 37.9 mm,比常年同期偏少 40%,6 ~ 9 月份全年降水量仅为 179.6 mm,比常年减少 43.2%。据《河北日报》报道,至 2007 年,已是张家口地区连续 11 年的干旱了。2009 年张家口地区旱灾最为严重,是 1965 年以来降水量最少的年份,遭遇 50 年一遇的旱灾,全市有 280.4 万人受灾,占农村人口的 89.8%,农作物绝收面积超过 2/3,有的县接近 80%。

由此看来,旱灾是张家口地区发生最频繁、影响最大的自然灾害。

3 旱灾引发的思考

由于旱灾的频繁发生,严重制约了张家口地区农业以及相关产业的发展,同时也影响着张家口地区小康社会以及新农村建设速度。

从坝上、坝下两个地貌单元上看,坝上的旱灾偏重于坝下。千百年来坝上地区老百姓依据地方干旱特点形成了带有地方特色的种养模式,尽管老百姓有抵御干旱发生的心理准备,即"收一年、存三年"的抗灾生活方式,但遇到连续几年的干旱,老百姓的生活就无法维持下去了。近几年来,张家口地区遇到连续的干旱,地方政府加大了投入力度,大量开采地下水,采取绿色蔬菜工程,基本上维持了老百姓的生活。由于降水量的减少,地下水位的下降,河道断流、湖淖的干涸,加速了土壤的沙化进程。土壤的沙化是引发沙尘暴发生的主要原因。土壤的沙化和土壤植被的退化,对于畜牧业的生产造成严重的打击。对于坝下地区,干旱或连续干旱,河道断流,地下水位快速下降,对以农业生产为主的各区县粮食减产,以至绝收也时有发生。

为了减少干旱造成的农业经济损失,几十年来各级政府投入大量的人力、财力,大力开采地下水。大量开采地下水,造成了地下水位的下降;地下水位的快速下降,造成一批批农用机井的报废,致使机井越打越多、越打越深,增加了农业成本,增加了农民的资金投入;地下水位的下降,致使地下水漏斗区不断扩大,可能引发地质灾害的发生。

农业的歉收又影响到养殖业的萎缩和减少,直接影响到农民的米袋子和钱袋子,以及城市居民的菜篮子,影响到张家口市区国民经济建设的发展速度和相关产业的发展进程,为此,笔者认为张家口地区的干旱是具有地域特点的自然灾害,不仅灾害发生频次多,而且面广,具有连续性造成的损失也是巨大的,虽然新中国成立以来,人民政府为此付出了巨大努力,投入了巨额资金,在大自然灾害发生的年代仍然是力不从心的。

4 面对干旱频发应采取的相应对策

从历史和现代的角度看,要制定长期抵御干旱的规划和具体措施与对策,研究适应干旱地区发展的战略思路。改善种植结构、提倡旱作农业;尽可能地保护和涵养地下水源,保持地表植被的多样性;科学地添加人为因素,增加地表水资源的拥有量,控制地下水资源的减少速度。

(1)以科学发展观为统领,制定适应当地发展的模式和路子。对坝上各县而言,应以保持原生态为主,应充分考虑坝上坝下"十年九旱"和水资源相对不足的地域特点,适度调整种植和养殖结构;适度控制种植面积和养殖总量;适度开发地表、地下水资源。全面推行农业综合节水技术和农业节水灌溉[4],走可持续发展的路子。

(2)以旱作农业为突破口,大力推行以旱作农业为主的种植产业。大力推广高产谷子、马铃薯等抗旱作物,适当减少水稻、玉米等耗水作物的播种面积,使有限的水资源产生最大的经济效益。

（3）适当控制地下水资源的开采量，控制机井数量和总量，缓解地下水资源严重下降的速度。推广和使用滴灌、微灌、喷灌技术和管网式灌溉模式[5]，提高水资源的利用率。果林区、葡萄园区应大力使用滴灌、微灌技术；大块农田积极使用喷灌技术，为农民增产增收提供技术支撑。积极推行人工降水作业，增加人工降雨次数和人工降雨量。

（4）继承和扩展当地老百姓千百年来战胜干旱灾害而形成的种植传统和习惯，培植适应当地发展的"多元化"的小日期种苗，以备不同季节旱灾发生后，适度进行补救。相关部门应备足相应的设备、物资、苗种等技术储备，做到不失时节，有备无患。

参 考 文 献

［1］ 张家口水文水资源手册.1998.

［2］ 张家口地区水利志［M］.天津:天津大学出版社,1993.

［3］ 苏孝成.张家口连续 3 年特大干旱的反思［J］.河北水利水电技术,2002(4).

［4］ 刘晓霞,程小建,崔哲峰.河北省节水型社会建设途径探讨［J］.河北水利, 2008（增刊）:35.

［5］ 徐宝荣.在新农村建设中优化农田灌溉模式的几点思考［J］.河北水利,2008（增刊）:74.

作者简介:徐宝荣(1954—),男,高级工程师,张家口水文水资源勘测局。联系地址:张家口市沙岗东街副一号。E-mail:xubaorong22@163.com。

灌溉措施实际节水量评价研究及其在河北省的应用

陈　伟[1]　王玉坤[1]　李春秀[2]　祁　麟[3]

（1. 河北省水利科学研究院,石家庄　050051;2. 河北建设勘察研究院有限公司,
石家庄　050031;3. 河北省地理科学研究所,石家庄　050011）

摘　要:本文在分析我国目前采用的节水效果考核指标存在缺陷的基础上,从水资源的角度探讨了灌溉措施实际节水量计算方法及指标体系,即灌溉水资源利用系数的提出,为计算各种灌溉类型区实际节水量提供技术支持,并应用于河北省灌溉措施的实际节水数量评价。计算结果表明:2003 年河北省节水灌溉面积 20 482.8 km^2,实施节水工程措施后,实际可节水量为 21.45 亿 m^3,是 2003 年农业用水量 153.6 亿 m^3 的 14% 。

关键词:灌溉措施　实际节水量　灌溉水资源利用系数　应用

河北省农业灌溉占全省水资源总量的 74% ,农业节水是节水工作中的重要内容,因此有必要首先对资源型缺水的河北省节水灌溉问题进行深入探索,从水资源的角度研究出反映实际的灌溉措施节水指标体系来考核节水效果,进而计算出较为切合实际的灌溉措施节水量,为指导农业灌溉、优化水资源配置,解决生产生活进而解决生态环境用水提供决策。

1　现有评价体系的提出

目前,我国常用的节水效果考核指标有灌溉水利用系数、渠系水利用系数、田间水利用系数、省水百分率等,这些指标只是计算相对灌溉取水的节水量及节水率,没有计入可重复利用的水量。如灌溉水利用系数指标,是指灌入田间的净水量（等于末级渠道流入田间的水量减去田间深层入渗量）与渠道引进的总水量之比值,其中田间深层入渗量中就有可重复利用的水量。因此,现采用的节水指标带有一定的片面性,计算值偏大,对规划及评价工作带来一些不确定因素。

灌溉水从天然状态到被作物吸收最终形成产量的工程措施包含了输配水和田间灌溉两大部分。输水过程中水的损失主要是蒸发、渗漏和弃（退）水三部分,蒸发损失较少,弃（退）水回归地表水系统,渗漏水主要补给了地下水,从资源角度来说,弃（退）水和渗漏水并没有真正损失,只是改变了水的存在时空和存在形式。节水只是把不应有的损失节省下来,它不能增加水资源量。减少渠道渗漏损失,对于灌溉水来说是节省,但对地上水、地下水相互转化的水资源总量来说并没有节省。因此,提高农业供水中的利用率,应包括提高一次利用率和重复利用率两项内容。

2　灌溉措施实际节水量计算方法的确定

在农业措施一致的条件下,节水灌溉技术措施的节水效果分析应考虑节水措施前(即对照状态)后渠系或田间渗漏量中可重复利用水量的问题。原则:只考虑一次灌溉重复水利用。

设:$\eta_{渠系}$ 为渠系水有效利用系数;$Q_{渠首}$ 为渠首引水量;β_1 为地下水开发利用率;β_2 为井灌输水系统有效利用系数;α 为渠系渗漏水转化为地下水百分比;γ 为扣除渠系水面蒸发、侧渗影响带面积的附加蒸腾蒸发损失后的渗漏量/渠系输水过程总损失;$\eta_{田}$ 为田间水有效利用系数;$\beta_{田}$ 为田间灌溉水量入渗补给系数;$\eta_{水}$ 为水资源利用系数。

2.1　灌溉水资源利用系数的确定

(1)定义渠系输水重复利用系数为:

$$\eta_{渠系重复} = \frac{渠系渗漏重复利用水量}{渠首引进水量} = (1 - \eta_{渠系})\gamma\alpha\beta_1\beta_2$$

(2)定义田间灌溉水重复利用系数为:

$$\eta_{畦田重复} = \frac{畦田可被井抽取重复水量}{末级渠道放出水量}$$

畦田理论上可重复利用的总水量 = 畦田渗漏水量 - 计算地下水位以下的深层渗漏水量 - 流出灌区外的水量 - 潜水蒸发量,若不考虑深层渗漏及流出灌区外水量,畦田可被井抽重复取水量 ≈(田间回归补给量 - 潜水蒸发量)$\beta_1\beta_2$。

这里,计算地下水位指井灌工程提水能力的计算水位,北方地区大部分地下水埋深较大(远远超过 4 m),可不考虑潜水蒸发,则 $\eta_{畦田重复} = \beta_{田}\beta_1\beta_2$。

(3)渠系输水水资源利用系数:

$$\eta_{水渠系} = \frac{末级渠道流出水量 + 可重复利用水量}{渠首引水量} = \eta_{渠系} + \eta_{渠系重复}$$

(4)渠灌或井渠结合灌溉水资源利用系数:

$$\eta_{水灌溉} = \frac{田间净灌溉水量 + (渠系渗漏可重复利用水量 + 田间渗漏可重复利用水量)}{渠首引水量}$$

$$= \eta_{灌溉} + \eta_{渠系重复} + \frac{畦田渗漏可重复利用水量}{末级渠道放出水量/\eta_{渠系}} = \eta_{灌溉} + \eta_{渠系重复} + \eta_{渠系}\eta_{畦田重复}$$

(5)畦田灌溉水资源利用系数:

$$\eta_{水畦} = \frac{田间净灌水量 + 可重复利用水量}{末级渠道放出水量} = \eta_{田} + \eta_{畦田重复}$$

2.2　基于水资源观点的灌溉措施实际节水量

通常我们在计算采取节水措施前后的节水量时,只是把节水前灌溉定额减去节水后的灌溉定额再乘以节水灌溉面积,就可得出所节出的水量了。但在考虑渗漏水重复利用后的基于水资源观点的节水量时,就要扣除灌溉入渗可利用的这部分水资源量。因此,在多年平均情况下,假设节水前后降雨入渗补给及侧向补给相同,流入流出水量可忽略不计,河北平原(井)灌区在实施节水前、后的实际节水量应等于其节水前、后的消除灌溉入渗补给量(即总回归量)可利用因素后的灌溉水量之差,既引入灌溉水资源利用系数代替原来的渠系水利用系数、田间水利用系数,从而较客观地评价节水灌溉的可节水量。

2.2.1 井渠结合灌区实际节水量

$$\Delta Q = (I_r - I'_r) = \left[(ET_c - P_0)/\eta_{水灌溉} - (ET'_c - P'_0)/\eta'_{水灌溉} \right]A$$

式中:ΔQ 为实际节水量,m^3;I_r、I'_r 为节水前、后考虑灌溉水重复利用后的毛灌溉水量,m^3;ET_c、ET'_c 为节水前、后年综合作物需水量,m^3/hm^2;P_0、P'_0 为节水前、后年有效降雨量,$P_0 = aP$、$P'_0 = a'P'_0$,m^3/hm^2;A 为节水灌溉面积,hm^2;其余符号含义同前。

2.2.2 井灌类型区实际节水量

$$\Delta Q = (I_r - I'_r) = \left[(ET_c - P_0)/\eta_{水畦} - (ET'_c - P'_0)/\eta'_{水畦} \right]A$$

2.2.3 只考虑渠系输水时实际节水量

当渠系有效利用系数从 $\eta_{渠系}$ 提高到 $\eta'_{渠系}$ 时,节水量计算公式为:

$$\Delta Q = Q_{田灌溉}A/\eta_{水渠系} - Q_{田灌溉}A/\eta'_{水渠系}$$

$$= Q_{田灌溉}A\left\{ 1/\left[\eta_{渠系} + (1 - \eta_{渠系})\gamma\alpha\beta_1\beta_2 \right] - 1/\left[\eta'_{渠系} + (1 - \eta'_{渠系})\gamma\alpha\beta_1\beta_2 \right] \right\}$$

式中:$Q_{田灌溉}$ 为毛渠灌溉定额,即田间引水量。

2.2.4 考虑微灌工程措施实际节水量

微灌时,采用封闭的管道系统减少地下渗漏和地表跑水,还可基本消除田间的棵间蒸发,设 δ 为棵间蒸发量占田间总需水量的比例,因此采用微灌措施下的节水效果公式为:

$$\Delta Q = Q_{田灌溉}A/\eta_{水渠系} - (1 - \delta)Q_{田灌溉}A/\eta'_{水渠系}$$

$$= Q_{田灌溉}A\left\{ 1/\left[\eta_{渠系} + (1 - \eta_{渠系})\gamma\alpha\beta_1\beta_2 \right] - (1 - \delta)/\left[\eta'_{渠系} + (1 - \eta'_{渠系})\gamma\alpha\beta_1\beta_2 \right] \right\}$$

2.2.5 考虑喷灌工程措施实际节水量

当计算喷灌措施实际节水量时,还应减去喷灌漂移损失水量。

$$\Delta Q = Q_{田灌溉}A/\eta_{水渠系} - Q_{田灌溉}A/\eta'_{水渠系} - Q_{漂移}$$

$$= Q_{田灌溉}A\left\{ 1/\left[\eta_{渠系} + (1 - \eta_{渠系})\gamma\alpha\beta_1\beta_2 \right] - 1/\left[\eta'_{渠系} + (1 - \eta'_{渠系})\gamma\alpha\beta_1\beta_2 \right] \right\} - Q_{漂移}$$

3 河北省现状灌溉措施情况分析与计算参数确定

3.1 河北省现状灌溉措施情况分析

河北省现状农业灌溉面积以 2003 年末河北省水利统计年鉴与农业统计年鉴为依据进行分析,全省 2003 年末实有耕地 64 489 km^2,有效灌溉面积为水田和水浇地面积之和,为 44 854 km^2,占总耕地面积的 69.55%。根据 2003 年河北省国有灌区统计数据,纯井灌面积为 35 213 km^2,渠灌面积为 12 559 km^2,其中纯渠灌 5 438.4 km^2,井渠双灌为 1 928.1 km^2。据调查统计,河北省地表水及渠灌(含井渠双灌)平均灌溉定额为 18.7 m^3/hm^2,地下水及井灌平均灌溉定额为 14.47 m^3/hm^2。据节水灌溉面积统计数据,全省节水灌溉面积分为喷灌、管道灌、微灌、渠道防渗及地上垄沟或小白龙等其他灌溉方式,节水灌溉总面积为 20 482.8 km^2,占灌溉有效面积的 46%。

河北省不同工程措施节水后灌溉定额分析,根据"河北省灌溉用水定额现状调查报告"提供的数据进行汇总,因选取的典型县均为节水增效示范项目县或节水增效重点县,因此所得到的数据可作为采取措施后的灌溉定额,而根据水利统计及灌区统计资料得来的数据可作为现状河北省各地普遍实施的灌溉定额。

3.2　计算参数的确定

3.2.1　大埋深灌溉入渗补给系数的确定

渠灌田间入渗系数和井灌回归系数 $\beta_{渠}$ 和 $\beta_{井}$ 可根据不同岩性、不同地下水埋深、不同灌水定额时的灌溉试验资料确定。根据河北省地下水大埋深参数研究成果进行综合分析，确定渠灌田间入渗系数和井灌回归系数 $\beta_{渠}$ 和 $\beta_{井}$ 为 0.12、0.08。

3.2.2　渠系渗漏水转化为地下水百分比 α 值确定

α 为实际入渗补给地下水的水量与 $Q_{渠首引}(1-\eta)$ 的比值，可通过试验或调查分析求得。对典型渠道资料分析并参照华北各地试验结果，α 选用值黏性土为 0.4 ~ 0.45，沙性土为 0.5 ~ 0.55。综合考虑计算整个渠系输水损失的渠系渗漏水转化为地下水百分比 α 值，应加上斗渠以下的田间渠灌入渗补给，则 α 选用值黏性土为 0.55 ~ 0.65，沙性土为 0.68 ~ 0.74。

3.2.3　渠系输水节水前后扣除蒸发损失水量系数的确定

以 γ 代表扣除渠系输水时蒸发损失系数（为 1 - 渠系水蒸发损失系数）。不同输水材料扣除蒸发损失系数可见表 1。

表 1　不同输水材料扣除蒸发损失系数

输水方式	一般渠灌区土渠输水	渠道衬砌	井灌区土渠输水	管道输水	喷微灌
渠系水蒸发损失系数	0.1 ~ 0.2	0.05 ~ 0.1	0.1 ~ 0.15	0.05 以下	0.05 以下
γ	0.9 ~ 0.8	0.95 ~ 0.9	0.9 ~ 0.85	0.95 以上	0.95 以上

3.2.4　土面蒸发占作物总蒸发量的比例

根据全省各地试验资料及近年来中国科学院遗传与发育生物学研究所栾城农业生态实验站的棵间蒸发试验得出主要作物棵间蒸发占总蒸散的比例见表 2。

表 2　作物棵间蒸发占蒸散比例

作物	冬小麦	夏玉米	春棉花	夏大豆	夏谷子	夏高粱
棵间蒸发占蒸散比例（%）	27.1	36.01	27.3	23.7	22.8	36.7

3.2.5　喷灌水量损失

根据我国试验人员对农作物灌溉季节喷洒水利用系数进行测定得出的经验公式，风速的影响最大，相对湿度次之，气温的影响很小，参考在此基础上建立的喷洒水利用系数与上述 3 因子之间的回归模型，据此估算河北省各市喷灌损失。

3.2.6　区域潜水蒸发量的确定与近年地下水开采率

根据河北省长期观测数据得出的潜水蒸发系数与地下水埋深关系式以及 2003 年河北省水资源公报，统计各市浅层地下水资源量、实际开采量，则当年实采量/水资源量可近似为地下水开采率，并得出需考虑的区域潜水蒸发量值。

4　现状灌溉措施节水数量分析

把所取得的各地区节水前后灌溉定额和参数代入上述公式，就得到了考虑重复水利用的渠灌区(井渠双灌)水资源利用系数、井灌区水资源利用系数,分别统计各地区节水灌溉措施的面积,即渠灌区(包括井渠双灌)节水工程措施面积、井灌区节水工程面积(包括管道输水、垄沟输水)、喷灌和微灌节水工程面积。经过计算,得到了各地区渠灌区(井渠结合)实际节水量、井灌区实际节水量、喷灌措施实际节水量、微灌措施实际节水量。

2003 年河北省节水灌溉面积 20 482.8 km^2,经计算实施节水工程措施后,实际可节水量为 21.45 亿 m^3,是 2003 年农业用水量 153.6 亿 m^3 的 14%。相比不考虑灌溉回归水利用的节水量为 48.97 亿 m^3,能占到 2003 年农业用水量的 31.9%,显然是偏大了。

5 结论

通过以水资源观点评价节水灌溉措施实际节水量,引入了灌溉水资源利用系数的概念,指出了原节水灌溉评价指标的误区,从而消除了灌溉入渗重复利用的这部分水资源量,对河北省灌溉措施实际可节水量作出了较为客观的评价,为河北省节水灌溉的发展与水资源优化配置奠定了基础。

参 考 文 献

[1] 许志方.如何正确理解节水灌溉的涵义[J].中国农村水利水电,2001(10):11-12.
[2] 卢国荣,李英能.井渠结合灌区农业高效用水的几个问题[J].节水灌溉,2001(4):15-17.
[3] 沈振荣.节水新观念-真实节水的研究与应用[M].北京:中国水利水电出版社,2000.
[4] 贾绍凤.提高渠系水有效利用系数的节水效果计算[J].灌溉排水,1997(2):45-48.
[5] 河北省水利厅.河北省水资源公报.2003.
[6] 河北省农业厅.河北省农业统计年鉴.2003.
[7] 河北省水利厅.国有灌区统计资料.2003.

作者简介:陈伟(1963—),男,高级工程师,河北省水利科学研究院。联系地址:河北省石家庄市泰华街 310 号。E-mail:chenwei_1260@126.com。

河北省引黄受水区水资源现状与供需分析

董丽娟[1]　　王永亮[2]

(1. 邢台水文水资源勘测局,邢台　054000;2. 衡水水文水资源勘测局,衡水　053000)

摘　要:河北省引黄受水区由于水资源极度匮乏,制约了本区经济快速发展和人民生活质量的提高,分析该区域水资源现状和近期远期的水资源供需态势,有利于优化该区域水资源配置,缓解水资源的供需矛盾。

关键词:引黄　受水区　水资源　供需

1　引黄受水区概况

河北省引黄受水区位于海河南系平原最为缺水的黑龙港及运东地区,包括邯郸东部、邢台东部、衡水中东部、沧州大部及廊坊局部,共计 39 个县(市、区),行政区面积近 3 万 km^2。受水区范围见表 1。

表 1　引黄工程规划受水区范围

设区市	邯郸	邢台	衡水	沧州	廊坊	保定
县(市、区)	大名、馆陶、魏县、广平、肥乡、曲周、邱县	临西、广宗、平乡、巨鹿、南宫、新河、清河、宁晋	衡水、冀州、枣强、景县、阜城、武邑、故城	沧州、泊头、沧县、东光、海兴、河间、黄骅、孟村、南皮、青县、任丘、肃宁、献县、盐山、中捷、渤海新区	文安	白洋淀

2　引黄受水区水资源形势

河北省引黄受水区区域多年平均水资源总量为 20.35 亿 m^3,其中地表水资源 5.84 亿 m^3,地下水资源 12.89 亿 m^3,人均水资源量 160 m^3,仅为全省平均值的 1/2 和全国平均值的 1/15,低于人均 300 m^3 的"维持人类生存的最低标准",是河北省缺水最严重的区域,也是华北地区乃至全国水资源供需矛盾最为尖锐的地区。

区域内一般年份基本无地表水可以利用,浅层地下水多数为苦咸水,除少量外调水外,只能靠大量开采深层地下水,牺牲环境来维持工农业生产需要。深层地下水位已普遍下降了 40 ~ 60 m,形成了沧州漏斗、青县漏斗、黄骅漏斗、任丘漏斗、冀枣衡漏斗、廊坊漏斗、霸州漏斗等 7 个深层地下水位降落漏斗。深层地下水的超量开采引发大面积的水位下降,使地层的岩土力学平衡遭到破坏,黏性土层开始压密释水,造成地面沉降。位于沧州、青县、大城三个漏斗区的沧州沉降区,面积约 9 363 km²,中心沉降量已超过 2.5 m,沉降速率为 84.04 mm/a;位于冀枣衡漏斗区的衡水沉降区,面积约 275 km²,沉降速率为 18.50 mm/a;位于任丘漏斗区和华北油田区的任丘沉降区,面积 1 800 km²,沉降速率为 24.93 mm/a。此外,还有南宫沉降区、霸州沉降区和曲周沉降区等。该区域已成为全国地下水位降落漏斗面积和地面沉降面积最大的地区。深层地下水的严重超采,导致了大量机井报废,造成了地面沉降、咸淡水界面下移等环境危害,而地面沉降还常伴有地裂和局部塌陷,改变了地面形态,破坏了基础设施,严重影响了河渠输水效能,尤其是大大降低了河道排洪、排涝、输水能力,这些灾害在国内都是最为突出的。

区域内浅层地下水多为苦咸水,而深层地下水含氟量严重超标,给当地群众的生活也带来了严重影响。据统计,2007 年底河北省 2 323 万饮水不安全人口中,引黄受水区为 803 万人,占全省农村饮水不安全人口的 34.6%,其中饮用高氟水和苦咸水的饮水不安全人口全省分别为 651 万人和 347 万人,而引黄受水区分别为 438 万人和 194 万人,分别占全省此类饮水不安全人口的 67.3% 和 55.9%,是河北省饮水安全问题最严重的区域。

引黄受水区水资源的极度匮乏还造成生态水量的严重不足,导致白洋淀等湿地大面积萎缩,带来一系列水生态环境问题。

为保证区域经济社会的可持续发展,缓解水资源供需矛盾,河北省从 20 世纪 50 年代末就开始了引黄调水工程,先后经历了引黄济卫、引黄入冀、引黄济津、引黄济淀、引黄济津济淀五个阶段。

3 引黄受水区水资源开发利用现状

据 2001 ~ 2006 年河北省水资源公报的统计,引黄受水区年供(用)水量基本稳定在 45 亿 ~ 47 亿 m³,平均年供(用)水量为 46 亿 m³。

在用水量中,城镇生活用水呈现逐年增长趋势,从 1.2 亿 m³ 增加到 1.6 亿 m³,农村生活用水也呈逐年增长趋势,从 3.3 亿 m³ 增加到 3.7 亿 m³,工业用水平稳上升,从 3.4 亿 m³ 增加到 4.2 亿 m³,农田灌溉用水基本维持在 34 亿 ~ 36 亿 m³,林牧渔业用水在 1.9 亿 ~ 2.6 亿 m³。由于区域严重缺水,生态环境几乎为零。6 年平均用水构成为农灌用水占 76%,工业与农村生活用水均占 8%,林牧渔用水比例为 5%,城镇生活用水比例为 3%。河北省引黄受水区用水量构成见图 1。

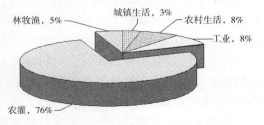

图 1　河北省引黄受水区用水量构成图

在供水量中,受丰枯水年的影响地表供水量在 3.5 亿 ~ 5.5 亿 m³,为总供水量的 11%;地下水供水量在 39.6 亿 ~ 42.3 亿 m³,为总供水量的 88%,其中浅层地下水开采量在 15.9 亿 ~ 16.9 亿 m³,为总供水量的 36 %,深层地下水开采量在 21.5 亿 ~ 24.5 亿 m³,为总供水量的 48%,微咸水开采量逐年增加,从 1.1 亿 m³ 增加到 2.3 亿 m³;其他水源供水量极少,仅在 0.44 亿 m³ 左右。该区域浅层地下水除少数地区开发利用程度较高外,多数区域由于淡水面积很小或有极薄层淡水,开发利用价值不高,且东部大部分区域根本没有浅层淡水,因而整体上处于采补平衡状态。河北省引黄受水区供水量构成见图 2。

现状引黄受水区平均利用深层地下水 22.6 亿 m³,占总水量近一半,也就是说,该区域主要是依靠深层地下水维持区域经济社会的发展。在深层地下水利用中,农业灌溉利用深层地下水 17.6 亿 m³,占深层地下水开采量的 78%。显然,农业灌溉持续开采深层地下水,是造成区域地下水位不断下降和地面沉降的主要原因。

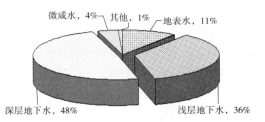

图 2　河北省引黄受水区供水量构成图

目前,引黄受水区工业万元增加值综合用水定额为 25.3 m³/万元,远低于全省 47.8 m³/万元的平均水平;农业综合灌溉定额为 156 m³/亩,远低于全省平均定额 300 m³/亩;全社会万元 GDP 用水量为 46.6 m³/万元,远低于全省平均值 175 m³/万元;人均用水量 245 m³ 左右,低于全省平均用水 300 m³ 的水平。说明该区域的节水水平和用水水平比较高,节水潜力有限。

4　引黄受水区水资源供需分析

依据《河北省水资源综合规划》、《河北省南水北调受水区地下水压采方案》等成果,结合受水区实际,以县级行政区为基本计算单元,在不考虑引黄水量的条件下,进行近期 2015 年和远期 2020 年区域水资源供需分析。

4.1　可供水量预测

4.1.1　可供水量预测原则

(1)当地地表水以现有的供水工程为基础,适当考虑加大雨洪资源利用量。

(2)浅层地下水以采补平衡为原则,按可开采量作为可供水量。

(3)深层地下水开采不作为可供水量。

(4)污水处理达标后,可作为农田灌溉、城市河湖等水源。

4.1.2　可供水量预测

4.1.2.1　当地地表水

综合考虑现有工程的实际运行状况及上下游的需水要求等因素,分析计算 50% 保证率地表水可供水量。本区域地表水的利用以引提水工程供水为主,其中通过卫运河取水的,按分水协议确定供水量。

近期及远期考虑新建平原小型引蓄水等工程措施,城区考虑屋顶、道路、绿地、增加水体等集蓄、滞蓄措施以及河系沟通可能增加的地表水利用量,分析计算各水平年地表水可供量,预测 $P = 50\%$ 时,2015、2020 水平年地表水可供量为 5.2 亿 m³、5.7 亿 m³。

4.1.2.2　地下水供水量

根据河北省 2004 年 11 月完成的水资源评价成果,引黄区域浅层地下水可开采量为 18.4 亿 m³。

深层地下水在很大程度上是一种非再生的资源,且该区域深层地下水处于严重超采状况,不考虑深层地下水可开采量。

该区微咸水现状开采量 2.3 亿 m^3,考虑今后要加大微咸水开发力度,推广咸水利用途径,引黄实施后咸淡混用条件趋好,确定今后微咸水利用量逐年提高,经测算 2015、2020 水平年微咸水利用量分别为 2.5 亿 m^3 和 3.1 亿 m^3。

4.1.2.3 非传统水

随着城市污水处理规模的增加,到 2010 年底所有县城及城市均建成集中污水处理厂,使再生水利用量逐步增加,预计再生水利用在现状 4 400 万 m^3 左右的基础上,近期和远期分别达到 1.2 亿 m^3、2.4 亿 m^3。

在沿海地区鼓励海水直接利用和海水淡化后利用,按照规划位于渤海新区的黄骅电厂近期建设 2×600 MW 机组,直接利用海水作为冷却用水折合淡水 0.36 亿 m^3,并利用发电余热进行海水淡化作为生产、消防、生活用水,年淡化量 920 万 m^3。远期再建设 2×600 MW 机组,累计直接利用海水量折淡量 0.53 亿 m^3;海水淡化量达到 0.14 亿 m^3。

4.1.2.4 南水北调水

根据《河北省南水北调配套工程规划》,引黄受水区分配的江水为 8.3 亿 m^3,扣除输水损失后的净供水量 7.1 亿 m^3,其中引黄受水区内中线一期工程净供水量 2.36 亿 m^3。按照规划,南水北调配套工程将于 2015 年完成除调蓄工程外的输配水工程,因此其达效期为 2015 年,南水北调东线二期工程目前尚未确定实施时间,本次 2020 年分别按有、无东线两种方案分析。按照水资源综合规划和压采方案,东线工程实施后全省受水区各市分配水量重新调整,其中引黄区域增加净供水量 1.27 亿 m^3,江水利用量可达 8.38 亿 m^3。

4.2 需水量预测

需水预测与供水区经济发展相适应,各定额指标均考虑强化节水条件下确定,同时重视现状基础调查资料,进行规律分析和合理趋势外延,预测各市生活、生产、基本生态对水资源的需求,力求需水预测合理。

4.2.1 城镇与农村生活需水

按照河北省城镇化体系规划,"十一五"期间至 2020 年是全省城镇化进程快速发展的阶段,随着城镇人口的增加,在节水的条件下,由于人民生活水平和健康水平的提高,城乡生活用水定额都会有一个合理的增长,今后城乡生活用水量的增长是正常而且合理的。城市生活用水量近期、远期需水量分别为 2.2 亿 m^3、2.9 亿 m^3,农村生活用水量近、远期需水量分别为 3.8 亿 m^3、4.0 亿 m^3。

4.2.2 工业需水

按照河北省水资源综合规划工业在实施强化节水的情况下,一般地区工业用水增长趋势会有所减缓,但在局部地区,由于工业集中发展,工业用水会有较大的增长。引黄区域目前已经规划和正在实施的重点工业区主要有沧州渤海新区和任丘石化基地,根据相关规划渤海新区近期需水 4 380 万 m^3,远期需水达到 1.63 亿 m^3;任丘石化基地近期需水 617 万 m^3,远期需水达到 3 000 万 m^3。工业近期、远期需水量分别达到 5.2 亿 m^3、7.1 亿 m^3。

4.2.3 农业需水

农业用水包括农田灌溉用水,菜田用水,林、牧、渔业用水等。农业需水量预测考虑目前引黄区域农灌定额已低于河北省确定的节水灌溉定额,合理的需水应高于现状实际用水量,但随着强化发展节水灌溉面积以及作物的合理布局和结构调整等因素,预测农业需水保持稳定,则农业近期、远期需水量均为 37.4 亿 m^3。

4.2.4　环境需水

鉴于河北省长期以来环境欠账较大,仅靠当地水源无法弥补和满足大量的环境需水,本次环境需水主要包括城市环境和重要湿地白洋淀的需水。

城市环境用水包括城市河湖、园林绿化及环境卫生三部分。根据各市有关的发展规划预测,城市河湖按水面蒸发渗漏损失计算需水量;绿地及环境卫生需水则按城镇发展规划要求的城市绿地面积及道路喷洒率进行测算,城市环境用水近、远期需水量分别为 0.3 亿 m^3、0.7 亿 m^3。

白洋淀生态用水量根据白洋淀维持生态功能确定的最低生态水位,考虑需补充的蒸发、渗漏损失量即为白洋淀基本生态用水量。综合分析既要维持鱼虾繁殖,又要比较适应淀内水生植物生长,同时还要满足淀内居民交通的基本要求,白洋淀最低水位宜维持在 7.3 m(黄海),即最小生态环境水位为 7.3 m,这一水位对应多数淀区的平均水深为 1.0 m,相应水面面积为 122.5 km^2,经计算保证率 50% 条件下白洋淀需水量为 1.59 亿 m^3。

4.3　供需分析

4.3.1　近期水平年供需分析

南水北调中线工程通水初期,在采取强化节水措施和加大利用非传统水源情况下,引黄受水区总需水量为 50.55 亿 m^3,当地水及南水北调中线的可供水量为 29.10 亿 m^3,缺水量为 21.45 亿 m^3。

4.3.2　远期水平年供需分析

引黄受水区 2020 年总需水量为 53.71 亿 m^3,不考虑南水北调东线供水量,当地水与南水北调中线的可供水量为 36.33 亿 m^3,总缺水量为 17.38 亿 m^3。即使考虑南水北调东线工程的实施,引黄受水区可供水量为 37.6 亿 m^3,仍缺水 16.11 亿 m^3。供需分析成果见表 2。

表 2　引黄受水区水资源供需分析成果　　　　　　　(单位:亿 m^3)

水平年	供水量						需水量							缺水量
	地表	地下	微咸	其他	引江	小计	城市生活	农村生活	工业	农业	城市环境	白洋淀	小计	
近期	5.21	17.36	2.52	1.65	2.36	29.10	2.19	3.82	5.2	37.41	0.34	1.59	50.55	21.45
远期	5.72	17.36	3.07	3.07	7.11	36.33	2.92	4.03	7.1	37.41	0.66	1.59	53.71	17.38
远期	5.72	17.36	3.07	3.07	8.38	37.6	2.92	4.03	7.1	37.41	0.66	1.59	53.71	16.11

5　结语

引黄受水区由于水资源严重不足,当地农业难以发展,农民无法摆脱贫穷状况;长年饮用高氟水、苦咸水,使得当地癌症、氟骨病等重大疾病高发;地下水位逐年下降,造成地下水超量开采的恶性循环。目前,南水北调中线工程正在实施,按照配置成果,南水北调中线一期工程和东线二期工程的供水对象全部为城市生活和工业,难以兼顾解决农业灌溉和生态用水需求。因此,用足、用好黄河水,可以有效缓解该区域缺水状况,是解决该区域水资源严重短缺问题的有效途径。

参 考 文 献

[1] 河北省水资源综合规划[R].石家庄:河北省水利水电第二勘测设计研究院,2006.
[2] 河北省南水北调配套工程规划[R].石家庄:河北省水利厅,2008.
[3] 河北省第二次水资源评价[R].石家庄:河北省水利厅,2004.
[4] 河北省南水北调受水区地下水压采方案[R].石家庄:河北省水利厅,2007.

作者简介:董丽娟(1966—),女,高级工程师,邢台水文水资源勘测局。联系地址:河北邢台市郭守敬大街邢台水文水资源勘测局。E-mail:xtxtddlj@163.com。

洪、枯水预警等级设置方式的研究

闵　骞

（江西省鄱阳湖水文局，九江　332088）

摘　要：分析我国目前江河湖泊洪、枯水预警现状及其存在的问题，从防汛抗旱实际出发，探讨适合我国防汛抗旱要求、有利于提高防汛抗旱警示作用和减灾效果的洪、枯水预警等级设置方式及方法，以鄱阳湖为例，说明其具体应用与减灾意义。
关键词：洪水　枯水　预警　预警等级　鄱阳湖

江河湖泊洪、枯水预警是防汛抗旱指挥决策的重要基本依据，预警等级设置是洪、枯水预警的前提，合理设置洪、枯水预警等级，对于提高防汛抗旱效益至关重要。

1　问题的提出

洪水灾害是我国主要自然灾害之一，对社会经济发展与民众正常生活构成重大威胁，防洪减灾是我国社会经济建设中必不可少的行动，对于保障社会经济发展和保护民众正常生活具有重要作用。

随着社会经济发展与进步，目前我国防洪减灾战略正在由"控制洪水"向"洪水管理"转变，非工程防洪减灾措施不断被重视与提升，作为其重要内容的洪水预警，在现代防洪减灾中的作用正日益凸显[1-3]。

洪水预警应该起到洪水防御警示与危险程度告之双重功效，缺少其中任何一项都会影响洪水预警响应的质量与效果，降低防洪减灾效益[4-7]，因而，应尽可能发挥洪水预警的双重功效，促进防洪减灾效益的最大化。

目前我国采用的是以警戒水位为指标的一级制洪水预警体系[8-9]，虽然可在一定程度上起到防洪警示作用，但未能反映洪水的量级，故难以体现洪水危险程度的告之功效，是一个重大缺失和不足。

进入 21 世纪以来，干旱接二连三地在我国各地出现，防旱抗旱成为我国重要的减灾工作[10-12]。利用江河湖泊水进行抗旱，是当前我国各地最主要的抗旱减灾方式。然而，干旱严重时期往往也是江河湖泊枯水时期，江河湖泊枯水程度不仅可以较准确地刻画其所在区域的水文干旱状况，还可客观地反映周围地区未来抗旱难易程度（水源条件），江河湖泊枯水预警无论对于干旱与旱害评估，还是抗旱减灾指挥决策均具有十分重要的现实意义[13-17]。但是，现阶段我国只有航运管理部门开展了江河湖泊枯水预警，一般以水深作为预警指标，适用于枯水期航道管理和航运调度，对于水利部门抗旱指挥决策和水资源管理作用不大，需要研究制定与其相适应的江河湖泊枯水预警等级体系。

2 洪水预警等级的设置

2.1 现行洪水预警等级体系存在的问题

洪水预警在我国已开展了几十年,在防洪减灾中发挥了重要作用。目前我国的洪水预警,采用了一级制,以警戒水位作为预警指标值。经过几十年的应用,已在各级领导与广大群众中深入人心,一旦江河湖洪水位达到警戒水位,几乎所有的成年人都知道要防洪抢险了。

但经过多次调查与长期的分析,发现目前采用的单级洪水预警也存在一些实际性的问题,比如在绝大多数县、乡、村领导和洪泛区群众思想中,出现超警戒水位的洪水不一定有防洪危险和洪水灾害,他们认为洪水位达到警戒水位并不需要防洪,且事实上洪水位达到警戒水位时乡、镇、村、社区等基层组织既不召开防洪动员会,也不进行防洪动员宣传,更无人到堤防、涵闸进行防洪巡视和抗洪活动。也就是说,在现实中江河湖洪水到达警戒水位时,在防洪一线是没有任何防洪行动的,长此下去,仅以警戒水位进行一个等级的洪水预警,不仅难以较好地起到警告人们投入防洪活动中的作用,反而会让基层干部与广大群众产生麻痹侥幸思想,对防洪起一定的负面作用。

究其原因,主要在以下两个方面:

一是很多地方现行警戒水位定得很低,部分水文、水位站的警戒水位在年最高水位多年平均值以下,连二年一遇洪水的标准都达不到,显然起不到警示的作用。如江西省星子县城和都昌县城的星子水位站和都昌水位站,两站均处鄱阳湖北岸,警戒水位均为 19 m,而这两个站的年最高水位多年平均值分别为 19.14 m 和 19.07 m,当地干部与民众都认为当鄱阳湖水位达到 19 m 时,无论是城镇还是乡村,都不会出现任何危险,是用不着安排人去防洪的。

二是除从事水利、水文、防汛工作的专业技术人员和相关干部外,一般民众对洪水位达到警戒水位后,再上涨多少才会危及到自己所处地点的安全,无清晰的认识;即使他们从媒体中得知当前洪水位已经超过警戒水位 1 m 或者 2 m,也难以弄清目前洪水危险性到底比达到警戒水位时增大了多少。

2.2 洪水预警等级体系设置探讨

目前自然灾害防灾减灾四级预警等级制在我国乃至全世界均得到普遍使用,例如台风和暴雨等,都设置了蓝色、黄色、橙色、红色四级预警,经过几年的使用也已深入人心,从专业人士到普遍民众,均基本熟悉了它们的警情含义。为此,建议我国的洪水预警等级也由现在的一级制改为四级制,分别用蓝色、黄色、橙色、红色预警信号,代表一般洪水危险、较重洪水危险、严重洪水危险、特别严重洪水危险的预警。

设置四级洪水预警,不仅能清晰地表达当前洪水危险程度,还有利于各级政府、有关部门、人民群众及时采取不同的防洪减灾对策,有利于从思想上重视防洪减灾,及时转变到行动上投入到防洪抢险之中,也有利于洪灾的评估及救灾、重建活动的开展。

洪水预警指标过去一直采用描述洪水量级的水位(8~9),一级洪水预警制中采用的是警戒水位,其数量由各地防汛抗旱指挥部门根据各地的洪水特点、防洪体系、承灾能力等共同确定,其随意性较大,未形成统一的标准。笔者根据江西省五大河流与鄱阳湖近

100 个中央报汛站历年洪水资料与当地防洪能力统计资料对比分析结果,初步提出以下四级(分别用Ⅰ、Ⅱ、Ⅲ、Ⅳ级或蓝、黄、橙、红四种颜色表示)洪水预警制指标体系:

(1)蓝色(Ⅳ级)洪水预警标准:出现五年两遇的洪水且水位仍在上涨时,发布蓝色(Ⅳ级)洪水预警信号。

(2)黄色(Ⅲ级)洪水预警标准:出现五年一遇的洪水且水位仍在上涨时,发布黄色(Ⅲ级)洪水预警信号。

(3)橙色(Ⅱ级)洪水预警标准:出现十年一遇的洪水且水位仍在上涨时,发布橙色(Ⅱ级)洪水预警信号。

(4)红色(Ⅰ级)洪水预警标准:出现二十年一遇的洪水且水位仍在上涨时,发布红色(Ⅰ级)洪水预警信号。

经分析,在鄱阳湖星子、都昌两个水位站,四个洪水预警等级指标对应的洪水位分别为 19.5 m、20.2 m、21.8 m 和 21.8 m。笔者曾就此于 2007 年 7 月、2008 年 1 月和 2009 年 2 月三次到星子、都昌两县水利局、防办、农业局、沿湖乡镇水管站等单位进行专门调查,有关领导、专家和技术人员均认为以当地 19.5 m、20.2 m、21.0 m、21.8 m 水位为标准,发布四个等级的洪水预警,对当地干部、群众可以起到很好的防洪警示作用,很适合当地的实际情况和现实需要。表明上述设想既切实也可行,有很好的应用价值和运用前景,值得推广。

3　干旱预警等级的设置

在防汛抗洪中,洪水警戒水位与防洪保证水位的设置,以及实测水位与其差值的发布,对各级党政领导防汛指挥决策、各地民众防汛准备及抗洪措施的安排发挥了重大作用。同样道理,可以通过枯水警戒水位与抗旱保证水位的设立,以及江河湖泊实时监测水位与枯水警戒水位或抗旱保证水位差值的发布,对于防旱抗旱指挥决策和有关单位或个人采取相应抗旱对策与措施,必将发挥极为重要的作用。

江河湖泊枯水警戒水位,是指当江河湖泊的水位退落到这一水位以下时,引、提水工程的取水能力可能受到不利影响,抗旱水资源持续利用将发生困难,应引起有关部门的警觉。由于枯水位受河床、河势变化的影响极为显著(例如近年来挖砂造成的河床下切,致使我国南方各地众多江河湖泊枯水位显著下降),为使设置的枯水警戒水文特征量具有一定的相对稳定性,将枯水警戒水位改为枯水警戒流量,其使用效果可能更佳。江河湖泊的防旱保证水位,是指当其水位退落到这一水位以下时,不仅周围引、提水工程的取水能力明显下降,且河湖自身的水生态环境也将受到严重的负面影响,此时应对城市经营、生产、景观用水和农村养殖用水严加限制,对农业灌溉用水实行调控,以保证城乡居民生活基本用水的供应和江河湖泊最低生态用水的需要。同样,抗旱保证水位也可相应地改用抗旱保证流量,使其具有一定的稳定性特征。

与洪水警戒水位和防洪保证水位相类似,不同江河湖泊的不同河段或水域需要分别设置与其枯水水文特征和周围社会经济环境相适应的枯水警戒水位(或流量)和抗旱保证水位(或流量),不仅工作量巨大,且有较大的技术难度。原因在于枯水水情的影响因素远多于洪水水情的影响因素,制约机制更加复杂,且枯水水情预警必须综合考虑城乡抗旱用水安全保障需求和现有引、提水工程取水口的高度,以及江河湖自身最低生态需水保障,因此枯水警戒水位(或流量)和抗旱保证水位(或流量)的确定,远比洪水警戒水位和防洪保证水位的确定更加复杂与困难。首先,需要全面分析各江河湖泊不同河段或水域的枯水变化规律和频率特征;其次,要全面调查沿河、滨湖各地的社会经济及其发展状况和防旱抗旱用水安全保障要求;再次,需全面了解沿河、滨湖各地防旱抗旱水利工程及其效能情况。只有综合考虑上述 3 方面的要求,才能得到不同江河、湖泊各河段或水域客观、实用的枯水警戒水位(或流量)和抗旱保证水位(或流量)。

现在社会各界对洪水警戒水位的熟知程度极高,所以洪水警戒水位的设置在防汛中起了极大的作用。枯水警戒水位(或流量)和抗旱保证水位(或流量)的设立是对防汛中洪水警戒水位与防洪保证水位的延伸,完全可以相信,枯水警戒水位(或流量)和抗旱保证水位(或流量)通过几年的试用,在大家都能像熟知洪水警戒水位那样熟知枯水警戒水位(或流量)和抗旱保证水位(或流量)的情况下,一定能在防旱抗旱中发挥重大作用。例如,作者根据鄱阳湖区引、提水工程取水口高程分布调查资料,结合鄱阳湖枯水变化规律分析结果,初步确定鄱阳湖中部湖区都昌水位站枯水警戒水位为 11 m,抗旱保证水位为 9 m。通过咨询周围基层水管人员、自来水厂技术人员、湖区渔民、船员等专业人士,一致表示,以 11 m 和 9 m 分别作为都昌县的枯水警戒水位和抗旱保证水位非常合理,如果能分别采用都昌水位站 11 m 和 9 m 水位发布枯水预警,对周围沿湖各行各业抗旱警示作用极大[18],表明有关领域非常需要枯水预警,更希望有关部门能尽快实行枯水预警。

由上可见,确定我国各地枯水警戒水位(或流量)和抗旱保证水位(或流量),是一项内容丰富、作用巨大的系统工程,是一项有利于全国防旱抗旱减灾效益大幅提高的重大工作,希望在省有关部门的组织和领导下尽快启动、早日完成这项意义深远的工作,以尽早满足广大基层组织和人民群众的这一防旱抗旱水文科技需求。

对于干旱预警的发布,国家防办有必要考虑在气象部门发布的气象干旱预警信号之外,如何利用水文部门江河湖泊枯水水位与流量监测成果,开展更加合理、实用的干旱水文预警信号的公布,这对于推动枯水水位、流量监测数据在防旱抗旱中的实际应用,是非常有效的。

4　结语

洪、枯水预警是防汛抗旱的基本依据,合理的洪、枯水预警对于提高防汛抗旱的减灾效益极为重要。本文通过调查分析,认为我国现行一级洪水预警存在明显缺陷,应该改为四级洪水预警,更便于防汛抗洪实际操作。与此同时,提出应该建立江河湖泊枯水预警制度,为防旱抗旱减灾和旱灾风险管理提供科学依据。

本文提出的江河湖泊洪、枯水预警体系及其等级设置方式,只代表作者个人观点,需要进一步征询各方面、诸领域大量专家的意见,在此交流,意在抛砖引玉。

参 考 文 献

[1] 程晓陶,吴玉成,王艳艳,等.洪水管理新理念与防洪安全保障体系的研究[M].北京:中国水利水电出版社,2004.

［2］裴宏志,曹淑敏,王慧敏. 城市洪水风险管理与灾害补偿研究［M］. 北京:中国水利水电出版社, 2008.

［3］范世香,程银才,高雁. 洪水设计与防治［M］. 北京:化学工业出版社,2008.

［4］丹尼斯 S. 米勒蒂. 人为的灾害［M］. 谭徐明等译. 武汉:湖北人民出版社,2004.

［5］文俊. 区域水资源可持续利用预警系统研究［M］. 北京:中国水利水电出版社,2006.

［6］陈绍金. 水安全系统评价、预警与调控研究［M］. 北京:中国水利水电出版社,2006.

［7］徐向阳. 水灾害［M］. 北京:中国水利水电出版社,2006.

［8］闵骞. 洪水的等级划分及其灾害学意义［J］. 自然灾害学报,1994(1).

［9］闵骞. 洪险等级灾害学意义［J］. 灾害学,1996(2).

［10］闵骞. 鄱阳湖区的干旱与变化［J］. 江西水利科技,2006,32(3):125-128.

［11］闵骞. 本世纪初江西省旱情与抗旱分析［J］. 水资源研究,2007,28(3):33-35.

［12］闵骞. 鄱阳湖区干旱特征与防旱对策［J］. 中国防汛抗旱,2003,14(3):39-45.

［13］王振龙,高建峰. 实用土壤墒情监测预报技术［M］. 北京:中国水利水电出版社,2006.

［14］周维博,施垌林,杨路华. 地下水利用［M］. 北京:中国水利水电出版社,2007.

［15］王全九,邵明安,郑纪勇. 土壤中水分运动与溶质迁移［M］. 北京:中国水利水电出版社,2007.

［16］国家防汛抗旱总指挥部办公室. 干旱评估标准(试行). 江西省防汛抗旱总指挥部办公室编,防汛抗旱资料汇编(卷Ⅱ),206-227.

［17］中华人民共和国水利行业标准. SL 364—2006 土壤墒情监测规范. 北京:中国水利水电出版社, 2007.

［18］闵骞. 干旱水文监测预警探讨［C］//2008 年水生态监测与分析学术论坛论文集. 北京:中国水利水电出版社,2008.

作者简介:闵骞(1958—),男,大学本科,水文水资源专业,工程师,江西省鄱阳湖水文局水资源与泥沙研究室主任,主要从事鄱阳湖水文水环境与水资源水生态及防洪抗旱减灾调查研究。联系地址:江西省星子县城环城东路 102 号。E-mail:minqian1958@163.com。

黄河花园口站汛期径流量未来趋势分析*

康玲玲　董飞飞　王昌高　王云璋

（黄河水利科学研究院 水利部黄河泥沙重点实验室，郑州　450003）

摘　要：依据黄河中上游古树年轮、旱涝等级和相邻河流径流量等资料及其与花园口站汛期天然径流量的关系，重建 523 年径流量序列，分析了其历史变化特点和未来趋势。结果表明：①近 523 年径流量变化具有较明显的阶段性，大致经历了 9 个枯水段和 8 个丰水段；②历史变化的显著周期有 3 年、5 年、48 年、157 年、70 年、33 年和 95 年；③至 2055 年平均汛期天然径流量可能为 400 亿 m³ 左右，较多年均值偏多近 1 成，大体可分为平转丰、正常偏枯、偏丰、正常偏枯、丰水、正常偏枯和丰水等 7 个持续时间不同的阶段。

关键词：未来趋势　序列重建　天然径流量　黄河花园口站

黄河花园口站以上的汇流面积达 73 万 km²，占流域总面积的 97%，其来水量占到总水量的 96.6%。因此，花园口站来水量多寡，基本代表了黄河水量丰、枯变化的趋势。该站水文资料及其序列的长度，对于黄河规划、治理和水资源调度、利用都具有十分重要的意义。

本文根据黄河中上游旱涝等级、古树年轮及相邻区水文序列等资料及其与花园口站径流量的关系，重建了 1485 年以来汛期天然径流量序列，并对其历史演变规律和未来变化趋势进行了分析。

1　序列重建的基本资料与因子选取

1.1　天然径流量

本文采用黄委会水文局水文水资源所提供的 1919～2003 年花园口站历年各月天然径流量，2003 年以来径流量依据报汛资料，结合近期天然径流量的还原计算值进行推算而得。

由于 6～10 月（以下简称汛期）径流量占到全年总量的 66.8%，同时考虑到，汛期水量大小主要是取决于降雨强度及其持续时间等气候条件，与主要受影响于自然的如古树年轮、旱涝等级、水文序列资料等因素应该存在有相应的关联。为此，以花园口站汛期天然径流量作为序列重建的基本资料。

1.2　旱涝等级

《中国近五百年旱涝分布图集》[1] 给出了我国 120 站 1470～1979 年的旱涝分布图和旱涝等级序列表。本文从中摘取了 1485～1977 年黄河中上游玛多、达日、玛曲、兰州、西宁、鄂托克、陕坝、榆林、延安、太原、临汾、天水、平凉、西安、洛阳、郑州等 16 站旱涝等级；

＊资助项目："十一五"国家科技支撑计划（编号：2006BAB06B01）。

对于其中缺少的年、站旱涝等级主要依据黄河流域水旱灾害资料[2]、沿黄各省（区）及地方史料资料进行了插补。最后建立了历史各年的 16 站旱涝等级和序列，作为径流量序列重建的相关因子。经统计，1919～1977 年旱涝等级与花园口站汛期天然径流量的相关系数达 0.75，说明彼此之间的相关关系远超过了 $\alpha = 0.001$ 的置信度。

1.3　古树年轮

早在 1956 年，黄河规划委员会就根据在黄河上游所采集的古树年轮，分析了解黄河历年的水量变化[3]。现今，这一方面研究成果就更多[4-8]。

作者收集了流域及相邻范围内数十个树轮年表。经对 1919～1977 年年轮与花园口站汛期天然径流量相关分析，选取其中的陕西黄帝陵圆柏、华山西峰顶华山松、河南孟津侧柏、黄河上游阿尼玛卿山圆柏等年表，经过分析可知，这些年轮与花园口站径流量变化具有明显的正相关关系。无疑，这些因子的选取必将为径流量重建增强了可信度。

1.4　通天河直门达站年径流量

本文收集了文献[7]依据两组树木年轮指数与径流量的关系所重建长江上游通天河直门达水文站 1485～2002 年的年径流量序列。经统计分析，其与花园口径流量的相关系数为 0.28，相关显著性接近 $\alpha = 0.02$ 置信度。说明该站径流量变化趋势与花园口站径流量变化趋势基本一致，可作为花园口站径流量序列重建的因子。

2　径流量序列重建及其一致性检验

2.1　汛期天然径流量序列的延长

考虑到所选因子序列起至时间的一致性，取 1919～1977 年径流量作为延长计算的母体样本。经回归分析，得到花园口站汛期天然径流量（W）回归模型：

$$W = 598.33 + 27.023\ 1X_1 + 42.567\ 8X_2 + 25.422\ 4X_3 + 26.591\ 2X_4 + \\ 0.026\ 5X_5 - 7.058\ 9X_6 \tag{1}$$

式中：X_1 为河南孟津刘秀坟侧柏年轮；X_2 为黄河上游阿尼玛卿山圆柏年轮；X_3 为陕西华山西峰顶华山松年轮；X_4 为陕西黄帝陵圆柏年轮；X_5 为通天河直门达站年径流量距平；X_6 为黄河中上游 16 站旱涝等级和方程式复相关系数 0.83，相关置信度超过 $\alpha = 0.001$。通过绘制拟合曲线可知两者拟合甚好，不仅变化趋势基本一致，而且其主要峰、谷年也较好地相互吻合。经统计，两者之间平均的相对误差为 13.6%，达到了水文序列趋势外延计算误差小于 15% 的基本要求。

值得指出的是，最受关注的 1922～1932 年枯水段拟合情况良好，尽管由于统计方法弊病，低谷段计算值往往会比原始值偏大，但本次计算值的平均偏差仅 39.7 亿 m^3，尤其谷点，即 1928 年完全吻合，绝对误差仅 22 亿 m^3。可见，花园口站汛期天然径流量重建成果具有较好的可信度。

2.2　天然径流量序列的一致性检验

对于延长所得的花园口站汛期天然径流量序列是否具有使用价值？要回答这些问题，首先需看延长序列与现有的实际汛期天然径流量序列是否具有一致性。现通过以下"U"检验来加以判别。根据花园口站现有 1919～1977 年均值 $\mathrm{d}x_0 = 379.0$ 亿 m^3，均方差 $a_0 = 105.23$；由延长的 434 年（n）汛期天然径流量求得平均值 $\mathrm{d}x_2 = 372.9$ 亿 m^3。故计算

统计量为:

$$U = \frac{dx_2 - dx_0}{a_0 / \sqrt{n}} = -1.222 \tag{2}$$

由于该序列延长的年数较多,所以可认为统计量 u 近似地服从正态分布 $N[0,1]$,对于给定信度 $\alpha = 0.05$,查得 $U_\alpha = 1.645$。由于延长的径流量系列所求得 $|U| = 1.222 < 1.645$,故表明延长的 434 年径流量重建值来自于这个总体,即与现有的 1919 年以来汛期径流量序列具有较好的一致性。

3 径流量的阶段性变化特点分析

3.1 天然径流量分级

为分析径流量历史变化特点,很有必要对其进行分级。考虑到水量变化幅度和实际需要,将其分为丰、偏丰、平水、偏枯和枯的五个等级,并参考文献[1]的划分指标,比选后确定各等级的指标评定标准为:

1 级(丰水年): $R_i > (\bar{R} + 1.19\sigma)$;

2 级(偏丰年): $(\bar{R} + 0.48\sigma) < R_i \leq (\bar{R} + 1.19\sigma)$

3 级(平水年): $(\bar{R} - 0.48\sigma) < R_i \leq (\bar{R} + 0.48\sigma)$

4 级(偏枯年): $(\bar{R} - 1.19\sigma) < R_i \leq (\bar{R} - 0.48\sigma)$

5 级(枯水年): $R_i \leq (\bar{R} - 1.19\sigma)$

式中: $\bar{R}$ 为花园口站多年平均的汛期天然径流量; R_i 为逐年汛期天然径流量; σ 为标准差。

经对序列的逐年等级统计可知,近 523 年出现丰水 54 年(概率 10.3%),平均径流量 502.2 亿 m³,较多年均值(371.3 亿 m³)偏多 35.3%;出现枯水 63 年(概率 12.0%),径流量不足丰水年一半,较常年偏少 33.8%;出现偏丰和偏枯年的概率分别为 22.2% 和 25.2%。平水共 158 年(概率 30.2%),即每逢 10 年就会有 7 年不是丰或偏丰,即枯或偏枯年。

3.2 水量丰、枯变化的阶段性分析

通过绘制花园口站径流量及 7 年滑动均值演变曲线可知,径流量历史变化具有较明显的阶段性,近 523 年大体经历了 9 个枯水段和 8 个丰水段(表 1)。其变化特点可以归纳为以下两点:

(1)对于枯水段来说,平均持续时间为 27.1 年,最长 61 年,最短仅 6 年;平均汛期径流量 325 亿 m³,较常年偏少 12.5%;其中出现枯水(包括偏枯)年的概率是丰水(包括偏丰)年的 5.8 倍;特别是枯水年的出现概率高达 26.4%,而其中丰水年出现的概率只有 0.9%,两者差异十分明显。

(2)就丰水段而言,平均持续时间 34.9 年,最长 58 年,最短仅 11 年;平均径流量 405 亿 m³,较常年偏多近 1 成;其中出现偏丰(包括丰水)年的概率是偏枯(包括枯水)年的 2.5 倍多。

综上可见,花园口站汛期天然径流量变化的阶段性特征十分明显。同时还可以看到,

目前尚处于 1986 年开始的枯水段里,至 2007 年已持续 22 年(目前看,2008 年花园口站来水量仍属于偏少),离枯水段平均持续时间尚差 5 年,与历史上的其他几个枯水段相比,目前枯水段持续时间正处于居中的状况。因此,目前还很难断定很快转入丰水段,但以经验估判,不久将会由枯水段转入丰水段。

表 1　花园口站近 523 年重建汛期天然径流量丰枯时段特征统计

枯水段								丰水段							
起至年	年数	各级出现概率(%)					径流量(亿 m³)	起至年	年数	各级出现概率(%)					径流量(亿 m³)
		1	2	3	4	5				1	2	3	4	5	
1485~1541	57	5.3	19.3	29.8	28.1	17.5	355	1542~1580	39	12.8	33.3	33.3	17.9	2.6	398
1581~1641	61	3.3	13.1	32.8	29.5	21.3	338	1642~1683	42	14.3	33.3	31.0	16.7	4.8	400
1684~1697	14	0	14.3	21.4	50.0	14.3	339	1698~1711	14	7.1	50.0	35.7	7.1	0	411
1712~1722	11	0	9.1	27.3	45.5	18.2	326	1723~1761	39	20.5	33.3	28.2	12.8	5.1	409
1762~1797	36	0	13.9	38.9	41.7	5.6	351	1798~1855	58	13.8	25.9	39.7	15.5	5.2	389
1856~1881	26	0	19.2	34.6	23.1	23.1	344	1882~1921	40	12.5	35.0	32.5	15.0	5.0	393
1922~1932	11	0	0	9.1	18.2	72.7	266	1933~1968	36	30.6	16.7	22.2	27.8	2.8	420
1969~1974	6	0	0	0	66.7	33.3	304	1975~1985	11	45.5	9.1	27.3	18.2	0.0	425
1986 年以来	22	0	4.5	9.1	54.5	31.8	299	平均	34.9	19.6	29.6	31.2	16.4	3.2	405
平均	27.1	0.9	10.4	22.6	39.7	26.4	325								

4　径流量的周期性变化及未来趋势分析

本文采用方差分析法对天然径流量历史变化的周期性进行了分析,结果表明,置信度超过 $\alpha = 0.05$ 的主要显著周期为 23 年、5 年、48 年、157 年、70 年、95 年、60 年和 33 年。于是,就可依据显著周期,采用周期叠加外推的方法,对花园口站汛期天然径流量未来变化趋势进行计算分析。

图 1 给出了由 23 年、5 年、48 年、157 年、70 年、33 年和 95 年的 7 个显著周期进行叠加的拟合曲线。经计算,523 年相关系数高达 0.84。可见周期叠加计算的效果比较好。分析的统计特征值列于表 2。

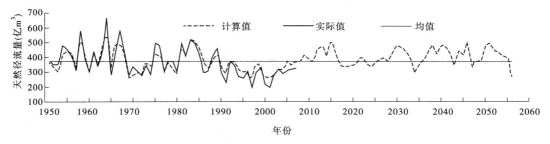

图 1　花园口站 1951 年以来汛期天然径流量拟合及未来 50 年外延曲线

表2　花园口站汛期天然径流量未来趋势分析

时段		年数	趋势	径流量		各级水量可能出现概率（%）				
起始年	终止年			亿 m^3	距平（%）	1	2	3	4	5
2008	2016	9	平转丰	419.1	12.9	22.2	33.3	44.4	0	0
2017	2025	9	正常偏枯	349.9	−5.8	0	11.1	22.2	66.7	0
2026	2032	7	偏丰	422.6	13.8	14.3	42.9	42.9	0	0
2033	2036	4	正常偏枯	352.0	−5.2	0	0	75.0	25.0	0
2037	2046	10	丰水	439.5	18.4	40.0	50.0	0	10.0	0
2047	2049	3	正常偏枯	359.4	−3.2	0	0	66.7	33.3	0
2050	2055	6	丰水	442.9	19.3	16.7	66.7	16.7	0	0

注：历史上丰水、偏丰、平水、偏枯和枯水年的气候概率分别为10.3%、22.2%、30.2%、25.2%和12%。

由表2可见，对于未来花园口站汛期径流量的变化，仍然表现出较为明显的阶段性：

（1）至2055年平均的汛期天然径流量可能为400亿 m^3 左右，较多年均值有可能偏多近1成，并且，其变化趋势大体可分为平转丰、正常偏枯、偏丰、正常偏枯、丰水、正常偏枯和丰水等7个持续时间不同的阶段。

（2）2008～2016年，径流量约420亿 m^3，较常年偏多13%；期间出现丰水和偏丰年的概率为55.5%，较气候概率高23%；其次是正常年（44.4%），较常年高14.2%，且该期间可能出现枯水年和偏枯年的几率特小。

（3）2017～2025年，汛期天然径流量350亿 m^3 左右，较常年偏少约1成；期间以偏枯年为主，出现概率较常年偏高41.5%；该期间似乎属于正常偏枯段，出现异常丰水年和枯水年的可能性很小。

（4）2026～2032年，径流量超过420亿 m^3，较常年偏多近1.5成；期间除枯水和偏枯年外，其余等级都可能出现，但以偏丰和正常年最多，两者出现概率竟超过85%，较常年偏高33.4%，可见该期间属丰水段。

（5）2033～2036年，平均汛期天然径流量352亿 m^3，较常年略偏少；期间以平水年为主，其出现的概率高达75%，较气候概率高出1倍多。

（6）2037～2046年，径流量接近440亿 m^3，较常年偏多近2成，属丰水段；期间出现丰和偏丰年的概率为58.4%，较常年高出25.9%；除此之外，出现正常年的概率也许接近一半，说明该期间多偏丰和正常年。

（7）2047～2049年，平均汛期天然径流量约360亿 m^3，接近常年略偏枯；期间出现平水年的概率高达66.7%，其次是偏枯年（33.3%），说明该期间出现异常丰水或者枯水年的几率特别少。

（8）2050～2055年，平均汛期天然径流量超过440亿 m^3，较常年偏多近2成，属丰水段；期间出现枯水和偏枯年可能性很小，主要以丰水年、偏丰年和正常年为主。

5　结语

（1）本文依据黄河中上游及相邻区内旱涝等级、水文序列、古树年轮等及其与径流量的关系,将花园口站汛期天然径流量序列延长到 1485 年;同时还根据水量的丰枯变化规律,将天然径流量划分成丰水、偏丰、平水、偏枯和枯水五个等级;从而为进一步开展黄河中上游天然径流量历史变化的研究提供了基础数据。

(2)采用统计学方法,对花园口站汛期天然径流量的历史演变规律和未来 50 年变化趋势进行了分析,所得结果可为流域治理规划、水资源合理开发与利用,以及区域防洪抗旱战略部署提供依据。

(3)本次对未来天然径流量变化趋势的分析,仅仅是初步尝试,而流域水量丰、枯变化乃是多因素综合影响的结果。因此,既要根据本次分析成果,结合年度径流量趋势预测,加强对于黄河水资源的管理与调度;同时,有关部门还应积极组织技术力量,进一步加强对于黄河径流量变化规律及其趋势分析方法的研究。

参 考 文 献

[1] 中央气象局气象科学研究院. 中国近五百年旱涝等级分布图[M]. 北京:地图出版社,1981.
[2] 黄河流域及西北片水旱灾害编委会. 黄河流域水旱灾害[M]. 郑州:黄河水利出版社,1996.
[3] 黄河规划委员会. 从树木年轮了解黄河历年水量变化[M]//水文计算经验汇编. 北京:水利出版社,1958.
[4] 刘禹,杨银科,蔡秋芳. 以树木年轮宽度资料重建湟水河过去 248 年来 6～7 月份河流径流量[J]. 干旱区资源与环境,2006,20(6):69-73.
[5] 王亚军,陈发虎,勾晓华. 黑河 230 a 以来 3～6 月径流的变化[J]. 冰川冻土,2004,26(2):202-206.
[6] 康兴成,程国栋,康尔泗,等. 利用树轮资料重建黑河近千年出山口径流量[J]. 中国科学(D 辑),2002,32(8):675-685.
[7] 秦宁生,靳立亚,时兴合,等. 利用树轮资料重建通天河流域 518 年径流量[J]. 地理学报,2004,59(4):550-556.
[8] 王云璋,吴祥定. 黄河中游水沙系列的延长及其变化阶段性、周期性探讨[C]//黄委会水科院科学研究论文集(第四集). 北京:中国环境科学出版社,2006.

作者简介:康玲玲(1966—),女,教授级高级工程师,黄河水利委员会黄河水利科学研究院,主要从事生态环境和水资源等方面研究工作。联系地址:河南省郑州市顺河路 45 号。E-mail:kangll1234@163.com。

黄河流域气候变化特点及趋势

刘吉峰　范昱昊

（黄河水利委员会水文局，郑州　450004）

摘　要：黄河流域地处干旱半干旱地区，水资源系统对气候变化十分敏感。最近几十年黄河流域气温和降水发生了明显变化。20世纪80年代中期以来，黄河气温明显升高，流域北部增温尤其显著，且以冬季增温为主；20世纪90年代，黄河流域降水明显减少；进入21世纪，降水略有增加。气温升高和降水减少是黄河流域径流锐减的主要原因之一。根据模式预测结果，未来2050年和2100年，黄河流域水资源供需矛盾将会进一步加剧，需要制定适应性对策，减少水资源短缺带来的不利影响。

关键词：黄河流域　气候变化　水资源

1　引言

根据 IPCC 第四次评估报告，全球气候呈现以变暖为主要特征的显著变化，近50年平均线性增暖速率（0.13 ℃/10 a）几乎是近100年的2倍，进入21世纪以来，温室气体增加和气候自然变率导致的全球气候变暖更加显著。最近12年（1995～2006年）中有11年位列1850年以来最暖的12个年份之中[1]。中国是全球变暖的显著区域，近50年来增温尤其明显，年平均地表温度增加1.1 ℃，增温速率达0.22 ℃/10 a，明显高于全球或者北半球同期增温速率，中国北方和青藏高原增温最为明显，近50年全国平均降水变化趋势并不显著[2]。

黄河流域地处我国中北部，以大陆性季风气候为主，径流年际变化大，年内分配集中，连续枯水段长；黄河流域自然条件复杂多变，水沙异源、水沙关系不协调是黄河流域水资源的突出特点。黄河流域的基本特点决定了黄河流域水资源系统对气候变化的敏感性和脆弱性。特别是进入20世纪80年代以后，社会经济发展对水资源需求日益增加，气候变化与人类活动的影响导致河川径流量逐年减少，黄河流域水资源供需矛盾愈来愈尖锐，黄河流域水资源管理成为流域管理的首要问题[3]。气候变化对黄河流域水资源的影响，格外令人关注。

本文以观测资料为基础，综合分析黄河流域最近几十年气候变化特点及其未来趋势，为黄河流域气候变化影响研究提供参考。

2　资料及分析方法

资料来源：来自中国气象局气候中心（该资料已经通过初步质量控制），86个气象站的数据，剔除观测序列年限较短和缺测较多的站点，保留70个站点1961～2005年序列。这些站点个别缺测数据，使用临近点插值方法进行插补[4]。

流域序列的生成:为了消除测站空间分布的不均匀性产生的统计误差,利用泰森多变形方法生成黄河流域单站面积权重,对单站序列面积加权合成流域时间序列;黄河流域内各区间序列的生成:利用泰森多变形方法生成黄河流域单站面积权重,对单站序列面积加权合成区间时间序列。

利用 Mann-kendal 方法检测序列的突变特点[5];利用二次曲线滤除气温、降水等时间序列的线性趋势,采用 Morlet 小波方法分析平稳序列的周期[6]。

3　黄河流域气候基本特征

据观测资料统计,黄河流域平均温度约 6.95 ℃,自西北向东南逐渐增加,变幅大约为 -4~14 ℃;多年平均最低平均气温 5.88 ℃(1967 年),多年平均最高气温为 8.36 ℃(1998 年)。黄河流域多年平均降水量为 446 mm,受地理位置、地形、地势影响,流域内部降水分布很不均匀,降水自东南向西北减少;多年平均最大降水量为 628 mm,出现在1964 年,最小降水量为 332 mm,出现在 1965 年。

4　黄河流域气候变化趋势

4.1　气温变化趋势

4.1.1　气温总体变化趋势

总体呈上升趋势,增温速率约为 0.307 ℃/10 a。20 世纪 80 年代中期以来,气温升高明显(见图 1),平均增温速率大约 0.6 ℃/10 a。黄河流域气温变化与全球变暖的一致性(见图 2):均呈"缓慢上升—明显上升"趋势;平均速率分别为 0.307 ℃/10 a、0.241 ℃/10 a;黄河流域是北半球升温比较显著的区域;相对于全球平均气温变化,黄河流域气温年际变化更加剧烈,这是由区域性气候变化特点决定的。

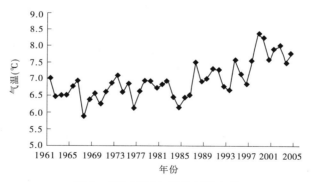

图 1　黄河流域年平均气温变化

4.1.2　气温变化的空间特征

黄河流域大部分地区呈增暖趋势,呈"北高南低"之特点(见图 3)。其中,流域北部(宁夏、内蒙古一带)增温最为明显,增温最大站是内蒙古的临河,增温幅度为 0.754 ℃/10 a,为流域北部的增温中心;青海和甘肃西部增温最小,甚至呈下降趋势,青海的河南站为 -0.411 ℃/10 a,在空间分布图上显示为明显的低值中心,此外,黄河下游气温增幅亦比较小。黄河流域气温季节变化基本一致,升温趋势明显。其中,冬季气温增暖最为

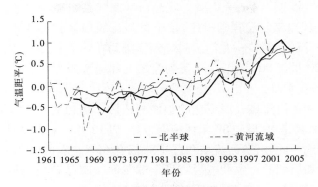

图2 黄河流域与北半球气温变化

显著,除青海中东部略呈下降趋势外,其他区域明显升温,内蒙古临河一带,升温最为显著,升温速率达 0.754 ℃/10 a。黄河宁蒙河段冰凌灾害的重点防控区域,持续暖冬对黄河防凌产生了重要影响。

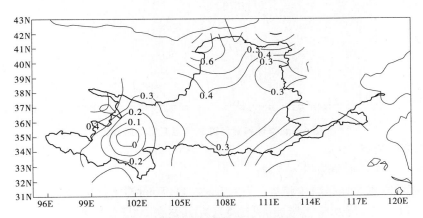

图3 黄河流域气温变化的空间分布

表2 黄河流域主要区间气温变化

区间	龙羊峡以上	龙羊峡—兰州区间	兰州—托克托区间	内流区间	河口—龙门区间	龙门—三门峡区间	三门峡—花园口区间	花园口以下	黄河流域
平均气温(℃)	-0.4	4.4	7.5	7.4	8.4	4.4	12.3	14.1	6.95
变化率(℃/10 a)	0.217	0.205	0.449	0.486	0.295	0.205	0.132	0.185	0.307
1981 年以来(℃/10 a)	0.449	0.51	0.736	0.718	0.732	0.51	0.464	0.225	0.6

表2为黄河流域主要来水区间气温变化情况。可以看出,首先,各区间一致增温,平均增温速率为 0.307 ℃/10 a。其中,内流区、兰州—托克托区间增温最为显著,分别为

0.486 ℃/10 a 和0.445 ℃/10 a;三门峡—花园口区间气温增幅较小,仅为0.132 ℃/10 a。其次,20世纪80年代以来增温异常迅速,整个黄河流域增幅接近0.6 ℃/10 a。其中,兰州—托克托区间、内流区、河口—龙门区间气温增幅均在0.7 ℃/10 a 以上。由此可见,最近几十年,尤其是20世纪80年代以来,黄河流域北部增温最为显著。

4.1.3　气温变化的周期性

图4为北半球和黄河流域气温变化的小波分析图。可以看出,黄河流域存在明显的10~13年的周期,尤其是19世纪80年代中期以来,以12年左右的周期为主,与北半球气温变化周期基本一致。此外,黄河流域和北半球都有6年左右的弱周期。北半球与黄河流域气温变化趋势和周期的一致性也说明了全球气候变暖是黄河流域气候变化的背景,而黄河流域明显增温也是全球变暖的重要组成部分。

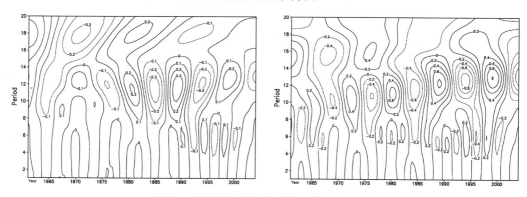

图4　北半球和黄河流域气温变化小波分析

4.2　降水变化特点

4.2.1　降水总体变化趋势

黄河流域降水总体呈减少趋势,减少速率约11.7 mm/10 a;20世纪90年代降水迅速减少,进入21世纪,降水略有增加(见图5),尤其是在2003年降水达551 mm,较常年偏多24%。

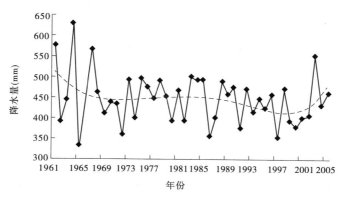

图5　黄河流域年降水变化

4.2.2　降水变化的空间特点

图6为黄河流域年降水变化10年趋势系数的空间分布。可以看出,最近几十年黄河

流域降水变化主要呈减少趋势,且自西北向东南降水减少愈加严重。黄河宁蒙河段降水量增加 5 mm/10 a 左右,该河段也是黄河流域增温最显著的区域,气温剧增导致区域地表水资源减少的幅度远大于降水增多带来的地表水资源增幅。黄河源区与河龙区间(包括泾渭洛河流域)降水减少最为明显,尤其是在渭河、沁河、汾河、北洛河等重要支流,降水减少 25~30 mm/10 a。该区域降水减少对径流影响十分明显,个别支流河段在汛期频频断流。

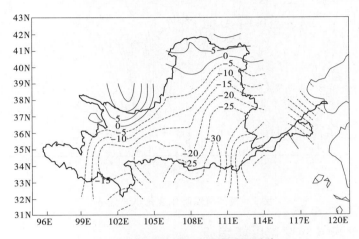

图6 黄河流域年降水变化空间分布

20 世纪 80 年代以来,黄河流域降水减少更为明显(表3)。其中,黄河源区降水减少 32 mm/10 a,龙羊峡—兰州区间、河口—龙门区间、龙门—三门峡区间等重要来水区间,降水减幅均在 10 mm/10 a 以上。20 世纪 80 年代以来,黄河流域降水减少,尤其是黄河源区降水减少是黄河流域径流减少的重要原因。

表3 黄河流域主要来水区间降水变化

区间	龙羊峡以上	龙羊峡—兰州区间	兰州—托克托区间	内流区间	河口—龙门区间	龙门—三门峡区间	三门峡—花园口区间
平均降水(mm)	490	446	274	283	447	446	640
变化率(mm/10 a)	-6.7	-7.0	-2.4	-2.4	-19.5	-7.0	16.3
1981 年以来(mm/10 a)	-32.2	-10.0	10.9	12.1	-13.6	-10.0	-8.1

4.2.3 降水变化的周期性特点

图7为黄河流域年降水变化小波分析图。可以看出,20 世纪 70 年代以前,以 4~6 年的短周期为主;70~80 年代,以 8~10 年周期为主;80 年代以来,以 12 年左右的周期为主。因此,黄河流域降水变化以 8~12 年周期为主,经历了多→少→多→少→多 5 个循环交替,目前正处于降水偏多时期。1970 年以前,4~6 年时间尺度的短周期特征也较明显。降水周期变化特点说明,黄河流域降水受太阳黑子、海气作用等因素影响,周期变化较为复杂[7]。

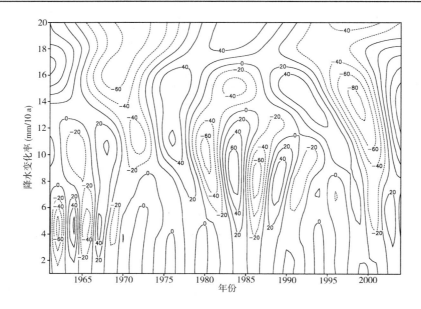

图 7　黄河流域降水变化小波分析

5　黄河流域未来气候变化可能趋势

基于气候模式的各类气候变化评价模型较多应用于黄河河流域气候变化影响研究。利用 IPCC 提供的 7 个全球模式模拟结果,计算了中国 10 大流域 21 世纪气温和降水的变化,其中黄河流域气温和降水总体上均呈上升趋势,但 2050 年以前,气温上升了近 3 ℃,降水增加仅 5% 左右[8]。利用区域气候模式预估了中国 2070 年气温和降水变化,黄河流域气温将增加 2.7 ℃,降水增加 25% 左右[9]。利用统计降尺度方法计算黄河上中游地区 A2、B2 两种情景下的年降水量增量为 − 81.9 ~ 60.4 mm,增率为 − 18.1% ~ 13.4%[10]。利用动力降尺度模式,以英国 Hadley 中心的大气环流模式(HadCm3)输出为边界条件和初始场,驱动区域气候模式 PRECIS,得到 A2 和 B2 温室气体排放情景下,黄河流域未来气温、降水变化。结果表明,黄河流域气温明显升高,相对 1961 ~ 2005 年,平均气温分别增加 1.6 ℃(A2)和 1.4 ℃(B2)。未来降水总体呈增加趋势,相对 1961 ~ 2005 年,2050 年降水分别增加 3.5%(A2)和 0.4%(B2)❶。

IPCC 第四次评估报告中指出,全球气候模式已经被证明是预估未来气候变化一种非常可靠的工具,且其预估气温变化的可靠程度要高于降水。综合上述研究成果,可以认为,2050 年黄河流域未来气温将明显升高,降水可能略有增加,这一结果可能会导致黄河流域水资源的减少。当然,受未来温室气体排放的不确定性、气候模式发展水平、观测数据精度等因素的影响,未来气候预测还具有很大的不确定性。针对气候预测的不确定性及其对水资源影响,流域管理部门需要制定应对气候变化的适应性对策,以便最大程度地减少气候变化对水资源的不利影响,维持河流健康生命,实现流域自然、经济、社会和谐发展。

---

❶中国 – 欧盟流域管理项目:黄河流域气候变化对水资源系统影响评估研究. 黄委会水文局, 2010.

6 讨论与结论

（1）黄河流域是全球气候变暖的显著区域。最近几十年,黄河流域气温明显升高,降水有所减少。20世纪80年代以来,黄河流域气候增暖最为显著;20世纪90年代,降水减少最为明显,进入21世纪,黄河流域降水略呈增加趋势。黄河流域气候变化是对全球气候变暖的响应,也是全球气候变化的重要组成部分。

（2）黄河流域气候变化的区域性差异较大。流域北部(宁夏、内蒙古一带)增温最为明显,青海和甘肃西部增温最小,甚至呈下降趋势。黄河流域气温季节变化基本一致,升温趋势明显,冬季气温增暖最为显著。最近几十年黄河流域降水变化主要呈减少趋势,且自西北向东南降水减少愈加严重。

（3）黄河流域气温变化存在明显的10~13年的周期,尤其是19世纪80年代中期以来,以12年左右的周期为主,与北半球气温变化周期基本一致。因此,黄河流域降水变化以8~12年周期为主。

（4）根据气候模式预测结果,黄河流域未来气温将明显升高,降水可能略有增加,这一结果可能会导致黄河流域水资源的减少。尽管未来气候情景预测结果具有很大不确定性,气候变化对黄河流域水资源影响仍不容忽视。

参 考 文 献

[1] IPCC. Climate Change 2007: The Physical Science Basis. In: Solomon S, Qin D, Manning M, et al. Contribution of Working Group I to the Fourth Assessment Report of the Intergovernmental Panel on Climate Change [M]. Cambridge and New York: Cambridge University Press, 2007. 117-118.
[2] 秦大河,丁一汇,苏纪兰,等. 中国气候与环境演变(上卷):气候与环境的演变与预测[M]. 北京:科学出版社,2007.
[3] 李国英. 黄河的重大问题及其对策[J]. 中国水利,2002(1):21-23.
[4] 么枕生,丁裕国. 气候统计[M]. 北京:气象出版社,1990.
[5] 魏凤英. 现代气候统计诊断与预测技术[M]. 北京:气象出版社,1999.
[6] 林振山,邓自旺. 子波气候诊断技术的研究[M]. 北京:气象出版社,1999.
[7] 邵晓梅,许月卿,严昌荣. 黄河流域降水序列变化的小波分析[J]. 北京大学学报:自然科学版,2006,42(4):503-509.
[8] 许影,丁一汇,赵宗慈. 人类活动影响下黄河流域温度和降水变化情景分析[J] 水科学进展,2003,14(增刊):34-40.
[9] 高学杰,赵宗慈,丁一汇,等. 温室效应引起的中国区域气候变化的数值模拟[J]. 气象学报,2003,61(1):20-28.
[10] 刘绿柳,刘兆飞,徐宗学. 21世纪黄河流域上中游地区气候变化趋势分析[J]. 气候变化研究进展,2008,4(3):167-172.

作者简介:刘吉峰(1972—),男,高级工程师,黄河水利委员会水文局。联系地址:郑州市城北路东12号。E-mail:jifengliu@163.com。

基于 ArcGIS 的 Cressman 插值算法研究

胡金义　刘　轩　林　红

（长江下游水文水资源勘测局,南京　210011）

摘　要: 在气象领域中结合 GIS 技术,进行数据处理和空间分析,使得气象业务得到了高速发展。目前 ArcGIS 软件已经有几种比较成熟的插值方法,比如反距离加权插值法、样条函数插值法、克里金插值法等,而气象观测数据是依据站点分布呈离散点分布,有其独特的多样性、复杂性以及不确定性,这几种插值方法虽然成熟但是并不是很适合用于气象观测数据的插值。而 Cressman 插值算法在气象数据插值中应用较多且技术已经比较成熟,能够对气象数据进行比较好的拟合内插,对于气象要素的研究有非常重要的意义,本文主要研究 Cressman 原理,并基于 ArcGIS 实现了 Cressman 插值算法。

关键词: 气象　Cressman 插值　ArcGIS

1　引言

在计算机信息技术的支持下,气象服务发展进入了一个高速发展的时期,将 GIS 引入气象中,利用 GIS 所特有的数据处理能力和空间分析能力,对气象服务的发展非常有利,这已经是气象服务必然的发展方向。空间内插是极为重要的 GIS 空间分析方法,对于观测台站稀少而测点分布又极不合理的地区,空间内插是研究这些区域空间变量空间分布的基本方法[1],是建立空间模型的前提之一。空间内插能够客观形象地描述各种要素的变化趋势及变率等情况,使这些信息能够清晰直观地呈现给大家,可以说,空间内插方法是 GIS 的一项非常重要、不可或缺的功能,可以帮助我们完成以前所不能完成的内容,它的使用使气象服务真正进入了一条发展的快速通道。

现在主流 GIS 软件之一的 ArcGIS 软件中的空间插值功能已经比较多、比较全面了,但这是对于其他领域而言,在气象领域内,由于气象要素的关系复杂多样性和不确定性等因素,要得到比较正确的分析结果就变得有些困难,使得 ArcGIS 软件也没有在这一领域有一个成熟的功能模块发布,只能采用现有的几种比较成熟的插值方法进行插值。例如:克里金法可用于年降水量和年积温以及部分年均温度的模拟上,样条函数插值法可用于年均温度和年降水量的模拟,反距离加权插值法可用于模拟年积温[2]。不同的数据依据自己的特性利用不同的插值方法进行最优化插值,尽量使插值结果符合实际情况。实际上专门适应气象要素插值的 Cressman 插值算法已经服务于气象却已经有一段时间了,是在 1959 年由 Cressman 等提出,它采用逐步订正方法进行最优化插值,用实际资料与预备场或初值场之差去改变和订正预备场或初值场,得到一个新场,再求出新场与实际值之差,去订正上一次的场,直到订正场逼近实际资料为止[3]。发展应用了这么多年,Cressman 插值算法技术已经比较成熟,对气象要素的插值精度相当高,但是并没有将其整合进

ArcGIS 软件加以利用。为了能够让 ArcGIS 在气象上得到充分的应用,本文主要研究基于 ArcGIS 实现 Cressman 插值算法。

2　Cressman 插值算法

2.1　Cressman 插值算法原理

对具有多样性、复杂性以及不确定性的气象要素而言,即使有前面几种插值方法依然无法满足气象服务日益增长的需求,这就需要一种适应气象要素特殊性的一种插值算法[4]。王跃山总结 Panofsky 等的成果[5],经过不断发展深入,总结了客观分析的方法[6]。

客观分析是用满足某一动力约束、能最优地拟合气象要素场的数学模型或方法,通过一定的算法而在计算机上实现的天气图的自动绘制[7]。而客观分析最初的目的是为了满足数值预报的需要而产生的,但经过这么多年的研究发展,其所具有的用途就不仅仅是数值预报了[6]。

客观分析方法中的 Cressman 插值算法是在气象领域中应用最多的一种插值方法,是将离散点内插到规则格点引起误差较小的一种逐步订正的内插方法,被广泛应用于气象领域各种诊断分析和数值预报方案的客观分析中,因而 Cressman 插值方法使客观分析成为了一门独立的科学[3]。

Cressman 插值算法采用逐步订正方法进行最优化插值,用实际资料与预备场或初值场之差去改变和订正预备场或初值场,得到一个新场,再求出新场与实际值之差,去订正上一次的场,直到订正场逼近实际资料为止[3]。使用公式(1)表示:

$$\alpha' = \alpha_0 + \Delta\alpha_{ij} \tag{1}$$

其中:

$$\Delta\alpha_{ij} = \frac{\sum_{k=1}^{K}(W_{ijk}^2 \Delta\alpha_k)}{\sum_{k=1}^{K} W_{ijk}} \tag{2}$$

这里,α 为任一气象要素,α_0 是变量 α 在格点 (i,j) 上的第一猜测值,α' 是变量 α 在格点 (i,j) 上的订正值;$\Delta\alpha_k$ 是观测点 k 上的观测值与第一猜测值之差;W_{ijk} 是权重因子,在 $0 \sim 1.0$ 之间变化;K 是影响半径 R 内的台站数。Cressman 客观分析方法最重要的是权重函数 W_{ijk} 的确定,它的一般形式为:

$$W_{ijk} = \begin{cases} \dfrac{R^2 - d_{ijk}^2}{R^2 + d_{ijk}^2} & (d_{ijk} < R) \\ 0 & (d_{ijk} \geqslant R) \end{cases} \tag{3}$$

其中,影响半径 R 的选取具有一定的人为因素,一般取一常数。R 选取的原则是由近及远进行扫描,常用的几个影响半径是 1、2、4、7 和 10。D_{ijk} 是格点 (i,j) 到观测点 k 的距离[1]。

Cressman 插值算法的基本思路如下:第一步,需要确定一个预备场,并设定一个逼近值范围,用于比较计算后的新值与实际资料的差值;第二步,计算权重 W_{ijk};第三步,将权重放入插值计算中,得到一个新场;第四步,将这个新场与实际资料相比,计算它们的差是否在预定的逼近值范围内,如果不在逼近值范围内,就用这个新场与实际值的差,去订正上一次的场;第五步,对订正后的场和实际值进行比较,如果还是超过逼近值的范围,则继续订正,直到新场与实际值的差在预定的逼近值范围内,如图 1 所示。

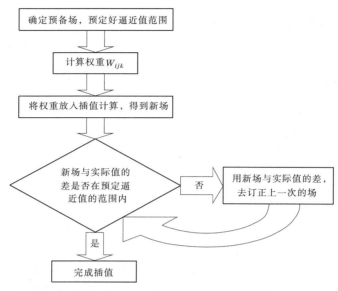

图 1　Cressman 插值算法基本思路流程

2.2　基于 ArcGIS 的 Cressman 插值算法实现

本文依据 Cressman 插值算法的基本思路,利用 AE 和 C#实现 Cressman 插值算法,增加 ArcGIS 在气象领域进行插值的功能,使 ArcGIS 可以在更多的领域发挥作用。其方法如下:

(1)确定输入参数,主要包括需要插值的站点观测数据、格网间距、最大和最小参考距离、逼近值以及输出 Grid 文件路径等数据。

(2)确定插值预备场,主要依据点层的最小外包矩形进行边界搜索。

(3)利用第 1、2 步确定的参数生成空白的 Grid 格式文件。

(4)利用 Cressman 插值算法逐点进行插值,逐步订正。

(5)将 Cressman 插值算法计算得出的数值依据行列赋给 Grid 文件中的各栅格点。

(6)将完成的 Grid 文件输出成图。

流程图如图 2 所示。

2.3　Cressman 插值关键算法

2.3.1　参数输入

输入需要进行插值计算的具有经度(longitude)、维度(latitude)、插值的数值(例如降水量、平均气温)的 ArcGIS 支持的站点图层文件(例如 Shape 文件)、最大和最小参考距离、网格间距(Cell size)、逼近值以及输出路径。参数设置界面如图 3 所示。

2.3.2　格点值计算

插值计算可以按照行或列来进行循环,并且可以按照需要进行纠正,方法是以待插值

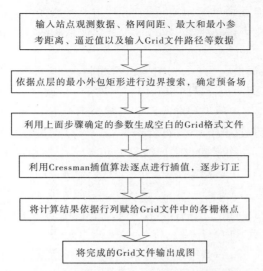

图2 基于 ArcGIS 的 Cressman 插值算法实现方法流程

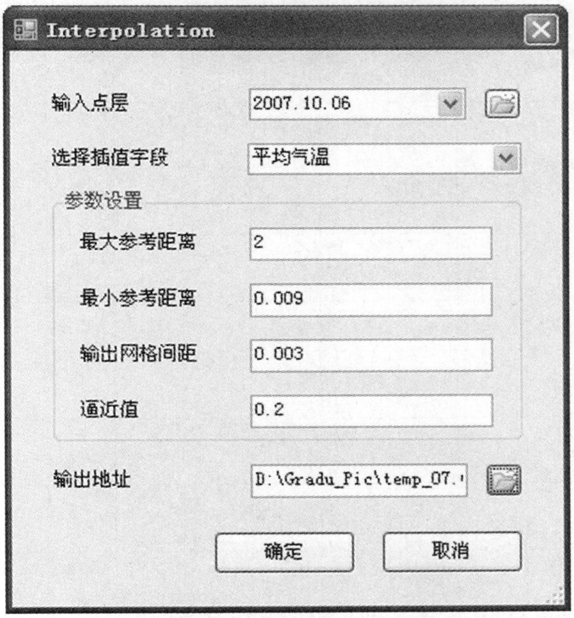

图3 Cressman 插值算法参数设置界面

点为基准向外扩展若干栅格,一般设置为 4 个栅格,尽量避免一些栅格点未被赋值的情况。

在进行判断时,待插值点的数值必须为初始值(-999.9),即未参加过 Cressman 插值计算,第一次纠正时,搜索距离该待插值点 1 个栅格的北、东北、东、东南、南、西南、西、西北等 8 个方向上的点,以 8 个方向上的点及其附近 2 个点组成 8 组,确定每组中必有 1 个栅格点已经参与过插值计算,即已经改变了初始值(-999.9)。符合这个条件,对该待插值栅格点进行计算并赋值。当一次循环结束后,开始下一次循环,搜索距离该待插值点 2 个栅格的 8 个方向上的点进行组合。以此类推,直到搜索 4 次结束,尽量确保所有栅格点都参与了插值计算。

例如图 6 中,现在待插值点为 (i,j),需要进行第一次纠正,搜索距离该待插值点 1 个栅格的 8 个方向上的点,即为 $(i,j+1)$、$(i+1,j+1)$、$(i+1,j)$、$(i+1,j-1)$、$(i,j-1)$、$(i-1,j-1)$、$(i-1,j)$、$(i-1,j+1)$,将这 8 个点互相组合成 8 组,进行判断,确定每组中必有 1 个栅格点已经参与过插值计算,符合条件,对 (i,j) 点进行计算并赋值。第一次循环结束后,开始第二次纠正,搜索搜索距离该待插值点 2 个栅格的 8 个方向上的点,即为 $(i,j+2)$、$(i+2,j+2)$、$(i+2,j)$、$(i+2,j-2)$、$(i,j-2)$、$(i-2,j-2)$、$(i-2,j)$、$(i-2,j+2)$,和第一次搜索后处理一样,将这 8 个点互相组合成 8 组,进行判断,若符合条件,对 (i,j) 进行计算并赋值。第二次的循环结束后,开始第三次纠正,搜索距离该待插值点 3 个栅格的 8 个方向上的点,即 $(i,j+3)$、$(i+3,j+3)$、$(i+3,j)$、$(i+3,j-3)$、$(i,j-3)$、$(i-3,j-3)$、$(i-3,j)$、$(i-3,j+3)$,进行组合判断。完成后进行第四次搜索,搜索距离该待插值点 4 个栅格的 8 个方向上的点,即 $(i,j+4)$、$(i+4,j+4)$、$(i+4,j)$、$(i+4,j-4)$、$(i,j-4)$、$(i-4,j-4)$、$(i-4,j)$、$(i-4,j+4)$,进行最后一次的组合判断。

$i-4,j+4$				$i,j+4$				$i+4,j+4$
	$i-3,j+3$			$i,j+3$			$i+3,j+3$	
		$i-2,j+2$		$i,j+2$		$i+2,j+2$		
			$i-1,j+1$	$i,j+1$	$i+1,j+1$			
$i-4,j$	$i-3,j$	$i-2,j$	$i-1,j$	i,j	$i+1,j$	$i+2,j$	$i+3,j$	$i+4,j$
			$i-1,j-1$	$i,j-1$	$i+1,j-1$			
		$i-2,j-2$		$i,j-2$		$i+2,j-2$		
	$i-3,j-3$			$i,j-3$			$i+3,j-3$	
$i-4,j-4$				$i,j-4$				$i+4,j-4$

图 4　参与循环计算的 8 个方向上的点

3　四种插值算法比较分析

本文分别用反距离加权插值法、克里金插值法、样条函数插值法和 Cressman 插值法四种插值算法进行插值分析,使用北京 2007 年 10 月 6 日的常规站点的数据,共 20 个站点,其中包含的数据有:经度(longitude)115.666 7°E ~ 117.116 7°E、纬度(latitude)39.677 2°N ~ 40.716 7°N 和需要进行插值的数值(降水量、平均气温等)以及一些辅助信息(例如站点 ID、站点名、观测日期以及所在地区等)。

为了便于比较,Cressman 插值算法在气温和降水插值中的最大参考距离均设置为 2,最小参考距离均设置为 0.009,逼近值均设置为 0.2,网格间距(Cell Size)均设置为 0.003;反距离加权插值方法的权重均设置为 2,搜索半径类型均设置为变化的(Variable),搜索半径均设置为搜索 12 个点,网格间距(Cell Size)均设置为 0.003;克里金插值方法中均选择普通克里金法(Ordinary),均采用球状模型(Spherical),搜索半径类型均设置为变化的(Variable),搜索半径均设置为搜索 12 个点,网格间距(Cell Size)均设置为 0.003;样条函数插值方法的权重均设置为 2,搜索半径类型均设置为变化的(Variable),搜索半径均设置为搜索 12 个点,网格间距(Cell Size)均设置为 0.003。

按照上述参数设置利用四种插值方法分别对北京 2007 年 10 月 6 日的普通站点平均气温以及降水量进行插值,可得到图 5、图 6 中利用各插值方法进行插值后的图。

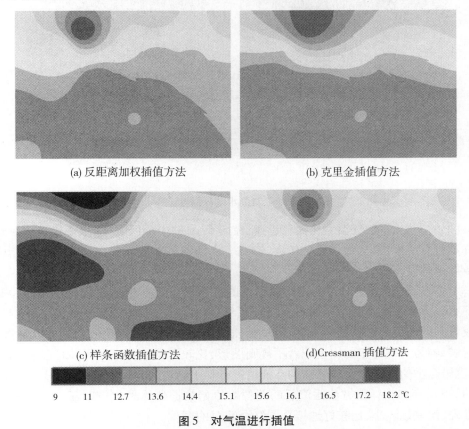

图5 对气温进行插值

(1)从图 5、图 6 可以看出,Cressman 插值方法与反距离加权插值方法、克里金插值方法及样条函数插值方法生成的图像中气温变化趋势以及降水变化趋势基本一致,说明本文 Cressman 插值算法的实现是正确的。

(2)样条函数线条柔和连贯,图像整体美观,对于了解气温及降水的总体变化趋势是不错的选择。但是对部分区域进行拟合时,出现了比真实观测数据更大、更小的值;在

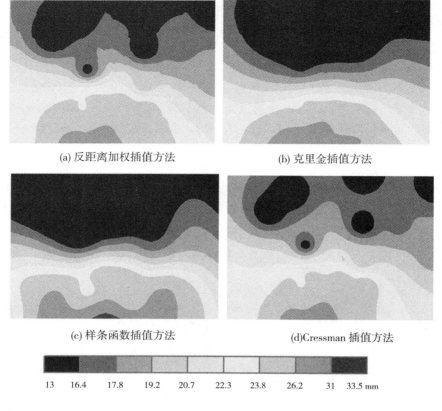

(a) 反距离加权插值方法　　　　　　　　(b) 克里金插值方法

(c) 样条函数插值方法　　　　　　　　(d)Cressman 插值方法

13　16.4　17.8　19.2　20.7　22.3　23.8　26.2　31　33.5 mm

图 6　对降水进行插值

图 5(c)中的左上区域,气温变化比较迅速,在图 6(c)的中部区域,降水变化也比较迅速。这些并不符合实际情况,使误差比较大,影响了样条函数插值方法在局部区域的精度,不能比较好地拟合出符合情况的图像。

(3)克里金插值方法对这块点比较稀少的区域插值后图像是比较完整和连续的,只是局部有一点锯齿但不是特别明显,比较符合期望值,对于了解气温和降水的变化趋势还是比较有利的。但是在实践中发现,克里金插值方法在对观测点比较密集的区域进行插值的时候,容易出现许多的锯齿或者不规则图形,比较严重地影响了图像的质量和美观,所以,克里金插值方法对比较稀疏的点插值进行降水趋势的分析比较有优势。

(4)反距离加权插值方法插值后的图像对原始数据的体现比较明显,层次分类比较清晰准确,误差比较小,比较好地拟合了符合情况的图像,但是反距离加权插值方法插值后的图像中有些地方等值线转折比较剧烈,锯齿比较明显,对"牛眼"的处理并不十分理想,影响了图像质量和美观,如图 5(a)、图 6(a)。

(5)Cressman 插值算法插值集合了上述三种插值方法的优点,生成的图像比较光滑,不同范围间的过渡也比较平滑,没有明显的锯齿,并且充分利用原始站点数据,对于局部气温变化也能有比较好的反映,比较符合期望值。

但是,Cressman 插值算法依赖网格分辨率的设置,假如分辨率过大,会使插值后斑块过大,锯齿会相当严重,影响美观以及插值精度。最大、最小参考距离的设置对 Cressman 插值算法也有一定影响,最大参考距离设置过小会使得插值后的图像中出现许多重叠的圆形图形;最小参考距离设置过大会使得离插值点较远的原始数据点也会参与计算,插值后的图像与原始数据的误差会较大,而最小参考距离设置过小会使得该插值点附近参与插值的原始数据点很少,出现"牛眼"形状的图形,影响图像的精度及美观,如图 5(d)和图 6(d),需要不断修改设置参数进行修改,减少或减轻这些不符合实际的情况。

4 结语

Cressman 插值方法作为气象上最常用的客观分析方法,在气象要素的内插中能非常好地完成拟合内插,模拟的情形比较接近实际情况,图像比较平滑和连续,既美观而且数据精度也比较高。但是由于 Cressman 插值算法在计算时比较依赖于网格分辨率,网格分辨率过大就会出现比较严重的锯齿,影响了插值结果的精度和美观,并且其结果极大地受到数据采样密度和变率的影响;同时因为最大、最小参考距离的估计依赖于经验和尝试,设置不好会出现一些人为误差,比如"牛眼"或者插值后区域比实际的观测值低或者比实际的观测值高;在采样点稀疏的区域进行空间数据内插时可能会有较多的"空值"斑点。

目前,本文研究的 Cressman 插值算法是基于实际数据点的距离进行插值,还有基于临近实际数据点数的方法没有进一步深入研究,以后还可以以临近实际观测数据的数目为参考进行插值设计。

参 考 文 献

[1] 冯锦明,赵天保,张英娟. 基于台站降水资料对不同空间内插方法的比较[J]. 气候与环境研究, 2004,9(2):262-277.

[2] 马轩龙,李春娥,陈全功. 基于 GIS 的气象要素空间插值方法研究[J]. 草业科学,2008,25(11):13-19.

[3] 向一鸣. 基于 GIS 的气象服务决策系统的关键技术研究[D]. 北京交通大学硕士论文,2009,1:60-67.

[4] Nalder I A,Wein R W. Spatial interpolation of climate normals:test of a new method in the Canadian boreal forest [J]. Agric. For. Meteorol. 1998. 92:211-255.

[5] Panofsky H. Objective weather map analysis. J. Meteor. 1949. 6:386-392.

[6] 王跃山. 客观分析和四维同化——站在新世纪的回望(Ⅰ)客观分析概念辨析[J]. 气象科技,2000 (3):1-8.

[7] 王跃山. 客观分析和四维同化——站在新世纪的回望(Ⅱ)客观分析的主要方法(1)[J]. 气象科技, 2001(1):1-9.

作者简介:胡金义,男,工程师,长江下游水文水资源勘测局。联系地址:南京市大马路 66 号。E-mail:xyhujy@ cjh. com. cn。

基于 ArcGIS 等值线平滑方法的研究

刘　轩　　胡金义　　陈德明

（长江下游水文水资源勘测局,南京　210011）

摘　要:等值线作为 GIS 的重要内容在许多部门得到了广泛的应用,其光滑问题显得越来越重要,需要我们对各种等值线不光滑情况进行具体问题具体分析。本文给出了三种等值线不光滑情况及相应的解决方法:一是等值线出现拐点三角形,当拐点三角形很小时,抛弃拐点,直接将拐点前后两点相连,当拐点很大时,用张力样条函数法进行平滑处理。二是等值线出现近似直角曲线,采用切线抹角法进行平滑处理。三是出现双拐点三角形,采用张力样条函数法进行平滑处理。对于同一条等值线上出现以上三种情况的多种组合时,就需要将不同方法组合使用。

关键词:张力样条函数　等值线　曲线平滑　插值

1　引言

随着信息社会的高速发展,在信息领域 GIS 已经占据了一席之地,目前 GIS 技术已广泛应用到各个领域,并且与各领域相结合,呈现出各种行业 GIS,例如,土地管理 GIS、交通管理 GIS、气象 GIS 和水资源 GIS 等众多领域。20 世纪 90 年代以来,地理信息系统已成为许多机构必备的工作系统,尤其是政府决策部门在一定程度上由于受地理信息系统影响而改变了现有机构的运行方式、设置与工作计划等。另外,社会对于地理信息系统认识普遍提高,需求大幅度增加,从而导致地理信息系统应用的扩大与深化,国家级至全球性的地理信息系统已成为公众关注的问题。地理信息系统将发展为现代社会最基本的信息服务系统。

其中等值线作为 GIS 的重要内容,也同样得到了广泛的应用。等值线都是由离散的点经插值得来的,目前涉及等值线插值的 GIS 软件和方法较多,其中最具典型代表的是 ArcGIS 所提供的插值方法,ArcGIS 软件主要提供了三种插值方法,即克里格插值、反距离加权插值、样条插值。由于等值线图看起来非常直观、形象,在气象行业应用较多,因此在天气预报、气候预测分析等方面用得非常多,已成为预报员不可缺少的工具之一。如各等压面层的位势高度图、高空环流、温度及降水分布图等[4]。

经过大量的插值实践发现,得出的等值线会出现不光滑的情况,在一定程度上影响了插值结果的精度和应用效果。由于插值等值线的广泛应用,迫切地要求提高插值等值线的光滑程度及精度。在等值线绘制过程中,合理有效地处理等值线是需要解决的关键技术问题,其处理的好坏与否直接影响到等值线绘制的完整性、精度和显示效率[2]。本文针对等值线存在的不同不光滑情况进行了分析,在总结已有算法的基础上提出了相应的解决方案。

2　等值线不光滑情况分析

康苏海[3]通过研究总结得出,等值线绘制一般都是基于网格的,传统的利用网格点数据绘制等值线的方法有两种:一是直接在网格边上做线性插值得到等值点,然后再按一定的方位判别法连接各等值点得到等值线;二是利用已有的网格点数据再对每个网格拟合一个曲面函数,然后将网格细分为若干单元,根据曲面函数的值逐网格逐单元地追踪等值线。第二种方法过于复杂,实现较为困难,第一种方法虽然简单,但是因为对相邻等值点以直线形式连接,所以放大后可看出等值线以折线构成,不够平滑。通过借鉴第二种方法的优点,对第一种方法进行改造,提出一种实现简单、效果较为理想的等值线生成法。

对于某一特定值的等值线,等值线生成分四步完成:第一步,以网格单元为基础,循环查找并记录各单元上的设定值的等值线线段,形成等值线线段集合;第二步,由于单元有交界面,所以生成的线段集合中有重复线段,查找并清理使得集合中各线段唯一;第三步,将集合中的线段首尾相接,形成一条条封闭等值线并存储它们;第四步,在屏幕上循环绘制每一条经过光滑处理的等值线。

等值线图是依据空间有限观测值绘制的,由于实际条件的限制,观测值的数量不可能非常多,空间分布不一定很均匀,因此必须选用某种插值方法对离散数据插值,然后对插值后的栅格图层进行等值线的提取。

等值线出现不平滑的情况多种多样,但基本可归纳为以下三种情况。

(1)出现单拐点三角形。由于点的分布情况是不确定的,可能会出现大小拐点的情况。如图 1 所示。

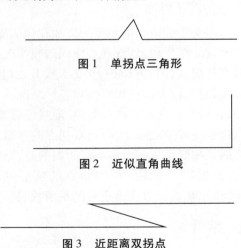

图 1　单拐点三角形

(2)出现近似直角曲线(如图 2 所示)。这种情况一般发生在控制点比较稀疏的区域,观测点无法准确插值出邻近区域,造成了等值线拐角成近似直角形状,从而造成了曲线的不光滑。

图 2　近似直角曲线

(3)出现近距离双拐点三角形(如图 3 所示)。由于点分布的复杂性,当两个拐点相邻时,为了保证等值线的光滑性,需采取不同的平滑方法进行处理。

图 3　近距离双拐点

3　等值线光滑方法的研究

通过上述分析,本文结合已有的成熟的等值线算法给出具体每种不光滑情况解决方案,方案如下:

(1)根据拐点三角形的大小及精度要求采用不同的平滑方法,由于拐点三角形的大小及精度要求是不确定的,因此需要根据不同的情况采用不同的平滑方法。出现三角形拐点分为两种情况:一种是出现的拐点三角形很小,在其等值线图形全部布满窗口的情况下,看不出拐点,只有通过放大图形才能看得见,这种情况只需去掉拐点,将前后两点直接相连即可;另一种情况是出现的拐点三角形较大,在等值线全部布满窗口的情况下能够很容易地发现,解决方法是通过张力样条函数对其进行平滑处理。

①提取拐点及相邻的两个控制点的信息;

②设定拐点大小的阈值;

③当拐点值大于阈值时,采用张力样条函数法对曲线进行二次平滑;

④当拐点值小于阈值时,直接将相邻两控制点进行连接,抛弃拐点;

⑤插值结束。

(2)当出现一条曲线的拐角接近直角时,且其在窗口中显示较大时,采用切线抹角法对等值线进行平滑处理,使其通过拐点:

①搜索每一条等值线,查找与每一控制点相连接的两条曲线段;

②求取每一控制点与相邻等值点所成的角度 A;

③为角度设定一个阈值 α;

④当$|A - \pi/2| < \alpha$ 时,精度要求较低时采用抹角圆弧法进行处理,如图 7 所示;精度要求较高时采用切线抹角法进行处理。

(3)当等值线中出现了两个拐点,或多个拐点时,且拐点之间距离较近,采用三次样条函数进行分段拟合,可以明显提高等值线平滑的效果。

4 结果分析

本文中的数据采用反距离加权插值提取的等值线,其中存在很多不平滑的情况,小拐点出现的频率较多,双拐点出现的频率次之,其他情况出现的频率较小。针对出现的两种典型情况,利用 ArcEngine9.2 二次开发组件包和 VS2005 开发平台中的 C#语言,对出现的较小拐点、较大拐点和双拐点三种情况进行了编程处理,较好地解决了这两种情况。小拐点的平滑,实现方法比较简单,通过设置要去除的拐点的角度和拐点前后两点的距离,可以快速高效地去除小拐点;双拐点的平滑,采用取两拐点中点,设置取第一拐点前一段距离的点和取第二拐点后一段距离的点,删除所取两点之间的所有点,在两点之间插入中间点,根据样条函数,对中间点的前后两段进行拟合平滑,张力系数设为默认值 $f = 0.166\ 666\ 7$,可以实现很好的平滑效果。

5 结语

本文针对等值线光滑过程中出现的三种具体情况,提出了相应的三种解决方案。方案一将出现的拐角根据其大小,进行了不同的解决方法,较小的拐角直接去掉,较大的拐角采取进一步的平滑处理,其中的难点是如何把握好拐点三角形大小的判读;方案二针对平滑过程中出现的等值线近似直角的曲线进行了切线抹角的处理,得到了较好的平滑效果,同时也没有损失精度;方案三针对等值线平滑过程中出现的比较复杂的情况,将其作为局部进行进一步的平滑处理,出现此种情况的原因可能有算法本身的原因,也可能与数据的大小及分布有关,本文中仅列举了可能出现的双拐点,也可能出现连续的三个拐点以上的情况,平滑方法类似。以上仅讨论了可能出现的等值线不平滑的三种基本情况,还有一些复杂的情况可能是以上三种情况的不同组合,即可能在同一条等值线出现三种情况的任意两种或三种情况同时出现。如何找到存在的这三种情况是本文的难点之一,还有待于进一步的探讨。

由于等值线不平滑情况的复杂性,以及在用程序做平滑处理时面临许多需要解决的问题,本程序在应用中还有一些不足之处,代码需要进一步的完善、抽象和优化。由于时间等原因,近似直角的不平滑的情况没有进行编程分析处理,这将在以后的学习和工作中继续进行分析研究。

参 考 文 献

[1] 吕勇平,戴景茹.离散点插值方法、等值线的绘制及平滑技巧[J].广东气象,1998,14(增2):69-73.

[2] 王德清,徐浩,汪继勇.处理等值线不同分支的算法研究[J].中国水运,2008,8(5).

[3] 康苏海.河流水流泥沙数值模拟结果等值线绘制技术研究[J].水道港口,2009,30(4).

[4] 艾福利,周宰根,王芳.基于 ArcGIS 台风过程降水插值结果的改进[J].沈阳师范大学学报:自然科学版,2009,27(3).

[5] 邓曙光,李婉.曲线光滑的张力样条插值法 VC 实现[J].工程地球物理学报,2005,2(5).

[6] 迟文学,吴信才,于海洋,等.张力样条函数在雨量等值线光滑中的应用研究[J].水文,2007,27(1).

[7] 黄地龙 王翌冬.一种等值线连通区域填充算法与程序设计[J].成都理工学报,1999,26(2).

[8] 邓晓斌.基于 ArcGIS 两种空间插值方法的比较[J].地理空间信息,2008,6(6).

[9] 秦涛,付宗堂. ArcGIS 中几种空间内插方法的比较[J].物探化探计算技术,2007,29(1).

[10] 韩鹏,王泉,王鹏,等.地理信息系统开发方法——ArcEngine 方法[M].武汉:武汉大学出版社,2008.

[11] 周长发. C#数值计算算法编程[M].北京:电子工业出版社,2007.

[12] Abidi H, Paicu M. Existence globale pour un fluide inhomogene, Ann. Inst. Fourier (Grenoble),2007,57:883-917.

[13] Bony J M. Calcul symbolique et propagation des singularites pour les quations aux drivees partielles non lineaires, Ann. Sci. Ecole Norm. Sup. , 1981,14(4):209-246.

[14] Chemin J Y. Localization in Fourier space and Navier – Stokes system, Phase Space Analysis of Partial Differential Equations, Proceedings 2004, CRM Series, Pisa, 53-136.

[15] Danchin R. Density – dependent incompressible viscous fluids in critical spaces, Proc. Roy. Soc. Edinburgh Sect. A, 133, 2003, 1311-1334.

[16] Antontsev S N, Kazhikhov A V. Mathematical Study of Flows of Nonhomogeneous Fluids (in Russian), Lecture Notes, Novosibirsk State University, Novosibirsk, 1973.

作者简介:刘轩,男,工程师,长江下游水文水资源勘测局。联系地址:南京市大马路66 号。E-mail:xyliux@ cjh. com. cn.

基于 MODFLOW 的地下水模拟系统研究

吴春艳[1]　　崔亚莉[2]　　邵景力[2]　　徐映雪[3]

(1. 安徽省水文局,合肥　230000; 2. 中国地质大学,北京　100083;
3. 北京清流本源地下水资源研究所,北京　100083)

摘　要:从 MODFLOW 源程序入手,寻找到 MODFLOW 模型与 GIS 集成耦合的接口,开发了集数据库、模型计算、成果可视化展示为一体的地下水模拟及地下水模型应用系统。本研究为合理实现 GIS、数据库和地下水数值模型之间的耦合提供了参考思路和方法,为推进模型在水资源管理方面的应用提供了捷径。

关键词:地下水模型　MODFLOW　数据库

1　引言

　　MODFLOW 是一个开源的地下水流三维数值模拟程序(FORTRAN 语言编写),由美国地质调查局于 20 世纪 80 年代开发,并在后续不断得到完善。MODFLOW 以其程序结构的模块化、离散方法的简单化、求解方法的多样化等优势,成为最为普及的地下水运动数值模拟的计算程序,在科研、生产、环境保护、城乡规划、水资源管理与利用等许多行业和部门得到广泛应用。但地下水数值模型要求较高,涉及的数据和资料较多,直接应用 MODFLOW 程序进行计算,面对巨量数据信息的前处理工作,过程较为烦琐,不利于工程应用人员掌握和应用。另外,模拟结果可视化层次较低,其结果为二进制,难以满足实际的需求。针对此问题,一些研究结构或公司基于 MODFLOW 程序开发出一些商用软件,如目前广泛使用的 PMWIN、Visual MODFLOW[1]、GMS 等。这些模拟软件在模型输入、模型计算、模型输出方面都提供窗口化菜单式操作,模型计算模块与 GIS 输入输出模块有着良好的数据接口,且可视化效果好。这些软件的引进对我国的地下水评价和管理工作起了很大的作用。利用这些软件工具,国内已经成功地建立了许多二维或三维地下水流和水质模型,解决了许多地下水模拟问题。然而,这些软件在模型的前处理、后处理过程仍然较为烦琐,结果可视化程度满足不了水资源管理的需求等问题[2,3],需要借助其他的 GIS 软件、编程手段来进行加工处理,而这个过程几乎占据整个模拟工作量的 70%,影响到实际工作的进程和效率。由此可见,建立 GIS、数据库和地下水数值模拟模型耦合的一体化地下水模拟系统是十分必要的,这样可以方便地实现模型前处理、模型计算以及模拟结果的可视化,同时,直接基于 MODFLOW 源程序,开发周期短,成本低。

　　鉴于以上分析,本文根据 MODFLOW 源程序的特点和各个模块的作用,设计合理的模拟数据库,并将其与 GIS 组件耦合起来[5],建立了集模型输入、模型计算、数据展示于一体的地下水数值模拟系统,为合理实现 GIS、数据库和地下水数值模型之间的耦合提供了参考思路和方法。另外,据此建立的一体化地下水数值模拟系统,实现模型计算结果可视化多方面的展示,可为水资源的实时管理提供参考。

2 地下水数值模拟系统

2.1 MODFLOW 程序运行特点

MODFLOW 具有良好的模块结构[4],每个模块数据源文件相对独立。其输入文件包括基本子程序模块 BAS 文件、离散子程序 DIS 文件、含水层特性流子程序 LPF 文件;模型计算程序 PCG、SIP、SOR 文件;输入输出控制子程序包 OC 文件;井流子程序模块 WEL 文件、河流子程序包 RIV 文件、蒸发模块 EVT、面状补给包 RCH 文件;定水头边界模块 CHD、通用水头边界模块 GHB 文件。MODFLOW 的输出文件包括水头文件 HDS 以及流量文件 LPFCB、EVTCB 等。所有文件所在的磁盘路径存放于 NAM 文件中,NAM 文件不仅起到指示程序调用某些模块的作用,同时指示程序模块对应的文件的存放路径。核心计算程序通过读写该文件,逐个运行程序相关模块并按路径读写文件。

2.2 开发思路

基于 MODFLOW 程序运行特点。本研究从 MODFLOW 源程序入手,分析 MODFLOW 各模拟子程序包的作用以及程序流程,剖析 MODFLOW 模型输入输出方式及文件格式,寻找地下水模拟模型与 GIS 耦合接口。并针对 MODFLOW 的输入输出数据的要求,设计合理的数据库,用于存储输入数据和模拟结果,然后在可视化平台下,借助 GIS 组件,将输入数据处理成 MODFLOW 所需的格式,运行 MODFLOW 主程序实现模型数据读入并计算模型,并实现模型计算结果的数据库存储,然后系统借助 GIS 手段实现模型的计算结果可视化,图 1 为本地下水数值模拟系统核心结构。

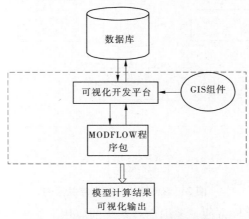

图 1 地下水数值模拟系统核心结构图

2.3 数据库的结构

地下水模拟涉及很多参数,任何一项参数的输入,都涉及大量的数据,建立结构合理的数据库对模拟数据进行集中管理,是满足系统数据自动化输入的前提条件,完善的数据库系统设计将是本系统开发的重点及难点。数据库的设计既要满足整个系统读出存储数据的要求,同时要求结构清晰,易于开发和维护。从建模型所需的所有资料及资料可能存在格式为出发点,以满足 MODFLOW 输入及输出文件要求,设计合理的表格结构以及表格间的关联关系。

由于输入数据繁多,且格式不一,本文针对常规和非常规的数据分别赋存,其中常规的数据格式,在库中建立预留表格,对于非常规的数据,采用动态赋值方式,系统会根据用户的定义,自动将信息存储到临时库中,即下文的模型处理中间库中。

本次建立的数据库从概念上分为六大类,即基础数据库、动态库、方案库、模型处理中间库、模型成果库以及空间库,分别存放研究区基础信息、实测源汇项和水位数据、预测方案数据、概念模型处理中间结果、模型运行结果信息以及 GIS 专题图,其中属于同一个系列库的库表在命名时保持前缀一致,这样有利于库表信息的识别。

2.4　系统结构

本研究将地下水模拟系统分为概念模型、模拟模型、预测模型、成果可视化展示、数据库系统维护五个模块,分别实现地下水系统的概化、模拟模型的校正、预测模型的建立、模型计算结果的多样化展示。各模块相对独立又紧密联系,同时各模块与地下水模拟数据库能实现信息的实时存储和读出。各模块的工作方式以及数据库间的信息传替见图 2。

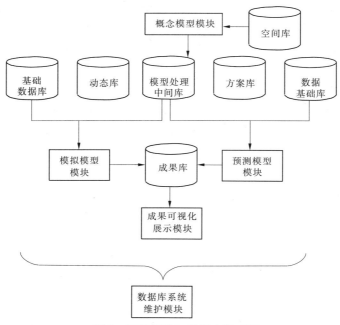

图 2　系统模块与数据库关系图

各模块相对独立,这样方便了多用户对系统的应用。如模型应用者可不考虑复杂的建模过程,直接进入到成果展示模块,检查分析模型计算结果,为水资源管理等提供决策信息。对于做预测模型的用户,只需在数据库系统维护模块输入方案数据,即可在已经校正好的概念模型基础上进行预测分析。下面分别阐述各模块开发的内容及要点。

2.4.1　概念模型模块

本系统采用传统的建模方法,从地下水系统概念模型入手,以此来建立地下水数值模拟模型。系统建模 90% 的工作量均在此模块完成。在概念模型界面上系统可展示空间库中图形信息,如研究区水文地质剖面、富水性分区图、地貌图等,这样方便了用户对水文地质条件进行概化分析。概念模型模块界面提供了概念模型各要素输入接口,见图 3。用户可通过研究地下水系统的边界、水文地质参数、源汇项分布及其地下水动力场特征,概化出模型结构,定义源汇项分布方式及模型边界条件,建立起研究区水文地质概念模型。

以降水入渗为例说明降水入渗项的输入方式,其中降水入渗量 = 降水入渗系数 × 降水量。系统按照库中气象站点的资料,生成泰森多边形,并与区域网格分区相叠加,得到每个网格点应该关联的雨量站,进而得到降雨量信息。

入渗系数的输入可直接导入入渗系数分区图或在此界面根据岩性分区图和富水性分区图自定义参数分区,并通过"离散"命令借助 GIS 将面状的信息离散到每个网格点。至此,得到每个网格点的入渗系数和对应的雨量站信息,完成概念模型阶段关于降雨入渗量的输入。

2.4.2 模拟模型模块

模拟模型模块采用实测数据对水文地质概念模型进行拟合校正,实现研究区实际地下水流的模拟,为预测预报提供前提条件。

在模拟模型模块中,用户只需设置模拟期,系统将自动关联数据库中该模拟期的源汇项数据和初始水位,写成所需文件格式,供 MODFLOW 调用。如前文所述降雨入渗项的输入,系统根据此界面模拟期的设置,自动提取雨量信息表中对应时间的数据,转化为 MODFLOW 降雨模块的输入文件 RCH 即可。

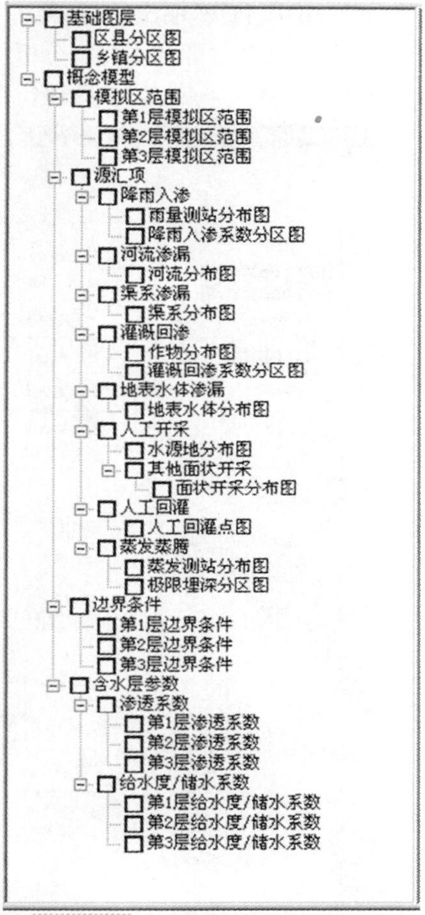

模型计算过后,模拟模型模块通过观测孔拟合精度以及流场拟合状况,分析概念模型和参数的合理性,针对拟合情况,对概念模型进行逐步修正调整。

图 3　概念模型各要素层

2.4.3 预测模型模块

在预测模型模块中,用户只需进行方案选择,系统将自动关联数据库中对应预测期的方案数据,运行模型并实现预测结果数据的数据库存储。模型计算结果将在模型应用模块实现可视化展示。

2.4.4 模型应用模块

MODFLOW 的主要输出文件有 HDS 文件、LPFCB 文件,即每个网格点逐应力期的水头、流量信息,其中流量信息包括每个网格各方向流量以及外界输入输出量。结合模型计算结果以及数据库中相关信息,系统提供地下水流场、任意区域水资源量、储变量、开采量成果等的展示,为实时水资源管理提供了强有力的依据,进一步有利于加强模型的快速应用。系统在成果展示与现流行的地下水模拟软件有很大的改进,展示内容丰富,形式更直观。如水均衡分析,现行的地下水模拟软件在水均衡分析方面很欠缺,只能按 MODFLOW模块来展示模型的输入输出量,并不知道构成模型的水均衡各项(GMS)。而有些软件如 Visual MODFLOW 只能展示某个区域是正均衡还是负均衡,对于详细的水均衡分析还需用户分析 MODFLOW 输出文件 ZOT,涉及的后处理工作量相当大。而本系统就克服了这方面的不足,见任意区域水均衡分析的示意图表(图 4),不仅展示了某区域水均衡状况,而且展示了模型的收支各项,并以饼形图的形式直观展示。

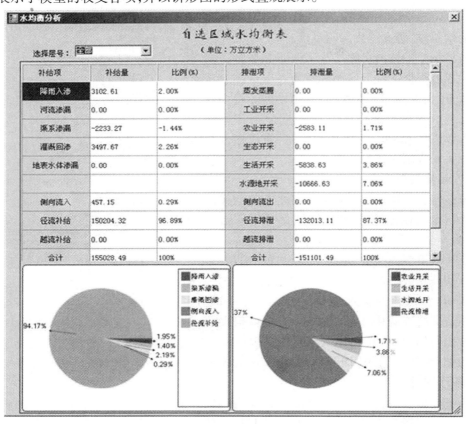

图 4　水均衡分析结果示意图表

2.4.5　数据库系统维护模块

数据库系统维护模块是基础数据维护系统,负责管理、查询、更新地下水模拟数据库系统。例如:在此平台上可以追加地下水预测方案数据,为地下水预测模型提供数据。

3　结语

地下水数值模拟涉及的数据和资料繁多,数据格式多样,并且互相关联,本文建立了完善的地下水模拟数据库系统,对模拟数据实现集中管理。数据库直接连接于地下水模拟系统中,系统自动调用模拟数据库中相关数据进行模型的输入和输出展示,从而大大减少了以往繁重的模型前后处理工作,减少了人工处理数据的工作量,增强了模型的通用性和易用性,提高了地下水模拟的效率。

本地下水数值模拟系统在结果可视展示方面有较大的拓展,以 GIS 图形的形式展示水资源管理者经常关心的问题,无需建模者对模拟计算结果再作专业的分析,可视化展示结果可直接应用于地下水资源管理,可为管理者提供快捷的决策依据。在今后的研究中,根据我国对水资源的管理要求,加入社会经济及环境生态要素,逐步建立适合我国国情的地下水模拟及管理系统平台。

参 考 文 献

[1] Anon. Visual MODFLOW V. 2. 8. 2 User's Manual for Professional Applications in Three – Dimensional Groundwater Flow and Contaminant Transport Modeling. Ontario : Waterloo Hydrogeologic Inc. 2000. 1-31.

[2] 魏加华,等. 地下水数值模型与组件 GIS 集成研究[J]. 吉林大学学报:地球科学版,2003,3(4):534-538.

[3] 喻孟良. 基于 GIS 的地下水信息管理与分析系统研究 [D]. 北京:首都师范大学,2005.

[4] 郭卫星,卢国平,等. MODFLOW 三维有限差分地下水模型[M]. 南京:南京大学出版社,1998.

[5] 李岩,等. 地理信息系统软件集成方法与实践[J]. 地球科学进展,1999,14(6):619-623.

作者简介:吴春艳(1984—),女,水文学水资源专业硕士研究生,安徽省水文局。联系地址:安徽省合肥市桐江路 19 号。E-mail:wuchunyan_21010@ yahoo. com. cn。

基于极值理论的两变量水文分析研究

戴昌军[1]　胡健伟[2]　孙　浩[3]

(1. 长江勘测规划设计研究院,武汉　430010;2. 水利部水文局,北京　100053;
3. 江苏省水利厅,南京　210029)

摘　要:基于极值分布理论,采用极值混合模型、极值逻辑模型、Clayton 连接函数三种多元分布模型,假设水文系列服从 P – Ⅲ分布及 Gumbel 分布,在分布函数拟合检验的基础上,研究了两变量联合分布函数的计算问题。通过对实际长系列水文样本的计算表明,三种模型计算结果相差不大,且与按传统的经验频率方法计算频率接近。三种模型计算简便,可适用于不同分布函数,有望在多变量水文分析领域得到广泛应用。
关键词:多变量水文分析　极值混合模型　极值逻辑模型　Copula 连接函数　分布拟合检验

1　前言

水文设计领域中,由于水文事件较为复杂且不易得到多变量联合分布的表达式,常进行简化处理,采用单变量进行水文分析。随着研究的发展,各种不同水文事件的遭遇、组合频率计算越来越重要,如设计洪水中需要计算洪峰与洪量的组合频率、水文风险分析中需要计算多个事件的联合分布等。目前,国内外对多变量水文分析研究取得了一定的成果[1-3]。

多变量水文分析的途径主要有:①直接计算,针对具有数学表达式的多维分布,直接采用数值积分方法进行求解;②变换方法,将没有数学表达式的多维分布函数变换为具有数学表达式的多维正态分布函数,再进行频率计算;③通用模型,对某一类分布或任意分布,在满足特定条件下,采用通用模型计算联合分布函数值。由于水文变量通常没有可表达的多维数学表达式,直接计算方法存在理论的困难;变换方法的计算精度与正态化工具的选择及样本参数关系较大[4];通用模型有一定的理论基础,计算简便,具有一定的精度,往往成为应用的首选。

本文基于极值理论,针对具有长系列资料的两个水文变量,研究了三种通用模型的两变量水文分析计算方法。

2　两变量水文分析方法

水文领域常用的通用模型有极值混合模型、极值逻辑模型、Copula 连接函数模型,其中,前两者都可以导出其边际分布服从 Gumbel 分布。

2.1　极值混合模型(Gumbel Mixed Model,GMM)

Gumbel 于 1960 年提出了 GMM 的表达式[5]:

$$F(x,y) = F(x)F(y)\exp\left\{ - \theta\left[\frac{1}{\ln F(x)} + \frac{1}{\ln F(y)}\right]^{-1}\right\} \tag{1}$$

式中，$F(x)$、$F(y)$ 为变量 x、y 的边际分布函数，且服从极值分布 $F(\alpha) = \exp[-\exp(-a)]$；$\theta$ 为参数，满足 $0 < \theta < 1$，且有 $\theta = 2\left[1 - \cos\left(\pi\sqrt{\dfrac{\rho}{6}}\right)\right]$，$\rho$ 为相关系数，满足 $0 < \rho < 2/3$。

2.2　极值逻辑模型（Gumbel Logistic Model，GLM）

Gumbel 于 1967 年提出了 GLM 的表达式[6]：

$$F(x,y) = \exp\left\{-\left[(-\ln F(x))^m + (-\ln F(y))^m\right]^{\frac{1}{m}}\right\} \tag{2}$$

式中，$F(x)$、$F(y)$ 同式(1)；m 为参数，满足 $m = \dfrac{1}{\sqrt{1-\rho}}$，$\rho$ 为相关系数，满足 $0 < \rho < 1$。

2.3　Copula 连接函数模型

Copula 连接函数具有多种形式，最常用的为阿基米德模型，根据适用分布函数不同，阿基米德模型又分为 Gamma 分布类的 Clayton 模型、极值分布类的 Gumbel 模型等。对于两变量情况，Gumbel 连接函数模型与 GLM 表达式一致，Clayton 连接函数模型（简称 CCM）表达式如下[7]：

$$F(X_1, X_2) = C(u_1, u_2) = \left[u_1^{-\alpha} + u_2^{-\alpha} - 1\right]^{\frac{1}{\alpha}} \tag{3}$$

式中，$\alpha = \dfrac{2\tau}{1-\tau}$，$\tau$ 是 Kendall 相关系数，$u_1 = F_1(x_1)$，$u_2 = F_2(x_2)$。

3　实例研究

3.1　计算步骤

计算步骤如下：

(1)针对实测资料，假设分布线型，估计分布参数，进行分布拟合检验；

(2)根据估计的分布参数，计算单变量分布函数值；

(3)依据实测资料，估计联合分布模型的参数值；

(4)计算两变量联合分布函数经验频率；

(5)采用模型计算两变量联合分布函数值；

(6)计算经验频率与模型计算值的相关系数、离差、确定性系数等指标；

(7)综合分析比较。

3.2　分布拟合检验

本文选用两个水文站具有 65 年同步长系列年平均径流资料，假定样本系列服从 P－Ⅲ 分布及 Gumbel 分布，估计分布参数，再采用 χ^2 检验两种分布的拟合效果。设需要检验的变量为 X，其拒绝域为：$\eta \geqslant \chi_\alpha^2(k-1-l)$。为满足检验条件，取 $k = 10$；P－Ⅲ 型分布和 Gumbel 分布，l 分别取 3 和 2；置信水平为 0.05。所选两站分布拟合检验结果见表 1。

由表 1 可知，在置信水平取为 0.05 时，两站年平均径流量服从 P－Ⅲ 分布及 Gumbel 分布的假设均能够成立。

3.3　联合分布函数值计算

根据实测系列估计模型参数结果为：相关系数 $\rho = 0.705$；Kendall 相关系数 $\tau = 0.47$；

CCM 参数 $\alpha = 1.774$；GLM 参数 $m = 1.841$；GMM 参数 $\theta = 1.052$。根据上述参数，采用三种模型进行联合分布函数计算。经验频率的计算方法采用文献[4]中的方法。

表 1　分布拟合检验结果

站点	分布类型	E_x	C_v	C_s	α	μ	置信水平	置信限	检验值	检验结果
水文站 1	Gumbel 分布				0.002 93	1 052.64	0.05	14.07	7.46	接受分布假设
	P－Ⅲ分布	1 249	0.35	0.7			0.05	12.59	9.62	接受分布假设
水文站 2	Gumbel 分布				0.003	1 663.95	0.05	14.07	10.23	接受分布假设
	P－Ⅲ分布	1 856	0.23	0.92			0.05	12.59	11.46	接受分布假设

经验频率与模型计算频率值比较见表 2、表 3 及图 1、图 2。

表 2　经验频率与模型计算频率比较分析（两变量分布同为 Gumbel 分布）

模型方法	相关系数平方 R^2	平均离差绝对值	平均离差平方和	确定性系数
GMM	0.991 9	0.020 7	0.000 7	0.991 4
GLM	0.991 7	0.020 8	0.000 7	0.991 1
CCM	0.989 9	0.024 6	0.000 9	0.987 0

注：R^2 为模型计算值与经验频率的相关系数平方；离差绝对值及离差平方和为模型计算值与经验频率离差；确定性系数计算参考水文预报精度评定的相关文献。

表 3　经验频率与模型计算频率比较分析（两变量分布同为 P－Ⅲ分布）

模型方法	相关系数平方 R^2	平均离差绝对值	平均离差平方和	确定性系数
GMM	0.992 8	0.019 2	0.000 56	0.992 7
GLM	0.992 7	0.019 0	0.000 56	0.992 7
CCM	0.989 5	0.028 6	0.001 19	0.981 9

注：表 3 中变量同表 2。

3.4　综合分析

计算表明，三种模型计算的频率值接近，精度相当，模型计算频率值与经验频率的相关系数约 0.99，平均离差绝对值为 0.02～0.03，平均离差平方和为 0.000 6～0.001，确定性系数为 0.98～0.99，吻合程度较好；GMM 与 GLM 计算结果基本一致。将经验频率与GLM 计算频率绘制等值线如图 3、图 4 所示。与经验频率等值线图相比，模型计算频率的等值线图较为光滑，更符合理论情况。

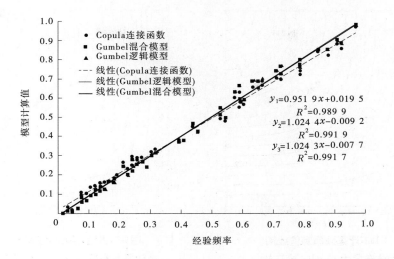

图 1　计算结果比较(边际分布同为 Gumbel 分布)

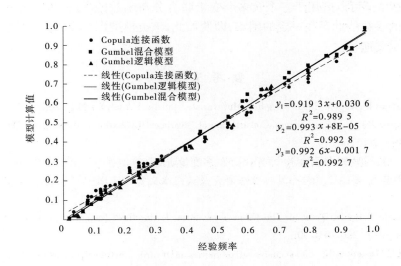

图 2　计算结果比较(边际分布同为 P – Ⅲ 分布)

4　主要结论

本文基于极值理论,采用三种经验公式方法,进行两变量水文分析研究,得到如下结论:

(1)三种模型计算频率值接近,精度相当;通过对长系列水文样本的分析表明,三种模型计算频率与经验频率相关图的拟合精度高,这为一般样本容量情况下的多变量水文频率计算提供了可选择的分析模型。GLM 计算频率和经验频率等值线图比较表明,模型计算频率光滑性更好,避免了经验频率的尖点问题。

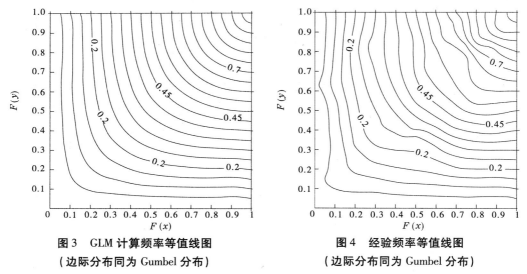

图 3　GLM 计算频率等值线图　　　　　　图 4　　经验频率等值线图
（边际分布同为 Gumbel 分布）　　　　　（边际分布同为 Gumbel 分布）

（2）三种多元统计分析模型可采用任意边际分布，基于 Copula 连接函数的 Clayton 模型、Gumbel 模型还可以应用于三个及多个变量联合分布函数的求解，但多变量 Copula 连接函数模型的参数估计存在一定的困难，即便如此，该类模型也有望成为解决多变量水文分析的一个重要途径。

参 考 文 献

［1］Wolfgang H ardle，leopold Simar. Applied Multivariate Statistical Analysis［M］. 2003.

［2］M. Desamparados Casanova Gurrera. Construction of Bivariate Distributionsand Statistical Dependence Operations［M］. 2005. 6.

［3］冯平，崔广涛，胡明罡. 暴雨洪水共同作用下的多变量防洪计算问题［J］. 水利学报，2000（2）：49-53.

［4］戴昌军，梁忠民. 多维联合分布计算方法研究及其在水文中的应用［J］. 水利学报，2006，37（2）：160-165.

［5］Yue S，Ouarda T，Bobee B，et al. The Gumbel mixed model for flood frequency analysis［J］. Journal of Hydrology，1999，226 ：88-100.

［6］Gumbel E J，Mustafi C K. Some analytical properties of bivariate extremal distributions ［J］. Journal of American Statistics Assocation，1967，62：569-588.

［7］Jun Yan. Enjoy the Joy of Copulas［J］. 2006（6）.

作者简介：戴昌军（1979—），男，工程师，长江勘测规划设计研究院。联系地址：湖北省武汉市汉口解放大道 1863 号。E-mail：yelangdcj@ 163. com。

金沙江流域降水特征分析

张方伟[1]　黄昌兴[2]

（1. 长江水利委员会水文局,武汉　430010;2. 水利部水文局,北京　100053）

摘　要:本文采用金沙江流域 17 个代表站的逐日降水量资料,对其时间分布、空间分布、多年时段特征(08~20 时和 20~08 时)和多年 1、3、5、7 d 连续最大降水进行了初步分析,得出了金沙江流域降水的基本特征。

关键词:金沙江流域　降水　特征

1　资料和方法介绍

将金沙江流域各气象站 1960~2008 年逐日降水量资料进行多年平均,得到逐日平均降水量序列。根据各站的年平均降水量的大小,选取丽江、乡城、元谋、楚雄、攀枝花、昆明、会泽、会理、美姑、西昌、永善、沐川、盐津、昭通、德昌、理塘和石渠等 17 个代表站进行降雨特征分析。

面平均降水量的计算方法有多种,如算术平均法、等值线法、Thiessen 多边形法[1]、Kriging 插值法等。这些计算方法各有优缺点,由于本文的研究区域单一,站点固定,所以采用最为简便的算术平均法进行计算。

2　降水时间分布特征

代表站的多年日雨量进行算术平均,得到一年 365 天逐日的日平均降水量,然后累加得到年降水量,它们相差较大,最小的乡城站为 615.3 mm,最大的沐川站为 1 696 mm。

代表站都存在一个降水较为集中的时期。参考中国气象局雨量等级标准和降雨预报考核方法,把日降水量大于或等于 2.0 mm,即小雨及以上的日期作为雨季开始日,把降水量减小到 2.0 mm 且不再增加到 2.0 mm 以上的前一日作为雨季的结束日。这 17 个站的年平均降水量、日平均降水量、雨季开始和结束时间以及雨季的日平均雨量如表 1 所示。

金沙江流域平均雨季起迄日期分别为 4 月 24 日和 11 月 1 日,雨季长 192 d,雨季日平均雨量为 4.8 mm。不同的地方雨季起迄时间差别较大。最早的沐川 2 月 27 日即进入雨季,最晚的乡城 6 月 5 日才进入雨季;最早的乡城 9 月 30 日雨季就结束了,最晚的沐川到 11 月 30 日才结束。雨季持续时间最短的乡城才 118 d,其日平均雨量为 1.7 mm,雨季日平均雨量为 4.5 mm;雨季持续时间最长的沐川达 277 d,其日平均雨量为 4.6 m,雨季日平均雨量为 5.8 mm。

3　降水空间分布特征

金沙江流域各气象站的日平均降水量分布如图 1 所示。

表 1　金沙江流域代表站降水量特征

站号	站名	年平均雨量（mm）	日平均雨量（mm）	雨季日平均雨量（mm）	雨季起讫	雨季长（d）
56651	丽江	978.2	2.7	5.8	5 月 18 日~10 月 16 日	162
56443	乡城	615.3	1.7	4.5	6 月 5 日~9 月 30 日	118
56763	元谋	632.8	1.7	3.2	5 月 9 日~11 月 1 日	177
56768	楚雄	870.9	2.4	4.3	5 月 8 日~11 月 7 日	184
56666	攀枝花	1 168.1	3.2	4.9	4 月 12 日~11 月 26 日	229
56778	昆明	1 012.7	2.8	4.7	5 月 4 日~11 月 13 日	194
56684	会泽	793.4	2.2	3.8	5 月 6 日~11 月 1 日	180
56671	会理	1 515.5	4.2	7.4	5 月 5 日~11 月 12 日	192
56487	美姑	1 084.2	3	4.6	4 月 2 日~11 月 9 日	222
56571	西昌	1 315.5	3.6	6.4	4 月 23 日~10 月 31 日	192
56489	永善	662.9	1.8	3	4 月 1 日~10 月 17 日	200
56490	沐川	1 696	4.6	5.8	2 月 27 日~11 月 30 日	277
56497	盐津	1 124.3	3.1	4.6	3 月 31 日~11 月 4 日	219
56586	昭通	702.9	1.9	3.6	5 月 5 日~10 月 16 日	165
56569	德昌	1 390	3.8	6.4	4 月 9 日~10 月 31 日	206
56257	理塘	948.9	2.6	5	5 月 6 日~10 月 24 日	172
56038	石渠	755.7	2.1	3.7	5 月 2 日~10 月 30 日	182
平均		1 015.7	2.8	4.8	4 月 24 日~11 月 1 日	192

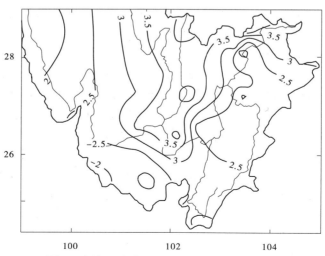

图 1　金沙江流域日平均降水量（mm）分布图

金沙江流域的日平均降水量大致从东北到西南逐渐减小。会理和普格附近是一个多雨中心。金沙江流域的东北角也有一个多雨中心,多雨中心主要位于左岸,攀枝花以下地区日平均降水量大于攀枝花以上地区。雨季日平均雨量呈东北向西南向减少。

攀枝花以上地区处于青藏高原的边缘,远离水汽区,气候相对干燥,是金沙江流域降雨较少的地区。攀枝花以南和以西地处云南高原北部,气候干燥,降雨集中,气候垂直差异显著,是金沙江流域降雨较少的地区。攀枝花以北地区处于成都平原到高原的过渡地带,为亚热带季风性湿润气候,降雨集中充沛,是金沙江流域降雨最多的地区。

4 多年时段(20 时、08 时)降水量特征分析

将 17 个站的雨季 08 ~ 20 时雨量和 20 ~ 08 时雨量进行分析(见表 2),除乡城、攀枝花、会理、德昌雨季 08 ~ 20 时雨量大于 20 ~ 08 时雨量,美姑雨季 08 ~ 20 时雨量等于 20 ~ 08 时雨量外,金沙江流域大多数站点雨季 20 ~ 08 时的雨量比 08 ~ 20 时的雨量大。金沙江流域代表站雨季 08 ~ 20 时的平均雨量为 423.1 mm,20 ~ 08 时的平均雨量为 501.6 mm,表明金沙江流域的降水除了有一个降雨集中的雨季外,雨季的显著特点是夜雨明显,特别是在降水量较大的东北角。

表 2　金沙江代表站雨季 08 ~ 20 时和 20 ~ 08 时雨量统计

站号	站名	雨季 08 ~ 20 时雨量和(mm)	雨季 20 ~ 08 时雨量和(mm)
56651	丽江	409.1	475.1
56443	乡城	275.3	255
56763	元谋	232.9	340.6
56768	楚雄	391.4	392.1
56666	攀枝花	591.6	553.5
56778	昆明	409.4	488.1
56684	会泽	263.4	425.8
56671	会理	716.2	713.4
56487	美姑	510.8	510.8
56571	西昌	477.6	614.7
56489	永善	159.5	449.4
56490	沐川	792.5	817.2
56497	盐津	302.3	697.8
56586	昭通	208.4	388.1
56569	德昌	684.8	635
56257	理塘	431.7	434.5
56038	石渠	335.8	336.1
平均		423.1	501.6

5 多年 1、3、5、7 d 最大雨量分析

代表站中日最大雨量最大的是沐川,为 248.3 mm,最小的是乡城,为 47.5 mm。连续 3 d 最大雨量站为沐川,为 442.1 mm,最小的为乡城,为 102.9 mm。连续 5 d 最大雨量站为沐川,为 504.6 mm,最小的为永善,为 139 mm。连续 7 d 最大雨量站为沐川,为 543.4 mm,最小的为永善,为 147.3 mm。多年连续 1、3、5、7 d 的最大雨量平均为 128.0 mm、200.7 mm、244.4 mm 和 285.8 mm,如表 3 所示。

表 3 金沙江代表站连续 1、3、5、7 d 的最大雨量表   (单位:mm)

站名	1 d 最大雨量	3 d 最大雨量	5 d 最大雨量	7 d 最大雨量
丽江	112.8	150.6	166.9	186.8
乡城	47.5	102.9	157.4	196.8
元谋	102.9	194.9	200.2	247.6
楚雄	174	177	199.3	226.5
攀枝花	121.4	242.8	316.2	375.8
昆明	165.4	165.4	191.3	269.6
会泽	98.7	125.8	157.2	172.2
会理	152.9	307.7	409.2	487.7
美姑	76.1	164	232.3	265
西昌	137.3	253.5	303	350.8
永善	108.9	138.9	139	147.3
沐川	248.3	442.1	504.6	543.4
盐津	199.2	228.7	326.2	401.5
昭通	188.5	201.9	222.4	232.9
德昌	127.8	284.3	327.3	392.6
理塘	59.8	117.4	168.5	201.1
石渠	54.1	113.6	133.4	160.2
平均	128	200.7	244.4	285.8

各站的最大雨量和日平均降水量是相对应的。日平均降水量越大的站,其多年连续 1、3、5、7 d 的雨量就越大,日平均降水量越小的站,其多年连续 1、3、5、7 d 的雨量就越小。所以,从空间分布来说,连续 1、3、5、7 d 的最大雨量的分布和日降水量的分布类似,即流域东北部为连续 1、3、5、7 d 雨量较大的地方,而攀枝花以上的地区连续 1、3、5、7 d 雨量较小。

从表 4 可以看出,除德昌和理塘的日最大雨量分别出现在 1964 年 9 月 27 日和 2003 年 9 月 12 日,会泽、德昌和理塘的连续 3 d 最大雨量分别出现在 1968 年 9 月 2 日、1964 年 9 月 27 日和 1969 年 9 月 10 日,德昌的连续 5 d 和 7 d 最大雨量都出现在 1989 年 10 月 25 日外,其余各站的连续 1、3、5、7 d 最大雨量出现的时间均集中在 6、7、8 月三个月中。日雨量最大值在 6、7、8、9 月四个月中均有出现,但是在 6 月出现的次数最大,8 月次之,然后是 7 月,最少出现的月份为 9 月。连续 3 d 的最大雨量则主要出现在 7 月,6 月和 8 月次之,也有三个站出现在 9 月。连续 5 d 最大雨量也是 7 月出现次数最多,6 月和 8 月次之,只有德昌出现在 10 月。连续 7 d 最大雨量也是 7 月出现次数最多,8 月次之,6 月再次之,只有德昌出现在 10 月。从这些时间上的分布可以看出,金沙江流域雨季的主要降雨还是集中在 6~8 月。而在 6~8 月中,7 月又是降雨最集中的月份。这一点可以从连续 1、3、5、7 d 最大雨量出现的时间的变化上可以看出。日最大降雨量带有一定的偶然性,随着时间长度的增加偶然性越来越小,而 7 月在这几个时间尺度的连续最大降雨中所占的比例越来越大,说明金沙江流域降雨最集中的月份还是 7 月。

表 4　金沙江代表站连续 1、3、5、7 d 的最大雨量对应的开始时间

站名	1 d 最大雨量起始日	3 d 最大雨量起始日	5 d 最大雨量起始日	7 d 最大雨量起始日
丽江	1999-06-11	1989-07-23	1962-06-04	1962-06-04
乡城	1999-08-28	1997-07-27	1997-07-27	1997-07-27
元谋	1970-06-18	1998-06-19	1998-06-19	1998-06-19
楚雄	2003-06-12	2003-06-12	1995-07-01	1986-07-25
攀枝花	1998-08-28	1998-08-28	1998-08-28	1998-08-28
昆明	1986-06-07	1986-06-07	1986-06-07	1966-08-24
会泽	1998-06-18	1968-09-02	1966-08-25	1966-08-25
会理	1971-08-11	1971-08-11	1998-07-14	1998-07-14
美姑	1987-07-24	1984-07-03	1984-07-03	1968-07-03
西昌	1954-06-22	1991-07-15	1991-07-15	1997-07-15
永善	1983-07-26	1991-06-13	1991-06-13	1960-07-14
沐川	1999-08-25	1998-08-01	1999-08-25	1991-08-22
盐津	1973-06-24	1991-08-08	1991-08-08	1991-08-08
昭通	1999-07-14	1999-07-14	1999-07-14	1999-07-14
德昌	1964-09-27	1964-09-27	1989-10-25	1989-10-25
理塘	2003-09-12	1969-09-10	1965-06-24	1962-08-12
石渠	1979-07-01	1979-07-01	1979-07-01	1980-06-18

6　1~12 月平均降水日数

将选取的金沙江流域 17 个代表站 1960~2004 年 1~12 月的降水日数进行统计,包括月最少降水日数及其出现时间、月平均降水日数和月最多降水日数及其出现时间,发现各站各月的最少降水日数和最多降水日数差别较大。就各月平均降水日数而言,除了沐川和盐津各月平均降水日数相差不大,而且降水日数最多的月份为 10 月份外,其余各站的月平均降水日数都存在较大的差别,每年都有一个降水日数相对较多的时期,一般是 5~10 月,其中 6~8 月为降水日数最多的时期。就单月而言,7 月为降水日数最多的月份。金沙江流域年平均降水日数为 159.37 d。金沙江流域各月平均降水日数如表 5 所示。

表 5　金沙江流域各月平均降水日数

月份	1 月	2 月	3 月	4 月	5 月	6 月	7 月	8 月	9 月	10 月	11 月	12 月
平均降水日数(d)	5.63	6.14	7.65	11.06	14.72	19.86	22.2	21.24	19.83	16.32	8.7	6.11

7　结论

金沙江流域下段日平均雨量大致是从东北到西南逐渐减小,多雨中心主要位于左岸,攀枝花以下地区日平均降水量大于以上地区。雨季日平均雨量呈东北向西南向减少。

金沙江流域下段存在一个降水较为集中的时期。雨季平均起讫日期分别为 4 月 24 日和 11 月 1 日,雨季长 192 d,不同的地方雨季起讫时间差别较大,大多数站雨季 20~08 时的雨量比 08~20 时的雨量大,夜雨特征明显。从连续 1、3、5、7 d 最大雨量出现的时间的变化上来看,金沙江流域雨季的主要降雨集中在 6~8 月。而在 6~8 月中,7 月又是降雨最集中的月份。

参 考 文 献

[1] 詹道江,叶守泽. 工程水文学[M]. 北京:中国水利水电出版社,2001.

作者简介:张方伟(1972—),男,高级工程师,长江水利委员会水文局水文气象预报处。联系地址:武汉解放大道 1863 号。E-mail:zhangfw@ cjh. com. cn。

金沙江中上游可能最大洪水研究

林　芸[1]　朱　玲[2]　段　玮[3]

（1.中国水电顾问集团昆明勘测设计研究院,昆明　650051;
2.云南省水文水资源局,昆明　650016;3.云南省气象科学研究所,昆明　650034）

摘　要:本文以梨园水电站 PMF 推求为依托,对金沙江中上游流域的 PMF 进行研究,采用了创新的计算方案及分析方法,建立了大尺度环流—区域环流两个空间尺度的客观聚类天气形势分型与强降水预报员概念主观模型结合的流域强降水主要天气形势分析技术,求得的 PMP/PMF 成果较为合理可靠。

关键词:可能最大降水(PMP)　横断山区 PMF　青藏高原相应洪水　天气形势分型　后向轨迹追踪　面雨量计算　净雨同倍比放大

1　流域概况

金沙江是长江的上游,发源于唐古拉山中段的各拉丹东雪山和尕恰迪如岗山之间,流经青海、西藏、四川、云南,由河源至宜宾全长 3 486.1 km,落差 5 142.5 m,河道平均坡降 1.48‰,流域面积 473 242 km²,全流域平均高程 3 720 m。

金沙江流经青藏高原区、横断山纵谷区、云贵高原区,流域自然地理差异较大,地形北高南低。直门达以上,河流由西向东流,山顶终年积雪,水系发育,除高大雪峰外,地势较为平坦,以荒漠草甸为主,河流切割不深,河谷宽浅,流速缓慢。

由于青藏高原大地形、海陆分布位置等关系和流域范围大,导致整个流域跨越多个气候区。上游为低温少雨的青藏高原高寒气候区,除有较高的雪峰外,地势平缓,大部处于雪线以上,远离海洋,水汽不易到达,气候寒冷,降水少,影响的天气系统以高原槽为主。下游为立体气候明显的寒带至亚热带过渡性气候区,处于横断山纵谷区。横断山褶皱带呈南北走向,谷岭相间,山高谷深,相对高差大,气候垂直变化明显,呈现显著的"立体气候"特征。

梨园水电站坝址位于金沙江中游河段,是金沙江中游水电规划的第三个梯级电站。坝址控制流域面积 220 053 km²。

梨园水电站工程规模为大 I 型、当地材料坝型,根据国家有关标准和规范,采用可能最大洪水作为大坝校核标准。因可能最大降水是推求可能最大洪水的前提和依据,因此有必要研究本电站的可能最大降水(Probable Maximum Precipitation,PMP)和可能最大洪水(Probable Maximum Flood,PMF)。

2　计算方案确定

梨园水电站上游约 522 km 处和 114 km 处分别设有巴塘水文站和石鼓水文站,控制流域面积分别为 180 645 km^2 和 214 184 km^2。巴塘站和石鼓站是设计流域内资料年限较长的水文站。石鼓站与梨园坝址距离较近,其控制流域面积占梨园坝址的 97.3%,洪水特性一致,故确定石鼓水文站为梨园电站 PMF 计算的控制断面。梨园坝址的 PMF 则由石鼓以上流域 PMF 推算至坝址而得。

综合考虑后,确定石鼓水文站以上流域的 PMP/PMF 计算方案有 2 个。

方案一:分析石鼓水文站以上流域的 PMP 和 PMF。

方案二:分别分析巴塘 – 石鼓区间流域 PMF 和巴塘以上流域的相应洪水,则石鼓水文站以上流域 PMF 可由区间流域 PMF 与巴塘以上流域相应洪水用水文学方法叠加而得。

3　基本资料

梨园电站 PMP/PMF 研究水文、气象资料采用至 2005 年。

流量资料,基于电站 PMP/PMF 研究需要,洪水资料的收集主要涉及石鼓、巴塘水文站实测洪水过程。

降水资料,收集有石鼓水文站以上流域及其邻近流域 1953 ~ 2005 年共计 90 个站点的逐日降水资料。

气象资料,1953 ~ 2005 年洪水过程期间逐日 500 hPa、700 hPa 和地面对应的高、中、低共 3 层的逐日天气图,共计 2 715 d,天气图分析覆盖了洪水过程期间的天气变化。露点,包括金沙江上游及邻近地区共计 20 个站点自建站年份至 2005 年的定时观测地面露点资料。

高空风,包括金沙江上游及邻近地区共计 11 个站点自建站年份至 2005 年的定时观测高空风资料。

4　可能最大降水(PMP)推求

根据流域暴雨洪水特性、资料条件及调洪需要,短历时 PMP 计算时段为 1 d、3 d,长历时 PMP 计算时段石鼓以上为 16 d,巴塘—石鼓区间为 14 d。

4.1　流域平均高程量算

流域平均高程在 1 : 50 万地形图进行量算,得到各区间平均高程分别为:巴塘以上流域 4 655 m,巴塘—石鼓区间流域 3 763 m,石鼓以上流域 4 520 m。

4.2　流域平均面雨量计算

流域平均面雨量计算采用等雨量线法,按石鼓以上流域、巴塘—石鼓区间流域分别计算。

在面雨量计算中针对地形复杂程度和站点分布差异采用了 Cressman 插值优化和等雨量线分析客观化对面雨量计算进行了改进,面雨量成果可用性得以提高 。

项目开展了流域内不同观测站点密度条件下面雨量计算误差评估,分析了由于站点密度导致的面雨量计算出现振荡的原因。在最大限度提高计算精度的同时对流域不同时期站点雨量资料的可靠性进行了科学论证,从而提高了科学性和实用性。

4.3　典型暴雨选取

选取了石鼓以上流域 54 场、巴塘—石鼓区间流域 42 场典型暴雨过程,用于当地暴雨放大。

4.4　露点代表站选取

选择了昆明、丽江、思茅、腾冲、西昌、昌都六站作为石鼓以上流域、巴塘—石鼓区间流域可能最大露点代表站。

各场典型暴雨视其相应的水汽来源方向而从中选择各自的露点代表站。

4.5　入流代表层选取

流域地处青藏高原东南部地区,地势高亢,根据经验,巴塘~石鼓区间流域和石鼓以上流域入流代表层高度均取 6 000 m 或 500 hPa。

4.6　短历时 1 d、3 d PMP

短历时 1 d、3 d PMP 采用当地暴雨放大方法推求,包括水汽放大、水汽效率联合放大、水汽入流指标放大三种方法。

推荐采用水汽效率放大方法的成果。石鼓以上流域 1 d、3 d PMP 成果分别是 25.7 mm、64.2 mm,巴塘—石鼓区间流域 1 d、3 d PMP 成果分别是 50.4 mm、122 mm。

4.7　长历时 PMP 成果推求

采用典型年相似过程替换放大方法推求长历时 PMP。

4.7.1　暴雨组合替换的技术基础

4.7.1.1　天气形势分型

为分析金沙江上游流域强降水过程的环流背景与主要天气形势,本课题改进原创了大尺度环流(北半球)—区域环流(流域关键区)两个空间尺度的客观天气形势分型与强降水预报员概念主观模型结合的流域强降水主要天气形势分析技术。其思路为:将 1951 年以来流域近 100 场强降水过程 500 hPa 位势高度场进行聚类分析,根据两个场间的相关系数和欧式距离系数进行分型处理,形成几种类型的强降水过程的典型形势—天气学预报的概念模型;依次为基础加入预报员主观模型进行修正和动力解释;最终形成流域 5 大类典型暴雨过程环流形势概念模型,包括移动性长波低槽暴雨天气形势、移动性短波低槽切变型暴雨天气形势、纬向型两高辐合暴雨形势、经向型两高辐合暴雨形势、低涡切变型暴雨形势。

该方法改进了支撑 PMP 成果组合替换的天气形势分型技术,确保了降水主要天气系统分型在大面积、复杂天气气候背景下的客观性和科学性。

4.7.1.2　流域水汽运动轨迹追踪

为能够客观、科学地追踪流域水汽源地及其输送机制,采用 Roland R Draxler 的 HYS-PLITM4(HYbrid Single Particle Lagrangian Integrated Trajectory Model 第 4 代气质点拉格朗日混杂后向轨迹分析模式)模式,并根据流域地形特征选择流域中上游具有特定代表意义的香格里拉站点为代表,利用 1994 年 1 月至 2002 年 12 月共计 9 年的实际观测资料和全球再分析数据进行空气质点运动轨迹的后向追踪,并根据资料情况,每天分别对 08 时、14 时、20 时、02 时四个时次的空气质点后向运动轨迹的追踪计算。考虑流域强降水过程发生和维持过程中,水汽来源主要由流域周边的气流方向及空气湿度等因素决定,利用聚类分析方法逐月和分季节对将强降水空气团运动轨迹进行归类处理,得出不同月份和季节各种类型的平均轨迹。通过三维后向轨迹分析,得出不同流场条件下,空气质点轨迹存在不同的变化规律,以确定大中尺度气团输送路径,评估流域在该区域水汽来源及流向。

4.7.2 长历时 PMP 推求

石鼓以上长历时 16 d PMP 和巴塘—石鼓区间 14 d PMP 的推求,在利用 1953～2005 年共 53 年金沙江上游降水资料、天气形势资料进行暴雨过程普查和暴雨过程天气学分析的基础上,选取了降水量大、降水过程持续时间长、大雨—暴雨降水区域基本覆盖流域大部分地区的暴雨过程作为流域的典型年暴雨过程。在此基础上遵循相似替换的原则对典型年暴雨分过程进行替换和放大,分别得到两区间 PMP 成果如下:

(1)石鼓以上流域 16 d PMP 暴雨总量为 215.3 mm,平均降雨强度为 13.5 mm/d。

(2)巴塘—石鼓区间流域 14 d PMP 暴雨总量为 343.5 mm,平均降雨强度为 24.5 mm/d。

在推求长历时 PMP 的过程中,前述暴雨组合替换的天气气候学技术基础强有力地支撑了 PMP 成果的合理性,即替换单元与被替换单元有着共同的天气气候背景、相似的天气形势;替换前后降水峰值与谷值出现的时间基本一致,整个降水演变过程也基本一致,原有的降水时程没有破坏。

经对 PMP 成果进行合理性分析,认为本次推求的 PMP 成果是可能发生的,并且其降雨强度(量级)足够大,达到了 PMP 水平,因此该成果是合理的。经与西南各水电工程 PMP 成果比较,本次推求的 PMP 成果在降雨强度、总量上都比较合理,符合流域暴雨特性,也符合大范围地区变化规律。

5　可能最大洪水(PMF)推求

金沙江石鼓以上流域集水面积大、地形差异明显、天气气候特征差异较大,降雨分布极不均匀,流域洪水过程很少有孤立的单峰过程,起涨流量大,不易分割基流。因此,在本流域推求 PMF,不适宜采用单位线法。

PMF 计算项目,包括洪峰流量,3 d、7 d、15 d、30 d 洪量。

按第 4 节中所述的两个计算方案推求得到石鼓以上流域 PMF,梨园坝址的 PMF 则由石鼓以上流域 PMF 推算至坝址而得。

采用传统的产汇流方法推求 PMF。

产流计算方法采用扣损法、降雨径流相关法和径流系数法分别进行,多种方法比较、分析后选定其中一种方法的成果作为采用成果;汇流计算则采用净雨同倍比放大典型年地表径流法求得地面径流过程后,再回加基流求得 PMF。

石鼓以上流域 PMF 成果推荐:

PMF 成果推荐采用扣损法(按典型初损)计算所得成果。

经综合考虑后,认为各典型年推求得到的 PMF 过程中,1966 年典型推求得到的 PMF 过程基本满足峰高量大的要求,洪水过程较为恶劣,对工程较不利;另外,采用 1966 年典型按方案一和方案二所得的成果相差很小,洪峰流量仅相差 1.9%。方案一的优点是从整体考虑,中间环节少,且对各个计算分析环节较容易控制,方案二虽然在一定程度上考虑到了不同区域的降雨洪水特性及下垫面条件,但中间环节较多,某些环节的处理依据尚不足,再考虑到两个方案的资料条件对成果的影响、工程的重要性等因素,综合分析推荐采用1966年典型按方案一所得成果。

石鼓以上流域 PMF 洪峰流量 16 200 m^3/s、30 d 洪量 291 亿 m^3。

梨园坝址 PMF 根据石鼓以上流域 PMF 成果按面积比移用得到。梨园坝址 PMF 洪峰流量 17 400 m^3/s、30 d 洪量 299 亿 m^3。

梨园电站 PMF 推求以合理可靠的 PMP 成果为基础,而 PMP 推求又立足于大量的天气成因分析工作,从短历时 PMP 推求到长历时 PMP 推求乃至 PMP 产流计算推求净雨量、通过净雨量推求 PMF 洪水流量,以及从石鼓 PMF 演算至梨园坝址 PMF,每一个环节都有理有据,配合了详尽的天气形势分析、极大化分析、合理性分析,确保了推求得到的 PMP/PMF 成果的合理可靠。

PMF 计算采用的两个方案,方案二所得到的石鼓以上流域 PMF 过程无论是在总量上或是在洪水过程上,都与方案一较为接近,从这一角度来看,表明了洪水组合的推求方法在一定程度上是较为合理的。方案一与方案二所得成果接近,二者相互对照,表明 PMF 成果是比较客观的。

6 结论

在推求 PMP 及 PMF 时,在前人研究的基础上采用了创新的计算方案及分析方法:计算得到的 PMF 成果与西南地区部分工程或水文站 PMF 比较,表明本次推荐的 PMF 成果是基本符合流域暴雨洪水特性的。

参 考 文 献

[1] 王国安. 可能最大暴雨和洪水计算原理与方法[M]. 郑州:黄河水利出版社,1999.

[2] 詹道江,邹进上. 可能最大暴雨与洪水[M]. 北京:水利电力出版社,1983.

[3] 詹道江,叶守泽. 工程水文学[M]. 北京:中国水利水电出版社,2002.

[4] 李玉柱,罗兰山,石鲁平. 云南强降水天气 500 hPa 形势场的客观分型[J]. 气象,1990(6).

[5] 罗兴宏. 那曲冬季雪灾天气的 500 hPa 形势场的客观分型[J]. 气象,1995(1).

[6] 王宏,林长城,隋平,等. 福州天气形势分型与大气污染物相关分析[J]. 气象与环境学报,2008(6).

[7] 李宗义,倾继祖,陈敏连. 西北区东部大雨天气形势分型[J]. 干旱气象,1991(2).

[8] 张维,邵德民,殷鹤宝. 中国沿海城市的气块后向轨迹分析[J]. 气象,1994(12).

[9] 赵恒,王体健,江飞,等. 利用后向轨迹模式研究 TRACE-P 期间香港大气污染物的来源[J]. 热带气象学报,2009(2).

[10] 占明锦,孙俊英,张养梅,等. 气团来源对瓦里关地区颗粒物数谱分布的影响[J]. 冰川冻土,2009(4).

[11] 吴宝俊. 澳大利亚气象研究中心的轨迹计算及其应用[J]. 气象,1994(1).

作者简介:林芸(1980—),女,工程师,中国水电顾问集团昆明勘测设计研究院。联系地址:云南省昆明市人民东路 115 号。E-mail:linyun@ khidi. com。

辽宁省水文资料在站整编系统研制与应用

王　兵　　宋景峰　　崔庆忠

（辽宁省水文水资源勘测局鞍山分局，鞍山　114002）

摘　要：水文资料在站整编是水文的重要基础工作，多年来一直停留在手工整编水平。本文阐述了辽宁省水文资料在站整编工作的现状，指出了传统整编手段存在的问题，提出了使用计算机技术、数据库应用技术在站整编问题的思路、方法，介绍了辽宁省水文资料在站整编系统的结构、作用、使用方法及应用推广前景。

关键词：水文资料　在站整编　计算机应用　数据库应用

1　辽宁省水文资料在站整编现状

目前全省水文测站，大部分都是在应用传统的手工方式进行水文资料在站整编工作，这种整编手段与模式，存在资料的准确性差、时效性差、规范性差、一致性差等方面的问题，使用全国通用整编系统整汇编时，还需要对测站资料进行二次加工，费时费力而且易出差错。在计算机高度普及和信息高速发展的今天，传统的水文资料在站整编方法已不能满足现代水文发展和社会对水文的要求，迫切需要开发一种先进的依托于计算机技术、数据库应用技术的水文资料在站整编集成系统，解决目前在站整编存在的问题。

2　辽宁省水文资料在站整编系统的研制

2.1　系统研制的整体思路

根据社会对水文的要求和水文测站在站整编的实际情况，把计算机技术、数据库应用技术引入到水文站资料整编工作中来，应用 VB6.0 与 SQL Server 2000 数据库管理系统，结合 Microsoft Office Excel，开发出 C/S 应用系统，对测站原始观测的各水文要素数据进行录入、分析、计算，生成需要的各种整编过程图表和成果数据表，成果数据表年鉴格式输出。数据存入数据库，便于数据的检索、更新与删除。建立两个数据库，分别存放原始资料和成果数据，同时留出与北方片全国通用整编系统数据接口，以满足本行业及相关行业对水文资料的需要。

2.2　系统的模块设置

2.2.1　系统结构

按水文测站资料整编的过程，分别对水位、流量、含沙量、降水量、水准测量与其他项目的数据进行收集、处理、成果存储和输出，系统结构设计如图 1 所示。

2.2.2　系统的模块设置

按水文资料在站整编的要求，将系统划分为数据录入、数据处理、成果存储、全国通用

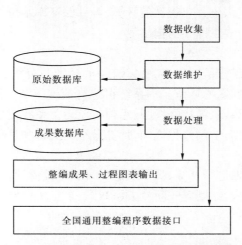

图 1　辽宁省水文资料在站整编系统结构图

整编系统数据接口处理、角色权限管理五个模块。

2.2.2.1　数据录入模块

数据录入模块分别设计适合水位、流量、含沙量、降水量、水准测量和其他项目的录入窗口,所有的项目,均设计出与水文原始表样一致的录入界面,可直观方便地录入数据,数据录入同时有容错处理和值域检查。

2.2.2.2　数据处理模块

数据处理模块,按水文资料整编规范的要求,对水位、流量、含沙量、降水量、水准测量原始数据进行分析计算,生成各种整编过程图表和整编成果数据,利用 Excel 表格为模板,输出各种原始计载表和成果表。

2.2.2.3　成果存储模块

对于原始录入与整编输出的成果数据,进行入库存储。

原始数据,在原始录入模块里,进行数据库连接,生成 SQL 语句,对原始数据进行入库存储。成果数据,在数据处理模块中,连接成果数据库,生成 SQL 语句,对成果数据进行入库或更新。

2.2.2.4　全国通用整编系统数据接口模块

对原始数据和整编生成的成果数据,按全国通用整编系统的要求,对数据进行处理,生成符合系统要求的数据格式,供全国通用整编系统处理,转成年鉴刊印的数据。

2.2.2.5　角色权限管理模块

本模块为系统管理人员设置,管理人员通过权限数据库,能实现用户的添加、删除、分配用户的操作权限,在登陆系统时根据用户类型、动态更新菜单以及与权限相关联的内容,同时记录各使用人员的操作,生成使用日志,从而保证系统各级用户使用被授权的功能。

2.3　系统实现的主要功能

2.3.1　水位资料整编功能

水位资料的观测是随河道水位的变化不确定的,本系统能对实时的原始观测数据入库存储,并能实时进行整编分析。水位资料的整编功能有:资料的合理性分析与检查、资料查补,日平均水位的计算,水位月年统计值计算,各种保证率水位的挑选,过程线图的绘制,邻站水位相关图的绘制,成果图表的输出等。

2.3.2　流量资料整编功能

由于流量计算复杂、整编分析图表多,所以流量的计算与分析,是在站资料整编中工作量最大的,也是最容易出问题的环节。本系统可进行流速仪法、浮标法、比降面积法的流量计算,绘制流速横向分布图、纵比降线图、水位—流量关系线图、水位—糙率关系线图等,可实时分析处理流量数据,绘制过程线图,计算日平均流量和月年统计值。

2.3.3　含沙量资料整编功能

对单、断沙和输沙率原始进行计算,日平均值和月年统计值计算,生成含沙量日表、输沙率日表、实测输沙率成果表,绘制单—断沙关系线图、水位—比例系数关系线图、含沙量过程线图等。

2.3.4　降水资料整编功能

为了配合水流沙资料和墒情资料的分析,设计了降水量计算子系统,主要是日降水量录入、时段降水量录入和日降水量计算,在绘制水流沙过程线与实测土壤含水率过程线时,绘制降水量图。

2.3.5　水准测量资料整编功能

对水准点测量、水尺零点高程测量、大断面测量、洪痕测量的原始进行计算,生成水准点、水尺零点高程考证表和大断面成果表,绘制大断面图和水位—断面面积关系线图。

2.3.6　其他资料的整编功能

可对实测土壤含水率、蒸发量、水温和冰情资料进行分析计算。对实测土壤含水率原始进行计算,生成实测土壤含水率成果表,绘制过程线图。对蒸发进行日蒸发量及月年统计值计算,生成逐日蒸发量表。对水温原始观测资料进行处理,生成逐日水温表与月年统计表。对冰情资料,生成冰情要素摘录表和冰情统计表。

3　系统使用

3.1　系统安装

点击系统安装目录下的 setup. exe 文件,按默认安装程序进行安装,然后解压 blank-sheets 与 HydrologicalData 文件夹到 D:\下,安装 SQL Servers 2000 数据库后,建立 lnswDB 数据库,还原安装目录下的 lnswDB 数据库,建立 ODBC 数据源,在程序的启动界面上进行数据库连接配置,安装完毕。

3.2　系统运行

点开始菜单—程序—辽宁省水文资料在站整编系统,打开应用程序,按系统管理员登陆系统,可以使用系统的所有功能(见图 2)。

3.3　系统使用

水位资料:点主菜单上的水位,点选原始录入,选站名和年份,可进行该站与该年的水位原始资料的录入。点生成原始数据表,可生成标准的原始数据表。点日表计算,可生成水位日表。

流量资料:点主菜单上的流量,点原始计算,录入表头数据后,选定流量的测法,录入

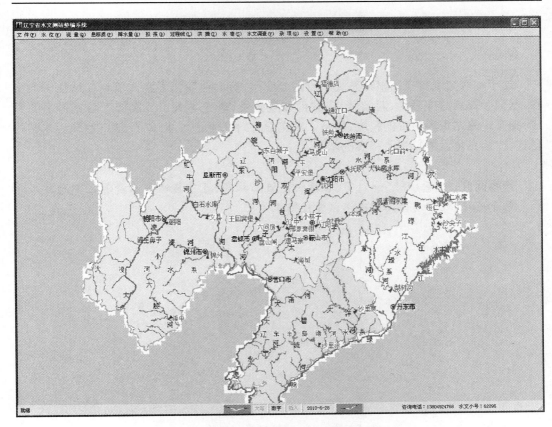

图2　辽宁省水文资料在站整编系统运行主界面

原始测验数据后,可计算出流量成果,流量原始计算完成后,可绘制单次或多个测次的流速横向分布图,系统智能确定比例,方便读图。流量原始计算完成后,可点绘水位—流量关系线图,系统自动拟合曲线或辅助定线,定线完成后,推流、生成流量日表。计算完的流量测次,点生成全国通用数据,则可生成全国通用整编系统的数据文件。

含沙量、水准测量、降水、其他项目的资料录入与处理过程基本同水位、流量资料。

水流沙过程线图的绘制:点主菜单上的过程线,选取要绘制的项目,选取图纸的大小,则可绘制出单项或多项水文要素的过程线图,点保存,将图形保存为.bmp 格式的文件。

4　系统应用推广前景

辽宁省水文资料在站整编系统是集原始资料录入、处理、整编过程图表生成与输出、原始水文数据与成果数据入库存储功能为一体,较先进的水文资料在站整编系统。目前辽宁省大多数测站都配备了计算机,条件好的测站已经安装了宽带,测站计算机应用比较普及,职工的操作水平也在逐渐提高,稍加培训,就能使用水文资料在站整编系统进行水文资料在站整编。水文资料在站整编系统的使用,从测站层面上实现了资料整编的电算化,是整体推进水文现代化、信息化的重要基础工作。目前该系统已在鞍山水文分局所属各站应用两年,取得了很好的效果,为鞍山水文分局水文资料整编在全省领先作出了重要贡献。该系统如能推广到全省以至全国各个水文测站应用,必将极大提高水文测站的工作效率和工作质量,加快水文现代化建设的步伐。

5　结语

　　辽宁省水文资料在站整编系统的研制与应用,极大地简化了水文资料在站整编的步骤,增强了资料的准确性、时效性、一致性和规范性,避免了人工二次加工数据带来的弊端,提高了测站资料整编的精度,提高了水文信息的处理能力,提高了工作效率,为水文的现代化、信息化发展打下了坚实的基础。

　　作者简介:王兵(1966—),男,教授级高级工程师,辽宁省水文水资源勘测局鞍山分局。联系地址:辽宁省鞍山市铁东区爱民街 4 号甲。

密云水库94·7暴雨洪水分析

段新光

（北京市密云水库管理处,北京　101512）

摘　要:1994年7月12日,密云水库流域普降大到暴雨,局部地区发生特大暴雨,暴雨中心由西向东延伸,造成密云水库流域上的潮河、白河以及区间支流发生大洪水。就密云水库以上流域暴雨分布、成因、特点,潮、白两河入库水文站(张家坟和下会)洪水过程等几方面进行分析,旨在为防汛、水库调度、水资源管理利用提供参考。

关键词:密云水库　暴雨　洪水

1　概况

密云水库为华北第一大水库,总库容为43.75亿 m^3 ,控制流域面积15 788 km^2 。密云水库流域主要有潮河、白河两大干流,形成了白河和潮河两大流域。其中,白河流域包括红河、黑河、天河、汤河、菜食河、琉璃河、白马关河7条一级支流;潮河流域包括安达木河、清水河、牤牛河3条一级支流,这些一级支流上还有很多二级支流。

水库流域属土石山区,一般土层较薄,植被较好,但流域内各地差异较大。流域上游地区地势较高,库区附近地势稍低,具有山高、坡陡、沟深、流急的特点。河道比降较大,潮河河源至坝址全长220 km,其平均比降为1.78‰;白河河源至坝址全长248 km,其平均比降为4.87‰。

流域属中纬度大陆性季风气候,冬季干旱,春秋多风,夏季多雨,降水量主要集中在6~9月。建库以来流域多年平均降水量为480 mm,年径流量为9.48亿 m^3 。降水量年际变化较大,最大年降水量为655 mm,最小年降水量为348 mm。潮、白河流域内共有37个雨量站,潮白河流域及水文站点分布图如图1所示。

2　暴雨分析

2.1　暴雨成因及分布

受西南涡及副热带系统影响,密云水库流域地区普降大到暴雨。本次降水过程从7月11日20时开始,直至7月13日8时基本结束,流域平均降雨量为112 mm,其中降雨主要集中在7月12日的11时至13日的8时,全流域大部分地区均下了特大暴雨(各站雨情见表1)。把表1中11~13日的雨量做成等值线图(见图2)。从图2可知:密云水库流域自上而下形成了两个暴雨中心,主要集中在潮河流域中下游地区。一个是潮河的戴营(古北口)一带,实测最大降雨231 mm;另一个是清水河的六道河一带,实测最大降雨316 mm。

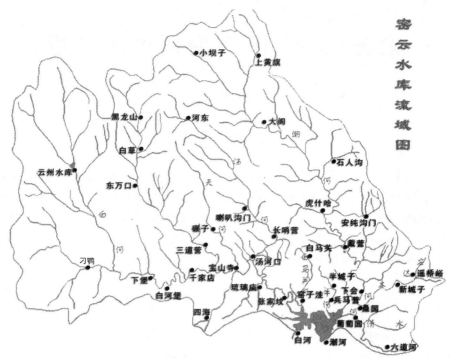

图 1 潮白河流域及水文站点分布

表 1 11～13 日各主要雨量站降雨量统计

流域名称	河名	站名	11～13 日雨量(mm)	流域名称	河名	站名	11～13 日雨量(mm)
白河流域	白马关河	云洲水库	71	白河流域	汤河	喇叭沟门	81
		下堡	76			汤河口	116
		白河堡	191	潮河流域	潮河	小坝子	81
		千家店	117			上黄旗	74
		四合堂	133			大阁	95
		张家坟	154			石人沟	115
		白河	198			虎什哈	143
		宝山寺	131			安纯沟门	176
		独石口	29			古北口	231
	黑河	黑龙山	58			下会	201
		白草	40			潮河	195
		东万口	49	区间	安达木河	遥桥峪	200
		三道营	105			新城子	163
	红河	刁鹗	38		清水河	六道河	316
	天河	碾子	89			大城子	269
	菜食河	四海	176		牤牛河	半城子	205
		奇峰奇	158		白马关河	番字牌	155
	琉璃河	琉璃庙	96			长哨营	135
	汤河	河东	82	流域平均降雨			112

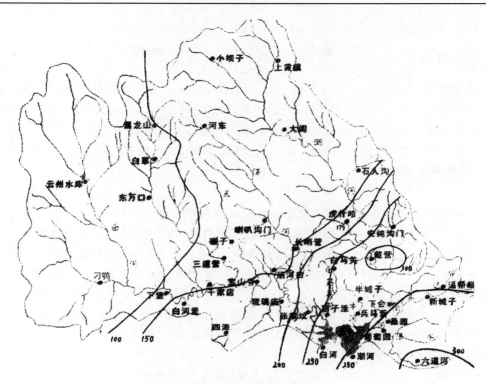

图 2   11 ~ 13 日的雨量等值线图

2.2 暴雨特点

对密云水库库区上游流域各雨量站的降水情况进行了统计分析,可以看出本次暴雨有如下特点:

(1)降雨范围广。本次降水笼罩密云水库上游全流域,前期流域平均降雨 79 mm,使下垫面处于饱和状态,为后期持续汇流创造了条件。7 月 12 日的暴雨使干流、支流及区间均出现了洪水。

(2)降雨历时短。此次降雨主要集中在 7 月 12 日 11 时至 13 日 5 时,5 时以后,降雨基本结束,历时仅 18 h。

(3)降雨量大。7 月 11 ~ 13 日,水库上游 37 个雨量站中,仅降雨量为 100 mm 以上的站达 23 站次之多,降雨量为 200 mm 以上的站达 6 站次。其中降雨集中在 7 月 12 日,水库上游 37 个雨量站中,仅日降雨量为 50 mm 以上的站达 29 站次之多,其中降雨量为 100 mm 以上的站达 22 站。

(4)降雨空间分布不均。区间平均降雨 201 mm,潮河流域平均降雨 134 mm,白河流域平均降雨 153 mm。降雨分布自下而上逐渐减少,自下而上:白河流域降雨主要集中在下游,实测最大降雨为白河站 198 mm,最小降雨为刁鹗站 38 mm;潮河流域降雨主要集中在中下游,实测最大降雨为古北口站 231 mm,最小降雨为上黄旗站 78 mm;区间降雨主要集中在下游,实测最大降雨为六道河站 316 mm,最小降雨为番字牌站 155 mm。由于暴雨中心离接近库区,入库比较快,损失较小,两个暴雨中心对流域洪水形成产生很大影响。

(5)在时间上降雨量分布不均。在整个降雨过程中,降雨主要集中在 7 月 12 日 11 时至 13 日 5 时,降雨主要集中时间的差异对其流域洪水形成时间产生很大影响。

3 洪水分析

此次降雨,入库径流量为 3.56 亿 m^3,径流深 23 mm,径流系数为 0.24。受强降雨影响,密云水库水位 12 日 17 时 20 分开始起涨,起涨水位 145.95 m,13 日 4 时 0 分利用内插法反推坝前入库洪峰流量为 3 670 m^3/s,洪峰水位 146.37 m。从洪量上来看,经验频率不足 5 年一遇;从洪峰流量来看,为建库以来最大洪峰流量,经验频率不足 10 年一遇。

3.1 主要洪水过程

3.1.1 张家坟水文站洪水

张家坟水文站为白河入库控制站,其控制流域面积为 8 506 km^2,占总流域面积的 54%。张家坟站水位从 7 月 13 日 8 时开始起涨,起涨水位 182.12 m,流量 730 m^3/s。13 日 11 时 45 分水位涨至 182.88 m,流量为 300 m^3/s,此时水位平稳,暂定为洪峰水位。13 日 8 时至 11 时 45 分的涨率为 0.09 m/h。13 时 54 分水位继续上涨,至 14 时 24 分,水位上涨至 183.02 m,流量为 353 m^3/s,判定为洪峰水位,11 时 45 分至 14 时 24 分,水位上涨 0.14 m,涨率为 0.05 m/h。该次洪水来水量为 0.56 亿 m^3,占总来水量的 16%。整个洪水过程中,涨洪历时 6 h 24 min,涨幅 0.90 m。单从张家坟站洪水来看,洪峰水位不算高,峰量也不算大,经验频率计算不足 10 年一遇洪水(见表 2、图 3)。

表 2　流域主要控制站水文站洪峰流量统计

河名	水文站名	起始时间		峰现时间	水位(m)	流量 (m^3/s)	洪水总量 (亿 m^3)	占总来 水量(%)
白河	张家坟	7 月 13 日	7 月 17 日	13.11:45	182.88	300	0.56	16
潮河	下会	7 月 12 日	7 月 16 日	13.12:00	176.80	955	1.17	33
区间							1.83	51
合计							3.56	100

3.1.2 下会水文站洪水

下会水文站为潮河入库控制站,其控制流域面积为 5 340 km^2,占总流域面积的 34%。水位从 7 月 12 日 16 时 48 分开始起涨,起涨水位 174.83 m,流量为 101 m^3/s,最大入库洪峰出现时间为 7 月 13 日 12 时,洪峰水位 174.80 m,洪峰流量 955 m^3/s,涨洪历时 19 时 12 分,涨幅 1.97 m,涨率为 0.10 m/h。该次洪水来水量为 1.17 亿 m^3,占总来水量的 33%,单从下会水文站来看,洪水涨落比较慢,涨洪历时长(见表 2、图 4)。

3.1.3 区间洪水

密云水库库区上游的区间河流流域面积为 1 942 km^2,占整个流域面积的 12%。区间河流无测站,利用坝前水位,通过水量平衡原理反推入库洪水,算得其洪量 1.83 亿 m^3,占来水总量的 51%。

3.2 洪水特点

(1)洪水到达时间不同。由于降雨主要时段不同,白河流域降雨比潮河流域、区间

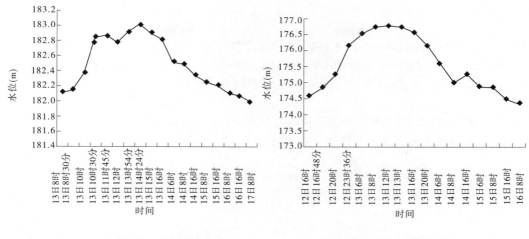

图 3　张家坟站洪水水位过程线　　　　图 4　下会站洪水水位过程线

晚,洪水到达时间比较晚。白河流域张家坟水文站洪水到达时间为 7 月 13 日 8 时,潮河流域下会水文站洪水到达时间为 7 月 12 日 16 时 48 分。

(2)涨洪历时不同。白河流域和区间地处陡峭山区,产流时间短,潮河流域地势比较平缓,汇流时间较长。张家坟水文站涨洪历时 6 h 24 min,下会水文站涨洪历时 19 h 12 min。

(3)洪水上涨幅度小。白河张家坟水文站从起涨到洪峰水位上涨了 0.90 m,洪水涨率达 0.14 m/h。潮河下会水文站水位上涨了 1.97 m ,洪水涨率达 0.10 m/h。

(4)区间来水量比较大。潮、白两河来水量比区间少,白河来水量仅占来水总量的 16%,其控制流域面积占整个流域面积的 54%;潮河来水量仅占来水总量的 33%,其控制流域面积占整个流域面积的 34%;而区间占来水总量的 51%,流域面积仅占整个流域面积的 12% 。

4　结语

密云水库水情科室对此次流域内暴雨洪水进行了严密监测, 及时对洪水过程进行了深入分析。此次暴雨给密云水库注入总水量达 3.56 亿 m^3,水库水位上涨至 148.34 m,处于高水位运行状态(主汛期汛限水位为 150.00 m)。在此次洪水过程中,水库等水利工程体系在抵御这次洪水中起到了明显的作用。在整个洪水过程中密云水库没有开闸放水,利用水库拦蓄上游洪水,削减了中下游的洪水量,最大限度地减轻了潮白河中下游防汛的压力。

近十年来,水库流域地区处于枯水期,无较大暴雨洪水,水情工作人员遇大水的经验不足,希望通过对本次暴雨洪水的分析,提高我们防范可能发生特大暴雨洪水的警惕性和预见性,在发生突发性、短历时的特大暴雨时,做到未雨绸缪、有备无患。加强水文监测工作,深入研究洪水规律和形成机制,对有效地预防洪水灾害,变害为利,充分利用水资源,具有十分重要的意义。

参 考 文 献

[1] 徐永祺. 水利学基础[M]. 北京:水利电力出版社,1983.

[2] 曹之桦. 水文统计学[M]. 北京:水利电力出版社,1985.

[3] 叶守泽、詹道江. 工程水文学[M]. 3 版. 北京:中国水利水电出版社,2000:236-290.

作者简介:段新光(1982—),男,助理工程师,北京市密云水库管理处。联系地址:北京市密云县溪翁庄镇密云水库管理处防汛办公室。E-mail:duanxinguang@ sina. com。

岷江上游天然林采伐和天然林保护
与水土流失变化情况简析

罗华强

（四川省阿坝州水文水资源勘测局，汶川　623000）

摘　要：本文通过对岷江上游水文站点泥沙资料统计计算，推求控制流域内的水土流失量，从而简析天然林采伐与实施天然保护各阶段内的水土流失变化过程。

关键词：岷江上游　天然林采伐　天然林保护　含沙量　水土流失　变化对照

1　区域概况

岷江上游在阿坝州境内的流域面积为 22 564 km²，区内有汶川、理县、茂县、松潘、黑水五县，天然林区主要分布在岷江各支流的河源地带，即在小姓沟内设松潘林业局，下游岷江干流有镇江关水文站；黑水河内设黑水林业局，下游黑水河干流有黑水水文站；毛尔盖河内设毛尔盖林业局，下游黑水河干流有沙坝水文站；杂谷脑河内设川西林业局，下游杂谷脑河干流有杂谷脑站和桑坪水文站。区域内共有天然林 190 160 hm²。采伐天然林最早始于清末，即以木商设厂伐木为标志，在新中国成立前的 1927～1941 年之间岷江上游的阿坝州境内各支流上共发展至 26 家伐木公司。

新中国成立后，为了适应国家建设的需要，1950 年底川西林业局在理县米亚罗镇成立；1956 年黑水林业局在黑水成立；1964 年红旗林业局在汶川耿达乡成立，1975 年红旗林业局由汶川迁往松潘更名为松潘林业局；1971 年松潘县毛尔盖区成立毛尔盖林业局，均以伐木为主，属中型企业。

2　天然林采伐与保护的阶段划分

从岷江上游新中国成立后的天然林采伐进程来看，大体可分四个阶段：

第一阶段，为 20 世纪 50～70 年代。在 20 多年的时间内，各大林区基本处于无序采伐状态，特别是十年动乱时期尤其严重，木材运输方式主要以水运为主，由此造成了岷江上游历史上规模最大、历时最长的水土流失。虽有迹地更新的造林，但收效缓慢。

第二阶段，为 1980～1987 年。在《森林法》的基础上《四川省高山原始林区采伐更新规程》逐步得到实施，森林采伐利用走上正轨，随着陆上运输的发展，水运也逐渐减少，直接造成的水土流失也相对减缓，同时也加强了迹地更新的造林。

第三阶段，为 1988～1997 年。由于生态环境的恶化，自然灾害的破坏程度越来越大，岷江上游林区破坏严重的问题逐渐引起了国家的重视。森工企业从 1987 年开始转产，各县对森林采伐实行以护林育林为主，有计划定点砍伐的方式来加强保护。各县人民政府采取了积极的措施,对水土流失严重的地区采用工程和生物措施相结合,进行综合治理。

第四阶段,为 1998 年开始实施天然林保护工程至汶川"5.12"大地震前的 2007 年。天然林被禁伐,森工、水运部门除部分富余职工分流安置外,其余都转为造林和护林,至此天然林得到有效的保护。随着岷江上游地区的发展,基础设施建设也逐渐增多,尤其是公路扩建、改建和水电工程的大量兴建,一定程度上带来了新的水土流失,但总的来说,水土流失状况仍得到有效的控制,并有了显著的改善。

3　天然林采伐与保护时段的水土流失简析

为了说明岷江上游水土流失变化过程与天然林保护及其他采伐相关措施的作用,仅结合采伐区主要河流的含沙量变化情况对这一过程作分析说明。

岷江上游主要河流含沙量变化与控制流域内天然林采伐、保护时段的对比分析。

3.1　对杂谷脑站、黑水站的泥沙资料统计分析,简析控制流域内的水土流失变化过程

通过对杂谷脑站、黑水站各年含沙量分阶段统计计算(见表 1)可以看出,杂谷脑站、黑水站四个阶段(20 世纪 50 ~ 70 年代、1980 ~ 1987 年、1988 ~ 1997 年、1998 ~ 2007 年)的平均含沙量与控制流域内的川西林业局、黑水林业局对应时期所采取的天然林采伐、限伐、禁伐和造林有较为一致的关系,说明天然林保护和植树造林能够显著地改善区域内的水土流失状况。根据两站四个时期平均含沙量的变化过程表明,是一组由大到小递减数据,尤其是实施天然林保护工程实施以来含沙量为系列时期最小,它从一个方面代表了岷江上游流域水土流失过程的总体趋势,即水土流失量显著递减,水土流失正逐渐得到控制,并向有利的方面发展。同时五站点的含沙量、水土流失量变化结果,均呈现出 1980 ~ 2007 年(后三个阶段)的平均含沙量、水土流失量减小的态势。说明了自 1980 年起各类法规在规范天然林采伐和保护中开始发挥作用。数据统计见表 1。

3.2　对镇江关站、沙坝站的泥沙资料统计分析,简析控制流域内的水土流失变化过程

通过对镇江关站、沙坝站各年含沙量分阶段统计计算(见表 2),其中镇江关站的含沙量、水土流失量变化过程,从另一个方面说明了天然林的采伐(松潘林业局 1975 年成立)使采伐期和影响期的含沙量增大,明显大于采伐前和禁伐后;同样沙坝站的含沙量、水土流失量变化过程也是这一现象有力的旁证(毛尔盖林业局 1971 年成立),即采伐期和影响期的含沙量、水土流失量大于采伐前和禁伐后。所以,对天然林的保护是有效减轻水土流失的重要途径。数据统计见表 2。

3.3　对杂谷脑站、桑坪站的泥沙资料统计分析,简析控制流域内的水土流失变化过程

桑坪站为杂谷脑河的出口控制站,控制流域内也仅有川西林业局,且主采伐区大部分集中在上游杂谷脑站的控制流域内,但含沙量的变化情况与杂谷脑站有明显差异,即前三个时期的含沙量、水土流失量一直较大,此间除上游天然林采伐引起水土流失外,还有桑坪站上游数公里处有一较为密集的金钢砂采矿区(作业于 20 世纪 80 ~ 90 年代),主要采矿方法为个体无序开采,其生产工艺为抽取河水冲洗泥沙以收集金钢砂,废水直接排入河道,造成了采矿区水土严重流失,加大了该区段河流的泥沙含量和水土流失量,之后于 2000 ~ 2002 年被关闭。这一现象说明了造成水土流失的影响因素并非是单一的,一切毁坏下垫面生态植被的人类活动都能够诱发水土流失。数据统计见表 3。

表 1　杂谷脑站、黑水站泥沙变化与控制流域内天然林采伐、保护时段的水土流失量对比分析

河名	站名	控制流域面积（km²）	年份	平均径流量（亿m³）	平均含沙量（g/m³）	平均水土流失量（t/(km²·a))	相邻时期的增减率（%）	控制流域面积内的林业局	全林区林地面积（万hm²）	采伐森林面积（hm²）	迹地更新的造林面积（hm²）
杂谷脑河	杂谷脑站	2 404	1956~1979	21.4	340	303		川西林业局（1950年成立）	10.14（1952年）	34 429.2（1950~1990年）	26 676.13（1950~1990年）
			1980~1987	19.0	325	257	−15.1				
			1988~1997	20.5	264	225	−12.4				
			1998~2007	21.1	104	91.0	−59.5				
黑水河	黑水站	1 720	1960~1979	13.4	373	291		黑水林业局（1956成立）	11.20（1955年）	36 573.5（1956~1990年）	35 031.07（1956~1990年）
			1980~1987	13.3	242	187	−35.6				
			1988~1997	13.5	139	109	−41.7				
			1998~2007	13.1	104	79	−27.4				

注：采伐森林面积迹地更新造林面积只统计到天然林禁伐前的1990年。

表 2　镇江关站、沙坝站泥沙变化与控制流域内天然林采伐、保护时段的水土流失量对比分析

河名	站名	控制流域面积（km²）	年份	平均径流量（亿m³）	平均含沙量（g/m³）	平均水土流失量（t/(km²·a))	相邻时期的增减率（%）	控制流域面积内的林业局	全林区林地面积（万hm²）	采伐森林面积（hm²）	迹地更新的造林面积（hm²）
岷江	镇江关站	4 486	1958~1979	18.0	271	109		松潘林业局（1975年成立）	10.03（1970年）	3 966.4（1975~1990年）	3 286.07（1975~1990年）
			1980~1987	17.1	388	148	36.0				
			1988~1997	17.5	332	130	−12.4				
			1998~2007	15.4	216	74.0	−42.7				
黑水河	沙坝站	7 231	1965~1979	43.9	459	279		毛尔盖林业局（1971年成立）和黑水林业局（数据同前）	3.44（1970年）	4 134.83（1971~1990年）	5 302.13（1971~1990年）
			1980~1987	44.0	563	343	22.9				
			1988~1997	44.2	367	224	−34.5				
			1998~2007	40.7	211	119	−47.1				

注：采伐森林面积、迹地更新造林面积只统计到天然林禁伐前的1990年。

表 3　杂谷脑站、桑坪站泥沙变化与控制流域内天然林采伐、保护时段的对比分析

河名	站名	控制流域面积（km²）	年份	平均径流量（亿 m³）	平均含沙量（g/m³）	平均水土流失量（t/(km²·a)）	相邻时期的增减率（%）	控制流域面积内的林业局	全林区林地面积（万 hm²）	采伐森林面积（hm²）	迹地更新的造林面积（hm²）
杂谷脑河	杂谷脑站	2 404	1956 ~ 1979	21.4	340	303	−15.1	川西林业局（1950 年成立）	10.14（1952 年）	34 429.2（1950 ~ 1990 年）	26 676.13（1950 ~ 1990 年）
			1980 ~ 1987	19.0	325	257	−12.4				
			1988 ~ 1997	20.5	264	225	−59.5				
			1998 ~ 2007	21.1	104	91.0					
	桑坪站	4 629	1958 ~ 1979	34.6	400	299	35.9	川西林业局（1950 年成立）	10.14（1952 年）	34 429.2（1950 ~ 1990 年）	26 676.13（1950 ~ 1990 年）
			1980 ~ 1987	33.7	558	406	−10.8				
			1988 ~ 1997	34.1	492	362	−48.2				
			1998 ~ 2007	33.7	258	188					

注：采伐森林面积、迹地更新造林面积只统计到天然林禁伐前的 1990 年。

4　分析结论

通过以上数据分析，可以肯定的是国家实施天然林保护工程以来岷江上游水土流失状况的确得到了有效的控制，明显地减轻了曾经一度由于乱砍滥伐造成的严重的水土流失现象。当然政府下令关停一些生产工艺落后、破坏自然生态严重的厂矿企业也起到扼制水土流失的作用。

应当说明的是，1998 年至今岷江上游流域基本上没有发生较大的洪水过程，年洪水频数也相应减少，加之一些 90 年代建成的电站蓄水沉沙，都在一定程度上减少了含沙量。所以，含沙量减少的原因，除有天然林保护工程实施的因素外，还有特定的水文因素和水利工程拦沙等因素。

近些年来随着国家经济实力的增强，基础设施建设快速发展，公路改扩建、水电工程兴建等都是造成新的水土流失的重要因素，虽然都编制了建设项目水土保持方案，但在具体实施过程中，仍存在一定的弃渣乱堆乱倒、边坡保护不力等情况，须加强管理和督促，并加大执法力度，否则将导致新一轮严重的水土流失过程的产生。

为了巩固天然林保护工程和其他相关举措取得的水土保持成效，水行政主管部门还应进一步加大水土保持的监管和执法力度，对一切可能造成水土流失的建设项目开展水土保持监测工作，并将监测工作切实贯穿于整个工程的建设和运行过程之中。

参 考 文 献

［1］四川省阿坝州水文水资源勘测局.阿坝州水文志［M］.成都:四川科学技术出版社,2007.

［2］四川省阿坝藏族羌族自治州地方志编纂委员会.阿坝州志［M］.成都:民族出版社,1994.

［3］四川省阿坝州水文水资源勘测局.相关各站点历年水文整编资料.阿坝.

作者简介:罗华强(1956—),男,水文工程师,四川省阿坝州水文水资源勘测局。联系地址:四川省阿坝州汶川县威州镇西街 22 号。E-mail:5938790@ qq.com。

模糊集理论下水库汛期隶属度数学
模型与汛限水位计算

张新建

（山西省防汛抗旱办公室，太原　030002）

摘　要：总结了常见的水库汛限水位调度模式，以汛期模糊集理论为依据，讨论这些调度模式下汛期隶属度的数学模型，分析各种调度模式的特点，提出用三角函数做无参函数计算汛期隶属度的一种数学模型，并以余弦函数计算水库后汛期的隶属度；提出以主汛期汛限水位到兴利水位之间库容作为汛期隶属度计算防洪库容的方法，并给出算例。

关键词：水库汛限水位　汛期隶属度　三角函数

我国水库汛限水位的调度，经历了由粗放到精细、由经验到科学理论指导下实践的发展历程，近年来，由国家防总指导下的全国 20 多个大型水库动态汛限水位的研究和实践，进一步推动了其理论与实践的进程。

大连理工大学陈守煜先生的汛期模糊集理论，是以宏观的角度研究汛期水文规律，它奠定了我国北方地区水库汛限水位科学调度的理论基础，其核心是汛期隶属度计算。目前，已有一些水库应用汛期模糊集理论和方法优化汛限水位调度方式，并在增加水库蓄水和发电方面取得很好效果。但汛期模糊集理论及其方法仍然处于不断发展完善中，系统地总结汛期隶属度的计算，有利于该理论与方法的进步，并能对进一步改进水库汛期水位调度提供新的思路。

1　汛期隶属度计算的数学模型

在我国北方地区，一般可以将汛期分为三段来考虑，即前汛期、主汛期和后汛期。但在春夏和夏秋之交，暴雨洪水的变化在宏观上具有明显的过渡特征，根据模糊水文学理论，在非汛期，汛期隶属度 $\mu_A(t) = 0$，在主汛期，$\mu_A(t) = 1$。而在前汛期、后汛期的过渡时期，$\mu_A(t) \in (0,1)$，且在各分期内分别为单调增函数和单调减函数。

但汛期变化是一个很复杂的水文现象，虽然用汛期分段方法解决了主汛期隶属度的问题，但前汛期、后汛期隶属度计算仍然是需要探讨的问题。汛期隶属度的计算，除了统计的方法，主要是隶属度数学函数及其参数的选择，与采用 P－Ⅲ 型曲线模拟水文频率曲线类似，用数学模型只能是近似模拟汛期隶属度。

根据目前水库常见的汛限水位调度模式，用数学模型表述其汛期隶属度，分述如下。

1.1　全汛期直线型

北方地区从防汛管理时间整体上虽然分了前汛期、主汛期和后汛期，但有些水库在整个汛期依然保持单一汛限水位,这意味着在汛期的任一时刻发生设计洪水的几率相等,该调度方式不利于水资源的利用,其汛期隶属度图见图1,数学模型表达如下:

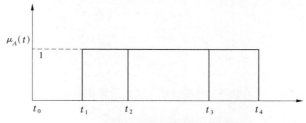

图1　全汛期直线型汛期隶属度图

$\mu_A(t) = 1$ ① $t_1 \leqslant t \leqslant t_4$

$\mu_A(t) = 0$ ② $t > t_4$ 或 $t < t_1$

这里 t_1、t_2、t_3、t_4 分别是三段制汛期的起止点,t 为日期数,以下同。

1.2　分期台阶型

水库在汛期设置了三段制的分期汛限水位,承认了在汛期不同阶段暴雨洪水的季节性差异,但台阶式的汛限水位调度使得各阶段之间缺乏必要的过渡,在实践中难以操作。在许多水库,前后汛期汛限水位并不是通过分期设计洪水计算得到,只是一个经验值。其汛期隶属度图见图2,数学模型表达如下:

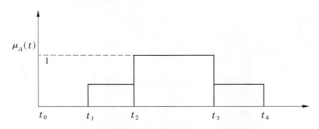

图2　分期台阶型汛期隶属度图

$$\mu_A(t) = \frac{v_1}{v_2} \quad t_1 < t < t_2$$

$$\mu_A(t) = 1 \quad t_2 \leqslant t \leqslant t_3$$

$$\mu_A(t) = \frac{v_3}{v_2} \quad t_3 < t < t_4$$

其中,v_1、v_2、v_3 分别是前汛期、主汛期和后汛期的设计防洪库容。

1.3　分期斜线型

水库在汛期设置了三段制的分期汛限水位,也考虑到季节转换在宏观上的渐进性,因此在前汛期和后汛期,汛限水位采用了斜线过渡。曾经采用过该方法的有内蒙古红山水库,此种过渡方法虽然偏于简单,但从应用效果上看优于台阶式的分期汛限水位。其汛期隶属度图见图3,数学模型表达如下:

$$\mu_A(t) = \frac{t - t_1}{t_2 - t_1} \quad t_1 < t < t_2$$

$$\mu_A(t) = 1 \quad t_2 \leqslant t \leqslant t_3$$

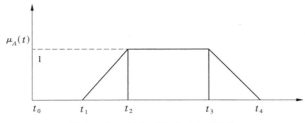

图3 分期斜线型汛期隶属度图

$$\mu_A(t) = \frac{t_4 - t}{t_4 - t_3} \quad t_3 < t < t_4$$

1.4 有参曲线型

利用有参函数计算汛期隶属度,典型的应用是陈守煜教授1989年提出的半正态分布曲线,其函数参数与水文数据和水库防洪参数密切相关,有很好的调节控制功能,该方法在实践中已得到应用,适用于资料齐全的水库。其汛期理论相对汛期隶属度图见图4,数学模型表达如下:

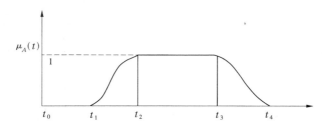

图4 有参曲线型汛期隶属度图

$$\mu_A(t) = e^{-(\frac{a_1 - t}{b_1})^2} \quad a_1 > t, b_1 > 0$$

$$\mu_A(t) = 1 \quad a_1 \leqslant t \leqslant a_2$$

$$\mu_A(t) = e^{-(\frac{t - a_2}{b_2})^2} \quad t > a_2, b_2 > 0$$

这里,t 为时间变量;a_1, a_2, b_1, b_2 为洪水特性参数。

文献[2]对汛期隶属度 $\mu_A(t)$ 的计算方法进一步完善,用统计流域多年平均日雨量方法计算汛期经验相对隶属度,用调整正态函数的参数来计算理论相对隶属度,通过经验相对隶属度和理论相对隶属度的比较,最终确定水库汛期隶属度,并以此来计算水库汛限水位,以上理论和方法已在许多水库得到实际应用。

1.5 无参曲线型

无参曲线型方法既可看做分期斜线型的改进,也可看做有参曲线型的简化。曲线函数选取了三角函数中的正余弦函数,分别作为前汛期和后汛期的隶属度函数,它在临近主汛期隶属度线两端呈现了平稳过渡的形态,能体现暴雨洪水在宏观上渐变的特点。这虽然是一种无参数控制的曲线,但反映了通常情况下的暴雨洪水规律,采用正余弦函数的优点是简单明了,对水文资料没有依赖性,对于水文资料缺乏、技术力量不强的水库是一种较好的选择。但与文献[1]中的方法相比较,缺乏利用函数参数调整隶属度函数曲线形

态的能力。采用该方法计算汛期隶属度的适用性,还有待于更多水库的实践检验。其汛期隶属度图见图 5,数学模型表达如下:

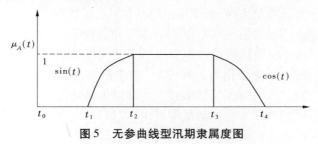

图 5　无参曲线型汛期隶属度图

在前汛期起点,$\mu_A(t_1) = 0$,而 $\sin(0) = 0$,在前汛期终点 $\mu_A(t_2) = 1$,有 $\sin(\frac{\pi}{2}) = 1$。

因此有:$\mu_A(t) = \sin(\frac{\pi}{2}(\frac{t - t_1}{t_2 - t_1}))$　$t_1 < t < t_2$ 取 $[0, \frac{\pi}{2}]$ 为 $[t_1, t_2]$ 的映射区间。

在主汛期有:$\mu_A(t) = 1$　$t_2 \leqslant t \leqslant t_3$。

在后汛期起点,$\mu_A(t_3) = 1$,而 $\cos(0) = 1$,在后汛期终点 $\mu_A(t_4) = 0$,有 $\cos(\frac{\pi}{2}) = 0$。

因此有:$\mu_A(t) = \cos(\frac{\pi}{2}(\frac{t - t_3}{t_4 - t_3}))$　$t_3 < t < t_4$ 取 $[0, \frac{\pi}{2}]$ 为 $[t_3, t_4]$ 的映射区间。

这里 t 为日期数,例如,当 t_3 为 8 月 16 日,t_4 为 9 月 30 日时,计算 9 月 1 日的汛期隶属度为:$\mu_A(t) = \cos(\frac{\pi}{2}(\frac{15}{45})) = \cos(\frac{\pi}{6}) = \frac{\sqrt{3}}{2}$。

2　后汛期汛限水位的计算

在北方水库的汛期防洪调度中,后汛期时常发生连绵秋雨,所产生的洪水峰小量大、时程长含沙量小,是洪水资源利用的大好时期。根据多年水文统计资料发现,在后汛期初期洪水衰减相对比较缓慢,余弦函数表现在汛期隶属度方面与半正态函数相类似,有一个缓慢下降的过渡期,这一特征正好能够适应后汛期初的洪水衰减规律(见图 6)。

在以往的文献[3]中,应用 $\mu_A(t)$ 计算水库某一天汛限水位的基本方法是该日的 $\mu_A(t)$ 乘以设计防洪库容,为该日所需防洪库容。这里提出不同算法。

设计防洪库容是主汛期汛限水位 Z_1 与设计洪水位 Z_{sj} 之间的库容,在一般有防洪与兴利共用库容的年调节水库,Z_{sj} 高于水库兴利水位 Z_{xl}。

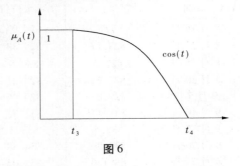

图 6

以 Z_{xl} 为界,将设计防洪库容 V_{sf} 分为两部分,即

$$V_{sf} = V_{sf1} + V_{sf2}$$

这里:V_{sf1} 表示 Z_1 到 Z_{xl} 之间的防洪库容;V_{sf2} 表示 Z_{xl} 到 Z_{sj} 之间的防洪库容。

在主汛期,库水位一般不超过汛限水位,所留的防洪库容要满足抵御设计洪水的发生。根据汛期模糊集理论,在主汛期过后,随着汛期隶属度 $\mu_A(t)$ 逐渐减小,汛限水位也可逐步提高,以至于到汛期结束时,后汛期汛限水位可逐步达到水库兴利水位 Z_{xl}。在此过程中,V_{sf1} 逐步由防洪库容转化为兴利库容,到汛期结束,该部分库容全部转化为兴利库容。

V_{sf2} 与 V_{sf1} 不同,V_{sf2} 在防洪调度过程中,起临时拦蓄洪水的作用,在调洪过程结束后,此部分防洪库容会释放,不会转化为兴利库容。在主汛期过后,随着 $\mu_A(t)$ 逐渐减小,V_{sf2} 被调洪占用的几率也在缩小,到汛期结束,V_{sf2} 的防洪库容功能已不存在。

因此,在计算后汛期汛限水位的防洪库容中,应该以 V_{sf1} 作为汛期隶属度的计算防洪库容,来计算后汛期的汛限水位,即

$$V_{sf1}(t) = \mu_A(t) V_{sf1} \quad t_3 < t < t_4$$

后汛期每日库容 $V_{kr}(t)$ 可按以下公式计算:

$$V_{kr}(t) = V_{sf1} + V_1 - V_{sf1}(t)$$

这里 V_1 是主汛期汛限水位 Z_1 对应的库容。

后汛期每日汛限水位 $Z_{xx}(t)$ 由后汛期每日库容 $V_{kr}(t)$ 通过插值计算水位—库容关系表得到。

3 算例

山西省中部某大型水库,控制流域面积 1 876 km²,总库容 1.05 亿 m³,主汛期为 7 月 15 日至 8 月 15 日,后汛期为 8 月 16 日至 9 月 30 日,主汛期汛限水位 827 m,后汛期汛限水位 829 m,水库兴利水位 836.6 m。

按 $V_{sf1}(t) = \mu_A(t) V_{sf1}$ 和 $V_{kr}(t) = V_{sf1} + V_1 - V_{sf1}(t)$ 计算后汛期每日防洪库容,这里 V_{sf1} = 3 495 万 m³,V_1 = 2 837 万 m³。

2009 年后汛期,该水库正好遭遇两场较大洪水,水库为了多蓄水,并没有严格按现有的规则来调度,而采取逐步抬高汛限水位的方法,效果良好。根据余弦函数计算汛期隶属度得到的汛限水位结果与实际库水位比较见表 1。

表 1　水库 2009 年后汛期汛限水位计算

日期	计算水位(m)	实际水位(m)	汛限水位(m)	隶属度	防洪库容(万 m³)
8 月 15 日	827	824.97	827	1.000	3 495.00
8 月 20 日	827.17	825.33	829	0.985	3 444.18
8 月 25 日	827.7	830.8	829	0.942	3 293.20
8 月 30 日	828.52	829.21	829	0.872	3 046.45
9 月 5 日	829.83	829.46	829	0.754	2 634.23
9 月 10 日	831.11	831.71	829	0.631	2 205.65
9 月 15 日	832.5	833.3	829	0.490	1 712.94
9 月 20 日	833.89	834.38	829	0.335	1170.40
9 月 25 日	835.26	835.02	829	0.170	593.84
9 月 30 日	836.6	835.32	829	0	0
10 月 1 日	836.6	835.34	836.6	0	0

4 结语

汛期隶属度计算是模糊水文学的重要内容,选择适当简单的汛期隶属度数学函数,对于减少计算难度、提高工作效率是有益的,采用正余弦函数计算汛期隶属度是选择之一。目前,对地域性特殊暴雨洪水规律的认识,只能通过水文统计的方式间接了解。因此,具有特殊水文条件的水库,找出其水文规律特殊性是必要的,使用统计方法[2]得到的汛期经验相对隶属度来计算汛限水位也许会更有实用价值。

以上理论和方法的讨论,是以承认暴雨洪水的宏观统计规律为基础,并用于制定水库静态汛限水位汛期调度规则。对于水库动态汛限水位的调度,应建立在静态汛限水位等汛期调度规则合理优化的基础之上,静态调度规则的合理性与实时调度的灵活性两者并不矛盾。

参 考 文 献

[1] 陈守煜,赵瑛琪. 汛期的模糊集模式及其应用[J]. 水电能源科学,1989(3):211-217.
[2] 陈守煜,等. 水库设计汛限水位动态模糊控制分析[J]. 大连理工大学学报,2005(5):735-739.
[3] 张波子. 汛期过渡期水库汛限水位动态控制方法[J]. 河北水利水电技术,2002(4):27.

作者简介:张新建(1953—),男,1977 年毕业于山西大学数学系,教授级高级工程师。
联系地址:太原市新建路45 号。E-mail:zxj4666616@ sina. com。

南宁市城区内涝成因分析与防御对策

徐国琼[1]　　滕培宋[2]　　陆修金[2]

（1. 广西壮族自治区水文水资源局，南宁　530023；
2. 广西壮族自治区水文水资源南宁分局，南宁　530001）

摘　要：近十年来，南宁市城区凡遇较大暴雨洪水，常会出现较严重的洪涝灾害。如 2006 年 6 月的洪害中，虽然邕江洪水位不高，仅 73.49 m，但暴雨造成市区内涝所带来的直接经济损失达到了 5 820 万元。本文针对南宁市近年洪水内涝问题，分析研究南宁市城区出现严重内涝的成因，对做好城市水文提出建议。

关键词：洪水　内涝　成因　城市水文　措施

1　基本概况

1.1　自然概况

南宁市是广西壮族自治区的首府，位于广西南部。地处亚热带，处于我国华南、西南和东盟经济圈的结合部，毗邻粤港澳，背靠大西南，面向东南亚，是连接东南沿海与西南内陆的交通枢纽，大西南最便捷的出海通道，也是中国唯一与东盟既有陆地接壤又有海上通道的首府城市。辖六区、六县。总面积 2.21 万 km²，市城区中心区域面积 129 km²。2009 年末，全市总人口 659.54 万人，其中市辖区人口 249.67 万人，中心区域人口 159.51 万人，全市生产总值 1 500 亿元。

南宁市位于东经 107°19′ ~ 109°38′，北纬 22°12′ ~ 24°2′，地处桂西南，涉及流域为郁江。南宁市属南亚热带季风气候，光热丰富，夏湿冬干，夏长冬短，雨量充沛，终年适宜植物生长，草经冬而不枯，花非春而常开，被誉为中国的"绿都"。

1.2　河流水系

南宁市辖区河系发达，河流众多，流域集水面积在 500 km² 以上的河流有郁江、右江、左江、武鸣河、香山河、八尺江、良凤江、东班江、沙江、清水河、镇龙江等 17 条，辖区易产生严重洪涝灾害的河流有郁江、左江、右江。郁江是珠江流域西江水系最大支流，也是辖区内最大河流，习惯上把流经南宁市宋村—邕宁区与横县交界处的河段称为邕江。郁江干流河长 427 km，集水面积 8 9667 km²，其中江南宁市辖区内干流河长 277.4 km，集水面积 17 085 km²，南宁市中心城区郁江河长约 39.4 km，郁江多年年平均径流量为 382.9 亿 m³（1950 ~ 2008 年）。

1.3　气候特性

南宁市属湿润的亚热带季风气候，阳光充足，雨量充沛，霜少无雪，气候温和，夏长冬短，年平均气温在 21.6 ℃左右。年平均气温在 22 ℃左右，相对湿度较大。1 月最冷，平均气温 12.8 ℃，最酷热的是每年 7 月份，平均气温 28.2 ℃，极端最高气温 40.4 ℃；春季气温低,天气多变,忽冷忽热,多为阴雨绵绵;夏季高温多雨,6~9月平均气温都在26 ℃以上;炎炎夏日午后常有雷阵雨,雨后气温下降,有"四时皆是夏,一雨便成秋"之说;冬季干燥少雨,平均气温一般在16~17 ℃。全年无霜期345~360 d,年平均日照时数为1 827 h。充足的热量可满足农作物一年2~3熟的需要;每年4月后降雨渐多,10月以后降雨量渐少,秋冬有时会发生干旱现象。多年平均降水量1 265 mm(1956~2007年)。降水量年内分配极不均匀,70%的降水量集中在5~9月。降雨特点:锋面雨多出现在5~6月,台风雨多出现在7~9月,有时会推迟至10月;锋面、切变线、低涡雨常出现在7~8月;局部性对流雨、雷雨多出现在夏季气温高湿度大且日照强烈之时;锋面、低涡雨通常会造成夏季连续性降雨,一般降雨面大,但强度较小;台风雨不但面积大,而且强度也大,雨量更集中。

2 典型内涝灾害

"2001.7"大洪水,由于南宁市中心城区以外还没有修建防洪堤,加之中心城区部分河段防洪堤还不完善,这次洪水给南宁市国民经济造成了巨大的损失。根据灾后统计,有8个农场,81个乡(镇)受灾,受灾人口196.7万人,倒塌房屋2.066万间,造成直接经济损失达36.37亿元。南宁市6个城区及武鸣县在"2001.7"大洪水中,有159条街道进水,被洪水围困9.65万人,农作物受灾面积84 610 hm²,成灾面积53 490 hm²,绝收面积21 240 hm²;受灾水产养殖面积31 830 hm²,损失水产品11.99万t。南宁吴圩机场被迫停航1 d;南昆铁路中断运输48 h;公路交通中断212条,毁坏路基、路面1 517.48 km;损坏输电线路、通信线路48 km;损坏中小型水库水利设施28座,堤防16处11.55 km,损坏护岸55处,损坏水闸90座,冲毁塘坝179座,损坏水利设施171处,损坏机电泵站136座。全市停工停产的工矿企业293个。

南宁市除受邕江洪水灾害威胁外,还常遭受城市内涝的困扰。如1994年7月,邕江洪峰水位75.77 m,在市防洪堤防洪标准以内,对城区不会造成多大影响,但因市区范围降大雨,虽然全部排涝泵站开足马力抽排城区积水,还是无法抵挡住内涝洪水的暴涨,内涝损失按当年物价折数统计达2亿多元。2006年7月18日,受第4号台风(碧利斯)环流影响,南宁市城区普降罕见的短历时强暴雨。南宁市主城区北湖园艺场7月17~19日最大1 h、3 h、6 h、12 h、24 h降雨分别达到96.0 mm、198 mm、326 mm、355 mm、390 mm,按频率计算,除1 h为50年一遇外,其余均超过100年一遇以上,为历史稀遇短历时暴雨。暴雨造成市区受灾面积近700万 m²,部分路基塌方,内涝道路66条,受淹店铺200多家,民房浸水533间;因内涝造成直接经济损失达5 820万元。

3 内涝灾害成因分析

3.1 特殊的地形地貌

远古时代,南宁一带曾是一片浩瀚的海洋,由于地壳不断运动,渐渐地变成了今天的南宁盆地。南宁盆地面积238 km²,是广西五大冲积平原之一。南宁市城区就位于这个盆地中央,地势平坦,地面高程在70~79 m,四周被山岭环抱,地势北高南低。因此,特殊的地理位置和地形地貌条件使南宁市频繁遭受洪水侵袭,同时也饱受内涝灾害之苦。

3.2 市区降雨集中,强度大,积水不能及时排泄

如2006年7月洪水,最高水位虽然仅71.45 m(黄海基面)未到防洪水位,但市区内已出现大范围的内涝,全市66条道路积水,受淹店铺200多家,民房浸水533间。其中民族大道新民生立交桥底、北大铁路立交桥底等25条城区主干道淹没面积达695 275 m²,淹没水深0.6~2.0 m。因灾造成直接经济损失达5 820万元。据城区9个雨量遥测站实测资料统计,北湖路、明秀路、友爱路一带,仅7月15~19日5 d累积降雨量达510~554 mm。市北湖园艺场3 h、6 h、12 h、24 h时段降雨量均超过100年一遇,为历史稀遇短历时暴雨。而此时的外江水位仅为66.39 m,还远未达到69 m的关闸水位,各内江还处在自流状态;南宁市排水管网设计排水标准多按20年一遇24 h暴雨设计,而南宁市"2006.7" 6 h、12 h暴雨频率却达到了200年一遇,24 h为50年一遇。可见这次严重内涝主要是由于超强度降雨,尤其是6 h内超强降雨所造成的,降雨强度已经远超出了设计标准。这次严重内涝除大暴雨持续时间长、雨量大等原因外,还有一些因素也是不可忽略的,如许多排水渠道由于被城市建筑物所覆盖,无法清淤,影响排水管渠排涝功能的正常发挥,从而加剧内涝的严重程度。

3.3 城市化改变了原有的地形、地貌及产汇流条件

随着城区建设面积的扩大,山地变楼房,高楼大厦林立,混凝土铺盖的不透水面积不断增加,地表植被和坑塘不断减少,致使地表的持水、滞水及渗透能力减弱,暴雨来临时产汇流时间缩短,地表及河道径流量增大,内涝灾害加剧。

3.4 城市人口密集,热能和废气增加

随着城市化建设进程的快速发展,城市人口增加。如2003年,南宁市区人口仅142万人,2年后的2005年增加到249.67万人,增加了75.8%。加上平山建房后城市的有效植被不断减少,特别是人们日常生活中排放的大量热能和废气,形成了城市"热岛效应"。城市地表温度升高,加剧了暖湿气流的抬升,从而促使大暴雨的产生。降雨量及降雨强度增加,使城市内涝灾害发生的可能性与频度明显增加。

3.5 异常暴雨洪涝灾害的次生影响

异常暴雨的发生及大规模扩建后的城市造成部分河流水系流态紊乱,河道与排水管网淤塞,进一步导致城市防洪排涝能力下降。另外,随着城市空间立体开发,地下室、地下停车场、下穿式交通道、地下交通网的修建,以及地下商场的增加,减弱了城市整体对暴雨洪涝灾害的承受能力,导致灾情加重。

3.6 市区排水系统功能低

城市排水工程是一项集城市污水的收集、处理,综合利用、降水的汇集、处理、排放,以及城市御洪、防涝、排渍为一体的系统工程,同时也是保障城市经济社会活动正常开展的重要工程。但是,城市排水工程规划往往滞后于城市建设发展,或是排水管道口径设置欠合理,排水系统功能低下,工程设施和管线缺乏优化配置而不能与城市发展有机结合,难以适应局部性、突发性暴雨积水的排泄。

据调查资料得知,南宁市排水干渠总长120 km,入河干(支)渠34条,衔接干渠与道路排水的支渠86条,除少数新建的排水干渠较完整外,仍有相当部分排水沟渠是利用原有自然形成的土沟略修沟壁后,盖上盖板形成,且此类沟渠一般是根据修建年代排水需

要,依据自然沟渠大小确定其断面,只能满足当时排水需要,预留发展空间不大。甚至有些沟渠现在已不能及时排除暴雨期间径流,因此周围区域常出现内涝现象。

4 防御对策与措施

4.1 建立城市水文实验站,研究城市化水文规律

随着城市区域范围的不断发展、扩大,洪涝灾害的频繁发生,给水文带来了新的机遇和挑战。建立城市水文实验站,收集城市化后水文实时监测数据,分析城市化后不同下垫面条件的产、汇流特性,探索城市内河水文情势和水环境变化趋势,以及现代都市城市内涝的形成原因,逐步掌握城市产汇流的规律,利用科学的模型,探讨内涝预测预报方法,为城市防涝减灾工作提供决策依据,减少内涝造成的损失,对城市的可持续发展是十分重要的。

2003 年,我局虽在自治区科技厅与水利厅的大力支持下,立项开展了南宁市城区暴雨洪涝灾害分析研究,但因缺乏城市水文资料,直到 2005 年建立城区水文实验站及水文、雨量自动监测系统,收集较完善的水文资料后,研究工作才得于 2008 年底顺利完成并通过自治区科技厅鉴定、验收。

4.2 加强城市降雨监测,完善雨量遥测系统建设

目前,南宁市区用于监测城区内涝建设测报系统还有待不断完善,应在南宁市城区暴雨洪涝灾害分析系统建立的雨量自动遥测系统的基础上,加大投入,结合水文实验站不断完善系统功能。

4.3 加强对各内涝地区的调查研究

通过调查,掌握内涝地区的各种排水设施布设、管网直径、出流量及城区街道地表高程点,并与各城区的城建、气象、水文、城市防汛等部门加强沟通,建立了内涝预报系统,利用水文、气象的分析预报,对可能出现的内涝的地区作出相应的预警和预报。

4.4 建立完善市政管网规划设计信息系统

建立完善市政管网规划设计信息系统,为城区管网改造工程和水文预测预报研究提供科学预测依据。2003～2008 年南宁市城区暴雨洪涝灾害分析研究中,已充分暴露因缺乏管网资料,给城区水文规律研究及预测预报预警工作带来许多困难与不便。

4.5 建立健全可靠的内涝灾害防治机制

内涝防治是复杂的综合性治理系统工程。在市政建设中,既要加大排水管渠网扩建改造和排涝泵站的扩容,也要增加城区和内河水文观测设施投入,建成城区和内河水文自动测报系统,深入开展城市内涝分析研究,建立健全可靠的内涝灾害防治机制。以工程措施和非工程系统的最优组合方式解决内涝灾害问题,这对保证城市的可持续发展将是非常重要的。

4.5.1 工程措施

(1)完善城区排水管网体系,适当加大排水管径,以加快市区内雨污水量的排泄。

(2)清除内河水道河床、滩地上的阻水障碍物,并定期进行清淤,恢复内河原有的行洪和蓄洪能力;改善城区下水道排洪功能和内河过洪能力,并对内河现状进行普查核算和整治规划。

（3）改变目前雨污合流排泄方式,减少雨洪排泄通道的淤积。全面规划设计利用雨水资源工程的布局,这既可利用雨水资源,又可减轻内涝及污染源的扩散。

（4）根据城市发展情况合理扩充排涝泵站的装机容量。

（5）合理配置临时排涝设备,将市内各部门可移动的各种抽水机,按名称、数量、功率大小、存放地点等登记造册,在防洪紧急时,由市防汛指挥部统一抽调到指定地点进行排涝。

（6）为维持城区合理的地下水位和防止地面沉降,建议在城区范围内严禁超采地下水。

（7）加大对现有排水管网清淤疏通工作力度,保证管渠畅通;确保泵站正常运转,充分发挥现有排水管网排涝功能的发挥。

4.5.2 非工程措施

（1）制定市城区排涝站防洪排涝调度技术方案,完善城市的排涝规划及汛前内涝抢险预案。

（2）推进洪涝预警预报系统建设与管理。加大城区和内河水文观测设施的投入,建成城区和内河水文自动测报系统,深入开展城市内涝洪水产汇流规律的分析研究,建立健全可靠的内涝预报方法和预报机制,提供有效和可靠的技术支撑。

（3）建立暴雨内涝数学模型模拟预报系统,并建立分级预警发布流程与平台设计,实现内涝灾害分布区域、范围和强度的预报预警信息发布。

参 考 文 献

[1] 陈雷.实行最严格的水资源管理制[J].中国水利,2009(623):9-17.
[2] 汪恕诚.一部绿色交响曲——水资源管理十年回顾[J].中国水利,2009(623):24-29.
[3] 湖南省气象台.长沙市城市暴雨内涝灾害预警业务系统研制暨湖南省暴雨中尺度机理研究.2007.
[4] 辜晓青,章毅之,殷剑敏,等.南昌市城市积涝预警系统研究[J].江西农业大学学报,2005,27(3):477-480.

作者简介:徐国琼（1953—）,女,高级工程师,广西壮族自治区水文水资源局。联系地址:广西壮族自治区南宁市建政路 12 号。E-mail:SWXGQ@163.com。

建设农田水库在农业防灾减灾中的
地位与作用

王英君　　薛春湘

（河北省农业厅，石家庄　050011）

摘　要：我国幅员辽阔，农业灾害种类多、范围大、受灾严重，但常年均以旱、涝灾害为主。随着北粮南运与气候变异，在不得不南水北调的同时南涝北旱格局亦被打破。加之我国农业基础薄弱，灾害损失日趋严重，仅粮食作物每年因旱涝灾害造成的粮食损失 4 000 万 ~5 000 万 t，占全国粮食总产量的8% ~10% 。本文从农业变迁对水文循环的影响，分析了水文气象与农业防灾减灾的技术对策，提出了建设农田水库的思想和技术途径。

关键词：水文气象　农业灾害　减灾对策　农田水库

1　水文气象与农业灾害

　　水文与气象紧密相联，与农业相辅相成，一个地方的旱涝既是农业灾害现象，又是一个水利问题和气象过程，水文气象与农业生产息息相关。伴随北粮南运、南水北调，则是水文循环和水文气象的变迁。反映在农业生产中，不但打破了南涝北旱格局，且突发性、高强度水文气象灾害日益突出，农业防灾减灾和保护农业安全的责任重大。

　　水是生命之源，既是农业的命脉，又是水文气象研究的核心。由于水是气象因子中最活跃的因素，其蒸腾、蒸发，成云致雨循环往复，往往受到大气环流、气候变化、地理与生态环境等因素的共同影响，在参与地表各圈层的活动中，既相互联系又相互作用，造成水的时空分布既相对稳定又极不平衡。发生了水文气象极端事件，意味着一年的总降水量也许变化不大，但其变率、变幅加大。干旱或洪水极端集中于某个地区或某个季节，其结果就是干旱或洪涝的肆虐，给农业生产造成重大灾害。

1.1　水文气象与农业生态

　　在大气、海洋和陆地水循环系统中，农业生态是陆地生态系统最重要的组成部分，包括种植业、养殖业、林业、草业及其农林牧副渔综合生态系统，不但参与构成了陆地与海洋、山川与河流等不同类型生态系统，而且通过参与蒸腾、蒸发过程成为水文循环中最活跃的影响因素。由于农业在生态系统中的开放性最强，与人类活动最为密切，一旦打破水分循环就会遭受大自然的报复。我国农业生态的变迁说明，随着符合自然和生态条件的"南粮北调"格局的改变，农业生态环境也在发生根本变化。尤其是缺水的北方成为我国商品粮、油、肉、菜基地以来，"北粮南运"与"南水北调"相叠加，农业生态变化对水文循环的影响依然会不断增强。

1.2　水文气象与农田水分平衡[1]

农田生态系统由人与作物及其生长发育有关的光、热、土、肥、水、气以及伴生生物（土壤微生物、作物病虫和农田杂草）等环境因素组成，水和水循环对于农田生态系统具有特别重要意义，并通过水与相关环境因素的共同作用，完成农产品的生产过程。

1.2.1　水循环

土壤水分及水量转换是农田生态系统中农业生产的关键因素，由于大多数的营养物质溶于水或随水移动，所以水循环是农业生产的基础循环。其储存库为水体或土壤水分，交换库为水与农作物。

1.2.2　气态循环

以 O_2、N_2、CO_2、其他气体和水蒸气为主，通过吸收、合成、排放来完成循环。其储存库是大气，交换库主要是有生命的作物、动物、微生物等。

1.2.3　物质循环

作物生长需要的多数矿物元素参与这种循环，但循环不完全。储存库是土壤，交换库多为水与陆地生物。由于循环不完全，也会有部分矿物质或农药、化肥随水流失，污染物的生物富集也是一个重要方面。

1.2.4　农田水分平衡

在农业生产过程中，各种循环均以水为介质。由于农田蒸散随种植制度、栽培措施、品种和作物生长状况而变化，因此农田蒸散量是鉴定作物水分供应条件的重要指标。影响农田蒸散量的主要因子有作物生长状况、大气干燥程度、辐射平衡和风力大小所决定的蒸发势，以及土壤供水状况、植被状况等。调节农田蒸散量与蒸腾、蒸发的比例关系，可提高水分利用效率。

1.3　水文气象与农业灾害

据统计，1950～2007 年全国年平均农田水灾面积 972 万 hm^2，成灾 543 万 hm^2；而受旱面积则高达 2 173 万 hm^2，成灾 961 万 hm^2。可见我国水旱灾害是影响农业生产的最大灾害。其中，20 世纪 90 年代年均受旱面积升至 2 711 万 hm^2，损失粮食亦由 50 年代的 43.5 亿 kg 升至 90 年代的 209.4 亿 kg[2]。2000 年的全国性大旱，受旱范围广，持续时间长，旱情严重，华北、西北东部旱期长达半年之久，全国受旱面积高达 4 054 万 hm^2，其中绝收 800.6 万 hm^2，因旱灾损失粮食近 600 亿 kg，经济作物损失 510 亿元，其影响已超过 1959～1961 年的 3 年自然灾害[3]。

据调查，随着"北粮南运"格局的变化，20 世纪 80 年代后期以来几乎所有的粮食减产年都是严重干旱年，而 1996 年、1998 年等典型洪涝年虽然沿江沿河损失惨重，但受季风影响，大面积粮田却因雨水充沛而获丰收。受日趋严重的旱灾影响，洪水的资源与环境效益却更加突出，减轻农业灾害必须从维护水文循环平衡出发，遵循规律顺势而为。

2　农业减灾的技术对策

农业生产是农田生态系统中水分循环和水量平衡协调作用的结果，正所谓"风调雨顺，丰产丰收"。而气象灾害的发生虽受人为活动的影响，但不以人的意志为转移。随着全球水旱灾害成为常态，应对农业水旱灾害对策也必须常态化。但长期以来，我国水文气象重点关注大江、大河、水资源评价和水利工程的规划建设。相对于水文气象的减灾职能，往往是抗旱打井、抗旱浇灌、防汛保库、防汛保堤，甚或是年年水资源评价"漏斗区"不断扩大，年年抗旱防汛农业灾害却不断发展。围绕北粮南运、南水北调以及气候变暖造成的影响，我国农业生产也必须顺应变化，及时调整发展思路，即站在国家高度研究并调整粮食安全的省长负责制，限制北粮南运规模，确保资源与粮食生产的基本平衡；而水文气象则应更好地为农业减灾开展技术服务。

2.1　建设农田水库的意义

耕地是作物生长的载体，降水是作物生产的最大水源，土壤承上启下是农田水分平衡和调蓄土壤水分的水库。由于土壤水分具有移动性差、稳定性高且蓄水库容庞大的显著特点，加强耕作管理、建设土壤水库的观点已被广泛接受。尽管土壤水库具有蓄水库容庞大且储水稳定性高的特点，但由于受到其移动性差的限制，在抗旱防汛中的调节作用也同时受到限制，为解决其双向调节作用问题，我们提出并实践了建设农田水库的观点。据测算，全国灌溉农田约占4成，而在占6成左右的非灌溉农区普遍建设农田水库，其毫米降水的粮食生产能力可翻一番，相当于再造一个农田水利工程，对农业可持续发展意义重大。

所谓农田水库，即根据水文气象条件，在配套实施秸秆还田、土壤改良、蓄水保墒建设土壤水库的基础上，有计划地配套建设农田水窖、坡地水柜、山沟塘坝等小型集雨设施，使旱地、半旱地成为旱能浇、雨能蓄、涝能排，可发挥的双向调节功能的旱作基本农田。

2.2　河北省土壤水资源评价

土壤水资源是土壤层经常参与陆地水分交换的水量，它表现为土壤水分不断补给与消耗的动态水量。其补给来源主要是大气降水、农田灌溉、地下水补给和大气中水汽的凝结，而其主要消耗则是植物蒸腾和土壤蒸发。因此，土壤水资源评价对维护生态平衡和发展农业生产意义重大。

河北省土地面积1 876.93万 hm^2，其中：山地701.94万 hm^2，占37.40%；高原243.43万 hm^2，占12.97%；丘陵90.68万 hm^2，占4.83%；平原572.23万 hm^2，占30.49%；盆地227.09万 hm^2，占12.10%；湖泊洼淀41.56万 hm^2，占2.21%，土壤水资源主要靠自然降水的补给。据第二次水资源评价结果，全省年降水量为998亿 m^3，产生地表水资源和地下水资源共计205亿 m^3，其中有790多亿 m^3 主要进入包气带土壤中。据有关专家推算，全省近亿亩耕地中可利用的土壤水资源为335亿~410亿 m^3。与全省多年平均农田总用水量404.61亿 m^3 基本平衡。

根据河北省土壤水资源评价结果，全省多年平均农田土壤水资源总量为290.67亿 m^3，其中平原区210.74亿 m^3，山区80.03亿 m^3。受季风气候自然降水分布不均的影响，能够被农作物利用的土壤水资源一年四季丰枯悬殊。无论是平原还是山区，即使不同土质，各典型年土壤水资源量都与降水量年内分配基本一致，且呈现周期性变化。1~5月降水量较少，形成的土壤水资源量也少，6~9月降水量较多，各月土壤水资源量也大，10~12月降水量变少，土壤水资源量相应减少。在空间分布上，山区土层薄，储水库容小，调节能力有限，多年来山区土壤水资源量仅80.03亿 m^3，占评价量的27.53%，而平原区土壤水资源量达210.74亿 m^3，占评价量的72.47%。其中海河冲积平原土层厚，土质较好,调节能力较强,该区土壤水资源量几乎占到了平原区总量的一半。

在种植业生产中,年均农作物总耗水量为 330.82 亿 m³,且有 165.4 亿 m³ 消耗于棵间蒸发,约占作物总耗水量的 50%;而农作物非生育期土壤水资源无效蒸发为 73.80 亿 m³,占全部土壤水资源量的 25.4%,相当于每年有 1/4 的土壤水资源量无效消耗。

总而言之,不但干旱、半干旱地区土壤水资源开发利用潜力巨大,建设农田水库的资源条件亦有保障。

2.3 河北省旱作节水农业的实践

在河北省近亿亩耕地中,有保障的灌溉农田不足 4 成,生产能力基本稳定,就是说决定河北农业丰收的关键在于占 6 成的旱地和半旱地,发展旱作节水农业已成为保持 6 年连续增产的重大举措。随着建设农田水库的技术体系的日臻成熟,经刘昌明院士验收、鉴定的"河北省不同类型区旱作农业技术"项目,获得 1992 年河北省科技进步二等奖。尤其是"以农田工程为主的农田水库建设技术",在抗旱防洪和开发利用土壤水资源方面展现了不可替代的技术优势。

3 农田水库建设的技术途径

河北省水资源十分匮乏,农业发展必须走资源节约的内涵发展道路。发展旱作节水农业要因地制宜地实行生物、工程、农艺、农机、高新技术五措并举,山、水、林、田、路五字统筹,以保护农业安全为原则,以农业可持续发展为目标,以水文循环理论、区位优势理论、生态适应性理论为依据,以农田水分平衡和土壤水科学利用为核心,通过实施农田水库建设工程,达到蓄住天降水、保住土中墒、用好土壤水的效果,促进经济、社会效益和生态效益的协调发展。

3.1 农田水库建设的技术路线

以不同类型区"一优、二调、三改、四结合"的旱作节水农业综合配套增产技术体系为依托,通过发展旱作农业生态体系,分类型区优化技术组合,因地制宜地推广旱作农业综合配套增产技术,重点突破农田水库建设,实现以肥调水、以土蓄水、以水促根、以根抗旱,增产增收。其技术规范有《旱作农业工程建设总则》(DB 13/T 396—1999)、《旱作农业区划与主体技术》(DB13/T 397—1999)等[4]。

3.2 农田水库建设的技术措施

农田水库是在实施改土培肥,普遍建设土壤水库的基础上,因地制宜地配套建设农田集雨设施,既包括农田水窖、坡地水柜、水洞,又包括可用于农田抗旱的集雨坑塘、山沟的塘坝等小型集雨设施,实现旱能浇、雨能蓄、涝能排的双向调节功能。其基本标志是达到旱作基本农田的生产能力。

3.2.1 改土培肥,建设土壤水库

多数旱地、半旱地不但耕性差(沙、黏、盐碱、坡),抗旱能力更差,根本问题是肥力差。解决问题的关键是改土培肥,建设土壤水库。其配套技术规范有《坡改梯田与综合治理技术规范》(DB 13/T398.1—1999)、《旱地作物丰产沟丰产坑耕作技术规程》(DB 13/T 398.3—1999)、《旱地培肥改土技术规程》(DB 13/T 398.4—1999)、《旱地秸秆还田技术规程》(DB 13/T 398.11—1999)、《旱地耕整技术规程》(DB 13/T 398.16—1999)等[5]。

3.2.2 发展集雨农业,建设农田水库

发展旱作节水农业,说到底是要"蓄住天上水、保住土中墒、用好地表水"。针对降水时空分布不均,雨季多雨造成水土流失、旱季少雨用水匮乏的问题。通过因地制宜建设集雨蓄水设施,建成广布田野的农田水库,彻底解决旱作农业区的抗旱播种和补充浇灌用水。在变被动抗旱为主动抗旱的同时,也解决了旱区发展现代农业问题。其配套技术规范有《旱作农区集雨水窖技术规范》(DB 13/T 398.2—1999)、《旱地地膜覆盖栽培技术规程》(DB 13/T 396.7)[6]等。

(1)集雨水窖。我们是在总结庭院水窖的基础上,于20世纪80年代初引入农田的。其后的河北的旱作农业工程、甘肃"121"雨水集流工程、内蒙古"112"集雨节灌工程、母亲水窖工程等得到广泛应用,并在抗旱播种、抗旱保苗、关键期补充浇灌和实现旱作高产中,发挥了巨大作用。

(2)设施旱作节水农业。利用旱作农区病虫害少、光照充足的优势,通过人工集雨设施突破干旱的约束,成为发展旱作现代农业的有效途径。河北省根据不同类型旱作农区资源特点,通过优化温室结构,调整不同类型区温室棚膜的太阳入射角,配套建设集雨水窖和棚内灌水系统,推广水肥、水药适时膜下滴灌,调控室内温湿度及病虫害生物防治,集成的旱作设施蔬菜高产栽培技术,率先打破了干旱山区没有现代农业的历史,并达到国内领先技术水平。

以5860改良型日光温室为例,其基本结构为:温室方位为正南偏西3°～5°,采光屋面角25°～27°,山墙、后墙厚度不低于1.5 m,温室耕作面低于地面0.5 m,脊高为3.6 m,其跨度在北纬40°以北地区7～8 m,40°以南地区8 m,长度50～60 m为宜(如图1、图2、表1所示)。

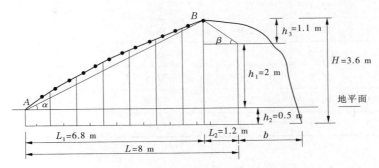

图1 5860改良型日光温室结构截面图

据测算,北纬36°～37°区标准温室的光辐射面积为382.5 m²,冬至日晴天条件下进入温室的太阳辐射能为153万 kJ;温室集雨面积为795 m²,正常年份可产径流199.3 m³,按85%保证率为169.4 m³,可在温室前方建设一座有效库容90 m³或两座40～50 m³小水窖,正常年即可满足温室生产需要。以番茄为例,卡依罗、FA－189、保冠1号或金棚1号的亩产可达1.8万 kg,平均日耗水1.37 mm,单株日耗水0.27 L,折合每千克番茄耗水15.6 L,每立方米水的效益达到89.7元,番茄温室集雨节灌高产栽培每方水的效益是露地栽培5.5倍。

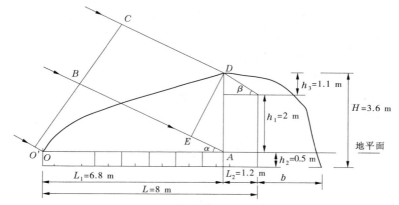

图2 5860 改良型日光温室的采光与集雨测算图

表1 5860 改良型日光温室的集流数据查对

参数		集流面类型			
		棚间集流面	塑料棚	混凝土后屋面	合计
集流效率 E_{yi}		0.25	0.9	0.70	
集流面积 S_{pi}（m²）		$4.5 \times 53 =$ 238.5	$53 \times 8 =$ 424	$53 \times 2.5 =$ 132.5	$53 \times 15 =$ 795
年有效降雨 R_p（mm）	373.2	22.2	142.4	34.6	199.2
各时段集雨量（mm）	4 月 1～30	13.3	0.8	5.1	1.2	7.1
	5 月 1～31	22.4	1.3	8.5	2.1	11.9
	6 月 1～30	49.4	2.9	18.8	4.6	26.3
	7 月 1～31	121.5	7.2	46.4	11.2	64.8
	8 月 1～31	98.3	5.8	37.5	9.1	52.4
	9 月 1～30	46.7	2.8	17.8	4.3	24.9
	10 月 1～31	22.0	1.3	8.4	2.0	11.7

4 结论

4.1 建设农田水库再造农田水利工程

全国灌溉农田约占耕地的 40%，而在 60% 左右的非灌溉农区普遍建设农田水库、配套旱作节水技术，其毫米降水的粮食生产能力可翻一番，相当于再造一个农田水利工程系统。

4.2 建设农田水库优化农业结构

受地理、气候条件的共同影响，各地传统特色名优农产品优势往往并不突出。通过建设农田水库可突破某些资源的限制，有利于培植特色产业，优化农业生产结构。

4.3 建设农田水库发展现代农业

随着农田水库建设的开展,必将为设施旱作节水农业的大发展创造有利条件,推动贫穷落后地区现代高效农业的发展,促进农民增收致富,实现现代农业的均衡发展。

参 考 文 献

[1] 王英君.节水农业理论与技术[M].北京:中国农业科技出版社,2010.

[2] 水利部,国家防总.2007 年水旱灾害公报[J].水利部公报,2009(1):22-37.

[3] 刘杰.我国的干旱特点和防御.http://www.cma.gov.cn/ztbd/zdtq/20091224_1_1_3/200912242/201002/t20100226_59920.html.

[4] 王英君.旱作农业工程建设系列标准.石家庄:河北省技术监督局,http://www.bzsb.info/los_Website/lj/ljPowerSearchAction.action.

[5] 王英君.旱作农业工程建设系列标准.石家庄:河北省技术监督局,http://www.bzsb.info/los_Website/lj/ljSearchCommon.action;jsessionid=3AE7BBFDEEFB10B44F523069F58DC6A7.tomcat1.

[6] 王英君.旱作农业工程建设系列标准.石家庄:河北省技术监督局,http://www.bzsb.info/los_Website/lj/ljPowerSearchAction.action#.

作者简介:王英君,男,研究员,河北省农业厅。联系地址:石家庄市裕华东路88号。E-mail:wangyj@heagri.gov.cn。

农业引黄灌溉形势分析及对策[*]

乔建宁[1]　张新元[2]

(1. 石嘴山市水利灌排与工程质量监督站,石嘴山　753000;

2. 石嘴山市水务局,石嘴山　753000)

摘　要: 近年来,随着我国工业和城市化进程不断加快,工业和城市生态用水增速较快;耕地面积和灌区逐步扩大,农业灌溉用水也将增加;黄河来水持续减少,水利部黄河水利委员会分配各省引耗水指标也随之减少;北方灌区春季气温偏高,降水偏少,农业引黄灌溉面临新的严峻挑战。本文通过对农业引黄灌溉形势分析,结合对宁夏石嘴山市近几来在新的农业灌溉形势下抗旱措施经验的总结,为石嘴山市、宁夏引黄灌区乃至北方毗邻相似的引黄灌区,解决农业引黄灌溉水量不足问题提供了清晰的思路和措施。

关键词: 农业灌溉　形势分析　对策

1　前言

由于近几年黄河上游来水逐年减少和国家对黄河水量进行统一调度(黄河水利委员会根据黄河来水"丰增枯减"的原则统一向各省、自治区制定用水指标),农业引黄灌溉面临新的严峻挑战。本人结合宁夏石嘴山市的实际情况,对造成农业灌溉用水紧张的主要因素进行分析并提出具体对策和措施。

2　造成农业灌溉用水紧张的主要因素

2.1　各行业用水需求旺盛,需水量增速较快

随着宁夏回族自治区工业和城市化进程不断加快,全区工业和城市生态用水增速较快,2008 年已增至 1.53 亿 m^3,今年西夏水库开始运营蓄水,用水还将增加。随着红寺堡灌区开发逐步到位,今年新增灌溉面积 6 000 hm^2,全区引黄灌区实际面积已超过 47.67 万 hm^2,农业灌溉用水也将增加。

2.2　黄河来水持续减少,水利部黄委会分配引耗水指标减少

近三年以来,黄河来水持续减少,水利部黄委会分配我区引耗水指标也随之逐年减少。以 2009 年为例:根据水利部公布的黄河干流水量调度预案,本年度黄河可供水量为 320 亿 m^3,比正常年份 370 亿 m^3 少 50 亿 m^3,是正常年份的 86%。分配宁夏引黄灌区 4～6 月耗水量为 22.56 亿 m^3,比近三年同期耗水量 23.75 亿 m^3 少 1.19 亿 m^3,减幅 5%。从引水流量上分析:4 月份分配我区的日均引水流量为 205 m^3/s,比近三年同期日均少 25 m^3/s,减幅 12%;5 月份 480 m^3/s,比近三年同期日均少 32 m^3/s,减幅 7%;6 月份 500 m^3/s,比近三年同期日均少 54 m^3/s,减幅 11%。这将加剧灌溉高峰期用水矛盾,保障农作物

---

* 本文原载于《节水灌溉》2009 年第 9 期。

适时适量灌水十分困难。

2.3　气候干旱,降雨量减少

近三年以来,北方灌区 3 ~ 5 月气温偏高,降水偏少,尤其我市出现春旱的几率较多。因此,春播小麦需水临界期也常会提前,灌区用水量将相对增加,灌溉水量供需矛盾突出。

2.4　灌区位于唐、惠两大干渠梢段,灌溉形势更为严峻

2.5　灌区配套建筑物老化,渠道衬砌率低

宁夏引黄灌区历史悠久,但灌溉渠系整体砌护率低,以土渠输水灌溉为主。以石嘴山市为例:现有唐徕渠、惠农渠两大干渠和二农场渠、昌渠、湧渠、官泗渠四条支干渠,干渠和支干渠总长 275.4 km,砌护率仅为 23.6%;支渠 713 条长 1 419.1 km,斗渠 1 206 条 1 043.9 km,支、斗渠砌护率仅为 33.6%;农渠 14 662 条 8 155.22 km,农渠砌护率仅为 6.5%。由于衬砌率低,渠道输水渗漏严重,灌溉水利用率仅为 0.4,农业水分生产率仅为 0.8[1]。灌区水源至田间输水损失占灌溉水量损失的 80%[2]。水资源的有效利用率低,也是造成灌区水量不足的因素之一。

2.6　超计划用水将受到法律的约束

随着国务院颁布《黄河水量调度条例》,并于 2006 年 8 月 1 日起实施;2008 年自治区水利厅制定了《宁夏回族自治区黄河宁夏段水量调度管理办法》,且被列入 2009 年度拟由自治区人民政府发布的政府规章项目计划。超计划用水将受到法律的约束。

3　对策和措施

3.1　以沟补渠,充分利用沟道水资源

随着 2001 年石嘴山市引五济惠工程(将第五排水沟水抽引到惠农渠),2006 年石嘴山市引三济唐工程(将第三排水沟水抽引到唐徕渠)等一系列以沟补渠工程项目的建成和运行,我市利用沟道水补充渠道黄河水混合灌溉取得了成功经验,可向整个引黄灌区推广;同时,也可在高峰期应急状态时,在灌溉困难的区域增设沟道临时泵站或移动水泵,充分利用沟道水量补充渠道水量不足,满足灌溉需求。

3.2　采取井渠结合灌溉,缓解水量的不足

宁夏引黄自流灌区地下潜水层水资源丰富,主要是农田灌溉渗漏补给和渠系渗漏补给。尤其是银北灌区,由于地势低洼,农田排水自流条件差,地下水位高,水质相对较差,但矿化度大多小于 3 g/L。2003 年宁夏灌区打抗旱浅井 3 500 眼,其中:石嘴山市打抗旱浅井 1 682 眼。近几年石嘴山市利用这些机井采取井渠结合灌溉的方式,既解决了地下水质较差问题,补充了灌溉水量,又可达到以灌代排的目的,解决排水不畅问题,避免农田土壤盐渍化。为灌区推广井渠结合灌溉积累了经验。条件类似的引黄灌区可推广采纳。

3.3　充分利用山泉水

20 世纪 80 年代以来,石嘴山市分别在小水沟、大风沟、龟头沟、大武口沟、涝巴沟、柳条沟等处建设了 10 座截潜流小型库,为解决局部灌溉起到非常重要作用,并取得成熟的经验。银川平原西靠贺兰山,山泉水资源丰富,利用好山泉水资源对解决灌溉水量不足可起到一定作用。

3.4　加大灌区节水改造工程建设力度

加大灌区节水改造工程建设,加大渠道砌护力度,减少渗漏,提高渠系水利用系数;逐步加大低压管灌、喷灌、滴灌、小畦灌溉等节水技术的推广和应用,增加水资源的有效利用率。

3.5　加大农田水利建设力度

进一步加大以清沟、挖渠、畦田建设为主要内容的农田水利基本建设,夯实农田水利基础设施条件。

3.6　充分利用湖泊湿地储备水量,在灌溉高峰期缓解供水矛盾

我市星海湖拦洪库现有库容 4 000 万 m³,可调库容 2 000 万 m³。近几年,石嘴山市在每年 3 月黄河用水低峰期,利用星海湖储备黄河水,在 7～8 月山洪高峰期,充分利用星海湖拦蓄山洪水,在灌溉高峰期补充灌溉水量,为缓解灌溉高峰期供水矛盾起到了较大的作用。宁夏银川平原湖泊资源丰富,利用好灌区的湖泊资源,对缓解宁夏灌区灌溉高峰期供水矛盾可起到一定的作用。

3.7　严格控制水稻面积

按照农牧厅、水利厅宁农(种)发[2007]19 号印发的《水稻种植优化布局与发展规划》的通知精神,合理规划水稻种植规模及区域。规划的种稻适宜区水稻要集中连片,便于供水。常年灌水困难的支渠、高口、高地、耗水水量大的漏沙地及超计划种植的水稻均要退出水稻种植,以提高灌水保障率。

3.8　依靠科技,提高水资源利用效率

大力实施水稻控灌、旱育稀植、小畦灌、坐水点灌、覆膜、起垄栽培、垄作沟灌等农业技术措施的推广应用,及水保剂、抗旱剂新产品的推广应用,形成农作物适宜的节水灌溉技术模式。小麦头水要早,适当推迟二水;单种小麦不灌麦黄水;玉米采用覆盖技术;要把水稻控灌技术与水稻旱育稀植技术推广相结合,大力示范推广水稻幼苗旱长轻型栽培技术。变充分灌溉为非充分灌溉,提高水资源的灌溉效益。

3.9　加强水利管理体制改革,以管理促节水

为加强灌区管理,改革传统的管理模式和灌水方式,探索新形式下水利管理的新机制。进一步深化农村水费改革和水管体制改革,实行"一把锹"灌水制度,由组建的农民用水协会对所辖灌溉设施进行管理,实现农民用水协会自主管理、自主经营、自我服务、民主决策、市场化运作的管理方式,调动农民群众参与管水的积极性,提高节水意识,以管理促节水。

4　结语

我国是一个农业大国,农业用水量占总用水量的 73% 左右。目前,全国农业用水总缺水量为 260 亿～320 亿 m³,到 2010 年为 398 亿～440 亿 m³,2030 年为 277 亿～306 亿 m³。可见农业水危机已变得日益尖锐[3]。充分利用好有限的水资源,发展节水型农业是一项长期而艰巨的工作。通过以上综合措施的实施,可缓解新形势下农业灌溉水量不足的矛盾。

参 考 文 献

[1] 吴洪相.把握机遇 狠抓落实 努力实现我区农村水利工作新跨越[R].银川:宁夏回族自治区水利厅,2009.
[2] 冯广志.我国节水灌溉发展的总体思路[J].中国农村水利水电,1998:11.
[3] 翟浩辉.农业节水探索[C].北京:中国水利水电出版社,2001:1-48.
[4] 朱永忠,周向东.我国农业节水模式初探[J].水利经济,2003,21(6):54.

作者简介:乔建宁(1965—),男,工程师,现任石嘴山市水利灌排与工程质量监督站站长,主要研究方向为农业节水灌溉管理、水利建设管理、水资源合理开发、管理和保护。
联系地址:宁夏石嘴山市武口区朝阳西街 161 号。E-mail:qiao＿0952@163.com。

漆水河"07·8"暴雨洪水分析 *

刘战胜

（陕西省宝鸡水文水资源勘测局,宝鸡　721006）

摘　要：2007 年 8 月漆水河流域出现强降雨天气,造成流域发生有水文资料以来最大洪水。采用漆水河地区实测雨量、水位、实测流量资料对本次洪水成因、过程、特征等进行了分析和研究,为认识该流域暴雨洪水形成规律及防汛减灾工作具有一定的作用。

关键词：暴雨　洪水　洪水特性　漆水河流域

2007 年 8 月 8 日,由于受西风带低槽和西太平洋高压西侧南暖湿气流的共同影响,渭河流域自西向东出现明显的降水过程。受此影响,8 月 8 日 14 时开始,漆水河流域出现明显强降水过程,部分地区突降大到暴雨。以安头水文站形成的暴雨中心,1 h 降水量 98.0 mm,3 h 降水量 162.2 mm,12 h 降水量 181.7 mm 均为建站以来之最,致使 8 月 9 日在渭河水系漆水河发生了有水文资料以来的最大洪水,造成部分地区暴雨灾害。

1　流域概况[3]

漆水河发源于陇山东部余脉老爷岭山地区的麟游县招贤镇宁里沟,为渭河北岸一级支流。漆水河出麟游县境经永寿流入羊毛湾水库。

该流域大部分为石质低山区,山势低矮断续,河谷切割窄深,沟壑纵横,地形大致呈北高南低,海拔 850～1 300 m,沟岭相对高度在 500 m 以下,两岸支流密布,沟壑密度 2.8 km/km²,地貌区划属丘陵沟壑区。

流域上游多为古土壤及黄土质,下游底层为灰岩上覆较厚的老黄土,顶层覆有较薄的新黄土,低塬黄土一般几米,高台塬黄土厚几十米至百余米。该流域属暖温带半干旱草原植被类型,主要以黄土台塬和土石山区组成,雨量偏少,降水量随季节变化明显,全年降水量主要集中在 7～9 三个月,占年降水量的 60% 左右,大部分以暴雨所形成的洪水形式出现,洪水多为陡涨陡落型[1]。

安头水文站地处陕西省永寿县店头镇安头村,东经 108°03′,北纬 34°36′,为漆水河基本控制站和国家基本水文站,是羊毛湾水库进库站。该站上游共设雨量站 6 个,流域面积 1 007 km²,距河口距离 66 km,河长 85.6 km,河流平均坡降 8.18‰。流域形状近似扇形（见图 1）。

多年平均降水量 616.6 mm,年径流深度 50～100 mm,多年平均径流量 0.622 亿 m³,径流系数 0.1～0.2,多年平均干旱指数 1.5。建站以来实测最大流量 511 m³/s,实测最高

＊本文原载于 2008 年 8 月《水资源与水工程学报》第 19 卷第 4 期 107～109 页,并收刊在《2008 年陕西省水文论坛论文集》。

水位99.29 m,实测最大水深5.4 m,发生于2007年8月9日。实测最大流速6.25 m/s（1978年7月27日）,实测最大含沙量548 kg/m³（1974年7月25日）[4]。

2 雨情分析

2.1 暴雨成因

漆水河地处渭北旱塬地区,是鄂尔多斯台地的南缘。"07·8"暴雨洪水由于受西风带低槽和西太平洋副热带高压西侧南暖湿气流的共同影响,出现冷暖空气交流,降雨带偏移。漆水河由于正处于副热带锋区,加之受地形对气流的抬升作用,促成了漆水河流域内以安头水文站为中心的短历时大范围暴雨到大暴雨的强降雨过程出现。

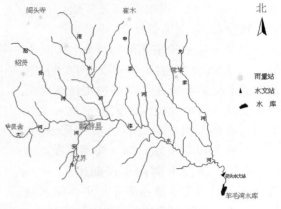

图1 漆水河流域水系图

2.2 降雨实况[2]

"07·8"暴雨洪水是由于漆水河流域8月5日12时至8月9日17时的降水过程引起（前期10日内流域未出现降雨过程）,整个降水过程为:8月5日流域内大部分为小雨（0~7.1 mm）,6日流域内出现中到大雨（16.6~58.1 mm）,7日流域内几乎未降雨（交界仅0.5 mm）,8日流域出现暴雨到大暴雨（61.0~182.2 mm）,9日流域出现小到中雨（2.5~36.9 mm）,9日后天气转晴。

形成"07·8"洪水的降雨主要集中在8月8日14时至8月9日12时,历时21 h内。降水强度以安头水文站为例,8月8日19~20时,降水量18.8 mm;20~21时,降水量97.0 mm;21~22时,降水量44.5 mm;22~23时降水量3.3 mm强度开始减弱,整个强降水过程仅持续3 h,降雨量达162.2 mm,降雨强度为建站以来之最。详见图2、表1。

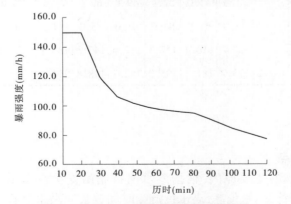

图2 8月8日一次暴雨强度历时曲线图

2.3 暴雨特征

本次暴雨笼罩面积广,降雨中心偏于下游。降雨量在50 mm以上笼罩面积为3 720 km²,降雨量在100 mm以上笼罩面积为1 325 km²,150 mm以上笼罩面积为438 km²,200 mm 以上笼罩面积为 143 km^2[6]（见图 3）。其特点是持续时间短,强度大,面积大,总量大,分布不均。本次降雨过程雨区呈南北带状分布,偏南部的招贤、良舍、阁头寺、交界四个雨量站较偏北部的崔木、常丰、安头三站降水时间提前一个时段（约 6 h）,这是形成本次洪水较往年洪峰过程持续时间较长及洪峰偏小的原因。依据宝鸡水文局不同重现期暴雨成果资料分析计算,安头水文站最大 12 h 及最大 24 h 降雨重现期均超过百年一遇,3 h 降雨重现期达 50 年一遇,8 月 8 日日降水量占多年年平均降水量

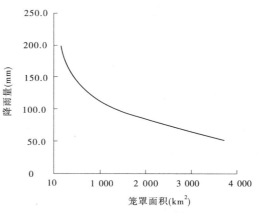

图 3　降雨量与笼罩面积关系图

的 29.5% 。"07 · 8"暴雨是漆水河流域水文观测记载以来的第 1 次特大暴雨。其上游常丰雨量站最大 12 h 降雨量 110.4 mm,暴雨重现期达 20 年一遇,最大 24 h 降雨量 147.3 mm,暴雨重现期达 50 年一遇,良舍、阁头寺、崔木三站最大 24 h 降雨量,重现期均为 5 年一遇。招贤、交界雨量站最大 24 h 降雨量,重现期均为 2 年一遇。

表 1　漆水河流域各雨量站降雨统计

站名	河名	各时段最大降水量（mm）								次降水量（mm）	8 月降水量（mm）	日降水占 8 月百分比（%）
		1 h	3 h	6 h	12 h	24 h	1 d	3 d	7 d			
招贤	招贤河			29.0	49.0	69.0	61.0	84.5	94.5	94.5	106.5	57.3
良舍	山大河			50.5	58.5	81.5	79.5	137.6	142.2	142.2	183.8	43.3
阁头寺	澄水河			36.0	59.1	85.9	71.7	109.8	125.8	125.8	178.5	40.2
交界	永安河			21.8	41.0	52.4	49.8	69.6	76.6	76.6	132.4	37.6
崔木	申家河			45.0	61.0	84.6	61.0	85.0	111.6	108.8	166.8	36.6
常丰	史家河			97.4	110.4	147.3	110.4	147.3	185.3	179.3	232.4	47.5
安头	漆水河	98.0	162.2	173.2	181.7	195.0	182.0	198.8	214.5	214.5	256.0	71.2

3　洪水分析

3.1　洪水过程及特点

　　暴雨是形成洪水的主要原因,根据漆水河控制站安头水文站实测水文资料显示,"07 · 8"洪水水位涨势猛、水位高,高水位持续时间较长。洪水过程从 8 月 7 日 11 时 30 分至 8 月 14 日 8 时,与暴雨过程相应出现 2 次洪峰（复式洪峰）。第一次洪峰主要是由 8 月 5 日至 6 日流域内降水过程形成的,该时段降水过程及范围比较均匀。漆水河水位从 8 月 7 日 11 时 30 分的 94.27 m 开始起涨,到 11 时 54 分出现第一次洪峰水位 94.99 m,历时 0.4 h;流量从 0.716 m^3/s 涨至 21.8 m^3/s。含沙量 7 日 8 时峰前为 6.34 kg/ m^3,12 时

30 分沙峰为 19.8 kg/ m³,8 日 2 时含沙量落平至 9.46 kg/ m³;第二次洪峰水位从 8 月 8 日 20 时的 94.49 m 开始起涨,8 月 9 日 2 时 54 分出现洪峰水位 99.29 m,历时 6.9 h;流量从 4.53 m³/s 涨至 576 m³/s,峰顶持续 0.3 h。落水段(8 月 9 日 3:12 ~ 8 月 14 日 8:00)流量从峰顶 576 m³/s 落至 92.1 m³/s,落水历时 5.8 h,水位落差 2.85 m,充分表现出该流域汇流时间短,洪水暴涨暴落的特征。流量从 92.1 m³/s 落至起涨时的 4.48 m³/s,水位落差 1.21 m,历时 121 h,比较缓慢。本次整个洪水过程总量达 0.192 8 亿 m³,占年径流量的 36.1%(详见表 2)。含沙量 8 日 8 时峰前为 8.52 kg/ m³,9 日 4 时 30 分最大单沙为 326 kg/ m³,10 日 8 时含沙量落平至 6.08 kg/ m³。本次沙峰小于 74 年的小水大沙含沙量 548 kg/ m³,其原因主要是降雨中心偏于下游的植被多为丘陵沟壑的石质山区及近年的退耕还林使植被有所改善。详见图 4。

表 2　安头站"07·8"洪水特征统计

峰现时间			水位(m)		涨落率	流量(m³/s)		涨落率	洪水总量	占月径流	占年径流
日	时	分	最高水位	涨幅	(m/h)	最大流量	涨幅	(m³/(s·h))	(亿 m³)	比例(%)	比例(%)
7	11	54	94.99	0.72	1.80	21.8	21.1	52.3	0.008 5	3.59	1.61
9	2	54	99.29	4.8	0.69	511	507	82.9	0.184 2	77.1	34.5

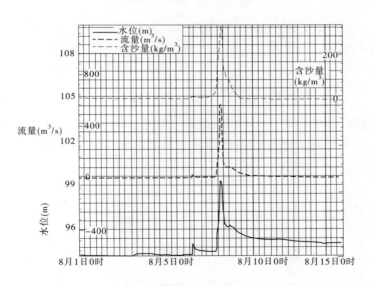

图 4　安头站瞬时水文要素(水位、流量、含沙量)过程线

　　"07·8"暴雨由于强度大、历时短给上游的麟游县县城及十个乡镇的道路交通、通信设施、电力设备造成中断、部分房屋倒塌,县城部分居民一楼被淹,给居民生活造成了较大的损失。水文部门克服正常通讯设备不通的现状,冒着大雨及山体滑坡的危险步行十多公里,在仪井镇将洪水预报信息及时准确的发往有关防汛指挥部门,为下游羊毛湾水库的科学调度提供了依据,确保了下游人民生命财产安全,使羊毛湾水库没有因为这场洪水而影响到正常的蓄洪。

3.2 洪水重现期

漆水河历史调查最大洪水 2 030 m³/s(1920 年 8 月 18 日),次大洪水 975 m³/s(1933 年 7 月 20 日)。从 1971 年建站出现最大流量 271 m³/s(1978 年 7 月 27 日)[5]及 2007 年 8 月发生 576 m³/s 的较大洪水,充分证明洪水重现期与降雨分布有着明显的因果关系。本次洪水由于受降水影响,发生了建站以来的最大洪水,经过把本次洪水洪峰流量资料计入安头站历史洪水流量资料系列内计算,漆水河"07·8"洪水重现期接近 20 年一遇。

4　结语

2007 年 8 月发生在漆水河流域的暴雨洪水是在特殊的气象条件及地理位置下产生的,本次流域出现的降雨由于时间短,强度大,面积分布广,导致了洪峰水位、洪峰流量、洪量及高水持续时间都成为有实测水文资料以来最大的特点。

漆水河"07·8"洪水再一次警示我们,作为提供防汛抗洪情报部门的水文部门,要时刻严阵以待,严格按水文勘测规范开展工作,并不断提高洪水预报精度,确保水情信息及时准确传达到各级防汛指挥部门,不断适应经济社会对水文的需求,为各级防汛指挥部门提供优质服务。

参 考 文 献

[1] 冯忠贤,张清朴,李惠文,等.宝鸡市水利志[Z].1987.10.宝鸡市水利水保局水利志编纂办公室.
[2] 中华人民共和国水利部水文局.中华人民共和国水利部水文年鉴(1971~2006 年)[Z].2006.
[3] 陈兆丰,孙有庆,汪云峰,等.宝鸡市水文实用手册[M](内部发行)宝鸡市水利水保局.1990.12.
[4] 袁金梁,徐剑峰.伊可昭盟"89·7"暴雨洪水[J].水文,1991,63(3):48-50.

作者简介:刘战胜(1969—),男,工程师,陕西省宝鸡水文水资源勘测局,陕西省宝鸡市渭滨区益门堡宝鸡水文局。联系地址:陕西省宝鸡市川陕路 16 号。E-mail:BJ6859203@126.com。

气候变化对山东降水及极端天气
气候事件的影响分析

张胜平　张　鑫　王海军　向　征　杜子龙

（山东省水文水资源勘测局,济南　250014）

摘　要:本文根据新中国成立以来山东省气温资料进行分析,从温度变化来反映山东气候变暖的趋势;在此基础上根据山东省近60年来的水文资料分析气候变化对山东降水及极端天气气候事件的影响。发现近60年来山东气候呈变暖趋势,随着气候的变化,山东省年降水量呈减少的趋势,并导致极端天气气候事件出现频率及强度呈增大趋势。

关键词:气候变化　降水　水资源

1　山东省近60年来的气候变化

在全球及全国气候变暖的大背景下,山东省的气候也发生了明显变化,这种变化的趋势与中国气候变化的趋势基本一致。根据山东省1950～2009年逐年平均气温资料分析,近60年来山东气候呈变暖趋势,20世纪90年代和21世纪初的9年变暖趋势明显,冬季变暖最为明显。

1.1　全省气候呈变暖趋势

根据气温资料分析,1950年以来全省多年平均气温为13.04 ℃,其中年平均最高气温(为14.2 ℃)发生3次(1998年、2006年、2007年),年平均最低气温(为11.7 ℃)发生在1969年,山东省逐年气温变化见图1。从图1可看出,全省年平均气温1952～1956年期间总体趋势是下降的,1957～1961年为上升,1962～1969年又为下降阶段,1969年出现年最低气温。1970～1975年气温上升,1975～1985年这期间气温有升有降,但在均值偏下方波动,1985年以后进入持续升温阶段,特别是1987年以后逐年平均气温都大于均值,1998年出现年平均气温最高值。1999～2001年气温有所下降,但也在均值之上,此后气温仍在均值以上波动上升,2006、2007年又先后2次出现年气温最高值14.2 ℃。由此得出全省气温升高、气候呈变暖趋势。

1.2　进入90年代以后升温显著

从山东省各年代、季平均气温距平值的变化情况看,见表1。20世纪50年代至70年代,全省年平均气温较常年偏低0.1～0.2 ℃,且各年代间的气温变化幅度不大;从20世纪80年代开始缓慢回升,到了90年代以后升温显著。20世纪90年代较50年代升高了0.8 ℃,高于全国平均的0.4～0.5 ℃。20世纪初的9年(2001～2009年)全省气温较50年代升高了0.9 ℃。由此可看出,90年代和本世纪初的10年,山东省气温有明显升高的趋势,1998 年是近 50 年来最暖的一年。进入 21 世纪,山东省气温偏暖势头不减,2002 年的气温是仅次于 1998 年的第二高温年,2006、2007 年又连续 2 年出现年最高气温。

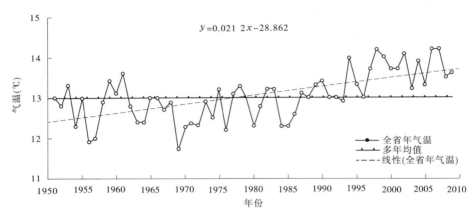

图 1　山东省逐年气温变化过程线图

1.3　冬春季变暖最为明显

全省各季节气温与年气温变化趋势基本一致,均有明显的升高,但增温幅度不同。由表 1 可看出,20 世纪 90 年代与 50 年代比较,全省冬季气温增幅最大,增幅 1.4 ℃;春季次之,增幅 1.0 ℃;夏、秋季增暖幅度相对小一些,均为 0.5 ℃。21 世纪初的 9 年与 50 年代比较,全省春季气温增幅最大,达 1.7 ℃;冬季次之,为 1.2 ℃;夏、秋季增暖幅度相对小一些,分别为 0.4 ℃、0.6 ℃。据分析,之所以出现这种情况,是由于 2001 年冬季是近 60 年来最暖的冬季,而 2003 年冬季的偏暖程度仅次于 2001 年和 1998 年的冬季而位居第三位;2001、2002 年春季气温持续偏高,分别是历史同期的次高值和最高值。

表 1　山东省各年代、季平均气温距平值比较

气温 (℃)	年代							
	50 年代	60 年代	70 年代	80 年代	90 年代	2001～ 2009 年	90 年代 较 50 年代 上升	2001～ 2009 年 较 50 年代
年平均气温距平值	-0.2	-0.1	-0.1	0.1	0.6	0.7	0.8	0.9
冬季平均气温距平值	-0.4	-0.8	-0.1	0.1	1	0.8	1.4	1.2
春季平均气温距平值	-0.5	-0.2	-0.1	0.2	0.5	1.2	1.0	1.7
夏季平均气温距平值	-0.1	0.2	-0.2	-0.1	0.4	0.3	0.5	0.4
秋季平均气温距平值	-0.1	-0.2	-0.2	0	0.4	0.5	0.5	0.6

1.4　最低气温呈上升趋势,低温日数呈减少趋势

气候变暖,暖冬给人的感觉和印象最深,它不仅表现在平均气温的升高上,同时还表现在人们对冷暖敏感的极端最低气温也呈上升趋势,而低温日数(日最低气温 ≤ -10.0 ℃的天数)呈减少趋势。以济南为例:20 世纪 50、60、70、80、90 年代冬季出现的日最低气

温分别是 -19.7 ℃、-16.7 ℃、-14.9 ℃、-14.5 ℃、-14.2 ℃,呈上升趋势;低温日数分别为 97 d、77 d、35 d、24 d、16 d,为明显减少趋势。特别是从 1986 年以来,山东省已有18 个冬季气温持续偏暖。因此,近几十年人们很少见到 50、60 年代冬季天寒地冻、滴水成冰的现象。

2 气候变化对降水的影响

随着气候的变化,山东省降水量也发生了变化。根据山东省 1950 年以来近 60 年的实测降水系列资料分析,全省年、汛期降水量呈减少的趋势,全省夏、秋、冬季降水量呈减少的趋势,春季降水呈增加的趋势。

2.1 全省年、汛期降水量呈减少的趋势

根据山东省 1950 ~ 2009 年 59 年降水资料分析,全省多年平均降水量 670 mm,年最大降水量 1 154 mm(1964 年),年最小降水量 416 mm(2002 年)。1950 年以来全省年、汛期降水量呈减少的趋势,但 2000 年以后降水又呈现增加趋势。1950 ~ 2009 年,全省年降水量每 10 年减少 11.2 mm(90 年代与 50 年代比较),59 年间共减少 66 mm;汛期降水量每 10 年减少 10.9 mm,59 年间共减少 65 mm,见表 2 和图 2。

表 2 山东省各年代、季节降水量距平值比较

时段	50 年代降水量距平值(mm)	60 年代降水量距平值(mm)	70 年代降水量距平值(mm)	80 年代降水量距平值(mm)	90 年代降水量距平值(mm)	90 年代较 50 年代(mm)	2001 ~ 2009 年降水量距平值(mm)	2001 ~ 2009 年较 50 年代(mm)
年平均	19.7	60.2	25.1	-86	-46.1	-65.8	18.2	-42
汛期平均	17.9	51.5	28.2	-67.5	-46.7	-64.6	18.6	-32.9
春季平均	-7.7	7.5	-4.2	-6.2	-1.5	6.2	12.7	5.2
夏季平均	21.3	34.9	24.2	-59.9	-31.7	-53	11.1	-23.8
秋季平均	5.1	19.6	3.1	-16.6	-7.8	-12.9	-6.4	-26
冬季平均	2.9	-1.4	2.8	-2.9	-4.6	-7.5	2.2	3.6

2.2 全省夏、秋、冬季降水减少,春季降水呈增加的趋势

按季节降水量统计分析,1950 ~ 2009 年山东省夏秋季降水呈减少趋势,见表 2。夏季降水量每 10 年减少 9 mm(90 年代与 50 年代比较),59 年间共减少 53 mm;秋季降水量每10 年减少 2.2 mm,59 年间共减少 12.9 mm;冬季降水量每 10 年减少 1.3 mm,59 年间共减少 7.5 mm。但春季降水量呈增加的趋势,1950 ~ 2009 年全省春季降水量每 10 年增加1.1 mm,59 年间共增加 6.2 mm。

3 气候变化引发极端天气气候事件增多

气候变化是指气候平均状态和气候变率两者中的一个或两个出现了统计意义上显著

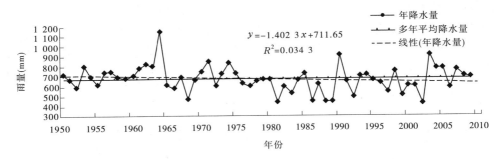

图 2　1950~2009 年山东省年降水量变化趋势图

的变化,气候变化可以由气候平均状态或气候变率的变化引起。高气候平均状态是指气候平均值高于常年值的状态。气候变率是指气象因素偏离平均值的程度,高气候变率状态往往是与异常天气事件的频率及强度相联系的。

目前,山东省年平均气温处于"两高"状态。近 50 年来,全省年平均气温的 30 年滑动平均值和气候变率持续升高,目前气温的高气候平均状态表明了气候变暖的趋势,气温的高气候变率容易导致高温、低温等极端天气气候事件出现。全省年降水量处于"一平一高"状态。近 50 年来,全省年降水量的 30 年滑动平均值保持持平状态,近年来气候变率呈升高趋势,容易导致干旱、暴雨洪涝等极端天气气候事件出现。

由于目前全省年平均气温的"两高"状态和年降水的"一平一高"状态,导致极端天气气候事件出现频率及强度呈增大趋势,强降雨、暴雪、高温、干旱、低温冷冻等极端天气气候事件不断在山东出现。

3.1　降水强度呈增大趋势

1981 年以来,山东地区降水强度呈增大趋势。2007 年 7 月 18 日济南市遭受有水文记录以来最大强度暴雨袭击,本次降雨从 18 日 14 时起至 19 日 0 时结束,降雨历时 10 h,市区暴雨主雨段为 18 日 17 时至 20 时,主降雨历时 3 h;市区平均降雨量 146 mm,最大点降雨量在市区东部燕子山雨量站 178 mm,该站最大 1 h 降雨量 128 mm,占次暴雨量的 71.9%,最大 2 h 降雨量 166 mm,占次暴雨量的 93.3%。最大 1 h、2 h 降雨量均为济南市有气象记录以来最大值,重现期为百年一遇。暴雨时,正值下班人流、车流高峰期,突如其来的暴雨造成重大人员伤亡和财产损失。全市有 37 人死亡、171 人受伤,受灾群众约 33.3 万人。全市因洪涝灾害引起的直接经济损失 12 亿多元。

3.2　持续暴雪频繁出现

2005 年 12 月 3~21 日,山东半岛地区发生了历史罕见的持续暴风雪天气。其中威海、烟台两市连续 4 次遭受暴风雪袭击,威海市平均降雪(水)量 78.4 mm,烟台市平均降雪(水)量 32 mm。其中威海市环翠区平均降雪(水)量 140 mm,最大点降雪(水)量威海市环翠区温泉汤雨量站 175 mm,经频率分析计算重现期超过 200 年一遇。威海市区平均积雪深度 1.0 m,局部最大积雪深度超过 2.0 m。本次持续暴雪过程为山东半岛自 1951 年有连续水文资料记载以来最大值,其持续时间之长、降雪量之大、因雪灾造成的损失之重,是近 50 多年来影响最严重的一次,被列为 2005 年"中国十大天气气候事件"之一。

3.3 高温影响加重

1981 年以来,山东年极端最高气温和高温日数(日最高气温≥35 ℃)呈升高趋势; 2009 年 6 月 23~26 日,山东持续高温天气。其中 25 日气温最高,全省有 51 个站最高气温超过 40 ℃,15 个站超过历史极值。

2010 年 7 月 4~8 日,受大陆暖高压脊影响,山东出现持续高温天气,7 月 4 日全省 17 个市中有 12 个市发布高温预警,全省有 14 个站点最高温超过 37 ℃,最高温出现在德州市宁津,达到 38.1 ℃。7 月 4~6 日山东省气象台连续 3 天发布高温预警信号,7 月 6 日山东有 85 个市、县(区)最高气温超过 37 ℃,德州市陵县最高达 41 ℃。7 月 6 下午,济南市发布了罕见的高温红色预警信号,济南大部分地区最高气温在 39 ℃以上,部分地区最高气温超过 40 ℃。

3.4 阶段性干旱频繁发生

2006 年 9 月 1 日至 11 月 1 日,山东全省平均降雨量 18 mm,比历年同期偏少 82%,为 1916 年有水文资料记载以来历史同期降雨最少量的第三位,通过频率计算重现期为 30 年一遇。潍坊市 9、10 两月平均降雨量 9 mm,为该市有水文资料记载以来历史同期降雨最少第一位,重现期为百年一遇。全省发生大面积严重秋旱,全省农作物受旱面积达到 271 万 hm^2,其中重旱 65 万 hm^2。

2008 年 11 月 1 日~2009 年 2 月 7 日,三个多月全省平均降水量仅 14 mm,较历年同期偏少 67%,全省大部地区无效降水,气温持续偏高,全省平均无降水日为数 93 d,全省农作物最大受旱面积 204 万 hm^2,其中重旱 77 万 hm^2。德州、聊城、菏泽、济宁、临沂等地旱情较重。

3.5 低温冷冻影响加重

受 2005 年 12 月的强冷空气和持续低温的影响,从 2006 年 1 月 7 日起,山东莱州湾出现了 20 年一遇的大范围海水封冻现象,莱州海湾内东西 100 km、纵深 2 km 的范围变成一片静止的冰封世界,当地的渔业生产受到了较大的影响。大量渔船被冻在港内无法正常作业,甚至损毁。由于正值当地扇贝等海产养殖品收获的时节,此次封冻使海产养殖大户们损失惨重。

2009 年 12 月 15 日~2010 年 1 月 26 日,山东省长岛县平均气温 -2.5 ℃,较常年偏低 2.4 ℃,为 1961 年以来同期最低值。同期渤海湾海冰覆盖面积达 1.4 万 km^2,莱州湾约 1.1 万 km^2,这次海冰灾害持续时间之长、范围之大、冰层之厚,是山东省 40 多年来最严重的一次,对海上交通运输、生产作业、水产养殖、海洋捕捞、海上设施和海岸工程等造成严重影响。

4　结论

通过本文对山东气候变化及降水的影响分析,可得以下结论:

(1)山东气候在全球及全国气候变暖的大背景下,发生了明显变化,近 60 年来山东气候呈变暖趋势,20 世纪 90 年代和 21 世纪初的 9 年变暖趋势明显,冬季变暖最为明显。

(2)随着气候的变化,山东省降水量呈现丰枯交替周期性的变化,年降水量及汛期降水量呈减少的趋势,全省夏、秋、冬季降水减少,春季降水增加。

（3）由于气候的变化，导致极端天气气候事件出现频率及强度呈增大趋势，强降雨、暴雪、高温、干旱、低温冷冻等极端天气气候事件不断出现。

本文仅分析了气候变化对山东降水及极端天气气候事件的影响，下步应进一步分析气候变化对山东水资源的影响，找出水资源随气候变化的规律，为水资源优化配置提供科学依据。

参 考 文 献

[1] 刘勇毅. 防汛与洪水资源化[M]. 北京：中国科学技术出版社，2005.

[2] 张明泉. 济南"07·7·18"暴雨洪水分析[J]. 中国水利，2009,635(17)：40-41.

[3] 张胜平. 山东半岛"0512"持续暴雪分析[J]. 水文，2007,27(6)：90-93.

作者简介：张胜平（1955—），男，工程技术应用研究员，山东省水文水资源勘测局。联系地址：济南市山师北街 2 号。E-mail：sp_zhang@163.com。

清水河张家口以上流域径流变化分析

刘三龙

(张家口水文水资源勘测局,张家口 075000)

摘 要:清水河穿越张家口市,与市区人民的生活紧密相连。近年来,由于气候条件和人为因素的共同影响,流域径流发生了较大幅度减小的现象。本文利用流域控制站张家口水文站经过代表性、一致性分析的 1956~2003 年径流、降水资料系列,对流域径流的年内分配和年际变化进行了分析,揭示了流域径流变化规律,并对径流变化的原因进行分析。分析认为:径流年内分配不均性继续加剧;气候因素对径流的减小影响不大,人为影响是径流减小的主要因素,并对人为因素造成的影响程度进行定量分析。

关键词:径流 年内变化 年际变化

1 研究区域概况

清水河是洋河的主要支流,总流域面积 2 380 km²。南北向穿越张家口市区,把张家口市分为桥东、桥西两部分。

张家口水文站是清水河控制站,控制流域面积 2 300 km²。河道发源于张北县与崇礼县交界的桦皮岭一带,海拔在 2 000 m 左右,在境内形成东沟、正沟和西沟三条大的支流,在朝天洼汇合成清水河(见图 1)。东沟支流主要分布在流域左侧,流域内林草茂盛,植被较好,林木多为桦树和松树,总植被覆盖率约为 27%;正沟植被较差,覆盖率约 4.5%;西沟植被最差,山岩裸露,土壤沙化流失严重,植被覆盖率 2% 左右。整个研究区域地势由东北向西南倾斜,北高南低,东高西低。区域属山区地形,群山起伏,沟壑纵横,山势陡峻,河网密布。沿河两侧高山对峙,沿西侧流域界的海拔为 1 600~1 900 m,沿东侧流域界的海拔在 1 800 m 上下。两山之间形成狭长的河谷地带,河底高程从上游至下游为 1 900~

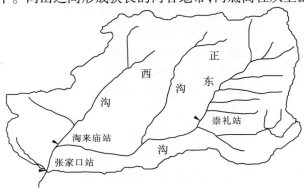

图1 清水河张家口站以上流域略图

1 250 m。研究区域呈树叶形,主河道长 109 km,宽度在 100～150 m,河道纵坡 1/50～1/200,河道弯曲度 1.29,流域河网密度 0.51。

研究区属大陆性季风气候,冬季干寒漫长,夏季凉爽短暂,春秋多风。由于地形复杂,形成了气候的多样性。气候特点是气温低而温差大,日均温差 15 ℃,年平均气温 3.3 ℃。年平均水面蒸发量 779.4 mm,干旱指数 1.66。雨量少而集中,多年平均年降水量 468.4 mm,75% 的雨量多集中在 6～9 月。降水量年际变化大,最大、最小降水量比值为 2.33。

2 径流的年内变化

径流的年内变化也称径流的年内分配,通常以年内月径流占全年径流总量的百分比表示。在张家口站以上,冰雪融水发生在每年的 3 月份,通常 4 月份残存冰雪尾水。冰雪融水约占多年年平均径流量的 15%,并且在径流量上呈不断减少的趋势,由于年径流量的持续萎缩,冰雪融水占全年径流量的百分比呈增加趋势。在清水河流域,径流主要源于降水,没有较大的湖泊、水库等水利工程对径流年内分配产生大的影响,径流年内分配基本保持了自然状态。

2.1 年内变化特征

径流年内分配不均,张家口站月径流过程线呈双峰型,峰发生时间在 3 月和 7～8 月,3 月为冰雪融水,7～8 月为汛期降水产生的洪水(见图 2)。

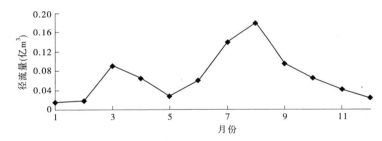

图 2 多年平均月径流量占多年平均年径流量百分比

1～2 月为枯水期,两个月总径流量占多年平均径流量的 4.3%;3～4 月为冰雪融水补给期,径流量有较大幅度增加,3 月径流量占多年平均径流量的 11.3%,4 月径流量占多年平均径流量的 7.9%;5 月径流减少到汛前最低值;6 月,降水增多,径流增加,到 7～8 月达到全年高峰值;9 月,随着降水量减少,径流萎缩,由于汛期残存的尾水和流域内用水量的减少,10～12 月径流量还较为可观,约占年平均径流量的 15%。

2.2 径流年内分配不均匀性的多年变化特征

径流年内分配不均匀用系数 C_{vy} 表示,其计算式为:

$$C_{vy} = \sqrt{\frac{\sum_{i=1}^{12}\left(\dfrac{K_i}{\overline{K}} - 1\right)^2}{12}}$$

式中:K_i 为各月径流量占年径流的百分比;$\overline{K}$ 为各月平均占全年百分比,即

$$\overline{K} = \frac{100\%}{12} = 8.33\%$$

C_{vy} 是反映径流分配不均匀性的一个指标。C_{vy} 越大,表明各月径流量相差越悬殊,即年内分配越不均匀,C_{vy} 小则相反。逐年计算 1956～2003 年径流年内分配不均匀系数 C_{vy},并点绘过程线图(见图 3),由图 3 可知,1956～2003 年间,径流年内分配不均匀性一直在加剧,主要原因是 11 月至翌年 2 月间的径流量大幅度减少,如 2001～2003 年 3 年间 10 月至翌年 2 月总径流量均为 0,径流年内分配不均匀性增大,C_{vy} 值呈现增大趋势。

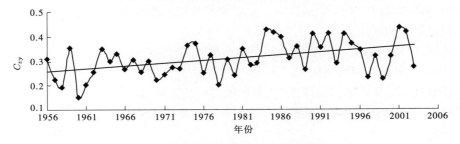

图3 径流分配不均匀性 C_{vy} 值变化趋势图

3 径流的年际变化

3.1 年际变化特征

建立 1956～2003 年张家口站年径流量模比系数差积曲线(见图 4),由图 4 可知,50 年代中期到 60 年代初,曲线趋势明显上升,为径流量大的丰水期;60 年代初到 70 年代初的 1973 年,曲线平缓,径流为平水期;70 年代初期的 1974 年到 1979 年曲线再次明显上升,为第二次丰水期。1979 年到 2003 年,曲线呈明显的下降趋势,径流量从丰水期经过短暂平水期逐渐过渡到枯水期阶段。总体而言,年径流量从 80 年代初开始明显减少,这与 80 年代初期中国经济体制改革,导致流域下垫面发生巨大变化是相吻合的。

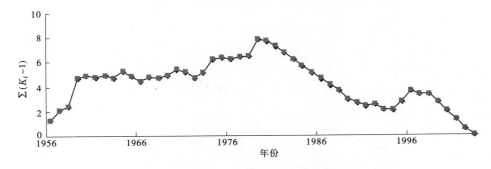

图4 1956～2003 年张家口站年径流量模比系数差积曲线

3.2 年径流不均匀性变化特征

反映年径流量年际相对变化幅度的特征值主要是年径流量的变差系数 C_v 值和年际变化的绝对比率。

3.2.1 年径流量的变差系数 C_v

年径流量的变差系数 C_v 值为:

$$C_v = \sqrt{\sum_{i=1}^{n} \frac{(K_i - 1)^2}{n - 1}}$$

式中：n 为观测年数；K_i 为第 i 年的年径流变率，即第 i 年平均径流量与正常径流量的比值。$K_i > 1$ 表明该年水量比正常情况多，$K_i < 1$，则相反。

年径流量的 C_v 值反映年径流量总体系列离散程度，C_v 值大，年径流的年际变化剧烈，这对水利资源的利用不利，而且易发生洪涝灾害；C_v 值小，则年径流量的年际变化小，有利于径流资源的利用。

经计算，1956～2003 年间径流系列变差系数 C_v 值为 0.63。

3.2.2　年径流量的年际极值比

年径流量年际变化的绝对值比例，即年最大年径流量与最小年径流量的比值，也称为年际极值比。年际极值比也可反映年际变化幅度。根据资料统计计算，年径流极值比为 14.1。

4　径流减小的原因及人类活动对径流量的影响幅度分析

1956～2003 年张家口站年径流量模比系数差积曲线可知，从 1979 年以后，张家口站径流量处于持续下降趋势，到 1998 年，河道多次出现以前少有的断流现象。究其原因，有两个方面：一是气候因素影响；二是人为因素使流域下垫面发生变化，对流域径流产生直接影响。

4.1　气候变化对径流的影响分析

建立张家口站累积年降水量过程线（见图 5），如果曲线斜率发生变化，说明气候因素对径流产生影响，反之则无。从图 5 可知，1956～2003 年累积年降水量曲线斜率没有发生明显变化，说明长周期的降水没有发生大的变化，气候因素对流域径流量造成的影响很小。

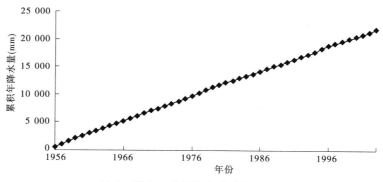

图 5　张家口站累积年降水量过程线

4.2　人为因素对径流的影响分析

建立张家口站累积年径流深过程线（见图 6），如果曲线斜率发生变化，说明径流量受气候因素或者人为因素影响，反之则无。从图 6 可知，1956～2003 年累积年径流深曲线斜率从 1979 后明显变缓，说明径流量受到了气候或人为因素影响而变小，由 4.1 节分析，气候因素对流域径流量造成的影响很小，因此人为活动是造成径流减少的主要因素。

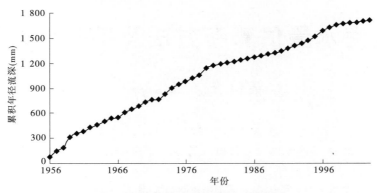

图 6　张家口站累积年径流深过程线

4.3　人为因素对径流的影响幅度分析

由以上分析可知,1979 年后径流明显减少,原因主要是人类活动使流域下垫面发生变化,降水径流规律改变。建立 1956 ~ 1979 年降水径流关系曲线,并概化成 2 阶多项式,为 $y = 0.000\ 6x^2 - 0.434\ 9x + 106.36$。1980 ~ 2003 年间降水量平均值为 435.3 mm,由 1956 ~ 1979 年降水径流关系曲线建立的数学方程求得径流深为 30.7 mm,但因人为因素使下垫面发生变化,产流规律改变,实测径流量仅为 24.0 mm,径流量减少 6.7 mm,相对减少 21.8%。其中 80 年代平均降水量 403.8 mm,相对减少量为 36.4%,90 年代后年平均降水量为 457.8 mm,相对减少量为 14.8%。降水量越多,人为因素对径流的影响越小;降水量越少,人为因素对径流的影响越大,这也符合流域人类活动的自然规律。

5　结论

通过对张家口站 1956 ~ 2003 年径流资料系列分析得出结论,清水河张家口以上流域具有以下径流特征:径流年内分配不均,汛期 6 ~ 9 月约占 60%,凌汛期间径流占 20% 左右,其他月份只占 20%;径流年内分配不均匀性呈上升趋势,枯水季节出现长期断流现象。径流年际变化很大,极值比为 14.1。从 1979 年以后,径流量系列出现明显减少趋势,与 1979 年以前比较,年平均径流相对减少幅度为 21.8%;逐年径流量中,降水量越少,相对减少幅度越大,反之越小;造成径流减少的原因主要是人为因素,降水影响不明显。

参 考 文 献

[1] 河北省张家口水文水资源勘测局.张家口市水资源评价[R]. 2007.
[2] 河北省水文水资源勘测局.天然年径流系列一致性修正方法研究[R]. 2004.
[3] 左其亭,王中根.现代水文学[M]. 2 版.郑州:黄河水利出版社,2006.

作者简介:刘三龙(1964—),男,河北张家口人,高级工程师,张家口水文水资源勘测局。E-mail:liumeihui402@sina.com。

入海水量估算新方法及平衡分析[*]

吴俊秀[1]　　王　洋[2]

(1.辽宁省水文水资源勘测局,沈阳　110003;
2.辽宁省水文水资源勘测局本溪分局,本溪　117000)

摘　要:传统入海水量的估算方法,一般采用控制站法、代表站比拟法、倒扣法等。但随着水资源开发利用的加大,此种方法已不适用,估算出的入海水量与实际入海水量存在很大出入,本文对入海水量的估算方法进行了进一步分析计算及平衡分析,采用新方法估算出的入海水量更加合理,并具有一定的推广价值。

关键词:入海水量　估算新方法

1　传统入海水量的估算方法及存在问题

1.1　控制站法

选取沿海(江)附近的水文站做为控制站,根据控制站实测径流资料计算入海水量。

1.2　代表站比拟法

沿海无水文站控制的小河,在计算入海水量时,利用产流和用水特点相似的邻近代表站实测径流量按面积比计算。

1.3　倒扣法

境界附近无控制站的河流或入海控制站距离境界较远的区间,采用地表水资源量减去净耗水量计算。

1.4　传统入海水量估算方法存在的问题

传统入海水量的估算方法没有考虑平原区开采地下水的回归水,平原区河道渗漏补给量以及跨流域引入引出水量等因素的影响。对于开发利用不大的区域及无跨流域引入引出水量的区域,传统方法对估算结果影响不大,但对于开发利用较大及有跨流域引入引出水量的区域入海水量的估算影响较大。

2　流域水量平衡分析

为了更合理地估算入海水量,需分析流域内各种水量间的关系,进行流域地表水量平衡分析,经分析采用如下平衡方法:

输入量:入境水量($W_{入境}$)、区域内地表水资源量($W_{地表}$)、平原区地下水开采量形成的河道排泄量($W_{平地下开采归河道}$)、跨流域引入水量形成的河道排泄量($W_{跨引入归河道}$)(注:如大量开采深井水时还应考虑其回归量,如量少可忽略)。

─────────────
*　**基金项目**:辽河流域水质水量优化调配技术及示范研究(2008ZX07208 - 010)。

输出量:本流域地表水耗水量及山丘区地下水耗水量($W_{(地表+山丘地下)耗水}$)、跨流域引出的地表水量和山丘区地下水量($W_{跨引出(地表+山丘地下)}$)、平原区河道渗漏补给量($W_{平河渗补给}$)、入海(或出境)水量($W_{入海(出境)}$)。

上述输入量中 $W_{平地下开采归河道}$、$W_{跨引入归河道}$ 与输出量中 $W_{(地表+山丘地下)耗水}$、$W_{跨引出(地表+山丘地下)}$ 资料难于获得,为便于分析计算,做如下变换。

输入量中:

$$W_{平地下开采归河道} + W_{跨引入归河道} = W_{平地下开采量} - W_{平跨引出地下水} - W_{平地下耗水} + W_{跨引入} - W_{跨引入耗水}$$

式中:$W_{平地下开采量}$为平原区地下水实际开采量;$W_{平跨引出地下水}$为平原区跨流域引出地下水量;$W_{平地下耗水}$为平原区地下水耗水量;$W_{跨引入}$为跨流域引入水量;$W_{跨引入耗水}$为跨流域引入水量耗水量。

输出量中:

$$W_{(地表+山丘地下)耗水} + W_{跨引出(地表+山丘地下)} = W_{总耗水} - W_{平地下耗水} - W_{跨引入耗水} + W_{跨引出} - W_{平跨引出地下}$$

式中:$W_{总耗水}$为总耗水量;$W_{跨引出}$为跨流域引出水量。

由此可见输入量和输出量中均含有 $W_{平跨引出地下水}$、$W_{平地下耗水}$、$W_{跨引入耗水}$,如在输入量和输出量中同时加上此三项,则调整后的输入量和输出量如下:

输入量 = 入境水量 + 区域内地表水资源量 + 平原区地下水实际开采量 + 跨流域引入水量

$$W_{输入量} = W_{入境} + W_{地表} + W_{平地下开采量} + W_{跨引入}$$

输出量 = 总耗水量 + 跨流域引出水量 + 平原区河道渗漏补给量 + 入海水量(或出境水量)

$$W_{输出量} = W_{总耗水} + W_{跨引出} + W_{平河渗补给} + W_{入海(出境)}$$

平衡差 = 输入量 - 输出量 ± 水库蓄变量

$$\Delta W = W_{输入量} - W_{输出量} ± W_{库变量}$$

相对平衡差 = 平衡差 / 输入量 × 100%

3　入海水量估算新方法

根据以上的平衡分析,新的入海水量估算方法如下。

3.1　以水库为控制站入海水量的估算

以水库为控制站入海水量的估算,需要考虑水库出流(包括水库外供、库下内供水量,溢洪道溢流量,发电厂弃水量,输水道弃水等),站下地表资源量,站下平原区地下水开采量,站下引入、引出水量,站下平原区河道渗漏补给量,站下耗水量。

$$W_{入海} = W_{库出流} - W_{库外供} + W_{站下表水} + W_{站下平原地下开采} ± W_{站下跨引} - W_{站下河渗补给} - W_{站下耗水}$$

如果站下开发利用不大,且无引入、引出水量,可简化上式:

$$W_{入海} = W_{库出流} - W_{库外供} + W_{站下表水} - W_{站下耗水}$$

3.2　以水文站为控制站入海水量的估算

以水文站为控制站入海水量的估算,需要考虑水文站实测径流,站下地表资源量,站下平原区地下水开采量,站下引入、引出水量,站下平原区河道渗漏补给量,站下耗水量。

$$W_{入海} = W_{实测径流} + W_{站下表水} + W_{站下平原地下开采} \pm W_{站下跨引} - W_{站下平河渗补给} - W_{站下耗水}$$

3.3 无水文站控制的河流入海水量的估算

无水文、水库站控制的河流入海水量的估算,需要考虑本流域地表资源量,平原区地下水开采量,引入、引出水量,平原区河道渗漏补给量,流域内耗水量。

$$W_{入海} = W_{地表} + W_{平原地下开采} \pm W_{跨引} - W_{站下平河渗补给} - W_{耗水}$$

如流域内均为山丘区则:

$$W_{入海} = W_{地表} \pm W_{跨引} - W_{耗水}$$

4 入海水量平衡分析

我们用 2009 年资料进行了平衡分析。

4.1 以水库为控制站的碧流河流域

碧流河流域面积 2 817 km²,碧流河入海控制站现为碧流河水库,其控制面积 2 086 km²,占碧流河流域面积的 74.1%。

$$W_{入海} = W_{库出流} - W_{库外供} + W_{站下表水} + W_{站下平原地下开采} \pm W_{站下跨引} - W_{站下平河渗补给} - W_{站下耗水}$$
$$= 29\,410 - 29\,380 + 7\,676 + 0 + 0 - 0 - 914 = 6\,792(万\ m^3)$$

$$W_{输入量} = W_{入境} + W_{地表} + W_{平地下开采量} + W_{跨引入}$$
$$= 0 + 30\,910 + 0 + 0 = 30\,910(万\ m^3)$$

$$W_{输出量} = W_{总耗水} + W_{跨引出} + W_{平河渗补给} + W_{入海(出境)量}$$
$$= 6\,563 + 29\,380 + 0 + 6\,792 = 42\,735(万\ m^3)$$

$$\Delta W = W_{输入量} - W_{输出量} \pm W_{库损量}$$
$$= 30\,910 - 42\,735 + 11\,500 = -325(万\ m^3)$$

相对平衡差 = 平衡差/输入量 $\times 100\% = -325/30\,910 \times 100\% = -1.0\%$

4.2 以水文站为控制站的大凌河流域

大凌河流域面积 23 837 km²,大凌河入海控制站为凌海站,控制面积 23 048 km²,占大凌河流域面积的 96.7%。

$$W_{入海} = W_{实测径流} + W_{站下表水} + W_{站下平原地下开采} \pm W_{站下跨引} - W_{平河渗补给} - W_{站下耗水}$$
$$= 20\,220 + 1\,724 + 15\,518 - 5\,848 - 10\,045 - 12\,033$$
$$= 9\,536(万\ m^3)$$

$$W_{输入量} = W_{入境} + W_{地表} + W_{平地下开采量} + W_{跨引入}$$
$$= 2\,178 + 54\,396 + 15\,518 + 2\,100 = 74\,192(万\ m^3)$$

$$W_{输出量} = W_{总耗水} + W_{跨引出} + W_{平河渗补给} + W_{入海(出境)}$$
$$= 59\,868 + 6\,348 + 10\,045 + 9\,236 = 85\,797(万\ m^3)$$

$$\Delta W = W_{输入量} - W_{输出量} \pm W_{库损量}$$
$$= 74\,192 - 85\,797 + 10\,800 = -805(万\ m^3)$$

相对平衡差 = 平衡差/输入量 $\times 100\%$
$$= -805/74\,192 \times 100\% = -1.1\%$$

5　结语

入海水量估算的是否准确,直接影响着流域的资源平衡分析,随着社会经济的发展,水资源开发利用的加大,传统入海水量的估算方法已不适用,本文通过入海水量估算新方法的计算和入海水量平衡分析,使估算出的入海水量更趋合理。

参 考 文 献

[1] 胡伯谦,刘会霞. 河北省入出境及入海水量计算方法与成果分析[J]. 河北水利水电技术,2003,S1-51.

[2] 辽宁省水利厅 . 辽宁省水资源评价[M]. 沈阳:辽宁省科学技术出版社 , 2006.

作者简介:吴俊秀(1965—),女,高级工程师,辽宁省水文水资源勘测局。联系地址:辽宁省沈阳市和平区十四纬路3号。E-mail:wujunxiu_swj@ sina. com。

三峡库区天气雷达拼图及降水估测系统

徐卫立　　陈良华　　李　波　　张　俊

（三峡梯调通信中心，宜昌　443133）

摘　要：在三峡梯调通信中心建立三峡库区天气雷达资料共享平台，将重庆、万州、宜昌三地的天气雷达基础资料和产品数据实时传输至三峡梯调通信中心；利用复合扫描、三维组网、雷达定标技术，进行库区雷达拼图，并结合现有的地面雨量站观测数据，实现对三峡库区的暴雨监测、降水估算和短时降水预报。

关键词：三峡库区　雷达拼图　降水估测　面雨量

1　引言

三峡库区位于长江上游，有其独特的地形地貌特征，受青藏高原和西南涡的影响，多发暴雨洪水，对三峡库区的航道安全、水利枢纽的防洪度汛有着重大的影响[1]。由于常规资料的时空分辨率较低，只能对强降水过程做定性化的分析，尚不能很好地满足定量降水估测的需求。新一代天气雷达实行全天连续工作体制，可以对天气系统进行实时的监测，能较为准确地反映大气中水的含量，比卫星云图具有更高的分辨率和观测时次[2]。近年来，人们利用雷达进行定量估计降水，在很大程度上提高了流域面雨量估算精度[3]。因此，有必要利用雷达的高时空分辨率来提高三峡库区的强降水估测和洪峰预报。

2009 年 4 ~ 10 月，三峡梯调中心与重庆市气象台联合开发，完成三峡库区天气雷达拼图及降水估测系统建设。该系统可以利用重庆、万州和宜昌已有的 3 部多普勒雷达观测资料，对三峡库区的降水回波进行无缝拼图，并结合地面自动气象站的雨量计资料对三峡库区的强降水过程进行无缝观测和定量降水估算，为三峡水利枢纽的防洪度汛、运行调度和汛后蓄水提供重要的决策依据。

2　系统简介

三峡梯调中心专业气象台的日常业务是长江上游流域的面雨量预报，与常规气象要素预报有着很大的不同。因此，三峡库区天气雷达拼图及降水估测系统服务于三峡水库调度，有着其独特的结构与功能。

2.1　系统基本结构

"三峡库区天气雷达拼图及降水估测系统"主要包含中心服务器、数据采集站、计算服务器、综合显示平台、网络传输系统、Web 产品发布系统等 6 个方面的内容，其整体架构见图 1。中心服务器主要负责重庆、万州、宜昌的三部多普勒天气雷达产品数据、拼图产品、降水估测产品和三峡梯调中心各个水文测站雨量计资料的存放、管理等工作。数据采集站主要负责重庆、万州和宜昌三地的多普勒雷达数据采集以及三峡梯调中心各个水文测站雨量计数据的采集,并进行质量控制,将处理后的数据,通过网络自动上传到三峡梯调中心。计算中心主要负责向中心服务器申请资料,进行雷达拼图、降水估测、面雨量估算和短时降水预报等工作,并将生成的产品上传到中心服务器,由中心服务器分发到各个业务系统。综合显示平台主要负责产品调阅,业务处理等工作。网络传输系统主要负责将重庆、万州和宜昌三部多普勒天气雷达探测到的实时数据和产品数据,通过网络传输到三峡梯调中心指定服务器上,再由数据采集站上传到中心服务器进行统一管理。Web 产品发布系统主要将图像产品包括雷达拼图、各站组合反射率因子、回波顶高、风廓线、估算降水和短时降水预报,实时的在三峡梯调中心服务器上进行显示。

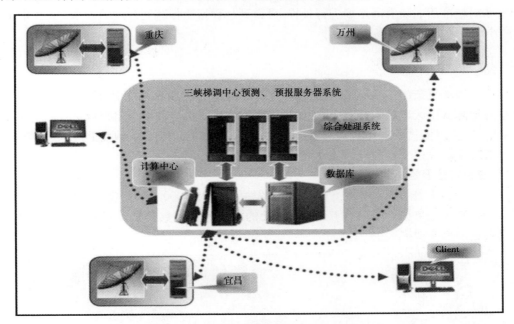

图1　系统整体架构图

2.2　系统的功能

2.2.1　三峡库区雷达图像无缝拼接

　　三峡库区天气雷达拼图及降水估测系统可以实现对三峡库区雷达图像的无缝拼接。根据三峡水库调度需求,并结合三峡库区的地形特点,利用复合扫描制定重庆、万州、宜昌三部多普勒天气雷达的探测波束遮挡图和雷达重叠区示意图;再通过雷达定标技术,对三部雷达同步观测进行订标;通过三维组网拼图,最终实现三峡库区雷达图的无缝拼接。同时,系统具有自动生成组合反射率拼图和降水拼图的功能。

2.2.2　三峡库区面雨量估测与短时降水预报

　　雷达作为一种主动遥感手段可以探测较大范围的瞬时降水分布,但和雨量计相比,精度较差,雷达联合雨量计估测面雨量可以充分利用两者的优点,改善水文模型的径流模拟结果[4]。三峡库区天气雷达拼图及降水估测系统利用 $Z-R$ 关系将小时内每个时次(约 6 min1 次)的雷达反射率因子反演得到瞬时降水率,并将该降水率作为该时次前后约 3 min 的平均降水率进行累加得到小时降水,对小时降水分布进行 3 h、6 h 累加,可得到 3 h

累积降水和 6 h 累积降水。再根据三峡库区分区地图,将需要计算面雨量的流域边界进行数字化,叠加到雷达反演的降水场上。提取出位于流域内的降水场,将所有网格点的雨量进行累加,然后除以流域内的网格点数,可计算得到流域面雨量。

从天气雷达回波图上分析和预报降水时,需要对回波的移动进行跟踪。在得到回波运动估测场的基础上,进行定量降水预报时采用外推方法。三峡库区天气雷达拼图及降水估测系统以最靠近预报制作时间的雷达反射率因子场为基础,根据所采用的 Z – I 关系反演出瞬时降水场,并根据前 1 h 的平均校准因子对所反演的瞬时降水场进行校准;以最靠近预报制作时间的两个时次的雷达反射率因子为基础得到 TREC 矢量场,利用 TREC 矢量场对校准后的瞬时降水场进行外推,可得到从预报制作时间开始的未来 1 h 和未来 3 h 的小时降水分布预报场。

3　雷达拼图技术实现

对于地形复杂的三峡库区,有必要考虑用于定量估测降水的雷达拼图方案。为了最低限度地降低山区地形的影响,在进行拼图时需要进行适当的波束阻挡订正;为了保持拼图数据的连续性,需要对雷达进行定标;另外,为了尽量探测到靠近地面的降水,还需要进一步考虑雷达波束中心与地面的距离。

3.1　复合扫描及雷达重叠区

为了得到所需的降水拼图方案,需要首先根据 1∶250 000 DEM(数字高程模型,Digital Elevation Model)数据计算三部雷达各个仰角的波束遮挡系数及复合扫描图(见图 2),并找出雷达的重叠观测区(见图 3)。

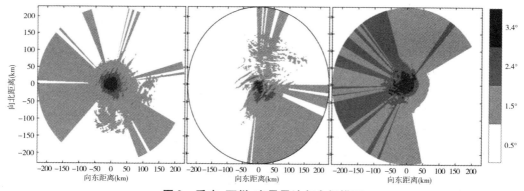

图 2　重庆、万州、宜昌雷达复合扫描图

由图 2 可见,重庆雷达和万州雷达除了在雷达位置附近选取较高仰角外,一般用最低仰角(0.5°)的数据,但重庆雷达覆盖范围的西部和万州雷达覆盖范围的东南部以次低仰角(1.5°)资料为主;宜昌雷达西部和北部受到了严重的波束遮挡,有的扇区的复合扫描仰角达到了 2.4°。由于雷达波束中心的高度随距离增加而增大,当仰角为 2.4°时,在距离雷达 100 km 左右的地方,雷达波束中心的高度已在 4 km 以上,在距离雷达 230 km 左右的地方雷达波束中心的高度更是高达 12 km 以上,根本无法代表地面降水。而万州雷达东部受到的波束遮挡相对较小,在宜昌和万州两部雷达的重叠观测区,在进行定量估测

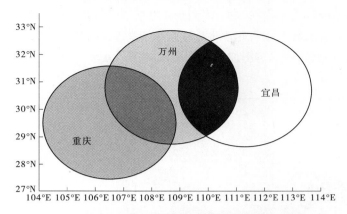

图3　重庆、万州和宜昌雷达的重叠观测区示意图

降水时以万州雷达资料为主反演的降水与地面实际降水会更接近一些。但是,若距离万州雷达太远,即使仰角较低,波束中心仍然可能较高,在进行拼图时就需要总体考虑具体哪部雷达探测的资料更靠近地面。这就是拼图时需要 DEM 数据的原因。

3.2　雷达定标

由于雷达硬件等方面的原因,每部雷达观测的同一目标物或多或少的存在一些偏差,为了去除偏差,需要对雷达进行定标。

选取 2009 年 6 月 19 日到 20 日一次大范围降水过程作为定标依据,分别选择万州、宜昌等距离线左右 1 km 范围内 5 km 高度 6 月 19 日 16:08 ~ 23:51 共 73 个体扫资料,4 km 高度 19 日 16:40 ~ 23:51 共 67 个体扫资料,万州、重庆等距离线左右 1 km 范围内 5 km 高度 19 日 16:33 ~ 20 日 03:49 共 106 个体扫资料,4 km 高度 19 日 16:27 至 20 日 03:49 共 107 个体扫资料进行对比。由对比可知,万州雷达的反射率因子值明显高过宜昌雷达(见图 4(a))。经过对比订正,将万州雷达的反射率因子减弱显示,这样得到的反射率因子拼图更具有一致性,天气系统也更具有连续性(见图 4(b))。如果把 3 部雷达同时定标,若以重庆雷达为标准进行定标,则万州雷达的反射率因子可减小 3.5 dBz 左右(可调参数),宜昌雷达反射率因子可增加 8 dBz 左右(可调参数)。以上可调参数还需要根据今后更多的应用经验和数据对比进行调整。

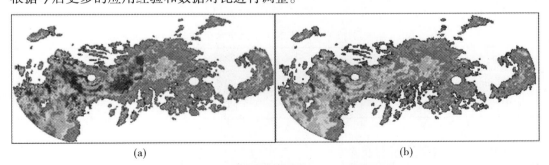

|　　　　　　(a)　　　　　　　　　　　　　　　　(b)|

图4　万州、宜昌雷达定标前、后 5 km 高度拼图

3.3　三维组网拼图方案

在得到单部雷达复合扫描图的基础上,就可以进行用于定量估测降水的反射率因子拼图。在选取位于两部以上雷达同时覆盖区域的距离库的反射率因子值时,取两部或三部雷达中该距离库处的波束中心距离地面高度最低的雷达的测值(见图 5)。当只有其中两部雷达的资料时,按照降水拼图原则得到相应的拼图方案。若只有一部雷达资料,则采用单部雷达复合扫描方案。

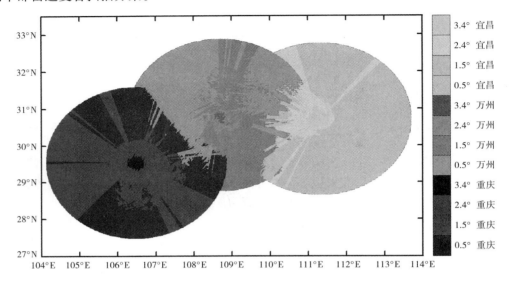

图 5　雷达三维组网拼图方案

4　系统应用情况

2010 年 5 月投入应用以来,系统运行稳定,能够正常实现其各项功能。以 2010 年 8 月 14 至 15 日三峡库区的一次暴雨过程为例来分析。这次降水从 14 日 17 时开始至 15 日 14 时降水基本结束,三峡库区平均面雨量超过 50 mm,其中又以 15 日 2~11 时降水强度最大。在本次降水过程中,天气雷达拼图很好的弥补了天气图资料间隔长、卫星云图空间分辨率低及对降水区对应不好的不足,能够实时连续的反映出降水强度的变化以及降水的移动。同时,由表 1 可看出,系统 3 小时降水预报也对未来降水强度及降水落区做出较准确的预报。

表 1　2010 年 8 月 15 日 8~11 时 3 小时降水预报与降水实况对比

项目	寸—清	清—万	万—奉	奉—巴	巴—宜
估测(mm)	4.2	15.1	15.6	12.8	0.6
实况(mm)	1.6	11.8	23.9	16.4	7.0

三峡库区天气雷达拼图及降水估测系统可以对天气系统进行实时连续的监测,能够对短时降水做出较为准确的预报,在三峡库区致洪暴雨的监测和预警中发挥着重要的作用,已成为三峡梯调中心对三峡水库洪水调度的决策依据之一。

参 考 文 献

[1] 王仁乔,李才媛,王丽,等.六大流域强降水面雨量气候特征分析[J].气象,2003,29(7):38-42.

[2] 刘雪涛,沃伟峰,赵思亮.FOSE系统中的新一代天气雷达拼图及单站产品制作[J].气象科学,2007,27(4):441-444.

[3] 何健,王春林,毛夏,等.利用雷达回波与GIS技术反演面雨量研究[J].气象科技,2006,34(3):336-339.

[4] Ciach G J,Krajewski,Witold F. On the estimation of radar rainfallerror variance[J]. Advances in Water Resources,1999,22(6):585-595.

作者简介:徐卫立(1984—),男,助理工程师,三峡梯调通信中心。联系地址:湖北省宜昌市三峡坝区三峡展览馆3楼技术部。E-mail:xu_weili@ctgpc.com.cn。

三峡水库开县调节坝泄水闸消力池优化设计

陈朝旭

(长江水利委员会长江勘测规划设计研究院,武汉　430010)

摘　要:三峡水库开县消落区生态环境综合治理调节坝工程中的泄水闸建在深厚砂卵石基础上,由于泄流单宽大,下游消力池消能防冲困难,为解决下游消能防冲问题,通过多次设计调整以及模型试验,在消力池前段加趾墩,消力池尾坎设置为差动式,海漫坡比1:20等多种措施使泄水闸消能防冲达到良好效果。

关键词:泄水闸　单宽流量　消力池　消能防冲　海漫

1　概述

三峡水库开县消落区生态环境综合治理调节坝工程位于重庆开县的三峡库区内,主要任务是减少三峡库尾消落区的面积,降低消落区的水位变幅,改善开县新城区及其周边的生态环境,为消除疫情隐患,建立新的稳定生态系统和良好的人居环境创造条件。调节坝主体工程为闸坝,闸坝从左至右分别为非溢流坝、溢流坝、泄水闸、土石坝。坝体轴线总长507.00 m。泄水闸设计洪水流量为($P = 1\%$)7 600 m³/s,共10孔,单孔净宽10 m,挡水高度12.5 m,闸孔为宽顶堰型,闸室总长153 m。消能防冲按($P = 3.33\%$)5 730 m³/s设计。

泄水闸泄洪初始时,上下游水位落差大(12.5 m),随着泄水时间增长,下游水位增长快。泄水闸泄洪时要考虑三峡百年一遇洪水影响。单宽流量大,下游水位低,水流冲刷能力强,消能条件较为恶劣,而且从地基勘探深度范围内揭露闸址、消力池、海漫等地基区域内为结构松散砂卵石深覆盖层,抗冲能力很差。为保证水闸安全,要求过闸水流须达到最佳的消能效果。

由上述分析可知,水闸下游抗冲刷能力差,而且水闸泄水时下游水位变幅很大,这些都给泄水闸消力池设计带来很大困难。

2　消力池消能防冲设计

根据开县调节坝泄水闸布置、设计要求及《水闸设计规范》(SL 265—2001)对泄水闸消能防冲进行计算分析,计算简图见图1,消力池深度计算采用底流消能,跃后水深近似平面不扩散考虑,可按《水闸设计规范》公式(2-1)～式(2-4)计算:

$$d = \sigma_0 h''_c - h'_s - \Delta z \tag{2-1}$$

$$h''_c = \frac{h_c}{2}\left\{\sqrt{1 + \frac{8aq^2}{gh_c^3}} - 1\right\}\left\{\frac{b_1}{b_2}\right\}^{0.25} \tag{2-2}$$

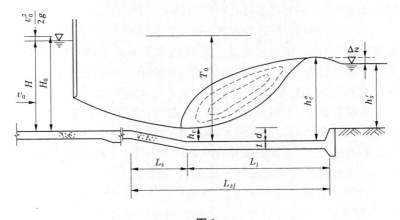

图1

$$h_c^3 - T_0 h_c^2 + \frac{aq^2}{2g\varphi^2} = 0 \qquad (2\text{-}3)$$

$$\Delta z = \frac{aq^2}{2g\varphi^2 h_s'^2} - \frac{aq^2}{2g h_c''^2} \qquad (2\text{-}4)$$

式中:d 为消力池深度,m;σ_0 为水跃淹没系数,可采用 1.05;h_c'' 为跃后水深,m;h_c 为收缩水深,m;α 为水流动能校正系数,可采用 1;q 为过闸单宽流量,m^2/s;b_1 为消力池首端宽度,m,取 100 m;b_2 为消力池末端宽度,m,取 145 m;T_0 为由消力池底板顶面算起的总势能,m;Δz 为出池落差,m;h_s' 为出池河床水深,m,下游水深考虑下游水位上升滞后情况,采用前一开度泄量对应下游水深;φ 为流速系数,孔口取 0.97,开敞取 0.95。

根据计算消力池需要池深 2.7 m,池长 57 m,海漫长 82 m。为了更好地了解泄水闸消力池消能防冲实际情况,对泄水闸进行 1:100 整体模型试验。通过模型试验我们得出以下结论:

(1)泄水闸运行情况复杂(泄水闸下游水位随三峡库水位运行):泄水闸泄洪初始时,上下游水位落差大(12.5 m),随着泄水时间增长,下游水位增长快。

(2)计算得出佛汝德数一般小于 4.5 h,消力池消能效果差。

(3)模型试验得出出消力池水流流速很大(底部流速最大达 7.2 m/s)对下游冲刷严重,增加下游海漫工程量较大,不符合经济合理要求。

通过理论计算分析和模型试验验证,开县调节坝工程泄水闸消力池无论在设计上还是在水力特性上都不满足规范要求。因此,必须采取措施,改善泄水闸消能效果。

3 消力池设计方案调整及比选

根据国内外经验,水闸一般采取底流式消能。底流式(水跃)消能的消能结构措施常有挖深式消力池、消力坎式消力池、综合式消力池及辅助消能工。根据泄水闸闸门开启速度和闸坝位置水位流量关系对泄水闸消能防冲进行计算分析,消力池需要池深 2.7 m、长 57 m,海漫长 82 m。

(1)方案一:为减少开挖方量改底流式消力池为综合式消力池,消力池池深 2.5 m,尾坎和消力池按 1∶2 连接（泄水闸泄水时有砂卵石掺杂），尾坎顶高程 157.0 m，后接 80 m 浆砌石海漫和 27.5 m 防冲槽（此方案为方案一）。经整体模型试验验证，消力池尾坎后水流衔接有跌水现象，出消力池尾坎水流流速最高达 7.2 m/s，下游冲坑超过 20 m。海漫水流流速远远大于浆砌石抗冲流速，并且冲坑较深，说明消力池消能效果不好。

（2）方案二：现增加消力池辅助消能措施，为了增加消能效果在方案一的基础上，在消力池前增加一排消力墩，为不减少泄水闸行洪能力，消力墩垂直水流方向 2 m，坎顶高程 156.5 m，顶宽扩散为 3.5 m，布置间隔 4 m。此方案（以下称方案二）各闸孔开启条件下水跃均发生在消力池内，最远水跃跃尾在 0 + 55.6 m 处，但坎后跃落仍然没有消失，达不到设计要求。水流出消力池后流速还是比较大，最高达 7.2 m/s。

（3）方案三：消除消力池尾坎后的二次跌落。对方案一、方案二进行分析，增加消力墩后，坎后跌落有增大趋势，说明消力池尾坎和海漫连接不好。为此，在方案二基础上，将消力池尾坎调整为齿疏型（以下称方案三），使消力池跃后水深和下游水位有更好的适应连接。尾坎每 2.5 m 设置垂直高坎和原 1∶2 尾坎交错布置。各闸门开孔条件下，水跃均发生在消力池内，坎后二次跌落基本消失。但水流出消力池后流速还是比较大。

（4）方案四：为减小海漫流速。对方案三进行分析，水流出消力池后没有扩散造成行洪断面较小水流流速较大。把海漫后 80 m 改为 1∶10 向下游倾斜的坡，增加水流垂直扩散（以下称方案四）。模型试验结果显示，海漫始端流速减小为 6.4 m/s，但是海漫两侧水流流速增大，两侧水流有向中间挤压的倾向，并且海漫末端流速还是比较大（4.6 m/s）的。

（5）方案五：为调整海漫流速和两侧、下游水流连接。对方案四进行分析，海漫上水流和两侧水流连接不好，海漫末端流速大。把海漫后 80 m 改为 1∶20 向下游倾斜的坡（以下称方案五）。既增加水流扩散，又不至于水流下切。模型试验结果显示，海漫始端流速减小为 5.7 m/s，海漫两侧水流连接较好，并且海漫末端流速减小为 3.3 m/s。

4 消力池优化布置

基于整体水工模型试验方案五，对理论计算设计下的消力池布置进行修订，即泄水闸消力池池深仍为 2.5 m，消力池池长为 60 m，在水流出消力池 10 m 处布置趾墩一排，消力池尾坎高程 157.5 m 和 156.5 m 交错布置（齿疏型），下游海漫前 20 m 水平布置，后 80 m 为 1∶20 坡向下游倾斜，并且海漫水平段改为抗冲能力更强的混凝土形式。作为消力池的优化方案，优化方案各条件下流速流态分布见图 2、图 3。

5 结论

通过对三峡水库开县消落区生态环境综合治理调节坝工程泄水闸消力池消能防冲计算分析和对泄水闸进行水工模型试验验证，对于单宽流量大、上下游水位连接复杂、地基抗冲能力差的水闸来说，消能防冲比较复杂，但是通过调整消力池形式、增加消力池辅助消能措施和调整消力池及海漫结构尺寸，还是能达到很好的消能效果的。

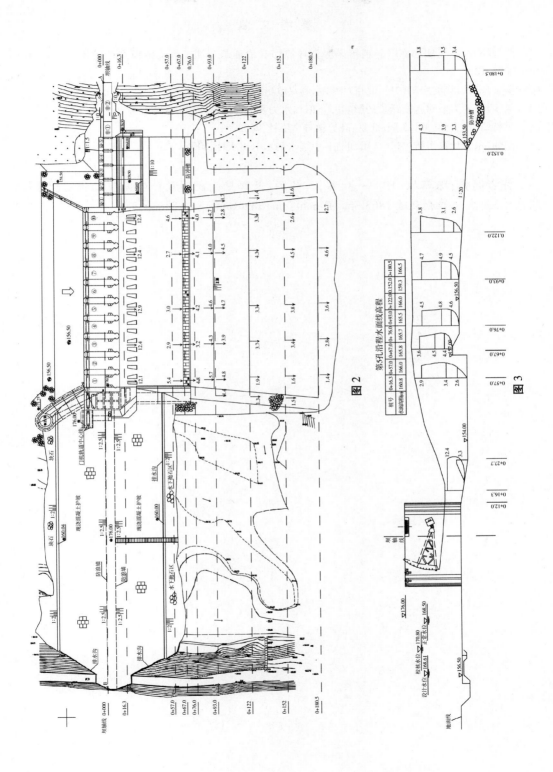

图 2

第5孔沿程水面线高程

桩号	0+16.3	0+57.0	0+67.0	0+76.0	0+93.0	0+122.0	0+152.0	0+180.5
水面线高程/m	160.8	166.0	165.8	165.7	165.5	166.0	159.3	166.5

图 3

参 考 文 献

[1] 长江科学院. 三峡水库开县消落区生态环境综合治理调节坝工程整体模型试验研究报告[R]. 2007,12.

[2] 陈宝华,张世儒. 水闸[M]. 北京:中国水利水电出版社,2003.

[3] 吴宇峰. 消力墩对水跃跃长的影响[J]. 四川水力发电,2004,23(3):52-23.

[4] 吴持恭. 水力学[M]. 3 版. 北京:高等教育出版社,2003.

[5] 李炜. 水力计算手册[M]. 2 版. 北京:中国水利水电出版社,2006.

作者简介: 陈朝旭(1980—),男,工程师,长江勘测规划设计研究院工程治理中心。联系地址:武汉解放大道 1863 号。E-mail:chenzhaoxu@ cjwsjy. com. cn。

山东省点暴雨量多年统计特征分析

陈干琴　刘炳忠　宋秀英　刘　群

（山东省水文水资源勘测局,济南　250014）

摘　要: 根据山东省已经发生的实测和调查暴雨资料,编制了五种标准历时的暴雨统计参数等值线图,分析了暴雨统计参数的分布规律及影响因素,对山东省设计暴雨洪水分析计算、有关工程规划设计等工作具有重要应用价值。

关键词: 暴雨　统计参数　分布规律　山东省

1　前言

21 世纪以来,山东省多次发生强暴雨,如 2007 年济南市区"7·18"大暴雨、2008 年新泰"8·17"大暴雨,其暴雨强度和造成的灾害都更新了历史纪录。为了更准确地反映当地暴雨特性和规律,本文在原来《中国暴雨统计参数图集》[1,2]相应工作的基础上,参照有关工作分析经验[3],将暴雨系列延长至 2006 年或 2007 年,再次修编了 10 min、60 min、6 h、24 h 和 3 d 五种标准历时的暴雨统计参数图,分析了暴雨统计参数的空间分布规律和影响因素。

各历时点雨量均采用"年最大法"独立选样。10 min ~ 3 d 五种历时参与统计参数估算(观测系列在 20 年以上)的雨量站数依次为 291、550、900、904、901 站,站网密度分别为 538、285、174、173、174 km²/站;暴雨资料站年数分别为 8 710、17 426、36 734、39 366、38 731 站年,平均系列长度分别为 29.9、31.7、40.8、43.5、43.0 年。总的来说,本次分析所选雨量站具有较好的空间代表性,暴雨资料具有较好的系列代表性。

暴雨统计参数的估算,采用刘九夫等编制的程序[4]统一计算,均值采用算术平均值,R_{sv} 取 3.5,C_v 以经验频率资料与 P–III 型频率曲线离差平方和最小为准则确定。

2　均值

2.1　均值空间分布概况

五种标准历时均值等值线图,反映了不同历时暴雨分布情况。

最大 10 min 点雨量均值一般在 16 ~ 20 mm,无明显的高值区和低值区,局部地形对 10 min 点雨量均值的空间分布无明显影响。

最大 60 min 点雨量均值一般在 40 ~ 53 mm。其中,泰沂山及以南大部、崂山地区、胶东大沽河上游艾山牙山西部均值略超过 50 mm;泰沂山北部和胶东半岛北部沿海均值在 45 mm 以下;其他地区都在 45 ~ 50 mm。60 min 暴雨均值大体上比 10 min 均值增加了一倍半,空间变化比 10 min 均值要略微复杂。

最大 6 h 点雨量均值一般在 60～100 mm。泰沂山以南地区和胶东大部暴雨均值在 80 mm 以上,其中局部山体迎风区暴雨均值超过 90 mm,崂山地区暴雨均值最高超过 120 mm;泰沂山以北大部在 70 mm 以下,局部地带低于 60 mm;其他地区都在 70～80 mm。6 h 暴雨均值大体上比 60 min 均值增加了一倍,空间变化变得比较复杂。

最大 24 h 雨量均值分布图是暴雨分布的代表。山东省最大 24 h 点雨量均值一般在 80～130 mm。泰沂山以南和胶东大部暴雨均值在 100 mm 以上,泰山附近、枣庄临沂中南部及胶东半岛东南沿海暴雨均值在 110 mm 以上,局部山体迎风区暴雨均值在 120 mm 以上,崂山地区暴雨均值最高超过 190 mm;泰沂山以北大部暴雨均值在 90 mm 以下,局部低于 80 mm;其他地区暴雨均值都在 90～100 mm。24 h 暴雨均值大体上比 6 h 均值增加了 1/3。

最大 3 d 点雨量均值大多在 100～150 mm。泰沂山以南和胶东大部暴雨均值在 120 mm 以上,局部山体迎风区暴雨均值在 140 mm 以上,崂山地区暴雨均值最高达 230 mm;泰沂山以北和鲁北平原区暴雨均值在 120 mm 以下,淄博—东营一带暴雨均值低于 100 mm。3 d 暴雨均值大体上比 24 h 均值增加了 1/6。3 d 暴雨均值空间分布比 6 h 和 24 h 还要略微复杂一些。

对比五种历时暴雨均值等值线图可以发现,从鄄城、平阴,沿着泰沂山脉,到高密、平度、招远,直至烟台,构成了山东省暴雨的一条分界。分界处的均值大致为 75 mm(6 h)、100 mm(24 h)和 110 mm(3 d)。该线以东多为暴雨区。特短历时(10 min 和 60 min)的分界不明显。

2.2 暴雨均值高值区和低值区

特短历时(10 min)暴雨均值无明显的空间差异。中短历时(6 h)和更长历时暴雨的空间分布则具有明显的高低差异。现以 6 h、24 h 和 3 d 雨量均值为例说明主要高值区和低值区的分布情况。

2.2.1 暴雨均值高值区

(1)泰山附近。泰山附近是暴雨相对较大的地区。$\overline{H}_{6h}$ 超过 80 mm,最高达 88 mm,高于周边的 75 mm;$\overline{H}_{24h}$ 超过 110 mm,最高达 117 mm,高于周边的 100 mm;$\overline{H}_{3d}$ 超过 130 mm,局部超过 140 mm,最高达 147 mm,明显高于周边的 120 mm。

(2)崂山地区。$\overline{H}_{6h}$ 超过 80 mm,最高达 125 mm;$\overline{H}_{24h}$ 超过 110 mm,最高达 194 mm;$\overline{H}_{3d}$ 超过 130 mm,最高达 230 mm。在大约 15 km 内,$\overline{H}_{6h}$ 由 80 mm 急增到 125 mm,$\overline{H}_{24h}$ 由 110 mm 急增到 190 mm,$\overline{H}_{3d}$ 由 130 mm 急增到 230 mm。

(3)昆嵛山—伟德山。$\overline{H}_{6h}$ 超过 90 mm,高于周边的 80 mm;$\overline{H}_{24h}$ 超过 120 mm,高于周边的 110 mm;$\overline{H}_{3d}$ 超过 140 mm,局部超过 150 mm,最高达 170 mm,明显高于周边的 130 mm。

(4)大沽河上游。$\overline{H}_{6h}$ 超过 80 mm,最高达 90 mm,明显高于周边的 75 mm;$\overline{H}_{24h}$ 达 110 mm,高于周边的 100 mm;$\overline{H}_{3d}$ 超过 130 mm,高于周边的 120 mm。

（5）五莲山。$\overline{H}_{6h}$ 比周边略高；$\overline{H}_{24h}$ 超过 120 mm，高于周边的 110 mm；$\overline{H}_{3d}$ 超过 140 mm，最高达 147 mm，明显高于周边的 130 mm。

（6）蒙山。$\overline{H}_{6h}$ 超过 90 mm，高于周边的 80 mm；$\overline{H}_{24h}$ 超过 120 mm，最高 128 mm，高于周边的 110 mm；$\overline{H}_{3d}$ 超过 140 mm，最高 148 mm，高于周边的 130 mm。

（7）尼山东南部。$\overline{H}_{6h}$ 超过 90 mm，最高 96 mm，高于周边的 80 mm；$\overline{H}_{24h}$ 超过 120 mm，最高达 129 mm，高于周边的 110 mm；$\overline{H}_{3d}$ 超过 140 mm，局部超过 150 mm，明显高于周边的 130 mm。

2.2.2 暴雨均值低值区

（1）泰沂山以北。$\overline{H}_{6h}$ 低于 70 mm，邹平—桓台—寿光一带低于 60 mm，明显低于周边的 75 mm；$\overline{H}_{24h}$ 低于 90 mm，邹平—桓台一带低于 80 mm，低于周边的 95 mm；$\overline{H}_{3d}$ 低于 100 mm，邹平—桓台一带 90 mm，明显低于周边的 110 mm。

（2）菏泽南部。$\overline{H}_{6h}$ 低于 75 mm，$\overline{H}_{24h}$ 低于 100 mm，$\overline{H}_{3d}$ 低于 120 mm，都比周围略低。

2.3 均值空间分布特点

2.3.1 走向变化

通过对五种历时暴雨均值等值线图的对比分析，可以得出如下结论：

（1）对于特短历时（10 min 和 60 min），暴雨均值走向不明显，略趋于东西走向，即南高北低。

（2）对于 6 h ~ 3 d 历时，暴雨均值总体趋势呈西南—东北走向，由东南向西北递减。从鄄城、平阴、沿着泰沂山脉，到高密、平度、招远至烟台，构成了山东省暴雨的一条分界。分界线东南暴雨明显多于分界线西北。

2.3.2 不同历时暴雨均值分布

随着历时的增长，均值等值线的分布趋于复杂，地区差异加大。10 min 均值等值线的空间分布比较简单，高值区成片，范围较广。长历时暴雨则呈多中心状态，高值中心分布零散。山东省不同历时的暴雨均值高低值区的分布基本是相应的，但不同历时均值随距离的增减梯度有所不同。如崂山地区 15 km 距离内，$\overline{H}_{6h}$ 比边缘地区增加了 56%，$\overline{H}_{24h}$ 增加了 73%，$\overline{H}_{3d}$ 增加了 77%。

2.3.3 地形影响

地形对特短历时（10 min）基本没有影响，但随着历时的增长，地形对暴雨均值的影响愈为明显。山东省地形对暴雨均值的影响主要为山脉迎风、背风坡型和小尺度山峰型。

（1）山脉迎风坡型。崂山、昆嵛山—伟德山、五莲山的东坡或南坡，是沿海第一道山脉，对暴雨均值的分布有较大影响，与山后形成明显的对比。泰山较高，与海洋之间近似认为无明显地形障碍，其东南侧形成暴雨高值区。大沽河上游由于受其西北侧和北侧大泽山、罗山、艾山的阻挡，形成暴雨高值区。

（2）山脉北风坡型。泰沂山北侧，由于受泰沂山脉的阻挡，形成明显的暴雨低值区。

（3）小尺度山峰型。尼山、蒙山、五莲山的均值相对高于周围平地，形成小尺度均值高值区。

3　变差系数

3.1　变差系数空间分布概况

　　最大 10 min 点雨量变差系数在 0.30 ~ 0.50。枣庄临沂南部、泰安中部、聊城南部和菏泽北部变差系数小于 0.35；胶东半岛东部变差系数在 0.45 以上；其他地区都在 0.35 ~ 0.45。

　　最大 60 min 点雨量变差系数在 0.45 ~ 0.60。胶东半岛东部、崂山东部、沿泰沂山脉及尼山蒙山到胶莱河谷直至胶东西部艾山牙山西南侧大片地区、菏泽中南部和鲁北平原区变差系数在 0.50 以上，其中局部地区超过 0.55；其他地区变差系数在 0.50 以下。

　　最大 6 h 点雨量变差系数一般在 0.55 ~ 0.75。泰沂山脉至蒙山五莲山大片地区、枣庄大部、崂山及其东北部、烟台西部、威海东北部、鲁北大部和菏泽西南部变差系数在 0.60 以上，其中局部范围超过 0.70；其他地区一般在 0.55 ~ 0.60。6 h 点雨量变差系数空间变化变得比较复杂。

　　最大 24 h 点雨量变差系数一般也在 0.55 ~ 0.75。尼山蒙山沂山五莲山直至胶东西北部的大片地区、崂山及其东北部、威海中东部、鲁北大部变差系数在 0.60 以上，其中局部地区在 0.70 以上；其他地区一般在 0.55 ~ 0.60。

　　最大 3 d 点雨量变差系数一般在 0.55 ~ 0.80。尼山西部和南部、蒙山和莲花山之间大汶河上游河谷地区、沂山五莲山之间大片地区、崂山地区和胶东大部、鲁北全部变差系数在 0.60 以上，其中局部地区在 0.70 以上；其他地区变差系数一般在 0.55 ~ 0.60。

3.2　变差系数高值区和低值区

　　特短历时暴雨统计参数的空间差异不大。现以中长历时说明主要高值区和低值区的分布概况。

3.2.1　变差系数高值区

　　(1) 沂山五莲山之间大片地区。$C_{v_{6h}}$ 超过 0.65，局部超过 0.70，高于周边的 0.60；$C_{v_{24h}}$ 和 $C_{v_{3d}}$ 超过 0.70，局部超过 0.80，远高于周边的 0.60。

　　(2) 蒙山和莲花山之间大汶河上游河谷地区。$C_{v_{6h}}$ 高值区集中在莲花山附近，超过 0.65，高于周边的 0.60；$C_{v_{24h}}$ 反映不明显；$C_{v_{3d}}$ 高值区扩大到蒙山和莲花山之间整个大汶河上游河谷地区，$C_{v_{3d}}$ 达到 0.60，超过周边的 0.55。

　　(3) 崂山及其东北部地区。$C_{v_{6h}}$ 超过 0.65，高于周边的 0.55；$C_{v_{24h}}$ 超过 0.70，高于周边的 0.55；$C_{v_{3d}}$ 也超过 0.70，其范围超过 24 h 变差系数 0.70 的范围，超过周边的 0.60。

　　(4) 大沽河上游地区。$C_{v_{6h}}$ 和 $C_{v_{24h}}$ 超过 0.65，高于周边的 0.55；$C_{v_{3d}}$ 超过 0.70，超过周边的 0.60。

　　(5) 昆嵛山—伟德山北侧。$C_{v_{6h}}$ 超过 0.60，高于周边的 0.50；$C_{v_{24h}}$ 超过 0.65，高于周边的 0.60；昆嵛山北侧 $C_{v_{3d}}$ 超过 0.80，明显超过周边的 0.65。

　　(6) 尼山的西部和南部。$C_{v_{6h}}$、$C_{v_{24h}}$ 和 $C_{v_{3d}}$ 都超过 0.60，超过周边的 0.55。

3.2.2　变差系数低值区

（1）泰沂山脉北侧的大片地区。C_{v6h}、C_{v24h} 和 C_{v3d} 都低于 0.60，比其北侧的鲁北和南侧的泰沂山区都要低。

（2）菏泽东部和济宁西部。C_{v6h}、C_{v24h} 和 C_{v3d} 都低于 0.55，比周边地区要低。

（3）胶州—莱西—莱阳一带。C_{v6h}、C_{v24h} 和 C_{v3d} 都低于 0.60，比周边地区低。

3.3　变差系数分布特点

3.3.1　走向变化

与均值相比，变差系数的空间变化有更多的局部波动，总的变化趋势更为复杂。

10 min 雨量变差系数总体变化趋势是南低北高、西低东高。南部大片地区变差系数大致为 0.35，北部为 0.40；西部 0.35，东部 0.40 或更高。

60 min ~ 3 d 变差系数等值线总体呈西南—东北走向，由东南向西北呈现"低—高—低—高"的趋势。东南沿海变差系数最低，60 min ~ 3 d 变差系数大致为 0.45、0.50、0.55、0.50；沿尼山、蒙山、沂山、五莲山至胶东，变差系数相对较高，各历时变差系数大致为 0.50 ~ 0.55、0.60 ~ 0.70、0.60 ~ 0.80、0.60 ~ 0.80；由湖西平原沿泰山西侧至泰沂山脉北部的大片地区，变差系数相对较低，各历时变差系数大致为 0.45、0.50、0.50、0.50；鲁西北平原变差系数又相对较高，各历时变差系数大致为 0.50 ~ 0.60、0.60 ~ 0.70、0.60 ~ 0.70、0.60 ~ 0.70。

3.3.2　各历时 C_v 等值线图分布

C_v 随历时的差异小于均值差异。总体上，对 10 min ~ 6 h 而言，变差系数随历时的增加明显增大，空间变化也变得愈为复杂；对 6 h ~ 3 d 而言，变差系数随历时的变化和空间变化都趋于稳定。

各历时暴雨 C_v 高低值区的位置大体上是相应的，但不少地区不同历时的高低值区形状和范围有所不一致。

3.3.3　地形对 C_v 分布的影响

特短历时暴雨 C_v 受地形的影响相对较弱，6 h 以上各历时的 C_v 分布则很清楚地显示了地形的作用。崂山地区及其北部、昆嵛山—伟德山北侧、大沽河上游地区、沂山和五莲山之间、蒙山北部、尼山西部和南部都显示出山坡为高值区，但泰沂山脉却不是明显的高值区。

3.3.4　C_v 与均值高低值区的配置

对于特短历时而言，C_v 与均值高低值区没有明显的相应关系。

对于中长历时而言，C_v 与均值高低值区具有一定的相应关系，但高低值区的范围和位置往往有所不同。如崂山地区均值和 C_v 都是高值区，但 C_v 高值区的范围更大；昆嵛山—伟德山一带是均值高值区，但其北部才是 C_v 高值区；大沽河上游地区既是均值高值区又是 C_v 高值区，但范围不尽相同；五莲山是均值高值区，但其北部山坡至更大范围是 C_v 高值区；蒙山、尼山是均值高值区，但蒙山北部山坡、尼山西南部山坡是 C_v 高值区；泰沂山脉北坡是均值低值区，同时也是 C_v 低值区。

4　结语

　　(1)特短历时(10~60 min)雨量均值等值线走向不明显;中长历时(6 h~3 d)雨量的总体趋势与年降水量等值线类似,从东南向西北递减。雨量均值高值区有泰山附近、崂山地区、昆嵛山—伟德山、大沽河上游、五莲山、蒙山、尼山东南部;低值区有泰沂山以北、菏泽南部。地形对特短历时雨量分布基本无影响,但对中长历时具有明显影响。

　　(2)与均值相比,变差系数的空间分布具有更多波动,其变化趋势更为复杂。10 min历时变差系数总体趋势为南低北高、西低东高;60 min~3 d 历时变差系数等值线总体呈西南—东北走向,由东南向西北呈现"低—高—低—高"的趋势。特短历时变差系数高低值区与均值高低值区无明显相应关系;但对中长历时而言,两者具有一定的相应关系,但高低值区的范围和位置往往有所不同。地形对特短历时变差系数的影响相对较弱,对中长历时则具有明显影响。

参 考 文 献

[1] 水利部水文局,南京水利科学研究院.中国暴雨统计参数图集[M].北京:中国水利水电出版社,2006.

[2] 张建云,刘九夫,周国良.中国暴雨统计参数特征与规律研究[J].水利水电技术,2006(2).

[3] 王家祁.中国暴雨[M].北京:中国水利水电出版社,2002.

[4] 刘九夫,谢自银.基因算法技术在水文频率计算中的应用[C]∥中国水利学会.全国水文计算进展和展望学术讨论会论文选集.南京:河海大学出版社,1998.

作者简介:陈干琴(1977—),女,工程师,山东省水文水资源勘测局。联系地址:济南市山师北街 2 号。E-mail:ganqinchen@163.com。

未来气候变化对长江上游流域
水资源影响分析*

王渺林[1]　　侯保俭[2]

(1.长江水利委员会长江上游水文水资源勘测局,重庆　400014;
2.重庆交通大学河海学院,重庆　400074)

摘　要:研究长江水资源问题,对于长江流域的可持续发展极为重要。本文利用大气环流模型的输出结果,以分布式月水文模型为工具,分析未来气候情景下长江上游流域径流的可能变化趋势。结果表明,受气候变化影响,长江上游流域径流在未来20年间呈微减小趋势,之后呈增大趋势。

关键词:气候变化　水资源　长江上游

1　引言

全球气候变化问题愈来愈引起社会各界的关注。气候变化将影响水文循环的变化,加剧一些地区的水资源分配不均,导致旱涝问题日趋严重。因此,如何应对气候变化对水资源变化带来的影响,在流域规划和水资源管理中越来越有必要。

气候变化对水文水资源的影响引起了国内外专家的重视,国内一些学者着手研究长江水文水资源对气候的响应,如针对汉江、湖北省、长江流域等研究气候变化对水资源的影响。其中,对未来气候情景的构建多采用任意情景组合及IPCC第3次评估(或以前)的气候模型输出成果。目前,用于IPCC第4次气候变化评估的气候模型比之以前模型的方案和精度都已有较大的完善和提高。

长江干流自江源至湖北宜昌为长江上游,流域面积约100万 km^2,主要水系有金沙江、岷江、沱江、嘉陵江、乌江等。长江上游流域地形复杂,既受东南季风和西南季风影响,又受青藏高原影响,是气候变化的脆弱地区。分析未来气候变化对长江上游流域水资源影响,对深入了解长江上游流域水文特性和生态环境演变过程、发展趋势以及影响和适应机制具有重大意义,对三峡工程的防洪、发电等水库调度运行将起到重要耳目和参谋的作用。

本文利用大气环流模型的输出结果,以分布式月水文模型为工具,分析未来气候情景下长江上游流域径流的可能变化趋势。

2　未来气候变化情况

不久前,国际上多个模式先后完成了SRES A2和B2温室气体和气溶胶排放情景下,

*基金项目:国家科技支撑计划项目"长江上游地区地表水水源热泵系统高效应用关键技术研究与示范"(2007BAB21B01 – 01)。

21 世纪全球气候变化趋势的数值模拟预测,并于 2002 年底由政府间气候变化委员会（IPCC）资料中心将 7 个模式结果开放。A2 情景代表了一个差异显著的未来世界,强调地区文化差异和家庭及历史传统对社会发展的作用,人口增长加快,经济发展缓慢。B2 情景代表的未来世界也存在一定差异,技术进步相对较慢,但强调社会技术创新,着重于局地/区域性的经济、社会和环境的可持续发展。B2 温室气体排放情景下的升温幅度在 21 世纪末期较 A2 情景的通常为弱,这是因为在该时间段上由温室效应产生的正辐射强迫异常 B2 较 A2 弱。这里采用 HadCM2 模式,HadCM2 模式是英国 Hadley 气候预测和研究中心发展的海—气耦合模型。

长江上游流域气候背景值的计算是根据长江上游流域各区间 1961～1990 共 30 年的资料得到的。对于长江上游流域未来气候变化情景的设定,本文将 HadCM2 模式原有网格点在 GIS 支持下,应用插值方法转换成的 10 km × 10 km 格距。模拟期限分三个时段,其中 2020s 代表期限 2010～2039 年;2050 s 代表期限 2040～2069 年;2080s 代表期限 2070～2099 年。据此,求得长江上游流域未来气候变化情况如表 1、表 2 所示。

由表 1、表 2 可知,对于大部分气候变化方案,各流域降水将先略微减少,然后增加。各流域平均气温将有所增加,并且增加的幅度随着时间的推移而增大。至 2020s、2050s 和 2080s 年平均气温可能分别升高 1～2 ℃、2～3 ℃和 3～5 ℃。B2 方案要比 A2 方案升温幅度稍小。

表 1　长江上游流域未来降水变化值　　　　　　　　　　（%）

气候方案	时段	屏山	高场	北碚	寸滩区间	武隆
A2	2020s	−1.86	−3.36	−2.28	−1.70	−2.64
	2050s	5.00	3.32	4.39	5.51	7.45
	2080s	17.33	14.42	14.59	13.43	16.13
B2	2020s	1.71	0.36	−1.10	0.90	−0.44
	2050s	3.19	2.86	2.58	1.37	1.01
	2080s	11.10	7.97	7.08	5.78	7.48

表 2　长江上游流域未来气温变化　　　　　　　　　　（单位:℃）

气候方案	时段	屏山	高场	北碚	寸滩区间	武隆
A2	2020s	1.06	1.15	1.32	1.16	1.14
	2050s	2.42	2.57	2.70	2.52	2.50
	2080s	4.22	4.48	4.76	4.44	4.36
B2	2020s	1.21	1.25	1.28	1.16	1.19
	2050s	2.06	2.25	2.48	2.14	2.07
	2080s	3.04	3.27	3.47	3.19	3.16

3 分布式月水量平衡模型

由于气候变化及人类活动的影响尺度较大,相应的模型尺度也应该扩大。月模型不考虑模型的汇流过程,空间上将整个流域划分为多个子流域,利用模型设置的参数表述人类活动的水文响应特征。

3.1 单元模型结构

DTVGM 分布式月水量平衡模型是以月为时间尺度,在由 DEM 划分的子流域单元上,根据提取的单元下垫面条件,分别计算子流域的产流(分为地表径流与地下径流)、蒸散发、土壤含水量变化,分析下垫面变化对径流形成的影响。子流域单元水量平衡可以表示为:

$$\Delta W_i = W_{i+1} - W_i = P_i - ETa_i - RS_i - RSS_i - WU_i \tag{1}$$

式中:ΔW_i 表示土壤含水量变化;W_{i+1} 和 W_i 分别表示 i 时段初和 i 时段末($i+1$ 时段初)的土壤含水量;P_i 为降水;ETa_i 为蒸散发;RS_i、RSS_i 分别为地表径流、地下径流(包括壤中流),WU_i 为取用水,本次研究由于资料的限制,忽略取用水影响。

3.2 单元蒸散发模型

月实际蒸发值计算公式为:

$$ETa_i = Kaw \times ETp_i \times \tanh\left(\frac{P_i}{ETp_i}\right) \tag{2}$$

式中:Kaw 为蒸发修正系数。

3.3 单元产流模型

3.3.1 地表径流

根据时变增益产流 TVGM 的概念,降雨径流的系统关系是非线性的,产流过程中土壤湿度(即土壤含水量)不同所引起的产流量变化,子流域的地表产流可以表示为:

$$RS_i = g_1 \cdot \left(\frac{W_i}{W_m}\right)^{g_2} \cdot P_i \tag{3}$$

式中:g_1 与 g_2 是时变增益因子的有关参数;W_m 为最大土壤含水量。

3.3.2 地下径流

计算公式为:

$$RSS_i = Kr \cdot W_i \tag{4}$$

式中:Kr 为土壤水出流系数;RSS_i 是地下径流。

3.3.3 单元总产流

计算公式为:

$$R_i = RS_i + RSS_i \tag{5}$$

4 模拟结果

利用 1961～1990 年数据对长江上游各区间模拟,可以看出,模型模拟精度较高。图 1 绘出岷江高场站模拟与实测径流对应图,可以看出,模拟与实测径流吻合较好。这表明模型的模拟精度较高,可以用于分析气候变化对径流影响。

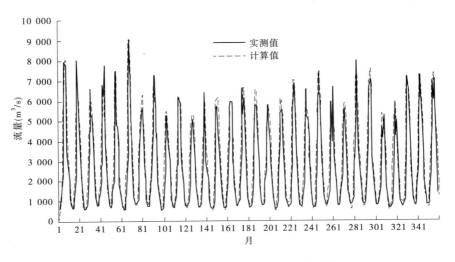

图 1　岷江高场站模拟与实测月流量过程

5　未来径流变化预测

　　根据未来长江上游流域的气候情景,以其中的降水、平均气温作为输入,利用分布式月水量平衡模型,模拟未来气候条件下长江上游流域各区段的径流值,与背景值比较,计算径流变化幅度,如表 3 所示。

表 3　长江上游流域年径流变化幅度　　　　　　　　　　　　　（%）

气候方案	时段	屏山	高场	北碚	寸滩	武隆
A2	2 020 s	−6.38	−4.12	−7.12	−5.96	−7.03
	2 050 s	−0.69	1.03	−1.54	−0.34	1.61
	2 080 s	10.26	9.95	6.01	8.31	7.23
B2	2 020 s	−1.32	−0.80	−6.01	−2.24	−5.22
	2 050 s	−2.08	1.14	−3.63	−2.04	−5.22
	2 080 s	6.17	4.46	0.28	3.43	0.00

　　对于长江上游流域而言,受气候变化影响,长江流域径流在未来 20 年间呈减小趋势,之后呈增大趋势。以上分析结果与相关文献的结论基本一致。

　　对未来长江流域的气候变化分析和径流量估算主要取决于全球气候模式的输出产品,对未来径流量的估算存在一定的不确定性,但其变化仍可反映未来长江上游流域水资源的可能变化趋势。

参 考 文 献

［1］ 金兴平，黄艳，杨文发，等. 未来气候变化对长江流域水资源影响分析［J］. 人民长江，2009，40（8）：35-38.

［2］ 夏军，王渺林. 长江上游流域径流变化与分布式水文模拟［J］. 资源科学，2008，30(7)：962-967.

［3］ 王渺林，易瑜. 长江上游流域径流变化趋势分析［J］. 人民长江，2009，40(8)：68-69.

［4］ Xia Jun，Wang Gangsheng，Ye Aizhong，et al.. A distributed monthly water balance model for analysing impacts of land cover change on flow regimes［J］. Pedosphere，2005，15(6)：761-767.

作者简介：王渺林(1975—)，男，高级工程师，博士，长江水利委员会长江上游水文水资源勘测局。联系地址：重庆市健康路4号长江上游水文局。E-mail：wangmiaolin@163.com。

深松截流对干旱牧区柠条生长的影响*

李 鑫[1] 江培福[2] 武 阳[3]

(1. 北京市昌平区水务局,北京 102200;2. 水利部综合事业局,北京 100053;
3. 中国农业大学水利与土木工程学院 现代精细农业系统集成研究
教育部重点实验室,北京 100083)

摘 要: 为了解决干旱牧区柠条地雨水利用效率低的问题,通过对柠条地进行深松形成线状后截流措施和在旱季进行剪枝减少柠条腾发量措施来增加雨水的利用效率。研究表明,深松后的柠条地土壤密度降低,平均下降 0.21 g/cm^3,柠条的株高和冠幅增长量都比对照组有明显增加,平均增长率分别比对照组高 45.54% 和 30.71%;水利用效率也相应提高。剪枝后的柠条株高和冠幅比对照组增长速度快,株高和冠幅的平均增长速率分别提高 31.15% 和 32.32%;剪枝柠条和对照组柠条的株高与冠幅在试验结束时两者无显著差异。研究结果可为改善牧区生态环境提供理论依据。

关键词: 柠条 深松 剪枝 水利用效率

1 引言

草原不仅是国家的重要资源和维系生态安全的绿色屏障,也是当地牧民生息繁衍、牧区经济社会发展的基础[1]。在我国,牧区主要分布在干旱半干旱地区,而牧区天然草地土壤水主要靠大气降雨有效注入补给[2]。因此,提高干旱半干旱地区的雨水资源利用效率对增加牧草产量有重要的意义。充分利用降水资源是发展牧区畜牧业和改善生态环境的关键因素。雨水利用效率的提高主要措施有就地雨水富集叠加利用、覆盖抑制蒸发利用和拦蓄入渗利用 3 种[3]。关于不同集水面对降雨径流的影响方面,国外已进行了深入系统的研究[4-7]。李鑫[8]等通过雨水的叠加利用,增加了干旱牧区牧草的产量,但是雨水的叠加利用只适合在有坡度且小面积种植牧草的场地进行。利用覆盖抑制蒸发,能有效地抑制土壤蒸发,特别是在土壤含水率较高的阶段,抑制作用更加明显[9],覆盖抑制蒸发是提高雨水资源利用效率的有效途径,但是牧区面积太大,需要覆盖物太多,并不适合于机械操作。机械深松可以有效地提高农作物的产量,降低土壤密度,提高土壤的蓄水能力[10-11]。司振江等[12]研究了振动深松后的土壤蓄水保墒机制,表明振动深松使土壤空隙增加,毛细管减少。深松后土壤的入渗性能明显的提高[13]。机械深松还有明显的驱除杂草作用,并在改良草场效果上许多指标优于或等于浅翻[14]。

为了加强牧区的雨水利用效率,防止降雨后雨水形成地表径流而流失,并减少蒸发蒸腾损失,笔者采用柠条深松和剪枝措施进行试验,以讨论不同措施雨水的利用效率,为改

* 水利部行政事业经费(1262160600118),已在《中国水土保持科学》公开发表。

善牧区生态环境提供理论依据。

　　研究区位于内蒙古四子王旗北部,四子王旗位于内蒙古自治区中部,北与蒙古国交界,东经 110°20′ ~ 113°00′,北纬 41°10′ ~ 43°22′,是一个以蒙古族为主体民族的边疆少数民族牧业旗。年平均日照时间 3 185 h,≥10 ℃的积温为 2 439 ℃,无霜期 90 ~ 120 d。全年平均气温为 3 ℃,多年平均降水量为 220 mm,降水量的 70% 集中在 7、8、9 月,多年平均蒸发量为 2 520 mm,属于典型的干旱地区。土壤以棕钙土和栗钙土为主,土壤养分总的状况是高钾、低磷、少氮,有机质含量较低。四子王旗自然植被带为干旱草原到荒漠草原地带。

2　研究方法

2.1　深松基本参数

　　深松试验分为 2 个部分,一是对 10 hm² 已经生长 6 年的柠条地进行线状深松,测量其株高、冠幅生长量;二是对 3.33 hm² 已经生长 2 年的柠条地进行线状深松,并进行隔行剪枝的对比试验,测量其株高、冠幅生长量。采用全方位深松机,型号为 ISQ – 340,配套动力 50 kW。深松参数分别为深松深度 400 mm,深松上、下表面宽 620 mm 和 140 mm,如图 1 所示。

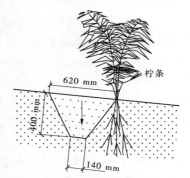

图 1　深松参数

2.2　柠条地深松试验

　　选取已经生长 6 年的大柠条地阴坡(6°)、阳坡(6°)、平地(0° ~ 3°)3 个不同的坡面于 2006 年 6 月 13 日进行深松,深松间隔与柠条行间距相同,为 6 m。2006 年 6 月 13 日测量深松柠条地和对照柠条地分别在 3 个不同坡面的初期土壤含水量和深松前后的土壤密度,分别在深松柠条地和对照柠条地的每个坡面上随机选取 15 株柠条进行标定,测量其株高和冠幅;2006 年 9 月 16 日测量深松柠条地和对照柠条地在 3 个不同坡面上的末期土壤含水量,并测量标定柠条的株高和冠幅。分别在深松柠条地和对照柠条地的 3 个不同坡面上选取 1 个点,测量土壤含水量,对每个测量点分 0 ~ 30 cm、30 ~ 60 cm、60 ~ 100 cm 3 层取土,每个测量点进行 3 次重复测量。土壤含水量的测量采用烘干法。土壤密度的测量采取 100 cm³ 的环刀进行田间取土测量,深松柠条地和对照柠条地的每个坡面进行 3 次重复测量。收集 2006 年 6 月 13 日到 2006 年 9 月 16 日柠条地的降雨资料,如表 1 所示。试验阶段中的降雨总量为 104.5 mm,蒸发量总量为 982.0 mm。

表 1　试验期的降雨量

日期(年-月-日)	降雨量	日期(年-月-日)	降雨量
2006-06-28	1.3	2006-08-08	17.0
2006-07-08	19.2	2006-08-11	15.0
2006-07-17	13.7	2006-08-12	10.0
2006-07-24	2.0	2006-08-13	1.5
2006-07-28	4.8	2006-08-19	5.0
2006-07-29	10	2006-08-28	5.0

2.2.1 土壤体积含水量的计算方法

根据如下公式[15]将土壤的质量含水量转化为土壤体积含水量

$$\theta = w\rho_b/\rho_w$$

式中:θ 为土壤的体积含水量,% ;w 为土壤的质量含水量,% ;ρ_b 为土壤干密度,g/cm^3 ;ρ_w 为 4 ℃时 1 个标准大气压下水的密度,g/cm^3 。

2.2.2 土壤保水量的计算方法

从 2006 年 6 月 13 日到 2006 年 9 月 16 日,柠条地经过历次降雨后,保存在计划湿润层中的水量可由下式[16]得到

$$m = 10\,000Hn(\theta_{末} - \theta_{初})$$

式中:m 为单位面积土壤内的含水量,m^3/hm^2 ;H 为该时段内计划湿润层的深度,m;柠条地的计划湿润层为 100 cm;n 为计划湿润层内土壤的空隙率(以占土壤体积的百分比计),% ,土壤类别为沙壤土,其土壤的空隙率 n 取 45% ;$\theta_{初}$ 与 $\theta_{末}$ 为该时段内土壤的初始含水量和末期含水量(以占土壤空隙体积的百分比计),% 。

2.2.3 柠条水利用效率的计算方法

水利用效率(water use efficiency)计算公式[17]如下:

$$W = Y/T$$

式中:Y 为作物产量,kg/hm^2 ,本研究中 Y 由柠条的株高、冠幅增长量代替表示,cm;T 为 1 m^3 的腾发量,mm;W 为水生产力,kg/(hm^2 · mm),在本研究中为 cm/mm。

2.3 柠条剪枝对比试验

2006 年 6 月 14 日对已经生长 2 年的小柠条进行深松。为观察旱季柠条腾发量对柠条生长的影响,于 2006 年 6 月 14 日对柠条进行隔行剪枝,以减少其腾发量。随机选取 3 行剪枝柠条和对照柠条各 15 株,并进行标定,分别于 2006 年 6 月 14 日和 2006 年 9 月 17 日对标定的柠条进行株高和冠幅的测量。

3 结果与分析

3.1 柠条地深松试验分析

3.1.1 柠条地土壤含水量分析

采取深松措施和未采取深松措施的柠条地在初期和末期的土壤含水量如表 2 所示。可见,深松后土壤密度平均下降 0.21 g/cm^3 ,平均降低 13.39% 。

表 2 深松、对照柠条地土壤参数

坡向	土壤质量含水率(%)				土壤干密度(g/cm^3)		土壤体积含水量(%)			
	深松		对照		深松	对照	深松		对照	
	初期	末期	初期	末期			初期	末期	初期	末期
阴坡	5.05	6.66	5.14	6.40	1.37	1.59	7.17	9.46	8.43	10.50
阳坡	4.06	4.35	4.64	5.53	1.40	1.61	5.85	6.26	7.70	9.18
平地	4.10	3.83	4.96	3.77	1.37	1.58	5.78	5.40	8.08	6.15

3.1.2　柠条地土壤保水量分析

根据土壤保水量的计算方法可以得到,经过历次降雨后,深松处理后柠条地的土壤增加或减少的水量为:阴坡 9.92 mm、阳坡 1.83 mm、平地 −1.66 mm;对照柠条地各个坡面增加或减少的土壤水量为:阴坡 9.01 mm、阳坡 6.46 mm、平地 −8.46 mm。可见,由于试验阶段的蒸发量要远大于降雨量,在末期深松柠条地和对照柠条地的土壤保水量差别并不大,在阳坡上对照柠条地的保水量甚至要比深松柠条地高。

3.1.3　柠条株高、冠幅增长量分析

深松地的柠条和对照地的柠条在不同坡面的株高和冠幅的增长量如图 2 所示。可以看出,深松后不同坡面柠条的株高和冠幅在试验阶段都有较大幅度的增长。增长幅度最大的是阴坡柠条,增长幅度最小的是阳坡柠条。深松后柠条株高平均增长 30.7 cm,冠幅平均增长 31.8 cm,增长率分别为 45.54% 和 30.71%。深松后不同坡面柠条的株高和冠幅的增长量都比对照高,其中,深松地柠条比对照地柠条的株高在阴坡、阳坡和平地的增长量分别高出 76.62%、41.96% 和 26.62%;在阴坡、阳坡和平地 3 个不同坡面深松地柠条高出对照地柠条的冠幅增长量分别为 84.88%、38.27% 和 49.07%。

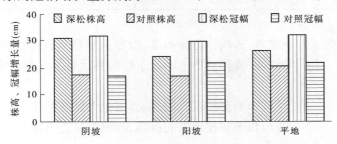

图 2　深松、对照柠条株高、冠幅增长量

3.1.4　柠条水利用效率分析

深松地柠条和对照地柠条的株高和冠幅水利用效率在阴坡、阳坡和平地不同坡面测量的结果如表 3 所示。可见,由于深松后土壤密度降低,土壤的入渗性能加大,水利用效率增加。其中水利用效率增加最大的是阴坡柠条地,株高比对照地增加 0.142 7 cm/mm,冠幅比对照增加 0.156 1 cm/mm,增长幅度分别为 78.31% 和 86.67%。阳坡柠条地的株高和冠幅水利用效率增长幅度分别为 35.53% 和 32.04%,平地柠条的株高和冠幅水利用效率增长幅度分别为 34.76% 和 58.62%。

表 3　不同处理方法的水利用效率　　　　　　　　　（单位:cm/mm）

坡向	株高		冠幅	
	深松	对照	深松	对照
阴坡	0.324 9	0.182 2	0.336 2	0.180 1
阳坡	0.235 0	0.173 4	0.290 9	0.220 3
平地	0.244 9	0.181 7	0.303 3	0.191 2

3.2 剪枝和线状深松对柠条生长的影响

2006 年 6 月 14 日和 2006 年 9 月 17 日分别对剪枝柠条和对照柠条初期和末期的平均株高、冠幅的测量结果如表 4 所示。可以看出,虽然剪枝后柠条初期平均株高、冠幅要比对照的低,但是在试验阶段末期剪枝后的柠条株高、冠幅增长量明显比对照柠条的大,剪枝后的柠条平均株高增长了 30.54 cm,比对照高出 7.26 cm,增长率提高 31.15%;冠幅增长了 41.84 cm,比对照增加了 10.22 cm,增长率提高 32.32%。

表 4　不同时期剪枝、对照柠条的株高和冠幅　　　　　　　　（单位:cm）

| 行 | 2006-06-14 | | | | 2006-09-17 | | | |
| | 剪枝 | | 对照 | | 剪枝 | | 对照 | |
	株高	冠幅	株高	冠幅	株高	冠幅	株高	冠幅
1	9.08	13.93	14.87	26.47	42.60	57.60	39.06	58.87
2	8.91	15.19	15.16	26.92	38.67	56.73	39.07	54.27
3	9.03	15.22	15.58	27.24	37.47	58.33	38.53	63.53
平均	9.03	15.71	15.60	27.26	39.58	57.56	38.89	58.89

将所有剪枝期末柠条株高、冠幅作为样本 Ⅰ,所有对照期末柠条株高、冠幅作为样本 Ⅱ,利用 SPSS 12.0 for Windows 软件对期末的柠条株高和冠幅进行方差分析,并提出如下假设:

H_0:剪枝和不剪枝期末的株高、冠幅无显著差异

H_1:剪枝和不剪枝期末的株高、冠幅有显著差异

分析结果如表 5 所示。

表 5　株高、冠幅方差分析

柠条参数	总方差	离差平方和	自由度	均方	F	Sig.
株高	组间	10.678	1	10.678	0.229	0.634
	组内	4 107.422	88	46.675		
	总和	4 118.100	89			
冠幅	组间	40.000	1	40.000	0.265	0.608
	组内	13 287.556	88	150.995		
	总和	13 327.556	89			

由方差分析结果可以看到,由于 Sig. 值都大于 0.05,所以应该接受 H_0,拒绝 H_1,即剪枝后柠条的株高、冠幅不存在显著差异。由此可知,柠条剪枝后,腾发量下降,增长速度加快,提高了对雨水的利用效率。

4　结论

(1)对柠条地深松后,减小了土壤密度,增加了土壤的入渗性能。

（2）经过深松后的柠条株高和冠幅都比对照增长的要快,并且阴坡的增长量最大,其株高高出对照 76.62%,冠幅高出对照 84.88%。

（3）深松后柠条的水利效率提高,其中阴坡提高的最大,株高和冠幅水利用效率增长幅度分别为 78.31% 和 86.67%。

（4）在旱季对柠条进行剪枝能有效地减少柠条在旱季的腾发量,提高柠条水分利用的效率,剪枝后柠条的增长速度明显加快,其株高比对照增长加快了 31.15%,冠幅比对照增长加快了 32.32%。

参 考 文 献

[1] 李和平,包小庆,史海滨,等. 我国牧区水利发展模式与对策研究[J]. 灌溉排水学报,2005,24(4):41-45.

[2] 荣浩. 干旱、半干旱牧区草地生态需水与生产潜力研究[J]. 水土保持科技情报,2004(5):16-18.

[3] 任杨俊,李建牢,赵俊侠. 国内外雨水资源利用研究综述[J]. 水土保持学报,2000,14(1):88-92.

[4] Ben-A sher J, Warrick A W. Effect of variations in soil properties and precipitation on microcatchment water balance[J]. Agriculture Water Manage, 1987, 12(3): 177-194.

[5] Boers T M, Ben-A sher J. A review of rainwater harvesting[J]. Agriculture Water Manage, 1982, 5: 145-158.

[6] Brooks K N, Ffolliott P F, Gregersen H M, et al. Hydrology and the management of watershed[M]. America: Iow a State University Press, 1996.

[7] Fink D H. Laboratory testing of water-repellant soil treatments for water harvesting[J]. Soil Science, 1976(40):562-566.

[8] 李鑫,姜娜,武阳,等. 雨水叠加利用对干旱牧区牧草生长的影响[J]. 中国农业大学学报,2010,15(2):71-81.

[9] 原翠萍,张心平,雷廷武,等. 砂石覆盖粒径对土壤蒸发的影响[J]. 农业工程学报,2008,24(7):25-28.

[10] 史世峰,王瑞谦,刘玉宁,等. 机械深松技术的研究与实践[J]. 实验研究,2001(5):24-25.

[11] 隋华,贾兰英,徐建波,等. 土壤深松对玉米效应的试验研究[J]. 天津农林科技,2002(4):1-3.

[12] 司振江,袁辅恩,陶延怀,等. 振动深松蓄水保墒机理的试验研究[J]. 灌溉排水学报,2005,24(5):42-45.

[13] 李鑫,孙淑云,武阳,等. 线源入流方法测量土壤入渗性能的田间应用[J]. 中国农业大学学报,2007,12(4):80-84.

[14] 倪德俊,高学军. 羊草草场全方位深松[J]. 内蒙古草业,1999(1):58-60.

[15] Hillel D. Environmental Soil Physics[M]. America: A division of Harcourt Brace and Company, 1998.

[16] 郭元裕. 农田水利学[M]. 北京:水利水电出版社,2002.

[17] Maisiri N, Senzanje A, Rockstrom J, et al. On farm evaluation of the effect of low cost drip irrigation on water and crop productivity compared to conventional surface irrigation system[J]. Physics and Chemistry of the Earth, 2005(30): 783-791.

作者简介:李鑫(1983—),男,硕士,工程师,北京市昌平区水务局。联系地址:北京市昌平区昌平路 25 号昌平区水务局。E-mail:xin62392894@126.com。

主成分分析方法应用于水环境质量评价的实现

白云鹏

（河北省张家口水文水资源勘测局，张家口　075000）

摘　要：本文先后阐述了主成分分析方法和主成分分析方法在水环境质量评价的应用现状，提出了在 SPSS 软件支持下，主成分分析法在水环境质量评价的实现，并进行了应用实例分析，为水环境质量评价工作者提供了一种有效且实用的分析评价方法。

关键词：水环境　质量评价　主成分分析　研究

1　前言

　　水质环境质量评价的主要内容是根据水体的用途及水的物理、化学及生物的性质，按照一定的水质标准和评价方法，将参数数据转化为水质状况信息，获得水环境现状及其水质分布状况，对水域的水质或水体质量进行定性或定量的评定。主要内容是评价水体污染程度，划分其污染等级，确定其主要污染物。水质评价的目标是能准确地指出水体的污染程度，分析其时空变化规律和掌握主要污染物对水体水质的影响程度以及将来的发展趋势，为水资源的保护和综合利用提供科学依据。

　　为了对水环境质量做出综合性评价，目前已提出了几十种水环境质量评价方法。但由于影响水环境质量的因素较多，而水质系统是由多维因子组成的复杂系统，每一因子从某一方面反映了水体质量状况，各因子对环境污染又有着不同的贡献率，并且因子间具有不同程度的相关性，依据它们作综合评价有一定难度。所以，做好水环境质量评价工作，选取一种有效而又实用的方法是非常重要的。

　　主成分分析方法正是一种将多维因子纳入同一系统进行定性、定量化研究，理论比较完善的多元统计分析方法。该方法应用于水环境质量评价中，对客观、准确、全面地评价水环境质量有很好的实用性。

2　主成分分析方法与应用现状

2.1　主成分分析方法

　　主成分分析（Principal Components Analysis，PCA）也称为主分量分析，是一种通过降维来简化数据结构的方法。如何把多个变量（指标）化为少数几个综合变量（综合指标），而这几个综合变量可以反映原来多个变量的大部分信息。为了使这些综合变量所含的信息互不重叠，应要求它们之间互不相关。

　　我们在实际问题中，水质质量评价是研究多指标（变量）的问题，然而在多数情况下，不同指标之间有一定的相关性。由于指标较多，再加上指标之间有一定的相关性，势必增加了分析问题的复杂性。主成分分析是设法将原来指标重新组合成一组新的互相无关的几个综合指标代替原来指标,同时根据实际需要从中选取几个较少的综合指标尽可能多地反映原来指标的信息。这种将多个指标化为少数互相无关的综合指标的统计方法叫做主成分分析[1]。

主成分分析法是多元分析法的一种,通常数学上的处理就是将原来 p 个指标作线性组合,作为新的综合指标,但是这种线性组合如果不加限制则可以有很多,主成分分析方法的关键之处在于利用协方差矩阵求主成分,找出少数几个综合性指标,它们既要代表原始指标的作用,又要彼此独立。

2.2 应用现状

近几年来,国内涌现了大量的主成分分析法在水环境质量评价中应用的文献,不少文献对主成分的方法应用进行了改进。王晓鹏[2]选取河流为研究对象,将主成分应用于具有代表性断面的综合评价中,在可比性、定量分析结合程度、指标权重等方面有突破性研究;王嵩峰等[3]运用主成分分析方法,在确定主要污染物、对地下水进行分级、分析变化趋势上进行了应用性研究。马虹等[4]在水质综合评价、水质富营养化研究等都是利用具体实例很好地论证了主成分在水环境质量评价中的应用的价值。姚焕玫等[5]在对水质污染评价过程中,对主成分分析方法中的无量纲处理上进行了改进性研究;王晓鹏等[6]在合理选择数据规格化方法的基础上,建立水污染评价的变量加权主成分分析方法,并以判别分析方法就水质污染级别进行校验。蒲文龙等[7]利用主成分分析方法用少数的综合变量取代原有的多维变量进行环境站点的优化。

3 应用实现

3.1 SPSS 概述

SPSS 是英文 Statistical Package for the Social Science(社会科学统计软件包)的缩写。SPSS 的基本功能包括数据管理、统计分析、图表分析、输出管理等。SPSS 统计分析过程包括描述性统计、均值比较、一般线性模型、相关分析、回归分析、对数线性模型、聚类分析、数据简化、生存分析、时间序列分析、多重响应等几大类,每类中又分好几个统计过程,比如回归分析中又分线性回归分析、曲线估计、Logistic 回归、Probit 回归、加权估计、两阶段最小二乘法、非线性回归等多个统计过程,而且每个过程中又允许用户选择不同的方法及参数。SPSS 也有专门的绘图系统,可以根据数据绘制各种图形。

3.2 SPSS 中水环境质量评价主成分分析的主要步骤

主成分分析方法水环境质量评价的整个分析过程可以在 SPSS 软件中实现,主要步骤如下[8]:

(1)指标的正向化。

(2)指标数据标准化。

(3)指标之间的相关性判定:用 SPSS 软件中表"Correlation Matrix(相关系数矩阵)"判定。

(4)确定主成分个数 m:用 SPSS 软件中表"Total Variance Explained(总方差解释)"的主成分方差累计贡献率≥85 %、结合表"Component Matrix(初始因子载荷阵)"中变量不出现丢失确定主成分个数 m。

（5）主成分 F_i 表达式：将 SPSS 软件中表"Component Matrix"中的第 i 列向量除以第 i 个特征根的开根后就得到第 i 个主成分 F_i 的变量系数向量（在"transform →compute"中进行计算），由此写出主成分 F_i 表达式。用 $F_m = A'mX$ 的 $A'mAm = Im$ 检验之。

（6）主成分 F_i 命名：用 SPSS 软件中表"Component Matrix"中的第 i 列中系数绝对值大的对应变量对 F_i 命名。

（7）主成分与综合主成分（评价）值：综合主成分（评价）公式

$$F_{综} = \sum_{i=1}^{m}(\lambda_i/p)F_i（在"transform → compute"中进行计算）,\lambda_i/p 在 SPSS 软件中表$$

"Total Variance Explaine"下"Initial Eigrnvalues（主成分方差）"栏的"% of Variance（方差率）"中。$\mathrm{Var}\, F_{综} = (\sum_{i=1}^{m}\lambda_i^3)/p^2$。

（8）检验：综合主成分（评价）值用实际结果、经验与原始数据做分析进行检验。

3.3 应用实例

本次分析选取 1995～2003 年张家口地下水 34 个水质监测站的监测资料进行分析，选取 pH、溶解性总固体、氯化物、硫酸盐、总硬度、氨氮、亚硝酸盐氮、硝酸盐氮、高锰酸盐指数、溶解性铁、总锰、氟化物共 12 个监测项目作为分析项目。在 SPSS 支持下，进行数据处理与分析，获得总方差解释表（见表 1）。

表 1 总方差解释表

主成分	初始特征根			提取初始特征根		
	特征根	方差贡献率（%）	方差累计贡献率（%）	特征根	方差贡献率（%）	方差累计贡献率（%）
1	5.206	43.382	43.382	5.206	43.382	43.382
2	1.742	14.514	57.896	1.742	14.514	57.896
3	1.169	9.741	67.637	1.169	9.741	67.637
4	0.984	8.203	75.840	0.984	8.203	75.840
5	0.826	6.887	82.728	0.826	6.887	82.728
6	0.769	6.405	89.133	0.769	6.405	89.133
7	0.458	3.820	92.953			
8	0.362	3.016	95.969			
9	0.187	1.561	97.531			
10	0.146	1.216	98.746			
11	0.124	1.030	99.776			
12	0.027	0.224	100.000			

根据表 1 可知，前 6 个主成分包含原有所有信息的 89.1%，超过 85%，特征值大于 0.7，涵盖了分析数据的大部分信息，所以确定主成分个数为 6 个。由原来的 12 个分析项

目缩减了一半,仅用 6 个主成分表达原来 12 个指标所能表达信息的绝大部分。确定主成分后,可根据不同因子的荷载和贡献率计算综合得分,通过综合得分可以更有效、更直观地反映水质状况。

4 结语

主成分分析在水环境质量评价中应用已逐渐广泛,其评价效果也逐渐被评价工作者认同。其主要是利用主成分分析法的降维原理,研究如何把多指标问题化为较少指标问题,以提取一定数目的主成分,将多项监测成分缩减至几个,更好地说明造成水环境污染的主要成分。如果在 SPSS 软件的支持下运用主成分分析进行水环境质量评价会更加快捷、方便和实用。

参 考 文 献

[1] 米红,张文璋. 实用现代统计分析方法与 SPSS 应用[M]. 北京:当代中国出版社,2002.
[2] 王晓鹏. 河流水质综合评价之主成分分析方法[J]. 数理统计与管理,2001(4):49-52.
[3] 王嵩峰,周培疆. 用主成分分析方法研究评价地下水质量——以邯郸市为例[J]. 环境科学与技术,2003(增刊):55-57.
[4] 马虹,等,主成分分析法在水质综合评价中的应用[J].南昌工程学院学报,2006(1):65-67.
[5] 姚焕玫,黄仁涛,等.主成分分析法在太湖水质富营养化评价中的应用[J].桂林工学院学报,2005(2):248-250.
[6] 王晓鹏,曹广超. 水环境污染状况评价变量加权主成分分析方法[J]. 数理统计与管理,2005(6):1-5.
[7] 蒲文龙,郭守泉. 主成分分析法在环境监测站点优化中的应用[J]. 煤矿开发,2004(4):6-7.
[8] 林海明. 张文霖. 主成分分析与因子分析的异同和 SPSS 软件——兼与刘玉玫、卢纹岱等同志商榷[J]. 统计研究,2005(3):65-68.

作者简介:白云鹏(1972—),男,工学硕士,高级工程师,河北省张家口水文水资源勘测局。联系地址:河北省张家口市桥西区沙岗东街副一号。E-mail:zjk_byp@163.com。

水位流量关系测点标准差的探讨

刁　瑞

（新疆阿勒泰水文水资源勘测局，阿勒泰　836500）

摘　要：通过对水位流量关系测点标准差与样本标准差计算公式关系的推求方法和测点标准限度进行分析，给出确定显著水平的方法。
关键词：水位流量　标准差　显著性水平

《水文年鉴编印规范》（以下简称《规范》）中规定的"75% 以上的测点与关系线偏离相对误差限度"，推求出评定测点标准差取值的限度指标，为水位流量关系测点标准差计算和判别定线精度，提供了一条检验的途径。我们对水位流量关系测点标准差（以下简称测点标准差）与样本标准差计算公式关系的推求方法和测点标准差限度进行了分析，认为：①测点偏离关系曲线的标准差是反映测点散乱程度的指标，其数值大小与实测点据散乱程度及测点数目多少有关，而与测点偏离关系线的平均相对误差无明显的对应关系。②作为一种评判检验，既要有限定指标，更应统一于一种概率标准，以有利于成果的比较和综合，并表明其可靠程度。

为解决上述两个问题，我们采用另一种计算方法，推求测点标准差限度指标的计算公式，并结合实例给出确定显著水平的方法。

1　总体标准差与样本标准差的关系

如果我们所研究的某个断面的水位流量关系确实存在着某种单一对应关系（即单一的水位流量关系），则同一水位下不同水位下不同测次的实测点偏离关系曲线的误差，应属偶然误差，并服从数学期望 $\mu = 0$、方差 σ_Q^2 的正态分布 $N(0, \sigma_Q^2)$。根据前辈水文工作者研究，一般水位不同，实测点偏离关系曲线的方差亦不同，但各水位级的相对标准差往往比较一致。如果某个断面的水位流量关系已客观地反映了断面或河槽特征，则各级水位的实测流量点偏离关系的相对误差，可以当成同一总体下的样本，服从数学期望 $\mu = 0$、方差为 σ^2 的正态分布，即

$$P_i = (Q_i - Q_{ci}) / Q_{ci} \tag{1}$$

并且 $P_i \sim N(0, \sigma^2)$。

式中：Q_i 为实测流量；Q_{ci} 为与 Q_i 相应的水位流量关系曲线上的流量；σ^2 为实测点偏离关系曲线相对误差组成的总体方差；σ 为总体标准差（即方差）。

在实际工作中，我们只能取得有限的资料，即只能取正态分布 $P_i \sim N(0, \sigma^2)$ 的一个样本，即 $P_1, P_2, \cdots, P_n$。

分析样本时，常用以几个统计量，即

样本平均值 $\qquad\overline{P} = 1/n \sum P_i$

样本方差 $\qquad S^2 = \sum (P_i - \overline{P})^2/n - 1$

样本标准差 $\qquad S = \sqrt{\sum (\sqrt{(P_i - \overline{P})/n - 1}}$

根据数理统计理论,以上述统计方法算得的 $\overline{P}$、S^2,只是总体均值与方差的无偏估计量。随着样本容量的不同,$\overline{P}$、S 值分别围绕着 μ、σ 而变动。当样本容量很小时,会出现 S 值比 σ 小的情况。在样本为正态分布的条件下,《规范》规定的流量定线精度指标"75%以上的点据与关系曲线的偏离相对误差不超过流量定线不同 $\sigma_{75\%}$ 精度指标",写成数学语言为

$$P\{-\delta_{75\%} \leqslant P_i < +\delta_{75\%}\} \geqslant 75\% \qquad\qquad (2)$$

查正态分布 $u(P)$ 表,当区间概率为 75%,$P = 0.125$ 时,$u(P) \approx 1.15$,即 $\delta_{75\%} \leqslant 1.15S$,则

$$S \leqslant \delta_{75\%}/1.15 \qquad\qquad (3)$$

当然,《规范》规定的流量定线精度指标,是针对具体的某条水位流量关系线的,描述为式(2)或式(3)时,有累计频率转换为概率的近似性。

2　测点标准差分析

《规范》中列出的两个计算测点标准差的公式为

第一公式:

$$S = [1/n - 2 \sum (\ln Q_i - \ln Q_{ci})^2]^{1/2}$$

第二公式:

$$S_e = [1/n - 2 \sum (Q_i - Q_{ci}/Q_{ci})^2]^{1/2}$$

第二公式是第一公式在 $d_i = \ln Q_i - \ln Q_{ci}$ 比较小时的近似表达式,《规范》规定计算时可用任一公式。式中 $(n-2)$ 是个自由度的概念。测点标准差 S_e 可近似看做是以实测流量作为真实流量的估计量的标准差。S_e 计算公式与式(2)都建立在 $P_i \sim N(0,\sigma^2)$ 的假设基础上,S_e 的数值大小与 P_i^2(或以 $|P|$ 表示)及 n 有关。当测点数相同时,测点偏离愈散乱,即 $\sum P_i^2$ 愈大,则 S_e 值愈大。即 S_e 值的大小与测点散乱程度及测次多少有关,而与 $|\overline{P}|$ 的大小无明显的对应关系。

例如:有如下三条水位流量关系线(称为三个样本):

样本 1:$n = 20$,$|P| = 5\%$,$\overline{P} = 0$

样本 2:$n = 20$,$|P| \leqslant 5\%$,$\overline{P} = +1.0\%$

样本 3:$n = 20$,$|P| = 8\%$,$\overline{P} = -1.0\%$

显然,样本 1 的 S_e 值大于样本 2 而小于样本 3,样本 3 的 S_e 值则大于样本 1 和样本 2;S_e 值的大小与 $|P|$ 无对应关系。

测点标准差检验的目的是检查 S_e 的大小是不是在合理的范围内,进而判定水位流量

关系图上的点据散乱程度及所定关系线的合理性。因此,检验时应遵从测点标准差本身的定义及隐含的假定,不能根据一个具体样本的 P、S^2 来确定 S_e 取值的限度指标。

3　测点标准差限度指标的推求

根据数理统计理论,若 $x_i \sim N(0,1)$,即服从标准正态分布,并且 $x_i(i=1,2,\cdots,n)$ 之间相互独立,则

$$\sum x_i^2 \sim x^2(n)$$

$x^2(n)$ 称为自由度为 n 的 x^2 分布。

x^2 分布的概率密度函数为

$$f(y) = \{y^{n\backslash2-1}\mathrm{e}^{-y\backslash2\backslash2} \backslash 2^{n\backslash2}r(n\backslash2) ; y \geq 0$$
$$0 \qquad ; y < 0$$

对于给定的概率 α 和自由度 n:$0 < \alpha < 1$,称满足条件

$$\int_{x2(n)}^{\infty} f(y)\mathrm{d}y = \alpha$$

即

$$P\{x^2(n) > x_\alpha^2(n)\} = \alpha \tag{4}$$

式中的 $x_\alpha^2(n)$ 为 $x^2(n)$ 分布的上 100α 百分位点。

一般水位流量关系线的实测点偏离关系曲线的相对误差 $P_i \sim N(0,\sigma^2)$,则有

$$P_i/\sigma \sim N(0,1)$$

所以

$$\sum (P_i/\sigma)^2 \sim x^2(n-2) \tag{5}$$

依据式(3),将流量定线不同 $\delta_{75\%}$ 精度指标转化为对总体均方差 σ 的限度指标,并取临界点 $\sigma_0 = \delta_{75\%}/1.15$,式(4)可表示为

$$P\{\sum P_i^2 > \sigma_0^2 x_\alpha^2(n-2)\} = \alpha \tag{6}$$

取式(6)的临界点并同除以 $(n-2)$ 后开根,则有

$$\sqrt{\sum P_i^2/(n-2)} = \sigma_0 \sqrt{x_\alpha^2(n-2)/(n-2)} \tag{7}$$

式(7)的左端就是 S_e 表达式。

令

$$S_{ek} = \sigma_0 \sqrt{x_\alpha^2(n-2)/(n-2)} \tag{8}$$

S_{ek} 就是与流量定线不同 $\delta_{75\%}$ 精度指标相对应的测点标准差的限度指标计算公式。其数值大小不但与样本数(即实测点数)及 σ_0 有关,还与概率 α 的大小有关。依据式(6),则有

$$P\{S_e > S_{ek}\} = \alpha \tag{9}$$

式(9)表明,当实际定线资料满足 $\sigma = \sigma_0$,即刚好满足流量定线精度指标时,测点标准差大于其限度指标,即 $S_e > S_{ek}$ 发生的概率为 α。同理,若 $\sigma < \sigma_0$,则 $P\{S_e > S_{ek}\} < \alpha$;若 $\sigma > \sigma_0$,则 $P\{S_e > S_{ek}\} > \alpha$。

当 n、σ_0 一定时,S_{ek} 随 α 的增大而减小,随 α 的减小而增大。显然,如 α 偏高,则 S_{ek} 值偏小,容易犯"以真作假"(拒真)的错误;如 α 偏低,则 S_{ek} 偏大,容易引起"以假作真"(存伪)的错误。

根据 α 取值对测点标准差限度指标及测点标准差检验的影响,我们称 α 为测点标准差检验的显著性水平。

4　显著性水平 α 的确定

将显著性水平 α 引入测点标准差限度指标与流量定线精度指标有了概率意义上的统一,也使测点标准差检验本身的可靠程度有了一定的指标来反映,有利于不同地区或不同定线方法进行综合分析与比较。

只有在对大量实际资料作深入分析的基础上,才能确定合适的测点标准差检验的显著性水平 α。选择时评判 α 的优劣,应该以"拒真"和"存伪"这两种错误发生的可能性都尽量达到最小为标准。现仍以《浅析》一文所使用的资料进行分析和探讨。

基本资料情况:共计 86 条水位流量关系线,均为阿勒泰水文水资源勘测局近年来建立的。其中,采用定线精度指标 $\delta_{75\%} = \pm5\%$ 的有 46 条,$\delta_{75\%} = \pm8\%$ 的有 22 条,$\delta_{75\%} = \pm10\%$ 的有 18 条。在三种定线精度指标中,各有 2 条关系项作了突出点的初步分析。

分析方法与步骤:

(1)分别选用显著性水平 $\alpha = 0.010$、0.050、0.10、0.20、0.30 及 0.50,根据每条水位流量关系的测点数及其对应的流量定线精度指标,用本文式(8)计算出相应的 S_{ek} 值(限于篇幅,计算与分析表从略)。

(2)分别统计出 $S_e > S_{ek}$ 与测次合格率 $H_g < 75\%$ 以及 $S_e \leqslant S_{ek}$ 与 $H_g \geqslant 75\%$ 的线数,即为符合线数。

(3)分析不符合的关系线中,属于 $S_e > S_{ek}$ 与 $H_g \geqslant 75\%$ 同时发生的有几次,用 X_1 表示;则剩余的属于 $S_e \leqslant S_{ek}$ 与 $H_g < 75\%$ 同时发生的,用 X_2 来表示;并统计如表 1 所示。可以看出,当 $\alpha = 0.30$ 时,$X_2 = 0$ 可以认为此时"存伪"错误发生的可能性会最小,当 $\alpha = 0.20$ 时,所有受突出点影响的水位流量关系线都已反映在 X_1 中,测点标准差检验已能鉴别出突出点的影响的水位流量关系线。

表 1　显著性水平 α 选取优劣比较表

α	总计线数	符合线数	不符合线数			X_1 含不含突出点		判断失误线数	判断失误率(%)
			总价	其中 X_1	其中 X_2	含有	未判出		
0.010	86	75	11	0	11	0	6	17	19.8
0.050	86	78	8	1	7	1	5	12	14
0.10	86	78	8	4	4	4	2	6	7.0
0.20	86	76	10	7	3	6	0	4	4.7
0.30	86	74	12	12	0	6	0	6	7.0
0.50	86	58	28	28	0	6	0	22	25.6

在表 1 中,我们还对每一种显著性水平计算了判断失误率,其计算方法是:将不符合线数中扣除已反映突出点影响的线数,得到判断事物的线数,除以总线数则得到判断失误

率。可以看出,当 $\alpha = 0.20$ 时,其失误率最小,仅为 4.7%。

根据以上分析,我们认为该地区的水位流量关系测点的标准差检验的显著性水平 α 可取 0.20 ~ 0.30。

5　结语

测点标准差与实测点偏离关系线的相对误差的平均值无明显的对应关系,其限度指标也与相对误差的平均值无关。

水位流量关系测点标准差检验的目的是:①判断水位流量关系点测点的散乱程度是不是在合理的范围内;②判断该水位流量关系图上有没有对测点标准差计算影响过大的突出点。这两种判断必须依靠具有一定概率意义的限度指标,以表明判断的可靠性。引入测点标准差检验的显著性水平后,使测点标准差限度指标与流量定线精度有了概率意义上的统一。

测点标准差检验的显著性水平,应该反映水位流量关系测点分布的一般规律。对某种定线方法或水位流量关系影响因素相似的地区,可根据实际资料加以综合分析后取定值。如本文综合分析近年来安康水文站所建立的三种 $\delta_{75\%}$ 定线精度指标的各水位流量关系线,初步认为显著性水平 α 可以采用 0.20 ~ 0.30。

由于水平有限,本文只是对测点标准差及检验评判问题作了一些初步分析,对显著性水平的取值及其变化规律有待于进一步的研究。

参 考 文 献

[1] 王锦生.关于《国际 ISO1100/2　第二部分,水位流量关系的确定》的说明和讨论[M]//水文测验国际标准与说明.贵阳:贵阳人民出版社,1984.
[2] 金光炎.水文统计原理和方法[M].北京:中国工业出版社,1964.
[3] 袁建球.水位流量关系测点标准差浅析[J].水文,1993(5):39-41.

作者简介:刁瑞(1979—),女,中级工,新疆阿勒泰水文水资源勘测局。E-mail:apple_dr123@163.com。

水文气象分区线性矩法规范防洪设计
标准的研究和应用

林炳章

（南京信息工程大学应用水文气象研究院，南京　210044）

摘　要：本文讨论水文气象途径的地区线性矩频率分析法及其在防洪设计标准研究中的应用。本文通过理论分析和实际资料的应用研究显示这项新技术的优越性，即利用线性矩分析法估算的统计参数具有不偏性和具有对特大值的稳健性。此外还有，应用水文气象途径的地区分析法推求的频率估计值呈现较好的稳定性。此文以作者所参与的美国国家和海洋大气管理总署（NOAA）近几年来开展的美国西南半干旱地区和中东部俄亥俄流域地区的降雨频率图集的更新制作（Updates）为例，着重阐述水文频率估算中的参数估算的不偏性、稳健性以及频率估计值稳定性等核心问题。另外，本文还简要讨论了"水文气象地区线性矩法"在中国防洪设计标准研究中的应用前景及其价值。

关键词：防洪设计标准　水文气象　地区分析法　线性矩法　参数估计

1　前言

在美国，降雨强度的频率估计值被土木工程师广泛应用于民用工程和大型水利工程的设计以及地区的防洪规划中，用来确定都市防洪排水系统和大坝及其溢洪道的尺寸。近来，降雨强度的频率估计值的应用范围已逐渐扩大到环境生态的保护和管理工作中。近年来，美国国家海洋和大气管理总署（NOAA）根据不同的气候特点和水文气象特征，对美国全国分区分批重新编制（Updates）的降雨频率图集及其系列技术报告（Bonnin et al.，2003，2004）已被当做国家防洪设计标准广泛应用于联邦、州和地区的工程建设设计工作中，涵盖不同设计频率和不同设计时段。美国现存的暴雨频率图集编制始于20世纪六七十年代，已经使用了半个世纪，编制的那个时候，只有不多的雨量站可供使用，雨量资料系列也较短；当时所采用的频率分析方法是常规矩法和单点单时段分析法。将近半个世纪过去了，水文气象资料的积累大大丰富，水文统计新理论新技术有了很大的发展。地理空间内插技术的发展，以及互联网传播技术的迅猛发展为资料的收集和成果的公布开辟了新的途径。美国NOAA于20世纪90年代中期起，已陆续完成了对以下地区的频率估计值的重新编制：西南半干旱地区、俄亥俄流域地区、波多里格和维尔京群岛、夏威夷群岛和太平洋诸岛；其他地区的降雨频率图集的重新编制工作，也正在进行中。

美国NOAA新近编制的降雨频率图集包括了以下这些新东西：经过了四五十年的积累，雨量站多了，资料年限长了，采用了严格的资料质量控制，应用新的频率分析技术即地区线性矩分析法，采用地理统计途径的空间内插进行频率图集的编绘，估算成果上网公布，等等。所公布的降雨量频率估算成果涵盖多时段、多频率，从5分钟到60天，从一年一遇到千年一遇。2005 年 8 月底,卡特里拉飓风(Hurricane Katrina)登陆美国新奥尔良,巨大的风暴潮引起 50 多处堤岸决口,造成包括路易斯安那州等美国南方几个州被淹,成为美国历史上最严重的洪水灾害。那次水灾促使美国国会重新检讨美国的防洪体系,白宫也要求对美国各地的防洪设计标准进行更新(Updates)。自那以后,美国 NOAA 新近编制的降雨频率图集被越来越多的联邦、州和地方政府部门所接受,并逐渐被定为国家标准(National Standards)推行到全美国。同时,暴雨设计标准图的分析和编制也被作为建立地区防洪规划的基础工作。

2　理论概率分布曲线和参数估计

什么是频率计算?频率计算是利用一个或数个样本来推求总体分布的一种统计方法。总体分布是由数目有限的一组参数加以描述和唯一确定的。在实际应用中,含有 2~5 个参数的分布曲线在水文频率计算中被广泛应用,而 3 参数的分布曲线由于同时兼具有相对的稳定性和灵活性,能描述分布的中心趋度、离散情势、偏态状况,更是常常被选用来模拟极值降雨资料的分布。依分布曲线尾端的性态不同,分别有:概化的罗技斯蒂分布(Generalized Logistic, GLO);概化的极值分布(Generalized Extreme Value, GEV);概化的正态分布(Generalized Normal, GNO);概化的帕雷托分布(Generalized Pareto, GPA),以及皮尔逊Ⅲ型分布(Pearson Type Ⅲ, PE3)。此外,在应用蒙特卡洛(Monte Carlo)资料生成技术“产生”新的样本用于模拟各种不同的样本组成情况,以便对不同的计算方法进行比较时,为了避免预先选用一种未定的分布,更具灵活性的 4 参数的卡帕分布(Kappa, KAP)和 5 参数的威克比(Wakeby, WAK)分布也常被选用。

什么是频率计算要面对的问题?频率计算要解决精确性和准确性两大问题,就是估算方法(机制)的精确性和估计值的准确性。打一个形象的比方,频率计算就好比射击训练,希望打靶结果既精确又准确。某人打靶时发射了 10 发子弹,基本上有以下三种情况:①精度好,准确度差,如图 1 所示;②精度差,准确度平均来说还可以,如图 2 所示;③精度好,准确度也好,如图 3 所示。第三种情况是打靶者所希望得到的结果,表明射击用的这杆枪的机械性能很稳定,射击者的心理很稳定、射击水平也很高。频率计算中选用的理论频率曲线就好比射击用的枪;参数估计方法就好比枪的机械性能,参数估计方法越稳健(Robust)就好比枪的机械性能越稳定;靶心就好比理论频率值,诸如十年一遇、百年一遇、

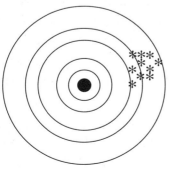

图 1　精度好,准确度差

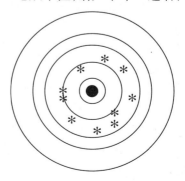

图 2　精度差,准确度还可以

千年一遇;样本频率估计值就好比打靶的落点位置;样本的大小就好比射击者距离靶标的远近;打靶的落点位置越靠近靶心就好比频率估计值越可靠。

什么是水文频率计算最大的困难点? 水文频率计算有两大难以克服的问题:①无法通过理论分析的途径来选择一条拟合资料最佳的分布曲线;②理论频率的真值,诸如十年一遇、百年一遇、千年一遇的真值永远不知道。这就好比没有一套实用的理论指标可用来挑选枪支,以及打靶的靶心永远不知道,如图4所示。怎么办? 我们不能坐以待毙,在长期的频率计算的研究中,水文统计学家们发现,如果能够找到一种稳健的参数估计方法,结合其他可操作的指标,用于判别理论频率曲线的优劣,就有助于第一个问题的解决。同时,水文气象一致区这个概念的引入和应用,有助于缓解第二个问题的困难程度。这就是本文题目所指出的水文气象分区线性矩法的最大的优点,即线性矩法和地区分析法相结合的途径,既提供了稳健的参数估算方法又提供了比较可靠的推求频率估计值的地区分析法。

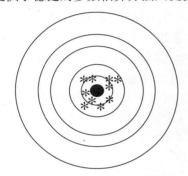 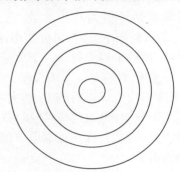

图3 精度好,准确度也好 图4 靶心位置未知

长期以来,常规矩(Conventional Moments)或积矩(Moments of Product),由于其概念明确、简单实用,被广泛应用于水文频率曲线的参数估计。以下是离散型 r 阶常规中心矩 μ_r 的通式:

$$\mu_r = E(X - \mu)^r \approx \frac{1}{n}\sum_{i=1}^{n}(x_i - \bar{x})^r, \quad r = 2,3,\cdots \tag{1}$$

而离散型 r 阶常规原点矩 α_r 的通式是: $\alpha_r = EX^r \approx \frac{1}{n}\sum_{i=1}^{n}x_i^r$。很显然,除了一阶矩即均值外,$r$ 阶常规矩与变量 X 的 r 次方有关,呈现非线性关系,阶数越高(譬如三阶和四阶矩),从有限样本计算出的常规矩估计值的偏态性就可能越大,由此推求出的参数(譬如偏态系数和锋度系数)估计值就越不可靠。尤其,当资料中出现特大值而表现出很强的偏态性时,用常规矩法推求出的统计参数就呈现极大的偏态性,其估计值就显得相当的不稳定。在工程设计中,基于这种方法推求出的频率估计值将很不可靠,会给工程带来很大的安全隐患。

自20世纪90年代以来,基于次序统计量理论的线性矩(L-Moments)在频率曲线的参数估计中显示了越来越强大的生命力,这应归功于线性矩在参数估计中的不偏性以及对于特大值的稳健性。1989年Hosking在总结前人研究工作的基础上,将线性矩定义为次序统计量线性组合的期望值,其 r 阶线性矩 λ_r 的通式表达如下:

$$\lambda_r \equiv r^{-1} \sum_{k=0}^{r-1} (-1)^k \binom{r-1}{k} E[X_{r-k:r}], \quad r = 1,2,\cdots \tag{2}$$

在参数估计实践中,一般仅用到前四阶线性矩,以下为前四阶样本线性矩的表达式:

$$l_1 = n^{-1} \sum_{i=1}^{n} x_i; \qquad l_3 = \frac{1}{3} \binom{n}{3}^{-1} \sum_{i=j+1}^{n} \sum_{j=k+1}^{n-1} \sum_{k=1}^{n-2} (x_{i:n} - 2x_{j:n} + x_{k:n});$$

$$l_2 = \frac{1}{2} \binom{n}{2}^{-1} \sum_{i=j+1}^{n} \sum_{j=1}^{n-1} (x_{i:n} - x_{j:n}); \qquad l_4 = \frac{1}{4} \binom{n}{4}^{-1} \sum_{i=j+1}^{n} \sum_{j=k+1}^{n-1} \sum_{k=l+1}^{n-2} \sum_{l=1}^{n-3} (x_{i:n} - 3x_{j:n} + 3x_{k:n} - x_{l:n})$$

下面通过实际例子来对比常规矩法和线性矩法在参数估计时的偏态性和对特大值的稳健性两个方面的性能。所使用的资料取自美国宾州(Pennsylvania)228 个雨量站的年最大值雨量系列,其平均资料长度是 45 年。分别应用常规矩法和线性矩法计算每个雨量站实际历史年最大值雨量系列的偏态系数 C_s 和线性偏态系数 $L - C_s$。然后,假定每个雨量站参数的样本估计值为总体参数,通过 Monte Carlo 资料生成方法为每个雨量站生成 1 000 组新的资料样本系列,再分别用这两种不同的参数估计方法计算每一组生成系列的参数估计值,而后平均求得每一个雨量站的平均的生成资料的偏态系数 C_s 和线性偏态系数 $L - C_s$。这样,对应每一个雨量站,每一种参数估算方法就有一组对应的数值:实际资料的 C_s 对应平均生成资料的 C_s;实际资料的 $L - C_s$ 对应平均的生成资料的 $L - C_s$,总共分别有 228 组数据,再把这些对应的数据点绘在 $X - Y$ 的坐标图中,如图 5 和图 6 所示。若估算方法是不偏的,这些点据应该围绕在图中的 45°线上,即生成资料的平均值应回归到其原始资料值。

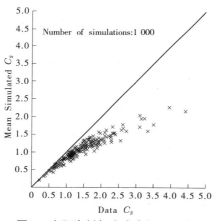
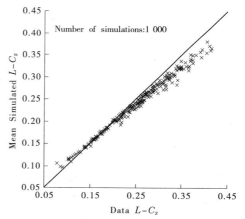

图 5　实际资料与生成资料 C_s 比较　　　　图 6　实际资料与生成资料 $L - C_s$ 比较

对比结果很清楚,应用常规矩法估算的偏态系数 C_s 呈现了很大的偏态性征,而应用线性矩法估算的线性偏态系数 $L - C_s$ 几乎是不偏的。在图 5 和图 6 中,配合资料进行适线时所选用的分布曲线是 GEV,即概化的极值分布。为了消除某一特定分布曲线的影响,其他 3 - 参数的分布曲线也被选配应用,比较的结果不变。这就清楚地表明,在进行参数估计时,线性矩法比常规矩法具有很大的优越性,即线性矩法不偏性(Unbiasedness)非常弱。

下面再来做一个比较:参数估计中对于特大值的稳健性(Robustness)。在宾州 228 个雨量站中有一个编号 2 682 的雨量站,其多年平均年最大值雨量是 2.5 英寸(63.5 mm),

该站在 1947 年 7 月 22 日观测到 10.37 英寸（263.4 mm）的特大暴雨量。我们来看看两种不同的参数估计方法在应对这种包含有特大值系列的样本时，它们的稳健性如何。为了减少抽样误差，提高这两种参数估计方法比较结果的可靠性，在保持样本统计参数不变的前提下，经人工资料生成，该试验站雨量系列从现有的 65 年被模拟延长至 500 年，以下简称模拟长系列资料。然后，把这个模拟长系列资料当做实测资料系列，利用前述方法分别应用常规矩法和线性矩法结合 Monte Carlo 资料生成方法，分别生成两套各 1 000 组数据，接着分别计算各自的 C_s 和 $L-C_s$，最后求平均。这样，每站就有两组数据："实际"年最大值系列资料（实际上为模拟长系列资料）的 C_s 和平均的生成资料的 C_s；"实际"年最大值系列资料的 $L-C_s$ 和平均的生成资料的 $L-C_s$，总共两套各有 228 组数据，再把这些对应的数据点绘在 $X-Y$ 的坐标图中，如图 7 和图 8 所示。

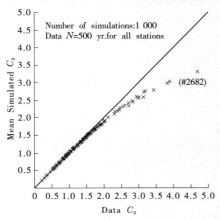 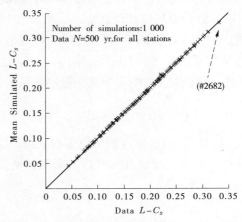

图 7　模拟长系列资料与生成资料 C_s 比较　　图 8　模拟长系列资料与生成资料 $L-C_s$ 比较

　　（美国宾州 2682 号雨量站）　　　　　　　（美国宾州 2682 号雨量站）

　　很显然，即便样本数大到 500 年，常规矩法仍然无法在可接受的程度上模拟包含有特大值的编号为 2682 的雨量站的资料；相反地，线性矩法却可以非常完美地模拟包含有特大值的编号为 2682 的 500 年的资料。为了不失研究的普遍性，让模拟长系列资料接近实际情况，我们将模拟资料的长度从 500 年减少到 100 年，线性矩法在应对特大值时，仍然呈现出非常好的稳健性（100 年长系列资料对比结果的图示未呈现在本文中）。这说明线性矩法在分布曲线的参数估计上具有很好的稳定性，不论资料中是否包含有特大值。

3　地区线性矩分析法原理

　　地区频率分析法运用某一地区内所有雨量站的历史资料系列通过一定的统计估算方法，来分析本区内每一个雨量站各自的雨量频率分布曲线，进而推求各个站点的雨量频率估计值。这一个地区必须是水文气象一致区，在极值降雨特性上具有相同的气候背景和相同的极值降雨统计特性。本文后续所述的地区指的都是水文气象一致区，不再加以说明。地区分析法并不推求地区的频率估计值，因为并不存在所谓的地区频率估计值。从本质上来说，水文频率分析最终求得的是各个站点的频率估计值，地区分析法只是一种分析工具，一种能使求得的各个站点的频率估计值更加的可靠，或者说可大大降低频率估计值的不确定性的方法。地区分析法假定每一站点的降雨量系列可以分成两部分:反映该地区共有的降雨特性的地区分量和反映本地特有的降雨特性的本地分量。反过来说,一个地区内某一站点的频率估计值应该是反映该地区的频率估计值分量与反映本站点的特有的降雨特性的本地分量的"叠加"作用生成的产物。我们用以下简单的公式来表述这一"叠加"作用的雨量估计值 $Q_{T,i,j}$:

$$Q_{T,i,j} = q_{T,i}\,\overline{x}_{i,j} \tag{3}$$

式中,重现期 $T = 1-,2-,5-,10-,100-,1\,000-$ 年;地区 $i = 1,2,\cdots,N$;站点 $j = 1,2,3,\cdots,K$。

假设经过分析,按气候特点,中国东南沿海受台风影响诸省被划分为 60 个水文气象一致区,每一区内包括有数个至 M 个不等的雨量站,那么 $Q_{100,5,10}$ 表示第 5 区第 10 号站 100 年一遇的雨量估计值;$Q_{50,15,52}$ 表示第 15 区第 52 号站 50 年一遇的雨量估计值。上述公式(3)中的 $q_{T,i}$ 表示一致区内反映该地区共有的降雨特性的地区分量的频率因子,或简称地区频率因子,例如,$q_{25,10}$ 表示第 10 区 25 年一遇的地区频率因子;上述式(3)中的 $\overline{x}_{i,j}$ 代表第 i 区内第 j 站的多年降雨量平均值。从上述式(3)中可以得出下式:

$$q_{T,i} = \frac{Q_{T,i,j}}{\overline{x}_{i,j}} \tag{4}$$

公式(4)表明,雨量站点的历史雨量系列经过去均值化(Rescaling by dividing by its mean)后就可以认为是反映地区共性的降雨分量,设为 $R_{i,j,k}$,即如下所示:

$$R_{i,j,k} = \frac{x_{i,j,k}}{\overline{x}_{i,j}} \tag{5}$$

式(5)中的 $x_{i,j,k}$ 表示第 i 区第 j 站第 k 年的雨量,$k = 1,2,3,\cdots,n$ 年。

一般来说,每一个站点的降雨量的多年平均值 $\overline{x}_{i,j}$ 反映该地特有的降雨特性,是当地气候、地理位置、地形地貌、降雨特性的综合反映。反映地区共性的 M 站降雨分量 $R_{i,j,k}$ 组合,$\{R_{i,1,k},R_{i,2,k},R_{i,3,k},\cdots,R_{i,m,k}\}$,必须通过一系列精心研制的统计指标的检验,以及认真的气候分析,才能被接受并组成一个水文气象一致区。从水文统计的角度来说,地区分析法的基本假定是:一致区内各站的地区降雨分量必须是同分布的(identically distributed)。接下去的工作,就是应用线性矩法对 $\{R_{i,1,k},R_{i,2,k},R_{i,3,k},\cdots,R_{i,m,k}\}$ 进行一系列的统计分析计算的工作,诸如参数估计、拟合优度检验、与地区分量"叠加"形成最终的频率估计值,以及频率估计值的时空变化和一致性检验、频率估计值的不确性分析,等等。因篇幅所限,本文不加以叙述,可参见作者另文(Lin et al.,2006)。

水文气象一致区这个概念的引入和应用,有助于缓解上述提到的水文频率计算的第二个难题,即理论频率真值不知、类似打靶训练时靶心不知这个难题。为了比较信服地说明这一新颖的水文气象频率估算方法的优越性,下面引用美国 NOAA 近年重新编制的作为美国全国防洪设计标准组成部分之一的俄亥俄流域(Ohio River Basin)降雨频率估算图集的例子。俄亥俄河是美国密西西比河最长的支流,全长 2 108 km,起源于美国东北部宾夕法尼亚州匹茨堡地区,流域涵盖 22 个州,最后作为伊利诺依州和肯塔基州界界河在同密苏里州交界处注入密西西比河,如图 9 所示。

　　下述图10展示,整个俄亥俄流域按气候特点和年极值降雨的统计特性,被划分为84个水文气象一致区,每一区包含有数个至数十个不等的雨量站。

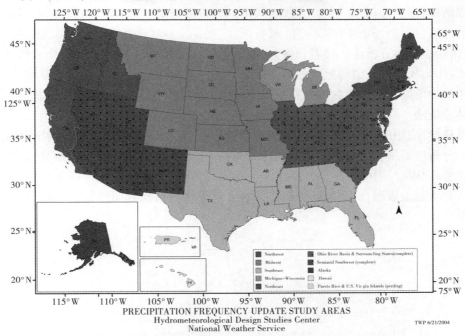

图9　俄亥俄流域在美国全国分区估算布局的位置示意图

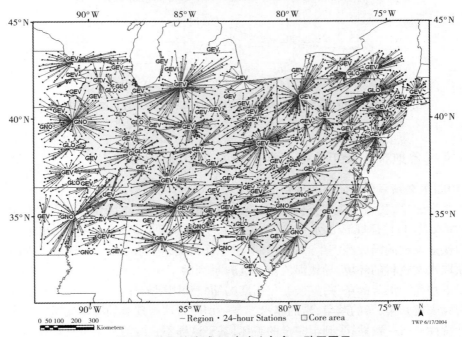

图10　俄亥俄流域84个水文气象一致区图示

为了比较地区分析法和传统的单站分析法的优劣,我们挑选每一个区里资料最长的一个站,采用线性矩法分别按地区分析法和单站分析法进行频率估算。然后,应用 Monte Carlo 模拟,对每一站资料生成 1 000 组同类样本,再分别按地区分析法和单站分析法进行频率估算,以此分析不同估算方法对频率估算成果稳定性的影响。这样,每一站在每个频率估计段(两年一遇到千年一遇)都有两组、每组 1 000 个估计值,一组代表地区分析法,一组代表单站分析法。接着,对每一组频率估计值系列进行简单的统计分析,以离差系数 C_v 作为代表估计值离散程度的指标,C_v 越小表明成果越稳定。图 11 显示地区分析法和传统的单站分析法对频率估算成果稳定性影响的对比,虚线代表地区分析法,实线代表单站分析法。

很显然,应用地区分析法所估算的频率估计值本身的离差系数 C_v 大大小于应用传统的单站分析法所估算的频率估计值本身的离差系数,例如,五年一遇的地区值 0.036 3 对比单站值 0.049 1,百年一遇的 0.049 7 对比 0.121 1,千年一遇的 0.071 5 对比 0.227 8。这个研究清楚地表明,应用地区分析法推求的频率估计值比起用传统的单站分析法要稳定得多。

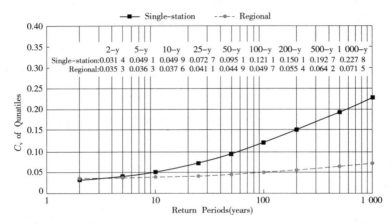

图 11　地区分析法和传统的单站分析法对估算成果稳定性影响的实际例子
（美国俄亥俄流域 84 个水文气象一致区的成果）

4　水文气象地区线性矩分析法在中国的适用前景

4.1　中国水文频率分析研究和应用的现状

半个世纪来,我国的频率分析计算一直停留在"一点(单点、单时段)、一线(P－Ⅲ型曲线)加双眼(目估适线)"的水平上,不仅拉开了同国际先进水平的差距,也远远不能满足国内快速发展的国民经济生产建设和防洪工作的需求。在我国,大规模工程的兴建破坏了获取水文资料的环境,导致河流流量资料系列的不一致;都市化进程的加剧,大大地改变了下垫面产汇流的条件;气候变化周期的缩短和剧烈的程度,使得极端水文气象事件的出现越来越频繁,旱的越旱,涝的越涝。这一切因素使得现有的河流流量资料的最基本的统计特性———一致性,受到了完全的破坏,基于这样不一致的流量资料是得不出科学的设计值的。而且,现在的防洪情势已经不再是单纯的大江大河,而是点线面结合:既有大江大河的防洪也有地区的防洪;尤其是随着我国都市化进程的迅猛发展,都市防洪的情势日益严峻,直接通过暴雨推求防洪设计标准就显得越来越迫切。再则,现有基于短系列水文资料和老方法得出的频率估计值又不能反映当前的实际情况。因此,目前报道所引用的 50 年一遇或 100 年一遇的洪水标准完全失去科学的依据,很不靠谱。随着降雨 - 径流模型研究和 GIS 开发的日益完善,为减少人类活动对计算资料的影响,直接从暴雨推求设计洪水,变得越来越合理和普遍。

4.2　水文气象地区线性矩法在中国的适用前景

　　答案是十分肯定的。我国地处北半球中纬度东亚季风区,又是太平洋西岸台风频繁造访的地区;我国幅员辽阔,东西南北分属不同的气候带,地形又复杂多变,全国的降雨特性不能只用一条频率曲线来描述。我国至今尚没有一套统一规格的、时空一致的、可比的、可实际应用的降雨频率图集,更不用说反映最新科技成就的、为防洪设计标准服务的降雨频率图集,目前用于工程设计的水文频率计算仍然停留在一成不变的“手工作坊”式操作:“一点(单点、单时段)、一线(P - Ⅲ型曲线)加双眼(目估适线)”的水平上。同样的,高等院校中作为水文专业核心学科的水文计算学科教学和研究在这方面也没有跟上,远远落后于世界先进水平,也远远满足不了国民经济生产建设和防洪工作的需求。

4.3　水文气象地区线性矩法在中国防洪战略中的地位和作用

　　(1)为我国的防洪布局提供一个具有坚实科学基础的、适用资料最齐全新颖、全国统一格式的、多时段多频率的降雨频率图集。该降雨频率图集将为工程防洪设计和地区防洪规划以及都市防洪规划,提供一套时空一致、可比的暴雨图集。

　　(2)在这个暴雨频率图集的基础上进行二次分析研究编制的洪水风险图集,将会标明全国不同历时、不同稀遇频率暴雨造访的高风险地区的分布情况,这将为全国的防洪灾害评估和防灾减灾规划工作的制定提供一个科学的、基础的资料库和依据。那时,我国的防洪减灾工作将会进入一个科学的、“心中有数”的新局面。

　　此外,水文气象地区线性矩法的研究和应用在我国的推进,将发现和锻炼出一批优秀的、具有世界水平的防洪设计标准研究领域的年轻的专业人才,同时大大提升水文计算学科的学术水平。坐落于南京信息工程大学(前身为南京气象学院)校园内的应用水文气象研究院,愿为这个目标的实现,与全国同行专家携手合作、不懈努力。

参 考 文 献

[1] Bonnin G M, Todd Lin B, et al. Precipitation Frequency Atlas of the United States, NOAA Atlas 14 Volume 1. NOAA, National Weather Service, Silver Spring, MD. 2003.

[2] Hosking J R M. L-moments: Analysis and Estimation of Distributions Using Linear Combinations of Order Statistics. IBM, Research, Yorktown Heights, N. Y. 1989.

[3] Lin B, Bonnin G M, Martin D L 2006. Regional Frequency Studies of Annual Extreme Precipitation in the United States based on Regional L-moments Analysi. ASCE Proceedings, May 2006, Omaha Nebraska, U.S.

作者简介:林炳章(1944—),男,教授,博导,南京信息工程大学应用水文气象研究院院长。联系地址:南京市宁六路 219 号南京信息工程大学 1039 信箱。E-mail:lbz@nuist. edu. cn。

水质标识指数法在太子河水质评价中的应用

王　林　王兴泽

（辽宁省水文水资源勘测局辽阳分局,辽阳　111000）

摘　要:本文采用水质标识指数法对太子河进行水质评价。评价结果表明,太子河水质较差,大多劣于地表水Ⅲ类标准,而且沿水流方向随空间变化逐渐恶化,下游水质达到Ⅴ类,但大部分断面能够达到水功能区水质要求。在水质随空间变化分析时,通过与单指标法对比,体现出水质标识指数法能够较好判别水体受污染程度的优点。

关键词:太子河　水质评价　水质标识指数　水功能区

太子河发源于本溪,贯穿辽阳全境,在辽阳县唐马寨镇流入鞍山市,并汇入辽河。新规划建设中的辽阳河东新城正是横跨太子河而建的以旅游业为主,高科技工业为辅,集行政办公、居住、商务和文化教育于一体的生态型现代化新城区。及时准确地掌握太子河水质污染现状,改善水环境质量,恢复并提高原有的水体功能,是现在和将来必须研究和落实的重要工作。所以,进行太子河干流辽阳段水质评价与研究,具有重要的现实意义。

本文所采用的水质标识指数法是一种新颖的水质评价方法,具有如下优点:①可以以一组主要水质指标综合评价河流综合水质;②可以结合国家标准评价综合水质类别,并在同一类别中进行比较,进行综合水质的定性评价和定量评价;③可以对劣Ⅴ类的水质评价,并判别河流水体是否黑臭;④评价方法简单实用,易于在我国河流水质评价工作中推广。

1　水质标识指数的组成

1.1　单因子水质标识指数的组成

单因子水质标识指数法 P_i 由一位整数,一个小数点,小数点后两位或三位有效数字组成。其形式为

$$P_i = X_1. X_2 X_3 \tag{1}$$

式中:X_1 为第 i 项水质指标的水质类别;X_2 为监测数据在 X_1 类水质标准下限值与 X_1 类水标准上限值变化区间中所处的位置(见图1),按照四舍五入的原则计算确定;X_3 为水质类别与功能区划设定类别比的比较结果,视评价指标的污染程度,为一位或两位有效数字。

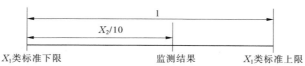

图 1　X_2 符号意义示意图

1.2 综合水质标识指数 *WQI* 的组成

综合水质标识指数是由单因子水质标识指数总和的平均值(Palm)、代表水质类别与功能区划设定类别比较结果(X_s)、参加整体水质评价的指标中劣于功能区标准的水质指标个数(X_4)组成,其公式为:

$$WQI = (\sum P_i/n)X_3 X_4 \tag{2}$$

式中:($\sum P_i/n$)为单因子水质标识指数法总和的平均值;n 为参加水质评价因子个数;X_3 为代表水质类别与水功能区划设定类别比较结果;X_4 为参加整体评价的水质指标,劣于功能区标准的水质指标个数,通过参评的单因子标识指数 P_i 中的 X_3 不为 0 的个数来确定。

1.3 综合水质类别评价与判定

根据《地表水环境质量标准》(GB 3838—2002)对河流水质的要求及分类,并应用水质标识指数法 $X_1.X_2$ 计算,可以得出河流水质实际类别。具体评价分级见表1。

表1　我国基于综合水质标识指数的综合水质刻画

$P_i=X_1.X_2$ 范围	类别	水质现状描述
$1.0 \leqslant X_1.X_2 \leqslant 2.0$	Ⅰ	$X_3X_4 \leqslant 0$ 达标,$X_3X_4 > 0$ 超标,根据数值大小判断污染程度
$2.0 < X_1.X_2 \leqslant 3.0$	Ⅱ	$X_3X_4 \leqslant 0$ 达标,$X_3X_4 > 0$ 超标,根据数值大小判断污染程度
$3.0 < X_1.X_2 \leqslant 4.0$	Ⅲ	$X_3X_4 \leqslant 0$ 达标,$X_3X_4 > 0$ 超标,根据数值大小判断污染程度
$4.0 < X_1.X_2 \leqslant 5.0$	Ⅳ	$X_3X_4 \leqslant 0$ 达标,$X_3X_4 > 0$ 超标,根据数值大小判断污染程度
$5.0 < X_1.X_2 \leqslant 6.0$	Ⅴ	$X_3X_4 \leqslant 0$ 达标,$X_3X_4 > 0$ 超标,根据数值大小判断污染程度
$6.0 < X_1.X_2 \leqslant 7.0$	劣Ⅴ	水体污染但不黑臭,根据数值大小判断污染程度
$X_1.X_2 > 7.0$	劣Ⅴ	水体污染黑臭,根据数值大小判断污染程度

2 水质现状评价

依据《地表水环境质量标准》(GB 3838—2002),以 2008 年作为现状年,监测结果见表2,分别对太子河上蔵窝水库、辽阳、乌达哈堡、小林子、唐马寨 5 个断面进行单指标评价和单因子水质标识指数评价,并根据评价结果从中找出影响水质的主要污染物,从中选择主要污染物对水质做出综合水质标识指数评价。太子河断面示意图见图2。

表2　2008 年太子河水质监测成果　　　　　　　　(单位:mg/L)

断面名称	水期	化学需氧量	高锰酸盐指数	生化需氧量	氨氮	挥发酚	硝酸盐氮	悬浮物
蔵窝水库	汛期	8.6	2.8	1.8	1.57	<DL	1.9	
	非汛期	7.0	2.4	2.3	1.92	<DL	1.7	
	全年	7.7	2.6	2.1	1.78	<DL	1.8	
辽阳	汛期	13.1	3.3	2.7	0.94	<DL	1.32	31.0
	非汛期	15.4	3.8	3.5	1.31	0.005	4.26	14.1
	全年	14.4	3.6	3.2	1.16	0.003	3.04	21.2

续表2

断面名称	水期	化学需氧量	高锰酸盐指数	生化需氧量	氨氮	挥发酚	硝酸盐氮	悬浮物
乌达哈堡	汛期	8.7	3.0	2.1	0.99	< DL	3.2	
	非汛期	37.7	5.9	25.1	1.06	0.005	3.1	
	全年	25.6	4.7	15.5	1.03	0.003	3.1	
小林子	汛期	12.0	3.2	2.4	1.33	< DL	3.02	46.4
	非汛期	20.1	5.5	6.8	5.21	0.005	3.41	15.1
	全年	16.7	4.6	5.0	3.6	0.003	3.25	28.1
唐马寨	汛期	13.2	3.6	3.7	2.16	< DL	2.2	81.8
	非汛期	25.5	7.6	9.7	8.58	0.010	3.47	61.1
	全年	20.4	5.9	7.2	5.91	0.006	2.94	69.7

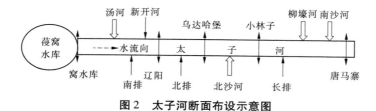

图2　太子河断面布设示意图

2.1　单因子评价

采用单指标法和单因子水质标识指数法进行水质评价,评价结果见表3和表4。

表3　太子河水质单指标评价结果

水期	葠窝水库	辽阳	乌达哈堡	小林子	唐马寨
汛期	V	IV	III	IV	劣V
非汛期	V	IV	劣V	劣V	劣V
全年期	V	IV	劣V	劣V	劣V

表4　太子河单因子水质标识指数评价结果

断面名称	水期	化学需氧量	高锰酸盐指数	生化需氧量	氨氮	挥发酚	硝酸盐氮	悬浮物
葠窝水库	汛期	1.60	2.40	1.60	5.12	1.00	1.20	
	非汛期	1.50	2.20	1.80	5.82	1.00	1.20	
	全年	1.50	2.30	1.70	5.62	1.00	1.20	
辽阳	汛期	1.90	2.60	1.90	3.90	1.00	1.10	4.00
	非汛期	3.10	2.90	3.50	4.61	4.01	1.40	1.70
	全年	2.00	2.80	3.20	4.31	3.30	1.30	2.20

续表4

断面名称	水期	化学需氧量	高锰酸盐指数	生化需氧量	氨氮	挥发酚	硝酸盐氮	悬浮物
乌达哈堡	汛期	1.60	2.50	1.70	4.02	1.00	1.30	
	非汛期	5.83	4.02	7.55	4.12	4.02	1.30	
	全年	4.62	3.41	6.64	4.12	3.31	1.30	
小林子	汛期	1.80	2.60	1.80	4.70	1.00	1.30	4.50
	非汛期	4.00	3.80	5.20	7.62	4.00	1.30	1.80
	全年	3.30	3.30	4.50	6.81	3.30	1.30	3.60
唐马寨	汛期	1.90	2.80	3.70	6.11	1.00	1.20	5.20
	非汛期	4.60	4.40	5.90	9.34	5.00	1.30	5.00
	全年	4.00	4.00	5.30	8.03	4.20	1.30	5.10

从表3中可以看出,太子河水质污染严重,基本上都超过Ⅲ类;从表4中可以看出,太子河水质受个别水质参数影响显著,而且乌达哈堡以下断面个别项目水质标识指数超过7.0,超标项目主要有氨氮、化学需氧量、生化需氧量、高锰酸盐指数、挥发酚等。

2.2 综合水质评价

2.2.1 评价参数选择

从单指标法和单因子水质标识指数法的评价结果不难看出,太子河的主要污染项目为耗氧有机物指标和营养元素指标,各断面全年期超标项目和超标倍数见表5。因此,在利用综合水质标识指数法评价时,选取高锰酸盐指数、化学需氧量(COD)、五日生化需氧量(BOD_5)和氨氮、挥发酚等作为评价参数,能够反映水质的变化程度及污染原因。

表5　太子河监测断面超标项目

序号	断面名称	水功能区水质目标	超地表水Ⅲ类标准项目及超标倍数	超水功能区目标项目
1	葠窝水库	Ⅲ	氨氮(0.78)	氨氮
2	辽阳	Ⅲ	氨氮(0.16)	氨氮
3	乌达哈堡	Ⅱ	氨氮(0.02)、化学需氧量(0.28)、生化需氧量(2.9)	氨氮、化学需氧量、高锰酸盐指数、生化需氧量、挥发酚
4	小林子	Ⅴ	氨氮(2.6)、生化需氧量(0.25)	氨氮
5	唐马寨	Ⅴ	氨氮(4.9)、化学需氧量(0.02)、生化需氧量(0.8)、挥发酚(0.2)、悬浮物(1.3)	氨氮

2.2.2 综合水质标识指数评价

太子河单指标法与综合水质标识指数法评价结果见表6。

表 6　太子河单指标法与综合水质标识指数法评价结果对照

序号	断面名称	水期	单指标法水质级别	综合水质标识指数法		水功能区目标
				综合水质标识指数	水质级别	
1	葠窝水库	汛期	V	2.310	II	III
		非汛期	V	2.510	II	III
		全年	V	2.410	II	III
2	辽阳	汛期	IV	2.310	II	III
		非汛期	IV	3.610	III	III
		全年	IV	3.110	III	III
3	乌达哈堡	汛期	III	2.210	II	II
		非汛期	劣V	5.153	V	II
		全年	劣V	4.452	IV	II
4	小林子	汛期	IV	2.400	II	V
		非汛期	劣V	4.910	IV	V
		全年	劣V	4.210	IV	V
5	唐马寨	汛期	劣V	3.110	III	V
		非汛期	劣V	5.910	V	V
		全年	劣V	5.110	V	V

　　从表 6 中可以看出,太子河水质按综合水质标识指数法评价,葠窝水库断面 3 个水期均为 II 类,辽阳断面在汛期为 II 类水,其他 2 个水期为 III 类,乌达哈堡断面在汛期、非汛期、全年期分别为 II、V、IV 类,小林子断面在汛期为 II 类,其他 2 个水期为 IV 类;唐马寨断面在汛期为 III 类,其他 2 个水期为 V 类。与单指标评价结果相比,综合水质标识指数评价法得出的水质类别低于单指标法评价结果,说明太子河干流各断面水质受个别参数影响显著。

2.3　水质随空间变化分析

　　单指标法与水质标识指数法对太子河各断面评价结果分别见图 3、图 4。

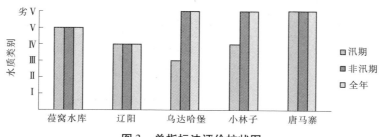

图 3　单指标法评价柱状图

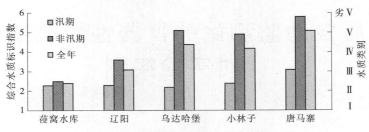

图4　水质标识指数评价柱状图

从图3和图4中不难看出,单指标法评价的结果在同一类别中没有可比较性,而且不能较好地反映在同一水期水质随空间变化的程度;综合水质标识指数法得出的结果具有较好的可比性,沿水流方向,由Ⅱ类转为Ⅴ类,逐渐恶化。由于辽阳断面上游接纳了南排和新开河的废污水,乌达哈堡断面上游接纳了北排的废污水,小林子断面接纳了北沙河的废污水,唐马寨断面接纳了长排、柳壕河和南沙河的废污水,因此水质沿水流方向随空间变化逐渐恶化是符合实际情况的。

3　结论

(1)太子河水质受个别水质参数影响显著,多数断面水质超过Ⅲ类,但汛期水质为Ⅱ~Ⅲ类,明显好于其他水期。在水功能区达标评价中,除乌达哈堡断面外,均达标。

(2)太子河水质随空间变化逐渐恶化,由Ⅱ类转为Ⅴ类,主要受沿途接纳的废污水影响。

(3)水质标识指数能够判别水功能区达标情况,并能够较好地区分同一类别的水质差异。

参 考 文 献

[1] 徐祖信.我国河流单因子水质标识指数评价方法研究[J].同济大学学报,2005,33(3):321-325.
[2] 徐祖信.我国河流综合水质标识指数评价方法研究[J].同济大学学报,2005,33(4):482-488.

作者简介:王林(1979—),男,工程师,辽宁省水文水资源勘测局辽阳分局。联系地址:辽宁省辽阳市中华大街236号。E-mail:LyswwL@yeah.net。

水质自动监测站的仪器性能测试和比对实验实例

韦海玲

（广西河池水环境监测中心，河池 547000）

摘　要：以天峨水质自动监测站为例，通过对自动站仪器的性能指标测试，并与实验室测试进行了比对，验证了该站所用的在线监测技术可行，仪器设备运行稳定，数据准确可靠；确保了水质自动监测站仪器监测数据和传送数据达到监测工作的质量要求，为今后自动监测的仪器质量管理和质量控制提供科学依据。

关键词：水质自动监测站　性能测试　比对实验

1　引言

近年来，随着经济的快速发展，红水河天峨段水质开始受到污染，特别是随着上游工矿企业的发展，污染种类呈现多样化，污染程度有加重的趋势，主要特征污染物是 COD、氨氮、镉、铅等。为了加强水资源的管理和保护，确保红水河沿岸人民的用水安全，必须加强对红水河省界河段的水质进行监控。而建设能够快速采集水质数据、性能稳定、先进实用的水质自动监测站，可以实时、快速地掌握水质状况，早期发现水污染，使管理部门能更及时有效地管理和保护好水资源，为社会经济发展和环境的改善做出贡献；同时，还能提高突发性水污染的预警预报能力，使红水河沿岸水污染事件造成的损失减少到最低程度。然而，水质自动监测站监测提供的数据能否达到监测工作的质量要求，与自动监测站的仪器性能和监测数据能否达到质量是紧密相连的。因此，在水质自动监测站的质量管理和质量控制中，对监测仪器的性能测试和对比实验是极其重要的。本文主要通过对水质自动站仪器的基本功能的仪器性能指标测试，并与实验室测试进行了比对，验证了该站所用的在线监测技术可行，仪器设备运行稳定，监测数据准确可靠，能及时、真实地反映红水河天峨段的水质情况。

2　水质自动监测仪器组成及其性能

天峨水质自动监测站的分析测量仪器，采用美国哈希公司的自动水质分析仪，分析项目包括常规五参数（水温、pH、溶解氧、电导率和浊度）、高锰酸盐指数（COD_{Mn}）、总磷、氨氮、总有机碳（TOC）等共 9 个项目。天峨水质自动监测站在线监测仪器及性能见表 1。

表 1　天峨水质自动监测站在线监测仪器及性能

序号	项目	仪器型号	分析方法	量程	检出限	精密度	重复性
1	水温	HACH SC100	温度传感器法	−10 ~ 110 ℃	—	±0.5 ℃	—
2	pH	HACH SC100	玻璃电极法	0.00 ~ 14.00	—	±0.01	—
3	DO	HACH SC100	膜电极法	0.00 ~ 20.00 mg/L	—	±1%	—
4	电导率	HACH SC100	电导池法	0 ~ 10 000 μs/cm	—	±1%	—
5	浊度	HACH SC100	光散射法	0 ~ 500 NTU	—	±1%	±1% FS
6	高锰酸盐指数	DKK COD − 203	高锰酸盐氧化还原 − 电位滴定法	0.00 ~ 20.00 mg/L	0.2 mg/L	±2%	≤2%
7	氨氮	Amtax SC	气敏电极法	0.00 ~ 20.00 mg/L	0.05 mg/L	±2%	≤3% FS
8	总磷	PHOSPHAX sigma(T − P)	钼蓝法	0.00 ~ 5.00 mg/L	0.01 mg/L	±2% FS	±2% FS
9	TOC	1950 plus	UV 法	0.000 ~ 5.000 mg/L	0.015 mg/L	±2%	±2%

3　自动监测仪器基本性能的测试和比对实验方法

3.1　仪器基本性能的测试方法[1−2]

3.1.1　仪器的准确度与精密度

采用经国家认可的质量控制样品(或按规定方法配制的标准溶液,选择测量范围中间浓度值)对仪器进行测试,仪器经校准后,连续测定 8 次质量控制样品,根据测定结果计算仪器的准确度和精密度。

准确度以相对误差(RE)表示,计算公式如下:

$$RE(\%) = \frac{\bar{x} - c}{c} \times 100 \qquad (1)$$

式中:$\bar{x}$ 为质控样品 8 次测定平均值;c 为质控样推荐值。

精密度以相对标准偏差(RSD)表示,计算公式如下:

$$RSD(\%) = \frac{\sqrt{\frac{1}{n-1}\sum_{i=1}^{n}(x_i - \bar{x})^2}}{\bar{x}} \times 100 \qquad (2)$$

3.1.2　标准曲线检查方法

按仪器规定的测量范围均匀选择 7 个浓度的标准溶液(包括空白)按样品方式测试,并计算其相关系数。

3.2　对比实验方法

水质自动监测站应根据各自的监测项目,按照规定的监测分析方法进行实验室分析,并与仪器的测定结果相对比,对比实验规定监测分析方法见表2。

表 2　对比实验规定监测分析方法

序号	监测参数	在线监测方法	实验室检测方法
1	温度	温度传感器法	温度计法 GB/T 13195—1991
2	pH	玻璃电极法	玻璃电极法 GB/T 6920—1986
3	电导率	膜电极法	电导率仪法
4	浊度	电导池法	紫外法
5	溶解氧	光散射法	碘量法 GB/T 7489—1987
6	总磷	高锰酸盐氧化还原 - 电位滴定法	钼酸铵分光光度法 GB/T 11893—1989
7	氨氮	气敏电极法	纳氏试剂比色法 GB/T 7479—1987
8	高锰酸盐指数	钼蓝法	酸性法 GB/T 11892—1989
9	TOC	UV 法	分光光度法

4　自动监测站仪器基本性能的测试及对比实验

4.1　自动监测站仪器基本性能的测试

4.1.1　检出限

根据《地表水质自动监测站质量管理和质量控制办法》和仪器的技术质量要求对高锰酸盐指数、氨氮、总磷、总有机碳等几项在线分析仪器的检出限进行了测试。

检出限测试采用实际配制的低浓度标准样品作为测试样品进行测试,所用样品溶液按仪器理论检出限浓度的 3 倍配制,连续 10 次测定,根据检测结果按下列公式计算检测限:

$$DL = \frac{k}{b} \cdot S_b \qquad (3)$$

式中:k 为常数,取 $k = 3$;b 为校准曲线的斜率;S_b 为测定低浓度标准液(X_b)的标准偏差。

检出限测试结果见表 3。

表 3　检出限测试结果表

内容		高锰酸盐指数(mg/L)	总磷(mg/L)	氨氮(mg/L)	总有机碳(mg/L)
样品浓度(mg/L)		0.50	0.05	0.15	0.05
测定结果 (mg/L)	1	0.61	0.06	0.16	0.062
	2	0.62	0.06	0.16	0.060
	3	0.54	0.06	0.15	0.061
	4	0.41	0.06	0.15	0.061
	5	0.52	0.06	0.16	0.063
	6	0.58	0.06	0.15	0.062
	7	0.61	0.06	0.15	0.061
	8	0.43	0.06	0.16	0.060
	9	0.43	0.06	0.16	0.062
	10	0.53	0.06	0.15	0.063
	平均值	0.53	0.06	0.16	0.062

续表3

内容	高锰酸盐指数(mg/L)	总磷(mg/L)	氨氮(mg/L)	总有机碳(mg/L)
标准偏差(S_b)	8.02%	0.00%	0.50%	0.10%
校准曲线斜率b	0.952 3	0.976 8	0.999 1	1.017 5
检出限DL	0.14	0.01	0.01	0.02
合同值	0.20	0.01	0.05	0.02
是否合格	合格	合格	合格	合格

4.1.2 标准曲线

根据有关规范的要求,标准曲线的检验主要是检验曲线的相关系数,根据天峨水质自动监测站所选水质参数的在线监测仪器的性能,将标准曲线的相关系数大于或等于0.999作为评定合格的标准。

在仪器检测范围内选择7个不同浓度的系列标准溶液(包括空白),每种浓度的标准溶液平行测试两份,以各种浓度的测定结果的算术平均值绘制标准曲线。根据测试结果,四项参数的标准曲线均符合要求(见表4)。

表4 标准曲线测试结果

项目	高锰酸盐指数(mg/L)			总磷(mg/L)			氨氮(mg/L)			总有机碳(mg/L)		
序号	配制值	测量值	平均值	配制值	测量值	平均值	配制值	测量值	平均值	配制值	测量值	平均值
1	0.00	0.02 0.02	0.02	0.00	0.03 0.03	0.03	0.00	0.02 0.02	0.02	0.00	0.00 0.00	0.00
2	0.50	0.58 0.58	0.58	0.05	0.06 0.06	0.06	0.10	0.12 0.12	0.12	0.50	0.455 0.457	0.456
3	2.00	1.96 1.84	1.90	0.50	0.50 0.51	0.50	1.00	0.99 1.01	1.00	1.00	0.906 0.905	0.906
4	5.00	4.63 4.63	4.63	1.00	0.99 1.00	1.00	5.00	4.98 5.03	5.00	2.00	1.926 1.925	1.926
5	10.00 0	9.75 9.75	9.75	2.00	2.02 2.01	2.02	10.00	9.89 9.90	9.90	3.00	3.074 3.075	3.074
6	15.00 0	14.34 14.34	14.34	3.00	2.93 2.93	2.93	15.00	14.99 15.10	15.04	4.00	4.003 4.005	4.004
7	20.00 0	19.02 19.00	19.01	4.50	4.49 4.45	4.47	20.00	20.01 20.02	20.02	5.00	5.050 5.050	5.050
相关系数r	0.999 9			0.999 9			1.000 0			0.999 7		
曲线斜率b	0.952			0.986			1.000			1.020		
曲线截距a	0.013			-0.013			-0.020			-0.055		
曲线方程	$Y=0.952x+0.013$			$Y=0.986x-0.013$			$Y=1.000x-0.020$			$Y=1.020\ 0x-0.055$		

4.1.3　准确度与精密度

对高锰酸盐指数、氨氮、总磷、总有机碳、pH 等几项在线监测仪器的准确度和精密度进行了测试。测试采用标准溶液配制测量范围中间浓度值的样品进行测试,连续 8 次测定,根据测定结果按下列公式计算准确度和精密度。

准确度以相对误差(RE)表示:

$$RE(\%) = \frac{\bar{x} - c}{c} \times 100 \tag{4}$$

式中:$\bar{x}$ 为样品 8 次测定的算术平均值;c 为样品的真(推荐)值。

精密度以相对标准偏差(RSD)表示:

$$RSD(\%) = \frac{\sqrt{\frac{1}{n-1}\sum_{i=1}^{n}(x_i - \bar{x})^2}}{\bar{x}} \times 100 \tag{5}$$

式中:$\bar{x}$ 为样品 8 次测定的算术平均值;x_i 为样品的第 i 个测值;n 为测定次数(8)。

根据质量要求,各项参数的检测精密度为 10%,准确度为 5%。

根据测试结果,各项参数的准确度和精密度均小于 5%,因此各项参数的准确度和精密度符合要求(见表 5)。

表 5　准确度、精密度测试结果　　　　（浓度单位:mg/L）

内容		高锰酸盐指数		氨氮		总磷		总有机碳		pH(无量纲)		电导率(μs/cm)	
样品配置浓度		5.00	10.00	1.00	5.00	0.50	1.00	2.00	5.00	4.00	6.86	200	300
测定值	1	4.77	9.38	1.07	4.80	0.47	0.91	1.946	5.146	4.01	6.87	198.6	310.2
	2	4.83	9.58	1.08	5.21	0.47	1.00	1.906	5.182	4.01	6.88	194.0	305.8
	3	4.75	9.62	1.09	5.20	0.48	0.99	1.914	5.138	4.02	6.88	196.6	310.5
	4	4.88	9.71	1.10	5.21	0.48	1.00	1.909	5.515	4.00	6.88	194.2	306.0
	5	4.80	9.70	1.09	5.21	0.48	1.00	1.926	5.128	4.01	6.88	196.0	309.0
	6	4.82	10.13	1.10	5.21	0.48	0.99	1.917	5.150	4.00	6.88	194.4	300.0
	7	4.82	9.52	1.10	5.21	0.47	0.98	1.929	5.200	4.00	6.87	197.8	303.3
	8	4.80	9.54	1.10	5.22	0.48	1.00	1.920	5.220	4.00	6.87	195.3	306.6
平均值		4.81	9.65	1.09	5.16	0.48	0.98	1.92	5.21	4.01	6.88	195.9	306.4
相对误差(%)		-3.82	-3.52	9.12	3.18	-4.75	-1.62	-3.96	4.20	0.16	0.24	-2.07	2.14
相对标准偏差(%)		0.82	2.30	1.03	2.81	1.09	3.12	0.67	2.45	0.19	0.08	0.87	1.16

另外,还采用国家标准物质进行准确度检验。取国家标准物质连续测定 2 次,根据测定结果的平均值是否处于保证值所给定的不确定度范围内来评定准确度。

根据标准物质的测定结果在保证值所给定的不确定度范围内判断,系统的准确度符合要求(见表 6)。

表6　标准物质检验结果表　　　　　　　　（浓度单位:mg/L）

项目名称	编号	保证值	不确定度	测定值			是否合格
				测定值1	测定值2	平均值	
总磷	203932	1.58	±0.06	1.54	1.54	1.54	是
氨氮	200538	2.74	±0.12	2.69	2.72	2.70	是
高锰酸盐指数	203133	4.54	±0.41	4.70	4.72	4.71	是
pH	202136	4.28	±0.08	4.25	4.25	4.25	是
电导率(μs/cm)	60301	528	±20	521.6	511.7	516.6	是

4.2　实验室对比

　　为了考核整个在线监测系统的实际监测准确性以及与常规监测方法的偏差,在进行基本性能测试的基础上开展与实验室检测方法的比对实验。比对实验由常规实验室采样检测与自动在线监测同步进行,比较各自的监测结果,评价误差的合理性。

4.2.1　水样采集与处理

　　比对实验的实验室检测样品按照规范的方法进行采集、处理和保存,尽快送实验室进行测试。实验室监测的采样位置与水质自动监测系统的取水口位置保持一致,并在水质自动监测系统开展监测的时段内采样。

4.2.2　采样频次与样品测定

　　对比实验连续进行3天,每天8次,共比对24组数据。采样时同步记录自动监测的结果。

4.2.3　比对实验结果

　　按照监测质量要求,比对实验的相对误差应在±15%以内。根据比对实验结果,由于红水河天峨断面水质较好,实际水样的浊度、总磷和氨氮的浓度较低,因此个别测次的偏差稍大,其他参数相对误差均合格,总体来说基本仪器符合要求(见表7)。

表7　比对实验结果统计

内容	样品数	相对误差(%)		±15%仪器合格比例	是否合格
		最大误差	最小误差		
水温	24	1.37	0.00	100%	合格
电导率	24	-4.09	0.00	100%	合格
pH	24	-2.04	0.06	100%	合格
溶解氧	24	3.58	-0.34	100%	合格
氨氮	24	-20.0	0.00	91.7%	基本合格
总磷	24	20.0	0.00	91.7%	基本合格
浊度	24	20.0	-1.23	95.8%	基本合格
高锰酸盐指数	24	-19.0	0.00	95.8%	基本合格

5　结论

天峨水质自动监测站的水质检测方法合理,仪器精密度、准确度、检出限、测量范围、线性度等主要指标能够满足天峨断面水质监测的需要。仪器性能测试与实验室进行的比对实验结果显示,技术性能基本满足相关规范和本项目的仪器质量要求;水质自动监测站仪器监测数据和传送数据达到监测工作的质量要求,为今后自动监测的仪器质量管理和质量控制提供有力的科学依据。

参 考 文 献

[1] 国家环境保护总局《水和废水监测分析方法》编委会. 水和废水监测分析方法[M]. 4 版. 北京：中国环境科学出版社,2002.
[2] 中华人民共和国国家标准. GB/T 5757.1. 生活饮用水标准检验方法[R].

作者简介：韦海玲(1975—),男,壮族,广西都安人,工学学士,工程师,2001 年毕业于广西大学化学化工学院,从事水环境监测与评价工作。联系地址：广西河池市江北东路 7 号河池水文分局。E-mail：weihailing20060617@163.com。

台风在浙中北登陆可能带来的影响分析

姚月伟　邵学强　叶　勇

（浙江省人民政府防汛抗旱指挥部办公室,杭州　310000）

摘　要:本文将历史代表性台风,分不同的行进路径和可能遭遇的天文潮进行模拟计算,分析如果台风在浙中、北沿海登陆可能会带来的影响, 并针对存在的薄弱环节,提出相应的应对措施,为科学防御提供基础资料。

关键词:影响分析　措施　台风　浙中北

1　历史台风分析

浙江省地处东南沿海,由于特殊的地理位置和气候条件,每年夏秋季节经常遭受台风侵袭。随着全球气候变暖等因素的影响,近年来,极端性天气气候事件增多,登陆或严重影响浙江的台风强度和频次呈上升态势,危害加大;同时,浙江沿海潮差大,特别是杭州湾,是全国大潮差区,在台风影响期间,若天文大潮与台风增水叠加形成特高潮位,将对流域内群众生命财产安全、社会经济发展以及重要工业、港口、电力、机场、公路等基础设施产生重大威胁。近几年登陆浙江的热带气旋主要在浙南沿海,所以本文着重分析,如果热带气旋在浙中、北沿海登陆,将给浙江特别是浙北地区带来什么样的影响,为科学防御提供基础资料。

1.1　登陆浙江台风概况

1949 年以来,在浙南沿海登陆的热带气旋明显多于也早于浙中、北沿海,登陆或严重影响浙江的热带气旋都会带来暴雨和强风,其中东南沿海是热带气旋风雨严重影响区,浙北沿海为大风严重影响、暴雨较严重影响区,浙南区暴雨影响相对较重,浙北内陆区风雨影响相对较严重,浙西区则风雨影响均较轻[1]。热带气旋影响浙江期间,如遭遇冷空气或热带辐合带云团尾随,风雨强度将加强,影响范围将扩大。如 2007 年的"罗莎"台风,登陆浙闽交界后,与北方冷空气结合,全省普降暴雨和大暴雨,浙北地区、沿海地区和沿海海面均受大风严重影响,特别是浙北地区,遭到了 20 年未遇的严重影响。

1.2　浙北遭遇历史台风情况

一般而言,在浙江登陆的热带气旋对钱塘江河口都有一定的影响,只是影响的程度不同而已。1949 年以来,影响钱塘江河口的热带气旋每年 1.97 个,其中台风(含)以上强度热带气旋每年 1.47 个,影响较大的几次台风主要发生在 8 月,登陆时间大多在子夜或接近子夜。登陆浙中、北部沿海台风情况[2]见表 1。

"5612"、"7413"和"9711"号三次台风,钱塘江支堤、围堤都发生了大范围堤毁潮漫的灾情,所幸钱塘江海塘未发生溃决。

（1）"5612"号台风登陆时虽遇小潮汛，但还是引起了 1949 年来的最严重的风暴潮灾。澉浦站最大增水达 5.18 m，乍浦、金山嘴、海盐、尖山、镇海、宁波、定海等站最大增水超过 2 m，象山港江站头站出现历史最高潮位，风暴潮冲毁门前涂海堤，海水入侵纵深 10 多 km。

（2）"7413"号台风引起的澉浦站最大增水 2.25 m，乍浦 1.75 m。台风登陆恰与农历七月初一的大潮相叠加，18 个潮位站最高潮位超过警戒，大部分超过 50~100 cm。

（3）"9711"号台风登陆时遭遇农历 7 月 16 日天文大潮，台州湾以北至钱塘江河口出现历史实测最高潮位，720 多 km 海塘溃决。澉浦水位 5.56 m，最大增水 3.30 m；乍浦水位 5.54 m，最大增水 2.30 m。

表 1　登陆浙中、北部沿海台风情况

台风号	登陆时间（月-日 T 时）	登陆地点	气压（hPa）	风速（m/s）	次雨量（mm）	倒房（万间）	受灾农田（万亩）	经济损失（亿元）
195612	08-01	象山	923	65	688	71.5	541	
197413	08-02	三门	974	35	521	2.26	324	
197504	08-12	温岭	970	35	355	2.46	105	
197910	08-24T18	舟山	967	25	457	2.4	153	
198807	08-07T23	象山	970	35	270	5.39	387	11.3
199015	08-31T9	椒江	970	45	585	4.33	687	27.1
199507	08-25T5	温岭	985	30	282	0.012	51	0.98
199711	08-18T21	温岭	960	40	675	8.5	1 031	197.7
200008	08-10T19	象山	975	35	209	0.21	65	5.63
200414	08-12T20	温岭	950	45	916	6.43	588	181.28
200509	08-06T04	玉环	950	45	648	1.31	508	89.1
平均			963.1	39.5	509.6	9.5	403.6	73.3
最大			985	65	916	71.5	1 031	197.7
最小			923	25	209	0.012	51	0.98

2　存在的薄弱环节剖析

2.1　钱塘江海塘存在诸多薄弱环节

1949 年以来，钱塘江海塘的维修和建设经历了 1950~1957 年、1958~1996 年和 1997~2003 年三个阶段，特别是 1997~2003 年实施的钱塘江河口标准海塘建设，使得现有钱塘江北岸临江一线海塘基本能防御"5612"、"7413"和"9711"号台风。但是，目前仍有部分塘段设防标准为 20 年一遇，如遭遇超标准风暴潮，将发生漫溢险情，而且在强台风作用下，大量水体进入一、二线塘之间，将对二线塘造成较大防台风压力。

2.2　水利工程等整体防御能力不强

一是流域上游东苕溪导流左岸以及西苕溪干流未经规模性整治，防洪能力不足 20 年一遇。农村水利设施老化失修等老问题依然存在，总体防洪能力不高，而且短期内难以根本改善。

二是下游长兴平原和杭嘉湖东部平原,特别是嘉北地势低平,圩区自身防洪能力仅为10~20年一遇,洪水北排受阻,东排不畅,如遭遇台风暴雨洪水,将产生较严重的洪涝灾害。

三是流域内城镇扩张迅速,但大多数新城防洪及排涝设施建设滞后,开发过程中又对原有防洪设施存在不同程度的破坏,防洪能力薄弱,城市防洪形势依然不容乐观。

四是在建重点工程较多。沪杭高铁、318国道、杭宁高铁、长湖申航线、长兴合溪水库、德清城西排涝站改造、安吉大河口水库除险加固等项目在汛期施工,自身安全度汛压力大,而且降低了周边区域的防洪能力。

2.3　防御意识有所淡薄

由于浙中、北沿海多年未经历热带气旋的正面袭击,且浙北内陆离沿海也存在一定的距离,加上新上任的党政领导干部较多,群众防台风意识有所淡薄,对台风可能造成的严重后果估计不足。

另外,今年上海世博会横跨整个汛期,规格高、规模大,一旦出现汛情和灾情,政治和社会影响很大,而且世博会在杭州、宁波、绍兴等地设立分会场,防台风任务更重。

3　台风可能产生的危害分析

3.1　引发台风暴潮

为尽量全面地了解可能发生的情况,按照强弱,把台风分成若干级,并选择代表性台风,设计若干典型台风的行进路径(见图1),分析可能遭遇的天文潮类型。结果表明,浙江沿海杭州湾以南登陆的台风对杭州湾北岸影响比较大,又以沿北线行进且在浙北沿海登陆的台风尤其显著[3-4]。

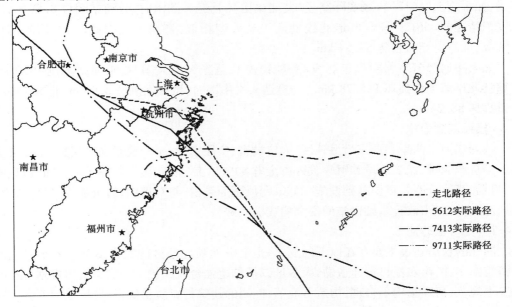

图1　各方案台风路径示意图

（1）走北路线是最不利的台风路径。同一台风，走北路径所引起的最高潮位明显增高："7413"台风、"9711"强台风和"5612"超强台风，在澉浦、乍浦两站，走北路径的最高潮位分别增高 1.33 m、1.26 m、1.11 m 和 1.26 m、1.14 m、1.21 m。

（2）台风穿过杭州湾，若遭遇平均年最高天文潮，"7413"台风走北，所引起金山、乍浦、澉浦、盐官、仓前各站的潮位达 5.32 m、6.18 m、7.27 m、8.29 m、8.60 m，均超过历史最高潮位和百年一遇设计高潮位。"9711"强台风和"5612"超强台风走北路径登陆，如果遭遇平均年最高天文潮位，高潮位远远超过 100 年一遇标准。

（3）现有钱塘江北岸临江一线海塘能防御"5612"、"7413"和"9711"号台风重现，极限防御能力较接近"9711"号台风走北线遭遇大潮情况，但不能防御"5612"台风走北线设计路径遭遇大中潮情况、"5612"号台风实际路径遭遇大中潮情况和"9711"、"5612"号台风平均的假想走北线设计路径遭遇大潮情况。

3.2 引发暴雨洪水

台风暴雨的特点是降雨量多、强度大，波及范围广，来势凶猛，破坏性极大，容易引发流域性洪水或局地山洪灾害，已发生的"莫拉克"台风就遭遇了类似情况。2009 年 8 月初，受前期降雨影响，太湖水位持续维持在 3.7 m 以上；8 月 6 日台风影响初期，太湖水位已达到 3.86 m，受台风影响，太湖水位持续上涨；锋面雨到达杭嘉湖地区，平原水位持续上涨时，太浦闸开始大流量泄洪，给浙江杭嘉湖东部平原特别是嘉北地区造成了很大的防洪压力。所幸"莫拉克"台风总体降雨量不大，如若遭遇 1963 年型台风，则后果不堪设想。

3.3 危及海塘安全

虽然现有钱塘江北岸临江一线海塘基本能够防御"5612"、"7413"和"9711"号台风。但是，如果遭遇"5612"台风实际路径（登陆象山），且逢大潮汛时，澉浦站潮位 8.89 m，海塘受损情况与"5612"号台风走北线遭遇天文大潮相似；遭遇天文中潮时，澉浦站潮位 7.66 m，北岸海塘将损坏 57.94 km。

如果遭遇"5612"号台风走北线（登陆镇海），且逢天文大潮时，澉浦站潮位 10.0 m，钱塘江北岸海塘将损坏 115.78 km。当遭遇天文中潮时，澉浦站潮位 8.83 m，北岸海塘将严重损坏 88.24 km。

3.4 损毁基础设施

钱塘江河口两岸和浙东沿海地区，人口稠密、房屋密集、生产要素高度聚集，是浙江重要的经济产业带，经济总量和财政收入占全省 80% 以上，分布着众多重要工业和港口、电厂、机场、高速公路等重要基础设施。如果台风正面袭击，将对房屋、海上船只、通信电力、避风港及港口、市政等基础设施的安全构成极大威胁。

3.4.1 对房屋的危害

浙江的农房建设主要存在以下问题：一是沿海及浙北地区的农房是基于各个时期的经济技术条件，由农民自行建造的，大多难以抵御超强台风的袭击。二是农房规划、设计、施工不规范，房屋结构不合理，构造不规范，使用的建筑材料质量低劣，抗风能力不强。三是无正规设计的施工图纸或施工不规范。四是农房建设质量监管缺位。1949 年以来，登陆浙江的几次强台风都造成了大量房屋倒塌和损毁。

3.4.2 对海上及内河、湖泊船只的影响

浙江海洋资源十分丰富,特别是舟山、宁波和台州沿海海上作业渔船和航行船舶众多,杭嘉湖平原河网及太湖航行船舶也较多。当遭遇台风特别是超强台风袭击的时候,在强风、狂涛的作用下,航行在台风影响区域的船只极易发生沉船事故。如"0608"号热带风暴(桑美)在向浙江逼近时,中心气压曾达 915 hPa,近中心风力 17 级以上,维持了 5 个半小时,并在北纬 25 度、东经 127.5 度附近海域出现 10~12 m 的狂涛区。"0414"号台风(云娜)在浙江海域也产生 8~10 m 巨浪。"0407"号强热带风暴(蒲公英)和西风带低槽的共同影响,使得太湖突发大风,风速为 21 m/s(9 级),瞬时风速高达 29.3 m/s(11 级),太湖南岸的小梅口站水位由 3.45 m 骤升至 4.48 m,增幅达 1.03 m,超危急水位 0.28 m,接近设计水位 4.65 m,岸边掀起的巨浪高达 7 m 多,严重影响环湖大堤安全。太湖浙江近岸江苏管辖水域 7 艘安徽、江苏籍运输船舶沉没、搁浅,多人落水。

3.4.3 对基础设施的影响

一是电力设施抗风设防标准偏低,风速设计值低,输电线路路线长、范围广、边界条件复杂,输电线路管理难度大,部分电网的结构薄弱,电网互供能力不强,不适应抗台风需要,也不利于灾后的快速恢复供电。二是通信广电设施由于架空导线或光缆的线路设计、施工重视不够,基站选址考虑布局多、结构安全少,容易遭受泥石流、塌方等损毁。三是对避风港及港口设施的影响。

4 对策措施

钱塘江河口地处长江三角洲南翼,钱塘江北岸海塘是保护杭嘉湖平原乃至苏州南缘、淞沪地区防御台风暴潮侵袭的重要屏障。钱塘江河口潮差大,北岸杭嘉湖地区地势低平,一般低于钱塘江高潮位 2.0~4.0 m,海塘一旦溃决,潮水将会长驱直入,并通过平原内密布的河网可直达江苏、上海境内,将给经济要素和人口高度集聚的北岸地区造成极大的灾害。

一是要加强应对台风引发的风暴潮防御准备,提升防台风意识。钱塘江河口大潮潮差有 7~9 m,如遭遇天文大潮,将形成特高潮位,在防御台风工作中,应充分考虑风暴增水与天文大潮叠加产生特高潮位带来的危害,加强防台风知识宣传普及,提高群众的防台风意识,及早做好应急准备特别是大规模人员集中远距离转移准备工作。

二是要深入贯彻省委、省政府"强塘固房"的决议,提升防灾抗灾能力。目前,钱塘江干流、西苕溪干流及东苕溪左岸的农村堤防标准大多只有 5~10 年一遇,沿海标准海塘大部分已经建成运行 10 年多,隐患逐渐暴露,城镇防洪排涝设施建设滞后于城镇的发展,杭嘉湖东部平原特别是嘉北地区由于地面沉降,圩区防御标准偏低。要进一步深入贯彻省委、省政府"强塘固房"的决议,加快浙东、钱塘江海塘,钱塘江。东苕溪、浦阳江等重要行洪河道堤防及山塘加固,确保骨干河流堤防在防洪标准内的行洪安全;加快全省农房普查和危旧房改造,完善农房防灾减灾保障体系,进一步提升防灾减灾能力。

三是要加快流域洪水调度方案和有关预案修编,为科学防御流域性洪水提供依据。台风如果在浙中北沿海登陆,往往会引发东西苕溪及杭嘉湖平原的暴雨洪水和小流域山洪灾害。目前,东苕溪干流德清以上洪水调度方案完成修订,西苕溪流域洪水调度方案编

制正在进行中,安吉、长兴、德清、吴兴等有山洪灾害防治任务的县(区)也正在抓紧实施,要加大投入,争取早日完成,发挥效益。

四是要加强信息沟通和舆论宣传引导,拓宽灾害信息预警渠道。进一步完善防台风预警预报信息的传送,广泛宣传超强台风的预防、避险、自救等基本知识,使防台风成为群众及外来务工人员的自觉行动。

参 考 文 献

[1] 王东法,等.浙江省热带气旋风雨空间分布特征研究[J].科技通报,2010,26(1):39-45.

[2] 邵学强,等.1949 年~2005 年登陆和严重影响浙江台风资料汇编[R].浙江省人民政府防汛抗旱指挥部办公室,2006.5

[3] 姚月伟,等.浙江省防御超强台风战略研究报告[R].浙江省防御超强台风战略研究课题组,2006.11

[4] 徐有成,等.钱塘江北岸海塘应对超标准风暴潮研究[R].浙江省钱塘江管理局,2009.11

作者简介:姚月伟(1950—),男,浙江省人民政府防汛抗旱指挥部办公室常务副主任,教授级高级工程师。

土地利用变化与径流量演变相关性分析

乔光建

（河北省邢台水文水资源勘测局，邢台 054000）

摘 要：通过对太行山典型小流域土地利用变化情况分析，该流域耕地面积、林地面积和其他用地面积均呈增加趋势，草地呈递减趋势。该流域水文下垫面因素的变化，对流域产流过程及水量再分配产生一定的影响。利用 1973～2004 年资料分析，径流系数呈递减趋势，平均每年递减 0.005 。土地利用的变化对水文效应影响显著，正确评价土地利用/覆被变化的水文效应，为水土资源的合理配置和可持续利用提供科学依据。
关键词：土地利用变化 径流量变化特征 相关性 太行山小流域

随着人类社会的进步，土地利用/覆被发生了显著变化，并不断改变着地球表面生物、能量和水分等多种过程。本文通过对太行山典型小流域土地利用变化情况对地表径流的影响分析，为今后制定或修正水资源系统规划和管理运行提供科学依据。

1 研究区降水径流特性

坡底小流域实验站位于邢台县西部山区城计头乡，东经 114°02′，北纬 37°05′。流域内地形复杂，地势西高东低，呈阶梯状逐级下降。海拔在 500～1 800 m。流域面积 283 km²，河长 30.2 km，河道直线长度 24.4 km，河道弯度 1.24，流域平均宽度 9.37 km，河源至河口高程落差 900 m，河道比降 29.8‰。坡底小流域实验站 1973 年设立，监测项目有水量、含沙量、降水量等项目，流域内设有 11 个雨量观测站，雨量站网密度为 25.7 km²/站[1]。

1.1 流域降水特性分析

利用 1973～2007 年坡底小流域降雨量资料系列分析计算，该区多年平均降水量 605.0 mm。偏差系数 C_s 的取值一般用 C_v/C_s 值来反映。坡底小流域不同频率年降水量计算成果如表 1 所示。

表 1 坡底小流域不同频率年降水量计算成果

年平均降水（mm）	参数		不同频率年降水量（mm）			
	C_v	C_v/C_s	20%	50%	75%	95%
605.0	0.35	3.0	720.0	569.1	450.9	330.0

该区降水量年际变化很大，且常有连续几年降水量偏多或连续几年降水量偏少的现象。以历年年降水量最大值与最小值之间的比值 K 来表示年际变化，该区各雨量站监测的年降水量资料分析，各站极值比大都在 4.0～6.5。如路罗雨量站 1963 年年降水量为

1 753. 1 mm,1986 年年降水量为 281.8 mm,相差 6.22 倍。

该区降水量具有年内非常集中的特点,全年降水量的 80% 左右集中在汛期(6 ~ 9 月),而汛期降水又集中在 7、8 月,按多年平均计算,7、8 月降水量占全年降水量的 59.6% ,6 ~ 9 月降水量占全年降水量的 78.3% 。特别是一些大水年份,降雨更加集中。非汛期 8 个月期间的降水量仅占全年降水量的 21.7% 。

1.2 径流特性分析

该研究区地表径流量,主要受降水量及降水强度的影响。利用 1973 ~ 2007 年该区降雨量资料系列分析计算,多年平均径流量 4 979 万 m^3。在实际水文统计应用中,常用相对量即变差系数 C_v,以便于综合、比较。对于变差系数 C_v 值的确定,在适线中,对系列中出现的特大特小值,一般不做处理。偏差系数 C_s 的取值一般用 C_v/C_s 值来反映。坡底小流域不同频率年年径流量计算成果见表 2。

表 2 坡底小流域不同频率年年径流量参数计算成果

年平均径流量	参数		不同频率年径流量(万 m^3)			
(万 m^3)	C_v	C_v/C_s	20%	50%	75%	95%
4 979	0.85	2.00	14 900	3 380	1 670	449

该区径流量主要受降水量影响,年际变化很大。以历年年径流量最大值与最小值之间的比值 K 来表示年际变化,通过对该站 1973 ~ 2007 年径流量资料分析,最大值与最小值比值为 16.7。径流量的年际变化大于降水量的年际变化。

2 影响径流量变化特征因素分析

水文效应是指地理环境变化引起的水文变化或水文响应。环境条件变化可分自然和人为两个方面。当代人类活动的范围和规模空前增长,对水文过程的影响或干扰越来越大。目前对水文效应的研究大多着重于各种人类活动对水循环、水量平衡要素及水文情势的影响或改变,又称为人类活动对水文情势的影响。

水文下垫面是影响水量平衡及水文过程的地表各类覆盖物的一个综合体[2]。地表各类覆盖物很多,我们研究和关注的仅是影响水量平衡及水文过程的那些要素。这些要素大致可分为地质、地貌、植被和人为建筑等四类要素。地质类要素是指地表各类岩石、土壤、底层构造和各种水体等;地貌类要素指的是地表覆盖物的表面形态和高度(相对高度、绝对高度和地面坡度);植被类要素指的是植被的种类、大小和密度等;人为建筑物要素指的是各类房屋、道路、场院、水库、梯田等。上述组成水文下垫面的四类要素,对水量平衡及水文过程的影响是各不相同的。本文通过对太行山典型小流域水文要素变化进行分析,分析其各要素对水量平衡及水文过程的影响,为水资源保护和开发利用提供科学依据。

根据《邢台县水资源调查及水利区划报告》[3]、《邢台县水资源开发利用现状分析报告》[4]和《邢台县水资源评价》[5]计算成果,分别对该流域 1980 年、1990 年、2000 年土地利用情况进行分析。计算成果见表 3。

表3　坡底小流域1980年、1990年、2000年土地利用变化

土地利用类型		1980年	1990年	2000年
耕地	水浇田(hm²)	483.9	575.9	868
	旱地、坡耕地(hm²)	1 129.2	1 313.4	1 302
林地	果园(hm²)	60	85.2	1 247
	灌木丛(hm²)	15 100	14 908	14 700
	人工林(hm²)	2 300	4 800	6 000
	其他林地(hm²)	4 748.9	2 739.5	805
草地	高覆盖度草地(hm²)	1 670	1 070	1 000
	中覆盖度草地(hm²)	1 100	900	470
	低覆盖度草地(hm²)	608	408	270
其他	乡镇居民用地(hm²)	1 100	1 500	1 708
合计		28 300	28 300	28 300

3　土地利用变化与径流量变化相关性分析

在一个较短的时期内,地质类和地貌类要素的变化较小,但是人类活动对植被和人为建筑要素的影响则较为显著。短时期内水文下垫面变化以土地利用方式的改变为主。

根据现有资料情况,分别统计1980年、1990年和2000年的耕地、林地、草地和其他用地的变化情况。土地利用变化柱状图见图1。

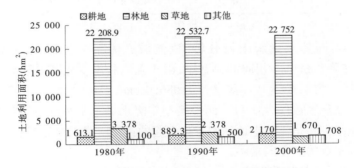

图1　坡底小流域土地利用变化柱状图

通过不同年代土地利用变化情况对比分析,1990年和2000年耕地面积比1980年分别增加了17.1%和34.5%;林地面积分别增加了1.46%和2.45%。土地变化情况为草地面积减小,草地改造为耕地、梯田和林地。其他用地增加幅度较大,但该项用地仅占全流域面积的6%,相对影响较小。

3.1　典型年不同时期降水量对径流系数影响分析

本文利用该流域以往研究成果资料,分别对1980年、1990年、2000年土地利用情况

进行对比分析,只能定性地反映流域土地利用变化过程。

通过对 1973 ~ 2007 年降雨径流检测资料分析,分别选取不同量级的年降水量,对照不同年代的径流系数,分析其变化特征。根据该流域年降水量大小,分别按照 100 mm 划分时段,并依据时间顺序(1990 年前后)分别选取两个年降水量与径流系数进行比较。坡底小流域典型不同时期年降水量与径流系数特征统计见表 4。

表 4　坡底小流域典型不同时期年降水量与径流系数特征统计

分组序号	降水量级(mm)	降水时段	年降水量(mm)	径流系数	径流系数比值
Ⅰ组	900 ~ 1000	1973 年	968.2	0.58	1.8:1
		2000 年	949.4	0.32	
Ⅱ组	800 ~ 900	1982 年	790.5	0.47	1.3:1
		1995 年	857.3	0.35	
Ⅲ组	700 ~ 800	1982 年	790.5	0.47	2.8:1
		2004 年	767.7	0.17	
Ⅳ组	600 ~ 700	1975 年	676.0	0.35	2.3:1
		1993 年	678.9	0.15	
Ⅴ组	500 ~ 600	1988 年	586.9	0.36	3.3:1
		2002 年	587.6	0.11	
Ⅵ组	400 ~ 500	1974 年	478.0	0.25	1.9:1
		2001 年	464.2	0.13	

通过对 6 组不同降水量级雨量分析,该流域产流系数呈递减趋势,变化范围在 1.3:1 ~ 3.3:1。在降水量基本相同的典型年,由于土地利用变化等因素影响,前期径流系数明显大于后期。例如,1988 年年降水量为 586.9 mm,径流系数为 0.36;2002 年年降水量为 587.6 mm,径流系数仅为 0.11。两个典型年降水量基本相同,径流系数却相差 3.3倍。径流系数递减主要是流域土地利用变化引起的;另外,降雨在流域分布不均和降雨强度也是影响径流系数的一个因素。

3.2　不同时段降雨径流关系分析

流域土地利用变化是一个渐变的过程,对流域径流的影响也是一个渐变过程。根据该流域水文监测资料情况,考虑当地经济发展以及社会环境因素,以 1990 年为分界点。以 1973 ~ 1989 年作为一个时段,绘制降水 - 径流关系曲线;再以 1990 ~ 2007 年作为一个时段,同样绘制一条降水 - 径流关系曲线。关系曲线见图 2。

由该流域降水 - 径流关系曲线可以看出,1973 ~ 1989 年系列曲线与 1990 ~ 2007 年系列曲线形成两个系列。1990 年以后,土地利用变化,流域植被增加,入渗量增加,使地表径流量呈递减趋势。

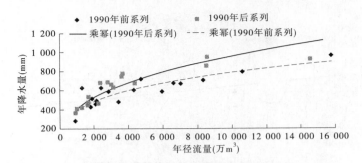

图2 坡底小流域不同时段降水 – 径流关系曲线

3.3 土地利用变化与径流量相关性分析

根据不同年代土地利用资料分析,耕地面积有所增加。耕作的土壤具有特殊的水、热、气条件,有利于土壤生物、微生物滋生繁衍,促进土壤有机质分解和土壤结构形成,土壤松弛,有利于土壤持水量的提高和土壤水分运动。水分在不同土层缓慢入渗,可以调节径流,改变河川水文状况。虽然耕地增加会增加降水入渗量,对产流汇流有增加作用,但耕地面积占全流域的7.67%,对径流系数减小的贡献率影响不大。

林地面积变化不大,1990年比1980年增加了1.46%,2000年比1980年增加了2.45%。有调查资料显示,林地结构却发生了变化,果林面积增加幅度较大,2000年比1980年增加了20.8倍。人工林增加了将近3倍。而林地面积占流域总面积的80.4%,因而林地变化对该流域产流汇流影响较大。林地植被较好,植被层是一个包括微生物、昆虫等在内的生物群,具有较高的透水性和持水量。根据试验资料,1 kg风干的枯枝落叶层可以吸水2~5 kg,达到饱和时仍有很好的透水能力。林地植被有粗糙度大、透水性强的特点,对地表径流起着分解、滞缓、过滤等作用。同时,在植被较好的流域,土壤中动物运动的洞穴、孔道和植物根系的生长更新,使土壤密度小,总孔隙度大,这些有利于土壤持水量的提高和土壤水运动。植被对径流的作用,对于适中的降雨,一部分被地面枯落叶形成的腐殖层所吸收,一部分透过腐殖层渗入土壤形成地下水,改变了径流的分配形式。

草地变化呈递减趋势,1990年比1980年减少了29.6%,2000年比1980年减少了50.6%。草地面积占全流域总面积的11.9%,而草地减少的面积大部分用于果林和农田,增加降水的入渗量,对径流系数的影响趋于减小。

其他用地包括居民用地、道路、村镇建设、河川、农村工矿企业占地等,该项用地变化最大,1990年比1980年增加了36.4%,2000年比1980年增加了55.3%。关于城镇化过程的水文影响,一般认为,在城镇化快速发展的驱动下,不透水面积大量增加,改变了水量平衡状况,造成入渗减少,洪峰流量增大,但不同地区城市化发展程度的不同使得水文效应的表现也不相同。通过该项用地过程分析,用地有所增加,对流域产流汇流量增加,但由于该项用地所占比例较小,仅占全流域面积的6%,对全流域产流影响不大。

通过上述分析,流域内耕地面积和林地面积增加,对径流调节作用增大,对产流系数产生一定的影响。通过对该流域1973~2007年资料分析,产流系数呈递减趋势,平均每年递减0.005。图3为该流域产流系数变化过程线。

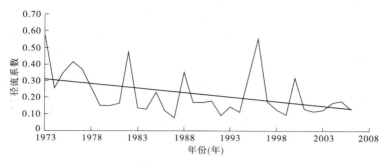

图 3　坡底小流域径流系数变化过程线

4　结论

影响流域水文过程的水文下垫面因素包括地质、地貌、植被和人为建筑等四类要素。对于一个固定的流域而言,地质要素和地貌要素变化较小,人类活动对植被和人为建筑要素影响较为显著。

利用以往水资源评价成果,对坡底小流域土地利用情况进行分析,以 1980 年为基础,分别与 1990 年、2000 年进行对比,耕地分别增加了 17.1% 和 34.5%;林地分别增加了 1.46% 和 2.45%;其他用地分别增加了 36.4% 和 55.3%;草地分别减少了 29.6% 和 50.6%。

通过对该流域 1973 ~ 2007 年资料分析,产流系数呈递减趋势,平均每年递减 0.005。以 1990 年为时段分界,分别绘制两个系列降水 – 径流关系曲线,明显形成两个系列,土地利用变化对水文效应影响显著。对不同量级降水量分析,在年降水量基本相同的情况下,由于土地利用变化(也包括降水分布不均和降雨强度的影响因素),径流系数变化范围在 1.3 ~ 3.3 倍。

正确评价土地利用/覆被变化的水文效应,研究对水资源时空分布的影响,为水土资源的合理配置和可持续利用提供科学依据。

参 考 文 献

[1] 乔光建,王春泽,李哲强. 河北省坡底、西台峪小流域水土流失影响因素分析[J]. 水文,2008,28 (6):92-96.
[2] 任宪韶,卢作亮,曹寅白. 海河流域水资源评价[M]. 北京:中国水利水电出版社,2007.
[3] 邢台县农业区划办公室. 邢台县水资源调查及水利区划报告[R]. 1984.6.
[4] 邢台县水政水资源管理办公室. 邢台县水资源开发利用现状分析报告[R]. 1992.11.
[5] 邢台县水务局. 邢台县水资源评价[R]. 2005.6.

作者简介:乔光建(1956—),男,教授级高级工程师,河北省邢台水文水资源勘测局。联系地址:河北省邢台市郭守敬路青年巷 11 号。E-mail:hbxtqgj@163.com。

王石灌区渠系水利用系数测算

孙　娟[1]　张双翼[1]　孙晓航[2]

(1.辽宁省水文水资源勘测局,沈阳　110005;2.阜新市水利局,阜新　123000)

摘　要:渠系水利用系数是灌区的规划管理、合理运行、水资源的合理调配等方面的重要基础资料,是综合反映灌区渠系工程状况与管理水平的重要指标,是编制用水计划和进行水量平衡计算的一个主要技术参数。辽宁省针对不同防渗处理的渠道水利用系数至今仍缺乏实测资料,计算时往往只能采用经验数值。本研究对王石灌区进行测试、计算、分析。研究成果为评价灌区的灌溉水利用程度提供了基础数据,并为辽宁省灌区节水改造、合理的运行管理以及水资源规划和利用提供了重要的依据。

关键词:灌区　渠系水利用系数　节水

1　灌区概况

王石灌区地处辽宁省西部的葫芦岛市绥中县境内,灌区建于 1974 年,是多水源联合开发、统一调度、统一管理的灌区。原设计灌溉面积 2 万 hm^2,实际灌溉面积 1.4 万 hm^2。灌区东西长 36 km,南北宽 29 km。

渠系工程现有总干渠 2 条长 53.9 km,建筑物 254 座,已衬砌长度 32.3 km;干渠 17 条长 113.94 km,建筑物 442 座,已衬砌长 45.6 km;支渠 57 条长 110.96 km,建筑物 1 142 座。灌区内西部丘陵区主要为壤土,沿海平原及河流两岸主要为沙壤土和亚黏土。渠道衬砌形式多样,主要有梯形、矩形、U 形。渠系较为发达,干、支、斗、农体系比较健全。

2　渠系水利用系数测定与计算

2.1　典型渠段的确定

2.1.1　代表渠段选取原则

(1)所选的典型渠道能代表整个灌区的同级渠道的平均水平,渠道的土质、防渗措施、输水流量的大小和工程完好率等指标应与全灌区该级渠道相接近。

(2)为减少工作量,可采取抽样测量,但测渠应有足够的数量。

(3)所选的渠段要有足够的长度:为了保证测验的精度和资料的可靠程度,满足规范的要求及资料分析的需要,所选的渠段要有足够的长度。

2.1.2　代表渠段的选取

2.1.2.1　总干渠

大风口干渠选取两段,梯形混凝土衬砌段长 220 m,距离渠首约 13 000 m。土渠段长 200 m,土质为沙壤土,距离渠首约 14 500 m。

2.1.2.2 分干渠

王宝分干渠选取两段,梯形混凝土衬砌段长 250 m,距离大风口干渠约 2 000 m。土渠段长 180 m,土质为沙壤土,距离大风口干渠约 4 500 m。网户分干渠选取两段,土渠段长 450 m,土质为亚黏土,距离大风口干渠约 4 500 m。U 形混凝土衬砌段长 240 m,距离大风口干渠约 7 500 m。分干渠选用情况详见表 1。

表 1　分干渠代表段选用情况

分干渠名称	渠道长度（m）	代表段长度（m）	上断面距渠首距离（m）	下断面距渠首距离（m）	土质	衬砌形式
王宝分干渠土渠段	500	180	4 500	4 680	黏土	无
王宝分干渠混凝土段	800	250	2 000	2 250	黏土	混凝土衬砌
网户分干渠土渠段	2 800	450	4 500	4 950	黏土	无
网户分干渠混凝土段	1 000	240	7 500	7 740	黏土	混凝土衬砌

2.1.2.3 支渠

支渠选取三段均为土渠,分别是 8 支渠长 135 m,土质为沙壤土,距离干渠约 150 m;王宝支渠长 180 m,土质为沙壤土,距离王宝分干渠约 1 000 m;网户支渠长 120 m,土质为亚黏土,距离网户分干渠约 1 400 m。所选支渠代表段详见表 2。

表 2　支渠代表段选用情况

支渠编号	所在分干	支渠长度（m）	代表段长度（m）	上断面距渠首距离（m）	下断面距渠首距离（m）	土质	衬砌形式
8 支	总干	1 000	135	150	285	黏土	无
13 支	王宝分干	1 500	180	1 000	1 180	黏土	无
4 支	网户分干	1 500	120	1 400	1 520	黏土	无

2.1.2.4 斗渠

斗渠选取两段均为土渠,距离支渠都在 50 m 左右。王宝一段沙壤土渠长为 180 m;网户一段亚黏土渠长 120 m。所选斗渠代表段详见表 3。

表 3　斗渠代表段选用情况

斗渠编号	所在分干	斗渠长度（m）	代表段长度（m）	上断面距渠首距离（m）	下断面距渠首距离（m）	土质	衬砌形式
13 支 2 斗	王宝分干	1 000	180	10	190	黏土	无
4 支 1 斗	网户分干	500	120	10	130	黏土	无

2.2 监测设备

干渠采用 LS25 - 1 型流速仪测速。测深采用不锈钢测深杆测量。断面起点距采用钢尺测量。支渠采用 LS25 - 1 型流速仪测速。测深采用不锈钢测深杆测量。断面起点距采用钢尺测量。斗渠的水深和流速均较小,流速采用 ADV、低速流速仪或小浮标测速。水深和起点距采用钢尺测量。农渠的水深和流速均较小,ADV、流速采用低速流速仪或小浮标测速。水深和起点距采用钢尺测量。

2.3 测量精度要求

为了减少误差,提高流量测验精度,流量测试过程中,测长和测宽用钢尺量测,重复三次,取平均值。测深垂线按精密水道断面要求布设,控制断面地形转折变化,水深要读到 mm。测速垂线按精测法布设,测点按三点法和五点法,测流不低于 100 s,测量的流速计至小数后三位,流量成果计算到小数后四位。

2.4 监测时间及次数

对于同一代表渠段,渠道的防渗措施和土壤组成对下渗损失及渠系系数的影响是固定不变的,此时引起渠系系数变化的主要原因将取决于渠道的工作方式、输水流量的大小和灌区地下水水位的高低。受作物需水规律的控制和降水、回归水的影响,渠道不同时期的输水流量和地下水位,在不同的阶段都有较大的差异,因此流量的测验应选择高、中、低有代表性的时段分别测量,并要考虑到当时地下水的水位。2006～2007 年测试期间,共补设 19 处断面,实测流量 240 次。

2.5 渠系水利用系数计算

根据渠道布置情况,选择中间无支流、长度满足要求的代表性渠段,观测上、下游两个断面同一时段的流量,通过量化渠道损失水量的方法推求渠道水利用系数。代表渠段渠道水利用系数用以下公式计算:

$$\eta_{渠段} = Q_下 / Q_上 \tag{1}$$

式中:$\eta_{渠段}$ 为渠段的渠道水利用系数;$Q_上$、$Q_下$ 为渠段上、下断面的流量,m^3/s。

干渠、支渠、斗渠和农渠各级渠道的水利用系数 $\eta_{渠道}$ 用以下公式计算:

$$\eta_{渠道} = \eta_{渠段}^{L/\Delta L} \tag{2}$$

式中:L 为该级渠道的平均长度,m;ΔL 为代表渠段的长度,m。

将式(1)、式(2)整理合并得:

$$\eta_{渠道} = (Q_下 / Q_上)^{L/\Delta L} \tag{3}$$

灌区渠道水利用系数用下式计算:

$$\eta_{灌区} = \eta_{干渠} \eta_{支渠} \eta_{斗渠} \eta_{农渠} \tag{4}$$

式中:$\eta_{灌区}$ 为灌区的渠系水利用系数;$\eta_{干渠}$、$\eta_{支渠}$、$\eta_{斗渠}$、$\eta_{农渠}$ 分别为干渠、支渠、斗渠、农渠各级渠道的渠道水利用系数。

2.6 渠系水利用系数的修正

串联渠道和等效并联渠道的渠系水利用系数可用各级渠道水利用系数的乘积来计算,在非等效并联渠道中,同级渠道的渠道水利用系数不相等,流量也不相同。渠系水利用系数不能用各级渠道水利用系数相乘的积来计算,必须进行修正。

本研究中灌区总干、分干、支渠和斗渠均属非等效并联渠道,下面以斗渠为例探讨各级渠道水利用系数修正方法。

根据公式(3)计算出的斗渠利用系数,是一种特例。即认为每一个斗渠只控制一个地块,并且所控制地块在斗渠的渠尾(见图 1)。而实际上,斗渠上地块的分布是多地块等距排列的(见图2)。

图1　斗渠假设控制图　　　　　　　　图2　斗渠实际控制图

那么,从图2不难看出,只有在 A_n 地块上,斗渠的利用系数才为 η。而在其他地块上斗渠利用系数是不为 η 的。距离渠首越近,利用系数越大。如果不对以上所求系数进行修正,那么根据公式(1)所求的斗渠利用系数将比实际的利用系数偏小。

这里,采用面积加权的方法来求斗渠的利用系数,即

$$\eta_{斗渠} = \frac{\sum\limits_i^n A_i \eta_i}{\sum\limits_i^n A_i} = \frac{A_1 \eta_1 + A_2 \eta_2 + A_3 \eta_3 + \cdots + A_n \eta_n}{A_1 + A_2 + A_3 + \cdots + A_n} \tag{5}$$

式中: A_i 为第 i 个开口上的地块面积,hm²; η_i 为第 i 个地块开口处渠道的利用系数。

据调查,灌区内各分干斗渠的长度比较规则,大部分都在 900～1 100 m,取平均长度为 1 000 m。在斗渠上,每隔 50 m 便有一个开口进入田间地块,则平均每个斗渠上共有 20 个地块。又因为在渠首处也有一个开口,则共有 21 个地块,也就是说, $n = 21$。假设每个地块的面积是完全相等的(实际上有一定的差异,为了推导公式需要,把各地块概化为等面积单元),即 $A_1 = A_2 = A_3 = \cdots = A_{21}$。

于是,式(5)可化简为

$$\eta_{斗渠} = (\eta_1 + \eta_2 + \eta_3 + \cdots + \eta_{21})/n \tag{6}$$

假设在渠尾第 21 个地块上,渠系水的利用系数为 η,那么不难计算出其他开口处的渠系水利用系数,根据公式 $\eta_{渠道} = \eta_{渠段}^{L/\Delta L}$ 得

$$\eta_2 = \eta^{1/20} \qquad \eta_3 = \eta^{2/20} \qquad \eta_4 = \eta^{3/20} \qquad \cdots \qquad \eta_{20} = \eta^{19/20} \qquad \eta_{21} = \eta = \eta^{20/20}$$

第 1 个开口距离斗渠渠首很近,近似地认为它的渠系水利用系数为 1,即 $\eta_1 \approx 1$,因此式(6)可变化为:

$$\eta_{斗渠} = (1 + \eta^{1/20} + \eta^{2/20} + \eta^{3/20} + \cdots + \eta^{19/20} + \eta^{20/20})/n = \frac{1 - \eta^{(20+1)/20}}{n(1 - \eta^{1/20})} \tag{7}$$

把此公式写成一般的通用格式:

$$\eta_{斗渠} = \frac{1 - \eta^{\frac{n}{n-1}}}{n(1 - \eta^{\frac{1}{n-1}})} \tag{8}$$

式中: n 为下级渠道或斗渠上地块的数量; η 为修正前的渠系水利用系数。

此公式即为斗渠利用系数修正的公式,用此公式对斗渠利用系数进行修正,便可得到修正后的利用系数。

2.7　渠道水利用系数计算成果

根据 2006 年和 2007 年两年对王石灌区渠道测试计算数据,整理得出灌区总干、各分干、各分干所属支渠、斗渠渠道水利用系数及其修正值分别如表4～表7所示。

全灌区渠系水利用系数（$\eta_{渠道i}$）采用面积加权法计算，即用每条分干所属渠系的渠系水利用系数（$\eta_{渠道i}$）乘以各分干所控制的实际灌溉面积（A_i）之和除以灌区的总面积（A）而得，即 $\eta_{渠系} = \sum \eta_{渠道i} A_i / A = 0.677\,3$。全灌区渠道水利用系数测算成果见表8。

表4　总干利用系数计算成果

渠道名称		上断面流量（m³/s）	下断面流量（m³/s）	代表段利用系数	代表段长度（m）	渠道长度（m）	渠道利用系数	平均	均值
总干	总干混凝土	2.180 6	2.141 4	0.982 0	220	450	0.963 6	0.954 6	0.939 5
		2.236 8	2.201 7	0.984 3	220	450	0.968 2		
		2.734 0	2.723 0	0.996 0	220	450	0.991 8		
		2.795 0	2.788 0	0.997 5	220	450	0.994 9		
		2.733 0	2.575 0	0.942 2	220	450	0.885 3		
		2.760 0	2.733 0	0.990 2	220	450	0.980 1		
		3.030 0	2.873 0	0.948 2	220	450	0.896 9		
		2.605 0	2.520 0	0.967 4	220	450	0.934 4		
		2.600 0	2.540 0	0.976 9	220	450	0.953 4		
		2.670 0	2.640 0	0.988 8	220	450	0.977 2		
	总干土渠	1.734 6	1.669 8	0.962 6	200	300	0.944 5	0.924 4	
		1.704 0	1.573 9	0.923 7	200	300	0.887 7		
		2.185 0	2.087 0	0.955 1	200	300	0.933 5		
		2.166 0	2.073 0	0.957 1	200	300	0.936 3		
		2.460 0	2.250 0	0.914 6	200	300	0.874 7		
		2.338 0	2.310 0	0.988 0	200	300	0.982 1		
		2.316 0	2.230 0	0.962 9	200	300	0.944 8		

表5　分干渠利用系数计算成果

分干名称	代表段长度（m）	分干渠长度（m）	支渠条数	n 值	分干利用系数	
					修正前	修正后
王宝分干土渠	180	500	2	3	0.826 8	0.912 0
王宝分干混凝土	250	800	3	4	0.857 2	0.927 4
网户分干土渠	450	2 800	5	6	0.820 3	0.907 8
网户分干混凝土	240	1 000	5	6	0.861 1	0.929 2

表6　支渠利用系数计算成果

所在分干	代表段长度（m）	支渠平均长度（m）	支渠上的斗渠数量	n 值	支渠利用系数	
					修正前	修正后
总干 8 支	135	1 000	7	8	0.738 3	0.863 5
王宝分干 13 支渠	180	1 500	6	7	0.767 4	0.879 4
网户分干 4 支渠	450	1 500	7	8	0.776 0	0.883 9

表7　斗渠利用系数计算成果

斗渠编号	所属分干	代表段长度（m）	斗渠长度（m）	n 值	斗渠利用系数	
					修正前	修正后
13 支 2 斗	王宝分干	0.703 5	1 000	7	0.703 5	0.844 0
4 支 1 斗	网户分干	0.670 8	700	8	0.670 8	0.825 6

表8　全灌区渠道水利用系数测算成果

分干名称	控制面积（hm^2）	渠道水利用系数（修正值）				渠系水利用系数
		总干	分干	支渠	斗渠	
干支	310	0.936 5		0.863 5		0.808 7
王宝分干	390	0.936 5	0.919 7	0.879 4	0.844 0	0.639 3
网户分干	523	0.936 5	0.918 5	0.883 9	0.825 6	0.627 7
全灌区渠系水利用系数*		0.677 3				

3　结语

（1）本研究经过 2006 年和 2007 年两年的测试准备、典型灌区选择和样点确定及其补充完善,利用 5~9 月灌溉期,采用传统动水测试法首次对王石灌区进行了渠系水利用系数的测算,得出渠系水利用系数为 0.677 3。

（2）本次渠系水利用系数测算运用传统计算方法,理论依据充分,测试过程中特别考虑了输水流量对测算精度的影响,测试所选的各级渠道的各个测次都选择了有代表性的流量级,即高、中、低水各流量级都有一定的测次。以总干为例,对于 30 m^3/s 左右的高水流量、15 m^3/s 左右的中水流量和 6 m^3/s 左右的低水流量都选取了一定的测次,尽量避免由于流量偏大或偏小造成的渠系利用系数偏大或偏小的现象。

关于地下水位顶托影响方面,经统计,2006~2007 年测试期间灌区的地下水位代表了近几年来(2002~2007 年)的平均水平,5~9 月地下水位变幅不大。此外,动水法理论公式在实际运用时根据灌区渠系布置情况进行了必要修正,修正后的渠道水利用系数比修正前要大,数值更切合灌区当前工程状况和管理水平。总体而言,本次测试数据统计可靠,得到的成果是合理的,基本反映了当前王石灌区的实际情况,其代表性比较好,测算成果可对今后同类灌区工程改造和节水潜力分析以及流域内灌区发展规划提供重要基础数据和科学依据。

(3)王石灌区的干、支、斗等各级渠道由于断面大小、长度、闸门完好率、土壤、地质条件、防渗衬砌长度以及管理养护水平的不同,各级渠道渗漏损失大小不一。因此,灌区还需进一步做好各级渠道节水改造工程建设和加强灌区管理,深入挖掘节水潜力,提高灌溉水的有效利用率和节水效果。

参 考 文 献

[1] 白美健,谢崇宝.灌区渠道(系)水利用系数研究[J].中国水利,2002(3):39-40.

[2] 高传昌,等.灌溉渠系水利用系数的分析与计算[J].灌溉排水,2001,20(1):50-54.

[3] 高峰,等.灌溉水利用系数测定方法研究[J].灌溉排水学报,2004,23(1):14-20.

[4] 郭元裕.农田水利学[M].2版.北京:中国水利水电出版社,1997.

[5] 王洪斌,等.灌溉水利用系数传统测定方法的修正[J].东北水利水电,2008(4):59-61.

[6] 杨烈祥.渠系有效水利用系数动水测试方法探讨[J].四川水利,2002(2):34-35.

[7] 郑淑红,等.沈阳市主要灌区渠系水有效利用系数的研究[J].人民长江,2007,38(8):168-169,177.

作者简介:孙娟(1979—),女,工程师,辽宁省水文水资源勘测局。联系地址:辽宁省沈阳市和平区南京南街 218 号沈阳水文中心站。E-mail:sunjuan20060501@163.com。

西南岩溶地下水开发与干旱对策[*]

潘世兵　　路京选

（中国水利水电科学研究院，北京　　100048）

摘　要：2010 年发生在西南 5 省地区的特大干旱基本上分布在喀斯特岩溶区，在旱季降水和地表水储 蓄严重缺乏背景下，岩溶地下水几乎成为山区居民生活、生产的唯一来源。本文讨论西南岩溶地下水的分布规律、开发利用状况、开发利用模式以及目前开发利用中存在的主要问题。针对西南大旱所暴露出的本地区工程性缺水这一严峻现实，作者提出应站在实现山区人民脱贫致富与恢复生态环境的区域经济社会总体发展战略的高度，加强岩溶地下水利用的建议，尤其是应考虑建立岩溶地下水备用水源地及其应急供水保障系统，以应对特大干旱灾害。

关键词：喀斯特地下水　干旱　开发模式　西南地区

1　西南岩溶地下水的类型与分布规律

西南岩溶地区以贵州高原为中心，包括贵州、广西、云南、湖南、广东、湖北、四川和重庆等 8 个省（区、市），岩溶面积 78 万 km^2，人口 1 亿多，为少数民族聚居区，共有 46 个少数民族。岩溶地层以泥盆系、二叠系及中、下三叠系碳酸盐岩为主，总厚可达 3 000 ~ 10 000 m。由于气候湿热、降水丰沛，岩溶作用强烈，溶孔、溶隙、溶洞及暗河水系十分发育，岩溶地区地表水常漏失为岩溶地下水，地表水则主要分布在深切的河谷地区，而居民地和土地分布在岩溶高原面，形成水土不配套的现象，尤其是云贵高原。岩溶水成为西南地区的主要水源之一。

岩溶水按岩溶发育特点可以划分为溶洞管道水、裂隙溶洞水和裂隙孔洞水。溶洞管道水以树枝状或单枝状地下河系为代表，尤其是滇东、黔南、黔西、桂中和桂西等地广布。裂隙溶洞水多以岩溶大泉、岩溶潭（湖）等形式表征。裂隙孔洞水以小规模泉、泉群为主要排泄方式，少见地下河。

岩溶水按地貌形态可以划分为峰林平原型、河谷深切型和溶蚀高原型。峰林平原型主要分布在广西盆地和云贵高原向广西低山丘陵过渡地带，是我国岩溶发育最强烈，岩溶水最丰富的地区，地貌以峰丛洼地、峰林谷地、峰林平原为主。河谷深切型岩溶水主要在贵州的高山峡谷地区，是我国岩溶强烈发育地区之一，地貌上以山垄脊槽谷、丘陵洼地、峰丛洼地和季节河流与短途伏流发育。溶蚀高原型主要分布滇东和黔西地区，地貌以峰丛洼地和断陷盆地、石林和石芽等为主要特征。

岩溶按埋藏条件可以划分为裸露型、覆盖型和埋藏型。袁道先院士根据区域分布，将

---

* 中国水利水电科学院调研项目，发表于《中国水利》，2010，13。

西南岩溶分为五大岩溶区(见图1)。I_1区:滇、黔、桂新华夏系一级隆起带——纯碳酸盐岩裸露型岩溶区;I_2区:黔、渝、鄂、湘新华夏系一级隆起带——碳酸盐岩与非碳酸盐岩互层裸露型岩溶区;II区:湘桂沉降带—覆盖型岩溶区;III区:川南重庆沉降带—埋藏型岩溶区;IV区:滇东断陷盆地及山地岩溶区。

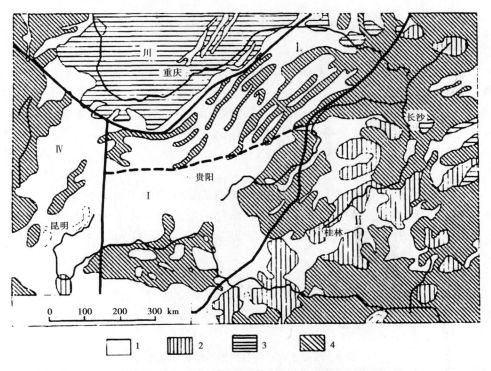

1—裸露型岩溶;2—覆盖型岩溶;3—埋藏型岩溶;4—非可溶岩

图1　中国南方岩溶主要类型分布图(袁道先,2003)

裸露型岩溶水系统最为常见,主要分布在云贵高原。这种类型的岩溶水基本分布在侵蚀基准面以上,并以泉和暗河的形式向外排泄,又可划分为两个亚类:①表层岩溶水系统,一般表现为局部的、分散的表层泉,汇水面积小,但数量多,不少是季节性泉。对严重缺水的广大石山地区,开发利用表层泉,对解决广大农村的人畜用水和改善人民生活水平,具有重要意义。表层岩溶泉大部分属风化裂隙带下降泉,风化带的厚度一般为2~30m,其中2~10m最为发育。②浅层岩溶水系统,主要由溶隙、溶洞及管道等多介质所构成的暗河系统,在石山地区一般埋藏深度50~300m不等,汇水面积大,流量也比较大,大部分在河谷排出,是西南岩溶地区生产和生活用水的主要水源。覆盖型浅层岩溶水系统一般在岩溶含水层之上,覆盖10~30m厚和第四系潜水含水层,两者存在密切的水力联系。岩溶含水层一般岩溶化程度高,常构成网状溶隙系统,补给条件好,富水性强,具有较高的开发价值,是城镇供水的重要供水水源,主要分布在广西地区。埋藏型深层岩溶水系统常分布在中新生界断陷盆地内,岩溶含水层埋藏在相对隔水的第三系或白垩系之下,其厚度一般为 100 ~ 500 m,地区差异很大。如果厚度大于 500 m 则不利于开采,而且水质可能变坏,或温度升高为热水。例如四川盆地白垩、侏罗系之下的三叠系水深部岩溶水,基本上以盐卤水为主。深埋型岩溶水由于补给条件和开采条件受到一定的限制,开发利用程度十分低。

2　岩溶地下水资源的开发利用现状

2.1　岩溶地区水资源特点

西南地区年平均降水量在 1 100 mm 以上,水资源总量丰富,但由于所处的自然条件特殊,造成水资源时空分布十分不均匀,可利用的水资源不足:①地形切割严重、地形高差大,岩溶发育、土层薄、植被少、水涵养能力低,导致山区地表水缺乏、地下水深埋、水资源开发利用难度大;②降水主要分布在 5 ~ 9 月,占全年的 60% ~ 70%,常形成夏季洪涝、冬春干旱;③地理条件特殊,土地和居民零散分布,无条件建设大型水利工程,造成工程性缺水。

以贵州省为例,水资源较为丰富,人均 2 915 m³,高于全国平均水平,但由于地形地貌条件限制,山高水低开发难度大。因此,现状条件下水资源可利用量仅为 161.88 亿 m³,只占水资源总量的 15.2%,在长江流域为最低,其多年平均水资源可利用量为 2 938 亿 m³,可利用率为 29.5%。

2.2　岩溶地下水开发利用状况

岩溶水是岩溶区主要的供水水源,尤其在旱季,甚至是唯一水源。我国西南地区岩溶水资源十分丰富(见表 1),尤其是云南和贵州,岩溶水资源占主要地位,可开采资源量分别为 99.49 亿 m³/a 和 88.84 亿 m³/a。

表 1　西南五省不同类型地下水资源量统计　　　　　　　(单位:亿 m³/a)

省/市	地下水天然补给量				地下水可开采量				深承压水可利用量
	孔隙水	岩溶水	裂隙水	合计	孔隙水	岩溶水	裂隙水	合计	
云南	25.87	348.92	377.65	752.44	3.72	99.49	87.14	190.35	0.39
贵州	—	315.07	122.64	437.71	—	88.84	43.75	132.59	—
广西	11.51	415.7	327.43	754.64	5.07	206.56	61.75	273.38	—
四川	86.88	177.57	281.53	545.98	60.17	78.57	36.2	174.94	6.01
重庆		117.88	25.98	143.86		34.37	6.42	40.79	

注:数据来源于《中国地下水资源与环境图集》张宗祜、李烈荣主编,中国地图出版社,2004。

在欧洲,超过 50% 的饮用水是由岩溶地下水提供的[2]。受自然地理和社会经济条件限制,西南地区目前的地下水开发程度还很低(见表 2)。西南岩溶地下水资源的允许开采量为 615.7 亿 m³/a,已开采量为 98.32 亿 m³/a,仅占允许开采量的 16%,开发潜力还很大。贵州省水资源量丰富,但开发利用率不高,2000 年总现状供水能力为 82.6 亿 m³,仅占全省水资源总量 1 062 亿 m³ 的 7.78%。贵州地下水开发利用率达到 25%(见表 3),其中岩溶水占 97.7%,是城市和农村生活、生产的主要水源,约占水资源利用总量的 30%。

表2 西南五省不同年代地下水开采量统计 （单位：亿 m³/a）

省、市	年代			岩溶水（现状）	国土面积（万 km²）	人口	
	70	80	90			（万）	年份
云南	0.11	1.16	6.28	4.4	39	4 513	2008
贵州	22.23	26.68	33.33	24.456	17.616 7	3 975	2007
广西	2.26	10.24	13.04	13.59	23.64	5 000	2008
四川	17.29	20.83	28.15	2.15	48.5	8 138	2008
重庆	1.2	3.52	8.57	0.62	8.24	3 235	2008

注：数据来源同表1；现状岩溶水开采利用数据来源于各省（区）水资源公报。

表3 贵州省地下水资源开发利用状况（1999） （单位：亿 m³/a）

市（地、州）	可开采资源	开采量	开采程度（%）	剩余量
遵义市	20.33	4.28	21	16.05
贵阳市	6.83	3.59	53	3.24
安顺市	8.50	3.34	39	5.16
铜仁地区	14.10	1.50	10.6	12.60
黔西南	15.96	3.08	19	12.88
黔南	19.44	9.16	47	10.27
黔东南	14.72	2.55	17	12.17
毕节地区	24.32	3.79	16	20.54
六盘水市	8.40	2.04	24	6.35
全省	132.69	33.33	25	99.26

注：数据来源同表1。

3 岩溶地下水开发模式与干旱应对

3.1 岩溶地区干旱缺水和生态脆弱的原因

西南岩溶山区由于"地高水低"、"雨多地漏"、"石多土少"及"土薄易旱"等原因，致使湿热气候下出现特有的"岩溶干旱缺水"，论其缺水性质当属"工程型"缺水。由于岩溶山区土少地薄、保水能力差，以及耕作粗放，粮食产量偏低。在这些自然环境十分脆弱的岩溶区，人口迅速增长以及毁林开荒进一步加剧了水土流失和石漠化过程，使生态环境产生恶性循环。因此，选取适合的岩溶山区水资源开发利用模式，协调水土地资源开发与生态保护，成为岩溶缺水地区可持续发展的关键。

3.2 岩溶地下水的开发利用模式

岩溶地下水具有补给径流快、水位埋深大、季节动态变化剧烈、富水规律复杂等特点。根据岩溶山区三水转化规律、水资源形成过程、土地资源分布及经济社会情况，按照因地制宜、因土制宜、因水制宜及因需制宜原则,应采用以小微型为主的水资源开发利用模式,实施分散拦蓄、分散供水,以化整为零方式解决岩溶山区整体性的干旱缺水。同时,在自然环境条件具备时,以建地下水库等方式集中开发地下水资源,在为居民提供优质饮用水的同时,提高农业灌溉水平,发展经济作物。采取生态移民方式,通过居民的城镇化和退耕还林、退牧还草等积极措施,逐步恢复岩溶山区的生态环境。

3.2.1 分散供水方式

包括集雨工程、集流工程、提水工程和水井工程等。西南地区 3 种典型的分散供水方式见表 4。

表 4　西南岩溶山区分散供水方式对比

供水方式	水源	适宜规模	特点	适宜地区条件
水窖	雨水	20 ~ 30 m³	设计时重点是水质控制	无表层岩溶泉
水柜	泉水	3 ~ 5 m³/户	水质好,水量不稳定	适合有泉水出露的峰丛山区
溶井	地下暗河	1 ~ 2 m 深,串联方式	一般水量稳定,水质好	要求地下河从天窗涌出,条件苛刻

3.2.2 集中供水开发方式

在地形、地质条件有利的地下暗河发育地区,可建地下水库,或井群开采,集中供水。在滇黔桂等地区有众多成功例子,取得了良好的社会经济效益。例如,云南实施的小江流域的岩溶水开发工程、贵州实施的大小井地下河开发工程和道真县上坝地下河系统、广西实施的刁江流域的丁洞打井工程和三只羊表层岩溶泉水开发工程、湖南实施的石期河与新田河流域的地下河开发工程等。

需要强调的是,对于完整的地下暗河系统,其开发方式是有区别的。图 2 是岩溶地下水系统立体概念图。岩溶区的地下水埋深变化规律与平原第四系地区地下水的分布不同,一般下游的地下水埋深大。上游地区处在外围岩溶补给 - 径流区,受地形和地层与构造条件控制,局部发育有岩溶泉,可以采用"拦、蓄"的方式进行开发利用。在有蓄水构造条件的地区,地下水埋深小于 50 m 时可采用打水井方式开采。中游地区地下河明暗交替,多为峰丛洼地,耕地集中,地下水埋深浅,适合建暗河地下水水源地,以凿井开采饱水带富水段为主,与暗河和泉流引、提、堵等相结合方式开发。下游处于深切河谷岸坡地带,为典型的峰丛洼地,人口耕地分散,地下水埋深 100 ~ 300 m,开发难度大。主要通过水窖、水柜、山塘等"三小工程"开发表层岩溶水资源。由于地下水埋深大、提水成本高、成井风险大,不适合打深井来开采岩溶地下水。在下游的暗河出口地带,主要是梯级筑坝建库,建设梯级电站,开发丰富的水力资源。

4　岩溶水开发利用中存在的主要问题

有人认为,抗旱救灾不能过分依靠水利工程,开采地下水会引起生态环境问题。实际上,因为地下水埋深大,岩溶地区生态植被主要依赖的是降水而不是地下水。这与降水稀少的西北干旱区情况不同,西北干旱区的湿地植被依赖地下水生存。目前,岩溶水开发主要问题是岩溶塌陷和地下水污染问题。

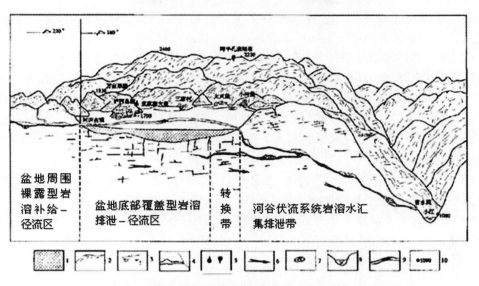

图2　典型流域岩溶地下水系统立体概念图(云南卢西小江流域)

（1）地下水超采开发引起的岩溶塌陷问题。岩溶塌陷主要分布在覆盖型岩溶区,包括广西中部的平原区和西部的峰丛洼地,分布范围大。另外,贵州的六盘水市也有岩溶塌陷。岩溶塌陷主要是由于过量开采造成的。

（2）城市地区和采矿引起的地下水污染问题。由于西南岩溶区地表渗漏严重,工业废水、废渣以及生活污水的排放及农药化肥极易流失渗入,使地下水受到不同程度的污染。如六盘水市的水城钢铁厂排出的污水中含有大量的酚,渗入地下后导致水城盆地 8 km^2 范围内的地下水含酚量超过饮用水标准 3 260 倍,其含量达 6.52 mg/L;广西桂林和柳州也有局部的酚污染严重;贵阳市岩溶水中发现 Pb、Hg、CN 等污染,安顺有 Hg、CN 等污染。

5　结论与建议

（1）西南大旱所暴露出的工程性缺水问题严重,而加强岩溶地下水利用无疑是解决岩溶山区干旱缺水问题的一个重要方向。以建地下水库等方式集中开发岩溶地下水资源,通过生态移民与发展城镇化,逐步实现封山育林和恢复生态环境。

（2）采用以小微型为主的水资源开发利用模式,实施分散拦蓄、分散供水,以化整为零方式解决岩溶山区整体性的干旱缺水。实际上,在本次西南抗旱中,"三小工程"发挥了重要的作用。

（3）对于完整的地下暗河系统,上、中、下游开发方式是有区别的,尤其是在下游地区,一般不适合打井,成本高、风险大。

针对本次西南大旱以及今后的抗旱减灾,提出以下建议:

（1）西南岩溶地下水具有许多优势,岩溶大泉和地下河水量大而稳定、水质好。尤其是地下暗河的开发,不占用耕地、不需要移民,同地表水联合开发可进一步提高水资源的利用效益。建议站在实现山区人民脱贫致富与恢复生态环境的区域经济社会总体发展战略的高度加强岩溶地下水的利用,尽快在系统调查和科学分析论证基础上,着手建立本地区应对特大干旱灾害的地下水备用水源地和应急供水保障系统开展规划。

（2）由于岩溶水成井条件复杂,需要前期充分勘探工作。在应急抗旱过程中,存在打井和地面配套引蓄水工程同时开展的情况,结果钻井失败,导致了地面工程投入的浪费,原因就在于对岩溶地区成井复杂性估计的不足。建议增加岩溶地区勘察工作力度,调查岩溶地区地下水形成、转换和富集规律,提高成井率。应充分利用本次特大干旱应急期间完成的生产井,后续补充抽水试验和水资源评价工作,为进一步开发利用岩溶水资源提供基础资料和经验。

（3）加强岩溶地下水的动态监测,尤其是对居民点附近开采井的监测,特别注意对农业灌溉用的大规模开采井的地面塌陷等监测工作,确保居民安全。

（4）目前有关岩溶地下水开发利用情况的数据还十分缺乏,建议尽快开展系统性的调查统计,为区域或流域岩溶地下水的开发提供科学依据。

参 考 文 献

［1］袁道先. 岩溶地区的地质环境和水文生态问题[J]. 南方国土资源,2003(1):22-25.

［2］COST 65(1995):Hydrogeological aspects of groundwater protection in karstic areas,finial report（COST actions65）. – European commission,directorat General XII Science,Research and development,report EUR 16547 EN:446p. Brüssel,Luxemburg.

［3］王明章. 贵州省岩溶地下水资源及其开发利用[M]∥中国西南地区岩溶地下水资源开发与利用. 北京:地质出版社,2006:35-61.

［4］王宇. 泸西小江流域岩溶水资源有效开发模式[M]∥中国西南地区岩溶地下水资源开发与利用. 北京:地质出版社,2006:132-141.

作者简介:潘世兵(1965—),男,教授级高工,中国水利水电科学研究院。联系地址:北京车公庄西路 20 号遥感中心。E-mail:pansb@ iwhr. com。

新一代流域洪水预报方法及其应用 *

陈洋波

（中山大学自然灾害研究中心，广州市 510275）

摘　要：本文对新一代流域洪水预报方法进行了定义；提出了新一代流域洪水预报的关键技术；为基于网格的高时空分辨率的降雨估算技术、分布式物理水文模型技术和 GIS 空间信息处理技术；提出了新一代流域洪水预报方法的框架，包括数据获取与处理、单元划分与河道断面尺寸估算、降雨估算、洪水模拟、参数推求和实时预报；开发了新一代流域洪水预报平台软件；介绍了新一代流域洪水预报在一个中型流域的初步研究结果。

关键词：流域洪水预报　分布式物理水文模型　多普勒雷达

1　前言

人类科学地开展流域洪水预报可以追溯到 1932 年，当时美国人谢尔曼提出了谢尔曼单位线[1]，可以对流域洪水的产汇流过程进行科学计算，从而使洪水预报有了科学的方法。20 世纪 50 年代末随着流域水文模型的出现，流域洪水预报的技术水平出现了一次飞跃。此阶段流域洪水预报方法的主要特征是，以地面雨量计测量的流域点雨量及河道流量或水位为模型的输入量，以集总式流域水文模型作为洪水预报模型，对流域内部分控制点的流量或水位开展预报。作者将此类方法称为当代流域洪水预报方法。集总式模型将整个流域看做一个整体，将流域物理特性在空间上进行均化，模型参数在整个流域上进行同化，认为模型参数在流域上的各处是相同的，这样就不能充分利用目前已经大量出现并可免费或低价获取的高时空分辨率的流域特性数据，如 DEM、土壤类型及植被类型等。

随着新一代数字气象雷达的出现及地球资源卫星的投入使用，提供了大量的高时空分辨率的流域降雨数据及流域物理特性数据，由于当代流域洪水预报方法不能充分利用这些相关领域的最新科技成果为洪水预报服务，就产生了对新型的流域洪水预报方法的需求。正是在这一背景下，国内外开始研究利用上述最新科技成果的流域洪水预报方法，本文作者称其为新一代流域洪水预报方法。随着分布式物理水文模型研究的不断深入，多普勒雷达降雨估测技术的不断完善，GIS 空间分析技术的不断进步，新一代流域洪水预报方法也逐渐走向成熟并开始进入实用。

本文对新一代流域洪水预报方法进行了定义，对新一代流域洪水预报的关键技术进行了分析，提出了新一代流域洪水预报方法的框架，介绍了以流溪河模型为核心的新一代

* 基金项目：国家自然科学基金（50479033，50179019）；广东省科技计划项目（2006B37202001）；欧盟第五框架计划基金（EVK1 - CT2002 - 00117）本论文系在作者的另一论文《新一代流域洪水预报理论与实践》（中国防汛抗旱 2008年增刊第 1 期，139 - 145）的基础上，经精简、补充而成。

流域洪水预报方法的应用案例。

2　新一代流域洪水预报方法的定义及其关键技术

2.1　新一代流域洪水预报方法的定义

目前,国内外对新一代流域洪水预报方法还没有一个正式的定义,本文作者对新一代流域洪水预报方法提出一个定义为:以基于网格的高时空分辨率的降雨为流域降雨量,以分布式物理水文模型为预报模型,以 GIS 技术为支撑,可对流域洪水要素进行高时空分辨率预报的流域洪水预报方法。

新一代流域洪水预报方法采用洪水预报相关学科的最新科技成果进行流域洪水预报,其主要优势有:①可提高流域洪水预报的精度;②可实现对流域洪水的精细化预报;③可应用于无资料及少资料流域、人类活动剧烈地区及对稀遇洪水的预报。

2.2　新一代流域洪水预报关键技术

针对作者提出的新一代流域洪水预报方法的定义,作者认为新一代流域洪水预报方法的关键技术包括基于网格的高时空分辨率的降雨估算技术、分布式物理水文模型技术和 GIS 空间信息处理技术三个方面。

2.2.1　基于网格的高时空分辨率的降雨估算技术

新一代流域洪水预报方法的出现,一个重要的需求就是可以充分利用由多普勒雷达估测或预报的高时空分辨率的流域降雨量,该降雨量是以网格的形式提供的。在多普勒雷达不能覆盖的情况下,采用雨量计测量,通过空间插值的方式进行降雨的网格化。目前主要有三种降雨的空间插值方法,包括泰森多边形法、反距离权重法和克里格法。克里格法需要有 10 个以上的雨量站才能进行有效的插值计算,故在实际应用中,对中小流域,泰森多边形法和反距离权重法的应用更普遍。

2.2.2　分布式物理水文模型技术

分布式物理水文模型(Physically based distributed hydrological model)将流域按一定方法划分成很多个细小的单元,对每个单元,根据其物理特性进行产流量计算,然后将产生于每个单元的径流沿其流向汇流到流域出口断面。分布式物理水文模型与集总式模型的主要不同是,每个单元采用与其他单元不同的模型参数及降雨量,每个单元的模型参数根据流域特性数据从物理意义上直接推求,而不是根据实测历史资料率定。

分布式物理水文模型的蓝图在 1969 年就已经由 Freeze 和 Harlan 提出[3],1986 年发表了世界上第一个完整的分布式物理水文模型 SHE(Systeme Hydrologique Europeen)[4],目前国内外有代表性的分布式物理水文模型有 VIC 模型、Vflo 模型、CASC2D 模型以及由本文作者等提出的流溪河模型[5-8]等。

2.2.3　GIS 空间分析技术及其应用

由于新一代流域洪水预报方法将流域分成细小的网格,当研究的流域较大或流域划分得较细时,整个流域分成的网格数较多,对于中小型流域,网格数一般为几万个,对于大型流域,可多至几十万个,甚至上百万个,从而使得模型要处理的数据为海量数据,而这些数据还都是空间数据,因此对空间信息的处理技术提出了很高要求。特别是在实时洪水预报中,由于预报的时效性较高,往往要求实时预报计算能在几秒钟或几分钟内完成,这就对模型的算法效率提出了更高的要求。GIS 空间信息处理能力在过去的几年中有了长足进展,特别是商用 GIS 平台软件的出现大大方便了分布式空间信息的处理及计算,应用这些软件在普通的 PC 机上就可以对大规模的流域空间信息进行分析处理。

3 新一代流域洪水预报方法框架

3.1 新一代流域洪水预报框架

针对上述的新一代流域洪水预报方法的定义及对其关键技术的分析,本文提出了一个新一代流域洪水预报框架,该框架可应用于通常意义的分布式物理水文模型,并不要求采用指定的模型;既可采用由多普勒雷达估测的降雨,也可根据雨量计采集的降雨,进行降雨的空间插值计算。本文提出的新一代流域洪水预报框架以流溪河模型的结构及方法为核心,但可适用于绝大多数的分布式物理水文模型。本文提出的新一代流域洪水预报框架由五个部分组成,包括数据获取与处理、单元划分与河道断面尺寸估算、降雨估算、参数推求和实时预报。

3.2 数据获取与处理

数据是新一代流域洪水预报的基础,主要是流域上的物理特性数据,包括数字地型高程模型、地表植被类型和土壤类型,这些数据被称为流域属性数据,是模型构建、单元划分、模型参数确定的主要依据。因此,获取和处理流域特性数据就成为新一代流域洪水预报的第一步。

理想情况下,对特定流域进行流域特性数据测量,得到第一手数据是最好的。但是,对上述数据进行测量,工作量大,专门为了应用新一代流域洪水预报方法而进行上述数据的测量往往是不现实的。因此,获取流域特性数据的主要途径应该是公共的数据源,即有关部门已有的,可免费或廉价获取的数据。由于我国测绘事业的发展,国内外遥感测量技术的大量应用,目前获取这些数据已不是难点。全国范围内高分辨率的流域特性数据已可以免费或廉价获取。

3.3 单元划分与河道断面尺寸估算

由于新一代流域洪水预报方法采用的都是基于网格的数据,因此将流域划分成网格就是新一代流域洪水预报方法的基本要求。为了能适应目前已提出的绝大多数的分布式物理水文模型的需要,在本文提出的新一代流域洪水预报框架中,采用正方形网格的 DEM 模型对流域进行水平划分,即将流域沿水平方向划分成一系列大小相等的正方形网格,本文称为单元流域。同时,也为了适应部分模型将流域沿垂直方向划分成层的特点,再将单元沿垂直方向划分成若干层,当采用的分布式物理水文模型不同时,划分的层也不同。流域单元划分时,完全根据前面获取并处理后的 DEM 进行。

采用流溪河模型的方法,将流域上所有的单元划分成边坡单元、河道单元和水库单元三种类型之一。单元划分时根据累积流的大小进行。单元划分后,对河道单元进行断面尺寸的估算。流溪河模型中提出了一个分级分段估算法,可估算河道单元断面尺寸。因该方法可应用于所有的分布式物理水文模型,故在本文中也直接采用。该方法的具体思路是:假定河道断面形状为梯形,有 3 个断面尺寸数据,即河道底宽、河道底坡和侧坡。对河道进行分级分段,每个河段称为一个虚拟河段,虚拟河段中所有河道单元的尺寸被假定是相同的,根据 Google Earth 遥感影像,结合河道单元的 DEM 高程,对河道断面的尺寸进行估算。

3.4 降雨估算

降雨估算是新一代流域洪水预报方法中的重要内容,对于雷达估算降雨,其空间分辨率根据距离雷达中心点的不同而有所不同,而本文提出的框架中单元的大小是固定的,因此对雷达降雨数据需要根据两者分辨率的不同进行重采样处理,将雷达降雨的分辨率转换成与流域划分相同的分辨率。对于由雨量计采集的降雨,采用相应的空间插值方法进行计算。

3.5 参数推求

分布式物理水文模型的参数推求是新一代流域洪水预报中最关键,也是最难的一项工作。前已提到,分布式物理水文模型根据流域属性数据直接推求模型参数,而要做到这一点目前还是分布式物理水文模型中的一个技术难点。本框架中,采用流溪河模型中的参数推求方法,该方法通用性强,可适用于所有的分布式物理水文模型的参数推求。该方法的具体思路是,首先确定一个模型参数的初值,将参数分成敏感参数和不敏感参数,对模型参数进行调整,提出一个最佳的模型参数。

3.6 实时预报

实时预报就是根据实际的降雨过程,对流域洪水进行预报。实时预报与洪水模拟有些相似,但洪水模拟是对一场已经发生过的洪水进行模拟预报,整个洪水过程的降雨量是已知的,而在实时预报时,只有预报当前时间及以前时间的降雨是已知的,未来时间的降雨还不知道。预报是逐时段动态滚动进行的。

4 新一代流域洪水预报方法的应用

流溪河模型[5-8]是由陈洋波等提出的一个专门用于流域洪水预报的分布式物理水文模型。本文采用新一代流域洪水预报方法,以流溪河模型为预报模型,采用雨量计降雨进行空间插值计算,对我国南方地区的几个流域进行了洪水预报及模拟研究,限于篇幅,仅对其中的 2 个流域,包括流溪河流域和新安江流域的研究结果进行介绍。

流溪河水库流域位于流溪河流域干流上游,流域面积 539 km²。新安江水库流域为浙江省境内钱塘江上游主干流新安江水库坝址以上的流域部分,全长 364 km,控制流域面积 10 442 km²。

采用由美国航天飞机雷达地形测绘计划(http://srtm.csi.cgiar.org)公共数据源免费 DEM 数据构建流溪河模型,空间分辨率流溪河水库流域为 100 m×100 m,新安江流域为 200 m×200 m,根据美国地质调查局(USGS)提供的 30″×30″ 全球土地覆盖数据库提取流域土地利用类型数据,根据国际粮农组织(FAO)于 2008 年发布的 30″×30″ 中国土壤分布数据提取流域土壤类型。限于篇幅,图 1 仅列入了流溪河水库流域的 DEM、土地利用类型和土壤类型,图 2 列入了新安江水库流域 6 场洪水的模拟结果。从研究结果来看,效果均较理想。

5 结论

本文对新一代流域洪水预报方法进行了定义,提出了新一代流域洪水预报的关键技

图1 流溪河水库流域属性数据

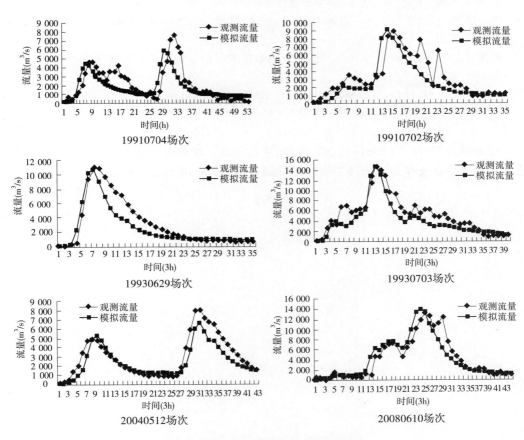

图2 新安江流域部分洪水模拟结果

术,构建新一代流域洪水预报方法的框架,介绍了新一代流域洪水预报方法的初步研究结果。通过研究,说明本文提出的新一代流域洪水预报方法是可行的、成功的,可以推广应用到我国其他流域的洪水预报。

参 考 文 献

［1］ Sherman L K. Streamflow from Rainfall by the Unit – Graph Method, Eng. News – Rec. 1932, 108: 501-505.

［2］ Fulton R A. Breidenbach J P, Seo D – J, et al. The WSR – 88D rainfall algorithm. Weather and Forecasting, 1998, No. 13: 377-395.

［3］ Freeze R A. Harlan R L. Blueprint for a physically – based, digitally simulated, hydrologic response model, Journal of Hydrology, 1969, 9: 237-258.

［4］ Abbott M B, et al. An Introduction to the European Hydrologic System – System Hydrologue Europeen, 'SHE', 2: Structure of a Physically based, distributed modeling System, Journal of Hydrology, 1986, 87 (1986).

［5］ 陈洋波, 流溪河模型[M]. 北京:科学出版社, 2009.

［6］ 陈洋波, 任启伟, 徐会军, 等. 流溪河模型 I:原理与方法[J]. 中山大学学报(自然科学版), 2010, 47(1): 97-102.

［7］ 陈洋波, 黄锋华, 徐会军, 等. 流溪河模型 II:参数推求[J]. 中山大学学报(自然科学版), 2010, 47 (2): 95-102.

［8］ Yangbo Chen, Qiwei Ren, Fenghua Huang, et al. Liuxihe Model and its modeling to river basin flood, Journal of Hydrologic Engineering, DOI: 10. 1061/(ASCE)HE. 1943-5584. 0000286 .

作者简介:陈洋波(1964—),男,教授,中山大学地理科学与规划学院。联系地址:广东省广州市中山大学地环大楼 D402。E-mail:eescyb@ mail. sysu. edu. cn。

新型 RWCU(雨水集蓄利用)集成技术的探索
——节约生态型山丘区 RWCU 灌区的成功实践

杨香东

(宜昌市水利水电局,宜昌　443000)

摘　要:建设节约生态型 RWCU(雨水集蓄利用)工程,满足干旱时四季茶和柑橘等生态高效经果林灌溉的需要,促进山丘区农民产业结构调整和农产品增收。本文针对水源问题,首次提采用"方改圆、混改砖、露改埋(堆)、变截面和⌣"型凹形结构新型式,使工程投资节省40%,且坚固耐用,防渗效果好。将蓄水池用 PE 或 PVC 管串并联起来,针对山丘区经果林浇灌的需要,实施节水灌溉建设,形成山丘区灌区新理念。

关键词:新型　节约生态　雨水集蓄　山丘灌区

1　新型 RWCU 问题的提出

1.1　水资源紧缺的问题

水是生命之源,万物生长需要水。缺水是山丘区农业增收和发展的"瓶颈"。山丘地坡度较大,降雨时空分布不均,且无较大型的水利骨干设施,因此山丘区经果林只能望天收,农民群众期盼"风调雨顺"。否则,经果林减产或品种、色泽、产品质量差,严重阻碍山丘区农民群众的致富。因此,实施节约生态型 RWCU(雨水集蓄利用)技术工程,提高生活和生产灌溉用水保证率已迫在眉睫。

1.2　RWCU 技术在国外研究情况

RWCU 技术在国内外的应用概括起来可分为两方面,即在生活方面的应用和农业灌溉方面的应用。发达国家如日本、澳大利亚、加拿大、美国等国都在发展这一技术。美国从 20 世纪 80 年代初就开始研究用屋顶雨水集流系统解决家庭供水问题。在高效利用方面,以色列、美国等国家已经研制出了针对多种经济作物高效利用的管理系统。

1.3　RWCU 技术国内研究情况

RWCU 技术在我国有很久的历史。早在 2 500 多年前,安徽省寿县修建了大型平原水库——芍陂,拦蓄雨水用于灌溉。我国西北干旱半干旱地区通过长期的生产实践,建造了如新疆坎儿井、土窖、大口井等多种蓄水设施,对当地农业的发展发挥了十分重要的作用。

湖北宜昌市季节性缺水现象普遍存在,山丘区存在"十年九旱"现象。2004～2009年,宜昌市大规模开展集蓄雨水和节水灌溉工程建设,破解了山区农业灌溉难题,效益非常显著。

2 新型 RWCU 技术创新点

2.1 新型 RWCU 技术水源方式创新

（1）在有水库和堰塘的地方，实行"库渠相通、渠池相连、分户建池、田间蓄水"。即有水库的地方，水库、堰塘和渠道连通，水库为堰塘补充水源。农户在田间修建 20～30 m³ 的圆形蓄水池，平时通过水库调节水量，将蓄水池蓄满水，以备抗旱需要。

（2）在没有水源的地方拦截山洪沟的洪水和集雨面的雨水蓄水抗旱。利用"夏初多雨"，通过集雨面汇集雨水，集蓄至蓄水池。到"伏秋多旱"时，节水浇灌保丰收。宜昌秭归县通过山坡自然坡面汇集雨水，在山坡地依地势每隔 20～30 m 沿等高线布置截流沟，采用 U15 型或者矩形的素混凝土渠，与蓄水池连接。不适宜修建 U 形渠和开挖截流沟的山地，可用 PVC 或 PE 管引截流沟的水至蓄水池。

（3）以引为主，引水储蓄。引泉眼、裂隙水至蓄水池中，解决水源问题。用 PVC、PE 管或 U15 型渠系引泉水或山溪冲沟水至蓄水池中。

（4）以提水为主，即对自流引水条件差或没有自流引水条件的，建提水泵站来解决水源问题。宜昌秭归县沙镇溪镇双院村实施了泵站（22 kW）提水工程，解决了近 800 亩的柑橘抗旱问题。

2.2 新型 RWCU 技术蓄水结构型式优化

蓄水结构可分为蓄水池（水柜）、水窖、旱井、涝池和塘坝等。根据实践，宜昌建设 20 m³ 的水窖，其集流场面积约为 60 m²。依此类推，利用自然坡面或新建专用集流面集流，通过 U15 型渠或 PE、PVC 管引入蓄水设施（水窖、水池或堰塘）贮存。

水窖系统流程图见图 1。

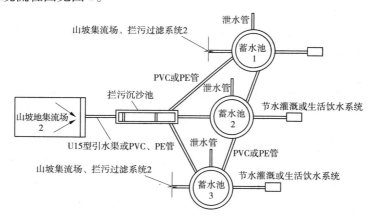

图 1　山丘区 RWCU（雨水集蓄利用）技术工程系统示意图

蓄水池结构优化主要体现在以下几点：

（1）蓄水池采用了圆形薄壳砖瓦堆埋式蓄水结构型式。即"方改圆、混改砖、露改埋（堆）"。方形改圆（椭圆）形，改善了蓄水池结构的应力集中，使蓄水池受力条件好，坚固耐用。混凝土结构改变成砖瓦结构，加快了施工速度，使工程能提前受益。

（2）池壁采用上薄下厚的变截面薄壳蓄水结构。宜昌市变截面砖瓦结构蓄水池深度一般为 3 m,因蓄水池下端受到的水压力较大,下端 1.5 m 高度池壁厚 30 ~ 40 cm。蓄水池上端结构受到的水压力小,上端 1.5 m 高度池壁厚 12 ~ 20 cm,节省材料和投资。

雨水集蓄池主要承受以下 3 种力的作用:

(1)池体外部回填土作用于池外壁的土压力;

(2)池体内水作用于池内壁的水压力;

(3)池体、水的重力。

当水池外部回填土为黏性土、亚黏性土,池内蓄满水时,池外土压力比池内水压力和泥沙压力大 1.4 ~ 2 倍。圆形壳体避免形状突变,主要以沿厚度均匀分布的中面应力,从而具有更大的承载能力。

结构中的最大工作应力与材料的许用应力之间满足一定的关系。即

$$\sigma_{当} \leqslant \frac{\sigma^0}{n} = [\sigma]$$

式中:σ^0 为极限应力(由简单拉伸试验确定);n 为安全系数;$[\sigma]$ 为许用应力;$\sigma_{当}$ 相当应力,由强度理论来确定。

50 ~ 100 m³ 的圆形雨水集蓄池(水深 3 m,池体埋入地下 2.5 m)池壁应力经过复核,强度满足要求。

(4)圆形池底面设计为"◡"凹形结构。即圆形池底面设计为"◡"凹形结构。极大地改善了池壁边墙与池底面连接处的应力集中,适应应力分布,确保了蓄水池运行的耐久性。圆形池底面"◡"凹形结构示意见图 2。

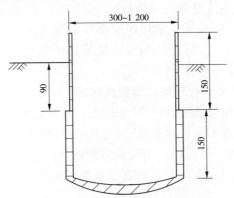

图2　圆形池底面"◡"凹形结构示意图

(5)防渗结构的创新。砖瓦结构蓄水池内壁防渗采用"三抹三刷",即 M10 砂浆抹面三次,刷水泥净浆三次。这种防渗结构通过宜昌市近十年的实践,效果良好。

2.3　构建了山丘区集中连片生态型灌区新理念

将若干山坡地的圆形蓄水池用 PVC 或 PE 管及闸阀控制相互"串并联"构成一片灌区,提高灌溉保证率和水分生产率。通过雨水集蓄池的串并联 + 管道输水,田间和山坡地节水灌溉(微喷灌、喷灌等),构建山丘区灌区,从而提高了灌溉保证率。山丘区集中连片生态型灌区示意见图 3。

(1)以自压灌溉为主,地势低洼的地方,采用机泵等设备提灌。集蓄的雨水通过水龙

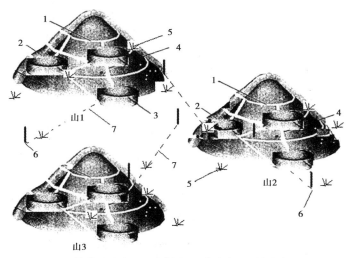

1—截(汇)流沟;2—过滤网;3—蓄水池;4—导流沟;
5—经果林、蔬菜等农作物;6—水桩(或水龙头、喷头等)

图3　山丘区集中连片生态型灌区示意图

头、喷头、滴灌头等浇灌田地,构成了管道节水灌溉系统。

(2)自压灌溉时,田间管网用钢管、PE、PVC 管引水至田间,在田间设置 $5.0\ m \times 5.0$ m 的梅花形管桩;原来已经建有 U15 渠系的,可以充分利用输送水流。

(3)RWCU 工程灌溉系统要坚持"以村或流域为单位,以农户为单元,适度集中连片"的思路。在每个山头以下 10 m 左右建设雨水集蓄工程,集雨面积为雨水集蓄工程以上的全部山地,通过 U15 渠系截流和汇流,构成山地灌区的水源工程,构成了青山绿水的画卷,形成了生态型的灌区。

2.4　探索山丘区"雨水集蓄综合利用技术集成体系"

(1)生活饮用水。采用天然细砂过滤,水质符合农村饮水水质标准。

(2)养殖用水。即对蓄水池中的水,采用天然中粗砂(天然河砂和江砂或石英砂粒径在 0.5 ~ 5 mm,厚度大于 50 cm)过滤,即可满足养猪、鸡、鸭等养殖用水。

(3)综合高效用水。探索结合养鱼和农家乐垂钓等多种经营水资源综合高效利用,促进农民增收。

3　效果与效益

3.1　破解了山丘区兴修水利的四大难题

(1)破解了山丘区灌溉的难题。节约生态型雨水集蓄利用工程就是通过 PE、PVC 或钢管将雨水集蓄池串并连接,实施微喷和滴灌等形式的节水灌溉,构建了山丘区灌区的新理念。

(2)破解了建管分离的难题。分户建节约生态型雨水集蓄利用工程,田间蓄水,与家庭联产承包责任体制相一致,谁建设、谁所有、谁管理、谁受益,产权明晰,彻底解决了建、管分离的难题。

(3)破解了公益事业难办的难题。分户建节约生态型雨水集蓄利用工程,田间蓄水,是通过政府给予适当补贴来调动农民的积极性。

(4)破解了山丘区水土流失严重的难题。实施分户建节约生态型雨水集蓄利用工程,田间蓄水,在山坡地拦截水土,水进入蓄水池,泥沙沉积在沉沙池,再清返回山坡面,在一定程度上减少了水土流失,节约了耕地。

3.2　效益显著

(1)经济效益可观。新型雨水集蓄工程技术的实施,宜昌农民调整产业结构的步伐加快,发展主导产业的积极空前高涨,经济作物的种植面积快速发展,高山烤烟、反季节蔬菜,低山柑橘、茶叶的种植面积增加了 5 倍,提高了经济收入。

(2)社会效益明显。采用雨水集蓄利用解决灌溉中农民投入的不足,降低了劳动强度,同时也消除了争水抢水而引发的矛盾。

(3)生态效益显著。实施雨水集蓄利用工程推动了农村生态家园建设,做到了山清水绿田园美;在山坡地拦截水土,水进入蓄水池,泥沙沉积在沉沙池,再清返回山坡面,在一定程度上减少了水土流失,节约了耕地。

4　可持续运行管理理论框架

4.1　实行分级管理的原则

集雨集蓄项目实施由水利部门负责,财政等有关部门负责资金落实,负责资金使用监督和工程进度督查。县(市、区)水利部门负责具体实施、技术指导、物资采购及管理、财务管理,负责集雨抗旱水池的初步验收。

4.2　实行规划建卡制度

以县市区为单位,对雨水集蓄利用工程进行统一编号、建卡,规范管理,防止个别地区重复报建、虚报骗取国家投资。在水池外壁标明水池容积、灌溉面积、建成时间等主要技术参数指标。

4.3　明确建设管理主体

转变传统投资方式,将原由国家给钱后建工程改为受益户先垫资兴建,政府实行以奖代补,先干后补,验收结账。建设投资实行国家扶持与农户自筹相结合,以农户自筹为主,20 m³ 的水窖(池)每口政府补助 800 元,工程竣工验收合格后兑付给农户。通过“分户建池、田间蓄水”可提高当地经济作物如柑橘、烟叶、蔬菜等农产品产量,增加农民收入。

4.4　创新机制,建管并重

按照“自建、自有、自管、自用”的建设和管理机制,坚持“民办公助”原则,通过“以奖代补”政策,充分调动群众自愿参与雨水集蓄利用工程建设的积极性。坚持明晰产权。对单户和联户建的工程,政府颁发产权证和股权证;由集体管理的,则逐步推广用水协会的管水模式。

4.5　强化技术指导

编制印发《工程施工技术要点》,明确了施工技术要点。坚持与新农村建设、水环境保护等相适应。严格竣工验收,实行市、县自验与省级抽验相结合的验收制度。

5　结论

(1)山丘区节约生态型雨水集蓄利用技术工程解决了干旱缺水的问题,满足了干旱时四季茶和柑橘等生态高效经果林灌溉的需要,促进山丘区农民产业结构调整和农产品增收。通过对蓄水结构的优化,即方改圆(椭圆)、露改埋(堆)、混改砖型式,工程受力结构好,坚固耐用,节省材料40%,节约投资,缩短工期。

(2)山丘区节约生态型雨水集蓄利用技术工程构建了山丘区灌区的新理念。利用PE管或末级渠系以"串糖葫芦"的方式,将RWCU工程"串并连接"起来,构建灌溉系统或灌区,配套水表和水龙头(微喷头、滴管头),提高了水利用系数和灌溉保证率。

(3)山丘区节约生态型雨水集蓄利用技术工程探索了山丘区的雨水利用综合技术集成体系,实现了饮水安全、农业生产、拦蓄山洪、休闲养殖等多种经营的水资源综合利用模式。

(4)山丘区节约生态型雨水集蓄利用技术工程在水量和水价管理上,探索了水量和水价管理"台阶式水价"模式,即用水量和水价为上升台阶式管理,促使农户节约用水,效果良好。以建设一处30 m³的山丘区节约生态型雨水集蓄利用技术工程为例,即使把投工投劳折算为现金计算,总投资在1 000~1 500元,宜昌市政府每口窖(池)补助1 000元左右,农民的现金投入不过300~500元,大多数家庭完全可以承受,符合农民的承受能力。且该技术工程具有投资小、见效快的特点,对干旱年份确保农民增收,满足生产、生活以及生态用水需求,实现雨水资源的高效与安全利用,构建节约型、生态型山丘区灌区有着重要的现实意义,在广大山丘区具有广阔的应用前景。

参 考 文 献

[1] 侯燕军,陈军锋.雨水集蓄利用技术——水窖在秦安县的应用与发展[J].太原理工大学学报,2006,37(1).
[2] 王喜君.甘肃中部干旱地区集雨水窖类型及效益分析[J].甘肃水利水电技术,2009,45(8).
[3] 冯学赞,张万军,曹建生.接坝地区沙地植被恢复与重建技术研究[J].水土保持研究,2004(3).

作者简介:杨香东(1972—),男,工程硕士,汉族,高级工程师,宜昌市水利水电局。
联系地址:湖北宜昌市东山大道141号。E-mail:yxd999999@126.com。

中期水文气象预报在丹江口水库调度中的应用

徐元顺　董付强　胡永光

（丹江口水利枢纽管理局，丹江口　442700）

摘　要：通过对丹江口水库流域 2003～2008 年 6～10 月的中期降水过程预报及实际过程面雨量进行研究；分析探讨了"05·10"洪水中采用滚动的中期降雨预报结合短期降雨预报的超前预报方法。认为：利用中期降水过程、量级化预报信息进行水库调度能够增长水库洪水预报的有效预见期，提高水库防洪抗风险能力；同时有利于充分利用洪水资源，提高水库汛末蓄水位，发挥水库的兴利效益。

关键词：丹江口水库　中期过程降水　量级预报　兴利效益

1　引言

丹江口水利枢纽位于汉江与支流丹江汇合口下的丹江口市，水库控制流域面积 95 200 km^2，占汉水流域面积的 60%。丹江口水利枢纽工程是一座以防洪为主，兼顾发电、灌溉、航运、养殖等综合利用效益的大型水利工程，它不仅是治理开发汉水的关键工程，又是南水北调工程中线方案的水源地，在国民经济中有着十分重要的作用。

丹江口水库的调度任务是根据水库工程实际状况、水文气象特征和各用水部门对水库运用的要求，在确保工程安全和尽可能减轻或免除汉水中下游的洪水灾害条件下，统筹安排，充分发挥发电和灌溉效益。国内不少学者就水库调度模型的设计、优化水库调度方案汛限水位动态控制等做了很多的研究，但是，对加入水文气象预报信息，特别是中期预报信息在水库调度应用方面的研究较少，本文利用丹江口水库 2003～2008 年 6～10 月逐日降水资料，结合中期预报产品，采用天气学、数理统计分析等方法，对中期预报在水库调度中的应用作了分析。

2　中期预报统计标准与资料

根据汉江集团信息中心气象科多年服务的标准，本文采用的中期预报是水调中心气象科对外发布的 3 d 丹江口水库流域的预报；降水资料是 08 时～08 时的水文雨量站资料，降水量级标准采用的是国家标准[1]。

3　中期降水过程、量级预报的可行性分析

3.1　中期降水过程、量级预报的精度分析

经统计，丹江口水库流域从 2003～2008 年 6～10 月 3 d 降水过程预报总共有 137 次，

其中,同期与实况相比的降水过程达 115 次,占总降水过程的 83.9% ,过程漏、空预报次数为 22 次,占总的 16.1% ;而量级预报精度占总的次数 70.8% ,量级空、漏报率为 29.2% 。由于水库流域面较大,降水空间分布不均,故有必要对水库流域进行降水过程、量级预报精度进行分析。其结果分析得知:

(1)水库流域的中期雨量量级预报准确度为 70.8% ,与中期降水过程百分比 P(%) 相差不足 15% ;但是,中期降水量量级预报作为水库防洪调度来说实用性较强,量级预报精度有提高的空间,每次过程的量级预报提高 1.0 mm 雨量,水库流域来水量将增加近 0.3 亿 m^3(径流系数按 0.3 计),并且能够延长洪水的预见期进行水库防洪调度,增加发电效益。提高中期降水量级预报,具有可挖潜力。

(2)由表 1 得知:2003~2008 年 6~10 月 5 个月的 3 d 降水过程的量级共有 137 次,占总次数的 70.8% ,除去大雨、大到暴雨以上量级,按百分比它们占的次数较少;3 d 降水量级主要集中在小到中雨档位,其次是小雨、中雨,它们占总雨量级的 62.0% 。这就说明了 3 d 降水量级占主导地位,在中期 3 d 降水量级预报为发挥水库效益是可以起着更明显指示意义。

表 1　3 d 中期面雨量级、过程日次及频次

雨量等级	面雨量等级	预报正确频次	空报频次	漏报频次
小雨	0.1~5.9	26	6	11
小到中雨	3.0~9.9	45	3	13
中雨	6.0~14.9	14	2	1
中到大雨	10.0~19.9	6	1	2
大雨	15.0~29.9	4		
大到暴雨	20.0~39.9	1		1
暴雨	30.0~59.9	1		
合计		97	12	28

3.2　中期降水量级预报的降水频率分析

由表 2 所示,根据水库流域 2003~2008 年的 5 个月过程降水量级面降水量资料,采用频率分析法[2],对 3 d 过程降水量级面降雨量预报条件下实际发生降水量的概率进行分析,统计参数矩阵法估计。水库流域 3 d 过程降水量级面降雨量预报实际降水量适线后的频率分布见表 2。从分析成果可以看出:

表 2　2003~2008 年的 5 个月 3 d 过程降水量级面雨量频率分布

P(%)	0.01	0.10	0.50	1	2	5	10	20	50	90	95	99
3 d	205.3	149.4	110.8	94.5	78.1	57.1	41.7	26.9	9.0	0.7	0.4	0.2

(1)水库流域 3 d 过程降水量级预报时,发生大到暴雨、暴雨、暴雨到大暴雨、大暴雨等不同量级的概率分别是 10% 、4% 、1.5% 、0.1% ;所以 3 d 暴雨到大暴雨量级预报的可能性较小。

(2)当水库流域 3 d 过程降水量级预报无雨时,流域发生中雨及以上量级的降水可能

性很小。3 d 过程降水量级预报概率有所不同,对水库防洪和兴利调度的起着明显的效果(见图1)。

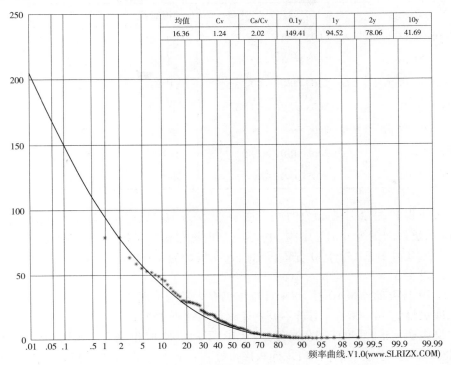

均值	Cv	Cs/Cv	0.1y	1y	2y	10y
16.36	1.24	2.02	149.41	94.52	78.06	41.69

频率曲线.V1.0(www.SLRIZX.COM)

图 1　3 d 量级预报的频率曲线

横坐标为频率(%)、纵坐标为雨量强度(mm/d)

(3)从中期降水过程量级预报精度和实际降水分布规律的分析可以看出,将 3 d 过程量级预报量级放大一级来考虑到未来面雨量的过程降水量级是可行的,过程量级或过程预报次数相对应集中期。

4　中期预报在"05·10"洪水中的应用

4.1　中期降水过程准确预报,"05·10"洪水的效果显著

目前,丹江口水库所承担的防洪任务与初期工程规模不相匹配,防洪压力比较大,水库在洪水调度上采取了扩大下游允许泄量、预报预泄、补偿调节、分期拟定防洪库容等方式,而这些调度方式的开展都是建立在具有较高精度和一定预见期的水雨情预报的基础上。传统的以落地雨计算流域产汇流的降雨径流预报方法存在着预见期较短,预报预泄难以达到设计要求等问题,在目前的水库调度过程中已将中期的降雨过程预报结合短期降雨预报考虑到预报调度方案中,增长预报调度的有效预见期,取得了较好的效果。但是在水库调度过程中考虑中期的降雨过程预报会给水库防洪调度带来一定的风险。

从表3得知,9 月 15 日～10 月 7 日累计平均面雨量达 252.2 mm,日平均面雨量为 11.0 mm,雨日长达 23 d;所以发生"05·10"洪水,即形成了丹江口水库 22 年来最大的入库洪水过程,洪峰流量达 30 700 m³/s,入库总水量 106.2 亿 m³,最大七天洪量超过十年一

遇。同时也是继 1983 年以来秋汛期最大的洪水。

表 3　"05·10"洪水的降水过程、量级的中期预报一览表

中期预报时间	起始时间~结束时间	预报量级	雨量实况(mm)	评分(分)
2005-09-13	2005-09-15~09-17	中雨	21.5	75
2005-09-16	2005-09-18~09-20	漏报	19.2	0
2005-09-19	2005-09-21~09-23	中雨	28.5	75
2005-09-21	2005-09-24~09-26	中大雨	49.6	75
2005-09-25	2005-09-27~09-30	中大雨	38.2	75
2005-09-29	2005-10-01~10-04	大暴雨	87.2	100
2005-10-03	2005-10-05~10-07	小中雨	19.6	75

由表 3 得知,根据中期预报时间一栏中,从 9 月 16 日、19 日、21 日、25 日中期预报发布看,降水过程的量级分别为中雨、中大雨;当时通过短期预报流域性局部有暴雨、大暴雨发生;于是 10 月 1 日 11 时 30 分预报水库入库洪峰为 8 100 m^3/s,在不开孔的情况下,库水位将超过 155 m。

9 月 29 日中期预报 10 月 1~4 日流域仍有大暴雨出现,在当时 1 日 14 时水雨情预报水库入库洪峰为 14 500 m^3/s,若不开孔库水位将达到 157 m。

根据中期预报,后期降雨仍持续进行,10 月 1 日 22 时根据安康水库泄洪流量 13 100 m^3/s 及 20 时水雨情预报丹江口水库入库洪峰将达到 23 000 m^3/s,过程总量将达到 50 亿 m^3。因此,紧急请示上级部门同意由原来定于 10 月 2 日 8 时开孔泄洪时间改为 2 日 0 时 10 分开启 2 个深孔泄洪,接着于 1 时又开启 2 个深孔,共 4 个深孔。

10 月 1 日 8 时至 2 日 8 时水库流域增加降雨 38.6 mm,且上游安康水库入库洪峰将接近 20 000 m^3/s。2 日 9 时安康实际泄洪 14 800 m^3/s,据此预测丹江口水库最大入库流量将达到 29 600 m^3/s,洪水总量将超过 60 亿 m^3。鉴于此,2 日 10 时又增加 2 个堰孔泄洪。此时已达到 4 个深孔 2 个堰孔,总出库 6 800 m^3/s,超过丹江口水利枢纽防汛指挥部 6 000 m^3/s 的调度权限,调度权限移交长江防汛总指挥部。

降雨仍在继续,2 日 15 时至 3 日 17 时,预报入库洪峰将超过 30 000 m^3/s,长江防总会商研究后决定,水库逐步增加开孔,至 3 日 1 时,水库最多时共计 9 个深孔、5 个堰孔泄洪,最大出库流量 14 600 m^3/s。

由于丹江口水库的开闸泄洪,下游河道陆续开始涨水,皇庄站(防洪控制站)于 2 日 10 时涨至 4 210 m^3/s,3 日 20 时达到 10 000 m^3/s,4 日 22 时达到最大流量 16 700 m^3/s。

"05·10"洪水,根据中期预报提供准确信息,一步一步地将丹江口水库最高水位控制在 156.95 m,未超过水库正常蓄水位(157.00 m);最大泄量为 14 600 m^3/s,低于 10 年一遇洪水最大泄量 14 900 m^3/s;下游杜家台本应分洪运行,实际仅采取分流洪水运行,大大减少了损失,减轻了汉川及其以下河段的防汛压力,而且兴利效益也十分显著,实现了防洪与兴利双赢的目标。可以说,这次洪水成功调度与水文气象的短、中期降雨预报是分不开的。

4.2　提高中期降水量级的预报能力，是优化水库调度的保障机制

目前中期降水量级预报精度在不断提高，尤其是在年总雨量偏少的年份和洪水泄洪后的中期过程、量级预报尤为重要，尽可能防止不必要的水资源浪费；即使降水预报过程偏大，影响水库兴利效益的发挥；或者是考虑后期量级预报降雨较少时，水库适当超蓄，提前蓄水；是优化水库调度中的重要保障。

在实时调度过程中实施预泄、预蓄调度时，在充分考虑中短期降水预报的前提下，根据水库实时的实况，即水库水位、在汛期前汛期还是后汛期以及下游的安全泄量综合考虑。

"07·07"是丹江口水库流域在2007年7月发生三场大洪水，从时间看它是水库从盛夏转换秋汛期前防限水位的标志（8月21日），8月21日以后秋汛前的水位可控制在152.5 m。而2007年7～8月水库共发生3次弃水，都发生在7月中下旬及8月上旬，弃水时间分布较为集中（7月18日至8月13日），累计弃水27天，弃水量达52.053亿 m^3，约占全年来水量的15.8%。水库于8月13日15时结束弃水，入库流量2 300 m^3/s，库水位149.64 m略高于夏汛期的防汛限制水位，在当时的中期预报未来1周内无明显的系统性降雨发生，到8月21日水库即进入秋汛期，汛限水位可提升至152.5 m。基于水库流域的中期气象预报和充分利用洪水资源方面考虑，可适当提前结束今年的第三次弃水，减少弃水量抬高水库水位，利用发电下泄将水位逐步消落下去，将水库水位控制在152.5 m以下还是可行的。而事实证明8月13日至21日水库流域未发生降雨，水库水位在8月21日才抬高至149.94 m，距防限水位低2.5 m，水库水位在8月25日达到150.06 m后开始回落。受8月下旬及9月上旬降雨以及电厂在9月控制发电的情况下水库水位逐步蓄至151.15 m（9月14日）后又开始回落。由于2007年长期预报（8月20日发布）秋汛雨水偏少，后来实况验证未发生明显秋汛，且9月来水偏少4.6成，至10月初水库水位降至150.24 m，水库水位在控制发电流量的情况下仍在下降，年末库水位为145.68 m。

4.3　中期量级预报提高，对水库防洪、兴利调度是不可估量

以2005年10月洪水作为典型分析，2005年发生的最大入库洪峰流量为30 700 m^3/s的洪水，介于10年至20年一遇之间，按水库调度规程，下泄流量可以达到14 900～15 600 m^3/s，但在实际调度中根据中期降雨预报，提前开闸泄洪，水库实际最大出库只有14 600 m^3/s（削峰率52.4%），为汉江中下游的防汛争取了1 000 m^3/s以上的流量空间。按规定，当入库洪水超过5年一遇时，就可启用杜家台分洪区，尽管下游杜家台7日开始分流洪水1 500 m^3/s，但与实际意义上的分洪不同，洪水从分洪河道流过，没有洪泛区的淹没损失，这也是丹江口水库防洪效益的具体体现。

5　小结

通过对中期降水预报在水库调度中的应用，得出以下结论：

（1）对丹江口水库流域从2003～2008年5个月的6～10月3 d降水过程、过程量级的资料分析发现预报共发生137次，其中，降水过程占总次数的83.9%，降水量级占总次数的70.8%。

（2）中期过程、量级预报精度有待于进一步提高，量级预报提高1.0 mm雨量，是水库

流域来水量近 0.3 亿 m³,并且能够延长洪水的预见期,尽可能加快发电效益和水库的经济价值。

(3)通过频率分析,3 d 过程暴雨到大暴雨及以上量级预报的可能性较小;但是,3 d 过程降水量级预报概率有所不同,针对水库的水利工程安全度汛有着明显抗风险能力意识。

(4)加强水库流域的中期预报,提高降水过程、量级化的预报精度可靠性,可充分发挥水库调度的社会效益和经济效益。

参 考 文 献

[1] 中华人民共和国国家标准. GB/T 20486—2006　江河流域面雨量等级[S].北京:中国标准出版社,2006.
[2] 刘光文.水文分析与计算[M].北京:水利电力出版社,1988.

作者简介:徐元顺(1958—),男,工程师,湖北省丹江口市汉江集团信息中心。E-mail:xu_djk_835@163.com。

周期均值叠加法在北京市降水长期预报的应用

王美荣

（北京市水文总站，北京 100089）

摘 要：根据前期水文气象要素，用成因分析与数理统计的方法，对未来较长时间的水文要素进行科学的预测称为中长期水文预报，概率统计预报是现行中长期水文预报的方法之一，周期均值叠加法是概率统计的一种。影响长期降水量的因素很多，而且不可预见，很难用确定的公式来预测，但通过周期波叠加的方法来预测长期降水量，在一些省市的应用中已取得较好的效果。本文主要介绍周期均值叠加法在预报北京市年降水量和汛期降水量上的应用，经检验分析预报精度均超过80%，可以进行有效的预报作业。

关键词：周期均值叠加法 降水长期预报 应用

1 引言

根据前期水文气象要素，用成因分析与数理统计的方法，对未来较长时间的水文要素进行科学的预测称为中长期水文预报，通常把预见期在3至15天的称为中期预报，15天以上一年以内的为长期预报。现行降水量中长期水文预报的主要预报方法有应用前期环流进行预报、应用前期海温特征进行预报、由太阳活动进行预报、由其他天文地球物理因素进行预报以及概率统计预报，周期均值叠加法是概率统计的一种。影响长期降水量的因素很多，而且不可预见，很难用确定的公式来预测，但通过周期波叠加的方法来预测长期降水量，在一些省市的应用中已取得较好的效果。本文主要介绍周期均值叠加法在预报北京市年降水量和汛期降水量上的应用。

2 周期均值叠加基本原理

一个水文要素随时间变化的过程尽管多种多样，但是总可以把它看成是有限个具有不同周期波相互重叠而形成的过程。其数学模型为：

$$x(t) = \sum_{i=1}^{n} P_i(t) + \varepsilon(t)$$

式中：$x(t)$ 为水文要素序列；$P_i(t)$ 为第 i 个周期波序列；$\varepsilon(t)$ 为误差项，这样，只要根据实测的水文要素数据，分析识别出水文要素所含有的周期，而且这些周期在预测区间内仍然保持不变，就可根据分析出来的周期进行外延，然后再叠加起来进行预报。

设有 n 个观测数据为 $x_1, x_2, \cdots, x_n$，按某一时间间隔分为 b 组，每组组内样本容量为 a，n 个数据的平均值为 $\bar{x}$。第 b 组组内数据平均值为 $\bar{x}_b = \frac{1}{a} \sum_{i=1}^{a} x_i$，组间离差平方和与组内离差平方和的计算公式为：

组间离差平方和

$$S_1 = a \sum_{i=1}^{b} (x_i - \bar{x})^2$$

组内离差平方和

$$S_2 = \sum_{j=1}^{b} \sum_{i=1}^{a} (x_{ij} - \bar{x_j})^2$$

方差比

$$F = \frac{\dfrac{S_1}{f_1}}{\dfrac{S_2}{f_2}}$$

f_1、f_2 为组间离差平方和与组内离差平方和的自由度，其中：

$$f_1 = b - 1$$
$$f_2 = n - b$$

由计算所得的自由度 f_1、f_2 与选定的信度 α 在 F 分布表中查出相应的 F_α。如果 $F > F_\alpha$，则表明在这一信度水平上差异显著，有周期存在；反之，如果 $F \leqslant F_\alpha$，则表明在这一信度水平上差异不显著，无周期存在。

在分析水文要素的数据是否存在着周期时，可以根据数据的数目 n 列出可能存在的周期，一般可能存在的周期为 $2,3,\cdots,k$。当 n 为偶数时，$k = \dfrac{n}{2}$；当 n 为奇数时，$k = \dfrac{n-1}{2}$。

按 $2,3,\cdots,k$ 的数值，分别排表计算它们的方差比 F，然后在这些 F 值中挑选最大的 F 值与选定信度下临界值 F_α 作比较分析，决定是否存在或存在何种周期，如有周期存在，而且这些周期在预测区间内仍然保持不变，就可根据分析出来的周期进行外延，然后再叠加起来进行预报。

3 实例应用

3.1 计算与预报

分别选取北京市 1960～2009 年共 50 年汛期和全年连续完整的降水资料作序列样本进行计算，多次试验分析表明，50 年汛期降水资料有很好的稳定的周期规律，信度取 0.1，序列具有 22 年和 3 年的明显周期；50 年全年降水资料的周期是 9 年和 25 年。叠加各序列周期波即可得到下一年的预报值，两序列模拟预报图如图 1、图 2 所示。

3.2 结果分析

根据《水文情报预报规范》，中长期降雨量预报的许可误差为多年变幅的 20%，周期均值叠加法预测汛期降水量满足误差要求的年份为 43 年，占总年数的 86%，全年降水量预测满足误差要求的年份也为 43 年，占总年数的 86%，按照规范要求可以用来预报。

应用周期叠加的方法进行预报时，实际上假定了分析得到的周期在未来一段时间内是保持不变的，这样才能进行外延预报，但自然界是在不断变化和发展的，水文要素的变化不会按照固定的周期而循环反复，而且目前水文资料的观测年代有限，因此它只能反映

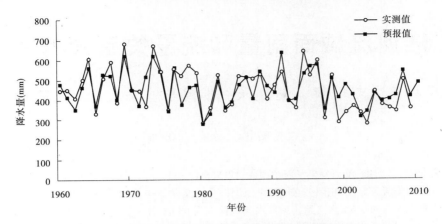

图1 1960~2009年北京汛期降水量模拟预报图

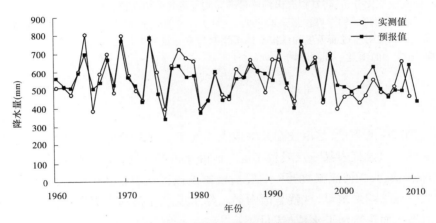

图2 1960~2009年北京全年降水量模拟预报图

一段时间内历史演变的规律,也只能作为我们在一段时间内的预测依据,而不能无限制地外延下去,当水文要素的演变规律发生转折时,再使用原有的周期去预报就会招致失败。当我们试图加入20世纪50年代的资料参与计算时会发现不存在明显周期,说明从60年代开始北京市降水的周期规律发生了改变。如图1和图2所示,自从1999年北京市连续干旱以来预报模拟的效果不理想,误差达不到要求的年份近一半出现在这11年里,北京市未来降水周期规律是否会发生改变有待验证,而且预报精度不达标的可能性或许会增大,特别是年降水的长期预报。

参 考 文 献

[1] 范钟秀.中长期水文预报[M].南京:河海大学出版社,1997.

[2] 水利部.水文情报预报规范[R].2006.

　　作者简介:王美荣(1977—),女,工程师,北京市水文总站。联系地址:海淀区北洼西里51号附属楼北京市水文总站606室。E-mail:wmr_bj@126.com。

淮河流域面雨量和流量关系分析*

李坤玉　　赵琳娜　　赵鲁强　　张国平　　齐　丹　　杨晓丹

（国家气象中心,北京　100081）

摘　要:2007 年汛期,淮河发生了新中国成立以来仅次于 1954 年的第 2 次流域性大洪水。本文选取淮河干流王家坝、正阳关、蚌埠、洪泽湖四个水文站 2007 年 6 月 19 日至 7 月 28 日的逐日流量差作为因变量,水文站相关集水流域前五天 08 时 24 h 实况面雨量作为自变量,利用多元线性回归拟合方法建立水文气象监测资料之间的统计相关模型。再用同样的方法进行预报面雨量作用分析,将其拟合出的流量差与实况流量差相对比,可以看出拟合效果较好。2008 年 7 月淮河流域的洪峰预报试验表明,这种方法能够将发生洪峰时的时间和流量差数值预报出来。说明通过面雨量的预报来预报洪峰具有一定的可行性。

关键词:流量　面雨量　淮河流域

1　引言

我们通常所说的雨量,是由设在某些地点的气象站或雨量观测点所测得的,也叫点雨量。点雨量往往只能代表某一点或较小范围的降水情况。要客观反映某一个特定区域内(如某个行政区域或江河流域)的降水情况,就要由该区域内各个雨量点所测得的点雨量推求出区域内点平均降水量,这就是面雨量。降水经过复杂的产流和汇流两个过程形成径流注入河道从而影响河道水位(流量)。

洪水预报是根据现时已经掌握的水文或气象资料,预报河流某一断面在未来一定时期内(预见期)将要出现的流量、水位过程。2001 年徐晶等根据泰森多边形方法计算流域面雨量,证明该方法计算得到的面雨量能够较好地反映出流域的降水情况,并且与水库入库流量具有很好的对应关系[1]。2003 年林开平等也得出流域面雨量与洪水水位的关系非常密切,面雨量峰值与洪峰出现时间之间存在一定的滞后关系[2]。2004 年张云辉等应用多元线性回归方程,建立了最高水位与气象预报因子之间的关系[3],而气象因素是影响降雨的主要因素。因此,降雨以及由雨量得到的流域面雨量与河流水位或流量之间也存在相关关系。2008 年于占江等采用降水预报与水文洪水预报耦合的方法进行水库的洪水预报[4]。由以上分析可知,我们可以根据前期流域面雨量,用数理统计方法,对未来的水文要素如水位、流量进行预测。

2　方法

* 资助项目:面向 TIGGE 的集合预报关键应用技术研究 GYHY(QX)2007-06-01、精细中尺度模式耦合的水文模型研发及其产品释用技术研究和国家气象中心科研团队课题 FT2008 – 06。

2.1 淮河流域水文站位置和集水流域确定

淮河发源于河南省桐柏山,东流经河南、安徽、江苏三省,在三江营入长江,全长1 000 km,总落差200 m。王家坝水文站是淮河上重要的水利枢纽工程,位于安徽省阜阳市阜南县王家坝镇,是淮河上游和中游的分界点。正阳关位于安徽六安市寿县境内,呈扇形分布的淮河上中游,有众多支流在正阳关处汇集入淮,其中有淠河、颍河等一级支流。正阳关水文站是淮河中游重要的水运枢纽。蚌埠水文站位于安徽省蚌埠市,地处淮河中游。洪泽湖位于淮河中游、江苏省洪泽县西部。

将淮河流域分为9个子流域(见图1),流域名分别为大坡岭—王家坝(38)、颍河—阜阳以上(39)、涡河—蒙城以上(40)、大别山库区(41)、王家坝—蚌埠(42)、蚌埠—洪泽湖(43)、淮河下游(44)、沂沭水系段(45)、南四湖区(46)。经过地理地形地貌分析可得出王家坝站集水流域为大坡岭—王家坝和大别山库区;正阳关站集水流域为大坡岭—王家坝、颍河—阜阳以上、大别山库区、王家坝—蚌埠;蚌埠站集水流域为大坡岭—王家坝、颍河—阜阳以上、涡河—蒙城以上、大别山库区、王家坝—蚌埠;洪泽湖集水流域为大坡岭—王家坝、颍河—阜阳以上、涡河—蒙城以上、大别山库区、王家坝—蚌埠、蚌埠—洪泽湖。

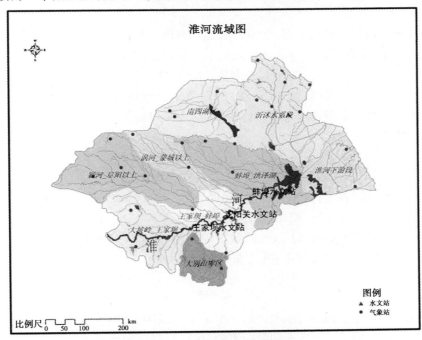

图1 淮河流域示意图

2.2 淮河流域干流洪峰过程的选择

淮河流域自2007年6月19日入梅以来,我国主要降水带从华南、江南南部北跳到淮河流域,并在该地区持续了30余天。从6月下旬到7月下旬,淮河流域连续出现了10次致洪暴雨天气过程,淮河流域范围内累计雨量超过了500 mm,淮河上游和中游是降水较集中的区域[5]。

6月29日至7月9日,受江淮梅雨影响,淮河普降大到暴雨,局部特大暴雨。导致淮河干流水位持续上涨,发生入汛以来第一场洪水过程。7 月 6 日 5 时,王家坝首次出现洪峰,洪峰水位 28.38 m,超过警戒水位 0.88 m,相应流量 4 200 m³/s。其后,水位缓缓回落。

受上游来水及区域降水的影响,7 月 10 日 10 时 10 分,达到 29.3 m 的分洪水位。7 月 10 日 12 时 38 分,王家坝分洪闸开启,向蒙洼蓄洪区分洪。王家坝闸开启后,水位还是不断上涨,7 月 11 日 4 时,淮河干流王家坝出现今年第二次洪峰水位 29.59 m,这个数字持续到 8 时后才开始下降。此后,王家坝水位开始缓慢下降。

7 月 13 日至 14 日,河南信阳、驻马店部分地区遭受暴雨和特大暴雨袭击,安徽省大别山区部分地区也出现暴雨。7 月 17 日 11 时,淮河干流第三次洪峰通过王家坝,洪峰时水位 28.95 m,流量 5 140 m³/s。12 时后,水位开始回落。

7 月 23 日 15 时以来,王家坝以上河南省信阳地区又普降大到暴雨。7 月 24 日 6 时至 25 日 6 时,安徽省淮北地区发生较大降雨。7 月 25 日白天,沿淮淮北地区又降中到大雨。受降雨影响,7 月 27 日 3 时,淮河干流第四次洪峰通过王家坝站,洪峰时水位 28.04 m,流量 3 300 m³/s。8 时开始,水位开始下降。

2.3 面雨量计算方法

目前计算面雨量的方法很多,常用的方法有算术平均法、等值线法、泰森多边形和细网格等,本文采用泰森多边形方法计算面雨量。泰森多边形方法是目前最为广泛的面雨量计算方法,国家气象中心已基于泰森多边形方法建立了适用于全国七大江河流域(松花江、辽河、海河、黄河、淮河、长江、珠江)的专业化面雨量计算系统,开展的面雨量计算和面雨量预报在日常业务中取得了良好的效果,为政府防汛抗洪及水利部门洪水预报提供重要科学依据。

3 流域实况面雨量和水位(流量)关系分析

3.1 面雨量和水位(流量)关系分析方法

利用多元线性回归方法,将 2007 年 6 月 18 日至 7 月 28 日的水文资料作为因变量,水文站上游相关集水流域 08 时 24 h 时效实况面雨量(实况降水量经泰森多边形方法计算得出)作为自变量,建立模型求它们之间的定量关系。

$$y = \sum_{i=1,t}^{j=1,n} a_{ij} x_{ij} + a_0$$

式中:a 为系数;x 为自变量,表示水文站上游集水流域 08 时 24 h 实效实况面雨量;Y 为因变量,表示水文站当天流量/当天和前一天的水位之差(逐日水位差)/当天和前一天的流量之差(逐日流量差);i 代表相关时间,从前 1 天到前 t 天。$i = 1$ 为前 1 天,$i = t$ 为前 t 天,相关时间为 t 天;j 代表影响空间,即相关的集水流域;n 为流域个数。对于某一个特定水文站,n 是确定的。通过计算气象水文资料之间的相关系数来进行说明。

3.2 因变量及相关时间确定

在多雨期降水是地表径流最重要的来源。地表径流沿地表汇集到河流、湖泊等,对河道流量以及水位产生具有极大的影响。但是地表径流汇集到河道的时间受距离以及地形地貌等的影响,降水和河道流量与水位之间具有时间滞后性,因而洪峰的形成相对于降水也具有时间滞后性。同时,由于水位受人类活动(例如灌溉、发电)影响太大,无法作为因变量考虑。

以王家坝水文站为例,自变量选取为王家坝当天至前几天相关集水流域08时实况面雨量,因变量为流量、日流量差、逐日水位差,计算自变量和因变量相关系数。经计算得出:

(1)总体来说,前5天的08时相关集水流域实况面雨量与当天流量、水位差和流量差的相关系数较大,即相关时间为5天,因而分别取 $t=1,2,3,4,5$,即前5天的08时实况面雨量作为预报因子。$t>5$ 时相关系数小,即5天前的08时实况面雨量不在考虑的范围。

(2)逐日流量差与08时实况面雨量的相关系数较流量/逐日水位差的相关系数大,相关性好,因此取逐日流量差作为因变量。

正阳关相关系数计算结果亦然。对蚌埠和洪泽湖的相关系数分析结果也得出上面相似的结论,因此采用逐日流量差作为因变量,相关集水流域前5天的实况面雨量作为自变量,建立多元线性回归拟合模型。

3.3 实况面雨量拟合结果以及分析

通过上面实况流量差与08时实况面雨量拟合出的流量差对比图(见图2),可以看出拟合效果较好,能够大致将发生洪峰时的时间和流量差数值拟合出来。但是还存在一定的误差,原因可能如下:

(1)拟合初期的拟合值较真实值偏小的可能原因是,相同的降雨不同的土壤湿润程度产生的径流量差异很大,而土壤湿润程度受前期的降雨、日照、温度等气象因素影响。前期流域气候状况对产流量是个重要的影响因素。汛期开始时,土壤较干燥,且流域蒸发量较大,相同的面雨量产生的产流量较后期偏少,因此拟合初期的流量差值较真实值偏小。

(2)拟合中后期的拟合值较真实值偏小的原因是,土壤蓄水容量、下渗能力、流域水利工程和地表坑洼截流能力、土壤抗侵蚀能力、面污染源、植被因素(植被种类、植被季节变化、植被覆盖率)等的空间分布也会影响流域的产流量。降雨不可能全部转化为产流,因而拟合值偏小。

(3)流域面雨量计算存在雨量站点的代表性误差和计算方法的误差。雨量站点一般分布在人口密集地区,而人口稀少地区的雨量站点分布较少,雨量站点分布不均匀,分布密度达不到要求,使得面雨量计算存在很大的误差。此外面雨量计算用到的泰森多边形法,计算较简单,对于降雨空间分布不均匀,降雨类型改变时,用固定的面积权重必然会产生误差。

(4)淮河流域属于较湿润地区,降雨产流一般以蓄满产流方式为主,但有时同一流域的产流方式可能会变化,有可能发生超渗产流,相同的降雨,产流方式不同会导致产流量不同,拟合出的流量差也会出现误差。

(5)面雨量与流量差之间的关系是非线性的,仅建立面雨量与流量差之间的线性统计关系,而且只考虑降雨因素对流量的影响,比较真实径流过程简单,因而会有误差产生。

(6)水文资料只有每天08时的流量,对于预测洪峰精度不够。

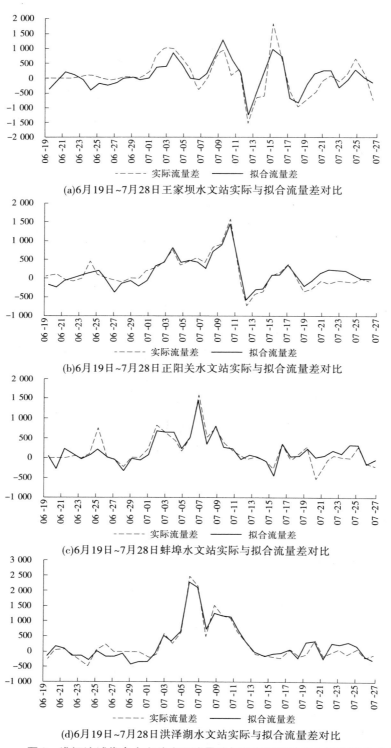

(a)6月19日~7月28日王家坝水文站实际与拟合流量差对比

(b)6月19日~7月28日正阳关水文站实际与拟合流量差对比

(c)6月19日~7月28日蚌埠水文站实际与拟合流量差对比

(d)6月19日~7月28日洪泽湖水文站实际与拟合流量差对比

图 2　淮河流域代表水文站实际流量差与实况面雨量拟合的流量差对比

4　流域预报面雨量和流量关系分析验证

同样,利用多元线性回归分析,将逐日流量差作为因变量,因相关时间为5天。$t=1$时即前1天08时预报面雨量,依次类推,$t=5$时即前5天08时预报面雨量。因而选取淮河流域上述四个水文站上游集水流域前5天的08时24 h时效预报面雨量(预报降水量经泰森多边形方法计算得出)作为自变量,建立模型求出它们之间的定量关系,验证多元线性回归方法对研究流域预报面雨量和流量的关系也具有适用性。时间尺度为2007年6月18日至7月28日。

即:

$$y = \sum_{i=1,5}^{j=1,n} a_{ij}x_{ij} + a_0$$

式中:a为系数;x为自变量,表示水文站上游集水流域08时24 h实效预报面雨量;y为因变量,表示水文站当天与前一天的08时流量差(逐日流量差);i代表相关时间,$i=1$为前1天,$i=5$为前5天;j代表影响空间,即相关集水流域;n为流域个数。对于某一个特定水文站,n是确定的。

计算得出淮河流域四个水文站2007年汛期的实况流量差与08时24 h时效预报面雨量拟合出的流量差之间对比图(见图3)。

从上图3可以看出,拟合验证的效果总体较好,08时24 h时效预报面雨量与流量差之间具有一定的统计相关关系,且越往下游拟合效果越好,所以用预报降雨量来预报洪峰具有一定的可行性。但是与实况面雨量拟合值相比,误差更大,除前面的可能性外,原因可能如下:

(1)预报雨量落区出现偏差,导致流域面雨量计算不准确,因而拟合值偏差较大。越往淮河下游,拟合出的流量差值越准确,是因为下游水文站的集水面积大,虽然雨量预报位置出现偏差,但是总在集水面积内。

(2)降水量预报本身不准确,导致面雨量计算不准确。

5　2008年实际应用

2008年淮河流域出现今年第二次洪水过程,淮河王家坝水位自7月23日06时起迅速上涨,7月24日22时48分达警戒水位(27.5 m),26日凌晨淮河今年第二次洪峰通过王家坝,洪峰流量达3 970 m³/s,洪峰水位28.23 m。之后,王家坝水位开始缓慢回落,26日16时王家坝水位28.16 m,流量3 650 m³/s。

用上述模型预报2008年7月24日流量增幅为1 182 m³/s,实际流量增幅1 060 m³/s,误差122 m³/s;预报2008年7月25日流量增幅1 195 m³/s,实际流量增幅1 080 m³/s,误差115 m³/s。

6　结论和讨论

(1)本文采用四个水文站分别所对应的相关集水流域面雨量来拟合与水文站流量差之间的关系,效果较好,能够将洪峰出现的时间和量值拟合出来,但是还存在一定的误差。

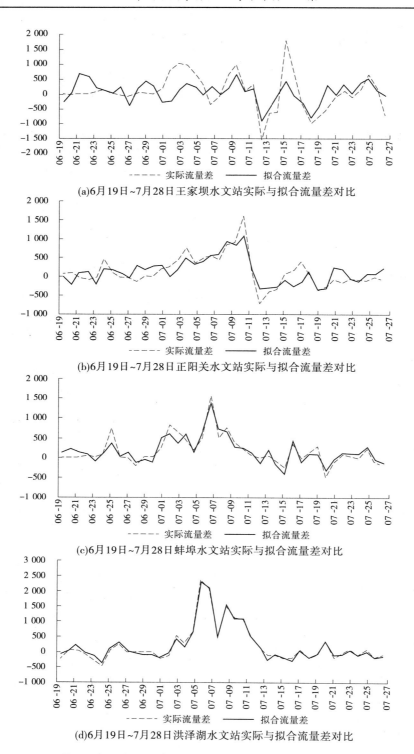

(a)6月19日~7月28日王家坝水文站实际与拟合流量差对比

(b)6月19日~7月28日正阳关水文站实际与拟合流量差对比

(c)6月19日~7月28日蚌埠水文站实际与拟合流量差对比

(d)6月19日~7月28日洪泽湖水文站实际与拟合流量差对比

图3　水文站实际流量差与预报面雨量拟合的流量差对比验证

主要影响因素为前期土壤含水量、雨量站点的代表性误差和计算方法的误差、面雨量与流量差之间的关系是非线性的,水文资料只有每天 08 时的流量,对于预测洪峰精度不够。

（2）采用四个水文站分别所对应的相关集水面积 08 时 24 h 时效面雨量来建立与水文站流量差之间的关系,总体而言效果较好,但是与实况面雨量拟合值相比,误差可能的原因为预报雨量落区和大小出现偏差,导致流域面雨量计算不准确。

（3）今后可能的改进方案。对于减小实况面雨量拟合流量差的误差可以考虑做到下面几点：①加密雨量观测站点,增加站点密度和代表性,加强监测能力。②优化面雨量计算方法,例如用等雨量线法来计算流域面雨量,建立面雨量和流量差之间的非线性关系。③构建水文模型,考虑降雨时间和下垫面、土壤介质等空间因素以及不同产流方式和坡地/河网汇流时间对流量的影响。④加入前期气候背景和水文状况。⑤提高水文资料的精度,以天为单位提高到以小时为单位。⑥考虑人类社会活动带来的影响。大量水利灌溉或其他的供水工程,使得流域特性发生了很大的变化,水流特性受到影响。为了获得准确的结果,分析人类活动具有重要的意义。⑦对于减小 08 时 24 h 时效预报面雨量拟合流量差的误差除上述方面外,还要提高天气预报落区和量值准确性。

本文建立了 2007 年淮河流域汛期时气象资料流域面雨量和水文站水文资料逐日流量差之间的统计相关关系。由于样本是 2007 年汛期资料,不能代表流域所发生的各种不同特点的样本,缺乏广泛的代表性,只为研究汛期气象因素和水文因素间的关系提供了一种简便易行的方法,为今后研究流域不同时段的气象因素和水文因素间的关系提供一种参考方向。

参 考 文 献

[1] 徐晶,林建,姚学祥,等. 七大江河流域面雨量计算方法及应用[J]. 气象,2001,27(11):13-16.

[2] 林开平,孙崇智,陈冰廉,等. 广西主要江河流域的面雨量合成分析与洪涝的关系[J]. 热带地理,2003,23(3):222-225.

[3] 张云辉,郭涛. 多元线形回归在月最高水位预报方程中的应用[J]. 东北水利水电,2004,22(2):15-16.

[4] 于占江,温立成,居丽玲. 用短期降水预报做洪水预报与调度的应用试验[J]. 气象科技,2008,36(6):822-825.

[5] 赵琳娜,杨晓丹,齐丹,等. 2007 年汛期淮河流域致洪暴雨的雨情和水情特征分析[J]. 气候与环境研究,2007,12(6):728-736.

作者简介：李坤玉(1981—),女,工程师,国家气象中心。联系地址：北京市海淀区中关村南大街 46 号国家气象中心。E-mail：likypku@163.cn。

2010 年 7 月 28 日吉林永吉山洪
气象水文模拟分析*

赵鲁强　　包红军　　齐　丹

(国家气象中心,北京　100081)

摘　要:2010 年 7 月 27 日夜至 28 日,吉林省永吉县遭遇自有水文气象纪录以来从未遇到过的大降雨,境内普降暴雨,部分地区还下了大暴雨。强降雨造成山洪暴发,使永吉县多个乡镇受到严重洪灾,最严重的是县政府所在的口前镇以及北大湖镇、岔路河镇。本文选取特征区域,利用常规气象资料和一小时加密观测资料,运用新安江水文模型,从地质地貌、气象以及水文等方面对本次山洪的致洪成因进行模拟分析,得出有利的地质地貌、强降水以及湿润的地表有利于山洪的形成这一共同特征,而集水区域与目标地的距离凸现了山洪的突发性。这也是有效预报、防御山洪的重要着眼点。

关键词:暴雨　山洪　水文模式　模拟　诊断分析

1　引言

　　山洪的爆发主要取决于降水的时空强度和地形地貌,也就是说在相对狭窄的空间出现强度较大的降水,使得雨水迅速汇集形成山洪。吉林省永吉县位于绵延的长白山余脉向松嫩平原的过渡地带,地势南高北低,境内共有五条主要的河流,从西向东依次为饮马河、岔路河、鳌龙河、五里河、松花江(饮马河和松花江为西、东县界),永吉县政府所在地口前镇恰位于五里河流域狭长山谷的下游出口处,一旦降雨形成山洪,则为洪水必经之地。2010 年 7 月 27 日夜至 28 日,吉林省永吉县遭遇自有水文气象纪录以来从未遇到过的大降雨,境内普降暴雨,部分地区还下了大暴雨,位于五里河流域西部气象加密观测站测得 12 h 超过 200 mm 的降雨,永吉站 12 h 降雨也超过了 100 mm,为有水文气象纪录以来之首现。本文利用常规和加密气象观测资料,国家气象中心面雨量业务资料,以及分辨率为 0.281 25°的 T639 模式的 3 h 同化系统资料(T639 采用全球三维变分同化分析,具有较高的模式分辨率,全球水平分辨率达到 30 km,垂直分辨率 60 层,模式顶到达 0.1 hPa),对本次降雨过程进行天气学诊断分析,同时运用新安江水文模型对本次山洪进行模拟,得出了本次强降雨的概念模型;并发现有利的地质地貌、强降水以及湿润的地表有利于山洪的形成,而集水区域与目标地的距离凸现了山洪的突发性。

---

　　* 本文受中国气象局新技术推广项目"2009 年珠江流域暴雨致洪的雨情水情特征分析(CMATG2010Y23)"的资助。

2 雨水情概况

2.1 前期降水状况

6 月前期,吉林省大部地区出现高温晴热天气,旱象抬头;中后期,永吉县境内出现了三次小到中雨过程。7 月,降雨较为频繁,雨量开始加大,且出现了连续降雨(见图 1),丰沛的降雨使得土壤几近饱和(见图 2)。

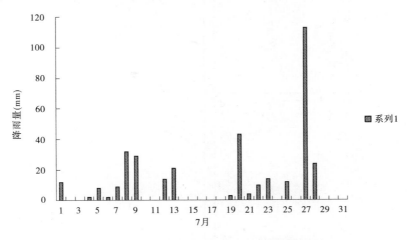

图 1 2010 年 7 月 1~31 日永吉站组日降雨量

2.2 本次降雨过程

受高空冷涡和低层切变影响,7 月 27 日傍晚前后开始,吉林省中南部和东部地区出现强降雨天气,雨量分布不均,其中永吉、辉南、桦甸和安图 4 县市出现大暴雨,降雨量分别为 135.0 mm、132.0 mm、121.0 mm 和 118.0 mm,辉南突破历史极值,永吉和安图居历史暴雨的第 2 位。另加密站资料显示,截至 7 月 29 日 08 时,全省共有 11 乡镇出现特大暴雨,降雨量在 200 mm 以上,最大的为永吉的官厅乡,达 255.9 mm(见图 3)。

3 环流和影响系统分析

3.1 高空环流形势分析

从 200 hPa 环流来看,亚洲中高纬度呈稳定的两槽两脊型,前期势力强大的大陆高压稳定地盘踞在蒙古上空,但是已达到极盛,开始减弱;极涡靠近北极,但连续有来自极地的空气团南下到西西伯利亚堆积,这使得西风带高空急流逐渐加强东伸,随着我国东北地区上空的冷涡减弱东移,在东北地区上空出现了风向呈喇叭口状的高空幅散区(图略),其抽吸作用有利于低层上升运动加强,降水增幅。

3.2 中低空及地面形式分析

500 hPa 的天气形势与 200 hPa 基本一致,但是在来自极地的冷空气连续不断的冲击下,7 月 27 日 08 时开始明显减弱;东北冷涡在东移的过程中,其冷槽主体 27 日晚 20 时位于东北中北部地区上空(图略);分析 700 hPa 温度场,则可以看到在东北冷涡东移时,其所带冷空气从内蒙古东北部向东南方向移动的形迹;通过 850 hPa 形势场分析,发现底层有高温高湿的暖舌在逐渐增强的西南气流引导下北伸（27 日 20 时,东北南部 850 hPa 西南风最大达 18 m/s）。

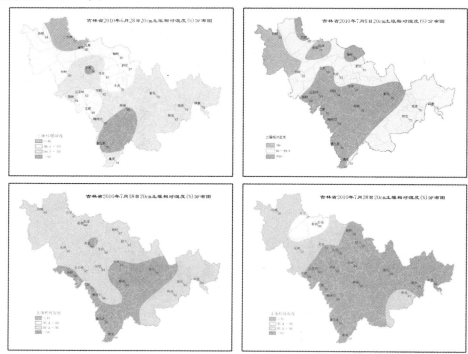

图 2　吉林省 2010 年 6 月 28 日、7 月 8 日、18 日、28 日 20 cm 土壤相对湿度分布图

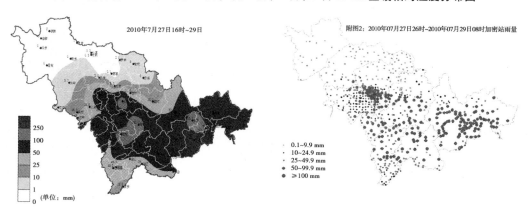

图 3　吉林省 2010 年 7 月 27 日 16 时 ~ 28 日 08 时降雨分布图

3.3　本次强降水的概念模型

图 4 为本次致洪暴雨的概念模型,环流形势和天气系统的时空配置非常有利强降雨。

4　物理量场特征分析

在大尺度环流形势和天气系统相对稳定的情况下,充沛的水汽、大气层结不稳定和强

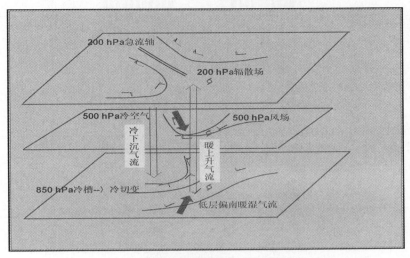

图 4　强降雨概念模型

烈的上升运动是持续性暴雨过程的必要条件。而在环流形势变化过程中,如果在一段时间内天气系统配置有利,明显有初始扰动出现,再相辅以有利的地形等,也会在一定时间内出现局地较强降雨。本次强降雨过程呈现强度强、范围大,但持续时间不长的特点,随着影响系统的移动,主要降雨区也随之东移。下面对这次强降水过程的物理量特征进行深入的分析。

4.1　水汽和不稳定条件

地球大气的运动,实际上就是大气成分物质之间和与外界的物质进行能量交换的过程。从能量的角度来看,主要包含动能、势能、辐射能(热能)和潜热能等。在大气的运动中这些能量以一定的方式进行聚集、释放和转换。

由图 5 可以看到,2010 年 7 月 27 日 20 时,46°N 以南,低层为温暖的偏南风,风速中心在 41.5°N 上空,而高空为较冷的偏北风,位势不稳定,位势能量积蓄。由图 6 可以看到,同时,42°N 到 44°N 之间,750 hPa 以下存在 θ_{se} 值高于 360 K 高温高湿的中心,中低层 θ_{se} 最大垂直梯度大于 20 K/100 hPa,最大水平梯度大于 60 K/100 km,层结不稳定能量堆积。因此,在这一区域聚集着较大的不稳定能量,一旦发生扰动,则触发对流并发展旺盛,引发强降水。从这一时次的图中也可以看到对流已经开始发展。

4.2　上升运动条件

降雨实质就是大气中水汽在高空凝结,并落到地面。水汽凝结主要有两种原因:一是冷却降温,二是高压。降水主要是冷却降温引起水汽凝结形成的。图 7 为垂直速度沿 126.5°E 的径向剖面图,从图中可以看到,东北地区存在两个旺盛的上升运动区,而底层的上升运动较大区,也反映了实际风场的辐合状况。

4.3　扰动

位于内蒙古东北部和黑龙江西北部的高空冷涡在减弱东移的过程中,不断分裂带有冷空气的低槽沿其后暖高压脊前西北风向东南方向移动,补充主槽,形成正涡度平流,成为主要的扰动,激发了对流的形成,不稳定能量的释放,造成较强降雨。

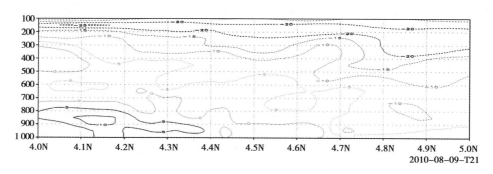

图 5　径向风沿 126.5°E 的径向剖面图

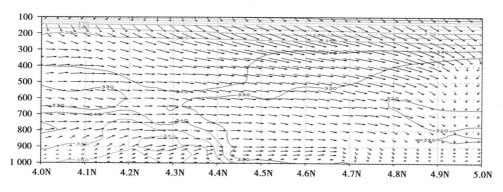

图 6　假相当位温 θ_{se} 和风场沿 126.5°E 的径向剖面图

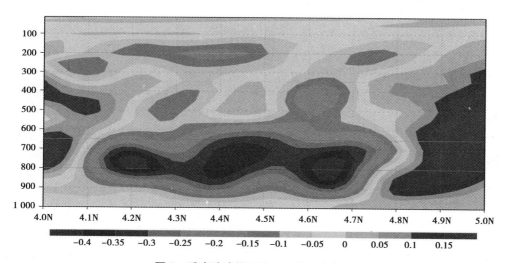

图 7　垂直速度沿 126.5°E 的径向剖面图

5　山洪过程分析

5.1　本次山洪的特点

据报道,2010 年 7 月 28 日早晨,吉林市永吉县全城被淹,到上午 11 时左右,部分街面上的水位已达到 3 m 左右,至 29 日下午,有些地区的洪水还有齐腰深。从有关报道来看,本次山洪灾害具有时间短、强度大的特点。

5.2　水文模型

　　新安江水文模型是一个分散参数的概念性模型,在国内洪水预报及径流模拟中得到了广泛的应用。对于较大流域,根据流域下垫面的水文、地理情况将其分为若干个单元面积,将每个单元面积预报流量过程演算到流域出口,然后叠加起来即为整个流域的预报流量过程。三水源新安江模型由 4 个模块组成,分别为蒸散发计算、产流计算、分水源计算和汇流计算。新安江模型已经在中国的湿润及半湿润地区得到了广泛的应用,取得了良好的效果,新安江水文模型的流程如图 8 所示。更多的关于新安江模型的介绍请参见参考文献[1]、[2],此处不再详细阐述。由于本次研究选择试验流域为永吉流域,属于半湿润流域,因此选用新安江水文模型。

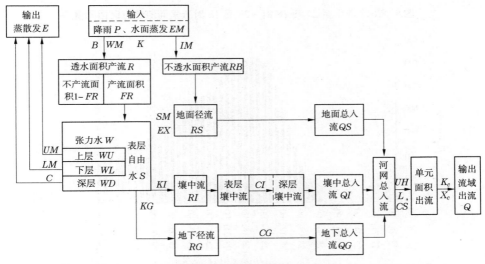

图 8　新安江水文模型流程图

5.3　水文模拟

　　运用气象台站的常规降水资料,以及时空加密观测降水资料,对泰森多边形法、格点法和区域分析法得出的面雨量进行综合集成,形成逐小时面雨量(见图 9),输入水文模型,得到五里河流域口前镇逐时流量(见图 10)。

5.4　结果分析

　　五里河流域呈狭长山谷型,三面环山,地势南高北低,东西宽约 20 多 km,南北长约30 多 km,永吉县政府所在地口前镇恰位于五里河流域的下游出口处。

　　2010 年 7 月 27 日 21 时以后降水开始,一直持续到 28 日 11 时,在降水时段的前期出现了极大值,再有所减小后,又出现了次级增强。从模拟出的结果来看,5 h 后,即 28 日02 时以后口前镇出现降雨汇流流量,之后流量迅速增大,28 日 16、17 时达到极大值(1 247、1 253 m³/s),至 29 日 18 时,仍有汇流流量,这与实际情况相符。说明在这样的地质地貌状况下,运用本模型能够较为准确地模拟山洪的爆发。

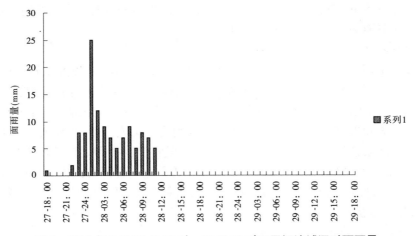

图 9　2010 年 7 月 27 日 18 时 ~ 29 日 18 时五里河流域逐时面雨量

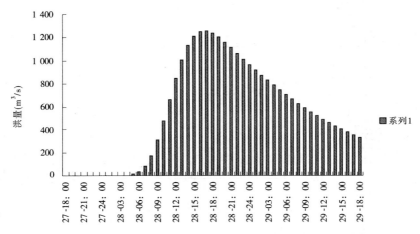

图 10　2010 年 7 月 27 日 18 时 ~ 29 日 18 时五里河流域口前镇逐时流量

6　结语

（1）大气环流和天气系统的有利配置，即使不能保持相对稳定的维持，也能造成在一定时空范围内的较大降水。

（2）大气低层充沛的水汽集结，一般都伴之以层结不稳定能量，一旦有扰动激发，则可引发强对流，形成较大降雨，本次过程的扰动为东北冷涡在减弱东移中分离出的带有正涡度平流的弱冷槽。

（3）本研究中新安江水文模型的应用，能够很好地反映山洪的暴发情况，对于类似的区域（口前镇与五里河流域），可以适用。

（4）精细化的面雨量以及面雨量集成应用，在时空和量级的精度方面，对于水文模型的促进非常明显，能更为准确地反映水情。

（5）本研究水文模型的成功应用，有可能是基于特殊的地理环境，对于其他空间尺度和地貌特征的区域还需继续探索研究。

参 考 文 献

[1] 赵人俊. 流域水文模拟[M]. 北京:水利电力出版社,1984.

[2] Zhao R J. The Xin'anjiang model applied in China. Journal of Hydrology,1992,135:1-4.

[3] 李俊,沈铁元,崔春光. 高分辨率数值模式在山洪预报中的应用[C]. 中国气象学会 2004 年年会. 2004.

[4] 管珉. 南方山洪灾害预警预报研究[D]. 南京:南京信息工程大学,2008.

[5] 郭良,等. 基于分布式水文模型的山洪灾害预警预报系统研究及应用[J]. 中国水利,2007,14:38-42.

[6] 陶诗言. 中国之暴雨[M]. 北京:科学出版社,1980.

[7] 包澄澜. 华南前汛期暴雨研究的进展[J]. 海洋学报,1986,8(1):31-40.

作者简介:赵鲁强(1965—),男,高级工程师,国家气象中心。联系地址:北京市海淀区中关村南大街 46 号。E-mail:zhaolq@ cma. gov. cn。

2010 年 7 月第二松花江暴雨洪水特点分析

尤晓敏

（水利部松辽水利委员会，长春　130021）

摘　要：本文重点对 2010 年 7 月下旬第二松花江的大洪水过程，从环流形势特点、暴雨分时特点以及干支流洪水特点进行了初步的分析研究。由于雨洪资料还有待进一步完善，下一步我们将进行更加深入的分析研究。

关键词：2010　松辽　雨洪　特点

2010 年 7 月下旬，由于副热带高压主体偏强、偏北，且稳定少动，西风带冷涡和低槽系统偏多，冷暖空气交汇频繁，在松辽流域东南部的第二松花江流域产生连续暴雨和大暴雨天气过程，导致第二松花江出现了百年一遇的大洪水过程。经过对天气和雨洪资料的分析研究，我们发现本次暴雨洪水具有一些较典型的特点。

1　环流形势

（1）西太平洋副热带高压从 7 月中旬开始逐渐加强，副高主体持续偏强、偏北，并且一直到 8 月下旬仍维持这种主体偏北的态势，这期间副高主要有如下特点：①副热带高压主体偏北，副高脊线基本稳定在 30°N 左右，而副高北界经常达到 38°N 或 40°N 左右；②副热带高压势力强大，副热带高压中心值经常达到 5 920 hPa 至 5 960 hPa，甚至 6 000 hPa；副热带高压范围广大，588 线覆盖的面积持续偏大，经常横跨南北 30 个纬距，西伸至 110°E 以西。

（2）中高纬环流径向度大，且比较稳定。自 7 月中旬以来，欧亚中高纬环流径向发展明显，长波槽脊较稳定，经常维持着一种有利于东北地区出现暴雨的环流态势。

（3）冷空气活跃，冷涡和高空槽系统频繁东移。7 月中旬至 8 月下旬，冷空气势力较强，冷涡系统偏多，其上的西风槽频繁东移，在东移过程中与副高后部西南暖湿气流交汇，在松辽流域的东南部地区产生强烈降雨天气过程。

2　降雨特点

2.1　降雨突发性强

进入 6 月以后，第二松花江流域持续高温少雨，无明显降雨过程。从 7 月中旬开始，随着副热带高压的逐渐加强北抬，冷暖气流在二松流域激烈交绥，突发了几场强烈的暴雨天气过程。在 7 月 20 ~ 22 日的第一场强降雨开始，二松流域的降雨量即达到 66.9 mm，紧接的 7 月 25 ~ 28 日的第二场强降雨过程，丰满水库以上流域降雨量更高达 109.0 mm（见表 1）。

2.2 降雨过程连续

7 月 19 日以前,第二松花江流域一直干旱少雨,降雨量为 162.5 mm,比多年同期均值偏少 20%。而从 7 月 20 日开始,二松流域经历了多场连续降雨过程,其中包括 3 场强降雨过程。7 月 20 日～8 月 10 日,二松流域降雨量高达 279.0 mm,比多年同期均值偏多 1.2 倍,列多年同期降雨量的第一位。

表 1 第二松花江主要降雨过程统计

降雨时间	暴雨中心	暴雨中心雨量（mm）	第二松花江流域降雨量（mm）	丰满水库以上流域降雨量（mm）
7 月 20～22 日	取柴河	178.2	66.9	55.3
7 月 25～28 日	五里河	341	97.8	109.0
7 月 30～31 日	向阳	148.2	13.0	26.1
8 月 4～5 日	杨木林	114.2	55.0	40.0
8 月 8～9 日	黑石	95.8	31.0	46.9

2.3 降雨落区重复

从 7 月 20 日开始的连续 5 场降雨,降雨的主雨区均重复出现在二松上中游及支流辉发河、温德河、饮马河、伊通河等地,7 月 20～22 日降雨区主要位于二松上中游及支流饮马河上游和下游等;7 月 25～28 日降雨区位于二松上中游及支流饮马河;7 月 30～31 日降雨区位于二松上游;8 月 4～5 日降雨区位于二松中游及支流饮马河;8 月 8～9 日降雨区位于二松上游,使得第二松花江流域累计降雨量达 263.7 mm,丰满水库以上流域累计降雨量高达 278.2 mm。

2.4 降雨强度大,多站次出现最大 1 日降雨量超过 100 mm 的大暴雨中心

第二松花江的三场强降雨过程,均出现了最大 1 日降雨量超过 100 mm 的大暴雨站点,7 月 20～22 日的降雨过程,二松烟筒山站最大 1 日降雨量为 171.5 mm(7 月 20 日);7 月 25～28 日的降雨过程,二松朝阳水库站最大 1 日降雨量为 230 mm(7 月 28 日);8 月 4～5 日的降雨过程,二松杨木林站最大 1 日降雨量为 110.4 mm(8 月 5 日)。

2.5 雨区覆盖面广,几乎覆盖了二松的大部分地区

从 7 月 20～22 日和 7 月 25～28 日的两场最强降雨过程,二松以上流域 100 mm 等值线覆盖的面积约为 0.9 万 km²,250 mm 等值线覆盖的面积约为 0.13 万 km²;而 7 月 30～31 日,8 月 4～5 日和 8 月 8～9 日的三场降雨过程,丰满以上流域 50 mm 等值线覆盖的面积分别约为 1.0 万 km²、1.1 万 km² 和 2.9 万 km²。

3 洪水特征

受连续强降雨影响,流域内干支流水位陡涨,许多大型水库超汛限水位运行,二松上游白山、丰满水库均发生了超百年的大洪水。

3.1 超警河流众多,超记录洪水多

受连续降雨影响,第二松花江干支流水位迅猛上涨,多条河流发生洪水。尤其是 7 月

25~28 日强降雨过程,流域内共有 14 站发生超警、超保或超历史记录大洪水(见表 2)。

表 2　第二松花江 7 月 25~28 日暴雨洪水过程统计

河名	站名	峰现时间 (月-日 T 时)	洪峰水位 (m)	洪峰流量 (m³/s)	超警 (m)	超保 (m)	洪水排位
二道松花江	汉阳屯	07-29T00:10	315.27	11 600		8.77	有记录第 1 位
二道松花江	大甸子	07-28T13:00	7.05	1 160		1.55	有记录第 1 位
二道松花江	大蒲柴河	07-28T20:00	10.42	1 580		3.02	有记录第 1 位
辉发河	五道沟	07-29T17:30	270.39	1 950	0.39		
辉发河	孤山子	07-31T22:30	8.86	752		0.86	
辉发河	样子哨	08-01T11:00	102.81	1 000	0.81		有记录第 2 位
辉发河	柳河	07-31T20:30	6.7			0.2	
辉发河	民立	07-28T15:00	8.61	2 620		1.74	有记录第 1 位
温德河	口前	07-28T10:20	9.23	2 800		4.23	有记录第 1 位
饮马河	烟筒山	07-26T02:00	105.07	632	0.77		
饮马河	德惠	08-01T06:28	12.01	665	1.81		有记录第 5 位
伊通河	伊通	07-25T23:00	241.55	460	0.55		
二松	半拉山子	08-01T14:00	163.18		1.08		有记录第 2 位
二松	吉林	07-31T03:00	190.45	4 950	0.95		

3.2　第二松花江多座大型水库超汛限水位

由于受到连续高强度降雨影响,二松流域的 11 座大型水库均超汛限水位运行。星星哨水库 28 日 18 时水位 247.47 m,超正常高水位 1.97 m,时段入库流量 1 865 m³/s,重现期超过 100 年;石头口门水库 29 日 2 时水位 189.15 m,超汛限水位 2.15 m,入库流量 1 947 m³/s,重现期接近 20 年。

3.3　白山水库出现超百年大洪水

连续强降雨使得第二松花江上游发生超百年一遇特大洪水,7 月 29 日 8 时,白山水库入库流量 13 200 m³/s,超过 1995 年(12 000 m³/s),洪水重现期超过 100 年(13 100 m³/s)。7 月 28 日 5 时至 31 日 5 时,白山水库 3 日入库洪量为 16.34 亿 m³,重现期为 77 年。

改进的均生函数模型在汛期降雨量预测中的应用

李　静[1]　程　琳[2]

（1. 北京金水信息技术发展有限公司，北京　100053；

2. 水利部水文局，北京　100053）

摘　要：传统的均生函数模型在水文气象中长期预测中已有广泛的应用，具有长程多步预测等优势。神经网络模型是现代非线性模拟中一个优秀的代表，将两个模型的优势结合，构建了一种改进的均生函数模型，利用保定市 56 年（1951～2006 年）汛期（6～9 月）的降雨量资料进行模型率定，2007～2009 年 3 年的降雨量资料进行模型预报效果的检验。结果表明，改进的均生函数模型与传统均生函数模型相比较，无论是预报精度还是拟合程度均有明显的改进，可以为水文气象中长期预报的研究和实践提供借鉴。

关键词：均生函数　双评分准则　神经网络　汛期降雨量　中长期预报

1　引言

在水文中长期预报中，利用水文要素随时间的自身演变规律进行建模预报被广泛采用，其中应用较多的有自回归模型、自回归滑动模型和门限自回归模型等，这些时间序列模型的预测结果大多趋于平均值，往往对极值的拟合效果欠佳，且这类方法只能作预报步数很少的外推。依据水文时间序列蕴涵不同时间尺度振荡的特征，魏凤英等人[1]提出了时间序列的均值生成函数（简称均生函数）模型，通过构造一组源自已知序列的周期函数，进而建立时间序列与这组周期函数间的回归方程，构造模型进行预报。均生函数模型改善了对序列极值的拟合与预报效果，且可作多步预测，弥补了许多时间序列预测模型的不足，在气象、经济等诸多领域得到广泛的应用。随着科学的发展，非线性模型得到越来越多的关注和研究，为提高预报精度开辟了一条新途径。目前，得到广泛研究的人工神经网络模型具有自适应性学习和非线性映射等优良性能，但模型本身不具备构造学习矩阵的能力，本文结合两种模型的优势，将均生函数模型构造的一组周期函数作为学习矩阵，利用优化的神经网络模型进行模拟预测，构建改进的均生函数模型，以探讨该改进模型的应用前景。

2　预报模型简介

2.1　均生函数模型

均生函数模型是由时间序列按不同的时间间隔计算均值，生成一组同期函数，然后建立原时间序列与这组函数间的回归预测方程。具体过程如下。

设时间序列为 $X(t)$, $(t = 1, 2, \cdots, N)$, 构造均生函数:

$$\overline{X}_l(i) = \frac{1}{n_l} \sum_{j=0}^{n_l-1} X(i + lj) \tag{1}$$

式中: $i = 1, 2, \cdots, l$; $l = 1, 2, \cdots, \left[\dfrac{N}{2}\right]$; $n_l = \left[\dfrac{N}{l}\right]$; [ ] 表示取整。

$\overline{X}_2(i)$ 表示间隔为 2 的均生函数, 包括逢单累加取平均和逢双累加取平均两种情况。类似地有 $\overline{X}_3(i)$, $\overline{X}_4(i)$, $\cdots$, $\overline{X}_L(i)$, 分别表示间隔为 $3, 4, \cdots, L(L = l_{\max} = \left[\dfrac{N}{2}\right])$ 的均生函数, 由此可得到如下三角矩阵

$$H = \begin{bmatrix} \overline{X}_1(1) & & \\ \overline{X}_2(1) & \overline{X}_2(2) & \\ \vdots & \vdots & \\ \overline{X}_L(1) & \overline{X}_L(2) \cdots \overline{X}_L(L) \end{bmatrix} \tag{2}$$

称 H 为 L 阶均值生成矩阵。

对 $\overline{X}_l(i)$ 作周期性外延, 即令

$$f_l(t) = \overline{X}_l\left[t - l \cdot \text{int}\left(\frac{t-1}{l}\right)\right] \quad (l = 1, 2, \cdots, L; \quad t = 1, 2, \cdots, N) \tag{3}$$

由此构造出均生函数的外延矩阵, 即

$$\overline{F} = \begin{bmatrix} \overline{X}_1(1) & \overline{X}_1(1) & \overline{X}_1(1) & \overline{X}_1(1) & \overline{X}_1(1) & \cdots & \overline{X}_1(1) \\ \overline{X}_2(1) & \overline{X}_2(2) & \overline{X}_2(1) & \overline{X}_2(2) & \overline{X}_2(1) & \cdots & \overline{X}_2(i_2) \\ \vdots & & & & & & \vdots \\ \overline{X}_L(1) & \overline{X}_L(2) & \cdots & \overline{X}_L(L) & \overline{X}_L(1) & \cdots & \overline{X}_L(i_L) \end{bmatrix} \tag{4}$$

式中: $\overline{X}_2(i_2)$ 表示按规律取 $\overline{X}_2(1)$ 和 $\overline{X}_2(2)$ 其中之一; $\overline{X}_3(i_3)$ 表示按规律取 $\overline{X}_3(1)$、$\overline{X}_3(2)$ 和 $\overline{X}_3(3)$ 其中之一, 其余类推。这样就使得各均生函数定义域扩展到整个需要的同一时间轴上, 并可以通过延长外延序列的长度进行多步预测。

在外延矩阵 $\overline{F}$ 中, $\overline{X}_l(i)$ 的样本数(即 n_l)由大到小, 生成序列的随机性由弱到强, 因此通过均值生成的外延矩阵, 不同序列之间具有不同的随机性, 如果用这些具有不同随机性的序列建模, 就有可能较好地表示原始序列。

于是把延长得到的均生函数序列 $f_1(t)$, $f_2(t)$, $\cdots$, $f_L(t)$ 视为一种周期性基函数, 从中挑选出 Y 个与原始序列关系密切的序列作为预报因子, 建立多元回归模型进行预测, 即

$$X(t) = \varphi_0 + \sum_{i=1}^{Y} \varphi_i f_i(t) + \varepsilon_t \tag{5}$$

这里, Y 个关系密切的序列(因子)可通过互相关分析来挑选, 或直接将所有周期性基函数作为预报对象的影响因子, 通过逐步回归来挑选因子并建立多元回归模型。但上述两种方法都带有相对较强的主观性和任意性, 本文选用双评分准则挑选均生函数因子。

2.2 双评分准则

双评分准则[5],又称 CSC 准则,它是从权衡预报模型的数量误差和趋势误差同时达到最小的角度来确定模型的维度,减弱了主观性的掺入。

利用双评分准则筛选因子时,首先将上述每个均生函数序列 $f_1(t)$,$f_2(t)$,$\cdots$,$f_L(t)$ 作为预报因子,依次与原序列建立一元回归方程,由方程得到预报量的拟合值,这时依下式分别计算各因子的 CSC:

$$CSC = S_1 + S_2 \tag{6}$$

其中
$$S_1 = (N-k)\left(1 - \frac{Q_k}{Q_y}\right) \tag{7}$$

$$S_2 = 2I = 2\left[\sum_{i=1}^{G}\sum_{j=1}^{G} n_{ij}\ln n_{ij} + N\ln N - \left(\sum_{i=1}^{G} n_{i.}\ln n_{i.} + \sum_{j=1}^{G} n_{j.}\ln n_{j.}\right)\right] \tag{8}$$

式中:S_1 为数量评分,称为精评分;S_2 为趋势评分,称为粗评分;N 为样本长度;k 为统计模型中变量个数,作为惩罚因子;Q_k 为模型的残差平方和;Q_y 为模型的总离差平方和。

S_2 中 G 为预测趋势类别数,趋势计算公式为:

$$\Delta x(t) = x(t+1) - x(t) \quad t = 1,2,\cdots,N \tag{9}$$

$$u = \frac{1}{N-1}\sum_{t=1}^{N-1}|\Delta x(t)|$$

在此将观测和预测趋势均分为三类,即

$$偏旱:\Delta x(t) < -u$$
$$中等:|\Delta x(t)| \leqslant u$$
$$偏涝:\Delta x(t) > u$$

计算观测 - 预测列联表中的样品数 n_{ij} 以及 $n_{i.} = \sum_{i=1}^{G} n_{ij}$,$n_{.j} = \sum_{j=1}^{G} n_{ij}$,然后计算最小判别信息量 $2I$ 的值。

于是对每一个均生函数序列作为一个拟合序列计算与原序列的 CSC 值,对 CSC 进行 χ^2 检验,当 $CSC > \chi^2_{v,\alpha}$ 时入选。

可以看出,双评分准则旨在使模型拟合的精度要好,趋势亦准,对水文中长期预报而言,我们最希望的就是在未来的变化趋势预测准确的基础上,预报数值越精确越好,所以这一准则对于中长期预报模型显得更加适用。

2.3 优化的 BP 网络模型

BP 网络是一个单向传播的多层前馈网络,其包含输入层、隐含层、输出层。同层节点之间不连接,每层节点的输出只影响下层节点的输出。网络的学习由输入信号的正向传播和误差的逆向传播两个过程组成。本文采用三层前馈网络,网络隐含层传递函数为双曲正切 S 型,输入输出层选用线形传递函数,模型误差测度函数选用均方误差 MSE。

自适应 BP 网络的基本算法可表示为[2-4]:

首先通过网络将输入向前传播

$$a^{m+1} = f^{m+1}(w^{m+1}a^m) \tag{10}$$

其次通过网络将敏感性反向传播

$$\begin{cases} s^M = -2F^{M'}(n^M)(t-a) \\ s^m = F^{m'}(n^m)(W^{m+1})^{\mathrm{T}} s^{m+1} \end{cases} \tag{11}$$

最后使用近似的最速下降法更新权值

$$W^m(k+1) = W^m(k) - \alpha(k)s^m(a^{m-1})^{\mathrm{T}} + \beta \Delta W^m(k-1) \tag{12}$$

式中：a^m 为第 m 层的输出；s^m 为第 m 层的敏感性；$W^m(k)$ 为第 m 层第 k 次的权值矩阵；$\alpha(k)$ 为第 k 次的学习率。当总误差减小时，迭代进入误差曲面平坦区，给学习率乘上一个大于 1 的常数，增加步长，有利于减少迭代次数；反之则缩短步长，使误差减少。

2.4　构建预报模型

首先计算原序列的均生函数矩阵，并根据预报长度进行周期延拓；然后引入双评分准则进行预报因子的筛选，构造神经网络的学习矩阵，进而采用优化的 BP 网络模型进行水文要素的中长期预报。

3　预报模型在保定市汛期降雨预报中的应用

3.1　建模计算

本文选用上述建模方案对保定市汛期降雨量（6～9 月）进行长期预报。以保定市 1951～2006 年的汛期降雨量资料率定模型参数，建立模型，2007～2009 年的数据用于检验预报效果，具体过程如下：

（1）构造均生矩阵。利用公式（1）计算 1951～2006 年汛期降雨序列的均生函数，其中 $N=56$，构造均生函数个数 $L=\left[\dfrac{N}{2}\right]=28$。根据预报年份作周期延拓，由此生成 28 个长度为 59 的均生函数序列。

（2）筛选预报因子。采用双评分准则（CSC）进行因子筛选，利用式（7）和式（8）分别计算每个均生函数序列的精评分 S_1 和粗评分 S_2，得到 CSC 值，并进行 $\chi^2_{v,\alpha}$ 检验，此处 α 取 0.05，$\nu = \nu_1 + \nu_2 = k + (G-1)(G-1)$，在本文建立的模型中，$k=1$，$G=3$，经查表，$\chi^2_{5,0.05} = 11.07$。故在检验过程中，满足 $CSC > x^2_{5,0.05}$ 的因子入选，选取入选因子中 CSC 值最大的 6 个序列作为优化 BP 神经网络模型预报的学习矩阵，进行预报。筛选出的 6 个均生函数序列及其 CSC 值情况分别见表 1 和表 2。

表 1　筛选出的六个均生函数序列

$X(27)$	$X(24)$	$X(28)$	$X(18)$	$X(17)$	$X(25)$
320.1	201.0	356.5	343.4	388.0	370.9
351.1	365.5	278.4	420.2	312.8	426.9
347.8	496.3	337.4	329.8	350.5	384.1
…	…	…	…	…	…
320.1	300.4	506.2	343.4	717.6	429.6
351.1	402.4	346.0	420.2	384.4	551.4
347.8	509.0	356.5	329.8	692.3	368.4
748.3	287.2	278.4	679.3	441.9	319.1

表2 筛选出均生函数的 *CSC* 值列表

周期长度	S_1	S_2	CSC
27	26. 80	40. 34	67. 14
24	21. 40	36. 88	58. 28
28	26. 89	30. 48	57. 37
18	21. 44	29. 58	51. 02
17	18. 63	32. 36	50. 99
25	21. 18	28. 47	49. 65

（3）优化 BP 网络模型的预报。将筛选出的 6 个均生函数序列标准化，其结果作为优化的 BP 网络预报模型学习矩阵的输入样本。本文采用优化的 BP 网络模型，输入节点为6，输出节点为1，四个隐含层，对网络模型作 10 000 次运算，当误差函数稳定时结束运算，从而得到最终用于预报的模型。

3.2 结果分析

为了更好地评价改进的均生函数模型的预报效果，本文同时选用传统的均生函数模型[6]（即通过互相关分析挑选因子并建立多元回归模型预报）对保定市汛期雨量进行了预报，两种模型的预报结果如表3所示。

表3 两种预报模型预报结果比较

改进的均生函数模型			
年份	实测值（mm）	预报值（mm）	相对误差（%）
2007	444. 2	403. 3	−9. 2
2008	462	502. 7	8. 8
2009	386. 0	496. 4	28. 6

传统均生函数方法			
年份	实测值（mm）	预报值（mm）	相对误差（%）
2007	444. 2	494. 5	11. 3
2008	462	300. 0	−35. 1
2009	386. 0	570. 4	47. 8

由表3可以看出，改进的均生函数模型预报结果的相对误差明显小于传统的均生函数模型，改进方法的预报效果较传统方法有了较大程度的改善。

对历史样本拟合效果的好坏是评价预报方法的又一重要指标。两种模型的预报拟合效果图见图 1,两种模型拟合的平均误差和拟合值相对误差小于 30% 的个数(共 56 个)见表 4。改进的预报方法的拟合值平均相对误差只有 2%,大大优于传统的均生函数预报方法的 13%。从图 1 中也不难看出,改进的预报方法,其拟合效果明显好于传统的预报方法。

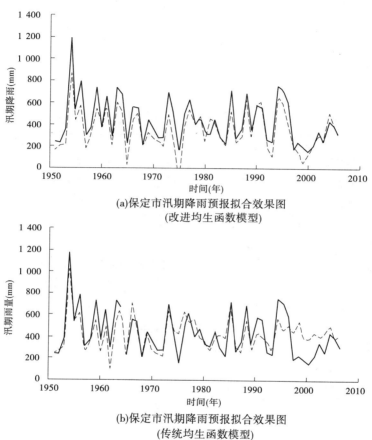

(a)保定市汛期降雨预报拟合效果图

(改进均生函数模型)

(b)保定市汛期降雨预报拟合效果图

(传统均生函数模型)

图 1 两种预报方法拟合效果的比较

(图中实线为原序列曲线,虚线为相应方法的拟合曲线)

表 4　两种预报模型拟合效果的比较

项目	拟合值平均相对误差(%)	拟合值相对误差小于 30% 的个数
改进方法	2	49
传统方法	13	42

　　从表 3、表 4 和图 1 的对比中看到,对用于检验模型预报效果的 2007～2009 年保定市汛期降雨的预报,改进的均生函数模型的三个预报相对误差均在 30% 以内,其中 2007 年和 2008 年的预报相对误差均在 10% 以内,而传统的均生函数模型的预报结果中,有两年的预报相对误差超过了 30%,2009 年的预报结果相对误差甚至将近 50%。在拟合效果

的比较中,改进模型的效果也明显好于传统模型。改进模型的拟合值平均相对误差只有2%,而传统模型却为13%。无论预报效果还是对历史样本的拟合效果,改进的均生函数模型都明显优于传统的均生函数模型。分析可能的原因如下:①本文在构造学习矩阵时,采用同时关注精度和趋势的双评分准则,而不是传统方法中通过计算互相关系数确定;②传统的方法是应用线性回归方法建立预报模型,这是建立在预报因子与预报量呈线性关系基础上的,但一般情况下二者的关系并不呈线性,而基于优化BP网络的均生函数方法正好改进了这一问题,它在挑选的因子与预报量间建立了非线性关系的模型。因此,改进的方法可能较传统方法在预报和拟合上会取得更好的效果。

4 结语

均生函数模型改变了以往时间序列分析的思维方式,是一种结合了周期外推和回归分析的"时间序列"模型,充分有效地挖掘和利用了序列本身的信息。人工神经网络理论发展迅速,其良好的自适应学习和非线性映射性能成为科学研究中重要而有力的工具。本文将两种方法相结合,建立了改进的均生函数模型,并对保定市汛期降雨量进行预报。

(1)实例计算表明,改进的均生函数模型较传统均生函数模型具有更好的预报和拟合精度,究其原因,是抓住了影响精度高低的两个关键点:一是筛选因子的方法,选用同时关注趋势和数量的双评分准则;二是预报因子与预报量间的非线性关系,预报因子与预报量一般情况下两者并不是线性相关,本文通过结合具有良好非线性拟合性能的人工神经网络方法建立模型,预报精度显著提高。这两方面的改进,对于中长期预报模型的研究,是一次有意义的尝试。

(2)本文非线性方法的改进成功启示着我们,应当着力开展具有非线性性能的智能新方法的研究和改进,使之不断完善和成熟,让这些方法不仅仅停留在理论研究里,也应用于实际工作中。特别是在水文气象结合愈加紧密的今天,为提高北方地区预报精度和延长预见期提供有力的工具。

参 考 文 献

[1] 曹鸿兴,魏凤英. 基于均值生成函数的时间序列分析[J]. 数值计算与计算机应用,1991,12(2):82-89.
[2] 戴葵. 神经网络设计[M]. 北京:机械工业出版社,2002.
[3] 肖瑛,李振兴,董玉华. 偏差递归神经网络在区间洪水预报中的应用研究[J]. 洛阳大学学报,2007,22(2):68-71.
[4] 王栋,曹升乐. 人工神经网络在水文水资源水环境系统中的应用研究进展[J]. 水利水电技术,1999,30(12):5-7.
[5] 曹鸿兴,魏凤英. 多步预测的降水时序模型[J]. 应用气象学报,1993,4(2):198-204.
[6] 汤成友,官学文,张世明. 现代中长期水文预报方法及其应用[M]. 北京:中国水利水电出版社,2008.

作者简介:李静(1985—),女,研究生,北京金水信息技术发展有限公司。联系地址:北京市宣武区白广路二条2号。E-mail:jingli@ mwr. gov. cn。

沂河梯级橡胶坝汛期调度运用原则探讨[*]

徐智廷[1]　孙廷玺[1]　张世功[1]　李曙光[2]　王保彩[1]

(1. 临沂水文水资源勘测局,临沂　276002;
2. 临沂市河东区水务局,临沂　276034)

摘　要:山东临沂城区段沂河干支流近年来建成多处橡胶坝,且上下串通、水面连接,已形成名副其实的梯级橡胶坝群。本文通过分析,提出了限蓄、洪水分级、峰小量大、泄量相当、先蓄先泄、跟踪预报等六个调度原则,对制订梯级橡胶坝联合控制运用方案,做到在保证防洪安全的前提下兼顾蓄水兴利具有现实指导意义。

关键词:沂河　梯级橡胶坝　调度运用原则

1　问题的提出

近年来,为开发利用沂河洪水资源,山东省临沂市在临沂城区段沂河干流先后兴建了小埠东橡胶坝、桃园橡胶坝、柳杭橡胶坝,在祊河干流兴建了角沂橡胶坝、花园橡胶坝、葛庄橡胶坝。这些梯级橡胶坝能够最大限度地拦蓄过境水量,为城区地下水补给、工农业供水和滨河景观工程用水提供了水源,改善了当地周边生态环境。但同时也必须看到,因这些拦河橡胶坝工程蓄水能力较大(总蓄水量 8 690 万 m^3)、组合充排水需要的时间较长,在汛期当洪水到来时,如果调度运用不当,将会直接影响橡胶坝工程及临沂城的防洪安全。因此,研究制订切实可行的橡胶坝联合调度运用方案,对工程安全度汛至关重要。对此,本文提出了梯级橡胶坝汛期调度运用原则,供探讨。

2　橡胶坝工程概况

小埠东橡胶坝位于沂河干流临沂城东,距下游临沂水文站 2.38 km,1997 年 10 月建成,长度(1 247.4 m)列世界吉尼斯之最。正常蓄水位 65.50 m,相应蓄水量 2 830 万 m^3。50 年一遇洪水标准设计,设计流量 16 000 m^3/s;100 年一遇洪水标准校核,校核流量19 000 m^3/s。小埠东橡胶坝是一座集防洪、灌溉、发电、城市供水、旅游开发等多目标为一体的枢纽工程。工程中间布置 16 节橡胶坝袋,两翼对称布置调节闸各 5 孔,两调节闸外侧桥头堡地下室各设供排水泵站 1 座,分别控制左右各 8 节坝袋充排水。工程自建成以来,极大地缓解了临沂城区水源紧缺的矛盾。随着经济和社会的发展,临沂城区需水量越来越大。自 2003 年开始,在小埠东橡胶坝上游临沂城区段沂河干支流又先后兴建了花园、桃园、角沂、柳杭和葛庄 5 座橡胶坝,设计总蓄水量达 5 860 万 m^3。各橡胶坝工程指标见表1,所处位置见图 1。

---

* 本文已在《中国水利》2008 年第 19 期发表。

表 1   临沂城区段梯级橡胶坝工程指标

名称	所处河流	正常蓄水位 （m）	正常蓄水量 （10⁴ m³）	设计泄洪流量 （m³/s）	至临沂水文站 距离（km）	建成时间 （年-月）
小埠东	沂河	65.50	2 830	16 000	2.38	1997-10
桃园	沂河	69.00	1 250	13 000	7.22	2006-06
柳杭	沂河	74.00	2 200	13 000	13.90	2008-01
角沂	祊河	70.50	530	6 923	13.65	2007-05
花园	祊河	77.50	320	6 923	20.93	2003-12
葛庄	祊河	81.00	1 560	6 923	26.20	2008-06

3   橡胶坝汛期调度运用应遵循的原则

《中华人民共和国防洪法》第二十七条规定，"建设跨河、穿河、穿堤、临河的桥梁、码头、道路、渡口、管道、缆线、取水、排水等工程设施，应当符合防洪标准、岸线规划、航运要求和其他技术要求，不得危害堤防安全，影响河势稳定、妨碍行洪畅通"。入汛以后，橡胶坝工程首先要考虑的是防洪安全，其次才是兴利、景观需要。通过分析近年来小埠东橡胶坝的调度运用实况及对洪水的影响，要达到在保证防洪安全的前提下兼顾蓄水兴利景观等目标，在制订梯级橡胶坝汛期联合调度运用方案时应遵循以下基本原则。

3.1   限蓄原则

为了保证工程安全度汛，汛期（6 月 1 日～10 月 1 日），各橡胶坝均应严格按照批准的汛期限制水位蓄水。各橡胶坝汛期限制水位推荐采用比正常蓄水位低 1 m 的数值，即：小埠东橡胶坝为 64.50 m，桃园橡胶坝为 68.00 m，柳杭橡胶坝为 73.00 m，角沂橡胶坝为 69.50 m，花园橡胶坝为 76.50 m，葛庄橡胶坝为 80.00 m。各橡胶坝汛限水位相应总蓄水量比正常蓄水位时的总蓄水量减少 3 044 万 m³，预腾出这些调洪库容以备发生洪水时随时接纳上游来水，争取主动。

3.2   洪水分级原则

对上游来水过程，应按洪峰流量大小进行分级，不同级别的洪水对应不同的橡胶坝控制运用方案。上游来水一般可分为三级，即小洪水、一般洪水和中高洪水。设上游来水洪峰流量为 Q_m，A、B 为洪水分级流量阀值，且 $A < B$，则：①当 $Q_m < A$ 时，为小洪水，橡胶坝不塌坝，来水完全通过坝顶溢流或调节闸下泄；②当 $A \leqslant Q_m \leqslant B$ 时，为一般洪水，塌落部分坝袋或通过调节闸泄洪；③当 $Q_m > B$ 时，为中高洪水，橡胶坝全部塌坝泄洪。沂河干、支流可采用不同的洪水分级。暴雨发生后，应及时、准确地预报出上游来水洪峰流量，以确定橡胶坝是否提前塌坝，避免出现小洪水时泄空蓄不到预定水位，大洪水时又人为地加大了自然来水洪峰流量，造成对工程的不利影响，给防汛工作带来被动。

3.3   峰小量大原则

橡胶坝塌坝必须在洪水到来之前完成，塌坝造成的坝前蓄水出流过程须与上游来水洪峰流量错开，避免人为加大自然来水洪峰流量。橡胶坝设计塌坝时间一般在 4 小时左

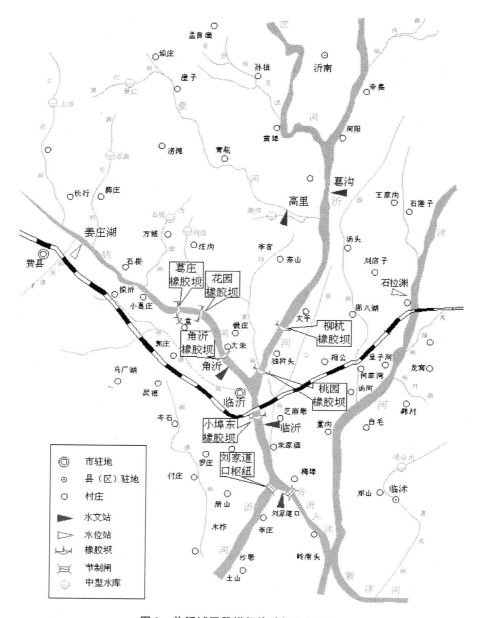

图 1　临沂城区段梯级橡胶坝位置图

右,若汛情紧急塌坝不及时则可能造成严重壅水;若洪水期间塌坝又会与自然来水洪峰叠加,对下游造成严重冲刷。无论哪种情况,都可能危及橡胶坝本身工程安全。如"05920"洪水,小埠东橡胶坝多次变动闸门并两次进行塌坝,第一次是 9 月 20 日 14 时 37 分 ~9 月 20 日 18 时 20 分,坝顶高程由 65.12 m 降至 63.70 m,塌坝过程中洪水已开始起涨。第二次是 9 月 20 日 22 时 ~9 月 20 日 23 时,坝顶高程由 63.70 m 降至 63.30 m,塌坝过程中洪水已接近洪峰。两次塌坝行洪,分别泄出坝前原有蓄水量 262.5 万 m³ 和 280.4 万 m³。

从传播时间来看,第二次塌坝行洪下泄水量正巧与临沂水文站洪峰叠加。本次洪水临沂水文站实测洪峰流量 5 030 m³/s,经分析,因小埠东橡胶坝塌坝增加的流量约占 15.9%,即 800 m³/s 左右。本次洪水期间对橡胶坝下游河床造成冲刷。为了避免该情况的发生,应尽最大努力人为造峰,使洪水成为平缓肥胖型过程,而不是陡涨陡落的尖瘦型过程,即峰小量大原则,确保工程安全。

3.4 泄量相当原则

洪水到来之前,梯级橡胶坝塌坝泄水腾空库容时,为了避免下泄的出流过程陡涨陡落对下游河床造成冲刷,上下游橡胶坝下泄的流量应基本相当。具体来说,沂河干流桃园橡胶坝塌坝下泄的流量应基本等于上游柳杭橡胶坝塌坝泄出的流量;祊河角沂橡胶坝塌坝下泄的流量应基本等于上游花园橡胶坝塌坝泄出的流量,而花园橡胶坝塌坝下泄的流量应基本等于上游葛庄橡胶坝塌坝泄出的流量。小埠东橡胶坝塌坝下泄的流量应基本等于角沂橡胶坝和桃园橡胶坝塌坝泄出的流量之和。洪水到来时,洪水的起涨段应与橡胶坝腾空库容时的落水段相衔接,这样既避免了洪水过程相互叠加,又可减少对下游河床的冲刷。

3.5 先蓄先泄原则

梯级橡胶坝无论是塌坝泄水腾空库容还是充水拦蓄洪水尾部均应按照先下游后上游的次序进行。塌坝时,先从小埠东橡胶坝开始,然后再开始沂河干流桃园、柳杭及祊河角沂、花园、葛庄橡胶坝(见图2),各橡胶坝塌坝开始时间可分别向后错开一个较短的预设时段长 Δt。蓄水时,亦先从小埠东橡胶坝开始,待小埠东橡胶坝蓄至汛限(汛末)水位时,再依次将沂河干流桃园、柳杭及祊河角沂、花园、葛庄橡胶坝蓄至汛限(汛末)水位。

图2 临沂城区段梯级橡胶坝塌坝、拦蓄次序示意图

3.6 跟踪预报原则

要做到蓄泄兼顾、调度得当,必须依靠准确、及时的水文情报、预报来进行。降雨发生后,应根据葛沟水文站、姜庄湖水位站的洪水预报方案快速预报出沂河干流及祊河上游来水的洪峰流量、洪水总量、洪水过程及到达梯级橡胶坝的传播时间,依此来决定橡胶坝的调度方式。小埠东橡胶坝下游 2.38 km 处的临沂水文站也应随时分析计算断面过水量,以及时掌握梯级橡胶坝开始拦蓄洪水尾部的时机,防止水大时蓄不了水小时蓄不足的情况发生。

上游来水是随机的,洪水预报必须是一个动态的过程,贯穿橡胶坝洪水调度的始终。换句话说,必须进行跟踪预报,为洪水调度提供全方位服务。而要做到这一点,市防办、水文局和工程管理单位应密切配合,汛情传递要畅通,洪水预报方法也要先进,预报手段也要实现现代化。

4　结语

小埠东橡胶坝初始建设时,主要是考虑用水和防洪,随着城市建设的需要,现在又增加了景观功能。至此,在临沂城区段修建了多处橡胶坝,上下串通、水面连接,其汛期联合控制运用方案的制定是一项重大而又迫切的课题,目前正处在分析研究阶段。本文提出的调度原则,是我们的一些粗浅认识,旨在为工程的管理、调度、安全提供遵循的依据,共同商榷。

参 考 文 献

[1]《中华人民共和国防洪法》(1997 年 8 月 29 日中华人民共和国主席令第 88 号发布).
[2] 鄂竟平. 论控制洪水向洪水管理转变[J]. 中国水利,2004,8:15-21.
[3] 徐新华. 河道管理范围内建设项目防洪影响分析及技术审查要求探讨[J]. 水利发展研究,2006,7:12-15.

作者简介:徐智廷(1952—),男,工程技术应用研究员,临沂水文水资源勘测局。联系地址:山东省临沂市兰山路 16 号。E-mail:zsg – wk@ 163. com。

MIKE 11 在入河排污口设置研究中的应用

李吉学　　汪中华

（山东省济宁水文水资源勘测局，济宁　272019）

摘　要：本文以王楼矿为研究区，在全面了解项目区取用水和污水排放情况的基础上，采用 DHI 的 MIKE 11 一维河道、河网综合模拟软件建立了排污河段的水流、水质数值模型，分析了入河排污口设置后污水排放对水功能区的影响范围、对水质、水生态、第三者权益的影响以及入河排污口设置的合理性，提出了入河排污口设置的位置和满足水功能区水质和南水北调沿线水质要求的排放措施，为全省大型能源企业入河排污口设置提供了技术范本，为确保南水北调工程水质安全，保护水环境，促进水资源的可持续利用提供了科学依据。

关键词：水文　入河排污口　设置　水质模型

1　问题的提出

开展排污口设置及环境影响的技术研究也是为更好地保护水资源，改善水环境，促进水资源可持续利用提供技术支撑。也是贯彻落实水利部 22 号令《入河排污口监督管理办法》和水利部水资源〔2005〕79 号文《关于加强入河排污口监督管理工作的通知》的精神的重要体现。要按照水功能区的需求确定保护目标，再核定水域纳污能力，提出限制排污总量的意见，管理入河排污口，逐步使水域达标。

本文以王楼矿井为项目区，利用丹麦 DHI 公司的水环境数值模拟软件 MIKE 11 建立了模拟河段的水流水质数值模拟系统，开展排污口设置及环境影响的技术研究。为各级水行政主管部门审批入河排污口设置方案以及建设单位合理设置入河排污口提供科学依据。

2　水质模型（MIKE 11）建立

水质模型提供一种预测自然过程和人类活动对河流水库系统中水的物理特性、化学特性和生物特性影响的手段，广泛应用于评价来自废水处理的废水负荷的影响。或者来自其他各种点源和非点源污染物负荷的影响。

通过深入分析研究区域水文气象、自然地理、河道和水流特性以及水污染的特点，应用 DHI 公司的水环境数值模拟软件 MIKE 11 来建立模拟河段的一维水流水质数值模拟系统。结合实测河道大断面资料，2004 年和 2005 年实测水文、水质数据。应用模型参数自动优选方法率定水动力模型和水质模型的参数值，进行模型的率定和验证工作。

2.1　MIKE 11 软件简介

MIKE 软件是丹麦水力研究所（Danish Hydraulic Institute，简称 DHI）的产品。DHI 主

要致力于水资源及水环境方面的研究,主要从事海岸、河口、港口工程、城市水力学、水资源及环境工程的设计、软件研究及水工模型实验等工作,拥有世界上最完善的软件、领先的技术。被指派为 WHO(The World Health Organization)水质评估和联合国环境计划水质监测和评价合作中心之一。

2.2 建立模型

（1）水动力模型。水动力模型所用的描述一维非恒定水流运动规律的基本方程为圣维南方程组,其数学表达式为:

$$\frac{\partial Q}{\partial x} + \frac{\partial A}{\partial t} = q$$

$$\frac{\partial Q}{\partial t} + \frac{\partial \left(\alpha \frac{Q^2}{A} \right)}{\partial x} + gA \frac{\partial h}{\partial x} + \frac{gQ|Q|}{C^2 AR} = 0$$

式中:Q 为流量;A 为断面面积;q 为旁侧入流;h 为水深;C 为谢才阻力系数;R 为水力半径;α 为动量系数,一般取值为 1。

糙率 n 也是水流数学模型中唯一需要确定的参数,它主要反映了水流、泥沙、河道特性等多种因素的综合阻力作用。

（2）水质模拟。描述物质在水体中输运的一维非恒定流对流扩散基本方程为:

$$\frac{\partial AC}{\partial t} + \frac{\partial QC}{\partial x} - \frac{\partial}{\partial x}\left(AD \frac{\partial C}{\partial x} \right) = -AKC + C_2 q$$

式中:C 为模拟水质指标浓度;D 为扩散系数;Q 为流量;A 为断面面积;K 为综合衰减系数;C_2 为源汇项浓度;q 为旁侧入流。

水质方程中需要确定的参数有两个:扩散系数 D 和综合衰减系数 K。扩散系数是反映河流纵向混合特性的重要参数,它主要受水流条件、断面特征及河道形态等因素的影响。污染物综合衰减系数是对污染物在水体中物理、化学和生化反应过程的一个综合描述,包括了河道自净、沉降、吸附等复杂的反应过程。

2.3 水流水质模拟模型计算单元概化和模型输入

一维水流、水质基本方程加上实际河流的边界情况,即构成了研究河段的数值模拟系统。对于此次研究的洙赵新河梁山闸以下至南阳湖入口河段,总长度为 24 km,考虑到在入湖口上游 500 m 处建有刘官屯控制闸,人为调控着洙赵新河与南阳湖的水流连通关系,建立的一维水流水质数值模拟模型的模拟范围为梁山闸下至刘官屯闸位置,总模拟河段长 23.5 km。利用收集到的 26 个实测大断面资料,对模拟河段进行水下地形的数值概化,河道纵向空间计算步长为 500 m;采用有限差分法,对水流、水质基本方程进行离散求解。

上边界:采用梁山闸处实测水质数据和梁山闸下泄流量。

下边界:水质下边界设定与刘官屯闸运用情况有关。刘官屯闸关闭时,流量为 0,水质浓度处理为 $\frac{\partial C}{\partial x} = 0$。刘官屯闸开启时,采用南阳湖南阳站水位作为边界条件,受南阳湖水位顶托作用,水流为双向流动,当水从洙赵新河流向南阳湖时,水质浓度处理为 $\frac{\partial^2 C}{\partial x^2} = 0$;

当水从南阳湖流向洙赵新河时,将进入模拟河段的物质量加入到下边界计算断面上,水质浓度处理为 $C = C_{bf} + (C_{out} - C_{bf})e^{-t_{mix}}$,式中,$C_{bf}$ 为南阳湖进入洙赵新河的入流浓度,C_{out} 为流向改变前洙赵新河的出流浓度,t_{mix} 为流向改变时间。

3　模型参数率定与验证

3.1　模型参数率定

使用 2005 年 3 月 1 日至 11 月 30 日实测水流资料和实测水质资料进行模型参数的率定工作。

通过模型试算,对实测数据和模型中的计算值进行对比分析,来率定水质模型中的参数,使两者拟合最好(见图 1 ~ 图 4)。通过参数率定,最终确定整个模拟河段内糙率取值为 $n = 0.028$。扩散系数 $D = 525 \ m^2/s$,BOD_5 综合衰减系数 $K = 0.003/h$,COD_{Cr} 综合衰减系数 $K = 0.008\ 2/h$。

3.2　模型验证

验证计算是模型应用前必须做的工作,它是验证模型可用性的重要环节。利用率定好的水流、水质模型参数,进行 2004 年水流、水质的数值模拟,并对比分析模型计算值与实测值。模型计算值较好地拟合了实测值,水流模型参数取值比较合理,建立的一维水流模型可以应用于预测计算。结合模型率定成果和验证情况,在现有资料基础上,可以认为水质模型的参数取值还是比较合理的,可以应用于水质预测计算。

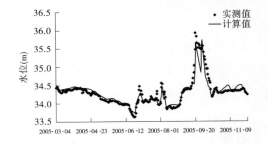

图 1　2005 年梁山闸下实测水位与计算水位对比

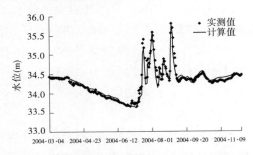

图 2　2004 年梁山闸下实测水位与计算水位对比

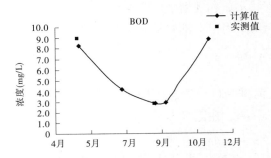

图 3　2005 年洙赵新河入湖口实测 BOD_5 与计算值对比

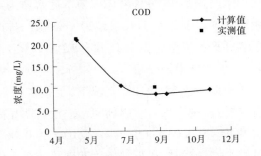

图 4　2005 年洙赵新河入湖口实测 COD_{Cr} 与计算值对比

4　水功能区水质数学模拟分析

4.1　水质预测设定条件

预测河段上边界来水流量受梁山闸调度控制,采用梁山闸 1980~2005 年 26 年实测资料进行频率计算,求得频率 90% 的枯水年放水量 3 535 万 m^3,并选用最不利典型年 1989 年的泄流过程。

分别按洙赵新河现状水质条件下和规划水质条件下的水质,进行预测分析,现状水质采用 2004 年和 2005 年实测水质的平均值,规划水质为地表水Ⅲ类水质标准限值。

4.2　水质预测方法

考虑南水北调工程要求,分为调水期 11 月~翌年 5 月和汛期 6~10 月两个水期。预测河段受梁山闸和刘官屯闸两个节制闸运用的影响,为受人控制河道,闸门调度使用对该河段水量影响较大。

在频率 90% 枯水年中 11、12 月和 3 月出现了上游梁山闸关闭没有下泄水量的情况,同时考虑到冬季 1、2 月存在的河道封冰情况,对调水期间 11 月~翌年 3 月采用完全混合水质模型来进行水质预测计算,从偏安全角度出发,不考虑污染物降解作用。

调水期 4、5 月,频率 90% 枯水年中梁山闸有少量放水,同时存在农业灌溉用水,模拟河段呈现一定流动状态,采用一维非恒定流水质模型进行水质预测计算。

汛期 6~10 月刘官屯闸开启泄洪放水,洙赵新河与南阳湖连通,一维流动特征比较明显,采用一维非恒定流水质模型进行水质预测计算。

排污条件:排污口作为源项处理,考虑排污口布设在距离入湖口 1、2、3、5、10、15 km 和 20 km 七种情况;废污水为连续均匀排放,排放浓度考虑经处理后正常排放浓度和异常未处理污水浓度两种情况。

4.3　计算工况

根据南水北调工程要求,水质预测计算中分为调水期和汛期两个水期。按照采用的水质预测计算方法不同,将调水期分为 11 月~翌年 3 月、4~5 月两个时期。在不同计算水期水质预测中,分别考虑河道本底水质为现状水质和规划水质两种状态,排污口布设在距离入湖口 1、2、3、5、10、15、20 km 位置,排污水平为正常排放和事故排放两种情况,水质预测计算工况组合见表 1,共有 58 种计算工况。

4.4　预测结果及分析

根据上述 58 种计算工况下,王楼矿井入河排污口设置从不同水期模拟计算结果分析,排污口设置后对洙赵新河水质没有明显的影响。在正常排污条件下,污染物浓度贡献率 BOD_5 为 0.03 mg/L 左右,CODcr 为 0.06 mg/L 左右。在上游来水符合功能区地表水Ⅲ类水质目标时,在正常排污和事故排污条件下,洙赵新河 CODcr 和 BOD_5 浓度值均不超过Ⅲ类水标准值,对洙赵新河水功能区(水域)水质、生态环境和第三者权益不会造成影响。

表1　水质预测计算工况组合

月份	污染排放情况	河道水质条件	排污口距入湖口距离(km)						
11月~翌年3月	正常排放	现状水质							
	事故排放	现状水质							
4~5月	正常排放	现状水质	1	2	3	5	10	15	20
		规划水质	1	2	3	5	10	15	20
	事故排放	现状水质	1	2	3	5	10	15	20
		规划水质	1	2	3	5	10	15	20
6~10月	正常排放	现状水质	1	2	3	5	10	15	20
		规划水质	1	2	3	5	10	15	20
	事故排放	现状水质	1	2	3	5	10	15	20
		规划水质	1	2	3	5	10	15	20

5　结语

采用 MIKE 11 一维河道、河网综合模拟软件,运用有限差分法对圣维南方程组进行数值求解,对模拟河段进行水下地形的数值概化,对水流、水质基本方程进行离散求解。解决了南四湖湖西河道长期由于地形复杂,无法率定参数,建立水流水质模型的难题。解决了投资2.635亿元、设计年生产能力45万t的王楼矿井入河排污口设置的难题,既满足了生产急需,又保护了南四湖的水环境,并促进当地经济与社会发展,为山东省排污口设置管理提供了科学的技术方法,促进了入河排污口设置的规范化管理,为水资源的可持续利用提供了科学依据。经济、社会效益和环境效益巨大,具有重大的推广应用价值。

参 考 文 献

[1] 水利部.建设项目水资源论证导则[R].北京:中国水利水电出版社,2005.
[2] 张炎斋,黄永生,等.蚌埠市杨台子污水处理厂排污口论证报告[R].蚌埠:淮河水资源保护科学研究所,2004,9.
[3] 汪中华,颜立,朱庆申,等.排污口设置及环境影响的技术研究[R].济宁:济宁水文水资源勘测局,2006.

作者简介:李吉学(1962—),大学本科,济宁水文水资源勘测局,高级工程师。联系地址:山东省济宁市红星中路15号。E-mail:jnsljx@163.com。

南四湖上级湖来水量分析 *

时延庆　张传信　张海廷

（济宁水文水资源勘测局，济宁　272000）

摘　要： 南四湖来水量曾有多个单位进行过计算，最早的成果为淮委规划院完成的1915～1982年系列，最新的成果为山东省水文水资源勘测局完成的1961～1999年系列，以往成果均未包含2002年特大干旱年，也未包含2003年以来的连续丰水年。本文依据实测水文资料，采用水文比拟法，分析计算了1961～2006年（水文年）上级湖的现状来水量系列，推求了不同保证率年来水量成果。系列代表性较好，成果合理。本成果对南四湖湖水资源科学利用具有十分重要的作用。

关键词： 南四湖　水文比拟法　来水量

1　流域概况

1.1　流域自然地理与气候概况

南四湖地处山东省的南部，湖面南北长126 km，东西宽5～25 km，最大水面面积为1 266 km²，流域面积31 513 km²。1960年10月在湖腰兴建二级坝枢纽工程，将南四湖分为上级湖和下级湖，其中上级湖最大水面面积为602 km²，占全湖水面面积的47.5%，上级湖流域面积为27 263 km²，占南四湖总流域面积的86.5%。上级湖湖东地区以山丘为主，上游山区为300～500 m的低山丘陵，滨湖地区为33～50 m的冲积平原，地势由东北向西南倾斜，山区面积占54%。湖西地区主要为黄泛平原，地势平坦，地面高程在33～63 m。

1.2　河流水系及水利工程

南四湖流域河流众多，大小河流有53条，其中有29条注入上级湖，15条位于湖西，14条位于湖东，流域面积大于1 000 km²的河流有9条。

自1958年以来，在上级湖湖东山区修建了大型水库4座，兴利库容2.76亿 m³；中型水库4座，兴利库容0.98亿 m³；大中型拦河闸20座，总蓄水能力1.28亿 m³。

1.3　上级湖特征水位和蓄水情况

上级湖兴利水位34.20 m（对湖区水位，本文采用废黄河口精高基面），相应库容9.24亿 m³，死水位33.00 m，死库容2.68亿 m³。

以南阳站水位资料分析，上级湖历年最高水位为36.48 m，发生在1957年；湖腰兴建二级坝工程后，上级湖历年最高水位为36.08 m，发生在1963年；上级湖历年最低水位为湖干，最早发生在1988年。年最高水位多发生在汛末，年最低水位一般发生在5月底或6月初，除1988、1989、1990、2002年等特枯年出现湖干外，其他年份最低水位一般在

＊ 本文原载于《治淮》2009年第11期。

32.90 m 左右。

2 上级湖现状来水量分析

2.1 计算方法及思路

现状来水量是指流域内现有水利工程条件下的来水量。上级湖流域内自1958年以来已建成大中型水库8座,总控制流域面积为1 436 km²,占上级湖流域面积的5.3%,总兴利库容为3.74亿 m³,占多年平均年来水量的15.3%。水库建成后,水文站实测来水量中已不包含水库工程的拦用水量,因此对水库未建成年份的拦用水量进行了扣除,形成水文站控制面积的现状来水量系列。

考虑到水文站控制面积与未控面积的流域下垫面情况相近,水文站未控面积的现状来水量系列采用水文比拟法求得。上级湖现状来水量为水文站控制面积的现状来水量与未控面积的现状来水量之和(不包括湖面损失水量)。

水文比拟法是无资料流域移置(经过修正)水文相似区内相似流域的实测水文特征的常用方法。当设计断面缺乏实测径流资料,但其上下游或水文相似区内有实测径流资料可以选作参证站时,可采用本法估算设计断面年径流。本法的要点是将参证站的径流特征值,经过适当的修正后移用于设计断面。进行修正的参变量,常用流域面积和多年平均降水量,其中流域面积为主要参变量,二者应比较接近,通常以不超过15%为宜,如径流的相似性较好,也可以适当放宽上述限制。

水文比拟法的公式为:

$$W = \frac{A}{A_{\text{参}}} \frac{P}{P_{\text{参}}} W_{\text{参}} \quad\quad\quad (1)$$

式中:W、$W_{\text{参}}$为设计流域、参证流域的年来水量,万 m³;A、$A_{\text{参}}$为设计流域、参证流域的流域面积,km²;P、$P_{\text{参}}$为设计流域、参证流域的年降水量,mm。

2.2 依据的资料

上级湖现设有辛店、南阳、马口、二级湖闸(闸上)4处水位站,在主要入、出湖河流上和二级坝设立进、出湖水文站13处,控制流域面积18 823 km²,占上级湖流域面积的69%。主要观测项目有水位、流量、泥沙、降水量、蒸发量、水温、冰情等,有长系列水文资料。为保证来水量系列的一致性,资料采用1961~2006年水文年系列。

2.3 水文站控制面积的现状来水量计算

计算分湖东、湖西区分别进行,首先对已有水文站的资料进行统计,湖东区采用了黄庄、书院、尼山水库、马楼、马河水库、滕县等6处水文站的资料;湖西区采用了后营、梁山闸、孙庄、鱼城等4处水文站的资料。对各水文站缺测年份采用年降水 - 径流关系进行插补,分别计算出各站的历年逐月现状来水量,最后相加求得湖东、湖西区已控面积的历年逐月现状来水量。

2.4 未控面积的现状来水量计算

未控面积的现状来水量,系根据水文站控制面积的来水量系列采用水文比拟法计算。年内月分配按已控面积来水量月分配比进行月分配。湖东区水文站已控面积为4 175 km²,未控面积为3 177 km²;湖西区水文站已控面积为14 648 km²,未控面积为4 661 km²。

2.5　上级湖不同保证率现状年来水量的计算成果

上级湖现状来水量为湖东、湖西区水文站控制面积的现状来水量与未控面积的现状来水量之和(不包括湖面损失水量)。

对上级湖 1961～2006 年 46 个水文年(当年 7 月至次年 6 月)来水量资料进行频率计算,求得多年平均年现状来水量为 251 068 万 m^3,经适线分析,采用 $C_v = 0.75$,$C_s = 2C_v$,求得保证率 50% 的年现状来水量为 205 876 万 m^3,保证率 75% 的年现状来水量为 113 043 万 m^3,保证率 95% 的年现状来水量为 38 100 万 m^3。

3　上级湖现状来水量系列的合理性检查

3.1　系列的可靠性分析

上级湖 1961～2006 年现状来水量(水文年)系列采用了入湖水文站的实测资料分析,分别对湖东、湖西区来水量系列进行计算,依据资料可靠。

上级湖来水量有多个单位进行了计算,现进行比较分析,以说明本次成果的可靠性。与历次计算成果比较,本次计算值偏小。分析其原因,南四湖 1989～2002 年为枯水段,其入湖水量偏少,采用资料系列中包含了该枯水段,因此计算值偏小是合理的(见表 1)。

表 1　上级湖来水量成果对照

计算单位	资料系列	上级湖来水量(亿 m^3)
淮委规划院	1915～1982	26.91
淮委规划院	1950～1989	26.44
山东省水文水资源勘测局	1956～1988	28.19
山东省水文水资源勘测局	1961～1999	25.00
本文成果	1961～2006	25.11

3.2　现状来水量系列的特征和合理性分析

上级湖 1961～2006 年现状来水量系列的特征,一是来水量的年际变化大,丰、枯水年明显。二是丰水年出现次数少,来水量大。三是丰、枯水年连续出现。枯水周期多且来水量明显偏少,最枯的 2002 年来水量为 17 486 万 m^3,为多年平均年来水量的 7.3%,对正常供水极为不利。

经点绘上级湖现状来水量系列与同期流域平均降水量系列过程线进行对照,两系列丰枯变化规律一致。

3.3　现状来水量系列代表性分析

由于上级湖实测径流资料系列较短,附近也无长系列径流资料,考虑到降水和径流关系较密切,因此选用附近雨量站长系列降水资料进行代表性分析。经对比,黄台桥站长系列(1916～2006 年)与样本系列(1961～2006 年)的均值、C_v,两个系列均值、C_v 相近,短系列年降水资料在长系列中具有较好的代表性。上级湖年降水量系列的丰、枯变化规律与黄台桥站相似,连续枯水年组的出现也比较相近,因此 1961～2006 年上级湖来水量资料系列也具有较好的代表性。

4　结语

上级湖来水量曾有多个单位进行过计算,最早的成果为淮委规划院完成的 1915 ~ 1982 年系列,最新的成果为山东省水文水资源勘测局完成的 1961 ~ 1999 年系列,以往成果均未包含 2002 年特大干旱年,也未包含 2003 年以来的连续丰水年,以往上级湖来水量成果已无法满足目前上级湖水资源开发利用的需要。

本文依据实测水文资料,采用水文比拟法,分析计算了 1961 ~ 2006 年(水文年)上级湖的现状来水量系列,推求了不同保证率年来水量成果,上级湖多年平均现状年来水量为 25.11 亿 m^3。

经合理性分析,本文完成的上级湖现状来水量系列代表性较好,成果合理。本成果对南四湖湖水资源科学利用具有十分重要的作用。

参 考 文 献

[1] 芮孝芳. 水文学原理[M]. 北京:中国水利水电出版社,2004.
[2] 黎国胜. 工程水文与水利计算[M]. 郑州:黄河水利出版社,2009.

作者简介:时延庆(1974—),男,工程师,济宁水文水资源勘测局。联系地址:山东省济宁市红星中路 15 号。E-mail:shiyanqing_rizhao@163.com。

排污口设置及环境影响评价研究

舒博宁　李吉学　张秀敏

（济宁水文水资源勘测局,济宁　272019）

摘　要:本文以圣城热电厂为研究区,在现场查勘、调查和收集圣城热电厂及相关区域基本资料和补充监测的基础上,依据水文学、环境水力学和环境科学等原理,采用 DHI 的 MIKE 11 一维河道、河网综合模拟软件建立了排污河段的水流、水质数值模型,分析了入河排污口设置后污水排放对泗河水功能区的影响范围,对水质、水生态、第三者权益的影响及入河排污口设置的合理性做出了客观科学的阐述,并提出了入河排污口设置的具体位置和满足水功能区水质与南水北调沿线水质要求的排放措施。

关键词:排污口　环境影响　数学模型

1　研究现状

国内排污口设置的研究起步比较晚,就其概念、研究方法,都还没有形成统一的认识。目前全球范围内有关排污口设置的研究主要集中在我国。黄河水资源保护科学研究所郑建国、黄河流域水资源保护局谢晨和河海大学孙照东一起研究针对黄河流域废污水排放情况和水体污染现状二级区污染物限排总量分配、建立排污权分配与交易制度,分析了入黄污染物限排及排污口设置论证的相关要求和存在的主要问题[1]。福建省水产研究所蔡玉婷老师对位于九龙江下游的龙海市东园排污口进行环境因子质量调查,又根据污染物排海总量控制的实际需求,特别是当今普遍关注的海水水质恶化、赤潮频发、生态问题进行了研究[2]。山西省忻州市水文水资源勘测分局张文同通过对原平市入河排污口的调查,从排污口的地理位置、排放方式、废污水性质、废污水量等进行了计算统计,采用等标污染负荷法和污染物浓度超标倍数法对排污口的污染程度进行了分析,指出原平市重点入河排污口的具体位置[3]。浙江省水文局蔡临明老师通过对浙江省水功能区的排污口的研究,得出了水功能区排污口主要存在的问题,并提出了针对水功能区排污口具体可行的管理和治理措施[4]。

2　研究区状况简介

2.1　地理位置

圣城热电厂位于济宁市以东约 70 km,厂址在曲阜市区西北 6 km,为规划的城市工业开发区内,南距 327 国道约 3.0 km,东距城市西外环路 1.0 km,厂界南面和北面均为开发区规划的道路。厂区原为一片农田空地,规划占地 500 亩。此处交通位置优越,运输条件便利,南邻 327 国道,东为外环路,南面、北面、西面均为开发区规划道路,且邻近 104 国道、日菏高速公路和京沪铁路,公路、铁路交通运输均十分便利。圣城热电厂位置示意见图1。

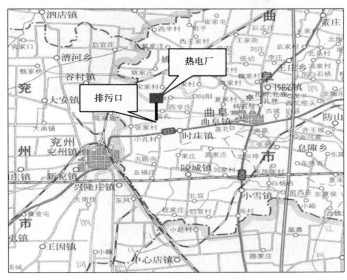

图1　圣城热电厂位置示意图

2.2　水功能区划和水质保护目标

按照《中华人民共和国水法》的规定,山东省人民政府批准实施的《山东省水功能区划》,将整个泗河干流一级水功能区定为泗河济宁开发利用区。其中,二级水功能区泗河红旗闸至接庄公路桥定为泗河曲阜兖州段农业用水区,全长91.5 km,主要满足沿河两岸农业灌溉用水需求,并且必须符合南水北调东线工程调水水质要求,规划水质目标为《地表水环境质量标准》Ⅳ类水标准。

2.3　污染来源、排放状况

圣城热电厂排放的废水主要包括两部分,即生活污水和工业废水。其中,生活污水经地埋式接触生化氧化池进行处理,工业废水主要包括化学废水、锅炉酸洗废水、冷却塔排水、机修废水、冲洗水等,化学和锅炉酸碱废水进中和池中和处理,机修含油废水经隔油池隔油处理,冲洗废水经沉淀池混凝沉淀处理。生活污水主要污染因子是 COD_{Cr}、SS、NH_3-N,化学废水主要污染因子为 pH 和无机盐类,锅炉酸洗废水主要污染因子为 pH、SO_4^{2-},冷却塔排水主要污染物因子为 SO_4^{2-},冲洗水主要污染因子为石油类、SS。各类废水合计外排量:夏季 254 m^3/h,冬季 136 m^3/h,全年外排废水总量为98 万 m^3。

2.4　污水处理及水质分析

圣城热电厂排放的废水主要包括厂区工业废水、去离子水处理酸碱废水、定期的锅炉酸洗废水、冷却塔循环水排污水、锅炉排污水、输煤系统冲洗水、工业含油废水、生活污水等。热电厂工程按照废水类型不同,处理工艺系统不同,分设工业废水集中处理站和生活污水集中处理站。圣城热电厂外排废水水质情况详见表1。

表 1　电厂外排废水水质情况

项目	pH	COD_{Cr}	SS	石油类	废水量(万 m^3/a)
废水排放浓度(mg/L)	7 ~ 9	≤60	≤70	≤1	98 (每年 5 000 h 运行时间计)
(GB 8978—1996)一级标准	6 ~ 9	100	70	10	
废水中污染物排放量(t/a)	—	≤58.8	≤68.6	≤0.98	

3　水质模型建立

3.1　一维水流水质模拟模型

根据泗河水系情况,建立一维水流水质数值模拟模型的模拟范围为泗河龙湾店闸下至金口坝,全长 7.4 km。模拟河段内没有取用水口,北大沟近似在模拟河段中部位置汇入。利用丹麦 DHI 公司的水环境数值模拟通用商业软件 MIKE 11 来建立模拟河段的一维水流水质数值模拟系统,见图 2。模拟河段水下地形的数值概化利用收集到的 17 个实测大断面资料,见图 3。MIKE 11 系统中采用有限差分法,对水流、水质基本方程进行离散求解。模拟河段共剖分为 33 个计算节点,空间步长约为 250 m,计算时间步长为 1 min。

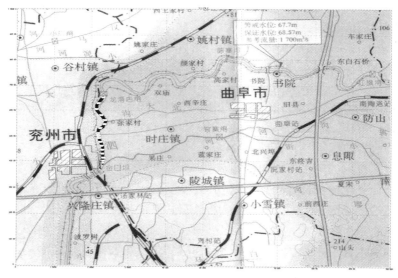

图 2　泗河龙湾店—金口坝一维模拟系统

3.1.1　水质模拟指标

圣城热电厂排放主要污染物为 COD_{Cr},此次水质预测计算的模拟指标定为 COD_{Cr}。

3.1.2　水流边界处理

上边界为龙湾店闸下断面,采用龙湾店闸泄水流量过程作为上边界条件。

下边界为金口坝坝上断面,采用断面水位—流量关系曲线作为下边界条件。

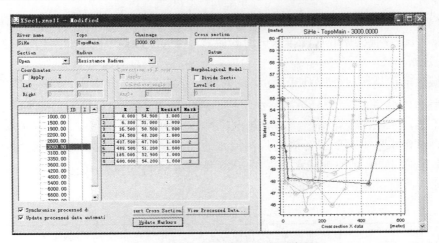

图 3   模型中采用的实测大断面资料

3.1.3   水质边界处理

上边界来水水质:采用龙湾店实测水质数据。

下边界:水质浓度处理为

$$\frac{\partial^2 c}{\partial x^2} = 0 \tag{1}$$

式中:c 为模拟水质指标浓度,mol/L;x 为河段长度,m。

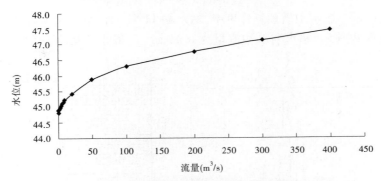

图 4   模型下边界水位—流量关系曲线

3.2   预测工况

3.2.1   预测时段

根据对模拟河段水质分析,枯水期 11 月至翌年 4 月水质较差,现状 2006 年枯水期龙湾店 COD_{Cr} 浓度平均为 37.9 mg/L、金口坝 COD_{Cr} 浓度平均为 32.0 mg/L,均超过了规划水质Ⅳ类水标准值($COD_{Cr} < 30.0$ mg/L),模拟河段枯水期水质较差,为Ⅴ类水。水质预测计算中主要对枯水期北大沟的排污影响进行预测分析。

3.2.2   污染排放工况

圣城热电厂设计规模废水外排量为:夏季 254 m³/h,冬季 136 m³/h,全年外排废水总量为 98 万 m³。现有装机条件下外排废水量为 57.6 m³/h。在水质预测计算中,对现状和设计规模的外排废水量进行模拟计算。现状水平下北大沟排入泗河的最大 COD_{Cr} 为 134.4 kg/d,设计规模下北大沟排入泗河的最大 COD_{Cr} 量为 219.4 kg/d。

3.2.3 预测工况

圣城热电厂排污口外排 COD_{Cr} 污染物对泗河影响的预测分析中,主要模拟预测计算水质较差的枯水期,并组合分析泗河水质的不同状态、圣城热电厂排污量的不同规模等不同工况下泗河水质的变化情况。圣城热电厂排污影响水质预测计算工况见表 2,分为排污口两种排污水平(现状、设计规模)、泗河水质初始状态两种情况(现状、规划水质),共 4 个计算工况,其中,泗河现状水质采用 2006 年枯水期平均 COD_{Cr} 浓度,泗河规划水质采用地表水Ⅳ类标准限值 30.0 mg/L。

表 2　水质预测计算工况

工况	龙湾店来流 COD_{Cr} 浓度(mg/L)	北大沟排污量		泗河水质	
		废水量(m³/s)	COD_{Cr} 浓度(mg/L)	龙湾店 COD_{Cr} 浓度(mg/L)	金口坝 COD_{Cr} 浓度(mg/L)
工况 1	37.9	0.032	48.63	37.9	32.0
工况 2	37.9	0.054	47.02	37.9	32.0
工况 3	30.0	0.032	48.63	30.0	30.0
工况 4	30.0	0.054	47.02	30.0	30.0

圣城热电厂排污影响水质预测计算中,枯水期 11 月 1 日至翌年 4 月 30 日龙湾店设计枯水流量过程见图 5。枯水期平均流量为 0.17 m³/s,最小流量为 0.013 m³/s,最大流量为 0.457 m³/s。

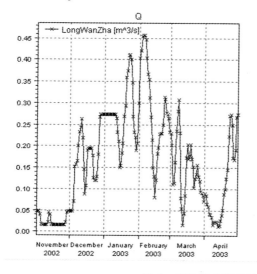

图 5　设计枯水期龙湾店流量过程

3.3 预测结果及分析

利用建好的泗河龙湾店—金口坝河段一维水质模型对4种工况下泗河水质变化进行数值模拟计算。各工况下金口坝断面枯水期COD_{Cr}浓度过程见图6和表3。

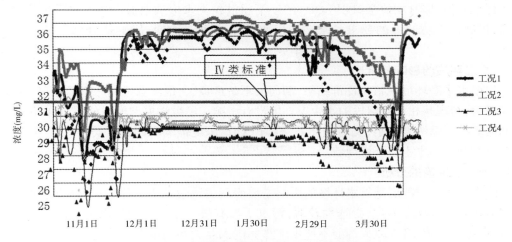

图6 各工况预测金口坝COD_{Cr}浓度过程

表3 各工况预测金口坝COD_{Cr}浓度过程 （单位:mg/L）

月份	工况1	工况2	工况3	工况4
11	29.38	32.46	27.44	30.00
12	33.65	34.85	28.37	29.97
1	35.34	35.82	29.01	29.92
2	35.23	35.78	28.94	29.90
3	34.15	35.20	28.68	29.94
4	32.05	34.01	28.07	29.99

根据水质预测结果分析,在泗河水质现状水质条件(水质为Ⅴ类)和圣城热电厂现状排污量条件下,在北大沟汇入泗河口下游4.3 km处金口坝断面COD_{Cr}浓度最大超过Ⅳ类水标准限值5.5 mg/L;圣城热电厂设计排污量规模下,金口坝COD_{Cr}浓度最大超过Ⅳ类水标准限值6.0 mg/L;圣城热电厂两种排污规模下,模拟河段泗河水质仍旧维持在现状Ⅴ类状态,没有改变现有的水质类别。在泗河水质为规划Ⅳ类条件下,圣城热电厂两种排污规模下,预测得到的金口坝断面水质依旧为Ⅳ类,圣城热电厂现状排污量条件下金口坝COD_{Cr}浓度要低于Ⅳ类水标准限值,近似比Ⅳ类水标准限值小1.0 mg/L;圣城热电厂设计排污量规模下金口坝COD_{Cr}浓度基本维持在Ⅳ类水标准限值。

4 影响分析及防治措施

4.1 水功能区水质的影响分析

通过水质预测结果综合分析可得,在最不利的条件下,圣城热电厂的排污也不会引起泗河水质类别发生改变,而且,在泗河水质为规划Ⅳ类水质条件和圣城热电厂现状排污条件下,引起的泗河 COD_{Cr} 浓度改变并不会波及金口坝断面,泗河水质能够满足规划的Ⅳ类标准;设计排污条件下,金口坝 COD_{Cr} 浓度基本维持在Ⅳ类水标准限值,个别时间超出Ⅳ类水标准限值,但月均值金口坝 COD_{Cr} 浓度不超过Ⅳ类水标准限值。泗河水质现状没有改变,仍满足水功能区的要求。水功能区水质基本没有改变,能够达到水功能区目标水质。

4.2 生态环境的影响分析

根据水生态环境现状与评价结果,泗河段不是产鱼区,也没有鱼类产卵场分布。排污口设置后,与现状相比对河段的水生态环境没有影响。经数学模型模拟分析,热电厂排水入泗河后其贡献浓度很小,规划条件下,泗河 COD_{Cr} 浓度值均不超过Ⅳ类水标准值,因此不会改变泗河的水生态环境现状。

4.3 地下水影响的分析

热电厂废水对浅层地下水环境的影响主要表现为通过地表入渗,补给地下潜水。北大沟沿线表层以黏土为主,渗透性较弱,污水下渗有限。处理后的污水从处理厂区排出后,污水进入暗管,排入北大沟前不产生下渗。进入北大沟后沿北大沟进入泗河,下渗水量有限,排污口设置对周围地下水不产生影响。经对热电厂水质分析和浅层地下水调查,未来热电厂排水在水化学成分上不会对地下水造成明显的环境影响。

4.4 农业灌溉用水的影响

泗河曲阜兖州农业用水区龙湾店闸下至金口坝没有排灌站,没有渔业养殖户,目前在龙湾店闸以下没有其他取排水用户,也没有其他入河排污口。热电厂排水处理后出水水质能够达到水功能区水质目标,符合《农田灌溉水质标准》(GB 5084—92)的要求,可以用于沿岸两岸的农田灌溉,既能满足农业用水,又能充分利用企业污废水,节约水资源。

4.5 南水北调输水的影响

在上游来水符合功能区水质目标时,规划条件排污情况下,泗河 COD_{Cr} 浓度值基本符合Ⅳ类水标准值,个别时间超出Ⅳ类水标准限值,泗河金口坝河段距泗河接庄公路桥 21.8 km,经过河道降解其水质可达到Ⅳ类水标准。泗河入湖口在南阳湖东侧,南水北调路线基本在南阳湖中部,与泗河入湖口相距较远,不在其影响范围内。因此,热电厂排水通过泗河降解后进入南阳湖,没有改变泗河入湖口水质现状。

4.6 水功能区水质的影响分析

(1)加强水功能区监督管理。

(2)规范排污口的设置。

(3)积极进行污水的回用,减少污废水排放。

(4)加强管理,提高企业环保意识。

(5)排污水进入城市污水处理厂。

参 考 文 献

[1] 郑建国,谢晨,孙照东.黄河流域入河排污口设置论证的认识与思考[J].人民黄河,2009.
[2] 蔡玉婷.龙海市东园排污口与邻近海域环境质量评价[J].集美大学学报,2010.

［3］张文同.原平市重点入河排污口的确定［J］.地下水,2009.

［4］蔡临明.浙江省重点水功能区入河排污口研究［J］.中国水利,2009.

［5］潘欣.府南河排污口近区水质模型研究［D］.中国优秀博硕士学位论文全文数据库(硕士),2007.

［6］侯得印.鄱阳湖水环境质量评价与水质预测模型的研究［D］.中国优秀硕士学位论文全文数据库,
2007.

［7］唐迎洲.WASP5 水质模型在平原河网区水环境模拟中的开发与应用［D］.中国优秀博硕士学位论
文全文数据库(硕士),2004.

［8］苗红波.城市河流排污口近区污染物二维水质模型［D］.中国优秀博硕士学位论文全文数据库(硕
士),2005.

［9］方子云.水资源保护工作手册［M］.南京:河海大学出版社,1988.

［10］袁弘任.水资源保护管理基础［M］.北京:中国水利水电出版社,1996.

作者简介:舒博宁(1980—),男,工程师,济宁水文水资源勘测局。联系地址:济宁市红星中路 15 号。E-mail:zhusbn_2001@163.com。

浅谈滨州市农业旱灾及防御措施及宏观建议

卢光民　　孔令太　　吴冰雪

（滨州水文水资源勘测局,滨州　256609）

摘　要: 滨州市是山东省北部重要的商品粮棉基地,但干旱缺水严重制约了滨州市农业经济的发展,按水资源人均占有量计算,滨州属资源型极度缺水地区,加之近年黄河流域水资源日趋紧缺,所以干旱缺水将是滨州市长期存在的自然灾害。造成的经济损失、农业受灾、成灾面积与总播种面积的百分比在全省范围内都是比较重的。特别是近年来全球气候异常,气温持续偏高,重大旱情发生的概率也随之增加。为此,本文揭示滨州市的气候、水文规律,归纳了旱灾成因及特点,阐述旱灾对农业可持续发展的影响,并提出了相应措施。

关键词: 旱灾　成因　特点　对策

1　概况

1.1　地理概况

滨州市位于山东省北部、黄河三角洲腹地、渤海湾西南岸,北通大海,东邻东营市,南连淄博市,西南与济南市交界,西与德州市接壤,西北隔漳卫新河与河北省沧州市相望。

全市境域横跨黄河两岸,地理坐标为东经 $117°15'27''\sim118°37'3''$,北纬 $36°41'19''\sim38°16'14''$,东西最大跨径 120 km,南北最大跨径 175 km,总面积 9 444.67 km²。现辖 6 县 2 区,全市总人口 360 万人,其中农业人口 306 万人,占 85.0%;耕地面积 600.84 万亩,占土地总面积的 42.44%,其中水浇地 580.71 万亩。全市是以种植业为主的农业产区,是黄河三角洲开发的主战场,也是海上山东建设的重点区域。

1.2　水文特征

全市历年平均降水量大部分地区为 575~600 mm,最多年 1 106.7 mm,最少年 365.4 mm,属资源型缺水区。黄河以南地区降水量多于黄河以北。降水量在季节之间有明显差异,春季降水量占全年降水量的 11%~14%,夏季占 61%~72%,秋季占 15%~20%,冬季占 2.4%~4%,年内分布极不均匀。全市历年平均降水(日降雨量≥0.1 mm),日数为 65~81 d,7 月最多,为 11~15 d,1 月最少,为 2~3 d。多年平均陆面蒸发量 900 mm,平均气温 12.4 ℃,具有温度适宜、光照充足、四季分明、十年九旱的特点。

1.3　抗旱工程现状

1.3.1　引黄

黄河水为滨州市主要客水资源,目前有白龙湾、大崔、张肖堂、兰家、小开河、韩墩、打渔张、簸箕李、张桥等十几处引黄涵闸,年引黄水量达十多亿 m³,是全区工农业生产和人民生活用水的主要来源。但近年来,黄河过境水量明显减少,导致引水工程无水可引,无法满足农田灌溉的需要。

1.3.2 河道

境内除过境黄河外,以黄河为界,南部为黄河流域,北部为海河流域。各河大致流向东北,注入渤海。黄河境内河段长 94 km,南有小清河、孝妇河、杏花河、支脉河 4 条主要河流,北有徒骇河、德惠新河、马颊河、漳卫新河、秦口河、潮河 6 条主要河流。近年来,黄河水资源明显偏少,而境内河流均属雨源型河流,受降水年内分配不均的影响,汛期洪水集中,但到非汛期,多数河道出现断流、干枯。

1.3.3 水库

全区有库容超千万立方米的平原水库 9 座,中小型库塘 248 座,全区蓄水能力达 2.5 亿 m^3。黄河水是全区的主要客水资源,这些工程有效地增加了滨洲市引黄蓄水能力,一定程度上缓解了全市(主要是城镇居民生活及工业用水)的水资源供求紧张状况。

2 旱灾分级及危害

2.1 旱灾分级

2.1.1 史料中旱灾等级记载

史料记载多是定性文字描述,对其进行综合评定可分出特、重、轻三级。

特级:灾情极重,区域很广。70% 以上的区域灾情严重,农作物减产七成以上或绝产。如史书和地方志中描述的"赤地千里"、"饿殍当道"、"人相食"等,亦属此类。

重级:灾情较重,区域较广。40% ~ 70% 的区域灾情较重,相当于作物减产五成左右。如史书和地方志中描述的"夏五月大旱"、"春夏秋连旱"等,归入此类。

轻级:灾情中等程度或轻度。这一等级的灾害发生的频率较高,不足 40% 的区域受灾,且面积小,时间短。相当于作物减产两成到三成。如史志所描述为"旱有收""减租税"等,属于此类。

2.1.2 从年降水量对作物影响情况分析

500 ~ 600 mm 为旱涝较适宜的一般年份;500 ~ 400 mm 有可能出现轻旱;400 ~ 300 mm 有可能出现重旱;小于 300 mm 时则可能出现大范围,甚至出现跨季节的连旱,造成特旱灾害。

2.2 旱灾的严重性

1949 ~ 2009 年滨洲市共遭受大旱 17 次,其中最大受灾面积为 1985 年的 971 万亩,占总耕地的 88%。给农业生产造成严重损失(见表 1),同时给工业及城镇居民用水带来严重困难。

3 致灾成因

(1)气象变化的周期震荡,降水量出现连续几年的严重偏少阶段,是造成滨州市严重干旱灾害的主要原因。

根据滨州市 1950 ~ 2005 年历年平均降水量资料,绘制历年降水量趋势线图,可以看出:历年降水量趋势线走势向下,年降水量有明显减少趋势(见图 1),说明了滨州市近期正处于相对枯雨期。

表 1　1949 ~ 2009 年大旱年农田受灾统计举例

受灾年份	降水量(mm)	受灾情况
1952	476.3	253.9 万亩农田受灾,减产 8 188 万斤
1959	540.6	受灾 941 万亩,减产 42 243.7 万斤
1961	708.1	受灾 712 万亩,减产 35 881 万斤
1965	384	受灾 190.5 万亩
1968	334.6	受灾 800 万亩
1970	571.9	受灾 25 万亩
1972	572.4	受灾 113.4 万亩,绝产 12.29 万亩
1975	484.6	受灾 306.8 万亩,绝产 57.6 万亩
1978	593.1	受灾 250 万亩
1981	396.8	受灾 528 万亩
1982	417.2	受灾 488 万亩
1989	330.1	重旱 359 万亩
1997	517.5	重旱 358 万亩,成灾 260 万亩
2000	409	重旱 505 万亩
2002	292	受灾 582 万亩
2008	450	重旱 355 万亩
2009		冬春连旱,重旱 43.5 万亩,受灾 220 万亩

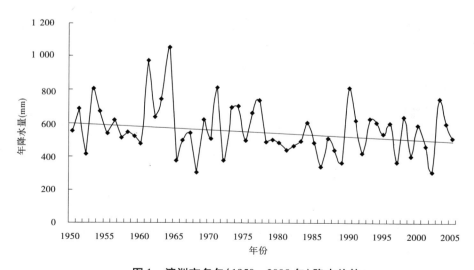

图 1　滨洲市多年(1950 ~ 2005 年)降水趋势

　　(2)降水量的年内分布极不均匀,是造成"十年久旱"、"春旱、夏涝、晚秋又旱"的主要原因。

　　滨州市冬春季节气候寒冷、干燥、少雨雪。12 月至翌年 2 月平均降水量 15 mm,占全年平均的 3% 。3 ~ 5 月降水量 60 mm,占全年 12% ;夏季高温,降水量相对集中。6 ~ 8 月降水量 370 mm,占全年的 60% ~ 70% ,是一年之中的丰水期;秋季少雨,蒸发量大。9 ~ 11 月降水量 90 mm 左右,约占全年降水量 15% ,因而冬春季是每年中最旱的季节,秋旱往往略轻于春旱。

　　(3)蒸发量大,水资源消耗多。蒸发量远远大于降水量,形成土壤中水分“供不应求”,致使季节性旱情发生。

　　根据 1993 ~ 2007 年的多年平均蒸发量计算,滨州市平均蒸发量为 900 mm,约为多年平均降水量的 1. 5 倍,日最大蒸发量一般出现在 5 月、6 月(见图 2)。

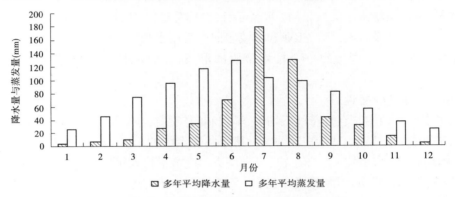

图 2　滨洲市多年平均降水量与蒸发量

　　由图中可见:除 7、8 月的多年平均降水量尚大于蒸发量外,其他月份都小于蒸发量。每年春季至初夏(3 ~ 6 月)为全年最大,此时正是一年中降水量稀少而旱热风最多的季节,由于降雨少且迅速蒸发,无法满足农作物生长需求。一般年份小麦从生长期的 10 月到次年 5 月所消耗的水量为 300 ~ 500 mm,而同期的多年平均降水量只有 130 mm,不足需水量的 50% ,春季是冬小麦的从返青到成熟的关键时期,其需水量占整个生长期需水量的 70% ,而这一时期降水稀缺,造成农业旱灾。

3. 4　浅层地下水漏斗

　　滨州市农业井灌主要依靠浅层地下水,但是浅层地下水资源也很紧缺,大规模的超采短期内很难得到恢复。从 20 世纪 70 年代开始,随着地下水开采量的加大,地下水埋深呈逐年下降的趋势。年平均地下水埋深已由 20 世纪 90 年代的 2. 50 m 下降至 2008 年底的 3. 60 m,下降幅度为 1. 10 m;西南部浅层地下水降落漏斗区长期存在,东北部沿海地区由于海水入侵,浅层地下水无开采价值,且土层碱化严重,灾情重于其他区域。

4　致旱特点

4. 1　季节性

　　滨州市旱情出现频次具有明显的季节性。根据长系列降水资料分析:春季(3 ~ 4 月)出现旱年占统计年数的 80% ,春夏连旱(3 ~ 6 月)占统计年数的 50% ,盛夏初秋(7 ~ 8 月)的旱年出现次数占统计年数的 20% 。晚秋(9 ~ 10 月)出现次数又明显增多,占统计年数的 70% 。可见:春旱,晚秋又旱的特点非常明显。根据 1953 ~ 2007 年全市年平均降水量和冬小麦、夏玉米两种作物需水量(小麦 300 mm、夏玉米 300 ~ 400 mm)对照分析,这两种作物的生长期(10 月至次年 5 月、6 ~ 9 月)旱情发生年次如下:冬小麦发生旱情 50 年次,占统计年份的 95% ,夏玉米生长期发生旱情 9 年次,占统计年份的 20% ,正常年 15 年次,占统计年份的 28% 。

4.2 旱灾的连续性

大量的资料统计表明,旱灾的发生、发展具有连续性的特点,以春夏、秋冬、冬春的形式较多见,其中春夏(1 ~ 5 月)出现为最多,如新中国成立后的 1965 年、1968 年、1972 年均出现了春夏连旱;1986 年、1987 年、1988 年、1989 年、2005 年、2007 年、2008 年全市处于干旱状态,黄河过境水量大减,导致无水可引,大部分地区农田土壤含水率在 10% 以下,土地干裂,旱灾波及六县二区,工业和城镇居民生活用水受到严重影响。

旱情的连续发生则导致一个枯水阶段的形成,一般从轻旱到特旱,逐步持续加深升级。

4.3 旱涝灾害的交替性

因降水在年内的时空分布极不均匀,旱灾和涝灾往往也会交替出现,符合"春旱秋涝晚秋又旱"的气候规律。1949 ~ 2008 年,其间共发生大的旱灾 17 次,平均 3.5 年发生一次;发生涝灾 14 次,平均 4.3 年一次;发生潮灾 10 次,平均 6 年发生一次。一个显著的特点是:"旱多于涝、涝重于旱、潮重于涝"。无论是在年际间还是季节上,都有它的连续性,而且连续性越长,则灾害程度越严重。在年际间,由于这种连续性的存在,便形成了丰水段或者枯水段。在季节上,旱灾以春、秋二季为重点,以春夏连旱为最多,但又以春夏秋连旱为严重;涝灾以夏、秋二季为重点,以秋涝为最多,又以夏、秋连涝为最严重。潮灾以春、秋二季为重点,以秋潮灾为最多,这种旱涝交替发生是农业生产上最值得注意的灾害。

5 减灾防御对策

5.1 依法管好用好水资源

贯彻落实《中国人民共和国水法》及有关法律法规,管好用好赖以生存发展的水资源。做到"多龙治水,一龙管水",尽快实现"统一规划、统一调度、统一发放取水许可证、统一征收水资源费",达到统筹兼顾,减轻旱灾影响。

5.2 开源节流,合理开发利用黄河水资源

黄河水为滨州唯一客水资源,亦是各大中型水库的唯一水源,秋冬季节,黄河水质好、含沙量小,应充分利用现有工程引水蓄水,适时冬灌。另外,积极争取南水北调东线工程将水引入滨州市以解燃眉之急。同时走节水型农业与可持续发展之路,提高农田灌溉水的利用率。滨洲市农业用水量占总用水量的 80% ,目前灌溉水利用率较低,进一步推行喷、滴、微灌及覆膜穴播等节水抗旱新技术,调整农业结构,大力推广耐旱优良品种,提高作物的抗旱能力。近年来,工业的高速发展使水质污染越来越严重,滨州市境内的几条主要河道均遭受不同程度的污染,有的河段蓄水几乎失去灌溉价值。应采取强有力措施,节能减排制污,提高水的重复利用率,实现一水多用,利用中水浇灌农田果园,节约水资源。

5.3 在黄河以南地区大力发展井灌,合理利用引黄灌溉

地下水实测资料显示:位于黄河南岸的邹平、博兴及惠民部分地区,由于引黄条件好,地下水资源丰富,地下水位高,可加大本地浅层地下水的开采力度。黄河以北的沾化、无棣、阳信等地,在避免土壤盐碱化的同时节约有限的引黄水资源,充分利用水利基础设施,合理调度,雨季蓄水,以丰补歉,进行人工回灌或引渠补源,丰水压碱,以解农业生产之需。

5.4 加强旱灾规律的研究

特别要加强水文、气象等前期工作,做好长远抗旱减灾规划、设计工作,深入探索和研究滨州市旱灾的特点规律,加强旱灾预测研究,提高宏观决策的科学性,使抗旱减灾工作逐步做到科学化、系统化、规范化。

5.5 做好旱情的实时监测预报

尽快建立全省各城市旱情监测预报系统,充分发挥滨州市已有的雨量站、墒情站、地下水位站、水情监测的实时监测手段,提高长、中、短期旱灾预报技术及服务水平,做好防灾减灾工作。

参 考 文 献

[1] 孙昭民. 山东省城市自然灾害综合研究,2007.
[2] 山东省水利厅水旱灾害编委会. 山东省水旱灾害,2000.
[3] 滨州市水利志编委会. 滨州市水利志,2008.

作者简介:卢光民(1953—),男,大学,工程师,从事水资源研究工作。联系地址:滨州市黄河三路506号。

山东省水环境监测现代化探讨

冷维亮　　毕钦祥　　朱琳琳　　李啸龙　　闫　杰

（山东省潍坊水文水资源勘测局,潍坊　261031）

摘　要: 面临山东省严峻的水环境形势及社会经济发展对水环境监测提出的更高要求,本文从硬件系统的建设和软件系统的构架两个方面进行讨论,对水环境监测现代化建设提出了较为详细的建议。

关键词: 水环境监测　现代化　探讨

1　前言

　　水环境监测是水资源管理与保护的重要基础,是保护水环境的重要手段。在新的世纪中,面对洪水威胁、水资源紧缺、水污染严重的现状,山东省的水环境监测工作面临着崭新的内容。

　　山东省水资源分布不平衡,水环境型缺水问题严重,跨区域调水工程多,水资源的开发利用与保护都对水环境监测提出了更高的要求,也使水环境监测具有了更加特殊的意义:水权交易、各地市间的水事磋商等也都离不开水环境监测数据。

　　目前山东省水环境监测面临的问题主要有以下几个方面:

　　(1)水环境监测站的总数少于水功能区的数量,不能反映全部水功能区的水环境状况。

　　(2)各级水环境监测中心的采样能力不足,监测频率低,水环境监测实验室的监测仪器设备老化,大型分析仪器配备不平衡。

　　(3)机动监测能力不足,移动水环境分析监测实验室配备数量太少,现场监测能力低。

　　(4)自动、半自动水环境监测站数量太少,缺乏自动测报能力,难以获得重点水功能区主要水环境监测的实时数据。

　　(5)实验室监测效率不高,不能满足常规监测的需求。

　　(6)水环境监测信息管理亟待完善,人为原因造成的失误难以避免,应用的困难也在一定程度上存在。

　　(7)多年监测资料保存状况不容乐观,且未发挥出其在水环境评价及预测中应有的作用。

　　如何解决存在的问题,更好地为水利事业和社会服务,是建设现代化水环境监测体系所面临的首要问题。本文将就以上问题展开讨论,以找出相应的对策和方案。

2　对策探讨

2.1　国外现代化水环境监测体系的发展现状和趋势

　　国外早期河流水系的水环境监测方法是定时定点在河流的某些断面取瞬时水样,带回实验室分析,这种人工抽查式的监测方法不能及时、准确地获得水环境不断变化的动态数据。为了尽早发现水环境的异常变化,及时追踪污染源,国外在完善实验室监测的同时,陆续发展了水环境移动监测系统和自动监测系统。

水环境移动监测系统以移动监测车为基本监测单元,以便携水环境实验室和现场水环境多参数分析仪为分析手段,以 GPS 全球卫星定位系统和 GPRS/GSM 无线数据通信装置为信息载体,有效地解决了偏远地区、水域水环境监测的困难。

水环境自动监测系统 WQMS(Water Quality Monitoring System)以监测水环境污染综合指标及其某些特定项目为基础,通过在一个水系或一个地区设置若干个有连续自动监测仪器的监测站,由一个中心站控制若干个子站,随时对该区的水环境污染状况进行连续自动监测,形成一个连续自动监测系统。水环境自动监测系统是 20 世纪 70 年代发展起来的,在美国、英国、日本、荷兰等国已有相当规模的应用,并被纳入网络化的"环境评价体系"和"自然灾害防御体系"。

2.2 山东省水环境监测面临的形势及对策方案

随着山东省经济发展的加快和水资源开发利用程度的提高,水环境问题凸现,甚至已成为发达地区经济持续健康发展和地区现代化指标考核的制约因素,社会各界、各级领导和部门对水环境问题越来越重视,对水环境信息的要求也越来越高。从未来水资源开发、利用、保护和管理的长期政策来看,将来的水环境监测既要能实现重点地区、重点水域和供水水源地的水环境自动监测,提高监测信息数据传输和分析效率,又要能提高对突发、恶性水环境污染事故的预警预报及快速反应能力。

笔者认为,结合国外水环境监测体系的发展情况及山东省水环境监测目前所面临的问题和形势,综合应用解决对策应该是集成方案,牵涉到硬件系统的建设和软件系统的构架两个方面。硬件系统的建设主要是指形成立体化的现代水环境监测系统,即实验室监测、移动监测和自动监测三者的同步建设,加大对水环境监测设施的投资力度,以提高水环境监测成果的科学性、准确性、时效性。先进的监测技术要与先进的信息管理技术相结合,即软件系统的构架,主要包括实验室自动化管理系统、水环境信息管理系统及水资源质量评价系统的建设。

3 硬件系统的建设

立体化的水环境监测系统由实验室常规监测、移动监测和自动监测三部分组成。

3.1 实验室常规监测

实验室是四级监测体系中进行日常水环境分析工作的基本单位。在这方面,应投资建设和改造各分中心实验室,加快改善实验室环境和分析条件,配置原子吸收分光光度计、离子色谱仪、原子荧光光度计、红外测油仪、气相色谱仪、COD 测定仪等先进设备,使各实验室的仪器设备均能满足计量认证通过的 80 个参数的要求,提高分析质量和工作效率。

3.2 应急移动监测

移动监测系统的建立主要是为应对和预防重大流域的突发性水污染事故与灾害。系统由现代化的移动监测车、便携水环境分析仪、自动采样器、图像采集和移动通信设备等构成。利用携带方便的水环境分析仪器现场迅速监测基本污染物质,采录污染现场,并通过 GPRS/GSM 移动通信设备及时将第一手资料回传至上级部门和信息管理中心。同时自动采集样品,进行恒温贮藏,以备在实验室进行进一步分析之用。移动监测建成后,将大大增强水环境水量同步巡测能力、快速反应能力和对突发性污染事件跟踪监测的能力,在水环境监测工作中发挥重要作用。

3.3　自动站监测

自动水环境监测站连续或间歇地实时监控河流、江河口、湖泊、沿海、地下水监测井、排污口水环境状况,为水环境监控提供完整的自动在线解决方案:整套系统由水环境采样装置、预处理装置、自动监测仪器、辅助装置、控制系统、数据采集和传输系统组成。笔者认为,自动监测将在未来的水环境监测中发挥巨大的作用,故在下文中作详细的介绍和分析。

3.3.1　自动监测的网络性

水环境自动化监测装置提供了群测群控的手段,即多断面、多点的实时监测,达到统一采集信息、统一处理数据、统一监控的目的。水资源保护、水环境的监督与治理需要一个水环境自动监测网络作为技术支撑,因此水环境自动监测装置的设计、建设理应围绕着上述系统工程、监测网络展开。

3.3.2　自动监测站点的类型选择

由于监测水体及建设职能不同,水环境自动监测系统在选配仪器、建造方式、建设规模上都有所不同,监测的参数和重点也不同。目前有两种不同的监测方案:全自动监测方案和半自动方案。全自动化监测方案,以在线仪器为主,功能比较全、设备多、造价高、无人职守,可远程采集数据。半自动化监测方案以采样仪为主要平台,配置流量计和常规五参数的全部或某一、二个常规参数仪器,做等比例采样及常规参数超标时的采样,所有采集的水样由专人定时取回实验室进行分析,其特点是造价低、测量值精确、麻烦少。特别适合半径 100 km 的区域、不需要实时监测的监测点源。国家环保局《地表水和污水监测技术规范》中,同时认定了这两种方案。各地区和单位应当根据当地的实际情况选择监测方案、确定监测方式。

3.3.3　水环境自动监测单元组成与基本功能

水环境自动监测单元以在线自动分析仪器为核心,运用现代水环境监测技术、PLC 自动控制技术、计算机应用技术、现代通信技术等组成一个综合性的在线水环境自动监测单元,由取水部分、水样预处理部分、水环境监测部分、综合控制单元部分及通信部分和辅助部分组成并达到基本的监测功能。监测仪器采用连续不中断运行方式,可以连续采集,获得 24 小时连续的在线监测数据,对所收集的数据自动处理和储存并传输到相关管理部门,监测数据发生较大变化时自动报警,并自动取水保存以备查证。

3.3.4　水环境在线自动分析仪器的选择

仪器的选择是水源地及污控区水环境自动监测站成功与否的关键。选择仪器,需要考虑的问题有:首先应选择没有二次污染或污染少的在线仪器;其次是针对待测水体的特性及可能的浓度变化范围量程选择仪器的分析原理,采用运行工作可靠的产品,不能受标准方法的限制;最后是测量精度。一般来说:地表水,特别是供水水源地的水环境较好,相对污水在线仪器来说其测量量程小,要求的精度较高。但做实时监督监控,不能盲目一味要求精确测量,更要注重数据的连续的、长期的、动态的掌握积累。

3.3.5 仪器系统维护的误区

作为自动监测站,通常要实现无人值守自动运行。但目前的情况,有一些误区:

一是认为自动监测站在相当长的时间内不用去管。实际对于在线自动分析仪器来说,通常每周一次的巡视是最低的要求,在这个基础上,再强化其他的维护。

二是自动监测仪器中通常会涉及许多种化学药剂及标准物质,通常它们都有使用时间限制,所以片面强调药剂消耗量要少及药剂的更换周期要长是不适宜的。

总之,在现有的四级水环境监测体系下,逐步建立起实验室常规监测、移动监测和自动监测相结合的立体化监测模式,树立为监督管理服务的宗旨,必须加快信息化和自动化建设步伐,逐步建立"常规监测与自动监测相结合、定点监测与机动巡测相结合、定时监测与实时监测相结合,加强和完善监督性监测"的水环境监测新模式,形成一个技术先进、功能完备、反应迅速的现代化监测体系,为监督管理提供及时、准确、动态的水环境信息服务。

4 软件系统的构架

软件系统的构架,主要包括实验室自动化管理系统、水环境信息管理系统及水资源质量评价系统的建设。

4.1 实验室自动化管理系统

目前山东省各分中心的很多实验室存在以下问题:由于原设计容量偏小,设计标准较低,加上分析测试设施的更新速度落后于水环境监测的发展需求,分析测试及数据处理仍依靠手工操作,易受外界人为因素干扰等。在实验室的业务工作系统方面,样品及试剂控制、监测质量体系均系人工分散管理,实验室内部各种资源不能完全共享,监测时间和物资存在一定浪费,实验室运行成本较高,质控水平难以再得到提高。随着水功能区和供水水源地水环境监控管理力度的加强,水环境监测任务日趋加重,不但出现了实验室工作严重超负荷运转现象,还造成水环境监测时效性差的局面。

应充分利用现有设备和技术优势,吸收先进监控新技术,对实验室的监测条件和管理方式进行改造建设。可先选择几处分中心试点,再将成功经验进行全面推广。实验室自动化管理系统可在短时间内有重点地增强山东省的水环境监测能力,快速提升实验室自动化发展速度与运行管理水平。

4.2 水环境信息管理系统

水环境信息管理系统主要包括数据录入,水环境信息分析,水环境信息的查询、发布及整汇编等。目前水环境信息管理系统在山东省各分中心基本处于空白或者起步阶段,水环境监测信息的采集、传输及应用的数字化是需要解决的首要问题。

4.3 水资源质量评价系统

水环境监测信息体系具有历史长久、样本代表性典型、系统完整、水量水环境配套、数据准确可靠、资料可比的特点,为国家、水行政主管部门依法行政、实施监督管理、做好水资源保护提供科学依据和技术支撑。如何将现有条件下的水环境监测系统得到的实时、巨量的监测数据及时、有效地采集、存储、分析、报告、预测、公布,使之真正成为国家、水行政主管部门决策的参考量值、执法的依据、管理的标准,这已成为水文部门的当务之急。可以考虑引进适当的水资源质量评价软件。

5 结论及展望

综上所述,山东省水文部门在水环境监测上,应立足于常规监测、移动监测、自动监测三种监测能力同步建设,加大对水环境监测设施和软件的投资力度,以提高水环境监测成果的科学性、准确性、时效性,促进水环境监测现代化的实现。

随着水资源管理与保护工作的发展,水环境监测的工作量也在逐年增加,而维持水环境监测工作的经费虽逐年增加,但满足不了需要。建议多渠道解决监测运行经费,确保投资效益的发挥。另外,在实际的操作中,水环境监测的现代化建设同样离不开高素质水文职工队伍的培养和水文法规、规范、规章的完善等。由于篇幅及所学有限,本文不再展开讨论。

参 考 文 献

[1] 董保华,吴青,李淑贞.实验室自动化改造建设是实现黄河水环境监测现代化的关键[EB/OL].黄河流域水资源保护局官网,2001.

[2] 李怡庭.全国水环境监测规划概述[J].中国水利,2003(7B).

[3] 吴灿帮,费龙.现代环境监测技术[M].北京:中国环境科学出版社,1999.

[4] 刘华春,张志刚,孙锋.淮河流域水环境自动监测系统建设的技术探讨.长江论坛,2006.

作者简介:冷维亮(1983—),男,山东省潍坊水文水资源勘测局。联系地址:山东省潍坊市奎文区中学街 5 号。E-mail:wl_leng@163.com。

关于内陆河流域河道生态环境需水量的思考

王开录

（甘肃省武威市石羊河流域综合治理指挥部，武威 733000）

摘　要：河流是内陆河流域生态环境的主要影响因素，是内陆河流域绿洲的生命线。内陆河流域河流流量的季节性强，干流本身不产流，而河流是绿洲的防护屏障，是绿洲区地下水的补给来源，是绿洲赖以生存的基础。因此，要考虑内陆河流域河道本身的生态环境用水，就必须加大河流水源涵养的保护力度，合理制定各河流水库的调度运行方案，调整用水结构，制定内陆河流域的河道保护法和保护条例，以法分段划定和保护河道的生态环境功能，对各条河流分段划定生态环境功能，分段确定各河段的入河流量及年过水总量，分段确定各河段的河道外引用水总量，确保不使河流干涸而丧失环境功能。

关键词：内陆河流域　河道　生态环境　需水量

《中华人民共和国水法》第三章第二十一条规定：在干旱和半干旱地区开发、利用水资源，应当充分考虑生态环境用水需要。第三十条规定：县级以上人民政府水行政主管部门、流域管理机构以及其他有关部门在制定水资源开发、利用规划和调度水资源时，应当注意维持江河的合理流量和湖泊、水库以及地下水的合理水位，维护水体的自然净化能力。第三十一条规定：从事水资源开发、利用、节约、保护和防治水害等水事活动，应当遵守经批准的规划；因违反规划造成江河和湖泊水域使用功能降低、地下水超采、地面沉降、水体污染的，应当承担治理责任。中华人民共和国水利部发布的《水资源评价导则》要求，在进行水资源开发利用及其影响评价时，要调查统计分析河道外用水和河道内的用水情况。水法提到了水资源开发要注意江河的合理流量和湖泊、水库及地下水的合理水位，水资源评价导则提到河道内的生态用水问题，实际上，不论是江河的合理流量，还是湖泊的合理水位，均涉及河流本身的生态需水和用水问题。

近年来，对河道生态环境需水的问题讨论较多，许多专家学者主要对外流河研究较多，内陆河流域河流本身的生态环境需水问题研究较少。对于外流河来说，保证河道本身的生态环境需水量，较内陆河流域的河道则相对容易做到。对于内陆河流域来说，由于水资源缺乏，生产用水和生态环境用水矛盾突出，如何考虑河道本身的生态环境需水量，如何保证河道本身的合理流量，如何保证其尾闾湖泊的合理水位，是需要认真研究的问题。

1　河道生态环境需水量的内容

随着生产力的发展和对河流水资源开发利用程度的提高，人类对河流影响和控制能力越来越强，河流生态环境需水的研究范围逐步扩大[1]。刘昌明等认为，河流系统生态环境需水量主要有八个方面的内容：一是河流系统中天然和人工植被耗水量，包括水源涵养林、水土保持措施及天然植被和绿洲防护林带的耗水量；二是维持水（湿）生生物栖息地所需的水量；三是维持河口地区生态平衡所需的水量；四是维持河流系统水沙平衡的输沙水量；五是维持河流系统水盐平衡的水量；六是保持河流系统一定的洗释净化能力的水量；七是保持水体调节气候、美化景观等功能而需损耗的蒸发量；八是维持合理的地下水位所必需的入渗补给量等[2]。

　　对于内陆河流域来说，干旱少雨，资源性缺水严重，笔者认为，维持合理的地下水位所必需的入渗补给量、维持水（湿）生生物栖息地所需的水量、保持河流系统一定的洗释净化能力的水量和河道水流蒸发量，应必须考虑。根据河道内生态环境用水可一水多用和重复利用的功能，其他几个方面的问题也就随之解决了。

2　内陆河的河道特性

　　内陆河流域的河流有一个共同的特性，就是支流发源于山区，支流河流像树权一样，深入到山区内，分布在干流的上游，干流形成于平原绿洲区，延伸至沙漠区，形成湖泊。由于上游的建库筑坝，引水灌溉，造成河道断流或萎缩，尾闾湖泊干涸消失而沙漠化。

2.1　河道流量的季节性强

　　内陆河发源地都在高寒山区，是河流水资源的来源。如石羊河流域的各支流河流的水资源，主要形成于南部祁连山区，祁连山区降水丰沛，水系发育，冰川、冰雪融水和降雨等水量，大部分直接补给河流，一部分流入基岩，补给裂隙水或层间水，其中绝大部分又在河流出山口以前排泄入河流内，成为河水的一部分。从水资源的构成看，降水直接产生的径流占 67%，同区地下水排泄入河水量占 30%，由山区永久积雪和冰川消融形成的径流占河流径流的 3%。由于祁连山区海拔高，到了冬季，冬季降雪除蒸发下渗损耗外，实际补充河水径流量甚微，一般到了春季的末期 4 月消融补充河水径流，全区降雨量和径流量的变化趋势基本一致，主要在夏季和初秋，而相应引起季节洪水径流量的增大。径流量的分配与径流补给来源的关系极为密切，夏季和初秋以降雨和冰雪融化增大径流量为主，水量很大，形成一年中的主汛期；深秋和冬季则以地下渗流补充为主，水量甚小，而春季特别是仲春时节，河床冰雪融化，径流量增大，称之为春汛或桃花汛。总的特点是"春汛、夏洪、秋平、冬枯"。

2.2　干流本身不产流

　　内陆河的河道特性是干流不产流，产流均为支流。如石羊河显著的特点是干流与支流的关系极为密切，石羊河干流本身处于冲击洪积扇群相连接组成的冲积平原区，本身不产生地表径流，水量全部来自于上游的各支流和由地表水转化形成的泉水河流。历史上，石羊河流域有 7 条支流与干流有自然的水力联系，随着环境变化和人类活动的影响，水资源的开发利用程度越来越高，支流区域用水量的不断扩大，支流已无水量自然注入干流，支流与干流的自然水力联系已不存在，目前只有西营河、金塔河、杂木河每年向干流输入少量地表水，或者下泄部分洪水。东大河、黄羊河、古浪河看似有自然水力联系，但已失去了实际意义上的水力联系，已无水量进入石羊河干流。西大河完全失去了与石羊河干流的水力联系。同时中下游从水资源管理上，分为河水灌区和井水灌区，各支流出山口后，其水量全部被中游山水灌区使用消耗，下游地区只有靠开采地下水来维持生产和生活用水。支流向干流注入水量的消失，导致干流地区生态环境受到严重破坏，泉眼消失，泉水区也成了井灌区,地下水位下降,泉水资源大幅度衰减,泉沟干涸,昔日泉水汩汩的自然景观消失,下游绿洲失去了支撑,濒临毁灭,被下游绿洲阻隔的巴丹吉林沙漠和腾格里沙漠逐步靠拢,北部青土湖及其以下已联成一片。伴随着绿洲的萎缩,土地沙化面积不断扩大,沙尘暴等自然灾害频发。

3 内陆河河道生态用水的现状

内陆河流域由于地处干旱缺水的区域,降水稀少,本身生态环境脆弱,水资源的开发利用程度高,在水资源的配置上主要考虑生活和生产用水,其河道内的生态环境用水基本没有考虑,致使河道断流,尾闾湖泊干涸、湿地萎缩、植被退化、动植物种群消失,河道环境功能丧失,流域内生态环境严重恶化。

为改善内陆河流域的生态环境进一步恶化的局面,国务院分别批准了《塔里木河流域近期治理规划》和《黑河流域近期治理规划》,并在塔里木河流域的治理和黑河流域的治理中,均考虑了向河道下游湖泊输水的问题,也就是考虑了河道本身的生态环境需水问题,考虑了河道的环境功能问题。实施的塔里木河、黑河调水方案,改善了河流的水文条件,对遏制河流本身生态系统退化发挥了明显作用。塔里木河向尾闾湖泊台特马湖调水,使台特马湖湖泊恢复,塔里木河下游地区地下水位回升了 $1 \sim 4$ m,也使濒临消亡的绿色走廊恢复了生机。黑河流域向下游湖泊居延海输水,使居延海水面面积达到近 40 km^2,额齐纳又恢复了昔日之风光。

石羊河流域由于资源性缺水的问题严重,水资源的开发利用率达到 170% 以上,生活、生产、生态用水的矛盾十分突出,在实施的石羊河流域重点治理规划中,治理目标是 2010 年石羊河干流蔡旗断面过水量达到 2.5 亿 m^3 以上,到 2020 年,蔡旗断面过水量达到 2.9 亿 m^3 以上,没有涉及石羊河干流下段的河道整治恢复和尾闾湖泊的输水问题。

4 内陆河流域河流的作用

在人类活动甚少时期,内陆河流域下游是都有较大范围的湖泊。那个时期,发源于高山区的几条河流均汇集于干流且全部流入下游,久而久之,河流的不断流入,就形成了湖泊。尔后随着人类活动的增加,人们加大了对水资源的开发利用,河流流入下游的水量逐渐变小,在强烈的蒸发等因素的影响下,湖泊也逐渐萎缩,湖泊演变成了湿地,湿地演变成了湖积平原,发育成了绿洲,部分变成了沙漠,部分被人们开垦种植,由此形成了绿洲。

如石羊河流域,当走进石羊河流域下游民勤绿洲外围的沙漠,我们会看到许多绿洲,有大有小,大的几平方千米和更大,小的有几十平方米的。这些绿洲区域都比较湿润,植被生长良好,并伴有其他生物,这些绿洲为什么能存在呢? 笔者认为主要就是因为绿洲所产生的湿气构成的气团阻挡干旱气流的侵害,这个气团在它周边形成一个界面,使干旱气流不能进入水汽团中。所以,仔细观察,就会发现,沙漠中大大小小绿洲(湿地)周边的沙漠都是绕道而行的,埋压不掉绿洲,使这些绿洲得以生存。而这些绿洲之所以能生存,只有河流源源不断地提供水资源,如果河流断流了,地下水位下降,湿地消失,这些绿洲就失去了支撑,就会被沙漠埋没。

就石羊河流域下游的民勤绿洲来讲,千百年来它为什么没有被沙漠湮没而生存呢,其根本原因是有石羊河的存在,历史上的石羊河出红崖山峡口后分为大西河和大东河灌溉民勤绿洲,其洪水和余水流入青土湖,河流本身沿途形成一个水汽带阻隔绿洲外围干旱气流对绿洲的侵害,同时绿洲内部的林网树木与农作物等所形成的小气候亦可产生一种抵御干旱气流的能力,对绿洲有保护作用,绿洲内部和外围荒漠戈壁区相比,其风力可降低2~3 个级别。

4.1　河流是绿洲的防护屏障

在干旱内陆河流域,绿洲由河流衍生而形成,一条河流就造就一条绿洲带,其形态随河流走向呈条带形状,这种形态在绿洲的中下游非常明显。如石羊河流域下游,河流穿过红崖山流入大西河(石羊河的下游红崖山—青土湖段),两岸胡杨林参天、柽柳、白刺茂密,形成一个保护绿洲的天然屏障——柴湾,这些柴湾沿古石羊河的河岸,自上而下是连续的。这些柴湾在过去很长一个时期是受到保护的,它是抵御巴丹吉林沙漠对民勤绿洲侵害的天然屏障,有效地保护了民勤绿洲的存在。随着石羊河流域上游河流上水库的修建和红崖山水库的修建,河道人工改道,大西河昔日的风光不在,胡杨林残败,柽柳、白刺枯死,巴丹吉林沙漠东扩,大大压缩了民勤绿洲的生存空间,民勤绿洲频繁遭到沙尘暴的肆虐与践踏。

4.2　河流是绿洲区地下水的补给来源

在内陆河流域平原绿洲区这样的干旱区,降水稀少,蒸发强烈,降水对地下水的补给微乎其微,地下水的补给主要靠河流水的垂直入渗。如石羊河流域绿洲中部的龙首山、红崖山、阿拉骨山形成一个东西走向的阻隔带,这条阻隔带将石羊河流域绿洲分隔为上游的武威盆地和永昌盆地,下游为民勤盆地、昌宁盆地,这些盆地内的地下水的补给主要是地表水的垂直入渗补给。上游盆地由于阻隔带的作用,河流水的入渗和田间灌溉水的入渗,地下水的补给较好,地下水埋藏较浅,水位较高,由于阻隔带的作用,上游武威盆地、永昌盆地的地下水是无法通过地下径流来流入民勤盆地和昌宁盆地的,两个盆地的地下水若无河流水的补给入渗,再无来源。

4.3　河流是绿洲赖以生存的基础

河流的退缩直接影响着绿洲生态环境的逆转,因为保护绿洲的植被尤其对水有强烈的敏感性,河流地表水的减少、地下水位的下降及地下水矿化度的升高都会对植物的生长产生不利影响,从而引起绿洲的退化和沙漠化的拓展。如石羊河下游民勤绿洲的核心区域,在未开采地下水或地下水开采强度较小时,进入绿洲地区的河流水和灌溉水入渗补给地下水,绿洲中心区的地下水位与绿洲外围沙漠区的地下水位基本一致,或高于外围区的地下水位,地下水从绿洲向外围荒漠区补给。河流断流后进入绿洲的地表水减少,地下水失去了补给来源,同时造成地下水采补严重失衡,形成绿洲区地下水降落漏斗。长期的超采,地下水位持续下降,降落漏斗扩大加深,绿洲外围荒漠区变成高水位区,地下水从荒漠区反向补给绿洲,使外围荒漠区地下水位下降,导致了绿洲外围天然防护区植被枯萎死亡,使昔日的防风固沙区丧失了防护能力,加大了风沙对绿洲的危害程度。长期的实践证明,绿洲的兴衰及生态环境与河流息息相关,河流是绿洲生存所必需的基础条件和保证,没有河流,就没有绿洲,河流断流,绿洲的消失是在情理之中,是必然趋势。

5 保障内陆河河道适度生态环境需水的措施

5.1 加大河流水源涵养的保护力度

内陆河流域河流均发源于高寒山区,山区的大片的森林和草甸是山区水源涵养的重点区域,保护山区森林资源,提高森林的数量和质量,以森林数量和质量的扩张,达到增强水源涵养、稳定周边生态环境,保护冰川,保障区域生态安全。大力封山育林、退耕还林,逐步增加森林面积,增加森林覆盖面积,增强生态系统整体功能,只有青山不老,才会有绿水长流,留得青山在,不愁没水浇。

5.2 合理制定各河流水库的调度运行方案

过去修建水库主要考虑是把河水拦蓄,解决农业灌溉问题,未意识到水库修建的负面影响,水库的调度运行方案中也未考虑河流生态环境的需水问题,这种水库调度运行的理念和方案必须加以改变。为考虑内陆河流域河道本身的生态环境需水问题,应对支流河流上建设的水库调度运行方案进行科学核定和合理调度,在调度中考虑一部分水量作为河道生态环境用水。在水库调度中,应像水库防汛调度中的汛限水位那样,确定水库的生态蓄水位和生态蓄水量。

5.3 调整用水结构,确保河道内生态环境用水

内陆河流域自然条件恶劣,生态环境脆弱,经济结构单一,致使用水结构亦单一,经济发展相对较慢,水资源的利用和消耗主要在农田灌溉上,农业是用水大户,农田灌溉用水量多在总用水量的80%以上,有些区域甚至超过了90%,有限的水资源绝大部分用于农业,使水资源经济效益低下。因此,内陆河流域农业用水要逐步压缩,要调整经济结构,引导水资源向产值高、效益好的产业配置,同时,加快推广高新节水技术,提高单位水产值,提高水资源利用效益。这样才能把生产挤占的生态用水置换出来,确保河道内的生态环境用水。

5.4 制定内陆河的河道保护法和保护条例,以法分段划定和保护河道的生态环境功能

为保护内陆河流域的生态环境,国家应出台内陆河流域生态环境保护条例,有关省、市、自治区和流域管理机构要针对具体的河流,出台相应的生态环境保护条例、规定等。对各条河流分段划定生态环境功能,分段确定各河段的入河流量及年过水总量,分段确定各河段的河道外引用水总量,确保不使河流干涸而丧失环境功能。

参 考 文 献

[1] 宋进喜,李怀恩. 渭河生态环境需水量研究[M]. 北京:中国水利水电出版社,2003.
[2] 刘昌明,王礼先,李丽娟. 西北地区生态环境建设区域配置与生态环境需水量研究[R],2000.

作者简介:王开录(1955—),男,教授级高级工程师,甘肃省武威市石羊河流域综合治理指挥部。联系地址:甘肃省武威市东大街富民路81号。E-mail:wkl0935@163.com。

泗河上游段采砂行洪影响分析

刘继军　张　涛　张振成

（济宁水文水资源勘测局,济宁　272019）

摘　要:本文通过介绍泗河采砂河段水文泥沙特性、采砂区分布及开采现状,采用水文计算方法,对泗河采砂河段采砂前后进行了洪水分析和行洪影响分析,得出了合理的采砂不会对河道防洪产生较大的影响,并提出了对河道采砂的合理建议。

关键词:泗河采砂　水文特性　行洪影响

20 世纪 90 年代以来,随着经济建设的快速发展,建筑砂石需求量大幅度增加,在可观经济利益的驱动下,泗河河道内的采砂规模也越来越大,给河道行洪带来影响。为加强泗河采砂管理,进行泗河上游段河道采砂对行洪的影响分析,确保泗河河道的行洪安全,是做好河道管理工作的重要课题。

1　基本情况

1.1　流域概况

泗河系湖东区最大的山溪性天然河流,发源于新泰市太平顶山的西部,北与汶河、南与小沂河流域接壤,自东向西流经新泰、泗水、曲阜、兖州、邹城、任城、微山,注入南阳湖。干流全长 159 km 流域,流域平均宽度为 22.0 km,书院水文站以上干流平均坡度 0.113%,流域内山区约占 50%,主要分布在中上游及河谷两侧;丘陵占 30%,主要在中游及河道两侧;平原区占 20%,主要在下游及河谷平原。流域内农作物覆盖率 65%,天然草皮覆盖率 15%,其余为裸露山石及水面、暴露地面。

泗河属于淮河流域,两岸堤防总长 138 km,上游为无堤防天然河道。泗河流域面积 2 357 km²,是湖东区最大的山洪河道,下游流经地区交通发达,又是重要的煤炭基地,重要城镇众多,地理位置特殊,防洪任务十分繁重。

1.2　水文泥沙特性

1.2.1　水文特性

泗河洪水暴涨暴落,源短流急,峰量高,历时短,破坏性极大。洪峰起涨急剧,一般为孤立峰或复式洪峰,洪水期洪水受涨落影响,水位流量关系呈连时序绳套曲线,洪水基流小,下游无变动回水影响。洪水期含沙量较大,含沙量过程与水位、流量过程基本相应。

新中国成立以来,泗河相继发生了 1957 年、1970 年、1974 年、1991 年、1995 年、2003 年、2007 年特大洪水和较大洪水,书院水文站实测最大洪水发生在 1957 年 7 月,最大流量 4 020 m³/s,最大流速为 6.49 m/s,最大水深 6.7 m。最大含沙量为 19.6 kg/m³,发生在 1965 年 7 月。该站多年平均径流量 1.578 亿 m³,6 ~ 9 月占全年的 84.4%,7 ~ 8 月占全年的 74.0%,枯季占全年的 15.6%。

1.2.2　泥沙特性

1.2.2.1　泥沙来源

泗河泥沙主要来源于流域表面侵蚀,其次是河段内水流淘刷,还有少量的风沙降落,其中水流的侵蚀占最主要部分。据分析,河流含沙量的大小与流域下垫面条件和降水特性有密切关系。实践证明,在自然地理条件相似的流域,产沙有一定的规律,年输沙量主要取决于降水情况。

1.2.2.2　泥沙沿程变化特点

泗河以悬移质输沙为主,上游主要为流域坡面冲刷,中游冲淤兼有,下游以淤积为主。1975 年的纵断面河底高程沿程变化平缓,中下游书院—波罗树河道纵断面近似于一条直线,接近于自然面貌,河道人类活动的影响较小。2002 年的纵断面高低不平,河底高程变化急剧,当地采砂使得现状高程高低不一,2002 年和 1975 年纵断面沿程高程之差局部河段增高最多达 5 m,降低最深达 3 m,沿程高程变化无规律可言。从两次纵断面资料分析,书院站以下河段河底泥沙淤积量较大,扣除河道采砂,河段内河底高程平均抬高 0.6 m左右。

1.2.2.3　泥沙特性

从书院水文站 1970 年、1980 年、1990 年、2000 年和 2005 年 5 年的横断面对比分析可以看出,横断面变化呈增大趋势。从断面平均河底高程的变化趋势分析,断面平均河底高程 2000 年以后比 1970 年降低了 1 m。

另外从书院站不同统计时段的含沙量、输沙量资料分析,多年平均含沙量 1957 ~ 1971 年为 0.867 kg/m³,1971 ~ 2007 年为 0.578 kg/m³,1980 ~ 2007 年为 0.574 kg/m³,2001 ~ 2007 年为 0.172 kg/m³。书院站多年平均输沙量 1957 ~ 1971 年为 54.8 万 t,1971 ~ 2007 年为 8.78 万 t,1980 ~ 2007 年为 5.36 万 t,2001 ~ 2007 年为 5.33 万 t,自1957 ~ 2007 年累计输沙量 1 148 万 t。各统计年段多年平均含沙量和输沙量随时间的变化呈逐渐减小的趋势。

1.3　采砂区分布及开采现状

到 2008 年,泗河上游段主要采砂区有泗水县金庄镇孟家村、泗水县杨柳镇中里仁、泗水县金庄镇南临泗、泗水县杨柳镇北临泗、泗水县杨柳镇乔家村、泗水县杨柳镇仓上村、泗水县杨柳镇东音义村、泗水县大黄沟乡小黄沟、泗水县泗水镇大鲍村、泗水县泗水镇小鲍村、泗水县苗馆镇后寨村、泗水县泗水镇中曲泗、泗水县苗馆镇后王庄等 13 处主要采砂区域。采砂区河段基本顺直,大部分采区已开采完毕,河道内残留部分弃料沙丘。

2　水文分析计算

2.1　采砂河段采砂前设计洪水分析

大规模开采河砂前河段较为规整,断面变化不大,仅选取采砂河段具有代表性的设计洪水分析,选取 1982 年泗河上游段实测横断面资料,使用水面线计算软件,选定水力要素参数,利用书院站设计洪水成果,进行调洪计算,求得采砂活动前上游段各级洪水的设计洪水位。桩号 85 + 900 ~ 90 + 700 各断面,20 年一遇、10 年一遇、5 年一遇洪水位见表 1。

表中水位基面为 56 黄海。

表 1　采砂前上游段各级洪水设计洪水成果

断面位置	采区名称	设计洪水（$P=5\%$）		设计洪水（$P=10\%$）		设计洪水（$P=20\%$）	
		流速（m/s）	水位（m）	流速（m/s）	水位（m）	流速（m/s）	水位（m）
85 + 900	孟家村	1.60	86.92	1.46	86.11	1.28	85.35
86 + 350	孟家村	1.58	87.21	1.50	86.51	1.33	85.81
87 + 600	北临泗	1.47	88.01	1.44	87.57	1.25	87.08
88 + 200	北临泗	1.69	88.78	1.47	88.26	1.27	87.72
89 + 050	音义	1.76	89.63	1.63	89.14	1.30	88.62
90 + 700	音义	2.09	91.26	1.70	90.87	1.30	90.36

2.2　采砂河段采砂后设计洪水分析

按照设计洪水位需求，对各主要采砂区域断面处的纵横断面进行了测量，实测河道纵断面约 5.0 km，河道坡度 0.011%，横断面 6 处。根据实测采砂河段纵横断面成果及设计洪峰流量和设计洪水过程，使用水面曲线计算软件，选定水力要素参数，进行调洪计算，求得采砂断面各级洪水级的设计洪水位见表 2。表中水位基面为 56 黄海。

表 2　采砂后上游段各级洪水设计洪水成果

断面位置	采区名称	设计洪水（$P=5\%$）		设计洪水（$P=10\%$）		设计洪水（$P=20\%$）	
		流速（m/s）	水位（m）	流速（m/s）	水位（m）	流速（m/s）	水位（m）
85 + 900	孟家村	2.33	83.23	2.07	82.63	1.80	81.94
86 + 350	孟家村	2.01	83.69	1.67	83.11	1.28	82.45
87 + 600	北临泗	1.28	84.33	1.16	83.68	1.02	82.97
88 + 200	北临泗	1.48	84.52	1.34	83.90	1.15	83.26
89 + 050	音义	1.73	84.88	1.52	84.32	1.24	83.73
90 + 700	音义	2.27	86.76	2.05	86.44	1.82	86.06

由计算成果可以看出，采砂区域河段的流速均大于 1 m/s。由于采砂后行洪断面扩大，洪水位明显下降。

3　采砂对行洪影响分析

3.1　河道采砂断面变化影响分析

由于采砂活动加大了河道的行洪断面，降低了河道的河底高程，在一定程度上加大了泗河上游河道的行洪能力。

3.1.1　根据实测河道横断面资料分析

由采砂前后河道横断面变化情况可以看出，20 世纪 80 年代采砂活动大规模开始前泗河上游段河道行洪断面宽度一般在 300 ~ 600 m，河底高程一般在 83 m 左右，2000 年采砂活动大规模进行后,泗河上游段河道行洪断面宽度一般在 700~1 000 m,河底高程一般在 80 m 左右。采砂活动降低了上游段河底高程,清除了河道内淤积的部分沙丘,加大了上游段行洪断面宽度,采砂活动在一定程度上加大了泗河上游段洪水宣泄能力。

3.1.2 根据采砂前后实测洪水资料分析

选取采砂活动大规模进行前 1991 年洪水和采砂活动大规模进行后 2007 年泗河洪水进行比较,两次洪水降雨特点较相近。1991 年泗河书院水文站实测断面洪峰流量 1 710 m^3/s,洪水总量 1.27 亿 m^3,2007 年实测断面洪峰流量 1 070 m^3/s,洪水总量 1.25 亿 m^3。从洪水总量上分析,1991 年和 2007 年洪水基本一致,但 1991 年洪水流量超过 500 m^3/s 的洪水历时为 28 h,洪水流量超过 800 m^3/s 的洪水历时为 14 h,2007 年洪水流量超过 500 m^3/s 的洪水历时为 23 h,比 1991 年减少 5 h,2007 年洪水流量超过 800 m^3/s 的洪水历时为 6 h,比 1991 年减少 8 h。高流量洪水历时的减少说明泗河洪水宣泄能力加大,增加了河槽调蓄能力,洪水下泄更加畅通。

3.1.3 根据采砂前后设计洪水资料分析

根据采砂前后设计洪水分析资料表 1、表 2 可以看出,采砂后,采砂区域的设计洪水水位比采砂前明显降低。各断面 20 年一遇洪水设计水位由采砂前 87~91 m,降低为采砂后 83~87 m;10 年一遇洪水设计水位由采砂前 86~91 m,降低为采砂后 82.6~86.4 m;5 年一遇洪水设计水位由采砂前 85.3~90.3 m,降低为采砂后 82~86 m,同级洪水下,水位明显下降,泗河洪水的宣泄能力加大,洪水对河道两岸的威胁减轻(见表 3)。

表 3　采砂前后上游段各级洪水设计水位变化情况

断面位置	采区名称	设计洪水($P=5\%$)	设计洪水($P=10\%$)	设计洪水($P=20\%$)
		水位降低值(m)	水位降低值(m)	水位降低值(m)
85+900	孟家村	3.69	3.48	3.41
86+350	孟家村	3.52	3.40	3.36
87+600	北临泗	3.68	3.89	4.11
88+200	北临泗	4.26	4.36	4.46
89+050	音义	4.75	4.82	4.89
90+700	音义	4.50	4.43	4.30

3.2 采砂弃料对行洪的影响

3.2.1 采砂场弃料堆积现状

泗河上游段主要采砂区开采后,河道基本形成了较明显的低水水道和两岸河滩的河槽形式。根据实际现场勘测,目前采砂场约占 70% 的面积属于基本平整,砂场内剩余面积堆积物现状情况基本为三种类型:一是临时的砂料,大约占砂料场面积的 8%;二是采砂剩余的沙丘残埂,约占 15%,此类残埂顶高程均低于原河底高程,行洪面积没有减小,不影响河道行洪;三是采砂弃料,其粒径较大,约占 7%。

3.2.2 采砂弃料影响分析

采砂场弃料对行洪的影响主要为弃料清理不及时,影响河道的行洪。根据实际现场勘测资料,采砂场真正采砂弃料较少,且相对于河底高程的高度较小,一般在 1 m 以下,且当河道发生 5 年—遇小洪水时,河道各断面平均流速均在 1.02~1.82 m/s,远大于河床泥沙抗冲刷流速。泗河天然河道具备河床自然修复能力,采区在开采结束后靠洪水自然恢复能力即达到了河槽修复效果,少部分大粒径弃料无法被自然修复,影响河道行洪,但相对于因挖沙断面扩大增加的行洪能力而言,其阻水能力甚微。

4　结论与建议

4.1　结论

(1)泗河上游采砂活动清除了河槽内的部分沙丘,扩大了行洪断面,加大了泗河洪水的宣泄能力,在一定程度上对泗河上游段的行洪有利。

(2)泗河采砂活动降低了河底高程,加大了河道行洪断面,加大洪水下泄能力,发生较大洪水时,降低了洪水位,保证了泗河沿岸村庄及农田不被水淹没。

(3)泗河采砂造成的河槽内残埂沙土堆及弃料堆积物一部分可以依靠河道的自然修复进行处理,剩余的少部分为确保河道的整齐美观可适当采取工程措施进行平整修复。

4.2　建议

根据有关河道管理规定,应在采砂区开采结束后对河槽进行及时恢复清理,特别是对于残留的弃料沙堆进行及时的铲平修复,以便河道行洪畅通。采砂区开采后的恢复清理处理措施主要有工程措施和非工程措施。非工程措施是依靠河道的自然冲刷来完成河槽的恢复平整,对于部分无法被河道自然冲刷的河床沙丘,应采取工程措施进行修复,确保河底平整美观,行洪畅通。

对于采砂过程中造成河岸坍塌等现象,应采取谁开采谁修复谁治理的办法,及时采取工程措施,确保河道防洪安全。

作者简介:刘继军(1971—),男,高级工程师,济宁水文水资源勘测局。联系地址:济宁市红星中路 15 号。E-mail:jnswjljj@163.com。

潍坊市水资源开发利用现状及对策

孙景林　　王永惠　　隋　伟　　李法平　　徐月琴

（山东省潍坊水文水资源勘测局，潍坊　261031）

摘　要：潍坊市是我国北方严重缺水的城市之一，水资源短缺已成为制约经济社会发展的重要因素。本文从分析潍坊市水资源状况及特点出发，进而分析了水资源开发利用现状、水资源开发利用所面临形势，提出了水资源开发利用对策，以期对水资源可持续利用提供依据。

关键词：水资源　开发利用　现状　对策

1　自然地理概况

潍坊市地处胶东半岛西部，地理位置在东经 118°10′ ~ 120°38′，北纬 35°42′ ~ 37°16′。南依泰沂山脉，北临渤海莱州湾。地势南高北低，南部为低山丘陵区，地形起伏变化大，北部为冲积洪积平原、滨海平原，地形平坦，微向北倾斜。

潍坊市地处北温带季风气候区，属温暖带季风性半湿润大陆性气候，四季分明，雨热同期。全市多年平均降水量 661.9 mm，降水多集中在汛期，6 ~ 9 月多年平均降水量为473.3 mm，占全水量的 71.5%。降水量年际变化也很大，最大年平均降水量 1 251.1 mm，最小年平均降水量仅为 376.2 mm，丰枯极值差为 874.9 mm。在区域上降水量由南向北逐渐递减。

市境内水系发育，河流众多，主要的河流自西向东有小清河、弥河、白浪河、潍河、北胶莱河，其他河流均为上述河流的支流。

2　水资源状况及特征

2.1　水资源量

根据潍坊市第二次水资源评价成果，潍坊市多年平均水资源总量为 27.28 亿 m^3。其中，地表水资源量 17.03 亿 m^3，地下水资源量 14.61 亿 m^3，二者之间的重复计算量为4.36 亿 m^3。潍坊市多年平均水资源可利用总量为 20.59 亿 m^3。其中，多年平均地表水可利用总量为 12.34 亿 m^3，多年平均地下水可开采量为 11.47 亿 m^3，二者之间的重复计算量为 3.22 亿 m^3。

2.2　水资源基本特征

2.2.1　人均占有量少，水资源严重短缺

全市水资源人均占有量为 323 m^3，不足全国人均占有量的 1/6，更不及世界人均占有量的 1/25，远远低于国际公认的维持一个经济社会可持续发展所必需的 1 000 m^3 的下限，属严重缺水地区。

2.2.2　年际年内变化大

全市水资源主要来源于大气降水补给,历年的降水量因受大气环流等气象因素影响,年际变化很大,丰枯交替,旱涝不均。丰水年,全市河川径流量为 89.6 亿 m^3,比正常年份多 72.6 亿 m^3。枯水年,全市河川径流量仅为 3.6 亿 m^3,比正常年份少 13.4 亿 m^3,丰枯极值比达 25:1。年内降水量变化具有明显的季节性,使得地表径流的年内分配很不均匀,河川径流量绝大多数集中在汛期,汛期河川径流量的 70% 以上又多集中在 7 月、8 月,枯季径流量则很少。由于山丘区面积占全市面积的比重较大,加上水土流失治理不够,流域涵蓄能力小,水资源年内变化更加剧烈。

2.2.3　地区分布不平衡

全市水资源受地形、地貌及水文地质条件和气候特点的影响,地区分布也不平衡,多年平均地表径流深由东南向西北逐渐递减。按水系流域划分,潍河流域水资源最为丰富,多年平均年水资源模数为 19.5 万 m^3/km^2,白浪河、胶莱河流域水资源相对贫乏,多年平均年水资源模数分别为 14.1 万 m^3/km^2、15.3 万 m^3/km^2,弥河、小清河流域水资源接近全市均值,多年平均年水资源模数分别为 17.2 万 m^3/km^2、17.3 万 m^3/km^2。

2.2.4　人类活动对水资源的变化影响显著

潍坊市是一个人口较密集的城市,是一个农业大市,也是一个经济强市,同时又处在经济加速发展的时期,对水资源的需求越来越高,人类活动不可避免地会对水资源产生一系列的影响。从过去 20 多年的情况看,各种人类活动已经对降水、地表水、地下水之间的转化规律、水量、水质等产生了明显的影响,也造成了一些不良后果,如水质污染加剧、咸水入侵、河道断流、地下水位持续下降,地下水漏斗区形成并迅速扩展等。

3　水资源开发利用现状

3.1　水资源开发利用状况

截至 2009 年,全市共建成大型水库 6 座,中型水库 19 座,小(一)型水库 90 座,小(二)型水库 469 座,塘坝 3 064 座,总库容 34.8 亿 m^3,年供水能力 14.26 亿 m^3。全市共建有拦河闸坝 200 多座,拦蓄能力超过 1 000 万 m^3。市境内建有引黄河水分水闸 22 处,年供水能力 1.68 亿 m^3。全市共建有污水处理厂 13 处,设计处理能力为 64.6 万 m^3/d,现状处理能力为 41.4 万 m^3/d。

截至 2009 年,全市共有机电井 164 938 眼,机井平均密度为 17.5 眼/km^2,其中配套机电井 146 444 眼。截至 2009 年底,山丘区拥有机电井 32 581 眼,机井平均密度 3.54 眼/km^2;平原区拥有机电井 132 357 眼,机井平均密度 29.4 眼/km^2。全市 1980 ~ 2009 年累计开采浅层地下水 357.4 亿 m^3,年均开采量 11.91 亿 m^3。其中,工业生活用水开采量为 99.4 亿 m^3,占总开采量的 27.8%;农业用水开采量为 258.0 亿 m^3,占总开采量的 72.2%。

3.2　水资源开发利用面临的形势

3.2.1　水资源供需矛盾突出

潍坊市是严重缺水地区,根据《潍坊市流域综合规划》,到 2020 年全市总缺水量为 1.55 亿 m^3,总缺水率为 5.77%;到 2030 年全市总缺水量为 1.90 亿 m^3,总缺水率为

6.94%。由此可见,在较长一段时期内随着社会经济的快速发展,用水紧张的形势日趋严峻,水资源供需矛盾仍十分突出。

3.2.2 地下水严重超采

根据地下水动态资料分析,潍坊市地下水超采区面积已达 3 824 km²,占全市总面积的 24%,其中严重超采区面积达 1 590 km²。超采区 1980~2009 年累计开采量为 270.9 亿 m³,年平均开采量为 9.03 亿 m³,而超采区的多年平均最大可开采量仅为 1.85 亿 m³,年平均开采量超出最大可开采量 7.18 亿 m³。地下水超采,导致地下水位持续大幅度下降,使超采区的地下水位平均埋深由 1980 年的 5.39 m 下降到 2009 年的 21.92 m,累计下降 16.51 m,年平均下降 0.73 m。

3.2.3 用水效率低,水资源浪费严重

农业是全市的用水大户,全市 70% 以上的水资源量用于农业灌溉,然而农业灌溉水利用系数只有 0.5 左右,许多地区仍在沿用大水漫灌方式灌溉农田。工业用水浪费也十分严重,目前工业万元产值用水量约 130 m³,水的重复利用率为 70% 左右。城市生活用水浪费也十分严重,据统计,自来水管网仅跑、冒、滴、漏损失率就高达 11%,公共场所长流水的现象时有发生。

3.2.4 水污染不断加剧

目前,全市工业废水和生活污水的不合理排放,农药、化肥的大量施用,污水浇灌等行为,使得地表水、地下水受到不同程度的污染。水质监测的数据表明,全市已有多处区域浅层地下水因地表污水下渗,形成二次污染,严重影响了城乡人民的身心健康。全市河道水污染也很严重,且以有机物污染为主。

4 对策与建议

潍坊市水资源人均占有量不足全国的 1/6,水资源短缺,且地区分布不均衡,地表水资源严重不足,地下水大量超采,导致地下水位持续下降,引发了咸水入侵加剧等一系列环境地质问题,必须对有限的水资源进行科学、合理的开发利用。

4.1 合理开发利用地下水

尽管潍坊市北部平原区的地下水严重超采,但仍有部分地区地下水开发利用程度较低,还有较大的开发潜力。如在各主要河流上游河谷平原地带,地下水资源较丰富,开发利用潜力较大,这些地区今后要加大开发利用地下水。

在山前平原区,地下水开发利用程度较高,地下水长期处于超采状态,形成了多处地下水漏斗区并不断发展,这一地区要限制开采。漏斗中心地区在一段时间内应禁采,并采取措施调水补源,以恢复地下水位,阻止咸水入侵。

4.2 多措并举构建水资源保护体系

水资源保护是一项系统工程,单一的措施难以落实,且起不了多大作用。因此,针对潍坊市水资源特点及开发利用中存在的问题,按照系统工程的方法,保护水资源必须多措并举。

4.2.1 严格控制地下水开采量

划定限量开采区和禁采区,封闭严重超采区内的自备井,严格控制开采量。详细分析

划定严重超采区和一般超采区,一般超采区要制定计划限制开采量,并采取措施回灌补源。严重超采区特别是引发咸水南侵的漏斗区划定为禁采区,在一定时间段内(5～10年),严禁工矿企业在禁采区内取用地下水,鼓励在该范围内的工矿企业使用地表水或更换其他水源,并积极采取有效措施引水回灌补源。

4.2.2　构建地表水网络工程

潍坊市现有各类地上蓄水工程总库容 34.8 亿 m^3,总兴利库容 14.89 亿 m^3,其中大中型水库 25 座,兴利库容 11.53 亿 m^3,占全市总兴利库容的 75% 以上。在搞好水库除险加固、提高地表水拦蓄能力的同时,大力建设跨流域调水工程,建立地表水网络工程体系。同时,打破水资源管理过程中人为将水资源分为"城市水资源"和"农村水资源"的禁锢,加快城乡供水一体化的进程,加强全市水资源的统一管理与优化调度,实现水资源的可持续利用。

4.2.3　引进客水

潍坊市面积有限,各个水系均处于同一气候带、同一雨区,遇丰同丰、遇枯同枯。因此,从其他雨区跨流域调引客水是十分必要的。潍坊市所能引进的客水,主要是指长江和黄河水,这是解决潍坊市水资源短缺的重要战略措施之一。

4.2.4　充分利用洪水资源

全市多年平均河川径流量 17.03 亿 m^3,大部分集中在汛期,地表水拦蓄利用率仅占河川径流量的 60% 左右。目前,全市各主要河道均建立了拦河闸坝,平原地区也建立了水系联网和建设平原水库工程,为洪水资源利用提供了蓄水条件。要充分利用洪水资源转化补给地下水,减轻洪涝灾害,增加地下水补给量,改善水环境,提高水资源利用率。

4.3　创建节水型社会,实现用水零增长

水资源是有限的,而发展是无限的,实现用水零增长的支撑是节水。从潍坊市的市情、水情出发,深入分析节水潜力和突破点,围绕全市工、农业和城市生活三个方面,提高用水效率,实现以节水为中心的水资源优化配套和高效利用,并且应特别注意节水与开源,节水与社会、经济、环境的总体平衡,实现用水零增长,保障水资源可持续利用与经济社会的可持续发展。

参 考 文 献

[1] 苗乃华,高树东. 潍坊市水资源演变情势分析[J]. 水利水电技术,2008,39(5):4-6.

[2] 苗乃华,王金钟,杨化勇,等. 潍坊市地下水资源开发利用及对策[J]. 水文. 2003,23(4):52-54.

作者简介:孙景林(1963—),男,工程师,山东省潍坊水文水资源勘测局。联系地址:山东省潍坊市奎文区中学街 5 号。E-mail:WFSWSJL@163.com。

沂沭泗水系泗河 2007 年"8·17"、"8·18"洪水分析

陈国浩　颜　立　李吉学

（济宁水文水资源勘测局，济宁　272019）

摘　要：山东省济宁市泗河是淮河流域沂沭泗水系的重要防汛河道，防洪标准较低，中游以下防洪标准不足 20 年一遇，如遇超标洪水，将严重威胁津浦、兖石铁路，104、327 国道，兖州煤矿，曲阜、兖州等沿岸重要城镇及广大人民群众生命财产安全。2007 年泗河出现了 2000 年以来最大洪峰流量，本文对本次洪水进行了分析，提出了泗河的洪水特点，为以后泗河洪水预报分析和调度提供了科学的技术依据。

关键词：沂沭泗水系　泗河　洪水分析

1　引言

　　山东省济宁市泗河是淮河流域沂沭泗水系的重要防汛河道，发源于山东新泰市太平顶西侧，自东向西流经泗水、曲阜、兖州、邹城、任城区、微山等县（市、区），于济宁任城区辛闸村南入南四湖，河道全长 159 km，干流长度 89.5 km，干流平均坡度 1.13‰，总流域面积 2 366 km²。本流域水系发达，有大小支流 30 条，其中集水面积 100 km² 以上的河道 5 条。泗河干流为古老的天然河道，河道弯曲，河槽上大下小。1991 年泗河"91·7"洪水后，对下游 8 km 的卡口段进行了移堤拓宽工程，大大提高了河道下游的防洪能力，但总的来说，目前该河仍堤身矮小单薄，防洪标准较低，中游以下防洪标准不足 20 年一遇，如遇超标洪水，将严重威胁津浦、兖石铁路，104、327 国道，兖州煤矿，曲阜、兖州等沿岸重要城镇及广大人民群众生命财产安全。

　　2007 年 8 月 17 日 17 时 30 分泗河书院水文站出现了最大洪峰流量 901 m³/s，为进入 2000 年以来最大一场洪水过程；18 日 16 时又出现了一次复式洪峰流量 706 m³/s。根据此次降雨对泗河流域 1991 年和 1995 年出现的洪水进行了对照分析，提出了 2000 年以来的泗河洪水特点，为以后泗河洪水预报分析和调度提供了科学的技术依据。

2　降雨频率分析

2.1　泗河流域降雨情况

　　根据资料分析，泗水、曲阜、邹城 2007 年 7 日最大降雨量情况分别为：315.6 mm、167.1 mm、176.9 mm；1991 年 7 日最大降雨量分别为 276.2 mm、171.6 mm、143.1 mm；1995 年 7 日最大雨量分别为：243.6 mm、360.8 mm、266.8 mm。各典型站降雨情况详见表 1。

2.2　采用的资料情况

　　根据泗河流域时段最大降雨情况进行频率分析，流域 3 日最大雨量统计采用尼山、罗

表1　泗河流域2007年、1991年、1995年降雨情况统计

（单位:mm）

市区	站名	2007年8月						1991年7月							1995年8月						
		9日	10日	15日	16日	17日	累计雨量	18日	19日	21日	22日	23日	24日	累计雨量	12日	13日	14日	15日	16日	17日	累计雨量
泗水县	贺庄	16.0	102.5	30.0	21.0	169.5	339.0	3.9	0.0	0.0	0.0	148.3	114.7	266.9	10.1	57.5	13.3	68.2	0.3	30.8	180.2
	华村	35.0	59.0	27.0	36.0	177.5	334.5	121.7	2.1	0.0	0.1	138.0	102.8	364.7	9.8	19.4	14.7	51.6	0.4	67.8	163.7
	龙湾套	92.5	31.0	25.5	76.5	169.5	395.0	81.0	1.1	0.1	0.2	55.4	103.1	240.9	8.5	20.1	111.3	115.0	4.5	12.0	271.4
	泗水	14.0	31.0	27.5	70.0	112.5	255.0	40.7	0.0	0.0	0.0	64.6	133.1	238.4	52.2	14.3	109.0	145.5		19.2	340.2
	青界岭	3.0	43.5	35.0	62.0	111.0	254.5	44.1	3.2	0.0	0.0	99.2	123.8	270.3	0.1	13.7	93.7	136.8	2.2	14.2	260.7
	平均	32.1	53.4	29.0	53.1	148.0	315.6	58.3	1.3	0.0	0.1	101.1	115.5	276.2	16.1	25.0	68.4	103.4	1.9	28.8	243.6
曲阜市	书院	10.5	59.0	8.0	56.5	37.5	171.5	41.3	0.0	0.4	0.0	14.2	108.0	163.9	1.5	11.6	135.4	194.9	36.6	22.2	402.2
	歇马亭	7.5	65.0	8.5	53.5	31.0	165.5	74.5	0.0	0.0	0.0	61.2	64.7	200.4	0.5	10.9	82.5	151.2	22.5	34.1	301.7
	尼山	1.0	54.5	32.5	48.5	109.0	245.5	49.0	22.7	0.0	0.0	27.4	86.5	185.6	0.6	8.2	118.6	159.1	3.0	10.6	300.1
	息陬	9.0	40.0	7.0	49.0	25.0	130.0	39.9	0.0	0.0	0.0	25.0	71.5	136.4	48.3	17.7	119.7	206.5	21.4	25.6	439.2
	时庄	10.0	42.0	6.0	42.0	23.0	123.0							0.0							0.0
	平均	7.6	52.1	12.4	49.9	45.1	167.1	51.2	5.7	0.1	0.0	32.0	82.7	171.6	12.7	12.1	114.1	177.9	20.9	23.1	360.8
邹城市	罗头	0.0	41.0	31.0	83.0	123.0	278.0	13.2	18.4	0.0	0.0	5.2	85.5	122.3	0.0	16.6	76.3	189.2	4.3	5.2	291.6
	马楼	1.5	41.5	10.0	51.5	51.0	155.5	9.4	5.5	0.0	0.0		60.0	74.9	9.9	13.4	71.8	54.8	2.9	0.1	152.9
	西苇	0.0	41.0	12.0	74.0	79.0	206.0	22.7	149.0	0.0	0.0	1.3	94.0	267.0	4.4	28.0	108.7	236.8	0.3	11.2	389.4
	莫亭	0.5	36.0	27.5	25.0	58.0	147.0	4.7	32.5	0.0	0.2	0.0	102.0	139.4	0.0	6.5	86.6	172.0	0.0	14.5	279.6
	看庄	0.0	39.0	16.0	32.0	11.0	98.0	0.0	0.0	0.0	14.5	0.0	96.0	110.5	0.0	8.1	49.0	161.4	0.0	2.0	220.5
	平均	0.4	39.7	19.3	53.1	64.4	176.9	10.0	41.1	0.0	2.9	1.6	87.5	143.1	2.9	14.5	78.5	162.8	1.5	6.6	266.8
流域平均雨量		13.4	48.4	20.2	52.0	85.8	219.9	39.8	16.0	0.0	1.0	44.9	95.2	197.0	10.6	17.2	87.0	148.1	8.1	19.5	290.4

头、贺庄、华村、龙湾套和泗水 6 个国家基本雨量站。泗河书院水文站(桩号:64 + 500)是 1957 年设立的国家基本水文站,大石桥(桩号:39 + 000)是 1998 年市防办设立的防汛专用站。

2.3 频率分析

该场暴雨洪水的时段最大降水量最大 1 日为 143.5 mm,3 日雨量为 228.3 mm,根据流域降雨特点分析,造成本场洪峰流量和洪水总量主要由 3 日雨量形成,根据已有长系列资料,对泗河书院水文站以上流域 3 日雨量进行分析,资料采用了 1957 ~ 2007 年的实测系列,经分析 2007 年 8 月最大三日降水量频率为 $P = 3\%$,重现期为 30 年,即 30 年一遇暴雨。

3 洪水对比分析

3.1 洪水特性分析

20 世纪 90 年代以来,泗河流域 1991 年 7 月和 1995 年 8 月出现了较大洪水过程,从流域降雨、洪峰流量、洪水总量、降水历时等指标对这三年的洪水特性进行分析,见表 2。

表 2 泗河"8·17、8·18"洪水特性分析

站名	特性	2007 年 8·17 ~ 8·18 洪水	1991 年 7·25 洪水	1995 年 8·16 洪水
书院站	最大洪峰流量(m³/s)	901 (8 月 17 日 17:30) 706 (8 月 18 日 16:18)	1 710 (7 月 25 日 07:00)	1 100 (8 月 16 日 11:00)
	洪水总量(亿 m³)	1.25	1.27	1.0
	洪水历时(h)	106	120	144
	洪水超过 500 m³/s 的历时(h)	23	28	31
大石桥站	最大洪峰流量(m³/s)	1 170 (8 月 17 日 23:00) 1 170 (8 月 18 日 20:00)		
	洪水总量(亿 m³)	1.89		
	洪水历时(h)	118		
	洪水超过 500 m³/s 的历时(h)	54		

从表中数值可以看出,书院水文站断面 2007 年"8·17"、"8·18"暴雨洪水的洪峰流量小于 1991 年和 1995 年,洪水总量与 1991 年持平,高于 1995 年;洪水持续时间小于

91·7 和 95·8 洪水,同时超过 500 m³/s 流量的历时比 1991 年和 1995 年缩短。

大石桥断面 2007 年暴雨洪水超过 500 m³/s 流量的历时达 54 h,洪水历时 118 h,洪水总量 1.89 亿 m³。

3.2　各特征值对比分析

2007 年 8 月最大 1 日雨量为 143.5 mm,3 日雨量为 228.3 mm,相应书院水文站最大洪峰流量为 901 m³/s,洪水总量为 1.25 亿 m³;大石桥断面最大洪峰流量为 1 170 m³/s,洪水总量为 1.89 亿 m³。

1991 年最大 1 日降雨量为 104 mm,3 日雨量为 177 mm,相应书院水文站最大洪峰流量为 1 710 m³/s,洪水总量为 1.27 亿 m³;大石桥断面洪水总量为 1.99 亿 m³。

1995 年最大 1 日雨量为 121 mm,最大 3 日雨量为 197 mm,相应书院水文站最大洪峰流量为 1 100 m³/s,洪水总量为 1.0 亿 m³;大石桥断面洪水总量为 1.72 亿 m³。

从统计资料来看,2007 年最大 1 日和 3 日雨量均大于 1991 年和 1995 年雨量。从书院上游资料来看,该场降雨造成了上游三座中型水库全部溢洪,而且龙湾套、尼山水库水位全部超过了历史最高水位,高于 1991 年和 1995 年各水库水位。各特征值见表 3。

表 3　各特征值对比

年份	最大 1 日降雨（mm）	最大 3 日降雨（mm）	洪峰流量（书院断面）	书院断面洪水总量(亿 m³)	大石桥断面洪水总量(亿 m³)
2007 年	143.5	228.3	901	1.25	1.89
1991 年	104	177	1 710	1.27	1.99
1995 年	121	197	1 100	1.0	1.72

4　结语

通过对泗河 2007 年"8·17"、"8·18"洪水从降雨频率、降雨历时及流域各预报根据站的降雨时段雨量和降雨中心进行了分析,其次从洪水最大洪峰流量、洪水总量、洪水历时、洪水超过 500 m³/s 的历时等各项特性和 1991 年、1995 年洪水进行了对照分析,主要特点如下:

(1)时段雨量大。流域最大 1 日和 3 日降雨量均超过了 1991 年和 1995 年,降雨主要集中在上游。

(2)洪量大。书院水文站断面和大石桥断面"8·17"、"8·18"洪水洪量分别为 1.25 亿 m³ 和 1.89 亿 m³,均接近 1991 年的洪水总量,超过了 1995 年。

(3)复式洪峰,受连续降雨影响,产生了两次较大的洪水过程。

(4)流域水库蓄水量大。书院断面上游的龙湾套水库和尼山水库均超过历史最高水位,四座大中型水库共拦蓄洪水 0.43 亿 m³,其中尼山、贺庄拦蓄洪水 0.30 亿 m³,1991 年尼山、贺庄拦蓄洪水 0.07 亿 m³,1995 年尼山、贺庄拦蓄洪水 0.26 亿 m³;泗河"8·17"、"8·18"洪水大中型水库蓄水变量和泄水量统计分析见表 4。

(5)汇流时间快,调蓄能力强。虽然降雨集中在上游,但汇流时间较 1991 年和 1995

年短,充分体现了河道治理后,增强了河道的排洪能力。汇流过程和时间见图1。

表4　泗河"8·17"、"8·18"洪水大中型水库蓄水变量和泄水量统计分析

水库	2007 年					1991 年			1995 年		
	最大变幅	最大拦蓄变量	蓄水变量（万 m³）	泄水量（万 m³）	合计	蓄水变量（万 m³）	泄水量（万 m³）	合计	蓄水变量（万 m³）	泄水量（万 m³）	合计
尼山	2.06	2 150	410	6 375	6 785	-436.7	7 231	6 794.3	1 043	7 230	8 273
贺庄	5.15	2 600	2 540	0	2 540	1 158	8 308	9 466	1 582	0	1 582
龙湾套	1.66	720	230	1 762	1 992						
华村	3.2	1 360	1 090	1 426	2 516						
合计（亿 m³）			0.68	0.43	0.96	1.38	0.07	1.55	1.63	0.26	0.72	0.99

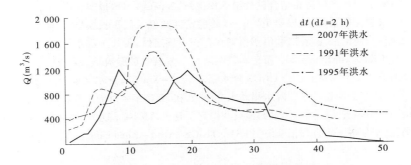

图1　1991 年、1995 年、2007 年大石桥断面洪水流量过程线对照

（6）调度科学,降低了洪峰流量。流域最大1日和3日降雨量均超过了1991年和1995年,而且降雨主要集中在上游,对水利工程十分不利,由于防汛指挥部的科学调度,科学利用水库蓄水调洪,在确保水库安全的前提下,高水位蓄水和控制水库出库流量,使泗河各断面流量得以控制,"8·17"、"8·18"洪水的洪峰流量是1991年洪水的53%,比1995年洪峰流量减少了199 m³/s。

通过以上对各时段降雨情况分析和流域上游水库蓄水能力分析,泗河"8·17"、"8·18"暴雨洪水是1991年以来又一次特大的洪水过程。由于市防汛指挥部领导根据及时、准确的水情信息预报和预测,进行了科学的调度和决策,同时充分利用水库和河道治理后的调蓄削峰能力,避免了较大洪峰流量的出现,成功地保护了泗河流域社会和人民的财产安全,取得了较大的社会效益和经济效益。

作者简介:陈国浩(1971—),男,工程硕士,高级工程师,济宁水文水资源勘测局。联系地址:山东省济宁市红星中路15号。E-mail:jncgh@163.com。

TIGGE 降水与水文模型的耦合
在洪水预报中的应用[*]

包红军[1]　　赵琳娜[1]　　何　倚[2]　　Pappenberger Florian[3]

（1. 国家气象中心，中国气象局，北京 100081；

2. Department of Geography, King's College London, Strand, London, WC2R 2LS, UK;

3. European Centre for Medium – Range Weather Forecasts（ECMWF），

Shinfield Park, Reading, RG2 9AX, UK)

摘　要：将全球集合预报系统（EPS）组成的"THORPEX Interactive Grand Global Ensemble"（TIGEE）降水与水文模型相结合进行洪水预报研究。在洪水预报中使用 TIGGE 集合预报降水作为水文模型的输入，可以避免"单一"的确定性数值天气预报模型，由于初值误差、模式误差及大气自身的混沌特性，数值预报降水存在不确定性，延长了洪水预报的预见期。水文模型选择 Grid – Xinanjiang 水文模型。以淮河息县流域为试验流域，以 CMC、CMA、ECWMF、UKMO、NCEP 五个气象中心的 TIGGE 降水驱动 Grid – Xinanjiang 水文模型。为了进行结果比较，同时利用地面雨量计观测降水驱动水文模型，在 2007 年 7 月的息县流域超警洪水预报中进行检验。结果表明在洪水预报的预见期得到了延长，TIGGE 降水可以应用于洪水预报。

关键词：洪水预报　集合预报系统（EPS）　TIGGE　Grid – Xinanjiang 模型　息县流域

1　引言

洪水预报中降水是最重要的信息之一[1]。传统洪水预报中未来预见期内的降水量缺乏是一直影响洪水预报精度的重要原因。应用预见期的降雨预报，是增长洪水预见期的有效途径之一。随着数值天气预报水平逐渐提高，利用定量降雨为延长洪水预报的预见期已经成为可能。"单一"的确定性数值天气预报模型，由于初值误差、模式误差及大气自身的混沌特性，数值预报结果存在很大的不确定性，在洪水预报中，直接使用"单一"模式的预报结果，仅追求提高模式分辨率，以期望改善对暴雨等强对流天气的预报能力，可能会将数值预报在洪水预报领域的应用引入一个误区，以致洪水预报有较大的偏差。近年来，集合数值天气预报技术的发展，为降雨预报及洪水预报提供了新的思路。由于集合预报系统（Ensemble Prediction System，简称 EPS）能够很好地考虑到模型的不确定性、边界条件的变化及数据同化，国外学者已经尝试将集合预报应用于洪水预警与风险评估中[2~10]，而国内这方面的研究相对较少[11]。本次研究尝试将全球集合预报系统（EPS）组

---

　　* 基金项目：公益性行业专项（GYHY200906007，GYHY201006037），中国气象局气象新技术推广项目（CMATG2010Y23）资助。

成的"THORPEX Interactive Grand Global Ensemble"（TIGEE）降水应用于流域洪水预报。水文模型采用 Grid – Xinanjiang 水文模型[12~15]。

本文以淮河息县流域为试验流域，以 CMC、CMA、ECWMF、UKMO、NCEP 五个气象中心的 TIGGE 降水驱动 Grid – Xinanjiang 水文模型。为了进行结果比较，同时利用地面雨量计观测降水驱动水文模型，选择在 2007 年 7 月的息县流域超警洪水预报中进行检验。

2 流域简介与概化

息县流域位于河南省南部，居淮河上游，流域面积 8 826 km²（扣除大型水库面积）。该流域处于北亚热带和暖温带的过渡地带，在气候上具有过渡特征。汛期降雨受季风影响，一般每年 4 月、5 月雨量开始逐渐增多，随着江淮流域进入梅雨天气，6 月上中旬汛期开始。多年平均年降水量 1 145 mm，50% 左右集中在汛期（6 ~ 9 月）。流域内建有南湾、石山口两座大型水库和六座中型水库，在浉河和小潢河上分别建有平桥和小龙山两座拦河闸。南湾水库建于 1955 年，控制流域面积 1 100 km²，总库容 16.3 × 10⁸ m³；石山口水库建于 1968 年，控制流域面积 306 km²，总库容 3.72 × 10⁸ m³。淮河王家坝以上流域分块图见图 1。

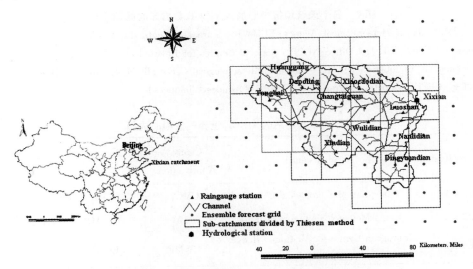

图 1 淮河王家坝以上流域分块图

3 TIGGE 降水与水文模型的耦合在洪水预报中的应用

3.1 TIGGE 降水

构建一个基于集合预报系统驱动的洪水预报模型。集合预报系统（EPS）从实质上讲又可称之为概率预报系统，其最终目的是提供大气变量的完全概率预报。集合预报技术经历了不断的发展完善，从以前仅考虑初始场的不确定性发展为同时考虑模式的不确定性，进而发展到多模式和多分析集合预报技术。TIGGE（THORPEX Interactive Grand Global Ensemble）集合预报是世界气象组织的"观测系统研究和预报实验"项目的重要组成部分，在全球范围组织各气象业务中心的集合预报开发与合作，并计划发展成为未来的"全球交互式预报系统"。本次以 TIGGE（CMC、CMA、ECWMF、UKMO、NCEP）预报降水来驱动 Grid – Xinanjiang 水文模型实现洪水预报。图2是各个气象组织加入 TIGGE 数据库的时间顺序,表1为本次研究采用的 TIGGE 集合预报中心成员表。

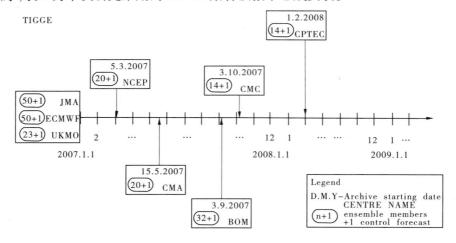

图2　各个天气预报中心加入 TIGGE 数据库时间顺序

(JMA – Japan Meteorological Agency；ECMWF – European Centre for Medium – Range Weather Forecasts；UKMO – UK Met Office；NCEP – National Centres for Environmental Prediction；CMA – China Meteorological Administration；CMC – Canadian Meteorological Centre；BOM – Australia　Bureau of Meteorology；CPTEC – Centro de Previsão de Tempo e Estudos Climáticos)

表1　本文使用的 TIGGE 世界气象中心成员

Country/Region	Weather centre	Centre Abbriviation	Centre Code	Ensemble menbers
Canada	Canadian Meteorological Centre	CMC	BABJ	14 + 1
China	China Meteorological administrator	CMA	CWAO	14 + 1
Europe	European Centre for Medium – Range Weather Forecasts	ECWMF	ECMF	50 + 1
UK	UK Met Office	UKMO	EGRR	23 + 1
USA	National Centres for Environmental Prediction	NCEP	KWBC	14 + 1

3.2　在息县流域的应用分析

　　2007 年汛期,淮河流域遭遇了 1954 年以来的第二大流域性洪水。由于雨区和降雨时段集中,雨量大,淮河干流、支流水位普遍上涨,河段水位全面超过警戒水位。蒙洼、姜唐联湖、南润段、邱家湖等行蓄洪区均启用。本文选择 2007 年 7 月的淮河上游息县站以上流域(息县流域)进行基于 TIGGE 降水的集合洪水预报研究。息县站的警戒水位 41.50 m, 7 月 15 日 8 时超警戒水位对应的流量为 4 034 m³/s(图3)。

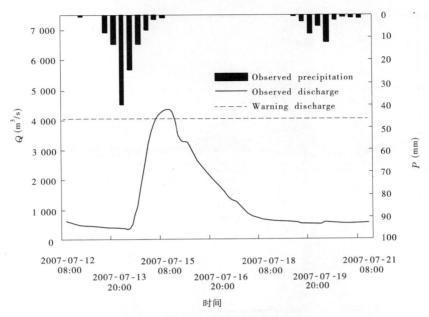

图 3　2007 年 7 月息县流域洪水过程

　　洪水径流的形成与降雨息息相关,流量过程是表现洪水径流和防洪标准的主要表现形式之一。当雨量预报精度较低时,在洪水的流量过程会更明显地显示。图 4 是 2007 年 7 月 9 日至 15 日 20 时基于 ECMWF 集合预报降水驱动 Grid – Xinanjiang 模型预报的息县站流量过程。在 7 月 12 日降水预报中得到 13 日的降水预报取得较为一致的结果,同样的结果在 14 ～ 16 日的降水预报中得到。从越来越临近超警流量的预报过程来看,与实测相比,集合洪水预报的精度越来越高。对于单个集合预报成员有在数值预报模式初始场的不确定性、模式自身不确定性等因素不可避免会表现出空报及漏报的情况,这是集合预报中可以避免“单一”的确定性数值天气预报降水有可能会使洪水预报进入一个误区。与实测流量过程相比,集合预报流量过程能够反映洪水的实际过程,实测流量过程基本落在流量集合预报的 90% 的置信区间。在本次研究中,Q_{50} 与 $Q_{sim-raingauge}$ 最为相近。

　　洪水流量的集合预报过程还可以通过绘制洪水预警图进行评价(如图 5 所示)。纵坐标为 TIGGE 发布集合预报时间,横坐标为在发布预报的预见期内洪水预报结果的预报时间序列。对应有颜色的格子指的是预见期内预报时段内洪水超过预警水位(图 5)时对应的流量的百分数。百分数值越大,说明洪水预警的准确率越高。从图 5 可以看出,由 CMC、CMA、ECWMF、UKMO、NCEP 及所有五个集合预报形成的超级集合(Grand Ensemble)预报降水驱动 Grid – Xinanjiang 水文模型得到预报结果,对于息县站达到预警水位时的流量 4 034 m³/s,在 7 月 10 日 15% ～ 25% 的预报 7 月 15 日出现超警戒水位,在 7 月 13 日 55% ～ 65% 的预报 15 日会出现超警戒水位(除了 NCEP)。延长了洪水的预见期,为防汛赢得了宝贵的时间。

4　结论与讨论

　　本次研究在国内较早地将集合预报系统 TIGGE 降水应用到洪水预报中,建立 TIGGE

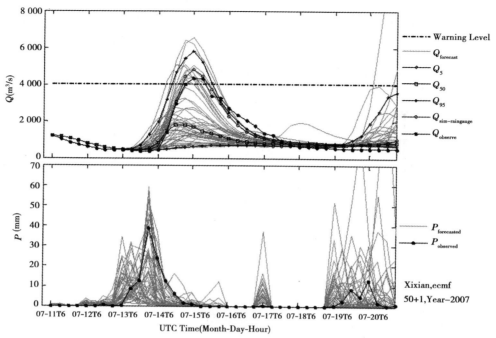

(a)基于ECWMF预报的7月11日流量过程

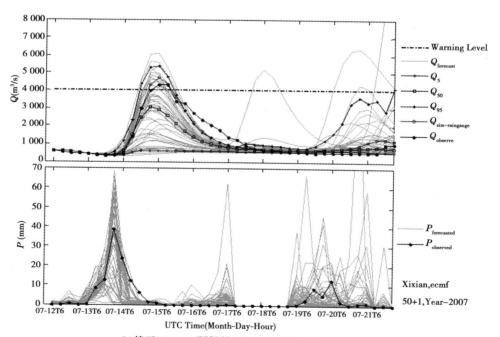

(b)基于ECWMF预报的7月12日流量过程

图4　基于 ECWMF 预报的息县集合预报洪水流量过程

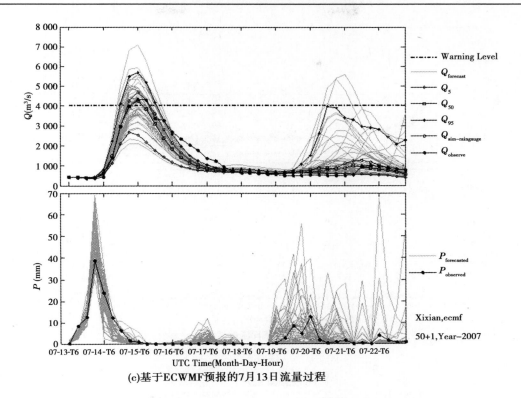

(c)基于ECWMF预报的7月13日流量过程

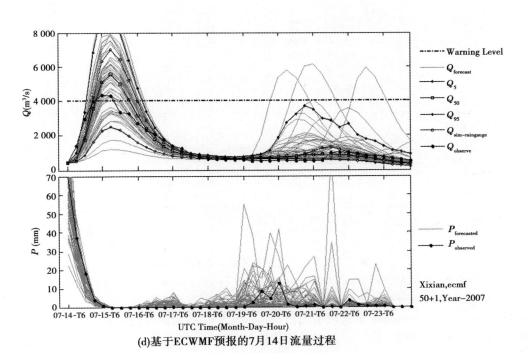

(d)基于ECWMF预报的7月14日流量过程

续图 4

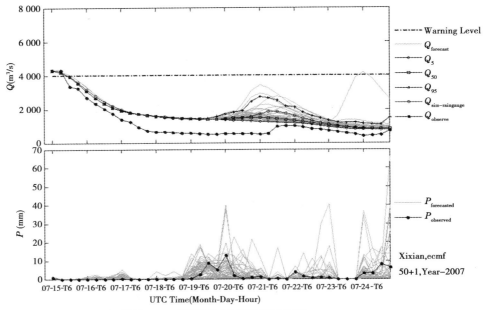

(e)基于ECWMF预报的7月15日流量过程

续图 4

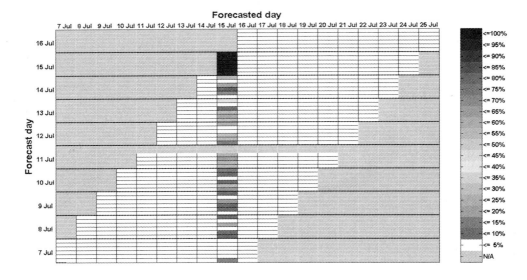

图 5 2007 年 7 月息县流域洪水的预警图

The six horizontal bars from bottom to top represent the five centers (CMC, CMA, ECWMF, UKMO, NCEP), and the ensemble of the five forecast centers.

降水驱动 Grid – Xinanjiang 水文模型的洪水预报模型。利用该模型对淮河息县流域 2007 年 7 月的洪水进行预报,取得了一定的预报效果,为洪水概率预报提供了一个新的模式,具有较强的理论依据和应用价值,对同类洪水预报模型有一定的借鉴意义。但仍有需要进一步讨论的问题:

（1）集合预报的最终目的是提供大气变量的完全概率预报。集合预报技术经历了不断的发展完善,已经发展到多模式和多分析的超级集合预报技术（TIGGE）,以提供完整的气象预报产品。该技术已经成为天气预报的主流发展趋势。如何将集合预报模式与流域水文模型结合起来,考虑它们之间的相互作用,实现双向耦合,一直是水文气象耦合的热点和难点之一。

（2）对于集合预报中心由于各自模式及预报初始场等因素的不同,各自的预报精度也各不相同。本次研究中只是简单地进行等权重系数进行处理,这样可能会使超级集合后的效果差于某一个预报中心的预报效果。如何在实际应用时,赋予每个预报中心的预报产品一个合理的权重系数,是提高洪水预报精度的重要手段。

参 考 文 献

[1] Maidment D R. Hydrology Handbook[M]. New York: McCraw－Hill, 1993.

[2] Pappenberger F, Bartholmes J, Thielen J, et al. New dimensions in early flood warning across the globe using grand－ensemble weather predictions [J]. Geophysical Research Letters,2008, 35. L10404, doi: 10. 1029/2008GL033837.

[3] Roulin E, Vannitsem, S. Skill of medium－range hydrological ensemble predictions[J]. Journal of Hydrometeorology , 2005, 6(5): 729-744.

[4] Balint G, Csik A, Bartha P et al. Application of meterological ensembles for Danube flood forecasting and warning. In: Transboundary floods: reducing risks through flood management, J Marsalek, G Stancalie,G Balint (Editors), Springer, NATO Science Series, Dordecht, The Netherlands, 2006: 57-68.

[5] Roulin E. Skill and relative economic value of medium－range hydrological ensemble predictions [J]. Hydrology and Earth System Sciences, 2007, 11(2): 725-737.

[6] Komma J, Reszler C, Blöschl G et al. Ensemble prediction of floods － catchment non－linearity and forecast probabilities [J]. Natural Hazards Earth System Sciences, 2007,7: 431-444.

[7] Thielen J, Bartholmes J, Ramos M. － H. et al. The European Flood Alert System － part 1: Concept and development. Hydrology and Earth System Science Discussions, 2008, 5:257-287.

[8] Cloke H L, Pappenberger F. Evaluating forecasts for extreme events for hydrological applications: an approach for screening unfamiliar performance measures[J]. Meteorological Applications, 2008, 15(1): 181-197.

[9] Cloke H L, Pappenberger F. Ensemble flood forecasting: A review[J]. Journal of hydrology, 2009,375: 613-626.

[10] He Y, Wetterhall F, Cloke H L et al. Tracking the uncertainty in flood alerts driven by grand ensemble weather predictions, Meteorological Applications, Special Issue: Flood Forecasting and Warning, 2009, 16(1): 91－101.

[11] 包红军. 基于 EPS 的水文与水力学相结合的洪水预报研究[D]. 南京:河海大学,2009.

[12] 包红军. 沂沭泗流域洪水预报模型应用研究[D]. 南京:河海大学,2006.

[13] Li zhijia et al. Application of GIS-based hydrological models in humid catchments. Water for Life: Surface and Ground Water Resources, Proceedings of the 15th APD－IAHR & ISMH, 685-690. Madras. 2006.

[14] 王莉莉,李致家,包红军. 基于 DEM 栅格的水文模型在沂河流域的应用[J]. 水利学报,2007,38 (增刊1):417-422.

[15] Yao cheng, Li zhijia, Bao Hongjun et al. Appli cation of a developed Grid – Xin'anjiang model to Chinese catchments for flood forecasting purpose[J]. Journal of Hydrologic Engineering, 2009,14(9)：923-934.

作者简介：包红军(1980—)，男，博士，工程师，国家气象中心，从事水文气象预报技术的研究。联系地址：北京市海淀区中关村南大街 46 号。E-mail：baohongjun @ cma. gov. cn。

基于 TIGGE 资料的流域概率性降水预报评估

赵琳娜[1]　吴　昊[1]　齐　丹[1]　田付友[1]　狄靖月[1]　段青云[2]　王　志[1]

(1. 国家气象中心　北京　100081;2. 北京师范大学　北京　100875)

摘　要:利用2008年7月1日至8月6日TIGGE – CMA资料存储中心的ECMWF、NCEP和CMA等业务中心1~10天的集合预报降水结果,结合淮河流域上游大坡岭—王家坝流域内19个站点的降水观测资料,对流域内的日降水预报效果进行了基于降水等级划分的确定性TS评分、概率性Brier评分及考虑所有降水强度概率的百分位降水评估,并对2008年7月22~23日的强降水过程的预报效果进行了重点评估分析,探索了多模式概率预报降水面向流域的评估研究。结果表明,超级集合的TS评分和Brier评分优于单个集合预报系统,集合平均由于平滑作用削弱了对长预报时效较强降水的预报能力;三套集合预报都体现部分成员具有捕捉实际降水的多种可能性;流域面雨量和单站的百分位的分析表明,随着预报时效的延长,强降水的预报能力逐渐减弱,而超级集合由于考虑了更多的降水可能性,预报强降水的量级和空间分布同观测更为接近。

关键词:概率性降水预报　TIGGE　多模式集合　降水评估

1　引言

定量降水预报在及时、准确的洪水预报和警报中扮演着极其重要的角色。长期的实践表明,准确、及时的流域定量降水预报是延长洪水预报的预见期、提高预报精度、制定正确的防洪调度方案的重要依据,是减免洪水造成损失的重要非工程措施。由于大气降水在时空分布上的变化很大,因此对定量降水预报的可靠性提出了很大的挑战。为了克服单一数值预报模式预报降水的不确定性,近些年来,集合预报技术取得了重大进展[1],发展了多模式—多分析集合及其概率预报技术,并且已经应用到多种尺度的数值预报中,使降水的预报技巧有了一定提高[2,3],其优势已经得到了国内外众多水文气象学家的肯定[4,5],并促使国际上初步形成了一些新的大型水文气象集合概率预报计划[6],我国也有部分科研工作者开展了相关的集合预报及其概率预报研究[7~9]。

多模式—多分析集合预报技术的优点不仅在于能够最大限度地包含定量降水预报的多种可能性,更在于提高对极端天气事件的把握,而这种对所有成员的预报结果的综合应用则可以获得定量降水预报的不确定度,即概率分布。这种无偏的概率分布可以供预报和决策人员参考,提供潜在的决策依据,从而避免极端天气事件发生时可能造成的经济损失和社会危害[10]。这在单一的模式预报中往往是无法做到的,且与以往仅凭经验或用统计方法做出的概率预报相比,多模式集合预报提供的概率预报产品更具有客观性和定量性,也更具有参考价值[11]。

在开展集合概率预报研究时,可靠的资料来源是至关重要的。作为 WWRP/THORPEX*子课题的交互式广义全球集合预报(TIGGE: The THORPEX Interactive Grand Global Ensemble)收集了全球 10 个气象业务中心的全球中期业务集合预报系统的多成员、多要素、多时效(1 天至 2 周)的预报结果,为多模式集合和概率性预报的拓展应用提供了很好的产品支持[12]。本文利用从世界三大 TIGGE 资料存储中心之一的中国 TIGGE 资料数据存储中心获得的 ECMWF、NCEP 和 CMA 等三套全球集合预报系统多成员逐日预报降水资料,针对淮河流域上游的大坡岭—王家坝区域,对 TIGGE 提供的三套集合预报系统降水预报效果做出评估,并探索拓展多模式流域集合概率预报的可行性。

2　研究区域和资料

本文的研究区域为淮河上游的大坡岭—王家坝流域,流域的海拔一般在 200 ~ 500 m,面积约 30 630 km²,作为淮河流域源头的桐柏山区即位于研究流域的西部,研究区域及区域内 19 个雨量测站的空间分布状况如图 1 所示。

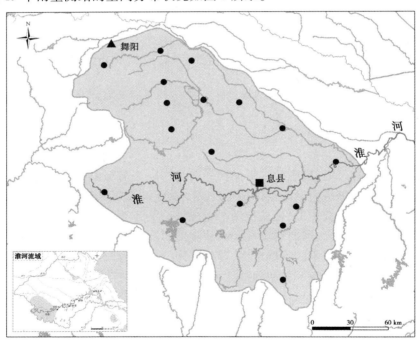

图 1　研究区域及流域内 19 个观测站的分布(▲ 和 ■ 分别表示舞阳和息县)

实况降水资料为逐日 24 小时累积雨量。TIGGE 三套集合预报系统(以下简称 EC、NCEP、CMA,下同)的模式降水结果时段为 2008 年 7 月 1 日至 8 月 6 日,起报时间为每日

*　http://www.wmo.int/pages/prog/arep/wwrp/new/thorpex_new.html.

资助课题:公益性行业专项"面向 TIGGE 的集合预报关键应用技术研究(GYHY(QX)2007-06-01)"和"基于多模式集合预报的交互式应用技术研究(GYHY200906007)"已在正式出版物发表。

00 时,输出间隔 6 小时,各套集合预报系统的集合成员数等有关数据可参见表 1。

表 1 参与 TIGGE 资料交换的三套集合预报系统(EC,NCEP,CMA)的有关信息

中心	国家/区域	模式	集合成员数	空间分辨率	预报时效(天)
NCEP	美国	T126	21	1°×1°	1~10
CMA	中国	T213L31	15	0.562 5°×0.562 5°	1~16
ECMWF	欧洲	T399L62/T255L62	51	1°×1°	1~10/11~15

根据 ECMWF、NCEP 和 CMA 各成员输出的不同时间间隔的降水,首先形成每个成员降水不同预报时效的 24 小时累积降水,使用双线性插值方法获得流域内站点的降水预报值。由于三套集合预报系统的空间分辨率不同,在构建超级集合平均(简称 GrandE,下同)时,首先通过双线性插值方法将 CMA 的较高分辨率格点数据转化为 1°×1° 的格点数据,使三集合预报中心的空间分辨率保持一致,然后对三集合预报系统共 87 个成员采用了等权重平均方法计算得到超级集合平均,在计算超级集合平均时,我们假定各个成员均等效地代表了某种可能性。

由于 EC、NCEP 和 CMA 的预报时效不同,本文只对 1~10 天的预报结果进行分析,为叙述简便,全文用世界时。

3 检验方法

3.1 TS 评分

TS 评分是我国气象预报业务中常用的基于两分类的评分方法[13,14],作为对确定性预报的评分标准,已经纳入了业务预报评价体系[15]。TS 评分的计算公式为:

$$TS = N_A/(N_A + N_B + N_C) \tag{1}$$

预报偏差 B 的计算公式为:

$$B = (N_A + N_B)/(N_A + N_C) \tag{2}$$

式中,N_A、N_B、N_C 和 N_D 分别为降水的报对次数、空报次数和漏报次数,以及预报无降水正确次数;TS 值越大,表示预报结果越好;B 表示预报有降水的次数和观测有降水的次数之比,当 B 等于 1 时表示预报是无偏的,大于 1 时为存在空报,小于 1 时表示有漏报[16],合理的 B 值一般在 1~2[14]。

3.2 Brier(BS)评分

Brier 评分定义了一种均方概率误差,该方法综合考虑了可靠性、分辨能力和不确定性。Brier 评分已在定量降水概率预报评估中得到了广泛应用[17]。其具体计算公式为:

$$BS = \frac{1}{N} \sum_{i=1}^{N} (f_i - o_i)^2 \tag{3}$$

式中,N 为两分类事件的预报数;f_i 表示某一天气事件发生的预报概率;o_i 表示实况,事件发生 o_i 为 1.0,事件不发生 o_i 为 0.0。

BS 的值在 0~1,BS 值越小越好,BS 为 1 表示评分最差,预报失效。

3.3　百分位数

百分位数属于分位数的一种*,是指将一组 n 个数据按从小到大的顺序排列,并计算相应的累计百分位,则某一百分位所对应数据的值就称为这一百分位的百分位数,第 50 百分位为中位数,图 2 给出了一个百分位图的示例及常用的百分位点。百分位数提供了有关各数据项如何在最小值和最大值之间分布的信息,是用于衡量数据位置的量度,一般使用方框—盒须图来表现百分位数分析结果[3,18],方框—盒须图的拉伸度越小,表示包含的可能性越少,预报结果相对集中;反之,拉伸度越大,表明包含的可能性越多,预报结果比较分散。陈辉等[19]在我国的高温中暑等级确定中使用了该方法,由于百分位数计算有多种不同的方法[20,21],本文中使用的是由 Hyndman[20]提出的一种经验方法,具体公式为:

$$Q_i(p) = (1 - \gamma)A_{(j)} + \gamma A_{(j+1)} \tag{4}$$

上式中 $j = \mathrm{int}[p \times n + (1+p)/3]$, $\gamma = p \times n + (1+p)/3 - j$,其中 $Q_i(p)$ 为第 i 个百分位降水,A 为升序排列后的多个成员的预报降水值,p 为分位数,本文中取第 5、25、50、75、99 百分位,n 为序列总数,即表 1 所示三套集合预报系统的成员数,j 为第 j 个序列的值。

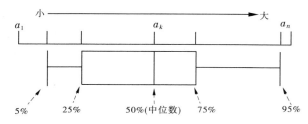

图 2　方框—盒须结构图

4　结果分析

在对降水进行 TS 和 Brier 评分时,根据国家气象中心业务常用的降水量级划分标准将降水划分为四个等级,即晴雨、小雨、中雨和大雨,考虑模式的降水预报值和模式误差,选择 1.0 mm 作为模拟晴雨降水的阈值上限。由于模式通常对大雨以上量级降水的模拟能力较差,且实际观测中大雨以上量级的降水出现的频次较少,在 TS 和 Brier 评分中未对大雨以上量级的降水进行评估,而在百分位降水评估分析中考虑了所有量级的降水。

4.1　TS 评分和预报偏差 B 分析

图 3 所示为三套集合预报系统及其超级集合的集合平均对四个等级降水不同预报时效的 TS 评分和预报偏差 B 比较。在计算集合平均时,EC、NCEP 和 CMA 使用的成员数见表 1,超级集合则为三套集合预报系统 87 个成员的平均。

对于晴雨 TS 评分(图 3(a)),CMA、NCEP、EC 及其超级集合在该研究区域有类似表现,TS 评分均在 0.5~0.6。小雨的 TS 评分表明(图 3(a)):1~5 天的预报中,CMA 表现最佳,评分在 0.3 以上,而 EC 和 NCEP 的评分一般为 0.2 左右,同 CMA 相比稍差,超级集

---

* Lane, David. "Percentiles." Connexions. April 20, 2008. http://cnx.org/content/m10805/latest/

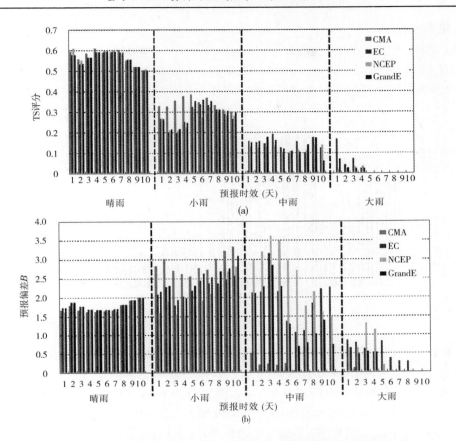

图 3   CMA(红色)、NCEP(黄色)、EC(蓝色)及超级集合(黑色)的集合平均在流域范围的评估

合预报的结果同 EC 和 NCEP 的结果相当;5 ~ 10 天的预报中,三套集合预报系统及其超级集合的 TS 评分均在 0.3 左右。尽管 CMA 对 1 ~ 5 天的预报有最佳表现,但其小雨的预报偏差 B 在 2.5 以上(图 3(b)),可见 CMA 在对小雨预报准确的同时,也有很高的空报率。与此同时,中雨和大雨的 TS 评分和预报偏差 B 也表明,CMA 对小雨提前 1 ~ 5 天预报准确度的提高是以对整体降水量预报偏低为代价换来的,即 CMA 预报的降水普遍偏小,从而导致了对小雨较好的预报能力和对中雨及以上量级的降水预报不足。随着预报时间的延长,EC 和 NCEP 的中雨 TS 评分均逐渐从 1 天的 0.15 减至 10 天的 0.10(图 3(a)),同时预报偏差 B 显示,对中雨 1 ~ 10 天的预报中,NCEP 均有较高的空报率(图 3(b))。对大雨而言,EC 和 NCEP 1 ~ 4 天的预报有较低的预报准确率,对 4 天之后的降水基本失去了预报能力,尽管大雨预报的偏差 B 显示 EC 对 8 天后的降水也有一定的预报能力。

与 EC、NCEP 和 CMA 三套独立的集合预报系统相比,超级集合对四个量级降水的预报能力稍优于或等同于 EC。分析原因,在进行集合平均计算时,三套集合预报系统使用的是各自的多个成员的平均,但超级集合是 87 个成员的平均,从而会造成超级集合的结果倾向于成员数多的集合预报系统的结果。为了从更多的角度对降水进行评估,同时对超级集合的结果进行检验,下面从概率预报的角度对预报结果进行评估。

4.2　概率预报

4.2.1　Brier 评估分析

进行 Brier 评分时,CMA、NCEP 和 EC 集合预报系统的成员数等信息见表 1。图 4 为三集合预报系统及其超级集合对四个降水等级不同预报时效的 Brier 评估分析。

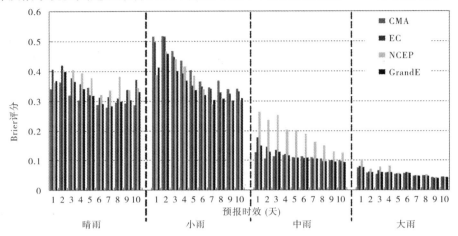

图 4　CMA(红色)、NCEP(黄色)、EC(蓝色)及超级集合(黑色)在流域范围内的 Brier 评分

四个降水等级的 Brier 评分表明(图 4),整体而言 CMA 的晴雨 Brier 评分最优,BS 值从 1 天的 0.34 逐渐减至 10 天的 0.28,而超级集合的 Brier 评分逐渐从 1 天的 0.37 减至 10 天的 0.33,同 CMA 相比稍差,但优于 EC 和 NCEP 集合预报系统的表现。对于 Brier 评分随着预报时间的延长逐渐减小的变化趋势,Pappenberger 等[4]在对 EC 降水进行概率分析时也遇到了相同的问题,据文献[22]分析,可能是随着预报时效的延长,模式误差增大,预报降水逐渐减弱造成的,有待于进一步研究。对小雨,随着预报时效从 1 天延长至 10 天,三套集合预报系统及其超级集合的 Brier 评分均逐步降低,超级集合给出了近似最优的结果,CMA 表现最差,这与 3.1 节分析的结果相符。中雨和大雨的 Brier 评分显示,超级集合具有最优或次优的预报结果,其次是 EC,但 CMA 对这两个量级的降水仍有一定的预报能力,表明个别成员具有预报中雨和大雨的能力。中雨的 Brier 评分中,NCEP 最差,这与 TS 评分中 NCEP 有较高的预报偏差一致。中雨和大雨的 Brier 评分同时也表明,各集合预报系统对中雨和大雨均有一定的预报能力,即某些成员成功捕捉到了这种可能性,而集合平均往往会由于平滑作用而导致对这些量级降水的预报能力不足。

4.2.2　百分位降水分析

TS 评分和 Brier 评分都是根据一定的样本量进行计算的,在计算过程中没有考虑流域内降水的时间和空间变化,下面通过百分位数方法以更直观的方式对三套集合预报系统及其超级集合的降水预报结果进行分析。

首先分析流域面雨量预报效果。图 5 为 2008 年 7 月 11 日至 8 月 6 日 CMA、NCEP、EC 及超级集合在大坡岭—王家坝流域不同预报时效的面雨量预报结果的百分位评估。1 天、5 天和 10 天的预报中,三套集合预报及超级集合均较好地预报了降水的变化趋势,随着预报时效的延长,方框 – 盒须图的拉伸度逐渐变大,并呈现朝降水量级小的方向移动的

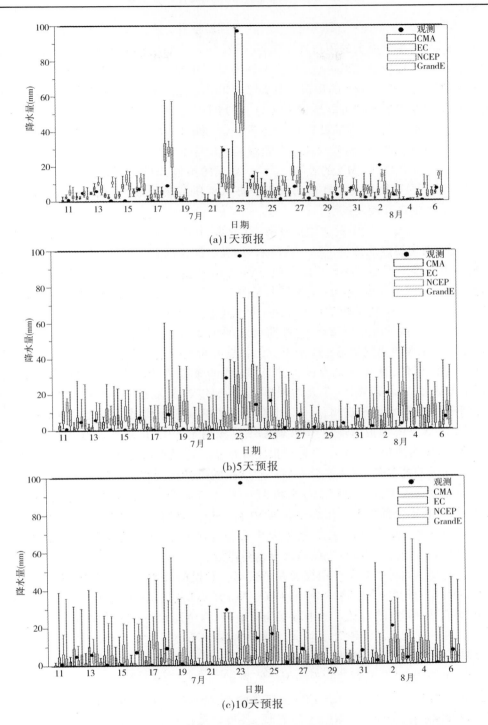

图5 2008 年 7 月 11 日至 8 月 6 日 CMA（蓝色实线）、NCEP（绿实线）、EC（棕色实线）及超级集合（红实线）流域面雨量预报百分位评估（方框中的三条线分别为第 25、50、75 百分位降水，两端的须分别为第 5、99 百分位降水）

趋势。1 天预报时,方框—盒须分布紧凑,除个别日期外,观测降水均落在第 5、99 百分位内,离散度较小,多个成员的预报降水比较接近,同观测相比偏差较小。超级集合预报则综合了多个集合预报系统的可能性,预报效果优于单个集合预报系统,如 7 月 13 日、16 日、18 日、22 日和 23 日 1 天的预报,CMA 和 NCEP 均未能很好地预报出这种可能性,超级集合的结果则体现出这种可能性(图 5(a))。与 1 天的预报结果相比,5 天和 10 天预报时三套集合预报系统及其超级集合的方框—盒须拉伸度均显著增大(图 5(b)和图 5(c)),除 7 月 23 日外,观测降水均落在超级集合的第 5、99 百分位内,超级集合的表现同 EC 相当,优于 NCEP 和 CMA 的表现。对于 10 天的预报,即使是第 50 百分位降水,多日预报的第 50 百分位降水为 0.0 mm,即至少有 50% 的成员预报的降水为 0.0 mm,同 1 天和 5 天的预报相比有较大误差。

其次,分析流域单站雨量的预报效果。7 月 23 日的强降水代表了某种极端事件的发生,1 天的预报中很好地捕捉了这一强降水可能性,但 5 天和 10 天的预报中,对该强降水的预报能力均显得不足。图 6 给出了观测到中等量级降水的舞阳和息县站 1~10 天的降水的预报评估,两站在流域内的位置可参见图 1。舞阳和息县的 24 小时观测降水分别为 70.1 mm 和 51.6 mm,均达到了暴雨量级。随着预报时效从 1 天延长至 10 天,除 CMA 外,方框—盒须图的拉伸度逐渐增大,方框所表示的第 25、50、75 百分位降水呈减小的趋势,第 99 百分位降水同观测的偏差逐渐增大。根据 CMA 预报得到的两站点不同降水预报时效均有严重的低估,息县站尤为显著,即使是第 99 百分位降水同观测相比仍然有 10.0 mm 以上的偏差。EC 两站 1~5 天的预报把握较好,对 6 天之后的预报基本保持稳定状态,第 75 百分位降水低于观测,但 EC 个别成员仍然很好地预报了该天的降水量。NCEP 在息县站 1~5 天的预报均较好,但在舞阳站仅保持了 1 天,1 天之后的预报均有严重低估,且 NCEP 所有成员都没能很好地预报出降水量。超级集合的预报结果同 EC 的相当,但随着预报时效的延长,超级集合方框—盒须图的拉伸度要小于 EC,说明各成员降水预报的可能性更为集中,这在图 5(b)和图 5(c)中也有体现。但需要注意的是,对于 6~10 天的预报,三套集合预报及其超级集合第 50 百分位降水值均为 0.0 mm,也就是说,至少 50% 的成员预报无降水,结合图 5 的分析结果,说明在直接使用集合降水预报时,对于超过 5 天的预报,即使是超级集合预报结果也要谨慎。

为了更直观地对三套集合预报及其超级集合预报的降水效果进行比较,图 7 给出了 2008 年 7 月 22 日 00 时至 23 日 00 时 CMA、NCEP、EC 及其超级集合第 95 百分位降水的空间分布同观测降水的对比。图中数字为雨量值,为使降水的空间分布更为明显,用圆点表示雨量的相对大小。观测降水显示,流域内的降水整体呈北高南低的分布,最大降水中心在流域的东北部,站点观测雨量达到了 198.0 mm,为大暴雨,最小值在流域中东部,为 46.2 mm,流域内 19 个观测站的平均雨量值为 97.0 mm,为暴雨级别(图 7(a))。三套集合预报及其超级集合预报降水的空间分布表明,强降水中心均在流域北部,随着纬度的减小向南逐渐减弱。比较图 7(b)~(e)发现,各集合预报在量级上有很大差别:CMA 预报效果最差,站点最大值为 53.0 mm,位于流域西北部,19 个站点第 95 百分位降水范围在 10.7~53.0 mm,均值仅为 30.2 mm(图 7(b));其次为 NCEP,第 95 百分位降水在 46.6~85.1 mm,最大雨量为 85.1 mm,位于北部稍偏南位置,就最大雨量点出现的位置而言同

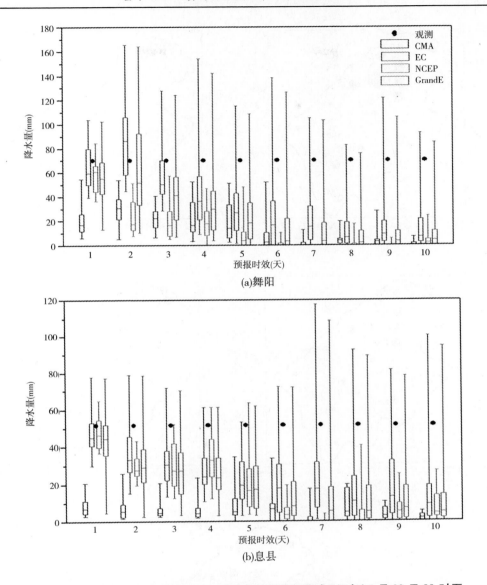

图6 CMA(蓝色)、NCEP(绿色)、EC(棕色)及其超级集合(红色)7 月 22 日 00 时至 23 日 00 时的百分位降水(方框—盒须图中方框对应的是第 25、50、75 百分位降水,两端的须分别为第 5、99 百分位降水)

实况观测最为接近,但预报降水值偏小(图7(c));EC 的预报结果是三个集合预报系统中最优的,19 个站的第 95 百分位降水值在 44.5 ~ 114.6 mm,其中 5 个站超过 100.0 mm,但预报降水最大的站点位于流域西部,同实况最大值相比空间偏差较大(图7(d));超级集合的降水由于综合了 87 个成员的降水结果,第 95 百分位降水在 44.6 ~ 98.1 mm,就最大站点降水的位置而言与 NCEP 一致,预报降水值为 98.1 mm,19 个站的平均雨量值为 74.0 mm,同 EC 的 85.4 mm 相比稍差,但优于 NCEP 的 70.5 mm 和 CMA 的结果(图7(e))。

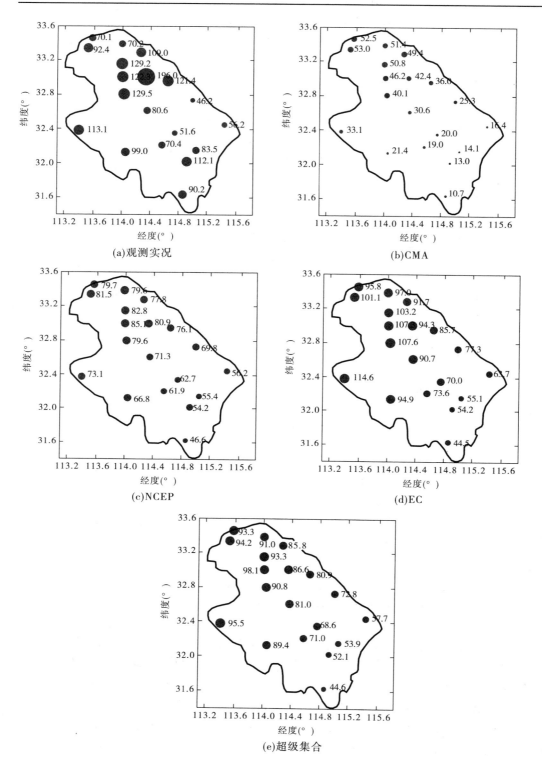

图7　2008 年 7 月 23 日 00 时流域内 24 小时不同集合预报的第 95 百分位降水分布和实况对比

通过以上分析,就降水量级而言 EC 的结果同观测最为接近,NCEP 对超级集合预报强降水的位置贡献最大,而 EC 对降水值的贡献最大。随着预报时效的延长,多模式集合对降水的空间分布仍有一定的预报能力,但三套集合预报系统的预报降水值均显著减弱。

5　结论与讨论

使用 TIGGE 中国中心提供的 2008 年 7 月 1 日至 8 月 6 日 CMA、NCEP 和 EC 三套集合预报 1～10 天的降水预报,结合本文研究区淮河上游的大坡岭—王家坝流域内 19 个观测站的 24 小时逐日降水,利用 TS、Brier 和百分位评分方法,对三套集合预报及其超级集合的降水预报结果进行了确定性的和概率性的评估,得到的主要结论如下:

(1)超级集合的 TS 评分优于或等同于 EC,其次是 NCEP,CMA 对晴雨预报较好,小雨 1～5 天预报时的 TS 评分甚至超过了超级集合和 EC,但存在较大的空报率,且对中雨及以上量级降水缺乏预报能力。

(2)Brier 评分结果表明,1～10 天的降水预报中,三套集合预报系统及其超级集合对四个等级的降水均有一定的预报能力,即都有部分成员捕捉到了这种可能性,但集合平均(确定性预报)通过平滑作用削弱了这种可能性,从而使得对较大量级和较长预报时间的降水预报能力不足,此外,超级集合的 Brier 评分总体上要优于单个集合预报系统。

(3)流域面雨量的百分位降水分析表明,预报时间越短,多成员预报降水越接近观测降水,随着预报时间的延长,中雨以下量级降水出现的比率逐渐增加,方框—盒须图的拉伸度逐渐增大,并朝着降水量级减小的方向移动,即对中雨及以上量级降水的预报能力逐渐减弱。尽管 CMA 预报的降水量级往往偏小,但对于超级集合而言,仍然代表了弱降水出现的可能性。

(4)站点降水的时间变化个例表明,1～5 天的预报中,EC 和超级集合均对降水做出了很好的预报,实际观测降水居于多种可能性的适中位置,但对于 5～10 天的预报,多数成员预报的降水偏小。站点降水的空间变化个例表明,超级集合由于考虑了更多的降水可能性,19 个观测站第 95 百分位降水的量级和空间分布同观测更为接近。

(5)TS 评分、Brier 评分和百分位降水是从不同的角度对预报结果进行分析。TS 评分一般适用于两分类预报结果的评估,即从某一天气现象出现与否的角度对预报结果进行评价。Brier 评分适用于多模式或多成员预报结果,是从概率的角度分析有多少集合成员捕捉到了某一天气现象,用 0.0～1.0 的一个数字提供该类天气现象发生的可能性,缺点是不能给出具体的量值[23];百分位降水则根据多个成员的预报结果直接给出降水的分布状况,并显示整体成员预报降水的变化趋势和预报极端降水状况。正是由于百分位预报提供的极端事件的概率信息,当前的流域水文气象预报中已经使用了这一方法[24,25]。

(6)随着集合预报系统和概率预报方法的发展,以及对极端天气事件科学认识的深入,基于当前的数值预报结果提供 3～10 天的流域洪水概率预报,西方发达国家已经开始了这方面的尝试,并初步证实了这一技术的可行性和巨大发展空间[26,27],针对我国暴雨洪涝多发的流域开展相关研究,势在必行。

要强调的是,本文针对三个集合预报系统一个多月预报结果的评估结果说明三个中心集合预报系统对降水均具有一定的预报能力,其中 EC 的预报是较好的[12]。需要指出的是,本研究在从模式预报获得站点降水预报时,使用了双线性插值方法,插值时没有考虑地形地势等因素的影响,在进行降水评估时也没有考虑这方面的影响。另外,部分学者对单集合预报系统所需成员数的多少进行过研究[25,28],但在进行多模式超级集合时,如何设定各不同集合预报成员的权重,以及使用多少成员合适,当前仍没有统一的认识[29],从表1可得知本研究使用的三个中心集合成员数不同:EC的集合成员数为51,多于NCEP的21个成员和CMA的15个成员数之和。此外,本研究在求取集合平均时没有区分个体成员的权重,使用了等权重方法,等等。这些问题值得在今后的研究中进行深入探讨。

参 考 文 献

[1] 刘金达.集合预报开创了业务数值天气预报的新纪元[J].气象,2000,26(6):21-25.

[2] Buizza R. The value of probabilistic prediction [J]. Atmos. Sci. Let. , 2008, 9: 36-42.

[3] Friederichs P, Hense A. A probabilistic forecast approach for daily precipitation totals [J]. Wea. Forecasting, 2008, 23(4): 659-673.

[4] Pappenberger F, Bartholmes J, Thielen J, et al. New dimensions in early flood warning across the globe using grand – ensemble weather predictions [J]. Geophys. Res. Lett. , 2008, 35, L10404, doi: 10. 1029/2008GL033837.

[5] 史国宁. 概率天气预报的兴起及其社会经济意义[J].气象,22(5):3-8.

[6] Schaake J, Hamill T M, Buizza R, et al. HEPEX: the hydrological ensemble prediction experiment [J]. Bull. Amer. Meteor. Soc. , 2007, 88(10): 1541-1547.

[7] 陈超辉,王铁,谭言科,等.多模式短期集合降水概率预报试验[J].南京气象学院学报,2009,32(2):206-214.

[8] 冯汉中,陈静,何光碧,等.长江上游暴雨短期集合预报系统试验与检验[J].气象,2006,32(8):12-16.

[9] 马清,龚建东,李莉,等.超级集合预报的误差订正与集成研究[J].气象,2008,34(3):42-48.

[10] 陈洪滨,范学花.2008年极端天气和气候事件及其他相关事件的概要回顾[J].气候与环境研究,2009,14(3):329-340.

[11] 王晨稀.短期集合降水概率预报试验[J].应用气象学报,2005,16(1):78-88.

[12] Matsueda M, Tanaka H L. Can MCGE outperform the ECMWF ensemble [J]. SOLA, 2008, 4: 77-80.

[13] 管成功,王克敏,陈晓红.2002～2005年T213数值降水预报产品分析检验[J].气象,2006,32(8):70-76.

[14] 黄嘉佑.气象统计分析与预报方法[M].3版.北京:气象出版社,2004:249-256.

[15] 黄卓.气象预报产品质量评分系统[G].北京:中国气象局预测减灾司,2001:9-11.

[16] Wilks D S. Statistical Methods in the Atmospheric Sciences [M]. Academic Press, San Diego, 1995: 467.

[17] Ferro C A. Comparing probabilistic forecasting systems with the brier score [J]. Wea. Forecasting, 2007, 22(5): 1076-1088.

[18] 杨贵名,宗志平,马学款."方框—端须图"及其应用示例[J].气象,2005,31(3): 53-55.

[19] 陈辉,黄卓,田华,等. 高温中暑气象等级评定方法[J].应用气象学报,2009,20(4): 451-457.

[20] Hyndman R J, Fan Y. Sample quantiles in statistical packages [J]. The American Statistician, 1996, 50(4): 361-365.

[21] Folland C, Anderson C. Estimating changing extremes using empirical ranking methods [J]. J. Climate, 2002, 15: 2954-2960.

[22] Mullen S L, Buizza R. Quantitative precipitation forecasts over the United States by the ECMWF Ensemble Prediction System [J]. Mon. Wea. Rev., 2001, 129: 638-663.

[23] Brier G W. Verification of forecasts expressed in terms of probability [J]. Mon. Wea. Rev., 1950, 78 (1): 1-3.

[24] Pappenberger F, Buizza R. The skill of ECMWF precipitation and temperature predictions in the Danube basin as forcings of hydrological models [J]. Wea. Forecasting, 2009, 24(3):749-766.

[25] Buizza R, Palmer T N. Impact of ensemble size on ensemble prediction [J]. Mon. Wea. Rev., 1998, 126: 2503-2518.

[26] Thielen J, Bartholmes J. M. – H. Ramos, A. de Roo. The European Flood Alert System – Part1: concept and development [J]. Hydrol. Earth Syst. Sci., 2009,13: 125-140.

[27] Krzysztofowicz R. The case for probabilistic forecasting in hydrolog[J]. J. Hydrol., 2001, 249: 2-9.

[28] Verbunt M, Walser A, Gurtz J, et al. Probabilistic flood forecasting with a limted – area ensemble prediction system: selected case studies [J]. J. Hydrol., 2007, 8: 897-909.

[29] 严明良,缪启龙,沈树勤. 基于超级集合思想的数值预报产品变权集成方法探讨[J].气象,2009,35 (6):19-25.

作者简介:赵琳娜(1966—),女,博士,正研级高工,国家气象中心。联系地址:北京市海淀区中关村南大街46号。E-mail:zhaoln@ cma. gov. cn。

退耕还林对吴旗水文站水沙量影响的探讨

李泽根

（陕西省延安水文水资源局，延安　716000）

摘　要：通过对吴旗水文站径流量、输沙量的分析，分析探讨退耕还林之效益，并对吴起县退耕还林的可持续性等方面提出建立生态补偿机制等。

关键词：吴起县　退耕还林　水沙量　效益

1　吴起县概况

吴起（原名吴旗，水文站名用吴旗）县位于陕西省延安市的西北部，西北临定边县，东南接志丹县，东北临靖边县，西南毗邻甘肃省华池县。南北长93.4 km，东西宽79.89 km，总面积3 791.5 km²。全县辖4镇8乡，164个村民委员会，总人口12.5万人，人口密度为32.7人/km²。

吴起县地貌属黄土高原梁状丘陵沟壑区，海拔在1 233～1 809 m。境内有无定河与北洛河两大流域，地形主体结构可概括为"八川二涧两大山区"。从1998年开始实施退耕还林政策，到目前，全县林草覆盖率达到62.9%，是全国的退耕还林示范县和模范县。

吴起属半干旱温带大陆性季风气候，春季干旱多风，夏季旱涝相间，秋季温凉湿润，冬季寒冷干燥，年平均气温7.8 ℃，极端最高气温37.1 ℃，极端最低气温–25.1 ℃。年平均降雨量442.4 mm，年平均无霜期146天。

2003年以来，吴起县围绕"退得下，稳得住，能致富，不反弹"的目标，吴起县实施"生态立县"战略，累计完成退耕还林面积231.79万亩，其中经国家确认合格兑现面积169.87万亩，全县累计完成水土流失治理面积1 271 km²，治理度由1997年的39.7%提高到52.4%，修建淤地坝205座，其中21座大型淤地坝，184座中型淤地坝（10万 m³ 以下为小型，10万～30万 m³ 中型坝，30万 m³ 以上为大型坝），林草覆盖率由19.2%提高到62.9%。

2　退耕还林对吴旗水文站水沙量的影响

退耕还林后的经济效益应该是多方面的，一是涵养水源，可以减少河流含沙量，体现水土保持效益；二是保护环境，减少沙尘，打造秀美山川；三是达到经济增长，农民致富。本文重点通过对吴旗水文站近几年水沙量变化进行分析计算，从水土保持方面分析退耕还林效益。

3 资料选用及分析

3.1 吴旗水文站基本概况

吴旗水文站设立于 1980 年 1 月,地处吴起县洛源乡宗石湾村,东经 108°12′,北纬 36°53′,集水面积 3 408 km²,距河口距离 582 km,距吴起县城 2 km,实测最大流量 7 040 m³/s(时间为 1994 年 8 月 31 日),为建站以来最大,实测最大含沙 1 180 kg/m³(时间为 1983 年 6 月 18 日),多年平均降水量 442.4 mm。该站流域形状为扇形,洪水由暴雨形成,涨落快,历时短,中高水时由于受洪水涨落影响,水位流量关系一般呈绳套型,洪水过程与沙峰过程基本同步或沙峰稍滞后,峰型相似。吴旗水文站控制面积占全县总面积的 89.9%。

3.2 资料选用及分析计算

分析采用了两种方法进行。

方法一:资料选用 1980 ~ 2007 年共 28 年资料,雨量资料采用吴旗水文站 1980 ~ 2007 年资料。通过对历年年径流量、年输沙量等要素进行统计计算,探讨吴旗水文站在退耕还林前后年径流量、年输沙量、年降水量、输沙模数等各水文要素的变化趋势,从中分析比较退耕还林效益(见表 1)。

表 1 吴旗水文站历年平均与退耕还林后水沙量对照

名　　称	径流量(亿 m³)	输沙量(万 t)	降水量(mm)	侵蚀模数(万 t/km²)
历年平均	0.894	2 978	442.4	0.874
1997 年前平均	0.982	3 651	420.2	1.071
1998 年后平均	0.735	1 766	482.3	0.518
2001 年后平均	0.688	1 364	503.9	0.400
1998 年后与历年平均比较	- 0.159	- 1 212	+ 39.9	- 0.356
2001 年后与历年平均比较	- 0.206	- 1 614	+ 61.5	- 0.474
1997 年前后平均比较	- 0.247	- 1 885	+ 62.1	- 0.553
1997 年前与 2001 年比较	- 0.294	- 2 287	+ 83.7	- 0.671

退耕还林是从 1998 年开始,从表 1 中可以直观地看到,1998 年后平均与历年平均比较,径流量减小 0.159 亿 m³,输沙量减小 1 212 万 t,降水量并未减小,而是增加了 39.9 mm,侵蚀模数减小了 0.356 万 t/km²。

如果说退耕还林还需要一个恢复时间,可以假设给 3 年时间,认为退耕还林效益从 2001 年开始显示,通过统计 2001 年之后的各个水文要素,其径流量每年减小 0.206 亿

m³,输沙量减小 1 614 万 t,降水量并未减小,而是增加了 61.5 mm,侵蚀模数减小了 0.474 万 t/km²。

如果以退耕还林的 1998 年前后作为界限,取其平均进行统计计算各个水文要素,其径流量每年减小 0.247 亿 m³,输沙量减小 1 885 万 t,降水量增加 62.1 mm,侵蚀模数减小 0.553 万 t/km²。

如果以退耕还林的 1998 年前作为一个统计时段,且以认为退耕还林效益开始显现的 2001 年后作为一个统计时段,统计计算各个水文要素,其径流量平均减小 0.294 亿 m³,输沙量减小 2 287 万 t,降水量增加了 83.7 mm,侵蚀模数减小 0.671 万 t/km²。

无论是将 1998 年前后,还是将历年平均作为一个统计时段,或者 2001 年统计计算各个水文要素,其径流量平均减小在 0.159 亿 ~ 0.294 亿 m³,输沙量减小在 1 212 万 ~ 2 287 万 t,降水量增加量在 39.9 ~ 83.7 mm,侵蚀模数减小在 0.356 万 ~ 0.671 万 t/km²。在降水量没有明显减少(实际是增加)的情况下,径流量及其输沙量、侵蚀模数减少的主要原因是打坝截流,植物截流、吸收和蒸散发及其下渗,退耕还林效益还是比较明显的。

方法二:在历史系列资料中,选用流量相近(水位)、过程相似的单场洪水资料进行分析,参考降水强度、降水量等(雨量站选用吴旗、铁边城、薛岔三站作为代表站)分析计算比较。

从 1980 年开始,至 2007 年,通过对 28 年历次洪水进行选择,选用洪峰最大流量相近或洪水过程相似的洪水,采用 5 次洪水基本对应,计算时间一致,通过对单次洪水径流量、输沙量计算,分析退耕还林效益。为了更加直观地反映所选 5 次洪水流量过程线对应形状情况,选用 1985 年和 2005 年对应单次洪水作为代表(见图 1),其他对应洪水情况类似。

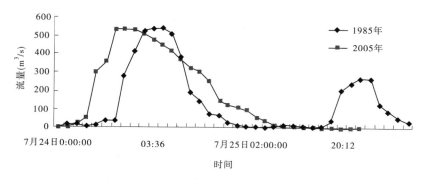

图 1　吴旗水文站单次洪水过程线对照

所选 5 次洪水最大洪水基本接近,洪水过程相似,前后最大流量相差仅为 10 m³/s,最高洪水位接近。通过计算,可以得出:所选 5 次洪水中,径流量单次过程平均减小 3.44 万 m³,输沙量单次过程平均减小 148.84 万 t,但对应的降水强度有 4 次是退耕后的较退耕前的大(也有可能雨量站的选择并不能代表实际降水发生地)。从大小次数来说,径流量 3 次小,2 次大;输沙量有 4 次小,1 次大。

4 退耕还林效益

通过对吴旗水文站水沙量的变化分析,可以初步得出以下结论。

4.1 水保效益趋势明显

吴旗水文站最大流量与最大输沙量总体上是对应的,降水与径流量、输沙量是一致的。分析可知,1998 年后的平均降水量比历年平均多 39.9 mm,但退耕还林后水沙量逐年减少的趋势明显,尤其是输沙量明显减少。

4.2 退耕还林后水沙量减少

表 2 对历年平均值、单次对应洪水径流量、输沙量比较进行了汇总,表 2 直观地反映了退耕还林效益,从 1998 年后,径流量年平均减少 0.159 亿 m³,输沙量年平均减少 1 212 万 t,侵蚀模数年平均下降 0.356 万 t/km²,降水量年平均增加 39.9 mm。单次洪水径流量减小 3.44 万 m³,输沙量减小 148.84 万 t。特别是最大含沙量反映最明显,2004 年最大流量 1 300 m³/s,最大含沙量仅有 761 kg/m³,2005 年最大流量 534 m³/s,最大含沙量仅有 738 kg/m³。说明最近两年来退耕还林效益正在显现。

表 2　吴旗水文站历年平均、(单次洪水)与退耕还林后水沙量比较

名称	径流量(亿 m³)	输沙量(万 t)	降水量(mm)	侵蚀模数(万 t/km²)
历年平均	0.894	2 978	442.4	0.874
不含 1994 年平均	0.815	2 340	439.8	0.687
退耕后平均	0.735	1 766	482.3	0.518
增减量(含 1994 年)	−0.159	−1 212	+39.9	−0.356
增减量(不含 1994 年)	−0.080	−574	+42.5	−0.169
单次洪水平均	727.04 万 m³	490.18 万 t	退耕前	
单次洪水平均	723.6 万 m³	341.34 万 t	退耕后	
后前比较	−3.44 万 m³	−148.84 万 t		

4.3 径流量、输沙量减少主要原因

一是退耕还林后植被明显好转,退耕还林成效显著,土壤得到了保护,降水冲刷土壤能力降低。

二是降水被植物截流、205 座大中型淤地坝截流、下渗量和蒸发量增加等因素影响。

5 建议

通过近 10 年的退耕还林工程后,土壤得到了保护,水土流失得到治理,涵养水源能力增强,输沙明显减少,农民群众生态意识明显增强,年均输入黄河的泥沙量减少 1.2 亿 t,吴起县生态状况已由退耕前的"整体恶化"向"总体好转、局部良性循环"的方向发展。鉴于退耕还林工程区生态环境总体上仍然十分脆弱,营造的林木短期内难有经济效益,退耕还林农户长远生计问题没有得到解决,建议采取以下措施。

5.1　延长退耕还林补助政策时间

延长退耕还林补助政策时间,巩固退耕还林成果,在植树造林的同时,让大自然自我恢复,自我修补。

5.2　强化造血功能

各级党委、政府要把生态建设与区域经济发展紧密结合起来,要认清退耕还林工作的长期性、艰巨性、社会性,认识水土保持治理工程所取得的成绩来之不易,要想办法解决退耕还林农民长远生计问题,解决退耕还林农户的吃饭、烧柴、增收等问题。特别是吴起县总人口 12.5 万人,其中农业人口 10.6 万人,占到 84.8%,在这样一个以农业为主的县域经济条件下,牧禁了,耕退了,农民干什么,钱从哪里来? 这就要求政府提供一些优惠的政策措施,多予、少取、放活,鼓励农民自力更生,把政府的输血功能逐步转化为农民自己的造血功能,增加农民的收入,解决他们的后顾之忧,这样才能保持退耕还林成果。

5.3　增强全社会的生态意识

要通过实施退耕还林,教育广大干部群众深刻认识到“越垦越穷、越穷越垦”是导致贫困的根源所在。随着政策兑现到户和生态环境的逐步改善,使得退耕还林、改善生态环境工程能够退得下,稳得住,能致富。

5.4　确权发证,建立林草管护机制

确权发证,建立林草管护机制是保护退耕还林地的一项重要措施,即确权发证,责任到人,让农民在退耕还林中得到实惠,调动农民的积极性,使退耕还林地有人管,有人种。

作者简介:李泽根,男,陕西省延安水文水资源局工作,高级工程师,主要从事水文研究。

淮北平原水文气象要素变化趋势和突变特征分析 *
——以五道沟实验站为例

王振龙[1]　陈　玺[2]　郝振纯[2]　孙乐强[2]　钱筱暄[3]

（1. 安徽省水利水资源重点实验室,安徽省·水利部淮委水利科学研究院,蚌埠　233000；
2. 河海大学水文水资源与水利工程科学国家重点实验室,南京　210098；
3. 扬州大学水利科学与工程学院,扬州　225009）

摘　要:采用淮北平原五道沟水文水资源实验站长系列水文气象观测资料,分析了气温、降雨、日照和风速四个要素的长期变化趋势,并用 Yamamoto 法和 Mann – Kendall 法联合检测了该区域年时间序列的水文气象要素突变现象。结果表明,半个世纪以来五道沟实验站平均气温上升速率为 0.14 ℃/10 a,年最低气温上升速率为 0.54 ℃/10 a,年最高气温下降速率为 0.33 ℃/10 a,年降水量以 1.3 mm/a 的速率增加,年日照时数整体呈下降趋势,平均风速下降速率为 0.32/10 a。用 Yamamoto 法检测突变结果表明,年平均气温和年降雨量均未发生突变,年日照时数和年平均风速分别在 1997 年、1985 年发生突变;用 Mann – Kendall 法检测检验得出本地区年平均气温、年降雨量和年日照时数分别在 2003 ~ 2004 年、2002 年、1998 年前后发生突变。

关键词:淮北地区　五道沟　气候变化　趋势　突变

1　引言

　　近年来,气候变化成为全球关注的热点问题,由于世界气候异常的频繁出现,水文气象学者对气候变化成因及发展趋势的研究格外关注。气象要素的变化特征是当前气候变化研究的重要内容之一,气象要素的研究对当前气候变化的背景下研究水文循环有很大的指导意义。有许多学者如 Yamamoto R 等[1]、Goosens C 等[2]和符淙斌等[3]都给出了从一种气候要素来考察突变现象的气候突变（abrupt climatic change , climate jump , jump transition）定义。符淙斌给出了具有普适性的气候突变定义:气候从一种稳定态（或稳定持续的变化趋势）跳跃式地转变到另一种稳定态（或稳定持续地变化趋势）的现象,它表现为气候在时空上从一个统计特性到另一个统计特性的急剧变化[3]。

　　目前许多学者进行了气候要素变化趋势和突变特征的研究。严中伟等[4~6]研究指出,北半球夏季气候状况在 20 世纪 60 年代普遍出现跃变。闫敏华等[7,8]分析了三江平原地区气温、降水量、日照时数和气压 4 个主要气候要素的变化趋势,并用累积距平法、Jy

　　* 基金项目:水利部公益项目（200901026）和水利部公益项目（200801068）资助。

参数法、Yamamoto 法和 Mann – Kendall 法联合检测了该区域气候变化中的突变现象。周顺武等[9]通过线性倾向估计和多项式函数拟合等方法分析了雅鲁藏布江中游地区夏季气候的长期变化和周期变化,并利用滑动 T 检验等方法讨论了气候突变的问题。水文气象要素的研究已经在全国范围内广泛开展,但在淮北地区研究较少。本文采用五道沟水文实验站长系列实验资料,用不同方法定量分析了气温、降雨量、日照时数和风速 4 个主要水文气象要素变化趋势和突变特征及年代变化特征,为进一步研究区域水文气象要素的变化规律及为该区农业生产合理布局、作物种植及产业结构调整等提供基础成果。

2 研究区概况

安徽省淮北地区地处该省北部,位于东经 114°55′ ~ 118°10′,北纬 32°25′ ~ 34°35′,东接江苏,南临淮河,西与河南毗邻,北与山东接壤,全区总面积 37 437 km²,其中平原区面积 36 694 km²,占总面积的 98%,山丘区面积 743 km²,占总面积的 2%。耕地面积约占全省总耕地面积的一半。

五道沟水文水资源实验站地处安徽淮北平原和黄淮海大平原南部,属暖温带半干旱半湿润季风气候,冬季干旱少雨,夏季炎热多雨,四季分明,光照充足。该站位于安徽省淮北地区中南部固镇县新马桥,是我国唯一具有 58 年以上长期观测和定位实验的综合性水文实验站,是新中国成立后继苏联于 1933 年始设的瓦尔达依(Валдай)和美国于 1934 年改建的科韦泰(Coweeta)后的第三个大型水文实验站。50 多年来,五道沟实验站积累了大量的第一手实验资料。据该站 1952 ~ 2009 年的实验观测资料分析,五道沟地区多年平均降水量为 899.0 mm,多年平均气温 14.7 ℃,多年平均日照时数 1 852.1 h,多年平均风速(地面上 1.5 m 高度)2.1 m/s,多年平均地表温度 17.9 ℃。

3 水文气象要素变化

3.1 资料选取和分析方法

本文采用位于淮北平原中南部区的五道沟实验站 1952 ~ 2009 年的年降水量、1964 ~ 2009 年的年极值气温及平均气温、年平均风速和 1974 ~ 2009 年的年日照时数资料开展研究。

近 20 年来,中国的气候学家以不同的时间尺度对中国区域的气候变化特征和规律进行了大量研究,这些研究成果为正确了解大尺度气候变化特征和充分认识区域气候变化规律提供了良好的基础和指导[4]。在水文领域用于趋势分析和突变诊断的方法很多,国内外从概率统计方面着手,发展了参数统计、非参数统计等多种方法。其中倾向率法分析趋势,Mann – Kendall 和 Yamamoto 检验法检测突变应用较为广泛。本文气候变化总趋势分析采用倾向率法,各要素的倾向率用一元线性回归方程拟合求得;气候变化的阶段性分析采用距平曲线法;气候突变分析用 Yamamoto 法和 Mann – Kendall 非参数检验法。

3.2 气温变化

3.2.1 历年极值气温

据五道沟实验站 1964 ~ 2009 年的气温资料分析,历年最高气温有 6 个年份超过了 40 ℃,分别是 1964 年、1966 年、1972 年、1978 年、1988 年、2006 年,其余年份年最高气温均在

35~40 ℃;历年最低气温有 3 年的气温低于 -20 ℃,分别是 1969 年、1991 年和 1993 年,其中 1969 年甚至达到了 -25 ℃,其余年份都在 -8 ~ -20 ℃,特别是集中在 -10 ~ -15 ℃的年份占统计年份的 62%。

历年极端最高气温过程线(图 1(a))分析表明:近 50 年来淮北平原五道沟实验站的历年极端最高气温有逐渐降低的趋势,下降速率为 0.33 ℃/10 a。在 20 世纪 80 年代之前出现 40 ℃以上的年极端最高气温的次数较为密集,并且极端最高气温的波动幅度较大,80 年代之后出现 40 ℃以上的年极端最高气温的次数较为稀疏,并且极端最高气温的波动幅度趋向平缓。结合距平曲线(图 1(b))分析得出本地区极端最高气温的变化过程大致可分为三个阶段,1964 ~ 1972 年,正距平年占 78%;1973 ~ 1996 年,负距平年占 75%;1997 ~ 2009 年,正距平年占 64%。历年极端最低气温过程线(图 2(a))从线性趋势整体来看呈现逐渐上升的趋势,年最低气温上升速率为 0.54 ℃/10 a。出现年最低气温超过 -20 ℃的年份有 1969 年、1991 年、1993 年三年。结合其距平曲线看出本地区年最低气温变化过程大致可分为三个阶段,1964 ~ 1973 年,负距平年占 80%,1974 ~ 1989 年,正距平年占 87%,1990 ~ 2009 年波动较为频繁,正负距平年各占一半。

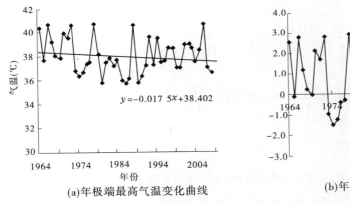 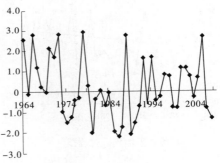

(a)年极端最高气温变化曲线　　　　　　(b)年极端最高气温距平曲线

图 1　年极端最高气温变化曲线及距平曲线

3.2.2　年平均气温及其年代变化

1964 ~ 2009 年的气温统计资料显示:在 1964 ~ 1989 年 26 年间年平均气温高于 15 ℃的仅有 4 个年份,占 15.4%,而 1990 ~ 2009 年 20 年间年平均气温高于 15 ℃的有 12 个年份,占 60%;在 1964 ~ 1989 年 26 年间年平均气温低于 14.5 ℃的有 12 个年份,占 46.2%;而 1989 ~ 2009 年间年平均气温低于 14.5 ℃的年份只有 4 个,占 20%,气候变暖趋势明显。年均气温变化过程线(图 3(a))整体呈现明显的上升趋势,上升速率为 0.14 ℃/10 a。由年平均气温 5 年滑动平均曲线得出历年平均气温变化呈现:高—低—高—低—高的周期性变化趋势,并且从 20 世纪 90 年代之后年平均气温稳步攀升。由历年年平均气温距平曲线(图 3(b))分析得出 1964 ~ 1993 年负距平年占 77%,属于一个较冷期,平均距平为 -0.2 ℃;1994 ~ 2009 年正距平年占 87%,属于一个较暖期,平均距平为 0.4 ℃。

历年年平均气温按年代分析:各年代平均气温与 1964 ~ 2009 年的整个时间序列年平

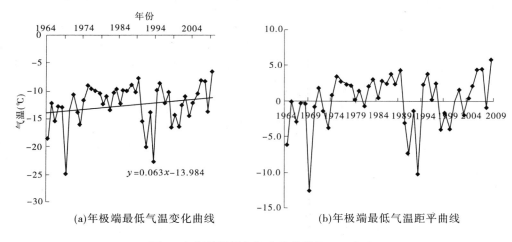

(a)年极端最低气温变化曲线　　　　　(b)年极端最低气温距平曲线

图 2　年极端最低气温变化曲线及距平曲线

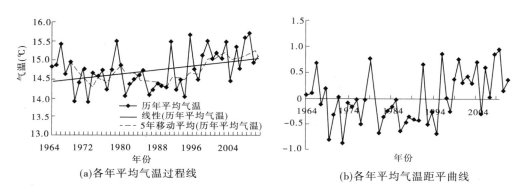

(a)各年平均气温过程线　　　　　(b)各年平均气温距平曲线

图 3　年各年平均气温过程线及距平曲线

均气温对比如表 1,看出 20 世纪 60 年代平均气温比全系列平均气温偏高了 0.1 ℃,70 年代和 80 年代的平均气温比全系列分别低了 0.1 ℃、0.3 ℃,90 年代和 21 世纪初期比全系列分别高了 0.2 ℃、0.4 ℃。说明历年年平均气温总体呈现高—低—高的变化趋势,并且 2000 年后年平均气温升高加速,此趋势与图 3 分析结果基本一致。

表 1　各年代平均气温与 1964~2009 年多年平均气温对比　　　　（单位:℃）

年代	1964~1969	1970~1979	1980~1989	1990~1999	2000~2009	1964~2009
各年代平均气温	14.8	14.6	14.4	14.9	15.1	14.7
与多年平均气温的差值	0.1	-0.1	-0.3	0.2	0.4	

3.3　降雨量变化

据五道沟实验站 1952~2009 年年降水量资料分析得到降水频率分析结果如表 2 所示。五道沟站年均降水量 899.0 mm,最大年降水量出现在 2007 年,为 1 416.2 mm,最小年降水量出现在 1978 年,为 410.3 mm,年降水量以 1.304 mm/a 的速率增加,其距平

(图4)显示这种增加带有强烈的波动性,尤其是20世纪70年代前和90年代末至21世纪初,偏少和偏多年份都频繁出现。由表3可以清楚地看到,五道沟实验站观测到的年平均降水量在20世纪70年代和80年代的降水量偏少而90年代和21世纪初则偏多,进入21世纪后偏多更甚。

　　总体看来,五道沟实验站年降水量在过去58年中经历了先减少后增加的过程,尤其是进入21世纪后,年均降水较多年平均降水量增加了77 mm。

表2　降水量统计分析计算成果　　　　　　（单位:mm）

项目		年降水量
统计参数	均值	899.0
	C_v	0.26
	C_s/C_v	2
频率(%)	1	1 530.9
	5	1 315.4
	20	1 087.8
	50	878.8
	75	732.1
	95	551.7
	99	445.2

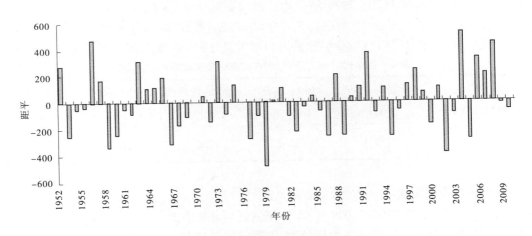

图4　年降水量距平

表3　各年代平均降水量与1952～2009年多年平均降水量对比　　　　（单位:mm）

年代	1952～1959	1960～1969	1970～1979	1980～1989	1990～1999	2000～2009	1952～2009
年代降水均值	897.9	896.4	836.2	843.2	944.2	976	899
与多年平均降水差值	-1.1	-2.6	-62.8	-55.8	45.2	77	

3.4 年日照时数变化

据五道沟实验站 1974～2009 年 26 年来的日照时数观测资料分析得出:五道沟实验站多年年平均日照时数为 1 842.4 h,整体呈下降趋势。结合日照时数距平曲线分析得出五道沟地区的日照时数变化(图 5)可以大致分为两个阶段:第一个阶段是 1974～1997 年,这一时期的日照时数正距平年占 84%;第二个阶段是 1998～2009 年,这一时期日照时数下降非常明显,负距平年占 100%。

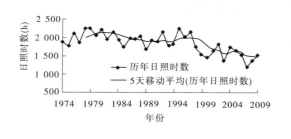

(a)年日照时数变化过程线

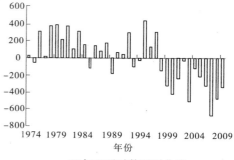

(b)年日照时数距平曲线

图 5 年日照时数变化过程线和距平曲线

年代变化如表 4 所示:20 世纪 70 年代年平均日照时数比多年平均高 187.1 h,80 年代平均日照时数比多年平均高出 135.2 h,90 年代年平均日照时数比多年平均高出 77.6 h,21 世纪初期的年平均日照时数比多年平均低出 325.3 h。从相邻两个年代来看:80 年代年平均日照时数比 1970～1979 年平均日照时数减少 51.8 h,90 年代年平均日照时数比 80 年代减少 57.6 h,而 21 世纪初期年平均日照时数比 20 世纪 90 年代减少了 401.9 h,21 世纪 10 年来日照时数减少主要是因为雨雪天气和多云天气增多而晴天减少。

表 4 各年代平均日照与 1974～2009 年多年平均日照对比 （单位:h）

年代	1974～1979	1980～1989	1990～1999	2000～2009	1974～2009
年代日照平均	2 029.5	1 977.6	1 920.0	1 517.1	1 842.4
年代平均与多年平均之差	187.1	135.2	77.6	−325.3	

3.5 年平均风速变化

据五道沟实验站 1964～2009 年 46 年观测资料分析得出:年平均风速为 2.04 m/s,距平分析如图 6 所示,五道沟平均风速具有明显的阶段性,可分为偏强期和偏弱期,在 1964～1984 年,五道沟地区风速偏强,各年均为正距平,平均风速较多年高 0.45 m/s,1964～1975 年平均风速明显偏强,11 年中有 5 年平均风速较多年高 0.65 m/s;1986～2009 年为偏弱期,各年均为负距平,期间风速较多年平均低 0.34 m/s,90 年代后,平均风速显著下降,1994～2009 年间平均风速与 1964～1974 年间平均风速相比,下降了 40%,与全国相关时段平均风速比变化趋势相同。风速最弱的年份为 2007 年,比历年平均值低 0.7 m/s。其主要原因是植被的高度增加和农村村庄建筑物增多等。

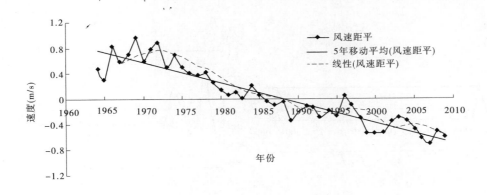

图 6　年均风速距平变化过程线

4　气候突变检验

自从 20 世纪 80 年代气候突变的定义被提出以来,气候突变的检测方法已经发展了许多种,如低通滤波法、滑动 T 检验法(MTT 法)、Crammer 法、Yamamoto 法、Mann – Kendall 法和 Spearman 法等。其中低通滤波法不合实际,MTT 法、Crammer 法和 Yamamoto 法以直观、简便而著称,但由于子序列的选择带有人为性,可能会使计算结果产生漂移,因此要确切地判断某点为突变点的产生,还要依赖 Mann – Kendall 法和 Spearman 法,这类方法的优点在于检测范围宽、人为影响小、定量化程度高[10]。因此,本文选取 Yamamoto 法和 Mann – Kendall 法联合检测气候变化过程中的突变现象,其原理详见参考文献[10,11]。

4.1　年平均气温的突变检验

据 1964 ~ 2009 年五道沟实验站年平均气温的资料通过 Yamamoto 法检测计算其信噪比,结果显示 $R_{SN} < 1.0$,没有检测出年平均气温的气候突变;但是用 MK 检测法检测结果(图 7)存在 90% 以上的可信度的突变年,为 2003 ~ 2004 年,MK 检验法分析得出的趋势变化是 1964 ~ 1969 年年平均气温升高趋势,1969 ~ 2000 年年平均气温降低趋势,其中 1985 ~ 1995 年间降低幅度增大,2001 ~ 2009 年年平均气温升高趋势,与前述距平法分析基本一致。

4.2　年降水量的突变检验

据 1952 ~ 2009 年五道沟实验站年降水量的观测资料,用 Yamamoto 法检测计算其信噪比结果 $R_{SN} < 1.0$,未出现降水量的突变;用 MK 法检测显示(图 8),20 世纪 50 年代初至 70 年代初年降水量处于减少—增加—减少—增加—减少的波动中,但未超过 90% 置信区间范围,说明波动幅度不大。70 年代中期开始,年降水量开始了长达近 30 年的减少,直到 90 年代中期出现短暂增长,此后又经历了短时的减少过程,进入 21 世纪后有开始逐渐增加,并且在 2002 年出现了 90% 以上信度水平的突变年。

4.3　年日照时数的突变检验

据 1974 ~ 2009 年五道沟实验站日照时数资料分析计算其信噪比 $R_{SN} = 1.3 > 1.0$,故存在气候突变,达到 95% 以上的信度水平。气候突变年为 1997 年。用 MK 检测日照时数变化(图 9)得出其趋势大致分两个阶段,1974 ~ 1985 年是日照时数增加阶段,1985 ~ 2009

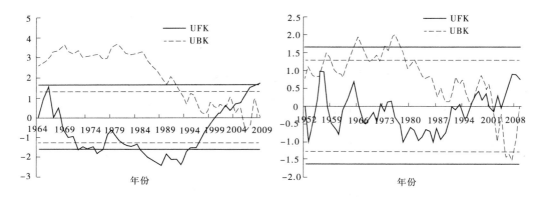

图 7　年平均气温的 MK 检验结果　　　　　图 8　年降水量的 MK 检验结果

年是日照时数较少阶段,1998 年之后减小幅度增大,并且在 1998 年前后发生 90% 以上信度水平的突变,与用 Yamamoto 法检测到的 1997 年基本吻合。结合图 10 看出,气候突变年前后的年平均日照时数分别是 1 990 h 和 1 534 h,变化非常明显。

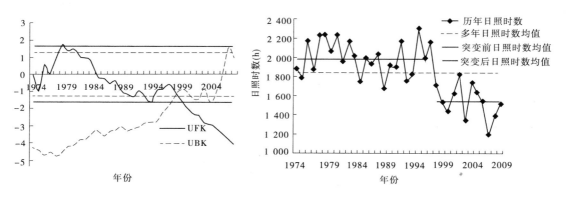

图 9　日照时数的 MK 检测结果　　　　　图 10　日照时数突变前后时段的均值

4.4　年平均风速的突变检验

据 1964 ~ 2009 年五道沟实验站年平均气温的资料分析得出 1985 年为风速累积距平最大年份,据 Yamamoto 法可判断 1985 年为风速突变转折年份,其信噪比 $R_{SN} = 1.6 > 1.0$,为风速气候突变年,达到 95% 以上的信度水平;用 MK 检测法检测结果(图 11)显示,年平均风速的趋势大致分两个阶段,1964 ~ 1974 年是年平均风速增大阶段,其中 1968 ~ 1972年风速增大显著,1975 ~ 2009 年是年平均风速减小阶段,其中 1978 ~ 2009 年减小显著;年平均风速突变年也出现在 1985 年,但是却落在概率为 90% 的[- 1.64,1.64]置信区间外,结合 Yamamoto 法检验结果可以确定 1985 年为风速突变年。风速突变前后的平均风速与多年平均风速比较(图 12)突变前 1964 ~ 1984 年间的平均风速为 2.47 m/s,风速突变后 1986 ~ 2009 年间平均风速为 1.67 m/s。

5　结论和讨论

水文气象要素的变化特征是当前气候变化研究的重要内容之一,本文主要以淮北地

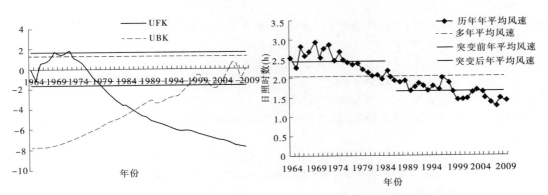

图11　年平均风速的MK检测结果　　　　图12　年平均风速突变年前后时段的均值

区五道沟水文水资源实验站1952年以来实验资料分析了气温、降雨、日照和风速四个要素的变化特征。

(1)气温:本区历年平均气温和历年最低气温呈上升趋势,年平均气温上升速率为0.14 ℃/10 a,年最低气温上升速率为0.54 ℃/10 a;历年最高气温呈下降趋势,下降速率为0.33 ℃/10 a。MK趋势及突变检测表明,年平均气温在经历了60年代初到20世纪末的较冷期之后于2000年前后进入了较暖期,年平均气温的突变发生在2003~2004年间;Yamamoto法未检测出气温突变。

(2)降雨:本区年均降水量899.0 mm,最大年降水量出现在2007年,为1 416.2 mm,最小年降水量出现在1978年,为410.3 mm,年降水量波动频繁但总体以1.304 mm/a的速率增加。MK突变检测表明年降水量在2002年发生突变,Yamamoto法未检测出降水量突变。

(3)日照:本区多年平均日照时数是1 842.4 h,年日照时数整体呈递减趋势,用Yamamoto法和MK法检测得出1997~1998年发生突变,突变年前后的年平均日照时数分别是1 990 h和1 534 h。

(4)风速:本地区年平均风速为2.04 m/s,下降速率为0.32/10 a,据Yamamoto法和MK法检测均得出1985年为风速突变年,风速突变前1964~1984年间的平均风速为2.47 m/s,风速突变后1986~2009年间平均风速为1.67 m/s。

本文采用不同的检测方法对各要素突变点进行检测,结果存在一定差异,要进一步确定气候要素的突变点,还需要联合运用多种方法,并采用历史资料来综合确定。

参 考 文 献

[1] Yamamoto R, Iwashima T, Sanga N K. An analysis of climatic jump[J]. J. Met. Soc. Japan, 1986,64: 273-281.

[2] Goossens C, Berger A. Howto recognize an abrupt climatic change[A] ∥ W H Berger , L D Labeyrie (eds.).

[3] Abrupt Climatic Change – Evidence and Implications[C]. NATO Advanced Science Institute Series. Dordrecht: D Reidel Publishing Company, 1987:31-46.

[4] 张丕远,葛全胜. 气候突变:有关概念的介绍及一例分析——我国旱涝灾情的突变[J]. 地理研究,

1990,9(2):92-100.

[5] 严中伟,季劲钧,叶笃正. 60 年代北半球夏季气候跃变——Ⅰ. 降水和温度变化[J]. 中国科学(B辑),1990(1):97-103.

[6] 严中伟,季劲钧,叶笃正. 60 年代北半球夏季气候跃变——Ⅱ. 海平面气压和 500 hPa 高度变化[J]. 中国科学(B辑),1990(8):879-885.

[7] 严中伟. 60 年代北半球夏季气候跃变过程的初步分析[J]. 大气科学,1992,16(1):111-119.

[8] 闫敏华,邓伟,马学慧. 大面积开荒扰动下的三江平原近 45 年气候变化[J]. 地理学报,2001,56(2):159-170.

[9] 闫敏华,邓伟,陈泮勤. 三江平原气候突变分析[J]. 地理科学,2003,23(6):661-667.

[10] 周顺武,假拉,杜军. 近 42 年西藏高原雅鲁藏布江中游夏季气候趋势和突变分析[J]. 高原气象,2001,20(1):71-75.

[11] 符淙斌,王强. 气候突变的定义和检测方法[J]. 大气科学,1992,16(4):482-493.

[12] 魏凤英. 现代气候统计诊断预测技术[M]. 北京:气象出版社,1999. 62-76.

作者简介:王振龙(1965—),男,安徽寿县人,教授级高工,博士,主要从事水文水资源研究。联系地址:安徽省蚌埠市治淮路 771 号。E-mail:skywzl@ sina. com。

淮河流域洪涝灾情评估工作的历史与展望

徐　胜　江守钰　杨亚群

（水利部淮河水利委员会水文局,蚌埠　233001）

摘　要:文章在总结文献资料的基础上,对历史上淮河流域的洪涝灾情评估工作进行了归纳和总结,重点对评估内容、评估精度、评估的作用进行了分析。同时对流域未来的灾情评估工作的工作阶段、工作内容、工作方式提出了初步设想。

关键词:灾情评估　评估内容　评估目的　历史　展望

1　引言

淮河流域因其自然、地理、历史和社会等因素,洪涝灾害频繁发生。据统计,在黄河夺淮以前,从公元前185年至1194年的1 379年中,淮河流域共发生较大洪涝灾害112次(此数据有疑问,需进一步核实),平均12.3年发生一次;黄河夺淮期间,从1195~1855年的661年中,淮河流域共发生较大洪涝灾害268次,平均2.5年发生一次;黄河北徙后,从1856~1949年的94年中,淮河流域共发生较大洪涝灾害48次,平均1.9年发生一次。

洪涝灾害一旦发生,形成的灾情常常十分严重,准确评估洪涝灾害的范围、程度和经济损失大小,对于防灾减灾、救灾及灾后重建具有十分重要的意义。自古以来流域人民为洪涝灾情评估付出了诸多努力,但是效果并不理想。

古代的洪涝灾情评估只能是事后评估,主要是为救灾和减赋提供依据。如今,洪涝灾害的正确评估直接关系到实时防汛调度决策、灾后治理和灾后救济补偿等一系列工作的开展,关系着农村社会经济的稳定和国民经济的健康发展。

本文在浅阅部分历史文献的基础上,对流域从古至今的灾害评估工作进行了初步的总结,重点对未来的发展提出了思路。

2　中国古代的灾情评估工作

淮河流域洪涝灾情评估源远流长,但因科技手段落后和对自然的认识不够,中国古代的灾情评估只能是灾后的一种简单统计,有时甚至是以文学描述为主,缺乏准确性和目的性。

隋唐以前,淮河流域人口相对较少,加上战乱频繁,史籍记载的洪涝灾害统计数据很少。隋唐两代的流域洪水主要发生在流域北部济、汴、泗水流经的州县,沿淮州县发生水灾很少。北宋时期政权稳定,流域大兴农田水利建设,淮河干流地区水灾记述不多,灾害统计资料更少。北宋167年中,黄河南泛影响淮河流域的有6次,灾情比较严重的1019年和1077年分别有如下记载:"俄复(河名?)溃于城西南,岸摧七百步,漫溢州城……。

州邑罹患者三十二。""凡灌郡县四十五,而濮、济、郓……"。从这些记载可以看出,灾情描述已经包含了堤防溃决长度(岸摧七百步,这里指黄河堤)、受灾范围(凡灌郡县四十五)、因灾死亡人口(州邑罹患者三十二)等要素。但是具体到每个县的统计数据很少,细致程度不够,目的性不明确。然而当时的统治阶级从社会经济发展的角度出发,十分重视农田水利建设,客观上起到了防灾减灾的作用。

金(南宋)、元时期,统计的灾情数据要细致一些,受淹耕地和受淹居民的户数开始变得比较精确,如《元史·世祖本纪》中有"没民田三十一万九千八百八亩"、"河决郑州,漂民一万六千五百余家"。从统计数据可以看出,这些数据已经是府属各县数据的累加,数据精确度有所提高,但总体上还是属于粗评估的范畴。因金(南宋)多战乱和元代为外族统治,所以灾情统计评估的作用并没有很好发挥。

明代、清代的灾情统计涉及农田淹没面积、因灾影响人口、因灾死亡人口、淹没深度、粮食减产比例、经济损失等。清代的统计比明代更加详细,后期的很多数据已经细到类似现在的乡、村一级,但是统计数据总体上依然属于比较粗的范畴。明、清时期灾情评估的作用较以前得到了较大发挥,朝廷往往都会根据灾情统计结果进行放赈、减税和加强水利工程建设。

3　中国近现代的灾情评估工作

黄河北徙后,从 1855 ~ 1949 年,淮河流域洪涝灾害更甚,频率高于黄河夺淮时期。在近代(1840 ~ 1919 年),虽然统计数据能精确到县、乡甚至村一级,但因为清政府的加速衰败和列强的入侵,政府的救助和灾后重建工作基本处于停滞状态。到了现代(1919 ~ 1949 年),又因为内战及列强入侵,政局不稳,灾情的统计评估基本处于无人问津的状态,更谈不上有组织的补偿和灾后重建。

4　当代的洪涝灾情评估工作

20 世纪 80 年代以前,流域的灾情评估在技术手段上依然没有大的进步,基本还是沿用原始的统计方法进行统计,虽然在淹没农田面积、受淹人数、因灾死亡人数、粮食减产程度的统计上达到了比较准确的程度,但是在经济损失上还只能做出比较粗略的估计。这些数据都是灾后由各级地方民政部门统计汇总上报的,速度较慢,时效性较差,受人为因素影响较大,成果精度总体不高,缺乏灾中的估计。

20 世纪 80 年代中期,当时的淮河水利委员会信息中心曾经组织技术人员人工解读过遥感图片(卫片和航片),对洪涝灾情做过一些定性分析和定量计算工作,这可以说是流域现代化灾情评估的萌芽。但是,工作的自动化程度低且可用成果少,后因机构调整于20 世纪 90 年代初停止。

淮河流域当代意义上的灾情评估开始于 2003 年。因信息化和卫星技术的进步,2003年开始准实时解读流域洪涝灾害期间卫星遥感图片,虽然精度和覆盖范围还达不到业务应用的程度,但是基本实现了人机交互式的半自动化处理,解读成果对当时的实时防汛决策和救灾起到了很好的指导作用。2007 年大水期间,不论是卫星资料的分辨率还是处理速度都得到了很大提高,而且利用其进行评估的成果准确率大大提高,但是在时效和覆盖范围上还有所欠缺,同时因为基础的社会经济资料的缺乏及其他方面的原因,评估工作还不能实现业务化。

这一时期,虽然没有严格意义上的灾前评估和灾中评估,但是水文、气象预报中蕴涵了对未来可能灾情的一种预估,可以说是一种灾前评估。洪水调度方案也是对各种方案权衡利弊后选取的,方案选取的过程可以说就是一种评估过程,同时,利用遥感资料进行分析就是对实况灾情的一种灾中评估。

5　灾情评估工作的未来

未来的灾情评估将是以地理信息系统为工具,以流域社会经济数据库为基础,以水文气象预测预报模型、作物财产损失模型等为核心,以快速采集各种实时资料为手段,以准实时遥感评估为辅助,面向业务应用的自动化的决策服务系统,是防汛决策指挥系统的重要组成部分。淮河流域未来的洪涝灾情评估将分为灾前预估、灾中评估、灾后统计分析三部分。

灾前评估就是在洪涝灾害尚未发生之前,依据气象、水文的预测预报信息,对可能出现的灾情进行预估,达到一种预警防灾的目的。灾前评估的关键是气象、水文模型预测预报的准确率。

灾中评估将主要包括两个方面:一方面,根据已经出现的洪涝实况,利用地理信息系统工具和基础的社会经济资料,实况评估已经发生的灾情。同时根据水文、气象的预测预报成果,对各种调度方案进行比选,优选出下一步的最佳调度方案,达到调度减灾的目的。另一方面,通过实时的遥感数据对实况的洪涝灾情进行快速评估,为实时的减灾救灾决策提供进一步的依据。灾中评估质量的关键取决于良好的作物财产淹没损失模型、准确的社会经济数据库、先进的遥感数据处理技术等。

灾后评估主要是通过现场调查等手段,对统计渠道上报的灾情信息再分析,与灾中评估结果进行对比分析,得到更加准确的洪涝灾害损失结果。同时,根据对比分析结果,对评估模型进行修改完善。每年定期更新防洪排涝数据库、社会经济信息库等资料,为将来的洪涝灾情评估质量的提高提供保障。灾后评估的关键是模型评估与统计资料的对比分析、模型的完善及基础资料的维护。

流域从古至今关于洪涝灾情评估工作的情况见表1。

表1　淮河流域古今洪涝灾情评估工作情况统计

年代	洪涝灾害记录	灾情评估成果 (无、几无、粗、较精、精)					灾情评估作用	灾情评估手段
		淹没农田	受灾人数	淹死人数	粮食减产	经济损失		
隋唐以前	少	几无	几无	几无	无	无	几无	估计
隋唐北宋	较少	粗	粗	粗	无	无	几无	灾后统计
金(南宋)元	较多	粗	粗	粗	无	无	几无	灾后统计
明清时期	多	粗	粗	粗	几无	无	1、2	灾后统计

续表 1

年代	洪涝灾害记录	灾情评估成果 （无、几无、粗、较精、精）					灾情评估作用	灾情评估手段
		淹没农田	受灾人数	淹死人数	粮食减产	经济损失		
清末民国 （1855～1949）	多	较精	较精	较精	粗	几无	1、2	灾后统计
1949～2000	很多	较精	较精	精	粗	粗	1、2	灾后统计灾中预估
2001～2010	很多	较精	较精	精	较精	粗	1、2、3	灾后统计灾中预估
未来		精	精	精	精	精	1、2、3、4	灾前灾中评估、灾后统计

灾情评估作用：

1. 为当时或来年的赈灾救助提供依据，主要是救急，如粮食的救助和税负的减免等。

2. 着眼于未来，为未来的兴修水利提供必要依据。

3. 与实时防汛抗旱调度系统相结合，优化调度方案，达到实时减灾目的，同时为救灾补偿、灾后重建及规划计划提供依据。

4. 教育人们要认识洪水自然规律，树立尊重自然、热爱自然、管好用好水资源的新观念。

6 结语

通过对历史、当前和未来淮河流域洪涝灾害评估的进展与发展趋势进行分析，初步可以得出如下结论：

（1）自古以来直至新中国成立，淮河流域的灾情评估基本上是灾后的统计评估，新中国成立后到 20 世纪 80 年代，灾前和灾中评估处于萌芽状态。21 世纪以来随着信息和空间技术、水文和气象预报技术的发展，灾前和灾中定性评估取得较大突破，特别是 2003 年以来利用遥感资料进行准实时定量评估进入了试验阶段，但是评估工作尚不能业务化。

（2）古代灾后的灾情统计评估目的主要有两个，一是为了当时或来年的赈灾救助提供依据，主要是救急，如粮食的救助和税负的减免等；二是着眼于长远，为未来的兴修水利提供必要依据。到了现代，灾情评估的目的和民生、社会经济发展结合更加紧密，实时性的需求越来越高，于是出现了第三种目的，即与实时防汛调度系统相结合，优化调度方案，为实时减灾、救灾补偿、灾后重建提供依据。第四种目的就更高更远了，是教育人们树立一种观念，要在认识洪水自然规律的基础上，尊重自然、热爱自然，管好用好水资源。四种目的相互掺杂，要求越来越高。

（3）未来淮河流域的灾情评估工作将是一种贯穿洪涝灾情事件始终、评估成果复杂多样、与多种业务系统相关联、综合各种先进技术的复杂的业务体系。该体系将由简单到复杂不断完善，对流域社会经济发展起巨大的促进作用。

参 考 文 献

［1］淮河综述志．淮河志［M］．第二卷．北京：科学出版社，2000．

［2］清代淮河流域洪涝档案史料［M］．中华书局，1988．

［3］江守钰，彭顺风，等．浅谈淮河流域洪涝灾情评估的技术思路［J］．治淮，2007（9）．

［4］淮河流域洪涝灾情评估及减灾决策支持系统初步设计报告［R］．中水淮河规划设计有限公司，2009．

作者简介：徐胜，男，高工，水利部淮河水利委员会水文局。E-mail：xusheng @ hrc. gov. cn。

浅析气候变化对淮河流域地表水资源的影响分析

梁树献　　罗泽旺　　王式成　　杨亚群　　程兴无　　徐　胜

（淮河水利委员会水文局,蚌埠　233001）

摘　要:利用淮河流域气象站的历年气温与降水资料,简要分析了淮河流域的气候、水资源变化特征。结果表明,近60年淮河流域气候明显变化的主要特点是有气温升高和降水量增加的明显特点,特别是近10年来流域具有明显的气温升高和降水量增多趋势,冬季气温的增暖趋势最为明显,春秋季次之。本文同时计算得出气温和降水与地表水资源量的相关系数分别为 -0.26和0.93,结果表明气温与水资源的相关关系并不显著,而年降水量的多少基本决定了地表水资源的多寡。

关键词:气候变化　地表水资源　淮河流域　相关系数

1　引言

　　气候变暖是近10年来普遍关注的全球性问题,它与人类的生产、生活密切相关。全球气候变暖所导致的海平面上升、极端天气和气候事件频发,不仅影响自然生态系统和人类生存环境,也同样影响淮河流域的经济发展和社会进步。

　　淮河流域地处我国暖温带向亚热带过渡的气候带,降水量的年际和年内变化都很大,全年降水、径流的50%～83%集中在汛期,径流的年际变化较降水更甚,呈现最大与最小径流量倍比悬殊,年径流变差系数大,以及丰、枯变化频繁的特点。在全球气候变暖的背景下,淮河流域旱涝灾害频繁,特别是进入21世纪后,既经历了2001年、2002年的大旱,又出现了2003年、2007年流域性大洪水,2005年区域性大洪水。因此,分析气候变化及其对淮河流域水资源变化趋势的影响,实现流域社会经济的可持续发展,具有十分重要的意义。同时,变化环境下的水文要素及其水文循环研究,也是国际、国内当前水文水资源学研究热点,淮河流域目前还没开展此类研究,本文仅作个初步探索。

2　淮河流域主要气候因子特征分析

2.1　降水

　　根据1952～2009年降水量统计分析,淮河流域年均降水量898 mm,在地区分布上,南部多北部少、山区多平原少、沿海多内地少。流域降水量的年际变化大,如最大年降水量2003年的1 282 mm是最小年降水量1966年的578 mm的2.2倍。淮河流域汛期(6～9月)平均降水量为569 mm,占全年降水均值(898 mm)的63%。流域汛期降水最多为2003年的842 mm,最少为1966年的277mm(图1)。汛期降水与全年降水量的相关系数为 0.86,说明流域汛期降水与全年降水有较好的正相关关系,汛期降水量的多与少主要决定了全年的降水量的大小。

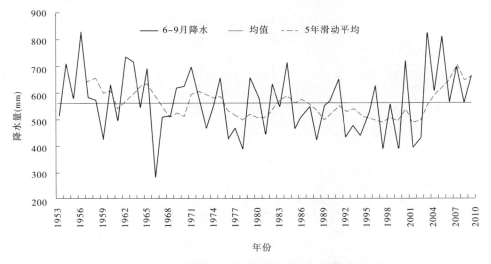

图 1 淮河流域历年汛期(6~9 月)降水量

根据统计理论分析,由于降水多服从 Γ 分布,可由 Z 指数(指标略)反映流域降水旱涝等级,通过 Z 指数分析 1952~2009 年的 58 年汛期降水,出现干旱年份 13 次(占 22%,$Z < -0.842$),洪涝年份 12 次(占 20%,$Z > 0.842$)。旱涝年份所占比率基本接近,流域汛期约 2 年就有一次较严重的干旱或洪涝发生。

从降水的年代际背景分析,1953~1963 年和 2003~2009 年处于相对多水期,1992~2002 年处于相对少水期,20 世纪 70、80 年代则处于相对平稳时期。波谱分析结果显示:淮河流域汛期(6~9 月)降水有着准 10 年和 2 年的降水周期。

2.2 气温

根据淮河流域近 60 年的气温变化分析(图 2),流域年气温均值为 14.5 ℃,呈缓慢波动上升趋势,20 世纪 60~80 年代,气温有一定幅度的下降,进入 90 年代,气温持续上升,进入 21 世纪的 10 年来气温增暖趋势明显,近 10 年的平均温度 15.2 ℃,比 1950~1960 年的 14.1 ℃上升了 1.1 ℃。流域年平均最低气温出现在 1956 年(13.3 ℃),次低温度为 1957 年、1969 年的 13.4 ℃,最高气温为 2007 年的 15.7 ℃。

由表 1 可看出,流域四季平均气温有不同程度的增温趋势,但各季节增温幅度有所不同。春季气温近 10 年平均温度为 15.7 ℃,比 20 世纪 50 年代的 13.8 ℃提高了 1.9 ℃。夏季(6~8 月)气温并无明显增暖趋势,气温最高的夏季则出现在 1953 年(27.3 ℃)、1959 年(27.5 ℃)和 1967 年(27.5 ℃)。近 10 年夏季平均温度为 26.2 ℃比 20 世纪 50 年代的 26.0 ℃仅提高了 0.2 ℃。秋季近 10 年的平均温度为 16.1 ℃,比 20 世纪 50 年代的 15.2 ℃增加了 0.9 ℃,其增暖趋势高于夏季、小于春季。冬季气温的增幅最为明显,近 10 年的冬季温度为 2.8 ℃,比 1951~1960 年的冬季气温 1.5 ℃上升了 1.3 ℃,上升幅度达到 87%。自 1990 年以后,除 2004 年冬季气温 1.6 ℃比常年均值偏低外,其他年份均高于均值,且冬季平均温度高于 3 ℃的年份均出现在近 10 年,最高年份为 1998 年的 4.4

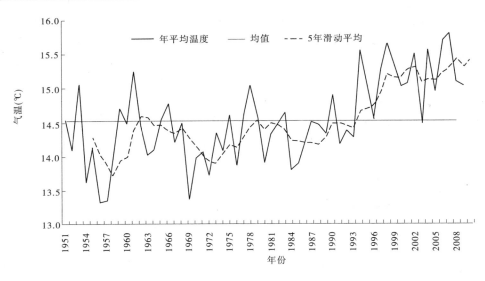

图 2　淮河流域历年气温

℃,次最大值为 2006 年冬季的 4.1 ℃。气温最低年份为 1956 年的 – 1.0 ℃。

表 1　淮河流域历年春夏秋冬季气温统计

时间	1951 ~ 1960	1961 ~ 1970	1971 ~ 1980	1981 ~ 1990	1991 ~ 2000	2001 ~ 2009
春季	13.8	14.1	14.3	14.2	14.8	15.7
夏季	26	26.3	25.8	25.6	26.1	26.1
秋季	15.2	15.3	15.3	15.4	15.8	16.1
冬季	1.4	1.3	1.8	1.7	2.9	2.9
全年	14.1	14.3	14.3	14.3	14.9	15.2

2.3　蒸发

　　水面蒸发是江河湖泊、水库池塘等自然水体的水、热循环与平衡的重要因素之一。过去对水面蒸发的研究,主要侧重于观测方法与计算模型的探讨。近年来,随着全球气候变化问题日益得到重视,气候变化胁迫下自然水体水面蒸发演变趋势、变化特征和蒸发量变化特征等问题受到极大关注。

　　在流域水资源评价中,一般是以典型代表站分析流域蒸发特征的。本文选择淮北平原五道沟实验站蒸发资料,用本站 1964 ~ 2008 年的 E601 实测水面蒸发量来分析本地区水面蒸发量特征及气候变化条件下演变趋势。

　　五道沟实验站多年平均蒸发量为 1 082.2 mm。五道沟地区各个季节水面蒸发量年际变化过程见图 3。由图 3 中明显可以看出各个季节中夏季的蒸发量最大,冬季的蒸发量最小,春季和秋季基本持平,它们的水面蒸发量变化趋势基本一致,而且整体呈下降趋势。

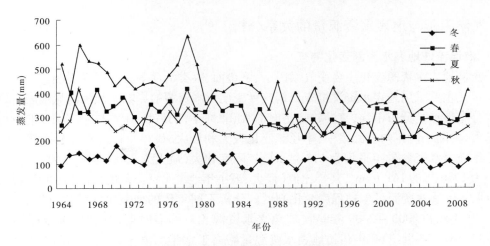

图3　各个季节水面蒸发量年际变化过程

五道沟地区不同频率水面蒸发计算结果如表2。

表2　五道沟地区水面蒸发频率计算

$P(\%)$	20	50	75	95
$X_P(mm)$	1 217.8	1 073.8	967.0	826.3

通过图3年际变化过程线相应的趋势线可以计算出：秋季递减的速率最大，约为4.43 mm/a，春季递减速率最小，约为1.02 mm/a，年际递减速率为9.31 mm/a。另外，水面蒸发量年、季节的变差系数 C_v 分析如表3，春季变差系数最大，为0.27，年际变化为0.15。

表3　水面蒸发量年、季节的变差系数 C_v

春季	夏季	秋季	冬季	年际
0.27	0.18	0.19	0.16	0.15

五道沟地区水面蒸发量年代衰减情况分析如表4，从表中可以看出，除了20世纪60年代的春季、80年代的冬季和90年代的夏季的年水面蒸发量出现反弹回升，其余各年代各个季节的水面蒸发量均呈下降趋势。

表4　水面蒸发量年代衰减百分比　　　　　　　　　　　　　　　（%）

时间	1960~1970	1970~1980	1980~1990	1990~2000
春季	-20.51	27.66	1.84	7.41
夏季	1.14	8.33	15.05	-3.43
秋季	6.73	16.84	7.68	7.72
冬季	6.72	14.01	-1.26	5.50
年际	2.83	15.01	7.13	4.13

3　气候因子与地表水资源量的关系分析

3.1　淮河流域地表水资源变化特征

流域地表水资源变化主要受气候因子、下垫面、人类活动等主要因素影响。

本文主要采用地表水资源量来分析气候变化对水资源的影响。淮河流域地表水资源量的分布特点是分布不均,总的趋势是南部大、北部小,同纬度山区大、平原小,平原地区沿海大、内陆小。年内分配集中,季径流变化较大和最大、最小月径流相差悬殊等。淮河流域年地表水资源量年平均为 613 亿 m³,年际变化大,最大为 2003 年的 1 400.7 亿 m³,最小为 1966 年的 161 亿 m³,其年比值(最大、最小年地表水资源量的比值)达 8.7,说明淮河流域年地表水资源量丰枯程度变化剧烈。分析不同年代的地表水资源量可以看出:20世纪 50 年代和 2003 ~ 2009 年是流域地表水资源相对偏多时期,分别比常年同期偏多13% 和 19%,20 世纪 60 年代的地表水资源量略高于常年均值 3%,而 20 世纪 70、80、90年代的地表水资源分别比常年均值偏少 8.3%、4.8% 和 11%(图 4)。

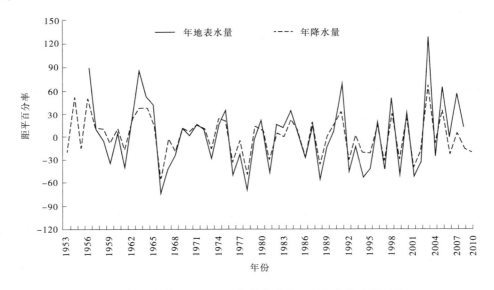

图 4　淮河流域 1951 ~ 2008 年地表水资源量与年降水量对比

3.2　气温与地表水资源

一般来说,由于气候变暖,蒸发加大,会影响整个循环过程,改变区域降水量的降水分布格局,增加降水极端异常事件的发生,导致洪涝、干旱灾害的频次和强度的增加,使水资源量发生变化。同时,气温对水资源的影响主要表现在高温使水体蒸发加大,高温与干旱往往同时出现,高温加剧了旱情,使农田需水量增加,城市生活用水量增加,加大城市供水的负担,高温干旱是导致水资源区域紧张的重要因素。

统计分析表明,全年气温与全年降水的相关系数为 - 0.32,夏季气温与夏季降水的相关系数为 - 0.37,说明气温与降水存在着一定的反相关关系,这表明夏季气温低,说明冷空气较多,容易产生降水天气。夏季气温与降水的反相关关系略高于全年,但相关性并不显著。

3.3 降水与地表水资源

流域全年降水与地表水资源量的相关系数为 0.93(图 4),说明地表水资源量与降水的关系密切,降水是影响地表水资源量的重要因子。降水多的年份,相应的地表水资源量大,降水量少的年份,水资源量也少。而全年温度与地表水资源量的相关系数为 -0.26,说明气温变化与水资源量有一定的反相关性,但相关不显著。

4 结语

(1)淮河流域 1953~1963 年和 2003~2009 年处于相对多水的年代际背景中,汛期(6~9月)降水量有着准 10 年和 2 年的降水周期。

(2)淮河流域近 60 年冬季气温增温幅度最大,春、秋季气温增幅次之,夏季气温增温趋势不明显。特别是近 10 年冬季气温增幅明显,冬季温度为 2.8 ℃,比历年均值(2.0 ℃)高 0.8 ℃,比 1951~1960 年的冬季气温 1.5 ℃上升了 87%。

(3)以五道沟实验站为代表站分析,流域夏季的蒸发量最大,冬季的蒸发量最小,蒸发量有 10 年的变化周期。

(4)淮河流域历年降水量与地表水资源量的相关系数为 0.93,说明降水与地表水资源的关联程度高,变化趋势基本一致。

(5)淮河流域历年气温与地表水资源量的相关系数为 -0.26,气温与地表水资源量有一定的反相关关系,但相关系数低,气温变化对水资源量的影响不显著。

参 考 文 献

[1] 淮河水利委员会. 淮河流域防汛水情手册. 2007.
[2] 淮委水文局. 淮河流域及山东半岛水资源调查与评价. 2006.
[3] 安徽省水利科学研究院. 淮北平原变化环境下水文循环研究与应用. 2010.

作者简介:梁树献,男,高工,水利部淮河水利委员会水文局。E-mail:sdliang@hrc.gov.cn。

夏季淮河流域雨日降水概率的空间分布分析

梁　莉[1,2]　赵琳娜[2]　巩远发[1]　田付友[2]　王　志[2]

(1. 成都信息工程学院,成都　610225;2. 国家气象中心,北京　100081)

摘　要:利用淮河流域 158 个站点 1980 ~ 2007 年 28 年的夏季降水量资料,从 Γ 分布形状参数和尺度参数的角度,分析了淮河流域无条件雨日和有条件雨日(首雨日和连续雨日)的汛期降水的概率分布特点。从 Γ 分布函数的参数分析得到,淮河流域属于尺度参数主导的区域,表明该流域夏季降水是以降水变化大为主,即多极端降水(旱或涝)的天气气候事件。其中,洪泽湖流域为首雨日降水的多雨区;沂河和沭河流域的东部至淮河中上游王家坝流域,为连续雨日降水的多雨区。首雨日的降水量小于连续雨日的降水量。对 5 个子流域选取的息县、阜阳、商丘、淮安、连云港代表站的 Γ 分布概率密度与样本频率对比分析和 K - S 评分,说明 Γ 分布函数能较好拟合分条件的淮河流域夏季雨日的概率分布,表明淮河流域夏季雨日降水量的概率分布呈明显偏态分布,分条件下的降水量概率分布有更广的适用性。

关键词:雨日降水　概率分布　淮河流域

1　引言

　　淮河流域地处我国东部,跨河南、安徽、江苏、山东四省,由淮河和沂、沭、泗河组成,流域面积达 27 万 km²。该流域天气气候变化复杂,干旱、洪涝灾害的频繁发生给人民的生命财产和可持续发展带来了严重损失。淮河流域汛期有夏汛期和秋汛期,但降水主要集中在夏汛期,6 ~ 8 月的降水量约占全年降水量的 53%[1],是决定当年汛期旱涝的主要因素。准确掌握淮河流域夏季降水量的分布特征,为定量降水预报、农业、水资源开发利用等科学决策提供依据,具有重要意义。

　　对降水的空间统计分布特征,国内外学者做过很多相关研究。张耀存[2]在理论上得到任意给定时期日降水总量及最大日降水量的理论分布函数,并用上海等 5 站的实测资料初步证实了所得模式的普适性;吴洪宝等[3]利用 Γ 分布研究了广西 6、7 月若干天内最大日降水量的概率分布,表明 Γ 分布能较好地从理论上描述降水量的概率特征。但是对淮河流域降水概率的时空分布统计特征的研究还不多见。本文主要采用统计分析方法,对淮河流域夏季降水量进行统计分析,揭示淮河流域多年汛期降水的概率分布特点,从而为掌握淮河流域的降水规律提供科学参考依据,为逐日降水天气预报提供必要的气候背景。

2　资料和方法

2.1　资料及处理方法

　　本文利用淮河流域加密站点 1980 ~ 2007 年共 28 年间 5 月 31 日至 8 月 31 日的逐日

降水资料,对淮河流域 158 个站点的逐日降水资料进行研究,计算范围及站点分布如图 1 所示。

图1 研究流域及流域内有关站点分布

2.2 分析和检验方法

众所周知,降水量是明显的偏态分布,但又不知道该总体分布的具体类型。很多研究工作表明[2~4]:采用 Γ 分布建立日降水量的随机过程是可行的。因此,本文也采用 Γ 分布密度函数对日降水量的概率分布进行估计。具体采用 Katz[5] 提出的一种模型,假设日降水量的概率分布与前一天是否有雨相关,干湿日演变符合一阶 Markov 链模型,简称一天相关链。分别用该模型估计无条件及有条件下(前一天无雨和前一天有雨)的雨日降水量的概率分布。

Γ 分布密度函数为[4]

$$f(x) = \frac{1}{\beta^\alpha \Gamma(\alpha)} x^{\alpha-1} \exp\left(-\frac{x}{\beta}\right), \ x > 0 \tag{1}$$

$$\Gamma(\alpha) = \int_0^\infty e^{-t} t^{\alpha-1} dt \tag{2}$$

式中,$\alpha, \beta > 0$,α 为形状参数,β 为尺度参数,x 为日降水量。

形状参数 α 衡量倾斜程度,愈小则 Γ 分布愈倾斜,愈大则愈对称。当 $\alpha < 1$ 时曲线为反"J"字型,概率密度在零附近最大。尺度参数 β 衡量陡峭程度,当 α 相差不大而 β 相差很大时,β 愈小,则 Γ 分布愈为正偏。

Γ 分布的参数 α、β 由极大似然估计法得出,即样本均值 $\bar{x}$、方差 s^2 与参数 α、β 的关系为[4]

$$\beta = \frac{\bar{x}}{\alpha} \tag{3}$$

$$\alpha\beta^2 \approx s^2 \tag{4}$$

Γ 分布需要将形状参数和尺度参数结合起来理解。Gregory 等[4] 在对 Γ 分布统计参数的评估中发现,有降水的地区,不是有较大的形状参数就是有较大的尺度参数,而不是两个参数都较大。形状参数较大的地区称为"形状参数主导"区,该区域多持续降水,并且少极端天气气候事件;尺度参数较大的地区称为"尺度参数主导"区,该区域降水多变,并且多极端天气气候事件。

由于雨日降水量的概率分布与其前一天是否有雨有关,因此降水量的相关过程由一个双变量随机过程来描述,即 $\{(J_{n-1}, X_n)\}, n = 1, 2, 3, \cdots\}$,其中:当 $J = 1$ 时代表第 n 天是雨日(即日降水量 > 0 mm);当 $J = 0$ 时代表第 n 天是非雨日。X_n 是第 n 日的降水量。双变量 (J_{n-1}, X_n) 表示第 n 日的降水量的概率分布与第 $n-1$ 日是否是雨日有关。

假设 $J_{n-1} = 0$ 和 $J_{n-1} = 1$ 两种条件下雨日($J_n = 1$)的降水量 X_n 都服从 Γ 分布,由式(1)得到两种条件下的概率密度函数为

$$f_i(x) = \frac{1}{\beta_i^\alpha \Gamma(\alpha_i)} \left(\frac{x}{\beta_i}\right)^{\alpha_i - 1} \exp\left(-\frac{x}{\beta_i}\right) \tag{5}$$

$$\Gamma(\alpha_i) = \int_0^\infty e^{-t} t^{\alpha_i - 1} dt \tag{6}$$

其中:$x > 0$;$\alpha_i, \beta_i > 0$;$i = 0, 1, 2$ 分别对应于无条件雨日、首雨日($J_{n-1} = 0, J_n = 1$)和连续雨日($J_{n-1} = 1, J_n = 1$)三种条件。

对淮河流域 158 个站点分无条件雨日、首雨日和连续雨日确定雨日样本,其中首雨日和连续雨日都属于有条件雨日。然后利用式(3)、式(4)得到 3 种雨日降水量 Γ 分布的参数 α_i、β_i,并计算出对应的 $\overline{x}_i$、s_i^2,然后按式(5)、式(6)计算 $f_i(x)$ 落入一定区间的概率。

本文采用柯尔莫哥洛夫检验法(Kolmogorov – Smirnov,简写为 K – S)进行拟合适度检验。具体步骤参见文献[6]。

3　结果分析

3.1　无条件和有条件下雨日样本的参数分析

选取淮河上游、中上游、中下游、洪泽湖以下、沂河和沭河流域 5 个子流域的 16 个站点为代表站(如图 1),表 1 列出上述代表站的样本以及 Γ 分布的参数估计。

表 1　淮河流域代表站无条件雨日和有条件雨日形状参数 α_i 和尺度参数 β_i 的样本估计

子流域	代表站	无条件雨日			有条件雨日					
					首雨日			连续雨日		
		样本数	α_0	β_0	样本数	α_1	β_1	样本数	α_2	β_2
上游	信阳	1 022	0.303	49.13	421	0.433	25.34	601	0.302	58.47
	息县	924	0.401	37.91	408	0.427	29.42	516	0.411	42.19
	驻马店	947	0.302	53.13	416	0.422	29.65	531	0.293	64.41
中上游	郑州	854	0.398	28.58	405	0.318	30.86	449	0.480	26.67
	周口	909	0.383	37.74	420	0.363	35.95	489	0.404	38.82
	阜阳	991	0.329	44.81	420	0.351	34.69	571	0.335	49.73
	六安	1060	0.395	33.98	424	0.494	20.37	636	0.401	39.03

续表1

子流域	代表站	无条件雨日			有条件雨日					
					首雨日			连续雨日		
		样本数	α_0	β_0	样本数	α_1	β_1	样本数	α_2	β_2
中下游	蚌埠	989	0.383	37.81	435	0.348	30.33	554	0.437	40.12
	商丘	841	0.381	34.60	417	0.356	35.07	424	0.406	34.12
	宿迁	949	0.379	39.98	436	0.376	36.12	513	0.388	42.45
洪泽湖以下	淮安	1 001	0.363	42.11	435	0.312	43.21	566	0.404	41.16
	射阳	994	0.438	35.60	440	0.462	30.47	554	0.432	38.83
沂沭河流域	枣庄	911	0.418	38.33	472	0.402	35.72	439	0.442	40.25
	徐州	876	0.383	43.23	426	0.433	33.93	450	0.366	49.96
	连云港	923	0.421	38.65	439	0.516	30.50	484	0.368	45.57
	日照	935	0.380	35.37	452	0.460	26.05	483	0.351	42.17

由表1中可知,各流域的无条件雨日样本数约为有条件雨日样本数的两倍。在有条件雨日样本中,连续雨日数明显多于首雨日数。流域内各代表站的形状参数 α_i 均小于1,由式(1)知,$f(x)$ 随 x 增加而单调递减,即日降水量越大的事件出现的可能性越小——极端事件出现的概率较小。

从图2中看出,淮河流域形状参数 α 比尺度参数 β 小一个量级,说明该流域是尺度参数主导的区域。由前文分析知,尺度参数主导的地区降水量变化较大,则淮河流域多极端降水(旱或涝)的天气气候事件。在本文选定的研究时间段1980~2007年间,淮河流域约2年就发生一次干旱或洪涝,1985~1988年、1992~1999年为相对旱期,重旱年为1999年,重涝年为1991年、2003年、2007年[7]。2003年淮河流域6月1日至7月22日的降水

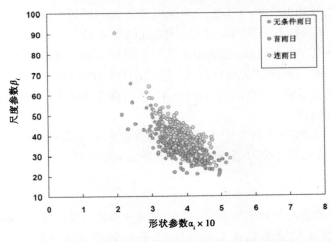

图2　淮河流域雨日降水 Γ 分布函数形状参数 α 和尺度参数 β 散点图

比常年明显偏多,一般偏多 50 ~ 100 mm[8]。2007 年强降水过程雨量强于 2003 年,该年从 6 月 19 日至 7 月 26 日三个阶段的连续性强降水造成了淮河流域的大洪水[9]。

从淮河流域形状参数的分布来看(如图 3(a1) ~ (a3)),三种雨日的形状参数数值均在 0.5 以下,该流域不属于形状参数主导的区域。分别考察这三种雨日的形状参数关系(图略),可知三者相差不大。有条件雨日样本的形状参数分布图(图 3(a2)、(a3))中有更多的高值区,能显示出在首雨日和连续雨日的条件下,降水变化概率较大的区域。

图 3(b1) ~ (b3)中可以明显看出淮河流域各站点的尺度参数 β_i 数值均在 30 以上,对降水量概率分布呈现变化贡献主要作用,大部分站点都是 $\beta_1 < \beta_0 < \beta_2$(图略),说明首雨日出现降水量小的概率比连续雨日更大。首雨日降水中,淮河中上游的颍河与沙河汇合区域、淮河中下游的东部及洪泽湖流域是多雨区的概率较大;连续雨日降水中,沂河和沭河流域的东部,淮河中上游王家坝区域是多雨区的概率较大。

由以上分析可知,分条件的 Γ 分布参数能得出更多有用的统计结论,与实际情况更相符合,能为降水的天气预报提供一定的气候背景,为决策者提供更有意义的信息。

3.2　有条件雨日降水量的概率分布

利用前面估计出来的形状参数 α_i 和尺度参数 β_i 值,可以建立某种雨日降水量的概率分布。

选取息县、阜阳、商丘、淮安、连云港分别代表淮河上游、中上游、中下游、洪泽湖以下及沂河和沭河流域。图 4 给出有条件雨日(首雨日)下的概率密度函数分布图。同时给出对应条件下的雨日降水量的样本频率曲线,以比较概率密度函数是否与实际情况吻合。即对首雨日的样本,计算雨日降水量落在(0,5]、(5,10]、…、(145,150]区间内次数占各自样本总数的比例,再除以区间宽度 5.0,变成单位区间内的频率,即频率密度。所得结果可以在数量上与概率密度函数作比较。相应地,计算出 $f_1(x)$、$f_2(x)$ 在 $x = 2.5, 7.5, …,$ 147.5 处的值,并与样本频率区间一一对应[3]。

如图 4,Γ 分布概率密度曲线和样本频率曲线都呈反"J"字型,其吻合度随着雨日水量的增加而增加。0 ~ 20 mm 区间上,两种曲线都反映出日降水量出现在该区域的概率较大。样本频率曲线和 Γ 分布概率密度曲线偏差较大的区域大多集中在小于 60 mm 的区间内,特别是日降水量小于 30 mm 的中、小雨区间偏差最大,对于连续雨日的情况也是如此(图略)。说明 Γ 分布函数不仅能够描述出小雨和中雨出现概率大,而且能描述出大降水出现概率低的这一规律。从对首雨日、连续雨日 Γ 分布概率密度曲线和样本频率曲线的分析中可以看出,用已有的 28 年观测样本,估计的 Γ 分布概率密度函数已能较好地对样本的频率进行拟合。

此外,采用 K - S 检验法对以上 5 个代表站点的概率分布模型进行拟合适度检验。各代表站的 K - S 值均小于临界值,通过置信水平 $\alpha = 0.05$ 的统计检验。

4　结语

(1)从 Γ 分布函数的参数估计来看,淮河流域夏季雨日降水量的概率分布呈明显偏态分布,淮河流域属于尺度参数 β 主导的区域,该区域降水变化较大,并且多极端降水(旱或涝)的天气气候事件。

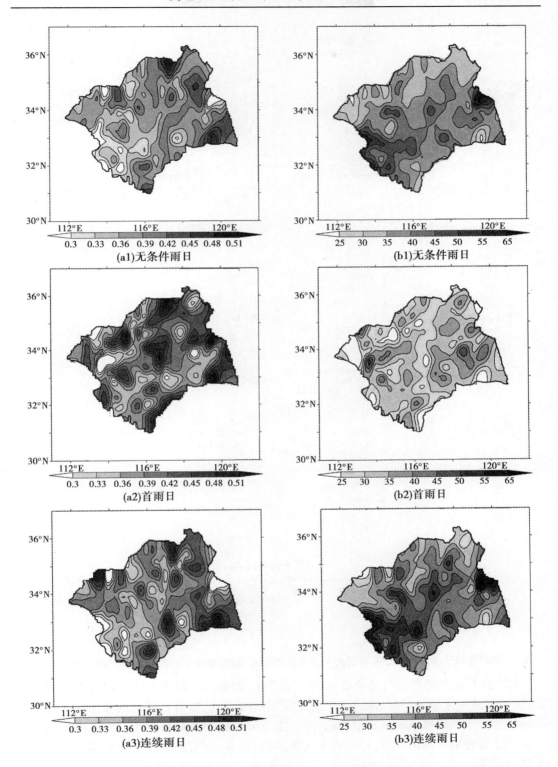

图3　淮河流域内三种条件下雨日的形状参数(a1～a3)和尺度参数(b1～b3)的空间分布

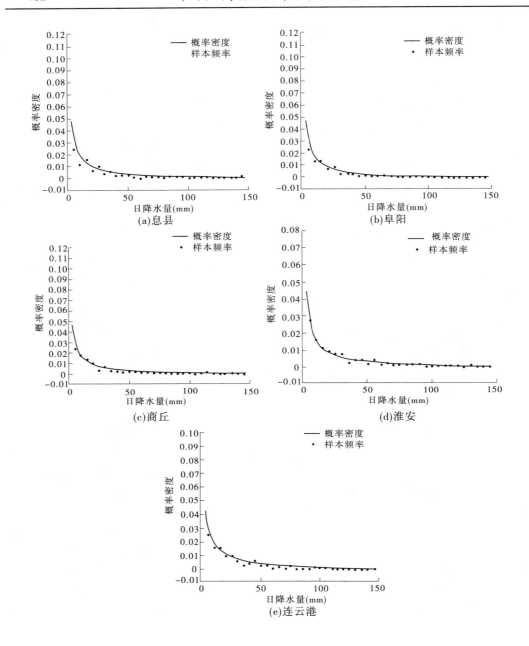

图 4　淮河流域子流域代表站首雨日的 Γ 分布概率密度函数（实线）与样本频率（点线）分布图

（2）由 Γ 分布函数的尺度参数 β 的空间分布，得到洪泽湖流域为首雨日降水的多雨区；沂河和沭河流域的东部，淮河中上游王家坝区域，为连续雨日降水的多雨区。首雨日的降水量小于连续雨日的降水量，即首雨日出现降水量小的概率更大。分条件下的降水量概率分布有更广的适用性，这对水文气象预报、农业生产、水资源利用等实际应用部门更具有意义。

（3）Γ 分布的概率密度函数，在一定程度上克服了随机振荡对估计日降水量概率分布的影响。用 Γ 分布概率密度函数推算得到的降水概率较合乎实际。通过对淮河上游、中上游、中下游、洪泽湖以下、沂河和沭河流域 5 个子流域代表站点(息县、阜阳、商丘、淮安、连云港)的 Γ 分布概率密度与样本频率的对比分析和 K – S 评分,证明用 Γ 分布函数能较好地拟合分条件的淮河流域夏季雨日的概率分布,是描述降水量概率特征的理想函数形式。另外,可将 Γ 分布函数推广应用到若干天内降水量的概率分布。

参 考 文 献

[1] 程华琼. 淮河流域暴雨的时空变化及成因和预报物理模型[D]. 北京:中国气象科学研究院,2004.

[2] 张耀存. N 日降水量的随机分布模式[J]. 南京气象学院学报,1990,13(1):23-31.

[3] 吴洪宝,王盘兴,林开平. 广西 6、7 月份若干日内最大日降水量的概率分布[J]. 热带气象学报,2004,20(5):586-592.

[4] Gregory J. Husak, Joel Michaelsen, Chris Funk. Use of the gamma distribution to represent monthly rainfall in Africa for drought monitoring applications[J]. International Journal of Climatology. 2007, 27:935-944.

[5] Katz R. Precipitation as a Chain – dependent process[J]. J Appl Meteor, 1977, 16: 671-676.

[6] 孙济良,秦大庸,孙翰光. 水文气象统计通用模型[M]. 北京:中国水利水电出版社,2001:20-21.

[7] 毕宝贵,矫梅燕,李泽椿. 2003 年淮河流域洪涝暴雨的气象水文特征分析[J]. 南京气象学院学报,2004,27(5):577-585.

[8] 毕宝贵,矫梅燕,廖要明. 2003 年淮河流域大洪水的雨情、水情特征分析[J]. 应用气象学报,2004,15(6):681-687.

[9] 赵琳娜,杨晓丹,齐丹,等. 2007 年汛期淮河流域致洪暴雨的雨情和水情特征分析[J]. 气候与环境研究,2007,12(6):729-736.

作者简介:梁莉(1985—),女,研究生,成都信息工程学院。联系地址:北京市海淀区中关村南大街46号。E-mail:317844351@qq.com。

基于分布式模型土壤含水量评估的
山洪预警指标体系

杨大文[1]　龚　伟[1]　刘志雨[2]　周国良[2]

（1. 清华大学水利水电工程系水沙科学与水利水电工程国家重点实验室,北京　100084；
2. 水利部水文局,北京　100053）

摘　要:中国是山洪多发国家, 迫切需要行之有效的山洪预警预报方法。本文基于分布式物理性水文模型的模拟结果,以土壤含水量为基准制定山洪预警指标。根据前期降雨较多时土壤湿度大,再降雨容易诱发山洪的经验规律,在制定预警指标时参考分布式模型提供的土壤含水量结果,以饱和度(百分比)表示含水量,利用模式识别方法发掘土壤饱和度与洪峰流量之间的关系。得到的结果显示,饱和度较低时预警指标相应提高,饱和度较高时预警指标相应降低。该指标体系应用于中国南方湿润区江西省遂川江流域,取得了较好的效果。

关键词:山洪　分布式模型　土壤饱和度　模式识别

1　研究背景

中国是山洪灾害频发的国家。山洪灾害频繁、分散、破坏性强,每年给人民生命财产带来重大损失。尤其是 2010 年汛期以来全国多个省区普降暴雨,山洪泥石流多处发生,中小河流受灾尤其严重。其中因灾死亡人数较多,财产损失较大的就有 6 月 21 日江西抚河唱凯决堤;8 月 7 日甘肃舟曲特大泥石流;8 月 13 ～ 14 日四川地震灾区遭受强降雨,汶川县全县发生 16 处泥石流导致岷江形成堰塞体且河水发生改道;8 月 18 日甘肃陇南、天水特大暴雨洪涝灾害;8 月 18 日云南贡山独龙族怒族自治县普拉底乡泥石流灾害等。2010 年我国山洪灾害尤其频繁,做好山洪预警预报工作意义重大。

作为重要的非工程措施,良好的山洪预警预报能够显著减少人民生命财产损失,是人民生命的“保护伞”。例如美国国家山洪预警系统[2]依托丰富的地形地质和水文资料,遍布全国的天气雷达,较为完善的数值天气预报模式,基于 GIS 建立了覆盖全国的山洪预报网。美国国家山洪预警系统的预警指标是基于推理公式,通过计算产流流量反算降雨量得到的。中国一些地区也建立了类似的山洪泥石流预警系统,例如北京郊县的山洪泥石流预警[3],就是基于短期降雨预报或实测降雨,结合前期累计雨量确定预警指标的。

现有山洪预警预报系统一般基于天气预报,一旦预报降雨量或者实测降雨量超过预警指标,即开始疏散群众。但是在实际应用中,由于预报精度有限,指标体系单一,往往出现预报有山洪却没发生,或者漏报山洪导致撤离不及时的情况。预报质量关系到山洪预警预报系统在公众中的信誉。为了提高预报准确性,尽量减少漏报和虚警,本文提出了基于土壤含水量的山洪预警指标体系。根据经验规律,前期连续降雨,土壤饱和,容易发生山洪,这在以蓄满产流为主的中国南方尤为明显。本文参照此规律,依托分布式物理性水文模型 GBHM,比照前期土壤含水量与洪峰流量,并利用模式识别方法分析土壤含水量和洪峰流量之间的关系,得到了基于土壤含水量的动态预警雨量指标。该指标已应用于江西省遂川江流域,取得了较好的预报效果。

2 研究方法

首先建立流域分布式水文模型 GBHM[1]（Geomorphology Based Hydrological Model）。该模型是典型的基于水文过程的物理机制而构建的流域水文模型。GBHM 模型利用描述流域地貌的面积方程和宽度方程将流域产汇流过程概化为"山坡 – 沟道"系统,一方面可以反映流域下垫面条件和降雨输入的空间变化,同时还采用了描述产流和汇流过程机制的数学物理方程来求解,使模型既得到了简化,又保持了分布式水文模型的优点。该模型使用土壤水动力学方程描述产流过程,使用水力学方程描述坡面汇流过程和洪水演进过程,考虑了地貌的影响及不同土壤和植被类型的水文特性,可以模拟气候变化和人类活动影响下的水文过程变化。

山洪预警指标是通过一定时间之内的累计雨量与洪峰流量之间的相关关系来建立的。洪峰大小除了与降雨强度有关,还和土壤含水量（即前期影响雨量）密切相关。当土壤含水量较低,降水渗入地下的水量大,产生径流则小;反之,如果土壤含水量较高,降水渗入地下的水量小,形成径流的水量多。因此,在建立山洪临界雨量时,应该考虑土壤含水量情况,给出不同初始土壤含水量条件下的临界雨量。本项目选择土壤饱和度为土壤含水量指标,原因为:流域内各地土壤类型各不相同,土壤的蓄水能力各异,采用饱和度既为了统一标准,也有助于应用。以下将使用模式识别方法,建立不同初始土壤饱和度条件下的山洪临界雨量。其中流域的面平均雨量根据实测雨量计算得到,土壤饱和度为分布式水文模型 GBHM 的输出。

将流域的土壤饱和度和降雨量绘制为 $x - y$ 散点图,x 轴为土壤饱和度,y 轴为降雨量。以 6 小时雨量为例,如图 1 所示,针对历史资料系列中流域所发生过的所有洪水（不分大小）,分别在其前 24 h 的降雨量中求出 6 h 最大雨量,以及该 6 h 最大雨量发生之前的土壤饱和度。将土壤饱和度和 6 h 最大雨量值绘制为 $x - y$ 散点图,并根据其对应的洪水是否超过警戒流量分为两类。在图中可以设法画出一条直线,将土壤饱和度和最大 6 h 雨量组成的状态空间分为两个部分。这样,山洪临界指标的问题就可转化为模式识别的问题。这里选用的方法为基于最小方差准则的 W – H(Widrow – Hoff)算法[4],并用统计判决中的最小误判概率准则[5]来评判分类结果的质量。

2.1 基于最小方差准则的 W – H(Widrow – Hoff) 算法

如图 2 所示,如果存在一条直线,使得两个类别的点分别位于直线的两侧,那么该问题就是线性可分问题;反之,若不存在这样的直线,使两个类别的点分别位于直线的两侧,那么该问题就是非线性可分的。一般情况下,将待分类的点的集合称为训练模式集,其中的每一个点称为一个模式,将作为两个类别的界面的直线（高维空间下为超平面）称为解矢量。在实际问题中,往往无法事先知道模式集能否线性可分,这就需要算法既适用于线

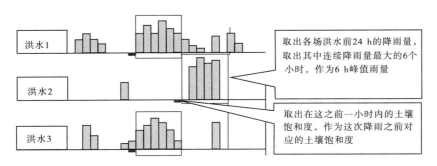

图 1　降雨量和饱和度的取法

性可分的情况,也适用于非线性可分的情况。如果训练模式集是线性可分的,所求得的解矢量对所有模式都能正确分类;如果是非线性可分的,所求得的解矢量使得错分的模式数目最少。综合上述两种情况,这类方法的准则也称为最小错分数目准则。

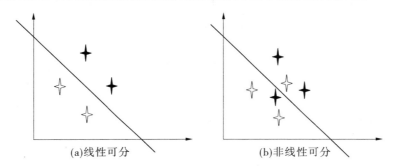

图 2　线性可分问题与非线性可分问题

　　在计算开始之前,首先对训练模式集进行增广化和符号规范化。对 2 维 2 类问题,训练模式 $x_1, x_2, \cdots, x_N$,对每个训练模式,它的特征矢量为 $x = (x_1, x_2)'$。训练模式集可以分为两类,分别用 $\omega_1、\omega_2$ 表示,在本文中,ω_1 为流量超过警戒流量,ω_2 为流量不超过警戒流量。

　　定义线性判别函数:
$$d(x) = w_1 x_1 + w_2 x_2 + w_3 = w'_0 x + w_3 \tag{1}$$
式中,$w_0 = (w_1, w_2)'$ 称为权矢量或系数矢量。

　　增广化处理:为简洁起见,上式还可以写成:
$$d(x) = w'x \tag{2}$$
这里 $x = (x_1, x_2, 1)'$ 称为增广特征矢量,$w = (w_1, w_2, w_3)'$ 称为增广权矢量。此时增广特征矢量的全体称为增广特征空间。根据线性判别函数 $d(x)$ 的值,就可以判断 x 的类别如下:
$$d(x) = w'x = \begin{cases} > 0 \rightarrow x \in \omega_2 \\ \leq 0 \rightarrow x \in \omega_1 \end{cases} \tag{3}$$

　　符号规范化处理:将来自 ω_1 类的训练样本的各分量乘以 -1,使之成为 $x = (-x_1, -x_2, -1)'$ 的形式。这样判别函数 $d(x)$ 就有了如下不同的含义:

$$d(x) = w'x = \begin{cases} > 0 \rightarrow 分类正确 \\ \leq 0 \rightarrow 分类错误 \end{cases} \tag{4}$$

经过这样处理之后的判别函数 $d(x)$，可以用来判断迭代过程是否已经收敛。

增广化和符号规范化处理之后，如果训练模式是线性可分的，则存在权矢量 w 使不等式组：

$$w'x_i > 0 \quad (i = 1, 2, \cdots, N) \tag{5}$$

成立，即不等式组是一致的。若训练模式是非线性可分的，表明不存在 w 使所有的训练模式都能被正确地分类，总有某些模式被错分，即不等式是不一致的。在这种情况下的分类目标应是：所求得的权矢量应该让尽可能多的不等式成立，即使被错分的训练模式最少。

将不等式组（式（5））写成矩阵方程的形式，引入 N 维余量矢量 b，可以得到方程组：

$$Xw = b \tag{6}$$

其中 $X = (x_1, x_2, \cdots, x_N)'$。适当给定余量矢量 b，可以针对等式方程组建立二次准则函数，运用最优化技术求解权矢量 w。基于方程组（式（6）），构造方差基准函数：

$$J(w) = (Xw - b)'(Xw - b) = \sum_{i=1}^{N} (w'x_i - b_i)^2 \tag{7}$$

显然，当 $w'x_i = b_i (i = 1, 2, \cdots, N)$ 时，$J = \min J(w) = 0$；若对应某些 x_i 有 $w'x_i \neq b_i$，则 $J(w) > 0$。当给定 b 后，可以采用最优化技术搜索 $J(w)$ 极小值点以求解等式方程组（式（6））。如果方程组有唯一解，极小值点即是该解，说明训练模式集是线性可分的；如果方程组无解，极小值点是最小二乘解。一般情况下使 J 极小等价于误分模式数目最少。

采用梯度法求 $J(w)$ 的极小值，$J(w)$ 的梯度为：

$$\nabla J(w) = 2X'(Xw - b) \tag{8}$$

梯度下降算法迭代公式为：

(1) $w(0)$ 任取

(2) $w(k+1) = w(k) - \rho_k X'(Xw(k) - b)$ (9)

可以证明，当 $\rho_k = \rho_1/k$，ρ_1 为任意正的常数，则该算法是权矢量序列 $|w(k)|$ 收敛于 w^*，满足：

$$\nabla J(w^*) = 0 \tag{10}$$

其中，w^* 也称为 MSE 解。

为了减少计算量和存储量，由于 $X'(Xw - b) = \sum_{i=1}^{N} (w'x_i - b_i)^2 x_k$，采用单样本修正法，则（9）式可以修改为：

(1) $w(0)$ 任取

(2) $w(k+1) = w(k) - \rho_k (b_k - w(k)'x_k)x_k$ (11)

此算法通常称为 W - H（Widrow - Hoff）算法。

显然，所求得的 w^* 依赖于 b 的选取，当 b 取某些特殊值时，MSE 解具有一些优良的性质。例如令 $b = (1, 1, \cdots, 1)'$，在样本数 $N \rightarrow \infty$ 时，MSE 解以最小均方误差逼近贝叶斯判决函数：

$$d_B(w) = P(\omega_1 \mid x) - P(\omega_2 \mid x) \tag{12}$$

以江西省遂川江流域坳下坪站为例,选取 6 h 峰值雨量和土壤饱和度进入训练模式集,类别 ω_1 为流量超过警戒流量(图中实心方形点),类别 ω_2 为流量不超过警戒流量(图中空心三角形点),运行 W – H 算法,结果如图 3 所示。

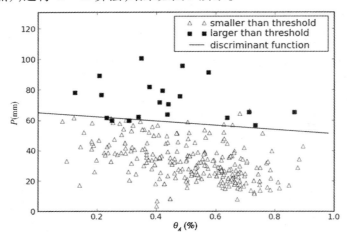

图 3　坳下坪站 6 h 降雨量与土壤饱和度分类

2.2　分类结果的评判

由于 W – H 算法求得的 MSE 解在 $b = (1,1,\cdots,1)'$,$N \to \infty$ 时,以最小均方误差逼近贝叶斯判决函数 $d_B(w)$,我们可以以贝叶斯判决函数的大小来评定分类结果的质量:$d_B(w)$ 越大,分类结果越好;$d_B(w)$ 越小,分类结果越差。如果 $d_B(w) < 0$,说明判断错误的概率大于判断正确的概率,分类结果不可信。

条件概率 $P(\omega_i|x)$ 表示 x 出现条件下 ω_i 类出现的概率,称其为 ω_i 类别的后验概率,对于模式识别来讲可理解为 x 来自 ω_i 类的概率。$P(x|\omega_i)$ 表示在 ω_i 类条件下 x 的概率密度,即 ω_i 类模式 x 的概率分布密度,简称为类概密。$P(\omega_i)$ 表示 ω_i 类出现的先验概率,简称为 ω_i 类的概率。

令 n_1 为实际超过警戒流量(ω_1 类)的点的总数;n_2 为未超过警戒流量(ω_2 类)的点的总数;n_{12} 为超过警戒流量却误判为未超过警戒流量(ω_1 类错分为 ω_2 类)的点数,即漏报的点数;n_{21} 为未超过警戒流量却误判为超过警戒流量(ω_2 类错分为 ω_1 类)的点数,即虚警的点数。假定每个点都是等概率的,这样就可以计算出:

先验概率:

$$P(\omega_1) = \frac{n_1}{n_1 + n_2} \tag{13}$$

$$P(\omega_2) = \frac{n_2}{n_1 + n_2} \tag{14}$$

误判概率:

$$P(x = 未超警 \mid \omega_1) = \frac{P(x = 未超警, \omega_1)}{P(\omega_1)} = \frac{n_{21}/(n_1 + n_2)}{n_1/(n_1 + n_2)} = \frac{n_{21}}{n_1} \tag{15}$$

$$P(x = 超警 \mid \omega_2) = \frac{P(x = 超警, \omega_2)}{P(\omega_2)} = \frac{n_{12}/(n_1 + n_2)}{n_2/(n_1 + n_2)} = \frac{n_{12}}{n_2} \qquad (16)$$

正判概率：

$$P(x = 超警 \mid \omega_1) = 1 - \frac{n_{21}}{n_1} \qquad (17)$$

$$P(x = 未超警 \mid \omega_2) = 1 - \frac{n_{12}}{n_2} \qquad (18)$$

最后得到贝叶斯判决函数：

（1）超警情况下：

$$
\begin{aligned}
d_B(w) &= P(\omega_1 \mid x = 超警) - P(\omega_2 \mid x = 超警) \\
&= \frac{P(x = 超警 \mid \omega_1)P(\omega_1)}{P(x = 超警)} - \frac{P(x = 超警 \mid \omega_2)P(\omega_2)}{P(x = 超警)} \\
&= \frac{P(x = 超警 \mid \omega_1)P(\omega_1) - P(x = 超警 \mid \omega_2)P(\omega_2)}{P(x = 超警 \mid \omega_1)P(\omega_1) + P(x = 超警 \mid \omega_2)P(\omega_2)} \\
&= \frac{n_1 - n_{21} - n_{12}}{n_1 - n_{21} + n_{12}} \qquad (19)
\end{aligned}
$$

（2）不超警情况下：

$$
\begin{aligned}
d_B(w) &= P(\omega_2 \mid x = 未超警) - P(\omega_1 \mid x = 未超警) \\
&= \frac{P(x = 未超警 \mid \omega_2)P(\omega_2)}{P(x = 未超警)} - \frac{P(x = 未超警 \mid \omega_1)P(\omega_1)}{P(x = 未超警)} \\
&= \frac{P(x = 未超警 \mid \omega_2)P(\omega_2) - P(x = 未超警 \mid \omega_1)P(\omega_1)}{P(x = 未超警 \mid \omega_1)P(\omega_1) + P(x = 未超警 \mid \omega_2)P(\omega_2)} \\
&= \frac{n_2 - n_{12} - n_{21}}{n_2 - n_{12} + n_{21}} \qquad (20)
\end{aligned}
$$

因为一般情况下超过警戒流量的次数要远远小于不超过的次数，即 $n_1 \ll n_2$，所以不超警情况下的贝叶斯判决系数都非常接近于1，对评定分类结果的质量用处不大。在实际预报之中，可以采取如下的操作方法：如图3所示，每天计算一次土壤饱和度，查找图中分界线（斜线），分界线对应的纵坐标（雨量 P）即为临界雨量。如果受保护地区的降雨量超过了临界雨量，就发布预警信息。

3 应用实例

本文的研究区域为江西省遂川江流域。遂川江发源于湘赣交界的万洋山和诸广山东麓，流经遂川、万安两县，于万安县的蔡下洲汇入赣江。流域位置界于东经113°56′~114°44′，北纬26°11′~26°30′，流域面积2 882 km²，主河长176 km。遂川江流域地势西高东低，形状近似葫芦，形状系数为0.29。遂川县城以上多为山区，植被良好，县城以下为低丘平原，山地面积约占全流域的80%，森林覆盖率约为50%。近年来，遂川江流域由于强降水而引发的山洪、泥石流等地质灾害频繁发生。研究所用数据资料为全流域62个雨量站的逐日、逐时历史资料；4个流量站的历史流量资料和3个水位站（包括新建的自动水文站）的水位资料；1个国家气象站的气象资料（截至1998年）；4个主要测站大断面数据;1 个中型水库、3 个小Ⅰ型水库、21 个小Ⅱ型水库的分布情况及遂川县 91 个小流域的社会经济数据。遂川江流域主要水文气象站站点分布如图 4 所示。

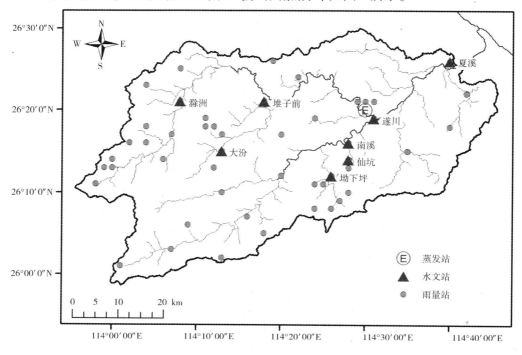

图4　遂川江流域水文气象站点

　　本研究将临界雨量的时间尺度依次划分为 1 h 临界雨量、3 h 临界雨量、6 h 临界雨量、12 h 临界雨量及 24 h 临界雨量。当 1 h 累积降雨量达到 1 h 临界雨量时,就发布预警,当 1 h 累积降雨量未达到 1 h 临界雨量时,继续对降雨进行监测,检查 2 h 累积降雨量是否达到 2 h 临界雨量,如果达到就发布预警,如果没有达到,则继续监测 6 h 累积降雨,依次类推,直到完成 24 h 累积降雨的监测。

　　不同土壤饱和度条件下的临界雨量是不同的,为了得到不同土壤饱和度条件下的临界雨量,本研究设置了 3 种土壤饱和度,分别为 25% 土壤饱和度、50% 土壤饱和度及 75% 土壤饱和度。在遂川江流域,利用分布式水文模型 GBHM 模型对流域内各水文控制站洪水过程进行洪水模拟,按照先前介绍的方法,统计在不同土壤饱和度(25%、50%、75%)条件下不同时间尺度(1 h、3 h、6 h、12 h、24 h)的临界雨量。图 5 列出了部分站点 6 h 临界雨量的预警指标图。图6、图7、图8 分别为土壤饱和度 25%、50%、75% 下 3 h 临界雨量空间分布图。从图5 可以看出除了个别点,W－H 算法能较好地将超警洪水区分开,区分度高,虚警和漏报都很少。从图6、图8 可以看出,随着土壤饱和度的升高,临界雨量逐步减小,高饱和度容易发生山洪。这与经验规律一致。

4　总结与展望

　　本文依托分布式水文模型 GBHM,提出了基于土壤饱和度的山洪预警指标,并应用于中国南方江西省遂川江流域,取得了良好的实际效果。山洪是否发生除了和降雨强度相

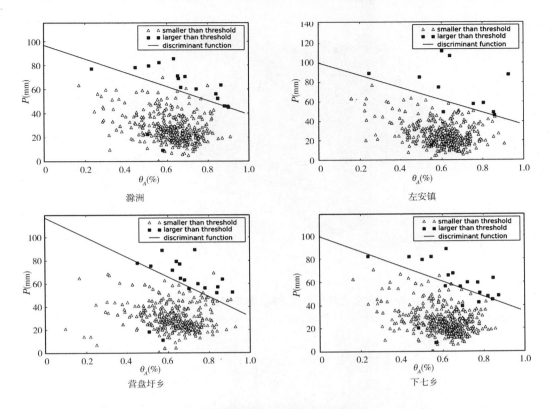

图5 降雨量与土壤饱和度预警指标

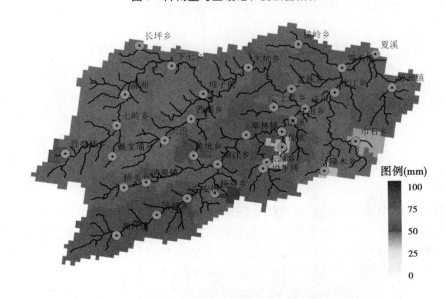

图6 25%土壤饱和度下3 h临界雨量空间分布图

关,还取决于前期土壤含水量。本研究提出了基于土壤饱和度的动态预警指标,饱和度高时容易发生洪水,临界雨量较低,饱和度低时土壤蓄水量大,不容易发生山洪,临界雨量较

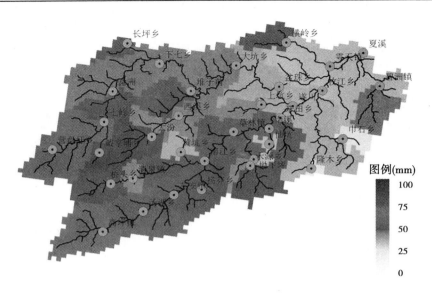

图 7　50% 土壤饱和度下 3 h 临界雨量空间分布图

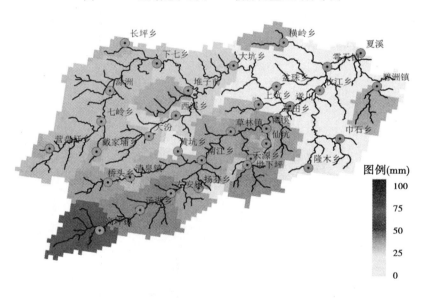

图 8　75% 土壤饱和度下 3 h 临界雨量空间分布图

高。实际应用中,此方法比传统方法更为精确,漏报和虚警率都较少,具有实际应用价值。

　　此外,这一指标体系由于采用分布式物理性水文模型,可以应用于缺资料地区和无资料地区,特别适合我国山区农村居住分散、水文资料稀缺的特点。2010 年发生于四川、甘肃的泥石流灾害导致重大人员伤亡,原因除了罕见的特大暴雨,大地震后遗症也不容忽视。5·12 汶川大地震导致山区岩体松动,植被遭遇严重破坏,土壤持水作用下降,遇到暴雨更容易发生山洪泥石流。在山洪预警指标体系的建设中,有必要考虑土壤和植被变化的影响,分布式物理性水文模型为此提供了可行的解决方案。

参 考 文 献

［1］杨大文. Distributed hydrologic model using hillslope discritization based on catchment area function: development and functions［D］. University of Tokyo, 1998.

［2］Carpenter T M, Sperfslage J A, Georgakakos K P et al. National threshold runoff estimation utilizing GIS in support of operational flash flood warning systems［J］. Journal of Hydrology, 1999, 224（1 - 2）: 21-44.

［3］王礼先,于志民. 山洪及泥石流灾害预报［M］. 北京:中国林业出版社, 2001.

［4］Theodoridis S, Koutroumbas K. Pattern recognition［M］. Beijing: China Machine Press, 2006.

［5］孙即祥. 现代模式识别［M］. 长沙:国防科技大学出版社, 2002.

作者简介:杨大文(1966—),男,教授,工作单位:清华大学水利水电工程系。联系地址:北京市海淀区清华园水沙科学与水利水电工程国家重点实验室207。E-mail:yangdw@ mail. tsinghua. edu. cn。

白山丰满水库联合调度洪水预报

李新红[1] 刘文斌[2]

（1. 水利部水文局，北京 100053；2. 黑龙江水文局，哈尔滨 150001）

摘 要：基于水利部重点项目建设的中国洪水预报系统，研究开发了一套具有适用性强、功能全面、操作灵活的软件系统和良好的人机交互界面，最新功能进行了很多实践和改进，引入了多家的权威气象数值预报和人机交互的窗口，在 2010 年汛期第二松花江白山丰满调度联合洪水预报中发挥了重要的作用。本次白山丰满洪水预报水文模型选用降雨径流产流和单位线汇流法，考虑未来几天 50 km×50 km 网格降雨数值预报，预报白山及丰满水库的入库洪水过程，并且在应用中，增加了水库调度演算界面和窗口，根据不同情况下的调洪演算，得出水库出现的最高水位及相应时间，为防洪调度提供了科学的支撑。

关键词：白山 丰满 水库 联合调度 预报 调洪

1 引言

洪水预报预警是预测江河未来洪水要素及其特征值的一门应用技术科学，是根据洪水形成和运动的规律，利用水文气象资料，对未来一定时段内的洪水发展情况进行预测预报分析，是防洪抗灾决策的重要依据。根据洪水预报，可以事先对防洪工程进行合理调度，及时拦洪、泄洪、削减洪峰、与下游区间洪水错峰，有效控制洪水。根据洪水预报，可以事先组织群众进行防洪抢险，加高加固堤防，组织分洪区群众转移，保障人民生命财产的安全。

中国洪水预报系统是水利部水文局承担的水利部重点建设项目，在规范化、标准化的软硬件环境和数据库管理系统基础上，研究开发了一套具有通用性强、功能全面、操作简便的洪水预报系统，在实测雨水情和未来天气形势分析的基础上，能分别完成大江大河干支流主要控制站、防洪重点地区、重点水库和蓄滞洪区具有不同预见期和精度的洪水预测预报，为国家防洪决策提供科学的支持和依据。中国洪水预报系统经过不断的改进和功能扩充，目前接入了中国气象局和日本等数家的降雨数值预报，延长了洪水的预见期，提高了预报精度。

水库洪水预报尤其是水库联合调度洪水预报是一个复杂而精细的技术，涉及不同的调度方案的影响，关系到水库及下游河道的安全。白山和丰满水库是第二松花江（以下简称二松）上中游干流的控制性工程，主要功能除了防洪调洪，也是东北电网用来供电发电的大型水电站。两座水库的联合调度，不但关系着二松中下游城市、农田、铁路的安全防洪，而且关系着为嫩江错峰、减轻松花江等城市防洪压力的任务。当然，还要保证水库自身的安全。所以，在提供了未来降雨科学数值预报的基础上，如何及时准确地进行洪水预报及调洪演算，为国家防总各级机关和上级领导进行洪水防御布置工作，提供了水文科学依据和技术支撑。

2 流域概况

2.1 自然水文特征

第二松花江是指松花江的南源,位于吉林省东部,整个流域地势东南高、西北低,江道由东南流向西北。流域年平均降水量比较充沛,水资源较丰富,特别是上游山区,山高河陡。

白山水库位于二松上游吉林省桦甸市境内,上源分两支,即头道松花江与二道松花江,皆发源于长白山主峰白头山天池,西南麓诸水汇集于头道松花江,北麓诸水汇集于二道松花江。白山水库以上集水面积 19 000 km²,流域呈扇形。河流两岸皆为高山峡谷,河底呈"V"字形,坡度陡,多急流险滩。流域地质组成大部分为岩石,河床多为卵石及砾石,植被良好。白山流域洪水特点是峰高、量大、历时短。涨洪历时一般为 10~30 h,洪水总历时为 6~7 天。水库形成后,汇流时间更短,涨洪历时一般在 12 h 以内。

丰满水库位于二松的中游,集水面积 4.25 万 km²,白山丰满区间有辉发河等几条支流汇入。其中辉发河五道沟以上集水面积 1.24 万 km²。白山水库、五道沟站至丰满水库区间流域面积约 1.11 万 km²,流域也呈扇形,属丘陵山地,植被良好。

2.2 水库工程情况

白山和丰满水库是第二松花江上中游干流的控制性工程。

白山水库总库容是 59.21 亿 m³,设计洪水位 418.30 m,校核洪水位 420.08 m;2010 年度白山水库主汛期 6 月 1 日至 8 月 19 日汛限水位为 413.00 m,8 月 20 日至 8 月 31 日,根据相关规定汛限水位在 413.00~416.30 m 之间合理过渡。

丰满水库总库容是 109.90 亿 m³,设计洪水位 266.00 m,校核洪水位 266.50 m。2010 年度丰满水库主汛期 6 月 1 日至 8 月 15 日汛限水位为 257.90 m,8 月 16 日至 31 日,根据相关规定汛限水位在 257.90~263.50 m 之间合理过渡。

3 预报系统建立

3.1 软件系统

本次预报平台采用中国洪水预报系统,基于两个数据库上运行,一是实时雨水情数据库,用来存储雨量站、水文站、水库等测站的实时雨水情信息;二是预报专用数据库,用来存储预报模型名称代码信息系统、参数、状态、预报方案属性、预报值、预报根据站点属性、历史水文气象资料、用户信息、最新添加的气象降雨数值预报信息等。

3.2 系统建模

中国洪水预报系统最重要的环节就是系统建模部分,主要包括:选择预报方案类别,输入预报方案属性,圈画流域,确定方案模型,设置雨量站控制权重,参数率定等。本次白山丰满联合调度洪水预报需要分别构造三个预报方案,即完成白山水库、区间辉发河支流五道沟水文站、丰满水库的分别建模。三个方案类别均采用水文预报模型方案,输入预报方案属性中时段长度均采用 6 h,方案模型均采用降雨径流相关法和单位线法进行产汇流计算,输出类型为流量。因为降雨径流和单位线均采用松辽流域洪水预报方案中经验参数,具体预报时可以根据暴雨中心位置、雨型等特征选择不同的单位线,所以本次没有进行参数率定。下面把重要的建模过程图例说明。

3.2.1　输入预报方案属性

白山、五道沟、丰满水库预报方案属性均选用 6 h 段长度,预见期预热期可以调整,白山水库预报方案有两个输入,一个是区间,另一个是白山水库退水。五道沟站预报方案也有两个输入,一个也是流域降雨径流,另一个是前期退水。丰满水库预报方案输入是 4 个,分别是前期退水加区间降雨径流、白山水库放流和五道沟预报的流量过程。白山水库预报模型方案属性见图 1。

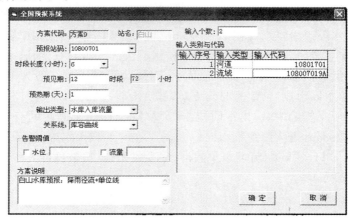

图 1　白山水库预报模型方案属性

3.2.2　预报流域圈画

设定预报断面和控制站后,系统会自动圈画流域边界线。白山以上流域面积约 1.90 万 km²,辉发河五道沟以上流域面积约 1.24 万 km²,白山、五道沟—丰满区间流域面积约 1.11 万 km²。图 2 ~ 图 4 分别是白山、五道沟、白山、五道沟—丰满区间流域示意图。

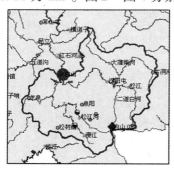 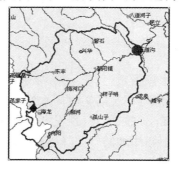 

图 2　白山以上流域　　　图 3　五道沟以上流域　　　图 4　白山、五道沟至丰满区间

3.2.3　确定预报方案模型参数

中国洪水预报系统可以利用人机交互选择水文模型,本次预报模型没有选用新安江等模型进行参数率定,而是选用降雨径流相关法(P_RWLL)、单位线法(UH - B)、马斯京根河道演算模型(MSK),根据预报降雨的特征选择合适的单位线,然后直接进行实时预报。图 5 为白山水库的模型参数输入界面。

图 5　白山预报方案模型界面

3.2.4　确定雨量站控制权重

可以采用算术平均或者泰森多边形法,两种方法均可。

4　实时作业预报

4.1　降雨数值预报

最新的中国洪水预报系统使用新的 50 km×50 km 网格地图进行数值预报,新版本可以直接使用中国气象局、日本、河海等几家数值预报,也可以根据经验自己分时段设定未来降雨,或者根据不同的降雨量量级预报未来不同降雨状况对应的洪水程度。每天的 8 时和 20 时更新未来 5 天的数值降水预报。

4.2　洪水预报结果展示

预报时间选择 2010 年 7 月 28 日 20 时,起始时间为 7 月 27 日 8 时,结束时间为 7 月 31 日 8 时。进入实时预报后,要注意调整各种状态参数,重新计算土壤前期含水量,查看实时雨量有没有漏错现象,选择马法汇流演算时段、合适的单位线,获取最新数值预报等。预报结果分别如下所示。

4.2.1　白山入库洪水预报结果

预报白山水库 2010 年 7 月 29 日 8 时入库洪峰流量为 12 725 m³/s,实测流量为 13 175 m³/s,洪峰误差为 3%,洪水过程模拟基本接近(见图 6)。

4.2.2　五道沟洪水预报结果展示

预报五道沟 2010 年 7 月 29 日 20 时入库洪峰为 2 054 m³/s,实测洪峰为 29 日 17 时 1 950 m³/s,洪峰误差为 5%,洪水过程模拟基本接近(见图 7)。

4.2.3　丰满入库洪水预报结果

预报丰满水库 2010 年 7 月 29 日 2 时出现入库洪峰为 13 681 m³/s,实测洪峰为 29 日 5 时 13 315 m³/s,洪峰误差为 2.7%,洪水过程模拟基本接近(见图 8)。

4.3　调洪演算结果展示

中国洪水预报系统根据白山丰满联合调度的需要,提供了最新的功能和良好的界面,能很快捷地将水库按不同出流条件计算出水库所能达到的最高库水位和出现的时间,以提供给防汛指挥部门决策。

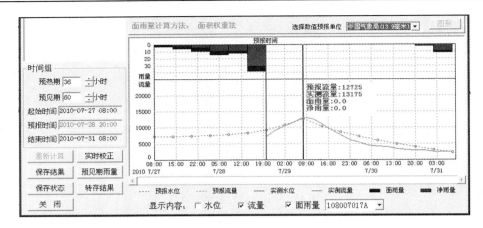

图 6　白山入库洪水预报结果

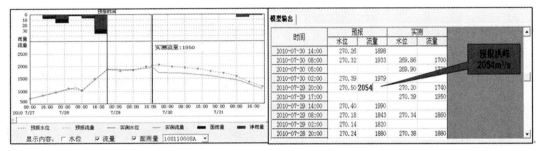

图 7　五道沟洪水预报结果

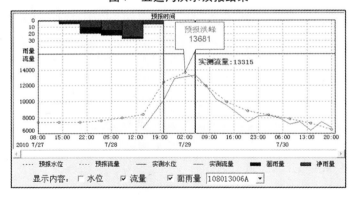

图 8　丰满入库洪水预报结果

4.3.1　白山水库

根据预报的水库入库流量,再按照水库不同的下泄流量,可以随时进行调洪演算,得到水库最高水位及出现时间。维持 2010 年 7 月 28 日 20 时(预报时刻)出库流量保持不变(1 695 m³/s)情况下,7 月 31 日 8 时库水位将涨至 421.93 m(截至预报时刻末,接近入出平衡,接近最高库水位),将超过白山水库的校核洪水位(420.08 m);如果按加大出库至 5 000 m³/s,30 日 14 时将出现最高库水位 417.90 m,低于水库设计水位,但要超汛限 4.90 m;如果按实际出库流量和预报入库流量推算,30 日 8 时将出现最高库水位 417.78

m。按水库实际来水和实际放水,实际最高库水位是 417.38 m,超汛限是 4.38 m,对应时间是 29 日 20 时。结果显示,预报的入库洪水过程略大于实际洪水过程,所以预报最高库水位稍偏高,出现时间偏晚。白山水库调洪演算详见表 1。

表1 白山水库调洪演算结果

对应图号	水库不同出流条件	预报最高库水位(m)	预报出现时间(月-日 T 时)	设计洪水位(m)	校核洪水位(m)	汛限水位(m)
图9	出库维持不变(1 695 m³/s)	421.93(接近最高)	07-31T8	418.30	420.08	413.00
图10	加大出库(5 000 m³/s)	417.90	07-30T14			
图11	实际出库过程	417.78	07-30T8			

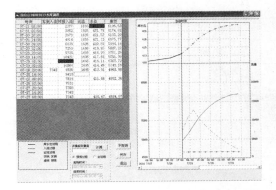

图9 按预报时刻出流不变计算(1 695 m³/s)

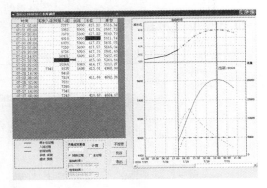

图10 按水库加大出流计算(5 000 m³/s)

4.3.2 丰满水库

根据丰满水库的入库洪水预报,再假设几种不同水库出流情况,得到不同的水库库水位变化趋势。2010 年 7 月 28 日 20 时(预报时刻)维持出库流量保持不变(282 m³/s)情况下,8 月 1 日 8 时库水位将涨至 264.27 m(截至预报时刻末,水库库水位还要继续上

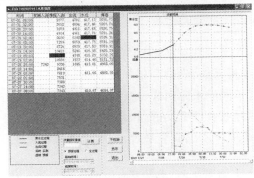

图11 按水库实际出流计算

涨),超过水库汛限水位(257.90 m)6.37 m;如果按加大出库至 5 100 m³/s,8 月 1 日 2 时将出现最高库水位 261.08 m,超过汛限水位 3.18 m,低于设计水位 266.00 m;如果按实际出库流量和预报入库流量推算,8 月 1 日 8 时水库库水位将涨至 262.28 m。按水库实际来水和实际放水,8 月 1 日 8 时库水位是 262.14 m,预报最高库水位比实际高 0.14 m(实际来水和水库放水,8 月 3 日 17 时才出现最高库水位 262.93 m)。结果显示,预报的入库洪水过程略大于实际值,水库出库加大到 5 100 m³/s 水库是可以保证不超设计水位的。丰满水库调洪演算结果详见表 2。

表 2　　丰满水库调洪演算结果

对应图号	水库不同出流条件	预报最高库水位(m)	预报出现时间(月-日 T 时)	设计洪水位(m)	校核洪水位(m)	汛限水位(m)
图 12	出库维持不变(282 m³/s)	264.27(接近最高)	08-01T8	266.00	266.50	257.90
图 13	加大出库(5 100 m³/s)	261.08	08-01T2			
图 14	实际出库过程	262.28	07-30T8			

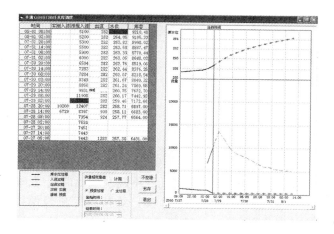

图 12　按预报时刻出流不变计算(282 m³/s)

5　总结

本文利用中国洪水预报系统,尝试利用降雨径流、单位线、马法对白山和丰满水库入库洪水作出预报,再根据不同的水库出库,进行调洪演算,得出以下结论:

(1)中国洪水预报系统提供了很好的水库洪水联合预报的平台,并且在白山和丰满洪水预报实践过程中新增加了调洪演算平台,为防汛决策提供了很好的支持,为领导会商提供了良好的界面展示。

(2)中国洪水预报系统增加了降雨数值预报的功能,可以利用中国气象局等几家的权威降雨预报,提前预测未来洪水的发展;而且可以假设不同的降雨量级,计算未来洪水

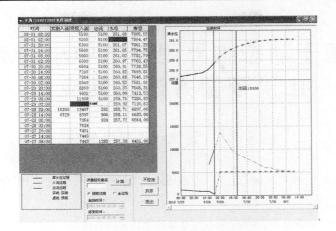

图 13 按水库加大出流计算(5 100 m³/s)

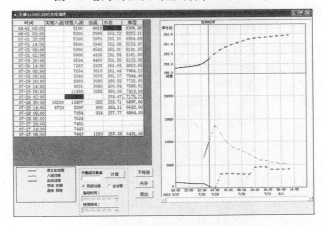

图 14 按水库实际出流计算

发展达到的洪峰和库水位,为防汛决策提前部署提供了很重要的功能。

(3)东北地区长期干旱,河道冲淤变化比南方大,利用旧的洪水单位线计算会不适应新的洪水发展,存在着较大的不确定性误差。目前,中国系统软件对新安江模型可以进行很好的调参和率定,以后可以尝试对降雨径流和单位线预报计算进行功能改进,增加单位线实时调参功能,可以根据任意前期暴雨洪水拟合单位线,再进行洪水预报,尽量减小误差。

参 考 文 献

[1] 章四龙. 中国洪水预报系统设计建设研究[J]. 水文,2002,22(1):32-34.

[2] 姜涛,等. 中国洪水预报系统在松辽流域的应用[J]. 东北水利水电,2005,23(257):34-35.

作者简介:李新红(1973—),女,工程师,水利部水文局,白广路二条。E-mail:xhli@mwr. gov. cn。

基于动态临界雨量的中小河流
山洪预警方法及其应用

刘志雨[1]　　杨大文[2]　　胡健伟[1]

（1. 水利部水文局，北京　100053；2. 清华大学，北京　100084）

摘　要：我国中小河流众多，大多分布在重要城镇及广大农村地区。当前我国中小河流普遍防洪标准偏低，洪灾损失严重。由于大部分中小河流站网密度偏稀，缺少必要的应急监测手段，预报方案不健全，加上中小河流源短流急，洪水具有暴雨强度大、历时短、难预报、难预防的特点，因此中小河流山洪预报和防御已成为目前防洪减灾工作中突出的难点。本文分析了国内外山洪预警预报技术的最新进展，提出了以分布式水文模型为基础，以动态临界雨量为指标的山洪预警预报方法，并在江西遂川江流域得到应用，以期为全国山洪监测预警系统的建设及山洪灾害防治提供参考依据。

关键词：分布式模型　中小河流　山洪预报　监测预警　应用

1　引言

　　我国幅员辽阔，各地地形、水文、气象条件差异较大，关于大、中、小河流的定义，至今尚没有明确的规定。考虑到国务院批复的《全国山洪灾害防治规划》中山洪沟治理主要为200 km² 以下的小流域，而《江河流域规划编制规范》（SL 201—97）的使用范围为流域面积大于3 000 km² 的河流，从这一意义上讲，可以认为流域面积小于3 000 km² 的河流为中小河流。

　　我国中小河流众多、分布广，流域面积在100 km² 以上的河流有5 万多条，流域面积在1 000 km² 以上的河流有1 500 多条，大多分布在重要城镇及广大农村地区，其中85% 的城市濒临中小河流。由于缺乏系统的治理，当前我国中小河流普遍防洪标准偏低，洪灾损失严重。特别是近年来极端天气事件增多，中小流域常发生突发性暴雨，对我国城乡尤其重要城镇和农业主产区防洪安全构成了严重威胁。据统计，一般年份中小河流的水灾损失占全国水灾总损失的70% ~ 80%，近10 年水灾造成的人员死亡人口有2/3 以上发生在中小河流。由于大部分中小河流站网密度偏稀，缺少必要的应急监测手段，预报方案不健全，加上中小河流源短流急，洪水具有暴雨强度大、历时短、难预报、难预防的特点，因此中小河流山洪预警预报和山洪灾害防御已成为目前防洪减灾工作中突出的难点[1]。

　　本文所指的山洪是山丘区中小流域由降雨引起的突发性、暴涨暴落的洪水[2,3]。目前，国内外常用的山洪预警预报方法有两种，一是基于分布式水文模型的山洪预报，如河南省水利厅组织开发的"基于分布式水文模型的山洪灾害预警预报系统"中采取的就是这一技术途径[4]；其二为基于动态临界雨量的山洪预警，如美国水文研究中心研发的山洪指导法(Flash Flood Guidance,简称FFG)法[5~7]。另外,对具有一定水文系列资料的小流域可以采用经验方法,如依据本流域观测资料建立降雨总量与洪峰相关的预报预警方案。

在借鉴美国山洪指导法成功应用经验的基础上,本文提出基于分布式水文模型的山洪预报技术和以动态临界雨量为指标的山洪预警方法,以期为全国山洪监测预警系统的建设及山洪灾害防治提供参考依据。

2 国内外山洪预警预报技术研究最新进展

2.1 国外技术研究进展

面对世界范围内越来越严重的山洪灾害,很多国家已经或正在研发有效的山洪监测预警预报系统和洪水管理方法,力求使灾害程度达到最小。例如,美国水文研究中心(HRC)研发了山洪指导系统(Flash Flood Guidance System),已广泛应用于中美洲、韩国、湄公河流域四国、南非、罗马尼亚及美国加州等地;马里兰大学与国家河流预报中心研制了分布式水文模型山洪预报系统(HEC-DHM);日本国际合作社(JICA)开发了在加勒比海地区以社区为基础的山洪早期警报系统等。世界气象组织(WMO)也在积极推进一体化洪水管理理念,并在南亚地区孟加拉国、印度和尼泊尔三国成功地开展了"社区加盟洪水预警与管理"的示范区项目。

目前,国外常用的山洪预报预警方法有两种,其一为基于分布式水文模型的山洪预报预警,如意大利ProGEA公司开发的基于TOPKAPI分布式水文模型的中小河流洪水预报系统[8,9]、美国马里兰大学与国家河流预报中心共同研发的分布式水文模型山洪预报系统;其二为基于动态临界雨量的山洪指导,如美国水文研究中心研制的山洪指导系统。

基于分布式水文模型的山洪预警预报方法,其基本思路是利用高精度数字高程模型(DEM)生成数字流域,在每个小的子流域(或DEM网格)上应用现有的水文模型(如萨克拉门托模型、新安江模型等)来推求径流,再进行汇流演算(瞬时地貌单位线法、等流时线法等),最后求得每个子流域(或网格)出口断面的流量过程、峰值流量及峰值流量出现时间等洪水预报数据;根据实时监测的水文数据,结合计算所得的各小流域的降雨径流情况,一旦达到预警限值,通过网络系统和防汛短消息平台向相关责任人员发送预警信息。该方法应用的难点在于:①山洪易发地往往水文资料短缺,建模和验证困难;②每个子流域的山洪预警指标(水位、流量)的确定;③必须建立适用于山洪预报的报汛机制,加密报汛频次;④目前的雨量站网布设很难满足山洪预报的要求,必须在山洪易发区加密雨量站网;⑤需要结合未来降雨预报进行水文模拟计算,以提高山洪预报的预见期。

基于动态临界雨量的山洪指导法,其思路是以小流域上已发生的降雨量,通过水文模型计算分析,得到流域实时土壤湿度,反推出流域出口断面洪峰流量要达到预先设定的预警流量值所需的降雨量,这个降雨量称之为"山洪指导值(Flash Flood Guidance)"或动态的"临界雨量值"。当实时或预报降雨量达到"山洪指导值"时,即发布山洪预警或警示。概言之,在分析当前的土壤湿度时,因为时间允许,运用了水文模型,得到了FFG;在发布未来预报或预警时,因时间仓促,不运行水文模型,只对比当点(或小范围的面)雨量是否达到及超过FFG,决定是否发布预警。该方法在实际运用中的难点在于:①对于无资料或资料短缺的流域,水文模型的参数的获取也是非常困难的;②如何通过区域相关分析确定河道断面参数是一个关键问题;③必须建立健全山洪历史数据库以便对山洪预警进行验证。

2.2　国内技术研究进展

我国针对中小河流山洪灾害的技术研究开展较晚。目前,我国山丘区山洪灾害的预报预警非常薄弱,局部强降雨的预报精度不高,山洪灾害的发生与发展的预测不够准确。绝大多数山丘区小流域没有洪水预报和预警系统,即使有报汛站点,也因报汛段次太少,无法满足预报需要,加之山洪灾害预报预见期太短,往往失去了参考决策的意义。

近年来,湖南、江西、浙江、河南、福建等省积极推广山洪灾害防御试点建设经验,加快各省山洪灾害监测预警系统建设步伐。例如,河南省水利厅 2005 年起通过对美国陆军工程师团 HEC – HMS 流域预报模型的深入研究,采用新型地貌单位线等水文分析最新成果,为山丘区无水文资料地区进行洪水预报预警,从技术手段上为山洪灾害防御开辟新途径。在"基于分布式水文模型的山洪灾害预警预报系统研究"项目中,以河南省 1/5 万数字高程模型(DEM)为基础,科学划分小流域,采用最新方法进行无资料小流域单位线分析和计算,用分布式水文模型进行洪水模拟,用总出口断面流量资料做检验;从底层开发模型方法库模块,采用分布式仿真技术设计山洪灾害预警预报系统软件,从而获得了集实时信息处理、主要水文断面洪水过程预报及山丘区小流域和中小型水库洪水过程预报、成果查询和发布、山洪预警于一体的河南省山洪灾害预警预报系统。

3　基于动态临界雨量的山洪预警方法

3.1　基于动态临界雨量的山洪预警方法

一般情况下,山洪成灾的原因是局地暴雨形成洪水,导致河水急速上涨,水位超过河岸高度形成漫滩,上滩洪水对农田和房屋造成安全威胁。因此,通常可以将河水漫滩的水位定为警戒水位。根据上滩水位,结合实测河流断面资料估算出相应的流量,即为上滩流量,也可称为警戒流量。由于径流是由降雨产生的,从达到上滩流量的时间开始往前推,在一定时间内的累计降雨量称之为警戒临界雨量(准备转移),见图 1。

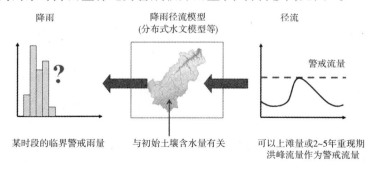

图 1　临界警戒雨量指标确定流程示意图

山洪的大小除与降雨总量、降雨强度有关外,还和流域土壤饱和程度(或前期影响雨量指数 API)密切相关。当土壤较干时,降水下渗大,产生地表径流则小;反之,如果土壤较湿,降水入渗少,已形成地表径流。因此,在建立山洪警戒临界雨量指标时,应该考虑山洪防治区中小流域土壤饱和情况,给出不同初始土壤含水量条件下的警戒临界雨量。

土壤含水量指标可以采用土壤饱和度,也可以用前期影响雨量指数(API)表示,其中土壤饱和度可以由分布式水文模型输出。流域面平均雨量可以采用空间插值方法由雨量站点的观测资料计算得到。随着流域土壤饱和度的变化,山洪预警临界警戒雨量值也会随之发生变化,故称之为动态临界警戒雨量。

本研究将临界雨量的时间尺度依次划分为 1 h 临界雨量、3 h 临界雨量、6 h 临界雨量、12 h 临界雨量及 24 h 临界雨量。实际应用中,当 1 h 累积降雨量达到 1 h 临界警戒雨量时,就发布预警,当 1 h 累积降雨量未达到 1 h 临界雨量时,继续对降雨进行监测,检查 3 h 累积降雨量是否达到 3 h 临界雨量,如果达到就发布预警,如果没有达到,则继续监测 6 h 累积降雨,依次类推,直到完成 24 h 累积降雨的监测为止(见图 2)。

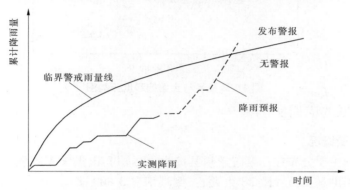

图 2　基于动态临界警戒雨量的山洪预警方法示意图

3.2　动态临界雨量指标的确定

将流域的土壤饱和度和降雨量绘制为 $x \sim y$ 散点图,x 轴为土壤饱和度,y 轴为降雨量。以 6 h 雨量为例,如图 3 所示,针对历史资料系列中流域发生过的所有洪水(不分大小),分别在其前 24 h 的降雨量中求出 6 h 最大雨量,以及该 6 h 最大雨量发生之前的土壤饱和度。

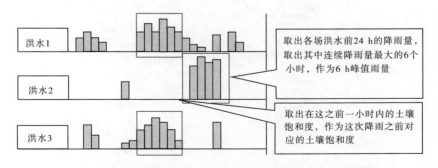

图 3　确定临界警戒雨量时对历史降雨和土壤饱和度的选取示意图

将土壤饱和度和 6 h 最大雨量值绘制为 $x \sim y$ 散点图,并根据其对应的洪水是否超过警戒流量分为两类。在图中可以设法画出一条临界警戒雨量线(直线),将土壤饱和度和最大 6 h 雨量组成的状态空间分为两个部分(见图 4)。这样,山洪临界警戒雨量指标的问题就可转化为模式识别问题。本研究所选用的方法为基于最小方差准则的 W – H (Widrow – Hoff)算法,并用统计判决中的最小误判概率准则来评判分类结果的质量[10]。

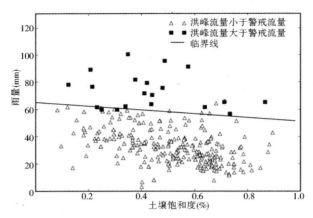

图 4　降雨量与土壤饱和度分类图

4　遂川江流域的应用实例

4.1　遂川江流域概况

遂川江流域主要分布在江西省遂川县境内。遂川县山洪灾害频发,仅 2002 年 9 月,遂川县境内的山洪暴发就导致 28 人死亡,倒塌房屋 3 800 多间,直接经济损失达 1.2 亿多元。遂川江由左、右溪河组成,从西南向东北纵贯全县,总长 249.5 km,流域总面积 2 895 km²。遂川县境内目前共有 74 个自动雨量站,4 个自记水位站(遂川、滁洲、大汾、堆子前),3 个流量站(滁洲、仙坑、坳下坪),详见图 5。

图 5　遂川江流域山洪监测站网分布图

4.2　推算动态临界警戒雨量

根据所能掌握的资料的情况,可将目标区域划分为有长系列水文、降雨资料的地区、只有较长系列降水资料的地区以及无资料和资料不足地区三种情况,分别采取不同的山洪临界警戒雨量估算方法。

对于有长系列水文、降雨资料的地区,根据河道断面资料确定警戒水位,再由警戒水位推算相应流量作为警戒流量,对应于该流量的降雨量为临界警戒雨量。同时,也可采用频率分析方法,根据当地规定的防洪标准确定警戒流量,对应的降雨量即为临界警戒雨量。

对于只有较长系列降水资料的地区,采用水文模型 GBHM 模型模拟得到长系列流量资料,对模拟的流量系列进行频率分析,确定警戒流量,其对应的降雨量即为临界警戒雨量。

在有资料地区通过分析洪峰流量与流域地貌特征以及降雨的关系,建立警戒流量与流域面积、坡度的经验关系,然后推广应用于无资料地区。

以滁洲水文站为例来说明动态临界警戒雨量的确定步骤。滁洲水文站以上流域控制面积为 289 km²,根据测站大断面资料确定警戒水位为 26.50 m,推算相应警戒流量为 240 m³/s。根据 1980～2007 年的实测降雨,首先计算子流域内的平均降雨,结合同一时期滁洲站的流量资料系列,分别选出各水文站流量超过警戒流量时对应的面平均雨量,选出在洪峰出现之前 24 h、12 h、6 h、3 h、1 h 的降雨量,然后按"最大中取最小"的原则,选取导致流量超过警戒流量的最小降雨量作为临界警戒雨量。

为了得到不同土壤饱和度条件下的临界雨量,本研究利用 GBHM 模型对滁洲站洪水过程进行模拟,按照先前介绍的方法,统计在不同土壤饱和度(25%、50%、75%)条件下不同时间尺度(1 h、3 h、6 h、12 h、24 h)的临界雨量(见图6)。

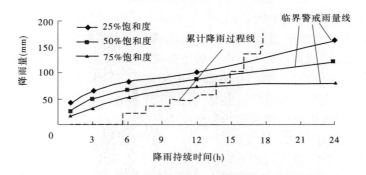

图6 滁州站不同土壤饱和度下的临界警戒雨量分布图

4.3 成果应用情况

自 2008 年汛期起,本研究提出的基于分布式水文模型的山洪预报方法和基于动态临界警戒雨量的山洪预警方法,在江西遂川江、湖南洣水流域两个示范区得到了应用,取得了较好的效果。

2009 年 8 月 4 日下午,遂川江流域上游突降暴雨,主雨时段 14 时至 20 时滁州水文站降雨达 114 mm,滁州以上流域面平均雨量为 25～50 mm,滁洲水文站水位迅速上涨,至 20 时 50 分洪峰水位 26.73 m,超过警戒水位(26.50 m)0.23 m。20 时 05 分,基于动态临界雨量的山洪预警方法分别对遂川江流域上游各预警点发布预警;20 时 30 分分布式山洪预报模型自动启动,预报 21 时滁州水文站洪峰水位 27.10 m,比实际洪峰大了 0.37 m,提前预警约 20 分钟(图 7)。

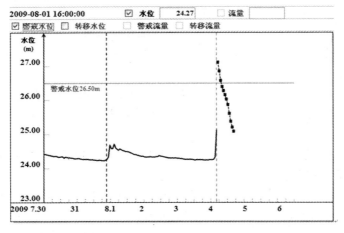

图 7　2009 年 8 月 4 日遂川江滁州站山洪预报过程

本次山洪预报预警基本能体现了分布式模型山洪预报的优势,即能对流域内所有关注点进行预报及输出,同时也可以看出,直接用雨量虽然对预警的准确度较低,但可以增长预警时间。

5　结语

我国山丘区面积和人口分别占全国的 67% 和 44.2%,约有 7 400 万人不同程度地受到山洪灾害的威胁。近些年,由局地强降水造成的中小河流突发性洪水频繁发生,引起的山地灾害防不胜防,已成为造成人员伤亡的主要灾种,严重制约着广大山丘区经济社会的发展和人民群众的脱贫致富。由于大部分中小河流站网偏稀,缺少必要的应急监测手段,预报方案不健全,加上中小河流源短流急,洪水具有暴雨强度大、历时短、难预报、难预防的特点,因此中小河流山洪的预报和防御已成为目前防洪减灾工作中突出的难点。

本研究提出的基于分布式水文模型的山洪预报方法和基于动态临界警戒雨量的山洪预警方法及其应用成果,对当前所开展的中小河流洪水易发区水文监测预警及全国山洪灾害防治试点工作具有重要的指导意义。今后要针对北方地区的山洪预报方法、预警指标确定等尽快开展后续研究。

致谢

本文得到水利部公益性行业专项经费项目《中小河流突发性洪水监测与预警预测技术研究》(SL200701001)资助。

参 考 文 献

[1] 国家防汛抗旱总指挥部办公室,中国科学院水利部成都山地灾害与环境研究所. 山洪诱发的泥石流、滑坡灾害及防治[M]. 北京:科学出版社,1994.

［2］World Meteorological Organization（WMO），1981：Flash Flood Forecasting, Operational Hydrology Report No. 18，（WMO – No. 577）［R］. Geneva, Switzerland, 47.

［3］World Meteorological Organization（WMO），1994：Guide to Hydrological Practices（WMO – No. 168）［R］. Volume II, Fifth edition, Geneva, Switzerland, 765.

［4］郭良，唐学哲，孔凡哲. 基于分布式水文模型的山洪灾害预警预报系统研究及其应用［J］. 中国水利，2007（14）:23-41.

［5］Carpentera T M, Sperfslage J A, Georgakakos K P et al. National threshold runoff estimation utilizing GIS in support of operational flash flood warning systems. Journal of Hydrology, 1999,224: 21-44.

［6］Georgakakos K P. Analytical results for operational flash flood guidance［J］. Journal of Hydrology,2006, 317: 81-103.

［7］USACE. HEC – HMS hydrologic modeling system user's manual［M］. Hydrologic Engineering Center, Davis, CA, 2001.

［8］Liu Z, Martina M,Todini E. Flood Forecasting Using a Fully Distributed Model：Application to the Upper Xixian Catchment. Hydrology and Earth System Sciences（HESS），2005,9（4）:347-361.

［9］刘志雨. 基于 GIS 的全分布式水文模型托普卡匹模型在洪水预报中的应用［J］. 水利学报，2004（4）: 70-75.

［10］Gong Wei, Li Mingliang, Yang Dawen. Estimation of Threshold Rainfall for Flash Flood Warning in the Suichuanjiang River Basin ［J］. Journal of Sichuan University. Engineering Science Edition, 41（Supp. 2），270-275.

作者简介：刘志雨（1968—），男，江苏泰县人，博士，水利部水文局教授级高工，主要从事水文水资源情报预报、分布式流域水文模型研制、遥感和地理信息系统技术在水文水资源中的应用研究等。

新时期我国农业水价政策研讨

安徽省淠史杭灌区末级渠系水价调查研究

刘士安

（安徽省淠史杭灌区管理总局，六安　237005）

摘　要：为了贯彻落实国家发改委、水利部关于《加强农业末级渠系水价管理的通知》（发改价格［2005］2769 号）的精神，就农业末级渠系水价改革进行调研。

关键词：淠史杭　农业水价　调查研究　水价成本　改革

1　灌区概况

1.1　自然条件

淠史杭灌区地处江淮之间，属亚热带向暖温带过渡性气候，四季分明，气候温和，雨量丰沛，光照充足。因南北气流在此交汇，季风活动变化较大，造成降水量在年内与年际间分配不均，是水旱灾害多发地带。

灌区多年平均降水量 1 000 ~ 1 100 mm，南多北少，降水量最大年与最小年的比值达4.3。灌区年均气温 14.9 ~ 15.7 ℃，7 月气温最高，月平均气温 27.2 ~ 28.4 ℃，年极端最高气温 41 ℃，年极端最低气温 −24.1 ℃，多年平均日照时数在 2 100 ~ 2 300 h。6 ~ 8 月蒸发量最高，极端最大日蒸发量 19.6 mm。多年平均无霜期 215 ~ 230 d，初霜期一般出现在 11 月上旬，终霜期在 3 月底前后。

1.2　工程概况

淠史杭灌区由淠河、史河、杭埠河三个灌区组成，位于安徽省中西部和河南省东南部，横跨江淮两大流域，是新中国成立后兴建的全国最大的灌区。工程始建于 1958 年，1972年基本建成，是由五大水库、三大渠首、2.5 万 km7 级固定渠道、2.2 万多座支渠以上渠道建筑物组成的“长藤结瓜式”的灌溉系统。设计灌溉面积 1 198 万亩，有效灌溉面积 1 000万亩，受益范围涉及豫、皖 2 省 4 市 17 个县（区），总人口 1 330 万人，非农业人口 300 万人。是一项以灌溉为主，兼有水力发电、水产养殖和航运功能的特大型综合利用水利工程。

灌区以 1/6 的耕地面积、1/4 的有效灌溉面积，生产了全省 1/3 的水稻、1/4 的粮食，奠定了安徽省粮食主产省的地位，成为全省粮食安全的重要支撑；以占安徽省 14% 的水资源，保障灌区 1 330 万人口饮水安全和经济发展用水安全。

2　农业用水水价现状

2007 年，对灌区供水价格进行了测算，测算的农业供水成本水价为 0.12 元/m³，而现行淠史杭灌区农业水价执行安徽省政办 38 号文规定：取消基本水价，改实物计价为货币计价,计量水费 0.056 元/m³,约占当年供水成本的 46%,近年来,在灌区内试行丰枯水价,即非灌溉期农业水价下浮 10% ~20% 。根据安徽省经济现状和控制物价上涨指数的政策,以及用水户承受力等因素,安徽省出台的水费价格标准与水价的完全成本价差距较大,要实现水利部提出水价小步快走、逐步到位的水价适时调整的思路任重道远。

2.1 农业用水水价存在的主要问题及原因

淠史杭灌区工程实行专管与群管相结合,分干渠以上属国有工程,由专管组织进行管理;支渠以下及田间工程属集体性质工程,由农村(乡镇、村)群众组织管理。但随着农村经济形势的变化,特别是实行农村税费改革取消统一规定的"两工"(义务工和劳动积累工)后,农村群管组织名存实亡,灌区末级渠系有人用无人管,工程状况日益老损,尾部灌区灌溉效益呈逐年衰减趋势。目前,灌区农业用水水价存在的突出问题包括以下几方面:

一是灌区工程老化失修严重,用水效益低。淠史杭灌区自 1958 年建成受益以来,已运行 50 年。由于缺乏相对稳定的资金投入,有不少工程设施难以得到及时改造和配套,灌溉效益逐年下降、抗旱能力不足等问题,从根本上制约了管理运行效率和服务质量的提高,导致用水效率较低,灌溉水利用系数在 0.48。

二是现行水价标准低,灌区运行困难。目前灌区征收水价为 0.056 元/m³,远未达到成本水价,在实际运行过程中,水费收入远不能满足需要。同时,低水价的水费收入受乡镇拖欠、挪用等因素影响,到位率只能达到 60% ~70% ,由于受传统水利和区域经济水平的影响,灌区农业供水价格一直在低价位运行,远远达不到实际供水成本,造成灌区运行困难。

三是缺少计量设施,造成收费困难。由于末级渠系不配套,计量手段和量测水设施不完善,难以实现按方计量。目前实行的按亩计量存在严重缺陷,不利于农业发展和节约水资源,导致用水户节水意识不强,造成水资源浪费。

四是灌区未实行末级渠系水价,现行水价为骨干工程水价,不含支渠及以下的供水成本,末级渠系管理维护没有经费来源。末级渠系管理责任主体缺位,乡镇机构改革大都弱化了对农田水利的管理职能,用水户无人组织,管理基本是放任自流。

2.2 灌区近年来积极探索末级渠系的管理模式

一是进行用水户参与灌溉管理的试点。积极借鉴用水户参与灌溉管理的运行模式,在水源条件较好的直灌区组建 7 个具备社团法人资格的用水户协会,由用水户协会负责末级渠系的工程、灌溉管理及水费收缴工作,明确了末级渠系的管理责任主体。

二是水管单位延伸管理。水管单位结合水费计收改革,对末级渠系实施延伸管理。管理职工承包到村,既当收费员,又当水管员,以优质的服务促进水费计收,加强了基层水管单位对末级渠系供水及工程管理的协调和指导。

三是乡镇政府临时的突出性的组织管理。由于年久失修,末级渠系淤塞现象严重,灌溉输水不畅。乡镇政府在抗旱期间,对用水矛盾大、淤塞严重的渠道,临时动员和组织人力进行突出性的清淤和管理,以解燃眉之急。

四是利用农民"一事一议"进行末级渠系维护,部分县(区)充分利用税费改革后的"一事一议"政策,探索一渠一议、一塘一议等办法,并配置政府以奖代补资金进行末级渠系的清淤、整治。灌区的合肥市、寿县等在利用"一事一议"政策推进末级渠系建设方面进行了有益的尝试。

从上述各种方式来看,组建农民用水户协会是较为有效的办法。通过农民用水户协会把受益户组织起来,由用水户协会负责末级渠系的工程、灌溉管理及收费工作。用民主管理替代行政命令,将农村用水决策权、农田水利工程使用权赋予农民,自己的工程自己建设和管理,逐步建立良性的运行机制。

据调查,目前农民用水户协会没有稳定的经费来源,缺少运行管理费用,从很大程度上制约了他的健康发展,因此收取适当末级渠系水费是完全有必要的。

2.3 末级渠系水价改革的必要性

2.3.1 节约用水

实行末级渠系水价改革,实现终端水价制,按照计量供水,按方收费,促使用水户加强管理,改变以往大水漫灌的方式,有利于农业用水的节约,避免用水浪费。

2.3.2 减轻农民的水费负担

实行水价改革后,在一定用水定额范围内,中央财政给予一定补贴,可减轻农民的税费负担。

2.3.3 规范水费计收秩序,减少水事纠纷,保障农村社会稳定

用水户通过农民用水户协会参与灌溉管理和水费收缴、补贴发放等,明确缴费依据和用途,缴明白钱、用放心水,有效避免乱收水费现象,改善供水秩序,减少水事纠纷,保障农村社会稳定。

2.3.4 促进灌区的良性运行

实行水价改革后,农民缴费积极性提高,缓解了灌区单位的经营困难,保证了灌区的正常运行,为农业生产提供了有力保障。

3 末级渠系供水水价成本测算

考虑到末级渠系管理松散,资产基本上无账可查,且无固定管理人员等因素,本次测算选取了淠河直灌区金桥、黄堰、槽坊农民用水户协会进行调研。

3.1 末级渠系工程情况

(1)金桥用水户协会灌区。用水通过淠河总干渠 5 座放水涵口直接引水,斗农渠总长 18.6 km,设计流量 0.1 ~ 1.5 m³/s,设计灌溉面积 6 770 亩,有效灌溉面积 4 846 亩,实际收费面积 3 021.5 亩,受益范围涉及肥西县金桥乡 4 个行政村,38 个村民组,710 户,农业人口 4 100 余人。

(2)黄堰斗渠。受益范围涉及金安区三十铺镇黄堰村 20 个村民组;580 户,农业人口 2 080 人。进水口位于淠河总干左岸 39 + 250 m 处,设计流量 0.405 m³/s,主渠道长 3.38 km,量水堰一座,渠系节制闸(农渠进水闸)11 座,过路涵 14 处,跌水 2 处。设计灌溉面积 4 050 亩,有效灌溉面积 3 870 亩,实际收费面积 2 363 亩。

(3)槽坊越级斗渠。受益范围涉及肥西高刘镇青山、大江、洪店江岗 4 个行政村 2 747 户,农业人口 7 322 人。越级斗渠长 4.6 km,斗渠 4 条,长 10.55 km,农渠 28 条,长 28.65 km,另有数量众多的建筑物和量水设施。设计灌溉面积 1.0 万亩,有效灌溉面积 8 748 亩,实际收费面积 6 500 亩。

3.2 供水基本情况

本次调研的渠道位于灌区上中游,用水条件和工程状况相对较好,除少数提水灌溉,基本均为自流灌溉,灌溉保证率较高。黄堰斗渠工程为 1999 年节水示范项目,做了部分渠道硬化,槽坊越级斗渠为水利部末级渠系改造试点项目,中央投资 300 万元,现已进入招标投标阶段,即将开工。

3 个用水户协会近 3 年平均用水量 720.51 万 m^3,征费水量为 527.57 万 m^3。目前灌区斗渠到田间灌溉水利用系数为 0.67、斗口到渠首利用系数为 0.68,因此折算到渠首,3 个用水户协会用水按有效灌溉面积亩均约 615 m^3,按收费面积亩均约 905 m^3。

3.3 末级渠系水价测算

3.3.1 资产情况

金桥、槽坊、黄堰现有固定资产 487.2 万元(黄堰渠部分实现硬化,槽坊越级斗渠正在改造)。

3.3.2 管理人员

3 个用水户协会共有会长、副会长、执委 16 人,放水员 6 人。

3.3.3 末级渠系年运行费

按 3 000 元/(a·人)、协会管理费 10 000 元/(a·协会)、末级渠系工程维护费 6 元/(a·亩)计算,年运行费需 16.73 万元。

3.3.4 末级渠系水价。

年运行费/征费水量 = 20.08 万元 ÷ 527.57 万 m^3 = 0.038 元/m^3

3.4 农民的承受能力分析

现状调查主要选取浉河上中游灌溉条件较好的黄堰斗渠、金桥、漕坊用水户协会的马郢农渠、堰弯斗渠、张郢斗渠漕坊越级斗渠的用水户作为调查对象,其中黄堰、金桥、漕坊各选 4 户。对农户也实行分类,选择家庭经济状况较好、一般的农户进行调查。

被调查农户粮食总收入 103 440 元,生产成本 35 949.6 元,水费只占农业生产成本的 6.2%,占粮食产值的 2.2%。适当收取末级渠系水费,用水户完全有能力支付。农民对末级渠系等田间工程投劳和缴纳水费在 0.01~0.03 元/m^3 范围内,也是能够接受的。考虑农民的承受能力,采取适时调整、逐步到位的水价,建议末级渠系水价定在 0.02 元/m^3。

3.5 经济效益

(1)不实行水价改革,灌溉方式农民基本都采用大水漫灌,势必造成灌溉水的大量浪费。实行水价改革后,促使用水户加强灌溉用水管理,有利于节约农业灌溉用水,避免用水浪费,提高水的利用效率。

(2)实行末级渠系水价改革,实现终端水价制,按照计量供水,按方收费,完善了水费价格形成机制,杜绝了中间环节的乱收费现象,对促进农业增产、农民收入效益显著。

3.6 社会效益

政策实施后,可大大缓解农业生产用水与水费计收的矛盾。农民用上了放心水,交了明白钱,水费收缴率提高了,灌区管理单位的收入也相应得到增加,这必将使灌区的保灌面积大大增加,减少水事纠纷,改善农村干群关系,保障农村社会稳定、和谐。

3.7 生态效益

政策实施后,可进一步促进灌区灌溉条件的改善,避免以往大水漫灌,节约农业灌溉用水,减少农田渍涝灾害的发生;可提供更多的水用于农村的生态环境建设,美化村容村貌。

4 推进农业末级渠系水价改革建议

4.1 加大对农业末级渠系水价改革的政策宣传

农业末级渠系水价是推进农业水价改革、促进节水型灌区建设的一项重大措施。坚持以科学发展观为指导,深入贯彻十七届全会精神和中央关于"三农"问题的方针政策,推进水价综合改革,建立完善的农业水费政策体系,强化用水户自主管理,改革农业水价形成和水费计收机制,建立促进节水用水、保证农田水利基础设施良性运行、减轻农民负担、保障国家粮食安全的农业水价新机制。

4.2 理顺末级渠系投入渠道,夯实实施末级渠系水价的工程基础

田间工程的续建配套与节水改造投资巨大,农民难以承受。一是增加末级渠系工程的投入,农业末级渠系是农田水利设施发挥效益的关键环节。贯彻中央"三农"政策,坚持对农民"多予少取放活"方针,在考虑农民的承受力,减轻农民负担,基层财力不强的条件下(灌区绝大多数县均为贫困县),加大中央、省级财政对农业末级渠系改造的投资与支持,这是解决新时期农田水利建设的根本途径。二是按照"谁受益、谁负担、谁建设"的原则,充分调动受益农户的积极性,引导农民自愿投资投劳。

4.3 建立财政直接补贴农业水费机制

建立财政直接补贴农业水费机制,要按照有利于提高农业综合生产,保障国家粮食安全,有利于促进节约用水,进一步减轻农民负担,有利于水利工程良性运行的总体要求,推进水价综合改革。

4.3.1 水价改革,实行两部制水价和终端水价

要想达到水资源的可持续利用,必须充分发挥价格杠杆在水资源配置中的基础作用。为实现灌区可持续发展,在恢复两部制水价(基本水价加计量水价)的基础上,政府核定末级渠系水价。

4.3.2 建立财政直接补贴机制

实行终端水价,这就要增加农民的负担,解决这个问题建议农业水价的政策性亏损应由财政逐步补贴到位,既符合了中央"三农"政策"多予少取放活",又减轻农民负担。一是直接补给水管单位,农民维持上缴现行水费,如农民不缴水费,必将使经过长期努力建立起来的"用水缴费观念"、"水商品意识"和"水危机意识"丧失殆尽,最终将会助长农业用水的浪费,不利于促进农业节水和节水型社会建设。二是末级水价的补贴,应由财政直接补给农民用水户协会等农民自治组织,有利于末级渠系水量分配、水费收取和渠系维修的管理。

4.4 深化末级渠系水价管理体制改革,创造实施末级渠系水价的体制条件

因地制宜地推进农民用水户参与灌溉管理、水管单位延伸管理、其他农村经济合作组织管理等多种管理形式;深化小型水利工程产权制度改革,鼓励社会经济组织参与末级渠

系管理经营;通过多种形式的管理体制改革,明确管理主体,落实管理责任,为末级渠系水价管理、使用和核定创造体制条件。

5　结语

　　农业是安天下、稳民心的战略产业,进行灌区农业水价改革是触及农业、农村、农民的核心问题之一,也是突破农业发展方式粗放和破解农村人口资源环境约束的有效方式。

北京农业水价政府管理与公共政策研究

马东春

（北京市水利科学研究所，北京　100048）

摘　要：区域农业水价的政府管理关系到农业发展定位和发展方向。本文立足于北京城市化发展历程与农业定位，研究了北京农业用水情况和农业水价政策现状，分析借鉴了国外农业水价管理，深入剖析农业用水无偿使用的弊端，并运用制度经济学的理论研究农业水价政府管理的政策指向，提出服务于北京城市发展定位、与北京农业政策目标相一致的农业水价制定、构成和补贴等政策建议。

关键词：农业水价　政府管理　公共政策　北京

随着城市化进程的加速，农业发展在城市中的定位发生很大变化。区域农业水价的政府管理依据国家粮食战略的总体部署，根据城市的发展战略和产业定位不断调整，因此区域间的农业水价政策有很大不同。北京农业定位在城市发展历程中也发生了很大变化。如何制定科学、合理、完善的农业水价体系，更好地服务于城市发展总体目标是值得研究的重要问题。

1　北京城市发展与农业定位

1.1　北京城市化发展的历程和定位

自1978年以来，北京国民经济得到快速发展，2009年，北京地区生产总值达到12 153亿元，按可比价格计算，比2008年增长10.2%，是1978年的23.8倍。按常住人口计算的人均地区生产总值超过1万美元，以世界银行的标准衡量，北京经济发展已经相当于世界上中等收入国家和地区的水平。

随着城市化进程的加快、经济的快速发展、人口数量的增长，北京发展战略适时调整，产业结构不断优化。1952年三产结构是22.2∶38.7∶39.1，1978年为5.2∶71.1∶23.7，2009年三产结构调整为1.1∶26.8∶72.1，产业结构的优化升级不断加强，体现了"一产做精，二产做强，三产做大"的发展方向。

2005年，北京立足于首都资源、能源禀赋，制定了符合城市性质和功能定位的城市总体规划，经国务院批复，确定了北京建设"国家首都、国际城市、文化名城、宜居城市"的发展目标，这也进一步明确了北京作为首都的更加科学的城市定位和更加清晰的发展方向。

1.2　城市化带来的农村定位的变化

北京城市化发展快速，北京农村成为吸纳城市人口、转移城市产业腹地的重要地区，并承担着保护首都生态环境的屏障功能。城市拓展区中的朝阳、海淀、丰台区快速趋于城市化，2008年，郊区县常住人口达1 427.7万人，占全市常住总人口的84.2%。2007年末,全市 19 个工业开发区中,除中关村科技园等部分园区外,其他均位于 10 个远郊区县。在 1996~2006 年 10 年间,农业用地结构发生重大变化,耕地大量减少,但林业用地面积增加 88 万亩,增长 9.3%,2006 年末,全市农村区域绿色植被覆盖率接近 70%。

1.3　农业定位的转变

自"十五"时期开始,北京进入"都市型现代农业"发展阶段。2009 年北京第一产业增加值 118.3 亿元,比 2008 年增长 4.6%。

农业普查资料显示,2008 年单位耕地创造农林牧渔业总产值 8 745 元,比 1978 年增长 48 倍,年均增长 13.9%。农业生产功能发挥的同时,也发挥了生活功能和生态功能,为首都城市居民提供良好的环境。2007 年农村(乡镇及以下)地区生产总值达到了 750.5 亿元,比 1978 年增长了 20 倍以上,产业结构升级也发生质的变化,2008 年农村劳动力就业结构为 19.2:29.5:51.3,释放农村富余劳动力从第一产业转移到二、三产业,第三产业也成为农民就业增收的主要渠道,农民收入有所增加。

五路十河绿化建设、绿化隔离带建设、生态走廊、京津风沙源治理、水源保护林、流域综合治理以及山区的植树造林,提高了全市林木绿化率,种植业净化了空气、改善了环境,2007 年北京市农业生态服务价值达 6 156.7 亿元,其中农业经济价值占 4.4%,生态经济服务价值占 1.6%,生态环境服务价值占 94%。

2　北京农业用水情况

2.1　农业用水概况

北京农业用水主要是用于农作物灌溉,小部分用于渔业、养殖业等。新中国成立初期,北京市农业灌溉面积极少。20 世纪 70 年代到 80 年代,小麦和水稻面积增加,蔬菜等农副业成为重点发展方向,农田灌溉面积增长到 500 多万亩,灌溉用水超过 20 亿 m³。自 90 年代以后,通过农业种植结构优化、节水灌溉等措施,北京农业用水量逐年下降(见图 1)。北京农业用水的比重整体上呈现下降的趋势,从 1989 年的 55% 下降到 2008 年的 34%。2005 年,北京农业用水量 13.22 亿 m³ 首度低于生活用水量 13.4 亿 m³。根据农业用水情况,预计未来一段时期农业用水量将与现状持平。

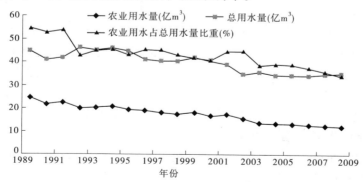

图 1　1988~2008 年北京市农业用水情况

2.2　农业节水概况

2007 年,全市发展 10 万亩设施农业节水工程、12 万亩农业利用再生水工程以及 85

万亩雨养旱作玉米节水科技示范推广工程。节水工程的推广,有效降低了北京农业用水。2008 年北京市万元农业增加值用水量为 1 061.6 m³,比 2002 年降低 41.7%。

北京农业自 2003 年开始使用再生水,使用量逐年增加,2003 年农业用再生水量占农业用水总量的 3.6%,到 2008 年提高到 23.4%(见表 1)。根据北京水资源总体状况看,再生水在农业用水总量中的比例还将持续增加。

表 1　2003～2008 年北京市农业再生水利用情况

年份	农业再生水用量(亿 m³/a)	农业再生水用量占农业用水总量的百分比(%)
2003	0.5	3.6
2004	0.7	5.2
2005	1.2	9.1
2006	1.9	14.9
2007	2.26	18.2
2008	2.8	23.4

3　北京农业水价政策现状

3.1　北京的水价的政府管理

北京水资源管理经历了一个由无到有、由无偿到有偿的过程。新中国成立初期,北京市地下水和地表水基本处于无偿使用状态,只有自来水收费。到 20 世纪 60 年代中期,根据国家规定,地表水开始征收水费。长期以来受计划经济运行方式影响,水是作为福利向社会无偿提供的。后来虽然对水资源开始征收费用,但是许多有关水资源的政策内容也都是以此为出发点的,如供水价格和污水处理费长期偏低等。北京自 1949 年以来共进行了 11 次水价调整,其中只有 1 次水价下调,其余 10 次均是上调。2004 年北京综合水价由 3.01 元调整至 5.04 元,2009 年调整至 6.00 元。随着北京经济社会快速发展和水资源日益稀缺,北京水价调整仍呈上升趋势。

3.2　北京农业水价与政府管理

通常,多数国家和地区将发展灌溉农业、保障粮食供应安全作为社会经济发展的基础,在政策上有所倾斜,北京作为首都,虽然城市发展的要求对农业定位有所不同,但水价的政府管理也同样体现出政策优惠。

根据北京农业水价政策,农业水价始终处于无偿或象征性收费状态,农业用地表水取用的象征性收费通常在 0.01～0.08 元/m³,不足综合水价的 1/200。地下水取用只支付 0.2 元/m³ 的电费作为取水成本。2007 年,朝阳、海淀、丰台、石景山、通州、大兴、顺义等 7 个平原区试行征收农业用水水资源费,粮食作物 0.08 元/m³,其他均为 0.16 元/m³。

4　北京农业水价政策分析

4.1　农业水价的政府管理

水价形成中存在政府价格管理。在一个开放的市场经济系统中,政府对于市场价格机制的干预是不可避免的,它是由市场价格机制固有的缺陷引起的,也是市场经济系统正常运作的内在要求。在现代市场经济下,世界各国的政府都不同程度地介入了市场经济活动,在一定程度上影响着市场价格机制的作用。

世界各国经济上处于不同的发展阶段,经济发展采用不同模式,因此农业水价政策的制定和实施也有所不同,但由于农业处于粮食战略和国家安全的特殊地位,各国的农业水价管理都存在政策倾斜。各国征收农业水价的目的也有所不同,有些国家通过其他行业的水价差价来补贴农业水价,也有些国家通过征收农业水价来改善配水或提高用水效率和保护水源。各国农业水价基本相差不大(见表 2),按 1996 年数据,各国农业用水高限不超过 0.44 美元/m^3。国际上,农业水费计价方式大多数是按灌溉面积征收和按用水量征收两种,比如缺水的西班牙即采取这两种征收形式管理农业水价。在其他缺水国家以及农业在国民经济占主导地位的国家,也存在一些其他形式,在以色列,农业用水除按供水成本征收外,还采用累进水价,不同配额的水量水价不同,在法国和巴西,农业水价随供水机构不同而变化,在印度和巴西,采用不同的灌溉方式(自流或提灌),收费也有所不同。

表 2 部分国家农业水价情况(按 1996 年美元价格水平计)

国家	基本水价(每公顷每年或每季)	计量水价(每立方米)
阿尔及利亚	3.79 ~ 7.59	0.019 ~ 0.22
澳大利亚	0.75 ~ 2.27	0.019 5
巴西	3.5	0.004 2 ~ 0.032
加拿大	6.62 ~ 36.65	0.001 7 ~ 0.001 9
法国		0.11 ~ 0.39
印度	0.164 ~ 27.47	
以色列		0.16 ~ 0.26
意大利	20.98 ~ 78.16	
马达加斯加	6.25 ~ 11.25	
纳米比亚	53.14	0.003 8 ~ 0.028
新西兰	6.77 ~ 16.63	
巴基斯坦	1.49 ~ 5.80	
葡萄牙		0.009 5 ~ 0.019 3
西班牙	0.96 ~ 164.48	0.000 1 ~ 0.028
苏丹	4.72 ~ 11.22	
坦桑尼亚		0.260 ~ 0.398
突尼斯		0.020 ~ 0.078
美国		0.012 4 ~ 0.043 8

注:此表数据来自文献[3]。

4.2　农业用水无偿使用的弊端

水资源并不是一种纯粹的公益物品,而是一种公有私益的物品(埃莉诺·奥斯特罗姆,1986)。正是因为水资源的这种特殊属性,才使水资源的管理中不能只采用政府为主导的管理模式,需要通过价格管理与经济机制等管理手段提高农业用水效率。

水资源作为一种公有私益的物品,具有非排他性和竞争性。农业用水资源的非排他性是指农户在农业中使用水资源,不必支付费用或者固定支付少量费用,而发生农业用水的外部性效应。农业用水的外部性效应包括取水成本的外部性、水资源存量的外部性、代际外部性、环境外部性和取水设施投资的外部性,这些外部性导致农业领域即使过度使用水资源,也并不需要为此承担相应的成本,而间接造成了水资源的过度开采和污染,社会边际成本增加,资源配置结构不合理,社会总福利下降。水资源的竞争性是指如果水资源的总量保持不变,农业用水的不合理使用将会占用其他领域用水。

作为农户如果对所消费的水量没有付费或者付费很少,在使用过程中就不会珍惜,甚至会大量浪费。特别是当水资源的稀缺性在农户的经济支付中没有得到体现时,农户不会去关心水资源是否稀缺或稀缺到何种程度,因此势必会产生弊端,农业用水过度浪费将占用其他领域用水,从而导致水资源的供求矛盾加剧。

4.3　政府对农业用水的价格管理的政策指向

根据北京农业定位,政府对于农业用水的价格管理不在于回收成本,而是利用水价作为提高水资源优化配置程度、提高用水效率、保护水资源的一种手段。

通过征收农业水价,使农户充分认识水资源经济价值,通过经济机制,建立科学的农业水价体系,使科学的农业水价体系与其他水源(包括污水)之间建立起来高效和谐的比例关系,使整个水价体系能够促进水资源的全面合理开发利用,能有效配置资源,促进水资源持续利用。同时,通过有效的政府管理,奖补结合,一方面保证农业水价体系的社会合理性,另一方面保证农户利益和生产积极性,确保社会稳定和国家安全。

目前,北京农业用水政策依然存在一些问题,这也是农业水价在目标实现中的不足,突出表现在:农业用水无偿使用或价格过低所导致的农业用水效率低;农业用水价格提升的制度学需求与农民承受水价上调能力弱的矛盾突出;北京作为缺水地区,其农业用水价格体系对于水资源紧缺的严峻形势的表现程度不够。因此,因时制宜,通过完善科学的农业用水价格体系,提高农业用水效率、优化配置水资源是农业用水政策需要解决的关键问题。

5　政策建议

5.1　农业水价制定与调整

北京农业水价制定与调整,同北京农业政策目标一致,都须与城市的农业定位相匹配,与经济社会发展的产业结构调整相适应。北京水资源紧缺态势日益严峻,加之北京农业转向都市型现代农业的特点,北京农业用水不宜采用无偿用水的政策,应尽快完善农业水价体系,通过价格杠杆科学合理地进行水资源调配。应首先完善农业用水计量体系,农业用水实行计量用水体系是农业水价实施的前提和基础。

对农业水价的调整,通常要考虑在通货膨胀水平和社会承受能力的前提下进行宏观指导性干预,一般为 1～2 年,最长不超过 5 年。

5.2　水价构成

北京农业水价构成应包括资源水价、成本水价和环境水价 3 个部分。资源水价表现为水资源费,成本水价包括制水成本、税金及合理收益等,环境水价是指对取用水资源而造成的下游用水保障率降低、水环境容量减小、地下水水位下降等价格补偿。由于北京农业的都市型特点,可尝试完全水价管理,向全社会表明北京缺水形势的严峻程度,通过农业水价管理,既可以提高农业用水效率,又通过经济杠杆提高都市型现代农业的服务效率。

农业用水中,所有经过水利工程或引水渠取用的地表水及取用地下水进行农作物灌溉的,均应足额缴纳由水资源费、成本水价、环境水价构成的完全水价。在保障再生水安全性使用的前提下,鼓励再生水用于农业灌溉,可免收水资源费和环境水价,只需缴纳较低的协议水价(成本水价)。

5.3　补贴与扶持

农业用水的成本补贴主要是通过减免农业水资源费、增加国家建设农业灌渠的拨款等措施实现。农业用水的价格补贴可通过对农业用水户直接进行社会福利价格补贴或价格转移支付等方式进行。农业所收水费应建立专户,除用于兴修农业水利设施外,全额返还补贴给按田亩面积缴纳水费的农民,有利于促进农业用水的节约和水资源保护,同时通过收取农业水费向社会传达水资源有偿使用的信息。另外,向农民所收取的水费应首先通过农产品价格上涨,由全社会负担。

参 考 文 献

[1] 北京市统计局,国家统计局北京调查总队,北京市农村工作委员会. 北京农村统计资料 1978～2008[R].

[2] 北京市统计局,国家统计局北京调查总队. 数说北京　改革开放三十年[M]. 北京:中国统计出版社,2008.

[3] 李晶,宋守度,姜斌,等. 水权与水价[M]. 北京:中国发展出版社,2003.

[4] 埃莉诺·奥斯特罗姆. 公共事务的治理之道[M]. 上海:三联书店,2000.

[5] 马东春. 缓解北京水资源供需矛盾的公共政策分析[J] 黑龙江水利科技,2006(1):67-69.

作者简介:马东春(1972—),女,高级工程师,北京市水利科学研究所,联系地址:北京市海淀区车公庄西路 21 号。E-mail:madongchun@gmail.com。

对减轻农民灌溉水费负担的建议

谢开富

（四川省农田水利局，成都 610015）

摘 要：针对四川农田灌溉供水成本偏高，渠系输水损失严重，部分尾灌区农民灌溉水费负担偏重，普遍存在农业水费收取难等问题，提出要加快灌区渠系节水改造、制定落实终端农业水价、推行计量用水收费制度、加大县（区）级水管体制改革和灌区管理体制改革、建立财政对农业水费和末级渠系建设的补贴机制等建议，有效减轻农民的灌溉水费负担。

关键词：农民水费负担 问题 建议

《中华人民共和国水法》规定："使用水利工程供应的水，应当按照国家规定向供水单位缴纳水费。"水利工程为农业生产提供了灌溉用水，农民因此要按规定向供水单位缴纳农业水费。缴纳农业水费是和购买种子、化肥、农药等农资产品一样的生产性支出。因此，财政部、国家计委曾以"财综[2001]94号"文规定，水利工程供水收费为经营服务性收费。

1 农民的农业水费负担情况

2003年以后，四川省农业供水价格均没有调整，目前仍执行2003年以前制定的农业供水价格计收标准，而且全省各类水利工程灌区一般都严格执行价格主管部门制定的供水收费标准。因此，现行农业供水收费标准一般即为农民的农业水费负担标准。全省各类水利工程灌区农民的农业水费负担平均为每标亩（水田1亩算1标亩，旱地3~5亩折算1标亩）25元左右。其中：大型灌区农民的农业水费负担最高71元/亩、最低28元/亩，平均32元/亩左右；中型灌区农民的农业水费负担最高46元/亩、最低5元/亩，平均25元/亩左右；小型灌区农民的农业水费负担最高27元/亩、最低3元/亩，平均15元/亩左右。2001年以来，随着四川农村税费改革的全面推进，"两工"逐步取消，特别是2005年四川免征农业税后，全省农村涉农收费项目只有农业水费。目前大部分灌区农民用水户还要为灌区工程改造和渠系维护投劳或筹资。

2 农业水费计收概况

近几年，四川省水利工程每年提供农田灌溉用水量150亿 m³ 左右，灌溉农田面积3 750万亩左右，其中灌溉水稻面积2 230万亩左右。2004~2007年，全省每年应收农业水费3.5亿元左右，每年实收农业水费分别为2.323 5亿元、2.755 3亿元、2.882 9亿元、2.902 5亿元，分别占应收农业水费的65.7%、78.7%、82.4%、82.9%。

3 有关农业水费的主要问题

3.1 农业供水成本偏高

一是丘陵、山区面积占 90% 左右,水利工程建设难度较大、投资偏高,新增 1 亩有效灌溉面积投资达 5 000 元以上;二是傍山渠系较多,水毁频繁,渠系维护费用偏大;三是输水渠线长,渠系管理成本高;四是渠系防渗率低,输水损失严重。因此,四川水利工程供水成本普遍偏高,全省水利工程农业供水成本每标亩平均达 70 元左右。

3.2 农业供水收费标准低

按照国家发改委和水利部联合制定的《水利工程供水价格管理办法》规定,"水利工程供水价格,要按照补偿供水生产成本、根据国家经济政策以及用水户的承受能力"的原则核定。四川省经济欠发达,自然灾害又频繁,随着农资产品价格逐年上升,农业生产成本逐年增高,而农产品价格相对偏低,致使农业生产效益低下,农民的农业收入增长缓慢,经济承受能力较弱。因此,价格主管部门制定的现行农业供水收费标准普遍低于实际供水成本,全省现行农业供水收费标准平均仅达供水成本的 45% 左右。如绵阳市武引灌区 2001 年测算农业供水成本为每标亩 150.62 元,而现行农业供水收费标准为每标亩 42 元,仅占供水成本的 27.9%;都江堰龙泉山灌区 2001 年测算农业供水成本为每标亩 105.04 元,而现行农业供水收费标准为每标亩 40.37 元,仅占供水成本的 38.4%;南充市西充县红旗水库 1997 年测得农业供水成本为每标亩 81.98 元,而现行农业供水收费标准为每标亩 25 元,仅占供水成本的 30.5%。

3.3 输水损失增加农民水费负担

截至 2007 年底,全省已配套干渠 66 458 km、支渠 82 123 km、斗渠 28 753 km、农渠 42 191 km,分别占设计应配套的 72.4%、79.1%、73.3%、86.1%;已防渗干渠 31 503 km、支渠 36 845 km、斗渠 5 509 km、农渠 4 532 km,分别占设计应防渗的 51.3%、51.6%、19.5%、13.4%。由于已成渠系防渗率低,在输水运行过程中,必然出现严重渗漏、上游淹下游干和逐年垮塌的状况,致使渠尾段灌区农业用水十分困难,还加重了计量用水收费灌区农民的水费负担。如三台县鲁香干渠输水损失高达 80% 左右,每亩农业水费高达 100 元左右。因此,部分尾水灌区农户对上缴水费意见较大甚至有抵触情绪,有的农户不愿承受居高不下的农业水费而主动退出水利工程灌区。

3.4 层层加码定价收取农业水费

四川省根据水利工程规模,按照分级管理原则,对于大型灌区干、支、斗及以下渠道分别由省、县(市、区)、镇(乡)级水管单位管理,由同级物价和水行政主管部门共同制定水价,并由同级水管单位收取水费。由于分级管理和分级定价收费,为层层加码定价收费提供了条件。如 2003 年省物价局制定的都江堰人民渠二处三台县鲁班水库干渠供水每标亩基本灌面收基本水费 9.5 元,绵阳市物价局在省上标准基础上制定的三台县鲁班水库灌区支渠供水每标亩基本灌面收基本水费 18 元,而三台县物价局制定的鲁班水库灌区支渠供水每标亩基本灌面收基本水费 21 元,灌区乡(镇)在县定标准上将管理费用再次加码。特别是农村税费改革后,乡(镇)、村(社)工作运转经费出现紧张,因此他们把手伸进了农业水费。如三台县团结水库灌区的西平镇红梁村,每年不仅亩均分摊高达 40 元的守水费,还要负担除守水费以外的占实缴水费10%的末级渠系维护费用。射洪县乡(镇)借收取农业水费之机,每年将实收水费的5%返还给村干部作为工作经费,同时还要收取占实收水费20%左右作为守水费用及乡(镇)村干部夜间守水管理补助费。

3.5 农业水费收取困难

随着农村改革的推进和减轻农民负担政策的进一步落实,给农业水费的收取带来困难。

1999年以后,随着国家粮食流通体制的改革,四川省农业水费由计收粮食普遍改为计收现金,并多数地方将农业水费和其他规费绑在一起,主要由乡(镇)农经站代收,农业水费实收率略有下降。

为了发展农村基础设施,各地乡(镇)政府鼓励组织农民认购"两金"投入基础设施建设。1998年中央一声令下,要求向农民退还"两金"。各地乡(镇)在已投入而没有回报以及财政又无力的情况下,首先将收到的农业水费挪用于兑付"两金",一些地方农民甚至直接以农业水费抵定"两金"。因此,乡(镇)截留、挪用、拖欠水管单位农业水费的状况普遍存在。

农村税费改革后,涉农规费全部取消,乡(镇)、村工作运转经费出现紧张,乡(镇)截留挪用拖欠农业水费的情况日益严重。2005年起免征农业税的政策于2004年公布后,一些农民和部分基层干部认为历朝历代农民都要缴纳的皇粮国税如今都不缴了,侥幸认为农业水费也会取消,因而迟迟拖延不缴,致使水利工程管理单位的农业水费实收率再度下降。

2001~2004年,全省农业水费的实收率分别为92.6%、89.2%、82.7%、65.7%。2005年以后由于各级党委政府和水利部门的共同努力,采取了一些措施,基本遏制了农业水费实收率逐年下降的趋势,农业水费计收秩序逐渐有所好转,近年全省农业水费的实收率也仅80%左右。

4 对减轻农民灌溉水费负担的建议

4.1 加快灌区渠系节水改造

灌区渠系防渗率较低,是造成输水损失严重、增加农民灌溉水费负担的重要原因,也是抗旱减灾能力不足的重要因素之一。据2007年底统计,全省已防渗干渠31 503 km、支渠36 845 km、斗渠5 509 km、农渠4 532 km,分别占设计应防渗的51.3%、51.6%、19.5%、13.4%。仅全省大型灌区已成渠系全面完成防渗节水改造,每年可减少输水损失20亿 m³ 左右,其中可直接减轻农民水费负担6 000万元左右。如都江堰东风渠灌区赵山斗渠2005年节水改造后,当年农民水费支出比节水改造前降低16.9%,用水管理和渠系维护费用降低50%左右。因此,加快灌区渠系节水改造,是提高用水效率和减轻农民灌溉水费负担的主要措施。

4.2 制定落实终端农业水价

终端农业水价即水利工程灌区农民最终缴纳农业水费的水价。制定终端农业水价的目的是避免分级管理造成逐级加码定价收费,防止乱收费、搭车收费和截留挪用农业水费的现象发生。同时要公示和落实终端农业水价,把减轻农民的灌溉水费负担落到实处。

4.3　推行计量用水收费制度

目前,四川省多数灌区农业用水实行按亩计收水费,存在着诸多矛盾和不合理因素,也不符合市场经济体制要求。为了消除按亩计收农业水费出现的各种矛盾,在实行合同供用水的基础上,按照"不用水不缴费,多用水多缴费"的原则实行计量用水收费制度,促进节约用水和科学用水,可实实在在减轻农民的灌溉水费负担。目前,四川省绵阳武引等灌区已实行计量用水收费制度,效果很好,应大力推行。

4.4　加大县(区)级水管体制改革

加大县(区)级水管体制改革,减少农业水费供养人员,促进水利管理逐渐步入良性发展。2006 年德阳市旌阳区将区级水管人员经费纳入财政预算,所收水费全部用于灌区渠系建设和支付上游供水单位水费。2007 年三台县将鲁班和团结两水库灌区管理单位定性为县水务局下属的准公益性财政差额拨款事业单位,核编定员 100 人,比改革前减少255 人,目前已妥善解决下岗人员待遇问题。2008 年初中江县将县级水管单位纳入财政全额预算管理,农业水费由县财政收取,从而使农业水费收取难的问题得以解决。罗江县一是将从事水利管理的人员从县水行政主管部门中分离出来,成立水利技术服务中心。二是将水利技术服务中心从事江河管理的人员分离出来,定性为纯公益性,正在争取财政拨款,将从事农业用水管理任务的人员定性为准公益性,管理经费主要由农业水费开支。

4.5　加大灌区管理体制改革

各级水行政主管部门、水管单位和地方政府要大力支持灌区管理体制改革,推进农民用水户协会建设。特别是乡(镇)政府要逐步转变职能,下放权力,要将"万能型政府"转变为"服务型政府",充分发挥农民用水户参与灌区管理的民主作用。要以灌区渠系或行政村为单元、以受益农户为主体组建农民用水户协会,直接参与末级渠系的建设、管理和用水管理,以摆脱乡(镇)政府对末级渠系农业用水的直接干预,从而减少用水管理开支和计收水费的中间环节,减轻农民用水户的水费负担,增强农民用水户自我维护末级渠系工程的责任感和自觉、按时、足额缴纳农业水费的积极性,提高农业水费实收率,确保水利工程效益持续发挥。绵阳市涪城区金峰镇 2003 年成立了分水洞用水户协会后,加强了用水管理,当年亩均水费 67 元,比 2002 年减少 20 多元,2004 年亩均水费比 2003 年减少 14元。罗江县新盛镇月亮村 2006 年成立农民用水户协会后,加强了末级渠系节水改造和蓄、提水设施的改造与维修,从而改善了农业用水条件,当年亩均农业水费仅 36 元,比上年减少 12 元。

4.6　利用村社集体经济资金统一支付农业水费

利用村社集体经济资金统一支付农业水费的做法深受村民的欢迎,在有条件的地方可以仿效。罗江县金山镇罗家湾村二组从 2005 年起就利用集体经济收入的资金统一支付村民的农业水费,从而使村民每年免去了每亩 48 元的灌溉水费负担,受到村民的好评。

4.7　统一使用水利工程供水收费专用发票

目前,四川省一些水管单位按照四川省国家税务局、四川省水利厅关于启用四川省水利工程供水发票的通知(川国税发[2002]101 号)要求,统一使用了水利工程供水收费专用发票,效果很好。各地应全面推行,以进一步规范农业水费计收秩序,有效防止搭车加价收取农业水费。

4.8 加强对农业水费计收的监管

各级政府价格主管部门要对供水价格执行情况进行定期监督检查,严禁任何部门和单位自立项目及擅自提高水利工程供水收费标准,严禁任何地方和单位借收取农业水费之机搭车收取其他费用。对搭车收费、乱加价收费的要依据《价格法》和《价格违法行为行政处罚规定》进行查处。各级纪检监察部门要加强水费计收各个环节的监管,防止计收水费的中间环节截留挪用水费。目前,四川省水利厅正在配合省纪委制定农业水费的监管文件,以加大监管力度。

4.9 建立财政"两项补贴"机制

建立财政对农业水费和末级渠系建设这"两项补贴"机制,是有效减轻农民灌溉水费负担的根本措施。

财政对农业水费的补贴办法如下:

(1)对于正常年景,农民用水户仍按现行农业水价标准按时足额缴纳水费并登记在册,然后以此作为财政补贴农业水费的依据。要让用水户养成自觉缴纳农业水费的自觉性、积极性,才能得到财政的补贴,使财政补贴真正补贴给农业水费的直接缴纳者。

(2)对于干旱年景农业用水量增大,按现行水价标准计算用水户支付的水费大幅度增加的情况下,农民用水户只负担农业用水终端水价收费标准,超过终端水价的水费部分,一是用财政对农业水费补贴经费的一部分直接补贴给供水单位,二是用中央和地方专项抗旱资金的一部分直接补贴给水管单位。这样即可保证干旱年景农民用水户的水费负担不增加,又可保证水管单位供水收费足额到位,有利于促进农业用水计量收费制度的全面推进和节水型社会建设。

(3)对于水资源相对奇缺、农业水费偏高的地区,可降低标准向农民用水户计收,降低部分通过核实由财政补贴给供水单位。如金堂县财政从 2005 年起,每年向九龙滩提灌管理单位补贴经费 100 万元左右,用于骨干工程的管理费用,使灌区农业供水收费标准由 0.21 元/m³ 降至 0.125/m³,农业水费由乡(镇)或用水户协会计收,全部用于末级渠系的建设和管理,效果十分明显。

作者简介:谢开富(1950—),男,四川省农田水利局高级工程师,地址:成都市斌升街 17 号。

对灌区农业水价现状的分析与思考*

蔺晓明

（陕西省石头河水库管理局,杨凌 712100）

摘 要：通过对陕西省灌区工程和水费计收现状情况的调查研究,归纳出当前农业水价政策存在的主要问题。一是水价控制太死,灌区不能按市场经济运行规则来灵活经营;二是农业水费征收困难,收取率低下;三是难以形成有效的节水管理机制;四是灌区公益性成本得不到财政的有偿补偿;五是斗渠以下渠系破损严重,利用率极低,群众负担过重,意见较大。要想利用好水价这个"杠杆"作用,应采取加强宣传教育,提高全社会的节水意识;建立合理的水价形成制度;改革农业供水管理体制;加大对农田水利基础设施的投入;完善补偿制度和扶持政策等措施,实现灌区可持续发展。

关键词：农业水价 改革 分析 思考

陕西省有万亩以上灌区 159 处,其中 30 万亩以上的大型灌区 11 处,包括宝鸡峡、泾惠渠、交口抽渭、桃曲坡水库、石头河水库等省直灌区及冯家山水库、羊毛湾水库、石堡川水库、东雷一期和二期抽黄、石门水库等地市所属灌区。全省灌溉面积 2 010 万亩,已形成了蓄、引、提、调结合,大、中、小并举的水利灌溉网络。这些灌区以占全省总耕地28.5%的面积,生产了占全省总产量 53.8%的粮食和 80%的商品粮,为全省经济社会发展作出了重要贡献。

在 20 世纪 90 年代以来的改革与发展进程中,陕西省在农业水价改革方面进行了有益的实践与探索,取得了显著的成效,为促进农业发展、农民增收、农村稳定作出了突出贡献。但在运行中也暴露出诸多弊端,应引起高度重视。

1 灌区水价的沿革及现状

1.1 沿革

新中国成立以来,陕西省的水价政策随着国民经济的发展经历了四个阶段。

（1）免费阶段。从新中国成立初期到 20 世纪 70 年代中期,陕西省大部分灌区都没有计收水费,只有极少数灌区象征性地收取一点水费。由于长期采取无偿供水或低价供水政策,导致水利工程维修管理、设备更新费用严重不足,许多单位连简单的再生产都难以维持,同时不利于合理用水和节约用水,造成严重的水资源浪费。

（2）开始收费阶段。1985 年 7 月,国务院颁布了《水利工程水费核定、计收和管理办法》,正式确立了水利工程实行有偿供水的机制,从此陕西的水资源利用开始由无偿利用向有偿利用转变。各大中型灌区按照国家政策陆续开始计收水费,并将水费纳入行政事

---

* 此篇文章获得陕西省第五届水利科技优秀论文三等奖。发表在《中国防汛抗旱》杂志 2009 年第 1 期。

业性收入进行管理,但各地收费标准不一。

(3)供水价格改革阶段。1993 年水利部提出了建立供水价格收费体系,促使了各地水价改革的全面进行。陕西农业供水价格首次将水价纳入商品管理范畴,实现了将水费标准改为供水价格的突破,为水利工程供水步入市场化管理轨道打下了良好的基础。同时,还对经济作物和果园进行了分类计价。这次改革后,灌区蔬菜、西瓜、花生等作物价格调整到斗口 0.1 元/m³,药材、苗圃价格调整到 0.15 元/m³,果园调整到 0.3 元/m³。

(4)二次供水价格改革阶段。以 1997 年陕价农调发[1997]37 号文为标志的第二步水价改革,制定了配套的农业灌溉供水基层管理费、浇地费管理办法和灌溉供水推行明码标价制度。同时将基层管理费、村组浇地费纳入水价管理,将市场机制引入到水资源利用之中,并以成本为基数,促使水价标准的不断提高。全省国营供水平均价格由原来 0.071 元/m³ 调整到 0.11 元/m³;基层管理费由 0.011~0.013 元/m³ 调整到 0.02 元/m³。2004 年陕西省物价局、陕西省水利厅在 1997 年水价改革的基础上,补充完善了群管费,将供水各个环节纳入政府定价管理范畴,制定了农业供水到田间地头的价格,实施"统一票据,明码标价,开票到户"的管理制度,进一步完善了涉农价格管理,全省农灌水价平均达到 0.216 元/m³,水利供水的价格向着"补偿成本,合理盈利,逐步到位"的方向逐步迈进。

1.2 现状

陕西省农业供水价格由工程供水费用、基层管理费和群管费三部分组成。其中,基层管理费是末级渠系维修管护费用,群管费是末级渠系经营者供水直接费用。大中型灌区收费实行斗口按量计费政策。对水费的收取实行"统征、统管",并按不同性质分别建账。国营水电费上缴到灌区管理单位;基层管理费、群管费由国有水管站按开支管理办法监督审批。

通过对全省大中型灌区面上普查和典型资料分析,全省 12 个 30 万亩以上灌区到农民田头水价最低 0.13 元/m³,最高 0.45 元/m³,一般在 0.20~0.25 元/m³,全省农业灌溉平均成本水价为 0.333 元/m³(见表 1)。但在计收水费中呈现"一少二低"现象,即水费计收面积逐年减少,水费计收标准低,水费计收到位率低。执行水价仅为平均成本的 44% 左右,全省水费实际计收到位率为 91%。过低的水费收入难以维持工程供水最基本的运行和成本支出,更谈不上水毁工程维修。

表1　陕西省大型灌区农业水价标准　　　　　　　　　　　（单位:元/m³）

灌区名称	价区名称	终端水价	其中			备注
			工程供水费用	基层管理费	群管费	
宝鸡峡	自流	0.245	0.175	0.035	0.035	
	南干自流	0.155	0.085	0.035	0.035	
泾惠渠	全灌区	0.17	0.105	0.032	0.033	
交口抽渭	30~60 m	0.23~0.29	0.157~0.217	0.038	0.035	
桃曲坡	全灌区	0.2	0.13	0.03	0.04	
石头河	全灌区	0.13	0.09	0.02	0.02	
冯家山	自流	0.2	0.16	0.02	0.02	
羊毛湾	全灌区	0.28	0.228	0.02	0.032	
洛惠渠	全灌区	0.3	0.24	0.03	0.03	
东雷一黄	总干－东雷	0.28~0.44	0.228~0.38	0.03	0.03	

续表 1

灌区名称	价区名称	终端水价	其中			备注
			工程供水费用	基层管理费	群管费	
东雷二期		0.32	0.27	0.03	0.02	
石堡川	果林	0.45	0.37	0.035	0.045	
	粮经	0.33	0.25	0.035	0.045	
石门	水稻田	33 元/亩	28 元/亩	5.0 元/亩		
	水浇地	26.9 元/亩	21.9 元/亩	5.0 元/亩		

2　现行水价政策对灌区的影响

（1）水价控制太死，灌区不能按市场经济运行规则来灵活经营。陕西省实行的是斗口计量、一价到户政策，调价要经过省（市）物价部门和主管部门审批，这样做虽然减少了中间加码现象，使收费更加透明，但旱涝一个价，使灌区不能按市场灵活经营，丰水年往往导致错失用水时机；枯水年则在灌区形成用水相对集中，矛盾增大。

（2）农业水费征收困难，收取率低下，使灌区管理单位生存面临困境，农田水利设施难以正常运行。灌区农业水费收缴采用行政手段，没有用经济合同来约束各方的权利和义务，致使农业水费收缴困难重重。在个别村组按量计费变相地成了按亩平摊水量、平摊水费的管理方式，无法调动农民自觉节水的积极性。

据有关部门调查，税费改革前，陕西省农业水费收取率最高可达 95%。税费改革后，水费收取率仅为 79%，平均下降了 16%。

水费收入锐减造成了两大问题。一是水管单位难以生存和发展。由于大多数水管单位均属自收自支的事业单位，职工生活和水利工程维护完全依靠收取的水费来维持。随着水费收取率不断降低，许多水管单位职工仍然执行着几年前的工资标准，还拖欠职工工资，没有参加养老保险，造成职工队伍不稳。二是管养经费严重不足，水利工程状况日趋不善。据统计分析，一般情况下，水费收入的 70%～80% 用于供养人员，20%～30% 用于工程维修，在收入减少的情况下，水费优先保证职工的基本生活，用于工程维修养护的投入微乎其微，灌区工程老化失修，人为损毁严重，许多闸门、启闭机被盗、被毁，影响灌区正常运行。

（3）难以形成有效的节水管理机制。目前，陕西省绝大部分灌区收入主要依靠水费，在固定的价格条件下，水费的收入取决于供水量的多少。灌区为了维持简单的再生产，不得不考虑自身利益，鼓励用水户多用水，用水越多，收入越多。农民采用节水措施后，节约的水大多数情况下不能为供水单位带来补偿利益，灌溉供水单位没有节水的积极性。

（4）灌区公益性成本得不到财政的有效补偿，造成灌区普遍经营运转困难，步履维艰。按照国家政策规定，灌区公益性成本支出应该全部由财政承担，但是，长期以来陕西省灌区经营性成本与公益性成本不分，公益性成本支出没有正常的补偿渠道。

（5）斗渠以下渠系破损严重，水量损失过多，利用率极低，群众负担过重，意见较大。由于末级渠系不配套，计量手段和量、测水设施不完善，计量收费难以全面推开，导致许多灌区目前仍是通过行政手段，按耕地面积收取农业水费。

农民反映，按亩计收水费，用水多少一个样，用和不用一个样，既然没有得到供水服务，缴水费就不合理。另外，由于渠道损坏，水量损失大，有的灌区渠道输水损失高达

50%,但灌区实行的是斗口计量收费政策,斗渠以下的损失只能由农户负担,导致水费过高,种粮农民不堪重负。过高的水费和由于渠系不配套造成的供水保证率下降使农民用水的权利和缴费的义务严重不对称,引起群众的强烈不满,由此产生了拒缴水费的现象,激化了用水户和水管单位的矛盾。

3　水价不能按成本收费原因分析

目前,陕西省农业水价尚未按成本收费,其原因有多种,其中主要原因如下:

(1)水的商品意识淡薄仍然是推进水价改革的主要思想障碍。长期以来,由于受水资源是"取之不尽,用之不竭"的传统思想的影响,在人们的意识深处根本没有水资源商品概念。特别是农民对此认识还有一定的滞后性,"水从地前过,不用白不用"的思想在短时间内还难以消除。提高水价,尽管在可承受范围之内,但群众抵触情绪很大,接受有一段过程。

(2)农业效益低,农民承受能力有限是难以推进水价改革的深层原因。农业效益低一直是我国经济发展中的突出问题,而这一问题在陕西显得尤为突出。根据有关学者的推算,一些地区一亩地收益在300元左右,其中不包括农民所投入的劳动,如果将农民的劳动折价计算在内,种地的收益实际上是个负数。如此低的承受能力,不可能承受过高的水价冲击,这是农业水价不能提高的最根本原因。

(3)农业水价形成机制不合理且缺乏有效的约束机制。现行水价的确定主要考虑的是农民的承受力,水价构成中没有固定资产折旧和大修费,更谈不上水资源费和环境成本了。水价的制定缺乏科学依据,也缺乏有效的约束机制。一方面是水利资产核算不规范,随意压低水价和补偿措施不到位的现象普遍存在;另一方面是水利资产核算不规范,随意压低水价和补偿措施不到位的现象普遍存在;另一方面是水管单位人员膨胀,管理不严,供水成本中不合理因素增加失控的状况非常突出。同时,根据水资源丰枯程度、市场供求关系和物价变化情况及时调整水价的机制尚未全面建立,累进制水价、超计划用水加价等促进节约用水的水价制度没有得到普遍实行,造成现行水价及其运行机制的不合理。

4　水价改革的建议及对策

农业水价改革关系到节水农业是否能够顺利发展。因此,在目前陕西省农业水资源极端短缺的情况下进行水价改革更具有现实意义,为此,提出以下建议和对策:

(1)加强宣传教育,提高全社会的节水意识,特别是农户对改革农业水价紧迫性的认识。充分发挥各种宣传工具作用,提高全社会节水意识,让农户知道我国水资源供需形势,通过耳濡目染,强化水资源危机意识,使每一个农户有一种危机感。特别是利用好每一年的世界水日(我国为水周),宣传有关政策方针,让农户充分地理解水价改革关系到国计民生、关系到国民经济持续发展等重要性,为激发用户参与的积极性和水价改革奠定坚实的舆论基础。

(2)建立合理的水价形成制度。水价改革必须与农产品价格及农业政策等相关因素一并研究,需要与各方面的相关配套改革同步进行。考虑到灌区群众的承受能力和灌区管理单位可持续发展,一是可在大中型灌区试行两部制水价或季节浮动水价。对新水价除加大宣传力度外,还可先低标准执行,让利于民,然后采取走小步、不停步的办法逐步调整到位。对水资源奇缺,灌溉用水供需矛盾比较突出的,要制定合理的灌溉用水定额,实行超用水额累进加价 50% ~200%,以制度促进节水习惯的形成。二是努力使农业水价逐步过渡到市场,由水管单位自主定价,报上级主管部门备案。

（3）改革农业供水管理体制。随着社会主义市场经济体制的建立和健全,农业供水体制的改革势在必行。按照市场原则,农业水费必须由行政事业收费改为经营性收费,考虑到农业水价的特殊性,在水价未达到成本之前,免征各种税收。同时要建立农业用水直供到户、群众参与、民主管理的管水体制。

在一个灌区内,斗渠以上各级渠道,由灌区管理单位统一管理,斗渠以下工程,包括中小型灌区的支渠,要通过产权制度改革出让使用权,由群众自己管理,或通过建立农民用水者协会等形式,实行民主管理,让农民自己负责末级渠道的用水管理和水费收缴工作,最大限度地减少农业供水的中间环节。此外,实行水量、水费、水价三公开,杜绝一切乱加价、乱收费乃至截留和挪用水费的各种行为,确保水费收入取之于水,用之于水,以增强农业水利的活力和发展实力,实现农业水利的可持续发展。

（4）加大对农田水利基础设施建设的投入,为水价改革提供必要的保证。农田水利设施是保证粮食安全的重要基础,具有很强的社会公益性,应该纳入公共财政支持的范畴。农业末级渠系是农田水利设施发挥效益的关键环节。在地方政府财力不强的条件下,应该加大中央财政对农业末级渠系改造的投资与支持。这是新时期农田水利建设必须遵循的原则。同时,要积极推进农田水利设施产权制度改革。按照"谁投资、谁受益、谁所有"的原则,明确小型农田水利设施的拥有权,落实管护责任主体,引导社会投资,促进产权流动。

（5）完善补偿制度和扶持政策。在农业水利工程中,不少工程兼有防洪、供水、发电、养殖、旅游等多种功能,在严格成本核算管理的基础上,对水利工程的各项开支应区分性质,分类补偿,以减少农业灌溉供水的成本费用。一是对防洪和生态供水等公益性部分的成本费用应列入省级财政预算,由省财政资金支付;二是对农业灌溉水价不到位、经营性亏损部分,结合地方财政状况,给予适当补偿;三是建立灌区价格调节基金,解决灌区农业供水政策性亏损和丰水年收入不足的问题。

参 考 文 献

[1] 周春应,章仁俊.水价对农业用水需求的影响分析[J].中国水利,2005(15).
[2] 韩忠卿.农业节水的激励机制和具体措施[J].中国水利,2005(15).
[3] 李远华.节水的关键是提高水分生产率[J].中国水利,2005(15).
[4] 陕西省价格协会农业供水分会.2004 年陕西省灌区水价政策文件选编[G].
[5] 周兴智,泰安民.农业水价改革的探索与思考[J].灌区建设与管理,2004(6).

作者简介:蔺晓明(1971—),男,陕西宝鸡人,大学本科学历,工程师,现主要从事灌区用水、工程管理和理论研究。联系地址:陕西省石头河管理局杨凌示范区展馆北路。E-mail:sthlxm@126.com。

加强农业节水技术推广对推动
节水型社会建设的探讨
——以宁夏吴忠市为例

马长军

（吴忠市水务局,吴忠 751100）

摘 要:建设节水型社会是吴忠实现可持续发展的必由之路。这些年来,吴忠紧抓农业节水作为节水型社会建设的突破口,以水利科技为依托,采取了多项节水措施,取得明显效果。

关键词:节水型社会 节水技术 节水措施

1 建设节水型社会是吴忠实现可持续发展的必由之路

宁夏吴忠市位于自治区中部,土地总面积 14 697 km²,占宁夏的 25.3%,耕地面积 488 万亩。山区面积占到全市总面积的 80%。全市地处中温带半干旱区,日照充足,气候干燥,风大沙多。多年平均降水量为 193 mm,蒸发量达 2 013 mm。水资源人均占有量仅为全国平均值的 1/25。水土流失面积 12 873 km²,占土地总面积的 87%。全市水资源时间、空间分布极为不均,南部盐池、同心两县干旱缺水,连年遭受旱灾,尤其是 2005 年以来,席卷宁夏中部干旱带的大范围、长时间的干旱给两县造成严重损失,水资源形势十分严峻。灌区吴忠市区、青铜峡市、红寺堡开发区年均引黄水量平均接近 14 亿 m³,引水指标受黄河水利委员会严格限制。2003 年引黄灌区遭遇的 50 年来最严重的缺水困难,给灌区长期形成的粗放的农业用水方式敲响了警钟。水资源短缺已成为制约吴忠市经济社会发展的瓶颈。面对严峻的市情、水情,落实科学发展观,建设节水型社会是必由之路。根据市委、政府的安排部署,2005 年底,编制完成了"吴忠市水利发展'十一五'规划",规划报告明确了全市节水型社会建设的目标任务和指标体系,对水资源综合规划以及农业节水、工程节水等专项规划提出了具体措施。

2 农业节水是吴忠节水型社会建设的突破口

吴忠市是一个以农业为主的大市,建设节水型社会,突破口在农业节水,中心任务是建设节水型灌区。长期以来,全市水资源日益短缺矛盾十分突出。一方面,表现在有限的水资源中,93% 的水为农业所用,而占地区生产总值近 50% 的第二产业用水却不足 5%,用水结构失衡。工业建设水源不足,一些优势资源开发缺乏水资源支撑,影响太阳山工业园区发展最主要的制约因素就是水源问题。另一方面,水资源的利用效率和效益极低。全市引黄灌区各类总干渠、干渠砌护率只有 12%,各类支斗农渠砌护率只有 17%,灌溉水利用系数仅为 0.44,农业节水潜力巨大。以农业节水为突破口,建设现代节水型灌区,统筹生活、经济与生态用水,调整经济结构和用水结构,是吴忠市节水型社会建设的重点和根本。

3　吴忠市节水农业的技术特点和措施

2004 年,宁夏被国家水利部确定为全国第一个省级节水型社会建设试点,吴忠市作为宁夏节水型社会建设的重要组成部分,多年来,在节水农业上做了大量的工作,积累了许多成功的经验和技术,有力地促进了农业和农村经济的发展。

3.1　农业节水技术特点

针对吴忠水资源短缺、经济实力较为薄弱的实际,全市发展节水灌溉的思路是,充分利用"三水",合理配置水土资源,因地制宜,将水利工程节水技术、农业节水技术和管理技术有机地结合起来,形成节水扩灌增产体系,重点突破,整体推进。主要特点如下:

(1)积极稳妥地将单一节水技术向多种类型节水技术推进。从传统的渠道衬砌防渗技术,逐步向渠道衬砌防渗与管灌、喷滴灌技术、田间小畦灌溉等多种类型相结合推进。

(2)从节水技术向综合技术发展。水利工程节水技术同地膜覆盖、水稻控制灌溉、小麦穴播等农业节水技术、管理技术相结合。

(3)从输水节水向田间节水推进。向标准畦田灌溉技术和适宜群众掌握的点灌、注射灌等简易田间技术推进。

(4)从渠道地面灌向井渠结合发展。引黄自流灌区和库灌区末端逐步实行井渠结合,开发利用地下水,建设节水型井渠灌区。

(5)以示范点指导辐射整体发展。先后建成吴忠市国家农业科技园区种植核心区、盐池县机井管灌田间膜上灌等示范区。成功地指导、推动了节水灌溉的发展。

3.2　节水农业技术措施

3.2.1　渠道衬砌防渗技术

渠道衬砌防渗一直是吴忠市各类灌区的主要工程节水形式。通常采用梯形断面衬砌形式,但在实践中,使用年限短、返修率高。为了解决这一问题,我们积极引进区内外有关科研院所和同行业有关渠道衬砌防渗的成果与经验,并在实践中积极进行探索。形成了"U 形断面"等一系列具有良好防渗漏、防冻涨、防滑塌的混凝土防渗衬砌结构新形式,并在实践中大量推广应用,收到良好的效果。全市平均每年砌护渠道 1 000 多 km,新增节水灌溉面积 8 万亩。目前,全市支斗渠砌护率达到 70% 左右,正向农渠延伸。

3.2.2　农田小畦化技术

畦田建设是一种操作简便、缩短灌水时间、节水效果明显的节水抗旱措施。全市小畦灌溉面积每年都保持在 45 万亩以上的规模,都按照每块地 0.4~0.5 亩的标准进行建设,节水效果十分明显。

3.2.3　水稻节水高产控制灌溉技术

1999~2001 年,自治区水利厅在利通区东塔寺乡成功进行了水稻节水高产控制灌溉技术试验研究。试验证明,水稻控灌抗倒伏、抗病虫害,可亩均增产 139.7 kg,亩均节水 645 m^3。目前,全市水稻种植面积在 20 万亩以上,全部推广水稻控灌技术。

3.2.4 集雨节灌技术

集雨节灌技术是一项符合山区实际的集雨补灌旱作区节水农业和雨水高效利用技术。目前,吴忠山区各县(区)重点是利用库塘、井窖建设小型、微型灌区,建设高标准的水平梯田,降水利用率大幅度提高。

3.2.5 农业耕作栽培节水技术

农业耕作栽培节水技术是改变作物生长过程中蒸腾与蒸发的关系,提高产出率和水效益的一种措施。目前,这项技术已在全市从水浇地推广到旱地,从大棚蔬菜推广到大田玉米和小麦粮食作物,从一膜一用推广到小麦套种玉米一膜两用。

3.2.6 节水微灌技术

全市已建成低压管道灌溉面积3万亩,微喷、滴灌面积达5万亩。

3.2.7 节水补灌技术

2007年,根据吴忠山区各县连年干旱的实际,利用现有人饮工程水源,铺设管道将水输送到田间,每100~200 m设一给水栓,连接活动软管对覆膜马铃薯、西甜瓜等经济作物进行坐水点灌(穴灌),亩均灌溉定额在20 m³,节水效果非常显著。目前,全市累计发展节水补灌面积20万亩。实现了变渠道输水为管道输水、大水漫灌为坐水点灌,节水率达到90%。通过发展节水高效补灌农业,变被动抗旱为主动调整,为中部干旱带群众彻底脱贫开辟了一条新路。2008年,全市累计发展节水补灌面积50万亩。

3.2.8 农业综合开发技术

在农业综合开发项目的带动下,全市建设了多处以渠道衬砌等技术配套为主的节水示范区,青铜峡市金沙湾节水农业综合示范区就是其中的典型代表。引进国内外节水先进设备和技术,研究出一套适应引黄灌区的行之有效的节水灌排技术。

3.2.9 水权转换

水权转换是近年来节水工作新的突破口。以水权水市场理论为指导,明晰初始水权并促进水权流转。2005年以来,全市先后实施了青铜峡灌区汉惠合并、唐西合并等水权转换项目,通过"投资节水、转换水权"的方式,实现了政府、企业和农民多赢的局面。

3.2.10 量测水技术

为了使节水工作进一步实现量化,使农业节水技术推广与农民水费支出实现有机结合。近年来,全市大力开展了量测水工作,量水堰、量水槽、流速仪等量测水技术得到了很好的应用。

3.2.11 作物种植结构调整

大力发展节水经济作物种植。目前,全市已发展马铃薯18.9万亩、甘草20万亩、西甜瓜4.8万亩、饲草17万亩、高酸苹果12.8万亩、酿酒葡萄3万亩、红枣3万亩。

3.2.12 发展设施农业

通过建设塑料温棚发展反季节蔬菜、水果、花卉等经济作物。全市计划发展设施农业50万亩。目前,已发展20万亩,采取机井管道供水,亩均节水在800 m³以上。为发展节水高效避灾农业奠定基础。

3.2.13 推广农村水费改革

全市组建农民用水协会282家,协会管理支斗渠,全面实行水票制,"一票收费到户"，让农民缴明白费，用放心水，用水效率和效益明显提高，灌溉秩序良好。

3.2.14　科技推广

全市水利部门都根据工作需要，每年举办各类基层水管人员新技术、新技能培训班，收到了良好的效果。

4　进一步做好节水技术推广与科技创新，推进节水型社会建设

多年来，吴忠市节水工作取得了很大的成绩，但随着经济社会的发展，水资源问题越来越突出。建设节水型社会，以水资源的可持续利用支撑全市经济社会可持续发展的战略举措，涉及经济社会的方方面面，需要政府高度重视并做大量的艰苦细致的工作。今后在节水技术推广与科技创新方面，重点要做好以下几方面的工作。

4.1　加强水资源管理的研究

一是水资源统一管理研究。逐步实现水务一体化管理。二是水价形成机制研究，改变目前不合理的水价结构，建立水资源合理配置的经济杠杆。三是水权转换研究。继续探索农业节水支持工业、工业发展反哺农业的节水思路。实现水资源的科学有效利用。

4.2　进一步加强农业节水技术的研究、推广和应用

一是农业用水优化配置技术研究。合理调整农、林、牧、副、渔各业用水比例，建立与水资源条件相适应的节水高效农作制度。二是高效输配水技术研究。加强渠道防渗防冻胀技术的研究和产品开发，重点研究管道输水技术，开展防渗渠道断面尺寸和结构优化设计技术研究，加快发展灌区量测水技术研究。三是田间灌水技术研究。因地制宜发展和应用喷灌技术，研究微灌技术与地膜覆盖、水肥同步供给等农艺技术有机结合。四是降水和回归水利用技术。推广降水滞蓄利用技术，开展雨水集蓄利用技术实验研究，推广设施农业和庭院集雨技术。

4.3　建立健全节水技术的推广服务体系

加强节水技术推广服务体系建设，加强节水宣传教育活动，开展节水技术科普宣传，加快节水技术的推广。

5　结语

面对水资源日益短缺的现状，全面建设节水型社会已成为实现可持续发展的必由之路。依托节水新技术推广应用，吴忠市的农业节水措施呈现出多样化发展趋势，取得了明显效果。但是，就像节水型社会建设是一个长期的系统性工程一样，与之伴随的节水技术工作需要做大量、细致的工作，任务十分艰巨。

参 考 文 献

[1]　褚俊英，等.我国节水型社会建设的制度体系研究[R].中国水利水电科学研究院，2008.

[2]　王旭强.宁夏桃山节水示范灌区建设与启示[R].隆德县水利局，2007.

作者简介：马长军（1977—），男，农田水利工程专业本科学历，水利工程师职称。E-mail：swjmcj@163.com。

建立农业水价补偿机制，促进灌溉事业良性发展

李德信　刘元广　鲁海娟

（山东省即墨市水利局，即墨　266200）

摘　要：水利是农业的命脉，也是国民经济的命脉，随着水资源供求关系日益紧张，如何利用有限的水资源，保持农业持续健康发展，增加农民收入是至关重要的。即墨市是山东半岛的严重缺水城市，在这方面做了一定的工作，兴建了大批水利工程，发展灌溉事业。在经济社会快速发展的今天，如何维持灌区单位的简单再生产，降低农民的灌溉支出，让农民分享发展成果也是亟待解决的课题。

关键词：农业水价　补贴　灌溉

　　水作为人类生存和发展不可缺少、不可替代的资源，是社会经济持续发展的重要因素。近年来世界性的水资源危机已经引起了世界各国的关注和不安，人类开始反思并采取各种措施来解决水资源问题。即墨市位于山东半岛，当地水资源量仅 3.46 亿 m^3，人均水量只有 317 m^3，仅为全国人均占有量的 1/7，每亩耕地占有水资源量为 304 m^3，为全国亩均占有量的 1/6，是一个严重的资源性缺水城市，作为一个以农业为主的工商业全面发展的新兴城市，水问题一直困扰着即墨农村经济的发展。

1　灌溉工程现状及存在问题

1.1　灌溉工程现状

　　新中国成立以来，即墨市人民政府十分重视水利建设，兴建了大批水利工程项目，建设中型水库 4 座，小（一）水库 8 座，小（二）型水库 44 座，塘坝 539 座，拦河闸坝 43 座，机电扬水站 148 座，机电井 5 000 余眼，节水灌溉面积 53 万亩，全市有效灌溉面积 81 万亩，对于支撑农业和经济社会全面发展发挥了巨大的作用。

　　全市有万亩以上中型灌区 8 处，包括中型水库灌区 4 处，小（一）型水库灌区 1 处，引河灌区 2 处，提水灌区 1 处，有效灌溉面积 22 万亩，占全市有效灌溉面积的 27%。小型灌区包括小型水库灌区、扬水站灌区、塘坝灌区、机井灌区，总灌溉面积 59 万亩，占全市总有效灌溉面积的 73%。

　　近几年来，由于城市建设挤占了 1 座中型水库灌区，使灌区失去灌溉能力，4 座水库由农业灌溉为主均转向城市供水，中型水库灌区逐渐成为井渠合一灌区。

1.2　工程管理现状

　　目前，全市灌溉工程管理按照工程所有制形式和规模主要有以下 5 种管理方式。

　　（1）国有管理。全市 8 处万亩以上灌区有 6 处实行国有工程管理单位负责管理，是水利局派出的管理机构，包括 4 座中型水库和 2 处引河灌区。

（2）镇农业服务中心或水利站管理。较大的提水灌区、小型水库灌区以及近几年建成的规模较大的井灌区节水灌溉项目，由镇农业服务中心或水利站负责管理。

（3）村集体管理。以村为单位的灌溉工程，村庄经济条件较好的，实行村庄集体管理，由村委会派人负责。

（4）承包或租赁管理。近几年随着小型水利工程产权制度改革的逐步深入，对缺水地区，实行所有权与管理权分离，责权明确，承包或租赁管理是目前小型水利工程管理的主要形式。

（5）自建自管。根据"谁投资谁受益"的原则，实行自建自管。

1.3　灌区工程存在问题

（1）工程建设先天不足。8处灌区最早开发于1964年，最晚开发于1973年，由于受当时条件限制，所有灌区都是在边设计、边施工的环境下进行建设的，工程技术标准低、投资省、工期短、施工队伍素质差等原因，致使工程建设质量不高。

（2）工程年久失修，老化严重。灌区工程经过近30多年的运行，干支渠坍塌毁坏严重、淤积堵塞，建筑物已严重老化失修，不能做到正常输配水。

（3）资金投入不足。近十几年来，国家对灌区投入减少，地方财力也紧张，管理单位本身无力投入，致使灌区工程得不到很好的配套建设和维修养护。

（4）城市用水挤占了部分农业灌溉水量。即墨市4座中型水库原来以灌溉为主，现全部向城区供水，两处引河灌区从大沽河引水灌溉，由于大沽河被辟为青岛供水水源地之一，可供农业灌溉用水量减少，城市用水量增长，一定程度挤占了农业灌溉用水。

（5）水价低、水费收入不到位。灌区平均水费收取标准为不足0.2元/m³，远远低于供水成本。由于缺少量水设施，收费方式基本上是按亩收取，浪费水严重，农民习惯于喝"大锅水"，水费收入困难。

（6）传统的灌区管理体制不适应市场经济发展需要。现在灌区仍按计划经济管理模式，灌区放水靠行政命令，有限水资源灌溉产出效率低，已不适应变化了的社会经济发展需要，急需进行体制改革。

2　供水水价情况调查

即墨市是山东省严重的缺水城市，工农业供水水源不足是不争的事实，比较大的水源全部由为农业供水转向为城市供水，中型灌区原来以水库和河道引水为灌溉水源转向以灌区内地下水为主，当前用于农田灌溉多数是零星小水源，均是提水灌溉，需要耗费大量的电力支出，这也给灌溉管理增加难度，因此当前也没有制定全市农业灌溉统一的指导水价。

2.1　灌溉水价现状

目前，灌溉水价有三种情况：

一是国有灌区工程只在干旱的情况下供水，由于属于抗旱应急，而且灌区工程配套不完善，平均每立方米水价0.2元左右，严重低于供水成本。

二是集体统一管理的水源供水，管理人员是政府工作人员或村两委成员，人员工资由政府或村委负担，仅按低于运行成本收取水费，水价一般在每立方米0.5~0.8元。

三是个人租赁或承包管理的工程供水,按稍高于运行成本收取水费,水价一般在每立方米0.8~1.5元。

三种水费收取方式不均衡,当水价收费较低时,灌区管理单位收支不平衡,水价严重偏离成本,使供水单位入不敷出,不能维持供水的简单再生产;当水价收费较高时,农民灌溉支出偏大,增加农民灌溉负担,不利于灌溉事业的发展。

农业供水水价问题事关农业农村发展、农民增收和水利单位的良性运行,科学合理的水价体系是实现灌区经济良性循环的前提和基础。

2.2　灌溉水价的改革进程

根据2003年7月国家发改委和水利部联合下发的《水利工程供水价格管理办法》,为水利工程水价核定提供了政策依据,农业用水价格按补偿供水生产成本、费用的原则核定,不计利润和税金。核定水价时还要兼顾农户和经营者对水价的承受能力,并充分体现水价对资源节约利用的调节和约束作用。

农业供水水价改革从公益性无偿供水到政策性低价供水,从低价供水到按成本核算和按水商品价格计算,水价正随着水资源的短缺逐步提高。农业灌溉水价是价格法规定实施的政府控制价格项目之一。在市场条件下,农业供水水价成本价格到位受很多因素制约,主要有农业产品价格与农户承受能力、灌区自身经济与发展、政府财力补贴等。

当前,即墨市农业灌溉水价虽然没有实行政府统一定价,但实际大多在低于成本运行,形成灌区管理单位连续多年的政策性亏损,造成灌区没有经费维修工程,职工工资低于社会平均水平,同时,也严重影响灌溉事业的持续稳定发展,制约农业增产、农民增收。

3　建立农业水价补偿机制的建议

3.1　农业水价补偿的理由

(1)水的商品属性。农业供水是一种特殊的商品,具有商品属性和公益属性,在价格管理中必须考虑其两重性,公益性决定了供水价格必须由政府定价管理,而商品属性决定了其必须遵循商品交换价值规律。

(2)价值规律对水资源的配置作用。改革开放以来,由于社会经济快速发展,我国经济结构发生了巨大变化,由传统农业为主导逐步发展成为农、工、商、贸全面发展,加上灌区农产品效益低,比较优势不足,价值规律促进水资源也在国民经济各个行业中重新分配,城市与经济发展挤占部分农业灌溉工程和灌溉水源,使可用于农业灌溉的工程和水源减少,变相增加了灌溉取水成本。对即墨市而言,原来供农业灌溉的4座中型水库全部转向城市供水,挤占了灌溉水源,迫使灌区必须重新开发新的地下水源,既增加了开发成本,又增加了提水成本。

(3)变"农业支持工业"为"工业反哺农业"。新中国成立初期,我国农业是国民经济的主导产业,工业基础一片空白,是强有力的计划经济政策和农业支持工业发展,促进工业基础的建立。在工业文明高度发达的今天,"工业反哺农业"理所应当,也是社会经济发展的结果。

3.2　农业水价补偿办法

由于即墨市市级财政困难,建议将灌区水价成本与现行水价的差额列入上级财政预算,以解决灌区管理单位政策性亏损问题。

具体执行办法有两个。一是按照实际灌溉面积地亩数进行补偿;二是对提水泵站按照泵站的装机容量进行电费补偿。

随着国家惠农、支农政策的不断加大,先后出台并实施了许多优惠政策,如免征了已征收上千年的农业税,对种粮、良种进行直补,对"九年义务教育",中小学生实行"两免一补"。这些惠民政策减轻了农民的负担,促进了农业的发展。党的十七届三中全会作出了《关于推进农村改革发展若干决定》,进一步关心和重视"三农"工作。在这样的大好形势下,对农业灌溉用水费进行补偿势在必行。因此,可参照国家粮食直补、良种补贴、农机补助等办法,建立农业灌溉水价的补偿机制。

在建立农业灌溉水价补偿机制的同时,继续完善水利工程管理体制改革,确保工程效益正常发挥,加大农业供水、节水等基础设施建设的投入力度,加强农民节水意识,推广有效的农业节水技术,强化水资源管理机制,全方位促进灌溉事业上档次、上水平。

作者简介:李德信(1965—),男,山东省即墨市水利局高级工程师。联系地址:山东省即墨市蓝鳌路 1199 号。

宁夏引黄灌区农业水价改革研究

周 涛

（宁夏回族自治区水利厅灌溉管理局,银川 750001）

摘 要:近年来,按照国家水利部和宁夏回族自治区建设节水型社会的总体要求,引黄灌区全面推行了农村水费改革,调整了农业供水价格,推行了"一价制"水价政策,实施了农民用水协会管理,取得了农业节水、农民减负和末级渠系自主管理的"三赢"效果。本文结合灌区实际,详细分析了水价改革工作中存在的主要问题,并提出了合理的对策和建议。

关键词:灌区 水价 改革

1 灌区概况

宁夏引黄灌区灌溉历史悠久,素有"天下黄河富宁夏"、"塞上江南"之美称。早在2 000多年前的秦汉时期,劳动人民就相继开挖了秦渠、汉渠、汉延渠、唐徕渠,清代又开挖了惠农渠、大清渠等。灌区属温带大陆性气候,海拔1 100～1 200 m,多年平均降水量192 mm,蒸发量达2 000 mm,光照充足,无霜期150多d,适于发展灌溉农业。黄河纵贯灌区南北,境内流程397 km,年过境水量325亿 m^3,是灌区的主要水源。全灌区共有干渠、支干渠15条,总长1 540 km;排水干沟32条,总长790 km;各大干渠总引水能力750 m^3/s,年引水量67亿 m^3,净用水量32.8亿 m^3;灌溉面积715万亩。

2 改革内容

水价改革是理顺价格体系,提高行业实力的主要手段。近年来,按照水利部和自治区建设节水型社会的总体要求,宁夏引黄灌区全面推行了农村水费改革。经过建立试点、全面推开和规范提高三个阶段的不懈努力,调整了农业供水价格,推行了"一价制"水价政策,实施了农民用水协会管理,达到了农业节水、农民减负和末级渠系自主管理的"三赢"效果。

2.1 调整农业供水价格

2004年以来,结合农村水费改革,引黄灌区3次调整农业供水价格,有力促进了水资源的可持续利用。目前,自流灌区定额内供水价格,以支渠进水口为计量点,农业灌溉用水每立方米0.030 5元,水产生态用水每立方米0.034元,其他用水每立方米0.059 5元。

扬水灌区定额内供水价格,农业灌溉用水以支渠进水口为计量点,固海扬水工程每立方米0.137元,盐环定扬水工程每立方米0.157元,红寺堡扬水工程每立方米0.135元,固海扩灌扬水工程每立方米0.137元;城镇、工矿企业、旅游用水,以支渠进水口为计量点,固海扬水工程每立方米0.30元,盐环定扬水工程每立方米0.45元,红寺堡扬水工程每立方米 0.30 元;固海扩灌扬水工程每立方米 0.45 元;生态用水价格,以支渠进水口为计量点,固海扬水工程每立方米 0.157 元,盐环定扬水工程每立方米 0.177 元,红寺堡扬水工程每立方米 0.155 元,固海扩灌扬水工程每立方米 0.157 元。

2.2　推行"一价制"水价政策

引黄自流灌区农业供水全面推行"一价制"水价政策。即将干渠水价、征工折款和支斗渠维护管理费"三费"合一,统一实行按方计量收费,分别以干渠直开口或支渠直开口为计量点,实行计量收费。水费收缴实行统一收取、先缴后返、分级使用的管理办法,由各水管单位开票,农民用水户协会凭票向农户收费。水费使用按管理维护范围实行分级使用,干渠直开口以上水费由水管单位管理使用,干渠直开口以下水费全额返还给农民用水户协会。

2.3　实施按类别定价制度

为体现水资源的价格属性,根据供水类别不同,分别制定不同的供水价格。主要分为三大类:①农业灌溉用水:包括粮食作物、经济作物、林草地以及为农村人畜饮水工程供水。②水产生态用水:包括水产养殖业和生态景观用水。③其他行业用水:包括旅游、城镇和工矿企业用水等。

2.4　实行超定额用水加价政策

为提高用水效率和效益,促进农业种植结构调整和节约用水,凡超定额用水一律实行加价收费。自流灌区:农业用水超定额每立方米加价 0.02 元;水产、生态用水超定额每立方米加价 0.04 元;旅游、城镇、工矿企业用水超定额每立方米加价 0.08 元。扬水灌区:农业用水超定额每立方米加价 0.05 元;城镇、工矿企业、旅游用水超定额每立方米加价 0.12 元;生态用水超定额每立方米加价 0.12 元。

2.5　加强末级渠系配套改造

2004 年以来,通过整合灌区续建配套、水权转换、农业综合开发和末级渠系改造等资金,加快灌区节水改造步伐。共完成支斗渠砌护 5 000 km,新建及配套建筑物及支斗口量水设施 3.5 万座。与此同时,将水价调整增加的水费,全部用于供水工程的运行管理和维修。自流灌区干渠增收水费的 60% 用于工程运行和管理,40% 用于渠道测量水设施以及灌区信息化建设;扬水灌区增收水费全部用于机电设备、工程维修等。

2.6　推广农民用水户协会管理

宁夏引黄灌区农民用水户协会建设虽然起步晚,但步伐快、效果好。经 6 年的不懈努力,自流灌区共组建农民用水户协会 848 家,涉及 13 个县(市、区)、90 个乡镇、680 多个行政村和 17 家国有农牧场,控制灌溉面积 580 万亩,占自流灌区总灌溉面积的 96.5%,协会注册率达 89%,是全国农民用水户协会组织化程度最高的省区。协会管理的支斗渠责任明确,用水效率和效益明显提高。

3　存在问题

3.1　农业供水价格仍然偏低

随着钢材、水泥、电费等原材料价格上涨,现行水价标准与实际供水成本之间的差距也越来越大。1998 年以来,国家投入大量资金,实施了灌区节水改造,有力保障了水利工程的安全运行。但是,随着使用年限递增,工程维护费用也在不断上升,水管单位在水价偏低、水费收入较少的情况下,无力拿出资金进行维护,工程效益逐渐衰减。

3.2　"两部制"水价政策单一

宁夏引黄灌区的农业供水价格是标准的"两部制"水价,即定额内供水价格和超定额供水价格。用水高峰期和用水低谷期执行的是同一水价,夏秋灌和冬灌执行的也是同一水价,价格杠杆作用没有得到有效发挥,不利于节水型社会建设工作的开展。

3.3　生态用水缺乏政策引导

2003 年以来,为改善生态环境,提升城市品位,宁夏回族自治区陆续开工建设了银川艾依河、石嘴山星海湖、吴忠景观水道、中卫香山湖等一系列水资源综合利用工程。在立足"湖"优势,做足"水"文章的同时,生态用水量也在快速增加。2009 年共向湖泊湿地补水 1.46 亿 m^3,较 2003 年 0.27 亿 m^3 净增加 1.19 亿 m^3,增幅达 441%。如不加以控制和政策引导,必将给工农业生产带来影响。

3.4　"水费虚高"成为矛盾焦点

灌溉面积是制定配水预案、计算分摊水费的重要依据。目前,引黄灌区仍然存在着在册面积、申报配水面积、种粮直补面积等多种面积,这些面积都与实际灌溉面积有较大出入,这就是造成某些地方"水费虚高"的根本原因。如:青铜峡市王老滩村,实际灌溉面积 6 000 余亩,而落实到农户的收费面积仅为 2 000 余亩,按照收费面积分摊亩均水费达 104.6 元,而按照实际灌溉面积分摊亩均水费仅 40 元左右。面积不实造成水费分摊不公,群众有怨言。

3.5　"搭车收费"现象依然存在

一些协会在水费收缴环节上存在着用水缴费不透明、搭车收费和加价收费,无形中加重了农民负担。一些水管单位还存在不按进度和比例返还支斗渠水费、以"收据"代替"明白卡"等违反政策的现象。这些问题如果得不到及时纠正,必将极大地挫伤群众对协会的信任,破坏水管单位和协会的合作关系,对巩固和发展水价改革成果极为不利。

3.6　"返回资金"管理缺乏监督

目前,农民用水户协会财务管理,普遍存在着财务人员专业素质不高、会计账目建立不规范、白条入账,以及维修费、办公费和其他费用超支或提前预支等现象。个别协会的支斗渠返还水费,没有按照村级协会使用、乡级协会代管、县水务局等部门监督的方式进行管理(简称"村用、乡管、县监督"),部分甚至用于发放协会办公经费和人员工资。

4　对策建议

4.1　建立"小步快跑"的水价调整机制

一是认真开展水价调研,摸清水利工程、管理体制、综合经营等水管单位基本情况,梳理出水价改革中存在的突出问题。二是定期收集整理供水量、供水成本、供水效益等水价测算基础资料,综合分析农民承受能力和提价潜力,及时向物价部门提出合理化建议。三是建立"小步快跑"的水价调整机制,促进水管单位良性运行、灌区可持续发展。

4.2　建立"多部制"水价政策

打破"两部制"水价模式,探索引入季节水价(春、夏、秋、冬四季水价)、峰谷水价(灌溉高峰期和用水低谷期水价)等"多部制"水价政策,在农业供水价格中体现鼓励节水原则,促进水资源的优化配置和节约保护。

4.3 建立可持续发展的生态用水价格体系

一是统筹生活、农业、工业和城市发展需求,在不突破国家分配给宁夏的 40 亿 m³ 黄河可耗水指标内,研究制定生态用水规划,划定生态用水总量"红线"。二是严格执行生态建设项目水资源论证制度,新建项目正式开工前必须首先取得用水指标。三是加快生态用水价格调整步伐,发挥价格杠杆作用,抑制生态用水过快增长,促进经济社会可持续发展。

4.4 尽快核实农业灌溉面积

运用卫星遥感技术,对引黄灌区农业灌溉面积进行分灌域、分市县、分乡镇核查,以更好地维护水利工程安全,保护国有、集体、个人及其他经济组织灌溉用水者的合法权益,为促进科学配水、合理收费及种植结构调整提供科学依据。

4.5 强力推行水务公开工作

建立水费计收监督机制,推行水务公开,便于群众监督。实行四公开(面积公开、水量公开、水价公开、水费公开)、三到户(开票到户、送票到户、收费到户)的管理模式,从根本上杜绝"搭车收费"现象,让农民群众和用水户真正做到"用放心水、缴明白费"。

4.6 加强"返还资金"的监督管理

加大水价政策执行检查力度,加强"返还资金"的监督管理,确保支斗渠水费 70% 用于农民用水户协会办公经费和人员工资,30% 用于支斗渠的维修。严禁各市县、水管单位和农民用水户协会对支斗渠水费进行截留挪用,保障水费资金按规定用途合理使用。

参 考 文 献

[1] 周涛.宁夏引黄灌区井渠结合灌溉实践与探索[J].中国水利,2010(11):P56-57.
[2] 水利建设管理专业委员会,水利管理专业委员会.水利工程建设与管理[M].北京:中国水利水电出版社,2005.
[3] 宁夏回族自治区物价局,水利厅.关于自流灌区农业供水价格改革与水费计收管理试行办法的通知.宁价商发[2004]79 号.
[4] 宁夏回族自治区物价局,水利厅.关于调整我区引黄灌区水利工程供水价格的通知.宁价商发[2008]54 号.

作者简介:周涛(1981—),男,工程师,宁夏回族自治区水利厅灌溉管理局。联系地址:宁夏银川市解放西街 426 号。E-mail:chinaren9931@126.com。

农民灌溉水费承受能力测算初步研究 *

杜丽娟[1,2]　柳长顺[3]

（1.中国水利水电科学研究院 水利研究所,北京　100048；
2.国家节水灌溉北京工程技术研究中心,北京　100048；
3.水利部发展研究中心,北京　100038）

摘　要:准确测算农民灌溉水费承受能力是核定灌溉水价的关键,是制定农业水价综合改革方案的基础。本文应用2006年5个省份110份农户调查问卷,结合农业水价综合改革试点工作,分析了农民灌溉水费承受能力研究的现状及存在问题,提出传统方法不能全面真实反映农民的承受能力。通过调查数据分析,农民灌溉水费承受能力的影响因素主要包括经济因素和心理因素,据此提出了在不同类型地区应测定不同的心理承受能力系数和经济承受能力系数的新承受能力测算模型的初步设想。但由于农民灌溉水费承受能力涉及社会、经济、心理等方面,是一项复杂的问题,有待进一步深入研究。

关键词:农民灌溉水费承受能力　测算方法　经济因素　心理因素

农民灌溉水费承受能力是核定灌溉水价及水费的关键因素之一,也是建立农业水费补贴机制的评判指标。目前,采用水费占亩均收益、亩均产值的比例估算农民农业灌溉水费承受能力。从2006年农业水费两项政策调研和2007年8个省区规划编制过程中发现,北方、西部等经济欠发达且耕地亩均收益、产值较低的缺水地区,农民灌溉水费承受能力明显高于南方经济较发达且耕地亩均收益、产值较高的丰水地区的农民承受能力。这说明传统的承受能力估算方法并不是完全适用的,需要改进或建立新的农民灌溉水费承受能力核算模型。本文在分析2006年5个省区调研数据和110份农户调查问卷的基础上,提出传统方法的局限性,分析影响农民灌溉水费承受能力的根本因素,尝试提出新的承受能力测算模型,为农业水价改革和建立农业水费贴补机制提供科学支撑。

1　农民灌溉水费承受能力研究现状

目前灌溉水费承受能力受到了社会和学术界的广泛关注,但对灌溉水费承受能力的定义和测算缺乏统一标准。姜文来[1]将其定义为考虑用水者承受能力的水价。王浩等[2]则认为水价承受能力是指用水户能够承受某种水价水平下的水费支付能力,即用户支付水费后对其生存与发展不会受到太大的影响。贾大林等[3]认为承受能力是指人们在某种信号刺激下仍能保持常态的容忍能力,它有一个最高限,包括物质与心理两个方面。廖永松等[4]认为,农民灌溉水价承受能力存在一个可承受范围或空间,其决定性因

---

* **基金项目**:水利部政策研究与制度建设预算项目;水利发展与改革"十二五"规划专题。

素是灌溉投入成本占农业生产成本的比例和生产利润。

国内普遍采用水费承受指数法测算农民灌溉水费承受能力。即通过调查分析农民的农业生产投入产出情况,以及水费支出占农业生产成本、产值、收入等各项的比例,与国内外已有成果或经验得出的合理范围进行比较,最后结合当地实际情况进行确定[5]。主要方法包括水费占农业生产成本比例、水费占灌溉增产效益比例、水费占亩均产值比例、水费占亩均净收益比例等。国内的一些研究成果表明,农业水费占亩产值的比例为 5% ~ 15% 较合理,水费占农业生产成本的比例以 20% ~ 30% 为宜,水费占亩均净收益的比例以 10% ~ 20% 为宜。

国外多采用水费承受能力指数规范农业水价制定。世界各国农业水费标准受用水户承受能力影响而普遍较低。印度规定灌溉水费不应超过农民增加净收入的 50%,一般控制在总收入的 5% ~ 12%。泰国、新加坡和印度尼西亚规定家庭水费应在平均家庭收入的 3% 以内,灌溉水费占农户收入的比重更低。一些国家也以农业灌溉水费占灌溉增产效益的比例,作为灌溉水费现实可行的标准。表 1 给出了亚洲一些国家及世界银行资助的灌溉工程的农业水费标准。

表 1　亚洲一些国家农业水费标准

国名	印度	印度尼西亚	菲律宾	泰国	韩国	世行资助的灌溉项目
农业水费占灌溉增产效益的比重(%)	17	8 ~ 12	10	9	9 ~ 15	5 ~ 33 平均 17

上述农民灌溉水费承受能力测算方法比较简单,但是缺乏科学依据,适用性与实用性不强。科学合理的农民灌溉水费承受能力测算方法不但要反映农民的支付能力,还要反映农民的支付意愿[6,7]。水费占农业投入产出的比例一定程度上可以反映水费对农民的经济影响(是否有支付的能力),但是不能完全反映农民对水费的接受程度,即心理承受能力。因此,应用上述方法测算的承受能力与实际情况有较大的偏差,需要创新测算方法。

2　传统农民灌溉水费承受能力测算实例分析

2.1　调查灌区及调查内容

本次调查时间为 2006 年,调查年份为 2000 年、2003 年和 2005 年,选择了我国黄河流域、长江流域、西南不同类型和不同地点的 10 个灌区,其中黄河流域包括陕西省的冯家山水库灌区和河南省的韩董庄灌区,长江流域包括江西省的社上灌区和赣抚平原灌区、浙江省的西浒灌区和铜山源水库灌区,位于西南部的云南省东风水库灌区。调查选择的典型农户数为 110 个,其中陕西冯家山水库灌区 15 户,河南韩董庄灌区 36 户,江西社上灌区 19 户,江西赣抚平原灌区 8 户,浙江西浒灌区 8 户,浙江铜山源水库灌区 12 户,云南东风水库灌区 12 户。

本次调查内容主要包括家庭人口、种植面积、灌溉面积、作物种类、粮食产量、农业产值、农业净收益、农业水价、灌溉水费支出、可以承受的水费、水费支付意愿以及希望财政补贴水费等。

2.2 传统方法测算及存在问题

根据 2006 年对江西、浙江、云南、陕西和河南 5 个省区的大中型灌区 110 份农户调查问卷,分别应用目前常用的水费占农业产值比例和水费占农业净收益比例两种方法估算农民灌溉水费承受能力。用 2005 年数据进行分析,调查省份水费与农业产值、农业净收益关系见表 2。

表 2　2005 年调查省份水费情况

省份	水费 (元/亩)	水费支付意 愿(元/亩)	农业产值 (元/亩)	农业净收益 (元/亩)	水费占产值 比例(%)	水费占净收益 比例(%)
江西	16.46	8.61	665.62	274.04	2.47	6.01
浙江	77.11	15.12	838.53	221.53	9.20	34.81
云南	28.50	15.25	1 040.00	533.33	2.74	5.34
陕西	47.14	21.13	1 022.07	512.67	4.75	10.70
河南	33.09	25.93	787.43	469.11	4.20	7.05

由表 2 可知,2005 年调查 5 省中,只有浙江省亩均水费占亩产值比例在 5% ~ 15% 的范围内,陕西省接近于 5%,其余各省均明显低于 5%;浙江省和陕西省亩均水费占亩均净收益比例超过 10%,其余各省均低于 10%。对照国内一些研究成果推荐的适宜范围,两种方法测算结果基本相同,浙江、陕西 2005 年水价较合理,处于农民承受能力之内,而其余各省水费偏低,有进一步提高的空间。

但是,实际调查的农民支付意愿却与测算结果相反。从图 1 中可以看出,实际调查的农户支付意愿与当年水价相差最大,而其余水价测算不合理的省份,农户实际支付意愿却与当年水价比较接近,这说明上述两种方法测算的农民灌溉水费能力与实际存在较大偏差。

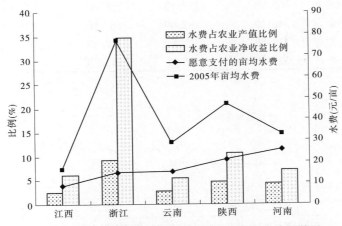

图 1　2005 年调查省份水费与农业产值、农业净收益关系

　　调查还发现一个非常有意思的现象。从农户水费支付意愿来看,长江流域的江西、浙江两省最低,位于西南的云南省居中,而黄河流域的陕西、河南两省最高(见图1),即北方、西部经济欠发达的缺水地区农民灌溉水费承受能力明显高于南方经济较发达的丰水地区的农民承受能力。这一现象在甘肃、新疆等地可以得到进一步的验证,种植大田作物的甘肃景泰川电力提灌灌区农业供水价格高达 0.248 8 元/m³,远高于南方经济发达地区。

　　因此,传统的承受能力测算方法存在一定的问题,没有考虑到南北方灌溉增产效益的差异,不能真实反映农民的承受能力,从而可能影响农业水价综合改革决策。

3　农民灌溉水费承受能力影响因素分析

3.1　经济因素

3.1.1　农民灌溉水费承受能力受增产效果的影响

　　水与化肥、农药一样是生产资料,农民对水费的承受能力不仅受水费本身高低的影响,更受灌溉增产效果的影响。从灌溉农田与旱地每公顷粮食产量比值的区域分布来看,水资源条件较好的南方地区比较小,比值最小的地区为长江流域与西南诸河流域地区,比值分别为 1.82 和 1.90;而西北内陆河和黄河流域地区这一比值则较大,分别达到 4.45 和 3.53,见表3。因此,在常年灌溉地带,灌溉是农业发展的必要条件,水贵如油,灌溉增产效果十分明显,农民对灌溉水费的承受能力就高。而在补充灌溉地带,旱作物在湿润年份不需要灌溉,灌溉对作物增产的效果不明显,农民对灌溉水费的承受能力就低[8]。由图2可知,灌溉亩均增幅与农民水费支付意愿之间呈正相关关系,增幅越高,农民水费支付意愿越高;反之,则支付意愿越低。

表3　调查省份灌溉增产情况

省份	分区	灌区亩均产量 （kg/亩）	旱地亩均产量 （kg/亩）	亩均增产 （kg/亩）	亩均增幅 （倍）	水费支付意愿 （元/m³）
江西	长江流域	503.70	277.10	226.60	1.82	0.009
浙江	长江流域	503.70	277.10	226.60	1.82	0.029
云南	西南诸河	346.20	182.60	163.60	1.90	0.041
河南	黄河流域	338.50	95.90	242.60	3.53	0.169
陕西	黄河流域	338.50	95.90	242.60	3.53	0.246

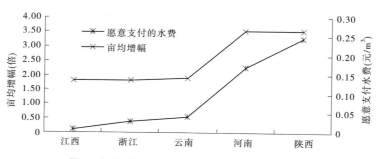

图2　调查省份水费支付意愿与灌溉增产关系

3.1.2　灌溉用水符合边际效益递减原理

边际效益递减规律又称边际产量递减规律,是指在技术水平不变的条件下,当把一种可变的生产要素同其他一种或几种不变的生产要素投入到生产过程中,随着这种可变的生产要素投入量的增加,最初每增加一单位生产要素所带来的产量增加量是递增的,但当这种可变要素的投入量增加到一定程度之后,增加一单位生产要素所带来的产量增加量是递减的。在农业生产技术水平不变的条件下,当连续不断地增加灌溉用水,最初灌溉的边际产量递增,当灌溉水量增加到一定限度后再增加灌溉水量,边际产量递减,如图 3 所示。

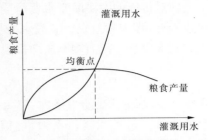

图 3　灌溉用水边际效益递减

3.2　心理因素

农户作为基本的农业生产单位,在面对不同的农业水价政策时,其决策行为基本上是“理性的”,保护自己利益的倾向比较明显[9]。同时,农村税费政策、贴补政策、农业灌溉设施产权、水资源禀赋条件及供水条件等都对农民承受能力有一定的影响。一些农民在心理上觉得,皇粮国税都取消了,农业水费也应该取消。其他补贴也激发了农民希望水费减免的想法,目前直接针对农民的补贴较多,就连农药、化肥、种子、农机甚至母猪都有补贴,农民认为自己投工投劳修建的水利工程,水费更应该减免。此外,供水服务缺乏保障、用水计量缺乏手段、用水权利和缴费责任边界不清晰等也导致农民对缴纳水费产生抵触心理。

从调查的 5 个省份来看,水费实收率在 2000 年、2003 年和 2005 年的 3 年呈下降趋势,见图 4。调查 5 省 2000 年水费平均实收率为 73.37%,2003 年为 68.83%,2005 年下降为 66.78%,2005 年实收率比 2000 年下降了 6.59%。其中,云南省水费实收率下降最为明显,2000 年为 45.51%,2005 年为 31.69%,下降了 13.82%;其次为河南省,2005 年比 2000 年下降了 9.93%。这说明 2000 年以后,随着农业税逐步取消,财政补贴支农逐步增加,不愿意缴纳水费的农民数量呈增加趋势。近年来,这种趋势更加明显。据农业水价综合改革试点地区反映,在试点灌区实收率有所提高,其他灌区征收水费难度加大。

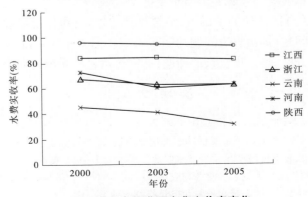

图 4　调查省份灌溉水费实收率变化

4　构建农民灌溉水费承受能力测算模型的设想

　　针对传统的农民灌溉水费承受能力测算方法存在的问题,综合考虑经济因素(增产效益)与心理因素对农民灌溉水费承受能力的影响,提出基于经济因素与心理因素的农民灌溉水费承受能力测算概念模型如下:

$$C = rf\left(\frac{\Delta O}{W}\right) \tag{1}$$

式中:r 为心理承受能力系数;W 为亩均灌溉水量;ΔO 为亩均灌溉水量对应的作物增产产值;f 为经济承受能力系数,此值在[0,1]区间,即经济承受能力的上限是灌溉增产产值。

　　由于农民灌溉水费承受能力在南、北方和丰水、缺水地区存在的差异性,因此在不同地区应用上述方法时,必须先确定相应的 r(心理承受能力系数)和 f(经济承受能力系数)值,以便科学客观地反映当地农民灌溉水费的承受能力,为推进农业水价综合改革提供支撑。

5　结论与建议

　　(1)用 5 个省份 110 份农户调查数据分析证明,农业水费普遍较低,农民承受能力呈现出一个规律,即北方、西部经济欠发达的缺水地区农民灌溉水费承受能力明显高于南方经济较发达的丰水地区的农民承受能力。这说明传统的承受能力估算方法存在一定问题,不能全面真实反映农民的承受能力,从而可能导致农业水费改革判断失误。

　　(2)通过调查数据分析,农民灌溉水费承受能力主要受经济因素和心理因素的影响。具体来讲:灌溉亩均增幅直接影响农民的支付意愿,二者之间呈正相关关系;产量与灌溉水量二者之间符合边际效益递减原理;受农村税费政策、贴补政策、农业灌溉设施产权、水资源禀赋条件及供水条件等对农民心理的影响,灌溉水费实收率呈下降趋势,即不愿意缴纳水费的农民呈上升趋势。

　　(3)为了更客观地反映当地农民灌溉水费的承受能力,初步构想了基于经济因素与心理因素的农民灌溉水费承受能力测算概念模型,模型的特点在于,测算时在不同类型地区采用不同的心理承受能力系数和经济承受能力系数。

　　(4)本文在有关省区调研的基础上,结合试点工作,针对传统的农民灌溉水费承受能力测算方法存在的问题,提出解决问题的初步构想。但由于农民灌溉水费承受能力涉及社会、经济、心理等方面,是一项复杂的课题,有待今后进一步深入研究。

参 考 文 献

[1] 姜文来. 农业水价承载力研究[J]. 中国水利,2003(6).

[2] 王浩,阮本清,沈大军. 面向可持续发展的水价理论与实践[M]. 北京:科学出版社,2003:195-196.

[3] 贾大林,姜文来. 农业水价改革是促进节水农业发展的动力[J]. 农业技术经济,1999(5):6-9.

[4] 廖永松,鲍子云,黄庆文. 灌溉水价改革与农民承受能力[J]. 水利发展研究,2004(12):29-34.

[5] 陈丹. 南方季节性缺水灌区灌溉水价与农民承受能力研究[D]. 南京:河海大学,2007.

[6] 唐增,徐中民. CVM 评价农户对农业水价的承受力——以甘肃省张掖市为例[J]. 冰川冻土,2009,

31(3):560-564.

[7] 陈丹,陈菁,陈祥,等. 基于支付能力和支付意愿的农民灌溉水价承受能力研究[J]. 水利学报, 2009,40(12):1524-1530.

[8] 石玉林,卢良恕. 中国农业需水与节水高效农业建设[M]. 北京:中国水利水电出版社,2001: 127-128.

[9] 年自力,郭正友,雷波,等. 农业用水户的水费承受能力及其对农业水价改革的态度——来自云南和新疆灌区的实地调研[J]. 中国农村水利水电,2009(9):158-162.

作者简介:杜丽娟(1977—),女,博士,主要从事农田水利、水土保持方面的研究。 E-mail:ljdu@iwhr.com。

浅议我国农业水价改革

徐广生

（河海大学水利经济编辑部，南京　210098）

摘　要：水价是水资源管理中的主要经济杠杆，对水资源的优化配置和管理起着重要的导向作用。我国水价已随着水资源的短缺程度不断提高，居民生活和工业用水价格已逐步达到供水成本并有所利润；而农业作为用水大户，却受农产品效益低、供水计量基础设施差、农民增收困难等因素的影响，水价改革面临诸多问题。依据我国水价改革的基本思路，针对我国目前在税费收取和水价改革中存在的问题进行调研和分析，从而提出农业水价改革的建议。

关键词：农业水价　水价改革　合理补偿　承受力

我国的气候、地理条件决定了水资源在保障粮食安全中占有举足轻重的作用。一方面，人口多、耕地少的现实决定了我国农业必须走灌溉农业的发展道路；另一方面，我国的水资源短缺、时空分布不均、旱涝此起彼伏造成了一系列农业用水问题，如农业水资源的开发利用面临着供水不足和浪费、被其他行业用水挤占，以及用水效率低下等问题。2008年我国开展农业水价综合改革，改革的总目标是构建农田水利良性运行机制，实现保障粮食安全、促进农业节水、减轻农民负担、确保工程良性运行。国内外的实践证明，合理的水价能够提高水的利用效率，促进水资源的优化配置。面对日益紧迫的水资源短缺问题和实现我国农业可持续发展的要求，开展农业水价改革已成为解决我国农业用水问题，实现农业节水的必然选择。而制定合理的农业水价改革政策必须关注农业水价与其具体承受者——农户之间的关系，水价改革如何影响农户灌溉决策行为，这种影响不仅反映在农户灌溉用水量的变化，而且反映在农户采用节水技术等农业节水实践方面，以及对农户生产的决策方面影响。

1　目前农业水价管理中突出的问题

1.1　水价偏低，水费实收率低，供水单位亏损严重

近几年来，随着全国水利工程水价改革的稳步推进，农业供水价格几经调整，农业水价较之过去有了大幅度提高，但农业供水实际价格还远远不及供水成本，灌区管理单位入不敷出，存在价格政策型亏损。目前我国农业水价和水费征收总体呈现"三低一高"的特点。所谓"三低"，一是指农业灌溉水价整体偏低。2005年，全国农业水价平均为 0.065元/m³。丰水地区如湖南省，即使在水价上调后全省大型灌区平均水价为 0.034 元/m³；缺水地区如内蒙古河套灌区的水价为 0.04 元/m³，河北漳滏河灌区的水价为 0.083 元/m³。二是指农业灌溉水价远低于成本水价。2005年的农业水价为实际供水成本的38%，多数灌区的现行水价只能达到其供水成本的 50%～60%。如果把水费实收率和水价占成本

的比例综合考虑进去,2005 年水管单位实收水费只占农业供水成本的 22% 。从灌区的规模来看,大型灌区供水测算成本与现行水价差距较小,中小型灌区差距较大,农业供水成本是现行水价的 2~6 倍。三是指农业水费实收率低。我国农业水费的平均实收率仅为 57.4%,据统计,百家大中型水管单位农业水费实收率只有 70% 左右,有的地区农业水费实收率低于 50%,如甘肃省的甘南等少数灌区的水费实收率只有 10% 左右。主要原因在于水费征收不规范,加价收费严重,同时,有的农民收入低,缴费有困难。目前国有水管单位农业用水价格平均约为 0.03 元/m³,考虑乡村正常的成本费用后约为 0.035 元/m³,农民实际上缴水价平均为 0.05 元/m³。"一高"是指农民实际支付的水费比较高[1]。根据水利部 2006 年对 200 个农民进行的随机调查,2005 年农业水费支出平均为 42 元/亩,约占其产值的 5%,超过每亩纯收入的 10%;部分灌区农民的水费超过 80 元/亩,水费占其产值的 10.4%,占每亩纯收入得比例高达 20.8%;个别乡镇的水费甚至高达 130 元/亩以上,占到种粮成本的 20% 以上。

1.2 农村税费改革加剧了农业水价改革的难度

农村税费改革的实行,特别是全面取消农业税和"两工"政策出台后,虽然对发展农村经济、促进农民增收十分必要,但也对农业水价改革带来了较大的冲击。取消农村"两工"政策后,乡、村两级组织难以组织农民义务投资、投劳。而支斗渠以下的农田水利工程主要依靠群众投资投劳进行修建、维护。农村税费改革后,这些量多面广的支斗渠以下工程失去了改造投入的主要来源后,势必加剧工程状况的损坏,进一步消弱灌区输配水的能力,影响灌溉水平。随着农业税取消,社会各界呼吁取消农业水费的呼声也越来越高,农民认为政府现在大力支持"三农"工作,农业税都免了,而且种粮还给补助,为什么还要收水费。因此,许多农民群众也对农业水费的收取产生一定误解和不满。

1.3 农民用水负担重,水利部门负债运行

虽然近几年国家十分重视"三农"问题,从中央到地方出台了一系列支农政策,努力促进农村经济发展,农民收入也有所增加。但受农业基本情况限制,我国农业发展还相当落后,还属于弱势产业。一方面,由于灌溉工程状况不良,输水过程中水资源浪费严重(以 2008 年为例,江苏省农业平均灌溉水利用系数仅为 0.5 左右,农民用水户只能用到实际供水的 50% 左右),而且末级灌溉经常需要动力抽水才能保证灌溉,额外花费的人力和财力导致灌溉成本提高,部分地区水利工程水费加上机电排灌费达 1 500 元/hm² 以上,农民用水负担重;另一方面,受水价偏低、农民不富裕和供水行政指令等多重因素的影响,水利部门计收的水费远不足以维持包括电费在内的正常运行成本,只能负债运行,水利部门经常遭遇被供电部门断电的尴尬局面[2]。

1.4 农业水价结构和水价制度不合理

目前我国大部分地区的农业水价结构中,旱田作物与水田作物、经济作物与一般农作物的产品价差与用水量的比例不协调,且对经济作物的定义已发生较大变化的情况下,没有制定相应收取差额水价的具体操作办法。很多地区主要采用按灌溉面积计价的模式,没有建立"两部制"水价和超定额累进加价等有利于节约水资源、水环境保护的水价制度。

1.5　水资源利用率低下,农业用水浪费严重

由于供水工程管理和养护经费不足,致使许多水利工程状况堪忧,灌溉系统"上通下阻",农田浇不上水,导致国家投入巨资改造的大型灌区不能发挥应有的效益,水资源利用效率低下。很多末级渠系水利工程不归水利部门管理,存在乱加价、乱收费和截留挪用水费的问题,既加重了农民的负担,又造成了水资源的浪费,不利于农业节水和农民增收,同时也挤占了正常的水价调整空间。另外,由于缺乏用水计量设施,用水权利和缴费责任边界不清晰、不对称,"两部制"水价、超定额累进加价等较为科学的水价制度推进难,农民对节约水资源缺乏认识和责任感,因此大水漫灌现象较普遍,水资源浪费很严重。

2　现阶段农业水费征收的外部环境分析

2.1　进入工业反哺农业、城市支持农村的新阶段

综观先进工业化国家的发展历程,在工业化初期,农业支持工业、为工业提供积累是带有普遍性的趋向;但在工业化达到相当规模程度后,工业反哺农业、城市支持农村,实现工业与农业、城市与农村协调发展,也是带有普遍性的趋向。我国目前的工业反哺农业、城市支持农村的政策条件已经产生。党的十七届三中全会通过的《关于推进农村改革发展若干重大问题的决定》指出,我国总体上已进入了以工促农、以城带乡的发展阶段,进入加快改造传统农业、走中国特色农业现代化道路的关键时期。明确今后的工作要坚持实行工业反哺农业、城市支撑农村的基本方针,推动农村经济社会又快又好的发展。改革开放 30 年来,我国经济总量已上升为世界第四,我国已具备了工业反哺农业、城市支持农村的物质基础。

2.2　粮食制度改革和农业税的取消加大了农业水费收缴难度

2006 年,全国范围内免征农业税,农业、林业、农机等涉农部门逐步取消了涉农收费项目,发放了粮补资金、退耕还林资金、购买大型农机具补助资金。随着我国粮食制度的改革和农业税的取消,农民上缴水费的意识也逐渐淡漠,水费收缴难度随之增大,水费收取率也逐年下降。末级渠系的维护费用不同于干渠,一般是由农民投工投劳。农村"两工"取消后,组织农民维护渠道十分困难,特别是近年来,农村有能力的劳动力大多外出打工,留守人员多为老人、妇女、儿童。一些地区农民呼吁:"皇粮国税都免交了,还交什么水费呀。"目前,财政状况较好的一些省、市已经开始探索免征农业水费。四川、浙江、广东等省的部分地区已停止或暂停收取农业水费。

2.3　农民种植收入所占比重越来越小,对水价承受能力逐步降低

据有关数据统计,1998～2007 年期间,农村居民农业收入占家庭经营性收入的比重、农业收入占农民纯收入的比重都呈现逐年下降的趋势。1995 年,农业收入在农民纯收入中所占比重高达 50.7%,而 2005 年这一比重下降到 33.7%。农村居民的收入越来越多地来自种地以外的收入。究其原因,农民普遍反映现在种地成本太高,水费占其产值或纯收入的比例逐年攀升,农民对水价的承受能力逐步在降低。

2.4　免征农业水费的呼声越来越高

我国自 20 世纪 80 年代开始征收水费,30 年来的水费征收和水价改革利弊共存。随着党和国家陆续出台一系列支农惠农政策,农民的种粮积极性进一步喷发,并由此产生

了要求免征水费的呼声。目前,我国一些经济发达和财政收入状况较好的地区,已经开始实行免征农业水费。农业水费征收的利与弊、免征农业水费的利与弊有待于进一步研究探讨。

3 农业水价改革建议

2008 年开始,我国开展农业水价综合改革,改革的总目标是构建农田水利良性运行机制,实现保障粮食安全,减轻农民负担,促进农业节水,工程良性运行。农业水价改革不仅仅是一个水利经济问题,而且是一个非常敏感的政治问题,与农业综合生产能力提高密切相关,和农民及相关水管单位的利益纠缠在一起,非常复杂,农业水价改革必须采取慎重、积极稳妥的原则稳步推进。许多专家对农业水价改革进行了大量的细致的调查和研究。

李鹏等[3]认为,要充分利用 WTO 规则,运用"绿箱"政策,加大农业供水、节水基础设施建设的投入力度。一方面,可以加强政府财政对农业的生产基础设施、技术推广、科学研究等的补贴力度,财政对农业生产基础设施的补贴应尽量向灌区灌溉工程设施的配套建设和更新改造倾斜;另一方面,为增加我国农业产品的国际竞争能力,农田水利建设等农业基础设施投资应该主要由国家投资,农民不应该承担过多基础性、公益性任务,因而在农业水价制定和计算上,国家对农业基础设施建设的投资与固定资产折旧费就不应当加入到农业供水成本中。姜文来[4]认为,农业水价改革是一个系统工程,并不是仅仅提高水价。应该与农业高效密切结合,农业高效了,其承受能力增加,可以为水价的提升带来调整空间,因此农业水价改革必须在农民的承受能力范围之内。雷波[5]等通过对农户灌溉决策行为及其影响因数的分析和水价变动对农户灌溉决策行为影响的理论探讨认为,从理论和实践的角度都证明农业水价的变动能够有效地改变农户用水行为,对促进农业节水具有很明显的作用。但是,单纯的农业水价格改革只能使农户的用水行为由第一阶段向第二阶段转变,而要真正实现全面的农业节水,还必须借助于公共投资的力量,大力发展各类农业节水技术,消除农户的农业节水准入门槛,在此基础上再利用价格的调节作用促进农户全面节水,降低成本,从而实现高效农业。李培蕾等[1]认为农业生产要素很多,而种子、灌溉水、化肥、农药是农业生产四大要素。在其他要素补贴基本到位的情况下,应该充分考虑农业用水弱质性,将此纳入政府帮扶对象。与其让水管单位"亏本赚吆喝",生存和发展得不到保证,还不如对农民免征农业水费,将水管单位的农业供水资产纳入公益性资产运筹范围,实行政府财政补贴,这也正好为政府落实惠农支农政策、实施工业反哺农业、城市支持农村战略找到了切入点。笔者在学习借鉴各位专家研究成果的基础上提出如下建议。

3.1 改革和完善现行的农业供水价格管理体制

一是将农业供水各环节水价均纳入政府价格管理范围,实行政府定价和政府指导价两种价格形式。二是积极推行终端水价、水价公示和一价到户制度,彻底消除政府定价和实际到户价之间的大幅差价。农民按此终端水价缴纳水费后,不再承担任何与供水有关的其他费用。

3.2　建立以水权为基础的市场优化配置水资源的新机制

农业节水的潜力很大,建议结合农业供水体制改革,完善水市场,建立农业水权转让机制。对于水权主体界定不明,导致农业节水不良激励的问题,可以通过水权的确定、水权市场的建立和水权交易,发挥市场机制在水资源配置中的作用,它将激发人们农业节水的内在积极性。通过农业水权使用的转让机制,使农业用水得到补偿,这样既可以激励拿钱买水的的城市和工业部门节约用水,也可以提高农民生产的积极性和发展节水农业的积极性,让农民在节水实践中得到实惠。同时,建立水权交易市场,通过农业水权转让,改变了过去由政府出面将农业用水直接调拨给城市和工业部门使用使农业用水短缺而农民又无任何利益可言的现象,实现了农民对农业用水的自主权,也使农民获得了利益,更加激发了农民的节水积极性。

3.3　确定合理有效的农业水价补偿办法

根据灌区目前核算出的成本水价来看,如果马上按照成本水价对农户征收水费,农户将很难接受,甚至会挫伤农民的种粮积极性,不利于灌区农业发展,不利于国家粮食安全和稳定。因此,首先应在核定水价并确定农业用水水价后,确定两者之间的差额,在农业用水未能实现按成本收费之前,该差额需要由国家财政给予补偿,否则灌区难以实现良性循环。建议将补偿款直接补偿给农民。这种直接补偿给农民的补贴方式是高效的,特别适合水资源极其短缺、经济还比较落后的地区,既可以逐步提高水价保证灌区良性运行,又能让农民意识到水资源的价值,进而提高农民的节水意识[6]。

3.4　工程更新改造应由公共财政负担

根据《水利工程供水价格管理办法》,农业用水价格应由供水生产成本、费用、利润和税金构成。但目前农业供水成本中,折旧费和修理费占有较大比重。这也造成农业供水较高,而农民难以承担。因此,在制定合理的农业水价时,应考虑不提取折旧费和大修费,工程更新改造由公共财政负担。一方面能够降低水价成本,减轻农民负担;另一方面也使灌区管理单位的维修养护费有保障。

3.5　积极试点,择时免征农业水费

通过建立中央、地方财政农业定额水费补贴制度将免征水费带来的负面效应降到最低。即由中央和省级政府每年从财政拿出部分资金,作为农业水费补贴专项资金,按灌溉定额和水价全部或部分标准对农业灌溉供水实行补贴。首先,选择条件成熟地区,优先考虑粮食主产区和贫困区,建立免征农业水费的制度,并在不断完善的基础上,逐渐向全国广大农村地区全面推开,使之成为又一项影响深远的惠农政策。

参 考 文 献

[1] 李培蕾,钟玉秀,韩益民.我国农业水费的征收与废除初步探讨[J].水利发展研究,2009(4):16-21.

[2] 乔莜.江苏省农业水价改革探讨[J].水利经济,2009,27(5):28-30.

[3] 李鹏,汪志农,李强.大型灌区农业水价改革中存在的问题与对策[J].安徽农业科学,2008,36(14):6068-6070.

[4] 姜文来.我国农业水价政策的改革建议[J].资源与人居环境,2008(6):32-33.

[5] 雷波,杨爽.农业节水对农业水价变动反映的理论探讨[J].中国农村水利水电,2008(2):17-20.

[6] 李晶.浅议农业水价改革问题[J].山东水利,2005(2):28-30.

作者简介:徐广生(1950—),男,副编审,研究员,河海大学《水利经济》编辑部。联系地址:江苏南京西康路一号。E-mall:xuguangsheng2008@ sina. com。

山东省农业水费征收状况与水费政策探讨

李龙昌　　李其光

（山东省水利科学研究院，济南　250013）

摘　要：本文首先对山东省引黄灌区及水库灌区灌溉工程现状进行分析，指出了灌区存在的问题，对灌区农业水费的征收办法和征收情况以及水费的用途进行了全面阐述。水费每年每亩 30 元左右，水费收取困难，实收率下降。分析了灌区的运行与管理现状，认为存在问题比较严重，多数灌区尚未落实水管单位工资和工程维修费，管理人员不稳定，工程缺少经费维修。对农业水费政策进行了初步探讨，认为农业水费征收在现阶段发挥了重要作用。但因诸多因素收费困难。农业水价难以提高，呼吁尽快落实两费政策，逐步取消农业水费。中央相机出台农业水费直补政策。

关键词：该区工程现状　农业水费征收　灌区运行管理　农业水费政策探讨

山东省是我国农业大省，是我国粮、棉、油主产地。农业灌溉为山东省农业发展起到了重要作用。到 2008 年底，全省 751.7 万 hm² 耕地中有效灌溉面积达到 486.67 万 hm²，实灌面积到 420 万 hm²，农业用水量依然是全省各部门用水大户。农业灌溉用水仍占全省总用水量的 70%。山东省的农业灌溉从 20 世纪 50 年代中期开始发展，以后在山东省沿黄地区相继建成了一批大中小型引黄灌区。在沿河、沿湖地带建成了一批引河灌区，60 年代以来，在山丘区建成了一批大中小型水库及相应的水库灌区。目前全省设计灌溉面积万亩以上的灌区 700 多处，2 万 hm²（30 万亩）以上的大型灌区 65 处。

山东省的引黄灌区主要分布在鲁西北沿黄地区。农业灌溉主要依靠黄河水，山前平原地带主要是井灌区，井灌区主要靠提取地下水灌溉，面积约占全省灌溉面积的 40%。引河引湖地区主要建设扬水站提取河水、湖水灌溉，水库灌区分布在胶东半岛以及鲁中地区的山地丘陵区。

1　灌区工程现状

40 多年来，山东省各种类型的灌区始终担负着为农业输水灌溉的任务，为全省的农业发展、粮食高产作出了重要贡献，直至今天，山东省农业灌溉依靠的依然是当年修建的工程。由于灌区工程大部分建于 20 世纪五六十年代，经济比较困难，设计标准较低，施工条件差，后期没有更多的财力物力配套，工程先天不足，大多数灌区灌系不完整、不配套，渠道衬砌率低。引黄灌区骨干渠道全部是土渠，渠道上建筑物等配套设施不完善，支渠以下尤甚。经过多年运行，渠道及配套设施老化失修，渠道坍塌、淤堵、严重漏水。渠系水利用率愈来愈低，致使灌水严重浪费。大部分灌区支渠以下末级渠系，一是工程原本配套不完善，二是长年无人管理，渠系及建筑物破坏及老化更为严重，骨干工程由灌区管理单位负责，而末级渠系管理主体不明确，产权不明晰，农村分田到户以后，村民随意取土造成渠道破坏堵塞,大部分工程设施无法正常发挥作用,支渠以下没有灌水量水设施。

引黄灌区大多数水系不配套,末级渠系清淤不及时。斗、农渠缺乏维护管理,设备老化失修,桥涵闸老化,斗、农渠坍塌淤积严重,自流渠系多不能正常运行,多数引黄灌区中下游灌排一条沟,将黄河水放入排水沟,再由排水沟提水灌溉。据统计,引黄灌区下游淤积堵塞达到设计过水断面 30%～50% 的占 60%,一些灌区支渠以下放水无法控制。水库灌区情况更加严重,兴建时先天不足、质量不高,骨干工程多为砌石渠道,渠系配套不完整,长年运行,缺少维修,加之人为破坏,渠系坍塌漏水老化,渠系建筑物损坏严重,中小型灌区尤甚。

有的灌系建筑物损坏率达 80% 以上,灌溉水难以输送到田间,由于渠系的破坏造成大量的灌溉水浪费,甚至淹没了部分农户作物,引起群众不满,安丘县一大型水库由于渠系不配套,已近 10 年没有向农业供水,群众守着水库用不上水。一到汛期,库水泄空,白白浪费。目前,全省灌区灌溉水利用系数在 0.4 左右,中小型灌 0.3～0.4。当前,农业用水浪费的主要原因是工程质量低。自 1996 年以来国家对大型灌区骨干工程进行了改造,大部分骨干工程得到了衬砌,干渠输水效率得到提高,山东省大型引黄灌区位山灌区、小开河灌区,大型水库青峰岭灌区等灌区骨干渠道全部衬砌,渠系比较完善,工程发挥了重要作用。但由于末级渠系存在的问题更多,改造的任务更大,中小型灌区基本上没进行改造,总体上山东省灌区灌溉工程基本上还是带病运行,2006 年调查,全省灌区 17 627.96 km 渠道中,应当衬砌的是 13 654.77 km,实际上只衬砌了 1 300 km,占应衬砌渠道长度不到 1/10。因此,山东省灌区节水改造、续建配任务仍然艰巨。

2　灌区农业水费征收情况

目前,山东省农业水费大都低于供水成本,水库灌区平均 0.065 元/m³,供水成本为 0.146 元/m³,水价占成本的 45%,引黄灌区水价平均 0.055 元/m³,供水成本 0.129 元,水价占成本的 43%。由于灌区水利工程不完善、不配套,支渠以下大部分缺少计重设施,难以实行按方收费,当前农业水费的征收仍然是按亩分摊。农业水费计收分为直接计收和委托计收两种方式,水库灌区水费多是由水管单位直接计收,如山东省大型灌区青峰岭水库灌区由于渠道工程配套比较好,灌区管理所负责将库水引入群众地块,水费由灌区管理人员直接向村计收,避免了乡(镇)搭车收费,群众缴费比较积极,收费基本上能够完成,但多数中小型水库灌区由于工程破坏严重,跑水漏水浪费严重,有些农户不愿缴水费,管理人员只能收取 60%～80% 的水费。引黄灌区水费计收方式与水库灌区不同,引黄灌区农业供水以支渠进水口为计量点,灌区管理部门根据计量的向各县的输水量会同物价、财政、减负办等部门,提出水费计收方案,经市政府同意,将计收方案发至各县(市、区)及县以上,各县向乡(镇)分摊,由于大部分灌区还不能计量到乡(镇),所以按市下达的数字根据各乡(镇)的灌溉面积,分摊到乡(镇),乡(镇)到各村更缺乏供水计量设施,也只能按各村面积逐级进行分摊,由村委会向农户收取。乡(镇)收取的水费 60% 交水管部门,40% 留作工程维修。水利管理部门上缴黄河河务部门水费后,将另一部分用做管理费用和干支渠维修养护及人员工资。

以支渠放出口放入量计,一般每次灌水 130 m³ 左右,一般每年灌水 3～5 次,亩年收取水费 30 元左右,有的灌区固定不变,有的地方每亩地水费支出达 60 元以上,占亩均收入的 15%以上。

当前,除少数灌区水费计收比较到位外,多数灌区水费计收难,收取率下降,水费收入减少。

3 灌区的运行与管理

山东省灌区主要分为引黄灌区、水库灌区和井灌区。引黄灌区由市、县(市、区)设置的专门灌溉管理机构进行管理,黄河河务部门负责黄河大堤引黄闸的运行管理,按照黄河来水量和灌区需水量放水,灌溉管理部门负责输沙渠、沉沙渠、干支渠的清淤、维修养护、配水灌溉。一般跨县的灌区由市管理干渠,计量供水到县(市、区),县(市、区)管理支渠,乡(镇)以下的斗、农、毛渠等末级渠系,由乡(镇)或行政村负责维修管理。目前斗渠以下一般没有量水设施,黄河水放入排水沟,群众多采用沟引提灌的方式灌溉,水库灌区基本上是水库和灌区是一个管理单位,水库灌区的渠道多是衬砌和石渠,为自流灌溉,管理单位既负责水库的防洪又要负责灌溉,大部分水库灌区支渠破坏严重,配套也不完整,支渠以下,斗、农、毛渠道也不完善。井灌区灌水比较简单,主要由几家联合对机井管理运行,水费只交能耗费用,扬水站灌区多是以村为单位管理,只按亩收取费用,水源费用不计。

山东省水库灌区主要分布在胶东半岛和鲁中低山丘陵区。胶东半岛的水库基本上转向工业和生活用水,农业供水量较少。这些地方的管理单位人员工资和工程维修费用有保证。但完全向农业供水的大部分水库仍然依靠所收水费运行,当前,水库直接向群众收取水费困难,在尚未落实两费的管理单位,水费收入只能用做管理人员工资,只能发放60%~80%,其余靠管理人员另寻出路,更谈不上工程的维修管理,这些单位,管理人员不能稳定,长此下去,水库灌区工程进入恶性循环,越来越差。另一部分水库管理部门是已经确定了两费,管理人员比较稳定,所收水费一部分用来维护主体工程,一部分维护末级渠系,比较好的灌区由于工程配套,灌水及时,水费征收到位,管理人员工资和工程维护费用可以保证,进入良性循环。

引黄灌区的管理相比水库灌区其水费收取方式不同,引黄灌区靠市、县、乡、村各级政府,中间环节较多,灌区管理单位多是自收自支,两费只要部分灌区落实,位于山东省第五位的大型引黄灌区位山灌区运行管理较好,灌区根据各县的灌水量由市下交到县,逐级按亩征收,直到村民,不允许各级搭车收费。群众满意,水费实收率较高,但除留作县级部分水费外,管理单位上缴黄河水费后,实际每方水不到 0.04 元,由于位山灌区灌溉面积大,所以水费收入满足管理人员工资部分可以维修若干工程,但县级留用的多用来发工资,末级渠系无经费维护管理。德州市的两个大型灌区管理单位落实了两费,管理人员工资有保证,所收水费由市水利局统一支配,维修灌区主体工程,问题是末级渠系仍无人问津,淤积严重,没有经费维护。大多数引黄灌区水管理单位均属自收自支的事业单位,职工生活及工程维护完全依靠收取的水费维持,除工资外没有工程维修养护的费用,导致工程状况逐年下降。高青县马扎子和刘春家两个引黄灌区,因经费困难连续 4 年没有对渠道进行清淤,大量引黄泥沙沉积,渠道杂草丛生,大部分渠底与地面持平,基本丧失了输水能力,无法进行日常管理。很多中小灌区桥涵闸严重老化,有的支渠建筑物配套率很低,支渠以下缺乏渠道配套,群众直接从支渠提水。

总体上看,山东省灌区水管单位体制改革滞后,全省所有水管单位均制订了改革方案。527 处国有水管单位开展了基础测算工作,其中有 89 个水管单位方案批复。2006 年全省落实的管理费和养护费不到两费总额的 26%。

4 关于农业水费征收政策的探讨

农业水费政策是一个复杂的社会问题,受社会各方面制约,农业水费征收也存在各种问题,根据现有农业水费征收状况,对农业水费征收政策进行探讨。

4.1 充分认识到农业水费的征收在现阶段中的作用

山东省大部分灌区仍是自收自支单位,对于单纯向农业供水的灌区,农业水费是管理单位和工程维护的唯一来源。这些灌区中,大型引黄灌区位山灌区、水库灌区、青峰岭灌区依靠严格的管理,水费基本上全部上缴,不但保证了管理人员的工资,还可对主体工程进行维护和完善,使灌区走上良性循环,对于工程较差的一些中小灌区,水费虽然不能全部上缴,但也保证了管理人员的大部分工资,对于完成两费的灌区,如德州市,水费的征收由市水利局管理,用于灌区输水管干工程的配套维护。因此,在国家或地方不能对农业水费进行财政转移支付的前提下,农业水费的征收将对灌区发展起到不可替代的作用。

4.2 受诸多因素影响,农业水费的征收难度大

受诸多因素影响,农业水费的征收难度越来越大,其原因是水利工程不配套,灌水浪费,末级渠系难以计量,引黄、水库灌区按方收费难以管理,按亩收费出现有的群众不缴费,由于灌水量大,加上引黄灌区有的乡(镇)、村收费搭车,造成群众收费过高,高的地方有的达到每年 $60 \sim 80$ m³/亩,群众有意见,水库灌区由于直接收费,对于不缴费的农户难以执行,长期下去,水管单位缺乏力度,水费实收率低,甚至有的水库无法放水。2006 年取消农业税,粮食进行直补后,农民期盼能够免收农业水费,从总的趋势看,农业水费征收的难度增加,这个原因既有供水工程造成的,也有管理的政策问题。

4.3 农业水费征收难以执行成本水价,不能从根本上改造灌区

当前农业水价只有成本水价 45% 左右,如果按成本水价收取,亩次灌水 20 元左右,每年每亩收 $80 \sim 100$ 元,有的还会更高,群众意见会更大,而且更加难以执行,水价的提高并不能限制群众少用水,当前灌溉水浪费的原因主要是供水工程质量差,所以依靠现行的水价并不能从根本上解决大多数灌区工程的维护改造。

4.4 尽快落实两费,使现有的水费用于工程改造

当前全省已有部分市(县、区)落实了水管单位工资和工程维护费,使征收来的农业水费大部分用于灌区工程,起到了显著效果,灌区水管单位工资占水费的 $60\% \sim 80\%$,不少地区由于水费实收率低,只能全部发工资,因此各地方应当尽快落实两费政策,以农业水费代替两费,只能是暂时的,各地经济已经具备了落实两费能力,问题是没有真正重视,没有真正把农业当做基础来对待,把灌区当做公益事业单位对待,长此下去,这里的灌区必将陷入恶性循环,管理人员不稳定,最终受损失的还是当地农民。

4.5 取消农业水费,实行财政转移支付或水费直补,加快灌区的改造进度

山东省沿海大中型灌区很少向农业供水,引黄灌区也有部分向工业、生活供水,农业

用水的比重越来越低,工业向农业反哺是应当的。2006 年以来,全国范围内免征农业税,发放了粮补资金、大型农机具补助资金。目前,涉农收费只有水费,群众对收取水费开始有怨言,期盼能够取消。事实上,我国和省内一些地方已经取消了水费征收,实行了财政转移支付,保证了灌区水管单位人员的工资和工程维护费用,稳定了管理队伍,加快了灌区改造,深受灌区和群众欢迎,以上分析已经说明,依靠现行水价,大多数灌区无法对工程进行维护改造,只能是长期带病运行,当前,末级渠系改造仅仅开始,任务还相当艰巨,因此中央必须加大农业基础设施的投入力度,相机出台农业水费直补群众或直补水管单位的政策,以加快灌区改造的进度。

作者简介:李龙昌(1947—),男,研究员,山东省水利科研究员。E-mail:Lilongchang @ 126. com。

试论新形势下农业水价改革

许学强　李　华

（水利部海河水利委员会，天津　300170）

摘　要：本文介绍了我国农业水价现状，分析了美国、加拿大、澳大利亚、法国、印度和非律宾等国家农业水价政策对我国的启示作用，提出了我国农业水价改革的若干具体措施。

关键词：农业　水价　改革

农村税费改革以来，农业水价改革、水费计收与农田水利建设方面存在的问题成为农村工作和社会关注的热点与难点，农民对于缴纳农业水费有着抵触心理，水管单位农业实收水费锐减，生存和发展面临困难，农民和水管单位的矛盾呈现激化的趋势。在深入调研分析的基础上，宜从推动农业水价改革入手，以逐步解决这些问题。

1　我国农业水价现状

农业用水是指由水利工程直接供应的粮食作物、经济作物用水和水产养殖用水。水利工程供水具有准公共物品的属性。水价是水商品的交换价格，水价标准由各级政府制定。全国水利工程水价水平较低，非农业水价总体来说能达到成本的 70% ~ 80%，收取率较高，少数非农业供水水价达到保本微利水平；在农业供水方面，农业是我国的经济基础，农民承受能力差，农业水价水平长期偏低且调整缓慢。

据调查，2005 年大中型灌区农业平均水价 0.065 元/m³，实际供水成本水价 0.17 元/m³，农业平均水价仅为成本水价的 38%，平均水费实收率仅为 57.3%，实收水费只占成本的 22%。2007 年全国百家水管单位农业水价 0.061 6 元/m³，2008 年全国平均农业水价 0.073 3 元/m³。以水资源短缺的河北省为例，河北省一直执行冀价工［2000］37 号文件，供农业用水水价标准为 0.11 元/m³（农业灌溉用水按斗口计量），这个标准已执行 10 年未作调整。长期以来，水利工程供水价格一直未达到成本价格，尤其农业水价偏低，财务一直处于亏损状态，影响了供水单位的正常运行。以引滦枢纽工程为例，经供水定价成本监审后，现执行农业水价仅为定价成本的 32%。每年因农业供水达不到成本价格净亏损上千万元。由于亏损严重，资金入不敷出，致使工程设备设施大修及改造长期滞后，严重威胁工程安全和供水效益的发挥。

农业水价形成机制和管理存在着如下问题：一是部分地区终端水价偏低，不利于提高用水户节水意识；二是水利工程农业水价远低于供水成本，致使工程老化失修；三是实施农业水资源费征收的省市极少，地下水超采严重；四是农业末级渠系水价管理薄弱，乱加价、乱收费和截留挪用水费的问题突出，既加重了农民负担，又助长了水资源的浪费。导致农业水价偏低的原因主要有三方面：一是当前农民收入水平不高，承受能力较低；二是大部分地区的末级渠系水价没有纳入政府价格管理范畴；三是计量设施不完善，无法实现计量收费。综上原因，应进一步深化农业水价改革，加快水利工程良性运行步伐，促进节约用水，保护和优化配置水资源[1]。

2　国外农业水价执行情况

　　人类社会进入 20 世纪以来，随着经济社会的发展，水资源问题在全世界范围内已引起了广泛重视，人类有责任不断去探求摆脱水资源困境的科学途径。各国的水价制度与本国的水资源禀赋状况、经济社会发展水平和水资源管理模式密切相关，其中的一些做法和经验值得我们学习和借鉴。以下分别介绍美国、加拿大、澳大利亚、法国、印度和菲律宾等国家农业水价的相关政策。

2.1　美国的农业水价

　　美国水利工程投资来源主要有联邦政府的拨款或贷款、州政府的拨款或贷款，水价构成及核算因不同投资来源兴建的水利工程对各类用户而有显著不同。政府通过限制资本投资收益率来监管私营水务公司，使其获得合理的收益。水费必须收回成本，但又不能高于成本，并且规定水供应者是非盈利企业。美国几乎所有的水管理局都是依据平均成本确定水价，水价一般包括输水成本、供水设施的修建和维护成本等。农业用水一般由灌溉管理局负责，这些灌溉管理局的日常工作主要就是负责水库和输水渠道的维护和改造等。如联邦供水工程对灌溉农业用水的偿还条款是十分优惠的，灌溉用水水价一般包括运行维护费和在规定的偿还期限内偿还灌溉分摊的全部联邦投资（不包括利息）。

2.2　加拿大的农业水价

　　加拿大现行水价只与提供供水服务的成本有关，无论哪种用水对象，其水价标准都远低于供水成本，更谈不上供水利润。加拿大灌溉用水一般是要缴费的，但农业用水的收费形式不尽相同。目前主要是根据灌溉面积收费，而不是按实际用水量收费。水价标准不仅省与省之间差别很大，省内不同地区也有所不同。以艾伯塔省圣玛丽灌区为例，水费一年收一次，用户在 8 月 31 日前缴清的，可给予一定的折扣优惠，12 月底未缴清水费的处以罚款。另外，根据灌溉法规定，用水户连续 2 年不缴水费的，灌区管理局有权没收其土地，再过 1 年不缴纳水费的，管理局可卖掉其土地。强有力的水费征收措施，保证了灌区内几乎所有用水户按时缴纳水费。

2.3　澳大利亚的农业水价

　　澳大利亚地表水和地下水的所有权属于州政府。州政府将水的配额权授于水管理局，农民取得许可证后才能取水。农民取水灌溉时都使用计量设施，在维多利亚州，计量设施由水管理局安装并进行维护，如果农民用水量超过了他们所允许的量，那么他们将被送上法庭。水管理局每年对用水户收费，收取的费用用于供水的开支、安装计量设施的支出以及诸如消除盐渍化等环境问题的花费等。农民如果没有按时付费，将暂停取水、取消许可证，甚至拍卖财产方式进行处罚。澳大利亚农业灌溉供水一般实行两部制水价，即按取水许可权制度的固定水价和按取水量计算的计量水价[2]。

2.4　法国的农业水价

　　法国的农业人口仅占总人口的 4.9%，但法国农业用水水价的制定与流域或地区水资源开发规划密切结合,通过用水户与供水机构签订合同,来履行相关的权利与义务。法国农民缴纳的灌溉服务费一般包括水输送费、压力管道输送费、灌溉设备费和劳动力费用。值得一提的是,法国在水价中合理引入了水的成本费和税费的概念,水的成本费是农民根据合同所支付给供水机构或者企业的,水的税费主要考虑的是一些调控合理用水的因素(如鼓励农民在水供给相对充足或过剩时用水),这种双费构成制度,是一种值得借鉴的成功经验。

2.5 印度的农业水价

作为一个农业大国,印度法律规定,农业水价的制定和计收统一由各邦负责,水费收入的估算和计收一般由各邦的灌溉或者税务局负责,灌溉水费与灌溉工程的运行和维护费用之间没有直接的联系。其水费收取一般有如下原则:水费在任何情况下不得超过农民增收的净效益的50%,一般在20%~50%;在缺乏灌溉前和灌溉后单位土地面积作物产量资料的情况下,可以根据作物总收入制定水费标准,可控制在5%~12%,上限适用于经济作物。绝大多数情况下,印度农业水价按耕地面积计收水费,但有量水设施的灌溉系统则应按实际供水量为依据,还有一些灌区实行合同水费,每年或者几年订一次合同,不管用水与否,均按照合同缴纳水费。灌溉水费的计收一般都是由税务局负责,但也有些灌区开始实行农民用水户协会直接向农民计收水费。

2.6 菲律宾的农业水价

菲律宾是个以农业为主的国家,全国性的灌溉用水事务由国家灌溉管理局负责,国家灌溉管理局既是一个行政管理部门,又是一个经济实体,其主要任务是负责组织修建灌溉工程及灌溉工程的运行维护,并以固定水费逐级向灌溉用水户计收水费。菲律宾还设有农民自己管理农田水利的组织——农民灌溉管理协会。菲律宾对灌溉工程的资金投入是多层次、多渠道的,主要有国家投资、利用外资、地方集资和农民投入(劳动力和材料)。

以上各国供水价格的形成机制及管理经验对我国正在进行的农业水价制度改革有一定借鉴意义。各国的水价形成机制在以下5个方面值得我们借鉴:一是农业水费建立在成本基础上;二是农业供水组织是非盈利组织;三是国家对农业供水给予政策倾斜;四是运用农业两部制水价计收方式;五是对超定额农业用水有一定的惩罚措施。

3 新形势下农业水价改革措施

由于农业供水的准公益性、政府的价格管制和农民经济承受能力制约的原因,农业水价受到严重扭曲。尽管如此,通过农业供水价格机制产生的激励对农业用水的供给与需求特别是对农业节水还是可以产生重要的调节作用。因此,必须进一步推进农业水价改革措施,建立有效激励的水价制度,促进节约用水。

3.1 实行终端水价制度成为农业水价改革的必然选择

农业终端水价改革是规范末级渠系水价,改革农业供水管理体制,保证工程良性运行,促进农业节水增效,保障国家粮食安全的必然选择。按照促进节约用水和降低农民水费支出相结合的原则,逐步实行国有水利工程水价加末级渠系水价的终端水价制度,加快灌区改造、完善计量设施,推进农业用水计量收费,实行以供定需、定额灌溉、节约转让、超用加价的经济激励机制,推进农业水价综合改革。

3.1.1　加快灌区改造工程建设

我国的气候条件与水资源状况,决定了农业发展在很大程度上依赖于灌溉的发展程度,也决定了灌区在我国农业生产中的重要地位。为推行终端水价制,应做到"配水到户、计量到户、计账到户、收费到户",切实减轻农民负担。在加强灌区改造与更新的同时,在末级渠系安装计量设施是执行终端水价制的迫切需要,有利于促进节约用水和减轻农民负担。

截至 2007 年底,国家利用国债资金投资 233 亿元,启动了 376 个大型灌区续建配套与节水改造工程,通过工程改造与管理改革,灌区工程状况有所改善,取得了显著成效。2005～2008 年,中央财政投入逐年增加,累计安排小农水建设专项资金 49 亿元,拉动地方财政投入和农民投资投劳 97 亿元,建设了 6 000 多个项目,累计新增、恢复有效灌溉面积 1 300 万亩,改善有效灌溉面积 3 000 万亩,新增粮食综合生产能力 40 亿 kg,新增节水能力 40 亿 m³,较好地解决了部分地区小型灌排"卡脖子"工程问题,有效改善了农业生产条件[3]。

3.1.2　终端水价的核算方法

农业终端水价是指整个农业灌溉用水过程中,农民用水户在田间地头承担的经价格主管部门批准的最终用水价格,由国有水利工程水价和末级渠系水价两部分组成。在农业供水各个环节中,农业供水成本费用沿着干渠、支渠、斗渠和农渠逐级累加,在农渠出口处达到最大,形成农业终端水价。

(1)终端水价等于国有灌区工程供水成本费用与末级渠合理费用之和除以终端计量点计量的水量,计算公式如下:

$$P = \frac{P_1 W_1 + P_2 W_2}{W_2} = P_1 / \eta + P_2 \tag{1}$$

式中:P 为以灌区为单位的终端水价;P_1 为国有水管单位支渠出口农业成本水价;W_1 为国有水管单位支渠出口计量的供水量的多年平均值,$0 < W_2 < W_1$;P_2 为末级渠系供水费用;W_2 为终端供水量;η 为末级渠系平均水利用系数。

(2)末级渠系供水费用的确定。

末级渠系供水费用的确定是终端水价核算中的一个难点问题。末级渠系由于大多属于国家出资、农民投劳修建,因此不计算末级渠系固定资产折旧费。维修养护工作随工程所处区域而异,一般有渠道清淤、除草、渠顶(坡)养护、渠道破损修补、裂缝处理、涵闸的维修养护、计量设施的维护等。根据调查情况并进行分析,确定末级渠系维修养护费有以下两种方法。

第 1 种,按末级渠系固定资产一定比例测算。斗渠及以下的末级渠系有固定资产明细台账的,其固定资产按账面值确定。末级渠系供水费用可按末级供水管理组织所管理的斗渠和农渠等末级渠系供水固定资产的 3.5% 左右确定。无台账的通过水行政部门会同价格主管部门协商估价,建议一般可按 15～25 元/m 综合估价确定,经济贫困地区可按 15 元/m 估价。

第 2 种,按单方水价格均值测算。大多数省份目前未实现终端水价,末级渠系合理水费通过"一事一议"、招标投标等方式制定,农户参与到供水管理当中,末级渠系管理经过几年探索实践趋于合理。末级渠系供水费用一般为 0.03~0.05 元/m³[4]。

3.2 从供水源头到用水户建立农业水费补偿机制

水利为社会提供的是具有公共物品或准公共物品性质的产品或服务,在消费中具有非排他性和非竞争性,其服务对象不能像一般竞争性产品和服务那样能够加以自由选择或排斥(或排斥的成本过高),在现有条件下难以形成良性的投入产出关系。虽然水利工程供水从收费中可以获得一定的经济补偿,但由于农业产业的弱质性,加上实际上水利工程供水工程大多是由政府投资兴建的,考虑到中国的现实,水利工程供水不仅具有经济目标,同时具有政治目标,如实现社会安定和社会公平等。由于农业是弱质产业,农民承受能力有限,为了保证水管单位的正常运行,就必须建立合理的价格补偿机制。如宝鸡峡灌区单方水供水成本费用为 0.493 元/m³,而 2001 年省政府批准的农业水价为 0.175 元/m³(含电费、外购水源费),仅占成本的 35.5%,由于长期亏本运行,造成灌区工程老化失修,职工收入低,严重影响到灌区的生存和发展。

由于水利工程的准公益性,在水价不到位的情况下,其运行维护不仅政府要承担主要责任,受益者也要承担一部分责任。因此,设立水价补偿金,专门准备补偿水管单位农业水价不达成本部分,此外,由于干旱缺水水管单位无水可供、农田干旱歉收无法缴纳水费而造成的困难,亦应由财政补贴,以维持各级水管单位最低水平的维护运行。农业水费要建立国家、地方、用水户多层次的合理补偿机制,并合理确定国家、地方、用水户的补偿比例。在政府补贴农业水费方面,河北省邯郸市已迈出了一步。近 2 年,岳城水库供邯郸市的农业供水水费(水价标准 0.03 元/m³)已由邯郸市财政解决。

3.3 推行农业补偿水价,体现以工补农政策

对国家和农业用水户补偿后的农业水费仍达不到成本的供水单位,在水价测算中,通过测算方法适当调整供水成本在农业与非农业之间的分配。在有条件的地区,对用水量大、承受能力强的非农业用水户考虑实施以工补农的水价制定措施。水价制定体现以工补农是公平可行的。农业补偿水费的使用要加强管理,以促进水利供水工程的可持续运行。

(1)在水价核算中,通过测算方法适当调整供水成本在农业与非农业之间的分配。在水价核算方法上,采用按供水服务成本和按用水户承受能力相结合的方法,在计算出来的供水资产折旧全部由非农业用水户承担,不再分摊给农业用水户,进而提高非农业供水成本,降低农业供水成本。

(2)继续维持目前较低的农业水价,其成本缺口除依靠财政补贴外,采取提高非农业用水水价来补偿。农业补偿水价的计算方法如下:

$$P_N = (P_C - P_Z)W_N/W_G \tag{2}$$

式中:P_N 为农业补偿水价;P_C 为农业成本水价;P_Z 为当前农业执行水价;W_N 为农业供水量;W_G 为非农业供水量。

以某水利供水工程为例,此工程 2009 年经物价部门成本监审后,农业供水成本 0.063 元/m³,非农业供水成本 0.205 元/m³。农业平均年供水量 23 719 万 m³,由于水库移民主要安排在农业供水受水区,再加之受水区的农业水价长期未作调整。2001 年国家批复的农业水价 0.035 元/m³ 一直没能到位,实际结算水价 0.02 元/m³。根据国家惠农

政策和受水区农民承受能力,在定价中考虑批复水价和定价成本的差即以工补农资金为 1 019.9 万元,按非农业供水量 53 604 万 m^3 分摊,运用公式(2),计算影响非农业供水成本即农业补偿水价为 0.019 元/m^3。由于水利工程为工业供水挤占了农业供水指标,且受水区的用水量大、水价承受能力较强,水利工程农业供水成本缺口考虑采取由非农业用水水费来补偿。经计算,农业补偿水价占非农业测算水价的 5%,对非农业用水户的影响较小。水价制定体现以工补农是公平可行的[5]。

在水利工程区域定价的地区,对该区域的多个水利供水工程也可以按照公式(3)计算该区域的农业补偿水价水平。

(3)农业补偿水费的管理。在实行农业补偿水价之后,对农业补偿水费的管理可设立水价补偿金科目,专门准备补偿供水单位农业水价达不到成本的部分。水管单位要健全水费使用管理制度,增加透明度,实行账务公开,接受群众监督。同时,要加强内部管理,杜绝不合理的成本开支,不断降低供水成本,完善水费使用管理办法。

3.4　落实征收农业水资源费政策,促进节约用水,合理配置水资源

水资源费是调整水资源供求关系的重要杠杆,对水资源的优化配置起重要作用。各地要加强水资源的统一管理,在制定水资源标准时要根据当地的水资源状况,按照"优先开发地表水,严格控制地下水"的原则,提高地下水的水资源费的标准,遏制地下水的超采。

征收农业用水水资源费主要原因如下:一是水资源费的性质决定了应征收农业用水水资源费。水资源费与农业税还是有区别的,它是国家资源所有人收益权的体现,在水资源严重短缺的情况下,农业用水又是最主要的用水户,应该征收水资源费。二是目前我国农业灌溉用水占农业用水的 90%,而灌溉用水普遍管理粗放,利用率很低,征收农业用水水资源费有利于筹集农业节水资金,促进农业合理利用水资源。三是考虑农民经济负担问题,设定了征收前提,只有当农业生产出现了超定额用水时才征收水资源费,其目的主要是制止用水浪费,促进农业节水。四是农业用水在许多地方,由地表水改为地下水灌溉,破坏水生态环境。

农业用水水资源费缓征 5 年的政策早已到期,2006 年开始实施《取水许可和水资源费征收管理条例》的有关规定,通过加强用水定额管理和健全计量设施等措施,开展农业用水水资源费征收工作,以制约过度开采地下水,并能考虑优先使用地表水。随着国家取消农业税及逐步取消了统筹、村提留等收费项目,农业水资源费问题成为当前农村的一个热点问题。在前些年有关省市制定实施的水资源费征收管理办法中,大多数对农业灌溉用水不收或暂不征收水资源费,也有部分省市征收农业水资源费,但其征收标准远低于工业和生活用水水资源费的征收标准。《取水许可和水资源费征收管理条例》对农业用水的水资源费分不缴、免缴和低标准缴纳 3 种情况进行了规范[6]。

目前,全国有较少省市对农业用水征收水资源费。如,北京市水资源非常紧张,农业绝大多数使用井水灌溉,已实行对农业超定额用水部分征收农业水资源费的政策。

3.5　改革计价方式,推行科学合理的水价制度

按供水经营者向用水户计收水费的不同方式分为单一制水价、两部制水价、超定额累进加价、阶梯水价、丰枯季节水价和季节浮动水价。这些计价形式,是基于我国水资源短

缺、各地降水的时间分布不均和水利工程供用水特点考虑的。改革计价方式的目的是促进节约用水、维持供需水的相对平衡、均衡补偿供水生产成本费用。

全国绝大多数农业灌区采用一部制水价,必须尽快改革水价的计价方式,推行科学合理的水价制度。可根据水资源条件和供水工程情况实行分区域或分灌区定价;在实行农业用水计量的条件下,可适当引入丰枯季节差价或浮动价格机制,加大水价的激励和约束作用,缓解水资源紧缺的矛盾;继续推广计量水价和容量水价相结合的两部制水价,以促进水资源合理分配和水利工程的稳定运行。要尽快制定科学的农业用水定额,为推行两部制水价、超定额累进加价、丰枯季节水价或者浮动水价等科学的计价方式打好基础。

参 考 文 献

[1] 本书编写组. 农业水价综合改革试点培训讲义[M]. 北京:中国水利水电出版社,2008:4-7.
[2] 中澳灌溉水价研讨会澳方专家论文集[C]. 水利部,2000.
[3] 周密部署 精心安排 着力做好小型农田水利建设各项工作(财政部农业司副巡视员曹广生在 2009 年小型农田水利建设工作会议上的讲话)
[4] 郑通汉,王文生. 水利工程供水价格核算研究[M]. 北京:水利水电出版社,2008:130-147.
[5] 李华. 制定水利工程供水价格应体现以工补农政策[J]. 价格理论与实践,2010(1):39-40.
[6] 郑通汉. 中国水危机——制度分析与对策[M]. 北京:水利水电出版社,2006:305-309.

作者简介:许学强(1964—),男,研究员,水利部海委财务处。联系地址:天津市河东区中山门龙潭路 15 号。E-mail:lihua@ hwcc. gov. cn。

云南农业水价改革与政策研究

陈　坚

（云南省水利厅，昆明　650021）

摘　要：水价改革是事关水利改革与发展全局的大事，是科学发展观重要思想在水利工作中的具体体现，也是促进水管单位摆脱困境和走上良性发展轨道的重要举措与有效途径。农业水价改革是调节农户灌溉行为，促进农业节水实现的重要政策工具。分析农业水价改革中存在的问题，进一步研究国家现行的农业水价政策，对建立良好的水价形成机制尤其重要。

关键词：农业水价改革　政策研究

1　云南省水资源环境和农业供水现状

云南省位于我国西南部，人口 4 543 万人，其中农业人口 3 679 万人，占总人口的 81%，有汉、彝、白、傣、哈尼、纳西等 26 个民族，是我国民族最多的一个省，少数民族人口占全省总人口的 34.1%。全省国土面积 39.4 万 km^2，山地高原约占全省面积的 94%，平坝约占 6%。2007 年常用耕地 418.55 万 hm^2，农业有效灌溉面积仅占耕地总面积的 36.7%。云南省临近热带海洋，又位于青藏高原的东南部，处于西南暖湿气流的共同影响之下，气候的区域差异和垂直变化十分明显，"一山分四季，十里不同天"是云南多种多样气候类型的写照。云南水资源较为丰富，多年平均降水量为 1 279 mm，水资源总量为 2 222 亿 m^3，人均水资源量为 5 000 m^3，人均水资源占有量居全国第三。但是，由于复杂的地形、地貌，多样的气候，造成水资源时空分布极不均匀，与人口、土地及生产力布局极不协调。从时间上看，降水量主要集中在 5～10 月；空间上、呈南多北少，西多东少，山区多、坝区少，最大降水区大于 2 800 mm，最小降水区小于 600 mm。

云南是农业省份，农村经济相对比较落后，农民的收入比较低，2009 年全省农民人均纯收入仅为 3 369 元，农业发展落后，一方面是因为农业生产在很大程度上还是粗放经营，种植结构单一，水资源开发利用率低，用水观念落后，农业用水效率低下。加上地高水低的特殊地理环境，造成了工程性、资源性、水质性缺水等问题并存，尤以工程性缺水最为突出。据统计，云南省水资源的开发利用程度仅为 6.9%，是全国平均水平的 1/3。按 2000 年基准年计算，全省总需水量 194 亿 m^3，现状供水能力为 152 亿 m^3，年度静态缺水总量达 42 亿 m^3。另一方面也是因为水利基础设施建设滞后，制约了全省灌溉水平的提高。近年来，尽管各级政府逐步加大了对水利的投入，但水库的渠道配套建设，投资的主要对象还是集中在骨干工程和水库的除险加固上，而对于农田水利基础设施，尤其是田间渠道设施配套还基本上是空白。根据资料统计，"十五"期间，各级财政用于大中型灌区骨干工程和病险水库除险加固资金总额 30 195.8 万元，其中中央财政 9 347.11 万元，地方各级财政投入 26 727.06 万元。而同期用于末级渠系建设的投资只有 671.26 万元,且全部来自省市级财政,仅为骨干工程投入的 2.2%。

2 云南省农业水价改革的实践

2.1 水价改革历程

与全国情况基本相同,云南省的水费也经历了不收费、低收费到向水商品价值迈进三个历程。

第一阶段是 1965 年之前,供水基本不收费,但由于当时社会经济发展较为落后,水资源需求相对较低,加之许多"五八年"全民兴修水利的特殊原因,致使当时水资源供需矛盾并不突出。

第二阶段是 1965~2003 年,为低收费阶段,这个阶段的大部分时期收费采取现金和粮食两种方式,1991 年制定了《云南省水利工程供水收费标准和管理办法》,该办法的出台,推动了水利工程水费计收工作的展开,对水利工程正常运转起到了重要作用。但鉴于当时的历史条件,该办法具有很强的计划经济色彩,严重偏离价值规律,与市场经济体制难以接轨。其结果是,一方面造成了水费低,水管单位难以维持运转,水利工程缺乏维修和养护的资金来源;另一方面也导致了水资源的浪费使用。

第三个阶段是 2004 年后,向水商品价值迈进阶段。2003 年 11 月,根据国家发展和改革委员会、水利部第 4 号令,在云南省委省政府的高度重视下,云南省水利厅和省发展和改革委制定了符合云南省省情的《云南省水利工程供水价格实施办法》,明确供水单位为"供水经营者","农业用水价格按补偿供水生产成本、费用的原则核定,不计利润和税金",对供水价格制定、管理、供用水的责任作出了规定。云南省水利工程水价管理工作开始步入法制化、规范化、科学化的轨道。

2.2 云南农业水价改革取得的成就

通过几年的改革,云南省水价改革工作取得重大突破。一是水价政策体系基本形成。在国家发布的《水利工程供水价格管理办法》、《关于推进水价改革促进节约用水保护水资源的通知》、《关于加强农业末级渠系水价管理的意见》的基础上,云南省相继出台了《云南省水利工程供水价格实施办法》、《云南省人民政府办公厅关于转发省发改委关于深化水价改革促进节约用水保护水资源实施意见的通知》。这些政策措施的出台,标志着云南省水利工程水价管理工作步入法制化、规范化、科学化的轨道。二是合理提高了供水价格,体现了水商品意识。农业水价按照既定目标稳步推进,分步分类调整。全省调整农业供水价格基本保持在每立方米 0.04~0.06 元,供水价格占供水成本 27%~40%,与全国农业供水平均价格 0.611 元/m³ 逐渐缩短差距。并且结合不同的片区、不同供水类型和不同种植结构制定不同的水价。三是水费收取率有了提高,工程管养运行维护逐步得到改善。通过水价改革,水费征收有了进一步的提高,全省农业水费收取率为 77.26%,比改革前农业水费收取率提高了 40 多个百分点,部分水管单位水费收取率已达 100%。

2.3 云南农业水价存在问题

从政策性的低价供水到按成本核算和按水商品价格管理和计费,云南省的水价改革水价正稳步推进。但是,受目前农田水利工程基础设施差、农产品效益低、农民承受能力弱以及水商品认识观念不足等因素的影响,农业水价改革面临水价低和征收难的两难局面。主要表现在:一是农业供水成本与供水价格相脱节,水价调整机制和管理体制还没有真正到位;二是农业水价推进迟缓,部分水管单位本身管理粗放,运营机制滞后,缺乏科学的内部竞争和管理、激励机制,没有改革和创新的思路,使得水利管理始终未能进入良性的运行轨道;三是水费征收管理还缺乏有效机制,水费征收率较低,水费使用不够规范;四是末级渠系不配套,计量设施不完善,导致输水率低,大水漫灌的现象还存在,达不到节水的目的,农业用水效率不高,严重影响农业水价的进一步推进。

3 农业水价政策探讨及对策研究

3.1 影响农业水价因素分析

《水利工程供水价格管理办法》第六条"水利工程供水价格按照补偿成本、合理收益、优质优价、公平负担的原则制定,并根据供水成本、费用及市场供求的变化情况适时调整";第十条"农业用水价格按补偿供水生产成本、费用的原则核定,不计利润和税金"。明确规定农业供水价格主要由供水生产成本和供水生产费用构成。但在推进农业水价改革过程中,影响农业水价确定的因素很多,其中包括成本因素、自然因素、社会经济因素以及工程因素。这些因素从不同侧面、不同程度影响着农业水价的确定,直接或间接地影响着水资源的供求关系,决定着水价的高低。

3.1.1 成本因素

成本和供求关系是决定水价的两个重大因素,核定供水生产成本和费用是水价调整最重要的基础,制定水价要做到科学合理,必须要确保供水生产成本和费用核算结果的真实性。综合计算,云南省的农业水价成本平均在每立方米 0.10 ~ 0.20 元,这个成本还不包括按现行政策规定暂不征收的水资源费,同时这个成本也只是按现行使用年限法计算的折旧金额,没有使用加速折旧法和余额年限法,因此这个成本既是静态的,又不完全是市场经济条件下优化资源配置的成本概念。加之云南省大部分水利工程均按照 1994 年的国家清产核资政策、水利部清产核资实施办法计入资产,但由于大多数水利工程建于 20 世纪五六十年代,其中有相当部分工程经过了除险加固,建设年代时间的不同,投资的成本差异,随着社会经济的变化,整个物价水平呈现一个螺旋式的上升状态,再用历史成本来进行成本测算,显然有失公允。

3.1.2 自然因素

《水利工程供水价格管理办法》规定了水价的基本构成,但由于水利工程供水的特殊性,各地条件的差异性,水资源丰缺程度、水资源开发条件等自然因素直接影响水价的核定。水商品同其他商品一样,同样遵循一定的市场规律,在水资源丰沛地区和水资源短缺地区,水资源供求关系不同,不仅水的边际价值不同,而且执行水价难度较大。祥云县是云南省著名的干旱区,农业水价实行定额和超定额加价制度,其中定额水费每立方米水 0.07 元,超定额用水每立方米 0.10 元,且水费收取率基本达到 100%。水资源丰沛的怒江、版纳、德宏、迪庆等州市农业水价标准较低,多数水利工程现行农业水价只有成本的 20% 左右,部分水利工程农业水价还存在无偿供水的现象,且水费收取率较低。

3.1.3　社会因素

社会经济发展水平、用水户承受能力、政策因素、机构因素、体制因素等也从不同侧面影响农业水价的调整和执行。虽然近几年国家十分重视"三农"问题,从中央到地方出台了一系列支农政策,努力促进农村经济发展,农民收入也有所增加。但受云南农业发展基本情况制约,云南农业发展还比较落后,农民收入增长不快,农民承受能力也相对较低,这都从客观上为农业水价改革带来了一定困难。同时,农村"税费"改革也进一步加剧了农业水价改革的难度。农村"税费"改革的实行,特别是从2004年国家全面取消农业税和"两工"政策出台后,对农业水价改革带来了较大冲击。首先,取消农村"两工"政策后,乡村级组织难以组织农民义务"投工、投劳"。而农田小水利工程历来主要依靠群众投资投劳进行修建、维护。农村税费改革后,这些量多面广的小水利工程失去了改造投入的一个主要来源后,进一步削弱了灌区水配水能力,影响灌溉水平。其次,随着农业税取消,社会各界呼吁取消农业水费的呼声也越来越高,许多农民群众也对农业水费的收取产生一定的误解和不满。

3.1.4　工程因素

水利基础设施建设投入不足、建设不配套也制约了农业水价的调整和执行。在水利工程建设上,审定的概预算中投入的建设资金只是枢纽工程和灌溉干渠,工程建成后,支、斗、农、毛渠的配套建设便无资金来源,多数干、支渠系工程标准低,田间斗、农渠衬砌基本采用土渠输水,使得用水消耗加大。这些损失和困难,一部分是转嫁到农民用水户,群众不满意;一部分由政府或财政补偿,其大部分是水管单位自身承受着,困难重重。同时山区地方山高坡大,田地分散,一条毛渠有的只灌一二十亩,而且是分成几十块,输水损失量大,按方计量困难,特别是梯田式的灌溉,由于土质稀松,下面田地的水是从上面田地渗漏下来的,并非从渠道输入,按方计量还没有按亩计量实际(见图1)。

图1　云南山区梯田

3.2　推进农业水价的政策研究及政策建议

《国务院办公厅关于推进水价改革促进节约用水保护水资源的通知》(国办发〔2004〕

36 号）明确提出了水价改革的目标任务是建立充分体现我国水资源紧缺状况，以节水和合理配置水资源、提高用水效率、促进水资源可持续利用为核心的水价机制。结合农业水价特点，推进水价改革就是要按照社会主义市场经济体制建设要求统筹规划，坚持农业用水的商品属性基本原则，以实现水资源的合理配置和可持续利用为根本目的，以水管体制改革和灌区节水改造为主要动力，以政府调控和市场调节为主要手段，以增强农业综合生产能力、促进农民增收为目标，坚决推进农业水价改革，通过价格机制的杠杆作用调节农业用水，引导用水户自觉调整用水数量、用水结构并引导产业结构调整，实现在全社会优化配置水资源和建立节水型社会，支持经济社会的可持续发展。

根据对云南省水资源开发利用情况分析，在推进农业水价改革过程中须遵循以下几个原则和实际。一是农用生产必须坚持农业节水的发展道路；二是农用水节约的实现必须以价格为杠杆，建立完善的水资源市场，促进农用水的节约；三是农用水价格改革有着自己不同于工业用水、城镇居民用水改革的特点，不得不考虑国家的粮食安全问题和农民群众的承受力；四是农用水价格改革的中短期目标不能是实现水资源的完整价格，而只能是其中的一部分；五是农用水价格改革必须走分期分批循序渐进的道路；六是农用水价格改革应该与农业的支持政策配套推进，实现农用水的改革不影响农民的粮食生产积极性。

农业水价改革要按国家新的《水利工程供水价格管理办法》执行，但是办法对农业水价的制定只提供了一些基本的原则和要求，侧重于解决当前供水单位严重的亏损问题，而对于农业供水成本的核定，各地水价的具体制定办法，提高水价对农产品消费、生产、贸易、农民收入及灌溉用水效率的影响的研究是不够的。因此，我们对农业水价改革的复杂性要有一个清醒的认识。

3.2.1 科学规划、合理布局、优化配置

根据经济社会发展需要，坚持增水与节水、开源与节流、节水灌溉与耕作改造和水旱作物种植结构调整相结合；以水土资源优化配置和高效利用为目标，制定农业经济、水资源管理、节水灌溉和生态建设发展规划，统筹考虑地表水、地下水、土壤水、灌溉回归水等多种水源的开发利用，制定科学的用水定额。规划要充分考虑水资源承载能力和可持续利用，遵循以供定需的原则，以水定产业结构，以水定经济布局，以水定发展速度和建设规模，统筹协调生产、生活和生态用水，做到量水而行。

3.2.2 因地制宜，逐步调整农业生产结构

水资源优化配置涉及工业用水、农业用水、生活用水以及生态环境用水等诸多方面，目前大多研究都是集中在优化配置的理论、方法、原则、实现手段以及模型建立等方面，而对优化配置过程中的各用水行业本身用水的合理性和节水潜力重视不够。一个地区的产业结构对水价有重要影响，如果第一产业农业所占比重较大，那么该地区的供水水价必然偏低。云南农业用水约占总供水量的 80%，水资源优化配置必须合理对待农业配水。目前缺水与用水浪费并存，农业节水潜力巨大，农业节水工程不但有利于缓解缺水的紧张局面，而且也是实现水资源优化配置的关键。因此要根据不同水资源量的布局，积极调整农业种植结构，水资源贫乏地区，要将高耗水作物面积调下来，增加经济作物、果林草面积，为实施农业节水奠定基础。同时按照水资源紧缺程度及农业种植结构不同，逐一核定粮食作物水价和经济作物水价，其中经济作物水价应略高于粮食作物水价。

3.2.3 把农业水价改革与水利工程除险加固、输配水工程以及田间渠道建设有效结合起来

制定农业水价改革与节水的规划时间表,必须与水利工程以及田间渠道建设结合,这是改革、管理、建设的一次思维整合,也是节约建设资金的一个新的模式,不同部门之间、同部门内不同科室之间必须统一思想,形成合力。必须明确,农业水价改革的重要物质基础是安全运行的水利工程和完善的渠道配套以及科学的取水计量设施,现在的核心问题是农业水价改革的政策办法较多,但农业水价改革的物质基础非常滞后,建议各级政府把水利基础设施建设,尤其是渠道配套放在优先发展的地位来重视和安排。

3.2.4 建立合理的利益补偿机制和保障措施

一是建立健全农业用水与节水管理制度和农业节水法规,提高全民节水意识。农业用水实行总量控制与定额管理。在统筹兼顾生活、生产、生态用水的基础上,合理制定各用水单位农业用水总量和灌溉用水定额控制指标,作为管理农业用水基本依据的基础。水行政主管部门负责灌区用水总量分配,各用水单位和用水户根据分配的指标,逐级分解,实施节约用水,高效利用。对超指标或超定额用水实行累进加价,同时节约的水实行有偿转让。完善农业水价改革和管理,加快水价改革配套政策的出台,改进水价管理方式,加强舆论宣传导向和政府推进改革责任制的建立。

二是加大政府投入灌区水利设施的配套建设,从中央财政建立机制,加大政府投入灌区水利设施的配套建设,增强水利工程的保灌能力。要积极着手解决灌区渠系配套和计量难的问题。建议中央考虑将田间计量设施——末级渠系的配套纳入基本建设管理,加大渠系配套建设,特别是末级渠系的配套建设投入。只有末级渠系配套基本完成,才能真正实现农业末级渠系终端水价的计量和收费,这是农业终端水价改革的关键。

三是取补结合、合理补偿。提高灌溉水价,是供水成本及水资源稀缺变化的必然结果,是大势所趋,不可阻挡。但同时,针对我国农业和农村经济发展的阶段性特点,国家必须制定相应的补偿政策和机制,对灌溉用水或农民收入进行补偿。一方面提高水价,增强农民节水意识,减轻供水单位的财务压力;另一方面要加大对农业供水、节水等系列支持农业和农村发展基础建设的投入力度,结合农村"费改税"制度对农民尤其是低收入农民进行直接的货币补贴。

四是因地制宜,选择不同的计价方式。对于水利工程供水设施较差、降雨量相对较丰富,以及山区、半山区田地分散,输水坡度大,上、下田块渗漏补水,计量困难的地区,可以面积计价为宜,不宜过早地推行计量供水方式。

五是政事分开,减少行政直接干预。我国灌溉供水的投资主体是国家,灌区等水管单位受各级行政部门的领导,各级水行政主管部门对辖区内各类水利工程具有行业管理的责任,对其直接管理的包括灌区等水利工程管理单位有监督工程安全运行、资金使用、资产管理、干部任免等方面的权力,灌区等水管单位具体负责水利工程的管理、运行和维护,保证工程安全并发挥效益,经常的情况下灌区的管理受到行政的过度干预,这也是灌溉管理效率不高的重要原因。

六是建立农民参与管理决策的民主管理机制。按照市场经济法则自主经营、独立核算、经济上自负盈亏,将灌区定位在非盈利的经济实体层面上,按照供水公司+用水者协

会的模式,强调管理与服务相结合,提倡民众参与用水管理。

　　七是定编定岗,降低供水管理成本。灌区管理中的一个重大的问题就是管理人员过多,工资支出占水费收入的比重太大。合理确定编制,在批准的编制总额内合理定岗,因事设岗、依岗择人、按量定员,是降低灌溉成本过高的重要途径,也是适应水管单位管养分离改革的要求。

参 考 文 献

[1] 韩慧芳,郑通汉. 水利工程供水价格管理办法讲义.
[2] 童志云,李崇仁,杨士吉. 2009 云南经济年鉴(第 18 卷).
[3] 年自力,郭正友,雷波. 农业用水户的水费承受能力及其对农业水价改革的态度——来自云南和新疆灌区的实地调研.
[4] 沈大军,陈雯,罗健萍. 水价制定理论、方法与实践.
[5] 雷波. 中国灌溉水价改革的效率与影响研究报告[R].

作者简介:陈坚(1961—),男,公共管理硕士,云南省水利厅,副厅长,高级工程师。联系地址:昆明市五华山。E-mail:zicaichu@ yeah. net。

制定水利工程供水价格应体现以工补农政策*

李 华

（水利部海河水利委员会，天津 300170）

摘 要：长期以来，我国水利工程水价偏低，特别是农业水价影响了供水单位的正常运转。本文分析了全国水利工程农业水价现状、国家在水利工程供水方面已实施的惠农政策，并在此基础上提出了水利工程水价制定应体现以工补农政策的对策建议。

关键词：水利工程 供水价格 以工补农

十六届四中全会明确提出了我国总体上已经到了以工促农、以城带乡的发展阶段。以工补农是统筹城乡经济社会发展的重要内容，国家通过改变资源配置与国民收入分配格局，加大公共财政的支农力度，提供更多的公共服务深入农村，惠及农民。水利工程供水是自然稀缺和自然垄断经营的商品，具有准公共物品的属性，水利工程供水工程大多数是由政府投资兴建的，供水价格实行政府定价或政府指导价。虽然水利工程供水从水费收入中可以获得一定的经济补偿，但由于农业产业的弱质性，制定的水利工程供农业用水价格水平很低，尽管国家在水利工程供水方面实施了一些惠农政策，但供水单位水费收入仍然不足以弥补供水成本损耗，需要在水价核算方法、水价制定措施等方面实施以工补农政策。

1 我国水利工程农业水价现状

随着农业税的取消以及国家各种支农、惠农政策的出台，一提及水费问题，人们就把水费与农民负担相结合起来，认为提高水价会增加农民负担，与上级的精神相违背，因而导致收取的水费与供水成本不能平衡，水价机制难以形成。

目前，全国水利工程水价水平较低。非农业水价总体来说能达到成本的 70% ~ 80%，少数非农业供水水价能达到保本微利水平；在农业供水方面，考虑到农业是我国的经济基础，农民承受能力差，农业水价执行的水平低且调整缓慢。据调查，2005 年大中型灌区现行农业平均水价 0.065 元/m³，实际供水成本水价 0.17 元/m³，农业平均水价仅为成本水价的 38%，平均水费实收率仅为 57.3%，实收水费只占成本的 22%[1]。2007 年全国百家水管单位农业水价 0.061 6 元/m³，2008 年全国平均农业水价 0.073 3 元/m³。以水资源短缺的河北省为例，河北省一直执行冀价工[2000]37 号文件，农业灌溉按斗口计量，供农业用水水价标准为 0.11 元/m³，这个标准已执行年未作调整。

长期以来，农业水价改革存在诸多问题，农民用水负担重，水利部门负债累累；农业水价调整机制不灵活；农业水价结构和水价制度不合理；农业水费计收管理难度逐年加大；

* 本文发表于《价格理论与实践》总第 307 期 2010 年第 1 期。

农业终端水价管理薄弱;水资源利用率低下,农业用水浪费现象严重。水利工程供水价格一直未达到成本价格,尤其农业水价偏低,供水单位一直处于亏损状态,影响了其正常运行。以某水利供水工程为例,经供水定价成本监审后,现执行农业水价仅为定价成本的32%。每年因农业供水达不到成本价格,净亏损上千万元。由于亏损严重,资金入不敷出,致使工程设备设施大修及改造严重滞后,许多严重威胁工程安全和运行的隐患不能及时得到处理。

2　当前我国在水利供水方面实施的以工补农政策

水价制定不仅需要一般市场经济理论和价格理论的指导,更需要结合社会经济发展的实际情况。我国是农业大国,农业是用水大户,占全国用水量的 65% 以上,但由于农业产业的弱质性,农业供水价格的制定,并不是一个单纯的理论问题,而是在宏观经济政策、水管理体制和水市场等多方面约束下的现实经济问题。农业水价对于促进农业的发展和社会安定都有着举足轻重的作用。根据国情特点制定的农业水价机制,一方面将水利工程供水价格纳入商品价格范围进行管理;另一方面,考虑到农业是我国的经济基础,要合理减轻农民负担。农业水价制定必须考虑农民承受能力以及社会经济条件,合理制定农业水价及农业供水成本补偿政策,在体现工程供水的商品价值,促进全社会节约用水的同时,较好地兼顾供水的社会公益性。这不仅是水利工程良性运行的重要保证,也是促进地区经济可持续发展的重要保障。

2.1　在制定农业水价测算方法上体现以工补农精神

为了保证水管单位的正常运行,就必须建立合理的价格补偿机制。按照国家发改委和水利部 2003 年联合颁布的《水利工程供水价格管理办法》规定,在供水价格构成和供水成本分摊两个方面体现以工补农思想。农业用水价格按照补偿供水生产成本、费用的原则核定。非农业用水价格在补偿供水生产成本、费用和依法计税的基础上计提利润[2]。供水成本费用在农业供水与非农业供水之间分摊时,采用供水保证率法,计算出农业、非农业供水分配系数,再求得农业和非农业供水生产成本费用。通常,由于农业供水的保证率低于非农业供水,分摊后农业供水单位成本要小于非农业供水单位成本[3]。

2.2　加大农田水利投入力度

我国的气候条件与水资源状况,决定了农业发展在很大程度上依赖于灌溉的发展程度,也决定了灌区在我国农业生产中的重要地位。截至 2007 年底,国家利用国债资金投资 233 亿元,启动了 376 个大型灌区续建配套与节水改造工程,通过工程改造与管理改革,灌区工程状况有所改善,取得了显著成效。中央和地方一直重视农田水利基础设施建设投入,近几年,尤其是加大了与农民生产生活直接相关的农村小型基础设施的投入。2008 年安排小型农田水利设施和小型病险水库治理 84 亿元。

2.3　积极开展农业末端水价财政支补试点工作

水利部开展农业水价综合改革暨末级渠系节水改造试点,安排资金支持农业水价改革。2007 年,水利部选择了 8 个省(区)的 14 个灌区的部分末级渠系作为首批试点项目区,开展了综合改革试点方案及农民用水户协会规范化建设规划、末级渠系节水改造规划和农业水价改革规划的编制工作。2008 年,试点范围扩大到 14 个粮食主产区和 4 个主要产粮省。2008 年,财政部从中央财政农田水利建设补助专项资金中专门安排部分资金,支持开展农业水价综合改革暨末级渠系节水改造试点,在农业用水末端开展了财政支补试点工作。

3 水利工程水价制定体现以工补农政策的必要性

水利工程水价制定宜从水费体系、补偿农业供水耗费、实际供水次序三方面考虑实施以工补农的必要性。

3.1 完善周全的水费体系对实现可持续的成本补偿至关重要

我国的水利供水工程大多数同时为农业和非农业用水户服务,供水的资产、成本和费用在不同用水户之间分摊,各类水价标准不同。水利供水单位根据各类供水标准和水量收取水费,其水费收入用来补偿供水总成本。就整个供水单位而言,完善周全的水费体系对实现可持续的成本补偿至关重要。某类供水水价达不到成本就会影响整个供水单位的基本运营。由于农业水价低,再调整困难,农业水费要建立国家、地方、用水户多层次的合理补偿机制。对国家和农业用水户补偿后的农业水费仍达不到成本的供水单位,不但要调整水价核算方法,还要考虑在有条件的地区,对用水量大、承受能力强的非农业用水户,实施以工补农的水价制定措施[4]。

3.2 水利工程水费应合理补偿水利工程运行耗费

按照市场经济规律,以工补农的措施要建立双赢的方式,既要帮助农业走出困境,又要促进工商业的发展,要符合福利经济学的"帕累托式改进"标准。在水价不到位的情况下,水利工程维护工作管理单位要加以重视,而且政府和受益者都要承担责任。

3.3 供水次序发生变化,农业供水保证率下降是水价要体现以工补农的重要原因

由于水资源极度紧缺,随着工业和城市化的发展,水利工程的供水次序为:优先保证城市生活、工业,其次为农业用水。水利工程的一部分农业用水指标被挤占,水库设计功能发生了一些改变。工业用水挤占了农业用水指标,供水次序发生了变化,农业为工业作出了牺牲,工业多付水费是理所应当的。从表面上看,农业供水成本的水费由非农业承担,似乎加重了非农业用水户的负担。但是,如果农业水价不能到位,将直接影响水利工程的良性运行,并最终导致供水目标无法顺利实现,最终影响工业用水户的利益。在农业供水末级渠系,开展水价财政支补试点工作,研究如何减少农民的水费支出,水利工程供水的农业水费缺口尚未完全建立补偿渠道。水利工程农业水费成本缺口可以考虑采取由工业用水水费来补偿,在考察受水区用水量、水价承受能力的基础上,水价制定体现以工补农是公平的,是可行的。

4 水利工程水价制定体现以工补农政策的思路

对国家和农业用水户补偿后的农业水费仍达不到成本的供水单位,在水价测算中,通过测算方法适当调整供水成本在农业与非农业之间的分配。在有条件的地区,对用水量大、承受能力强的非农业用水户,考虑实施以工补农的水价制定措施。水价制定体现以工补农是公平可行的。农业补偿水费的使用要加强管理,以促进水利供水工程的可持续运行。

4.1　水价核算常用方法

在水价核算中,通过测算方法适当调整供水成本在农业与非农业之间的分配。在水价核算方法上,采用按供水服务成本和按用水户承受能力相结合的方法,在计算出来的供水资产折旧全部由非农业用水户承担,不再分摊给农业用水户,进而提高非农业供水成本,降低农业供水成本。

4.2　农业补偿水价的计算方法

继续维持目前较低的农业水价,其成本缺口除依靠财政补贴外,采取提高非农业用水水价来补偿。农业补偿水价的计算方法如下:

$$P = (P_C - P_Z)W_N/W_G \tag{1}$$

式中:P 为农业补偿水价;P_C 为农业成本水价;P_Z 为当前农业执行水价;W_N 为农业供水量;W_G 为非农业供水量。

以某水利供水工程为例,此工程 2009 年经物价部门成本监审后,农业供水成本 0.063 元/m³,非农业供水成本 0.205 元/m³。农业平均年供水量 23 719 万 m³,由于水库移民主要安排在农业供水受水区,再加之受水区的农业水价长期未作调整,2001 年国家批复的农业水价 0.035 元/m³ 一直没能到位,实际结算水价 0.02 元/m³。根据国家惠农政策和受水区农民承受能力,在定价中考虑批复水价和定价成本的差即以工补农资金为 1 019.9 万元,按非农业供水量 53 604 万 m³ 分摊,运用公式(1),计算影响非农业供水成本即农业补偿水价为 0.019 元/m³。由于水利工程为工业供水挤占了农业供水指标,且受水区的用水量大且水价承受能力较强,水利工程农业供水成本缺口考虑采取由非农业用水水费来补偿。经计算,农业补偿水价占非农业测算水价的 5%,对非农业用水户的影响较小。水价制定体现以工补农是公平可行的。

在水利工程区域定价的地区,对该区域的多个水利供水工程也可以按照公式(1)计算该区域的农业补偿水价水平。

4.3　农业补偿水费的管理

在实行农业补偿水价之后,对农业补偿水费的管理可设立水价补偿金科目,专门准备补偿供水单位农业水价达不到成本的部分。水管单位要健全水费使用管理制度,增加透明度,实行账务公开,接受群众监督。同时,要加强内部管理,杜绝不合理的成本开支,不断降低供水成本,完善水费使用管理办法。

4.4　特殊情况的处理

水利工程供水单位大多数没有实行两部制水价计价方式,遇到干旱缺水年份,水管单位无水可供、农田干旱歉收无法缴纳水费,在部分年份或年度内部分季节水费收入不足以满足供水生产的需要,不利于水利工程的正常维修养护及供水单位的正常运行,从而影响水利工程发挥供水效益的长期稳定性,这部分资金困难可考虑由财政和受水区非农业用水户补贴,以维持水管单位低水平的维护运行。

参 考 文 献

[1] 陈雷.全面贯彻落实中央农村工作会议精神加快推进农村水利发展和改革(在农业水价综合改革暨末级渠系节水改造方案编制工作会议上的讲话).

［2］ 国家发改委,水利部.水利工程供水价格管理办法.2003 年国家发改委和水利部 4 号令.

［3］ 郑通汉,王文生.水利工程供水价格核算研究［M］.北京:中国水利水电出版社,2008.

［4］ 郑通汉.中国水危机［M］.北京:中国水利水电出版社,2006.

作者简介:李华(1969—),女,高级工程师,水利部海委财务处。联系地址:天津市河东区中山门龙潭路 15 号。E-mail:lihua@ hwcc. gov. cn。

中国水利学会 2010 学术年会论文集

（下册）

中国水利学会　编

黄河水利出版社

·郑州·

城市水战略研讨

建设和谐的京津冀都市圈水源供应环境
——从水资源争夺到水资源补偿

刘登伟

（水利部发展研究中心　北京　100038）

摘　要：水资源是人类生存和发展的基础。近年来，随着经济发展、人口增长、全球变暖，水资源供应在许多国家都出现了危机，继而引发了许多水资源争端。本文通过分析国内外水资源争夺问题，重点分析了京津冀都市圈水资源争端原因，利用分布式水资源承载力概念模拟了北京市水资源取水足迹，进而提出通过水资源补偿措施解决争端的途径和方法，建立了基于"稻改旱"的水资源补偿操作模型。研究结果表明：北京市的水资源触角已经远远超出了海河流域，正是这样触角的存在导致了众多的水资源争端；京津应该分别给承德市和张家口市的补偿费用，每亩至少在96元以上。

关键词：水资源　争端　北京

1　引言

　　水资源是人类和生态系统生存与发展的控制因素之一，同时又是战略性经济资源。随着人口的增长、社会经济的发展、农业生产规模的不断扩大和水利工程的修建，水资源冲突已成为危及地区和平与安定，制约地区经济发展的重要因素。

　　改革开放20多年来，我国东部沿海地区正在形成三大经济圈，即珠江三角洲经济圈、长江三角洲经济圈和环渤海经济圈。专家认为，继珠江三角洲经济圈、长江三角洲经济圈成为中国经济最活跃的地区之后，环渤海经济圈，尤其是京、津、冀地区正在加速崛起。预计在2010年左右，这里有望成为中国经济板块中乃至东北亚地区极具影响力的经济隆起地带。

　　随着人口增长与社会经济的发展，大都市对水资源的开发与利用不断深入，水资源紧缺日趋严峻，水资源的各种利用方式之间矛盾日益激化。流域上下游水资源开发利用之间，以及水资源利用现状与可持续发展利用之间的矛盾等均孕育着巨大的冲突。大都市发展需要用水，都市上游的小城市发展也要用水，水资源冲突已成为危及都市圈和平与安定，制约都市圈社会和谐与经济发展的重要因素。

　　因此，面对21世纪初都市圈经济社会发展的形势，以水资源合理利用与分配支撑都市圈经济社会的和谐与可持续发展已经成为一个迫在眉睫的重大问题。这些伴随着都市圈膨胀而引发的水资源冲突是传统的流域水资源管理所无法解决的，缓解这些冲突的唯一途径就是建立合理的水资源使用与补偿机制体系。本文将对都市圈水资源争夺及补偿问题进行简要分析。

2 水资源争夺

水问题本身就是人类社会经济系统与自然环境系统发生冲突的结果,它与人类社会内部各利益团体之间的冲突有着密切的联系。水资源冲突主要体现为各用水团体之间的利益矛盾,如有限水资源分配和污染物排放总量分配是典型的稀缺资源分配冲突问题,最优治理方案及其投资分摊则是一个典型的合作性对策问题,即如何公平地分配合作的收益。如果对这些冲突问题解决不好,将会影响到地区整体利益。

2.1 国际水资源争端

水资源危机既阻碍世界可持续发展,也威胁着世界和平。在过去 50 年中,由水引发的冲突共 507 起,其中 37 起有暴力性质,21 起演变为军事冲突。专家警告说,随着水资源日益紧缺,水的争夺战将愈演愈烈。

国家与国家之间因用水的竞争而引起的内部争端已经达到白热化的程度。如阿拉伯和以色列一直围绕水资源进行殊死的斗争,阿以之间爆发的 5 次中东战争几乎都与水资源密切相关。

国家内部的水资源冲突也因水资源短缺或者进一步的城市化和工业化变得更尖锐。如肯尼亚部族争夺水资源导致严重流血冲突。至少从 20 世纪 60 年代之后,印度不同的邦之间因水而发生冲突,这种冲突为印度政治打上了烙印,并变得更为激烈。

一些专家认为,如果不加注意,那么水资源所引起的争论将成为威胁水资源短缺国家社会稳定的主要内部因素。

2.2 都市圈内水资源争夺状况

2.2.1 拒马河之争

2004 年,北京市欲实施引拒济京工程,把流经北京境内的拒马河河水拦蓄后引入燕山石化,作为工业用水。北京的引拒济京工程将对下游河北省境内的 9 个县市 300 多万人造成巨大影响。若北京引拒济京工程实施,下游地区 75% 以上年份将断流。下游已建好的众多水利工程将报废,100 多万亩水浇地将变为旱地。同时,华北明珠白洋淀的生态环境也将恶化,并加剧下游地区的耕地沙化。为此,河北省涞水县石亭镇部分人大代表,向全国人民代表大会常务委员会递交了请示报告,强烈要求制止这项工程的施工。同时,引拒济京工程的消息在下游河北省境内的一些村镇也已引起震动。北京市则认为,拒马河从北京境内经过,北京也有用水的权利。结果两方尖锐对立,虽然经过了多次协商,但最终解决尚无定论。

2.2.2 官厅水库之争

官厅水库位于北京西北约 80 km 的河北省怀来县官厅村。其主要污染来自洋河的张家口至下花园段。发展经济是上游的必然要求,在上游的经济发展目标驱动下,挤占了河流生态环境用水,造成了下游的水量和水质目标之间的冲突。自 1954 年建库以来,官厅水库来水呈逐年下降趋势,20 世纪 90 年代来水 4.3 亿 m³,只有 20 世纪 50 年代的 1/5。据测定,官厅水库水体常年处于 Ⅳ ~ Ⅴ 类标准,已不能作为生活供水水源,于 1997 年被迫退出饮用水水源地的功能,目前仅能用于工业和城市河湖景观补水。其冲突表现为跨边界水量短缺和跨边界水质污染以及流域生态环境恶化并存的危机,代表了我国北方半干旱地区跨边界水资源冲突的典型症状。

2.2.3 密云水库之争

承德市境内的潮河是北京密云水库的主要水源。据承德市水利部门介绍,潮河向密云水库年均供水达到 4 亿 m³。为了保障首都北京的供水安全,最近的 20 多年,承德市在潮河上游生态环境治理和用水总量控制方面付出了很大的代价,而北京却没有给予相应的补偿。承德市提出了"以水联利",得到的回应却很平淡。北京方面口头上表示积极配合,但一直没有实质性动作;与北京相比,天津的态度更冷淡,天津方面认为,这些水是国务院分配给天津的,与承德无关,因而导致承德与天津的关系十分紧张。

2.2.4 引滦入津之争

引滦入津工程于 1982 年 5 月正式开工,1983 年 9 月 11 日通水。为保证天津市的经济发展,在"指令用水,行政拨划"的指导下,国家把河北区域的水大量地调入京津。1983 年,《国务院办公厅转发水利电力部关于引滦工程管理问题的报告的通知》确定了如下分水方案:"引滦入津"通过潘家口和大黑汀两座水库将滦河水引入天津,潘家口水库多数年份供水 19.5 亿 m³,分给天津市 10 亿 m³,河北省 9.5 亿 m³。唐山认为目前该市的水资源被外省市调走的份额过大,已影响了唐山的经济发展,特别是制约了农业经济的发展,因此应加大水资源配额,减少天津的配额,但天津方面极力反对。可见,唐山和天津之间的水资源之争也日趋激烈。

那么,这样的争端产生的原因是什么呢?下面对北京市的水资源供给范围进行一下模拟,可能会找到问题的答案。

2.3 北京水资源争夺范围模拟

该方法是在城市周边地区(上游)划定缓冲区,使区内水资源人口承载力等于现状人口数,即人口过载等于零,进而发现城市真正的水资源供给范围(城市的"水资源形态",或者称为"城市取水足迹"、"城市触角")。笔者利用此方法对北京市水资源供给范围进行了计算,如图 1~图 5 所示,从图中可以看出北京市水资源触角在各个水平年的增长情况(触角增长的发展方向是始终朝向水资源人口过载的正值区)。丰水年北京市的水资源供给范围不是很大;平水年北京市水资源触角开始沿着永定河、北三河向上游增长;枯水年北京市水资源触角向北三河增长的趋势变强;特枯水年北京市水资源触角已经超出了海河北系的流域界线,到达了海河流域的北界,说明特枯水年北京市依靠海河北系的供水已不能满足需求。近年来,册田水库和友谊水库向官厅水库放水,满洲水库向密云水库放水的事实证明了北京市水资源触角的存在。

虽然水资源短缺是造成争端的客观原因,但是没有划分流域管理机构与行政区域间的事权是发生争端的原因之一,另外,在经济发展、人口膨胀、自然降水减少的多重因素作用下,北京市取水足迹的不断扩大也是导致水资源争端问题不断涌现的硬性原因,缺乏有效的补偿机制与补偿办法,加剧了争端的产生。

因此,有效地解决水资源争端是都市圈可持续发展的关键问题。笔者认为水资源补偿是行之有效的解决问题的方法。那么首先对什么地方进行补偿呢?笔者认为首先要从对上游的补偿开始。

3 水资源补偿

在计划经济体制下,我国的水权分配被行政垄断,主要表现为"指令用水,行政拨划"。在市场经济条件下,无论是流域内上下游水事管理,还是跨流域调水,运用行政手段难度越来越大,协调利益冲突的有效性越来越差,应根据市场经济规律的要求,建立区域间水资源补偿制度。

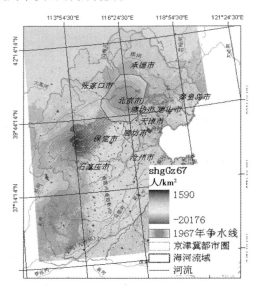

图 1 北京市 1967 年水资源触角(丰水年)

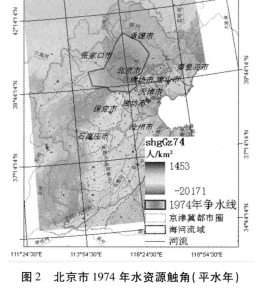

图 2 北京市 1974 年水资源触角(平水年)

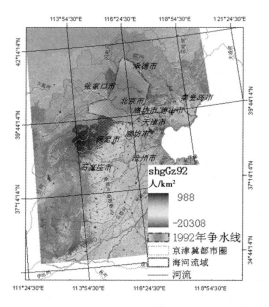

图 3 北京市 1992 年水资源触角(枯水年)

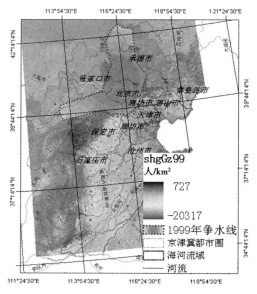

图 4 北京市 1999 年水资源触角(特枯水年)

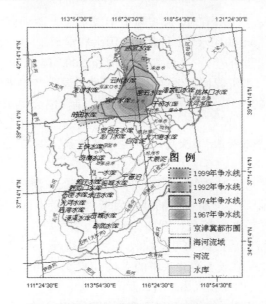

图5　北京市水资源触角年代演变模拟图

3.1　对上游补偿的原因

3.1.1　为保护下游水质与水量,上游为保护生态环境作出了巨大贡献与牺牲

为保护流域的生态环境作出了牺牲。处于潮白河流域上游地区的河北省承德、张家口地区,为了保证北京市水资源利用的水质和水量,在生态环境保护与建设方面投入了大量的人力和资金,同时实行全面"舍饲禁牧"政策,使当地畜牧业遭受较大损失。例如,20世纪90年代后期至今,承德市树立了"保护京津就是保护自己"的理念,把滦河、潮河流域的生态修复和水资源保护作为一项重要工作来抓,平均每年以2亿多元的社会投入治理承德山川,通过治理,潮河流域坡面植被覆盖度提高到70%以上,森林覆盖率达到42.1%,退耕坡地100万亩,同时采取了强硬的"舍饲禁牧"措施。承德市羊存栏量最多是300万只,目前压缩到200万只,其中舍饲圈养100万只,有效地保护了山场植被,生态环境明显改善,水土流失及土地沙化强度明显减轻,保证了密云水库较好的入库水质,这些投入就构成了流域下游地区的北京市在得到清洁水资源方面的外部成本,但是当地农民减少收入2亿元。

3.1.2　为保护下游水质,上游工业发展丧失了巨大的机会成本

为了保护下游区水资源的水质,上游区工业发展受到很大的限制,阻碍了当地经济的发展。例如,自1995年以来,张家口市关闭了污染严重的企业480多家,每年因保护水源放弃污染型项目10多个,由于关闭了造纸厂,造成3 000名职工下岗,当地政府承担了下岗职工的生活费用。这就意味着流域上游地区在保护流域水源的同时,也在经济发展特别是工业发展方面丧失了巨大的机会成本。

3.1.3　为了增加下游用水量,上游农业作出了巨大牺牲

为了增加密云水库的来水量,北京市要求上游地区的农民把耗水较多的水稻改种为相对节水的玉米,由于玉米价格比水稻低,导致农民的经济收入明显下降。例如,20世纪90年代,承德市水稻种植面积最多时为3.67万 hm^2,目前已经压缩到2万 hm^2,农民因压

缩稻田每年减少纯收入约 1.75 亿元,这实际上构成了对上游地区农民生存权的限制;在干旱年份,为了保证北京市的用水量,本来自身用水非常紧张的上游地区要把水库蓄水无偿放给北京市,影响了当地的生产、生活用水。例如,2003 年、2004 年,张家口市共向北京市集中输水 1.52 亿 m³,水资源作为地区经济发展的重要生产要素,上游地区无偿奉献给下游地区使用,对当地的生产、生活用水势必受到限制,也会形成对上游地区发展权的限制。

3.1.4　由于资源的不合理分配,拉大了都市圈内部的经济差距,出现了明显的经济二元结构

为了保护流域下游北京市水资源利用的水质与水量,上游地区的工业、农业和牧业发展受到各种限制,严重阻碍了上游地区的经济发展,使上游地区的张家口市、承德市与下游北京市之间的经济发展越来越大。例如,2004 年,张家口市、承德市的人均 GDP 分别为 8 889 元、8 324 元,城镇居民人均可支配收入为 6 411 元、6 812 元,农民人均纯收入为 2 116 元、2 110 元,而处在流域下游北京市的人均 GDP 为 37 058 元,城市居民人均可支配收入为 15 637 元,农民人均纯收入为 7 172 元。

这种区域内部的经济二元结构,不利于都市圈整体经济的发展,更不利于社会的和谐与稳定。

3.2　水资源补偿方法

许多学者已经认识到了水资源补偿问题的重要性,但是如何补偿、补偿多少一直困惑着管理者。正如北京市的一位水利专家说:"北京市也有补偿的想法,只是具体操作难度大,北京应给上游区多少钱,比较难计算。"本文以水田改造为具体研究突破口,研究北京对张家口市、承德市的水资源补偿问题,希望能为都市圈水资源补偿体系的建立提供有用参考。

基于作物需水量和水资源成本理论基础,笔者构建了包含水资源成本的作物效益综合评价模型,具体分析流程见图 6。

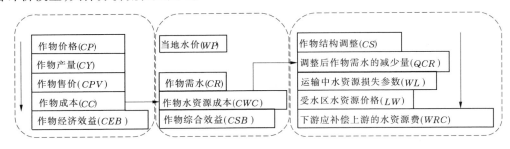

图 6　作物结构调整综合效益分析流程图

3.3　北京、天津对张家口、承德补偿数额

随着市场经济的不断完善,水资源的使用也应该服从市场规律,符合公平合理的配置水资源的原则。京津两市最近几年的水价在逐年上涨,但是真正作出贡献的上游地区却没有从水价的上涨中获得应有的回报。因此,出于公平原则的考虑,在京津两市的水价中必然应该包含上游的利益,补偿上游由于水田减少而造成的损失。当前,许多学者正尝试建立一种水资源有偿使用的长效机制,并且通过该机制约束实现"以资源换支持"以及京

津冀地区生态、经济的协调发展。

如果承德市和张家口市将水田改种其他作物,京津两市应该补偿的费用为扣除当地的水资源管理费用后的真正水资源价格乘以水资源量。

从表 1 中可以看出,正常年份京津两市上游的承德、张家口两市将水稻田改种其他作物后,可以节省 200 ~ 300 m³ 的水资源,按 0.74 元/m³ 的水资源费用计算,可以得出京津两市应该给承德市和张家口市的补偿费用,换种春玉米每亩至少补偿 192 元和 220 元,换种夏玉米每亩可以达到 214 元和 244 元,张承与京津两地可据此作为水资源价值补偿的基础开展相关工作。

表 1　张家口、承德两市稻田改种其他作物的节水量与补偿费

(单位:立方米/亩,元)

地区	冬小麦		夏玉米		春玉米	
	节水量	补偿值	节水量	补偿值	节水量	补偿值
承德市	289	214	281	208	259	192
张家口市	330	244	326	241	297	220

4　结论与讨论

4.1　结论

(1)随着都市经济的不断发展,其水资源供应范围不断扩大。北京市的水资源触角已经远远超出了海河流域,其枯水年以下年型的水资源供应要依靠黄河或者长江,正是这样触角的存在导致了众多的水资源争端。

(2)京津两市应该给承德市和张家口市的补偿费用,换种春玉米每亩至少补偿 192 元和 220 元,换种夏玉米每亩可以达到 214 元和 244 元。

(3)在都市圈内部不仅要建立长效的水资源补偿机制,而且要建立完善的配套体系,这个任务是非常紧迫的。有利于减少都市圈内的水资源争端,有利于保证都市稳定的水源供应,有利于消除都市周边地区的贫困,进而保证都市圈社会经济和谐、稳定、可持续发展。

(4)水资源争夺问题是水资源短缺和经济发展双重矛盾共同作用产生的严重的社会问题,甚至是严重的政治问题。水资源争端已经遍布世界上各个缺水地区,在国际上已经引起了广泛的关注。

(5)我国出现了水资源争端现象,部分地区甚至发生了流血事件,因此该问题必须进行深入的研究,并制定相应的对策。

4.2　讨论

(1)本文计算的水资源补偿费用,受两方面的因素影响:一个是水资源传输损失量,另一个是水资源费。由于本文采用了低方案,故计算的水资源补偿费用较低,可以根据实际情况适当提高标准。

(2)本文只讨论了"稻改旱"一种水资源补偿的方法,对于其他的换种方法有待进一

步研究。

参 考 文 献

［1］宋秀清．论京津与承德滦潮河流域生态与水资源补偿机制的建立［J］．河北水利,2006,5:1-4.

［2］钟兆站,赵聚宝,郁小川,等．中国北方主要旱地作物需水量的计算与分析［J］．中国农业气象, 2000,21(2):1-4.

［3］FAO – Food and Agriculture Organization of the United Nations. Crop Evapotranspiration – guidelines for Computing Crop Water Requirements – FAO Irrigation and Drainage Paper56［R］. Rome：FAO – Food and Agriculture Organization,1998.

［4］Rana G, Katerj Ni. A measurement based sensitivity analysis of the Penman – monteith actual evapo-transpiration model for crops of different height and in contrasting water status［J］. Theoretical and Applied Climatology,1998,60:141-149.

［5］徐新良,刘纪远,庄大方．GIS 环境下 1999 ~ 2000 年中国东北参考作物蒸散量时空变化特征分析 ［J］．农业工程学报,2004,20(2):10-14.

［6］陈百明．中国农业资源综合生产能力与人口承载力［M］. 北京:气象出版社,2001:154-158.

［7］Doorenbos J, Kassam A H. Yield Response to Water-FAO Irrigation and Drainage Paper No 33［R］. Rome：FAO-Food and Agriculture organization,1979.

作者简介:刘登伟(1978—),男,高级工程师,水利部发展研究中心。E-mail:liudw@ waterinfo. com. cn。

2009 年城市供水水价调整舆论分析及政策建议

姜付仁

（水利部发展研究中心，北京　100038）

摘　要：2009 年是城市水价调整年。本文归纳了支持和反对水价上涨的主要舆论观点，并对其进行了分析，认为本轮水价上涨成立的理由是污水处理费偏低论和外资推手论，而节约水资源论、原水成本攀升论、企业亏损论、财政补贴断流论和劫富济贫论则理由不太充分；反对水价上涨的理由中只有水价"跑冒滴漏"成本偏高成立，总体而言，污水处理费使用情况和自来水公司财务状况则即使公布也难以进行合理性判断，而水价上涨伤害穷人利益则难以成立。建议加大节水宣传力度，加大部门之间的协调力度，考虑社会接受意愿，准确把握城市供水水价调整的力度、频率和节奏，积极推进城市水价改革。

关键词：城市　供水　水价调整

1　2009 年城市供水水价调整态势

2009 年是城市水价调整年。从 2009 年 1 月 1 日广州市上调自来水价格起，经过天津、南京、沈阳、兰州、昆明、重庆、周口、洛阳、银川等城市相继举行水价调整听证会或酝酿提高水价，到 2009 年底北京、济南的水价听证会，俨然形成全国各地水价"涨"声四起的态势。2009 年 8 月，国家发展和改革委员会（简称国家发改委）称涨价是改革方向，引起了民众的质疑，媒体也发表评论要求涨就涨个明白。2009 年 10 月举行的环球国际（2009年秋季）论坛上住房与城乡建设部（简称住建部）城市水资源中心主任邵益生的话被个别网络媒体解读为"中国城市自来水价格面临上涨趋势"，引起了广泛关注。鉴于水价调整关系城市居民的切身利益，水价的每一次调整都引来了国内主流媒体纷纷刊载或转载，各大网站的各种评论和视角铺天盖地。

2　典型城市的选取与综合水价的构成

为进行研究分析，本文选取 2009 年水价上涨热点城市北京、上海、广州、天津、南京、昆明、南昌、兰州、沈阳、宁波等 10 座，这 10 座城市的居民生活用水总量约 32 亿 t，占全国总量的 22%；供水总量约 106 亿 m^3，占全国供水总量的 24%。这些城市经济较为发达，社会舆论对全国城市水务改革方面影响甚大。这 10 座典型城市人均家庭生活用水量和全国年人均家庭用水 48.7 m^3 相当；从居民人均生活用电量看，这些城市生活水平和发达程度远高于全国城市平均水平；从供水人口来看，这些城市平均供水规模约 710 万人，自来水公司经营的规模效应相当显著。国际水务集团也与北京、上海、天津、昆明和兰州等城市多有合作。因此，分析这些典型城市的水价具有很强的代表性。

城市供水的综合水价公式可以表示为：

综合水价 = 原水价格 + 运营成本 + 污水处理费 + 水资源费 + 各种附加费

式中:原水价格是指通过水库或江河等引入自来水厂原水时的成本或费用(在本公式中不包含水资源费,一般指水利工程供水水价);运营成本包括水质净化成本、管网建设维护成本、管理成本和收益成本四部分;污水处理费主要用于城市污水集中处理设施的建设、运行和维护;水资源费用于水资源的合理开发、节约、保护和管理;各种附加费是根据中央或地方有关规定征收用于地方某项特定用途的费用。

虽然综合水价理论上由五部分组成,但各地可以因地制宜划分综合水价(以下不作特别说明,水价是指综合水价)的科目(见表1)。截至 2009 年 11 月,大部分城市水价仅由自来水价格(或水费)和污水处理费两个科目构成,如沈阳市水价由自来水价格和污水处理费两部分组成,而广州市水价只有水费和污水处理费两部分组成。部分城市在水价中专门列出了水资源费,如北京市水价由自来水价格、水资源费和污水处理费三部分组成,也有部分城市水价科目更多,如天津市水价包括供水价格、水资源费(南水北调基金)、污水处理费和城市公用事业附加费四部分,南京市水价由供水价格、城市附加费、污水处理费、专项费和水资源费五部分构成。从表1可以看出,所有城市的水价都包含污水处理费,占水价的20%~46%,目前最低为宁波 0.45 元/m³。一般而言,大部分城市居民水价中的污水处理费与机关事业单位的标准相当。《国务院关于印发节能减排综合性工作方案的通知》(国发[2007]15 号,简称《国务院节能减排通知》)明确规定,全面开征城市污水处理费并提高收费标准,每吨水平均收费标准原则上不低于 0.8 元。截至 2009 年10 月底,北京、上海、天津和广州等特大城市已经达到国务院规定的居民生活用水和机关事业单位污水处理费收费标准;宁波、兰州、南昌和沈阳居民生活用水污水处理费尚低于

表 1　典型城市居民生活综合水价及构成　　　　　　　　　　　　(单位:元/m³)

城市	污水处理费	自来水价格或水费				综合水价
		水资源费	供水价格	城市附加费	专项费	
上海浦东	0.90	1.03				1.93
上海市	1.08	1.33				2.41
昆明	1.00	2.45				3.45
兰州	0.50	1.45				1.95
南昌	0.50	1.18				1.68
宁波	0.45	1.75				2.20
沈阳	0.60	1.80				2.40
北京	0.90	1.10	1.70			3.70
天津	0.82	0.63	2.06	0.39		3.90
南京	1.30	0.20	1.22	0.06	0.02	2.80

数据来源:各地水务公司或自来水公司官方最新信息(截至 2009 年 10 月底)。

国家规定标准(见表 1)。受经济条件所限,南昌和沈阳的工商业用水户污水处理费在涨价后仍低于《国务院节能减排通知》规定的国家标准。从表 1 还可以看出,多数城市的水价中没有体现水资源费,只有北京、广州、天津和南京等城市在水价中体现水资源费。北京和天津属于水资源严重短缺城市,水资源费所占比例较高;北京征收的水资源费对所有用户都执行同一标准;而天津征收的水资源费则差别对待,居民所交的水资源费尚不及其他行业的二分之一。南京虽然也有水资源费的科目,但所占水价的比例极低,约为水价的 10% ,广州更低,水资源费只占水价的 5% 。

3　支持水价上涨主要舆论观点及实际调价分析

　　为指导各地有序推进水价改革,2009 年 7 月 6 日,国家发改委和住建部联合下发《关于做好城市供水价格管理工作有关问题的通知》(发改价格[2009]1789 号,简称《城市供水价格管理通知》),要求各地在推进水价改革过程中要严格履行水价调整程序,充分考虑社会承受能力,尤其要做好低收入家庭的保障工作,保障其基本生活水平不降低。从表 2 可以看出,这 10 座城市 2009 年都对居民生活用水水价进行了调整,总体趋势都是上涨;其中自来水价格或水费调整幅度较大,一般为 0.30 ~ 0.40 元/ m^3 ;污水处理费上调次之,普遍上调 0.20 元/ m^3 左右。针对此次水价调整,舆论议论纷纷。对主流媒体关于水价上涨所列举的七种主要观点进行梳理并进行分析如下。

表 2　典型城市居民生活用水水价调整幅度及调整时间　　　(单位:元/ m^3)

城市	污水处理费调整幅度	自来水价格或水费调整幅度		综合水价调整幅度	前次调整执行时间	本次调整执行时间
		水资源费	供水价格			
上海	0.18		0.30	0.48	2001-12	2009-06
昆明	0.25		0.40	0.65	2006-01	2009-06
兰州	0.20		0.30	0.50	2006-01*	2009-11
南昌	0		0.30	0.30	2003-05	2009-09
宁波	0.20		0.35	0.55	2007-12	2009-12
沈阳	0.10		0.40	0.50	2000-01	2009-07
广州	0.20		0.10	0.30	2006-01	2009-07
天津	0.02	0.38	0.10	0.50	2007-03	2009-04
南京	0.20	0		0.30	2007-04	2009-04
北京	0.14	0.16		0.30	2004-08	2010-01

数据来源:各地水务公司或自来水公司官方最新信息。水资源费一般指地表水水资源费。兰州 2009 年 4 月起污水处理费上调 0.20 元,居民用水价格 2009 年 11 月起上调 0.30 元。

　　关于水价上涨的理由之一:污水处理费偏低论。《国务院节能减排通知》明确指出,全面开征城市污水处理费并提高收费标准,每吨水平均收费标准原则上不低于 0.8 元。《城市供水价格管理通知》指出水价调整的总体要求,一是要以建立有利于促进节约用水、合理配置水资源和提高用水效率为核心的水价形成机制为目标,促进水资源的可持续利用。二是要统筹社会经济发展和供水、污水处理行业健康发展的需要,重点缓解污水处理费偏低的问题。

实际调价方案:这轮水价调整中污水处理费的上调被放在首位。除南昌市外,其余 9 座城市 2009 年都普遍上调了污水处理费。根据《中国城市建设统计年鉴 2008 年》数据,2008 年度全国共征收污水处理费 123.23 亿元,水资源费 25.42 亿元;征收的污水处理费大约是水资源费的 5 倍。

关于水价上涨的理由二:节约水资源论。2009 年 8 月 3 日,发改委网站介绍近期能源资源产品价格改革进展,明确表示水价上调有利于节约资源,符合改革方向。针对水资源管理、水价改革等焦点问题,水利部副部长胡四一接受《21 世纪》记者的书面专访,表示健全合理的水价形成机制必须尽快建立,并透露将"加强水资源费征收使用管理,水资源费在全国范围内全面开征"。

实际调价方案:这轮水价调整中大部分城市或没有提高水资源费或不单设水资源费科目,只有天津和北京在调价方案中明确指出对水资源费进行调整,并对水资源费的用途进行说明。天津市从 2009 年 4 月 1 日起对水资源费进行调整,规定新增的地下水水资源费和所有的地表水水资源费用于南水北调工程基金。北京市规定将水资源费调整的全部收入,用来设立水资源节约专项资金,主要用于全市水资源的利用和保护、节水技术和器具的研究推广、节水工程投入和节水项目奖励等方面,促进水资源可持续利用。总体来看,北京市的居民生活用水水资源费征收标准高于污水处理费的标准,非居民生活用水的污水处理费征收标准仍高于居民生活用水的水资源费征收标准。根据《中国城市建设统计年鉴 2008 年》数据,全国各城市共征收水资源费 25.419 9 亿元,2008 年全国城市供水总量为 500.1 亿 m^3,因此全国城市水资源费标准大约为 0.05 元/m^3,明显偏低。

关于水价上涨的理由三:原水成本攀升论。青岛市供水管理处处长、青岛市城市节水办主任张国辉说:"在黄河、大沽河、崂山水库三大水源中,如今黄河水已占青岛市区供水量近 6 成,这使得青岛制水成本远高于其他北方缺水城市。"国家投资 10 多亿元兴建引黄济青工程,约有 9 000 万 m^3 的黄河水供给青岛,0.852 元/m^3 的收费(以后逐年上涨)则是对调水工程的补偿。河北省一县级市自来水公司自 2005 年起因当地水资源匮乏,要以 1.78 元 1 t 的代价从外地购买原水,虽然对水价进行了调整,其中生活水价从 1.60 元 1 t 调到 3.80 元 1 t,但是由于购买原水由供水单位自负,致使原水成本就占了 1.78 元 1 t,因此水源改变和水价调整并未给公司带来收益,反而带来沉重的压力。

实际调价方案:本轮调价只有哈尔滨明确指出由于原水成本上升而调整水价。根据哈尔滨水价听证方案,此次市区居民供水价格调整的理由是松花江水污染事件后,哈尔滨市兴建新的水源地磨盘山供水工程,造成供水成本大幅增加。据黑龙江省物价监督管理局成本调查队的成本监审结论,哈尔滨市磨盘山供水成本为 3.75 元/m^3,其中原水价格成本为 1.93 元/m^3;经测算,调整到位的综合水价应为 4.47 元/m^3,但哈尔滨市现行水价为 2.24 元/m^3。根据磨盘山水源供水成本,在企业内部挖潜消化成本 20%、市财政补贴和企业再消化 15.5% 的情况下,最终确定居民生活供水价格涨幅为 33%,上涨 0.6 元/m^3。

关于水价上涨的理由四:企业亏损论(运营成本攀升)。近年来,由于运营成本大幅上升,致使许多水务公司盈利水平持续下降,国家统计局 2009 年 5 月的数据显示,有 900 多家水务企业出现亏损,亏损额高达 30 亿元。水务企业运营成本中水质净化成本提高,一方面是由于国家对水质的要求提高(生活饮用水标准 GB 5749—85 要求水质符合 35 项化验指标,GB 5749—2006 则提高到 106 项指标),另一方面由于电、燃油、煤炭、药剂等材料的大幅度上涨。管理成本提高是由于职工工资上涨和城市扩张带来的公共绿地浇灌等城市公益性用水增加。2009 年 10 月住建部城市水资源中心主任邵益生称,近年来由于当地水源污染日益严重,导致不少城市大范围远距离调水工程增多,增加了调水成本、污水净化和处理成本,从而使自来水水价面临上升压力。

实际调价原因:本轮水价调整中大部分城市没有明确说明调价的原因是由于运营成本攀升造成的,只有兰州、哈尔滨和银川把水价上涨的原因归于运营成本攀升。就全国范围看,亏损企业大多发生在县级水务企业,甚至部分地市级水务企业,这些水务企业供水人口大多在 30 万人以下,规模经济效益较差;而直辖市、省辖市或计划单列市直属的水务企业的供水人口一般在 100 万人以上,经营状况相对较好。

关于水价上涨的理由五:财政补贴断流论。住建部法规司副司长徐宗威指出,城市供水管网建设、污水处理等工程建设投资规模巨大,如果掺到价格里去,会对供水价格提升形成巨大压力;自来水行业长期亏损的深层次问题在于公共财政的缺失。现在供水管网建设有国家财政投资的,有开发商投资的,也有供水企业投资的;国家投资的比例应该比较高,但最近大幅度下降。《中国城市建设统计年鉴 2008 年》数据显示,1980 年中央财政拨款为 6.62 亿元,占全国城市市政公用设施建设投资(简称城市设施投资)14.4 亿元的 46%;1990 年中央财政拨款为 10.91 亿元,占城市设施投资 121.2 亿元的 9%;2000 年中央财政拨款为 115.1 亿元,占城市设施投资 1 890.7 亿元的 6.1%;2008 年中央财政拨款为 75.6 亿元,占城市设施投资 7 368.2 亿元的 1.02%;同期的地方财政投入虽然不大,但总额逐年提高,1985 年地方财政拨款为 12.4 亿元(占 19.4%),1990 年为 19.84 亿元(占 16.4%),2000 年为 208.13 亿元(占 11%),2008 年为 1 424.73 亿元(占 19.3%)。

实际调价原因:大部分城市没有明确说明水价调整是由于财政补贴不足引起的,只有兰州水价调整的部分原因是由于政策性亏损造成的。兰州市在 2009 年 7 月的水价调整时说,根据发改委、教育部 2007 年《关于学校水电气价格有关问题的通知》规定对学校用水降价,由原执行经营服务用水价格改为居民生活用水价格,因此造成兰州威立雅水务集团政策性亏损。根据哈尔滨水价调整方案说明,新水源磨盘山水源供水成本增加,需要企业内部挖潜消化成本 20%,市财政补贴和企业再消化 15.5%。根据《中国城市建设统计年鉴 2008 年》数据,2008 年度城市维护建设财政性资金支出用于供水行业为 104.3 亿元,用于排水行业(含污水处理)370.95 亿元,两者合计约 475.25 亿元财政性资金投入(若加上其他社会或企业投入总投资额则更高,2008 年城市供水设施总投资为 295.41 亿元,排水设施总投资为 495.96 亿元),远远高于污水处理费 123.23 亿元的征收总额。但由于自来水公司或污水处理公司本身是企业,又从政府获得大量财政补贴,致使舆论产生既有收费又有补贴的置疑。

关于水价上涨的理由六:外资推手论。在探究水价上涨原因的时候,由于不少城市的水务领域都有外资的参与,舆论认为外资高价收购中方水厂,先卡住市场位置,然后再谋求涨价来化解经营风险的成本。"洋水务"因此背上"洋水务绑架地方政府"、"洋水务是推高水价的背后黑手"的骂名。以法国威立雅水务集团(简称威立雅)为例,在政策放开之后,以"特许经营"的方式开始在全国范围内高溢价收购和快速扩张,目前已在中国的20 个地区拥有运营项目,涉及供水人口超过 3 000 万人。中国城镇供水排水协会会长李振东曾表示:外商今天高溢价收购供水资产,明天就要成倍地赚回去。

实际调价幅度和频率:有外资参与的城市供水水价调整的幅度过大和次数过频。2009 年 5 月 14 日《中国青年报》报道,威立雅进入天津的 12 年时间,天津居民生活用水的水价上调了 8 次,由每吨 0.68 元提高到每吨 3.4 元(2009 年 4 月起执行 3.9 元,作者注),上涨了 4 倍。2000 年以来,兰州居民用水价格调整如表 3 所示;2007 年 1 月,威立雅与兰州供水集团成立兰州威立雅水务集团有限责任公司以来,兰州居民用水水价 2009 年一年内调整两次,上涨幅度为 0.50 元,涨幅大约为 30%。昆明市自来水集团 2005 年底开始与威立雅合作,次年 1 月就上调水价,2007 年 7 月再次上调,涨价幅度和频率都颇为惊人。虽然业内有人士认为,在华主要外资企业目前所有签约项目的供水总能力不到全国10%,尚未形成垄断,不会对中国的供水安全造成影响;但作者认为本文讨论的这 10 座城市实际占全国 36 座大中城市供水能力的 30% 以上,已经形成局部垄断。

表 3　2000 年以来兰州居民用水价格历次调整表

顺序	时间	调整方案
1	2001 年 8 月	居民用水价格调整为 0.70 元
2	2002 年 5 月	在原水价基础上,每吨增加 0.20 元的排污费
3	2004 年 8 月	民用水价每吨由 0.70 元涨至每吨 0.90 元
4	2006 年 1 月	居民用水价格由每吨 0.90 元涨至 1.45 元,加上污水处理费调整为每吨 0.30 元,实际收费为每吨 1.75 元
5	2009 年 4 月	城市居民污水处理费每吨由 0.30 元调为 0.50 元,兰州市执行的居民用水价格为每吨 1.95 元
6	2009 年 11 月	居民生活用水价格每吨上涨 0.30 元,由目前的 1.45 元调整为 1.75 元每吨,加上 0.5 元的污水处理费,居民用水价格将为每吨 2.25 元

关于水价上涨的理由七:劫富济贫论。2009 年 7 月,在一场"解读水价问题"的小型论坛上,有专家称不能因为有些人喝不起水就不提高水价。世界银行樊明远也认为:低水价是资助高收入者,而不是资助低收入者。他坚信,中国的水价还有很大的上涨空间。这几句话可谓一石激起千层浪,在网络上迅速引起了人们的质疑。公众纷纷认为,提高水价是劫富济贫不靠谱。北京大岳咨询有限公司总经理金永祥认为,对真正喝不起水的人只要政府想点办法就解决了。

实际调价政策:几乎所有城市都对低保户或特困户进行补贴或进行减免政策。如南京市规定,为减轻民政低保对象和特困企业特困职工的负担,按照"谁受益、谁负担"的原则,自来水总公司和各自备水厂将负责对各自供水对象中的民政低保对象和特困企业特困职工,采取先收后补的办法,到有关单位领取补贴。深圳市规定对享受最低生活保障家庭、社会福利机构和部队用水免收污水处理费。

4　反对水价上涨的主要舆论观点及其分析

关于反对水价上涨的理由一:企业污染水源不能由百姓买单。有评论认为,表面上看水源污染日益严重,导致供水成本提高,然而在绝大多数地方,造成城市水源地污染的"罪魁祸首"是众多的排污企业,尤其是一些污染物排放不达标的企业。显然,应该为水价上涨买单的是这些排污企业。如果把水价上涨的压力转嫁到普通百姓身上,必然会让这些排污企业更加有恃无恐,不把环境污染当回事。现在政府提高水价,就等于让老百姓帮助这些污染企业买单,肇事者毫发无损,无辜者却要为用水多掏钱。

污水处理费征收标准和污水排放量的比例:在全国 36 个大中城市中,大部分城市的非居民用水污水处理费高于居民用水的污水处理费,其中武汉、长沙、南宁、贵阳和乌鲁木齐等 5 城市的居民和非居民用水的污水处理费标准相同;总体而言,生活污水排放总量稍高于工业污水排放总量。在征收的非居民用水的污水处理费征收标准中,绝大多数的工业、商业和行政事业的收费标准相同,收费标准没有行业差异。目前,世界经合组织(OECD)国家普遍采用两部制水价,即由体积计价和污染负荷计价两部分组成,以体现污染者付费的原则。由于种种原因,我国目前没有采取污染负荷计价的收费政策,普遍采用以供水量测算的污水处理收费。另据国家发改委价格司副司长周望军于 2009 年 8 月发表的《中国水资源及水价现状调研报告》,2007 年我国污水排放量为 556.7 亿 t,其中工业废水占 44.2%,生活污水占 55.8%;水污染主要由 COD 过量排放造成的,其中城镇生活排放 COD 占总排放量的 60%,工业及其他排放占 40%。

关于反对水价上涨的理由二:公布污水处理费使用情况。2009 年 7 月,发改委有关负责人表示,调整水价旨在解决污水处理费偏低问题,对此网民纷纷表示质疑污水处理费的去向,也有网友建议各地公布污水处理费的使用情况,如果当做财政收入使用就成问题了。

污水处理费实际使用情况:我国通常由供水公司把污水处理费交给市财政局,然后由财政局通过其主管部门(建设部门)转交给污水处理企业,几乎所有城市的污水处理费都用于污水处理,且有很大缺口。根据《中国城市建设统计年鉴 2008 年》数据,全国城市污水处理费总额为 123.23 亿元,而污水处理及其再生利用财政性投资为 264.66 亿元。另据国家发改委相关负责人介绍,截至 2009 年 5 月底,全国已建成污水处理厂 1 600 座,污水处理率已达 66%;另外,在建污水处理厂 1 800 座。由于污水处理公司本身是企业,却从政府获得财政性资金,造成实际上的事企不分,因此其污水处理费的使用引起舆论置疑。

关于反对水价上涨的理由三:先让自来水公司财务透明。有评论认为,自来水公司作为垄断性质的国企,又经营着水这一与生活、生命息息相关的资源类产品,在水价改革之前,应该先对自来水公司的财务进行审计,并建立财务透明机制,像上市公司一样定期公开财务报表,让百姓知道成本多少、钱都花在哪儿。

自来水公司财务问题:大部分供水企业没有公布财务绩效、达标率或运营效率的指标,一般只公布基础设施建设和融资渠道等信息。大多数城市节水办设在自来水公司,形成政企不分的局面。清华大学环境系水业政策研究中心主任傅涛说:我不主张让老百姓面对面地对成本进行审查,即使我这样的专业人士,我也很难在短期内对自来水的合理性进行判断。我对它的合法性判断的话一两天就够了,但是合理性却无法进行判断。

关于反对水价上涨的理由四:公众不该承担水价"跑冒滴漏"成本。有媒体刊登了傅涛的文章,文章认为目前我国的供水企业,的确存在不少"跑冒滴漏"现象。主要原因:其一,供水企业机构和人员设置冗杂,导致管理成本过高;其二,企业为了保证利润,发展副业,千方百计做大成本;其三,自来水公司的收入较其他企业高出一截。

实际水价"跑冒滴漏"成本确实偏高:根据 2007 年世界银行出版的《展望中国城市水业》,我国水厂因输配管网泄漏而损失了 20% 的制水量;尽管按照国际标准,20% 的漏损率似乎还不错;若按照每千米管网损失水量计算漏损率,则中国企业的漏损率就很高了;另外,很多城市的供水能力严重过剩,全国平均至少有 50% 的生产能力是过剩的。新华网 2009 年 12 月 10 日报道,宁夏价格成本调查监审局对银川市自来水总公司近三年的城市供水成本进行了监审,核减了部分费用;银川市自来水公司的官方核定职工人数从 2006 年的 751 人增加到 2008 年的 806 人,2 年增加 7%;三年里核减掉职工工资 470 多万元,各类社保费用 340 多万元,工会经费 5 万元,固定资产折旧额 2 730 多万元等。通过严格监审,自来水企业上报的费用挤出 3 500 多万元,企业所报的水价调整幅度也降了下来。

关于反对水价上涨的理由五:不能伤害穷人利益。虽然专家称"弱势群体"喝不起水的问题不难处理,"城市里的低保户只要政府想一点办法就解决了"。但事实上,低保户喝不起水的情况并不严重,很多城市都对低保户采取了免收或减收公用事业费的政策,真正喝不起水的是那些虽然家境困难但够不上低保标准的人。水价提高的话,他们得不到任何补贴。

实际政策保障:大多数城市有低收入家庭保障制度,在为满足条件的家庭提供的每月补贴里明确考虑了供水、供电等基本服务成本。

从前面的分析可以看出,本轮水价上涨成立的理由是污水处理费偏低论和外资推手论,而节约水资源论、原水成本攀升论、企业亏损论(运营成本攀升)、财政补贴断流论和劫富济贫论则理由不太充分;反对水价上涨的理由中只有水价"跑冒滴漏"成本偏高成立。总体而言,污水处理费使用情况和自来水公司财务状况则即使公布也难以进行合理性判断,而水价上涨伤害穷人利益则难以成立,因为大部分城市都有低收入保障制度。

5　城市水价调整及舆论导向的政策建议

建议一:加大节水宣传力度,积极推进城市水价改革。推进城市水价改革,既是完善社会主义市场经济体制,提高资源配置效率的客观需要,也是推动节能减排,促进我国经济发展方式转变的迫切要求。十七大报告明确提出要"完善反映市场供求关系、资源稀缺程度、环境损害成本的生产要素和资源价格形成机制",2009 年政府工作报告也明确指出要"推进资源性产品价格改革"。2009 年上半年,各地积极推进水价改革,不断完善水价形成机制,取得了显著成效。污水处理收费和水资源费征收制度普遍建立,非居民用水超定额加价制度全面实施,居民用水阶梯式水价制度逐步施行。这些措施是符合改革方向的,反映我国水资源稀缺状况、水处理和污水治理成本的水价体系基本形成,对于促进水资源的合理配置,提高用水效率和水污染防治工作,保障供水和污水处理行业健康发展起到了积极作用。

同时也应该看到,当前我国城市供水价格、污水处理费、水资源费等仍然存在征收标准偏低、征收范围偏窄等问题,不利于促进资源的节约使用。2009 年以来,天津、上海、兰州、北京、沈阳和银川等城市相继调整了水价,在调价或召开听证会前后,虽然有不少单位对有关政策进行宣传,但总体而言由于宣传不到位,特别是节水宣传不到位,对相关政策解释不够,致使反对水价上涨的社会舆论高涨。从前面分析可以看出,反对水价上涨的大部分理由并不充分。

北京市的做法就比较好,值得借鉴:在举行水价听证会之前,北京市在 2009 年 11 月 30 日的北京日报上发表文章,系统介绍了采用保水源、集雨水、调外水和倡节水等四大措施着力解决北京市的缺水困局;接着邀请参加听证会代表听取水务部门的工作汇报并视察污水处理厂和水源地等,了解水资源短缺的形势;再请有关专家对解决北京市的水资源问题提出相关建议;最后认真听取参加听证会每一位与会代表发言,并对建议采纳与否作出详细说明和解释;同时出台针对低保户等低收入群体的补助或相关政策。因此,总体上看,北京市的水价调整舆论反应比较温和。今后应该加强对水资源节约工作的宣传,深入分析我国水资源短缺的形势,通过政府官员、社会团体和社会各界有识志士的共同合作,大力宣传各级政府应对水资源短缺所做的开源节流等工作,合理解释水价调整理由,促使水价改革的积极推进。

建议二:水价调整的幅度和频率应考虑社会接受意愿。即使在经济上可以承受某个水价水平,社会可能还是不能接受。限制我国城市综合水价上调的速度和幅度有很多社会因素。第一,随着我国走向市场经济,尽管家庭收入高速增长,但住房、医疗、教育和基本公用事业服务等基本支出也在高速增加。第二,由于大量人口涌入城市及新一批都市富有人群的出现,不平等现象越来越多,如果没有建立有效的机制帮助低收入居民,可能会加强公众对不平等和公平性关注。第三,由于市政公用事业服务企业的低透明度和低效率,公众可能不愿意支付服务费。这些因素可能相继发挥作用,从而阻碍水务收费水平的上涨计划。最近部分城市供水水价调整幅度过于频繁,如兰州市 8 年 6 次调整、天津 12 年 9 次调整;部分城市水价调整的幅度过大,如宁波市一次论证会调整幅度高达 45%;甚至若干城市几乎同步调整水价,致使社会舆论纷纷,并说 2009 年是能源价格的"调整年",甚至是水价"闯关年",这大大影响了水价调整的目的和成效。中国社会科学院财政贸易经济研究所研究员温桂芳 2009 年 11 月 30 日上午接受网络访谈时表示,改革和调整是不可避免的,关键是步子别太大。因此,价格调整必须充分考虑社会接受意愿,准确把握城市供水水价调整的力度、频率和节奏,在老百姓能承受的基础上逐步推进。

建议三:加大部门之间的协调力度,推行水务一体化管理。目前,我国城市水务基本呈"多龙治水"的局面。发改委负责公用事业价格政策和负责管理城市水务的国债项目。财政部负责管理国家财政资源、编制预算草案并组织执行。住建部负责拟定城市建设和市政公用事业的发展战略、中长期规划、改革措施、规章,指导城市供水、节水等工作,指导城镇污水处理设施和管网配套建设。水利部负责拟定水资源工作的方针政策、发展战略和中长期规划,负责水资源统一管理、指导全国节约用水工作。环保部负责组织拟定并监督实施重点区域、流域污染防治规划和饮用水水源地环境保护规划,会同水利部监督管理饮用水水源地环境保护工作。卫生部与住建部、环保部共同负责公共用水服务的安全。由于水源、农村供水、城市供水、污水处理与回用、节水分别由不同部门管理,形成了部门分割、城乡分割的管理体制,造成流域综合水利规划与城市供水、排水专项规划难以衔接;水源工程和供水、节水设施建设难以同步;水源配置和供水调度难以统一;防洪与排水难以协调等问题。这些问题不仅极大地制约了水资源的优化配置,而且极大地影响了监督计划用水和定额管理的效果。

自来水公司本身是以盈利为目的的企业,又从政府获得大量财政补贴。另外,国际上的典型做法是把污水处理作为公用事业来管理,而我国建设部门盛行的观点是排水属于公共物品而污水处理是商品。这就造成城市供水、排水、污水处理企业之间主要采用企业单位事业管理的模式,是典型的政企不分或事企不分,加上财务不透明,致使社会舆论对城市供水、排水和污水处理的成本问题多生非议,城市水价调整也阻力甚大。建议加大国家发改委、住建部、水利部、环保部和卫生部等部门之间的协调力度,积极推进城市供水水价改革,推动水源、供水、排水、节水和污水处理等城市水务一体化管理,切实实现水资源的优化配置和高效利用,以水资源的可持续利用支撑经济社会的可持续发展。

作者简介:姜付仁(1969—),男,高级工程师,水利部发展研究中心,联系地址:北京市玉渊潭南路 3 号 C 座 1006 室。E-mail:jiang@ waterinfo. com. cn。

试论城市应急调水水价制定方法

李 华

（水利部海河水利委员会，天津 300170）

摘 要：本文从水利工程供水水价制定程序、城市应急调水水价制定理论基础、一般方法、困难所在及解决思路等方面论述城市供水安全措施之——应急调水水价制定方法。

关键词：城市 调水水价 方法

我国水资源严重短缺并且时空分布不均，随着社会经济的高速发展，水资源供需矛盾进一步加剧，某些地区出现紧急缺水，为了应对这种情况，有关部门不得不实施应急水量调度以缓解缺水带来的生态环境、工农业生产、居民生活等问题。例如，塔里木河管理局先后5次从博斯腾湖向塔里木河应急调水，太湖流域管理局引长江水进入太湖，珠江水利委员会组织实施了珠江流域应急调水，北京市多次从河北省、山西省应急调水，引黄济津等。应急调水不仅仅是水量调度技术问题，还涉及各方权利和义务的平衡问题。建立应急调水经济补偿机制即确定合理的应急调水水价使应急调水有章可循，实现效率与公平兼顾，是一条可行的途径[1]。一般地，现行城市用水户终端水价包含水资源费、水利工程水价、自来水生产价格和污水处理费四部分内容。这里只论述城市应急调水中水利工程水价制定方法。

1 水利工程供水价格制定程序

水利工程供水价格是指供水经营者通过拦、蓄、引、提等水利工程设施销售给用户的天然水价格。水利工程供水价格由供水生产成本、费用、利润和税金构成。水利工程供水价格按照补偿成本、合理收益、优质优价、公平负担的原则制定，并根据供水成本、费用及市场供求的变化适时调整。

水利供水工程大多是由政府投资兴建的，不仅具有经济目标，同时具有政治目标。水利为社会提供的是具有公共物品或准公共物品性质的产品或服务，水利工程供水具有自然垄断性，由政府定价分级管理。中央直属和跨省、自治区、直辖市水利工程的供水价格，由国务院价格主管部门商水行政主管部门审批。地方水利工程供水价格的管理权限和审报审批程序，由各省、自治区、直辖市人民政府价格主管部门商水行政主管部门审批。

水利工程供水价格调整的工作程序是：①供水经营者提交水价调整申请报告；②水行政主管部门审核申请报告；③价格主管部门组织有关人员开展供水定价成本监审工作，拟定水价调整方案；④调价方案经供用水双方审议；⑤价格主管部门商水行政主管部门后，发文批准[2]。

水价核算的主要政策依据有：国家发展和改革委员会、水利部2004年联合颁发的《水利工程供水价格管理办法》(简称《水价办法》),水利部 2007 年颁发的《水利工程供水价格核算规范》(简称《核算规范》),财政部 1994 年颁发的《水利工程管理单位财务会计制度》(暂行),2006 年国家发展和改革委员会、水利部联合颁发的《水利工程供水定价成本监审办法(试行)》。

2 城市应急调水水价制定理论基础及一般方法

我国水资源严重短缺并且时空分布不均,应急调水运用作为保障城市供水安全的一项措施将长期存在,应急调水水价制定的理论基础是博弈论,应急调水协商定价属于合作博弈类型,是双方研究达成合作时如何分配合作得到的收益。分析引黄济津潘庄线路应急调水和河北省三库向北京应急调水的水价制定过程,总结出当前城市应急调水水价制定的一般流程。

2.1 应急调水运用作为保障城市供水安全的一项措施将长期存在

海河流域水资源短缺状况在全国尤为突出。海河流域内包括北京、天津在内的 57 个建制市,2006 年总人口 3 883 万人,GDP 为 1.05 万亿元,城市总用水量 53.6 亿 m³,由地下水(占 57%)、当地地表水(占 39%)和引黄水(占 4%)供给。预计到 2020 年,海河流域建制市人口将达到 5 500 万人,GDP 为 2.6 万亿元,城市总用水量 83.5 亿 m³。在南水北调中线工程通水后,在积极推进节水型城市建设的同时,需要采取城市供水安全保障措施:稳步推进供水工程建设,加强对城市供水管网改造力度,加强城市水污染治理,加强雨水和矿井水等其他水源的利用,运用非常规应急调水。近几年,海河流域应急调水次数较多,北京市多次从山西省、河北省三库应急调水,现正计划从黄河万家寨水库调水,天津市多次应急调用黄河水。

以目前的技术手段还无法消除应急调水发生的可能性,应急调水会在一定时期内长期存在。海河流域现状水资源开发利用率 106%,海河平原地下水开发率达 187%,经济社会发展对水资源的需求大大超过了流域水资源承载能力。南水北调工程通水后,应急调水是否需要呢?从表 1 来看,分析 1956~2000 年 45 年的丹江口水库径流与海河流域降水的枯枯遭遇情况,1957 年、1972 年、1986 年、1992 年、1997 年和 1999 年 6 年丹江口水库径流与海河流域降水枯水期遭遇,占到全系列的 13%。也就是说,即使南水北调工程通水后,应急调水运用仍作为保障城市供水安全的一项措施。

2.2 应急调水水价制定的理论基础

定价方法是经营者为实现其定价目标所采取的具体方法,可以归纳为成本导向、需求导向和竞争导向三类。水利工程水价大多采用成本导向定价方法。制定应急调水水价是在供水成本的基础上由供用水双方协商定价。协商定价的理论基础是博弈论。博弈论又称对策论,它是现代数学的一个新分支,也是运筹学的一个重要组成内容。博弈论是二人在平等的对局中各自利用对方的策略变换自己的对抗策略,达到取胜的意义。

应急调水突出特点有两个。一是准公益性。水利为社会提供的是具有公共物品或准公共物品性质的产品或服务,在消费中具有非排他性和非竞争性,其服务对象不能像一般竞争性产品和服务那样能够加以自由选择或排斥(或排斥的成本过高),在现有条件下难以形成良性的投入产出关系。虽然水利工程供水从收费中可以获得一定的经济补偿,但考虑到中国的现状,水利工程供水不仅具有经济目标,同时具有政治目标,如实现社会安定和社会公平等,因此应急调水具有准公共物品的属性。二是区域性和自然垄断性。水利是国民经济的基础设施,是以提供公共产品为主的基础产业。水利系统最主要的任务是为国民经济和社会发展提供涉水的公共产品,如防洪减灾、抗旱、水污染防治、水资源的配置与保护、生态建设等。水利行业主要特征是公益性、非营利性,体现的是巨大的社会效益。水利提供的公共产品具有消费的非排他性和不可分割性,不是通过市场机制来完成,不可能具有市场垄断性,不涉及消费者付费,不存在操纵市场价格,通过垄断价格获取垄断利润的可能。供水行业属于自然垄断行业。一般水利工程都有一定的受益范围。供水价值和运输成本的比值小,难以长距离运输,只有就近销售,只有在特殊情况下,才采取长距离调水。水的远距离配送不具备普遍性,也没有替代品,应急调水的区域性和自然垄断性是客观存在的[3]。因而,应急调水协商定价属于合作博弈类型,是双方研究达成合作时如何分配合作得到的收益。

2.3 当前城市应急调水水价制定的一般方法

在调水中获益的地区及产业应适当给予损失的地区或产业一定的经济补偿,保证各方面生产和生活的正常进行。利用经济杠杆的调节作用,通过受益者对受损者所遭受的损失的合理水费补偿,平衡调水各方面的权利和义务,实现效率和公平兼顾。引黄济津潘庄线路应急调水和河北省三库向北京应急调水均是我国调水规模较大的项目,在我国调水史上有一定的代表性。

引黄济津潘庄线路应急调水由山东潘庄渠道闸引水,途经山东省、河北省,至天津市九宣闸,线路总长 390 km。根据《水价办法》,结合引黄济津调水工程实际情况,调水费用包括黄河取水原水费、大修理费及岁修费、泵站提水、管理费用、冰期调水抢险措施费、泥沙处理费用、灌区补偿、利润及税金 7 个方面的内容。水价为调水总费用与水量之比。天津市和山东省、河北省分别按照水价组成内容测算出水价标准,海河水利委员会(简称海委)在水利部的指导下,多次召开调水工作协调会,供用水方在测算方法、水价参数确定等方面讨论达成一致,签署供水协议。

河北省三库向北京供水,河北省通过岗南、黄壁庄、王快 3 座水库向北京市供水。费用包括供水水费和农业损失两个部分,其中供水水费按照《水价办法》测算;供水引发的农业损失按照《国家发展改革委关于北京市应急供水方案论证情况和意见的报告》(发改农经[2006]1056 号)确定的"按照工业反哺农业、城市支持农村和不侵害农民利益的原则,对群众因减少农业用水造成的损失进行赔付"的原则测算。应急调水费用包括水库供水成本水费、灌区水费、水资源费、调水管理费、农业损失补偿费五部分内容。北京市和河北省水利管理部门分别按照水价组成内容测算出水价标准,海委多次召开协调会,供用水双方阐述理由,最后,水利部水利规划设计总院进行审核并充分征求供用水双方的意见,确定水价标准,最终达成一致,双方签署供水协议。

分析引黄济津潘庄线路应急调水和河北省三库向北京应急调水的水价制定过程,总结出当前应急调水水价制定一般流程:供用水双方确定水价包含内容,依据水价政策分别测算水价,在上级主管部门组织协调下,经多次协商确定调水价格,最终,双方签署供水协议。

3 城市应急调水水价制定困难所在及解决思路

在城市应急调水水价制定过程中,遇到许多问题,例如,应急调水水价制定的政策依据,应急调水合理成本的确定方法,应急调水水价制定要考虑哪些因素,还有一些不同调水项目出现的具体问题。尽管有些问题已经解决,但是,应急调水不完全等同于常规水利工程供水,其水价制定理论体系要对其特殊性加以研究,补充完善水价相关规章制度,细化应急调水水价核算方法,以保证应急调水的科学性、合理性和公平性。

3.1 应急调水水价制定的政策依据

应急调水的出现有自然条件、管理制度、政治经济等方面的原因,对水量调度的工程技术问题研究较多,对其水价如何制定研究不多。近年来,水资源价格及其恢复补偿机制研究风起云涌,其中也涉及应急调水水价内容,但没有形成完整的理论体系,相应的应急调水水价政策并没有建立。

解决思路:应急调水是水利工程供水的一种特例,其水价制定的政策依据应参照水利工程水价有关规章制度(即文中第一部分第四段的内容),对某调水工程项目存在的特殊性,应具体问题具体分析。

3.2 应急调水合理成本确定方法

水价由供水生产成本、费用、利润和税金组成。供水生产成本是指正常供水生产过程中发生的职工薪酬、直接材料、其他直接支出、制造费用以及水资源费等。供水生产费用是指供水经营者为组织和管理供水生产经营而发生的合理销售费用、管理费用和财务费用,统称为期间费用。本文提到的成本通常包括生产成本和期间费用两部分。会计成本反映的是企业个别成本,主要是从单个企业角度反映为取得一定的收益而必须消耗的资源,以求企业收益最大化。政府定价成本原则上要按照社会平均成本进行定价,更多的是从全社会角度分析各种资源的利用水平,以求资源消耗最低、社会效益最高。

供水成本并不是完全按照单位的会计成本来定的,一个水管单位的会计成本组成要经过成本监审后确定供水定价成本。常规水利工程供水价格确定中要有价格主管部门组织有关人员开展的供水定价成本监审工作环节,而应急调水主要是水利主管部门组织供用水双方协商定价,没有开展供水成本监审环节,且社会上供水成本审核事务所没有培育成熟,供用水双方在供水成本真实与否方面有较大分歧。

解决思路:供水方需要准备相关资料,如近三年的财务决算报表和资产状况表、人员组织结构情况及当地工资标准文件、近五年的供水量资料、当前常规水价标准及常规用水户水价执行情况。由上级水利主管部门召开专家论证会确定供水合理成本,这里的专家包括水管单位、价格部门、用水户代表等。

3.3 应急调水水价制定要从实际出发

常规水利工程供水价格由价格主管部门综合考虑预调价水利工程供水定价成本及不到位程度、用水户承受能力和当前全国(某区域)水利工程供水价格的现状等因素综合确定,而对应急调水水价,供水方会坚持在供水成本基础上按《水价办法》的规定定价。

解决思路:应急调水合理成本确定后,按《水价办法》的规定计算出水价标准,并不是就以此作为最终调水价格,而是供用水双方以此为基础协商水价。一要充分考虑调水产生的正负效益,受水区带来的经济效益、社会效益和生态环境效益,供水方在农田灌溉效益、水电站发电效益遭受的损失以及带来的生态环境和社会问题。二要考虑国情,全国水利工程水价水平总体较低是一个摆在面前的事实,也是一个参考因素。当前,非农业水价总体来说能达到成本的70%~80%,少数非农业供水水价能达到保本微利水平;农业水价执行的水平低,达不到成本的50%且调整缓慢。

3.4　应急调水水价定价时遇到的一些具体问题

应急调水水价定价工作中往往遇到一些具体问题。例如,调水工作一事一议,协商周期长;应急调水临时应急工程较多,导致基本建设费用较高;调水在初始水量分配权限方面有争议;输水天然河道维护费、折旧费如何计算;供水利润完全按照《水价办法》规定计算偏高;供水类别的确定;农业用水损失补偿费如何确定等。下面以河北省三库向北京应急调水为例,介绍两个具体问题。

3.4.1　供水类别的确定

河北省三库向北京应急调水一例中,从用水方来看,北京市将调来的水大部分送入自来水厂,小部分作为生态环境用水,应视为非农业用水。从供水方来看,三库调出的水是供给石津灌区、沙河灌区的农业用水,在国务院下发的文件中明确对群众因减少农业用水造成的损失进行赔付,在对农民进行了补偿后,应视为农业用水。不同类别的用水水价核算方法是不同的。《水价办法》明确规定,农业用水价格按照补偿供水生产成本、费用的原则核定。非农业用水价格在补偿供水生产成本、费用和依法计税的基础上计提利润。供水成本费用在农业供水与非农业供水之间分摊时,采用供水保证率法,计算出农业、非农业供水分配系数,再求得农业和非农业供水生产成本费用。通常,由于农业供水的保证率低于非农业供水,分摊后农业供水单位成本要小于非农业供水单位成本。

解决思路:通常,在供水合理成本确定后,由于这里的供水合理成本包括工业供水成本、农业供水成本两部分内容,要按供水保证率法在工农业供水之间分摊,由于河北省三库向北京应急调水供用水双方对供水类别的认识存在较大分歧,因此需要去除工农业供水成本在核算方法上的差异,直接采用供水成本除以工农业供水量之和,得到综合单方供水成本,不计利润和税金的综合成本水价,也就是说,河北省三库向北京应急调水水价采用不考虑供水保证率因素的综合供水成本水价。

3.4.2　农业用水损失补偿费如何确定

应急调水将直接占用水库下游灌区的农业灌溉用水量,将使灌区由于减少灌溉水量而减产,直接造成灌区农民农业收入减少。在河北省三库向北京应急调水(即南水北调中线京石段应急供水工程)可行性研究阶段就明确提出了北京应急调水对农民的补偿问题,减灌面积按照灌溉定额和减供水量确定相对简单,农业减产比例确定较困难。农业减产比例与不同的降雨年份、不同的种植作物有关。

解决思路:这里确定不同缺水时期单位缺水减产系数问题是关键。一是试验法。根据河北省灌溉试验资料以及水浇地和旱地作物的产量对比数据分析确定,在中等降雨年份,冬小麦不灌溉比正常灌水条件减产60%~70%,棉花和夏播玉米不灌溉比正常灌水条件减产40%左右。二是可以采取水分生产率法,采用作物平均单方水的效益近似作为作物的平均水分生产率,再将此平均水分生产率在不同时期按照耗水量进行分摊,以取得不周时期的综合水分生产率,最后结合各时期的缺水量来测算缺水损失[1]。丹江口水库径流与海河流域降水的枯枯遭遇分析见表 1。

表 1 丹江口水库径流与海河流域降水的枯枯遭遇分析

年份	丹江口径流量		海河流域降雨量		遭遇情况	
	水量(亿 m^3)	年景	降雨量(亿 m^3)	年景		
1956	486.05	丰	2 339.25	丰		
1957	276.2	枯	1 449.57	枯	枯	枯
1958	546.17	丰	1 861.98	丰		
1959	251.31	特枯	2 180.31	丰		
1960	348.44	平	1 486.23	枯		
1961	388.36	平	1 887.74	丰		
1962	266.07	枯	1 642.55	平		
1963	549.41	丰	2 123.9	丰		
1964	766.47	丰	2 560.41	丰		
1965	418.75	丰	1 143.5	特枯		
1966	194.55	特枯	1 744.39	平		
1967	456.93	丰	1 933.38	丰		
1968	482.57	丰	1 356.34	特枯		
1969	296.93	枯	2 038.84	丰		
1970	344.94	平	1 620.76	枯		
1971	394	丰	1 800.95	丰		
1972	297.19	枯	1 244.17	特枯	枯	特枯
1973	366.16	平	2 231.86	丰		
1974	437.99	丰	1 697.59	平		
1975	487.08	丰	1 488.16	枯		
1976	295.03	枯	1 889.11	丰		
1977	265.49	枯	2 079.2	丰		
1978	237.4	特枯	1 796.53	平		
1979	314.63	枯	1 737.86	平		
1980	441.18	丰	1 411.84	枯		
1981	498.9	丰	1 351.89	特枯		
1982	445.47	丰	1 643.53	平		
1983	748.37	丰	1 535.63	枯		

续表1

年份	丹江口径流量		海河流域降雨量		遭遇情况	
	水量(亿 m³)	年景	降雨量(亿 m³)	年景		
1984	571.77	丰	1 490.08	枯		
1985	380	平	1 740.45	平		
1986	256.31	特枯	1 389.21	特枯	特枯	特枯
1987	407.05	丰	1 745.47	平		
1988	320.68	枯	1 775.25	平		
1989	460.39	丰	1 389.23	特枯		
1990	364.36	平	2 073.25	丰		
1991	282.46	枯	1 732.85	平		
1992	305.86	枯	1 415.91	枯	枯	枯
1993	347.91	平	1 533.87	枯		
1994	246.19	特枯	1 851.19	丰		
1995	208.54	特枯	1 951.23	丰		
1996	341.36	平	1 912.13	丰		
1997	156.88	特枯	1 176.33	特枯	特枯	特枯
1998	331.62	平	1 763.25	平		
1999	157.85	特枯	1 234.08	特枯	特枯	特枯
2000	377.14	平	1 576.11	枯		

参 考 文 献

[1] 孔珂. 黄河应急调水补偿机制研究[D]. 西安:西安理工大学,2006:1-20.

[2] 李华. 水价改革政策及面临问题的解决对策[J]. 中国水利,2010(2):61-64

[3] 郑通汉. 水利不是垄断行业[J]. 中国水利,2003(7):8-11.

作者简介:李华(1969—),女,高级工程师,水利部海委财务处,联系地址:天津市河东区中山门龙潭路15号。E-mail:lihua@ hwcc. gov. cn。

官厅水库枯季径流影响分析及预报方法粗探

王　霞　王　净

（北京市官厅水库管理处，北京　075441）

摘　要：枯季径流主要由流域内的蓄水量进行补给，其中主要以地下蓄水量为主。影响枯季径流量的大小除汛末滞留于流域内的蓄水量的多少，还与枯季降水量等因素有关，本文就根据官厅水库及上游流域的相关资料就各种因素对枯季径流的影响进行了分析，并对官厅水库枯季径流预报方法进行了粗略的探讨。

关键词：官厅水库　枯季径流　影响分析　预报

1　基本情况

官厅水库上游有桑干河、洋河、妫水河三条支流。桑干河和洋河在河北省怀来县朱官屯相汇后成为永定河，流经八号桥水文站后注入官厅水库，八号桥站能控制全流域集水面积近 98%。妫水河流经东大桥水文站后注入官厅水库，而东大桥站只能控制全流域集水面积近 2%。

综上所述，八号桥和东大桥两个入库站基本能够全部监控到上游流入官厅水库的径流量，两个控制站的枯季径流也就决定了官厅水库的枯季径流情况，而八号桥站枯季径流更是水库枯季径流的主要组成部分。所以，对水库的枯季径流预报分析可以直接转换为对两个入库控制站的枯季径流预报分析，而其中对八号桥站的预报分析更为重要。由于八号桥站是随 2003 年首次集中输水工作的开展而相应建成的，所以此次采用分析的资料以从 2003 年以后的数据为主。

2　各因素对枯季径流的影响

由于官厅水库上游地区并非是平原湖泊沼泽地区，所以枯季初期的径流基本上也不会是由洪水时期滞蓄水量的宣泄而形成，流域内黄土丘陵分布广泛，天然植被差，使得包气带含水量极不丰沛，所以包气带也不会是枯季径流的主要补给源，为此官厅水库枯季径流的主要补给源是滞留于流域内潜水带和岩层间含水带的蓄水量，是利用地下水的退水对枯季径流进行补给。

2.1　枯季降水量的影响

从 2003~2008 年官厅水库流域枯季各月平均降水量的情况可以看出（见图 1），在每年枯季的 10 月、11 月、3 月、4 月、5 月都有可能出现能够直接产生地表径流量级的降水过程，可直接增加枯季径流量，10 月、5 月发生的概率较大，而 11 月、3 月、4 月相对发生的概率较小。12 月、1 月、2 月的降水量非常小，不能直接产生地表径流，此阶段降水对枯季径流量没有明显的影响。

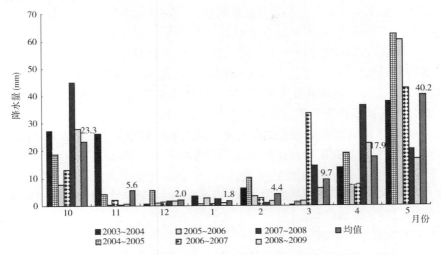

图1　2003～2008年官厅水库枯季流域各月平均降水量对比图

2.2　气温变化的影响

随着季节的变化,河道结冰、土壤水冻结以及春季解冻等,必然对枯季径流的径流量及其过程产生影响。此次选择官厅水库水文站每日最高、最低及8时气温数据作为代表数据,对整个流域在枯季的气温总体变化趋势进行汇总,并对由于气温的变化对河道枯季径流产生的影响进行粗略分析如下。

从图2可以看出,本流域每年11月日最低气温平均值才达到冰点以下,所以气温的变化对10、11月地下水的退水没有显著影响。

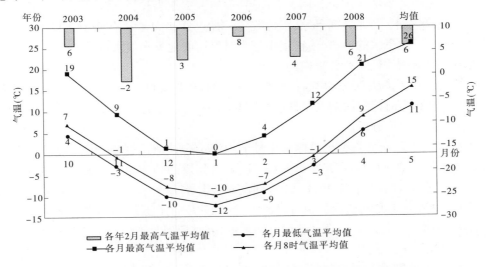

图2　官厅水库站2003～2008年枯季各月平均气温综合对比图

12月气温急剧下降日最高气温平均值仅接近冰点,这段时间河道逐步结冰,部分土壤水逐步冻结,气温的变化使得地下水退水量在12月急剧减少,1月气温继续下降,但相对 12 月降幅较小趋于平缓,河道及土壤水的冻结情况趋于稳定,地下水退水也稳步减少。

2 月气温整体逐步回升,日最高气温平均值达到 4 ℃,而日最低气温平均值可达到 -9 ℃,这样就会使河道表层冰面出现昼消夜冻的现象。而 2 月主要影响河道表层冰雪融化快慢的日最高气温不仅年际变化较大,而且月内变化也非常大。2004 年的 2 月日最高气温月平均值最低仅 -2 ℃,此年 2 月只有 8 天日最高气温达到 0 ℃以上,最高也只 6.5 ℃,其余天日最高气温均在 0 ℃以下,最冷时日最高气温仅达 -8 ℃。2006 年的 2 月日最高气温月平均值最高为 8 ℃,此年 2 月日最高气温均达到 0 ℃以上,最低 3 ℃,最高达 15 ℃。2 月日最高气温年际变化的不稳定,导致河道表层冰雪每年 2 月消融能力差异较大,使得气温的变化对此阶段河道的径流量的影响差异非常大。

3 月日最低气温平均值也恢复到接近冰点,日最高气温平均值已达 12 ℃,河道内冰雪和土壤水都基本融化,径流量迅速增加,出现凌汛春汛,而 4、5 月气温的变化对地下水的退水又基本没有显著的影响。

2.3　调水和集中输水的影响

官厅水库 1984 ~ 2002 年每年都有部分月份从白河上游北京市延庆县境内的白河堡水库进行跨流域调水。在非汛期,除了个别年份每年都在汛后的 10 月和汛前的 4、5 月进行调水,部分年份 3 月和 11 月也开展调水工作。自 2003 年起陆续开展了官厅水库本流域集中输水工作。一般在每年 10 ~ 11 月进行。

在枯季不管是实施跨流域调水还是本流域的集中输水,都会直接增加当时河道的径流量。至于对河道的枯季径流过程的长期影响,由于从白河跨流域调水是通过从白河堡水库向官厅水库补水的补水渠,而此渠道主要是由混凝土衬砌的,下游是经过妫水河河道,而妫水河河道到水库库区距离相对较短,所以对枯季径流过程的长期影响相对来说甚微。而本流域内的集中输水是利用天然河道,河道距离相当长,河底和岸坡没进行任何防渗措施,河道宽窄不一,尤其到平原地区河道非常宽,这些因素都有利于在集中输水过程中河道内的水对地下水的补给,使得集中输水对后面的地下水退水过程产生了影响,所以集中输水对河道枯季径流有着长期的影响。

由于八号桥站是从 2003 年集中输水后建成的,所以 2003 年之前资料采用桑干河控制站石匣里站和洋河控制站响水堡站的(1993 ~ 2000 年)历史合计值,来进行集中输水对枯季径流影响的对比分析。

从图 3 石匣里、响水堡两个站的历史月平均流量合计值过程线和图 2 的温度过程线对比可以看出,每年 11、12 月到次年 1 ~ 3 月,上游河道的径流量过程和气温变化过程趋势基本一致,在正常情况下每年 11、12 月到次年 1 月都是个消退过程。采取集中输水措施后 2005、2006 年 1 月河道内的径流量比上一年 12 月的还要大,而其他年份各月之间径流量消减比例虽有所改变,但总体趋势是一致的,究其原因是上游集中输水的水量多少和历时长短的差异所造成的。

2.4　其他因素的影响

官厅水库上游地区为了蓄水保墒,常采取冬灌和春灌。冬灌在开始结冻或夜冻昼消时进行,一般在 12 月中旬至翌年元月上旬。春灌若早春少雨,雨水前后(2 月中旬左右)就要及时进行,若早春墒情较好,可待"春分麦起身,一刻值千金"时,即春分时(3 月下旬

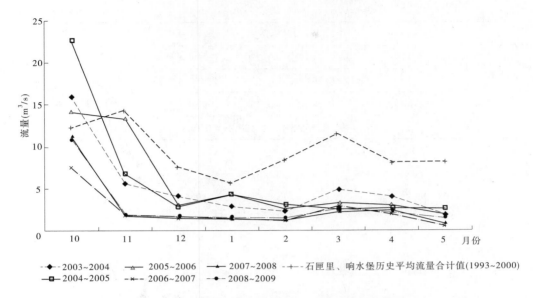

图3　八号桥历年枯季月平均流量与石匣里、响水堡历史平均流量合计值对比图

左右)再开始。上游大部分地区冬、春灌都从河道直接引水,直接减少了枯季河道的径流量,由于还存在大水漫灌的灌溉方式,冬、春灌多余的退水均对枯季河道的径流过程有一定的影响,而由于冬灌的多余的退水一般要到春季解冻后才退到河道内,所以冬灌相对的影响更大些。

　　随着季节、温度的变化等因素,河道内水面蒸发损失量在不同的时期也有所不同,这对枯季河道的径流过程也存在着一定的影响。

3　预报方法的粗探

3.1　东大桥站枯季径流量预报方法

　　妫水河控制站东大桥站枯季各月径流量预报采用前后期径流量相关法。由于妫水河流域面积相对较小,流域内对枯季径流影响的各项因素相对较稳定,所以在运用前后期径流量相关法时,不再将各影响因素进行单独考虑。

3.1.1　相关性推求

　　此次采用东大桥站1991~2007年枯季各月实测径流量(扣除白河堡调水)推求前后两个月径流量的相关性。推求结果如表1、图4所示。

表1　东大桥枯季各月径流量推求关系式统计

月份	关系式	说明
10 月	$y = 0.068\ 6x^2 + 0.611\ 1x + 0.160\ 6$	
11 月	$y = 0.499\ 3x^2 - 0.013\ 3x + 0.340\ 2$	
12 月	$y = -0.058\ 6x^2 + 0.922\ 6x - 0.032\ 6$	
1 月	$y = 0.146\ 5x^2 + 0.447\ 6x + 0.217\ 6$	

续表 1

月份	关系式	说明
2 月	$y = 0.113\ 7x^2 + 0.739\ 5x + 0.090\ 4$	部分月份个别数据偏离太大,给予去掉
3 月	$y = 0.204\ 3x^2 + 0.625\ 5x + 0.127\ 3$	
4 月	$y = 0.787\ 5x^2 - 0.227\ 2x + 0.359\ 1$	
5 月	$y = -0.265\ 5x^2 + 1.190\ 8x - 0.004\ 7$	

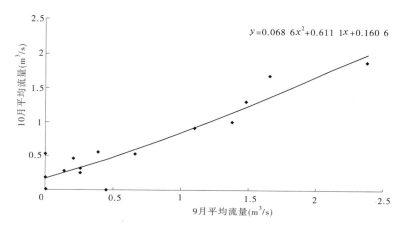

图 4　东大桥站 9 月与 10 月平均流量关系曲线图

3.1.2　相关性检验

对表 1 中的相关性通过 R 复相关系数进行检验,结果如表 2 所示。

表 2　东大桥站枯季各月径流相关性显著性检验($\alpha = 0.05$)

月份	R	R_α	结论
9 ~ 10 月	0.939 4	0.497 3	相关性成立
10 ~ 11 月	0.806 4	0.497 3	相关性成立
11 ~ 12 月	0.883 1	0.514 0	相关性成立
12 ~ 1 月	0.723 7	0.482 2	相关性成立
1 ~ 2 月	0.913 0	0.482 2	相关性成立
2 ~ 3 月	0.922 8	0.482 2	相关性成立
3 ~ 4 月	0.554 3	0.514 0	相关性成立
4 ~ 5 月	0.756 6	0.497 3	相关性成立

从表 2 的结论栏中可看出,表 1 中东大桥站枯季各月间的相关性已经通过检验,各月间的相关关系成立,各关系式可以运用。

3.1.3　相关性运用及预报精度评定

运用表 1 中关系式推求 2008 年枯季各月径流量,计算结果如表 3 所示。

表 3　东大桥站 2008～2009 年枯季各月径流实测与预报对比

项目	月份							
	10	11	12	1	2	3	4	5
实测值(m^3/s)	0.304	0.309	0.339	0.447	0.380	0.343	0.344	0.320
预报值(m^3/s)	0.368	0.403	0.330	0.381	0.389	0.402	0.395	0.424
误差(%)	21	30	3	15	2	17	15	33

注:2008 年 9 月实测月平均流量为 0.327 m^3/s。

根据《水文情报预报规范》(SD 138—85)中的规定,从表 3 中 2008 年枯季各月平均流量的实测值与预报值的误差分析可得:合格率为 87.5%,妫水河控制站东大桥站此枯季各月径流量预报方案达到甲等,可以用于作业预报。

3.2　八号桥站枯季径流量预报方法

由于八号桥以上流域面积大,流域内对枯季径流影响的各项因素有的相对较稳定,有的历年变化较大,所以在运用前后期径流量相关法的同时,还要将有突出影响的因素作为参数进行考虑。

由于八号桥站建站较晚,要利用 2003～2007 年枯季数据推求关系式,用 2008 年进行运用和预报精度评定,不可能完成,因为 2003～2007 年总系列只有五年,但要按各月突出影响因素为参数进行分配,分系列最多只有两三年,系列太短即使拟定出相关关系,也无法满足显著性检验对系列的要求:观测资料的数目 n 至少为自变量 m 的 5～10 倍。所以在此次分析中,只对枯季各月径流的预报方法进行说明,对部分相关性趋势进行汇总,不对相关性进行确定。

3.2.1　10 月预报方法

若开展集中输水工作,10 月径流量可由集中输水量和河道自身径流量两部分组成。集中输水量可由当年集中输水计划和多年见水率求得。河道自身径流量由 9、10 月河道自身径流量的相关性求得。

若不开展集中输水工作,10 月径流量由 9、10 月径流量的相关性求得。

由于 10 月的降水直接产生径流量概率较高,所以在相关性的推求过程中,要以 10 月出现过的不同等级的降水量作为参数对 9、10 月的相关性进行划分。

3.2.2　11 月预报方法

如果集中输水工作要持续到 11 月,11 月的径流量由集中输水量和河道自身径流量两部分组成。集中输水量可由集中输水计划和多年见水率推求,河道自身径流由 10、11 月河道自身径流的相关性求得。

如果集中输水工作在 10 月已经结束,11 月径流量由 10、11 月径流量的相关性求得。

3.2.3　12 月预报方法

12 月径流量由 11、12 月径流量的相关性求得,由于 11 月是否实施集中输水及此项工作何时结束,这些对 12 月地下水退水速度影响非常大,所以在推求相关性的过程中,要按 11 月是否实施集中输水同时参考集中输水工作在 11 月结束的时间进行划分,如图 5 所示。

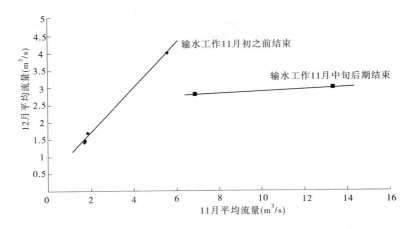

图 5　八号桥站 11 月与 12 月平均流量相关性示意图

3.2.4　1 月预报方法

　　1 月径流量从由 12、1 月径流量的相关性求得,从本文 2.3 调水和集中输水的影响分析中可得集中输水的放水总量的多少对 12 月到翌年 1 年的径流过程有明显的影响,所以在推求相关性的过程中,要以集中输水上游不同量级的放水总量作为参数对 12、1 月的相关性进行划分,如图 6 所示。

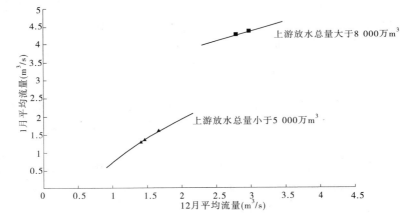

图 6　八号桥站 12 月与 1 月平均流量相关性示意图

3.2.5　2~5 月预报方法

　　2~5 月径流量均由上月与本月径流量的相关性求得。5 月的降水直接产生径流量概率较高,所以在相关性的推求过程中,要以 5 月出现过的不同等级的降水量作为参数对 5 月与 4 月的相关性进行划分,如图 7 所示。

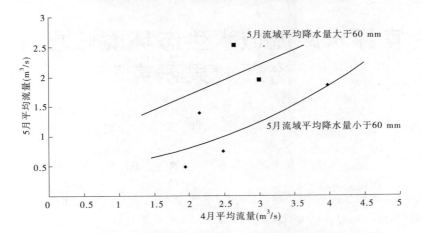

图7　八号桥站4月与5月平均流量相关性示意图

参 考 文 献

[1] 庄一鸽,林三益. 水文预报[M]. 北京:中国水利水电出版社,1999.

[2] 王俊德. 水文统计[M]. 北京:水利电力出版社,1993.

[3] 中华人民共和国水利电力部. SD 138—85 水文情报预报规范[S]. 北京:水利电力出版社,1985.

作者简介:王霞(1978—),女,工程师,北京市官厅水库管理处。E-mail:xwzhfan@126. com。

官厅水库流域水生态环境修复与
治理效果研究

袁博宇　　张跃武

（北京市官厅水库管理处，怀来　075441）

摘　要：官厅水库是新中国成立后建成的第一座大型水库，是北京重要的水源地之一。由于上游地区社会经济发展和城市规模扩大，大量的工业废水和生活污水排入河道，流域内水生态环境逐年恶化，水库水体污染程度日趋严重。官厅水库 1997 年退出北京市饮用水供水体系。经过近年来上游截污、水库及下游人工湿地净化、生物操纵等多项生态修复措施综合治理，官厅水库在低水位运行条件下，库区水质明显好转，出库水质达到 III ～ IV 类，水库下游三家店调节池水质保持在 III 类标准。

关键词：水生态　官厅水库　综合治理

1　流域概况及存在的水生态环境问题

1.1　官厅水库流域概况

永定河为海河流域主要水系之一，流域总面积为 46 768 km²。官厅水库位于永定河上游，距北京市约 80 km。水库流域位于东经 112°8.3′～116°20.6′，北纬 41°14.2′～38°51′，地跨内蒙古、山西、河北及北京 4 个省（市、区），水库控制的流域面积为 43 402 km²，占永定河流域面积的 93%。流域四周群山环抱、山峦起伏，地形特点是山、丘、川、盆地相间分布。据数据统计分析，山区面积 14 191 km²，占全流域面积的 33%；丘陵面积 16 173 km²，占 37%；河川面积 13 038 km²，占 30%。

官厅水库以上流域主要有三条支流：洋河、桑干河和妫水河。洋河发源于内蒙古高原南缘，桑干河发源于山西省宁武县管涔山北坡，两河于朱官屯汇合后称永定河，其流域面积占官厅水库流域总面积的 91%，是流域产水产沙的主要来源。妫水河发源于北京延庆县，河长约 18.5 km，年均径流总量为 0.95 亿 m³，妫水河有 8 条支流，大部分属于季节性河流（见图 1）。

1.2　官厅水库流域水生态环境问题

（1）入库水量逐年减少。近年来，流域上游社会经济快速发展，用水量增加，引发官厅水库来水呈严重衰减趋势。此外，官厅水库上游修建了册田等大、中、小蓄水设施 267 座，发展灌溉面积 545 万亩，加之采选、冶炼、电力、化工等高耗水工业的发展，致使官厅水库年平均来水量由 20 世纪 50 年代的 20.4 亿 m³ 锐减到 20 世纪 90 年代的 4.0 亿 m³。如 1985～1995 年流域年均降水量与 1955～1984 年流域年均降水量 407.5 mm 相当，而前者年均来水量仅为 2.7 亿 m³，只相当于后者年均来水量 11.3 亿 m³ 的 1/4（见图 2）。1999

图1　永定河流域及官厅水库位置示意图

年以来,水库上游遭遇连续10年枯水期,入库水量逐年减少,年均入库水量不足1.5亿 m³,水库蓄水量持续减少,水库一直处于低水位运行,导致水库水体自然交换周期延长, 自净能力下降。目前只有1.2亿 m³,水库低水位运行导致库区浅水区域出现沉水植物疯 长现象,沉水植物的死亡腐烂对水库造成二次污染。

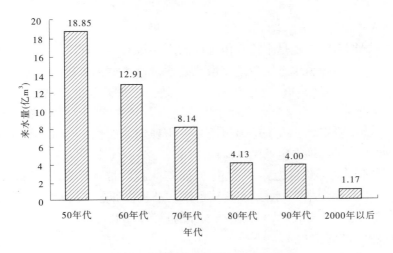

图2　官厅水库各年代平均来水量

(2)水体污染加剧。由于上游地区社会经济发展和城市规模扩大,大量的工业废水 和生活污水排入河道,入库污水量达9 328万 m³/a,其中永定河上游入库污水量为8 600 万 m³/a。流域内水生态环境逐年恶化,水库水体污染程度日趋严重。此外,过量施用农 药和化肥,使得河库水体还受到面源污染。近年来,库区水体中总氮、总磷一直维持在较高水平,已处于富营养化状态。近年来水库局部区域连年发生较为严重的水华现象。

(3)水土流失造成水库淤积,形成内源污染。水库上游水土流失面积达 183.11 万 hm², 水土流失不仅造成耕地减少、肥力下降、生态失衡、环境恶化,而且加剧了官厅水库的淤积。据有关资料,官厅水库泥沙淤积总量为 6.5 亿 m³,占总库容的 15.5%,多年平均淤积量 1 549.4 万 m³。淤积形态为三角洲,绝大部分泥沙淤积在永定河库区,淤积底泥形成了水库的内污染源,底泥污染释放将影响库区水体水质。同时,淤积三角洲导致永定河库区和妫水河库区连接不畅,水库水体自净能力减弱。

(4)库岸淘刷,塌岸严重。库岸周边地处山前洪积扇及河流阶地的前缘地带,沙质壤土,陡峭冲沟发育,库岸坡陡岸高,多为地形再造多发区和不稳定区,外营力较强,库区风急浪大,造成库岸坍塌严重。

2 水生态综合治理措施

北京是水资源严重短缺的特大型城市。为保障首都供水安全,改善城市水生态与环境质量,2001 年国务院批准实施《21 世纪初期首都水资源可持续利用规划》。本着"量质并重、保障供给"的原则,实施了北京市和周边地区的水资源统一管理与综合治理。采取"流域上、中、下游相结合,点、线、面相结合,软硬件相结合和源头控制的原则,运用物理和生物生态等方法进行综合治理"的工作思路。在上游地区实施了污染治理、水土保持和农业结构调整,在官厅水库实施了人工湿地、封库禁渔、库滨带,在下游山峡段实施了污水处理、渗滤系统、清淤、节水灌溉、生态湿地等综合治理措施。建设"生态修复、生态治理、生态保护"三道防线,构筑永定河生态走廊。

2.1 库区生态修复

2.1.1 黑土洼人工湿地系统工程

黑土洼人工湿地系统工程是中德合作官厅水库流域水环境治理技术示范工程,也是永定河入官厅水库的第一道生态屏障。该系统是通过借鉴德国先进的水生态修复技术,运用生态工程原理,采用无污染、效率高的人工湿地技术来处理受污染的永定河入库水体,最大限度地处理永定河直接进入官厅水库的受污染水体,削减入库污染物总量。

湿地工程主要由稳定塘和人工湿地组成。其中稳定塘面积 84 hm²,容积 264 万 m³,处理受污染来水 4.0 m³/s。稳定塘沿纵向用隔膜分为沉沙区、浮水植物区、厌氧净化区等 3 个功能区,并按不同高程设置为乔木带、灌木带、挺水植物带、沉水植物群落。稳定塘及周边建设库滨生态系统,种植浮水植物,构建科学的动植物群落。入库水体中的泥沙和污染物在该区得到充分沉淀与分解,有效阻挡入库的点源、面源污染 12%~15%,沉降泥沙 80% 以上,降低悬浮物 90% 以上。

人工湿地一期工程于 2003 年 9 月开工,于 2004 年 5 月完工,湿地工程建设面积 7.33 hm²,进一步深度处理稳定塘来水 0.2~0.6 m³/s,年处理水量 1 500 万 m³。湿地由挺水植物塘、一级植物碎石床、水生生物塘、二级植物碎石床、砂滤池 5 级处理池组成,分别栽种芦苇、香蒲、水葫芦等挺水高等植物。二期面流湿地工程于 2006 年 12 月动工,2007 年 5 月完工,建设面积 9.3 hm²。

黑土洼人工湿地系统运行以来,对河道高污染基流(4 m³/s 以下,平均 0.9 亿 m³/a)实现了初步处理,深度处理规模 44 000 m³/d,有效控制了入库污染。监测数据显示,该项目运行一年多来,污染物去除率达 40% ~90%,官厅水库上游严重污染的劣 V 类来水经过稳定塘、人工湿地处理后水质达到Ⅲ~Ⅴ类。

2.1.2　封库禁渔,增殖放流

20 世纪 80 年代以来水库渔业产量下降,渔业资源和水体生态环境也遭到破坏。90 年代以来,由于多年低水位运行,水库渔业养殖更受到影响,加上库区渔民持续不断的无序捕捞活动,水库载渔量大大降低。水库渔业资源急剧减少,水中的浮游生物和藻类不能正常消耗,加剧了水库水体富营养化状态,严重影响了水生态平衡。

2005 年,官厅水库实施了建库以来的首次封库禁渔。禁渔期为 2005 年 1 月 1 日至 2006 年 8 月 31 日,以后每年的 4 月 15 日至 8 月 31 日定为休渔期,并加大了鱼类资源增殖投入,分别在春、夏、秋三季往水库不同的水域投放鲢、鳙、草等滤食性鱼种。5 年来共投放鲢、鳙、草等滤食性鱼种 157 573.5 kg,夏花 6 684 万尾,池沼公鱼发眼卵 11 亿粒。封库禁渔以来,水库内自然和人工放流的鱼类长势良好,一些重点资源品种的衰退趋势得到了缓解,减轻了水中氮、磷污染负荷,遏制了藻类水华现象,达到改善水体、恢复水体生态功能的效果,取得了社会效益、生态效益和经济效益的"共赢"。

2.1.3　库滨带生态涵养林建设

官厅水库地处长城以北,大陆性气候明显,冬季较长,干燥寒冷,春秋多风沙,形成了一道道黄土高坡,植被较差。官厅水库所在地怀来县是著名的葡萄和葡萄酒生产基地,有机肥料、化肥和农药的大量施用,禽畜养殖和生活污水的排放,造成了严重的面源污染,直接影响水库水质。为修复库区生态环境,治理面源污染,改善水库水质,2004 年官厅水库管理处实施土地退耕和库滨生态涵养林带建设,治理面积 670 万 m²,种植乔、灌木 24 万余株。

经过 3 年来的抚育管理,目前工程区树木蔚然成林,水草丰美。经过库滨带生态涵养林的净化,缓解了面源污染,沿岸的入库径流水质得到改善。该工程的实施,发挥了涵养水源、过滤水质、防风固沙、保持水土、保持生物多样性、美化环境等综合生态功能。同时,治理整顿了库区土地利用混乱的局面,规范了土地利用秩序,遏制了库区强占乱耕现象,且每年能获得一定经济收益。

2.1.4　联调输水

1999 年以来,北京市及官厅水库上游地区已经连续 10 年干旱,水资源形势严峻。入库水量逐年锐减,水库近年来均处于低水位运行。为落实国务院批复的首都水资源规划目标,保障首都供水安全,21 世纪初期首都水资源可持续利用协调小组对大、中型水库实行水资源统一调度,确保实现上游地区水量下泄目标,提高供水保证率。2003~2008 年,连续 6 年从山西、河北向北京官厅水库集中输水,累计输水 3.14 亿 m³,官厅水库累计净收水量 1.92 亿 m³,有效缓解了首都水资源紧缺状况,对保障首都安全供水发挥了重要作用。但联调输水对入库水质的影响并不明显,入库河道各监测断面水质均超过Ⅳ类水要求,所以输水在使水库蓄水总量增加的同时,没有影响水库水质。

2.1.5　水华防治

2008 年开始,官厅水库实施了修剪沉水植物、种植水生植物、人工打捞、投放生物制剂等多项水华防治措施。其中修剪沉水植物是最大的一个单项工程。2008~2009 年,科学修剪沉水植物 473 万 m²,清除水草 57 663 t(鲜重),相当于直接从水库移除氮 105 t,移除磷 11 t。在坝前种植大漂、水葫芦、生物浮床等水生植物,在水库库区进行水面漂浮物及水藻清除、水面清洁,加大了曝气船曝气力度。经过治理,水库主要污染物呈显著下降趋势,水体透明度、溶解氧显著提高,实现了改善水库水质,修复水生态环境,不大面积爆发水华的目标,为下一步恢复水库生物多样性、建设生态官厅奠定了基础。

2.2　官厅山峡段综合治理

2.2.1　污染治理

建设城镇再生水回用设施,改现有污水处理厂为再生水回用设施,处理能力为 4 万 t/d。沿线农村污水处理工程涵盖 4 个镇 25 个行政村,建设分散污水处理设施 146 个,处理能力为 3 475 t/d。铺设污水收集管线 135.8 km,处理后污水的回用管线 19 km,改建厕所,利用中水回用冲厕。建设雨洪利用设施,实现雨洪水的循环利用。工程完成后,污水处理率达 90%,服务人数 7 409 户 2.58 万人。

2.2.2　生态综合整治

斋堂水库库尾建设人工湿地 40 万 m²,建设生态防护带 6 km,总防护库区面积 100 万 m²。珠窝水库下游建设湿地面积 20 万 m²,建设生态防护带 2.8 km,总防护面积 60 万 m²。傅家台 - 龙泉务生态涵养工程建设傅家台、河南台、落坡岭水库等 6 处人工湿地。三家店调节池清淤 87 万 m³,疏浚河道 3.2 km,清除了河道垃圾和违法建筑物,在库区周边植树种草,建设生态景观河道,有效削减弱了下游永定河污染,改善了生态环境。

3　治理效果

3.1　水体质量

通过实施多种措施综合治理,2009 年,官厅水库库区水质基本稳定在Ⅳ类水平。主要污染物指标浓度较 2008 年显著下降,其中总磷降低 33%、总氮降低 20%、氨氮降低 34%、高锰酸盐指数降低 11%、化学需氧量降低 17%、5 日生化需氧量降低 12%。水体透明度、溶解氧有显著提高。库区藻类密度下降了 73.9%,浮游藻类种类增加 1 门。虽然水库处于低水位运行,库区水质趋好,水华现象大大减轻,生物多样性增加。该示范工程的实施取得了良好效果,基本抵消掉了库滨农田带来的严重面源污染,抑制了官厅水库大面积水华发生,保证了水库供水水质安全,促进了水生态系统的修复。

3.1.1　永定河库区

营养性物质氨氮、总氮浓度有不同程度下降。坝前断面总氮由 2000 年的 3.02 mg/L下降为 2009 年的 1.18 mg/L,削减了 60.9%;氨氮从 2000 年均值 1.25 mg/L 下降为 2009 年 0.27 mg/L,削减了 78.4%(见图 3)。富营养化状况有较大转好,但仍处于富营养化状态。

3.1.2　妫水河库区

2000~2009 年,各站点营养性物质氨氮、总氮、总磷浓度均有不同程度上升,处于富

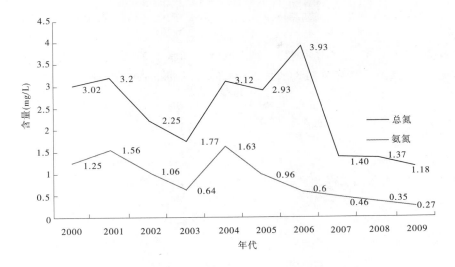

图3　坝前总氮、氨氮变化过程线（2000～2009年）

营养化状态。氨氮由2000年的0.16 mg/L上升至2009年的0.27 mg/L，上升了68.8%；总氮由2000年的1.02 mg/L上升至2009年的1.05 mg/L，上升了2.9%；总磷由2000年的0.031 mg/L上升至2009年的0.05 mg/L，上升了61.3%。说明妫水河近年来污染有发展态势。

3.1.3　坝后出库

2000年以来，营养性物质氨氮、总氮、总磷浓度均呈下降趋势。氨氮由2000年的1.93 mg/L下降至2009年的0.26 mg/L，削减了86.5%，2005年以来氨氮基本保持在Ⅱ类水平；总氮由2000年的3.75 mg/L下降至2009年的1.46 mg/L，削减了61.1%；总磷由2000年的0.079 mg/L下降至2009年的0.06 mg/L，削减了24.1%。

3.2　水生态环境

库滨生态涵养林成为水库水域的一道外围屏障，形成乔、灌、草结合的立体保护带，修复改善了库区周边生态环境和景观。水库沿岸滩涂形成了丰富的湿地生态系统，成为迁飞候鸟的理想中转栖息地，为各种水禽和野生鸟类提供了优越的觅食、栖息、繁殖场所。据观测，有国家一、二级保护鸟类金雕、灰鹤、天鹅、野鸭等150种数以十万只鸟类在此栖息、停歇，场面异常壮观，表现出生态修复的良好开端。

经过综合治理，官厅水库及下游河道水质明显改善。在低水位运行的不利条件下，库区水质达到Ⅳ类标准，近年来三家店调节池保持Ⅲ类地表水水质标准，并已尝试性地向自来水厂供水。初步达到了《21世纪初期首都水资源可持续利用规划》要求的改善水质、修复生态的效果。

参 考 文 献

[1] 北京市水利局,水利部水资源司.21世纪初期(2001-2005)首都水资源可持续利用规划资料汇编［M］.北京:地质出版社,2001.

[2] 袁博宇.官厅水库人工湿地系统水质净化效果研究[J].中国水利,2006(21):53-54.

[3] 杜卫平. 利用生态技术措施治理官厅水库水体污染的探索[J]. 中国水利, 2004(17):42-44.

作者简介:袁博宇,副总工程师,高级工程师。北京市官厅水库管理处,河北省怀来县官厅水库管理处,主要研究方向为水生态、水环境。E-mail:gt_chem@ hotmail. com。

浙江省好溪水利枢纽
跨流域引水对下游影响分析

赵 斌 王炎如 杨 娟

（中国水电顾问集团华东勘测设计研究院，杭州 310014）

摘 要：对浙江省好溪水利枢纽建设前后下游地区水资源开发利用进行分析，讨论了枢纽建设后跨流域引水对下游地区产生的影响，并初步探讨水权与生态补偿问题。

关键词：好溪水利枢纽 跨流域引水 影响分析 水权 生态补偿

1 前言

好溪古名恶溪，主流全长 129 km，流域面积 1 340 km²。流域分属于浙江省的磐安县、缙云县、丽水市，还有少部分属永康市。流域处于括苍山与仙霞岭的过渡地带，域内地形以山地为主，局部有小块平原或小盆地，山地植被一般，流域呈狭长型形状。

流域多年平均降水量 1 520 mm，降水量时空分布不均，不仅年际变化较大，而且年内差异也显著。暴雨一般发生于 5~6 月和 8~9 月间，其中前者以梅雨为主，后者以台风雨为主，是形成流域大洪水的主要因素。流域内多年平均气温 16.0 ℃。流域属亚热带季风气候区，冬夏季风交替明显，年温适中，四季分明，雨量充沛，日照充足。

好溪下游的缙云县长期受洪水灾害侵袭和干旱灾害影响，严重制约着缙云县国民经济发展和人民生活水平提高，并且缙云县境内的国家级仙都风景区位于流域中游，天然径流丰枯不均，影响了旅游风景区的水环境。

永康市属于资源性缺水地区，水资源短缺问题成为永康市进一步发展的制约瓶颈，外流域调水是解决本流域缺水问题的有效措施。

2 好溪水利枢纽工程

好溪水利枢纽工程涉及缙云县、磐安县、永康市，由缙云县潜明水库和磐安县的虬里水库、流案水库组成，是好溪流域的控制性工程，也是好溪流域防洪工程体系的重要组成部分。

工程建成后，结合堤防等其他工程建设，使下游壶镇平原的防洪标准从现状 5 年一遇提高到 20 年一遇，缙云县城区防洪标准提高到 50 年一遇。供给缙云县工业和生活年供水量为 6 220 万 m³，磐安县多年平均工业和生活年供水量为 1 130 万 m³，可外调永康市水量为 5 000 万 m³。电站总装机 10.3 MW，多年平均发电量 2 220 万 kWh。在枢纽合理调度的前提下，枯水期通过水库放水，可在一定程度上改善下游河道水质，使下游国家级风景名胜区——仙都风景区的生态环境得到一定提高。

兴建好溪水利枢纽工程是一项防治洪水灾害,保障人民生命财产安全,解决城乡缺水,有利于当地城乡建设、改善水环境的综合利用水利建设项目,对促进缙云县和永康市的国民经济长期可持续性发展有十分重要的意义[1]。

3　枢纽下游用水分析

3.1　下游缙云县水资源概况

缙云县位于浙江省中南部,全县地势东南高、西北低,地形以山地丘陵为主,中间夹有小盆地和河谷平原,总面积 1 504 km²。好溪贯境而过,境内好溪流域面积 1 026.6 km²。缙云县好溪流域水资源总量为 4.29 亿 m³,其中地下水资源可开采量 0.14 亿 m³[2]。

3.2　缙云县现状水资源开发利用分析

3.2.1　供用水现状

缙云县到 2008 年底总人口为 44.39 万人。区域内供水以地表水为供水水源,通过水厂等供水设施输送到用户。供水设施以蓄水工程为主,并引、提水工程共 37 处,但无中型以上蓄水工程,合计总可供水量为 5 778.82 万 m³。

缙云县用水主要包括农业用水、工业用水和生活用水。其中,农业用水包括农田灌溉和林牧渔业用水;工业用水不包括企业内部的重复用水量;生活用水包括城镇生活用水和农村生活用水,城镇生活用水包括公共用水,农村生活用水包括牲畜用水。2006 水平年,缙云县总用水量为 3 764.21 万 m³。生态需水量另行计算,不计入缙云县用水量。

3.2.2　现状平衡分析

总体看,缙云县水资源较为丰富,现状可供水量能够满足用水要求,见表 1。

表 1　缙云县好溪流域现状供需平衡分析表　　　　　　　　（单位:万 m³）

天然来水量	水资源可利用量			现状可供水量	现状用水量	供需平衡
	地表水	地下水	合计			
33 233	13 369	1 430	14 800	5 778	3 764	2 015

3.3　好溪水利枢纽建成后下游用水分析

好溪水利枢纽建设后的下游缙云县水资源供需平衡计算采用由丹麦 DHI(水利研究院)公司开发的基于 GIS 的用于综合水资源管理和规划的决策工具软件——MIKE BASIN 数模软件进行分析,分析结果表明,只考虑单库方案(只建潜明水库)即可满足现状及规划水平年缙云县的用水需求,但无法同时完全满足永康市的用水需求;若考虑潜明、虬里两库方案,经调节计算,规划水平年好溪水利枢纽外调潜力为 3 775 万 m³;考虑三库方案,流岸水库只需供水 1 225 万 m³,远小于流岸水库的供水能力,因此好溪水利枢纽建成后完全可以满足缙云县和永康市的用水需求,见表 2。说明好溪流域水资源量还是相当丰富的,通过枢纽的合理调配,具备外流域调水的基本条件。

表2 缙云县好溪流域规划工况跨流域调水情况分析

项目	水资源可利用量	可供水量	用水量	水量平衡	可外调水量潜力
潜明水库单库方案（万 m³）	15 704	11 589	4 209	7 380	5 797
潜明虬里两库方案（万 m³）	15 704	13 443	8 687	4 756	3 775

注:潜明水库单库方案考虑的是现状用水水平。

4 枢纽建成跨流域引水对下游的影响分析

4.1 对下游防洪供水的影响

好溪水利枢纽工程建成后,结合堤防等其他工程建设,下游防洪标准明显提高,尤其是缙云县城区防洪标准提高到 50 年一遇。下游防洪直接保护人口 13.9 万人,直接保护农田面积 3.3 万亩。

另外,可灌溉农田 4.5 万亩,多年平均补充灌溉水量 870 万 m³;同时,可极大地提高缙云县工业生活用水的供水保证率。

4.2 对下游生态及水环境的影响

好溪水利枢纽建成后,由于枢纽工程的拦蓄作用且为满足外调永康水量需求,枢纽工程对下游所需生态水量一般按照最小生态流量下泄,与自然状态下下泄的生态水量相比将大幅度减少,将出现下游河流、湖泊的水文情势改变等环境问题,影响仙都国家级风景名胜区的生态环境。

同时,枢纽工程建成实现外流域调水后,下游水量减小,物理、化学、生物净化能力大幅降低,水体自净能力变差,水环境容量减少,随着下游地区社会经济发展,产生的污染量存在着大于好溪水环境容量的可能性,对下游的生态环境将是严峻考验。

4.3 对下游景观和人民生活的影响

好溪是和下游城镇、农村居民日常生活息息相关的一条水系,不仅承担着下游地区生产、生活、生态日常用水的要求,也承载了缙云县的水域文化、人文情怀。仙都国家级风景名胜区位于好溪水利枢纽下游,境内九曲练溪,十里画廊,山水飘逸,云雾缭绕,每年游客达 100 多万人次。

好溪水利枢纽建成后,下游河道水量有一定程度的减少、河道水位有一定程度的降低、水域面积有一定程度的减少,将在一定程度上影响仙都风景名胜区的景观环境和经济效益。同时,面对水环境改变带来的对日常生活影响,下游地区的居民将不得不改变原来的亲水生活习惯。

5 跨流域调水补偿分析

5.1 跨流域调水水权分析

水权最终可以归结为水资源的所有权、经营权和使用权,水权传递必须遵循可持续利用原则、效率至上原则、公平交易的原则。永康市从缙云县好溪流域上游调水,减少了好溪流域下游地区的水量,即占用了下游地区的部分初始水权,当这部分水量被永康市引走并被利用后,相当于利用这部分水量的地区(永康市)购买了下游地区出让的水资源使用权,那么,利用这部分水量的地区(永康市)就要通过上一级政府搭建的水权交易平台向水量调出下游地区(缙云县)缴纳使用费,并以此作为对下游地区用水量减少及保障率降低的代价进行补偿。

5.2 下游生态补偿分析[5]

流域生态补偿机制是通过一定的政策手段让流域生态保护成果的受益者支付相应的费用,实现对流域生态环境保护投资者的合理回报,激励流域上下游的人们从事生态环境保护投资并使生态环境资本增值。

流域上下游各区域,尤其是进行外流域调水的区域的经济社会发展绝不能建立在给相关区域造成"痛苦"上,流域上下游之间,以河流为纽带相互连接,上游地区超量使用了国家分配的水资源,尤其是永康市实施跨流域调水,其应补偿调出区也就是好溪下游地区。水量调入区与调出区之间、流域上下游区域之间的关系,集中反映在河流区域界面上的水量和水质上,只要两者之中有一方面不能满足要求,都将构成对下游地区经济、社会发展、生态环境的不良影响。因此,水量调入区与调出区之间、流域上下游区域之间存在着生态补偿问题。补偿标准应由上一级政府按照水量调出区及好溪下游产生的生态损失、经济效益损失等协商确定。

6 结语

跨流域调水是解决缺水地区发展瓶颈、缓解水资源短缺的有效措施,但对水量调出区的影响是深远的,衍生出来的问题也是复杂的。对好溪流域来说,只从技术上、水量上看,并不存在影响引水工程实施的制约条件,完全能够满足永康市的调水量要求。但是,从影响看,问题远不止水量计算这么简单,涉及生活、生产、文化、水权、生态环境、补偿等多方面的问题。因此,在跨流域调水系统工程中,首先要改革水资源管理体制,建立跨流域调水的水权市场交易,通过水资源的市场配置和水价体系的市场机制,实现水资源最优配置和水资源效益最大化,最终达到调水区与受水区的和谐与共赢的目标。

参 考 文 献

[1] 浙江省水利水电勘测设计院. 浙江省好溪水利枢纽项目建议书[R]. 2008.
[2] 浙江省水利河口研究院. 缙云县水资源综合规划报告[R]. 2005.
[3] 水规总院水利规划与战略研究中心. 我国跨流域调水工程建设现状、存在问题及对策[J]. 中国水情研究分析报告,2003(18).
[4] 姜文来,水权特征与界定[EB/OL]. 中国水利网,2008.
[5] 李国英. 流域生态补偿机制研究[EB/OL]. 水信息网,2008.

作者简介:赵斌(1967—),男,高级工程师,中国水电顾问集团华东勘测设计研究院。E-mail:zhao_b@ecidi.com。

密云水库低水位运行水量安全保障措施

高训宇

（北京市密云水库管理处，北京　101512）

摘　要：1999 年来，随着上游地区的连续干旱少雨，密云水库流域进入枯水期，密云水库蓄水量急剧下降，至 2004 年水库蓄水量仅 6.6 亿 m^3。通过施行《北京市节约用水若干规定》和实施《21 世纪初期首都水资源可持续利用规划》，有效控制用水量和有效增加上游来水，保障密云水库水量安全，确保密云水库可持续发展，确保首都经济社会的可持续发展。

关键词：密云水库　低水位运行　安全保障措施　分析

密云水库是目前北京的重要地表饮用水源地，确保密云水库水量安全是实现首都水资源可持续利用，社会、经济与环境可持续发展的重要条件。随着首都人口的增长、经济的快速发展，城市需用水量的增加，密云水库所面临的水量安全问题，尤其密云水库低水位运行水量安全问题日益凸显。确保密云水库水量安全对解决北京市水资源短缺与城市需水间的矛盾，具有重要的意义。

1　概述

密云水库由潮白河上游两大支流潮河、白河汇流而成，工程控制流域面积 15 788 km^2，占潮白河总流域面积 18 000 km^2 的 88%。其中，潮河起源于河北省承德地区丰宁县，控制流域面积 6 716 km^2，白河起源于河北省张家口地区沽源县，控制流域面积 9 072 km^2，北京市境外流域面积 12 352 km^2，78% 在境外，境内只有 22%。

潮白河流域属土石山区，一般土层较薄，植被较好，但流域内各地差异较大。流域上游地区地势较高，库区附近地势稍低，具有山高、坡陡、沟深、流急的特点。河道比降较大，潮河河源至坝址全长 220 km，其平均比降为 1.78‰；白河河源至坝址全长 248 km，其平均比降为 4.87‰。

潮白河流域处在东经 115°25′至 117°30′、北纬 40°20′至 41°45′之间，属大陆性季风气候，主要受西北高压气流控制，冬季干寒，春季多风，夏季降雨量集中在 7、8 两月，占全年降雨量的 56%。多年平均降水量为 480 mm，年径流量为 9.25 亿 m^3。降水量年际变化较大，最大年降水量为 655 mm，最小年降水量为 348 mm。

2　低水位运行风险分析

2.1　水量变化

1999 年以来，随着上游地区的连续干旱少雨，密云水库流域进入枯水期，已经连续经历了 11 个枯水年。根据 1960～2009 年统计资料，密云水库多年平均来水量为 9.25 亿

m³,近 10 年平均值仅为 3.67 亿 m³。多年平均可利用水量 8.09 亿 m³,1999 ~ 2009 年,年均可利用水量仅为 2.68 亿 m³,比多年平均少 202%。可利用水量最大值 1973 年为 22.55 亿 m³,最小值 2000 年为 0.56 亿 m³,两者相差 40 倍。

　　2004 年的最低库水位为 130.46 m,距离死水位(126.0 m)只有 4.46 m,蓄水量仅 6.6 亿 m³,与最高库水位相差 23.52 m。2004 年以后水库水位止降回升,近几年,密云水库水位徘徊在 135 m 左右,相应蓄水量 10 亿 m³ 左右(见图 1)。

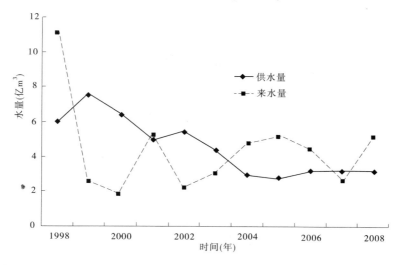

图 1　密云水库近 10 年来水供水量变化

2.2　供水风险

　　1960 ~ 2009 年,密云水库多年平均供水量为 7.248 亿 m³,最大年供水量为 19.57 亿 m³。1999 年以来,蓄水量急剧下降,低于《21 世纪初期首都水资源可持续利用规划》中提出的"在丰水年和平水年份,密云水库调度保留 11.0 亿 m³ 的蓄水量(不含死库容以下的蓄水量)作为应急备用库容"的规划蓄水量。密云水库供水量逐年减少,至 2005 年,年供水量只有 2.7 亿 m³,只有多年平均供水量的 37%,最大年供水量的 13.8%。

　　2009 年,北京市年用水总量为 35.1 亿 m³,其中,地下水占到用水总量的 65%,地表水只占 18%,再生水占 17%,城市用水主要依靠抽取地下水来保障。目前,地下水已过度超采,全市平原区地下水埋深平均达 24.54 m。水资源供需矛盾仍然在不断地加剧、深化,保障城市供水的水资源储备大幅度减少,保障水资源和供水安全工作的难度和风险也在加大。

　　密云水库是目前首都唯一的地表饮用水水源地,能否安全供水,对首都的稳定和发展起到了至关重要的作用。

2.3　水质风险

　　近年来,由于流域内经济的发展和持续干旱,密云水库入库水量偏少,入库水质较差,水库供水减少,水库水流动减缓,水库水体自净能力下降,使密云水库富营养状况逐年加重。2002 年以前密云水库的藻密度在 400 万个/L 以下,从 2002 年开始,密云水库的藻密度开始不断上升,到 2007 年局部水域藻密度已接近 1 000 万个/L,2002 年、2003 年、2004

年在密云水库金沟等局部水浅区域已有发生轻微水华的趋势。密云水库是目前首都唯一的地表饮用水源,水库水质的优劣直接关系到首都千万人的生活质量。

3 密云水库水量安全保障措施

3.1 政策支撑

为缓解水资源供需矛盾,支撑首都经济、社会可持续发展,2000 年 12 月,北京市人民政府通过了《北京市节约用水若干规定》,明确市水利局主管全市节约用水统一协调和监督管理工作,全市用水实行计划管理,新增用水实行总量控制等一系列措施。2001 年,国务院批准实施《21 世纪初期首都水资源可持续利用规划》,规划中提出了通过加大上游地区综合治理力度,实现“保住密云、挽救官厅”的规划目标,提出了在丰水年和平水年份,密云水库调度保留 11.0 亿 m^3 的蓄水量(不含死库容以下的蓄水量)作为应急备用库容,保证城市应急供水。通过实施《21 世纪初期首都水资源可持续利用规划》,密云水库上游地区在节水灌溉、调整产业结构、水土保持、治理水污染等方面做了很多工作,在保障密云水库上游来水水量水质安全方面取得很大成效。

3.2 调整管水治水思路

近年来,密云水库入库水量减少,自身水资源短缺问题日益加重,依靠单纯的工程水利已不能解决这一问题。按照水利部提出的“农村水利向城市水利转变,工程水利向资源水利转变,传统水利向现代水利转变”,2003 年北京水利开始在新的治水思路上进行了探索性尝试,密云水库管理从单一的水利工程管理转向为资源水务管理。按照从工程水利向资源水务转变的思路,确定密云水库可持续发展的对策措施为“节约用水,控制需求”、“治污为本,加强水资源保护”、“开辟水源,增加供给”、“优化配置,强化水资源管理”。

3.3 流域地表水资源优化配置

实现流域水资源统一调度,实现水资源优化配置,增加上游来水。2003 年以前,白河堡水库平均每年向官厅水库输水约 1 亿 m^3。至 2004 年,白河堡水库累计向十三陵水库输水约 3 亿 m^3。2004 年起,白河堡水库全面停止流域外输水和农业供水,只向密云水库输水,全力确保密云水库供水安全。

2003 年起,遥桥峪水库、半城子水库、怀柔区的北台上水库、大水峪水库纳入密云水库供水系统,增加密云水库蓄水。自 2003 年起至 2009 年,密云水库上游三座水库共向其集中输水 27 次,输水总量达 7.366 亿 m^3。其中白河堡水库输水 15 次,输水量 6.496 亿 m^3;遥桥峪水库输水 8 次,输水量 0.756 亿 m^3;半城子水库输水 4 次,输水量 0.114 亿 m^3。

3.4 实施水库上游“稻改旱”项目增加来水

密云水库上游承德市潮河流域、赤城县黑河、白河、红河流域主要农作物是水稻。据初步统计,20 世纪 90 年代后期,密云水库上游水稻种植面积最多时达 20 万亩,耗水量非常大,根据测算,每亩水稻一年耗水 900 m^3。

2003 年开始,以白河流域延庆、怀柔作为试点,实施 5 800 亩水稻退稻还林(旱)工作,白河沿线 5 800 亩水稻退出耕种,平水年密云水库可增加来水 400 多万 m^3。

2006 年初,北京市水务局会同北京市发改委、市财政局、赤城县政府,进行黑河流域退稻还旱专题研究并签署协议,决定启动赤城县黑河流域实施 1:74 万亩退稻还旱试点。

2006 年,虽然黑河流域干旱,但由于退出水稻种植,改种玉米、黄豆等节水型耐旱作物,黑河入境水量较 2005 年同期增加 900 万 m³。

2006 年 10 月,北京市政府与河北省政府签订了《北京市人民政府、河北省人民政府关于加强经济与社会发展合作备忘录》,明确 2007~2008 年密云水库上游境外 10.3 万亩水稻全部改种节水型大田作物。2009 年 5 月,北京继续与密云水库上游承德、赤城签署"稻改旱"协议,两地原 10.3 万亩水稻继续改种节水型农作物。根据"稻改旱"试点地区测算,改种玉米后一亩地可少用 600 m³ 河水,10.3 万亩"稻改旱"项目每年可为密云水库增加来水 6 000 万 m³。

"稻改旱"工程实施以来,得到了退稻区农民的认可,也得到了上游地区政府的支持,是促进京冀区域协调发展的重要举措之一。同时,也是增加密云水库蓄水,减少水库污染的一项积极有效的措施。工程的实施,实现了密云水库蓄水量增加。

3.5 科学开源,减缓密云水库供水压力

3.5.1 应急水源

从 2003 年开始,北京市建成了怀柔、房山区张坊、平谷、昌平区马池口应急水源地,四个应急水源地年供水能力可达 3.4 亿 m³,从 2005~2009 年,应急水源地供水 14.65 亿 m³,通过地表水与应急水源统一调度,发挥了减少密云水库出库的作用,密云水库年出库水量由 6 亿 m³ 减少到 3 亿 m³,有效地减缓了密云水库的供水压力,增加了密云水库蓄水。

3.5.2 推进污水资源化

2000 年以来,北京市政府一直将再生水利用作为解决北京水资源紧缺的战略措施,2004 年全市在供水计划中,首次将再生水纳入计划,与地表水、地下水、应急水源一起实行统一调度,减少新水使用量。至 2009 年,城区污水厂增加到 9 座,日处理能力达到 254 万 m³,污水处理率达到 93%,郊区污水处理率达到 48%。再生水广泛用于工业、农业、环境和市政绿化,从 2005~2009 年,利用再生水 23.656 亿 m³,2008 年再生水利用达 6 亿 m³,年利用量首次超过地表水,成为稳定可靠的新水源,减缓了地表水的供水压力。

3.5.3 利用雨洪

1999 年以来,在连续干旱的同时,局部灾害性天气频繁发生,结合北京市实际情况,2006 年以来全市累计建成了 1 200 多处雨水利用设施,年增加利用雨水 4 500 多万 m³,实现了雨洪水的资源化,减少了新水使用量。

3.6 建设节水型社会,减少新水使用量,减缓密云水库供水压力

坚持"向观念要水、向机制要水、向科技要水"的节水工作方针,不断完善节水型社会管理体系。2000 年 12 月北京市通过《北京市节约用水若干规定》,实行用水计量、计划供水、定额管理、总量控制,实施水资源论证和取水许可管理。调整产业结构,限制高耗水产业,关停高耗水企业。推进农业节水,实现节水灌溉,扩大再生水灌溉。落实城区社会单位节水"六必须"管理,普及节水器具。北京市全年新水用量由 2004 年的 32.5 亿 m³ 减少到 29.1 亿 m³,万元 GDP 耗水量由同期的 81 m³ 减少到 33.6 m³,大大减少新水使用量。减缓密云水库供水压力,增加了密云水库蓄水。

3.7 加强水环境保护,保障水源质量

成立专职的水政监察队伍和组成联合执法监察大队,制止水违法事件;成立水事件应

急大队应对处理库区内水污染突发事件。建立完善的水资源保护制度,制定应对水污染突发事件的抢险预案。

库区实行封闭管理,沿库周边建设 56.7 km 防护网和 13 个水政执法站点。

在水库周边重点区域内,实施退耕还林还草 19 500 亩,减少化肥施用 243 t;拆除违法建筑 1 万 m³,取缔网箱养鱼 53 亩,关闭库边 37 家餐饮经营点,有效减少面源污染。库滨带建设生态保护带,在白河入口建设湿地 150 余亩,潮河库区牤牛河入口建设湿地 2 000亩。加强水库消落区管理,减少周边老百姓对库区裸露土地的耕种,150 m 以下增加湿地、草地种植和自然植被保护的面积,种了两万多亩紫花苜蓿,150~155 m 按七不准有序耕种。

加强山场承包户、民俗村、库区内八家宾馆管理。与山场承包户、民俗村签订水源保护协议书,促使垃圾集中处理,库区内八家宾馆污水零排放。

积极探索、寻求改善水质的生物途径,坚持每年投放 400 万尾滤食性鱼苗,每年 4 月至 9 月为休渔期。采取层间水交换、机械滤藻船滤藻等措施,减少水体中藻类生长。

4　结论与建议

(1)密云水库水量安全保障是通过整个流域参与和管理来实现的,多年来,通过流域水资源实行统一调度、优化配置和调整产业结构、科学开源、加大节水型社会建设等一系列措施,增加水库来水,减少用水量。密云水库蓄水从 2004 年起止降回升,在连年干旱的不利条件下,用有限的水资源保障了北京市的水源安全、供水安全。

(2)要实现密云水库可持续发展,还要积极开展密云水库水资源保障关键技术研究,模拟研究密云水库流域水资源变化规律,研究流域水资源节约与优化利用关键技术和库区生态安全保障技术,并开展基于水权理论的流域水资源管理研究,解决密云水库水资源保障、库区生态安全和跨流域水资源管理等难题。

参 考 文 献

[1] 北京市人民政府,中华人民共和国水利部. 21 世纪初期首都水资源可持续利用规划总报告[M]. 北京:中国水利水电出版社,2001.
[2] 北京市水利局. 北京市水利局大事记[R]. 2000,2001,2002.
[3] 聂玉藻,程静. 实现全面发展和历史性跨越——纪念北京市水务局成立五周年[N]. 北京水务报,2009.
[4] 戴育华. 统一调度水资源 实现水资源优化配置[G]. 北京水资源可持续利用国际研讨会论文集,2007.
[5] 刘乔木. 加强区域水资源合作 实施密云水库流域"稻改旱"工程[G]. 北京水资源可持续利用国际研讨会论文集,2007.
[6] 密云水库上游十万亩水稻改种玉米[N]. 北京水务报,2009.

作者简介:高训宇(1969—),男,工程师,北京市密云水库管理处。E-mail:gxy0912@sohu.com。

首都战略水源地密云水库的管理和保护

周上梯 刘 宁

（北京市密云水库管理处,北京 101512）

摘 要:密云水库作为首都北京主要地表饮用水源地,战略地位十分重要,建库50年来,在综合运用、科学管理的有力保护下,为首都经济社会发展做出了重大贡献。本文重点从工程管理、防汛保障、供水调度、水源保护等四方面对水库的管理和保护历程进行总结和阐述。

关键词:管理 保护 战略水源 密云水库

1 水库概况

密云水库位于北京市密云县境内,横跨潮、白两河,由潮河枢纽和白河枢纽两部分组成,包括七座主副坝、三座溢洪道、七条输泄水隧洞、一个电站及一座调节池。水库于1958年9月动工兴建,1959年汛期拦洪,1960年9月基本建成,按千年一遇洪水设计,万年一遇洪水校核,总库容43.75亿 m^3,是华北地区最大的水库。建库50年来,水库在华北特别是首都地区经济社会发展中发挥了极其重要的作用,而目前作为首都北京最主要的地表饮用水源地,其战略地位更是不言而喻。2003年1月25日,胡锦涛总书记视察密云水库时指出:北京是个缺水的城市,密云水库是首都的"生命之水",要切实保护好水源,走可持续发展之路。以下重点从首都战略水源地的角度对密云水库的管理和保护历程进行总结和阐述。

2 管理和保护措施

2.1 工程管理精细化

2.1.1 消除工程隐患,确保工程安全

为确保水库安全运行,密云水库先后进行了数次增建、改建和维修加固。如白河主坝抗震加固,增建潮河人防隧洞、潮河泄空隧洞、白河泄空隧洞、第九水厂输水隧洞等。从1998年至2004年,根据清华大学1995年安全检查报告,针对存在的工程隐患,对水库主要水工建筑物进行了大规模的除险加固,主要工程项目明细见表1。

表1 密云水库除险加固主要工程项目明细

序号	工程项目名称	解决问题	工程措施
1	潮河主坝及几座副坝安全加固工程	抗滑稳定安全系数过小	深水抛石压坡
2	潮河主坝及几座副坝坝前抛石体护砌工程	防止风浪淘刷坝体	干砌石护坡

续表1

序号	工程项目名称	解决问题	工程措施
3	潮河泄空隧洞除险加固工程	衬砌及闸门运行水位低	增厚衬砌，更新闸门
4	白河泄空隧洞加固工程	闸门强度不够，不能有效控制水流	更新闸门，改建闸室
5	第三溢洪道加固改造工程	检修叠梁与第二溢洪道共用，闸室、观测设施等存在问题	新增叠梁，新建叠梁库，改造启闭机房，闸门防腐等
6	南石骆驼坝下廊道进出水口改造工程	进出口闸（阀）门老化，漏水严重，启闭机型式不合理	改造进水口，更换闸门，新建交通桥
7	输泄水建筑物除险加固工程	第一溢洪道、第二溢洪道、潮河输水隧洞均不同程度存在问题	第一溢洪道山体防护、混凝土病害处理等，第二溢洪道新建闸室、更新闸门和启闭机，潮河输水隧洞新建龙抬头洞身，进出口改造，衬砌补强

2.1.2 重视制度建设，促进管理规范

水库管理者着力推动工程管理工作的制度化、规范化建设。建库初期制定了密云水库工程管理规范、工程检查观测规程、调度运用规程、闸门启闭操作规程、工程养护维修规程等。根据形势发展和工程需要，对这些规范进行了多次修订完善，使之更好地发挥作用。2001年编纂了《密云水库管理处工作规范汇编》，制定了一套完备健全、切实可行的管理制度、业务规程以及考核办法，使水库各项管理工作有法可依、有章可循。

2.1.3 加强人才培养，力求可持续发展

水库重视健康持续发展，注重人才培养和职工队伍建设。仅最近几年，就引进了80多名大中专毕业生，补充了不同专业技术人才，调整了人才结构，为水库发展打下了良好的基础。同时，注重提高工程技术人员的素质，坚持对专业技术人员进行培训，提高了岗位的专业化程度。这些科技人才在重要岗位上努力工作，刻苦钻研，为水库实现工程管理科学化、现代化不断贡献力量。

2.2 防汛责任具体化

2.2.1 落实措施和责任，确保防汛安全

为确保首都防洪安全，保护水库下游人民生命财产，最大限度减少洪水损失，密云水库成立了专门的防汛指挥机构，负责水库防汛工作的全面指挥和组织协调。结合工程现状和防汛工作需要，水库管理处制定了各种防汛安全保障预案，主要包括防洪抢险、洪水调度、洪水管理、供水、供电、通信、水文测验等方面，并逐级建立防汛责任制，实行责任落实追究制度。除监测人员每天进行工程巡视检查外，还分批分级组织全面大检查，力求全面细致，不留任何死角，力争把隐患消除在萌芽状态。

2.2.2 加强演习与演练，提高抢险能力

每年组织水文测验、水工分析、闸门启闭、供电保障等各防汛岗位人员进行专业培训、

演习及考核,以提高防汛人员的整体素质和应急抢险能力。为了确保抢险的时效性,水库还组成了一支专业的应急抢险队伍,制订、完善切实可行的应急抢险预案和处置方案,建立联动机制,聘请专家顾问组,加强技术保障,定期展开演练,不断提高预警能力和应急处置能力。

2.2.3 优化设备和设施,增强保障水平

从2002年起,密云水库开始了自动化系统建设,包括水文测报系统、防汛指挥中心等子系统,实现了实时监控、防汛会商、远程调度、资源共享等功能,大大提高了效率。水库防汛信息的传递由1999年以前租用电信局电台代发水情电报、通过电话汇报汛情等单一手段,变迁到现在利用计算机网络系统、电话、电台等多种形式确保非常时期通信畅通。

2.3 供水调度科学化

2.3.1 供水演变顺应时代和社会发展需要

1960年至1981年,密云水库主要担负着为京、津、冀地区全面供水的任务。1982年,停止向天津、河北供水,主要担负北京市农业、城市工业及生活用水。从1999年开始,华北地区连年干旱,密云水库水位持续下降。2002年起,密云水库削减了工业供水,专供北京城市生活用水,目前是首都唯一的地表饮用水源地。水库向北京输水主要有两条途径:一是通过白河发电隧洞经京密引水渠明渠输水,二是通过第九水厂输水隧洞暗管引水。正常年份密云水库供水量占北京城市居民生活用水的60%以上。截至2009年,累计为京、津、冀供水362亿 m^3,其中向北京供水248亿 m^3,累计灌溉供水164.5亿 m^3。历年来水量、供水量情况见图1。

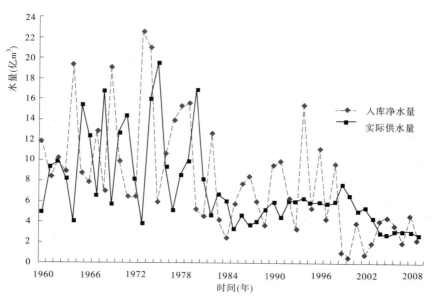

图1 密云水库历年来水量、供水量情况

2.3.2 增加有效蓄水,满足日益增长的供水需求

1991年,为增加蓄水量,水库管理处与清华大学共同完成了"密云水库洪水复核"项

目,使水库汛限水位从 147 m 提高到 150 m,在不降低防洪标准的前提下,增加了 4 亿 m³ 的蓄水能力,充分发挥了水库的防洪兴利效益。

2002 年,为更合理地进行防洪和供水调度,充分地利用水资源,北京市防汛办公室委托清华大学承担密云水库汛限水位研究项目,结合密云水库的特点以及对北京城市供水的特殊重要性开展工作。2006 年 3 月,经水利部批准,水库主汛期,汛限水位升至 152 m,后汛期,汛限水位为 154 m,并在后汛期增加一段过渡期,库水位控制在 152～154 m,在过渡期内逐步抬高。通过此次汛限水位的提升,进一步增加了水库的有效蓄水量。

近年来,针对水资源紧缺的情况,密云水库防汛供水工作逐步转变思路,确立了"保安全,多蓄水"的目标,汛期拦蓄全部洪水,逐年减少水库周边用水,严格查处擅自取水用水行为。同时加强和上游沟通,建立了协调机制。2003 年至今,先后从上游流域调水 27 次,共计 7.37 亿 m³,有力地缓解了水资源紧张的局面。

2.4 水资源保护无差错化

2.4.1 采取系列措施保障水源安全

20 世纪 80 年代,北京市颁布了水源保护的相关地方性法规,1995 年北京市第十届人大常委会审议通过了《北京市密云水库怀柔水库和京密引水渠水源保护管理条例》,为密云水库水源保护提供了法制保障。为保护好这"生命之水",采取了一系列的保护措施:组建了密云水库水政监察大队,严格执法,有力地保护了水环境;水库实施封闭管理,在一级保护区修建了防护网,建设了水政执法站;成立了密云水库水环境保护员队伍,起到了保洁、水源保护宣传和信息报送等作用,建立了一级保护区长效管理机制;库区常年坚持综合治理,拆除了一级保护区内的违章建筑,建立了联合执法机制;水库取消网箱养鱼,实施休渔期制度,每年投放食藻类鱼苗;水库上游停止耕种水稻;水库消落区实施退耕还草;加强对入库口湿地的保护。

密云水库水源保护措施如图 2 所示。

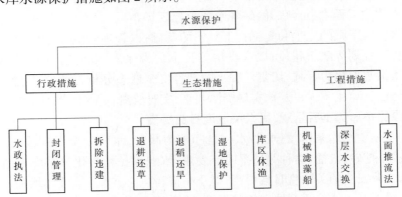

图 2 密云水库水源保护措施示意图

2.4.2 加强监测监控,保障水环境安全

密云水库于 1975 年建立了化验室,开展对水质的监测和分析,监测项目从开始的 5 项增加到目前的 44 项。水质化验室作为北京市水环境监测中心密云水库分中心,对库区、周边及上游 41 个监测点每月进行一次常规监测,夏秋高温季节对库区及两个入库站

进行每周一次的富营养化加密监测,并每月对水库的水体质量进行综合评价,确保密云水库水质符合国家地表水环境质量Ⅱ类水标准。

2.4.3　坚持护林造林,保障水源涵养林安全

水库周边有水源涵养林 125 万亩,森林覆盖率达 55.6%,其中密云水库管理处管理 2 万亩,森林覆盖率达到了 97%。多年来,水库采取造林、补植、中幼林抚育、森林防火、病虫害防治等措施,确保了林木正常生长。尤其是近几年,在营林过程中更多地运用先进技术,充分体现可持续发展和生态的理念,在水库周边筑起一道可靠的绿色屏障,有效地保持了水土,涵养了水源。

3　目前面临挑战及对策

3.1　水源紧缺矛盾日益凸出,"保安全,多蓄水"仍是重中之重

1999 年以来,水库流域连续 11 年干旱,上游来水量骤减,水源紧缺矛盾凸显。怎样进一步正确处理好迎汛与抗旱、多蓄水与水利工程安全、供水安全与水资源配置以及局部利益与全局利益的关系,高标准、高质量、高效益完成每年的迎汛和供水任务,已成为迫切需要解决的问题。对策:"开源",改善流域生态环境,修复植被,严禁上游河道及水库周边采矿采砂,流域水资源统一调度,跨流域调水等;"节流",加大宣传力度,使节水意识更加深入人心,水库周边使用库水地区进行集约化管理等。

3.2　部分工程设施存在隐患,工程管理水平尚有上升空间

水库于 1995 年经历清华大学安全大检查,距今已近 15 年,按水利行业相关规范要求,应该进行一次全面的安全鉴定。水库工程经日常监测和专项检查,部分工程设施存在一定隐患,需要除险加固和改造更新。水文测验和工程监测等工作仍部分保持人工观测手段,和先进水管单位的自动化水平相比还有一定差距。工程管理取得了一定成绩,但在制度完善、项目管理、队伍建设等方面还有提升空间。对策:利用目前库水位较低的有利条件,建立完整的工程隐患台账,做好各专项工程现场踏勘、方案编制、初步设计、计划编报等前期工作,为工程的立项和实施打下坚实的基础;以管理队伍专业化为前提,加强水工、机闸、电工、计划等队伍建设;以人员培养技术化为保证,多出创新型、专家型技术骨干;以水工工情数据化为标准,切实开展水库工程安全性态分析与评价;以水务办公信息化为手段,通过自动化系统更好地实现资源共享、实时监测、远程控制等功能。

3.3　水资源保护形势不容乐观,民众关注度日益提高

常年的干旱使水库来水量剧减,水体自净能力减弱,水质安全受到威胁。库区内游泳、钓鱼、盗矿、挖砂、抢播、偷种等情况时有发生,水源保护社会化体系尚未彻底形成,社会公众对水资源安全的关注度日益提高,群众举报和舆论监督压力逐年增加。对策:利用电视、网络、报纸等媒体广泛开展宣传和报道,营造爱水护水的社会氛围;与水库所在地区政府相关职能部门联动,开展专项治理和综合整治,形成联合执法、严格执法的长效机制;设立水库公众日、水库开放日,让广大群众了解水库的管理现状和面临困难,发动社会力量来加强监督和管理。

3.4　安全防控工作不能放松,应对突发事件能力仍需增强

水库安全防控工作经过了 2008 年奥运会和 2009 年国庆 60 周年的充分考验,积累了

一些宝贵经验和有效方法。当前国际形势依然严峻,密云水库作为首都的战略水源,很容易成为敌对势力和不法分子的渗透目标,故安全防控丝毫不能放松。对策:与当地政府、周边驻军加强协调和沟通,明确职责,细化分工,加强演练,完善预案,联防联动,进一步提高快速反应能力和应急抢险水平。

4 结语

密云水库50年的成功运用充分证明,水库规划设计合理,建设质量优良,综合效用卓越。管理制度规范,保护措施有力,在当前首都水资源严重紧缺的形势下,愈加显示出它举足轻重的战略地位。当前,密云水库的各项工作均顺利开展并取得了可喜成绩,但居安思危,我们更要认清水库面临的严峻形势,用战略眼光看待面临的问题,抓住机遇,迎接挑战,科学管理,再创佳绩,让密云水库始终成为人们无限信赖的安全屏障,让"生命之水"永远造福首都人民。

作者简介:周上梯(1981—),男,工程师,北京市密云水库管理处。E-mail:zhoushang-ti. student@ sina. com。

北京内城河湖排水系统分析*

王俊文

（北京市城市河湖管理处，北京　100036）

摘　要：内城河湖的流域面积约为 12 km²，湖泊水面面积为 144 万 m²，最大库容达 240 万 m³；其基本功能是保护北京市心脏地带免受洪水之灾。近年来，由于北京市的迅速建设与发展，人口急剧增加，气候突变，城市中心区成了北京市的暴雨中心密集区。然而，北京城市水资源匮乏成为社会发展过程中面临的一种尴尬局面，并由此逐渐引发了城市河湖建设与发展过程中产生的一些新矛盾体。
关键词：内城河湖　排洪泄水　顶托　措施

　　内城是北京城市的心脏地带，内城河湖（本文中所述"内城河湖"仅特指内城"六海"、筒子河及内外金水河等范围）则是北京市城市河湖的中心位置、重心地段。内城河湖包括西海、后海、前海、北海、中海、南海、筒子河及内外金水河等。北京市地处华北平原的西北边缘，西北面群山环抱，属于典型的内陆城市，是我国北方的多暴雨地区之一，近些年由于北京市的迅速建设与发展，人口急剧增加，气候突变，城市中心区则成为了北京市的暴雨中心密集区。然而，北京城市水资源匮乏便成为社会发展过程中面临的一种尴尬局面，由此引发的水环境保护建设、水循环工程也应运而生，同时也成为城市河湖建设与发展过程中产生的一对新矛盾体。

1　内城河湖排水系统状况

1.1　内城河湖的历史、概况

　　"内城六海"分为前三海和后三海，"六海"是北京城独具魅力的园林文化风景区，是由永定河故道冲刷形成的。前三海又名什刹海，这一区域密布着元代以来 700 多年沉淀的优秀历史文化遗产，包括古都风韵、江南美景、溪水名桥及众多庙宇；后三海被称做皇家御苑，是元、明皇城内的西苑太液池；紫禁城水系也属于内城河湖，它是与"六海"既相连又独立的一段水系。

　　内城河湖的流域面积约为 12 km²，湖泊水面面积为 144 万 m²，最大库容达 240 万 m³（见图 1），其基本功能是保护北京市心脏地带免受洪水之灾。各条河湖的排洪泄水原则是西海（积水潭）、后海、前海所产生的洪水不得进入北海和中南海。汛期德胜闸提出水面，西海、后海、前海维持同一水面。以上三海所产生的洪水经金锭桥由地安闸泄洪，如发生洪水倒灌则关闭闸门待机泄洪。北海、中海所产生的洪水通过北海双排管闸泄入西北

＊ 本文属于"北京内城防汛预案研究"项目研究过程中的一部分研究成果，此项目属于 2008～2010 年度北京市水务局"五个一"人才培养项目之一，原载于《北京水务》2009 年第六期。

筒子河再通过东南筒子河文化宫闸泄入暗涵。南海所产生的洪水通过新华闸泄入暗涵，如排水不畅甚至洪水倒灌则关闭闸门；在紧急情况下可通过葫芦嘴闸—流水音—日知阁闸—天安门前玉带河—菖蒲河泄洪。

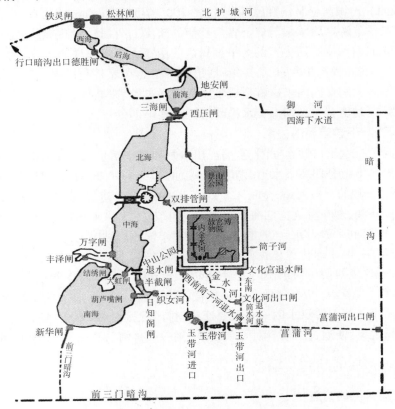

图1　内城河湖示意

1.2　内城河湖的发展变迁

历史上内城河湖水源来自北京西山、北山诸泉；随着社会的进步发展、城市的建设改造、资源逐步匮乏，为了满足供水需求，内城河湖水系水源便由密云或官厅水库引入。内城河湖最早起源于辽金时期，经过了700多年的历史变迁[1]。期间于1950年进行了一次大规模的疏浚工程，治理河道，清淤修岸，初步改善水环境，提高水质；1998年又进行了内城河湖的彻底治理工程，河底清淤，雨污水口整治，部分闸门改建；2001年采用水质净化船等措施对中南海进行治理；2002年至2007年又连续实施了内城水质改善工程、水循环工程、筒子河推流工程以及中南海推流工程。随着时间的推移，内城河湖也经过了发展、变迁、治理等不同的历史过程，内城河湖的功能也由基本防护功能逐步变成了防汛重点部位和水环境重点保护对象。

1.3　内城河湖与上游河道的关系

上游水源流经京密引水渠昆玉段、南长河、转河最后从铁灵闸汇入内城六海及筒子河。转河是于1909年修建京张铁路时为了保证站区铁路安全运行和河道正常输水而成形的;1971 年修建地铁时,将转河东侧的太平湖填埋,1977 年修建北护城河时又将转河废除[1]。从此,内城河湖输水是通过新修建的连接长河与西北护城河之间 860 m 的暗涵实现的。经历了近 30 年的历史变迁,2002 年转河又一次重新开挖,从高粱桥沿着历史上的"几"字形转向北护城河松林闸和铁灵闸上游;2005 年北护城河重新治理,在此过程中同时废除了高粱桥下游这段承载历史上转河功能的暗涵,并在暗涵(现在称做西直门暗涵)出口下游 500 m 内恢复了历史上的太平湖景区。由于太平湖河底高程比松林闸上游(或铁灵闸上游)河底高程高出 4 m 之多,因此此段河湖的水源是利用水循环方式将水从松林闸下游抽至太平湖景区内。这就形成了现状河湖布局,铁灵闸上游既有长河、转河的输水、景观河湖,同时也有太平湖人工水循环景区河湖。

1.4　内城河湖与下游暗涵的关系

　　内城河湖的排水出口即地安闸、菖蒲河出口闸和新华闸且均汇流入前三门暗涵,再入通惠河。地安闸下游是四海下水道,四海下水道的前身是御河,御河曾是元代开凿的通惠河位于"宫城"东侧的一段河道,全长 4.8 km[1]。1956 年改建御河,将东安门以上至地安闸全线改建成暗涵,现在称之为四海下水道;东安门以下至出水闸称之为御河下水道。菖蒲河是北海、中海的下游退水河道,1973 年、1982 年曾先后被改为暗涵[1];2002 年废除暗涵,建成生态河湖,两岸绿化美化犹如街心公园。新华闸下游是前三门暗涵,其前身是前三门护城河,是连接西便门与东便门之间的明渠,全长 7.7 km;1965 年前三门护城河崇文门以西河段被改为暗涵,1985 年剩余河道也被改为暗涵,这就形成了现在的前三门暗涵。此涵是排泄南海及其上游洪水的一条重要通道,排洪原则是,洪水先经暗涵排出,如果新华闸出现顶托现象,便通过"葫芦嘴闸—日知阁闸—玉带河—菖蒲河"紧急排洪。

2　排水系统存在的问题及隐患

2.1　内城河湖排洪能力差

2.1.1　什刹海的排洪现状

　　每逢接到大雨预报,工作人员先关闭铁灵闸,停止向内城河湖进水,同时关闭三海闸,什刹海的洪水由地安闸下泄,西海、后海、前海维持同一水位。每当汛期需要排洪时,就利用人工提起叠梁闸板,非汛期或不要求排洪时叠梁板置于闸槽内。然而,由于闸门结构尺寸和下游管线安装位置所限,上下游很难形成高水位差,所以导致地安闸下游通道的排洪能力极差,不符合现状需求。

2.1.2　后三海的排洪现状

　　(1)北海、中海的排洪现状。①通过双排管闸—东筒子河—文化宫退水闸排泄洪水。文化宫退水闸始建于 1968 年,1998 年改建成 φ1 000 mm 的蝶阀,其下游通过暗涵入菖蒲河,2002 年重新修建菖蒲河时将此管线改移并变径为 φ400 mm 的管线接入了菖蒲河出口闸下游暗涵。②通过双排管闸—西筒子河—中山公园退水闸排泄洪水,然后再通过玉带河泄水。中山公园退水闸始建于 1970 年,1998 年后改建成 φ1 000 mm 的蝶阀,而中山公园退水闸下游暗涵排洪能力远不能满足现状需求。③通过半截闸—日知阁闸—玉带河排泄洪水,目前半截闸、日知阁闸、玉带河进水闸、玉带河退水闸均能够正常使用,但以上所有闸门全部打开排洪时与玉带河内安装的喷泉设施运行水位要求有矛盾。

(2)南海的排洪现状。①通过新华闸排泄洪水,再入前三门暗涵。新华闸始建于1962年,1998年重新更换了闸门。其上游水位升至43.00 m时最大排洪量能达到2.93 m³/s,而南海的正常运行水位一般只维持在42.60 m,排洪量仅达到0.6 m³/s,上游来水突然增加时很容易出现闸门顶托现象。②南海的洪水在紧急情况下还可以通过葫芦嘴闸—日知阁闸—玉带河泄水,葫芦嘴闸是叠梁闸门,这条通道在流水音处容易阻水。

2.2 内城河湖运行水位高

近些年,北京市极端天气的应对办法是:明确内城河湖水位日常按运行水位 ±0.1 m幅度内控制;遇24 h大雨预报,内城河湖水位降至运行水位,遇24 小时暴雨预报则降至汛限水位。汛期内城河湖的景观水位、运行水位及汛限水位的统计数据如表1。从表中数据可以得出从景观水位降至运行水位前三海的库容变化量是6.69 万 m³,后三海无库容变化,按地安闸实际排水量计算完成泄水需要时间为62 h;若从运行水位降至汛限水位前三海的库容变化量是10.87 万 m³,需要时间为101 h,后三海的库容变化量是24.85 万 m³,按新华闸和玉带河出口闸同时排水计算,完成泄水需要时间为33 h。可见,内城河湖各湖泊日常运行水位偏高,如果在这种情况下排洪泄水,当接到大雨或暴雨预报时再进行闸门操作是不能在规定的时间内把水位降到相应要求的。

内城河湖水位见表1。

表1 内城河湖水位 (单位:m)

水位(m)	西海	后海	前海	北海	中海	南海
景观水位	45.30	44.70	44.70	43.40	43.40	42.60
运行水位	45.10	44.50	44.50	43.40	43.40	42.60
汛限水位	44.30	44.30	44.30	43.10	43.10	42.40

2.3 内城河湖机闸设施陈旧

内城河湖闸门的功能主要是调节上下游水位、供水、排洪泄水。从结构型式可分为平板钢闸门、铸铁闸门、弧形钢闸门、木叠梁闸门及电动蝶阀等。这些闸门大部分都是解放前后建成的,也有一部分近些年进行了改造,但是随着城市水利设施的大力发展、现代化设备推陈出新,内城河湖的陈旧设施以及低效率的操作方式已不能满足现代化度汛工作的整体要求。

陈旧设施可分为三类:①急需改造的设施:地安闸、西压闸、三海节制闸、葫芦嘴闸、文化河退水闸均是木叠梁型式,每次提墩闸门都需人工操作,一个人或者两个人用铁钩子把木叠梁从闸门槽中取出再放进去,这样的操作方式既不符合现代水务基础建设的要求,同时也跟周边建设的先进设备格格不入。②需要恢复的设施:蚕坛闸、濠濮涧闸、文化河进水闸以及内金水河的部分闸门,这些闸门随着社会的发展、城市的规划建设,逐渐被填埋、废弃,但是从古人设计内城水系的科学性考虑应该恢复这些闸门,它们的功能在确保内城河湖安全排洪中曾经起到了十分重要的作用。③需要改善的设施:双排管闸、半截闸、日知阁闸、玉带河出口闸及新华闸等均是采取人工手动启闭闸门,每逢汛期需要提前降水或者紧急降水时,有限的工作人员不停地往返于内城各闸门之间,结果仍然不能按规定时间完成,这种状况给内城河湖水流调度带来了严重的影响,甚至会成为内城河湖排洪泄水中的潜在危机。

2.4 内城河湖上下游洪峰出现时间差短

内城河湖的洪水排泄路共 6 条通道,出口仅有 3 个。地安闸是排泄什刹海洪水的唯一出口,下游暗涵承担着地安门区域的雨水汇流,什刹海地区与地安门区域洪峰经常同时出现,这就造成了地安闸入口处容易顶托,导致排水不畅。新华闸是排泄南海洪水的重要通道,但是前三门暗涵承载的洪水压力更大,西便门分水闸的泄水、前三门一带的雨水汇流都要集中于此,近些年内城局部暴雨发生时,往往导致暗涵上游洪峰同时到来,下游东便门橡胶坝分水不畅,铁路桥下汇流快等,由于新华闸及与其连接的管线尺寸结构较小,所以最先顶托的就是此闸门。这就形成了洪峰同时到来使南海排水不畅。

2.5 内城河湖下游下水道出口集中

内城河湖的排洪通道中有 3 条是通过菖蒲河泄水的,改建后的菖蒲河全长只有 493 m,正常库容量不足 6 000 m^3,而菖蒲河出口闸则改建成 $\phi2\ 200$ mm 的蝶阀;其下接御河暗沟的涵洞,而该涵洞断面又过小(1.4 m × 1.9 m),洞内水流形态有压流,容易导致洪水下泄不畅。菖蒲河上游主要有筒子河、金水河、玉带河的汇水,当局地暴雨发生时,上游汇水往往会在短时间内同时到来,出口闸下游涵洞排水能力又很有限,因此在这种情况下出口闸上游水位很容易壅高,甚至会造成公园内路面积水。

3 汛期操作的措施及建议

(1)改善内城机闸设施状况,部分闸门需要彻底改造,被废除的闸门适当恢复,应该尊重先人设计内城闸门及其位置的合理性与科学性,从而逐步提高闸门运行效率,保证操作者的安全系数。

(2)降低内城河湖日常运行水位,如遇极端天气预报时要提前撤水,允许一段时间内河湖低水位运行,及时拦蓄尾水,争取能在雨后短时间内使河湖内多蓄水。

(3)完善汛期排洪预案的操作程序,尤其在操作闸门的先后顺序上多做文章,通过控制闸门设施的时间差避开上下游洪峰的压力,从而最大可能地降低出口闸门前顶托的频率。

(4)完善相邻河道的排洪预案,尤其是西便门分水闸和东便门铁路桥下 3 条通道同时汇流入通惠河的三角地带的运行方案,确保下游下水道不出现顶托现象。

参 考 文 献

[1] 李裕宏. 水和北京,城市水系变迁[M]. 北京:方志出版社,2004.

作者简介:王俊文(1979—),工程师,北京市城市河湖管理处。E-mail:wangjun-wen1979@126.com。

城市洪水预报特点与方法解析

薛　燕

（北京市水文总站，北京　100089）

摘　要：城市洪水预报对于城市防洪排涝、保障城市正常运转具有重要意义。由于城市气象及水文条件的特殊性和复杂性，城市洪水预报难度相对较大。到目前为止，在城市洪水预报方法和模型应用方面尚处于探索和积累经验阶段，离定型成熟阶段还有一定距离。在城市地区雨洪特性分析的基础上，对城市洪水预报的特点及具体预报方法进行了详细的解析，并以具体实例作为计算演示。

关键词：城市　洪水　预报

1　引言

城市是一个地区的政治、经济、文化中心，城市洪水预报对于城市防洪排涝、保障城市正常运转具有重要意义。随着我国城市化进程加快和区域经济发展，传统的水文预报手段和模式，已不能满足城市水文工作需要，城市化进程对水文预报提出了新要求和新挑战。由于城市气象及水文条件的特殊性和复杂性，城市洪水预报难度相对较大，到目前为止，在城市洪水预报方法和模型应用方面尚处于探索和积累经验阶段，离定型成熟阶段还有一定距离。本文在城市地区雨洪特性分析的基础上，结合多年实践经验，对城市洪水预报的特点及具体预报方法进行详细的解析，并以具体实例作为计算演示。

2　城市洪水预报概述

城市洪水是指城市流域范围内由降雨引发的洪水，包括内渍和外涝。城市地区下垫面情况较为复杂，大量的道路、建筑及排水管网改变了城市地区的暴雨径流产汇流条件，从而使其水文要素和水文过程发生明显改变，致使雨洪径流量增大，洪峰流量加高，峰现时间提前等，加剧了城市本身及下游地区防洪负担。另外，大量水体短时间内无法排走，在城区低洼处往往形成积水，严重影响城市的正常运转。城市洪水预报是针对城市化地区的水文预报，其预报对象是城市河流洪水及城市内涝情况，预报项目包括水位、径流量、洪峰流量、峰现时间、洪水过程、积水深度、积水时间等。

3　城市地区雨洪特性及洪水预报主要特点

3.1　降水量增加

随着城市的热岛效应、凝结核效应、高层建筑障碍效应等的增强，城市的年降水量增加5%以上，汛期雷暴雨的次数和暴雨量增加10%以上。

3.2　下渗减少

城市兴建和发展后,大片耕地和天然植被为不透水表面所代替,如屋顶、街道、人行道、车站、停车场等,不透水区域的下渗几乎为零,流域下渗大幅减少。

3.3　产流速度和产流量增加

由于城区不透水面积比重很大,截留、填洼及下渗水量减少,造成产流速度和产流量都明显增加。

3.4　汇流速度加快

城市河道的治理以及城市排水管渠系统的完善,如设置道路边沟、密布雨水管网和排洪沟等,增加了汇流的水力效率,导致汇流历时缩短,峰现时间提前。

3.5　洪峰流量加大

径流量变大和汇流流速的增大,不可避免地要使洪峰流量增大,与自然流域相比,城市地区洪水过程线呈尖瘦形状。

3.6　雨水滞留

城市雨水管道设计重现期一般较低,当降雨强度较大时往往排泄不及,改变汇流过程。

3.7　河道顶托

城区河道闸坝多,排水不畅,对洪水调蓄能力差,大雨时常有顶托现象,影响雨水的宣泄。

3.8　基础资料收集困难

下垫面情况如不透水面积、排水管网布设情况收集难度大,特别是径流资料的收集存在资料系列短甚至无实测资料的情况。

3.9　预报难度大

城区建设的发展,改变了雨洪的自然规律,使城区洪水预报难度增大。而城市洪水汇流时间加快,洪水预报预见期较短,也增加了预报的难度[1]。

4　城市洪水预报步骤

城市洪水预报主要按以下步骤进行:

(1)确定城市洪水预报流域边界。自然流域的边界线是在地形图上根据地形、地貌及等高线划分的,而在城市地区,河道的流域边界线是根据地形及城市排水管网的情况划分的。城市排水系统由管网和排水河网组成。城市面积上产生的暴雨洪水通常先排入管网,然后排入排水河网,具体应参考城市河道和地下排水管网的布局来划分集水区。

(2)确定流域下垫面情况。在河道流量计算之前还要对流域下垫面进行分析。分析的主要依据是流域内的实测现状地形图或卫星遥感图以及城市土地使用功能规划图,解译城市建设面积占流域面积的比例,特别重要的是不透水面积的确定,对雨洪过程影响很大。不透水面积百分比是根据上述的流域边界线划分及流域下垫面情况,经分析计算得到的。计算时可将流域划分为楼房区、高校区、工厂区、平房区、仓库区、河道、湖泊、绿地区等八种地块,并量取其面积,乘以表 1 列出的相应不同性质地块的不透水面积百分比,再相加即得本流域的不透水面积,最后除以流域面积即得不透水面积百分比。

表 1　城市地区不透水面积百分比

地块性质	楼房区	平房区	高校区	工厂区	仓库区	河道	绿地区	湖泊
不透水面积百分比	77%	80%	60%	84%	92%	50%	0	100%

以上典型地块的不透水面积百分比,是通过实际调查得到的数据,在具体水文计算时,也可根据实际情况及遥感图、规划容积率、绿地指标等适当调整[2]。

(3)降雨资料采集及分析。由于城市洪水峰现时间短,雨洪过程很快完成,因此应尽快获得降雨信息,降雨资料尽量使用遥测雨量数据。单站降水量采集完毕后,用水文常规方法(如算术平均法或泰森多边形法)求面平均雨量即可。

(4)洪水资料的采集及分析。水位、流量数据主要用于区间入流、预报参考和修正,应采集预报流域入口水文站的流量作为入流控制。预报断面处的水位流量可作为预报参考和修正。

(5)确定计算时段。计算时段的确定以涨水段至少可划分出三个以上的时段为依据。城市流域洪水预报时段选取可参照以下标准:流域面积 $\leqslant 10$ km^2,时段长取 10 min;10 km^2 < 流域面积 $\leqslant 20$ km^2,时段长取 20 min;20 km^2 < 流域面积 $\leqslant 80$ km^2,时段长取 30 min;80 km^2 < 流域面积 $\leqslant 150$ km^2,时段长取 60 min。

(6)选择预报方法进行洪水预报,按预报目标确定所需预报项目,包括水位、径流量、洪峰流量、峰现时间、洪水过程、积水深度及积水时间等。

5　城市洪水预报基本方法

到目前为止,我国尚无自行开发设计的比较完善的城市洪水预报模型或方法,离定型成熟阶段还有一定的距离。一些城市和学者已开展了城市水文研究,在城市洪水预报方面进行了探索。城市雨洪过程可以划分为地面产流、地面汇流及管网汇流等环节,预报时针对这些环节分别作计算。

5.1　城市洪水产流计算

城市汇水区面积小,不透水面积比重大,下渗较少,产流计算侧重于地表径流量分析。常见的有以下几种计算途径:

(1)径流系数法:根据历史雨洪资料,分析出各种不同下垫面条件下的地表径流系数,可制成图表或利用计算机以方便应用。

(2)降雨径流相关图:根据实测雨洪资料分析结果或移用相似流域资料建立降雨径流相关关系。城市产流特性受不透水面积的影响较大,以不透水面积比做参数,可以较好地反映城市流域的特点。

(3)下渗曲线法:分析流域的下渗规律,选择适用的下渗方程,根据实测资料确定下渗方程中的参数,并对参数加以地区综合。此法适用于城市透水区。

5.2　城市洪水汇流计算

根据城市雨水汇流的特点,把汇流分为地面汇流、管网汇流、河网汇流三个阶段。

由于目前城市洪水预报尚没有形成独立的预报方法体系,实践中可用传统水文方法或建立适用的城市洪水计算模型。用于城市洪水汇流计算的传统方法有：

（1）推理公式法：只能推求洪峰流量，不能计算城市洪水流量过程。

（2）瞬时单位线法：由于城市流域调蓄能力降低，参数 n、k 值比自然流域要小。另外，还可用变雨强瞬时单位线，根据净雨强度的不同，每个时段都选用不同的瞬时单位线。

（3）等流时线法：划分等流时线时需注意排水管网分布。当雨强大于城市排水管网设计能力时，汇流速度趋于常数。

（4）管网、河网汇流演进常用动力波法、马斯京根法。

（5）河网有闸坝处应考虑调度规程进行调洪计算，方法同水库调洪计算方法。

5.3　城市洪水预报模型

由于传统方法在综合反映城市产汇流特点方面有欠缺，可在分析城市洪涝规律的基础上，建立城市洪水预报模型。另外，可借用比较成熟的模型，按城市特点率定参数。目前，城市洪水预报可用的模型有美国的暴雨径流管理模型（SWMM）、曲线数值法模型（SCS）和 MIKE URBAN 模型等。其中 SWMM 模型和 SCS 模型在我国城市洪水研究中都已有应用，MIKE URBAN 模型还在引进消化阶段。

5.4　误差评定

城市洪水预报没有特别规定误差评定方法，可参照《水文情报预报规范》（SL 250—2000）中误差评定办法执行[3]。

6　预报实例

下面以北京为例介绍城市洪水预报基本方法。

6.1　北京城市流域概况

北京城区河道主要有东、西、南、北四条护城河及清河、有坝河、凉水河、通惠河四条主要的排水河道。前三门护城河西便门至东便门段、西护城河、东护城河均为暗沟，沿河建有玉渊潭进出口闸、长河闸、龙潭闸、坝河首闸、安定闸、东直门闸等。区域内洪水除集水区内暴雨形成地表径流外，尚有城区上游的京密引水渠和永定河引水渠常年调节着城区河湖。北京市城近郊区河湖分布见图 1。

北京城区洪水产汇流速度快，具有典型的城市雨洪特征。

6.2　具体算例

下面以北京城区下游控制站通惠河乐家花园水文站为例，采用常规方法进行城市洪水计算。

本例预报对象为整个北京城区，控制站为乐家花园。该流域以地下管线为分界，流域面积 94 km²，不透水面积 77%。预报项目为洪峰流量及洪水过程，假设条件为 24 h 降雨 288 mm。

6.2.1　面雨量及雨型的计算

本例产流计算时，雨量采用最大 24 h 暴雨量，$P_{24}=288.0$ mm。根据北京市暴雨图集不同频率最大 24 h 暴雨量等值线图查算。雨型分配按照 24 h 二阵雨概化雨型进行分配。点面折算系数按 0.97 计。

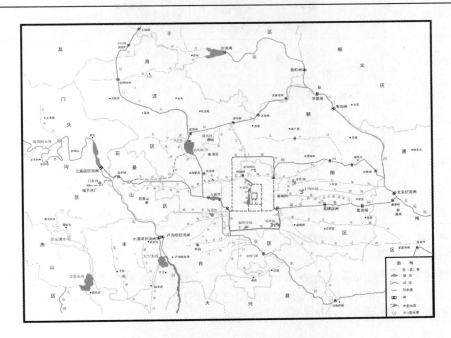

图1 北京市城近郊区河湖分布示意

6.2.2 降雨径流关系

适用于天然流域的以前期影响雨量为参数绘制降雨径流相关图的方法不适用于城市流域。根据大量试验和观测资料,发现城市地区不透水面积是影响产流的关键因素。图2、表2即是以不透水面积比为参数的北京城市暴雨径流关系综合图、表。

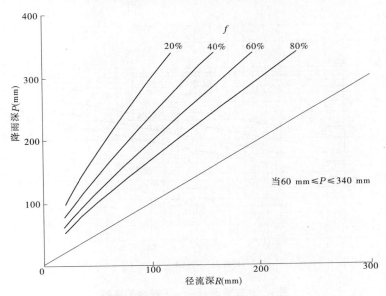

图2 北京城区 $P \sim f \sim R$ 综合关系图

表 2　北京城区 $P \sim f \sim R/\alpha$ 关系

$P(mm)$	不同 $f(\%)$ 的 R/α 值			
	20	40	60	80
100	20/0.20	30/0.30	39/0.39	48/0.48
150	37/0.25	53/0.35	68/0.45	83/0.55
200	56/0.28	78/0.39	100/0.50	121/0.61
250	75/0.30	104/0.42	132/0.53	160/0.64
300	98/0.33	132/0.44	166/0.55	200/0.67
350	121/0.35	161/0.46	198/0.57	240/0.69

注：P—降水量(mm)，f—不透水面积比(%)，R—净雨(mm)，α—径流系数。

6.2.3　径流深计算

从城区降水径流关系图上查出径流深，为推求洪水过程需推求时段净雨量，用平割法扣除各时段的入渗损失，使各时段的净雨深之和等于总的径流深。根据北京城区 $P \sim f \sim R/\alpha$ 关系图及表，由面雨量求出相应的径流量 $R = 181.6$ mm。

6.2.4　汇流计算

采用瞬时单位线的方法来计算流域出口洪水过程。时段长取 1 h，根据流域面积和不透水面积比查 $m \sim f \sim F$ 关系图确定汇流参数 n、K，得出 $m(m = n \times k)$ 的值。分析表明，一个流域的 n 值比较稳定，可取为常数。由实际计算可知，北京城区 n 值可取为 1.5 ~ 2.0。$m \sim f \sim F$ 关系图是根据北京城区六个试验区 110 场洪水分析绘制的，$m \sim f \sim F$ 关系图如图 3 所示[2]。

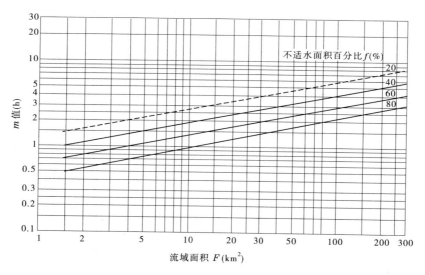

图 3　北京城区 $m \sim f \sim F$ 综合关系图

本次采用综合系数 $n = 1.5$，$k = 1.5$，推求流量过程，计算最大洪峰流量为 771.5 m^3/s。

本算例适用于城市化地区的洪水计算。在实际预报中,降雨量可采用实时雨量或加入预报雨量。

7 结语

城市洪水预报存在着下垫面情况复杂、人为影响因素众多、预见期较短等困扰,同时当今城市排水能力有限,易受暴雨洪水的侵袭,对洪水预报的需求越来越多。城市洪水预报未来的方向,将从传统的河道洪水预报向积水预报发展,从断面预报向区域预报发展,从而更好地满足城市防洪及水资源管理的需要。

参 考 文 献

[1] 朱元甡,金光炎. 城市水文学[M]. 合肥:中国科学技术出版社,1991.
[2] 北京市水务局. 北京市水文手册第二分册洪水篇[R]. 2005.
[3] 中华人民共和国水利部. SL 250—200 水文情报预报规范[S]. 北京:中国水利电力出版社,2000.

作者简介:薛燕(1964—),女,高级工程师,北京市水文总站,联系地址:北京市海淀区北洼西里51号。E-mail:xue. yan@ sohu. com。

低碳水利的含义与实践

朱晨东

（北京市水利科学研究所,北京　100048）

摘　要:低碳已经在各个领域大力发展,它在水利行业中应该如何表现? 文中给出了一些选项,认为这些选项是属于低碳范畴的,并一一对这些选项给出解答,在给出含义的同时,对"超级堤防、'水足迹'、虚拟水、总有机碳"等作了新的诠释。为了使低碳水利能够在行业中得到推广,特别提出关于"工程方案比选"的问题,希望将来在水利工程的规划方案中增加一节内容——各种方案的碳排放量的比较,其目的是:让少用水泥、钢材、燃油、燃煤、木材等建材的规划设计方案中选。另外,文章最后顺便提出了:"万元 GDP 水耗"问题,对这个指标是否越低越好进行了质疑。

关键词:低碳水利　超级堤防　"水足迹"　虚拟水　总有机碳　关于万元 GDP 水耗

1　前言

所谓低碳经济,是指在可持续发展理念指导下,通过技术创新、制度创新、产业转型、新能源开发等多种手段,尽可能地减少煤炭、石油等高碳能源消耗,减少温室气体排放,达到经济社会发展与生态环境保护双赢的一种经济发展形态。

而传统水利是一项大量使用高碳建筑材料的土木工程,以几年前北京一项中型河道整治工程为例,它所需要的建筑材料如表 1 所示。

表 1　整治工程所需的建筑材料

材料名称	水泥	钢材	木材	油料
单位	万 t	t	m^3	t
数量	1.12	2 349	15	340

目前通用资料中可查到的数据为:

生产 1 t 传统硅酸盐水泥会产生将近 1 t 的二氧化碳;

1 t 钢材产生 1.8 t 的二氧化碳;

1 kWh 电大约排放 1 kg 二氧化碳;

1 L 柴油排放 2.7 kg 二氧化碳;

每腐烂或燃烧 1 m^3 木材释放 1.83 t 二氧化碳、吸收 1.62 t 氧气;

1 t 自来水排放 910 g 二氧化碳;

一辆汽车一年跑 1 万 km,排放 1 t 的二氧化碳;

一件衣服产生 5 kg 的碳;

一个中国家庭两年排放的二氧化碳总量为 5.6 t;

一棵树一年可吸收 18.3 kg 二氧化碳(或 1 hm² 阔叶林每天约吸收 1 t 二氧化碳,释放氧气 700 kg)。

计算如表 2 所示。

表 2　建筑材料产生 CO_2 量计算

材料名称	水泥	钢材	木材	油料
CO_2 排放标准	1 t/t	1.8 t/t	1.83 t/m³	2.7 kg/L
CO_2 量(t)	11 200	4 228	27	1 101
合计	16 556 t CO_2			

欧洲准备为二氧化碳的排放征收碳税,标准是排放 1 t 二氧化碳征收 30 美元。上述中型河道整治工程应缴纳碳税为:

CO_2 16 556 t × 30 美元 = 50 万美元 = 338 万元人民币

如果加上工程中的用电量、用水量、排放的污水需要处理等,以上碳税不会低于 400 万元,即相当于工程造价的 2%。

这就是高碳工程应付出的代价。

2　低碳水利

自 21 世纪初开始,水利界陆续提出了一些口号:

从单一功能向综合功能转变,从农村水利向城市水利转变;

从传统水利向现代水利转变,从工程水利向环境水利转变;

从资源水利向生态水利转变,从社会水利向民生水利转变。

应该说,这些口号的诞生,证明了水利人的敏锐思路。就拿生态水利为例,已经从开始的抵制心态转变为普遍接受,在一定程度上,以生态环境建设和社会经济发展为核心,遵循生态学原理,建立人与自然和谐共处的水利工程,实现经济效益、社会效益、生态效益的可持续发展和高度统一的理念深入人心。

2003 年英国率先提出"低碳经济"。这个概念,既是生态经济发展的重要载体,又是判断资源节约型、环境友好型社会建设水平高低的重要标准。经过短短六七年的发展,低碳经济几乎涵盖了所有的产业领域。低碳内涵已延展为低碳社会、低碳生产、低碳消费、低碳生活、低碳城市、低碳社区、低碳家庭、低碳旅游、低碳文化、低碳哲学、低碳艺术、低碳音乐、低碳人生、碳足迹、碳汇、低碳生存等新名词并成为热点。也有学者说:"低碳经济是'生态文明''和谐社会''科学发展观'战略思想的要求,也是中华传统文化'天人合一''道法自然''仁信礼德'与当代社会经济发展的价值通道。"媒体报道:电影明星周迅为了抵消她在去年飞行 149 483 km 所产生的 19.5 t 二氧化碳,她将花 6 000 元买 238 棵树,来弥补自己的碳排放,但这还不是一个人在一年之中的全部"碳耗用量"。

既然"低碳"已经逐渐被社会接受,"低碳水利"必然会应运而生,那么,"低碳水利"可以包括什么呢? 以下是一些选项:

▲低碳堤防、低碳护岸、低碳大坝

▲生态治河（河流生态走廊技术）

▲雨水利用

▲节水灌溉

▲节水器具的推广应用

▲污水处理（含深度处理）

▲再生水利用

▲清洁生态小流域

▲工程方案比选（趋向在工程中让少用水泥、钢材、燃油、燃煤、木材等建材的规划设计方案中选）

为了低碳水利的尽早推广，对以上选项作一点解读。

2.1　关于低碳堤防、低碳护岸、低碳大坝

这三个名词近年已经出现在水利专家口中。所谓"低碳护岸"，就是"生态护岸"的另一种说法。生态护岸就是以不用或少用混凝土、浆砌石和钢材等建筑材料，改用植物、砂石和少量的有机化合物等生态材料的一种新型护岸（护坡），它不仅同样达到抗冲目的，还为生物的生存创造条件，几年来，全国各地在大量应用。

所谓低碳堤防和低碳大坝，实际上就是教科书里讲的用"当地材料"做的堤防和大坝，不久前出现一种超级堤防（日本叫"绿堤防"），它是用土石材料筑成宽矮大堤，不怕越浪，宽宽的堤顶上面部分可以卖给房地产开发商作住宅、酒店。这就比传统堤防实用价值高，与城市主干路、住宅、酒店和公共建筑混在一起，达到了低碳目的。

传统堤防与超级堤防比较见表 3。

表 3　传统堤防与超级堤防比较

项目	筑堤材料	堤顶宽与堤高	超高	土地利用	维护管理
传统堤防	混凝土、浆砌石、土、砂石等	无	按规范规定	除道路、绿化外，其他不许可	河道管理单位
超级堤防	当地材料	堤顶宽≥30 倍堤高	允许越浪	不影响安全之情形下，许可	土地所有者

超级堤防尤其适合在世界级大城市中应用。

关于低碳大坝，由于合适的坝址几乎开发殆尽，土石大坝已经很少应用了，越来越多的混凝土大坝矗立在深山峡谷中，也越来越多地受到各种批评，因为它不仅是高碳工程，而且对河流的生态环境造成冲击。

2.2　关于生态治河

恢复河道健康生命，其标志是改变传统治河方式，纠正填埋河道，盖板封河、截弯取直、水泥护砌、"铜帮铁底"的错误做法，让河道恢复自然状态，采用生态护岸，宜弯则弯、宜宽则宽，人水相亲，试图恢复水生动植物的多样性。这些举措，让水利工作者从传统观念中摆脱出来，进入了一个崭新的、低碳的治河阶段。

2.3 关于雨水利用

现代化的城市,造成越来越多的下垫面硬化,阻止雨水进入土壤,大量积水使城市排水系统和污水处理厂不堪重负,雨水带着污染物注满当地河道。为了改变这种情况,产生了屋顶雨水收集、透水路面、下凹式绿地等低碳技术,让本来白白流走的雨水得到利用(灌溉绿地、冲厕、路面喷洒),从而节约了新水,减少了二氧化碳的排放。如果北京要成为世界级大城市,那么,不论什么样的新建筑,都必须像鸟巢和水立方一样设立雨水利用项目。

2.4 关于节水灌溉

管道输水、小畦灌溉、沟灌、喷灌、微灌、滴灌、渗灌、渠道防渗、改稻为旱等都是农业节水范畴。中国是一个水资源短缺的国家,特别是北方地区干旱缺水已经威胁到经济社会的发展,成为可持续发展的首要制约因素。

农业是第一用水大户,用水浪费加剧了水资源的紧缺,为缓解水资源危机、有效提高农业灌溉水的利用率,节水灌溉技术得到了日益广泛的研究与应用,农业灌溉用水量必然会越来越受到限制,节约农业用水量,是低碳水利的重要组成部分。这里不得不提一下"渠道防渗",很多工程师不明白,虽然渠道防渗表面上可以节水,这些水其实根本就没有损失,很大一部分回复到地下蓄水层,真正损失的水是通过蒸腾发生的,所以,浪费不在输送时的渗漏而在灌溉时的蒸发。西方学者认为:"旨在减少用水的政策有时候反而加速地下水的枯竭。"世界银行在华北的一个研究项目的目标就是"减少蒸发蒸腾作用",所以"渠道防渗"并不低碳,况且用的混凝土量很大。顺便说一句,北京已经不提倡用"喷灌"了。

如果北京地区继续干旱,农业用水就必须继续压缩,查北京市 2009 年第一产业总产值 118.3 亿元,用水量为 12 亿 t,1 t 水产出 9.85 元;而第三产业总产值 9 004.5 亿元,用水量为 9.9 亿 t,1 t 水产出 909 元;两者的水效率相差将近 100 倍,从这个观点出发,水资源紧缺的世界级大城市,应该继续压缩农业的规模,减少农业用水量,以便促使第三产业的发展。

2.5 节水器具的推广应用

跑、冒、滴、漏是节水的大敌,推广应用节水器具是低碳的好措施,也是家庭节约用水的关键,牵涉到人均用水量的大小。这里想引入一个概念:"水足迹",它是荷兰学者胡克斯特拉 2002 年提出的,是指一个人用于生活和生产的总水量,计算方法如下:

(1)直接耗水:饮水 8 杯 × 250 mL = 2 L,洗一次澡用水 20 L,洗碗、洗衣、做饭、冲厕……每天 100 ~ 200 L。

(2)"虚拟水":其定义为"生产农产品所需要的水资源量",使用时看不见水,生产过程消耗水。例如:1 个汉堡 2 400 L 水、1 个苹果 70 L 水、100 g 大麦 130 L 水、100 g 牛肉 1 550 L 水、100 g 玉米 90 L 水、500 g 牛奶 500 L 水、250 mL 啤酒 75 L 升水、用 1 张 A4 纸消耗 10 L 水。如果上述消耗品都来自外地或进口,无形中节约了本地水资源,这就是"虚拟水"。"虚拟水"对于每个人来说,因工作环境不同,消耗的水量不同,有多有少。

上述两项加起来就是一个人的"水足迹",最时髦的说法是:经过努力"水足迹"应该一年比一年减少。在世界"水足迹"榜单上,美国人均 2 483 t/a、意大利人均 2 332 t/a、中国排名 135,人均 702 t/a。

从"水足迹"的概念来说,要养成低碳的好习惯,不仅要减少每个人的"直接耗水",还要自觉地少用耗水多的产品,例如:一杯咖啡的虚拟水含量约为 140 L,而一杯茶的虚拟水含量仅为 34 L,所以作为个人,要少喝咖啡多喝茶。作为政府应该如何对待呢?例如:每日人均 2 L 直接饮用水,将它作为虚拟水对待(本市不生产,交给北京周边省市生产),仅城市中心区每年可节约 610 万 t 清水(835.6 万人×2 L/d×365)。

2.6 污水处理(含深度处理)

污水处理是节能减排的重要组成部分,去除的 COD(化学需氧量)计入政府官员的考核指标。一座正常运转的日处理 1 万 t 污水的处理厂,可以去除多少 COD?

进水 COD 约为 350 mg/L − 出水 COD 约为 30 mg/L = 320 mg/L = 320 g/m³

$$0.32 \text{ kg} × 10\,000 × 360 = 1\,152\,000 \text{ kgCOD} = 1\,152 \text{ t/a}$$

这个概念大家都有,问题是如何转成碳排量?现在公布的水质指标中很少有总有机碳 TOC,而两者是可以转化的,其比值为 1.3。

(总有机碳 TOC 是以碳 12 来计量的,COD 是以氧 16 计量的,粗略地计算,污水中应该是 COD > TOC,相关方程的回归系数应在 16/12 = 1.3 左右,这也仅局限于含碳有机化合物,如有机物中含有氮、硫、磷等其他元素,COD 会比 TOC 更大。)

$$TOC = 1\,152/1.3 = 886 \text{ t/a}$$

北京市 2009 年污水处理量为 8.6 亿 t(未计农村污水处理 2 亿 t),减少的碳排放(按总有机碳计)为:

$$0.32 \text{ kg} × 860\,000\,000/1.3 = 211\,692 \text{ t/a};$$

这是一个天文数字,它所减排的碳总量,相当于一辆汽车一年少跑 21 亿 km,北京有 400 万辆汽车,合每辆车一年少跑 500 km,非常可观。因此,希望今后污水处理厂的规划设计要有碳排放量的计算。

2.7 再生水利用

水是可再生资源,源水只用一次就排放是一种浪费;水重复利用的次数越多,就越接近节约社会的目标,将原来需要用自来水的地方改用再生水,这就是循环经济和低碳理念。北京市 2009 年再生水利用达 6.5 亿 t,已经超过地表水量,占全市总用水量的 18%,再生水将在倡导低碳生活的浪潮中占有重要地位。

2.8 清洁生态小流域

它是经济社会发展对水土保持工作提出的必然要求,各地水土保持部门在落实科学发展观、促进人与自然和谐、建设社会主义新农村的战略高度上,深刻认识到生态清洁型小流域的重要意义,是水土保持发展的一条新路,正在大力推广。它与传统水土保持措施相比有以下特点:①提倡封禁,借以大量减少游人足迹;②实施农村污水及垃圾处理;③提倡软式护坡,减少水泥用量;④按生态原理做河(库)滨带整治;⑤湿地恢复。

清洁生态小流域的规划设计也要有碳排放量的计算,不能在清洁生态小流域中大量堆砌混凝土和浆砌石,那样就失去了"清洁生态"的意义了,不是满眼绿色,而是满眼灰色了。

2.9 工程方案比选

任何工程在立项及规划阶段都要作方案比选,今后在方案比选中需要增加一个内容:各种方案的碳排放量的比较,有可能碳排放量少的方案会被选中。

例如:要修一座水库,若方案 1 用土坝,需用 100 万 m^3 的土料,1 m^3 土料的运输、碾压要耗用 2 L 柴油,1 L 柴油排放 2.7 kg 二氧化碳,则该方案碳排放总量为:

$$1\ 000\ 000 \times 2 \times 2.7\ kg = 5\ 400\ t$$

若方案 2 用混凝土坝,需用混凝土 10 万 m^3,其耗用水泥量约为 20 000 t,1 t 传统硅酸盐水泥会产生将近 1 t 的二氧化碳,则该方案碳排放总量为(未计混凝土中所用砂、石和搅拌、振捣、运输所产生的碳量):

$$20\ 000 \times 1 = 20\ 000(t)$$

那么,两者相比,显然方案 1 要优越。

3 总结

综上所述,低碳的关键词是"低",低能耗、低水耗,低污染、低排放。然而,我要讲的是"低水耗",未必都对,北京市统计局每年、每季度都要公布"万元 GDP 水耗",这个数字给人一个感觉:越低越好,越低越符合低碳的标准,事实未必如此,因为它是拿 GDP 产值除以年总用水量得出来的,而年总用水量中包括环境用水量,环境用水量本身不产生GDP,不应计入水耗中;南水北调的水到北京以后,这个问题更复杂,因为这些年缺水,总用水量偏少,是牺牲环境得来的,水多以后,环境用水量就应大大增加,使北京成为宜居城市之一。

作者简介:朱晨东,北京市水利科学研究所。

城市雨水利用措施的低碳生态效应 *

张书函　孟莹莹　陈建刚

（北京市水利科学研究所，北京　100044）

摘　要：在"低碳、生态"逐渐成为城市发展主题的背景下，分析了入渗地下、收集回用、调控排放三类基本的雨水利用形式对碳排放削减和生态环境的影响。雨水下渗措施的低碳生态效应最显著，每1 hm² 下凹5～10 cm 的绿地，在有外部径流流入的情况下，可以减少碳排放量1 546 t，增加氧气排放量31 t。收集回用措施的低碳效应体现在雨水替代自来水，从而减少用水的碳排量。调控排放措施低碳效应较弱，其生态效应相应较为直接和明显。
关键词：雨水利用　低碳效应　生态效应　下渗　收集回用　调控排放

1　引言

在气候变化和能源安全挑战日益严峻的大背景下，"低碳"无疑是最紧要的时代主题之一。2009 年12 月19 日，温家宝总理在哥本哈根发表了题为《凝聚共识，加强合作，推进应对气候变化历史进程》的重要讲话，宣布中方将在2020 年使单位 GDP 的 CO_2 排放比2005 年下降40%～45%。中国的责任心获得了全世界人民的敬重，但摆在我们面前的任务非常严峻。

总的来说，减少大气中温室气体的手段主要有减少排放源和增加吸收汇两种途径。城市碳源主要有化石燃料燃烧，人、土壤及植物的呼吸等，而碳汇主要有植物储存、农作物储存及土壤储存，可见，土壤、植物作为碳汇的同时也有碳源的作用。但在上海市1994～2001 年的碳源碳汇统计中，土壤及植物呼吸释放 CO_2 的量占排放总量的比例不足1%，但二者碳汇量却占碳汇总量的80%。可见，土壤、植物是主要的碳汇[1]，尤其是土壤，占上海市碳汇总量的70% 左右。因此，以任何形式增加城市土壤、植物覆盖的行为都是在增加城市的碳汇量，都为创建"低碳城市"作出了贡献。

城市雨水利用是解决城市发展过程中产生的河道行洪压力增大、河湖被径流污染、积滞水易发等问题和缓解城市缺水局面的重要措施，基本的利用形式可以归纳为入渗地下、收集回用和调控排放三类[2]。目前，雨水利用措施已在许多城市小区得到了广泛应用，其对于水资源节约和水环境保护的作用逐渐得到广泛的认同。以下重点对其低碳及生态效应进行分析，以从更高意义上、更深层次上为其进一步的改进和推广提供依据。

2　雨水入渗地下的低碳生态效应

下渗措施可使更多的雨水尽快渗入地下，一般包括下凹式绿地、透水铺装地面和诸如

---

* **基金资助：**水利部公益性行业项目（200801108），国家科技支撑计划课题（2006BAB14B03）和（2007BAC22B01）。

渗沟、渗井等的增渗设施。下渗措施是典型的增加城市土壤、植物覆盖的措施,也是雨水径流量及其挟带的面源污染的源头控制措施。这里要说明的一点是,无论是通过土壤微生物作用,还是进入污水处理厂处理,或者是通过受纳水体中的微生物作用,有机物最后总会得到降解,其最终产物都是 CO_2,即雨水径流中有机物降解的碳排放量是一定的。但是污染在源头、通过自然的方式得到降解,比起在没有这种措施的条件下,将全部径流排放所需建设的排水管系、污水处理厂运行以及排放入水体造成水体污染后对其修复所需建设工程的碳排放量,显然是最低碳的。下面分别以下凹式绿地和透水铺装地面为例,具体进行分析。

2.1 下凹式绿地

2.1.1 低碳效应

下凹式绿地与平绿地及常见的"凸"绿地相比,可以存蓄更多的水分,因此其土壤水分状况好于其他形式的绿地,而且雨水径流中的有机物及 N、P 等营养物增加了土壤的肥力,这些都使得下凹式绿地的植物长势更好,叶面积指数增加,叶片的光合作用、蒸腾作用更强,植物对环境的释氧固碳能力更高[3]。2004 年,北京建成区城市园林绿地全年吸收 CO_2 量为 424 万 t,释放 O_2 295 万 t[4]。按照下凹式绿地的固碳释氧能力高于普通绿地 20% 计算,每 1 hm^2 下凹式绿地每年可多吸收 CO_2 44 t,多释放 O_2 31 t。同时,由于土壤水分的增加,下凹式绿地所需浇灌水量也显著小于普通绿地。再据作者的研究,在有相同面积不透水地面雨水汇入的情况下,下凹式绿地年可减少灌溉用水 165 mm。则每 1 hm^2 绿地每年可节约灌溉水量 1 650 m^3,按照用水的碳排放折算系数 0.91 计算,从而减少了碳排放量 1 502 t。

下凹式绿地可更多地截留降雨径流中的污染物,雨后土壤逐渐将截留的污染物降解消纳,从而减少了排入地表、地下水体的污染物含量。程江(2009)等研究得出[5,6],当 COD 浓度为 56.0～216.0 mg/L 时,仅绿地下凹 5～10 cm 对 COD 排放的平均削减率即可达到 52.21%。可见,相对于其他形式的绿地,下凹式绿地对于排放到下游的 COD 量具有更好的削减效果。

2.1.2 生态效应

除普通绿地具有调节气候、净化空气、增加负氧离子、防风固沙、保护生物多样性等生态正效应外,下凹式绿地还具有以下生态效益[4]:

(1)防洪减涝。下凹式绿地不仅利用了绿地的下渗能力,还充分利用了绿地的蓄水能力。在不同重现期降雨情况下,不同下凹深度、不同径流流入条件下绿地的径流系数如表 1 所示[7]。可以看出,在设计重现期为 5 年的情况下,理论上下凹式绿地可以完全消纳自身及相同面积不透水表面上产生的径流,对于超标准降雨,径流系数也显著小于平绿地,其削减径流总量的效果非常明显。另有研究得出,在 1 倍汇水面积下,对于 10 年一遇、50 年一遇和 100 年一遇降雨,绿地下凹 10 cm 对于洪峰的削减率分别为 71.04%、46.82% 和 41.52%[8]。可见,下凹式绿地可有效减少城市型洪涝的发生,高重现期降雨时则可减轻洪涝灾害发生的程度。

(2)削减面源污染。由于下凹式绿地存蓄能力的增加,使得存蓄水量中携带的污染物被土壤和植物降解,与普通绿地相比,其削减污染物的能力提高,减少了排放入下游的面源污染总量。

表1　不同频率降雨条件下不同绿地径流系数

降雨频率	绿地与地面等高		绿地比地面低 5 cm		绿地比地面低 10 cm	
	$F_汇/F_绿=0$[①]	$F_汇/F_绿=1$[②]	$F_汇/F_绿=0$	$F_汇/F_绿=1$	$F_汇/F_绿=0$	$F_汇/F_绿=1$
5 年一遇	0.23	0.40	0	0.22	0	0.03
10 年一遇	0.27	0.47	0.02	0.33	0	0.20
20 年一遇	0.34	0.55	0.15	0.45	0	0.35

注：①绿地仅接纳自身径流；②绿地接纳自身及相同面积不透水表面上的径流。

（3）涵养水源。下凹式绿地增加了降雨的下渗量，从而增加了土壤水和地下水资源量。依据北京城区的绿地面积，按照普通绿地与不透水铺装面积之比为 1:2 计算，若将所有绿地改造成下凹式，则每年增加土壤水 0.21 亿 m^3，增加补给地下水 3.01 亿 m^3，外溢水量则减少 3.19 亿 m^3[9,10]。同时，地下水的涵养还可有效减缓地下水位下降，防止地面塌陷等灾害的发生。

2.2　透水铺装地面

2.2.1　低碳效应

透水铺装地面既兼顾了人类活动对于硬化地面的使用要求，又恢复了大气与土壤间的水、汽交换，其性能接近于天然草坪和土壤地面[11]，因此表现出的低碳效应类似于以上下凹式绿地。在该系统中，下渗到铺装层的雨水几乎全部入渗土壤，其携带的溶解态有机污染物逐渐被土壤微生物分解，而颗粒态污染物则暂时被截留于各结构层孔隙中，其中部分通过铺装维护措施清除出来，黏结紧密的则长期存留于铺装层中，清除出的含有大量有机物的固体物通常又回归于土壤，最终被土壤微生物降解。有研究表明，透水铺装可比不透水铺装的 SS 降低 75% ~ 81%[12]，而路面径流中 COD 和 SS 通常具有很好的相关性[13-15]，因此透水铺装可在较大程度上减少 COD 的排放量。

2.2.2　生态效应

与不透水铺装地面相比，透水铺装地面的生态效应表现如下：

（1）防洪减涝。透水铺装地面具有明显的削减地表径流效果。北京 SZ 小区在透水地面铺装率从 17.4% 增加到 100% 的情况下，对于雨量、历时和最大雨强相当，前期影响雨量也相似的降雨，道路雨水收集系统的径流系数从 0.38 减少到 0.01，峰值流量从 37.3 L/s 减少到 0.21 L/s，洪峰滞后时间平均延长 20 min。可见，透水铺装可显著削减径流总量、洪峰流量，延长峰现时间，平缓径流的出流过程，对防止或减轻硬化地面覆盖带来的城市型洪涝灾害具有很好的效果。

（2）削减面源污染。由于铺装结构层及土壤的截留和降解作用，透水铺装路面排放的污染物负荷远远低于不透水路面。美国康涅狄格州的调查，沥青路面的 TSS、$NO_3 - N$、$NH_3 - N$、TKN、TP 的年排放负荷分别为 230.10 $kg/(hm^2 \cdot a)$、1.78 $kg/(hm^2 \cdot a)$、0.65 $kg/(hm^2 \cdot a)$、13.06 $kg/(hm^2 \cdot a)$、0.81 $kg/(hm^2 \cdot a)$，而透水砖铺装的相应负荷仅分别为 23.10 $kg/(hm^2 \cdot a)$、1.25 $kg/(hm^2 \cdot a)$、0.12 $kg/(hm^2 \cdot a)$、1.08 $kg/(hm^2 \cdot a)$、0.25

$kg/(hm^2 \cdot a)$,平均削减率达 72.4%[16]。

(3)涵养水源。透水铺装地面可增加雨水下渗、补充土壤水和地下水,具有逐渐修复被不透水铺装破坏的城市水循环的作用。

(4)调节气候。透水铺装可使下部土壤与大气进行热量、水分的交换,透水铺装蒸发的水蒸气也会增加空气的湿度,因此对城市地表温度、湿度具有调节能力,可缓和城市的"热岛效应"[11]。透水铺装使用后,近地表温度可比普通混凝土路面低 0.3 ℃左右,相对湿度大 1.12% 左右[2]。

(5)吸声降噪。不透水铺装只能将声波进行反射,而透水铺装的多孔结构使其具有一定的吸声降噪功能,透水性沥青路面的降噪效果可达 3 ~ 5 dB。

(6)其他。透水铺装地面增加了土壤湿度,可改善其周边植物、土壤微生物的生存条件,有利于维持生物多样性。此外,透水铺装地面可避免小雨时地表积水,减少地面眩光的产生,从而改善了车辆行驶环境以及行人行走的舒适性与安全性[17、18]。

3 雨水收集回用的低碳生态效应

雨水收集回用是将屋顶、道路、庭院、广场等下垫面的雨水进行收集,经适当处理后回用于灌溉绿地、冲厕、洗车、景观补水、喷洒路面等。

3.1 低碳效应

雨水收集回用可使雨水得到直接的利用,既减少了雨水排放量,又节约了自来水用量。可按用水的碳排放折算系数 0.91 计算所减少的碳排放量。例如,北京 SDX 雨水利用工程收集屋面和操场雨水回用于绿地灌溉和冲厕,2004 ~ 2008 年平均年雨水回用量为 920 m^3,平均年减少碳排放量为 837 kg。而且收集设施内的雨水未进入排水系统,可以减少进入受纳水体或污水处理厂的 COD 量。

3.2 生态效应

(1)防洪减涝。以雨水收集池为例,其容积通常包括回用容积和调节容积两部分,回用容积用于储存回用雨水,调节容积用于调节峰值流量。调节容积可对外排径流的峰值产生影响。1 hm^2 汇水面积在不同重现期降雨及控制不同的峰值汇流系数下所需的雨水池调节容积如表 2 所示,可以看出,调节池容积越大,对外排峰值汇流系数的削减程度越明显,这有利于减小洪涝灾害发生的可能。

(2)削减污染。收集回用的雨水未进入外部排水系统,减少了外排雨水携带污染物的总量。

4 雨水调控排放的低碳生态效应

调控排放措施主要是通过调蓄设施的调蓄容积和流量控制器把外排径流峰值限定在规定的范围内。

4.1 低碳效应

单纯的调控排放系统,只削减了径流外排的峰值,对径流总量几乎没有影响。当调蓄设施采用具有一定下渗能力的天然水塘或人工水池时,则会由于雨水的下渗而具有一定的减碳效果。当雨水在调蓄设施内短暂滞蓄时,可因沉淀作用而降低污染排放的 COD 含量。

表 2　不同重现期降雨、不同控制径流系数下所需的雨水池调节容积　　（单位:m³）

采取雨水池调节后的外排峰值汇流系数	设计降雨	采取雨水池调节前的外排峰值汇流系数						
		0.9	0.8	0.7	0.6	0.5	0.4	0.3
0.15	1	203.88	174.89	147.71	120.85	94.00	67.14	40.25
	2	252.03	216.20	182.60	149.40	116.20	83.00	49.80
	5	303.79	260.59	220.09	180.08	140.06	100.04	60.03
	10	337.55	289.55	244.55	200.09	155.62	111.16	66.70
0.2	1	187.99	161.14	134.28	107.42	80.57	53.71	26.86
	2	232.40	199.20	166.00	132.80	99.60	66.40	33.20
	5	280.12	240.10	200.09	160.07	120.05	80.03	40.02
	10	311.24	266.78	222.32	177.85	133.39	88.93	44.46
0.25	1	174.56	147.71	120.85	94.00	67.14	40.28	14.00
	2	215.80	182.60	149.40	116.19	83.00	49.80	17.31
	5	260.11	220.09	180.08	140.06	100.04	60.03	20.86
	10	289.01	244.55	200.09	155.62	111.16	66.70	23.18
0.3	1	161.14	134.28	107.42	80.57	53.71	26.86	0
	2	199.20	166.00	132.80	99.60	66.40	33.20	0
	5	240.10	200.09	160.07	120.05	80.03	40.02	0
	10	266.78	222.32	177.85	133.39	88.93	44.46	0

4.2　生态效应

（1）防洪减涝。调控排放系统削减外排径流峰值的作用非常直接和明显,可依据要求将外排峰值汇流系数从 0.9 削减到 0.15 以内,因此防洪减涝效果极为显著。

（2）类基流效应。调控排放系统在削减峰值的同时也延长了径流外排的时间,类似于自然流域（即降雨后的河川基流）,以较小的流量排泄滞留在流域内的雨水。

5　结论

（1）在下渗、收集回用、调控排放等三种基本的雨水利用形式中,下渗措施的低碳生态效应最为显著。它以增加城市绿地、透水路面等渗透性的地表覆盖为主,可充分发挥植物、土壤的碳汇功能,以绿地形式为主的下渗措施还显著减少了灌溉用水量,具有很好的减碳效果,同时由于增加了降雨入渗、减少了径流外排,下渗措施还具有防止洪涝、削减径流污染物、补给地下水、调节气候、净化空气、保护生物多样性等多种生态效应。有外部径流流入的下凹 5~10 cm 绿地,其减少碳排放量的能力为 1 546 t/(hm² · a),释氧能力为 31 t/(hm² · a)。

（2）收集回用措施通过收集利用雨水减少或替代了自来水的使用,从而减少了用水的碳排量。由于收集雨水还削减了径流总量、洪峰流量,改善了出流水质,从而可以发挥防止洪涝、削减面源污染的生态效应,用于回灌时还可以补充地下水,发挥涵养地下水的生态效应。

（3）调控排放措施的主要功能为削减洪峰流量，对径流总量几乎没有影响，其低碳效应较弱。但其生态效应较为直接和明显，可依据要求将外排峰值汇流系数从0.9削减到0.15以内，同时平缓径流的出流过程，延长径流的外排时间，防洪减涝及类基流效应极为显著。具有下渗功能的调控排放措施还可以补充地下水，发挥涵养地下水的生态效应。

（4）三种雨水利用形式都减少了径流中有机污染物的含量，从而减少了排入受纳水体或污水处理厂的COD量，从这一角度出发也认为减少了碳排量。

参 考 文 献

[1] 钱杰.大都市碳源碳汇研究——以上海市为例[D].上海:华东师范大学,2004.

[2] 张书函,陈建刚,丁跃元.城市雨水利用的基本形式与效益分析方法[J].水利学报,2007(s0),399-402.

[3] 李辉,赵卫智,古润泽,等.居住区不同类型绿地释氧固碳及降温增湿作用[J].环境科学,1999,20(6):41-44.

[4] 冷平生,杨晓红,苏芳,等.北京城市园林绿地生态效益经济评价初探[J].北京农学院学报,2004,19(4):25-28.

[5] 范群杰.城市绿地系统对雨水径流调蓄及相关污染削减效应研究[D].上海:华东师范大学,2006.

[6] 程江,杨凯,黄民生,等.下凹式绿地对城市降雨径流污染的削减效应[J].中国环境科学,2009,29(6):611-616.

[7] 建设部.GB 50400—2006.建筑与小区雨水利用工程技术规范[S].北京:中国建筑工业出版社,2006.

[8] 叶水根,刘红,孟光辉.设计暴雨条件下下凹式绿地的雨水蓄渗效果[J].中国农业大学学报,2001,6(6):53-58.

[9] 任树梅,周纪明,刘红,等.利用下凹式绿地增加雨水蓄渗效果的分析与计算[J].中国农业大学学报,2000,5(2):50-54.

[10] 李碧.基于雨水利用的城市绿地规划研究[D].广州:中国科学院广州地球化学研究所,2007.

[11] 施雪.透水性路面铺装在构建生态城市中的作用[J].新型建筑材料,2007,10:66-68.

[12] Pagotto,C.,Legret,M.,LeCloirec,P. Comparison of the hydraulic behaviour and the quality of highway runoff water according to the type of pavement[J]. Water Res.,2000,34(18):4446-4454.

[13] 张亚东,车伍,刘燕.北京城区道路雨水径流污染指标相关性分析[J].城市环境与城市生态,2003,16(6):182-184.

[14] 任玉芬,王效科,韩冰.城市不同下垫面的降雨径流污染[J].生态学报,2005,25(12):3225-3230.

[15] 张光岳,张红,杨长军.成都市道路地表径流污染及对策[J].城市环境与城市生态,2008,21(4):18-21.

[16] Gilbert J. K.,Clausen J. C. Stormwater runoff quality and quantity from asphalt,paver,and crushed stone driveways in Connecticut[J]. Water Res.,2006,40(4):826-832.

[17] 张洪清,宋志斌,杨庆,等.透水性铺装对城市生态环境改善的分析[J].水科学与工程技术,2005(s0),37-39.

[18] 王波,李成.透水性铺装与城市生态及物理环境[J].工业建筑,2002,32(12):29-31.

作者简介:张书函(1971—),北京市水利科学研究所副总工程师。

密云水库入库水量的变化趋势[*]

关卓今[1]　　吴敬东[1]　　胡晓静[1]　　叶芝菡[1]　　柳长顺[2]

（1. 北京市水利科学研究所，北京　100048；2. 水利部发展研究中心，北京　100038）

摘　要：基于 1960 ~ 2005 年间密云水库上游降水量和入库水量数据，分析了其间密云水库入库水量的变化趋势。结果表明：研究期间，1980 年前后两个时段的密云水库上游年降水量（x）与入库水量（y）变化规律存在明显差异，拟合模型分别为 $y = 44.024x^{2.1515}$（1960 ~ 1980 年）和 $y = 68.966x^{4.2185}$（1981 ~ 2005 年）。但是，这两个模型在单独应用时，都不能合理地全面反映在高降水量时的入库规律。所以，综合两个时段入库水量的规律和参入人为活动作用的影响，得出研究区年降水量（x）与入库水量（y）规律的模型为 $y = 66.335x^2 - 32.486x + 3.817$，并计算得出，由于上游水资源利用方式和人为活动作用产生的下垫面改变，使得两个时期在相同降水量下入库水量减少量的最大值为 6.67 亿 m^3，从而解决了上述问题。该模型对掌握密云水库入库水量的变化规律以及对制定密云水库乃至北京市水资源的规划决策具有重要意义。

关键词：北京　水资源　模型　径流　下垫面

1　引言

北京是一个资源型缺水城市，人均水资源量不足 300 m^3，水资源严重短缺已成为影响和制约北京市社会和经济发展的主要因素（北京地方志编纂委员会，2000；杜丽惠等，2005；杜丽惠等，2004；滕书堂，1996）。密云水库作为北京市重要的水源地，担负着北京城区重要的供水任务，随着北京市水资源需求量的增加，密云水库的饮用水源功能日益加强（高迎春等，2002；徐宗学等，2006；王金如，1999；王红瑞，2004；高振奎，1995）。密云水库曾一度为北京市区供水 5 亿 ~ 6 亿 m^3/a，占北京市城区年供水量的 50% ~ 70%。然而，在气候干旱（夏军等，2008；任国玉等，2005）、上游河道各类塘坝等工程建设、水土保持植被恢复（张东莱，王占升，2007；王明明等，2007）、农业灌溉等人为活动和各种复杂环境因素的作用下（张士锋，贾绍凤，2003；D. R. Archer，2007；Rosenzweig C 等，2004），密云水库蓄水量近年来发生了很大变化，水位常处于调洪库容与死库容之间，并常从上游水库调水以维持持续的用水量和扭转来水量的不平衡（董文福，李秀彬，2007；吕洪滨，2004；董文福，李秀彬，2006；），以致严重影响了北京城区的供水计划，直接影响了北京城市水资源的规划和管理，已引起北京市市政府和社会的高度关注（邱化蛟，2004；魏保义，王军，2009；李正来，解蔚珊，1994）。因此，研究密云水库现在和未来的入库水量及其变化对北京市水资源管理具有十分重要的意义。为此，本文采用统计模拟和多模式复合的数学处理方法（高迎春等，2002），对 1960 ~ 2006 年间密云水库上游降水量与密云水库入库水量进行分析，建立了反映实际下垫面变化的密云水库"降水—入库量"关系的数学模型，旨在掌握密云水库入库量的运行规律,为密云水库的管理以及北京市水资源规划和科学决策提供科学依据。

2　研究地区与研究方法

2.1　研究区概况

北京属温带半干旱半湿润季风气候区,年均降水量 585 mm,水资源先天不足。由于人口和社会水需求量加大,北京市地下水长期超采,自 20 世纪 60 年代以来累计超采约 100 亿 m³,造成严重的地下漏斗,并出现地面下沉现象(滕书,1996;高振奎,1995)。北京市总用水源自 60% 的地下水和 40% 的地表水,而地表水可利用量的 90% 以上取自密云水库和官厅水库。目前,北京入境水量已明显衰减,在上游降水量变化不大的情况下,来水量却大幅下降。官厅水库年均入库水量由 20 世纪 50 年代的 19 亿 m³ 锐减到 1980 年以后(1981~2005 年)的 3.38 亿 m³,2002 年不足 1 亿 m³。在水资源严重紧缺的情况下,库容和来水量较大的密云水库的水量变化便备受关注。

密云水库位于北京市密云县境内,是海河流域潮白河水系的控制性工程,坝址以上集水面积为 15 505 km²。水库最大水面面积 188 km²(海拔 160 m),约占流域面积的 1.2%。水库按千年一遇洪水设计,原设计库容为 43.75 亿 m³,是目前华北地区库容最大的水库,其主要任务是防洪及向北京市供水。随着北京市水资源需求量的增加,密云水库成为北京重要的水源地。密云水库上游地处燕山山脉迎风坡,东南方向的海洋性暖湿气流受地形抬升的影响,在此形成一道与山脉走向相似的多雨地带。全流域年均面雨量 525.5 mm,汛期面雨量 417 mm,占全年面雨量的 79%,年降水量分布的总趋势是上游向下游递增。

2.2　数据来源

1960~2006 年间密云水库入库量数据源于北京市水务局水文总站、北京市人民政府防汛抗旱指挥部办公室北京市防汛资料汇编和北京市气象统计年鉴,期间的年降水量数据源于北京市水文总站。

2.3　研究方法

采用统计回归分析方法,对 1960~2005 年间密云水库降水—入库水量的转折变化时期加以确定,并对不同时期的降水—入库水量规律进行研究。综合两个时期的规律,从数学方法上合并,求得符合现实条件的"降水—入库量"模式。

2.4　数据处理

采用 Microsoft Excel 软件对 1960~2005 年间密云水库入库量与上游同期降水量进行回归分析。

3　结果与分析

3.1　密云水库入库水量的变化

密云水库 1960~2006 年,年入库水量的变化较大,从 20 多亿 m³ 变化至几亿立方米,并且平均年入库水量明显表现为高、低水平两个时段,由 1960~1980 年间的 11.63 亿 m³,到 1980 年以后,明显降低,且在一个较低水平内变化(见图 1),至 1981~2006 年间为

5. 73 亿 m³。

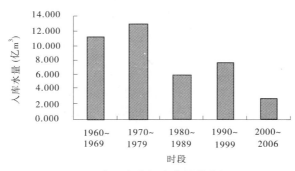

图 1　密云水库入库水量的变化

对密云水库上游年降水量与入库水量(即"降水—入库量")两个时段(1960 ~ 1980 年和 1981 ~ 2005 年)分别进行回归分析,两个时段各自的相关关系都表现为极显著,而作为一个时段(1960 ~ 2005 年)的回归关系则相关性很差。这说明,两个时段的"降水—入库量"规律有明显的差异。已有研究资料表明,1980 年入库径流发生了突变(高迎春等,2002)。通过突变点分析认为,密云水库入库径流的变化过程可以分为 1960 ~ 1980 年(1980 年之前)和 1980 年以后两个阶段。因此,将整个研究期间划分为两个时段进行研究。

3. 2　密云水库不同时段入库水量的变化规律

1960 ~ 1980 年,密云水库上游年降水量与入库水量表现为极显著的幂函数相关关系($R^2 = 0.833\,8$),其关系式为:

$$y = 44.024x^{2.151\,5} \tag{1}$$

式中:x 为降水量,m;y 为入库量,亿 m³。

期间,随着上游降水量的增加,密云水库入库量以较小的幅度增加,当降水量大到一定程度时,较小增加的降水便有较大的入库量产生。

1981 ~ 2005 年,密云水库上游年降水量与入库水量表现为显著的幂函数相关关系($R^2 = 0.886\,2$),其关系式为:

$$y = 68.966x^{4.218\,5} \tag{2}$$

式中:x 为降水量,m;y 为入库量,亿 m³。

期间,随着上游降水量的增加,密云水库入库量以较大的幅度增加。但与前一时段相比,在较低水平降水量范围内,需要较大的降水量才能产生与前一时段等量的入库量。

3. 3　密云水库入库水量的影响因素和最大入库减少量分析

相对稳定的自然地理因素与当地降水形成一定的密云水库入库变化规律,表现出两个时期相同降水量而不同入库量的结果。显然,上述密云水库入库量与降水量的两个时段两种规律说明,地理因素中构成径流的下垫面因素发生了变化。在下垫面因素中,包含有自然的地质、地形、地貌、土壤因素和人为的流域植树造林水土保持工程、流域内蓄水工程和农业灌溉等的水资源利用等因素。相比之下,自然因素在两个时段并没有发生明显的变化。而人为因素中,通过植树造林及其他水土保持措施,植被的覆盖度有大幅度的变化,水土保持能力大幅度提高;上游水库建设设计蓄水量已近 3 亿 m³;流域中农业水利设施的改善,浇灌等用水量也已有大幅增长(裴铁璠等,2003;Van Griensven,2006;黄嘉佑,2004;Chapman,1985)。显然,下垫面的这种导致密云水库上游年降水量与入库量规律变化的人为因素,具有变化大和非周期性或不可逆变化特征。

将导致的各自相对稳定前后两个时段密云水库的"降水—入库量"变化规律的下垫面变化或人为活动的影响看做一个整体,根据两个时段规律的差异,求得"人为活动对入库量的截流作用(入库减少量)",该量可通过两个时段模拟回归方程计算而得。计算方法为,根据年内随着上游降水量的增加,这种人为活动的截流作用相应增加,当年降水量达到较高水平(年降水量大于600 mm)时,流域的塘库等蓄满,植被利用接近平衡,使人为活动或人为工程改变的下垫面达到"水饱和"或"最大截留"状态;同时,在年降水量小于600 mm时,研究区入库减少量随降水量增加而增加;年降水量大于600 mm时,入库减少量则随降水量的增加而降低。即当上游"人为活动的作用"达到对降水径流的最大截流量或入库减少量时,通过上述关系式(1)和关系式(2)可计算得出,研究区入库减少量的最大值约6.67亿 m^3。

3.4 密云水库入库水量模型建立

密云水库上游降水与入库水量的关系受气候变化、水利水保工程和植被恢复等下垫面变化影响,本文在1980年之后时段的基础上综合两个时段的"降水—入库量"变化规律并结合现有影响入库量的条件,形成密云水库上游"降水—入库量"关系式(裴铁璠,梁文举,1999;Muftuoglu,1984;Arnold等,1998;McKaydeng,1979;朱会义,李秀彬,2003)。

当年降水量<600 mm时,入库水量可直接采用1980年之后时段的"降水—入库量"关系式计算获得;当年降水量>600 mm时,入库水量应当为1980年前时段的入库量减去"人为活动作用"对入库径流的最大控制量(6.67亿 m^3)的值。合并两种情况,据此对所获数据再进行回归,得到修正后的"降水—入库量"方程:

$$y = 66.335x^2 - 32.486x + 3.817 \tag{3}$$

式中:x 为年降水量,m;y 为年均入库量,亿 m^3。关系式与所合并情况的相关系数 $R^2 = 0.9995$,合并程度好。

3.5 模型检验

由 Nash 和 Sutcliffe 在1970年提出,用以评价实测值和计算值的接近程度,是国际上常用的模型评价指标。其计算公式为:

$$E_f = 1 - \frac{\sum (R_{obsi} - R_{cali})^2}{\sum (R_{obsi} - \overline{R}_{obsi})^2} \tag{4}$$

式中:R_{cali} 和 R_{obsi} 分别为第 i 次的计算量和实测量;$\overline{R}_{obsi}$ 为实测量的平均值(Nash 等,1970)。根据该计算公式,所得到的密云水库"降水—入库量"的回归方程(3)的 E_f 值为0.866,反映模拟值与实际值的相关程度较好。

用可信程度为 1−[(理论值−实测值)/(实测值)]求得各不同年的值,也可以看到密云水库"降水—入库量"的回归方程(3)计算的理论值与实际相符的程度,见表1。在1981~2005年间,入库水量模拟值的平均可信程度为79%,最小可信程度为66%(1981年)。用2006年的数据检验,所获可信程度为80%。说明采用本文所建密云水库"降

水—入库量"关系式模拟 1980 年之后该区入库水量随降水量的变化具有较大的可信
程度。

表 1　研究区入库量的模拟值与实测值

年份	年降水量 （mm）	项目	入库水量 （亿 m³）	可信程度 （%）	置信度 α	置信水平 $(1-\alpha)$
1981~2005	—	平均可信度	—	79%	0.065	0.935
2006	462.5	实测值	3.73	80	0.040 25	0.959 75
		模拟值	2.98			
1981	459.9	实测值	4.42	66	0.117 27	0.882 73
		模拟值	2.91			

根据 $\dfrac{\sum\limits_{i=1}^{m}(Y_i - X_i)^2}{\overline{X}^2} \leqslant \alpha$（其中，$X_i$ 为实测值，Y_i 为计算值，α 为置信度（α 应不大于 0.10、

0.05、0.01，以 $\alpha \leqslant 0.05$ 为佳，当 $\alpha > 0.1$ 时，则表明模型置信水平低））或根据 $\dfrac{(Y_i - X_i)^2}{X_i^2} \leqslant$

α，求得置信度，见表 1，而且所求置信度符合 $\alpha < 0.1$。用 2006 年的数据检验，所获 $\alpha <$
0.05，置信水平 $(1-\alpha)$ 为 0.96。说明采用本文所建密云水库"降水 — 入库量"关系式模
拟 1980 年之后该区入库水量随降水量的变化具有较好的一致性（郑国清等，2003）。

4　讨论

（1）1960~2005 年间，密云水库上游年降水量与密云水库年入库水量（降水—入库
量）的变化规律明显分为两个时段，即 1960~1980 年和 1981~2005 年。这种变化规律也
说明了，影响规律的下垫面因素（包括拦河闸坝、水保措施结构等）和影响径流的直接用
水行为（包括农业浇灌等用水）发生了较大的变化。

（2）根据两个时期的规律，与 1980 年之前相比，在相同降水量下 1980 年之后研究区
的年入库水量普遍减少，主要是人为活动的下垫面改变和用水行为对密云水库入库量的
截流。根据两个规律求得的年入库水量减少的最大值约为 6.67 亿 m³，其对应的最低年
降水量约为 600 mm。

这一入库水量减少的最大值（6.67 亿 m³）虽然是一个推理计算值，还需要在实际中
加以验证。但是，如果从实际环境进行调查统计（如植被覆盖度各年的增加、农业用水量
统计、闸坝建设数量等）来获得上游年最大截留量（或称入库减少量），而由于实际情况的
复杂性，这种工作是难以实现预期的。所以，计算获得的该值具有统筹性。在实际中，上
游闸坝截留最大量（可认为是水库的设计蓄水量）据有关数据为接近 3 亿 m³，而水土保持
和浇灌、直接用水行为等用水量是一个无法统计的数据。所以，这一入库量减少最大值在
没有其他可用的有效数据之前还不失是一个可供参考的数值。

（3）在现有环境条件下，综合上述两个时段的"降水—入库量"变化统计规律及适用

范围,并结合下垫面人为活动作用得出,密云水库"降水—入库量"的关系式为:$y = 66.335x^2 - 32.486x + 3.817$。验证表明,该关系式可信程度和置信水平较高,且所涉参数较少,使用方便,实用性强。由于该模式不是又一种规律下的统计结果,而是一种多规律的复合模式,所以它适合于现在环境条件下的各种年降水情况。

参 考 文 献

[1] 北京地方志编纂委员会. 北京志:水利志[M]. 北京:北京出版社,2000.

[2] 董文福,李秀彬. 潮白河密云水库流域水资源问题分析[J]. 环境科学与技术,2006(2):58-60.

[3] 董文福,李秀彬. 密云水库上游地区"退稻还旱"政策对当地农民生计的影响[J]. 资源科学,2007, 29(2):21-27.

[4] 杜丽惠,曹亮,廖松,等. 密云水库动态汛限水位分析[J]. 水力发电学报,2005,24(4):42-46.

[5] 高迎春,姚治君,刘宝勤,等. 密云水库入库径流变化趋势及动因分析[J]. 地理科学进展,2002,21 (6):546-553.

[6] 高振奎. 谈谈密云水库与北京水资源——要更大发展水库优势[J]. 北京水利,1995(6):14-16.

[7] 黄嘉佑. 气象统计分析与预报方法[M]. 北京:气象出版社,2004.

[8] 李正来,解蔚珊. 北京水资源紧缺形势和对策[J]. 北京规划建设,1994(3):35-37.

[9] 吕洪滨. 密云水库可持续利用研究[J]. 海河水利,2004(2):51-53

[10] 裴铁璠,金昌杰,关德新. 生态控制原理[M]. 北京:科学出版社,2003.

[11] 裴铁璠,梁文举,于系民. 自然灾害非参数统计方法[M]. 北京:科学出版社,1999.

[12] 邱化蛟,程序,常欣,等. 北京市水资源状况分析[J]. 北京农学院学报,2004,19(4):4-9

[13] 任国玉,郭军,徐铭志,等. 近50年中国地面气候变化基本特征[J]. 气象学报,2005,63(6):942-956.

[14] 滕书堂. 北京市水资源现状及未来缺水形势预测[J]. 北京水利,1996(6):6-7,34.

[15] 王红瑞,刘昌明,毛广全,等. 水资源短缺对北京农业的不利影响分析与对策[J]. 自然资源学报, 2004,19(2):160-169.

[16] 王金如. 北京的水问题及防治对策[J]. 城市防震减灾,1999(1):9-11.

[17] 王明明,谢永生,王恒俊,等. 水库集水区水土保持与流域产水量——以密云水库上游潮白河流域为例[J]. 中国水土保持科学,2007,5(5):79-82.

[18] 魏保义,王军. 北京市水资源供需分析[J]. 南水北调与水利科技,2009(2):40-41.

[19] 夏军,李璐,严茂超,等. 气候变化对密云水库水资源的影响及其适应性管理对策[J]. 气候变化研究进展,2008,4(6):319-323.

[20] 徐宗学,张玲,阮本清. 北京地区降水量时空分布规律分析[J]. 干旱区地理,2006,29(2):186-192.

[21] 张东莱,王占升. 潮河水资源开发利用及保护[J]. 水科学与工程技术,2007(5):20-22.

[22] 张士锋,贾绍凤. 海河流域水量平衡与水资源安全问题研究[J]. 自然资源学报,2003,18(6):684-691.

[23] 郑国清,尹红征,段韶芬. 作物模拟研究中的模型检验[J]. 华北农学报,2003,18(2):110-113.

[24] 朱会义,李秀彬. 关于区域土地利用变化指数模型方法的讨论[J]. 地理学报,2003,58(5):643-650.

[25] Archer D R. The use of flow variability analysis to assess the impact of land use change on the paired Plynlimon catchments, mid – Wales[J]. Journal of Hydrology, 2007,347: 487-496.

［26］ Arnold J G, Williams J R, Srinivasan R, et al. . Large area hydrologic modeling and assessment Part I：Model development［J］. Journal of the American Water Resources Association, 1998,34：73-89.

［27］ Chapman T G. Convolution with hydrologic data［J］. Water Resources Research, 1985,21：847-852.

［28］ McKay M D, Beckman R J, Conover W J. Comparison of three methods for selecting values of input variables in the analysis of output from a computer code［J］. Technometrics, 1979,21：239-245.

［29］ Muftuoglu R F. New models for nonlinear catchment analysis［J］. Journal of Hydrology,1984,73：335-357.

［30］ Nash J E,Sutcliffe J V. River Flow forecasting through conceptual models Part 1：A Discussion of Principles［J］. Journal of Hydrology,1970,10(3)：282-290.

［31］ Rosenzweig C, Strzepek K M, Major D C, et al. . Water resources for agriculture in a changing climate：International case studies［J］. Global Environmental Change：Human and Policy Dimensions, 2004,14(4)：345-360.

［32］ Van Griensven A, Meixner T, Grunwald S, et al. . A global sensitivity analysis tool for the parameters of multi－variable catchment models［J］. Journal of Hydrology, 2006,324：10-23.

作者简介：关卓今(1959—)，男，博士，高级工程师，北京市水利科学研究所。主要从事生态水文和水生态研究，发表论文 20 篇。E-mail：guanzhuojin@ yahoo. com. cn。

永定河统一管理成为首都水资源
可持续发展的途径的探讨

龚秀英

（北京市永定河管理处，北京　100165）

摘　要：北京是世界上缺水最严重的大城市之一，历史上曾出现多次连续枯水期。新中国建立后，也发生了多次对经济和社会发展产生深刻影响的水危机，主要依靠地下水源及对密云、官厅水库两座主要地表水源采取一些政策和措施来缓解。自 1999 年以来连续 10 年干旱，北京水资源出现了诸多问题，南水北调水在 2014 年才可引入北京。随着北京经济的发展，人口不断膨胀，北京水资源又一次面临更加严峻的考验。本文旨在探讨在现状应对水资源问题的措施的基础上，充分挖掘过境河流水资源潜力，作为首都水资源可持续发展的一条途径的探讨。

关键词：统一管理　水资源　发展　保障

北京处于海河流域，属半干旱半湿润季风气候区，从东到西分布有蓟运河、潮白河、北运河、永定河和大清河五大水系。除北运河发源于北京市外，其他四条水系均发源于境外的河北、山西和内蒙古。

1　北京市水资源的特点和现状

北京市的水资源主要来源于天然降水。据 1956～2000 年资料分析，北京市多年平均降水量 585 mm，年均降水总量 98 亿 m³，形成地表水资源 14 亿 m³，地下水资源 24 亿 m³，水资源总量 38 亿 m³。北京市水资源的特点是：①降雨时空分布不均，年际间丰枯交替。降水主要集中在汛期 3 个月，占全年的 75%；丰枯连续出现的时间一般为 2～3 a，最长连丰年可达 6 a，连枯年可达 9 a，历史记载最长枯水期为 20 a。②水源地分布在北部郊区和境外，加大了水资源管理和保护的难度。③水资源总量严重不足，属资源型缺水，同时也存在水质型缺水和工程型缺水。

1999 年以来，北京及周边地区遭遇持续干旱，年平均降水量 450 mm，仅为多年平均降水量的 77%。官厅、密云两大水库上游来水急剧减少，来水量由 20 世纪 60 年代的年均 30 亿 m³ 减少到 90 年代的 12 亿 m³；地下水资源过量开采，90 年代与 60 年代初期相比，平原区地下水储量减少了 40 多亿 m³；水污染不断加剧，全市年污水排放量高达 12 亿 m³，其中市区 8 亿 m³。被监测的地表水有一半以上受到污染，浅表层地下水也有一半受到污染，水污染造成水资源更加紧缺。

2　针对水资源短缺局面曾采取的主要策略

针对水资源极端短缺的局面，曾采取了几项有力措施：

（1）加强用水需求管理，包括全面推行用水定额核算，严格控制用水指标；进行产业结构调整，限制高耗水产业发展；大力推广节水技术，改进用水工艺和流程，全面落实社会单位节水"六必须"；建立合理的水价体系等。

（2）积极开发各种水源。一是实施跨流域和跨省区调水，弥补水资源总量的不足；二是积极开发雨洪水，利用河道、坑塘、湿地以及城区透水路面等，最大限度滞蓄雨洪水，回补地下水。三是大力开发再生水，一方面弥补新水资源的不足，另一方面减少向河道的污水排放量，改善河道水环境。

（3）建立了四大应急水源地，其中，怀柔、平谷、昌平为地下水水源地，北京平均每年利用应急水源地供水为 1 亿 ~ 2 亿 m³。

（4）加大水源保护力度。建立水源地"三道防线"，建设清洁小流域，拆除密云水库网箱养鱼，实施"两库一渠"封闭管理，建设官厅水库黑土洼湿地工程。取得了稳定密云、改善官厅的综合效果。密云水库水质稳定在Ⅱ类，官厅水库水体在三家店全年达到Ⅲ类水体标准。

（5）实施跨省调水。为缓解北京市缺水紧张局面，在水利部的组织下曾先后实施了数次从山西、河北向北京市的应急集中输水。

（6）实施南水北调中线工程。自 2009 年开始，已开始从河北王快水库、黄壁庄水库向北京市输水。

3　水资源持续利用存在的主要问题

（1）根据《北京市水资源综合规划》，到 2020 年，即使考虑采取一定节水措施后，北京市用水需求仍将达到 51 亿 m³（平水年）。而现状供水工程条件下，2020 年水平年可供水量仅 35 亿 m³（平水年），缺水 16 亿 m³，枯水年缺口更大。

（2）连续多年的干旱和水资源的过度开发使水环境受到破坏。近年来，由于水资源短缺，为维持经济社会发展的基本用水需求，不得不挤占生态环境用水，使本来就脆弱的水生态环境进一步受损，大部分河道缺乏基流和清水补充，部分河段非汛期基本上为干河，即使有水的城市下游河道，水质也多为低质水体，河道自净能力下降。

（3）战略储备水资源减少，安全供水压力增大。目前北京市的供水水源主要是地表水和地下水。在地表水中，密云、官厅两大水库占总地表供水量的 2/3 以上。近年来，由于连续枯水，北京市不得不依靠大量超采地下水和动用密云、官厅库存水来维持供水，致使密云、官厅两水库库存水量和地下水储量急剧下降，首都战略储备水源减少，供水安全受到威胁。

4　各种措施统筹考虑，充分挖掘河流水资源潜力

随着经济的发展，用水需求快速增长，水资源供不应求，人们不得不寻求开发更多的水源来满足用水需求，因此本人认为，应以水资源的可持续利用为目标，从水资源开发利用的各个环节入手。

（1）南水北调水进京后，从北京市水资源可持续利用和水环境改善来考虑，首先应尽可能地利用再生水，提高水资源的重复利用率，改善河道水环境；其次充分利用南水

北调水；然后在利用主要调节水库适当预留战略储量的条件下，再开发利用地表水（包括雨洪水）；对于地下水，应尽可能减少开采（每年维持基本开采量），并通过人工和自然回灌，促进地下水储量的恢复。当地下水资源恢复到一定程度后，再适当加大地下水开采，对各水源进行综合调配，维持地下水位在适宜的范围，使水环境得到良性循环，实现水资源的可持续利用。

（2）建立区域合作机制。水资源的流域特点和水事行为的外部性决定了解决水资源问题不能仅着眼于局部区域，应从更大范围来考虑。北京市地表供水量的 2/3 依靠密云、官厅两大系统，这两大系统的水绝大部分来自上游的河北、山西地区。因此，随着水权意识的加强和市场机制的完善，应从水源区保护、水量分配、水权转让、经济扶持、产业互补等方面，建立长期的、全方位的区域合作机制。

（3）永定河作为水源河道还有很大的供水潜力。历史上永定河水是北京城直接或间接的主要水源。据史料记载，在三四千年前，由于永定河的冲积和改道，形成了北京平原的若干湖泊，古代的莲花池水系、西山诸泉、高梁河水系以及城市近郊区丰富的地下水，主要都是永定河通过地上、地下的途径补给的。据专家计算，永定河 1917 年出山口时的流量为 5 200 m^3/s，到卢沟桥衰减到 3 660 m^3/s。可见，永定河水通过渗透进入地下，供给北京生活用水。

而现状永定河流域在管理体制、水资源管理和利用、治污、防洪调度等方面存在着一系列问题，这些问题制约着永定河的发展，不利于水资源可持续发展，甚至使永定河功能尽失。

永定河河道全长 680 km，跨越山西、内蒙古、河北、北京、天津五省（市、区），目前河道实行区域管理，相应的水资源管理、防洪调度等也由各省（市、区）分别管理。条块分割、相互制约、职责交叉、权属不清，水源地不管供水，供水的不管排水，排水的不管治污，治污的不管回用。各省（市、区）水管部门在当地政府的领导下，各自为政，依据自身的管理职能开展工作。由于水管理权不统一，使得流域水资源保护、开发、利用缺乏统一的规划，无法实现统一管理及联合优化调度。另外，流域的管理政策不配套，不利于水资源的节约、保护和优化配置。水资源稀缺性与水价格的低廉性并存，导致用水浪费和低效用水，加大了供需失衡程度。

官厅水库入库径流量不断减少，特别是 20 世纪 90 年代仅为 4.47 亿 m^3/a，比多年平均值 9.8 亿 m^3/a 减少 50% 左右。径流减少的原因一是 20 世纪 60 年代以来流域降雨偏少；二是上游人类活动的影响，特别是 20 世纪 80 年代以来，由于水库上游工农业的迅速发展，造成用水量大幅度上升；三是上游修建了大量的引蓄水工程，其中大小水库 267 座，这些水库均为当地引水和蓄水的骨干工程，承担着灌溉、发电、工业等任务。以上因素使官厅水库年平均来水量由 20 世纪 50 年代的 19.3 亿 m^3 锐减到 90 年代的 4.0 亿 m^3。

水质污染问题日益严重。官厅水库流域上游是一个以医药、化工、造纸、采掘、机械、电力等为主要行业的工业区域。据调查统计，1999 年永定河官厅水库上游废污水年排放量为 12 072.4 万 m^3，其中工业废水年排放量为 7 844.7 万 m^3，工业废水占较大比重。如此数量的未经处理的废污水排入河道和渗井、渗坑，加之过量施用化肥和农药，使得河库水体受到严重污染。

　　全流域洪水或水资源缺乏联合调度机制。历史上,永定河的管理就备受封建王朝的高度重视,特别是清代康熙年间,永定河重要河段堤防的修筑事宜,都是由工部直接负责管理。康熙在视察永定河后,"亲授疏导之方"。当时,永定河洪灾频繁,统治者十分关注永定河防洪除险。甚至新中国成立后对永定河的治理仍然以防洪为主,建设了 200 多座大中型水库等防洪蓄洪工程。但对这些水库等工程也由沿线各省(市、区)各自管理和运用,没有建立统一的调度体系。防洪上,官厅水库以下,执行国家防总批准的《永定河洪水调度方案》,官厅水库以上的调度在各省(市、区)之间尚未建立既统筹又协调的机制。水资源利用方面同样存在这种问题。

　　面对永定河流域存在的上述问题,建议采用流域集中管理与区域管理相结合的模式进行河道管理,以改变因水资源利用权利与保护责任不明确而影响水资源供需平衡和水环境改善的现状,促进全流域水质水量联调措施的落实。同时,在实现流域统一管理的前提下,综合考虑社会、经济、环境、技术等因素,制定出与社会经济发展相协调的区域水资源可持续利用的流域整体规划。从源头抓起,自上而下,从局部到整体,分期治理。显然,仅解决个别省市或地区、单纯的局部治理尤其是下游治理,不能从根本上改善水资源现状存在的诸多问题。如果能实现建议内容,永定河水资源将达到高效而合理的利用,从而实现水资源的可持续性;防洪安全上将进一步提高保障,权责更明晰了;全流域的生态治理、大气环境及经济社会发展将逐步改善;永定河将真正实现"有水的河、生态的河、安全的河",河流生命将重新焕发健康的活力。甚至,永定河将重新成为北京的水源河。

作者简介:龚秀英(1965—),女,高级工程师,北京市永定河管理处。联系地址:北京市丰台区卢沟桥晓月中路 13 号。E-mail:gongxiuying2000@163.com。

谈永定河水资源存在的问题及建议

吕红霞

（北京市永定河管理处，北京　100165）

摘　要：永定河是北京的母亲河，但随着人口的增长和经济的发展，水资源短缺、水质恶化、水资源配置不合理等诸多问题日渐尖锐，水资源已成为制约永定河健康发展的关键因素，因此如何合理利用、保护、配置好永定河水资源意义重大。本文分析了永定河水资源面临的一些问题，提出了相应的建议。

关键词：永定河　水资源　问题　建议

永定河是海河流域北系的主要河流之一，是北京的重要防洪、供水河道，发源于山西省宁武县的桑干河和内蒙古兴和县的洋河，在河北省怀来县朱官屯汇合后始称永定河。永定河流经山西、内蒙古、河北、北京、天津五省（市、区），在天津北塘入渤海，总流域面积4.7万 km^2，河道全长680 km。永定河自河北省幽州进入北京市界，经门头沟、石景山、丰台、房山和大兴五区后出市界，在北京市流域面积3 168 km^2，河道长度170 km。永定河流域位于中纬度暖温带半湿润、半干旱季风气候区，流域多年平均降水量在360～650 mm。

1　永定河水资源状况

永定河一直是北京的重要水源地，历史上，永定河水资源丰沛，是北京西部地下水的主要补给源，为北京城直接或间接地提供了丰沛的水源，滋养、哺育了北京城，被称为"北京的母亲河"。

新中国成立以来，为保卫首都防洪安全，并充分利用水资源，从中央到北京市都极为重视对永定河的治理。1951～1954年，建成了官厅水库，基本上控制了永定河的洪水，蓄浑用清，调节了水量，为引用永定河水，发展工农业生产，提供人民生活用水，改善首都环境创造了条件。为了适应首都社会经济发展，1957年建成三家店引水枢纽工程调蓄上游来水，保证按用水户的需要均匀供水。

但与此同时，随着经济的发展、人口的增加，需水量逐年增加，水资源的开发利用程度不断提高，而上游来水却逐年减少。自从20世纪80年代以来，北京水资源紧缺，供需矛盾不断加剧，为满足北京市工农业生产和人民生活等方面用水需要，三家店以上永定河可利用水量几乎全部引入市区。自从永定河引水渠建成以来，至今已引走330亿 m^3 的水资源，为北京提供了稳定的地表水源，但同时却剥夺了下游河道生态环境用水，造成三家店以下北京段永定河70多 km 河道用水得不到补给而常年干涸。

2　永定河水资源存在的问题

2.1　水资源日益紧缺

历史上永定河曾多次发生洪水,明清两代曾有 5 次洪水进袭京城,近代,除 1956 年的一次洪水外至今未来大水。从 20 世纪 80 年代后,由于连年干旱,降水减少,加上经济发展使得工农业用水量增加,官厅水库上游有 270 余座水库争水,导致官厅水库入库水量锐减,水资源衰减严重。据资料统计,20 世纪 50 年代,官厅水库来水量为 20.3 亿 m³,60 年代为 13.2 亿 m³,70 年代为 8.36 亿 m³,80 年代为 4.64 亿 m³,90 年代为 4.35 亿 m³。从 1985 年起,官厅水库终止了对城龙、石景山、莲阴、卢沟桥、黄土岗、永定河大兴及大宁等灌区的农业供水。

同时,由于多年的连续超采和河道干枯补给减少,导致永定河流域地下水位下降,地下水源不足,从 20 世纪 70 年代开始地下水位持续下降,1993 年后有所恢复,但是由于长期超采,地下水仍大于 10 m,低于 20 世纪 80 年代初期的水平,造成地下水源不足、地面沉降、机井报废等一系列危害。

2.2　水污染问题亟待解决

官厅水库水质自水库运用以来,直至 20 世纪 60 年代水质一直较好,自 70 年代开始,由于上游及库区周边地区经济的发展,大量的工农业废水、生活污水排入河道,水库水质恶化,80 年代后,水质再度急剧恶化,曾多次出现水污染灾害。1997 年由于水质恶化,官厅水库被迫退出饮用水供应系统。地下水污染严重,90 年代中后期,地下水水质达Ⅳ类,甚至Ⅴ类或超Ⅴ类。

近几年,为改善水质,先后在永定河入库口建设黑土洼湿地和三家店水库清淤工程,水质明显好转,但水污染问题并没有从根本上解决。目前永定河官厅山峡段有水,但乱倒垃圾、未经处理污水直接排入河中的现象普遍存在,水污染以点源为主,有明渠、暗渠和涵管三种形式,共有 7 个污水口,直接造成了永定河水体污染,且破坏了两岸的土壤结构和理化性质,严重地威胁着永定河的水质。三家店以下河道几乎常年干枯,共有 14 个污水口。

2.3　水资源配置不合理

水资源是河流的生命线,河流的生命主要在于水的循环运动,水是河流生态健康的关键控制性因素。为满足北京市工农业生产和人民生活等方面用水需要,三家店以上永定河可利用水量几乎全部引入市区。永定河水资源配置中没有考虑下游河道自身需水,而是将全部水资源都供给了生产、生活用水,三家店以下河道除部分河段经整治后有水塘分布,其余河段常年干涸,而干涸的河道给永定河带来了一系列问题。

首先,河道断流是造成永定河生态系统恶化的直接因素,干涸的河道,植被覆盖度低,黄沙飞扬,成为京西沙尘污染源。其次,河床常年干涸更是进一步淡化了人们的防洪意识,沿河周边群众在河道内的活动更加频繁,在河道内以及滩地从事果树种植、养殖等各种活动,并由此私搭乱建,增加了许多违章建筑,成为永定河防洪最大的安全隐患。同时,由于下游河道常年无水,地下水得不到补给,导致永定河流域地下水位下降,造成地面沉降、机井报废等危害。

2.4 水资源不能统筹管理

目前,北京段永定河干流工程有多家管理单位管理,永定河河道归永定河管理处管理,永定河地表水基本由城市河湖管理处管理,地下水和各支流的管理归各区水务局,从而不利于水资源的高效利用和统筹管理。

一些地区永定河支流的供水、排水、治污及中水回用等只考虑本区的利益,没有把干流的需求与规划考虑进去,各支流流入主河道的要么是污水,要么就是污水处理后在支流被截走使干流形成干涸;地下水的开采也得不到统一规划;同时,有的地区为发展当地经济,允许擅自开发涉水项目,如旅游、养殖等,同时缺乏有效的监督和指导,对水源造成了严重污染。在这种管理体制下,使得管河道的不管水资源,管水体的不管污水排放,造成条块分割、相互制约、职责交叉、各自为政的局面,将无法协调、统筹管理好水资源。

3 建议

3.1 调整产业结构和经济结构,挖掘节水潜能

官厅上游地区经济走高耗能、高耗水、低技术、低效益的路线,如上游建立了很多大型的化工基地、煤炭厂,用水量都特别大;农业种植以玉米、小麦等高耗水粮食作物为主,灌溉方式仍以大水漫灌、沟灌为主,水资源利用效率低,如 2007 年仅怀来县农业灌溉消耗的永定河水量就在 5 600 万 m^3 左右,另外还必须抽取 6 000 万 m^3 以上的地下水作补充。

因此,加快推进产业结构调整,发展高技术、低水耗、高效益的特色产业,建立与水资源承载能力相适应的产业结构;调整农业种植结构,种植低耗水作物,同时,大力推广节水技术,发展喷灌、滴灌、微灌等先进节水灌溉工程,有效降低灌溉用水量,提高水的利用效率,多种措施并举,挖掘节水潜能。

3.2 实施洪水管理,利用洪水资源

2003 年初,水利部与国家防总明确提出,我国的"防洪要从控制洪水向洪水管理转变";防汛工作要按照适度承担风险、利用洪水资源的治水理念,充分拦截汛期尾水抗旱。

永定河已 50 多年没来大水,三家店以下河道常年干涸,因此在水资源日益短缺的情况下,如何利用永定河现有的蓄水工程设施拦蓄尾洪具有很大的资源效益和环境效益。在市水务局和防汛办的领导下,2004 年永定河防汛也开始了治水新思路的探索,在防汛救灾的基础上,考虑了洪水的资源利用,编制了《永定河中小洪水管理预案》。目前,永定河防汛有了相对完备的工程设施,但同时应建立先进、可靠的洪水预测、预报系统,进行科学及时的调度决策,适度承担风险,最大限度地利用洪水,获得防洪、生态、经济三重效益。

3.3 转变水污染防治战略

永定河的污染主要在上游,张家口市宣化和下花园的钢铁、化工、酿酒、造纸等行业,大量废水在没有净化达标的情况下直接排放;农药、化肥施用量大,面源污染严重,没有采取有效的控制措施。以往的治理走的是先污染后治理的道路,代价昂贵,效果不佳。因此,水资源污染防治是重要一环,利用行政、法律、经济、技术等手段,调整产业结构,发展绿色产业和清洁生产,同时实行工艺改革与无害化处理、集中处理与分散处理相结合,提高污染物的去除率,尽量减少废水向永定河的排放量,减少污染;对农业污染源,调整施肥的品种,逐渐向生物化、高效化转变,同时在灌溉方式上逐步实现由漫灌向微灌、滴灌过

渡,减少化肥、农药向河道的排放量,将污染从源头进行控制。

此外,应完善水质监测站网,加强水质监测,以便及时发现水污染事件,及时解决。

3.4 做好水资源供需预测分析,优化水资源配置

水资源供需预测分析是做好水资源优化配置的前提和基础,可供水量的确定,要充分考虑影响可供水来量的各种因素,掌握永定河上游来水规律和上游用水状况,作出不同水平年的可供水量的预测;需水量要作出不同水平年、不同保证率的需水预测,要着重考虑维持永定河生态系统良性循环的正常需水,要考虑产业结构调整、经济杠杆和科技进步如节水技术、灌溉技术等因素对生活、生产需水的影响,使预测合乎实际发展情况。

在做好水资源供需预测分析的基础上,研究如何使有限的水资源得到最优化配置。当前影响永定河下游河道及周边地区生态环境的重要原因是水资源短缺,合理调配水资源是生态恢复的关键,应把现状过多占用河流生态的水还给河流,尽可能地满足河道生态需水,维护天然河流的自然综合功能。适当回补、涵养地下水,达到采补平衡。满足城市生活用水,适当合理抑制生产用水需求,促进全面节水的实施、产业结构的调整和农业灌溉方式的转变,提高用水效率,逐渐构建节水型产业结构,最终通过水资源的优化配置来满足经济社会可持续发展的全面要求。

3.5 理顺管理体制,实现水资源统一调配

永定河的水资源管理一直处于多部门交叉管理的状态,永定河三家店以上地表水由城市河湖管理处管理;三家店以下地表水由永定河管理处管理;地下水和各支流的水由各区水务局管理。这样容易造成职责交叉、相互制约、各自为政的局面,将无法协调、统筹管理好水资源,水资源配置难以有效实施。因此,应改革现行"多龙管水"的管理体制,达到市管河道水务一体化,河道内的涉水事务应统一由河道水行政主管部门管理。使永定河地表水、地下水连同支流的水资源统一由河道水行政主管部门统一管理。

此外,上下游是相互依存、相互影响的,只有统一规划、全面考虑,才能收到事半功倍之效。所以,在把本市河道的水资源管理好的同时,也要协调好上下游关系,实现流域统一调水,使水资源得到最优化利用。

3.6 建立公众参与水资源管理的机制

水资源属于公共资源,公众参与是实现水资源可持续利用的重要方面。一方面,公众参与水资源管理使决策者在作出决策前,不得不考虑不同利益群体的利益,防止管理者为追求最大的经济效益而不惜牺牲社会效益和环境效益,增强管理决策的科学性,使水资源得到最优配置,维护河流健康。另一方面,公众参与水资源管理才会知道水资源面临的严峻形势,提高节水意识,提高水资源的利用效率,自觉参与到水资源保护、生态环境保护中去。

参 考 文 献

[1] 顾圣平,田富强,徐得潜.水资源规划及利用[M].北京:中国水利水电出版社,2009.

[2] 北京市永定河管理处.永定河水旱灾害[M].北京:中国水利水电出版社,2002.

作者简介:吕红霞(1981—),女,工程师,北京市永定河管理处。联系地址:北京市丰台区卢沟桥晓月中路 13 号. E-mail:cqqqrhm123@163.com。

北京市朝阳区水管理研究与实践

李树东　　王成志

（北京市朝阳区水务局,北京　100026）

摘　要:水是生命之源,水是社会健康发展的前提,水的利用保护和社会发展是相互支撑、相互制约的关系。朝阳区是北京市面积最大、人口最多的城区,经济发展迅速。在实现建设"新四区"目标的大背景下,研究朝阳区水管理,意义深远。本文立足朝阳区水资源供需矛盾突出、地下水处于超采状态、用水结构不断发生变化、需水量日渐增加的现状,从水资源管理、生态治河、科学治污、安全供水等多方面论述朝阳区治水工作,为城市水管理提供借鉴。

关键词:水资源管理　生态治水　安全供水

1　引言

水是人类生存的命脉,是基础性的自然资源和战略性的经济资源,和石油、煤炭、土地一样是经济社会可持续发展的重要基础。目前,水资源短缺、水环境污染及洪涝灾害严重地威胁和制约着社会的可持续发展。在北京城市社会发展中,水对其影响和制约表现的更为突出。北京市提出了建设"世界城市"的发展目标,作为北京市的城市功能拓展区,朝阳区提出了建设"新四区"的发展战略。实现建设"新四区"的目标,对水的安全供给和科学配置、水环境的改善提出了更高要求。为此,本文将对朝阳区水管理服务城市发展的理念、实践与探讨的问题做详细论述,为城市水管理提供借鉴。

2　朝阳区水资源特点与现状

朝阳区是北京市面积最大、人口最多的城区,经济实力雄厚、商务氛围浓郁、发展势头强劲。2009 年,全区常住人口 308.3 万人,人均(常住人口)GDP 6.2 万元。2009 年用水量为 3.76 亿 m^3,其中生活用水 1.73 亿 m^3,占 46%,工业用水占 42%,生态用水 0.14 亿 m^3,占 4%,农业用水占 8%。生活为用水大户,节水潜力大。2009 年供水量为 3.76 亿 m^3,其中地下水开采量 1.14 亿 m^3,占 30%,市政自来水 1.71 亿 m^3,占 46%,中水、雨水及地表水占 24%(见图 1、图 2)。

| 图 1　2009 年朝阳区用水结构图 | 图 2　2009 年朝阳区供水结构图 |

多年平均降雨量 585 mm,1999 年以来连续 11 年干旱,年平均降水量仅 474 mm。区内产生污水总量为 2.66 亿 m³,地下水连年超采,地下水位逐年下降,30 年朝阳区地下水平均水位下降了 14.03 m,最低处低于海平面 18.76 m,属北京市地下水漏斗区。图 3 为朝阳区地下水位和降水量统计图,图 4 为 2009 年朝阳区地下水位图。

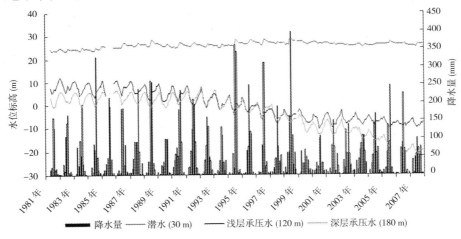

图 3　朝阳区地下水位和降水量统计图

2005 年常住人口达到 384 万人,区内 GDP 达到 2 955 亿元,城市绿化覆盖率达到 45.2%。朝阳区需水总量为 4.28 亿 m³,其中城市需水量(不包含环境与农业用水)为 3.66 亿 m³,环境与农业用水为 0.62 亿 m³,污水产生量为 2.99 亿 m³。规划建设 10 座污水处理厂,处理能力为 162.7 万 m³/d,区域目前污水处理率为 70%。

朝阳区水资源利用呈现出以下几个特点:一是需水量大,二是水利用率高,三是水质改善压力大,四是地下水资源短缺。

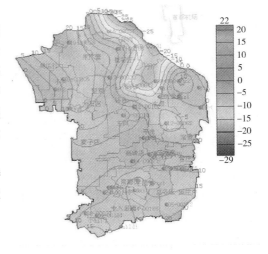

图 4　2009 年朝阳区地下水位图

3　朝阳区水管理实践与对策

3.1　实行最严格的水资源管理制度

(1)做好水资源开发利用工作,严格控制用水总量"红线"[1]。

做好地下水资源评价工作。明确我区不同降水水平年的水资源总量(包括地表水和地下水)、年可开采量、地表水质以及不同深度的地下水水量、水质状况以及地下水水质的动态变化等关键性问题,划定适合我区经济发展的用水总量"红线"。

严格执行地下水取水许可、凿井审批程序,分区域制定取水政策措施。目前,我区地下水取水许可有严格的行政审批程序,全区机井总量稳中有降,下一步我们将更加严格执行程序,坚决抵制一切干扰因素,控制不科学开采地下水。根据地下水动态分析,将朝阳区划分成限制开采区和适度开采区,分区制定不同的取水政策。

加强水资源监测与管理。从监测布局、手段以及管理方式上摸索出一套适合本地区水资源管理的监测体系。通过建立科学、稳定的监测网络,完善水量监测体系和统筹考虑监测手段和管理方法,在区域网格和地下分布特性等现状基础上,形成了具有86个地下水水位监测点、2个地下水水质自动监测点和299个地下水水量监测点的地下水数据监测平台(见图5)。对区域地下水动态监控和水资源配置起到了决定性的指导作用。

(2)严控排污,不突破水功能区域纳污"红线"。

加强地表水监测、雨污口管理、地表水环境治理以及朝阳区水功能区细化,研究其纳污承载力研究。划分

图5 地下水监测点网布置图

朝阳区水功能区,明确水功能区的纳污能力是地表水环境治理的前提条件,加强地表水监测是地表水环境治理的首要手段。明确沿河排污口、雨水口的具体属性,重点掌握排水规律与水质状况,对大型、重点污水口安装自动监测设备,实时监测排水状况。

以科技信息化促进地表水管理。发挥科技上的优势,从排水监测、污水治理以及数据展示与分析尽可能采用信息化手段,建立数据平台,对河道及湖泊的水位、水量、水质做全方位的监测与管理。

(3)提高用水效率,不突破用水效率"红线"。

以定额管理为平台,水资源费征收为手段,有效制约不合理用水。经济杠杆是调节用水的一个有力手段,采取积极的经济举措,在定额管理强有力的支撑下,通过水资源费征收进行有效制约粗放型用水[2]。

以总量控制、定额管理为平台,计划用水、指标管理为标准,超定额累计加价收费为手段,区域地下水状况为基础,结合多种办法,有效调节水资源利用。提高用水效率,必须多种手段相互支撑,多个因素相互制约。以区域水资源状况为基础,以供定需为准则,加强用水计划及其用水指标的研究,配合水资源费征收的超定额累计加价收费,实行严格用水管理[3]。

3.2 生态治水,全面推进人水和谐建设

(1)坚持生态治河,全面推进人水和谐建设[4-6]。

朝阳区区级以上河流总长度280余km,利用世界银行贷款和市级支持,区级以上河流已有110余km已经按规划治理。在河道建设过程中,我们采用了大量的新材料和新工艺,从生态角度考虑,采用山石护岸、石笼护坡、块石护岸、生态砖护岸、生态袋护岸、鱼巢砖护岸等。生态河道治理保护河流的原始形态,保留深潭与浅滩的分布,形成对各种既存生物有利的多样性的流速带,利用河道的走势和现有地形,因地制宜地采用一些工程措施来净化水质。

(2)文化治水,在治河中展现历史文化内涵。

老子曰:"上善若水。水善利万物而不争",文化是社会的灵魂,充分发掘河流历史文

化和历史作用,通过现代工程手段展现达到河流灵魂的恢复。通惠河是元代挖建的漕运河道。由郭守敬主持修建。萧太后河在《帝京景物略》中有记载:白云观"西南五六里,为·萧太后运粮河"。它是辽代萧太后主持凿挖的,这是北京唯一以皇太后命名的河流。自辽圣宗统和二十二年(公元 1004 年)开凿至今,已有 1 000 多年的历史。在治理河流的时候,充分依河设计大量景点和水工建筑物,来反映河流历史和水文化。

　　制定富有文化内涵的水工程规划。利用不同植物和地形按清、野、幽、艳不同特点进行设计。河坡、水面花草争奇斗艳,植被错落有致,既形成了良好的景观效果,又起到了固坡护岸、保持水土和改善水质的作用;在水环境的修复中践行先进文化理念。清洋河水文化的建设中,充分突出了人水和谐发展理念,建设了透水路面、透水广场,建设了兼具行洪和景观功能的雨水口叠石瀑布,采用潜流湿地技术对监控中心产生的污水进行生态处理和利用;历史与现代相结合,天然与人工相统一,展现"人水和谐"治水理念。在清洋河上游水面开阔处建了水中情雕塑,雕塑以牧童和牛为题材,通过母牛、小牛和牧童之间凝视和嬉戏来表现人与自然、人与动物之间应有的和谐关系。

3.3　污水处理,积极推进水循环利用[7]

　　目前,全区仅有 3 座集中污水处理厂投入运行,其余 7 座都在规划建设阶段,配套管线进展缓慢,造成污水处理能力较低和中水供给不足。为此,利用污水源头处理和集中处理相结合的办法来解决区域污水排放问题。

　　水循环利用,就是遵循水的流动、循环和再生规律,通过节约用水、污水处理与回用,营造宜人水环境,实现水资源保护,达到可持续利用。

　　水循环利用主要包括三个层面:一是家庭水循环利用,通过在家庭等基本用水单元中采用节水技术,多次重复利用等方法实现水循环利用(见图 6);二是小区水循环利用,通过污水处理和雨水收集处理,实现污水"零排放",产生的中水和雨水用于绿化灌溉、市政道路喷洒降尘、消防和景观水系等方面(见图 7);三是流域水循环利用,通过区域调水、污水处理厂中水利用,使河湖水体流动,改善水环境(见图 8)。

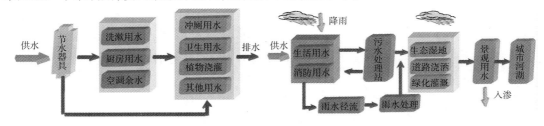

　　　　图 6　家庭水循环利用模式示意图　　　　　图 7　小区水循环利用模式示意图

　　(1)家庭水循环利用。通过严格用水计量,推进"一户一表"改造,加大水资源费征收力度和健全水资源费使用管理,加快节水技改,调整产业结构,从源头减少污水量产生。

　　(2)小区水循环利用。分为两种类型:一是局部处理,就地回用。2009 年建设的潘家园榆松里社区污水处理站(见图 9)采用地埋式设计,速分生化池 + 化学除磷工艺,将小区居民生活污水处理为再生水,出水与景观水池、绿化供水管网连接,替代现状自来水水源,实现污水处理和节水两大效果。二是局部处理,区域回用。2008 年建设的马泉营雨污水资源化示范工程(见图 10)通过将雨水和污水处理后,与景观水系和湿地连接,实现雨、污水资源化利用(见图11)。

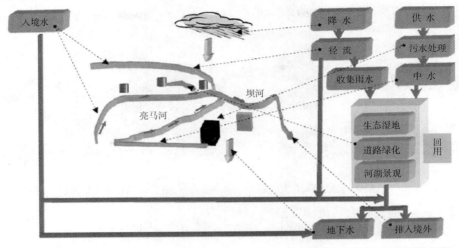

图8　流域水循环利用模式示意图

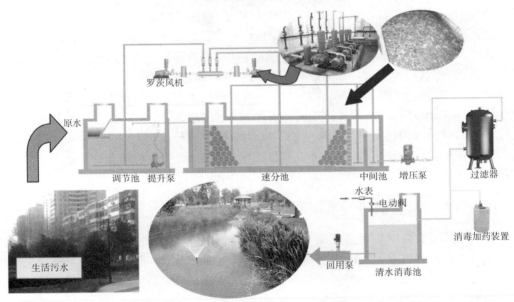

图9　榆松里社区污水处理站工艺流程图

(3)流域水循环利用。将集中污水处理厂的中水通过工程措施引入河道,实现河道水质改善。一是区域北部水循环。通过清洋河污水处理站中水补充清洋河,并结合清河污水处理厂中水使清洋河水体得到补充;利用北小河污水处理厂退水使北小河全线和坝河中下游得到水源的补给,实现清河水系和坝河水系连通。二是区域南部水循环。通过水源六厂再生水入东南郊区干渠,向通惠排水干渠、观音堂沟、东南郊干渠、大柳树沟和萧太后河补水,实现南部地区水系连通。三是中部水循环。通过酒仙桥污水处理厂向亮马河补水,高碑店污水处理厂向通惠河补水,实现坝河水系和通惠河水系连通,通惠河水系和凉水河水系连通。

　　通过上述"污水处理—中水补给—水系调度"综合治理,实现全区域水循环利用。

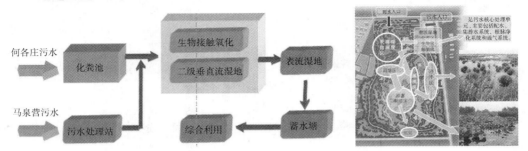

图 10　马泉营污水处理工艺流程图　　　　图 11　马泉营湿地水循环利用总体布置图

3.4　安全供水,确保社会可持续发展

　　在"十二五"期间,推进市政管网建设,不断扩大市政供水范围,实行水资源循环利用,增加中水供给。南水北调水入境后,朝阳区将形成由南水北调水、密云和怀柔水库地表示、区内地下水以及中水多水源的联合供水格局。

　　建立自备井管理制度,建立水源卫生监测制度,确保了水源供水水质安全。建立了集中供水厂,保障了居民饮水安全。近年来,主要完成了三方面工作:一是农村地区供水管线改造。对存在饮水安全隐患、浪费水严重的村级供水管线(涉及约 16 个乡 70 余个村)实施改造,确保饮用水安全。二是农村用水一户一表改造。完成 5 个试点乡一户一表改造任务,完成其他各乡改造任务,农村地区全面实现用水计量,节水管理。三是建立突发性供水事件联动反应机制,建立区管自备井水质和水源地监测体系,建立生活饮用水水质公示机制。对全区内已经停用和废弃的机井约 200 眼进行封填,加强地下水源保护。严格的供水管理,为朝阳区居民饮水安全提供了坚实的保障,为维护社会稳定作出了积极的贡献。

4　朝阳区水管理需要进一步研究问题

　　(1)区域用水结构和经济发展关系的研究。据预测,2015 年朝阳区人口将突破 400 万人,人均 GDP 达到 7.8 万元,用水量将达到 4.2 亿 m^3,如何合理开发配置水资源来支撑经济社会快速发展,是目前亟待研究的问题。

　　(2)区域水环境修复问题研究。区域地表水环境不同程度恶化,浅层地下水有一定程度的污染,治理与修复区域水环境是目前乃至今后相当长的时期内要考虑和解决的问题。区域的雨水、地表水、地下水和再生水合理配置,联合调度,四水转化问题亦是需要深入研究的问题。

　　(3)水经济市场建设。区域水资源短缺,利用征收水资源费、阶梯水价来调节用水,取得初步效果,但随着水市场进一步深入,取水许可(水资源初始权)已经变成水市场中一个重要的因素。如何科学许可,合理利用许可,利用经济杠杆调节许可,使取水许可能够进一步在市场中流转,建设水权市场,是今后一个研究的重点。通过经济手段进一步使水资源二次优化配置。

5 结论

水是社会发展的资源性基础,可持续地利用水资源、高效合理地管理水资源,是社会可持续发展的前提条件。朝阳区的水管理必须在保证饮水安全和生态供水安全的基础上,以地下水的可承载力为利用的依据,以地下水的保护和涵养为目标,坚持全面规划、统筹兼顾、标本兼治、综合治理,防洪抗旱除涝并重,开源节流保护并举,建设管理改革齐抓,工程措施与非工程措施结合,经济、社会、生态效益相统一,多途径开展水资源管理工作,努力实现朝阳区地下水资源的可持续利用,为国民经济社会发展提供保障。

参 考 文 献

[1] 王成志.朝阳区地下水资源管理的现状与对策[J].北京水务,2009(1):36-38.
[2] 李佩成.地下水的管理与科学研究[J].中国水利,2007(15):14-16.
[3] 乔世珊.加强地下水管理与保护工作的思考[J].中国水利,2007(15):19-21.
[4] 冯友兰.中国哲学史[M].上海:华东师范大学出版社,2000.
[5] 丁祯彦,臧宏.中国哲学史教程[M].上海:华东师范大学出版社,1989.
[6] 李中锋.对我国水资源问题的哲学思考[J].资源与环境,2002(9):39-45.
[7] 焦志忠.循环水务的理论与实践[M].北京:中国水利水电出版社,2008.

作者简介:李树东(1962—),男,工程师,北京市朝阳区水务局,联系地址:北京市团结湖北路1号。E-mail:13520370643@126.com。

海淀区农村供水保障工作的做法与前景展望[*]

付艳阳

（北京市海淀区水务局，北京　100089）

摘　要：海淀区是中关村科技园区的核心区，安全供水工作任务艰巨。随着海淀区的工农业经济及社会发展，海淀区用水总量成倍增加，水资源紧缺状况日显突出。为了保障社会稳定，经济发展及广大人民群众的生活质量和身体健康，海淀区的安全供水工作始终是各届政府关注的焦点。近年来，海淀区在安全供水方面所采取的一系列切实可行的措施，建立有海淀特色的供水保障体系，较好地解决了居民生产生活安全供水问题。本文对实现集约化供水，充分合理地利用水资源进行了分析和有益探索。

关键词：水资源　安全供水　管理制度　挑战

1　引言

保障居民生活安全用水是城市水务工作中的重中之重，是民生水利之根本，关系到社会稳定，经济发展，广大人民群众的生活质量和身体健康，是建设社会主义新农村首要解决的问题之一。海淀区地处中关村科技园区的核心区，集中了众多的国家机关、高等院校和科研院所，大量的企业总部也落户在海淀区，因此做好海淀区的安全供水工作意义尤为重要。

2　海淀区基本情况

海淀区位于北京市区西北部，东与西城、朝阳区相邻，南与宣武、丰台区毗连，西与石景山、门头沟交界，北与昌平县接壤，区域面积 430.8 km^2，其中北部新区面积 226 km^2，占全区面积的 52.5%。地势西高东低，境内有大小河流 10 条，总长度 119.8 km，还有昆明湖、玉渊潭、紫竹院湖、上庄水库等湖泊，水域面积辽阔。

海淀区下辖 22 个街道办事处、5 个镇、2 个乡（地区）。到 2008 年底，全区户籍人口 209.9 万人，同比增长 2.9%；常住人口 293 万人，同比增长 4.1%，流动人口 155 万人。2008 年，海淀区生产总值实现 2 109.7 亿元。近年来，海淀区依托中关村科技园区及丰厚的文化基础、高新技术产业发展的优势以及众多的文化创意产品，实行文化与科技相结合，着力打造北京科技产业、文化创意高端产业。海淀聚集了大批国际国内著名的高新技术企业，特别是信息服务业已经成为海淀区第一大新兴行业，它的发展对海淀区产业结构优化，转变经济增长方式意义重大。海淀区内有高校 55 所，在校大学生人数占全市的一半以上，是全国最大的高校群体；区内驻有中央、市属及区属科研单位 219 个，其中中国科

＊本文原载于 2009 年 12 月出版的《中国水利》（2009 增刊）。

学院院所21所,占北京地区中国科学院院所数的62%。

3 安全供水面临问题

3.1 地下水位下降,水资源紧缺

海淀区多年平均降雨量619 mm,2005年全区水资源总量(不包括基岩地下水)为1.94亿 m^3,人均水资源量为102 m^3,为北京市人均水资源量300 m^3 的1/3。

依据2007年《海淀区水资源调查评价》,海淀区近年来地下水年平均实际开采量为可开采量的1.32倍,从1980年以来,平原区地下水位呈现出下降趋势,25年来地下水位平均累计下降16.43 m。2006年最大埋深在四季青地区,地下水平均埋深27.49 m。

2005年,山前、山后平原区蓄变量分别为 - 6 542万 m^3、 - 3 348万 m^3,多年平均山前、山后平原区地下水蓄变量分别为 - 3 612万 m^3、 - 2 147万 m^3。

3.2 城市化进程加快,水资源需求急增

随着城市化进程的加快,海淀区的经济得到很大发展,同时,社会人口增长明显。据统计,1955年海淀区常住人口为54万人,而2008年海淀区常住人口已经发展到293万人,大约是1955年常住人口总数的5倍有余。经济发展和人口总数的增长,使得海淀区用水总量成倍增加,1955年用水总量不到0.1亿 m^3,而2008年用水总量高达2.72亿 m^3,用水总量增加27倍。因此,海淀区一方面要做好准备,充分利用好南水北调水;另一方面要加强节水,加强水资源的利用、保护和管理。

3.3 水污染严重,可用水资源量减少

3.3.1 地表水污染情况

海淀区是北京城西北部重要的旅游区,旅游业发展在促进农村经济的同时,旅游餐饮业污水排放量日益加大也给水环境带来了很大压力,许多旅游饭店、餐饮点沿河倚沟而建,产生的污水直接排入河沟,造成了严重的水污染。2008年,地表水监测结果表明,北长河、翠湖湿地水质状况较好,万泉河引入中水后,水质有所改善,COD大都在30 mg/L以下,其他河道水质均为劣五类,地表水污染严重。

海淀区也是北京市高新技术研发与创新的重要基地,工业科技园区发展迅速,根据《海淀北部新区总体整合规划水系统专项研究》,2020年北部地区工业污水排放量将达到52 246 m^3/d,生活污水排放量将达到66 422 m^3/d。排污量的不断增加,将进一步加大排水设施的工作难度。

3.3.2 地下水污染情况

2008年4月,在全区范围内共布设21个地下水监测井点,在本次监测的21眼井中总硬度超标的有7眼,超标范围在453 ~ 579 mg/L,主要分布在玉泉山、万泉庄、正福寺、东北旺、树村、水源三厂等地区;其中硝酸盐氮超标2眼;亚硝酸盐氮超标1眼;氨氮超标1眼;浑浊度超标1眼,总硬度超标有7眼,达水质标准Ⅱ ~ Ⅲ类水质的井数占总井数的67%。监测结果表明,地下水级别属于优良的有9个站点,占总评价站点的43%;而水质级别属于较差及极差的有12个站点,占总评价站点的57%。

4 海淀区在农村供水保障工作中的切实举措

近年来,凭借区委、区政府以及水主管部门等多方努力,采取了一系列切实可行的措

施,建立了有海淀特色的供水保障体系,使得基础设施建设始终走在经济开发建设前列,较好地解决了居民生产生活安全供水问题,为集约化供水打下了坚实的基础,为全区经济更快更好地发展提供了强有力的保障。

4.1 领导重视,目标明确,工作着手早

海淀区重经济、抓发展,但供水保障建设一直作为各届政府的工作重心。早在 20 世纪 80 年代,海淀区基本实现了全区供水管网化;20 世纪 90 年代初开始逐步兴建了几座小型供水厂、站,如青龙桥供水站、香山供水站、宏伟水厂、海泉水厂、稻香湖水厂及碧水青山水厂等,初步探索供水规模化的道路;21 世纪初,饮用水水质得到重视,全区饮用水水井逐步加装消毒设备,使得全区水质基本达标;从 2004 年起,改造 20 年以上老旧管网工作逐一开展,以提高管网整体质量,减少管网事故率,降低供水损失为目的,使居民饮水水量、水压得到保障。领导重视,建管并重,贯穿了海淀供水保障工作的主线,为集约化供水指明了方向。

4.2 规划先行,以人为本,实施可持续发展

在实施安全饮水建设与改造过程中,由水行政主管部门牵头,首先在全区范围内开展地下水资源调查、综合评价。根据地下水资源总量,做好水量平衡,注意处理好人与水资源、人与水环境的关系,促进经济、人口、水资源、水环境的协调发展。在此基础上编制《集约化供排水规划及水源地保护规划》,坚持为人民服务,改进饮用水管理和服务,完善地下水资源开发、管理体系,做到既节约水资源,又提高供水保证率,不断提升居民的用水质量。

4.3 多方筹集资金,保证建设步伐,把问题消灭于未然

供水保障建设关系民生,本着"安全供水无小事"的原则,因需投入,决不因建设资金问题遗留安全饮水隐患。自 2004 年起,海淀区全面大规模开展安全饮水改造建设,几年来共投资约 4.04 亿元。这些资金来源以区政府扶持为主,镇、村自筹资金为辅,同时兼顾企业、个人等社会各界融资资金,2008 年海淀区还争取到市投资金 1 788 万元。多方融资对解决安全供水问题,不断提升海淀供水保障起到了重要作用。

4.4 引进技术人才,增加管理技术含量,提高管理水平

在全区水务建设管理领域全面推广使用地理信息系统(GIS),科技信息化全面应用到了水务管理领域,雨量遥测,污水管网排放状况,实时传输地下水观测井水位、水质等数据,并引进先进技术人员,加强培训,推广使用。

4.5 建设不延误,管理有秩序,监控有力度

4.5.1 管理制度完善

在安全供水管理中,为了积极探索长效运行管理机制,海淀区成立镇(乡)级农民用水协会 6 个,村分会 78 个,组建了 200 人的管水员队伍,经考试合格后上岗。建成了市—区—镇—村水务四级管理模式,强化了基层水务管理,使水务管理深入到每家每户。

另外,2005 年,海淀区政府制定和颁布了《海淀北部农村地区集中供水暂行办法》,对使用集中供水的农民实行成本价供水。同时,制定并落实"饮用水源保护联动机制"、"安全供水责任制",实行"三证三卡五公开制度",建立突发水务事件联动机制。

4.5.2　建设节水型社会

面对如此严峻的水资源矛盾,为了让每位居民感觉到水危机,提高全民的节水意识,海淀区充分利用海淀教育资源丰富的优势,结合学校教育搞好节水宣传,将节水技术培训和节水宣传教育有机结合起来,培养公众节约用水、保护水资源、爱护水环境的自觉意识,使得人人节水,家家节水,逐步建立节水家庭、节水社区,最终构建成节水型社会。

4.5.3　应急保障管理

海淀区在安全供水方面不断健全和完善机制,提高了应急处置能力。通过演练,完善各级、各类应急预案。各乡镇共落实了供水车16台,组建了15支抢险队伍,总人数达到433人。同时,还与北京市自来水抢险大队签订协议,以应对大面积突发事件的发生。当遇到突发事件时,启动四级供水方案:一是由各乡镇抢险队伍抢险、供水车供水,二是区应急供水车送水,三是由园林绿化局供水车供水,四是调用北京市自来水抢险大队的车辆人员抢险供水。

4.5.4　优水优用,积极利用非常规水源

开源节流并重,是缓解水资源紧缺状况的有效途径,海淀区在采取各种节水措施的同时积极开发新的水源,倡导一水多用,优水优用,充分发挥各种水资源的价值。

4.5.4.1　加大污水处理,提高中水回用比率

海淀区的污水主要来源于生活污水和工农业产生的废水等,本区污水水量在逐年递增,至2005年,海淀区年污水总量为1.78亿 m^3。面对如此大量的污水,而把污水作为资源加以利用的工作近几年才开展,而且利用率不高。2005年,海淀区中水回用量2115万 m^3,约占污水总量的11.88%。由此可见,海淀区中水利用的空间还很大,充分利用海淀区的经济和技术优势,尽可能地提升污水处理能力,提高中水回用率,替代更多的清洁水,充分发挥中水和清洁水各自的价值。

4.5.4.2　建设雨洪工程,加强雨水利用总量

根据21世纪首都水资源可持续利用规划所制定"西蓄东排"的指导方针,近几年海淀区充分利用当地土壤渗透性强的优势,通过建设绿地、透水路面、透水停车场和利用西郊等天然砂石坑蓄积雨洪,使雨水渗入地下,把雨水留在海淀。同时,利用山区的地理优势,在四季青、温泉和苏家坨三镇的山区兴建21处小型塘坝,总库容量达41.1万 m^3。2005年开始,海淀区水务局在市水利学会的帮助下,引进集雨樽来收集利用屋面雨水,起到了很好的节水效果和宣传效果。在此基础上海淀区应继续加大雨水利用的程度,修建更多的下凹式绿地、透水路面和透水停车场,利用近山区废弃的砂石坑,建设回灌工程,增加雨水对地下水的补给。继续寻找有利地形,规划建设更多的小塘坝,蓄积雨水,浇灌山区果树。在党政机关、学校、企事业单位普及集雨樽,收集利用屋面雨水。

4.5.4.3　改造雨水泵站,增加自溢水利用量

由于修建立交桥而形成的下凹地,浅层地下水在重力的作用下,在立交桥下凹地处溢出形成自溢水。自溢水水质较中水和洪水好,用途较广。中关村北二街泵站是为保证北四环路中关村凹槽内道路和桥体安全而配套的集水池泵站,这里常年储存着大量的雨水和自溢水,为了充分利用宝贵的水资源,通过混凝沉淀和石英砂、活性炭二级过滤,这里的积水就变成了比一般中水水质还好的净水,利用该水作为洗车行的水源,年节水1.5万

m^3,每年产生 25 万元的综合经济效益。在海淀区还有不少可以利用自溢水立交桥雨水泵站,稍加改造就能获得水质较好的自溢水,节水效益显著。因此,应加大自溢水的利用程度。

5　展望

经过多年的供水设施改造与管理提升,海淀区安全供水工作取得了阶段性成果,为集约化供水打下坚实基础。在未来的工作中,随着城市化进程的加快,供水集约化程度也将提高,由现在的单村联网,到联村调度,再到实现全区统一管理,统一调配,水质、水量、水压以及供水管网的全面监督管理,使海淀区安全供水管理水平得到全面提升,实现使海淀区水利基础设施建设与管理跨入一个新阶段。

作者简介:付艳阳(1977—),女,工程师,北京市海淀区水务局,联系地址:北京市海淀区小南庄怡秀园甲 1 号。E-mail:fyy_2008@126.com。

北京市海淀区取水计量管理模式初探 *

宋凤义　何　思

（北京市海淀区水务局，北京　100089）

摘　要：本文在对海淀区取水计量管理实地调研的基础上，总结多年来在取水计量管理方面取得的经验教训，探索适宜的取水计量管理方式，展开对策研究，旨在为北京市其他区县乃至华北地区开展取水计量管理提供借鉴。

关键词：北京市海淀区　取水计量　计量管理

1　引言

近年来，海淀区工农业快速发展、城市人口迅速增长以及连续干旱，水资源供需矛盾出现端倪，海淀区人均水资源量仅为 102 m^3，属资源型重度缺水地区。由于地表水来水量锐减，且无外来水源，仅通过超量开采地下水来解决区域需水要求，造成地下水位持续下降，水环境质量呈下降态势，水问题愈来愈受到广泛关注，为解决海淀区的供需水矛盾，急需实行水资源宏观调控和优化配置，强化水资源精细化管理，实现节水型社会建设和保护地下水的目的。

取水计量作为实行计划用水、节约用水，实现水资源科学配置的重要基础工作，是节水型社会建设的重要组成部分，是强化水资源精细化管理，实施取水许可制度，实现水资源宏观调控、优化配置的重要措施，也是严格水行政执法，按量征收水资源费，实行计划取水、节约用水的重要基础性工作。1993 年国务院颁布的《取水许可制度实施办法》、1998 年国务院批准的《城市节约用水管理规定》、2002 年颁布的新《水法》、2005 年的《中国节水技术政策大纲》以及 2006 年颁布的《取水许可和水资源费征收管理条例》中都对取水计量作了相关规定，依法管理水资源、安装计量设施已有法可依。

根据上述的法律法规，海淀区自 1993 年开始实施计量设施安装管理工作，并在工作中不断调整取水计量的管理力度和模式，经过多年的努力，取水计量管理工作从无到有，从无序到有序，逐步走向了科学化、制度化、规范化。在区域取水计量方面取得了一些经验，形成了一定的管理模式，但仍存在急需解决的问题。本文在总结海淀区取水计量管理模式经验教训的基础上，针对存在的问题展开对策研究，旨在介绍推广取水计量管理模式的一些做法和经验。

＊基金项目：水利部《地下水保护行动》项目。

2　取水计量管理模式主要经验及存在问题

2.1　取水计量管理模式主要经验

2.1.1　加强领导,明确责任,实现"五个一"的管理目标

自 20 世纪末以来,海淀区逐步加大了计量设施安装管理的力度,安装工作初始,专门成立计量设施安装工作领导小组,明确工作目标、任务和分工,建立工作责任制等各项实施保证体系,明确每年度安装计划,采取各项行之有效的工作步骤和措施,确保计量设施安装在海淀区顺利开展。截止到 2005 年实现了一井、一表、一号、一卡、一数的"五个一"("五个一"是指每一眼井安装一块水表、编一个井号、建一张档案卡和一个定期统计上报的取水量数据)管理目标,家庭用水户、自备井安装取水计量设施率达到 100%,为建立用水总量控制、定额管理、月统月报的管理制度奠定了基础。

2.1.2　完善法规条文,为取水计量管理奠定基础

依托《北京市实施〈水法〉办法》及其配套规章《北京市节约用水办法》、《北京市农业用水水资源费管理暂行办法》、《北京市中水设施建设管理试行办法》、《北京市用水单位水量平衡测试管理规定》及《北京市主要行业用水定额》,建立了海淀区取水许可及水资源有偿使用管理办法,制定了用水总量控制、定额管理、月统月报的管理制度及节水管理方面的系列规范性文件,这些管理办法和规范为取水计量设施的安装、管理奠定了坚实的基础。

2.1.3　建立分级水务管理体系,解决管理主体缺位问题

到目前为止,海淀区已建立了市水务局、海淀区水务局、乡镇水务站、农民用水协会四维一体的管理体制,解决了水务建设、管理主体缺位问题,并探索性地建设了农民用水协会及村分会,截止到 2008 年,共成立了 6 个农用水协会和 78 个村分会,组建了一支 200 人的农村管水员队伍,形成了"选拔考试、择优录取、上岗培训、业务培训、统一管理及集中考核(分月考核和年度考核)"的一套成熟的农村管水员队伍组建和管理的规程,完善了农民用水协会及村分会建设,提高了工作效率。

2.1.4　强化宣传、明确管理、维护主体,推动取水计量管理工作的开展

海淀区充分利用各种新闻媒介,采取多种形式的宣传,长抓不懈,结合每年的"世界水日"和"中国水周"的水法宣传,有针对性地开展计量设施管理宣传,努力扩大宣传范围。积极与相关部门进行联系、沟通、磋商,反复宣传水法律法规,有效促进了计量安装。同时,明确了取水计量设施的管理、维护主体,实现了安装、利用、管理、维护一体的取水计量管理模式,适时地掌握了当地地下水的开发利用情况。

2.1.5　加大科研力度,引入新式计量设备,提高取水计量精度

早期安装的机械水表、计时跟踪器等取水计量设施计量性能、精确度等各方面已明显落后,海淀区于 2006 年始对已安装的计量设施运行管理情况进行了普查和调研,制订了计量设施换装计划,及时对部分反映计量有问题的机械水表进行养护、更换,并在结合农村安全饮水改造工程,深入宣传,加大科研和资金投入力度,解决了回流、水锤、水压不够等对计量精度影响的难题,成功引入了先进的远传水表、电磁流量计、IC 卡智能水表等计量设备,有效地节约了水资源。例如,四季青镇普安店村,安装 IC 卡水表以前,每天取水

1 700 m³/d 仍不够用,在安装 IC 卡水表以后,每天取水 600 m³/d 完全能够满足用水需求。

2.1.6 因地制宜,制订不同的取水计量管理方案

经过充分调研,在对取水户取用的水源、水量、水质以及经济效益等状况进行综合分析的基础上,制订了不同的装表方案,一是规划市区,属市节水中心管理范围,水表属市节水中心拥有,节水中心出经费安装、维护水表,使用单位只有使用权,负责及时向水务部门报告取水量和水表的完好程度,使用单位无权私自拆装、更换水表,并对年用水量 50 万m³ 以上用水大户进行重点监控;二是除规划市区外的非农村地区,即山后自备井区域,属区节水中心管理范围,管理办法和程序同市节水中心,对年用水量 10 万 m³ 以上用水大户采取用水预警制度进行监管,尤其是对使用 IC 卡水表的大户巡查、抽查次数每年均达到 12 次左右,确保了取水计量设施有效地发挥作用;三是山后农村地区,属海淀区水务局水资源及行政审批科管理范围,自备井的产权属农村集体经济所有,主要依靠乡镇水务站和农民用水协会,由农民用水协会负责农村自备井的管理、维护和上报取水数据,海淀区依据《北京市农业用水水资源费管理暂行办法》(2007)和《海淀北部农村地区集中供水暂行办法》,建立了农民用水优惠政策和政府补贴机制,实行了严格的水资源管理制度,建立水资源月统月报制度和总量控制制度。

2.1.7 规范管理制度,形成了有效的取水计量管理模式

按照《中华人民共和国行政许可法》的要求和市政府对行政审批事项的规范要求,严格执行取水许可制度、建设项目水资源论证制度及《取水许可和水资源费征收管理条例》,与区发展和改革委员会、区规划委员会、区建设委员会协调工作,在建设项目开工之前对建设项目设计方案进行审查,并向规划委提出审查意见,把住取水计量设施立项审批关。

为了做好取水许可的监督管理工作,取水计量设施安装后,结合水资源管理基础工作、"五个一"管理要求和水行政执法巡查工作,实现了水井单位自查(月统月报)、管理机构巡查、执法部门抽查的管理体系,成立专门的巡查小组,每个季度巡查一圈,形成一整套的管理模式,并将巡查结果及时反馈给自备井单位。通过自查、巡查、抽查制度的实施,做到了严格执法与热情服务并举,装置计量实施与加强日常管理工作并重,逐步达到了制度化、法制化、科学化,有效实现了水资源的配置、节约和保护。

2.2 取水计量管理模式存在的问题

规划市区、山后自备井区均有完整翔实的水资源管理办法,取水计量设备的安装、维护和管理均取得了良好的效果。但对于海淀区山后农村地区的取水计量及管理模式虽然取得也一定的成绩,同时存在的问题也较多,主要问题包括以下几点。

2.2.1 后期维护资金缺乏,取水计量设备老化

据调查,到 2008 年,农村地区取水计量设施的完好率仅为 60% 左右,计量精度不灵敏、破坏的水表占到水表总量的 40% 左右,由于没有后期的维护资金,计量设备的更换与维护不利,特别是对于农村生活用水和灌溉井来讲,由于机井所有权属于农村集体所有,农民传统的用水观念未能有效转变,节水意识不强,供水井的管理、维护存在较大的困难。

2.2.2　计量设备安装技术存在问题,损坏率较高

部分农村地区的取水计量设备的安装没有完全遵守北京市的地方标准——自备井水表安装使用规程,存在技术问题,取水计量设备受到抽水瞬时的压力较大和紊流的影响,导致计量精度不高等,甚至由于瞬时的压力过大和紊流的影响导致取水计量设备损坏,这样的现象在海淀区的山后地区部分存在,造成取水计量设备损坏率较高。

2.2.3　管理体系有待深化

海淀区虽然实现了四级水务管理体系和"五个一"管理目标,组建了农村管水员队伍,但由于目前农民用水协会隶属于村委会,而机井产权属于农村集体所有,限制了农民用水协会工作的开展。另外,从财政的角度来讲,农村管水员的工资是通过区财政、乡镇财政直接划拨到村财政,由村财政支付,也造成了区水务局对农村用水协会和管水员管理的困难。

2.2.4　惠农政策与水资源费征收制度的矛盾,限制取水计量方式发挥作用

除四季青镇的西山和香山两个农村生活用水使用 IC 卡水表的村外,海淀区其他农村地区的取用水仍保留了传统的观念,认为地下水是自然资源,地下水的开采不用交费,另外,《国务院办公厅关于做好当前减轻农民负担工作的意见》(国办发[2006]48 号)要求减轻农民的负担,当地农民认为自家的取水计量收费与减轻农民负担的国家政策相违背,从而产生了抵触情绪,加之,随着地下水埋深的增加,导致一些井的出水含沙量较高,堵塞了水表,农民乘机井改造的机会拆掉了安装的取水计量设备,这种现象在西北旺镇的农灌井改造中存在最多,限制了海淀区农村地区的取水计量方式发挥作用。

2.2.5　农村地区人口结构复杂,取水计量管理存在漏洞

海淀区作为北京市的城市功能拓展区,随着北京市的高速发展,城镇化水平的不断提高,涌入海淀区的外地人口越来越多,2006 年海淀区的常住人口:暂住人口(不包括流动人口)的比例达 2.2:1,尤其在交通便利的城乡结合部,如四季青镇、西北旺镇常住人口:暂住人口(包括流动人口)的比例高达 1:10 左右,特别是西北旺镇的唐家岭村高达 1:20,甚至更高,复杂的人口结构给取水计量管理带来了极大的困难,而且没有现成的管理模式可供参考,现实情况要求海淀区根据实际情况制定相应的管理办法。

3　加强取水计量管理的对策措施

3.1　完善水资源管理体制

3.1.1　严格取用水管理制度

对工业、农业、公共服务业、居民生活、特殊行业进行用水分类管理,强化全区地下水计量收费监管系统。

严格执行《北京市节水管理统计报表制度》,强化节水管理责任,落实节水政策措施。坚持抓大控小原则,加强对 10 万 t 以上年用水大户的考核,实行月统月报制度。

对新建、扩建、改建建设项目的节水设施实行"三同时"制度,即建设项目的取水计量设施应当与主体工程同时设计、同时施工、同时投入使用。建立区发展和改革委员会、区规划委员会、区建设委员会、水务局共同参与的政府协调联动机制,实行项目审核、竣工验收和取水计量监督管理相结合。

3.1.2 强化取水计量长效工作机制

建立政府调控、市场引导、公众参与的取水计量管理机制,综合运用经济、技术、法制、舆论、工程手段,强化取水计量的服务与监督。

建立以市场为主的取水计量及节水长效机制,发挥市场配置水资源和取水计量的作用。建立社会参与机制,推进取水计量的社会化管理,广泛吸纳公众意见,共同参与制定取水计量管理政策。形成政府与社会相互沟通、相互支持、共同配合的工作网络与格局。

3.1.3 设立取水计量设施后期管理维护专项基金

针对目前取水计量设备后期管理维护存在的问题,由水务局牵头,联合财政部门、国土资源部门、环保部门等相关部门,设立取水计量设施后期管理维护的专项基金,通过招标投标的方式,委托专门的取水计量设施单位,定期对计量设备进行更换与维护,特别要加强农村生活用水和灌溉井的管理维护。

3.1.4 成立攻关小组,着力解决计量设备安装的技术问题

由于目前部分取水计量设备安装不规范,导致计量精度不高,甚至导致损坏取水计量设备,针对这些存在的问题,应成立取水计量设备安装攻关小组,解决抽水瞬时的压力较大和紊流对计量设备的影响,摸索出适宜的计量设备安装方法。

3.1.5 在农村地区征收水资源费,提高用水户的资源意识

在农村地区应征收水资源费,价格可以优惠,收费的目的是通过收费形成用水户的对水资源的资源意识,为工程水利到资源水利再到资源水利的转变奠定基础。

3.2 完善法律法规建设

3.2.1 完善相关规定

建立以《北京市实施〈中华人民共和国水法〉办法》和《北京市节约用水办法》为核心的取水计量及节水法规体系,加强对违法行为的监督管理。

根据中华人民共和国《取水许可和水资源费征收管理条例》,出台海淀区取水许可和水资源费征收使用管理办法及取水计量模式。

3.2.2 加大宣传力度,推广 IC 卡水表的应用

加强农村地区宣传力度,以四季青地区为典型示范区建设取水计量示范工程,逐步转变海淀区农村地区取用水的传统观念,大力推广 IC 卡水表的应用,研究制定农业灌溉、绿化用水的取水计量管理模式及运行维护管理方案,切实做到在农村地区取水计量的管理中有法可依、有法可用。

3.3 健全用水总量控制和定额管理制度

(1)根据《中华人民共和国水法》的规定,以取水计量为基础,制订全区年度用水计划和单位用水定额两套指标,实行宏观控制,微观管理。

(2)根据水资源情况制定全区年度用水计划。按照行业用水定额,制订单位用水指标,落实到工业、农业、第三产业全部社会单位。实行"每月监控,逐月考核,季度小结,半年会商,全年总量控制"。充分发挥取水计量的作用,保证年度用水总量,不突破全区可供水资源量。

(3)根据《北京市节约用水办法》,严格执行超定额用水累进加价收费标准和考核制度。除农业和农村居民外,全部实行超指标累进加价收费,特别要加强用水大户和特殊行

业的取水计量监督管理。

（4）进一步强化月统月报工作，实行抓大控小的工作策略。一方面，对所有计划用水单位按月考核用水计划执行情况，并对超计划用水单位及时发出提示预警；另一方面，要加强对 10 万 t 以上用水大户的用水监管，对存在的用水浪费现象及时整改和纠正。

3.4　健全取水许可制度和水资源有偿使用制度

（1）海淀区要严格贯彻执行 2006 年 2 月国务院颁布的第 460 号令《取水许可和水资源费征收管理条例》（简称《条例》）和北京市制订的实施《条例》工作方案。

（2）根据《北京市农业用水水资源费管理暂行办法》，在北京市海淀区行政区域内，粮食生产、露地瓜菜种植、规模养殖等农业生产用水，超出用水限额的部分，均征收农业用水水资源费。征收的农业用水水资源费，按照"取之于农、用之于农"的原则，用于本地区农村节水设施取水计量设备的推广应用及管护。

3.5　健全取水计量与统计制度

（1）进一步完善取水计量制度。新建区应推广户外、远传、智能型水表，城区实现一户一表，农村生活、生产用水全部装表。

（2）建立用水分类计量管理制度。不同性质用水分类装表，按用水性质计量收费。

（3）建立自备井水表安全使用保证体系。健全地下水计量收费监管系统，实现地下水管理信息化。

（4）完善《北京市节水管理统计报表制度》。海淀区水务局应对辖区内用户水量，按月统计上报。

参 考 文 献

[1] 潘元全. 加强用水计量管理 促进计划用水节约用水[J]. 中国水运, 2008, 8:145-146.
[2] 陈鹏霄, 谭德宝, 胡明. 长江流域大型取水动态计量监控系统试点研究[J]. 人民长江, 2006, 37 (7):83-86.
[3] 左建兵, 陈远生. 实施取水定额管理的几个关键问题探讨[J]. 中国水利, 2007, 7:27-30.
[4] 张贤铭. 推进取水计量设施装置的探讨[J]. 水资源保护, 2002, 2:63-64.
[5] 桑连海, 黄薇, 刘强. 加强取水计量管理 促进长江流域节水型社会建设[J]. 水利发展研究, 2007, 4:25-27.

作者简介: 宋凤义(1979—)，男，工程师，北京市海淀区水务局，联系地址：北京市海淀区小南庄怡秀园甲 1 号。E-mail:82635410@163.com。

人工土快滤处理系统中水灌溉绿地效应研究[*]

汤 灿[1,2] 曹 岳[1] 程 群[1] 李国学[*2] 肖 羿[1]

(1. 北京市通州区水务局,北京 101100;2. 中国农业大学资源与环境学院,北京 100193)

摘 要:利用人工土快滤处理系统处理生活污水,比较和研究了原污水、滤床出水和净化消毒水以及对照清水灌溉对草坪绿地植物生长的影响,包括生长量、株高和叶面积等指标的效果。研究结果表明:不同水质灌溉绿地,对草坪植株株高、叶面积和草坪植物生物产量的变化顺序是原污水 > 滤床出水 ≈ 消毒净化水 > 清水。消毒净化水中含有一定数量的氮、磷营养物质,但存在氮磷比不协调问题,采用随灌溉水添加部分磷肥的方法,可以达到营养物质均衡。因此,采用人工土快滤处理技术可以实现污水资源化,同时也具有显著的经济效益。

关键词:生活污水 人工土 快滤处理 氯化消毒 绿地灌溉

随着人类社会的不断发展,尤其是人口的快速增长以及城市化与工业化水平的不断提高,资源性水短缺和水污染问题日益突出,并成为亟待解决的全球性问题。在我国,水资源短缺和水污染加剧所造成的水危机已经成为21世纪最严峻的问题之一。许多地区出现工农业争水、城乡争水、地区之间争水、超采地下水和挤占生态用水的现象。国内外的实践经验表明,中水回用是开源节流、减轻水污染、改善生态环境、解决城市缺水的有效途径之一。

中水是指城市各类污水经处理后达到一定的水质标准,并在一定范围内可重复使用的非饮用水。中水可用于工业、城市杂用和河流景观等对水质要求不高的领域。在现代社会,中水回用具有可观的三大效益:第一,社会效益可观。中水回用量大,不但弥补了城市水资源的短缺,而且提高了新鲜水的利用效率,从而缓解了供水不足的矛盾。第二,经济效益可观。中水回用节省了水资源费以及远距离输送水的能耗与建设费用,使得以中水为原水的成本低于以新鲜水为原水的成本,获得了巨大的经济效益。第三,环境效益可观。城市污水处理后用于工业、城市杂用等,减少了向河流和海洋的排污量,很大程度上降低了城市水环境的污染程度。

本文利用人工土快滤系统作为处理技术,比较和研究了原污水、滤床出水、净化消毒水及绿化灌溉用清水等不同水质,灌溉绿地的生物和环境效益。人工土快滤处理中水灌溉绿地既可达到节约地下水资源、省肥和增产的效果,又可以减轻因污灌造成的环境污染,实现城市生活污水的资源化。在北京这样一个严重缺水的大城市,采用人工土快滤处理技术可以实现污水资源化,同时也具有显著的经济效益。

[*] **项目基金**:国家水体污染控制与治理科技重大专项课题"北运河水系上游典型污染区污染控制技术研究与示范"(2008ZX07209 - 003)。

1 材料与方法

1.1 人工土快滤处理的工艺流程

人工土快滤系统是一种流程简单、结构紧凑、构筑物位置灵活、运行简便的城市污水处理工程设施。人工土快滤处理法的主要单元构筑物是污水的前处理和人工土的渗滤处理。前处理的主要目的是降低进水中的悬浮物含量,以防止过量的悬浮物使人工土滤床遭到堵塞。在去除悬浮物的过程中,相应地可去除部分 COD 和 BOD_5。污水通过人工土渗滤是污水得到净化的主要过程。经过人工土层处理的滤出水,基本上已达到或超过二级处理的出水水质。在本试验中,因中试场地距污水源较近,因而设置了调节池。前处理采用升流式污泥水解反应池工艺,主要目的是防止过高浓度的悬浮物进入滤床而堵塞滤床。将水解池出水通过自流方式有控制地投配到人工土滤床上,出水经排水沟汇集引灌农田绿地或排放。人工土快速处理系统工艺流程如图1所示。

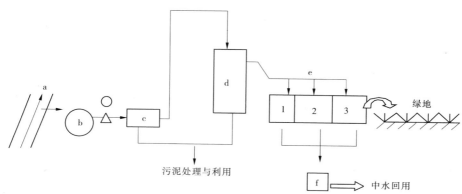

a—污水管道;b—污水井;c—调节池;d—升流水解池;e—人工土滤床;f—消毒池

图1 人工土快滤处理系统工艺流程

1.2 试验方案

1.2.1 人工土快滤系统中试运行方案

设计日处理 50 m^3 规模的城市污水人工土快滤处理中试工程,试验采样测定运行时间共约 2 年。在此期间,根据运转周期定期按规定项目监测原污水、前处理出水和人工土滤床出水的水样,监测内容包括 COD、BOD_5、DO、SS、TN 和 TP(每周一次)。

试验场地占地面积 500 m^2,总建筑面积为 192 m^2,其中中试构筑物中前处理占地 24 m^2、人工土滤池占地 108 m^2、贮水消毒池占地 15 m^2、绿地灌溉试验占地 45 m^2。场地土壤属草甸褐土型(美国分类制属始成土 – Incepl, soils),原为绿地。人工土滤池为水泥砖砌上部敞口的池型构筑物,池内为人工土滤料,底部设有砾石结构的排水系统。

1.2.2 不同水质灌溉绿地草坪植物生长效果的小区试验

设置面积为 5 m^2 的小区 8 个,每两个为一组处理,共四组处理。分别采用原污水、滤床出水、消毒净化水和对照清水作为四种灌溉水。主要试验目的是研究不同水质灌溉的植物生长表观性质,包括生物量、株高和叶面积的差异。

1.2.3　净化消毒水营养调平栽培植物的土柱模拟试验

利用直径为 30 cm 的缸瓦管作为土柱,每个土柱长度为 120 cm,共计 10 个土柱。将土柱埋入土壤中,以创造与土壤相同的气候和环境。每两土柱为一组,其中四组以原污水、滤床出水、消毒净化水及对照清水为试验用水,另一组土柱用于灌溉营养已调平的消毒净化水(简称调养消毒净化水)。土柱中装填 1 m 深的草甸碳酸盐褐土,其上栽种"早熟禾"草坪植被。按每公顷灌溉量 5 250 m³ 计,每土柱灌溉水量相同,约合 40 L/(土柱·a)。

调养消毒净化水制备为:利用消毒净水作为供试水质,将水质 N/P 比调到植物适宜的 N/P 比。表 1 为供试原污水、滤床出水、消毒净化水和对照清水以及植物所需的 N/P 比状况。

表 1　不同水质化学成分和营养物质　　　　　　　　(单位:mg/L)

灌溉水类型	COD_{Cr}	BOD_5	TN	TP(P_2O_5)	TN/TP 比
原污水	362.5	204.0	39.9	4.62	8.64
滤床出水	60.7	20.8	25.3	1.35	18.74
消毒净化水	60.2	21.3	24.9	1.42	17.54
对照清水	8.5	—	—	—	—
调养消毒净化水	60.2	20.9	25.1	1.28 + 5.38 *	3.77
早熟禾植物(%,干基重)			1.50	0.398	3.77

注:* 外加的 P_2O_5 数量。

2　结果与讨论

2.1　不同水质灌溉对草坪生长的影响

污水人工土快滤处理主要是利用土壤微生物对污水中的耗氧有机物的分解而得到净化,但滤床出水中还会有相当数量的各类微生物,尤其是大肠菌和粪大肠菌等致病微生物。因此,在利用滤床出水作绿地灌溉回用时,对滤床出水进行了加氯消毒即消毒净化水。而原污水、滤床出水、消毒净化水和清水的营养状况也不同,为此分别用原污水、滤床出水、消毒净化水和清水对绿地青草进行了微区灌溉试验。

2.1.1　不同灌溉水质条件下对草坪植物株高的影响

2008 年 6~11 月期间,分别对四个不同灌溉水质的小区中青草的株高进行了测量,结果见表 2。从表 2 中看出:原污水灌溉的植株株高最大,滤床出水、消毒净化水和清水差异不显著。这主要是由于污水中含有大量的耗氧有机物和营养物质,这些营养物有利于草坪的生长,因此表现出灌溉后污水处理小区的草坪植株株高比其他处理小区的都高,比清水灌溉增加 4%。

2.1.2　不同灌溉水质条件下对草坪植物叶面积的影响

四种不同灌溉水质的小区中植物叶面积的变化结果见表 3。

表 2　不同灌溉水质条件下草坪植物株高的变化　　　　　　　　（单位:cm）

日期 （月-日）	原污水	滤床出水	消毒净化水	对照清水
06-19	11.54 ± 0.59*	12.08 ± 0.20	12.81 ± 0.01	11.75 ± 3.01
07-08	21.13 ± 0.33	21.10 ± 2.91	19.02 ± 0.51	20.60 ± 0.28
07-16	27.90 ± 0.57	25.50 ± 0.57	25.65 ± 0.35	24.06 ± 1.92
07-28	14.33 ± 0.18	14.43 ± 0.33	14.09 ± 0.69	13.04 ± 0.37
08-08	19.30 ± 0.28	18.55 ± 0.64	18.45 ± 0.78	19.60 ± 0.71
08-17	23.25 ± 1.48	24.60 ± 0.42	22.55 ± 3.61	23.45 ± 1.63
08-26	26.02 ± 1.53	25.90 ± 0.85	22.55 ± 3.89	24.50 ± 1.84
09-06	19.10 ± 0.00	18.85 ± 0.35	18.30 ± 1.84	23.16 ± 1.03
09-18	20.40 ± 1.27	19.30 ± 0.42	18.85 ± 1.77	20.50 ± 1.96
09-25	24.30 ± 2.83	21.20 ± 0.42	23.00 ± 3.54	23.16 ± 2.62
10-03	9.90 ± 0.00	9.40 ± 0.57	9.40 ± 0.71	9.87 ± 0.52
10-22	18.35 ± 1.20	18.15 ± 0.64	17.55	16.74 ± 2.60
11-01	20.85 ± 0.07	20.45 ± 0.07	20.55 ± 1.63	20.30 ± 0.57
平均	19.72	19.19	18.91	19.02 ± 0.36

注:* 株高 ± 标准差。

表 3　不同水质灌溉条件下草坪植物叶面积的变化　　　　　　　　（单位:cm²）

日期 （月-日）	原污水灌溉	滤床出水灌溉	消毒净化水灌溉	对照清水灌溉
06-19	2.57 ± 0.38*	2.68 ± 0.05	2.6 ± 0.11	2.47 ± 0.61
07-08	4.53 ± 0.29	4.19 ± 0.57	3.86 ± 0.29	4.26 ± 0.33
07-16	7.29 ± 0.03	5.8 ± 0.18	6.02 ± 0.01	5.55 ± 0.62
07-28	2.99 ± 0.04	3 ± 0.12	2.95 ± 0.14	2.66 ± 0.04
08-08	4.13 ± 0.12	3.89 ± 0.14	3.9 ± 0.21	4.15 ± 0.2
08-17	4.34 ± 0.38	5.22 ± 0.18	4.75 ± 0.76	4.99 ± 0.4
08-26	6.1 ± 0.17	6.08 ± 0.32	5.83 ± 1.53	6.13 ± 0.44
09-06	4.04 ± 0.11	3.92 ± 0.05	3.79 ± 0.55	4.2 ± 0.08
09-18	5.2 ± 0.51	4.74 ± 0.22	4.57 ± 0.62	4.31 ± 0.88
09-25	6.02 ± 1.68	4.47 ± 0.23	5.26 ± 1.52	4.92 ± 1.46
10-03	2.08 ± 0.04	1.99 ± 0.1	2.03 ± 0.14	2.11 ± 0.08
10-22	4.61 ± 0.12	4.63 ± 0.3	4.54 ± 0.89	4.21 ± 1.05
11-01	6.16 ± 0.12	6.08 ± 0.17	6.1 ± 0.7	5.96 ± 0.21
平均	4.62	4.36	4.32	4.30 ± 0.15

注:* 叶面积 ± 标准差。

从表3中可以看出,植株叶面积由大到小的顺序是原污水 > 滤床出水 ≈ 消毒净化水 > 清水,说明污水中的有机物及营养物质可促进草的生长发育,而滤床出水和消毒净化水高于对照清水的,但总的增长趋势不大,只有7%。

2.1.3 不同灌溉水质条件下对草坪植物生物产量的影响

四种不同灌溉水质小区里草坪生物产量的变化结果见表4。从表4中看出,试验期间原污水灌溉的草坪生物产量最高达33.91 kg,而消毒净化水为30.56 kg,清水只有27.11 kg,这种变化趋势与草坪植物的株高及叶面积的变化是相同的,原因在于污水中的有机物和营养物含量 > 滤床出水 ≈ 消毒净化水 > 清水,因此营养状况不同造成生物产量也不同。原污水虽然可提高草坪生产量,但由于它含有大量的耗氧有机污染物,用于灌溉时会使土壤受到污染,还会造成地下水的污染,因此不可直接用于绿地灌溉,而经过处理后的滤床出水可以避免上述污染。但滤床出水中还含有相当多数量的各类微生物,为避免传播,在灌溉前要进行消毒。从以上结果来看,消毒净化水由于含有一定量的有机物和营养物质被植物吸收,可促进植物生长(生物产量比清水高12.8%),又不会对周围环境和地下水造成危害。

表4 不同水质灌溉条件下小区草坪植物生物产量的变化 （单位:kg)

取样日期	原污水灌溉	滤床出水灌溉	消毒净化水灌溉	对照清水灌溉
2007-06-05	2.46 ± 0.11 *	2.32 ± 0.08	2.35 ± 0.02	2.27 ± 0.06
07-08	2.88 ± 0.04	2.40 ± 0.11	2.49 ± 0.01	2.27 ± 0.06
08-09	3.25 ± 0.08	2.81 ± 0.01	2.93 ± 0.05	2.59 ± 0.02
09-10	3.01 ± 0.06	2.43 ± 0.22	2.53 ± 0.06	2.31 ± 0.04
10-05	2.92 ± 0.05	2.24 ± 0.06	2.45 ± 0.03	2.02 ± 0.04
小计	14.52	12.19	12.75	11.46
2008-05-10	2.07 ± 0.09	1.91 ± 0.05	1.96 ± 0.07	1.89 ± 0.01
06-09	2.73 ± 0.07	2.25 ± 0.01	2.71 ± 0.01	2.28 ± 0.07
07-10	2.90 ± 0.24	2.60 ± 0.12	2.63 ± 0.37	2.28 ± 0.06
08-09	3.28 ± 0.22	2.62 ± 0.04	2.75 ± 0.05	2.39 ± 0.03
09-11	3.67 ± 0.02	3.17 ± 0.17	3.35 ± 0.71	2.93 ± 0.21
10-11	2.95 ± 0.13	12.53 ± 0.21	2.80 ± 0.42	2.43 ± 0.21
11-08	1.80 ± 0.07	1.35 ± 0.07	1.61 ± 0.04	1.47 ± 0.06
小计	19.39	16.42	17.80	15.66
总计	33.91	28.61	30.56	27.11

注: * 重量 ± 标准差。

2.2 调平营养消毒净化水及其对草坪植物生长的影响

2.2.1 调平营养的技术措施和方法

生活污水经人工土快滤系统处理后的滤床出水和消毒净化水中均含有一定数量的

氮、磷营养物质,但其氮、磷含量和比例往往不协调,尤其是原污水含有较多耗氧有机污染物和大量病原菌,不宜直接灌溉,尽管其 N/P 比达 8.64(见表 1)。

而滤床出水或消毒净化水中虽然 COD 等有毒污染物被去除掉,而且经消毒后其病原菌也达到了灌溉需要,但其 N/P 比由于氮素去除作用,已达到 17~20,也不适宜于绿地草坪一般营养比例(N/P 比为 3.77)的需要。因此,需要额外添加部分磷肥随灌溉水一并灌施到草坪土壤中,以补充由于氮素过丰造成的磷的不足。一般来说,每公顷草坪年灌水定额为 5 250 t 左右,产量为 30 000 kg 鲜重,近 10 500 kg 干重,需要 157.5 kg 氮素和 41.79 kg 磷素(P_2O_5 计)。

对比不同灌溉水质随灌溉水携入土壤的营养物质数量来看(见表 5),原污水属于氮过剩,而磷缺乏,因此如果利用原污水直接灌溉可能造成氮素淋洗的现象;净化水和消毒净化水氮素略有缺乏,磷严重缺乏;而长期使用清水灌溉会造成土壤氮、磷严重耗竭,并且草坪因缺乏营养出现死亡现象。只有每年补施大量氮肥、磷肥才能保持较好的生长效果。采用调平营养方法,在每次灌溉消毒净化水时,随灌溉水补施少量的磷肥,可以达到均衡营养的目的。

表 5 每公顷草坪随灌溉水携入土壤的氮、磷总量*

灌溉水类型	全氮(N)(mg/L)		全磷(P_2O_5)(mg/L)		N/P 比
	含量	贮量	含量	贮量	
原污水	39.9	209.6	4.62	24.3	8.64
滤床出水	25.3	132.9	1.35	7.095	18.74
消毒净化水	24.9	130.8	1.42	7.455	17.54
农大清水	2.013	10.58	0.102	0.536	19.74
调养消毒净化水	25.1	133.2	6.66	34.97	3.77

注:*随灌水量携入的总养分数量,按每公顷灌水量 5 250 t 计。

如表 5 所示,每年每公顷补施 27.8 kg 的 P_2O_5 或 198.0 kg 过磷化钙,基本上可达到营养物质均衡的目的。如果按每月浇水 2 次计算,每年共浇水 14 次,平均每公顷浇水量 375 m^3,届时随水施入磷肥量 15.0 kg 的过磷酸钙,即可满足植物生长需要。

2.2.2 调平营养的土柱模拟试验植物生长效果

表 6 为不同灌溉水质土柱"早熟禾"植物生长状况结果。从表 6 中可以看出:原污水由于营养丰富,因此灌溉后其株高、叶面积和生物产量均比缺乏营养和营养比例不协调的净化水、消毒净化水,尤其比对照清水要好。而经调平营养的消毒净化水的株高、叶面积和生物产量均较净化水和消毒净化水为高,与原污水相近,这说明采用调平营养法可以达到提高草坪长势的效果。

从表 7 不同水质灌溉条件下土壤营养状况的变化结果可以看出:经调平营养后消毒净化水灌溉的土壤的速效磷含量均较其他处理水质高,尤其较小区内浇灌清水高。

表6　不同水质灌溉及净化水调平营养对草坪生长的影响

项目	灌溉处理				
	原污水	净化水	消毒净化水	调平营养 消毒净化水	对照清水
株高（cm）	7.88	7.03	7.11	7.76	6.78
	0.581*	0.412	0.156	0.213	0.161
叶面积（cm²）	39.2	31.6	32.6	37.8	29.82
	3.12	2.13	1.23	4.15	5.1
生物产量 （g鲜重/株）	145.7	117.6	112.7	137.8	102.5
	8.21	10.13	9.19	8.52	7.79

注：* 标准差。

表7　不同水质灌溉及调平营养净化水灌溉对土壤养分含量的影响

土壤类型	灌溉处理	项目					
		有机质 （%）	全氮 （%）	全磷 （%）	速效氮 （mg/kg）	速效磷 （mg/kg）	pH值
试验前土壤		1.072	0.066	0.042	78.2	4.78	8.01
试验后土壤	原污水	1.098	0.069	0.041	84.7	4.12	8.04
	净化水	1.079	0.067	0.041	71.23	3.15	8.02
	消毒净化水	1.077	0.066	0.042	72.16	3.21	8.04
	调平营养 消毒净化水	1.076	0.065	0.042	70.5	5.53	8.01
	对照清水	1.07	0.062	0.04	72.1	3.01	8.1

3　结论

（1）不同水质灌溉的草坪植株株高、叶面积和草坪植物生物产量的变化顺序是：原污水 > 滤床出水 ≈ 消毒净化水 > 清水。原污水最高,滤床出水和消毒净化水相近。

（2）消毒净化水中氮磷比为17～20,不适宜于绿地草坪 N/P（3.77）的需要,采用随灌溉水添加部分磷肥的方法,可以补充由于氮素过丰造成的磷的不足问题。每公顷草坪每年补施27.8 kg的 P_2O_5 或198.0 kg的过磷酸钙,可达到营养物质均衡的目的。

（3）人工土快滤系统处理出水及调平营养后灌溉绿地既可达到节约水资源、省肥和增产的效果,又可以减轻因污水灌溉造成的环境污染。

参 考 文 献

[1] 包晨雷. 中水回用的现状和发展趋势[J]. 上海建设科技,2004(2):14-15.

［2］林英姿,韩相奎,艾胜书. 城市中水回用初步研究[J]. 长春工程学院学报:自然科学版,2005(3):26-27.

［3］喻青,赵新华,秦琦,等. 中水回用及其应用研究[J]. 安徽农业科学,2006,34(12):2831-2833.

［4］张祖锡,白瑛,等. 城市污水人工快滤处理技术[M]. 北京:中国科学技术出版社,1991.

［5］李国学. 人工土快滤系统净化污水的化学与微生物特性及其氯化消毒的研究[J]. 农业工程学报,1992(6),152-157.

［6］黄媛媛. 中水回用技术介绍及应用[R]. 郑州:中国科学技术协会年会,2007:1-2.

［7］郑可嘉,杜俊岐,刘刚,等. 新型中水回用清洁工艺的中试研究[J]. 北京化工大学学报,2005,32(2):21-24,28.

［8］褚俊英,陈吉宁,王志华,等. 中水回用的经济与中水利用潜力分析[J]. 中国给水排水,2002,18(5):83-86.

［9］韩剑宏. 中水回用技术及工程实例[M]. 北京:化学工业出版社,2004.

作者简介:汤灿(1981—),女,博士后,北京市通州区水务局,联系地址:北京市通州区新华北路 153 号。E-mail:tangcan137@ sina. com。

关于北运河通州段水体还清的思考

曹　岳

（北京市通州区水务局，北京　101100）

摘　要：文章对北运河生态治理历程、现状及效益进行了回顾，明确了北运河通州段水体还清的必要性，并就如何还清提出了意见和建议。

关键词：北运河　通州段　水体还清

1　北运河通州段生态治理现状

运河是通州的魂，还清运河是通州人民的愿望。随着近年来通州的发展建设，运河引起了人们越来越多的关注。1999 年以前，运河东部地区尚属农村，河道周边多为农田，自1999 年北运河通州段清淤拓宽以来，河东地区发展增速。2002 年运河东岸开始治理，使人们对运河的关注更近了一步。2004 年通州区委、区政府下决心对运河进行生态治理，历经三年时间进行了河道拓宽、绿化、美化，使运河面貌焕然一新，大大推动了河东新城的发展。生态治理主要对北运河通州城市段长 11.2 km（北关闸—甘棠橡胶坝）河道进行了疏挖、拓宽，主河槽按照 20 年一遇洪水标准设计，由原 60 ~ 90 m 拓宽至 200 m；通过新筑堤和调整堤防，提高了行洪标准；治理过程中对河道左右两岸 14.3 km 新堤进行绿化，并进行了险工险段护砌、新挖子河、配套建筑物改建等。通过建设浅水湾、生态岛、鸟岛等，增加了蓄水量，改善了生态环境，提高了泄洪能力，增加了河道亮点。

在治理中，根据河道现状采取亦直则直、亦宽则宽、亦窄则窄的治河理念，重点突出生态、自然的特点。在设计上，采取了符合生态景观建设要求的缓坡形式，河道主槽边坡及堤防内边坡均为 1∶5，堤防外边坡为 1∶8，便于自然及人工生态景观的形成。通过治理，建成 3 块河滩湿地共 17 万 m^2；建成生态岛和鸟岛各 1 处共 18 万 m^2，为整个河道增添了景观亮点。工程完成后，使运河水面明显增加，河道蓄水面积达到 291 万 m^2，蓄水量达到914 万 m^3，有效改善了周边生态环境，吸引众多鸟儿来此安家，形成了一幅百鸟栖息、绿草茵茵、自然和谐的生态画面。

2　北运河通州段水体亟待还清

北运河变美了，河东新城也依托运河景观快速发展起来，打破了过去"通州人不住运河东"的说法，从一个侧面反映了运河治理的效果。但随着河东新城的发展以及运河游的兴起，人们对运河的关注度空前提高，对运河的期望值也随之越来越高，那就是还清运河水体，这也是水务工作不断向前发展的必然要求。

"长城一撇，运河一捺"是对运河悠久历史和重要地位的真实写照。历史上的运河不仅对沟通南北经济起到了重要作用,而且清洁的水源、优美的环境成为周边百姓的福祉。随着社会的变迁,运河历尽沧桑。特别是到了社会经济快速发展的今天,北运河流域人口数量不断增加,工业企业、畜牧养殖业规模不断扩大,污水的排放量日益加大,运河水质不断恶化。加之降雨量减少,雨洪入河量不足,更加重了运河水质恶化的趋势。目前,通州境内北运河水系水体水质均不满足相应水环境功能的需求,为劣 V 类水体,而且地下水质也受到不同程度的污染。

水是城市的灵魂,健康的水生态环境是创造良好人居环境的重要基础,是城市可持续发展的重要支撑。北运河的水环境已不适应通州社会、经济、城市的发展,并引起了政府有关部门和当地人民群众的关注。

北京市总体规划提出了"两轴—两带—多中心"的空间结构,把通州作为重点建设新城,承担着疏解中心城市人口的重要职能,定位为"北京市区域服务中心、文化产业基地、滨水宜居新城"。通州新城规划提出:通州新城建设空间上主要向东南发展,将运河以东地区作为引导发展行政办公、金融服务等功能的重要区域,而目前北运河的水环境状况,毋庸置疑已成为制约通州社会经济可持续发展、和谐进步的重要因素。因此,改善北运河水环境,提高其水体质量,对促进通州的社会经济发展、促进北京市水资源可持续利用是十分必要的。

另外,北运河作为北京水系的重要组成部分,北运河的水环境质量将直接关系到北京市整体的水资源可持续利用和发展进程。通州是北京市东南郊的主要排灌区,改善北运河水质,提高流域水资源利用程度,是北京市水资源可持续利用的迫切需要,对于实现北京市环境和社会经济的协调发展和可持续发展具有重要意义。

3 关于运河水体还清的意见

北运河在通州境内全长 42 km,新城段 11.2 km,针对目前运河水质情况和通州发展需求,结合水务工作实际,对改善运河水环境进行认真的思考、探索及对策分析,现特提出北运河水体还清的几点意见。

3.1 禁止污水入河

通州区北运河位于九河下梢,每年接纳上游大量来水。上游污水、工业废水也流入河道,加之通州自身污水也排入河道,因此运河水体还清、截污、治污是关键。通州北部地区的通惠河、坝河、小汤沟、温榆河、小中河段污水必须截流、处理、达标排放,特别是对通惠河、北运河沿线的污水口更要严格处理,保证达标排放,其具体处理方式应根据实际情况,采取不同工艺,尽可能选用达标低耗、节能处理方案。

3.2 汛期存蓄雨洪

北京降雨量较大的时段一般都集中在 7 月下旬和 8 月上旬。近年来的汛期降雨特点集中为极端、突发恶劣天气较多,即局部瞬时雨量较大,容易形成径流。因此,应利用汛期初期降雨先冲洗河道,待河道相对清洁后再逐步蓄水;在主汛期后期要千方百计把雨水留住,这样既不影响行洪,又同时将清水蓄满河道。由于河水蒸发渗漏,要想保持河道清洁水位,就要有相应补水措施,且补水量要大于河道蒸发渗漏量,保持水的流动,防止水华。

3.3 关闭主闸,适时开启

北运河北关分洪枢纽处于北运河源头,由于闸上下游水质不同,闸下水质优于闸上水质,拦河闸的开启会影响下游水质。因此,减少拦河闸启动次数,不仅可以改善下游水质,也可以节约资源。拦河闸关闭后,会使上游水位上升,形成上下游水位差,可以利用这个水位差,通过现有排水沟渠或在高压走廊下重新设计景观输水渠道,充分利用河道自净或其他水质净化措施,可以改善水质,最后实现达标入河。

3.4 加快河东水系治理

根据现场勘查和基础调研,目前运河以东区域水体的基本结构和水力状况,具备生态河道构建及生态治理的基础条件。目前,河东沟渠有丰字沟、减运沟、榆武沟都与运河相通。其中丰字沟长 3.05 km、减运沟 5.23 km、榆武沟 3.75 km,在这样的水渠里,采取强化型生物塘技术、人工湿地技术、河道曝气等生态治理技术,都可以实现改善水质的目标。首先在水系两侧控制面源污染、封堵污水口,采取高效污水处理技术,使之达标排入水系;其次在水系两岸坡,应用生物互利共生原理、生态位原理、生物群落的环境功能原理等乔灌草合理配置,种植适宜多样的植被,特别是水生植物的恢复,更利于水体净化;最后利用水系两侧现有的坑塘、浅滩,采用人工湿地、稳定塘、生物浮床等技术净化水质。总之,采取生态治理与生态净化的生态修复治理办法,使河道生态自净,即减少运行费用,又能改善生态环境,且使河水还清,使大小河流生趣盎然,形成高效和谐的自然河道景观,使之成为生命河道。

3.5 充分补充再生水

河东新城在建设之中,近期产生污水量可达 2 万 t,中期可达 5 万 t,而北运河北关闸至甘棠橡胶坝日蒸发渗透量约 5 万 t(专家测算),所以河东再生水建设应达到 5 万 t,近期污水不足,可用河水代替,处理达标后补充河道,以满足河道 5 万 t 的需求量。随着城市规模的扩大,污水的增多一旦达到 5 万 t 的污水量时,则不再需要通过处理河水补给了。随着上游河道水体还清,河道补水量可逐步减少,再生水厂处理后的中水则可用于城市杂用等。

3.6 运行管理,强化联动

改善运河水体,除采取一些有效的技术措施,还要有相关部门的协调配合及全社会的共同努力,特别是水利、环保、乡镇等部门的联动协作和密切配合。如:治污问题,水利、环保联合控制污水排入河道,严格执法;水资源调度问题,水务局要与河道管理部门一起制定调度方案,确保汛后存一库好水。

4 结语

根据北京城市空间发展战略研究,未来北京市域空间发展将形成"两轴—两带—多中心"的城市空间新格局。通州区将成为北京市"东部发展带"新城区的发展中心之一,相应地,纵贯区内的北运河也将由原来的郊区河道变为通州新城的城市河道,河道功能也将随着城区功能的转变而发生变化。同时,北运河水系作为北京外环水系环绕城市最长的河道,对北京市东部的生态环境起着非常重要的作用。因此,还清运河,势在必行。

作者简介:曹岳(1955—),通州区水务局副局长,高级工程师。

通州区水资源战略浅析

高 乐

（北京市通州区水务局，北京　101100）

摘　要：本文以通州区水资源战略为出发点，结合通州供水现状和污水、再生水利用现状，实际、全面、系统地阐述了通州区水资源战略转变过程中的关键环节，对改善通州区生态环境、促进水资源合理利用、缓解通州区水资源供需矛盾所具有重要的参考意义。重点论述如下问题：①以通州区水资源现状为基础，结合通州供水形势探讨通州区水资源战略可持续性发展；②以碧水污水处理厂为突破点，全面推动通州区污水资源化利用战略，打造通州新城核心区人水和谐生态环境；③借鉴国内外经验并结合通州区的实际情况，提出通州区水资源战略发展思路。

关键词：通州新城　水资源　战略　污水资源化

2009 年北京市委十届七次全会提出"集中力量聚焦通州，尽快建成与首都发展需要相适应的现代化国际新城"的目标，通州区政府在 2009 年工作报告中也强调未来几年是通州新城建设的关键时期。通州新城的中心区就在北运河、温榆河、通惠河、小中河、运潮减河五龙汇水之处。通州将迎来腾飞的新契机，古老运河文明的传承与再造将托起一座充满和谐的京东水城。

1　通州区水资源战略现状及可持续性发展

通州区位于北京东南郊，京杭大运河北端，地势低洼，多河汇聚，自古有"九河下梢"之称。流经境内的有潮白河、北运河两大水系，共有大小干支河流 13 条，其中的 10 条河流均为跨区河流，即流经上游区县后进入本区。这些河流是全市重要的排水渠道，占北京市城区国民生产总值 70% 的污水流经通州后出境。通州区的地表水主要由北运河水系入境，入境水包括天然径流、城区废污水以及灌溉回归水等。

1.1　地表水资源现状

北运河水系在通州区境内有 11 条支流，总长度 245.3 km，北运河水系年均出境水量 6.3 亿 m³，占全市出境水量的 74%，然而，由于污染严重，可利用水资源量不足 15%。通州区境内每年有总量 6 496 亿 t 的污水通过 143 个排污口排入北运河水系。境内外的排污使北运河水系水体污染愈加严重，现状水质均为劣 Ⅴ 类。

1.2　地下水资源现状

目前，通州区浅层承压水水位标高在 8 m 左右，深层承压水水位标高为 −16 ～ −11 m，从近 10 年的地下水位动态变化来看，浅层水下降了 4 ～ 5 m，深层水下降了 10 m。这与近年来连年干旱、深层地下水开采量较大、补给条件较差有关。目前，浅层承压水受多年人工开采影响，形成了以宋庄师姑庄、摇不动为中心的地下水降落漏斗，中心水位埋深超过 30 m,严重影响了周边农村的生产用水。此外,由于深层承压水是工业和生活用水的主要水源,在通州城区和南部柴厂屯地区形成了大范围的地下水降落漏斗,其中城区水位标高在 -24 m 以下,即水位埋深超过 46 m,是北京平原地区最大的地下水降落漏斗。通州区多年平均地下水可采资源量为 2.1 亿 m³,而目前实际开采量为 2.5 亿 m³,开采程度 119%,属于地下水超采区。

1.3　水质现状

2007~2008 年通州区水务局和通州区卫生局在全区范围开展了水质联合调查,调查中得出关于北运河及凉水河上、中、下游具有代表性的 20 个村、40 眼井的地下水水质状况:其中 20 眼深层井水质比较好,17 眼井达到地下水 Ⅲ 类标准,其余 3 眼井铁指标达到 Ⅳ 类。

其余 20 眼浅层井均不能达到地下水 Ⅲ 类标准,即不符合生活饮用水水源的要求。其中 4 眼井的砷指标、3 眼井氨氮指标、13 眼井铁指标达到 Ⅴ 类,3 眼井氟化物、1 眼井亚硝酸盐氮、1 眼井氯化物指标达到 Ⅳ 类。通州区氟离子浓度超标地区主要集中在东部、南部及西部地区,东部及南部的氟离子主要来源于地质结构,西部地区深层水中氟离子较低,浅层井中马桥、台湖地区氟离子较高,说明浅层水受到了工业污染。

由此看来,境内外污水的长期排放,已对北运河水系通州区境内的浅层地下水产生了一定影响,而通州区有 183 个村、7.4 万户、19.2 万人(占全区农业人口 55%)就生活在温榆河、北运河、小中河、萧太后河、玉带河、凉水河、凤港减河下游,距河道 2 km 的范围内。

1.4　通州区供水现状及发展

城区供水现状:通州城区范围内现有自来水厂一座,于 1986 年建成投产,水源全部采用地下水,设计供水能力 5 万 t/d。2008 年平均供水 4.7 万 t/d,目前水厂已经满负荷运转。通州自来水公司自采地下水 1 701 万 t,通过朝阳北路 DN1200 管线引京水 1 079 万 t,平均供水 7.6 万 t/d。

乡镇供水现状:通过农民安全饮水工程,截止到 2008 年底,通州区共解决了 382 个村、28.7 万农民的饮用水安全问题。新建集中水厂 3 座,原有水厂扩户 14 座。集中水厂供水覆盖 162 个村,联村供水覆盖 48 个村,单村供水覆盖 172 个村。2009 年通州区乡镇集中水厂、联村水厂和单村供水总供水量是 2 796.6 万 t,其中集中水厂和联村水厂供水 1 070.2 万 t。单村供水 1 726.4 万 t。

通州新城供水规划:根据《通州新城规划(2005 年 – 2020 年)》等相关文件划定的通州新城区控制范围 155 km²,包括现有城区四个街道办事处、永顺镇、梨园镇及潞城镇、宋庄镇、张家湾镇部分地区。据区自来水公司统计 2008 年通州新城区范围内自来水覆盖范围 51 km²,覆盖率仅为 33%。为建成与首都发展需要相适应的现代化国际新城,通州区将逐年改造新城范围内小区自备井供水,力争到 2020 年新城范围内的自来水覆盖率达到 100%。保障通州新城供水,通州区将配合南水北调工程,新建通州供水厂。新建通州水厂的拟开口位置在京沈高速与东五环路的东北角,规划水厂位于京沈与通马路的东北角,为即台湖镇铺头村,占地 30 hm²。新建通州水厂在 2014 年以前完成 20 万 t 的新建规模及输、配水管线工程的目标要求,通州区将在 2010 年底完成调研工作,2011 年完成前期工作,2012 年初启动水厂建设工程,2014 年完成 20 万 t 新建水厂及输配水管线工程。考虑通州新城发展,人口还会进一步增加,通州区规划已考虑二期水厂预留地。针对通州南部地区地下水超采严重,通州区将加紧启动永乐水厂前期工作,力争早日完成永乐水厂建设。形成一南一北两个供水厂的供水战略格局,同时将原有潞州水务公司供水厂作为备用水源。

2 碧水污水处理厂与通州污水资源化利用

碧水污水处理厂是通州区新城范围内中唯一运行的以处理生活污水为主的污水处理厂,是通州区城区再生水来源。通州区是一个严重缺水型城市,合理利用碧水污水处理厂处理水资源,对实现通州区国民经济可持续性发展、缓解通州区水资源供需矛盾具有重要意义。碧水污水处理厂采用 DCWWRR 技术,出水水质达到《城镇污水处理厂污染物排放标准》(GB 18918—2002)中的一级 B 标准。该处理厂设计规模 10 万 t/d,最大日处理能力 13 万 t/d。控制范围为通州与朝阳界以东,北运河与六环路以西,外环路以北,温榆河西路以南的新城地区,汇水面积约 43 km²。目前,污水处理厂汇水范围为京津公路以东,北运河滨河路以西,内环路以北,通惠河以南,汇水面积 12 km²,处理污水 7 万 ~ 8 万 t/d。目前碧水污水处理厂已经向三河热电厂提供冷却用水,近期碧水污水处理厂还将建设 5 万 t/d 的中水回用工程。该工程能达到开源节流的目的。

在碧水污水处理厂未运行前,通州区污水资源化利用零星分布,没有形成规模效应,个别小区还发生过中水管道与供水管道贯通引发的水污染事件。碧水污水处理厂中水回用工程经过了充分的前期研究工作,详细调查分析潜在主要用水用户。回用工程方案结合了城市水系、园林、道路及工业布局现状,充分利用城市现有设施,降低工程投资。该工程方案的实施,可以在一定程度上缓解通州区水资源紧缺的局面,能为通州新城核心区节约大量地下水资源,对地下水资源保护具有较大的作用。

碧水污水处理厂升级改造工程:由于碧水污水处理厂出水中氮和磷的含量较高,会直接影响回用水水质,必须对该厂进行技术改造,进一步提高该厂出水水质。初步计划在十二五期间对该厂进行改造工程。改造规模为增加污水处理量并提高出水水质,即对碧水污水处理厂一期工程(13 万 m³/d)进行改造。该改造工程分两步进行。第一步改造后使出水水质优于目前出水的水质,降低出水水质中总磷和氨氮的含量。第二步改造使该厂污水处理量进一增加。

深度处理措施:碧水污水处理厂出水水质水量稳定,达到设计要求,但还不能满足部分用户用水标准,而绿化用水和道路喷洒等市政杂用水水质对人类健康和城市环境会产生影响,因此碧水污水处理厂出水必须在回用前进行深度处理,以满足部分用户相应标准。通州区水务局在十二五期间考虑在碧水污水处理厂增加相应处理技术,彻底改善污水处理厂周边环境,发挥 DCWWRR 技术特点,营造整体生态景观。

3 通州水战略发展思路

(1)建立健全相关法律法规与鼓励机制。目前我国大部分城市还没有污水回用规划,污水回用的法规还不健全,建议国家制定有关法规和政策,促进城市污水回用设施的发展。在通州新城专项规划时,引入污水资源化的内容,将污水收集系统、污水处理厂的建设与升级、污水再利用用户及回用系统的建设等因素综合考虑,使污水资源化工程的实施随着新城建设的发展,在规划的统一指导下进行。加大监督和宣传力度,从立法的角度制定切实可行的排水、水污染管理办法,规范排水、水污染的建设及管理活动,为水污染治理创造有利条件。同时,建立联合执法机构,加强对水污染治理、污水排放等法律法规的宣传力度;切实强化监管力度,对各种偷排、不达标排放及违法排放现象予以严惩。加大对水资源的保护力度。

(2)建立较为完善的市、区财政支持和激励机制。针对目前污水处理厂运行困难和激励机制覆盖范围不够的实际情况,建议建立支持污水处理厂建后运行管理机制;加强市、区两级财政的支持,确保污水处理厂建立一个、运行一个;按照"谁污染、谁负责"的原则建立奖惩机制,加强对中水回用户的资金鼓励,加强对达标排放企业的奖励力度和对不达标排放企业的惩罚力度。

(3)流域水资源补偿机制亟待建立。在严重缺水区域,实现水资源的合理配置和高效利用,关键在于建立政府和市场双向调节的水资源调度管理机制,从制度和机制上保证水资源的合理分配、使用和保护,逐步形成与市场经济体制相配套的水资源管理体制、分配方式和补偿机制。这是经过国内外水资源管理实践广泛证明了的。具体到通州地区,区水务局认为,应以水权、水市场理论为指导,以流域水资源总体规划为基础,以实现上下游地区水资源保护的外部效应内在化为目的,遵循"平等协商、注重公平、兼顾效率、受益补偿"的原则,充分发挥政府和市场两个机制的作用,综合运用多种补偿方式和手段,逐步建立起以初始水权分配为基础、以水权交易和补偿为手段、以流域水资源一体化管理为保障的水资源补偿机制,提高流域水资源配置效率,实现北京水资源可持续利用和保护。

(4)力争建议市政府加强资金支持和政策倾斜。我区地处九河下梢,境内北运河水系河道长、污水多、污染重,水污染治理难度很大,资金需求量大,而通州与上游区县相比,财政并不占优势。因此,在全市的北运河流域治理过程中,建议市政府对通州等地处北运河下游、受污染严重的区县给予政策上的扶持,并按照污水治理量、治理难度等因素按比例分配治理资金,在资金上给予支持。

(5)制定合理的收费机制和补偿机制。制定合理的自来水价格和水资源费,寻求适宜的贷款条件,使污水资源较之新鲜水资源具有价格优势,加速城市污水资源化的进程。为进一步推广中水回用,建议政府完善对污水处理厂与中水使用户的补偿机制。目前每吨中水价格1元,由于价格偏低,前期铺设中水管线投资较大,导致污水处理厂在售卖中水方面处于亏损状态,希望政府对污水处理厂给予政策和资金支撑。

作者简介:高乐,北京市通州区水务局供排水科,助理工程师。

城市雨水利用量的最大潜力值、
参考值和雨水利用程度研究

姜秀丽[1]　　武晓峰[2]

（北京市昌平区水务局,北京　102200;清华大学研究生院,北京　100084）

摘　要:目前,全世界很多国家在积极地实施雨水利用工程,力求充分利用水资源、修复城市生态环境、解决城市雨洪问题。本文提出了城市雨水利用量的最大潜力值、参考值和雨水利用程度的定义及其计算方法,并通过具体工程案例对这些概念进行了案例研究。这些概念的提出对城市雨水工程的建设和运行具有一定的指导意义。
关键词:城市雨水利用　城市雨水利用量最大潜力值　城市雨水利用量参考值　雨水利用程度

当前,水资源短缺和城市雨洪问题在我国的许多城市同时存在,这些问题同时影响和制约着城市的进一步发展。实施城市雨水利用工程是充分利用水资源、修复城市生态环境、解决城市排水和防洪问题的重要措施。

为了城市雨水利用工程的进一步完善,有一些问题尚需要探讨:城市需要建设雨水利用工程,但是城市雨水利用量的最大潜力是多少？为了解决雨水问题和生态问题,城市雨水利用工程至少应该利用多少雨水？雨水利用工程对雨水利用的程度有多大？本文正是基于对上述问题的思考,提出了城市雨水利用量的最大潜力值、参考值和雨水利用程度这些概念,并进行了案例研究。

1　城市雨水利用量的最大潜力值的定义和计算方法

把城市建成后无雨水利用工程状态下的降雨径流量定义为城市雨水利用量的最大潜力值。城市建成之前,城市下垫面具有一定的径流系数,降雨之后产生径流。城市建成之后,建筑物和硬化道路等不透水面积增加,透水面积相应减少,如果没有实施雨水利用工程,此时的径流系数就会增大到一定数值,降雨径流量也随之增大到一定数值;如果实施城市雨水利用工程,最多可以利用的雨水量就是此时的降雨径流量数值,因此称之为城市雨水利用量的最大潜力值。

城市雨水利用量最大潜力值的计算公式为:

$$W_{\max} = 0.001\alpha_1 PF \tag{1}$$

式中:$W_{\max}$ 为城市雨水利用量的最大潜力值,m^3;0.001 为单位换算系数;α_1 为多年平均降雨条件下,城市建成后,在无雨水利用措施时城市降雨径流系数;P 为研究区多年平均年降雨量,mm;F 为研究区域的面积,m^2。

2 城市雨水利用量参考值的定义和计算方法

把城市建成之后,在无雨水利用工程的情况下,相对于建成之前所增加的降雨径流量定义为城市雨水利用量的参考值。

在城市建成之前,下垫面一般是自然土壤和植被,或者是农田,降雨很容易被植物吸收或者入渗土壤形成地下水,降雨径流系数和径流量都比较小,生态系统处于比较稳定的状态。城市建成之后,由于不透水面积增加,降雨径流系数和径流量都会相应增加,如果没有城市雨水利用工程,这些增加的降雨径流会给城市带来一些问题,例如:这些径流无法渗透到土壤中,无法回补地下水,就会造成地下水位的下降及其相关的生态环境问题;当这些径流排出不畅时,就会产生地面积水,影响城市交通和生活环境。为了排出这些径流,需要投资建设城市排水管线,这就增加了城市的运行和管理成本。另外,在当前水资源紧缺的形势下,这些径流没有得到充分的利用就被排放出境,也加剧了水资源紧缺的形势。

实施城市雨水利用工程的目的正是为了解决以上问题。城市雨水利用工程可以增加雨水的渗透、回补地下水、减少地面积水、减少城市排水设施的建设和管理成本、改善城市生态环境。为了保证城市雨水利用工程能够实现这些目标,应该尽量把城市建成之后比建成之前增加的降雨径流量加以利用,尽量使降雨径流量恢复到城市建成前的数值,保证城市生态环境的健康和城市的发展。因此,把城市建成之后比建成之前增加的降雨径流量定义为城市雨水利用量的参考值。

城市雨水利用量参考值的计算公式为:

$$W_0 = 0.001(\alpha_1 - \alpha_0)PF \tag{2}$$

式中:W_0 为城市雨水利用量的参考值,m^3;0.001 为单位换算系数;α_1 为多年平均降雨条件下,城市建成后,在无雨水利用工程时城市降雨径流系数;α_0 为多年平均降雨条件下,城市建成前的降雨径流系数;P 为研究区多年平均年降雨量,mm;F 为研究区域的面积,m^2。

3 案例研究

本文选取的具体工程案例是北京市某单位办公区域的雨水利用工程。这项工程采用的雨水利用措施主要是透水地面、下凹绿地、景观水池、渗透式雨水收集装置和蓄水池。

在城市雨水利用量的最大潜力值和参考值计算中,用到的最重要的参数就是降雨径流系数。需要了解研究区的土地利用状况,确定研究区建成前的降雨径流系数,然后采用HYDRUS 改进模型 HYrunoff 计算求得研究区建成后、无雨水利用工程状态下的降雨径流系数,再计算得到研究区的雨水利用量的最大潜力值和参考值,最后通过雨水利用量计算雨水利用程度。

3.1 研究区土地利用状况介绍

研究区总面积 1 2961.86 m^2。在办公区域建成前全部为农田,办公区域建成之后,在雨水利用工程实施之前,研究区的透水面积为水平绿地面积,共计 4 587.23 m^2;不透水面积为建筑物和地面面积之和,共计 8 374.63 m^2。雨水利用工程将 3 144.83 m^2 的不透水地面改造为透水地面,将 4 569.23 m² 的水平绿地全部改造为下凹式绿地。在雨水利用工程实施之后,研究区的透水面积为透水地面和绿地面积之和,共计 7 714.06 m²;不透水面积为建筑物和不透水地面之和,共计 5 229.80 m²。

3.2　研究区雨水利用措施

3.2.1　安装雨水收集装置

雨水收集装置分为无渗透式和渗透式两种。无渗透式装置只有雨水输送功能,而渗透式装置具有雨水渗透和输送两种功能。渗透式雨水收集管道的管壁开孔率为 3%,渗透管道外网包裹碎石和土工布,如图 1 和图 2 所示,这样的管道使部分雨水渗入土壤,将另一部分没有入渗的雨水收集汇入蓄水池。

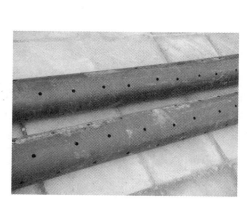

图 1　渗透式雨水收集管道　　　　　图 2　渗透式雨水收集管道安装剖面图

安装集水渗透雨水井(见图 3)、渗透式雨水口(见图 4)和渗透式树脂线性排水沟(见图 5),开孔率 3%,具有收集渗透功能,有一定沉砂容积。

  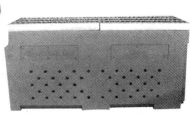

图 3　集水渗透雨水井　　　图 4　渗透式雨水口　　　图 5　渗透式树脂线性排水沟

3.2.2　铺设透水地面

铺设透水地面 3 144.83 m²,主要位于停车场和人行道。透水地面自下而上包括基层、透水混凝土垫层、细石透水混凝土找平层和陶瓷透水硅砂砖四部分。

3.2.3　安装地下蓄水池

地下蓄水池是一种由塑料模块组合而成的蓄水池,如图6所示,容积 160 m^3,蓄水池进水池与雨水收集管道的终端连接,出水口安装潜水泵。

3.2.4　铺设雨水回用管道

雨水回用管道(见图7)和蓄水池的潜水泵连接,向绿地、景观水池和洗车房供水,对雨水进行利用。

图6　塑料模块组合蓄水池　　　　　　　　图7　雨水回用管道

3.2.5　修建景观水池

景观水池占地面积 18 m^2,体积 11 m^3,养殖观赏鱼,种植少量水草。景观水池可以直接收集各时段降雨;当降雨不足时,从蓄水池调水补充。

3.2.6　绿地改造

将原有的水平绿地改建为下凹式绿地,面积 4 569.23 m^2,并安装雨水喷灌系统,雨水不足时,喷灌系统可接入备用自来水水源。

3.3　研究区建成前、后的降雨径流系数的确定

研究区在建成之前,该地区为普通农田,依据《建筑与小区雨水利用工程技术规范》(GB 50400—2006)对径流系数的规定,确定研究区建成前的降雨径流系数 α_0 取 0.15。

根据研究区的土地利用状况和北京市 1956~2001 年逐日降雨系列资料,应用清华大学水文水资源研究所研发的 HYrunoff 模型,计算得到在无雨水利用措施的情况下,研究区建成后的多年平均降雨径流系数 α_1 为 0.601。

3.4　计算研究区雨水利用量的最大潜力值和参考值

根据北京市 1956~2001 年逐日降雨系列资料,统计得到多年平均降雨量为 600.14 mm,研究区面积为 12 961.86 m^2,研究区建成后的多年平均降雨径流系数 α_1 为 0.601,将数据代入式(1),计算出研究区雨水利用量的最大潜力值 W_{max} = 4 675.14 m^3。

研究区建成前的降雨径流系数 α_0 已经确定为 0.15,将数据代入式(2),计算出研究区雨水利用量的参考值 W_0 = 3 508.30 m^3。

4　对工程案例的雨水利用量程度进行分析

经过计算,在工程案例中,透水地面平均每年雨水渗透量 W_1 为 290.65 m^3,下凹式绿地平均每年雨水渗透量 W_2 为 101.46 m^3,景观水池平均每年拦蓄雨水量 W_3 为 10.8 m^3,

渗透式雨水收集装置的雨水渗透量 W_4 为 105.64 m^3，地下蓄水池的雨水利用量 W_5 为 3 217.76 m^3，相加得到整个雨水利用工程平均每年的雨水利用量 W_t 为 3 726.31 m^3。

工程的实际雨水利用量是各种雨水利用措施平均每年雨水利用量之和，是一个绝对的数量概念。在此提出一个相对的概念：城市雨水利用工程的雨水利用程度。

城市雨水利用工程的雨水利用程度分为两种：

（1）一种是相对于雨水利用参考值的雨水利用程度，即工程的实际雨水利用量占雨水利用量参考值的百分比，记做 C_1，计算公式如下：

$$C_1 = \frac{W_t}{W_0} \times 100\% \tag{3}$$

式中：C_1 为相对于雨水利用量参考值的雨水利用程度（%）；W_t 为城市雨水利用工程的实际雨水利用量，m^3；W_0 为城市雨水利用量的参考值，m^3。

将本工程的实际雨水利用量 3 726.31 m^3 和研究区雨水利用量的参考值 3 508.30 m^3 代入式（3），计算得出本工程相对于雨水利用量参考值的雨水利用程度 C_1 为 106.21%。说明雨水利用工程已经有效地利用了雨水资源，同时使研究区建成后的降雨径流量已经略小于建成前的降雨径流量。

（2）另一种是相对于雨水利用量最大潜力值的雨水利用程度，即工程的实际雨水利用量占雨水利用量最大潜力值的百分比记做 C_2，计算公式如下：

$$C_2 = \frac{W_t}{W_{max}} \times 100\% \tag{4}$$

式中：C_2 为相对于雨水利用量最大潜力值的雨水利用程度（%）；W_t 为城市雨水利用工程的实际雨水利用量，m^3；W_{max} 为城市雨水利用量的最大潜力值，m^3。

将工程案例的实际雨水利用量 3 726.31 m^3 和研究区雨水利用最大潜力值 4 675.14 m^3 代入式（4），计算得出本工程相对于雨水利用量最大潜力值的雨水利用程度 C_2 为 79.70%。说明工程的雨水利用量还有一定潜力可挖，如果雨水利用量更多，例如通过增加洗车房和绿地灌溉利用雨水的量来增加蓄水池的雨水利用量，整个工程的雨水利用程度还会有一定程度的提高。

5 结语

雨水利用工程是充分利用城市雨水资源、修复城市生态环境、解决城市雨洪问题的有效手段。在雨水利用工程的规划、设计阶段，如果能够定量地评价合理的雨水利用量将对工程的设计有重要的指导意义。本文围绕雨水利用工程研究区的合理雨水利用量问题提出了城市雨水利用量的最大潜力值和参考值两个概念。最大潜力值是指对研究区的地表径流量全部加以利用时可能利用的最大量，参考值是指利用城市建成后的一部分地表径流，使流出研究区的地表径流量与城市建设前的地表径流量一致，也就是指由于城市建设所多产生的地表径流量。在分析计算各种雨水利用工程措施对雨水利用量的贡献的基础上，提出雨水利用程度的概念有助于评价雨水利用工程的有效性。

本文在上述讨论的基础上，选择了一个具体的雨水利用工程案例，对这些概念及其使用进行了定量化研究。这些概念，应该在城市雨水利用工程的规划、设计、建设和运行中有效地使用,它们是雨水利用工程建设的有效依据,也是对工程成效进行评价的重要指标。

参 考 文 献

[1] 中华人民共和国建设部,中华人民共和国国家质量监督检验检疫总局. GB 50400—2006 建筑与小区雨水利用工程技术规范[S]. 北京:中国建筑工业出版社,2007.

[2] 陈少颖. 城市雨水资源利用潜力及评价方法研究[D]. 2009.

作者简介:姜秀丽(1978—),女,工程师,北京市昌平区水务局。联系地址:北京市昌平区昌平路25号。E-mail:waterjxl@163.com。

澄清回流污水处理工艺在
新农村建设中的应用
——以延庆县王泉营污水处理站为例

王宗亮[1]　段富平[2]　王亚平[3]

(1. 延庆县水务局, 北京　102100; 2. 北京壹方水环境工程有限公司, 北京　102100;
3. 北京市自来水集团水质监测中心延庆监测站, 北京　102100)

摘　要: 延庆县王泉营污水处理站在建设前, 通过对比采用了澄清回流污水处理工艺。本文介绍了澄清回流工艺原理及各个构筑物的设计参数。运行近一年来经延庆县环境检测中心检测, 出水水质已达到北京市地方一级 B 标准。该工艺与其他工艺相比具有投资小、占地面积小、运行费用低并且工艺操作性简单等特点。

关键词: 澄清回流　污水处理　工艺

1　概述

延庆县地表水主要来源于三库一闸、39 座塘坝和河流, 可利用水量为 1. 67 亿 m^3; 全县有机井 1 859 眼, 可供水量为 0. 86 亿 m^3。

根据延庆县国民经济和社会发展远景目标纲要及总体规划, 对全县生活、工业、农业和城市河湖环境需要进行预测。到 2010 年, 延庆县人均可利用水资源量为 470 m^3, 大大低于 1 000 m^3/人的重度缺水标准, 因此水资源短缺是延庆县经济建设和发展的突出制约因素。

中水回用是解决水资源危机的重要途径, 也是协调水资源与水环境的根本出路, 生活污水处理回用, 既能减少对地下水的开采, 又能给我们带来一定的经济效益。中水是指各种排水经处理后, 达到规定的水质标准, 可在生活、市政、环境等范围内杂用的非饮用水。因为它的水质指标低于生活饮用水的水质标准, 但又高于允许排放的污水的水质标准, 处于二者之间, 所以叫做中水。

由于受水资源短缺的困扰, 北京在加强节水意识以及研究城市废水再生与回用工作中取得了显著的成效。城镇农村污水回用就是将城市居民生活及生产中使用过的水经过处理后回用。具体有两种不同程度的回用: 一种是将污水处理到可饮用的程度, 另一种是将污水处理到非饮用的程度。对于前一种, 因其投资较高、工艺复杂, 非特缺水地区一般不常采用。在中水回用方面, 近年来延庆县也取得了一定的成效。中水也就是将人们在生活和生产中用过的优质杂排水(不含粪便和厨房排水)、杂排水(不含粪便污水)以及生

注: 本项目为北京市优秀人才资助项目。

活污(废)水经集流再生处理后回用,充当地面清洁、浇花、洗车、空调冷却、冲洗便器、消防等不与人体直接接触的杂用水。

2　工艺设计

2.1　设计水量水质及用水标准

本项目生活污水排放量约80 m³/d,本工程设计时考虑到因有调节池对水量的调节,后续构筑物的设计处理能力为3.75 m³/h。污水处理后全部回用于绿化等,污水深度处理部分的处理能力为3.75 m³/h。经取样和参考类似工程设计经验,确定设计进出水水质见表1。中水用于景观环境用水,其水质应符合《北京市地方水污染物排放标准》(DB 11/307—2005)的规定。中水用做城市杂用水,其水质应符合《城市污水再生利用城市杂用水水质》(GB/T 18920—2002)的规定。

表1　设计进出水水质

项目	COD_{Cr}(mg/L)	BOD_5(mg/L)	SS(mg/L)	$NH_3 - N$(mg/L)	TP(mg/L)
原水水质	130 ~ 250	60 ~ 100	60 ~ 80	10 ~ 20	1.0 ~ 2.0
设计水质	250	100	80	20	2.0
出水水质	≤15	≤5	≤5	≤2.0	≤0.1

2.2　工艺选择

中水回用处理一般包括预处理、主处理及深度处理三个阶段。其中预处理阶段主要有格栅和调节池两个处理单元,主要作用是去除污水中的固体杂质和均匀水质;主处理阶段是中水回用处理的关键,主要作用是去除污水的溶解性有机物;深度处理阶段主要以消毒处理为主,保证出水达到中水标准。

中水回用主处理技术主要包括生物处理法、物理化学处理法及膜分离法。其中生物处理法是利用水中微生物的吸附、氧化分解污水中的有机物,包括好氧和厌氧微生物处理,一般采用多种工艺相结合的办法;物理化学处理法以 Na 吸附技术及硅藻土吸附等方式,以提高出水水质;膜分离法一般采用超滤(微滤)或反渗透膜处理,其优点是 SS 去除率很高,占地面积少。

中水回用处理为达到最佳的处理效果,一般采用多种工艺相结合的办法。根据目前国内外中水回用处理技术的发展状况,相关专家学者总结出国内外常用的典型工艺流程,见表2。

表2 中第1项和第4项是以物理化学处理为主的处理流程,处理方法主要以吸附为主,具有流程简单、占地面积小、设备密闭性好、无臭味、易管理的特点。第2、3、5项是以生化处理为主的处理流程。以优质杂排水和杂排水为中水水源时,采用生化处理的目的是去除水中的洗涤剂。过去常采用生物转盘法,因室内臭味问题一直未能解决,所以成功实例不多,目前,多采用接触生物膜法。以生活排水为中水水源,采用二级生化处理时,多采用 A/O 法和 A²/O 法。第6项为物理化学处理与生化处理相结合的处理流程,具有装

置简单、可以间断运行和无污泥的特点。

表2　中水回用处理典型工艺流程

序号	处 理 流 程
1	格栅→调节池→钠吸附→化学氧化→消毒
2	格栅→调节池→一级生化处理→过滤→消毒
3	格栅→调节池→一级生化处理→沉淀→二级生化处理→沉淀→过滤→消毒
4	格栅→调节池→澄清回流→硅藻土吸附→过滤→消毒
5	格栅→调节池→一级生化处理→二级生化处理→混凝沉淀→过滤→消毒
6	格栅→调节池→生化处理→膜处理→消毒

随着中水回用处理技术的不断发展,越来越多的新技术被广泛应用,其中以臭氧氧化消毒技术及连续超滤技术表现得最为突出。O_3作为高效的无二次污染的氧化剂,是常用氧化剂中氧化能力最强的($O_3 > ClO_2 > Cl_2 > NH_2Cl$),其氧化能力是氯的2倍,杀菌能力是氯的数百倍,能够氧化分解水中的有机物,氧化去除无机还原物质,能极迅速地杀灭水中的细菌、藻类、病原体等。

本工程即采用格栅→调节池→澄清回流→硅藻土吸附→过滤→消毒等主要工艺,经过有机合理的组合,以期达到最佳的处理效果,满足回用要求。

2.3　工艺流程

根据处理的废水水量、水质及处理要求,本方案采用生化处理与物理化学处理相结合的工艺思路,工艺流程如图1所示。

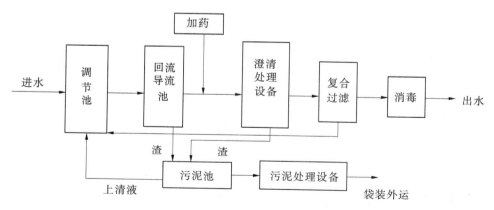

图1　中水回用处理工艺流程

3　澄清回流工艺原理

3.1　硅藻土特性

硅藻是一种单细胞藻类,它的形体极为微小,在水体中以惊人的速度生长繁殖,它们的遗骸沉积后形成硅藻土。经过筛选,把硅藻富集到92%以上成为精土,颜色为白色或灰色,紧堆密度 0.3~0.4 g/cm³,比表面积 50~60 m²/g,数量 2 亿~2.5 亿个/g,孔体积 0.6~0.8 cm³/g,孔直径 7~125 nm,吸水后能达到自身重量的 3~4 倍(见图 2)。具有体轻、质软、多孔、隔音、耐酸、比表面积大、化学性质稳定、热稳定和吸附能力强等特点。在水处理中,根据污水的类别在精土中加一定量的改性物质,改性配制成处理各种水质的硅藻精土水处理剂(见表 3)。

表 3　硅藻精土的物理特性

颜色	紧堆密度	比表面积	数量	孔体积	吸水率	孔直径
白色	0.3~0.4 g/cm³	50~60 m²/g	2 亿~2.5 亿个/g	0.6~0.8 cm³/g	能吸收自重的 3~4 倍	7~125 nm

3.2　澄清工艺

　　澄清工艺(又称硅藻水处理工艺)是利用硅藻水处理剂,配合高效水力循环澄清池来达到污水净化的一项污水处理物理化学处理技术。

　　污水处理工艺要点是,硅藻在精选过程中把与硅藻共生的杂质分离除去,这样使硅藻表面本已平衡的电位形成不平衡电位,在水处理时,硅藻精土处理剂被微量加入污水中后,在高速搅拌,或在抽吸污水的水泵叶片旋转下,瞬间散于水体之中,硅藻表面的不平衡电位能中和悬浮离子的带电性,使胶体颗粒的胶团结构的电位减小或为零,从而达到胶体颗粒脱稳作用的目的,促使水中的污染物快速絮凝、沉淀。加上硅藻巨大的表面积、巨大的孔体积和较强的吸附力,把细微和超细微物质吸附到硅藻表面,形成链式结构。由非晶体活性二氧

图 2　硅藻土吸水后示意

化硅组成的硅藻,具有在水体中积聚和自由沉降为硅藻饼的性能。再加上精土被改性后产生的絮凝作用加快硅藻等凝聚到水底形成硅藻饼的速度,使硅藻吸附时电位中和,污染物质和细菌瞬间下沉与水体分离,清水向前流出。

　　当沉渣被排放在负压脱水机上时,负压脱水部分的脱水过程可分为两个阶段,进料随滤布移动,污泥经布泥挡板均匀分布到滤带上,靠重力过滤脱水,随后将污泥输入上下层滤布之间,随着上下滤布的间隙逐渐变狭和一系列压辊的挤压,以波形运动的方式压榨脱水。沉渣被吸附着留在滤布上而水质透过硅藻被过滤到滤布外,排出的水质更为清净,而沉渣成饼状装袋取走,从而达到污水处理为清水的目的。

3.3　回流工艺

　　回流工艺是在传统的活性污泥法的基础上发展起来的一种污水处理方法,在处理池内没有明显分厌氧—缺氧—好氧三个不同的功能分区,污水在流经处理池的过程中,每个阶段的给氧量是不同的,在污水刚进入处理池的前段给氧量极少,随着污水的向前流动给氧量逐渐增加,至导流板前给氧量最大(DO 值不低于 5 mg/L),经导流板流至分离区,清水从上部流出,绝大部分活性污泥经斜板回流到双面导流池下部,多余的污泥由潜污泵抽出。

回流工艺污水处理除氮的原理和普通的活性污泥法除氮是相同的,但在回流池中回流污泥不经任何抽吸(回流泵),自然流回处理池,这样活性污泥中大量的菌胶团不会受到破坏,对污水中脱氮的反硝化过程效果非常明显,增强了脱氮的功能。再加上回流池的特殊结构,在潜污泵、导流板、斜板的作用下,对污泥具有自主选择的功能。

经过澄清回流工艺处理过的水再通过过滤和消毒,即可使出水水质达到回用水指标,循环使用。

4 主要建、构筑物尺寸及设计参数

4.1 格栅

格栅用于去除污水中大块悬浮固体,格栅井宽1.0 m、深1.0 m、长3 m。格栅栅隙10 mm,采用人工格栅。

4.2 调节池

收集贮存原水,调节水量、水质,保证后续处理设施稳定运转。采用地埋式钢筋混凝土结构,尺寸 $L \times B \times H = 3.4 \text{ m} \times 5.4 \text{ m} \times 3.5 \text{ m}$,有效容积为 64.2 m^3。调节池中的污泥可根据实际情况每年定期清挖一次。

4.3 回流池

污水在回流池中进行生化处理,利用活性污泥去除污水中的有机污染物。采用钢结构的尺寸为 $L \times B \times H = 7.0 \text{ m} \times 2.0 \text{ m} \times 2.0 \text{ m}^3$,有效容积为 28 m^3,水力停留时间为8 h,汽水比为10:1。

4.4 澄清处理设备

澄清处理设备是硅藻土处理污水的主要场所,采用钢结构的尺寸为 $\phi 2.56 \text{ m}$、高2.80 m,1座。设备从进水到出水停留时间约2 h。

4.5 中间水池

采用钢结构,尺寸 $\phi 2.0 \text{ m}$、高2.5 m,有效容积约7 m^3。

4.6 清水池

采用钢结构,尺寸 $\phi 2.0 \text{ m}$、高2.5 m,有效容积约7 m^3。

4.7 设备房、控制室

砖混结构,尺寸13.5 m × 9.5 m,总面积128.25 m^2。

4.8 复合过滤器

碳钢结构,尺寸 $\phi 0.8 \text{ m}$、高1.5 m,滤速0.7 m/s。

5 工艺运行效果及成本

王泉营污水处理厂自投产运行至今,100%以上的时间出水达到了北京市地方标准《水污染排放标准》(DB 11/307—2005)一级B标准。在工程运行初期,经延庆县环境检测中心的检测达到了北京市地方标准《水污染排放标准》(DB 11/307—2005)一级A标准。表4为污水处理厂出水经延庆县环境检测中心的检测结果。

表4 污水处理厂的检测结果

项目	BOD$_5$	COD$_{Cr}$	SS	NH$_3$-N	TP	pH 值
进水指标(mg/L)	72	153	48	13.4	1.29	6~9
出水指标(mg/L)	<2	8	<5	<0.025	0.25	6~9

6 结语

澄清回流工艺与传统工艺相比,集吸附、混凝、过滤和生化于一体,工艺非常简单,易于运行,操作简便,且占地面积少,投资小,运行成本低,出水清澈透明,可使污水达到循环再生使用的目的。其可用于多种工业废水和城市生活污水的处理,具有良好的应用前景。

参 考 文 献

[1] 蒋小红,曹达文,等.改性硅藻土处理城市污水技术的可行性研究[J].上海环境科学,2003,22(12).
[2] 唐丽虹.A/O硅藻土污水处理工艺设计与运行[J].给水排水,2009(1).

作者简介:王宗亮(1971—),男,高级工程师。

城市再生水利用系统规划
供需平衡及压力分析
——以北京市大兴新城为例

廖昭华　　张卫红

（北京市城市规划设计研究院，北京　　100045）

摘　要：目前城市再生水利用系统规划的编制没有规范及标准可依，一般参考城市供水规划规范。由于再生水在水源、水质、用水对象和用水行为等方面均不同于自来水，采用城市供水规划规范指导再生水利用系统规划方案的编制，在一些主要技术指标上存在差异，如再生水可用水源与需求量在月际平衡上有较大差异，即使在年水量供需平衡的条件下也同样有较大差异，并且这些差异直接影响到城市再生水利用系统的建设和使用。本文根据再生水利用的特点，重点分析了再生水可供水量与需水量的年内变化情况，提出月际供需平衡思路，同时简要分析了再生水用户的压力需求，提出了城市再生水利用系统适宜的供水压力，最后就再生水利用需进一步研究的问题进行了简述。

关键词：城市　再生水利用系统　规划　供需平衡

1　引言

水资源作为人类最重要的生产、生活和生态资源，长久以来采取的是供给—使用—排放的管理模式，给水资源、能源和环境带来巨大的压力，尤其在北方缺水地区，长此以往，对城市及区域的生态、环境和地质造成持续的破坏，制约了城乡发展。尽管北京采取了内部调整产业结构、开辟应急水源、节约用水，外部实施南水北调等一系列管理和工程措施，水资源的承载力和如何循环利用仍是北京城市可持续发展的关键问题之一。大力发展城市再生水利用系统建设及提高再生水普及率，能有效改善北方缺水地区（尤其首都特大城市组团）的水资源条件，并带来积极的社会、环境和生态效应。

2　再生水利用的意义

由于水资源极度紧缺，北京仅有限保障了最重要水域的景观用水，其余大部分水域均处于水源严重不足、水环境恶化的局面，同时还要将宝贵的自来水供给绿化及道路浇洒降尘使用。因此，提高城市用水循环率和再生水利用水平，以低质再生水部分替代优质自来水用于生态环境及市政杂用，能有效地缓解缺水压力，对改善生态环境、建设宜居北京提供了最基本的环境保障。

3 再生水利用的对象

从水质安全、环保要求、公众心理、技术条件和经济效益等方面综合考虑,城市再生水用户可分为生态环境和市政杂用两大类,其中生态环境用户包括绿地浇洒、河湖景观用水,市政杂用包括道路冲刷压尘、建筑冲厕(含住宅和公建冲厕)、工业杂用等用水。

北方地区环境及道路用水受气候影响呈季节性变化,在冬季较长时期内用水停滞;而工业和建筑冲厕用水基本不受气候影响,可以保障稳定的用水需求,对再生水供水系统的平稳运行较为有利;但受现阶段公众对再生水冲厕的心理排斥及投资成本较高等影响,其发展缓慢。所以,现阶段城市再生水利用系统应根据城市特点和用水构成优先回用于生态环境、道路冲刷降尘和工业杂用,同时保留建筑冲厕的设施条件,待城市经济条件和社会环保意识提高后再逐步以再生水取代自来水用于建筑冲厕。

4 再生水利用的特点

再生水可用水源不同于城市供水水源,受季节影响保证率不高,用户对管网压力和需求量不统一,供给系统比自来水供给系统更为复杂。具体体现在以下几方面:

(1)自来水水源一般来源于江河、水库或地下水,具有水量可调节、水源可调配、保证率高等特性,而再生水水源来源于污水处理厂,具有水量不均匀、水源单一、水量不可调节、水源不可调配、保证率不高等特性。

(2)自来水服务于整个城市,属于市民饮用的高质水;而再生水服务于城市中部分用户,属于非人体直接接触的低质水。

(3)城市自来水用水量月际变化较小,一般变化系数在1.3以内;而再生水用户除工业用水和建筑冲厕用水量较为稳定外,其余用户用水量在年内存在较大的月际变化,存在冬季低峰期再生水需求严重不足,春夏季高峰期再生水水源缺口较大的情况。以大兴新城2020年需水量预测为例,其自来水月际变化系数为1.11,再生水月际变化系数为1.81;自来水高日变化系数为1.25,再生水高日变化系数为1.46。

5 再生水供需平衡

目前的再生水利用系统规划以平均日及年供水量与高日及年需水量进行供需平衡,该方法忽略了再生水年内不同时期供需的水量差异,未能解决可用水量季节变化与需求量不匹配、存在高低峰时期的供需矛盾问题,所以在编制再生水利用系统规划时,有必要进行更详细的再生水月供需平衡分析,在此基础上进行工程规划方案的比选。下面以大兴新城为例,说明再生水不同时期供水量与需水量之间的特点及关系。

5.1 可供水量月际变化

城市再生水水源来源于供水—使用—排放—处理—再生水的循环链条,由于城市自来水用水量存在着年内月际变化,所以再生水厂水源来水量的变化过程与供水量变化过程具有密切的关联性和一致性。图1为大兴新城近年自来水月平均供水量柱状图。

由于大兴城市发展远未实现规划目标,其现状用水曲线并不能真实反映远期城市用水规律,因此考虑已基本建成的北京市中心城区现状用水过程近似代表大兴新城在规划

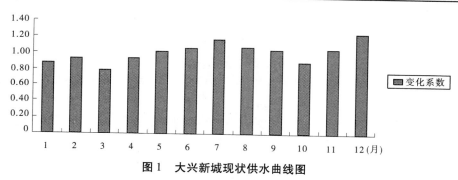

图1　大兴新城现状供水曲线图

水平年的用水规律。图2为北京市中心城区近年自来水月平均供水量柱状图。

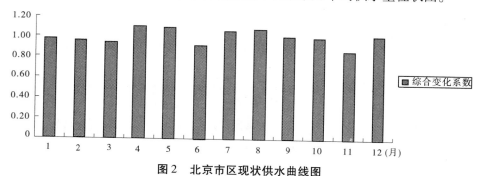

图2　北京市区现状供水曲线图

假定污水排除率在月际变化中为常数且对污水全部进行处理,根据以上自来水月平均供水量变化情况,可见由自来水—污水—再生水过程产生的再生水可供水量有一定的月际变化,在4月、5月、7月、8月较高,6月、11月较低。

大兴新城范围内规划共有3座污水处理厂,根据相关专项规划确定的城市污水量,按以上变化曲线,假定对城市污水全部进行深度处理,大兴新城逐月最大可供再生水量如表1所示。

表1　大兴新城逐月最大可供水量　　　　　　　　　（单位:万 m³）

月份	1	2	3	4	5	6	7	8	9	10	11	12
变化系数	1.0	1.0	0.9	1.1	1.1	0.9	1.1	1.1	1.0	1.0	0.9	1.0
2020 年	14.4	14.1	13.8	16.2	16.1	13.5	15.5	15.8	14.9	14.6	12.7	14.8
远期	24.9	24.4	23.9	28.1	27.9	23.4	26.8	27.4	25.9	25.3	22.0	25.7

5.2　再生水需水量月际变化

再生水用水量受自然环境影响较大,其用水过程主要受大气降雨、环境和气候等因素的制约。目前,北京地区对再生水用户年需水量预测有统一的方法,本文根据北京地区的自然特点,对大兴新城再生水各用户用水规律以月为单位按照以下原则进行供需平衡分配(以月为单位可满足系统规划阶段的精度要求):

(1)春夏季属于扬尘天气多发季节,道路冲刷压尘常规在4~10月作业,共计7个月210 d,由于采取水车分散冲洒方式,可假定其逐月用水量基本一致。

（2）北京地区城市绿地一般可分为公共绿地、小区绿地、滨水绿地及防护绿地四类，不同类型的绿地灌溉作业方式基本一致，一般为3～11月，共计9个月270 d，其逐月用水量有详细统计资料，用水高峰集中在春季。

（3）工业杂用水考虑10个月用水期，假定此外2个月的工厂检修期安排在冬季。

（4）冲厕行为受季节气候影响很小，可认为其逐月用水量基本一致。

（5）河湖景观用水考虑北方地区冬季结冰，12月至2月不进行补水；夏季集中降雨，6～8月主雨季补水量考虑为其余月份的三分之一；3月和11月属于较寒冷季节、气温较低，水华现象不明显且居民亲水意愿较低，考虑补水量为其余月份的二分之一。大兴新城各再生水用户月际需水量见图3。

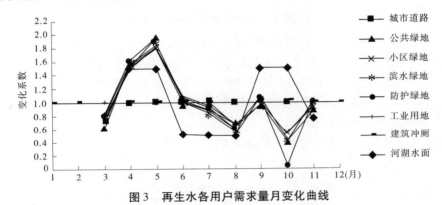

图3　再生水各用户需求量月变化曲线

大兴新城2020年规划有绿化用地3 243 hm²、道路用地1 276 hm²、工业用地1 081 hm²、水面186 hm²及人口60万人。根据相关方法计算各再生水用户年需水总量，并按上述原则将各再生水用户年需水量分配至各月，详见下表2。

表2　大兴新城2020年再生水用户需水量月变化　　（单位：万 m³）

对象/月份	年水量	1	2	3	4	5	6	7	8	9	10	11	12
道路用地	402.1	0.0	0.0	0.0	57.4	57.4	57.4	57.4	57.4	57.4	57.4	0.0	0.0
公共绿地	208.7	0.0	0.0	14.0	37.6	45.5	21.9	23.3	15.4	21.9	8.9	20.3	0.0
小区绿地	312.1	0.0	0.0	25.6	52.9	62.0	34.7	30.6	21.5	34.7	17.5	32.8	0.0
滨水绿地	63.5	0.0	0.0	5.5	10.9	12.7	7.3	5.8	4.0	7.3	2.9	7.0	0.0
防护绿地	194.2	0.0	0.0	16.8	35.0	41.1	22.8	19.4	13.3	22.8	1.0	21.6	0.0
工业用地	486.5	0.0	0.0	48.7	48.7	48.7	48.7	48.7	48.7	48.7	48.7	48.7	48.7
建筑冲厕	775.6	64.6	64.6	64.6	64.6	64.6	64.6	64.6	64.6	64.6	64.6	64.6	64.6
河湖补水	2 190.0	0.0	0.0	182.9	365.7	365.7	121.7	121.7	121.7	365.7	365.7	182.9	0.0
小计	4 632.6	64.6	64.6	356.9	672.9	697.7	379.3	371.7	346.9	623.2	566.6	376.0	113.3
均日需水量（加漏损）	5 188.6	2.4	2.4	13.2	24.8	25.7	14.0	13.7	12.8	23.0	20.9	13.9	4.2

大兴新城再生水总用水量月际变化过程见图 4。

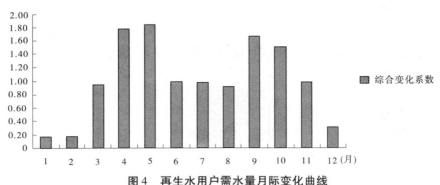

图 4　再生水用户需水量月际变化曲线

　　由图 3 可见,在每年 4 月、5 月、9 月、10 月,再生水用量处于高峰期;而在冬季除冲厕和工业杂用用水较为稳定外,其余用水基本停滞,再生水用量处于低峰期。

　　因再生水需求量主要根据用地面积预测,大兴新城远景规划用地规模与 2020 年基本一致,可近似认为再生水远景需水量与 2020 年基本一致。

5.3　再生水逐月供需平衡分析

　　根据前述再生水需水量预测和可供水量计算,大兴新城再生水月际供需平衡分析如表 3。

表 3　大兴新城再生水月际供需平衡分析　　　　　（单位:万 m³/d）

月份	1	2	3	4	5	6	7	8	9	10	11	12
2020 年可供水量	14.4	14.1	13.8	16.2	16.1	13.5	15.5	15.8	14.9	14.6	12.7	14.8
远景可供水量	24.9	24.4	23.9	28.1	27.9	23.4	26.8	27.4	25.9	25.3	22.0	25.7
平均日需水量	2.4	2.4	13.2	24.8	25.7	14.0	13.7	12.8	23.0	20.9	13.9	4.2
2020 年水量盈缺	12.0	11.7	0.6	-8.6	-9.6	-0.5	1.8	3.0	-8.1	-6.3	-1.2	10.6
远景水量盈缺	22.6	22.0	10.8	3.4	2.2	9.4	13.1	14.6	2.9	4.4	8.1	21.5

　　由表 3 可见,远景大兴新城可供再生水量基本能满足需求。

　　对于 2020 年,每年 4 月、5 月、9 月、10 月时,再生水用量处于高峰期,再生水厂提供的可供水量有很大缺口,需要由其他水源补充;此外,其余月份再生水厂可供水量多有富余。对于富余的再生水资源,建议可根据当地经济水平和河湖环境容纳要求等条件,采取两种运用方式:一是可提高向河湖水系和景观绿地的补水量,以改善滨水地区的环境和水体水质;二是可根据用户的实际需求量灵活安排再生水生产,富余二级退水处理达标后补给河道并向下游地区输送。

6 再生水二次供需平衡

根据以上供需平衡计算可知,对大兴新城而言,2020年4月、5月、9月、10月再生水可供水源均有不足,对高峰月水量缺口可以采取两种方式优化水源配置,一是对再生水需水量进行适当压缩调整,二是调用其他水源进行补充供水,下面以水源缺口最大的5月为例进行再生水二次供需优化。

6.1 需水量预测调整

由于再生水供水保障率较低,且生态环境对水资源的需求具有一定的弹性空间,考虑以下原则对各再生水用户5月份需水量进行适当调整。

(1)5月份属于干旱扬尘季节和植物生长旺盛时期,且降雨较少,需频繁进行喷洒压尘作业,同时考虑自来水和再生水水价不一、不同供水系统切换困难,不压缩绿化、道路浇洒和建筑冲厕三类用户的需水量。

(2)对于工业杂用水,其保障率偏低且调整对工业生产影响不大,规划适当压缩。

(3)5月份属于气温较低季节,水华现象不明显且居民亲水意愿较低,规划适当压缩。

以上对部分再生水用户的调整幅度以最大可供水量满足最低需水量为限。调整结果如表4所示。

表4 5月份再生水二次供需平衡 （单位:万 m³/d）

可供水量	用户	正常需水量	调整比例(%)	再生水分配量
16.07	绿地浇灌	5.41	100	5.41
	道路浇洒	1.91	100	1.91
	建筑冲厕	2.13	100	2.31
	工业杂用	1.62	50	0.81
	河湖补水	12.20	46	5.63
合计	含12%漏损	26.06	62	16.07

对于4、9、10等月再生水水源不足情况,均可采取上述方式,通过压缩部分保障率要求低的再生水用户需水量来实现供需平衡。

6.2 其他水源补充

对于高峰月份再生水水源不足情况,也考虑采取如下措施解决:

(1)部分水域可提高其水质标准和水体功能,其水源由其余清洁水源提供。

(2)再生水供水保证率较低,用水高峰期间可对大型景观湖泊适当采取内部水循环处理方式,以减少再生水外部补充水量。

(3)向有关部门申请环境用水,在流域上进行环境用水的统一调配。

(4)现状向大兴城市供水的浅层地下水因水质不达标,规划予以关停,不作为大兴新城2020年的城市自来水水源,可考虑由本地浅层地下水作为景观环境用水高峰月的调峰水源。

7　再生水管网压力分析

由于用水方式不同,不同再生水用户有不同的管网压力需求,根据各自特点可将再生水用户需求压力分为两类。

7.1　低压用户

低压用户包括道路浇洒及河道景观用水。道路浇洒采用水车自加压喷洒方式,对供水管网压力没有明确要求;河道景观用水若补水压力过高易对河床和护岸造成冲刷破坏,同时也会因流量较大而降低整体管网压力,影响其他用户供水。一般所需压力较低,不宜高于 1 kg。

7.2　中压用户

中压用户包括绿化和冲厕用水,目前城市绿化一般采用滴灌或喷灌方式,喷头的压力需求没有单一标准,绿化喷洒系统一般需根据外部管道实际压力进行设计,目前北京地区多数采用自加压方式,其外部供水管网压力一般需达到 3 kg;北京地区冲厕用水服务水头目前沿用自来水规范,一般采用 26 m。以上各再生水用户常规压力需求范围见表 5。

表 5　各再生水用户常规压力需求范围

用户	使用方式(常规)	压力范围(kg)
道路浇洒	水车浇洒	—
河湖景观	干线补水	≤1
绿化	自加压	≈3
冲厕	入户	≈2.6

大兴新城各再生水用户用水量比例见图 5。

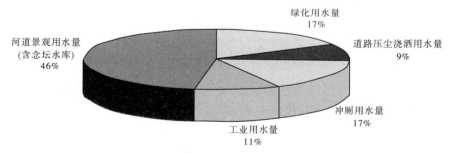

图 5　大兴新城各再生水用户用水量比例

根据图 5 所示各用户用水量关系,中压冲厕和绿化用户用水比例为 34%,低压环境和市政用水比例为 66%,考虑到大兴新城中压用户用水量较少,且再生水管网建设周期很长,大多数建筑均为 6 层以上,现状建筑再生水入户管网配套不全,目前大规模用于城市冲厕存在困难,从经济性、合理性等综合考虑,规划采用 12 m 作为再生水市政管网最不利点的控制水头,同时要求建筑的冲厕管道须根据外部市政再生水管道压力设置加压设备。

8 结论

（1）由于城市再生水用水需求与可用水源存在较大的月际变化，所以在编制再生水系统规划方案时不仅要进行年水量供需平衡，还应深入分析再生水供需之间的月际平衡关系，并对缺口时段进行二次平衡，优化未来的水源分配调度和再生水工程方案。

（2）不同城市存在不同的再生水主要供给对象，应根据城市再生水中压及低压用户的总体比重，合理选择供水管网的服务水头，提高再生水利用的经济性，节约能源。

（3）城市基础设施应进行长远考虑，按远期规模预留并分步实施，再生水供需平衡应同时考虑规划水平年及远景的供需状况。

9 需深入研究问题

（1）规划设计规范。目前，没有统一的国家再生水规划及设计规范，但再生水利用工程已在全国各地得到不同程度的实施，北京一般参考供水规范，由于再生水在水质、用户等方面均不同于自来水，规划设计依据的缺失给再生水利用的全面普及和建设实施带来一定的困难。

（2）安全性。再生水以城市污水为水源，现阶段成熟工艺下微量杂质、矿物和微生物不可避免，尽管再生水回用于非人体直接接触用户，但在城市密集区日常使用，存在与人体接触可能，其对生物、环境等的长期影响须跟踪研究。

立足人水和谐　实现可持续发展

李海源

（长江水利委员会水文局，武汉　430010）

摘　要：适应自然、认识自然、应用自然与保护自然是我们人类生存与发展的准则，水是自然中极为重要的一部分，是生命之源，万物之本。就人水和谐相处的紧迫性、极端重要性、主要途径与目标进行浅析，以期达到立足人水和谐、实现经济社会与生态环境可持续发展的目的。

关键词：人水和谐　可持续发展　主要途径　目标

地球上所有生物的生存与演化，都是适应自然并与自然和谐相处的结果，人类的生存与演进也不例外。在当代，和谐相处是处理人与自然关系的基本准则。水是自然界中极为重要的部分，人水和谐相处尤为重要。下面就人水和谐相处的紧迫性、极端重要性、主要途径与目标进行浅析，以期实现可持续发展的目的。

1　人水和谐相处的紧迫性

长期以来，人类在江河、湖泊、沼泽等地进行了大量的活动，虽然获得了十分丰富的物资财富，但也由于索取过度甚至不当，使水环境恶化和水生态系统失去平衡，造成人水和谐相处很困难。

1.1　水体污染严重，所造成的经济损失不可低估

据2000年统计，我国河流水质在11.4万km的评价河段中，符合和优于Ⅲ类水的只有58.7%，比上年下降3.7%。24个湖泊中的水质，9个符合或优于Ⅲ类水，4个部分水体受到污染，11个严重污染；其中太湖Ⅳ类水质断面只有64%，Ⅴ类水质断面占12%。在评价的139座主要水库中，只有118座达到Ⅱ、Ⅲ类水标准，有8座水库为劣Ⅴ类水。南水北调中线工程水源区，目前虽在丹江口水库坝前与引水口保持Ⅱ、Ⅲ类水，但其干支流达到Ⅳ类甚至超Ⅴ类的为数不少，前景并不乐观。前不久，据新华社记者报道，近十年国家投入治理淮河污染的资金600亿元人民币，收效甚微，水质比治理前有所好转。据权威人士估计，1993年污染所造成的经济损失达274亿元人民币，相当于当年GDP的1.1%。

1.2　大肆围垦湖泊、河道及湿地，降低了调蓄洪水能力，增加了防洪负担

例如洞庭湖，原是我国最大的淡水湖，其湖面面积在1720年为6 000 km²，世称"八百里洞庭"，随着人工围垦和长江及湘、资、沅、澧四水所挟带的泥沙入湖淤积，湖面面积在1949年为4 350 km²，20世纪90年代末期为2 623 km²，比1949年减少了40%。又如湖北省的江汉平原，20世纪50年代末有大小湖泊1 052个，高水位水域面积13 000 km²，被誉为千湖之省。后经不断围垦、江湖隔开，围垦面积达6 000 km²，湖面面积消失了46%。

以上两种情况给武汉市上下河段乃至长江中下游的防洪增加了很大的负担,导致了"人不给水出路,水就不给人生路"的严重后果。

1.3　用水过度,明显超过了水资源承载能力,造成下游严重缺水甚至断流

例如,黄河、淮河、海河三大流域水资源的开发利用率分别达到67%、60%和95%,远远地超过了国际上用水不超过40%的标准。其中,海河基本处于"有河皆干、有水皆污"的局面;黄河下游自1972年开始经常断流,20世纪90年代几乎年年断流,最严重的是1995年,全年断流122 d,断流河段长度达683 km。

1.4　水土流失

严重的水土流失将大量泥沙带入河道淤积,河床抬高,甚至高出地面成为"悬河"。突出的例子是黄河中下游,平均淤高4~6 m,最多达20 m。

1.5　地下水超采

超采地下水,使地下水位下降,形成大面积地下水漏斗区,海水入侵等。

2　人水和谐相处的极端重要性

这里所说人水和谐相处的极端重要性,主要是针对我国水资源很稀缺,而水资源在经济社会发展中又极为重要而提出来的。

2.1　我国是一个水资源很稀缺的国家

我国淡水总量为28 100亿 m³,人均2 200 m³,只有世界平均值的31%;到2030年人口达到16亿人时,人均只有1 700 m³,达到世界公认的警戒线,且时空分布很不均匀,洪涝灾害与干旱缺水极为严重。目前,有11个省、自治区、直辖市的人均水量低于警戒线的标准,其中有9个地区低于人均500 m³严重缺水线,如海河流域人均约350 m³,到2030年将下降到300 m³,只能维持人口的生存。

2.2　水的自身优势

水是生命之源,万物之本,它具有一般资源无法比拟的四大自身优势。

2.2.1　具有可持续利用的本质

只要水循环系统不遭到严重的人为阻碍与破坏,水就会年复一年地再生,不会随时间而减少,且重复使用率较高,一水可多用。

2.2.2　天然的运输通道

江河、湖泊、水库等是天然的运输通道,水本身与大量的物质都可从中运往人们需要的地方,且成本低,运输能力大。据20世纪五六十年代统计,当时一条长江的运输能力相当于40条京广线的运输能力。

2.2.3　经济与社会的各行各业都不可或缺

水资源包括水能资源、水量资源、水域资源及水质资源,其功能很全面,用途十分广泛,经济与社会的各行各业都少不了。

2.2.4　不可替代的资源

水是不可替代的,不可能用其他资源代替,也不可能靠进口补充不足。

总之,水是基础性的自然资源和战略性的经济资源,水资源的可持续利用是经济和社会可持续发展极为重要的保证。党中央和国务院早已深知水的问题已成为新时期经济社

会发展具有基础性、全局性和战略性的重大问题,只有把水治好了,国家才能长治久安。因此,将水同粮食、石油一起作为国家最重要的战略资源加以发展。

3　人水和谐相处的主要途径

3.1　转变观念,建立正常的人与水、人与人之间的关系

按照现代汉语词典的解释,"和谐"二字的含义是配合得适当和匀称。因此,人与水的关系是相互配合得适当和匀称的关系,是歌曲中音与调、画中颜色与颜色之间的关系。在传统观念中,人们对洪水充满敌意,把洪水作为征服与改造的对象,提出了"人定胜天"、"与天斗与地斗"、"要高山低头、叫河水让路"、"誓将沙漠变绿洲、荒山变粮田"等口号,并付诸实施。各种教科书、词典对生产力的定义大都是:"具有劳动能力的人,跟生产资料(生产工具与劳动对象)相结合而构成的征服、改造自然的能力"。这些观念大都与和谐相处不相容,应逐步予以转变。

要使人水和谐相处,首先要人与人之间和谐相处。各地区、各部门、不同利益集团应严格遵守国家的法律法规,正确处理局部与整体、眼前与长远、当代与未来、水资源与其他资源等的关系。不得只顾自身利益而不顾他人利益,不得只顾眼前利益和当代利益,而不顾长远利益和未来利益,不得只顾水资源的可持续发展而损害其他资源的可持续发展。

3.2　用"量水而行"的原则指导社会和经济的发展,不能用损害水资源换取经济和社会指标的增长

在经济和社会的发展中,首先要考虑本地区水的利用不能超过水资源承载能力,使其依靠自身的水资源能够支撑经济和社会的规模,并能维系良好的生态系统,做到量水而行,以水定产业,以水定发展。同时,在用水秩序上应先安排生活、生态、水环境用水,然后再安排经济用水。

3.3　加强水资源流域管理,是使其得到合理利用与保护的体制保证

水资源管理是为支持实现可持续发展战略目标,在水资源与水环境的开发、治理、保护、利用过程中,所进行的统筹规划、政策指导、组织实施、协调控制、监督检查等一系列规范活动的总称,是十分复杂的。这里只提出两点看法。

3.3.1　以流域管理为主,区域管理为辅

由于水是以流域为单元,以河道、湖泊等为载体而存在的,各流域的气候、地理、水文特征等各不相同,一条较大河流一般要流经几个省(区),因此水资源管理应以流域管理为主,区域管理服从流域管理。

3.3.2　给洪水找出路,维护水生态系统动态平衡

切实执行退耕还林、退耕还湖、达标排放等恢复生态平衡的政策,遏制水土流失,控制污染源,给洪水找出路,以便改善水环境和维护水生态系统的动态平衡。

3.4　各类水利工程是水资源得到合理利用和保护的基础

新中国成立以来,党和政府修建了大量的时间调配、空间调配、质量调配工程,用以分别调节水资源的时程分布、地域分布及质量,并取得了巨大的效益和丰富的经验。现在的问题是,洪水是重要的水资源,既要把它造成的损失减少到最低限度,又不要让它白白地流入大海浪费掉,而要留住一部分为人类造福。为此,笔者建议在平原地区,尽量将低洼

地改建成蓄水工程,既分流一部分上游的洪水,又汇集附近的雨水。这样,既可降低河道水位、减轻防洪压力,又可利用"洪水"灌溉、养殖、旅游、航运等。为了说明这种设想的作用与效益,现举一个实例如下:1954年8月与1998年8月长江均发生了流域性的大洪水,总体情况是1954年的洪水要比1998年的大,但中下游大部分河段的最高水位却是1998年比1954年高,1998年的抗洪抢险任务巨大。究其原因,其中重要的一条是洞庭湖与江汉平原的湖泊大幅萎缩,对洪水的调蓄能力大幅降低。前面已提及,从20世纪50年代初至90年代末,洞庭湖水面面积萎缩了1 730 km²,相应萎缩的容积为120亿m³,江汉平原的湖泊萎缩了6 000 km²,按平均水深8 m计,则萎缩的容积为480亿m³,二者合计600亿m³。经粗略计算,若湖泊容积少萎缩50%,即300亿m³的话,则可降低武汉市的水位1m以上。换句话说,如果积极退耕还湖,将已萎缩的湖泊容积修复50%,则当再遇到类似1998年的大洪水时,武汉市上下河段的防汛抢险任务将大为减轻。

3.5　加强科学技术研究,揭示与尊重水的自然规律

人与水和谐相处同人与自然和谐相处一样,是近年来才提出来的,是一门新兴的学科。其中有许多科学技术问题,如水资源承载能力、水环境承载能力、水资源的可利用量、水的自净能力、生态用水量等的计算,虽然目前国际上已有不少研究成果,但定性的多,定量的少,在我国的任何流域是否适用,可以说都是悬而未决的。因此,必须加强水资源与水环境的科学研究,充分揭示其自然规律,以便人类遵循这些规律,与水和谐相处。

4　人水和谐相处的主要目标

4.1　实现水资源可持续利用

所谓水资源可持续利用,就是人类对水资源的开发利用既要满足当代经济和社会发展对水的需求,又不能损害满足未来经济和社会发展对水需求的能力;既要满足本流域(区域)经济和社会发展对水的需求,又不能危害其他流域(区域)经济和社会发展对水需求的能力。

4.2　坚持节流与治污并举,建立节水防污型社会

在水资源可持续利用中,坚持节流与开源并举,节流优先,治污为本,使水资源得到合理开发、优化配置、高效利用和有效保护,逐步建立节水防污型社会。

4.3　用人与水和谐相处带动与促进人与自然和谐相处,使人们在优美的环境中工作和生活,实现经济社会与生态环境的可持续发展

坚持实施可持续发展战略,正确处理经济发展同人口、资源、环境的关系,改善生态环境和美化生活环境,改善公共设施和福利设施,努力开创生产发展、生活富裕和生态良好的文明发展道路,实现经济社会与生态环境的可持续发展。

参 考 文 献

[1] 汪恕诚. 资源水利——人与自然和谐相处[M]. 北京:中国水利水电出版社,2003.

[2]《中国水利史稿》编写组. 中国水利史稿(上、中、下)[M]. 北京:水利电力出版社,1979.

[3] 汪恕诚. 中国防洪减灾的新策略[J]. 水利规划与设计,2003(1).

[4] 蔡其华. 论人水和谐[J]. 水利水电快报,2006(8).

[5] 周刚炎. 维护健康长江的哲学思考[J]. 水利水电快报,2005(12).

[6] 李长安. 长江洪水资源化思考[J]. 地球科学—中国地质大学学报,2003,28(4):461-466.

[7] 魏智敏. 实现雨洪资源化的措施[J]. 河北工程技术高等专科学校学报,2003(3):1-3,23.

[8] 陈传友,王喜元,窦以松. 水资源与可持续发展[M]. 北京:中国科学技术出版社,1999.

作者简介:李海源(1956—),男,湖南省华容人,高级工程师,硕士研究生,从事水文测验、工程测绘与水文水资源评价,联系地址:湖北省武汉市解放大道 1863 号长江水利委员会水文局。E-mail:lihy@ cjh. com. cn。

生物慢滤水处理集成技术
——一种节约、生态环保、方便管理的水处理技术

杨香东

（宜昌市水利水电局，宜昌 443000）

摘 要：人的健康与水有最密切的联系。本文通过湖北五峰、点军、远安等县（区）的创新和实践，阐述了生物慢滤工艺的技术优点及净水原理，指出慢滤是一种不用任何机械动力和化学药剂的水处理方法。首次提出了人工培育和自然生长相结合的方式培育生物滤膜；创新了粗滤池和慢滤池采用地埋式预制薄壳圆形结构，改善了应力集中，既节省成本又方便施工。

关键词：节约 环保 方便管理 生物慢滤 水处理技术

1 基本情况

获得饮用安全水是人类健康的基本需求，是当前人民群众最现实、最重要、最核心的民生问题。生物慢滤水处理技术让城市居民和农民群众饮用纯天然、纯生态环保的优质水，且水处理和运行成本节约、管理方便。

生物慢滤水处理技术是一种正本清源、回归原点的生态环保生物水处理方法，即模拟大自然山泉净水过程，使人类获得一种生态环保水。它是通过在自然阳光照射环境下产生光合作用形成的生物黏膜物理吸附、生物生化反应、组合与复合及生物之间形成食物链、生态控制平衡共同作用，使水质达到生活饮用水卫生标准的技术，其水处理过程基本不需药剂消毒和机械动力，不需添加任何净化消毒药物，水处理过程生态环保。生物慢滤后的水清澈透明，口感好，生态氧充足，微甜，群众反应好，经过检测，达到Ⅰ类水，可直接饮用。2008～2009年，湖北省宜昌市建成生物慢滤技术900余处。湖北秭归县安装传统一体化净水器，解决2 000人左右的饮水水质问题，需要的设备购置费用达5万～8万元，且需要专人负责日常维护管理。而采用生物慢滤水处理技术，建设一个生物慢滤池仅仅需要5 000～8 000元，且不需要专人管理和维护，只需要半年左右清洗或更换表面3 cm左右的细砂或石英砂，节省了运行管理费用。湖北点军区解决一户家庭生活饮用水的水质问题，采用预制涵管 Φ600 结构的生物慢滤技术水处理池，投资仅仅350元，且管理十分方便。至2013年，湖北将有1 100万人享受该技术成果。预计将节约投资和运行管理成本近12.8亿元。2010年1月，国家水利部在宜昌召开的"全国生物慢滤技术推广会"预计，至2013年，全国将有1亿人享受该技术成果。该项技术具有明显的经济、社会效益和环保生态效益，得到了群众的充分拥护和支持。

2 基本原理

生物慢滤水处理技术是使水流缓慢通过粒径0.1～0.3 mm、厚度大于50 cm的滤料

（石英砂或河砂），滤料表面中所吸附和截留的有机物及矿物质为微生物的生长繁殖提供了营养，在太阳光合作用下，微生物在慢滤池中细砂表面生长繁殖，随着时间的推移，在慢滤池滤料表面形成稳定成熟的生物黏膜。通过微生物之间的捕捉、吞食和新陈代谢，使水体中的细菌总数控制在安全饮用水的标准指标内，通过细砂和生物膜的过滤、絮凝和生物化学反应，使水体的浑浊度、铁锰含量、溶解性总固体个数、细菌总数、总大肠菌群等指标超过国家规定标准，从而实现饮水水质安全。

该技术运用水生植被—微生物群（生物黏膜）—水生动物（原生动物和后生动物等）复合与组合、平衡和控制、吞食和捕捉、新陈代谢作用对水体进行修复和净化，实现自然水生态环境下的生物生态完整的平衡系统。在生物慢滤池中，存在的生物化学降解过程可表示如下：

$$含氮有机物 + O_2 \xrightarrow{细菌} NH_3 \tag{1}$$

$$NH_3 + O_2 \xrightarrow{亚硝化菌} HNO_2 \qquad HNO_2 + O_2 \xrightarrow{硝化菌} HNO_3 \tag{2}$$

$$HNO_3 \xrightarrow{反硝化菌} N_2 \uparrow \tag{3}$$

通过以上生物化学过程，水中的有机物几乎完全除去。实践表明，滤层厚度大于 50 cm 时，慢滤几乎可除去水中所有的致病微生物。而细菌或者由于食物链的存在被捕食，或者被下层滤料截留后被捕食，或者在滤层内死亡，成为其他菌体的营养源。生物黏膜中含有各种细菌（球菌、杆菌等）、藻类、原生动物以及各种微生物的分泌物，在水的净化过程中，这些微生物形成了良性循环食物链。

生物黏膜在生物慢滤技术中具有双重作用，生物黏膜的物理吸附、截留作用和黏膜中微生物的捕食、被捕食及生物化学作用。经多次水质资料实践抽样表明，经过生物慢滤水处理，对大肠杆菌的去除率高达 97%，氨氮的去除率超过 80%，细菌总数去除率在 80% 以上，对重金属、有机物的去除效果也较好。经过生物慢滤技术处理的水，含有多元高能生物离子、有益菌子、生物能活力素和活性矿物质素，构成生活饮用型活力水。2009 年 10 月，湖北省水资源环境监测中心对宜昌 68 处生物工程慢滤水厂水质进行了检测，该工艺使水质达到 I 类标准。

3 集中和分散式生物慢滤水处理技术结构

3.1 集中式生物慢滤结构

集中供水生物慢滤水处理池一般采用圆形、堆埋、砖砌形式。方形改圆（椭圆）形，改善了池体结构的应力集中，使池体受力条件好，坚固耐用。混凝土结构改变成砖瓦结构，加快了施工速度，使工程能提前受益。池体露置于地面改为半地埋式或半堆埋形式，保护了池体且抵消了部分内水压力，结构受力条件好，从而使薄壳结构成为可能，节省材料，降低了投资。生物慢滤池的大小一般按供水人数而定，100 人供水规模的水厂，慢滤池水面表面积为 1~1.5 m²。为保证慢滤池正常工作，滤层上面应保持一定的作用水头，一般在 0.1~0.5 m。慢滤池水流速度慢，在滤料（最上层一般为厚度 0.5 m 左右、粒径 0.1~0.3 mm 的石英砂或河砂）表面存在着各种类型的微生物群。微生物群固着在慢滤池中细砂表面生长，在阳光的光合作用下，随着时间的推移，在慢滤池滤料表面形成稳定成熟的生物黏膜。由于这种生物黏膜的存在,使滤料的间隙减小,通过生物黏膜吸附、絮凝和生物化学反应(微生物之间的捕捉、吞食、新陈代谢),使水质达到国家饮用水的标准。

当原水浊度(一般应小于30度,最大不超过150度)较高时,可采用粗滤池对原水进行适当的预处理。粗滤池水流一般向上流动,以满足反冲洗底层的泥沙。滤料最大粒径可取25 mm,最小粒径可取2 mm。可分3层,用棕片分层隔离,防止上层细料渗透进入下层粗料层而流失。粗滤池的出水应水平流入慢滤池,以免减少对慢滤池的扰动,影响生物膜的生长。慢滤池的滤料自上而下由细到粗,最上层一般为厚度0.5 m左右、粒径0.1~0.3 mm的石英砂或河砂,下层依次为粗砂、小石、中石,厚度一般为30厘米。慢滤池内滤料组成见表1。如同粗滤池一样,用棕片分层隔离,防止上层细料渗透进入下层粗料层而流失。

表1 慢滤池内滤料组成

粒径(mm)	厚度(mm)	备注
0.1~0.3	>50	细砂层
1~2	50	承托层
2~4	100	
4~8	100	
8~16	100	
16~32	100	

一般情况下,按供水人口计算,每100人取1~1.5 m^2,最少不低于1 m^2,可用供水人数乘以0.01~0.015的系数。也可以利用公式直接计算出设计慢滤面积F,即

$$F = QN/24V$$

式中:Q为供水定额,取100 L/(d·人);N为供水人数;V为滤速,取0.2~0.3 m/h。

当供水量较大时(每日超过150 t),可在适宜的地形条件下建2~3个慢滤池并联运行。

为培养慢滤池表层生物膜,须有阳光直接照射到慢滤池水面,所以慢滤池不加顶盖。在日常的运行中,慢滤池表面至少应有20 cm的水深。

五峰县渔关镇唐家冲生物慢滤水处理前后主要指标对照见表2。

表2 五峰县渔关镇唐家冲生物慢滤水处理前后主要指标对照

检验的主要指标	源水	生物慢滤	标准值
浑浊度(度)	20	2	≤3
色度(度)	16	3	≤15
肉眼可见物	少量	无	无
细菌总数(个/mL)	160	18	≤100
臭和味(级)	1	无	≤1
总大肠菌群(MPN/mL)	24	0	不得检出
硬度(以 $CaCO_3$ 计,mg/L)	460	65	400

3.2 分散式生物慢滤结构

分散式生物慢滤结构适宜城市单户居民,见图 1。主要工序为:在有阳光照射的外墙上安放涵管(玻璃钢或 PE、UPVC 等)——铺设涵管底部瓜米石承托层 4(粒径 1~2 cm、厚度大于 40 cm),并安放清水集流管(至室内清水仓)11——安放棕片 10(安放在承托层 4 表面,厚度 0.5~1 cm)——铺设细砂或石英砂 9(粒径 0.15~0.5 mm,厚度大于 0.5 m)——安放进水管 1——通水试验,试运行——形成生物黏膜 8——引水至室内的储水清水仓(箱、桶)——供居民饮用。

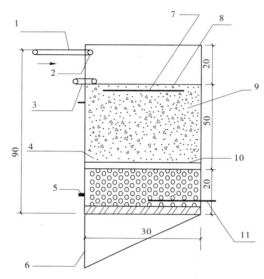

1—进水管(城市自来水);2—控制进水浮球阀;3—排污孔;4—承托层;5—悬挂膨胀螺丝;6—三角支架;
7—反冲洗管;8—生物黏膜;9—细砂或石英砂;10—棕片;11—清水集流管(至室内清水仓)

图 1　单户生物慢滤池结构

室外悬挂式生物水处理仓采用 2 个三角支架 6 和 2 颗悬挂膨胀螺丝 5 固定,如同挂窗机一样,施工简单。或建设不锈钢、轻型化、自动化的小型生物慢滤池。

经过计算,采用 PE、UPVC 材料的室外水处理仓,高度 95 cm,细砂高度 50 cm,圆形水处理仓直径 30 cm。质量计算:

U – PVC 室外机材料,3 cm 厚,外壳质量 27.4 kg,安装方便。

安装时,先装外壳,再安装承托层和细砂或石英砂,最后再通水试验。

3 个三角架和 3 个膨胀螺丝承担的质量是:水重、砂(厚度 45 cm)和外壳体重。经过计算,总质量为:17.7 + 59.4 + 27.4 = 104.5(kg),经过验算,强度是满足要求的。

经过计算,直径 30~40 cm 的生物水处理仓,水量为 508~1 000 L,可供 5 口之家生态生活饮用水。

室外生物水处理仓清水集流管内的清水通过 PE 或直径为 10 mm 的 UPVC 软管引至室内,方便居民饮用。

运行时,细砂表面常年有 10~20 cm 的水深,且有阳光照射。随着时间的推移,细砂表面会形成一层厚度为 0.5~1.0 cm 的绿衣菌、黄杆菌或藻类的生物黏膜,其特征见

表3。水中含有适当比例的矿物质及微量元素,适合人体吸收,pH值呈中性偏弱碱,不含病菌、杂质、有机物、重金属等,是无公害的水,极大地提高了人的生活质量,促使人类健康长寿。

点军区安梓溪村生物膜特征见表3。

表3 生物黏膜特征

平均形成时间(d)	平均厚度(mm)	颜色	主要成分
15	5	绿色或黄褐色	丝(根)状体藻类 黄杆菌、芽孢杆菌、产碱球菌

4 效益分析

4.1 水质优,提高了居民的健康水平,社会效益巨大

生物慢滤饮水安全工程施工简单,运行和管理方便,水质有保证。农民饮用水水质的改善,促使受益群众减少疾病,从而节约了医疗费用,减轻了农民负担,促进和谐社会建设。经过检测,水质达到Ⅰ类水,极大地改善了人民群众的生活条件,促进社会和谐、社会稳定,社会效益巨大。

4.2 投资和运行费用低廉,经济效益显著

经测算,供水规模在2 000人左右的生物慢滤池,与同等供水规模安装一体化净水器(设备)比较,节约投资40%左右。生物慢滤技术工程建成后,基本不需水处理成本,不需专人维护,基本实现无人值守,运行简单,管理成本低。据2010年1月专家在宜昌召开的水利部生物慢滤科技推广会议上估计,全国"十二五"期间将有1亿人享用该技术,则每年节约消毒成本12.5亿元。

4.3 运行管理方便

实施该项技术后,不需动用过多的人员维护,在建设中安装反冲洗设施后只需对填充料进行半年或一年一次冲洗即可,运行维护成本费用低。实践证明,与传统净水处理工艺相比,节约运行成本80%以上。

4.4 水处理过程生态环保

与传统一体化净水器相比,不需人工加氯、漂白粉等化学药剂消毒杀灭细菌,不需机械动力,水处理过程低碳、生态环保。

5 结论

(1)生物慢滤技术可在不用机械动力(原水提升泵除外)和化学药剂条件下正常工作。具有投资省、运行管理简单、运行稳定可靠,水处理成本低、水质优且生态环保等优点。现阶段,欧美国家在城市中正在大力推广,其中,英国伦敦80%的自来水采用生物慢滤技术。

(2)生物慢滤技术对污染物的去除是生物膜的物理吸附和生物控制共同作用的结

果。在生物慢滤上层的滤料表面形成了一层含有多种微生物的生物黏膜,生物黏膜中含有各种细菌(球菌、杆菌等)、藻类。生物黏膜的物理吸附、截留作用和良性生物化学作用对确保水质有重要意义。

（3）该技术模拟大自然山泉净水过程,使人类获得一种生态环保水。该技术丰富了饮用水处理技术的理论和实践研究,对保障 21 世纪广大居民的身体健康具有重要的意义,在城市与农村具有广阔的应用前景。

参 考 文 献

[1] 王永胜,李培红. 慢滤水处理技术[J]. 中国农村水利水电,2006(4):23-25.

[2] 朱莹. 浅谈藻类物质对制水的影响及防治措施[EB/OL]. http://www. shuigong. com. 2006-01-27.

[3] 吴小萌. 农村饮水安全工程中的水处理技术与净化工艺[J]. 中国农村水利水电,2006(7):29-31.

[4] 康永滨,叶燕群,陈安芬. 生物慢滤水处理技术在闽北农村安全饮水中的应用[J]. 中国水利, 2007 (10):122-123,127.

作者简介：杨香东(1972—) ,男,工程硕士,高级工程师,宜昌市水利水电局,联系地址:湖北宜昌市东山大道 141 号。E - mail:yxd999999@ 126. com。

沈阳市供水方略探讨

洪耀勋[1]　张宏建[2]

(1. 辽宁省水利水电勘测设计研究院,沈阳　110006;2. 沈阳市水利局,沈阳　110013)

摘　要:针对沈阳市现状供水分析和存在问题及发展展望,提出了沈阳市供水方略,主要从水源工程建设、水生态环境工程建设、节水型社会建设等方面给出了供水方略的内涵,破解了经济社会发展瓶颈,为沈阳市的发展奠定了基础。

关键词:沈阳市　供水方略　探讨

1　沈阳市供水现状分析

1.1　沈阳市供水现状

1.1.1　沈阳市概况

沈阳是闻名遐迩的历史文化名城,地处东北亚经济圈和环渤海经济圈的中心,是中国第一大重工业城市,是东北地区最繁华的国际化大都市,是辽宁省政治、经济、文化、交通、商贸、信息和旅游中心。全市总面积为 12 980 km^2。地形以平原为主,地貌形态由东北部的低山丘陵区过渡到山前波状倾斜平原区,中西部为平坦辽阔的辽河、浑河冲积平原。气候类型属于温带大陆性季风气候,夏季炎热多雨,空气湿润,雨水主要集中在 7、8 月,常以暴雨形式出现,多年平均年降水量为 598.9 mm。全市主要河流有 26 条,属辽河、浑河两大水系。流经城区的河流有浑河、新开河、南运河;流经市郊及两县的河流有辽河、蒲河、养息牧河、绕阳河、秀水河、北沙河等,还有东北地区最大淡水湖之一———卧龙湖及沈阳西湖等多处湖泊。

沈阳市辖和平区、沈河区、大东区、皇姑区、铁西区 5 个区组成的中心区,于洪区、东陵区、沈北新区和苏家屯区 4 个其他区,辽中县、新民市、康平县、法库县 4 个县(市)。2008 年总人口为 713.51 万人,农业人口为 253.02 万人,非农业人口为 460.49 万人;其中城镇人口 485.76 万人,城镇化率为 68%。2008 年完成国内生产总值为 3 860 亿元,其中第一、二、三产业增加值分别为 183 亿元、1 934 亿元、1 742 亿元,三个产业增加值占生产总值的比重分别为 4.76:50.10:45.14,人均 GDP 为 54 248 元。2008 年耕地面积 68.249 万 hm^2,农田有效灌溉面积为 25.26 万 hm^2,全年粮食总产量 358.67 万 t。

1.1.2　沈阳市水资源评价

根据辽宁省第二次水资源评价成果,采用 1956~2000 年长系列资料计算,沈阳境内多年平均水资源总量为 23.56 亿 m^3,其中地表水资源量为 11.02 亿 m^3,地下水资源量为 22.53 亿 m^3,地表、地下重复计算水量为 9.99 亿 m^3。按照不同频率计算的水资源总量分别为:$p=20\%$ 时,水资源总量为 31.71 亿 m^3;$p=50\%$ 时,水资源总量为 21.98 亿 m^3;$p=$

75% 时,水资源总量为 15.83 亿 m^3;$p = 95\%$ 时,水资源总量为 9.21 亿 m^3。从行政分区上看:沈阳市区水资源量最小,多年平均水资源量为 4 068 万 m^3,占全市水资源量的 1.7%。新民市水资源量较大,多年均值为 6.68 亿 m^3,占全市水资源量的 28.35%。从流域分区上看,浑河流域水资源量相对丰富一些。从水质评价方面看:2008 年辽河干流沈阳段均超过地表水 V 类水质,浑河沈阳段超过地表水 V 类水质。沈阳市区共评价了 7 个地下水监测点位水质情况,其中 4 个点位水质良好,其余 3 个为较差。新民、辽中、康平、法库共评价了 21 个点位,其中 6 个良好,3 个较好,12 个较差。

1.1.3　沈阳市供水现状

1.1.3.1　工程现状

2008 年沈阳市共有蓄水工程 355 座,总库容为 74 512 万 m^3,兴利库容为 20 986 万 m^3。其中有一座大型水库为石佛寺水库,总库容为 1.85 亿 m^3。有中型水库 12 座,总库容为 50 464 万 m^3,兴利库容为 18 504 万 m^3。共有引水工程 8 处,总引水规模为 177 m^3/s。提水工程 7 处,总提水规模为 27 m^3/s。全市共有地下水井 48 941 眼,其中配套机电井 41 070 眼。共有污水处理工程 12 处,污水处理能力达 142.5 万 t/d。另外,还有集雨工程 8 处,年可利用水量 0.53 万 m^3。矿井水利用工程 2 处,年可利用水量 14 万 m^3。

1.1.3.2　供水现状

2008 年沈阳市总供水量为 29.65 亿 m^3,按行业分:其中供居民生活用水量为 2.91 亿 m^3,供生产用水量为 25.06 亿 m^3,供生态环境用水量为 1.68 亿 m^3。其中供第一产业用水量为 19.37 亿 m^3,农业灌溉用水量为 18.92 亿 m^3,占总供水量的 63.81%。供第二产业用水量为 3.61 亿 m^3,其中供工业用水量为 3.26 亿 m^3。供第三产业用水量为 2.08 亿 m^3。按工程分:地表水工程供水量为 8.17 亿 m^3,占总供水量的 27.6%。其中蓄水工程供水量为 4.66 亿 m^3,其中由境外抚顺市大伙房水库供水 4.53 亿 m^3;引水工程供水量为 1.87 亿 m^3;提水工程供水量为 1.64 亿 m^3。地下水井工程供水量为 20.93 亿 m^3,占总供水量的 70.6%。污水处理回用量为 0.56 万 m^3。按地区分:城市及郊区总供水量为 16.87 亿 m^3,占全市供水量的 57%,辽中县、新民市、法库县、康平县供水量分别为 4.2 亿 m^3、5.61 亿 m^3、2.16 亿 m^3、0.81 亿 m^3。

1.2　沈阳市供水现状分析及存在问题

从沈阳市供水现状分析来看,存在主要问题有:第一,水资源总量不足。沈阳是我国北方严重缺水城市之一,水资源总量仅为 23.56 亿 m^3,人均水资源占有量仅为 330 m^3,不足辽宁省人均占有量的 1/2,不足全国人均水资源量的 1/6。水资源时空分布不均,年内、年际变化较大,特别是全球气候变化,使得沈阳市水资源短缺问题更加突出。第二,水质污染严重。由于环境治理滞后,河流水质污染,多数河流化学需氧量、氨氮、总磷超标,水环境遭到破坏,供水安全受到严峻挑战,水环境承载能力明显下降,同时还造成局部地下水出现不同程度的水质污染。第三,地下水超采严重。沈阳市的供水 70.6% 来源于地下水,超出地下水可开采量,形成超采漏斗。目前全市尚有城区西部(铁西)、城区中部、城区北部望花等 9 个漏斗区。2008 年,枯水期漏斗总面积达 148.1 km^2,丰水期漏斗总面积达 102.52 km^2,可见超采现象是非常严重的。而这些漏斗区主要分布在市政水源地和自备井开采水量大的地域,现状供水平衡也是靠一部分超采地下水维持的,因此供水形势是非常严峻的。第四,蓄水工程少,地表水利用率低,特别是雨洪资源利用滞后。流经沈阳市的几条河流主要分布在平原地带,实施拦蓄和开发利用地表水的难度较大,雨洪资源的优势未得到充分有效利用。第五,农业节水效果不显著。农业一直是沈阳市的用水大户,用水量占全市总用水量的64%,由于农业节水设施投入不足,节水工程建设滞后,节水技术又相对落后,传统农业耕作模式仍然占较大比重,因此农业节水成效不显著,用水效率仍然较低。第六,节水型社会建设进展缓慢。由于水权制度改革滞后,水权不明晰,没有充分调动节水的积极性,制约了节水型社会建设发展进程,节水管理不到位,供水管网漏损仍然比较严重。第七,再生水资源利用率低。截至2008年,全市修建污水处理厂达12处,污水处理能力达142.5万t/d,污水回用量仅为5 560万 m^3,不足年处理量的11%。

2 沈阳市的发展展望

2.1 沈阳市发展展望

随着沈阳西部铁西装配制造业聚集区、东部汽车产业聚集区和棋盘山文化旅游产业区、南部大浑南高新产业聚集区、北部沈北新区农业高新产业聚集区、中部金融商贸开发区这六大区域的相继建成,棋盘山风景旅游区、浑南新区、近海经济区、沈北新区、铁西新区、航高基地、国药控股物流中心、沈阳建材产业集群、沈阳大工业区、数字化装备产业集群、光电信息产业集群、新民市胡台镇包装印刷产业、法库陶瓷工业园、辉山乳业良种奶牛繁育及乳品加工产业集群、康平县朝阳工业园、康平坑口电厂等一大批产业的快速发展,成为沈阳市经济快速增长和国民经济又好又快发展的强大引擎。

根据沈阳市市委、市政府的总体部署,将沈阳建设成北方经济核心及生态城和环境样板城,打造成世界级先进装备制造业研发基地,建设成区域性商贸物流和金融中心、科教文服务中心、高新技术产业中心,逐步发展成为东北亚国际性中心城市,建设成国际化大都市,全面提升城市功能,提高城镇化水平。

2.2 沈阳市需水预测

根据经济社会现状发展及远景发展目标,按照人水和谐的理念,考虑节水的发展,预测2015年沈阳市河道外总需水量为33.14亿 m^3,其中生活需水量为3.4亿 m^3,占总需水量的10.2%,生产需水量为27.94亿 m^3,占总需水量的84%,生态环境需水量为1.8亿 m^3,占总需水量的5.4%。生产需水量中第一产业需水量为19.74亿 m^3,占总需水量的59%,比现状降低6%。第二产业需水量为5.56亿 m^3,其中工业需水量为5.1亿 m^3,第三产业需水量为2.64亿 m^3。2030年沈阳市河道外总需水量为35.4亿 m^3。其中生活需水量为4.29亿 m^3,占总需水量的12.2%;生产需水量为29.1亿 m^3,占总需水量的82%,生态环需水量为2.01亿 m^3,占总用水量的5.7%,第一产业需水量为17.43亿 m^3,占总需水量的49%。第二产业需水量为7.99亿 m^3,占总需水量的23%,其中工业需水量为7.35亿 m^3,第三产业需水量为3.68亿 m^3。

3 沈阳市的供水方略

3.1 沈阳市供水面临的形势

随着全球气候变化,温室效应的产生,平均气温的升高,将导致洪旱灾害发生的频率明显增加,同时水资源总量将呈下降趋势。同时,随着经济社会的发展、人口的增加、城镇化进程的加快、城镇规模扩大和社会的进步,以及沈阳市各项目标的逐步实现,全市的用水需求呈逐年大幅增加趋势,在全球气候变化和大规模经济开发双重因素的交织作用下,将使原本水源短缺、水生态环境恶化的沈阳市的供水形势变得更加严峻。

3.2 沈阳市供水方略

根据沈阳市供水现状和存在问题及未来用水需求以及供水所面临的形势,我们必须高度重视并着力解决水资源总量不足、用水结构不合理、供需矛盾突出、水质污染等问题,科学、优化配置水资源,加快创建节水防污型社会,以促进水资源的可持续利用,支撑经济社会可持续发展,实现人水和谐。

3.2.1 加快实施一批水源工程建设,解决水资源总量不足,保障经济社会可持续快速发展

3.2.1.1 沈阳市地表地下水联调工程

为提高水资源开发利用水平,提高地表水利用水平,沈阳市与中国水科院共同研发了沈阳市地表地下水联调工程。该项目是一项具有开创性、前瞻性和战略性的研究项目。工程位于石佛寺水库以下辽河干流及其一级支流之间,是根据试点流域地形地貌及现有工程条件,结合含水层空间分布特征及地下水流场条件,通过地表拦蓄工程、地下水开采工程、水体净化工程及水质水量监测工程及其他配套工程建成供水水源。工程常规水源开采规模为 10 万 m^3/d,战略储备水源为 15 万 m^3/d,应急水源为 50 万 m^3/d。

3.2.1.2 石佛寺水库供水工程

石佛寺水库位于辽河干流中游,是辽河干流上唯一控制性骨干工程,水库的主要任务是担负辽河干流防洪任务,防御石佛寺以下地区的超标准洪水,另外还担负调节本流域径流的任务,以满足辽河中下游地区日益增长的城市生活及工农业用水需求,目前该水库已竣工。石佛寺水库供水工程是由省水利厅投资兴建的石佛寺水库配套工程,主要向沈北新区供水。

3.2.1.3 充分利用省政府建设的输水工程和供水工程

省政府为破解制约辽宁省经济社会发展的水资源瓶颈,改变水资源分布与经济发展不协调的状态,实现水资源的合理、优化配置,支撑经济社会可持续发展,实现人水和谐而建设了输水、供水工程。这些工程为沈阳市的经济腾飞和水生态环境的改善奠定了坚实的基础。要科学调配,合理高效利用。沈阳市要做好相应配套工程的建设和水资源配置工作,做好地下水超采区的水源替换工作,实现地下水环境的根本好转。

3.2.2 加快实施一批水生态环境工程建设,改善水生态环境,建设生态沈阳城

3.2.2.1 卧龙湖生态恢复工程

卧龙湖位于康平县城西 1 km,是辽宁省最大的淡水湖,号称沈阳的镇市之宝。恢复工程围绕湖区水位恢复、湖区地形地貌恢复、水生物恢复三项主要内容展开,包括引辽济湖工程、八家子河入湖工程、中水补给工程、东西马莲河整治工程、湖区地形地貌的恢复、湖底清淤与生态岛工程、鱼类繁殖恢复、植物恢复、鸟类栖息地建设等工程,工程总投资为 8 675 万元,每年可向卧龙湖补充水量为 3 790 万 m^3。

3.2.2.2 蒲河生态走廊建设工程

工程包括对河道进行清淤、拓宽,将蒲河的防洪标准提高到百年一遇水平,同时河道

两侧营造了宽度为 100 m 的绿化带,在蒲河水系上新建拦河闸 7 座、景观桥 12 座、七星湖和六景园及多处湿地,蒲河 33 km 长的水面面积将达到 5 km^2,蓄水达 8 490 万 m^3。工程总投资 9.14 亿元。要将蒲河流域建成为集生态功能、旅游休闲功能于一体的生态区域。

3.2.2.3　辽河干流河道生态建设工程

其主要工程措施是通过修建拦蓄水工程,在辽河干流河道内形成稳定的生态水面,在河岸两侧滩唇及岸坡栽种固滩植物,在水边浅水区栽种水生植物。辽河干流修建橡胶坝 5 座,蓄水量 628 万 m^3;种植水生植物带 280 hm^2,灌木带 1 180 hm^2。极大地改善了河道生态环境,保障了河流健康。

3.2.2.4　再生水资源利用工程

加大污水处理厂的投入,提高污水处理能力和中水回用水平,在全市现有污水处理能力基础上,进一步提高城市污水处理能力和中水回用水平,实现分质供水,提高污水回用率,实现污水资源化,改善地表水污染状况。

3.2.3　加快节水型社会建设工作,合理抑制用水需求的增长,确保经济社会可持续发展

科学合理规划城市水源水质和水量目标,因地制宜地核定保护区外围水域纳污能力,制定有效的入河排污总量控制和排放总量控制方案,有效治理和控制水域污染源。通过总量控制,削减污染物排放,加大对重点保护区、水质缓冲区的管制力度,确保城乡生活、生产供水的水质安全。加快各行业用水结构调整与优化,重点加快调整产业结构,着力发展低耗水高新技术产业、循环经济和低碳经济,发展农业节水灌溉,提高水资源利用效率。科学调配水资源,加大水质结构调整力度,千方百计改善水质,有计划地将水质差的水源逐步替换。加大雨洪资源开发利用的基础设施建设投入力度,加快提升可利用的雨洪资源占总用水量的比重。建立健全水权制度,做好初始水权分配工作,完善水权分配、流转的制度体系,建立和完善水市场机制。完善水资源价格体系构成,建立节水和保护水源监督机制,提高节水管理水平和用水户节水意识。充分发挥舆论宣传作用,不断增强全社会的节水意识,创建"节水型"城市和"清洁水源"城市,促进节水型城市建设。

4　结论

水资源短缺及水质污染成为沈阳市经济社会发展的瓶颈,通过制定科学、合理、符合实际的供水方略,破解了制约经济社会发展的制约,保障了沈阳市经济社会的可持续发展,为实现沈阳市的发展目标、建设环境样板城奠定了基础。

作者简介:洪耀勋(1962—),男,高级工程师,辽宁省水利水电勘测设计研究院。

上桥—阚疃洪水演进数值模拟研究

马　娟[1]　潘　静[2]　丁全林[2]　孙正安[1]

（1. 安徽省茨淮新河工程管理局，阜阳　233400；2. 河海大学水电学院，南京　210098）

摘　要：本文通过数值求解一维圣维南方程组，实现茨淮新河上桥与阚疃枢纽间洪水演进实时模拟。对区间水工建筑物形成的旁侧入流及下游边界条件进行了合理概化，精确考虑了上桥枢纽闸孔开度、孔数及开启过程对区域洪水传输过程的影响。成果可为上桥枢纽的调度决策提供支持。

关键词：洪水演进　数值　模拟

1　引言

茨淮新河是淮北平原的一条大型人工河道，河线从颍河左岸茨河铺开始，向东经插花、阚疃、大兴集、上桥，至怀远县荆山南入淮河。工程以防洪为主，同时具有排涝、灌溉、供水、航运等综合作用。河道沿程走势见图 1。

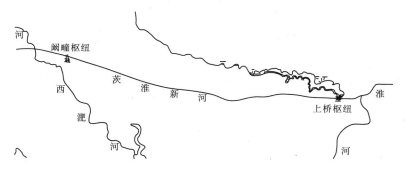

图 1　茨淮新河及沿程枢纽示意图

上桥枢纽是茨淮新河最后一级控制性枢纽工程，其主要任务是宣泄上游洪水；控制新河水位，枢纽工程以节制闸为主体，包括船闸、抽水站等 10 项工程。阚疃枢纽是茨淮新河的第二级枢纽，在上桥枢纽上游约 76 km 处。由节制闸、船闸、抽水站等工程组成。阚疃至上桥河段设计流量 1 800 m³/s，底坡 1:15 000，底高程 13.20 ~ 18.27 m，底宽 187 ~ 250 m，边坡 1:2.5 ~ 1:3.0，罗集桥到港河口之间约 32.2 km 河段，在河底以上 4 m 处留 2 m 宽平台，构成复式断面。河段沿程分布有近 50 座取水闸、泵等水工建筑物。

为了科学地进行上桥枢纽的运行调度，同时作为茨淮新河整体洪水调度模型的技术核心和基础平台，本文对阚疃—上桥枢纽间的洪水调度模拟关键技术进行了开发研究，所研制系统可为上桥枢纽的运行调度提供决策支持。

2 数学模型及模拟技术

2.1 控制方程

阜疃—上桥枢纽间洪水运动规律可由圣维南方程组描述：

$$\frac{\partial A}{\partial t} + \frac{\partial Q}{\partial x} = q_l \tag{1}$$

$$\frac{\partial Q}{\partial t} + \frac{\partial}{\partial x}\left(\beta\frac{Q^2}{A}\right) + gA\frac{\partial Z}{\partial x} + gAS_f = 0 \tag{2}$$

式中：A 为过水面积；Q 为流量；q_l 为沿程旁侧入流流量；Z 为水位；S_f 为水力坡降；采用谢才公式可得 $S_f = \frac{Q|Q|}{K^2}$，K 为流量模数。采用 Pressimann 四点隐式格式求解上述非线性偏微分方程组。

阜疃—上桥枢纽间众多闸泵工程对新河洪水传输的影响，以旁侧入流的方式加以考虑，如图 2 所示。设一长度为零的虚拟河段 Δx_j，在该河段内满足方程：

$$\begin{cases} Z_j = Z_{j+1} \\ Q_j + Q_f = Q_{j+1} \end{cases} \tag{3}$$

由式(3)可得出节点水位流量的递推关系式，详细的离散与求解步骤见文献[1]、[2]。离散后的方程无需联立求解，只需利用追赶系数，一次前代一次回代就可以求得沿程水位与流量的分布。

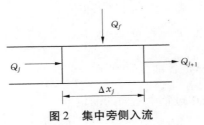

图 2 集中旁侧入流

2.2 边界条件

2.2.1 旁侧流量的计算

阜疃至上桥沿程分布有 45 座小型泵站及 8 座取水闸，这些工程缺乏统一的调度规范，其引排水情况大多由沿河乡、村、组自行控制，无特定规律可循。如何准确合理地模拟沿程闸泵的影响，是洪水调度系统研制的关键技术之一。本文将 1978～2000 年阜疃及上桥枢纽区间月平均降雨量与两枢纽泄流流量差（即区间闸泵的引排流量）进行相关分析，拟合其相关关系（如图 3 所示），获得 12 个月的拟合曲线，据此即可由区间降雨推求沿程闸泵的总引排流量，进而求得计算节点的旁侧入流量。

2.2.2 上桥枢纽边界条件的提法

上桥枢纽作为计算区域的下边界，需要给出其水位、流量过程或其关系曲线。上桥枢纽为淹没出流流态，其下泄流量受开度、闸孔数、枢纽下游水位等众多因素影响，而其下游

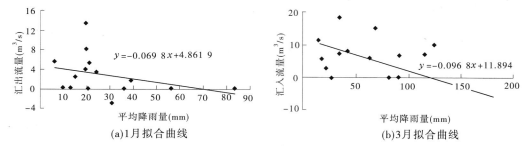

(a)1月拟合曲线　　　　　　　　　　　(b)3月拟合曲线

图 3　降雨量与区间引排水量的相关分析

水位又受淮河蚌埠闸控制,因而下边界条件较为复杂。

　　根据茨淮新河工程管理局对上桥枢纽过闸流量的反复试验,得到单扇闸孔泄流量的计算公式:

$$Q = meB\sqrt{2g\Delta z} \tag{4}$$

式中:m 为流量系数,取为 0.635;Δz 为枢纽上下游水位差;e 为闸孔开度;B 为泄流孔总宽度。

2.3　复式断面过流量的计算方法

　　采用均一法计算复式断面过流量。将主槽和边滩由垂线分成两部分,当滩地水流的流速与主槽的流速相比不能忽略时,则认为滩槽同时过流,包括滩地的整个过流断面采用均一的断面流速。对于主槽和边滩流速的不均匀分布,采用动量校正系数 β 进行修正。连续方程和动量方程中都使用包括边滩的整个横断面的面积和水面宽代入计算。

　　如图 4 所示,设过水面积 A_1、A_2、A_3 上的流量分别为 Q_1、Q_2、Q_3,断面各部分流量:$Q_i = A_i \dfrac{1}{n_i} R_i^{2/3}\sqrt{S_f} = K_i\sqrt{S_f}(i = 1,2,3)$,各部分流速:$u_i = \dfrac{Q_i}{A_i}(i = 1,2,3)$。单位时间内通过整个断面的动量

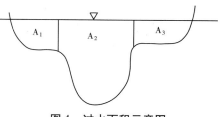

图 4　过水面积示意图

$\sum_{i=1}^{3}\rho Q_i u_i$ 与断面平均流速计算的动量 $\rho Q u$ 之比,即为动量校正系数 β。设滩槽具有相同的水力坡降 S_f,则有:

$$\sqrt{S_f} = \frac{Q_1}{K_1} = \frac{Q_2}{K_2} = \frac{Q_3}{K_3} = \frac{Q}{K} \tag{5}$$

　　故可得:

$$\beta = \frac{\sum_{i=1}^{3}\rho Q_i u_i}{\rho Q u} = \frac{\sum_{i=1}^{3}\dfrac{Q_i^2}{A_i}}{\dfrac{Q^2}{A}} = \frac{A}{K^2}\sum_{i=1}^{3}\frac{K_i^2}{A_i} \tag{6}$$

　　采用上式计算动量校正系数。在连续方程和动量方程中都使用整个断面的总过流面积 A 及相关的各断面参数。

3 实例计算及成果分析

3.1 糙率率定

根据阚疃和上桥枢纽 1982 年 7 月 19 日 0:00 ~ 7 月 24 日 0:00 的实测水文资料进行糙率率定。上游阚疃站的流量过程和下游上桥站的水位过程作为上、下游边界条件。由于两枢纽间 76 km 河段没有水文测站,因此采用上桥枢纽的实测流量过程作为验证资料。选用不同的糙率值进行计算,结果如图 5 中所示。由图可知,河道糙率在 0.023 ~ 0.025 之间时,上桥站的计算流量与实测值吻合较好。因此,该河段糙率值可采用 0.024。

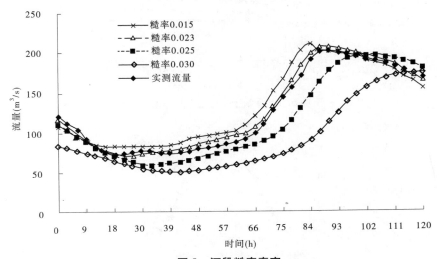

图 5 河段糙率率定

3.2 洪水演进模拟计算

3.2.1 洪水波传输时间研究

在初始静水位条件 22.0 m 条件下,阚疃来流量分别为 50 m³/s、200 m³/s、600 m³/s、1 000 m³/s、1 200 m³/s 五个流量级。在下游始终关闸的条件下,洪水波到达上桥的时间,可以作为模型验证的工况,也是上桥枢纽调度最为关心的核心技术参数。

图 6 为计算得到的上桥闸上水位变化过程。由图可见,1 200 m³/s 来流量时,洪水波到达上桥时间约为 2.7 h,50 m³/s 来流量洪水波到达上桥时间约为 3.1 h。上述结果证明:在同样初始静水位条件下,上游不同流量的洪水波到达上桥的时间相差不大,因为波速只与水深有关。细微的差别在于不同流量时,来流波前线位置水深会稍稍有所不同,即大流量水深会稍大一点,波速也就会稍快一些。上述结果证明了模型模拟结果的合理性。

3.2.2 调度方案对洪水传输的影响

阚疃枢纽的来流过程 $Q = Q(t)$ 如图 7 所示,上桥闸下水位设为 17.95 m,计算初始时刻河道内流量为 300 m³/s 的恒定流态,上桥枢纽对称开启 9 ~ 13 号闸门,开度均为 1 m。为防止洪水漫堤,拟定闸门在 5 时调整开度,9 ~ 13 号门开度依次变为 2 m、2 m、3 m、2 m、2 m,开启过程用时 10 min。

图 8、图 9 为沿程三测站非恒定水位和流量时程图,三测站距阚疃的距离分别为 5

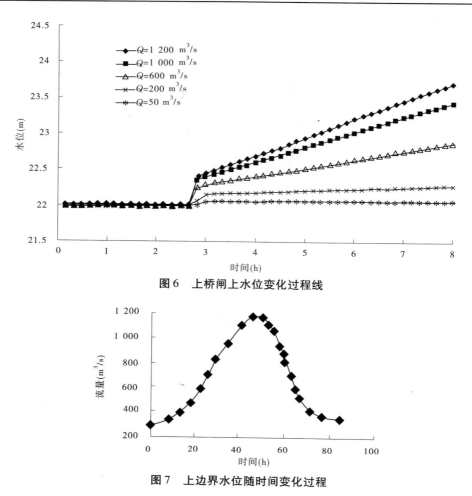

图 6　上桥闸上水位变化过程线

图 7　上边界水位随时间变化过程

km、40 km、65 km。由图可见,在 0~5 时各测点流量变化不大,在 5 时增大上桥闸门开度后,下游泄流能力迅速增大,测点 3 处流量首先变大,依次是测点 2、测点 1。

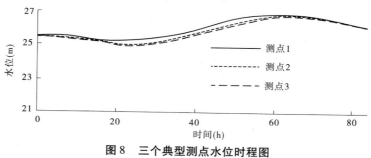

图 8　三个典型测点水位时程图

图 10、图 11 为典型时刻的沿程水位和流量分布图。图 12 为河道内总水量随时间的变化图。5 时之后由于下游泄量突然增大,而上游来流量增大缓慢,导致河道内水位整体下降,在第 30 小时附近三个测点的水位降至最低点,如图 8 与图 10 所示。30 h 之后上游来流迅速增加,当超过下游泄流量时,河道内总水量开始增加,沿程水位升高。上游来流

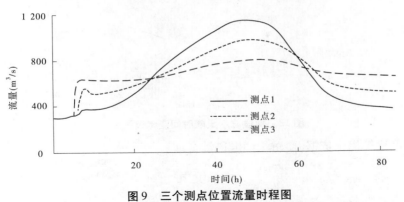

图9 三个测点位置流量时程图

量在第 45.5 h 达到最大值 1 167 m³/s,受河道槽蓄作用的影响测点 1 在 46 h 达最大流量 1 144.7 m³/s。测点 2 和测点 3 达到最大流量的时间更晚且峰值更小,如图 9 所示。随着来流量逐渐减小,当来流量小于下游泄流量时,沿程水位逐渐回落,河道总水量也逐渐减少,如图 12 所示。

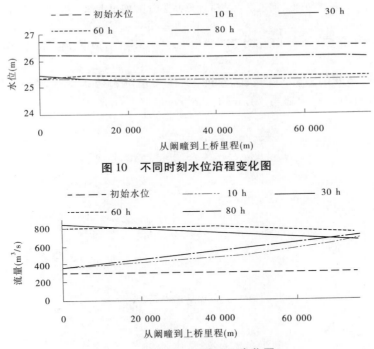

图10 不同时刻水位沿程变化图

图11 不同时刻流量沿程变化图

4 结论

建立了阙疃至上桥枢纽的水动力及洪水演进模型,利用该河段已有的水文实测资料,率定模型参数,进而利用率定后的水动力模型模拟并预测阙疃至上桥沿程洪水演进过程。得出了各典型站点的水位及流量随时间变化的过程,从而为准确预测洪水过程、为上桥枢

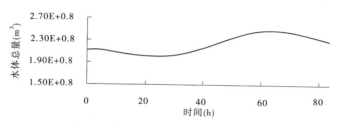

图 12　河段总水量随时间变化过程图

纽的运行调度决策提供依据,使防汛调度科学合理。

参 考 文 献

[1] 李光炽,王船海.实用河网水流计算[M].南京:河海大学出版社,2002.

[2] 钟娜.复式河道一维数值模拟[D].南京:河海大学,2007.

[3] 杨克君,曹叔尤,刘兴年,等.复式河槽流量计算方法比较与分析[J].水利学报,2005,36(5):563-
568.

[4] 谢汉祥.漫滩水流的简化计算[J].水利水运科学研究,1982(2):84-92.

[5] 张挺,李华,等.复式断面长河道洪水演进计算办法[J].四川大学学报:工程科学版,2002,34(2):
32-35.

[6] 潘静,茨淮新河阚疃—上桥枢纽洪水演进模型研究与应用[D].南京:河海大学,2010.

作者简介:马娟(1978—),女,工程师,安徽省茨淮新河工程管理局,联系地址:安徽省怀远县茨淮新河工程管理局。E-mail:shq_key@163.com。

城市河流平面形态保护与控制之探析

谢三桃　　董志红　　王国汉

（安徽省水利水电勘测设计院,合肥　230088）

摘　要:城市河流具有泄洪排涝、调蓄水源、发展航运、滨水休闲、修复生态等多种服务功能,是城市生态系统的重要载体,是展示现代城市文明的重要标志。长期以来,由于资金和理念等诸多限制,河道治理多服从于防洪排涝基本要求,对河流平面自然形态、纵向水位衔接、横向岸线处理等河流三维尺度缺乏认识,对生态修复、岸线利用、景观构建也疏于重视。本文从景观生态学与生态水利学角度,对城市河流平面形态保护与控制提出了"岸线、堤线、绿道、蓝线"四大构成要素,并简要介绍了城市河流平面形态设计的一些经验和主要方法。

关键词:城市河流　平面形态　生态廊道　蓝线　绿道

1　引言

所谓"城市河流"是指发源于城市区域或流经城区的河流或河流段,也包括一些历史上虽属人工开挖、但经多年演化已具有自然河流特点的运河、渠道[1]。城市河流作为现代城市可持续发展的重要组成部分,不仅承担行洪、排洪、引水、航运等功能,还发挥着生物生长、栖息、繁衍及信息交流等生态廊道作用,同时也是人类历史文明传承和延续的载体[2]。从人类生存学和景观生态学的角度来说,城市河流作为重要的自然资源和环境载体,关系到城市生存,影响着城市的发展,是锻造城市风格和美化城市的重要因素,同时城市河流作为不可替代的自然地理要素,不仅增加城市景观的多样性,丰富城市居民生活,而且为城市的稳定性、舒适性、可持续性提供了一定的基础[3,4]。

由于受到城市化过程中剧烈的人类活动干扰,城市河流已成为人类活动与自然过程共同作用最为强烈的区域[5],河流治理也一直伴随着人类的发展。在 20 世纪六七十年代,城市河流治理多采用渠化、硬化的方法,致使河流岸边生态环境的破坏以及栖息地的消失、裁弯取直后河流长度的减少以至河岸侵蚀的加剧和泥沙的严重淤积、水质污染带来的河流生态功能的严重退化、渠道化造成的河流自然性和多样性的减少以及适宜性和美学价值的降低等[6,7]。近年来,随着城市现代化建设的加快和人们亲近自然意识的苏醒,如何结合城市河流的自身特点及其生态服务功能,对其平面形态进行合理性保护与控制,对于提高城市防洪安全、改善城市宜居环境、促进生态系统良性循环有着重要的意义,本文着重从亲水需求、防洪安全、生态健康及保护管理等方面对城市河流平面形态控制进行初步探讨。

2　城市河流平面形态要素的构成

在城市河流治理与利用的历史进程中,人们对"河流"的认识在不断的深化,同时对城市河流的认知概念、空间范围、功能理解等也不断地发展和深化[8-10]。本文所探讨的城市河流平面形态保护与控制的范围是一种小尺度的河流生态景观区域[11,12]，主要由河道、堤防和河畔植被组成，不包括近河的城市社区。从景观生态学角度来说，平面形态即是河流生态廊道内平面线性的组成。城市河流作为城市生态廊道一个重要的组成部分，从空间结构与服务功能来划分，其平面形态主要由岸线、堤线、绿道及蓝线四个部分构成，见图 1。

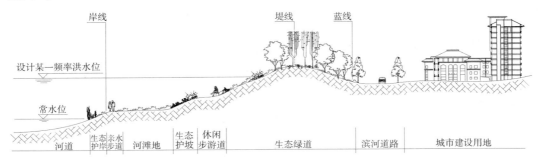

图 1　城市河流平面形态构成的分布特点

2.1　岸线(Riparian line)

岸线是维系河流基本形态的自然线形，通常指常水位状况下河槽的水迹线。自然河流的岸线多是蜿蜒曲折的，其形态有浅滩、深潭，形式各异。岸线区域是水域生态系统与陆地生态系统进行物质、能量、信息交换的一个重要过渡带，能为各种水生生物提供栖息和繁衍的主要空间，对增加动植物物种种源、提高生物多样性和生态系统生产力等均有很强的作用[13]，同时也是人水相亲的自然滨水场所。

2.2　堤线(Diked line)

堤线即堤防线，是指在设定防洪标准下确保河道能够安全行洪的河口控制线。从防洪安全来考虑，堤线是保障人民生命财产安全的根本，是城市河流所承担的一项最基本的功能。作为城市河流平面形态一个重要的组成部分，在现代城市生态建设中，堤线不仅承担城市防洪安全的功能，且具有保持自然的动态性与连续性的功能[14,15]。

2.3　绿道(Greenway)

绿道是指能够维持河流生态系统健康发展和改善区域环境质量的线状廊道，广义上可以理解为河流绿道。作为城市生态基础设施不可或缺的一部分，绿道对于生物流、物质流和能量流具有重要的作用，有着防风消浪、"热岛效应"、水土保持、涵养水源以及吸附尘埃等功能，通过线性自然或人文景观元素的构建，可将历史景观和文化遗产联系起来，实现遗产及其环境的整体保护，同时绿道可为人们提供舒适的游憩娱乐场所，并可为居民的日常工作与生活提供安全和便捷的绿色通道[16,17]。从生态服务功能层面看，不同宽度的线状绿道对于生态服务的价值存在很大的差异。由表 1 可以看出，当沿河植被宽度大于 30 m 时，能够有效地降低温度，增加河流生物食物供应，有效过滤污染物；当宽度大于 80～100 m 时，能较好地控制沉积物及土壤元素流失。除此之外，河流在城市段的亲水性要求，绿道的非机动车交通和游憩功能，以及遗产廊道的遗产保护功能等都会对沿河绿带的宽度提出要求[18]。

表 1 不同宽度的沿河绿带生态服务价值

沿河绿带宽度值（m）	功能及特点
3 ~ 12	廊道宽度与草本植物和鸟类的物种多样性之间的相关性接近于零,基本满足保护无脊椎动物种群的功能
12 ~ 30	对于草本植物和鸟类而言,12 m 是区别线状和带状廊道的标准。12 m 以上的廊道中,草本植物多样性平均为狭窄地带的 2 倍以上;12 ~ 30 m 能够包含草本植物和鸟类多数的边缘种,但多样性较低,满足鸟类迁移;保护无脊椎动物种群;保护鱼类、小型哺乳动物
30 ~ 60	含有较多草本植物和鸟类边缘种,但多样性仍然很低;基本满足动植物迁移和传播以及生物多样性保护的功能;保护鱼类、小型哺乳、爬行和两栖动物;30 m 以上的湿地同样可以满足野生动物对生境的需求;截获从周围土地流向河流的 50% 以上沉积物;控制氮、磷和养分的流失;为鱼类提供有机碎屑,为鱼类繁殖创造多样化的生境
60/80 ~ 100	对于草本植物和鸟类来说,具有较大的多样性和内部种;满足动植物迁移和传播以及生物多样性保护的功能;满足鸟类及小型生物迁移和生物保护功能的道路缓冲带宽度和许多乔木种群存活的最小廊道宽度
100 ~ 200	保护鸟类,保护生物多样性比较合适的宽度

2.4　蓝线(Blue line)

蓝线的概念最初是在城市规划领域中提出的,主要是为了加强对城市水系的保护与管理,保障城市输水供水、防洪防涝和通航安全,以及改善城市人居生态环境。在传统的治河理念中,人们往往忽视了蓝线的重要性。近年来,随着城市化建设的不断扩张,土地开发利用与河流地域保护之间的矛盾愈演愈烈,界定蓝线的范围对于河流的保护和管理有着重要的指导意义。笔者认为,对于蓝线的定义需从城市河流结构特点和服务功能角度出发,既要给河流生态系统健康运行留足空间,同时也要为城市给河流合理的开发利用提供一定的界面。由此,蓝线可定义为:在确保河流防洪安全与生态健康前提下,城市河流发挥其特定功能时予以保护与控制的地域界线,包括:河道、滨水灰色域[14]、生态绿道及功能区域,蓝线以内的区域即是河道管理部门保护和管理的范围,也可以理解为城市河流规划设计控制的边界线。

3　城市河流平面形态设计原则与方法

基于景观生态学与荒溪治理学对城市河流设计的相关理论成果[19,20],笔者认为,城市河流平面形态设计的原则(见图2)应突出:①安全性。要满足城市防洪安全的基本要求。②自然性。要体现河流的自然形态,保护河流的自然要素。③生态性。应满足生物的生存需要,适宜生物生息、繁衍。④亲水性。应提供更多位置能直接欣赏水景、接近水

面,满足人们对水边散步、游憩等要求。⑤观赏性。应考虑人们视觉景观上的审美要求,

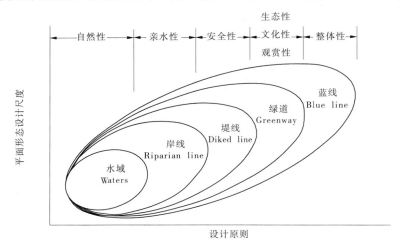

图 2　城市河流平面形态设计原则

在河流空间中形成有一定观赏价值的景观物。⑥文化性。应提升城市河流的文化价值,促进水文化的继承和发展。⑦整体性。从城市的整体出发,做好滨水区与建成区的有机结合。

　　河流形态、河床地貌是河流发育过程中形成的一种自然特征,人类对河流资源的保护与利用,必须遵循其自然规律,城市河流也不例外。城市河流平面形态的设计,应以现状河道为基础,根据规划设计河道不同区域的环境、风格及地形地貌特点等,以充分体现河流形态的多样性和与周围环境的协调性,尽可能实现河道平面布局自然流畅并富于动态变化,避免"岸线、堤线、绿道、蓝线"四线合一。

　　岸线的设计应以"因势利导、随湾就势,人水相亲、体现自然"的设计理念为指导,纵向上要顺应河道的走势,保留弯道或迂回区,并结合地形特点,形成一定的渐变空间;横向上要宽窄结合,保持有浅滩、深潭和边槽等,为鱼类提供栖息繁衍的空间,对于流经人流量较大的河段,可结合岸线的平面尺度,适当设置一些亲水步道,为游人提供临水的漫步空间。对于岸线的保护,一般可采用生态型护岸、近自然型护岸及多自然型护岸等技术方法[21]。

　　堤线的设计要打破传统的堤线设计理念,避免堤线形式直线化、单一化,堤线的走势要与河势流向相适应,尽量避免采用折线和急弯,同时要保持河流景观迂回、多样的特性,为滨水灰色域的生态系统提供保育空间,并增加水体滞留空间,保留自然河湾、河套,为城市防洪安全提供保障。在堤防型式设计时,要充分地结合周边的地形特点,对于河道两侧地势较低且滩地较宽的区段,可通过营造自然坡地的形式来代替有形的堤防(如图 1 所示),对于河道两岸地域受限的城市区段,堤坝尽量采用生态技术,构筑生态河堤。

　　绿道作为城市河流线性的生态廊道,对城市经济、文化、环境质量、城市美观等起着重要的作用。绿道设计主要包括线性绿带和人文景观两大元素,线性绿带的设计要根据河流的结构和功能特点,确定廊道的宽度(一般不得小于 30 m),以达到生物保护的目的,同时确保河流廊道整体结构的安全性;人文景观的设计主要通过一些水文化元素的展示与

景观小品的营造,将历史景观和文化遗产连接起来,实现遗产及其环境的整体保护,并与生态功能和游憩、教育、审美、启发功能等相结合[22]。

蓝线的规划设计主要表现在对其保护和管理上,对于蓝线的控制范围要做到定性、定量、定位,以满足蓝线规划管制监督的技术要求和具体操作要求。一般研究认为,城市河流蓝线控制区的宽度从堤线算起,根据水体控制和生态保护级别按20~30 m划定。蓝线确定的区域,与蓝线保护和管理无关的建设不得随意侵占,严禁在近脚地、与水体相关的工程留用地、安全保护区和蓝线控制区修筑建(构)筑物。

4 结语

河流的平面形态是土地之"神"在大地上勾勒出的一道景观符号,其展现的形体美是大地长期演变的一种自然景观,蕴藏着丰富的历史和文化内涵。尊重自然生态演替过程,是人与自然和谐共生的前提。保护城市河流平面形态,为城市河流让出空间,发挥其生态服务价值,需要城市领导人具有将河流作为生态基础设施建设的"反规划"思想意识[22],同时城市河流平面形态设计是一个涉及水力学、景观生态学、美学及环境心理学等诸多学科的综合性问题,我们应以近自然治理的理论为基础,从"视觉景观形象、环境生态绿化、大众行为心理"等一种全新的角度来对城市河流平面形态进行设计,以恢复城市河流水空间,呈现其形态的自然美,营造出一条生态健康且功能完整的现代城市河流。

参 考 文 献

[1] 宋庆辉,杨志峰. 对我国城市河流综合管理的思考[J]. 水科学进展,2002,13(3):377-382.

[2] 朱国平,王秀茹. 城市河流的近自然综合治理研究进展[J]. 中国水土保持科学,2006,4(1):92-97.

[3] Gerald E,Galloway M. River basin management in the 21st century:Blending development with economic, ecologic,and cultural sustainability[J]. Water International,1997,22(2):82-89.

[4] 岳隽,王仰麟,彭建. 城市河流的景观生态学研究:概念框架[J]. 生态学报,2005,25(6):1422-1429.

[5] 高鹏杰. 浅谈河流治理中的生态问题[J]. 北京水利,2004(4):9-11.

[6] 谢三桃,朱青. 城市河流硬质护岸生态修复研究进展[J]. 环境科学与技术,2009,32(5):1324-1327.

[7] 刘晓涛. 关于城市河流治理若干问题的探讨[J]. 规划师,2001(6):32-35.

[8] 王新军,罗继润. 城市河道综合整治中生态护岸建设初探[J]. 复旦学报:自然科学版,2006,45(1):120-127.

[9] 李小平,张利权. 土壤生物工程在河道坡岸生态修复中的应用与效果[J]. 应用生态学报,2006,17(9):1705-1710.

[10] 谢晓华. 三维土工网植草在加固河岸边坡工程中的应用[J]. 水运工程,2004,360(1):71-72.

[11] 邬建国. 景观生态学[M]. 北京:高等教育出版社,2000:30-31.

[12] 王薇,李传奇. 城市河流景观设计之探析[J]. 水利学报,2003(8):117-122.

[13] 夏继红,严忠民. 生态河岸带研究进展与发展趋势[J]. 河海大学学报:自然科学版,2004,32(3):252-255.

[14] 吴亭. 城市滨江(河)灰色域矛盾与对策研究[D]. 华中科技大学,2006.

[15] Hession W C,Johnson T E,Charles D F et al. Ecological benefits of reparian restoration in urban water-

sheds study design and preliminary results[J]. Environmental Monitoring and Assessment,2000,63:211-222.

[16] 张文,范文捷. 城市中的绿道及其功能[J]. 国外城市规划,2000,3:40-42.

[17] 朱强,俞孔坚,李迪华. 景观规划中的生态廊道宽度[J]. 生态学报,2005,9:2406-2412.

[18] Harris L D,Scheck J. From implications to applications:the dispersal corridor principle applied to the conservation of biological diversity. In:Saunders D A and Hobbs R J eds. Nature conservation:the role of corridors. Surrey Beatty and Sons. Australia:ChippingNorton,NSW,1991:189-200.

[19] 高甲荣,肖斌. 荒溪近自然管理的景观生态学基础:欧洲阿尔卑斯山地荒溪管理研究述评[J]. 山地学报,1999,17(3):244-249.

[20] 董哲仁. 河流形态多样性与生物多样性[J]. 水利学报,2003,11:1-7.

[21] 杨芸. 论多自然型河流治理法对河流生态环境的影响[J]. 四川环境,1999,18(1):19-241.

[22] 俞孔坚,李迪华,刘海龙. "反规划"途径[M]. 中国建筑工业出版社,2005:20-26.

作者简介:谢三桃(1978—),男,工程师,安徽省水利水电勘测设计院,联系地址:安徽省合肥市海棠路 185 号。E-mail:santao_xie@ yahoo. com. cn。

淮北市的水战略构架与实践

李庆海

（安徽省淮北市水务局，淮北　235000）

摘　要：淮北市水资源非常短缺，年平均降雨831.5 mm，年蒸发997.5 mm；水资源总量约8.341亿 m^3，人均水资源量398 m^3/（人·a），低于国际通用的水资源极度紧缺标准500 m^3/（人·a）。地下水严重超采，地表水严重污染。淮北市是一个新兴的能源城市，素有"百里煤城"美誉，已累计为国家生产数亿吨原煤，造成沉陷区面积超过110 km^2。煤电化工等重大工程陆续上马，用水需求量逐年增长，水资源紧缺已经成为经济发展的最"短板"。节水型社会建设体现新生机、新机遇、新挑战。市政府打出水"优化配置，河道建闸拦蓄、水库提高蓄水位、实现河湖连通、区外调水补充、统筹兼顾防洪"的"连环式组合拳"，走出了一条"城市矿山防洪、水资源综合利用"的科学治水战略构架之路。

关键词：水资源　战略

1　经济社会概况

淮北市位于苏鲁豫皖四省交界处，辖三区一县，国土面积2 741 km^2，人口215万人，是一个新兴的能源工业城市，以安徽煤电之都、华东能源基地著称，素有"百里煤城"美誉，已累计生产数亿吨煤炭，为国家和地方经济社会发展作出巨大贡献。同时，也造成大量的土地塌陷，目前，全市每年土地沉陷约500 hm^2，现有采煤沉陷区面积超过110 km^2。

淮北市是一个水资源非常短缺的城市，年平均降雨量为831.5 mm，年蒸发量997.5 mm；水资源总量约为8.341亿 m^3（其中地表水3.161亿 m^3，浅层地下水4.136亿 m^3，岩溶裂隙水1.044亿 m^3）；人均水资源量398 m^3/（人·a）（2009年水资源公报人均水资源量为325 m^3/（人·a）），低于国际通用的水资源极度紧缺标准500 m^3/（人·a）的量，是一个水资源严重短缺的地区。

随着经济社会快速发展和城市化进程不断加快，煤炭资源深度开发与综合利用，特别是煤电、煤化工等重大工程陆续开工建设，淮北市将成为引领皖北区域发展、推动"二淮一蚌"重工业走廊建设和促进安徽省奋力崛起的重要驱动力，随着用水需求逐年增长，造成地下水严重超采，地表水体污染严重，自净力降低，生态环境恶化，城镇供水、农村生产、生活受到严重威胁；水资源的开发利用、保障工农业生产、居民生活的压力越来越大，水资源匮乏已经成为淮北区域经济快速发展的最"短板"。

淮北市从20世纪90年代起，一大批矿井因资源枯竭相继关闭。到2015年，还将有9对大中型煤矿陆续报废，局部破坏了地下水系，留下数量众多的采煤沉陷区，雨水丰沛时沉陷区有水，雨量少时，沉陷区干涸裸露。只有依托过境河流的水源条件，合理挖掘采煤沉陷区水资源调蓄能力，积极开展沉陷区治理和湿地修复，提升淮北市水资源保障能力，支撑经济社会发展。

2　节水型社会建设体现生机

一座因煤而建、缘煤而兴的水短缺城市怎样走出制约经济发展的困境？2006 年 11 月,淮北市被水利部列为第二批节水型社会试点市,其发展迎来了新机遇、新挑战。关键时刻,淮北市政府打出水的"优化配置,河道建闸拦蓄、水库提高蓄水位、实现河(道)湖(采煤沉陷区)连通、区外调水补充、统筹兼顾防洪"的"连环式组合拳",走出了一条"城市矿山防洪、水资源综合利用"的科学的治水战略构架之路。特别采煤沉陷区水资源综合利用,走在全国同类城市之前。在加快建设工程水利,积极推进资源水利,倾心构筑民生水利,同步打造生态水利等方面进行了大胆的尝试与实践。

节水型社会建设成效明显。淮北市主要用水效率指标见表 1。

表 1　淮北市主要用水效率指标

序号	用水效率指标	年度指标值			
		2004 现状年	2007 年	2008 年	2009 年目标
1	用水总量(亿 m^3)	4.21	3.60	3.66	5.0
2	万元 GDP 用水量(m^3)	227	139	105	130
3	农田灌溉水利用系数	0.4	0.5	0.52	0.55
4	农业节水灌溉率(%)	26.2	28.6	30.5	32
5	万元工业增加值用水量(m^3)	120	79	45	100
6	火电工业用水重复利用率(%)	95.7	95	94	97
7	一般工业用水重复利用率(%)	73	74.5	75	75
8	城市公共供水管网漏失率(%)	22	18	16	15
9	城镇污水处理回用率(%)	0	20	28	30
10	水功能区水质达标率(%)	100	100	100	100

3　加快建设工程水利

淮北市的水利工程建设经历了由慢到快的曲折道路,有成功的经验,也有失败的教训。其间修建了大量效益显著的水利设施,经历了不同阶段。①治淮初期(1950 ~ 1957 年)。1950 年以来,淮河中游发生了几次较严重的洪水灾害。淮北市境内因河床淤塞、堤防残缺单薄,多处堤防溃决,内水聚积,无法排除,造成严重水灾。②调整时期(1961 ~ 1965 年)。淮北水利建设进入低潮,工程做得少,处于丰水年份,尤以 1963 年和 1965 年更为突出。③"文化大革命"时期(1966 ~ 1976 年)。主攻涝渍,在大沟排水骨架基本形成的基础上,开挖中小沟,打机井建电灌站,完善"三一沟网化",即万亩左右一条大沟,千亩左右一条中沟,百亩左右一条小沟。④排灌结合阶段(1976 ~ 1984 年)。治水实行排灌并举的治理原则,突出续建配套工程,按大沟水系流域综合治理,取得较好的经济效益。

⑤快速发展阶段(1985～2010年)。

改革开放以来,结合实际陆续建成闸河综合治理工程、"引闸(河)入华(家湖)"引水工程、恢复华家湖蓄水、铁路沟、民兵沟、长山路沟、相阳沟等十余条主干沟、临涣闸枢纽工程、华家湖水库除险加固工程等。根据洼地治理和中小河流治理规划,未来还将加快闸河、龙岱河、肖濉新河、包浍河、濉河、北淝河治理工程。

4　积极推进资源水利

淮北市政府从安徽省构建"两淮一蚌"重工业走廊,加快皖北崛起的战略高度着眼,加强水资源的开发利用与保护,在全国率先进行采煤沉陷区水资源综合开发利用的研究与实践,实现河(道)湖(采煤沉陷区)沟通,优化水资源配置。相继编制完成《淮北市水资源综合规划》、《淮北市水资源及开发利用调查评价》、《淮北市采煤沉陷区水资源综合利用规划》、《淮北市水资源保护规划》、《淮北市节约用水规划》、《淮北市水资源配置和承载能力分析》,制定实施《淮北市水资源管理办法》、《淮北市节约用水管理办法》、《淮北市水价管理办法》、《淮北市行业用水定额》、《淮北市水功能区划》等大量的基础工作。同时,积极实施水源工程建设。

(1)包浍河新建临涣闸及配套工程。为配合安徽省"861"行动一号工程临涣工业园区"煤化盐化一体化"项目的建设,根据淮北雨季集中降雨的特点,淮北市政府投资5 880万元,新建临涣闸拦水工程,让洪水"资源化"。临涣闸为大型二等水闸,设计流量1 311 m^3/s,闸室总净宽90.8 m,共8孔,单孔净宽10 m,可拦蓄过境洪水进入临(涣)、海(孜)、童(亭)煤矿采煤沉陷区,新增蓄水量3 000万 m^3/a。临涣闸自2008年10月建成以来,有效保障临涣工业园煤电化工项目一期工程用水8 800m^3。同时,还为沿河两岸5.4万农田提供灌溉水源。

(2)闸河新建拖山闸工程。2006年6月,投资360万元,在闸河新建拖山闸,年增加蓄水量1 500万 m^3,为解决农业灌溉和涵养地下水起到了积极的作用,为农村饮水安全提供了保障。

(3)大沟建闸蓄水。全市有140条大沟。2006年5月,先后投资1 053万元,新建青苗沟、常沟闸为小型水闸,设计流量20～100 m^3/s。新建马沟闸、王大路沟闸;疏浚王大路沟、黑泥沟;重建黑泥沟上2座大沟桥,解决沿河地势低洼、洪涝灾害频繁问题,提高了防洪除涝标准。

(4)华家湖水库除险加固工程完工。华家湖水库是淮北市唯一的中型水库。2008年5月,批复华家湖除险加固,内容有加固大坝、滚水坝;拆除重建大坝上游护坡、泄洪闸与引洪闸;新建入库控制闸、防汛交通道路,维修引洪渠;增设大坝观测设施;完善管理设施等,工程总投资2 280万元。2009年5月,华家湖已投入运行,年增加蓄水量1 100万 m^3,完成了1958年设计任务,圆了半个世纪想完成而没有完成的任务梦。

(5)淮河89 km管道输水工程全面通水。"2007年10月,经省人民政府批准建设,淮北矿业集团投资6.8亿元建设安徽省最大口径(直径1.8 m)、线路最长(线长89 km)的管道输水工程,工程途经蚌埠市、怀远县、淮北市、濉溪县,先后跨越206国道、合徐高速公路、濉河、矿区铁路等重要设施后,输水进入临涣沉陷区。主体工程由翻水站、加压泵站管道等取水。管道输水流量按 3 m³/s 设计,年调水 7 630 万 m³。目前,89 km 的管道输水工程为淮北煤电、化工工业的腾飞,注入淮河的"血液",并兼顾沿线农业灌溉和生态用水。

(6)"淮(河)水北调(皖北)"工程可能性研究已出炉。淮河明渠调水至淮北市、濉溪县、萧县、砀山县,线路总长约 225 km。近期,年平均调水 6 370 m³,远期调水 25 640 m³。建设内容有输水河渠工程、节制闸工程、泵站工程、水情、水质、工情及管理工程、水保及环保等专项工程。工程投资约 8 亿元。计划"十二五"期间正式开工建设,以调水置换部分工业取用地下水,置换出的优质地下水用于城镇生活用水。调水兼顾沿线干旱年份农业灌溉补水和生态用水,促使水体循环,增强沿线河流水体的自净能力,改善水生态环境。届时,淮北市的水战略架构全部实现。

5　倾心构筑民生水利

到 2010 年底,淮北市 40.54 万农村人口将告别长期饮用高氟水、苦咸水、污染水的历史,喝上干净卫生的安全饮用水,农村饮水安全深得民心。

市政府按照《淮北市农田水利建设规划》,投资 2 亿元,分 3 年建设,计划每年投资 4 000 多万元,统筹安排,旱涝兼治,桥涵闸配套,连片治理,彻底改变田间水利基础设施薄弱的局面,解决全市 13.3 余万 hm² 耕地的灌排问题,实现建一片、成一片、发挥一片效益和稳粮增收的目标。市农田水利基本建设指挥部深入田间地头,对灌溉机井、农用生产桥、大中小沟渠、蓄排涵闸等进行检查指导。在县区自验合格的基础上,市级对每眼机井用 GPS 定位、量深,井、桥、涵统一排序编号,丈量土方、沟宽、沟深,验收成果图,做到 20 个乡镇有图纸、有表格,图表相符,以奖代补发放经费,有效地提高了民生水利服务群众的能力。

6　同步打造生态水利

《淮北市采煤沉陷区水资源利用与湿地修复规划》(简称《规划》),作为打造生态水利的主要手段,积极扩展采煤沉陷区水资源利用的效率和效能,既是工农业发展、改善居住环境所需,更是实现城乡统筹,以水利支撑经济发展的保障,市政府自行投资,2009 年 10 月 12 日,市政府第 32 次市长办公会批准实施。《规划》通过实施"55321"工程,即通过疏浚、开挖、新建三条引水沟渠(老溪河、候王沟、萧南沟),建设两座河道节制闸(陈路口闸、候王闸)和一座抽水站(候王站),将市区周边五河(闸河、龙岱河、肖濉新河、王引河、南沱河)与五湖(华家湖、东湖、中湖、南湖、西湖)连通,有效利用矿井疏干排水,适时引用外河雨洪资源。近期可增加有效供水量 2 450 万 m³,远期可达 4 350 万 m³,保证率达 95%。《规划》总投资 4.81 亿元,其中沉陷区连通工程 2.20 亿元,环境改善工程 2.61 亿元,工程分三期实施。2009 年 12 月,开工建设陈路口闸、候王涵,重建花园闸、口子涵,扩建老溪河疏浚及桥梁,投资 3 458 万元。于 2010 年 5 月 2 日主体工程已完成并通过验收。建成的陈路口闸蓄水高程由 27 m 提高到 30.5 m,市区东部龙岱河、中湖、南湖等河道,采煤沉陷区正常蓄水位由现在的 27 m 提高到 29.5 m 以上,增加调节库容 1 500 万 m³,扩大了涵养地下水的范围和面积 80 km²,为湿地建设提供了生态用水。二期工程 2010 年 10 月中旬开工建设,2011 年底全部完成扫尾工程。《规划》的实施,有效利用了矿井疏干排水,适时拦蓄了雨洪资源,实现了湿地修复、水环境建设等综合目标。对淮北当前和长远发展具有重大意义,为实现"能源之部、食品高地、运河故里、百湖相城"、"双百双宜"(百万平方千米、百万人口、最适宜人居、最适宜创业)的目标,把淮北市建设成"船在水中游,人在画中走"的山水生态城市打下良好基础,另一方面可为全市工业(火电、煤化工)发展用水提供可靠的水资源支撑。在区域水的有力支撑下,2009 年,淮北市实现生产总值 375 亿元,比上年增长 11%;财政收入 52 亿元,比上年增长 22.6%。围绕着水战略的架构与实施,淮北市依托区域内挖潜,实施河(道)湖(修复沉陷区)连通拦蓄雨洪;外援淮(河)水北调(淮北市区),打出水战略的"组合拳",让这座奔跑在节水型社会之路上的城市永续发展。

绩溪县城市水生态环境发展的思考

方 华

（绩溪县水务局，绩溪 245300）

摘 要：城市生态环境日益受到人们关注，城市的水生态环境是城市及居民生活的基础。面对日益加剧的大城市化进展，具有前瞻性的城市水生态环境基础设施规划具有非常重要的战略意义。绩溪是一个皖南山水城市，依山傍水，有其得天独厚的徽文化遗产、自然景观和环境资源，社会发展的历史与水息息相关。建设良好的生态城市，需要对城市水环境进行综合治理和保护，维持健康的水生态环境，为市民提供优良的人居环境。

关键词：水生态 水环境

绩溪县位于皖东南，全县总面积为 1 126 km²，人口 18 万人。全县跨长江、钱塘江两大水系，属黄山、天目山余脉结合部，是一个含中山的低山丘陵县。绩溪县是徽文化的重要发源地和核心区，拥有良好的自然生态环境基础。通过多年来的造林绿化等措施，全县城乡生态环境、人居环境得到改善。2005 年绩溪县被国家环保总局定为"国家级生态建设示范区"。绩溪是国家历史文化名城、中国徽菜之乡，是 2008 北京奥运会火炬接力城市。

根据《安徽省环境状况公报》显示，2009 年全省地表水总体水质状况为轻度污染，水质为优、良好的 117 个，占 50.0%；轻、中度污染的 81 个，占 34.6%；重度污染的 36 个，占 15.4%。2010 年 6 月 4 日，国家地表水水质自动监测实时数据发布系统显示，皖浙省界的新安江断面水质达一类标准，新安江安徽段成为目前国内水质最好的流域之一。绩溪县城就位于新安江的上游，在城市发展过程中，城区面积不断增加，城市水生态环境发展同样面临一系列的问题。

1 水生态环境的概念

水生态环境的内容随着社会、经济和文化的发展而不断进步，逐渐充实完善。水生态环境的概念有狭义和广义两种理解，狭义的水环境指的是水质，目前在城市环境规划指标体系中，水环境分项指标主要指城市地表水 COD 平均值和饮用水水源水质达标率。广义的水环境指水圈，通常则指江、河、湖、海、地下水等自然环境，以及水库、运河、渠系等人工环境。在研究生态城市时，水生态环境主要包括自然生物赖以生存的水体环境，抵御洪涝灾害能力，水资源供给程度，水体质量好坏，水利工程景观与周围的和谐程度等多项内容，特别是要保护好自然水生态环境。

2 城市建设给水生态环境带来的问题

生态环境是城市所依赖的自然系统，是城市及其居民能持续地获得自然服务的基础。

城市市政基础设施的建设,包括道路系统、给排水系统等,如果这些基础规划前瞻性不够,在之后的城市开发过程中必然要付出沉重的代价。因此,应引起政府的高度重视。

2.1 城市水生态环境恶化现象

在许多城市存在的普遍问题,房产和道路等硬化工程导致了城市在建时期的水土流失和水污染,造成行洪过水面积的缩减。由于大量不合理的硬化工程,使得下垫面条件发生改变,渗水面积减少,大面积的降水不能渗入地下,导致雨水的大量汇集,雨水产流快,汇流时间短,形成的洪峰尖瘦,形成陡涨陡落的洪水,如遇下水道设计施工不合理或者养护不当的情况,容易造成城区严重洪涝渍灾。在伤筋动骨的地下工程的维护改造中,因为硬化工程而增大了城市改造的难度。硬化工程还会严重影响地下土壤和地下水与外界的交流,大大降低了水生态的自我净化调节能力。

在城市建设中,破坏了许多绿地和原有的自然水生态,填埋了本来就很少的低洼地和稀少的城市湿地,进一步导致洪涝灾害频繁,增加城市温室效应,又进一步导致了水资源蒸发的循环后果,最终造成城市水生态环境的恶化。

2.2 城市水污染现象

城市的生产生活造成了城市水污染,一些工业废水和生活污水未经处理就直接排入河湖中,还有大量未达标处理的废水被偷排、漏排,不少地方出现有河皆干、有水皆污、湿地消失、地下水枯竭局面。水污染事故频繁发生。不少化工、石化等重污染企业建在大江大河沿岸、城市饮用水源地附近和人口密集区。还有就是许多城市的水资源开发利用程度过高。如淮河水资源开发利用率超过60%,明显超出国际上30%~40%的水生态警戒线;部分城市由于地下水长期超采,还引发了地面下沉、出现"天坑"、管网漏损率增加等问题。此外,城市用水效率偏低,影响了城市供水安全,造成了城市的防洪减灾压力增大等问题,使得城市水生态环境系统进一步退化。

2.3 水利工程对城市水生态环境的影响

一些城市为了水景观的需要,在河道上拦坝蓄水,人为提高水位,美化城市,从表面上看效果明显,但实际上有许多弊端。一是变流水为死水,富营养化加剧,水质下降恶化,臭水一潭,或是水葫芦疯长,丧失生态和美学价值;二是破坏了河流的连续性,使鱼类及其他生物的迁徙和繁延过程受阻;三是影响下游河道的景观,生态环境被破坏;四是导致水丧失了自然形态。其实在城市中,用以休闲与美化的河流水不一定要多,而在于要流动,这样才能维持健康的水生态环境。另外,在城市建设中,占用河道和滩涂的现象存在,护岸硬化,一些河道过水断面过小,造成防洪压力。

3 城市水生态环境保护和综合治理

3.1 城市水生态环境保护

首先要加大宣传和执法力度,严格城市的规划设计,保护现有的未破坏的自然水生态环境,如湿地,在水环境整治设计中要合理进行保护,结合土地开发,功能区划分和防洪、排涝、蓄水要求,协调处理湿地保护。因为很多水生态环境一旦破坏就永远不能恢复,所以要倍加珍惜。

保护好现有的河流水系,不要轻易破坏,尽可能以恢复和改善水质为目的,为恢复自然水生态环境奠定基础。

3.2 城市水环境的综合治理

首先必须编制好科学合理的城市水环境治理规划,而且要有超前意识。各相关部门要严格按照规划实施,这是做好城市水环境治理的前提和基础。在城市建设的各个环节中,融入水环境保护的理念,在规划中保留、整合、优化、沟通城市水系;在建设中体现亲水设计和以人为本;在管理中实现多部门合作和协同配合。

3.3 完善城市下水道和污水处理设施

一个优秀的城市应包括地上和地下两部分建设的理念,要普及具有综合功能的地下网络,作为防治水污染和内涝内渍的主要技术措施。

截污是城市治污的根本,一定要把排入城区或近郊河网的污水截断,从而大大减少向河网排放的污染物。新建或新近改造的城镇,必须设计成雨水、污水分开收集排放的方式,创造条件尽快实现全部的雨污分流;在城市化程度较高的流域考虑修建连成一片的整体下水道,实现流域废污水集中管理,以提高处理效率,保证资源合理利用,降低处理成本。污水处理厂必须建在城市的下水道口或排水站前后,从而在设计上保证所有的废污水得到进厂处理,保证污水处理厂正常安全运行。

3.4 提倡节约水资源

水资源可以分为新鲜水、二次用水、中水及废水等多个层次。如居民洗脸、洗菜、洗米等应该用新鲜水,而家庭冲洗卫生洁具、打扫卫生等则应尽量减少使用新鲜水。在一个区域内通过集中处置的中水可以作为居民小区或企事业单位花园用水、消防用水和卫生用水等,到最后真正不能利用的废水才可以排掉。经过这种多次循环利用,可以让一吨新鲜水在不同的环节发挥多次效用。

城市建设要改变传统的设计思路与建筑结构,为循环利用水资源提供基础设施上的保证。过去在城市建设及居民住房的设计与建设中,都没有充分考虑如何进行水资源循环利用的基础设施建设问题,导致大量的新鲜水资源在经过一次利用后就被排放掉了。城市规划设计部门,应该按照水资源循环利用理念对传统的设计思路与建设方案进行革命性的改造,在设施、器材、管线等的设计与制造上进行大胆突破,真正为水资源的一次、二次及多次循环利用提供物质上的保证。

3.5 改变城市水循环方式

在城市规划建设中推广采用新型的建材,增加下垫面的透水性,改善城市的径流条件,加强城市垂直水循环。如在修建街道两旁路面时,以透水性能大的地砖代替水泥路面,以增加下渗量,减小地面径流系数;在房屋周围修建的绿地草坪平或低于地面,将屋顶径流通过管道集中排入绿化地,转变为地下径流,从而减少地面径流,减少内涝的发生。

4 结论

通过对城市水生态环境现状的分析,发现目前在城市建设中的不足,并针对水生态环境恶化的问题,提出一些建议和意见,为保护城市良好水生态环境服务,供大家参考。

作者简介:方华,男(1975—),大学本科,绩溪县水务局,水利站副站长,绩溪县水利学会秘书长,水电工程师,安徽省绩溪县行政办公中心。E-mail:ahjxfch@163.com。

创新水资源保护机制
——兼论"绿色"补偿理论

梁才贵

（广西壮族自治区水文水资源局，南宁 530023）

摘 要：本文根据水体污染的可流动性和可跟踪性特点，提出了以行政区域为单元对水资源实施绿色补偿和污染补偿的双向行政区域补偿管理机制。该管理机制的主要目的是使积极保护水资源的行政区域得到经济补偿，污染水资源的行政区域受到经济惩罚。并通过创新水资源保护机制，将水资源保护效益经济化和政府责任化，使水资源保护成为 GDP 的重要组成部分和地方政府自觉履行的职责。

关键词：创新 水资源 保护 机制 绿色补偿

1 引言

水是生命之源，人类社会的任何活动都离不开水。随着经济社会的发展和人类社会的进步，水在人类社会活动中的作用将会越来越大，水资源将成为一个地区、一个国家，乃至一个城市的战略性资源，其水资源开发利用、管理和保护的好坏将直接关系到其经济社会可否持续发展和社会能否保持稳定。我国是一个水资源相对比较贫乏的国家，人均水资源量仅有 2 200 m^3，不足世界人均的 1/3，属全球最缺水的 20 个国家之一。同时，我国水资源存在时空分布极不均匀的特点，北方大部分省（市、区）的人均水资源量约为 750 m^3，低于通常界定为"水稀缺"的阈值水平 1 000 m^3，南方虽然水资源相对比较丰富，但 70% 的水资源在汛期以洪水方式流失，季节性缺水问题仍非常突出。水资源的有效保护和高效利用，以水资源的可持续利用支撑经济社会的可持续发展，已成为社会各界关注的重点和水利、环保工作的难点。

为贯彻落实党中央提出的以人为本，全面、协调、可持续发展的科学发展观，实现以水资源的可持续利用支撑经济社会的可持续发展，实现人与自然的和谐相处，各级水利部门和环境保护部门在水资源保护方面做了大量的工作，也取得了明显成效，但由于受地方保护主义和唯 GDP 政绩观的影响，水环境不仅没有得到明显改善，而且在一些落后地区，水环境恶化趋势还在明显加剧。支持和鼓励落后地区，既发展经济、提高人民群众生活水平，又自觉保护水资源、构建和谐社会，已成为新时期水资源保护的重中之重。要通过创新水资源保护机制，将水资源保护效益经济化和政府责任化，使水资源保护成为 GDP 的重要组成部分和地方政府自觉履行的职责。

创新水资源保护机制的关键是根据水体污染的可流动性和可跟踪性特点，制定相应的双向行政区域补偿机制和配套的法律体系，使积极护水资源的行政区域得到经济补偿，污染水资源的行政区域受到经济惩罚。

2 建立水资源保护调节机制

2.1 建立水资源初始使用权机制

　　水资源初始使用权是指在自然条件下行政区域对本区域水资源的拥有权限,包括水量使用权和纳污能力使用权。建立水资源初始使用权机制是实施水资源管理和水资源有偿转让与补偿的基础。目前,我国水资源初始使用权机制建设才刚起步,只在黄河、海河、松花江等北方缺水河流建立了水量使用权制度,对纳污能力使用权制度的建设还处在探索阶段。为了全面管理和保护水资源,我国应尽快建立全国性的水资源初始使用权机制,明确各行政区域的水资源初始使用权限,并对初始使用权使用情况进行监督。

2.2 建立"绿色"行政区域补偿机制

　　水资源跟其他资源相比,具有流动性、易受污染性、可跟踪性和可重复利用性等特点,在一条河流或一个流域,流动的水体很容易将一个区域造成的污染带到下游,影响下游区域的生产生活。河流或流域的上游地区由于过境水资源量相对较小,水体纳污和自净能力小,因此要为下游地区提供达标的水资源,其经济发展将会受到限制或要投入更多的资金用于生产生活污水的处理。同时,河流或流域的上游地区,由于生存环境大都相对较差和经济相对比较落后,经济发展大都采取粗放方式,不仅会对当地生态环境造成破坏,而且还会通过水体流动破坏下游水生态环境。建立"绿色"行政区域补偿机制,就是通过实施下游地区对上游地区的经济补偿,使上游地区的水资源保护行为得到经济实惠,从而自觉承担为下游地区提供安全水资源的责任和义务,属于奖励性补偿机制。

　　"绿色"行政区域补偿机制从实施的目的看,与国家正在实施的退耕还林、退牧还草、退田还湖等生态补偿机制基本相同,但也存在明显区别,其区别主要是实施的主体和资金来源及补偿对象不同。生态补偿机制实施的主体是政府,资金来源主要是国家财政,最终对象是农民和牧民;水资源保护的"绿色"行政区域补偿机制,没有明确的实施主体,只有国家法律和政府监督,资金来源是河流或流域内的地方政府财政,补偿的对象也是地方政府。

　　为了充分发挥 GDP 在水资源保护中的杠杆作用,可以将补偿标准与补偿资金承担区域的 GDP 或财政收入相关联,按 GDP 或财政收入的一定比例提取补偿金,再按涉及流域的比例补偿给上游行政区。如广东对广西的水资源"绿色"补偿,其标准可按式(1)计算。

$$P = GDP \times N \times M \times I \times K \tag{1}$$

式中:P 为广东当年补偿给广西的"绿色"补偿金;GDP 为广东当年全省国民生产总值;N 为国家对省级行政区规定的水资源"绿色"行政区补偿金提取标准;M 为广东境内与广西存在上下游关系的河流区面积占广东总面积的比例,约为 13.95%;I 为广西境内与广东存在上下游关系的河流区面积占广西总面积的比例,约为 85.92%;K 为河流涉及多省区时所占的比例,由于西江区和九洲江区与广东直接存在上下游关系的只有广西,因此 K 值为 1。

如果国家规定按 5‰ 提取水资源"绿色"补偿金,2007 年广东给广西的水资源"绿色"补偿金约为 18.30 亿元。

2.3 建立水污染行政区域补偿机制

水污染行政区域补偿机制是与水资源"绿色"行政区域补偿机制相对应的水资源保护调节机制,属惩罚性补偿机制,是上游行政区因经济社会发展造成水体遭受污染,并影响下游行政区经济社会发展的一种经济补偿。建立水污染行政区域补偿机制的主要目的是消除水资源保护中的地方保护主义和政府官员的唯 GDP 政绩观,使地方政府在发展经济的同时更加注重水资源的保护,充分发挥地方政府在水资源保护中的作用。

水污染行政区域补偿,可以按照水体受污染程度的不同分为两个层次。第一层次为归还性补偿,即当上游行政区提供给下游行政区的水体水质超过规定类别的标准,而未超过规定的下一类别标准时,上游行政区将下游行政区补偿的"绿色"补偿金全部(按月评定)返还给下游行政区;第二层次为惩罚性补偿,即当上游行政区提供给下游行政区的水体水质超过规定的下一类标准时,上游行政区除返还"绿色"补偿金外,还应将按其 GDP 或财政收入的一定比例补偿给下游行政区。以广西和广东为例,因西江和九洲江水质遭受污染,广西每月惩罚性补偿给广东的补偿金可按式(2)计算。

$$P = GDP \times N \times M \times I \times K/12 \qquad (2)$$

式中:P 为水质污染月份广西惩罚性补偿给广东的补偿金;GDP 为广西当年全区国民生产总值;N 为国家对省级行政区规定的水污染行政区惩罚性补偿金提取标准;M 为西江和九洲江在广西境内面积占广西总面积的比例,约为 85.92%;I 为西江和九洲江在广东境内面积占广东总面积的比,约为 13.95%;K 为河流涉及多省区时所占的比,由于西江、九洲江与广东直接存在上下游关系的只有广西,因此 K 值为 1。

如果规定西江和九洲江,广西提供给广东的水质标准为《地表水环境质量标准》(GB 3838—2002)的 Ⅲ 类水标准,而广西 2007 年全年提供给广东的水体水质都超过 Ⅳ 类水标准,同时,国家规定按 5‰ 提取水污染惩罚性补偿金,则广西 2007 年给广东的水污染惩罚性补偿金约为 3.53 亿元,加上要返还的 18.30 亿元的水资源保护"绿色"补偿金,2007 年广西将会因提供给广东的水体水质受到污染而损失 21.83 亿元。由于这一损失占到了广西当年财政收入的 3.1%,比重不小,因此水污染行政区域补偿机制的建立和实施,必将对水资源保护中的地方保护主义和政府官员的唯 GDP 政绩观起到很好的遏制作用。

3 建立水资源管理人监督约束机制

水资源管理人从广义上讲,可分成微观管理人和宏观管理人,微观管理人主要有用户、供水企业、负责供水和城市管理的建设行政主管部门及负责排污监管的环境保护部门,宏观管理人主要有水行政主管部门(含流域机构)和政府;从职能职责讲,水资源管理人可分成行政职能管理人和非行政职能管理人,用户和供水企业属非行政职能管理人,水行政主管部门、环境保护部门、建设行政主管部门及政府属行政职能管理人。这里所要建立的水资源管理人监督约束机制,主要是指在行政职能管理人之间建立的监督约束机制,形成对水资源管理行为的相互监督和相互制约,提高水资源管理效率和公正性。

3.1　建立部门水资源管理人监督约束机制

目前,我国属水资源行政职能管理人的部门主要有水行政主管部门、环境保护部门、建设行政主管部门。水行政主管部门的职责主要是对水资源的使用配置、江河湖库水质监测与保护进行管理,环境保护部门的职责主要是对企业及城镇的废污水排放进行监督和管理,建设行政主管部门的职责主要是对城市供水及污水集中处理设施建设进行管理,属多龙管水体制。多龙管水的优点是不容易形成垄断,符合市场规律;缺点是容易造成职责不清和重复建设。发挥多龙管水优势的关键是明确职责,并建立部门间的相互监督约束机制。形成环境保护部门监督企业排污和建设部门的城市污水处理,水行政主管部门通过水质监测监督环境保护部门的治污绩效,建设行政主管部门通过检测自来水厂原水水质来监督水行政主管部门的水资源代言人监管绩效的“三位一体”的独立监督约束机制。

3.2　建立政府水资源管理人监督约束机制

政府是所在行政区域最有管理权的水资源管理人,对水资源保护具有责无旁贷的责任和义务,但政府又担负着发展当地经济的责任,在处理水资源保护与发展经济的矛盾中,不可避免地会带有地方保护主义色彩,因此建立政府水资源管理人监督约束机制,消除水资源保护中的地方保护主义,是实现水资源有效保护的关键。对政府水资源管理人的监督约束,可以通过下游行政区对上游行政区的监督来实现,关键是要从法律上明确水资源监测评价部门和建立水资源行政区界交换通报制度。根据水资源各管理人的职责,水行政主管部门作为水资源的监护人和代言人,应当毫无疑问地成为水资源的监测评价部门,由水行政主管部门定期通报下一级行政区域交界断面水体交换和重点城镇向水体排污情况,从而建立起水资源保护中的政府水资源管理人监督约束机制。

4　完善水资源保护法规体系

4.1　现行水资源保护法规体系

目前,我国国家层面与水资源管理和保护有关的法律法规主要有《中华人民共和国水法》(简称《水法》)、《中华人民共和国水污染防治法》(简称《水污染防治法》)和《中华人民共和国取水许可和水资源费征收管理条例》(简称《征收管理条例》)等;部门层面的主要有水资源费征收管理办法、取水许可管理办法、水量分配暂行管理办法、入河排污口监督管理办法、建设项目水资源论证管理办法等。这些法律法规都有一共同特点,就是没有明确地将政府作为监督对象进行监督,没有将水资源保护绩效纳入地方的 GDP 和政府官员的政绩考核。

4.2　现行水资源保护法规体系存在的主要问题

一是没有明确各部门在水资源保护中的相关职责和作用。《水法》只明确了水行政主管部门是水资源的统一管理和监督部门,对其他部门的职责并没有明确;同样,《水污染防治法》只明确了环境保护部门和交通部门的职责,对其他部门的职责也没有明确。

由于没有从法律层面明确各部门在水资源保护中的职责和作用,因此造成各部门在开展相关水资源保护工作时存在责任不清和重复投资建设等问题。如江河湖库的水质监测,按照《水法》规定,水行政主管部门理应对其管理的水资源进行监护。而按照《水污染防治法》规定,环境保护部门似乎也应对水污染状况实施监控,从而造成水利和环保部门都在对江河湖库的水质进行监测和对设施进行重复建设。

二是缺乏对政府行为的监督约束。在法律责任条款中,除《水法》第七十五条明确规定了以行政区域为对象的责任追究外,其余都没明确规定以行政区域为对象的政府责任追究。

三是缺乏对执法主体的监督约束。受立法部门化影响,我国大部分法律存在对执法主体缺乏有效监督问题,《水法》和《水污染防治法》也不例外,既没有条文明确规定执法主体在水资源保护工作中应当承担的法律责任,也没有明确如何监督执法主体。对水资源保护绩效评价,各执法主体既是运动员,又是裁判员,造成"多龙管水"的局面,难以发挥优势作用。如《水污染防治法》明确规定环保部门是水污染防治的执法主体,但对如何评价其治污效果和由谁来监督评价并没有条文规定,造成各地环保与水利部门在水资源保护工作中长期存在矛盾冲突。

四是处罚行为界定不严和执行力度偏弱。如,《水污染防治法》的法律责任,许多条文采用的是根据情节或所造成的危害,给予警告、责令改正、责令停业、责令关闭或处以罚款的可塑性描述,给执法预留空间太大,容易造成执法不严。

4.3　完善水资源保护法规体系的思路

一是对《水法》、《水污染防治法》等现有法规进行修订完善。明确政府及相关部门在水资源保护中的职责和承担的法律责任,其中,要重点明确水行政主管部门作为水资源管理人在水污染防治工作中的监督职责,明确水行政主管部门负责江河湖库等水体水质的监测和评价,并负责向政府及环保部门通报监测及评价结果;规范处罚行为界定和强化处罚执行力度,为科学执法和严格执法提供依据。

二是建立以行政区域为管理对象的水资源开发利用补偿法规体系。首先要尽快出台以水行政主管部门为主体的《中华人民共和国水资源保护行政区域补偿条例》(简称《行政区域补偿条例》),通过经济手段监督约束各级政府在水资源开发利用和保护中的行为,发挥政府在水资源保护中的主导作用;二要尽快制定行政区域交界断面水量、水质交换标准及相关补偿标准,为实施《行政区域补偿条例》提供科学依据。

三是完善水资源监测法规。目前,我国对水资源实施监测的法规主要是《中华人民共和国水文条例》(简称《水文条例》),虽然《水文条例》明确了水文机构的水资源动态监测职责,但没有明确各级水文机构的监测权限。为了减少地方政府对水资源监测和评价的干预,应当明确流域机构水文部门代表国务院水行政主管部门负责省界断面水量、水质的监测和评价,省级水文机构负责市界断面水量、水质的监测和评价,市级水文机构负责县界断面水量、水质的监测和评价,县级水文机构负责乡镇断面水量、水质的监测和评价,并明确规定市、县水文机构的人、财、物管理实行省级垂直管理。

5　结语

　　水资源保护是一项非常复杂的工作,不仅涉及水利、环保、建设等部门,而且还涉及流域上下游,关系到地方经济社会的统筹发展、人民生活水平的提高,以及社会的稳定。要建立起比较高效的水资源保护机制,不仅需各部门的大力配合,更需政府的直接参与。建立以行政区域为管理对象的水资源开发利用补偿机制就是要使政府确实承担水资源的保护职责,并将水资源保护纳入经济发展考核中,实现水资源保护效益经济化和政府责任化。

　　作者简介:梁才贵(1962—),男,广西兴安人,广西区水文水资源局,高级工程师,主要从事水文水资源监测管理与预测预报工作。联系地址:广西南宁市建政路 12 号。

从"4·12"水灾谈玉林城区防洪排涝

李家银[1]　李家深[2]　黄彩虹[3]

（1. 广西玉林市水利工程管理站，玉林　537000；
2. 广西科学技术情报研究所，南宁　530022；
3. 玉林市南流江防洪工程管理处，广西　537000 ）

摘　要：2008 年 4 月 12 日，玉林市城区及上游遭遇接近于 10 年一遇的暴雨洪水，城区外洪内涝成灾，损失严重。本文分析了这次洪涝灾害的成因，并对解决玉林城区防洪排涝问题提出探讨意见。

关键词：玉林　城市　防洪排涝

　　广西玉林市城区位于桂东南的玉林盆地北缘、南流江干流及其支流清湾江汇合而成的三角地带，南流江和清湾江穿城而过，将城区分为城南区、城中区和城北区。玉林城区现有面积约 50 km²，人口约 45 万人，是玉林市政府所在地，也是玉林市政治、经济、文化、交通中心。2008 年 4 月 12 日，玉林城区及其上游普降大暴雨，导致河水暴涨，清湾江水漫堤涌入城区，南流江水通过无节制闸门的排污涵管、涵洞倒灌进入堤内低洼地带，加上城内雨水排泄不畅，城内低洼地带房屋进水、街道被淹、物资被浸，造成重大经济损失，生产、生活遭受严重影响。据不完全统计，受灾人口 10.7 万人，倒塌房屋 798 间，直接经济损失 1 176 万元，紧急转移人口 3 197 人。这次暴雨洪水灾害给玉林城区的防洪排涝工作再一次敲响了警钟。

1 "4·12"洪涝灾害成因

1.1 大暴雨普降，导致河水暴涨泛滥成灾

　　2008 年 4 月 12 日下午到晚上，玉林城区及其上游普降大暴雨，其中玉林城区降雨量 201 mm，城区上游的寒山水库、苏烟水库和大容山水库降雨量分别为 212 mm、217 mm 和 227 mm，接近 10 年一遇标准，其中 16～17 时玉林城区降雨量 106 mm，3 h 降雨量接近 50 年一遇。这次降雨强度大，汇流快，导致玉林城区的南流江和清湾江洪水暴涨，其中清湾江洪峰水位 76.84 m，超警戒水位 2.84 m，洪峰流量 224 m³/s，远远超过现有河堤高程和安全过洪能力 120 m³/s；南流江洪峰水位 72.87 m，超过警戒水位 0.23 m。在外江高水位情况下，清湾江两岸大部分河堤漫溢，洪水涌入城区低洼地带；南流江洪水也从未建防洪堤地段和沿堤无节制闸门的排污涵管、涵洞倒灌入城；同时，城内雨水因没有排涝泵站排出，积聚成涝。在外洪内涝夹击下，城区低洼地带被淹被浸，洪涝成灾。

注：本文原载于广西《企业科技与发展》杂志 2008 年第 22 期。

1.2 防洪工程不完善,抵御洪涝能力低

1971 年玉林城区遭遇百年一遇暴雨洪水后,玉林人民在 20 世纪七八十年代对城区河道进行过多次局部整治,使河道泄洪能力有所改善,但堤防标准仍然很低,仅能防御 2~5 年一遇的洪水。1993 年[1]开始按 20 年一遇防洪标准修建防洪堤,接着又于 1998 年开始实施玉林城区河道整治工程,至今玉林城区累计建成 20 年一遇防洪标准的防洪堤 22.44 km,其中南流江两岸 19.494 km,清湾江中段两岸 2.95 km;南流江河段疏浚河道 9.52 km、护岸 13.57 km,建成沿堤涵闸 32 座。但由于受建设投资少和征地拆迁难度大等问题的影响,工程进展十分缓慢,部分拟建项目还没有动工。如清湾江段防洪工程规划建堤 17.48 km,仅在 1998 年前建了 2.95 km,其余堤防工程、疏河工程、护岸工程、排涝泵站工程以及其他配套工程均没有动工;而南流江段防洪工程,堤防工程还有 1.3 km 未建,计划建设的 9 座排涝泵站仅有 1 座基本完工,1 座在建,其余 7 座还没有动工,沿堤 20 多个排污涵管、涵洞未设节制闸,当外江水位较高时,洪水可通过排污涵管、涵洞倒灌入城。目前,清湾江河段实际上还处在不设防状态,南流江河段由于防洪排涝工程未按规划完建,已建工程的效益不能真正发挥,抗御洪涝的能力仍然很低。而"4·12"暴雨洪水已接近 10 年一遇标准,玉林城区现有防洪能力根本不能抵御。

1.3 排水设施不完善,雨水排泄不畅

改革开放以来,玉林城区面积迅速扩大,而排涝工程建设明显滞后,应有的排水设施没有完善,导致城区雨水排泄不畅。这主要体现在 4 个方面:①城中区和城南区原有的两条灌溉兼排水干渠,因灌区成为市区,灌渠失去了灌溉作用,水管单位放松了管理,而城管单位又没有及时从水管单位接管过来,干渠在较长的时间里失去管护,导致渠道被侵占和淤塞的情况非常严重。城管单位接管后,虽加大了对干渠排水功能的恢复和改造,但因工程量大和所需资金较多等缘故,工程进展比较缓慢,目前两条干渠的排水功能还没有得到完全恢复和改善。②玉林城区部分新建区通过填高地面的办法提高了本区域的防洪排涝能力,但有部分新建区的排涝设施不完善,或者兴建的排水设施与老城区的排水设施衔接存在问题,导致老城区低洼地带的排水难度加大。③玉林城区扩大以后,老城区周边的农村被新建城区包围,成为城中村,这些城中村原有的排水设施比较简陋,成为城中村后又没有得到及时改造,一遇强降雨,村中雨水不能及时排出。④玉林城区南流江两岸的防洪堤建设已接近尾声,但规划建设的排涝泵站目前还没有一座投入使用,当外江水位高于城内积水水位时,内水无法排出。

1.4 监测预警系统不健全,应急反应能力低

目前,玉林城区防洪减灾监测预警系统还很不健全,除了几个雨量观测站和水位监测站能及时提供雨情、水情信息外,城区低洼易洪易涝点的监测预警和报险、报灾力量还相当薄弱,出现汛情、险情、灾情不能保证及时发现和及时组织有效抢救。"4·12"暴雨洪水期间,城内粮油市场大面积进水,部分商品被洪水淹浸,造成重大经济损失,其重要原因之一就是监控力量不到位,进水前没有及时发出预警,进水后没有及时发现,发现后没来得及组织有效的抢救。

2 玉林城区防洪排涝应对措施探讨

经过玉林城区的南流江及其支流清湾江均发源于城区东北部的大容山脉,两江分别

从城东、城北进入玉林城区,向西穿城而过。区域上游为高山峡谷,河流坡降陡(约44.2‰),进入城区比降趋缓(0.4‰),城区下游约 23 km 处的横江水文站以下为十几公里长的低山峡谷,为玉林盆地的"瓶颈"。而汇流于下游的车陂江、新桥江等支流坡降也较大(1.15‰~11‰),水势凶猛,一旦山洪暴发,干支流洪水几乎同时注入下游的"瓶颈"河段,导致城区内洪水受下游外洪回流顶托而漫溢成灾。但玉林城区是一座山区型防洪城市,洪水涨得快退得也快,一般洪水历时一天左右,较大洪水历时 2~3 d;洪水的涨幅也不大,城区南江排洪闸上游,百年一遇洪水与 5 年一遇洪水的水位相差 0.4 m 左右,1949年以来实测最高洪水位(1971 年的 72.89 m,相当于百年一遇洪水)与警戒水位(71.3 m)相差 1.59 m。主城区地面高程 71~85 m,若发生百年一遇洪水,最大淹没水深不超过2 m。玉林城区面积不大,发生暴雨洪水时城内积水量不会很多,抽排比较容易。因此,解决玉林城区的防洪排涝问题难度不大,只要措施到位,问题就不难解决。笔者认为,解决玉林城区防洪排涝问题,当前应着重落实以下措施。

2.1 加快玉林城区防洪工程建设,尽快使玉林城区得到防洪保护

根据玉林市城区防洪排涝规划,玉林城区防洪排涝工程(即南流江玉林市城区河道整治工程)按近期防御 20 年一遇洪水、远期防御 50 年一遇洪水标准设计建设,主要建设内容为:建设防洪堤 34.89 km,其中南流江两岸防洪堤长 17.41 km,清湾江两岸防洪堤17.48 km;拓宽玉林城区南流江和清湾江河段过水断面,包括疏浚部分河道,改建及拆除阻洪建筑物;建设排涝闸 16 座,排涝泵站 12 座。整个工程估算投资为 3.75 亿元。工程全部完成后可使现有城区得到有效防洪保护。该工程是解决玉林城区防洪排涝问题的主要和关键的工程措施,但工程自 1998 年开工建设以来进展缓慢,先期动工的南流江段防洪堤工程和疏河工程均未全部完工,计划建设的排涝泵站大部分还没有动工兴建,已建工程的防洪排涝效益基本上没有发挥;清湾江段防洪排涝工程尚未动工,清湾江两岸仍处于不设防状态。该工程进展缓慢的主因是缺少资金,其次是征地、拆迁难度较大。工程实施的头几年,有中央国债资金的大力支持,工程进展较快,但近几年中央调整了水利建设资金的投入方向,该工程建设资金大幅减少。在缺乏资金和征地、拆迁难度增大的情况下,工程建设无法按计划推进。按计划全面完成工程建设任务,全面发挥工程防洪排涝效益,是解决玉林城区防洪排涝问题的关键所在和当务之急,当地政府和有关部门应不等不靠,拓宽渠道筹措资金,同时加大征地、拆迁工作力度,组织好施工,加快工程建设,早日完成建设任务,尽快使玉林城区得到防洪工程的有效保护。

2.2 完善城区排水系统,确保城内积水顺畅排出

玉林城区排水难题存在已久,并随着城区的迅速扩大有加重的趋势。"4·12"暴雨洪水期间,玉林城区许多地方发生内涝,充分暴露了问题的严重性。"4·12"暴雨洪水仅接近 10 年一遇标准,如果遭遇更大暴雨洪水,问题将更加严重。经过这次洪涝,玉林市民对尽快完善城区排水系统的呼声高涨,这也引起了当地政府和有关部门的高度重视,据悉,当地政府和有关部门已将城区排水系统建设摆上了重要议事日程,可望尽快付诸实施。笔者认为,玉林城区排水系统工程是玉林市城市建设和玉林城区防洪排涝工程的有机组成部分,工程建设应严格依照玉林市城市发展总体规划,符合城市现代化建设要求,并与玉林城区防洪排涝工程相衔接,通盘考虑,精心设计,科学布设排水管网。玉林城区

排水系统建设欠账较多,难以在短时间内全面完成,因此要统一计划,重点先行,分步实施,加快推进,使之尽快完善,及早发挥效益。

2.3 建立和完善监测预警预报系统,提高应急反应能力

1998 年,玉林市防汛部门与水文部门建立了玉林城区水情自动测报网,在玉林城区及其上游设立 4 个雨量自动测报站和 2 个水位自动测报站,在玉林市防汛抗旱指挥部办公室和玉林水文资源分局分设数据收集中心,各雨情、水情测报站采集的数据通过无线通讯实时报送到玉林市防汛办和玉林水文水资源分局。该测报网在玉林城区的防汛工作中发挥了很大的作用,但后来由于测报设备损坏,不能正常工作,又因维护资金未落实而一直没有修复。市防汛和水文部门对此应给予重视,尽快筹措资金修复和完善该测报网,恢复其功能,并建立起正常的维护管理机制,确保测报网长期稳定运行,充分发挥其应有作用。

在目前玉林城区防洪排涝设施未完善,工程防洪排涝能力未真正形成的情况下,最可靠的防洪措施就是加强预警预报和抢险救灾工作。①应充分发挥现有雨情、水情监测设施的作用,加强监测工作,提高监测能力和监测水平,为防洪抗灾提供准确、可靠的雨情、水情信息。②有关部门应加强对易淹易涝点的监控力度和监控力量,落实足够的专职人员进行巡查监视,在专职人员不足的情况下,应考虑建立群防组织,充分发动社会力量参与巡查监控。③要充分利用现有的广播、电视、报纸、手机短信、传真等现代传媒、传输手段,迅速、及时地发布雨情、水情、险情、灾情、防汛抢险指令等信息,让各有关部门、单位和社会各界及时知晓,以便迅速组织防御抢险救灾工作。④要进一步加强城区防洪预案的落实。有关领导要熟悉预案,以便做到正确指挥,果断决策;各有关部门和单位要按预案要求做好防洪抢险队伍、资金和物资的准备,为迅速做出应急反应创造条件。⑤要精心制作玉林城区防洪风险图,将城区各处的地面高程以及遭遇不同量级的暴雨洪水时可能造成的淹没区域和灾害损失标注在图上,方便决策领导和有关部门预测和及时掌握汛情、灾情,及早做好防御抢险救灾工作。若将防洪风险图制成可进行视频演示的电子图,其效果则更好。

3 结语

城区防洪排涝,是关系到城市人民生命财产安全和城市社会经济发展的大问题,任何一座有防洪任务的城市都不能忽视。玉林城区在防洪排涝工程建设方面已经取得比较大的成果,南流江玉林城区河道整治工程目前已实施完成 2.6 亿元,占估算总投资的 69.3%,防洪排涝工程已具一定规模;城内排水系统的完善和改造工程也已起动。现在最关键的问题就是加大建设资金筹措力度,尽快按计划全面完成玉林城区河道整治工程和完善城内排水系统工程建设,并建立健全城区洪涝监测预警预报系统,使玉林城区摆脱长期遭受洪涝威胁的被动局面。

参 考 文 献

[1] 黄绍坚.广西城市防洪[M].北京:中国水利水电出版社,2005:266.
[2] 玉林地区水利电力设计院.广西玉林市城区防洪排涝规划报告[R],1997.

作者简介:李家银(1957—),男,高级工程师,广西玉林市防汛抗旱指挥部办公室,联系地址:广西玉林市人民东路 449 号。E-mail:shogli0409@163.com。

河道景观工程助推水资源配置以城市为中心

孙景亮

（河北省水利水电勘测设计研究院，天津 300250）

摘　要：城市河道景观工程建设需要一定量的水资源作支撑，在缺水地区的城市大规模地兴建河道景观工程，助推了水资源配置以城市为中心，要防止进一步扩大水资源配置中的城乡差异，合理地进行规划、配置水资源，以利于和谐社会的建设。

关键词：河道景观工程　助推　水资源配置　以城市为中心

随着我国城市化发展的步伐加快以及城镇居民对亲水环境的热衷，城区的发展沿着河流扩张之势越来越明显。城市河道景观工程建设极大地提升了城市的品位，极大地改善了人居环境，其在生态城市建设中显示出的功能和作用是不可替代的。那么，在缺水的城市该如何保证有足够的生态景观用水，且不对周边地区的用水及水环境产生负面影响，则是对工程建设倡导者的严峻考验。

1　河流与城市的关系

在原始的人类社会，我们的祖先就知"逐水草而居"，河流是人类文明的发源地。自从人类社会存在以来，与河流的关系大致经过了被动适应河流、干扰占用河流和与河流生态共存三个阶段。人类几千年的发展史，也演绎了一部人类驾驭河流的宏伟史诗。我们只要浏览一下世界地图就可以看到，世界上几乎所有的城市都是沿着江河而建。这并非是一种巧合，它说明人类文明与生存发展完全依赖于河流充足的供水和舟楫之利。

人类依赖河流，同时与河流又一直处于相互干扰和影响之中。河流的变迁不仅改变了自然界，也会影响到人类，并正在越来越多地影响着人类自身的生存、发展与未来。在很多时候，人类对河流的伤害都是由于人们的愚昧和贪婪造成的。水域的污染和水环境的恶化，说明了流域内人们的生产、生活方式出了问题。河流的没落，意味着人类和文明将面临灾难。

近代河流既是城市供水的水源，同时承担着城市防洪排涝的功能，并且依靠天然自净能力消纳了城市排放的污水。但是，随着流域上游水资源开发强度的不断加大，城市化、工业化进程的不断加快，城市人口的急剧增长，日益增加的城市污水量大大超出了河流的自然净化能力，致使河流水质恶化；人们随意向河道内倾倒垃圾废物，并以各种方式肆意侵占河滩水道，致使天然河流的原始功能不断退化。长而久之，河流会反制于城市使之不可持续地发展。

进入 21 世纪以后，如何兼顾人类和河流生态的可持续发展是世界各国都必须面对的挑战。近来，一些发达国家已经意识到，以牺牲河流生态系统换来的人类安全和幸福只能是短暂的。他们开始考虑与河流生态共存,意识到人类不仅有权享用河流水资源,而且也要爱护河流,保护水质并保证给河流生态系统分配所需的能不危及其河流生命的水流过程。

2　河道工程现状及城市河道景观整治工程情势

2.1　河道工程现状分析

自 20 世纪中期以来,我国北方地区的许多河流上游修建了水库拦蓄洪水径流。海河流域位于京畿要地,洪水防御工程建设有着悠久的历史。但进行系统的流域治理主要在近半个世纪。新中国成立后 1958 年开始在上游山区大规模地修建水库,"63·8"大洪水后,进入了以根治海河为中心的水利建设时期。初步形成了由水库、河道、滞洪区组成的防洪工程体系和各河系分区防守、分流入海的防洪格局。防洪体系的建成和运用取得了巨大的防洪经济、社会效益。为了达到"上蓄"的目的,在海河流域上游山区陆续已建成大、中、小型水库 1 900 多座,总库容约 294 亿 m^3,总库容与年径流量的比值达 1.03,是全国平均值 0.17 的 6.0 倍,也远远超过美国和苏联的比值 0.34 和 0.27。水库拦河大坝拦截了天然河道径流和部分地下基流,使山前丘陵区、平原区的天然河道、中游地区的洼淀、湖泊失去了水源补给,湿地面积由下游平原部分地转移到了山区,流域生态环境产生了较大的变化。加上连续枯水年的出现,使得河流径流量减少,以致河道干涸,从而导致地表水资源可利用量减少,沿河地区地下水逐年下降,造成水资源短缺及生态环境恶化,制约了临河城市经济的可持续发展。

同时,随着人类社会发展,人口和工矿企业不断向河流沿岸集中,这种状况不仅加重了防洪负担,同时向河道内排放污水、倾倒垃圾、行洪滩地上修建临时及永久建筑、无规划地截流引水、河道内的无序挖土采砂等,都对河道防洪、水资源的开发利用以及城市河流生态环境构成影响。一方面城市快速发展,另一方面水环境质量的下降,该问题广泛引起了各级政府的高度重视。由此引发的河道综合治理工程在各大中城市率先逐渐展开,且呈方兴未艾之势。

2.2　城市河道景观整治工程情势

随着城市化发展的加快,以及城市居民对亲水环境的进一步需求,城区沿河流扩张之势越来越明显,城市河道景观工程建设热潮逐渐形成并极大地提升了城市形象,改善了人居环境。河道景观工程在生态城市建设中显示出的功能和作用越发不可替代。以河北省为例,近几年来,几乎在所有的地级城市都开展了以城市河道景观建设为主的河道综合整治工程。

石家庄市滹沱河综合整治工程,西起黄壁庄水库,东至藁城晋州交界,全长 70 km。其中一期工程治理范围为石家庄市区段 16 km,将在 2010 年 7 月 1 日以前形成滨水景观带。整体工程分三期实施,届时它将形成环石家庄北部的滨水景观长廊,进一步改善省会的生态环境,其中增加水面面积 800 万 m^2、湿地面积 1 500 万 m^2、绿地面积 600 多万 m^2。据称整体工程包括水面景观用水、湿地用水和绿地用水,共需水量将达到 8 000 万 m^3,其水的来源拟主要是利用岗南、黄壁庄水库水,将来的南水北调中线总干渠的弃水以及治河水和城市中水。

唐山市的环城水系工程,全长 57 km,建 21 道闸坝,据称是"挖一河连三河形成环城水系,增一湖通四湖造城市水景"。届时建成区总蓄水水面 16.5 km²,蓄水量 2 000 万 m³,年需水量 3 940 ~ 5 888 万 m³,形成"城在水中,水绕城流"的喜人美景。

保定市大水系工程,按照"两库连通,西水东调,穿府补淀,水城一体"的总体布局,共分水源工程、雨污分流工程、景观工程、防洪堤综合整治四大工程。从西大洋水库引调 3 000万 m³ 水量经 70 km 进入市区,使 7 条内河实现还清。届时,城区水面面积将达到 595 hm²,市区河网密度将居全省第一,成为华北地区独特的水网景观城。

承德市以水为魂,打造"双水绕城,山水相映,充满灵性和活力的山水园林城市",将新增水面 436 万 m²,水景观带面积达到 1 200 万 m²。

衡水市的"水市湖城工程",将开挖整治 18 个湖泊和 30 条河道,使湖面湿地面积由 75 km² 增加到 100 km²。

张家口市倾力打造区域中心城市,高标准治理清水河 23 km,已启动 38.5 km 的洋河综合治理和总面积 106 hm² 的明湖公园建设。

除此之外,邢台市提出打造"两河绕三山,六水润八园"的城市景观;秦皇岛市将按照市区六河水系综合治理规划方案,将六河建成安全河、清水河、景观河,形成"一园、二岛、四桥、五场、六带、十六景"的沿河景观带;邯郸市着力创建百姓幸福之城;沧州市的南运河综合整治工程以及廊坊市龙河水系景观带工程等。

纵观 11 个地级城市的河道综合整治工程建设,一个共同的特点是以城市河道景观建设为主,均需要一定水资源量作支撑。为提供景观用水量,少则用水几十万 m³,多则需用水数千万 m³。

3　要防止河道景观整治工程扩大水资源配置的城乡差异

3.1　水资源配置的城乡差异确已存在

在特大干旱发生的时候,受灾最严重的往往是农村和农民,这已是一个不争的事实。我国 2010 年春季西南地区百年不遇的特大干旱就充分说明了这个问题。根据 2010 年 3 月 31 日文汇报特派记者王星报道,同样的旱情城乡的用水差异很大。在昆明市,尽管旱情持续了 5 个多月,但就昆明市区的居民生活而言,除了部分粮食以及鲜花、茶叶价格有所上涨以外,几乎未受到影响,用水也基本没有限制。一些高耗水行业,类似洗浴中心等场所依旧门庭若市。作为昆明的水源工程,云龙水库每年向昆明主城区供水 2.5 亿 m³,占昆明主城供水总量的 70% 以上,供水采用隧洞方式,水库的放水从地下送水到城区,沿途的地表用不到水。居住在云龙水库周边的村民说:"我们靠着水库却喝不到水,只能自己去找水。"眼下,在旱区农村,一桶水总是要被农民珍贵地用上五六遍,与城区用水形成了鲜明对比。

为什么紧挨着水库的农村和农民用不上水?这种用水差异体现出的无疑是巨大的城乡差别,云南大学一位教授说:"这个城乡差别,有的地方是在缩小,但仍有相当一部分地方是在扩大的。大家长期以来已经习惯了以城市为中心,向发达地区优先配置资源,一旦受灾,往往是不发达的农村最先遭受损失,而城市的感觉却不明显。"该教授进一步解释道:"其实身处水源地的农民本来是拥有水资源的,只是被人为地转移了。修水库、水电站保证了下游的生产生活,却牺牲了上游居民的利益,旱情一来,反倒是身处水源地的农民先遭殃。客观地讲,政府对农民的水资源利益问题考虑是不够的。"类似的城乡差别,不仅体现在对水资源的使用权上,同样体现在对水利设施的修建和维护之中。对于"水利欠账",云南防汛抗旱指挥部办公室主任达瓦说"尽管至 2009 年底云南已累计建成大、中、小型水库 5 514 座,但这些工程,大多集中于地州市等城区附近,且其中相当一部分设施建于 20 世纪六七十年代,早已年久失修。"云南省水利水电勘测设计研究院的一位工程师告诉记者:"对于农村的水利设施,基本都是些小型水库和小塘坝,还有一些群众自发挖掘的小水窖,有雨水的时候,还能储一些水,一旦大旱来了,它们就都完全丧失功能了,农民要么自找水源,要么只能在家等送水车。"云南大学教授说:"与其捐款、捐水这样'被动'抗旱,倒不如在城市里采取有效措施节约用水,同时把节约下来的资金和水资源用于改善农民的基本生活条件,必要时政府应该考虑给予农民,特别是水源地农民,适当经济补偿,这也是一种生态补偿。"除了云南和昆明,其他各地的情况其实都差不多。向发达地区优先配置资源已是市场经济规律的必然,政府的宏观调控和政策引导作用尤为突显。

3.2　河道景观工程进一步助推了水资源配置以城市为中心

河流水系作为城市自然环境的重要因素,是城市建设的骨架网络,影响着城市的面貌、性质和用地布局。河流水系在影响城市特色方面在某种程度上要比城市中的建筑更为重要。因此,在城市规划建设过程中都十分重视河流水系的治理,利用城市河湖及其附属绿地,打造具有特色兼具人居、休闲、旅游、商业和文化等诸多功能的城市河道景观。

建设城市河道水景观工程最重要的前提应该是拥有充足的水源保证。唯其如此,才能真正满足山水城市所具有的良好的生态环境。

人们可能是保留了人类的祖先"逐水草而居"的天性,近些年来,只要哪里有了水面,那里的商住区建设就要火爆、那里的楼盘价格就会飙升。但无源之水不会长久,人工水面若无后续水源的支撑,到后来不是自然干涸就是死水一潭。但是,经济利益的追逐和急功近利的政绩观,往往对城市水景观建设起到了推波助澜的作用。各地在继修宽马路、大广场之后,一时间在城市河道内修建拦河闸坝工程,扩大水体、水面等,水景观建设成为一种时尚。规模之大,速度之快,可谓出乎人们所料。

城市河道是流域水系的一个子系统,城市河道水景观系统对流域内水资源的开发利用必将会引发流域水资源时空的再分配。城市河道景观工程的规划应该与流域水资源综合规划相协调,必须从更大范围来考虑城市河道景观的规划建设问题,合理优化配置城市水景观工程措施,综合利用流域内水资源。我国北方地区的水资源短缺,流域内水资源开发利用程度已经很高,如果无限制地大规模发展城市河道景观工程,随意扩大城市水景观用水量,势必会加大水资源的使用和消耗,如果城市河道景观工程只考虑城市自身的发展需要,与乡村河流各自为政、各取所需,势必会影响河流下游农业用水和已经恶化了的河流生态。河道景观整治工程进一步助推了水资源的配置以城市为中心的分配趋势。

3.3　城市河道景观工程规划要合理地配置水资源

我国水资源节约、保护和合理利用工作已经取得了有效的进展,但水资源供需矛盾仍然非常突出。我国的 669 座城市中有 400 余座供水不足,其中缺水比较严重的有 110 座,在 32 个百万人口以上的特大城市中,有 30 个长期受缺水的困扰。那么,在缺水的城市该如何保证足够的生态景观用水,是对工程建设倡导者的严重考验。最理想的方法当然是加大污水处理能力,依靠再生水资源满足这一需水要求。但是,从目前的情况看来,这条出路不太现实。因而,从上游水库调水或从其他地区引水依然是目前许多城市生态用水的主要来源。

实际上,在北方地区城市的水景观并不是不可缺少的,在某种程度上应该算作奢侈品。就是搞也不一定就必须搞的规模那样大,提的标准那样高。比如,在美国的赌城拉斯维加斯各家大饭店纷纷修建大型喷水池、人工湖等景观,但由于拉斯维加斯是一座处于沙漠中的城市,自身没有水源,该市的景观用水都是用巨型卡车从远方运来的。更何况,城市水景观一旦建成,就要考虑将长期存在运行,储流在城市河湖里的水必须保持一定的水量、合适的水位和符合要求的水质。否则,将是干河见底或是死水、臭水一潭。那么怎样能满足在一个缺水的城市里,靠长期的外调水来维持景观需水要求呢? 一个发达的城市其居民生活用水和经济增长要靠从周边地区调水,解决环境问题;建设水景观也要从周边地区调水,特别是水资源调出区域同为缺水甚至严重缺水地区的时候,就形同于“挖肉补疮”。当一个城市的建设者怀着美好的愿望规划城市水景观的时候,他们的目光往往是着眼于眼前的城市之中,其关注重点也往往只是这个城市自身的利益,却忽视了城市与周边地区,甚至是经济欠发达地区的和谐关系;忽视了城市与周边地区应该具有的“共生、共存、共荣、共乐、共雅”的唇齿相依、荣辱与共的关系。

历史的经验证明,如果农村地区的资源、人力、资金、物流始终是在向城市单向流动,那么,不但农村地区会越来越贫困,而城市也会变得越来越畸形。另外,有关数据显示,发达国家每营造 1 hm² 森林,就要危害发展中国家 10 hm² 土地。同样的道理,当我们在城市里建设一片水景的同时,水资源的调出地就必然会有大面积的土地相应遭受缺水的影响。因此,如果不从实际出发,为了盲目开发城市水景观项目,建设城市形象工程,在本来就缺水严重的城市里大规模地开发水景观,大量从周边地区引水调水,不仅会直接加剧周边地区的水资源供需矛盾,从而加重那里的生产、生活压力,并诱发水事纠纷。这样的做法显然是背离了人与自然和谐相处和中央所提倡的构建和谐社会的宗旨。

3.4　城市河道景观工程建设要有利于社会和谐

长久以来,地方利益和短期利益始终是一种难以消除的力量,它们以各种方式破坏着社会整体利益和长期利益。缺水的时候就彼此争水,水多的时候就以邻为壑。随着经济社会的不断发展,各地对水资源的需求都在不断增大,城市水景观建设不能片面地从地方局部利益出发,影响或破坏流域或地区整体、长期利益,甚至使因缺水而产生的不安定因素更加明显和突出。绝不能又以邻为壑,为了城市河湖里的水的清洁,将污水进行简单地改道流向周边以及下游地区,使污染源搬家,造成对其他地区的水环境的污染,引发水污染纠纷。

4　结语

我国目前城乡社会和经济发展得并不均衡。在大中城市大规模地建设城市河道景观工程,助推水资源配置进一步以城市为中心,扩大了水资源配置已经存在的城乡差异。在城市化发展的进程中,我们要努力打造生态城市,下大力气进行城市河流的综合治理,提升城市品位,改善城市环境,但要防止以行政手段将缺水地区大量的宝贵水源引调入市营造水景观,片面追求人居和商住环境的奢侈改善。政府和决策者应该把视线投放到城市之外更远方的广大农村,认真审视我们城市里所获得的资源,以及营造出的良好环境是否影响了城市之外农村、农民的生活、生产用水;是否损害了生活在城市之外的人们的切身利益。如果流淌在城市河道里的水原本是农村的生产、生活的保命用水,如果是为了保持城市里河道景观用水的清洁,而将城市河道的污水下排或改道而行,污染了下游地区的河流和环境,显然我们的工作与建设社会主义和谐社会的构想仍然存在有一定差距。

参 考 文 献

[1] 汪玉君,等.城市水景观建设规划缺失问题的思考[J].水利规划与设计,2009(1).
[2] 郑连合,等.北方河流与毗邻城市相互关系及综合治理[J].海河水利,2008(5).
[3] 孙景亮.海河流域水环境恢复重建与洪水资源利用[J].昆明理工大学学报,2007,32(2A).
[4] 黄诚.城市水景观建设思考[J].海河水利,2005(4).
[5] 冯月静.滹沱河将现 16 公里景观带[N].燕赵都市报,2010-05-01.
[6] 董立龙,等.唐山环城水系通航,宜居华北水城初现[N].河北日报,2010-04-30.
[7] 许顺兰,等.保定大手笔建设大水系[N].河北日报,2010-06-10.
[8] 马国臣,等.决战之年看承德——山水园林城市[N].河北日报,2010-05-06.
[9] 王翠莲,等.张家口倾力打造区域中心城市[N].河北日报,2010-04-29.
[10] 齐祥太,等.邯郸着力创建百姓幸福之城[N].河北日报,2010-06-09.
[11] 邢世炎,等.“卧牛奋起”——解读邢台城市建设 [N].河北日报,2008-09-18.
[12] 马朝丽.港城整治“六河”编织城市“绿飘带”[N].河北日报,2008-09-18.
[13] 马彦铭,等.“衡水湖市加速”:衡水湖生态城市谋建休闲度假区[N].河北日报,2010-03-02.
[14] 孙占稳,等.廊坊打造环渤海休闲商务名城:一座年轻城市的梦想[N].河北日报,2010-05-17.
[15] 宏旭,等.沧州构建冀中南经济增长极[N].渤海早报,2010-03-17.
[16] 王星.旱情面前受伤的为何总是农民 [N].文汇报,2010-03-31.

作者简介:孙景亮(1956—),男,河北省沧州人,正高级工程师,工程硕士,河北省水利水电勘测设计研究院副院长。主要从事水利水电工程规划、设计与经营管理方面的研究,联系地址:天津市河北区金钟河大街238 号。E-mail:fengjingsun@ sina. com。

洋河水库富营养化治理对策分析

陈　伟[1]　孟祥秦[2]　祁　麟[3]

(1. 河北省水利科学研究院,石家庄　050051;
2. 石家庄市水文水资源勘测局,石家庄　050051;
3. 河北省地理研究所,石家庄　050051)

摘　要:本文在对洋河流域污染源进行详细调查监测的基础上,通过分析水库的基流、暴雨径流及淀粉水、外来引水污染物来源四个方面,计算了营养物质污染负荷比例,确定了主要污染源。在调查水库污染源的基础上,采用 Dillon 模型预测洋河水库总氮、总磷浓度,提出洋河水库富营养化防治方案并进行计算分析比较,为洋河水库的富营养化治理提供技术支持。

关键词:洋河水库　富营养化　水质模型　分析

　　洋河水库坐落于秦皇岛市抚宁县洋河中上游的大湾子村北,始建于 1959 年 10 月,1961 年 8 月建成并投入使用。1985 年水库水体逐渐呈现出营养化状态,1990、1997 年水库水体出现了较为严重的"水华"现象,近几年随着上游经济的发展,流域水质污染日益加重,极大地影响到城市居民的饮用水质。治理洋河水库污染,使之达到水质标准,首先要开展洋河水库流域污染源的调查分析评价,准确计算各种污染物数量,确定主要污染源,进而提出洋河水库富营养化的防治对策,为水库的富营养化治理提供依据。

1　洋河水库上游社会经济状况调查

1.1　洋河水库上游影响区的界定

　　洋河水库上游影响区的界定主要根据洋河上游水系的发源,即山区分水岭的分水界线作为流域边界(见图 1)。上游水系的发源有二:一源为东洋河,发展于青龙县界岭下,往南由界岭口穿越长城进入抚宁县经峪门口、大新寨、北寨至战马王村西折入洋河水库,全长 32 km,流域面积 257 km^2;一源为西洋河,发源于卢龙县北部冯家沟,往东经年家娃、燕窝庄、富贵庄入抚宁县境,由黄土坎东南进入洋河水库,全长 25 km,流域面积 263 km^2。根据上游水系的发源及分布情况,影响区确定为卢龙县的燕合营镇 33 个村庄、双望镇 27 个村庄、陈官屯乡 32 个村庄、印庄乡 24 个村庄,抚宁县的台营镇 69 个村庄、大新寨镇 49 个村庄,两县四乡镇共计 234 个村庄,影响区内耕地面积 17 133 hm^2。

1.2　社会经济

　　该流域上游涉及秦皇岛市的卢龙县、抚宁县的部分乡镇,依影响区确定该流域涉及两县四乡镇共计 17.7 万人,其中农业人口 17.1 万人,占人口总数的 96.6%,非农业人口 0.6 万人,占人口总数的 3.4%。包括 234 个自然行政村,农业户数 52 195 户,农业产值 37 397万元,土地面积 59 227 hm^2,人均纯收入 2 187 元。

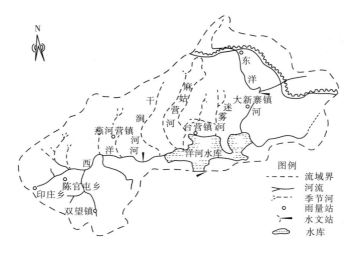

图 1　洋河水库流域图

2　流域污染源调查

2.1　点源污染调查

经调查东洋河流域没有集中厂矿,故对洋河水库没有点源污染汇入的影响。西洋河流域的双望、印庄、陈官屯分布有纺织、食品等工业厂矿,2004 年进行了工业污水排污口的调查,调查结果为:入西洋河工业排污口共有 6 个,主要分布于双望镇,一家印染企业,三家食品企业,另外在陈官屯有一家陶瓷企业及印庄乡的饮料厂,污水排放量共计 41.53×10^4 t。

生活污水排放情况:影响区卢龙县涉及的四个乡镇共有人口 94 716 人,按每人每天 64 L 用水量计算,共计年用水量 221.26 × 10^4 m^3,污水排放量按 80% 计算,共计排放污水 177.01 × 10^4 t。影响区抚宁县涉及的两个乡镇共有人口 82 251 人,按每人每天 64 升用水量计算,共计年用水量 192.14 × 10^4 m^3,污水排放量按 80% 计算,共计排放污水 153.71 × 10^4 t。

点源污染包括工业、生活污水排放,综上对工业、生活用水及污水排放情况的调查分析,洋河水库上游流域影响区的工业、生活总用水量为 470.35 × 10^4 m^3,污水排放量为 372.252 × 10^4 t,总废污水排放率为 79%。

2.2　非点源污染调查

洋河水库汛期来水占全年总径流量的 70% 左右,故以汛期的暴雨径流为监测重点。对于洋河水库在 2004 年汛期各监测点流量监测情况:麻姑营、北寨两站测流采用标立水尺测水位方法;富贵庄站采用流量小于 10 m^3/s 时用流速仪法施测,流量大于 10 m^3/s 时用中弘浮标法施测。观测从洪水起涨至落水坡腰部 0.5 h 观测一次,峰顶附近 15 min 观测一次,落水腰部至拐点 1 h 观测一次,拐点至落平每日 8 时观测一次。水质监测情况:每场洪水取样 5 次,包括开始、起峰腰、峰值、落峰腰、落点。平水时每 20 d 测流取水样一次。

2.3 影响洋河水库淀粉水污染状况分析

洋河水库上游总耕地面积约 17 133 hm^2,据调查每年有近 8 600 hm^2 的耕地种植白薯,年产白薯约 4.4×10^4 t,一般情况下,农民将 85% 的白薯加工成淀粉,再制成粉条出售。粉渣可制酒。白薯制粉条过程中用水量为 8～10 m^3/t,沉淀池排出水量为 5 m^3/t,则加工白薯总用水量达近 50×10^4 m^3。排出淀粉原浆废水 25×10^4 m^3。加工时均就地取用地下水、河水、渠水等,用水集中在 10 月份。除蒸发、渗漏、排坑等,被加工淀粉污染的废水约为 221×10^4 t。废水就近排放散发的酸臭气味严重危害附近环境;排入河道直接进入水库及随降雨汇入的废水,对水库水质产生较大污染。

2.4 外来引水

洋河水库作为水源及引青的中转站,每年要输送桃林口水库的水往秦皇岛及北戴河区。因此,除了考虑上游河流汇入给洋河水库带来污染物质,也应考虑每年从桃林口水库引水所带来的污染物质,调查期间,2004 年 10 月,2005 年 5、6、8、9 月从桃林口水库引水共 $3 679 \times 10^4$ m^3,相应对调水水质也进行了调查。

3 流域污染源分析评价

3.1 洋河水库氮、磷营养元素输入量计算

洋河水库汇水主要来自西洋河流域、东洋河流域以及周围的直接汇水区。东、西洋河占总流域的 70%,其他河道均为季节性河道或水库周围汇水区。因此,洋河流域主要河流正常年径流情况下与暴雨径流情况下氮、磷输入量计算,主要选择西洋河和东洋河进行监测,为使下步计算年污染物汇入情况具有代表性,特选包括每年 10～12 月淀粉水排放作为周年计算量,故主要河流调查监测时间选为 2004 年 10 月～2005 年 9 月。为控制此水库的全部汇水水质,监测点设置在西洋河流域、东洋河流域汇水口,其余 30% 周围汇水区选择麻姑营河为代表区域,以其研究结果外推水库四周汇水区的营养元素输出量。

根据洋河水库各汇水口暴雨径流过程时段的水质、水量同步监测,采用区段法,即假定每时段的水量和水质是不变的,用每时段的污染物浓度乘以相应时间径流量的方法,计算逐时段的污染物排放量,最后再通过求和,计算暴雨全过程的污染物总量。

根据洋河水库季节性河流麻姑营河暴雨径流污染物监测数据分析,总氮、总磷、化学需氧量与径流量之间存在明显的相关关系。因此,可以以麻姑营河暴雨径流量与总氮、总磷输出量相关关系为基础,推算其他季节性河流头道河、贾家河、迷雾河及干涧河的总氮、总磷营养元素入库量。

非暴雨期即东、西洋河基流和淀粉水汇入及引桃林口水以调查期流域水文资料和污染物实地监测,计算入库污染物。综上所述,可以得出洋河水库总入库污染物数量,见表 1。基准年入库水量为 8 888.78 万 m^3,基准年洋河水库的磷、氮、COD$_{Mn}$ 入库量分别为 21.08 t、459.03 t、5 479.5 t,按库水面面积平均 10 km^2 计算磷、氮面积负荷分别为 2.11 g/(m^2·a) 和 45.9 g/(m^2·a)。

3.2 营养物质污染负荷比例

从上述洋河水库点源、非点源的调查评价可知,点源污染主要由工业废水和城市生活污水从排污口排入水体,由于排放量相对稳定可由河川基流(非汛期径流)推求,非点源

污染则指降雨产生的地表径流冲刷所汇集的溶解态污染物及暴雨径流中的泥沙所携带的吸附态污染物汇入水体,可根据暴雨径流推求。造成洋河水库污染的来源除了这两种因素,其白薯加工期的淀粉水汇入和外来引水也是水库污染物的重要来源,因此可从淀粉废水、暴雨径流、基流、外来引水四项考虑营养物质污染负荷比例的大小确定造成水库污染的主要根源。

从表 1 可知,在营养物质污染负荷总磷中,白薯加工废水的污染负荷比例最大,其污染负荷比达到 57.85%,其次为暴雨径流,占到 21.09%;而在营养物质污染负荷总氮中,暴雨径流所占污染负荷比例最大,其污染负荷比达到 44.38%,营养物质污染负荷 COD_{Mn},淀粉废水污染负荷比高居榜首,占到总量的 86.5%,结合其总磷占据第一,淀粉废水污染是洋河水库富营养化的根源。从暴雨径流污染负荷的比例来看,其对洋河水库污染的作用也不容忽视。四项来水因素中,外来引水所带来的污染负荷较小,表明桃林口水质相对较好,带入洋河水库的营养盐数量比较小,可以稀释洋河水库营养盐浓度,防止水质恶化。

表 1　各河流径流量和入库污染物及污染负荷比例

项目		径流量 (×10⁴m³)	TN		TP		CODMn	
			年入库量 (t)	污染负荷比 (%)	年入库量 (t)	污染负荷比 (%)	年入库量 (t)	污染负荷比 (%)
暴雨径流	西洋河	863.40	45.47	9.91	2.53	12.02	45.01	0.82
	东洋河	1 347.57	128.88	28.08	1.64	7.79	57.72	1.05
	季节性河流	289.90	29.37	6.40	0.26	1.24	8.20	0.15
	小计	2 500.87	203.72	44.38	4.43	21.05	110.93	2.02
基流	西洋河	1 586.30	42.50	9.26	2.89	13.73	531.05	9.69
	东洋河	901.51	107.32	23.38	0.53	2.52	18.08	0.33
	小计	2 487.81	149.82	32.64	3.42	16.25	549.13	10.02
地表径流合计	西洋河	2 449.70	87.97	19.16	5.42	25.75	576.06	10.51
	东洋河	2 249.08	236.20	51.46	2.17	10.31	75.8	1.38
	季节性河流	289.90	29.37	6.40	0.26	1.24	8.20	0.15
	合计	4 988.68	353.54	77.02	7.85	37.29	660.06	12.05
淀粉废水		221.10	47.40	10.33	12.17	57.85	4 738.80	86.48
外来引水		3 679.00	58.09	12.65	1.03	4.88	80.67	1.47
总计		8 888.78	459.02	100.00	21.05	100.00	5 479.53	100.00

分析包括东、西洋河以及库周围汇水区的季节性河流的入库地表径流,每年从桃林口水库的调水,主要污染来源的淀粉废水汇入所带来的污染物,东洋河地表径流带入洋河水库的总氮量在全年入库总氮中所占的比例最大,达到 51.46%,西洋河地表径流次之,约为 19.16%。而季节性河流,流量比较小,带入洋河水库的营养盐也很少。

4　洋河水库主要污染物承载能力确定与富营养化控制方案分析

　　营养盐允许负荷数学模型主要分为动态模型和稳态模型两类,均以公式揭示磷(氮)浓度或磷(氮)负荷与主要影响因素的关系,如湖(库)水平均深度、磷(氮)在湖(库)中停留时间、湖泊单位面积水量负荷、水力冲刷系数间的定量关系等。其中,动态模型对湖(库)不同地点磷(氮)浓度进行动态模拟,但需进行大量数据调查与数值模拟;而稳态模型是根据湖(库)中物质平衡原理建立的,不考虑磷(氮)在时间和空间的变化,而只是根据总磷(氮)的加权平均值来求算,并且假定出入湖(库)水的流速一定,湖(库)水完全均匀混合等,可以以年为时间尺度来计算湖(库)的营养状态,经实践检验所计算结果往往与实际情况吻合较好。这对于洋河水库具有很好的应用价值,在引桃林口水库期间,水库出入流速一定,引水时间较长,可认为库水混合均匀,因此可作为稳态条件处理,本文采用Dillon 模型对洋河水库营养状态及发展趋势进行计算。

4.1　洋河水库主要污染物承载能力确定

　　Dillon 模型考虑了磷负荷,磷、氮滞留系数,水力冲刷率,平均深度等因素与湖中磷、氮浓度的关系,计算公式略。

　　根据上述分析,洋河水库全年的总磷、总氮输入量为 21.05 t、459.02 t,洋河水库该阶段的总磷负荷量为 2.11 g/(m² · a),总氮负荷量为 45.9 g/(m² · a)。依 Dillon 公式及基准年水库参数计算磷、氮年平均浓度分别为 0.086 mg/L、1.86 mg/L。2005 年经实测洋河水库水体总磷、总氮年平均浓度为 0.079 mg/L、1.805 mg/L,与 Dillon 模型的计算结果较为接近,相对误差分别为 8.8%、3%。

　　根据国家《地表水环境质量标准》(GB 3838—2002)和洋河水库 2004 年水文参数,并利用 Dillon 模型,可计算出 2005 年洋河水库达到地面水 Ⅰ、Ⅱ 类时,总氮、总磷的水环境容量,见表 2。

表 2　2005 年洋河水库总氮、总磷的水环境容量

标准	TP				TN			
	C (mg/L)	W_{inP} (t/a)	削减率 (%)	L_P (g/(m² · a))	C (mg/L)	W_{inN} (t/a)	削减率 (%)	L_N (g/(m² · a))
Ⅰ 类	0.010	2.47	88.3	0.247	0.2	49.35	89.2	4.935
Ⅱ 类	0.025	6.17	70.7	0.617	0.5	123.39	73.1	12.339
Ⅲ 类	0.050	12.34	41.4	1.234	1.0	246.77	46.2	24.677

　　以计算得到的允许负荷 L 乘以库表面积可得到洋河水库总磷、总氮的年平均允许输入量为 12.34 t、246.77 t。而考虑引桃林口水库水实际达到的磷、氮输入量为 21.05 t、459.02 t,因此,必须削减总磷 8.71 t(削减率为 41.4%)、总氮 212.25 t(削减率为 46.2%),才有可能使洋河水库的磷、氮浓度下降至 0.05 mg/L、1 mg/L,满足水源地最低地表水 Ⅲ 类水质标准。

4.2 水库富营养化控制分析

4.2.1 水库富营养化控制方案

目前,洋河水库已经处于富营养化状态,根据水库 2004 年实际水文水质情况,建议采用以下几种污染物控制方案:①在西洋河上游淀粉加工区的村落、田间的自然沟塘及支流河道上建设氧化塘、湿地处理系统,拦截、储留全部淀粉废水;②从桃林口水库调水,使水库保持在兴利库容 1.36×10^8 m³;③实施水库上游水土保持工程,使地表径流中入库营养盐削减 50%;④在西洋河滩地上建立人工湿地,拦截去除淀粉废水中的 50% 营养盐,同时实施水库上游水土保持工程,削减地表径流中 50% 的入库营养盐。⑤ 在方案 4 的基础上,从桃林口水库调水,使水库库容保持在 $8\,500 \times 10^4$ m³ 左右。

4.2.2 不同方案的计算分析

根据洋河水库 2005 年的水文资料,采用 Dillon 模型计算不同方案对洋河水库总氮、总磷浓度的影响,见表3。由表3可以得到以下初步结论:①拦截全部淀粉废水,对水库总磷的影响比较大,能使水库总磷浓度减少 54.4%,但是水库总氮浓度变化不大,浓度仅减少 7.6%,因为入库总氮主要来自东洋河地表径流;②从桃林口水库调水,并使水库保持在兴利库容 1.36×10^8 m³,对洋河水库的水质改善起到明显作用,水库总磷、总氮浓度分别减少了 30.4% 和 23.1%;③水库上游水土保持工程,对水库总氮的影响也比较大,能使水库总氮浓度减少 36.6%,但是总磷仅减少 12.7%,因为入库总磷主要来自西洋河淀粉废水;④人工湿地和水土保持工程相结合,能明显改善水库的水质,水库总磷、总氮浓度分别减少 43.1% 和 41.9%;⑤水库库容对水库富营养化防治也有一定的作用,在方案 4 的基础上,当水库库容保持在 $8\,500 \times 10^4$ m³ 左右时,能使水库的总氮、总磷浓度分别减少 55.7% 和 50.0%,水库总氮总磷达到地表水Ⅲ类水质标准。

表3 不同方案的计算结果

方案	TP				TN			
	W_{inP} (t/a)	C (mg/L)	浓度减少 (%)	L_P (g/(m²·a))	W_{inN} (t/a)	C (mg/L)	浓度减少 (%)	L_N (g/(m²·a))
1	8.880	0.036	54.4	0.888	411.63	1.668	7.6	41.16
2	23.230	0.055	30.4	1.370	582.17	1.388	23.1	34.24
3	17.125	0.069	12.7	1.713	282.25	1.144	36.6	28.23
4	11.055	0.045	43.1	1.110	258.56	1.048	41.9	25.86
5	11.820	0.035	55.7	0.860	300.96	0.903	50.0	22.29

参 考 文 献

[1] 金相灿.湖泊富营养化调查规范[M].2 版.北京:中国环境科学出版社,1990.

[2] 金相灿.湖泊富营养化控制与管理技术[M]. 北京:化学工业出版社,2001.

[3] 刘玉生,等.滇池富营养化及其综合治理技术研究[M]. 北京:海洋出版社,2004.

作者简介:陈伟(1963—),男,高级工程师,河北省水利科学研究院,联系地址:河北省石家庄市泰华街 310 号。E-mail:chenwei_1260@126.com。

城市水系综合治理规划探析

唐 明

（南昌市水务局，南昌 330038）

摘 要：本文从城市水系综合治理的必要性入手，深入探讨了其规划的主要原则，认为科学合理的水系综合治理规划应当遵循"统筹兼顾、远近结合，开源节流、排蓄并举，标本兼治、防治并重，道法自然、人水和谐"的原则，才可能提供怡人的滨水环境、和谐的文化氛围，从而提升城市的整体品位。进而提出了城市水系综合治理规划最终需要达到的四个目标及其实现途径，即通过水系架构调整、周边环境整治、水体生态修复、景观节点建设等举措，建立安全、健康的水环境，打造亮丽、协调的水景观，营造人水和谐的滨水空间，张扬当地独特的人文底蕴。

关键词：城市水系 综合治理 规划

1 前言

城市水系是改善城市环境、提升城市形象的主要抓手。"和谐"、"健康"的城市水系，对各地发挥自身区位优势，实现更好更快发展，具有非常重要的意义。然而，近几十年来，随着改革开放不断深入，城市经济建设迅猛发展，河道两岸土地的开发利用速度日益加快，城市水系的现状令人担忧，城市河道的基本功能遭到严重损坏。

幸运的是，近几年来，随着科学发展理念的不断深入，生态保护意识逐渐增强，在各地的城市水系整治中，有关部门一直在竭力谋求水资源开发利用与生态保护的双赢。由于地形特征不同，水系特点各异，社会经济发展水平不一，不同城市的水系综合整治措施差别很大。尽管国家建设部于 2009 年 10 月颁布了《城市水系规划规范》（GB 50513—2009），但是，我国城市水系综合治理规划水平参差不齐，总体上还处在初期阶段，仍有很多值得深入探讨的地方。

2 城市水系综合治理规划的主要原则

理想的城市水系应当能够提供怡人的滨水环境、和谐的文化氛围，从而提升城市的整体品位。笔者以为，科学合理的水系综合治理规划应当遵循以下原则。

2.1 统筹兼顾、远近结合的原则

在对规划区内现状水系分布、水文特征及水工程建设体系等进行总体评估的基础上，依据不同区域的自然、经济、社会特点，确定不同水体的主要功能，并合理确定水域保护线（蓝线）、绿化用地控制线（绿线）、外围控制范围线（灰线）。在此基础上着手整治水环境，打造水景观，并要兼顾建设用地、园林绿化、交通道路等各个方面。同时，城市水系综合治理规划既要保证近期规划内容的可操作性，有立竿见影的效果；又要确保远期规划内容的完整性和兼容性，能够让分期治理的成果有机共生。

2.2　开源节流、排蓄并举的原则

合理考虑区域内地表水的汇集存储方式,提高雨洪利用率,努力实现洪水资源化;还要加强地下水的利用途径与补给机制研究,充分利用地下水资源。在开源的同时,更要大力推进节水型社会建设。一方面,要节约洁净水资源,另一方面,要合理安排中水回用。在蓄水保水的同时,还要注重城市的防洪除涝安全,确保能够通过一系列的工程措施与非工程措施,及时排泄洪水与积涝,给城市一个安全的发展空间。

2.3　标本兼治、防治并重的原则

一要通过水土保持规划,做好水源保护区的天然林保护、绿化和水土流失防治工作;二要通过防污治污规划,做好河道沿线点、面污染源的控制工作。具体来说,就是加强截污管网布设和污水处理厂建设,有效控制点源污染;加强源头和迁移途径控制,有效降低面污染;加强河道垃圾、污泥的清理,有效减少内源性污染,从而营造一个良好的水环境。同时,要本着生态治理的原则,运用生态工程手段,使河道能够实现自然生态修复。

2.4　道法自然、人水和谐的原则

水系整治一方面要尊重江、河、湖、塘等水体的自然规律,注重自然环境和水生态的保护,尽量减少人为因素对河流生态的损害,在追求滨水景观多样性的同时,要设法保护城市水系的生物多样性;另一方面,要通过适当的人工改造,使城区或景区的水系尽可能具有高度的交通可达性与易达性,营造出优美、自然的滨水环境,真正做到"水""城"交溶,让市民充分享受到"亲水"的乐趣[1]。

3　城市水系综合治理规划的最终目标与实现途径

自然、和谐、健康的河道系统,不仅为生物的多样性提供了保障,而且提高了水体的纳污和自净能力,有利于河道及水体的自我修复。城市水系综合治理的最终目标是通过水系架构调整、周边环境整治、水体生态修复、景观节点建设等举措,建立安全、健康的水环境,打造亮丽、协调的水景观,营造人水和谐的滨水空间,张扬当地独特的人文底蕴。

3.1　建立安全、健康的水环境

安全的水环境体现在两个方面,一是水资源质与量的安全,即城市供水(包括生产、生活、生态用水)安全保障体系建设与完善;二是区域防洪除涝的安全,即城市防洪减灾体系的建设与完善。健康的水环境应当具备基本的水体功能,并且具有基本的自我生态修复能力。因此,需要加强水体储蓄、雨水收集、中水回用等水源工程建设,提高水资源的保障能力;需要加强防污治污的力度,为提高水体质量提供切实的保障;需要沟通城市河湖水系,加强水系循环,充分发挥水体本身的净化能力,改善城市生态环境;同时,还要谋划"客水外排"的实现途径,以减轻市区河道防洪压力;因地治宜地对现有城市防洪除涝工程进行改造,提高市区河道的防洪能力,从而达到减轻灾害损失的目的。

3.2　打造亮丽、协调的水景观

城市水景观建设是城市规划建设的重要内容,是能够实现"见水、临水、亲水"的特色景观环境,具有自然、开放的空间特点,具备公共活动多、功能复杂、历史文化丰富等特征[2]。建设水景观,也就是建成一个与当地生活条件相适应、与本地自然环境相协调、水质良好的河流景观与滨水环境。因此,一方面要将河漫滩纳入滨水开敞空间景观规划当

中,并加强城市水网建设和绿化工作,在水边形成舒适开阔的空间;另一方面,在河流与道路等线性工程的交叉处设置景观节点,构成河道与城市的互动空间,将水体与周边环境融为一体,体现区域滨水景观的整体性、协调性和多样性[3]。

3.3 营造人水和谐的滨水空间

现代景观生态学将城市河流看做廊道(通道)及生态边缘区,强调河道的自然化及两岸的亲水性[4]。自然的河道系统可以把城市的绿色孤岛连接起来,并不断延伸,使得城乡的绿色生态系统成为一个"以水为魂"的整体,使得城市水体再现"水清岸绿"的良好自然风貌,成为一道亮丽的城市风景线。因此,城市水系综合整治要按照"道法自然、人水和谐"的原则,恢复城市水空间,还其优美、宜人、充满生机的原貌,在满足防洪要求的基础上,尽可能保持城市河流的自然状态,营造优美的滨水环境,提供丰富自然的亲水空间,成为广大市民体验"亲水"感受的处所。

3.4 张扬当地独特的人文底蕴

文化底蕴就是某个群体(或个人)所秉持的可上溯较久的道德观念、人生理念等文化特征。水是城市的生命与灵魂,是城市地域特色的缔造者。水系整治就应当以弘扬地域特色为宗旨,体现城市特色与历史文脉,通过保护和继承文化遗产,张扬当地独特的人文底蕴。因此,城市水系整治应当坚守"张扬人文精神"的宗旨,体现出人文关怀;既有文化含量,又渗透了人文思想;既具备时代特征,又富含生活气息;既关注本民族的传统文化,又关注全人类的优秀文化。让置身其间的人已经不单单是在欣赏自然风光,而是在接受、享受文化的熏陶。

4 结语

水系是城市生态系统中的一个重要子系统;良好的城市水系是构建"资源节约型、环境友好型"和谐社会的基础之一。水系整治不仅是城市建设的重要内容,还是改善城市生态环境,重构城市生态系统的重要途径。因此,结合当地实际,不断探索并完善《城市水系综合整治规划》(GB 50513—2009)的主要原则、最终目标和实现途径,从而推动和谐、健康城市水系的建设,对各地发挥自身区位优势,实现更好更快发展,具有非常重要的意义。

参 考 文 献

[1] 周易冰,李万彬,等.城市水系规划控制对建设生态城市的作用[C]∥中国城市规划年会论文集.大连:大连出版社,2008.
[2] 季永兴,何刚强.城市河道整治与生态城市建设[J].水土保持研究,2004,9.
[3] 江瑛.丘陵地区水系对城市空间形态的影响与规划设计研究[D].湖南大学,2007.
[4] 雷雨,冉春旺,等.河道生态治理初探[J],水利科技与经济,2009,4.

作者简介:唐明(1972—),男,工学博士,高级工程师,南昌市水务局总工程师。联系地址:江西省南昌市红谷滩行政中心。E-mail:13970878972@139.com。

沿黄城市带发展框架与"宁夏模式"的黄河堤防实践

薛塞光　杨　涛　马如国

（宁夏水利厅,银川　750001）

摘　要: "天下黄河富宁夏",从古到今,宁夏的经济社会发展无一不与黄河紧密相连。然而,自古黄河还有"三十年河东,三十年河西"之说,宁夏段因河势不能得到有效控制,洪、凌灾害造成的塌岸崩地频繁。本文从黄河宁夏段自然景观、人文景观和经济社会发展需求分析入手,通过研究宁夏沿黄城市带"一核两翼多点"发展框架和黄河宁夏标准化堤防"一堤六线"的建设模式以及堤防建设实践,认为"宁夏模式"标准化堤防是黄河防洪安全的屏障和沿黄城市带经济社会发展强有力的基础。

关键词: 黄河　标准化　堤防　城市发展

自古以来,宁夏经济社会发展无一不与黄河紧密相连,黄河是宁夏赖以生存、发展、兴旺的自然基础。2007 年以来,黄河宁夏段实施的黄河标准化堤防建设,有效化解了洪、凌灾害对区域发展的制约,同时,各级政府围绕区域跨越式发展和沿黄城市带交通、土地利用及生态景观等方面综合利用,进一步推动了沿黄城市带动战略,促进了区域经济结构战略性调整。

1　黄河宁夏段概况

1.1　水利与社会

1.1.1　黄河水利

2000 多年来,宁夏人不断认识黄河、兴修水利,先后修建了秦、汉、唐徕、惠农等大小数百条渠道和纵横交错的水利工程,使黄河不断造福宁夏。特别是 1949 后,宁夏治黄之害、兴黄之利的建设取得了巨大的成就,黄河干流建设了青铜峡、沙坡头水电枢纽,引黄灌溉发展到 700 多万亩,黄河地位与作用显得越来越重要。黄河是中华民族的母亲河,更是宁夏的生命河。

1.1.2　社会经济

宁夏位于黄河流域上游,东西宽 45 ~ 250 km,南北长约 465 km,总面积 5.18 万 km²,总人口 625 万人。辖银川、石嘴山、吴忠、中卫、固原五个地级市,灵武、青铜峡两个县级市,以及 14 个县和 8 个县级辖区,首府银川市。当地水资源匮乏,多年平均降水量 289 mm,蒸发量 1 250 mm,经济社会发展主要依赖限量分配的黄河过境水 40 亿 m³。

宁夏黄河两岸土地辽阔,农业生产历史悠久,公路、铁路横贯南北,电力、通信设施密集。人口 381 万人,粮食产量 220 万 t,GDP 总值 1 198 亿元,分别占全区的 65% 和 90%,一、二、三产业分别为 86 亿元、641 亿元和 471 亿元,是自治区经济社会发展的精华地带。

自古就有"天下黄河富宁夏"和"塞上江南"的美誉。

1.2 河道与河势

黄河宁夏段长 397 km,多年平均流量 1 005 m³/s,年径流量 331 亿 m³,输沙量 1.37 亿 t。该段河道宽窄相间,滩槽高差 1~5 m,心滩发育,主流摆动强烈,河势变化大,具游荡型、分汊型河道特点。河道主槽宽 200~1 330 m,比降 0.16‰~0.73‰,1981 年实测最大洪峰流量 6 040 m³/s。目前卫青段冲淤基本平衡,青石河段年均淤积约 0.106 亿 t,淤积厚 1.6 cm[1]。

1.3 堤防与灾害

1.3.1 堤防

宁夏堤防主要是在历次洪、凌灾过程中抢险填筑而成的。特别是经过 1964 年、1981 年和 1992 年大洪水后的加高、加培和补充,才形成了堤防雏形。目前堤线长 448 km,其中左岸 282 km,右岸 166 km。1998 年以来,为了控导河势,减轻塌岸破坏,又实施了部分堤防裁弯取直、汊河封堵、护滩保堤等工程。宁夏堤防均为土堤,堤高 1~4 m,堤顶宽 3~6 m,临背水边坡 1:1.5~1:2。

1.3.2 灾害

黄河自古就有"三十年河东,三十年河西"之说,因河势不能得到有效控制,泥沙淤积,河床抬高,洪水和冰凌灾害造成的塌岸崩地频繁。近 20 年,宁夏沿河已塌毁土地 35 万亩、堤防 131 km、渠沟 230 km、水利设施 1 830 处,直接威胁 10 多万人口安全[1]。平均每年造成直接经济损失 2 500 多万元,一些年份超过 1.0 亿元。

1.4 存在问题

长期以来,黄河宁夏段治理欠账多,堤防仍存在诸多问题:建设标准低,质量不达标,病险隐患多,工程不配套;堤线不合理,行洪除险能力低;泥沙淤积多,河床抬高快,堤顶高度差 50~100 cm 段落占 45%;投资与维护不及时,整体功能差。

为了实现宁夏沿黄城市带经济社会跨越式发展,采用什么方式完善黄河宁夏堤防体系建设十分必要、紧迫。

2 沿黄城市带发展框架与需求

2.1 沿黄城市带定位

宁夏沿黄城市带是以首府银川市为中心,石嘴山、吴忠、中卫三个地级市为主干,青铜峡市、灵武市、中宁县、永宁县、贺兰县、平罗县城和若干个建制镇,以及宁东能源基地为基础的大中小城市相结合的城镇集合体(见图 1),区域面积 2.87 万 km²,占全区土地面积的 55.4%、总人口的 60.9%、城镇人口的 81.5%,经济总量占全区的 90% 以上。

另外,宁夏沿黄城市带符合西部大开发发展战略确定的国家重点支持的呼包银沿黄经济区,又好又快地建设宁夏沿黄城市带,将会形成对周边地区具有辐射和带动作用的战略新高地。

2.2 沿黄城市带经济社会发展框架

按照宁夏沿黄城市带发展趋势,其将由"单一点状"向"一核两翼多点"模式转变,即"银川—吴忠"核心城市区域,石嘴山北翼和中卫南翼城镇组团,沿黄城市带各县级市区

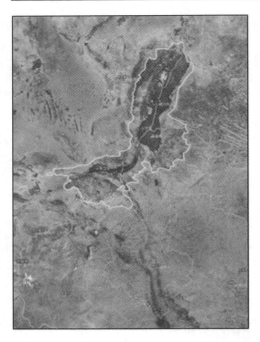

图1　沿黄城市带规划范围示意

和县城为多点(见图2)[2]。从而形成城市带经济、社会、文化、居住、生活、基础设施和公用事业等多方面和谐共荣的局面。最终实现"黄河一脉传,两岸竞生辉"的规划构想。

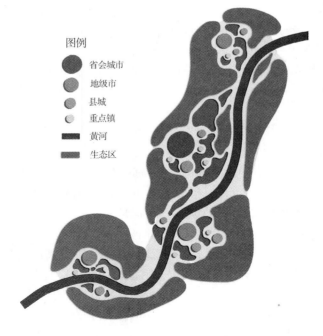

图2　组团集聚的田园城镇化模式

2.2.1　银川—吴忠

两市距离 60 km,同为地级市,加上宁东能源基地的发展壮大,两个城市的社会经济联系将更为密切。因此,需要重点并首先推进银川—吴忠—宁东的同城化建设,成为沿黄城市带空间结构中的核心区。

2.2.2　石嘴山

石嘴山是宁夏第二大城市,西北重要的资源型老工业基地城市。将由过去的资源型城市向发展新材料加工、高耗能产品及农业产品加工业为主,商贸、旅游业发达的城市转型。大武口区、惠农区及平罗县分别位于石嘴山市城市群的三个方位,构成了北翼城镇组团的主体框架,做到优势互补,协同发展。

2.2.3　中卫

中卫是西北地区东部的重要交通枢纽和水电基地,以发展造纸、农产品加工、商贸、旅游为主,交通条件优越、能源、水利和旅游资源丰富,沙坡头、大柳树水利枢纽,中卫香山机场和太中银铁路等重点工程布局于此,更与银川陆、空交通形成有效联通,加强了中卫在沿黄城市带和宁夏西部交通枢纽的地位。

2.2.4　多点

包括平罗、贺兰、永宁、灵武、青铜峡、中宁等县级市区和城关镇。这些城镇是地区的中心,并承担着地区社会管理、生产服务中心和交通枢纽等职能,对于优化区域空间结构、合理利用空间资源、协调城乡发展有着重要的意义。

2.3　沿黄地域文化景观挖掘

宁夏沿黄城市带及地域文化也十分丰富,具体表现在以下几方面:①以回族优秀文化为主体的多元文化;②以"两山一河"为代表的大漠黄河生态文化;③古人类遗址和古生物化石文化;④西夏遗存文化;⑤民风民俗文化;⑥红色经典文化;⑦丝绸之路文化。其中最能体现宁夏沿黄地区自然与人文特色的地域文化可以归纳为西夏文化、绿洲文化、回族文化。

2.4　城市发展与黄河治理相互依存

21 世纪是城市群、城市带、城市圈主导经济发展的时代,宁夏沿黄城市带承载着自治区工业化、城市化和新农村建设"火车头"的重任,代表和掌控宁夏未来经济社会发展的前景。实施沿黄城市带发展战略,符合区域经济一体化的发展趋势,符合资源优化配置、集约利用和建设节约型社会的发展方向,也符合宁夏的实际和群众意愿。

沿黄城市带发展,将使黄河防洪、防凌保护区内的人口、经济总量大幅度提高,从而潜在的洪灾损失增加,必然对沿黄防洪保安提出越来越高的要求。因而,进一步加快黄河宁夏段堤防建设与河道治理十分必要和紧迫。同时,宁夏堤防建设,必须在沿黄城市带总体规划的基础上,通过发挥堤防的综合功能,构筑黄河防洪安全保障屏障,为沿黄城市带、经济社会发展、文化建设和生态建设,提供强有力的基础支撑。

3　标准化堤防设计模式

3.1　宁夏标准化堤防含义

根据新时期宁夏沿黄城市带经济社会发展需求、长远规划和各个部门对黄河防洪保安的要求,黄河宁夏段堤防体系建设在国家批准的防洪标准基础上,对其功能与任务做了进一步的深化与完善。"宁夏标准化堤防"是以保障河段防洪、防凌安全为重点,以综合利用黄河资源为核心,以基础设施联建共享为手段,通过黄河"一堤六线"规划,即"防洪保障线、抢险交通线、经济命脉线、生态景观线、特色城市线、黄河文化展示线"(见图 3、图 4),具体实施黄河堤防、交通、生态绿化和沿线土地整理等工程[3]。

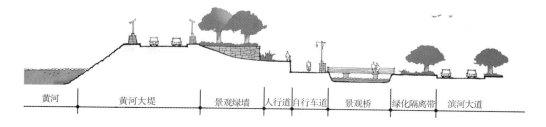

| 黄河 | 黄河大堤 | 景观绿墙 | 人行道 自行车道 | 景观桥 | 绿化隔离带 | 滨河大道 |

图 3　堤防断面设计示意

图 4　"一堤六线"形态示意

3.2　堤防工程设计

3.2.1　设计范围

标准化堤防选在黄河宁夏段防洪防凌问题最突出的 267 km 平原河段上,该堤线总长402 km,其中,左岸 269 km,右岸 133 km。按照区域划分,卫宁河段长 144 km,其中,左岸78 km,右岸 66 km;青石河段长 258 km,其中,左岸 191 km,右岸 67 km。按照加固方式划分,利用原有堤防加固 207 km,裁弯取值新建堤防 195 km。

3.2.2　防洪标准

银川市区和吴忠城区河段防洪标准为 50 年一遇,设计洪峰流量 6 050 m³/s。其余河段防洪标准为 20 年一遇,设计洪峰流量 5 620 m³/s,堤防工程级别为 4 级。控导工程治理流量:卫宁段 2 500 m³/s、青石段 2 200 m³/s。

3.2.3　堤线与堤距

目前宁夏堤线、堤距经历了1981年大洪水,青铜峡以上两岸堤距0.5～1.5 km、以下堤距为2～3.5 km,其走向与布置总体基本合理。本次标准化堤防规划中对其没有做大的变动,对局部险工,将结合河道整治进行治理。

3.2.4　堤顶高程

考虑黄河泥沙淤积影响后,堤顶高程为20年一遇洪水水位加超高1.6～1.8 m;50年一遇洪水水位加超高1.7～1.9 m;控导工程顶部高程比整治水位高1.0 m。

3.2.5　堤型设计

标准化堤防采用均质土堤(包括砾石土),临河边坡1∶2,背河边坡1∶2;堤顶宽度:卫宁段14～19 m、青石段26.5 m,个别城市段34.2 m;堤身平均高3.4 m。动用土石方量4 500万 m³,投资8.6亿元。

3.3　其他工程设计

3.3.1　交通工程

主要包括:堤顶道路、引道沥青路面长508 km,跨沟公路桥梁40座,投资19.4亿元。参照一级公路标准,堤顶道路设计车速80 km/h,为双向六车道或双向四车道;路面宽:卫宁段12～17 m,青石段24.5 m;路面高:在堤顶上增加0.54 m路面结构层。

3.3.2　生态绿化工程

按照"宜林则林、宜农则农、宜水则水"的原则,在堤防附近,利用现有河道湿地、滩涂、湖泊资源,进行堤防防护林、滨河大道绿化和湿地建设。堤防两侧防护林带宽40～80 m,植树约907万株,治理河道湿地6万亩,建设重要景点绿化8处,形成沿黄河402 km的生态绿色景观长廊,投资1.94亿元。

3.3.3　土地整理工程

主要包括:修建穿堤小型灌排建筑物,恢复沿堤渠、沟和田间灌排设施及农村生产路,同时改造中低产田,扶持产业结构调整,投资0.75亿元。

4　标准化堤防建设与管理模式

4.1　建设模式

自从2008年底宁夏全面启动标准化堤防建设以来,自治区有关部门和沿黄城市各地政府,针对工程战线长、投资规模大、施工期受限、配合协调量大的特点,创新思路,探索出了"宁夏标准化堤防建设模式",即政府主导、部门联动、拼盘项目、整合资金、示范带动、分级实施、多方监督。

4.1.1　创新思路,综合规划

黄河宁夏标准化堤防建设以防洪工程建设为主体,将堤防与沿黄城市带发展、交通设施建设、水土资源开发、景观资源利用、旅游和黄河文化资源开发统筹考虑,按照"一堤六线"统一规划,加强了政府对河流的社会管理和公共服务功能。

4.1.2　加强领导,出台政策

自治区政府成立了以主管副主席为组长的堤防建设领导小组,批准了"黄河标准化堤防建设规划"、"黄河标准化堤防工程建设方案"、"黄河标准化堤防工程滨河大道建设方案"、"黄河标准化堤防项目管理办法"和"沿黄城市带总体规划"。有关县(市)还把工程建设与农村养老保险、城市低保政策相结合,为工程建设顺利实施提供了有力保障。

4.1.3 责任落实,部门联动

①各市、县政府是辖区内堤防建设主体,负责组建项目法人、占地拆迁、工程进度、质量、投资;②自治区发改委负责批准堤防建设规划、可行性研究;③自治区财政厅负责制定"以奖代补"机制,筹集落实资金;④自治区水利厅负责堤防总体规划,指导市、县编制堤防可行性研究报告,审批初步设计;⑤自治区交通厅、国土资源厅、林业局,负责指导和审批市县堤防建设相关设计;⑥自治区住房和城乡建设厅、旅游局、文化厅结合标准化堤防,负责编制沿黄城市、村镇规划、旅游和黄河文化开发方案;⑦自治区审计厅负责项目建设的审计监督,保证各类资金合理使用。同时自治区政府还将堤防建设纳入上述各方面的年度工作目标考核,强化了组织监督。

4.1.4 创新机制,资金支持

堤防建设中实行了"整合项目、拼盘资金、渠道不乱、用途不变、各负其责、各记其功"的投资机制。市、县政府是堤防投入主体,负责资金筹措;财政厅负责安排政府预算内专项资金,同时为各市、县争取银行信贷提供支持,提供自治区财政信用平台;水利厅结合黄河宁夏段治理工程补助资金;交通厅承担堤防路面、桥梁工程资金;国土资源厅负责国土整理项目资金;林业局负责防护林补助资金。同时,自治区政府鼓励各市、县结合沿河土地和景观资源开发,通过开发权转让、招商等方式吸引企业或个人投资工程建设,拓宽工程建设资金渠道。

4.1.5 示范带动,积累经验

2007 年,自治区水利厅抓难点、突重点,率先探索实施了宁夏"银灵吴青"段 44 km 标准化堤防建设,克服了时间紧、资金短缺、协调难度大等困难,完成了堤防示范,为以后全区标准化堤防政策研究和全面建设积累了经验。

4.1.6 领导重视,多方联动

自治区党委、政府高度重视工程建设,及时召开会议听取工程汇报,研究解决建设中出现的问题;主要领导亲临现场,视察指导工程建设。市、县积极行动,自治区各部门密切配合,形成了快速推动工程建设的强劲合力。新闻媒体全方位、多角度广泛宣传,增强社会各界对标准化的认识。

4.2 管理模式

4.2.1 地方政府

各县政府为辖区段标准化堤防运行管理责任主体,负责建立工程运行管理机构,明确管理责任,落实人员和维修养护经费。

4.2.2 水行政部门

地方水行政部门负责堤防防洪管理,以及堤防防护工程的维修养护和河道管理相关工作,保证防洪安全。

4.2.3 交通运输部门

地方交通运输部门负责道路交通管理,以及道路、交通桥梁养护管理,保证道路完好和交通安全、畅通。

4.2.4　林业部门

地方林业部门负责工程沿线生态景观绿化林木、护堤林木管理维护工作,保证林带规模及其设计功能的稳定发挥。

自治区水利、交通、林业等部门归口负责工程运行管理相关工作的监督指导,并结合相关项目建设支持各县完善工程有关设施,做好工程更新改造。

5　结语

(1)依托沿黄城市带发展需求,利用黄河宁夏段自然与人文资源构建起的"一堤六线"标准化堤防,既是保护母亲河生命安全工程,又是建设沿黄城市带的先导工程和打造"黄河金岸"的主轴工程,会极大地改变宁夏黄河两岸的产业格局、交通格局、城市格局和开发格局,对推动宁夏跨越式发展具有重大现实意义和深远意义。

(2)"宁夏模式"的标准化堤防,在工程规划中突出了围绕黄河治理保护、基础设施联建共享、资源综合利用的观念;在建设中突出了政府主导、部门联动、拼盘项目、示范带动、分级实施、多方监督的体制和机制;在弘扬回汉团结风貌上突出了全体参建人员同心协力,形成了上下步调一致、相互配合的良好氛围;在工程综合效益体现上赢得广大群众的欢迎,堤岸农田不再塌失、灌排体系更加完善、交通四通八达、环境心旷神怡、群众安居乐业。

(3)2010 年 7 月 7 日,黄河宁夏标准化堤防全线通车。不到 3 年时间,宁夏集全区之智,举全区之力,动用土方 4 500 万 m³,投入 30.69 亿元,完成了 402 km 标准化堤防建设,7.0 万亩生态绿化,6.0 万亩湿地,8 000 万株乔灌树,打造了沿黄城市带发展的基础性和标志性工程,可以充分发挥标准化堤防的辐射带动作用,创造了治理黄河史上的"宁夏模式"。

(4)几点建议。一是黄河宁夏标准化堤防工程建成后,马上面临的问题是必须加快安排包括险工、护岸工程等河道整治工程建设,以进一步控制河势变化,减缓毁堤塌岸。二是标准化堤防工程涉及水利、交通、林业和国土等部门,对其后期运行管理模式是一种创新探索,还需要相关方面以"黄河金岸"大局为重,继续配合,使标准化堤防工程可持续发挥作用。

参 考 文 献

[1] 项目工作组.黄河宁夏段近期防洪可行性研究[R].宁夏:宁夏水利水电勘测设计研究院,2009.
[2] 项目工作组.宁夏沿黄城市带发展规划总报告[R].宁夏:宁夏住房保障与建设厅,2009.
[3] 项目工作组.宁夏标准化堤防总体规划[R].宁夏:宁夏水利厅,2007.

作者简介:薛塞光(1957—),男,教授级高级工程师,宁夏水利厅。E-mail:xue-saiguang@ 163.com。

浅析城市水土资源保护及治理措施的对策研究

周泽民　　马秀丽

（石嘴山市水资源开发利用管理办公室,石嘴山　753000）

摘　要:石嘴山市地处西北内陆中温带干旱区,确定为新型工业城市,随着城市的不断扩大、工业企业数量激增,水资源短缺、水及土体污染、水土流失三大问题逐渐成为制约城市发展的瓶颈,从防止水土流失和保护水土资源的角度出发,浅析石嘴山市水土资源保护及治理措施的对策研究。

关键词:城市　水土资源　水土流失　水及土体污染　治理措施　对策研究

水土资源是人类赖以生存的物质基础。就是说人的生存和工业的发展均离不开水和土地两大资源。但随着社会的进步、人口的增加和工农业生产的迅猛发展,水土资源和生态环境状况存在着恶化的趋势,尤其是水资源短缺、水土环境污染和水土流失加剧困扰着国计民生,不仅成为制约社会经济可持续发展的主要因素,而且成为影响城乡人民生命健康与适居环境的突出问题。近年来,虽采取一系列行之有效的政策和工程措施,加大了对水土资源整治的力度,取得了一定的成效,但由于保护水土资源的措施力度不够,因水土流失引起对水土资源环境的影响及危害仍没有得到决策者的广泛重视。为此,从分析石嘴山市水土资源保护及治理措施实例入手,研究水土流失对水土资源环境的影响及危害成功与失误等方面经验中,提出对策,为领导科学决策提供有力的依据。

1　危害水土资源的主要因素

归纳危害水土资源的因素主要有点源污染和面源污染两大类型。点源污染因引发的区域位置时间较准确、易采取治理措施,包括企业的工业废水、废渣和城市居民的生活污水等;面源污染由于分散、多样、地域大,发生地点位置难以识别及随机性强、成因复杂、潜伏期长,主要包括农田大量使用化肥农药进入水体、畜禽病菌侵入水体、风沙危害、洪水携带泥沙抬高河床及淤积湖区、企业所排烟尘飘落污染水土资源等,这无疑成为水土资源保护的难点和今后长时期解决的重点。水土流失的概念就是在水力、重力、风力等外营力和人为因素作用下,对水土资源和土地生产力造成的损失和破坏,包括土地表面土壤侵蚀及水的损失,涵盖点源污染和面源污染。水土流失作为水土资源环境污染的主要形式,直接影响着土地表层厚度及土壤养分机理,直接影响着水体的水量及水质。

2　水土资源的现状调查

随着城市区域的扩张、人口的增加,各类开发建设项目的实施,在给城市带来发展机遇和发展成效的前提下,各类开发建设活动造成水土流失也给水土资源环境和生态环境保护与改善带来了巨大的压力,产生了一定的负面影响。

2.1 水资源日益短缺

本地多年平均降雨量为 189.6 mm,蒸发量为 2 317 mm,人均占有水资源量约为 200 m³,仅占全国人均水资源量的 1/3,国际标准的 1/5。水资源主要是过境黄河水,根据国家分配给石嘴山地区黄河初始水权为 5.935 亿 m³(包括农垦系统 0.86 亿 m³,监狱系统 0.47 亿 m³),按区县分为:大武口区 0.22 亿 m³,惠农区 1.88 亿 m³,平罗县 3.835 亿 m³,主要为用于农业灌溉。工业用水基本依靠地下水资源,仅大武口和惠农区的工矿企业就拥有自备井 580 多眼,平均日开采地下水 27 万 m³,个别严重超采的水源地地下水水位以每年 3~4 m 的速度下降。据调查,我市大武口归德沟和惠农区的一些地段已经形成了大面积的地下降落漏斗,惠农落石滩水源地水位已经由 10 年前的 70 多 m 下降至 140 多 m,地下水资源已经到了相当匮乏的程度。

2.2 水资源污染形势严重

石嘴山市水资源污染主要是城市点源污染和农村面源污染。城市点源污染包括城市日常生活污水和工业企业废水,过去大量污水通过城市污水管网排入湖区再经排水干沟直入黄河;农村面源污染包括农田大量施用农药、化肥,以及各类规模化畜禽养殖和散养的牛、羊、猪等畜禽存在,对土壤造成了污染,经灌溉及雨水等途径对地下水造成了新的潜在的安全隐患。据了解,106 项水质指标中,可能对人体健康产生危害或潜在威胁的指标占 80% 左右,人的健康与否和水质的优劣密不可分。全市控制排水面积 7.45 万 hm²,排水能力 35 m³/s;总排水量 5.64 亿 m³,引排差 3.06 亿 m³,在第三、五排水干沟两侧,工业企业较少的五排水体污染较轻、水质较好;工业企业较多的三排水体污染严重、鱼虾不存、水质又黑又臭。据监测:黄河水质在陶乐段为Ⅴ类水体,在石嘴山出境水质已达劣Ⅴ类水体,水资源污染形势相当严重。

2.3 水土流失调查分析

据自治区遥感院与市水保站 2007 年采用 3S 技术对石嘴山市遥感调研报告得知:全市土壤侵蚀总面积 2 223.64 km²,其中水力侵蚀面积 1 227.06 km²,占土壤侵蚀总面积的 55.2%,风力侵蚀面积 996.58 km²,占侵蚀总面积的 44.8%。其中大武口区土壤侵蚀面积 708.24 km²,占全市土壤侵蚀总面积的 32.1%,惠农区土壤侵蚀总面积 673.37 km²,占 30.5%,平罗县土壤侵蚀面积 831.02 km²,占 37.4%。侵蚀面积比 2000 年减少了 306.90 km²,比 1990 年减少了 538.46 km²。从风蚀强度面积变化来看,轻度侵蚀面积比过去增加了近 100 km²,而中度、强度、极强度的侵蚀面积均比过去减少。从水蚀强度分布变化来看,轻度水蚀比过去增加的面积超过了 600 km²,而中度侵蚀面积则减少了近 800 km²,全市水土流失依然严重。

2.4 矿产开采造成的危害

石嘴山市是宁夏回族自治区的矿产资源大市,以煤及煤层气、硅石为主,其次有黏土、石灰石、白云岩等矿种。其中煤炭资源探明储量 29.4 亿 t,占全区探明资源储量的 9.6%。本次对全市 2007 年 4 月以前的矿产开采现状进行了全面调查,查明全市共有正式登记矿产开采点 288 个,涉及开采矿种有 12 种,主要以冶金用砂岩、煤、建筑用砂、石料、砖瓦用黏土为主。调查中发现露天开采 1 t 煤就产生约 5 t 废渣,开采造成山体表层植被破坏,倾倒废渣又造成山体大面积侵蚀破坏,废渣堆积在行洪沟旁易堵塞和抬高河床,造成新的水土流失。

3 现有水土资源治理措施成效分析

石嘴山市作为西北内陆新型工业城市,近十年来坚持"生态立市",建设山水园林之策不动摇,在防治水土流失、保护水土资源上做了大量基础型工程和采取一些行之有效的措施。

3.1 城市污水得到重复利用

随着我市水资源管理工作的逐步深化,逐步实施了我市供水、排水及污水资源化管理。先后建设了我市黄河水厂、大武口二水厂、大武口污水厂、大武口中水厂、惠农区污水厂等工程项目,为我市城市水务发展提供了硬件措施。同时,通过计划用水管理,使我市节约用水工作取得较大发展,工业用水重复利用率由80年代初的16%提到2002年的60%,市辖区地下水总取水量由80年代初的1.2亿 m^3 下降到2002年的0.8亿 m^3,地下水持续下降趋势得到有效遏制,污水处理能力达20万 m^3/d,城市污水也全部得到了集中处理,随着城市统建供水规模不断扩大,有利地为我市经济社会的可持续发展提供了保障。

3.2 执法监督不断强化

石嘴山市以建设山水园林新型工业城市为目的,以水土保持法、环境保护法等法规为依据,组建水行政、环境保护、国土资源等执法队伍,开展一系列联合执法行动。成效有:依法关闭113个采矿证已到期的硅石矿开采企业,同时将全市硅石资源划分为14个采区,建立了4个硅石生产点,统一由市矿产集团管理;停产搬迁城市周边近百家煤炭销售加工污染企业,新增公共绿化用地269 hm^2;对化工等污染严重的企业的废气废水废渣排放提出限期整改要求,不达标一律关停整顿,有效保护水土资源的污染。2007年5月中国环境监测总站对全国113个环境保护重点城市环境空气质量考核中,石嘴山市摘掉污染城市的黑帽子,实现由污染城市向新型园林城市的成功转型。

3.3 治理成效逐渐显现

从2002年起,市委政府以保护水土资源为目的,举全市之力开始整治大武口滞洪区,形成了43 km^2、水面20 km^2 的星海湖湿地,防洪标准提高到50年一遇,工程项目带动了全市近百项生态建设工程实施,十七大生态园、旱生植物园、城市内外植树插绿工程、北武当沟景观工程等。据2007年遥感监测数据得知,建成区绿化覆盖率达35.8%,绿地率30.5%,人均占有公共绿地13 m^2,城市水系绿化率达到98%;仅大武口区的水土流失面积由809.4 km^2 减少到492 km^2;截至2007年底,全市有林面积达5.8万 hm^2,森林覆盖率达到9.5%。2006年5月石嘴山市荣获全国第三批水土保持生态环境建设示范城市荣誉称号,这在宁夏也是唯一一个获得此殊荣。生态环境大为改善,戈壁荒滩变绿了,水变清了、天变蓝了,野禽、飞鸟又回来了。目前,石嘴山市正在争创全国森林城市称号。

4 研究对策与建议

针对水土流失对水土资源的影响与危害,石嘴山市做了一些保护措施和工程治理,取得一定的实效,但从充分认识水土保持生态建设在全市经济发展中的重要作用来看,还缺乏总体规划和科学决策,应建立水土资源和生态环境保护和综合防治的长效机制。

4.1　加大宣传,形成全社会保护水土资源的强势氛围

利用电视广播报纸等媒体,加大宣传力度,使全社会公民、企业都要充分认识到保护水土资源就是保护我们的家园,呵护人们的健康,将水土保持生态建设纳入各级政府的议事日程,形成政府督查、舆论监督,全社会共同参与建设,保护水土资源的强势氛围。

4.2　统筹规划,提升水土保持生态环境建设质量

以实践科学发展观为导向,统筹制定城乡防治水土流失、保护水土资源的总体规划,通过科学防治、节约用水用地、维护水土资源的健康发展,处理好长期规划与近期实施的关系,实现水土资源的合理调配,建立水土资源保护和综合防治的长效机制。

4.3　节约用水,走节水型城市持续发展之路

在城市生活用水方面,加快推进城市供水管网改造,减少漏失,推广节水型卫生洁具等,倡导节约用水意识;工业用水方面,着力引入节水新技术,更新改造用水设备,提高工业用水重复利用率;农业灌溉用水方面,倡导发展高效节水农业和生态农业,加强水权转换和节水工程的实施,加大畦田建设和规模化农业发展。

4.4　加大投资,为保护水土资源提供资金保障

治理水土流失,保护水土资源环境是一项全社会公益性事业,是一项基本国策,需要社会各界的支持和大量资金的保障,探索建立保护水土资源生态环境补偿机制。强化水土保持执法监督,倡导"谁开发、谁治理,谁受益、谁管理"的综合治理模式,调动社会各界力量,形成治理保护水土资源环境的良好氛围。

参 考 文 献

[1] 李锐.中国 21 世纪水土保持工作的思考[J].中国水土保持,2000,7.

作者简介:周泽民(1963—),男,高级工程师,2010 年 2 月之前在石嘴山市水保站工作,现在石嘴山市水资源开发利用管理办公室工作。联系地址:宁夏石嘴山市大武口区裕民北路 76 号。E-mail:ZZM22921@126.com。

宁夏回族自治区水利部门绩效
评估框架建构研究 *

贾小蓉

（宁夏固原市原州区水务局,固原　756000）

摘　要: 特殊的自然地理条件和水资源特点决定了宁夏经济社会可持续发展的最大制约因素是水,人民群众脱贫致富的关键在水,经济社会实现跨越式发展的希望在水,必须把水利建设放在首位。

本文通过对宁夏水利现状的分析和研究,试图建立一个长远的绩效评估框架,以达到促进水利发展的长远目标。其研究的初衷,是提出一套既标准又通用于整个宁夏水利部门的绩效考核体系。透过确定组织的使命、愿景、核心价值观、战略目标、总目标和绩效目标,规划制定一系列的产出活动,以达到一定的行政结果。关注点主要在于水利部门的工作业绩指标。

关键词: 宁夏水利　绩效评估框架　绩效评估　绩效目标　绩效产出

1　绪论

1.1　问题的提出

水是人类生命、生活及经济繁荣的源泉,几乎用于所有的农业、工业、能源及交通生产中。通过开发和管理水资源以实现水安全在目前仍然是经济增长、可持续发展和缓解贫困的核心问题。

宁夏回族自治区位于我国西北地区东部,黄河上游,是我国五个少数民族自治区之一,地处黄河流域上中游,国土面积 6.64 万 km^2。2007 年总人口 610 万人,其中回族人口占 35.76%;地区生产总值 889.2 亿元,人均 14 649 元。人均城镇居民可支配收入和农民纯收入分别为 10 859.3 元和 3 180.8 元,而全国城镇居民人均可支配收入和农民人均纯收入分别为 13 786 元和 4 140 元,相当于全国平均值的 78.8% 和 76.8%。人均地区生产总值居全国第 22 位。山区 8 县(包括海原县、彭阳县、泾源县、隆德县、西吉县、盐池县、原州区和同心县)农民人均纯收入仅为 2 214.9 元,相当于全国 1996 年的水平。

全区大体可分为北部引黄灌区、中部干旱风沙区和南部黄土丘陵区三大经济区。北部引黄灌区引黄灌溉条件好,已形成青铜峡、沙坡头两大自流灌区,生产力发展水平相对较高,是宁夏的精华地带,但灌区盐碱化问题比较突出。中部干旱风沙区煤炭、土地资源丰富,宁东能源化工基地已初具规模,已建成四大扬黄工程,土地荒漠化和沙化严重。南部黄土丘陵区降水条件相对较好,水保、水库和人饮等中小微型工程并存,生产力发展水平低,水土流失严重。北部因有水而得"塞上江南"之美誉,中南部因缺水而"苦瘠甲天

---

* 本文为作者在北京大学读公共管理硕士研究生时的毕业论文。

下",民生困难,是国家级贫困地区。

宁夏既有煤炭、农业、旅游等方面的资源优势,又明显受到水资源短缺和生态脆弱的制约。虽然黄河流过宁夏,有"天下黄河富宁夏"之称,但宁夏实际上是一个严重缺水的地区,是全国水资源最少的省区之一,人均水资源占有量仅有 680 m³,不足全国平均值的 1/3,低于国际公认的维持一个地区可持续发展所必需的人均水资源占有量 1 000 m³ 的临界值。目前全区有 170 万农村人口饮水不安全,约占农村总人口的一半,有 9 个城市和近 50 万城市居民缺水,解决人民群众基本生活用水任务十分艰巨。同时,宁夏是一个干旱、风沙、盐碱、荒漠化都比较严重的省区,水土流失严重,生态环境脆弱,严重制约了地区经济建设和社会发展。

根据自治区的发展目标,2020 年人均 GDP 较现在增加 2.5 倍,在又好又快的基础上实现跨越式发展,才能与全国同步实现全面小康社会。特殊的自然地理条件和水资源特点决定了宁夏经济社会可持续发展的最大制约因素是水,人民群众脱贫致富的关键在水,经济社会实现跨越式发展的希望在水,必须把水利建设放在首位。

随着西部大开发战略的实施及国务院《关于进一步促进宁夏经济社会发展的若干意见》的出台,宁夏进入历史上最好的发展时期,水资源供需矛盾将进一步加剧,对于供水安全提出更高的要求,生态环境的建设与经济发展的矛盾突显。如何以科学发展观为指导,进一步发展和完善治水新思路,转变部门管理职能,克服体制性和机制性障碍,强化社会管理,提高公共服务水平,加快水资源管理体制、水利投资体制、水利管理体制、水价机制等改革的步伐,创新与完善水利发展的体制和机制,实现科学、民主、依法行政,建立正确的绩效观,对于宁夏乃至西部水利部门行政效能的提高具有十分重要的意义。

如何充分发挥水利部门的主导作用,按照节约优先、立足挖潜,合理使用、优化结构,改革体制、创新机制的原则,加快实施以保护水生态为中心的可持续发展战略,研究制定一套科学、合理、切实可行的水利部门绩效评估体系势在必行。

"作为一种需求导致的活动,绩效评估是任何组织都无法回避的"。水利部门作为提供水产品这一特殊产品的特殊组织,特别是在宁夏严重缺水、经济严重不发达的地区,"水产品"的提供与生态环境的建设和改善将长期作为准公共产品由水利部门长期独家服务,由此带来的垄断性,使水利部门的服务不尽如人意,漠视公众需求,盲目提供服务,重建设轻管理将在一定范围内长期存在。同时,水利部门具有公共部门的主要特征和内在弱点:垄断性、产出的质与量难以测定、公众监督困难、工作人员服务意识不足、其所服务的顾客处于劣势地位等。进行部门绩效评估是突破公共悖论的重要措施之一。

1.2 绩效评估的原则

只有寻求公共部门绩效评估合理的目标价值取向,才能保证绩效评估功能导向作用的发挥。为了确保绩效评估客观公正,充分运用评估结果,必须坚持正确的绩效评估原则。

1.2.1 外部责任原则

外部责任原则强调,绩效评估不能像传统实践那样局限于层级控制和内部管理的改进,而应着眼于向公民展示绩效水平并为此承担相应的责任。用绩效评估强化问责被视为政府责任机制的根本性变革,因为它向公众展示了他们从缴纳的税金中能够得到什么。

1.2.2　公民导向原则

部门履职归根到底都是为社会和公民提供公共服务。因此,绩效评估中应坚持公民导向的原则。在推动管制型行政向服务型行政转变的时期,绩效评估中的公民导向尤为重要。公民导向首先要求公共组织绩效评估必须立足于公民,评估内容、标准和指标体系设计应从公民的立场出发,坚持从群众中来的原则。

1.2.3　结果导向原则

哈佛大学教授巴达赫说过,作为当代政府改革的实践指南,新公共管理"最核心的观点是为结果而管理(managing for results),而不是努力去完成那些被期望做的事;最重要的结果之一则是使'顾客'满意"。结果导向意味着评估侧重点从投入、过程、产出的转变,从繁文缛节和遵守规则向公民所期望的结果的转变。

1.2.4　广泛参与的原则

绩效评估的功能就在于使公共部门与公民之间形成一种良性互动,而不是一种单向的公共部门垄断行为。公共部门绩效评估应强调公共责任与民主参与,使效率、秩序、社会公平和民主成为公共部门绩效评估的价值取向,这些价值取向通过在绩效评估过程中具体通过管理效率、管理能力、公共责任、社会公众的满意度等价值判断表现出来,所有这些价值目标和取向都离不开目标客体的参与,离不开目标客体对主体的回应性,同时重视绩效评估结果的公布,运用具有影响力的评价结果吸引目标客体的参与,保证绩效评估功能最大化的发挥。

广大公民的积极参与是行政管理体制改革取得实效的社会基础。政府绩效评估不应仅是上级对下级的效率标准评估,而更应当是社会对政府治理能力与行政效能的动态价值评估,即政府是否满足了公民的多元利益需求。因此,推进政府绩效评估,应推动政务公开,扩大听证范围,吸引公民参与,引入公民评议。公民的参与和评议不仅要体现在绩效指标和权重上,而且要体现在绩效标准的制定和评估的监督上。参与的方式应该是多层次、多方面的。社区应该充分参与到水利项目的启动、项目规划、项目决策、项目实施、项目的监测和评估等各个层面,并共同承担项目资源和项目预算。

1.3　绩效评估在各国的发展情况

随着政府改革的不断深入,政府绩效评估作为一项提高政府工作效率和改善政府服务质量的重要工具,在外国的政府管理中受到了广泛关注。除了美国和英国外,加拿大、澳大利亚、日本、新加坡、荷兰、新西兰、德国、法国等国家都将绩效评估作为政府改革的一个重要组成部分,以此提高政府效率和服务质量,以至于西方学者惊呼"评估国"正在出现。

美国的政府绩效评估活动经过多年的不断实践,取得了一定的成绩,提高了政府部门的效率。尤其是 20 世纪 90 年代后成效更为突出,有力地推动了以绩效和结果为本的重塑政府运动的开展,提高了政府的工作效率和公众的满意水平。20 世纪以来,不仅使科学化管理观念深入人心,而且形成了以追求绩效为核心的美国行政改革的总的指导思想。公共行政管理学家尼古拉斯·亨利在《公共行政与公共事务》一书中将美国 20 世纪以来的公共行政改革的发展历程划分为效率、预算、管理、私有化和重塑政府五个阶段。从美国行政改革的历程来看,对政府绩效的追求始终是各级政府改革的指南。

英国是西方发达国家中公共行政改革最系统和成效最为显著的国家之一,尤其市场化有首倡之功,曾深刻影响了美国、澳大利亚、新西兰和法国等国的行政改革,在世界范围内掀起了市场化变革的浪潮。英国的行政改革起始于1979年撒切尔政府,后经梅杰政府和布莱尔政府的持续推进,形成了自己的鲜明特色。政府绩效评估贯穿行政改革的始终,并成为英国政府克服官僚主义,提高行政效率和效能的重要手段。它强调以结果为本的新观念。从1979年的"雷纳评审改革"到1991年的"公民宪章"运动,再到1999年的"政府现代化"运动,历时20年建立起了一整套政府再造计划和政府绩效评估方法。

在新公共管理运动的影响下,加拿大政府从20世纪70年代起开展了以社会自治为核心的政府改革运动。根据社会自治的范围最大化和政府最小化原则,开展了以绩效审计、绩效预算等为主体的一系列政府绩效评估活动,以改革政府管理,改善公共服务。

第二次世界大战后,根据《波茨坦公告》,日本必须采取非军事化和民主化道路。在此背景下,日本政府在20世纪40年代末开始了行政改革。为了完成建立廉洁、高效、民主的行政体制的目标,实施了绩效审计、政策评价等一系列政府绩效评估活动,为行政体制改革的顺利推进奠定了坚实的基础。

20世纪80年代以来,我国开始关注国外政府绩效评估的进展,全国各地以转变政府机关作风和提高工作效率为突破口,创新管理机制,在政府绩效评估方面进行了有益探索,取得了一定的成效。我国不少城市政府都设计过政府绩效考核指标体系,内容包括年度经济指标完成情况、履行职责情况、廉政建设情况、工作效率情况等。这些考核体系提高了工作效率意识,但也存在诸多不足。首先,很多设计出来的考核体系没有系统性和权威性,得不到好的执行。另外,很多城市政府把招商引资的标准列为重点,伴随经济发展带来诸如环境污染、城市交通拥挤、能源和资源利用率低下、政府财政支出的配置低效和不合理、耕地面积使用和分配不合理、贫富悬殊过大等问题

从实践来看,我国政府绩效评估的方式主要有四种类型,即党政领导干部经济责任审计、目标责任制考核、公民评议政府绩效和公共部门绩效评估。但是,我国的政府绩效评估还仍处于一个初级阶段。

在我国开展公共部门绩效评估,必须建立强有力的制度保障,以及全国范围内公共部门评估信息系统结合适当的制度激励,同时建立和完善绩效评估机构并坚持以民为本的绩效评估原则,另外还必须允许大众传媒积极参与整个绩效评估过程。

1.4 研究的内容

深入探索水利部门绩效评估体系的设计与实践,是本文研究的主要内容。

本文运用公共管理学知识,遵循公民为本、结果导向、外部责任、广泛参与的原则,结合宁夏水利部门绩效评估的特殊背景和特点,水利部门实施绩效评估的特殊环境、特殊需求,以及由此带来的评估的特殊设计,按照《国务院关于进一步促进宁夏经济社会发展的若干意见》、《国家水利发展十一五规划》、《宁夏水利发展十一五规划》,陈述了宁夏水利部门的使命、愿景、战略目标、总目标及绩效目标,通过定性指标与定量指标相结合的方法建立较为科学合理的绩效评估框架。值得说明的是,这只是一个初步的由作者完成的框架,要使其更加科学、规范、可操作、符合相关利益需求者(社会大众)的意愿,需要进行更深层次的研究和论证。其中所使用的有些理念和技巧来自国际世界宣明会(World Vision)转化性发展理念。

2　宁夏水利部门实施绩效评估的特殊背景和特点

宁夏的水资源状况、政治文化背景、经济发展水平、政府及部门的管理能力和特殊的地理环境,决定了在宁夏实施绩效评估具有特殊的背景和特点。

2.1　宁夏特殊的水资源状况

宁夏水资源奇缺,干旱和洪涝灾害并存,水利问题是宁夏经济社会发展的根本问题。

一是水资源短缺和利用效率低下并存,与经济社会对水资源需求不断增长的矛盾突出。全区多年平均可利用水资源量为 41.5 亿 m^3,人均只有 680 m^3,不足全国平均水平的 1/3,属典型的资源型缺水地区。

二是宁夏的综合防洪抗旱减灾体系仍然薄弱,与保障人民生命财产安全的矛盾突出。城市防洪标准不够,"上蓄不足,中滞不够,下泄不畅"的问题十分突出。银川市和石嘴山市现状的防洪能力与保护对象的地位和要求严重失调。堤防建设滞后,标准低,黄河过境段存在安全隐患的有 32 km,苦水河、清水河、泾河、葫芦河等主要河流 90% 以上的河段没有进行综合治理,贺兰山、六盘山、牛首山等局地山洪灾害频繁。病险水库多,全区有病险水库 121 座,只有 34 座得到除险加固,改造任务仍然很大。非工程措施滞后,尚未建立起完善、可靠的防洪预报与调度指挥系统。南部山区抗御旱灾的能力依然薄弱,水源工程建设亟待加快。

三是农村水利基础设施薄弱。宁夏引黄灌区是全国古老的特大型灌区之一,长期以来,由于投入不足,灌排设施标准低、配套差,老化失修问题严重,节水工程建设严重滞后,农业用水效率低。南部山区库井灌区配套差,农村人畜饮水困难问题尚未彻底解决,尚有 220.4 万人饮水不安全,饮水不安全的问题十分突出。

四是水土流失、水污染等与水相关的生态环境恶化趋势与可持续发展的矛盾突出。全区 75% 的面积水土流失严重,中部干旱带 3 000 万亩天然草场绝大部分退化。黄河沿岸有中卫第四排水沟、银川平原的中干沟、银新干沟、四二干沟等主要排水干沟污染严重。全区年废污水排放量约 3 亿 t,城市污水日处理能力 27 万 t,大量未经处理的废污水直接排入河流、湖泊和水库,在严重污染水体的同时,还污染农作物和土壤,危害人民群众健康,加剧了区域水资源紧缺,严重破坏了生态环境。随着人口的不断增加和城市飞速扩展,引黄灌区湖泊萎缩,湿地大面积减少。银川平原湖泊、湿地面积由 20 世纪 50 年代的 80 多万亩减少到 45 万亩。银北地区土壤盐渍化问题尚未得到根本解决。

宁夏特殊的水资源状况,决定了宁夏水利建设的长期性和任务的艰巨性,进而决定了水利部门的绩效评估必须制定长远的评估策略,设计部门绩效评估框架,使整个水利系统以及政府、社会大众清楚地知道未来水利发展的方向、实施步骤、要达到的目的。

2.2　宁夏特殊的政治文化背景

宁夏是回族自治区,回族人口占全区总人口的 35.5%,占全国回族人口的 18%。全区有耕地 1 932 万亩。其中水浇地 500 万多亩。宁夏是革命老区、少数民族地区和国家级贫困地区,中南部有 8 个国家级贫困县,是全国 18 个连片贫困区之一。解决民生问题,不仅是实现跨越式发展的前提,而且关系到宁夏的民族团结和社会稳定。宁夏贫困范围广,中南部地区贫困人口相对集中,贫困的主要原因在于水,脱贫致富的关键也在于水。

要切实解决好民生问题,加快人民群众的脱贫致富,保障人民群众的基本生活生产条件,迫切要求加强水利基础设施建设,合理调配水资源,加快解决城乡饮水安全问题,加强重要河段和城市的防洪安全,加快水利发展步伐,使更多的群众能够受益于改革开放和经济发展带来的实惠。

胡锦涛总书记在宁夏视察时明确要求坚持把生态环境保护和建设作为功在当代、利在千秋的大事抓紧抓好,扎实努力、长期努力,使生态环境不断有新的改善,为建设祖国西部生态屏障作出贡献。宁夏北部土壤次生盐渍化、中部土地荒漠化、南部水土流失等生态与环境问题突出,是建设生态文明的重点和难点问题。要保护好水资源与生态系统,必须合理配置生活、生产、生态用水,加快盐碱地治理、水土流失治理与荒漠化防治,注重水源涵养,加强生态修复,加大废污水处理力度,保护水资源,实现经济社会发展与生态环境保护相协调,促进生态文明建设。

宁夏的文化十分落后,教育水平低,人民的素质有待进一步提高。特别是参与社区公共事务的能力和意识非常低,公共设施特别是水利设施人为破坏的现象司空见惯。水利工程建设的可持续性较低。

特殊的文化背景,决定了宁夏的水利建设更应该把以人为本放在首位,以项目建设为载体,透过引导社区参与到水利项目建设的规划、设计、实施、评估和监督、管理的每一个环节,以提升能力,增加社区对项目的拥有感,进而提升项目建设的可持续性。

2.3 宁夏特殊的经济环境

宁夏经济十分落后,长期以来一直都存在着相当数量的农村贫困人口,水利基础设施建设地方投资和自筹投资能力低,主要依赖国家投资和扶贫资金。

"十五"期间,全区水利建设累计完成固定资产投资 53 亿元,从投资构成看,中央水利建设投资为 28 亿元,占总投资的 52.8%,地方配套资金 10 亿元,占总投资的 18.9%,市场融资 15 亿元,占总投资的 28.3%[①]。

有限的政府投入和众多迫切的水利建设需求之间产生了矛盾。而产生这种状况的一个重要原因就是部门的绩效较低,不能把现有可利用的资源进行最大程度的发挥。因此,应该以绩效评估为基础进行预算体制改革,围绕公共责任、顾客至上的理念,利用绩效评估这个工具来分配资源、拟定水利部门的预算,关注产出成效,达到合理分配公共资源、提供高质量公共服务的目的。

2.4 宁夏特殊的行政环境

水利部门提供的服务是垄断性的服务,缺乏竞争压力,从而也不能从内部形成低成本、高效率的动力。水利项目大部分是投资巨大、回收周期长的项目,不好确定其评估的标准和方式。

由于地处边缘地带,宁夏政府部门尤其是水利部门管理理念落后,管理水平不高,方法简单陈旧,服务观念淡薄,在一些县区级的水利部门更为突出。制约水利发展的体制性和机制性障碍问题还比较突出。管理体系的建设远弱于工程体系的建设,重建轻管的问题仍十分突出。水务一体化管理进程缓慢,水资源统一管理工作急需加强;应对水利突发

---

① 根据《宁夏水利发展十一五规划》整理。

事件能力薄弱,对水旱灾害仍然停留在被动应付的水平。水利改革步伐还需加快;水管单位体制改革任务艰巨,运行管理和维修经费不足,水资源开发、利用、保护、节约和监测设施不健全;水利信息化、现代化管理水平比较落后。

与其他公共部门一样,水利部门的绩效评估存在着评估理论缺乏、目标的多元冲突、产出难以量化、评估信息系统不健全、评估指标难以确定以及部门工作人员的自利性等多重困境。

3　宁夏水利部门绩效评估框架

参考国内外政府绩效的评估指标,结合水利部门的实际情况和工作特点,笔者初步从基本建设、运作机制、工作业绩三个领域遴选了 23 个基本指标和 53 个指标要素构成了宁夏水利部门绩效评估指标体系,见表 1。

在这个评估指标体系中,各评估指标权重的确定是进行绩效评估的关键,也是难点之一。在这方面国内外学者进行了大量的研究,目前应用比较多的一是经验型的,如日本劳动科研所的木林富士郎提出的权重分配模式;二是用层次分析法(Analytic Hierarchy Process ,简称 AHP),通过模糊评价来确定权重;三是专家咨询权数法(特尔斐法),该法又分为平均型、极端型和缓和型,主要根据专家对指标的重要性打分来定权,重要性得分越高,权数越大。优点是集中了众多专家的意见,缺点是通过打分直接给出各指标权重而难以保持权重的合理性。从宁夏水利部门现行的能力水平而言,笔者认为确定宁夏水利部门绩效评估指标权重适宜用专家咨询权数法(特尔斐法),也可适当结合层次分析法(AHP)。

表 1　宁夏水利部门绩效评估指标及指标要素示意

评估维度	评估主体	基本指标	指标要素
基本建设	综合评估组织	思想建设	学习教育,职业道德,进取意识
		组织建设	班子团结,领导素质,管理规范
		政风建设	遵纪守法,勤政为民,诚实守信
		制度建设	效能建设制度健全,机关内部管理制度健全
	一票否决	计划生育一票否决	有无计划生育一票否决问题
		安全生产一票否决	有无工程建设安全责任事故
		防洪抗旱一票否决	有无因重大责任事故造成的人民生命和财产损失
运作机制	行政相对人	依法行政	公平合理,公正无私,公开透明
		举止文明	仪表端庄,态度和蔼,语言规范
		环境规范	便民措施,服务到位
		务实高效	时限,结果
		程序简明	简单便捷,明了知晓
	直管领导	班子素质	团结协作,廉洁自律,民主决策
		工作质量	化解难题,应付突发,上级表彰
		政令畅通	执行计划,完成临时任务,汇报反馈
		整体形象	内部管理,社会评价

续表 1

评估维度	评估主体	基本指标	指标要素
工作业绩	多元化评估主体	水利基础设施建设	新增节水灌溉面积
			改善节水灌溉面积
			水源工程建设
			防洪调蓄工程建设
			水利工程建设的可持续性
		城乡饮水安全	全年能够获得水质得到改善的水源的家庭的比例①
			农村自来水普及率
			城乡供水水源地水质不安全问题解决程度
		防洪抗旱减灾	黄河宁夏段防洪标准达到 20 年一遇
			银川、石嘴山、吴忠、固原、中卫等主要城市防洪标准达标
			防洪抗旱减灾预案及其应急响应
工作业绩	多元化评估主体	水资源利用，节水型社会建设	渠系水利用系数
			城市供水管网漏损率
			城市节水器具普及率
			工业万元增加值用水量
			水资源的利用率
			中水回用率
			工业水重复利用率
			单方水粮食生产量
			用水总量
		水土流失及水污染治理	水土流失面积占总面积的比例
			水土流失治理程度
			土壤侵蚀模数
			水功能区水质达标率
			湿地面积保护率
			城市生活污水处理率
			城市供水水源地水质达标率
			农村供水水质达标率
		能力建设和顾客满意	社区参与度
			农民用水协会数量/管理水平
			顾客满意度
		管理体系建设	水权制度体系建设与执行
			经济调控体系建设与执行
			公众参与体系建设与执行
			水环境治理与保护体系建设与执行
			水资源联合调配体系建设与执行
			地方水法规建设建设与执行

①《村镇供水工程技术规范》(SL 310—2004)：可获得水质得到改善的水源是指每人每天能够在其家庭 30 min 路程的范围内，从一个适宜饮用的水源获得 15 L 或以上的水。适宜饮用的水源指的是自来水，受到保护井水或者其他受到保护的水源。

主要有以下六个实施步骤:确定水利部门的组织使命、核心价值观、远景目标及战略选择,以绩效标示的形式将水利发展战略量化分解落实到各个市县的水利部门,以改善水利部门的绩效。确定组织目标;确定部门目标;讨论部门目标;对预期成果的鉴定;工作绩效评价;提供反馈。

由于水利工程并不是在一两年的短期内见成效,甚至有些工程的建设需要几年甚至几十年才能完成,因此在本文中,组织目标是一个宏观的战略目标,需要进行阶段性即年度分解,同时涉及全区各市县水利部门,应该逐年逐级进行分解。

在确定目标体系的验证指标时应注意以下方面:验证指标必须是具体的(Specific)、可达到的(Attainable)、可量度的(Measurable)和有时限的(Time - bound)、合理的(Reasonable)。比如改善灌溉条件的验证指标是到 2020 年渠系水利用系数引黄自流灌区提高到 0.55,扬水及库井灌区提高到 0.75,全区农业灌溉综合灌溉水利用系数达到 0.55,单方水粮食生产量提高到 1.2 kg/m³。而不能用一个含糊的、根本无法达到的、无法测量和没有时间限制的指标,如使全区所有耕地灌上黄河水。

3.1　宁夏水利部门使命及愿景

部门绩效管理应当首先从明确部门的使命、愿景及核心价值观入手,然后层层递进、自上而下地建立起完整的绩效管理体系。对于部门来说,使命阐述和管理的重要性要比对企业更为重要,因为使命不仅界定了部门应当做什么,同时也是衡量部门绩效的终极依据,事实上,衡量部门绩效的本质恰恰是要看部门在多大程度上充分履行自己的使命和职责。这样就可以避免部门因为没有自己明确的使命陈述,而导致的同一个部门中前后届领导人往往会根据个人的偏好和认识来管理与引导本部门的走向。

宁夏水利部门的使命:实现宁夏的防洪安全、供水安全、生态安全和粮食安全,构建人与自然和谐相处的新局面,以水资源的可持续利用支撑经济社会的可持续发展。

宁夏水利部门的愿景:使宁夏山川生态环境优美,人人喝上干净卫生的自来水,人民安居乐业。

宁夏水利部门的核心价值观:全心全意为人民服务。

3.2　宁夏水利部门目标体系的确定

应建立有效的绩效评估指标体系。指标应把握三个方面:一是指标设计应把握"4E"即经济(Economy)、效率(Efficiency)、效益(Effectiveness)及公平(Equity),指标应尽量体现这四个方面的要求;二是指标设计要体现"以人为本"的准则,既要考核已经表现出来的成绩,又要考核潜力绩效,以体现公平;三是指标设计不能盲目,应注意与宁夏的区情和水利部门的实际情况相结合。

宁夏水利部门的目标体系包括绩效目标、总目标、战略目标,其关系是层层递进的关系。只有全部实现绩效目标,才能实现总目标,总目标实现了,才能实现战略目标。而战略目标的实现,是实现使命和愿景的前提。指标要能反映部门工作机制是否科学,是否符合高效率、低成本、高效益的要求。

在制定绩效指标体系时,按照水利部门的职能进行了分类设计,坚持定量指标与定性指标并重,侧重定量指标;客观指标和主观指标同时并举,客观指标优先;既要防止设计过简,又不要搞得过繁;要注重指标的可操作性,难易适中,先易后难,不求尽善尽美,只求可行有效。

有些指标的设置,可能不是水利部门独家能够完成的,但应该成为部门工作的理念指导。如社区参与度、可持续性指标,需要有关部门协同努力。如何设置这些指标在水利部门的指标权重还需要更进一步探讨。本文把这两个指标一并列出,因为这是两个至关重要的指标,也是体现以人为本、服务至上的理念的指标。

3.3 宁夏水利部门绩效评估框架设计

宁夏回族自治区水利厅制定了《宁夏水利发展十一五规划》,其指导思想是:以邓小平理论和"三个代表"重要思想为指导,以科学发展观统领水利工作全局,按照构建和谐社会和新农村建设的要求,紧密结合宁夏水利发展的实际,以满足经济社会发展、生态建设的需求和提高人民生活质量为出发点,以实现人与自然和谐相处为核心理念,全面规划、统筹兼顾、标本兼治、综合治理、讲究效益,坚定不移地推进可持续发展水利,加强水利基础设施建设,加强水资源的节约保护和水污染的防治,坚持依法治水,进一步创新与改革水利发展体制和机制,强化政府对水利的社会管理和公共服务职能,确保防洪安全、供水安全和生态安全,促进水资源的优化配置、高效利用、全面节约和有效保护,为实现宁夏跨越式发展,构建和谐宁夏提供强有力的支撑和保障。

"十一五"及今后一个时期,宁夏水利发展的总体目标是:初步建成黄河宁夏段和银川市综合防洪减灾体系,建设以管理措施为主、工程措施与非工程措施相结合的重点支流和山洪灾害重点防治区的防洪减灾体系;基本建成水资源合理配置和高效利用体系,基本满足宁夏经济社会发展、生态环境改善与人民生活水平提高的生活、生产和生态用水需求;基本建成社会主义新农村建设所需的水利基础设施;完成节水型社会试点阶段建设任务;扭转与水相关的生态环境恶化趋势并得到明显改善,为自治区经济社会安全和可持续发展创造水的基础条件。

"公共绩效评估就是根据管理的效率、能力、服务质量、公共责任和社会公众满意程度等方面的判断,对政府公共部门管理过程中投入、产出、中期成果及最终成果所反映的绩效进行评定和划分等级",是了解政府对公众需要的回应性以及政府提供公共服务能力的一种系统性的手段。绩效评估应该以结果为导向,以顾客需要为导向,以市场为导向,注重成本与效率、投入与产出之间的平衡,提高公共部门及其工作人员的责任感,增强政府对公众的回应力,提高公共服务的质量。基于此,结合宁夏水利发展"十一五"规划,笔者设计了宁夏水利部门业绩评估的框架。横向包含了部门使命及愿景、绩效指标、评估方法、内外部因素及风险分析,纵向包含了使命、愿景、核心价值观、战略目标、总目标、绩效目标、绩效产出。底部是部门的绩效结果(见表2)。这是一个战略性的框架,在具体操作过程中,要根据不同的市县水利部门按照具体的工作年度进行分解,本文不再详述。

为了使公众能够评价公共服务的有效性、成本以及部门任务的完成情况,部门预算体制也应该成为绩效评估涉及的一个重要领域。笔者认为,在水利部门引入绩效预算的概念非常必要。绩效预算要求部门每笔支出必须符合绩、预算、效三要素的要求。绩是指申请拨款所要达到的业绩指标,它是量化的,可以考核的;预算是指业绩预算,它表明公共劳务的成本,具有明确量化的标准,不能量化的支出通过公开招标、政府采购或社会实践中所产生的标准财务支出来衡量;效是指业绩的考核包括量和质的两个标准。绩效预算使部门每年的支出与取得的成效挂钩,上一年的表现会影响下一年的预算拨款,每一级部门都要对这些资金负责,根据部门使命拟定具体目标及达成目标所需的途径,然后计算资金数量,精确到每一块钱,避免浪费。

表2 宁夏水利部门绩效评估框架设计

使命及愿景	绩效指标	评估方法	内外部因素与风险分析
使命:实现宁夏的防洪安全、供水安全、生态安全和粮食安全,构建人与自然和谐相处的新局面,以水资源的可持续利用支撑经济社会的可持续发展			
愿景:使宁夏山川生态环境优美,人人喝上干净卫生的自来水,人民安居乐业			
核心价值观:全心全意为人民服务			
战略目标: 1. 推动节水型社会建设,有效缓解经济社会快速发展与水资源短缺的矛盾	工业万元增加值用水量,水资源的利用情况,中水回用率,工业水重复利用率,单方水粮食生产量,用水总量	文献资料,专家调查评估	外部机会因素是国家投资政策和优惠政策多,因扩大内需国家加大了投资力度,自治区党委和政府对水利建设高度重视,对水利建设的需求量很大;外部风险有金融危机持久而使市场波动,干旱、洪水等自然灾害频繁,因地方资金缺乏而对国家资金高度依赖,与其他部门的协作不力,社会保护水利设施的意识不强等。 内部优势因素有在水利行业的垄断地位、现阶段的业务精英;劣势因素有因垄断地位而造成的改善管理的动机缺失,内部业务人员老化,结构不合理,缺乏后续人才储备,各种体制、机制不健全
2. 建立综合防洪抗旱减灾体系	黄河宁夏段及其一级支流、主要山洪沟的防洪标准,主要城市有防洪设施	文献资料及专家评估	
3. 农村水利基础设施健全,城乡饮水安全方便	全年能够获得水质得到改善的水源的家庭的比例[①]	层层随机抽样确定市、县、乡、村、户走访调查	
4. 水土流失得到治理,主要河流没有水污染	水土流失面积占总面积的比例,水功能区水质达标率	文献资料,专家调查评估	
5. 提高顾客满意度,增强社区水利基础设施建设的可持续性	5.1 水利管理的体制和机制健全 5.2 社会可持续性:当地社区组织(村委会、农民用水协会等)在维持发展过程的长期活力和影响的能力;这些能力主要表现在这些组织的数量、功能、资源调动、建立网络的技巧,从而创造社会可持续性的能力 5.3 社区参与度:社区男女老少都感觉到他们积极地参与发展的所有项目,特别关注项目的规划、实施、监测和评估	5.1 文献资料 5.2 第二手资料:有关发展项目和社区组织的文献回顾; 原始数据:社区组织的职员和成员等组成的座谈小组在引导下进行座谈。这些资料将由评估者根据特定的等级评定原则进行分析和总结 5.3 由男女老少组成的小组在引导下进行座谈。由评估者根据一套特定的评级原则来分析数据和总结	
总目标: 1.1 用水高效和效益明显,水资源配置优化和产业布局合理,节水型社会建设成效显著			
1.2 加强水源地保护,实现污水资源化			

①可获得水质得到改善的水源是指每人每天能够在其家庭 30 min 路程的范围内,从一个适宜饮用的水源获得 15 L 或以上的水。适宜饮用的水源指的是自来水,受到保护的井水或者其他受到保护的水源。

续表2

使命及愿景	绩效指标	评估方法	内外部因素与风险分析
使命:实现宁夏的防洪安全、供水安全、生态安全和粮食安全,构建人与自然和谐相处的新局面,以水资源的可持续利用支撑经济社会的可持续发展			
愿景:使宁夏山川生态环境优美,人人喝上干净卫生的自来水,人民安居乐业			
核心价值观:全心全意为人民服务			
2.1 全面提高城乡防洪标准和抗灾能力			
3.1 增加灌溉面积,改善灌溉条件			
4.1 水土流失得到治理			
4.2 生态得到修复			
4.3 防治水污染			
绩效目标:			
1.1.1 改善灌溉条件,提高灌溉保证率	到2020年,渠系水利用系数引黄自流灌区提高到0.55,扬水及库井灌区提高到0.75,全区农业灌溉综合灌溉水利用系数达到0.55,单方水粮食生产量提高到到1.2 kg/m^3		
1.1.2 工业节水	到2020年,工业万元增加值用水量下降27%,中水回用率提高到95%,工业水重复利用率达到90%		
1.1.3 城市节水	到2020年,城市管网漏损率降至8%,城市节水器具普及率川区达到100%,山区达到80%		
1.1.4 水资源的开发利用与保护	到2020年,南水北调西线一期及大柳树枢纽工程发挥效益,新增供水能力10亿m^3,总供水量达到96.1亿 m^3。全区灌溉面积达到820万亩,均达到节水标准,引黄灌区基本实现水利现代化,基本建成节水型灌区。 到2020年,水功能区水质达标率95%,城市、农村供水水源地水质达标率100%,城市污水处理率提高到95%以上		
1.1.5 完善水权、水价等机制			
2.2.1 提高黄河宁夏段和黄河一级支流及主要山洪沟防洪标准	至2020年黄河宁夏段达到20年一遇防洪标准,一级支流和主要山洪沟能防御10~20年一遇洪水		
2.2.2 城市防洪工程	至2020年城市(含县城)防洪工程全部达标		

续表 2

使命及愿景	绩效指标	评估方法	内外部因素与风险分析
使命:实现宁夏的防洪安全、供水安全、生态安全和粮食安全,构建人与自然和谐相处的新局面,以水资源的可持续利用支撑经济社会的可持续发展			
愿景:使宁夏山川生态环境优美,人人喝上干净卫生的自来水,人民安居乐业			
核心价值观:全心全意为人民服务			
3.1.1 引黄灌区续建配套与节水改造	至 2020 年,重点建设完成青铜峡灌区唐徕渠与西干渠上段合并改造和沙坡头灌区南北干渠连通改造,继续实施青铜峡灌区、沙坡头灌区和固海扬水灌区三个大型灌区的续建配套和节水改造工程;完成陕甘宁盐环定扬黄工程共用部分的续建配套改造,争取国家对重点中型灌区配套改造给予大力支持		
3.1.2 实施小型农田水利工程改造、节水灌溉工程建设和牧区水利等试点项目	到 2020 年,改造南部山区水库引水灌区 171 个,新增灌溉面积 6.22 万亩,改善灌溉面积 21.54 万亩;新建、改造扬水泵站 86 座,新增扬水灌溉面积 2.02 万亩,改善灌溉面积 7.03 万亩;更新改造井灌区 86 个,新建、配套机井 621 眼,新增机井灌溉面积 4.72 万亩,改善灌溉面积 11.12 万亩;新建塘坝、蓄水池、水窖、土圆井等小型水源工程 37 695 处,小型扬水泵站 185 座,机井 444 眼,新增灌溉面积 20.69 万亩。共计新增灌溉面积 33.65 万亩,改善 39.69 万亩		
3.1.3 加大节水灌溉工程建设力度	到 2020 年,发展节水灌溉示范项目 17.3 万亩,其中渠道防渗砌护 6.2 万亩,喷灌 4.0 万亩,微灌 4.0 万亩,低压管灌面积 3.1 万亩;申请 8 个重点县节水项目,发展节水灌溉面积 76.63 万亩,其中渠道防渗砌护 62.65 万亩,微灌 1.13 万亩,低压管灌 12.85 万亩;规划面上节水灌溉项目 122 万亩,其中渠道防渗砌护 90 万亩,微灌 8 万亩,低压管灌 14 万亩,喷灌 10 万亩		
3.1.4 牧区水利建设	到 2020 年,兴建小塘坝(水库)120 座,小型扬水工程 50 处,打机井 130 眼,打水窖、土圆井 3.6 万眼,人工饲草面积发展到 50 万亩		
4.1.1 减少水土流失,加强生态环境建设	到 2020 年,水土流失治理程度达到 73%,新增治理水土流失面积 4 000 km²,生态修复面积 8 000 km²,治理程度累积达到 51.4%,水土流失面积占国土面积的比例由 75% 降至 67%。结合防洪灌排工程建设,保护湖泊湿地,使湿地面积保护率达到 80%		
7.1.1 水文及水利信息化建设	到 2020 年,建成重点流域、重点区域、重点城市和重要骨干水利工程的水文信息采集系统、水利自动化调度系统,建成覆盖全区的水利信息网络,实现各类水利信息资源的快速传递和共享		

续表2

使命及愿景	绩效指标	评估方法	内外部因素与风险分析
使命:实现宁夏的防洪安全、供水安全、生态安全和粮食安全,构建人与自然和谐相处的新局面,以水资源的可持续利用支撑经济社会的可持续发展			
愿景:使宁夏山川生态环境优美,人人喝上干净卫生的自来水,人民安居乐业			
核心价值观:全心全意为人民服务			

绩效产出:	绩效预算	2008~2010年	2011~2015年	2016~2020年
1.1.1.1 建设青铜峡、沙坡头、固海、盐环定扬黄、南部山区库井等灌区续建配套与节水改造工程,新增灌溉面积300万亩,改善灌溉面积100万亩		建设固海、盐环定扬黄、南部山区库井等灌区续建配套与节水改造工程,新增灌溉面积40万亩,改善灌溉面积10万亩	建设青铜峡、固海、盐环定扬黄、南部山区库井等灌区续建配套与节水改造工程,新增灌溉面积130万亩,改善灌溉面积45万亩	建设沙坡头等灌区续建配套与节水改造工程,新增灌溉面积130万亩,改善灌溉面积45万亩
1.1.1.2 发展节水灌溉示范项目17.3万亩		发展节水灌溉示范项目4万亩	发展节水灌溉示范项目7万亩	发展节水灌溉示范项目6.3万亩
1.1.1.3 实现8个重点县节水项目,发展节水灌溉面积76万亩		实现1个重点县节水项目,发展节水灌溉面积9万亩	实现4个重点县节水项目,发展节水灌溉面积40万亩	实现3个重点县节水项目,发展节水灌溉面积27万亩
1.1.1.4 建立灌溉用水价格体系,完善市场机制				
1.1.1.5 灌溉技术培训1 000次		200次	400次	400次
1.1.3.1 全区城市供水管网全部经过改造				
1.1.3.2 全部更新城乡居民用水器具		更新20%城乡居民用水器具	更新50%城乡居民用水器具	更新30%城乡居民用水器具
1.1.3.3 居民人均得到1次节水意识和方法的培训		培训20%城乡居民	培训50%城乡居民	培训30%城乡居民
1.1.3.4 建立生活用水价格调整体系				
1.1.3.5 建设银川、石嘴山、固原、吴忠、中卫等5市污水处理设施和回收系统		银川	固原、石嘴山	吴忠、中卫
1.1.4.1 建设南水北调一期工程和大柳树工程		前期准备	开工	建成
1.1.4.2 建成"三山"供水(即贺兰山、六盘山、太阳山)工程		六盘山供水工程开工,贺兰山和太阳山供水工程完成前期准备工作	六盘山供水工程竣工,贺兰山和太阳山开工	建成

续表 2

使命及愿景	绩效指标	评估方法	内外部因素与风险分析

使命:实现宁夏的防洪安全、供水安全、生态安全和粮食安全,构建人与自然和谐相处的新局面,以水资源的可持续利用支撑经济社会的可持续发展

愿景:使宁夏山川生态环境优美,人人喝上干净卫生的自来水,人民安居乐业

核心价值观:全心全意为人民服务

绩效产出:	绩效预算	2008~2010 年	2011~2015 年	2016~2020 年
1.1.4.3 完成八斗、石景河等 6 处水源工程建设		1 处	3 处	2 处
1.1.4.4 改造旧灌区		20%	40%	40%
1.1.4.5 完成宁夏扶贫扬黄灌溉一期、银川市经墩子扬黄、同心下以关供水、彭阳县孟塬引水等工程建设				

绩效结果:

1.发生百年一遇的洪水时基本安全;能够主动应付水旱等灾害,有应对突发事件的能力和机制
2.灌溉水的利用系数达到 0.55,农业综合生产能力得到提高
3.全区城乡饮水安全问题得到解决,农村自来水普及率达到 95%,人人喝上干净卫生的方便水
4.基本实现各类水利信息资源的快速传递和共享,水利信息化水平与国家信息化水平相适应
5.全区水利系统成为一支廉洁、高效、奉献的水利职工队伍,职工结构合理,奖惩机制健全
6.形成了一个安全、高效、可持续用水的现代文明社会

　　绩效预算将绩效评估与预算配给和支出相结合,以绩效评估为基础的预算体制谋求更客观评价部门支出取得的成效,更有约束力地管理公共部门,更高效率地配置资源。在这一过程中,最关键的是以下两个环节:一是明确任务、目标,制定支出项目。一个清晰的任务陈述是理想的开端。部门在每一个预算年度开始时都要知道在这一年中要做什么事情,使要完成的目标是与该部门的职能、使命密切相关的。二是根据评估结果来进行调整和改善。这是绩效预算对部门产生调控作用的重要环节。评估结果反映了部门预算支出后完成任务的情况,是否达到标准,公众是否满意,可作出哪些改进和调整。

4　宁夏水利部门绩效评估指标典型设计

　　再好的指标设计,没有公正的考核办法和科学的评估过程设计,也不能保证客观的考核结果,考核过程是部门绩效管理的重要内容。下面是以全年能够获得水质得到改善的水源的家庭的比例和社区参与度、项目可持续性三个评估指标为例进行的设计。

4.1　典型指标 1:全年能够获得水质得到改善的水源的家庭的比例

　　战略目标:城乡居民饮水安全方便。

4.1.1　指标解读

　　能够获得水质得到改善的水源是指每人每天能够从其家 30 min 路程范围内的一个

适宜饮用的水源获得 15 L 或以上的水。适宜饮用的水源指的是自来水、受到保护的井水或者其他受到保护的水源。适宜饮用的水是指其水质可以饮用,并且可用于个人或家庭卫生清洁,且不会因水源性疾病或化学污染而严重地危害健康。

4.1.2　量度和分析

这个指标的数据是通过随机抽取 30 个群进行家庭调查收集的原始数据。这部分的调查由 7 个问题组成,涉及家庭水资源的收集和使用。这些问题包括每户在干旱和潮湿季节主要的水源,以及在访问前 24 h 内收集的水量,以及家庭需用量。必须向调查中抽取的所有样本家庭询问这些问题。针对不同的评估目的,可以对水利项目建设前后收集的数据进行比较,也可以对历年的数据进行比较。

4.1.3　问题和记录答案

大部分需要记录的信息是以被访者提供的答案为基础。唯一例外的是问题 5,它需要访谈者评估收集水的容器和估计它的容量。准确地按照问卷上的方式来询问被访者是非常重要的。

4.1.4　问卷设计

全年能够获得水质得到改善的水源的家庭的比例调查问卷见表 3。

表 3　全年能够获得水质得到改善的水源的家庭的比例调查问卷

问题1:在干旱季节,你家使用的唯一主要水源是什么?（单选题）	
1. 户内自来水	
2. 院中/场地中的自来水	
3. 公用水泵抽的水	
4. 在住处/院子/场地没有盖的井	
5. 没有盖的公用井	
6. 在住处/院子/场地受到保护的井	
7. 受到保护的公用井	
8. 泉水/河水/溪水	
9. 池塘/湖泊/水库	
10. 雨水	
11. 其他	
12. 不知道/没有回答　往问题 3	
问题2:在干旱季节,往该水源、取水、然后返回家需要多长时间?	
1. 从房子/院子/场地步行要 0 ~ 30 min	
2. 从房子/院子/场地步行要 30 ~ 60 min	
3. 从房子/院子/场地步行要 60 min 以上	
4. 水直接通过水管,输送到房子/院子/场地	
5. 不知道/没有回答	
问题3:你家中成员在雨季使用的唯一主要水源是什么?（单选题）	
1. 户内自来水	
2. 院中/场地中自来水	
3. 公共水泵抽的水	
4. 在户内/院子/场地没有覆盖的井	
5. 没有覆盖的公共井	
6. 在户内/院子/场地中受到保护的井水	

续表 3

7. 受到保护的公共井水	
8. 泉水/河水/溪水	
9. 池塘/湖泊/水库	
10. 雨水	
11. 水罐车水	
12. 其他	
13. 不知道/没有回答　往问题 5	
问题 4：在雨季,往该水源、取水、然后返回家需要多长的时间?	
1. 从房子/院子/场地步行 0～30 min	
2. 从房子/院子/场地步行 30～60 min	
3. 从房子/院子/场地步行 60 min 以上	
4. 水直接通过水管输送到房子/院子/场地	
5. 不知道/没有回答	
问题 5：在过去一天中收集了多少升水?	
写下估计的总升数	
不知道/没有回答	

4.2　典型指标 2：社区参与度

战略目标：加强能力建设,提高工作效率,提高顾客满意度。

总目标：加强能力建设,提高顾客满意度。

绩效目标：提高社区参与意识和能力。

4.2.1　指标解读

社区参与是指社区大部分人都感觉到他们积极参与到水利项目建设的所有领域,特别是项目的规划、实施、监测和评估。

这里所使用的水利建设项目,指的是范围更广的正在进行的项目(如小水源工程、灌区配套、打井、建小土圆井等)。它们或许是社区自身发动及实施的,或许是得到政府或其他机构的项目支持。

4.2.2　量度和分析

这个指标的数据是通过小组座谈获得的。由评估者运用特定的等级评定指引对信息进行分析和总结。通过在项目所在村挑选由男士、妇女、男童和女童组成的座谈小组进行座谈来量度的。参与者(8～15 人)讨论了参与在项目的规划、实施、监测和评估的各方面。

这个指标涉及 8 个主题三个主线：参与规划(主题 1～3)、参与实施(主题 4～7)、参与监测和评估(主题 8)。

PRA/PLA 工具：有很多参与式工具(如维恩图、矩阵排序、十粒种子)可以被修改及用于探讨不同的人和群体参与讨论过程的各个方面。

4.2.3　座谈指引

社区参与座谈指引见表 4。

表4　社区参与座谈指引

讨论的主题	探讨的关键概念	引导性问题
1. 关于水利建设项目的知识及理解	a. 关于本村及邻村存在的水利建设项目或行动的认识程度,包括由政府或其他机构投资兴建的及农民个人自筹资金兴建的 b. 对于这些项目/行动的目的的理解	在本村或邻村有什么水利建设项目? 为什么要开展这些项目?
2. 项目建设行动的倡议者	项目建设行动的发起者: 是水利部门专家、其他外界人员还是由本村村委会或水利行业协会倡议的?	是谁启动这些水利建设项目/行动? 如何启动? 请举例说明
3. 参与项目规划	社区群众参与水利项目建设规划过程的程度: ● 谁参与(如没有人、少数人、很多人) ● 参与的形式(如响应调查、PRA、出席会议等) ● 参与的规律(从来没有、罕有、有时、经常)	这些水利建设项目/行动是如何规划的? 运用了什么程序? 为什么? 谁参与了这个规划过程? 如何? 您的参与是怎样? 频密程度如何?
4. 实施项目的知识	a. 对如何实施发展活动的认识程度 b. 社区中关于发展活动沟通的方法(如没有沟通,在项目实施前/过程中非正式/正式地通知社区员工,在项目实施前和社区员工协商等)	这些发展项目中的活动是如何实施的? 请举例说明 你是怎样听说这些活动和它们的实施呢? 这是怎样传达给您的农村/邻近地区的?
5. 项目实施中的决策	a. 对于项目实施过程中决策的认识和理解程度(谁决策,如何) b. 社区员工有机会参与和影响决策的程度	您的农村/邻近地区实施的发展项目和活动是由谁决策的? 他们是如何达致那些决策的? 您有什么机会参与或影响那些决策?
6. 项目资源和项目预算的共同责任	a. 关于发展项目预算/资源的认识 b. 社区能够为项目和活动预算贡献资源的程度(资源的种类 ——物质的、劳动力、金钱;贡献的规模;资源的多样性) c. 参与项目资源/预算管理的程度	谁向您村/邻近地区实施的发展项目贡献了物质资源和金融资源? 社区为这些发展项目和活动贡献了什么资源(如金融的、物质的、劳动力等)? 请举例说明。 来自社区和其他方面的贡献的价值有多少? 谁负责这些资源的预算和管理?
7. 参与和管理发展活动	a. 社区群众参与实施这些活动的程度(参与任何活动的和/或依赖非社区员工,如:政府/其他机构员工,承包人) b. 社区参与监督和管理活动的程度(参与任何活动的和/或依赖于非社区员工,如:水利部门/其他机构员工,承包人)	谁在您村/邻村负责实施水利工程建设项目? 请举例说明? 您如何参与其中? 谁管理/监督实施这些活动? 社区群众是否为其中的一部分? 如何?
8. 监测和评估	a. 意识到项目和活动的监测和评估(M&E) b. 社区对监测和评估的拥有感及管理的程度。 c. 社区员工在项目及活动的监测和评估时可以提供意见及参与的机会	您的社区是如何监测项目和实施活动的进度? 谁参与在您村或邻村项目活动的监测和评估? 谁决定什么人能参与? 在监测您村/邻村项目的进度中,您、您的朋友/亲属参与了什么?

4.2.4　记分卡

社区参与记分卡见表5。

表5 社区参与记分卡

主线	主题	无=0	低=1	中=2	高=3
主线A: 社区参与项目规划和设计	1. 关于水利建设项目的知识及理解	对于本村/邻村的发展项目或行动很少认识。不知道有怎样的发展活动或项目是为什么	对于本村/邻近地区的发展项目或行动有好的认识。可以举出一些发展活动的例子,但对于它们的目的所知有限	对于本村/邻近地区的发展项目目或发展行动有好的认识。能够举出几个发展活动的例子,能够解释其中一两个的目的	对于本村/邻近地区的发展项目或行动有好的认识及理解。能够举出几个发展项目或发展活动的例子,以及它们如何完成的
	2. 发展行动的起源	发展活动和项目的启动来自技术人员或其他机构的员工,社区极少或没有参与	发展活动和项目的启动来自技术人员或其他机构的员工,社区有些参与	发展活动和项目的启动来自水利部门/其他机构的员工和社区	发展活动和项目的启动主要来自社区
	3. 参与项目规划	没有参与发展行动和项目的规划过程。人们或许没有意识到规划的过程,他们根本没有参与这个过程	人们意识到一些规划程序,至少在某一个场合有些人参与其中,如出席某些项目规划活动,或在调查中成为被访对象	大部分人理解规划过程,有些人至少有几次参与了规划的过程,如参加一些项目规划活动,或出席某些PRA/PLA活动	大部分人对于发展项目的规划过程有充分的了解,而且定期参与这个过程,如积极参与项目规划会议,PRA/PLA活动等
主线B: 社区参与发展项目的实施	4. 项目实施的知识	对于他们农村/邻近地区的项目活动如何实施有很少或没有关于这些的认识。似乎社区中没有关于这些的沟通	对于他们农村/邻近地区的项目活动如何实施有一些的认识,或有时在活动进行中,通过口传或其他非正式途径,人们才成为被访对象	对于他们农村/邻近地区的项目活动如何实施有良好的认识。在项目开始之先,通过正式的方法,大部分人获悉这些活动的实施	对于他们农村/邻近地区的项目活动如何实施有出色的认识。通过有效的沟通途径,和人们协商这些发展活动
	5. 项目实施的决策	对于他们发展项目和项目的决策过程有很少的了解或认识。社区对这些没有机会参与或影响	对于发展项目实施的决策过程有一些理解,并且知道谁在决策过程。没有机会决策或影响	人们知道和理解发展项目和项目的实施中谁做决策以及怎样作出决定。参与一些影响决策过程有一些限制的途径	人们理解决策过程,知道怎样获得参与和影响决策机会(如通过当地人集体的声音)
	6. 项目资源和项目预算的共同责任	对于发展项目的预算和资源有很少的认识或了解。社区对于发展活动贡献极少的资源	知道项目预算的来源和一些活动成本。发展活动的一些少量资源(通常是物品)是由社区提供的,其余的资源来自其他利益相关者(如水利部门,当地政府,其他机构等)	知道预算资金的来源及大致水平。大部分发展活动都包括社区的贡献(物品),有时是金融资源),其余的资源来自其他利益相关者(如水利部门,当地政府,其他机构等)	由一个当地委员协调大部分发展项目的预算。社区和当地政府对水利资源的贡献极为重要,也有一些经过商后由水利部门和/或其他机构提供的贡献

续表 5

主线	主题	无 = 0	低 = 1	中 = 2	高 = 3
	7. 参与管理和发展活动	社区成员很少参与他们农村/邻近地区项目的实施。大部分活动都是由非其他机构（如水利部门/其他部门,承包人）执行。所有的管理和监督都由非社区员工进行	社区成员参与实施了他们农村/邻近地区项目的一些活动,常常在水利部门/其他机构员工的协助或催化下。所有的管理和监督都由非社区成员进行(如水利部门/其他部门的工作人员,承包人)	大部分活动都是直接由社区成员实施。活动实施中的监督和管理一般都由水利部门和非社区成员(如水利部门/其他部门,承包人)共同进行	大部分活动都由社区成员实施和管理。社区成员根据需要,与来自非社区人员(如水利部门/其他部门,承包人)合作伙伴讨商及同意寻求他们的催化或技术支持
主线 C: 社区参与项目的监测和评估	8. 监测和评估	人们并没有意识到任何发展项目和活动的监测或评估。他们并没有被咨询及他们对农村/邻近地区的发展项目的进展/成功的意见	人们意识到发展项目/活动的监测或评估,但这是由非社区成员进行的。有些时候,社区成员有被咨询他们对农村/邻近地区的发展项目的进展/成功的意见	社区成员意识到并有参与发展项目的监测和评估(如通过资料收集和/或分析)。社区成员对农村/邻近地区的发展项目的进展/成功的意见已被考虑在内	社区成员实施他们自己对于活动的评估和监测,他们和社区对信息的需求及其他利益相关者(如其他地政府,水利部门)的相互影响

4.3　典型指标 3:工程建设的可持续性

战略目标:提高社区基础设施建设的可持续性

4.3.1　指标解读

社会可持续性是当地村委会和水利协会在水利项目建设过程的长期活力和影响的能力;这些能力主要表现在组织建设和管理项目成果的能力、功能、资源调动、建立网络的技巧,从而创造社会可持续性的条件。

4.3.2　量度和分析

第二手数据是通过对组织的村委会和水利行业协会文献回顾而得的。原始资料是通过与村委会成员和协会组织成员组成的座谈小组座谈收集的。

项目建设层面的文献回顾和部门工作人员的访谈,可以评估在项目区内协会的数量和运作情况。来自座谈小组和文献回顾的信息,由评估者识别进行评估的 10 个主题的信息,并进行分析。

4.3.3　座谈指引

可持续性指标座谈指引见表 6。

表 6　可持续性指标座谈指引

讨论主题	探讨的关键概念	引导性问题
1. 代表性和社区成员的参与	a.协会组织代表了项目受益者分歧的程度,如:项目受益者作为组织成员的参与程度	谁是组织的成员? 他们成为或作为组织的成员涉及些什么?
2.领导	a.领导和社区成员的联系/关系,如:领导是来自精英群体还是普通的社员;关系疏远,还是关系密切 b.领导的选择和问责:选择和替换过程的清晰度、透明度和规律性	组织的领导是谁? 描述领导和组织成员之间的关系。请举例说明。 选择和替换领导的程序和标准是什么?
3.决策	a.领导和成员参与决策过程的程度 b.计划/预算过程:它们是否开放给社区成员给予意见和影响?	组织是如何作决定的?请举例说明。 谁决定组织的计划、预算和活动?如何决定?
4. 性别描绘和角色	a.组织的领导/职员性别平衡:是否包括妇女?有多少人? b.妇女作为成员参与组织及参与决策过程的程度	在组织的不同层次上,女性和男性各自扮演什么样的角色? 女性是否在组织的领导中有代表?女性是否积极参与组织的决策?如何参与?请举例说明
5. 组织的愿景和目标	a.组织目的/目标清晰 b.对长远未来的愿景和认同	您组织的目的和目标是什么? 是怎样达成的?谁参与其中?谁知道这些? 对社区水利发展有何长远的期望?

续表6

讨论主题	探讨的关键概念	引导性问题
6. 组织的管理	a. 组织中的角色和责任清晰 b. 协会理事的选择过程 c. 财务制度及流程:遵守良好的流程(有制衡机制),账务清晰	请描述如何管理您的组织 有什么不同的角色和责任?这些是如何分配的?给哪些人?这些人是怎样挑选的? 财务是如何管理的?有什么规定?保持什么记录?它们是如何被保存和检查的?
7. 组织的会议	a. 定期会议 b. 出席/参与会议的程度 c. 会议的目的/内容/结果:仅是信息分享,或是就某些问题进行讨论和作决定 d. 会议的记录保存、跟进和计划和政府组织及非政府组织联系的形式(如网络的一部、联盟等)	您的组织是否有开会?频密程度如何? 通常是谁出席这些会议(以及多少人)?他们是如何进行的? 这些会议的目的是什么?结果是怎样? 会议是否有记录/纪要? 在会议期间发生了什么?它们是如何被跟进和规划的? 描述您的组织和当地其他非政府组织之间的关系
8. 项目和组织的关系	a. 组织依赖水利部门的程度: • 在管理组织方面 • 在管理项目/活动方面 • 在采取主动方面	描述您的组织和水利部门在水利建设项目上的关系 在什么议题/问题/活动上,您们一起工作?如何?谁做什么? 就和您的组织的关系来说,他们扮演什么角色? 在没有水利部门项目介入的情况下,您采取了什么样的主动行动和活动?请举例说明
9. 对外联系	a. 组织和当地政府及其他 NGO 关系的强度 • 定期和政府组织及非政府组织联系 • 和政府组织及非政府组织联系的形式(如网络的一部分、联盟等)	描述您的组织和当地政府组织的关系。 您的组织是否已注册?在什么问题/活动上相互影响?如何影响?请举例说明。 描述您的组织和当地其他非政府组织之间的关系
10. 资源调动	a. 在资源上依赖政府(或其他外来机构)的程度: • 组织资源的不同来源(如政府,其他机构) • 社区资源的调动 • 组织对资源的规划和管理 • 在没有外来资源时,采取主动行动的能力	您组织的活动和日常管理中有哪些财务和物质资源? 这些资源来自哪里?您是如何调动/获得这些资源的?请举例说明 这些资源中有多少比例是来自政府或其他外来机构的? 您从社区及其他组织调动了哪些资源?请举例说明

4.3.4 评分卡

社会可持续性评分卡见表7。

表7　社会可持续性评分卡

主线	主题	无=0	低=1	中=2	高=3
行业组织的特性和构成	代表性和社区成员的参与	大部分项目区受益者在组织中没有代表或参与。感觉组织基本上代表的是某个特定的精英群体	项目区受益者一般在组织中有代表和参与。个别不同民族,不同年龄的人能成为会员,但不是领导	大部分社区成员在组织中有很好的代表性和参与。大部分不同民族,不同年龄,同性别的人都能成为会员,有些是职员和领导	大部分社区成员在组织中有很好的代表性和积极参与。所有不同民族,不同年龄,不同性别的人都是会员,领导层及会员中均有代表,感觉他们一起工作状况良好
	领导	领导和成员脱节。他们之间存在沟通障碍。领导无视向成员负责。没有清楚有规律的或民主的领导选择或替换程序。领导可能利用组织满足个人目的	领导是成员的赞助者。领导对成员所需的同责很少。已经建立了选择领导的程序,但是既不民主也缺乏规律性。也许有很长的时间都没有领导的替换	领导和组织成员之间有良好的关系。领导对组织成员负责。明确地建立了选择和替换领导的程序	领导和组织成员有密切和相互信任的关系。集体向成员负责。领导是高度向成员负责的。选择和替换领导的程序清楚,规律和民主,而且被成员所了解
	决策	领导做出所有的决策,没有任何成员的参与,这些人可能视之为剥削等	领导作出决策时,只有很少成员的参与,但这常被视为公平和预算似乎是建立在领导偏好的基础上	领导和成员参与决策过程,包括项目计划和预算。成员提出意见,领导在决策时会对他们的意见加以考虑	领导和成员积极地共同参与决策过程,包括项目计划和预算。领导的主要职责是催化
	性别描绘和角色	组织的领导或职员中没有女性。有些妇女或许是活跃的,但她们的意见不会被聆听	没有妇女领导。妇女成员或许是活跃的,但她们在决策过程中没有角色。女性总是担任那些被认为不太重要的角色(如秘书)	组织的领导层及职员中有少数的女性代表。女性的很活跃,而且在某种程度上能够参与决策过程	在领导层和成员中存在着性别平衡。妇女在决策过程中总是扮演积极角色
	组织的愿景和目标	领导层或成员都没有意识到的组织的目标。对未来似乎缺乏愿景	组织的目的及目标是存在的,但只有领导层参与其中,并意识它们是什么。组织的目标是关注人们的物质需求。对于未来有一些愿景,但只限于短期,可见活动	组织的目的和目标清晰,成员和领导层都参与什么,并意识它们是什么的愿景,长远意识	组织的目标清楚,而且是通过参与方式建立的

续表7

主线	主题	无＝0	低＝1	中＝2	高＝3
行业组织的运作	组织的管理	组织中的角色和责任不明确。没有一致认可的选择职员的程序。没有（或者极少）财务程序和记录存在，或是保存得很差	组织中对角色和责任有一些的界定。领导任命职员，他们知道自己清楚的责任范围，但是没有清楚的财务程序。财务程序和记录遵守或保存得下来。但是没有程序和记录很好地遵守或保存	组织中的角色和责任清晰。存在选择和替换职员的程序，他们了解自己特定的责任。遵守及保存基本的财务程序和记录	组织中的角色和责任清晰，而且具有好的发展。职员均有良好的工作描述，他们均通过清楚而具透明度的程序被选出来的。财务程序和记录有好的发展，被遵守、并且设有制衡机制维持
	组织的会议	组织会议不定期举行。出席会议的情况差，而且会议主要是用来通知成员已作出的决定，没有会议记录，没有跟进，没有计划	会议通常是定期举行。组织相当部分成员出席会议，但只有数人参与。会议的目的通常是为了告知成员的信息，有时是寻求成员的意见，以便领导层作出决定。通常不做会议记录	会议总是定期举行。会议的议程通常先由领导们准备好。大部分成员出席和参与会议。会议既涉及信息分享，也会讨论那些影响决策的问题。做出决定	会议总是定期举行。会议的议程通常事先由领导们准备好，但其中包含成员们的建议。大部分成员出席和积极参与会议。领导催化讨论，因此能够共同作出决策。做会议记录，而且成员均可以获得。会跟进决定和赞同的行动
	水利部门和组织的关系	组织的管理和工程都高度依赖项目。部门工作人员均在所有会议及行动中均有参与及提供领导	组织的管理对项目的依赖低，但组织的工程高度地依赖项目。部门工作人员参与会议，但不是领导。没有水利部门的支持，组织无法采取任何主动行动	组织的管理和大部分工程都是自治的。部门工作人员参加重要的会议。少数主动行动是在有部门的支持下进行的	组织管理和工程高度自治，而项目涉及更广泛的问题。组织会向部门工作人员咨询，寻求自行决策，然后自行决策，一些主动行动的实施没有水利部门的支持

续表 7

主线	主题	无＝0	低＝1	中＝2	高＝3
网络和资源调动	对外联系	和当地政府及非政府机构的关系非常有限和薄弱。组织没有注册	和当地政府及非政府机构建立了非正式、没有规律的网络。关系和网络。组织没有注册。偶尔接触政府和非政府机构，以获得特定的服务	和当地政府及非政府机构建立了正规的关系和网络。组织可能正处于申请法律注册的过程中。有其他机构（政府机构、非政府机构、私营部门等）相互影响以及运用它们服务的几个例子	和当地政府及非政府机构建立了正规和正式的关系与网络。组织注册了，或许已和其他机构达成了协议。他们已积极地接触政府，及/或调动成员就特定问题的联合行动。也许和其他机构建立了有关当地/全国的政策问题的网络，以及/或有成员在当地政府组织中获选
	资源调动	资源完全依赖水利部门（或其他外界机构）。所有的资源全都来自外界机构。没有资源是从社区或其他机构调动来的	在资源方面，高度依赖政府或水利部门。在少数政府或水利项目中，调动了一些社区的资源	对于政府或水利部门有一些依赖。大多数项目中都会持续地调动和社区内在的资源。从政府或其他社区和机构中获取了某些资源（或正在进行中）。在没有外来资源的支持下进行了某些主动行动	组织有多方面及稳固的资源基础，并且有调动和管理资源的长期计划。除了调动社区的和其他内在的资源外，他们定期从其他机构开发资源

5 结语

本文运用公共管理学的相关理论和成果,结合宁夏水利部门的实际,建立了宁夏水利部门绩效评估的初步框架,但这只是笔者根据所学知识,结合自己在水利部门工作多年的一些初步体会,真正要将绩效评估引入宁夏水利事业当中,还需要具备一些必要的条件。首先,需要上上下下对绩效管理有个正确的认识和认可,在水利建设、管理过程中建立起绩效评估的体制和机制,完善各项管理制度。其次,要加强职工队伍的培训,打破水利行业本专业技术人员一统天下的格局,建立起学科配备齐全的专业人才队伍,尤其是解决好绩效评估方面人才队伍短缺的问题。同时,水利部门的绩效评估的实施,离不开整个宁夏的行政环境,部门绩效评估的法制化、制度化、规范化依赖于政府行政理念、行政方式的转变。

参 考 文 献

[1] 卓越.公共部门绩效评估[M].北京:中国人民大学出版社,2004.
[2] 张国庆.行政管理学概论[M].北京:北京大学出版社,2004.
[3] 周志忍.公共性与行政效率研究[J].中国行政管理,2000(4).
[4] 周志忍.当代国外行政改革比较研究[M].北京:国家行政学院出版社,1999.
[5] 周志忍.发达国家政府绩效管理[M]//部级领导干部历史文化讲座2004.北京:北京图书馆出版社,2005.
[6] 朱立言,王浦劬,等.管理学[M].北京:中国人民大学出版社,2002.
[7] 范柏乃.政府绩效评估理论与实务[M].北京:人民出版社,2005.
[8] 王雍君.公共预算管理[M].北京:经济科学出版社,2002.
[9] 中国行政管理学会课题组.政府部门绩效评估研究报告[J].中国行政管理,2005(5).
[10] 彭国甫.价值取向是地方政府绩效评估的深层结构[J].中国行政管理,2004(7).
[11] 范柏乃,程宏伟,张莉.韩国政府绩效评估及其对中国的借鉴意义[J].公共管理学报,2006(2).
[12] 张强.美国联邦政府绩效评估的反思与借鉴——《政府绩效与结果法案》的执行评估[J].中共福建省委党校学报,2005(7).
[13] 蔡立辉.政府绩效评估的理念和方法分析[J].人民大学学报,2002(5).
[14] [美]尼古拉斯.亨利.公共行政与公共事务.北京:华夏出版社,2002.
[15] 2008宁夏统计年鉴,北京:中国统计出版社,2008.
[16] 温家宝.政府工作报告.2008年3月5日,http://news.xinhuanet.com.
[17] 周志忍.公共悖论及其理论阐释[J].政治学研究,1999(2).
[18] 国发[2008]29号:国务院关于进一步促进宁夏经济社会发展的若干意见.2008年9月7日.
[19] 周志忍.政府绩效管理研究:问题、责任与方向[J].中国行政管理,2006(12).
[20] SL 310—2004 村镇供水工程技术规范[S].北京:中国水利水电出版社,2005.

作者简介:贾小蓉(1968—)女,高级工程师,在固原市原州区水务局工作。联系地址:原州区水务局工程建设管理站,E-mail:jiaxiaorong_2003@163.com。

盐池扬黄专用工程运行管理存在的问题及建议

黄　利

（宁夏盐池县水务局，盐池　751500）

摘　要：陕甘宁盐环定盐池专用工程概况、效益发挥及运行管理中存在的问题建议。

关键词：工程概况　效益　运行存在问题　建议

盐环定扬黄工程是党和人民政府为了解决宁夏盐池县和同心县、甘肃环县、陕西定边县部分地区人畜饮水，结合发展灌溉，改善生态环境，造福老区人民的一项大型电力扬水工程。盐池灌区工程是该项工程的重要组成部分，它的开发建设为盐池县生态环境的改善和社会经济的发展注入了生机和活力。十多年来，在上级有关部门的大力支持和关心下，经过广大工程建设者的辛勤努力，盐池灌区工程已全部建成并投入使用，她正在发挥着明显的经济、生态和社会效益。但是，也存在着一些不容忽视的问题。本人就盐池专用工程在运行管理方面存在的问题作了调查，总结如下。

1　盐池专用工程概况

盐池专用工程包括：盐池灌区配套工程，盐池专用干渠工程（黎明干渠下段和三道井干渠）和盐池专用泵站工程（李家坝、三道井、狼布掌、旺四滩泵站）。工程设计流量 7 m^3/s，发展灌区 36 片 1.3 万 hm^2，其中一期工程设计流量 5 m^3/s，开发灌区 28 片 0.97 万 hm^2。二期工程（调整灌区）设计流量 2 m^3/s，发展灌区 8 片 0.33 万 hm^2。工程位于盐池县中部，渠道从南到北流经惠安堡、青山、冯记沟、王乐井和花马池五个乡镇。

2　灌区配套工程概况

盐池灌区配套一期工程从 1992 年 4 月开始动工兴建到 2002 年底，共建成灌区 28 片，净灌溉面积 0.97 万 hm^2。二期工程从 2003 年 8 月开始实施，2005 年全部完成。一期工程共砌筑支、斗、农三级混凝土防渗渠道 4 128 条，总长 1 947 km；各类渠系建筑物 5 726 座，完成土石方 2 690 万 m^3，投入劳动力 270 万工日，投入资金 8 300 万元，其中，国家投入 5 100 万元，群众投入资金 3 200 万元，自筹比例占投资的 38.6%。工程建设坚持"边开发、边利用"的原则，灌区共安置受益人口 11 150 户，50 185 人，占全县农村人口的 40.19%，其中，当地旱改水 6 433 户，31 357 人，占灌区人口的 60%，生态移民 4 707 户，18 828 人，占灌区人口的 38%。在生态移民中，有本县北部荒漠地区和南部干旱山区群众 4 581 户，18 328 人，有宁南六盘山国家森林保护区的固原县、泾原县 126 户，500 人。二期工程安置生态移民 4 000 户，16 000 人。

3 工程效益情况

盐池灌区工程投入运行以来,已经发挥出了明显的经济效益、生态效益和社会效益。但是,总的看来工程效益还不高,整体效益还没有充分发挥出来。

3.1 经济效益

灌区开发前的 1992 年,以旱作农业为主的农业总产值是 894 万元,2002 年就达到了 4 051 万元,增产 3.5 倍;粮食总产量由开发前的 401 万 kg,增加到 2008 年的 6 987 万 kg,增产 17.5 倍;灌区农民人均纯收入由开发前 338 元,增加到 2008 年的 3 002 元,增长 8.9 倍。

3.2 生态效益

扬黄灌区开发极大地促进了生态环境建设。灌区已形成各类林网 0.24 万 hm^2,种草 0.27 万 hm^2。自南向北,一条条绿色屏障,一片片荒漠绿洲正在逐步显现。同时,盐池县依托扬黄灌区,进行了大规模的生态移民(县内范围),2002 年 11 月盐池县实行了全县禁牧。通过生态移民实现了灌区和迁出地生态环境的历史性转变。如:苏步井乡是我县北部沙漠化最严重的地区,实行生态移民后,全乡分两批向扬黄灌区移民,吊庄搬迁占全乡的 80%以上。吊庄搬迁移民定居在灌区搞开发,在原籍实行全乡禁牧,退耕还林还草。经过几年的建设,全乡 3.67 万 hm^2 沙化土地得到有效治理。2002 年 11 月全县禁止草原放牧的羊畜达 86 万只,羊畜全部进圈饲养,其中 80%左右的羊畜主要靠灌区生产的粮食作物和秸秆及优质牧草为主的饲草料喂养。因此,盐池灌区工程的建设为全县禁牧、生态环境保护和治理奠定了坚实的物质基础。

3.3 社会效益

盐池是革命老区,地处干旱荒漠区。这里的人民饱受干旱、贫困之苦,时时代代盼水、求水的愿望终于得以实现。扬黄灌区开发后,稳定地解决了全县近二分之一农民的温饱问题,大多数农民进入灌区一般都能达到一年见效,两年解决温饱,三年人均收入上千元。同时,灌区开发促进了养殖业和种植业的发展,灌区已经涌现出了一批批高效养殖、高效种植典型户。灌区产业结构逐步迈上了节水、高效的路子,灌区干部群众的思想观念、精神面貌发生了深刻变化。可以肯定盐池县的小康社会一定会在扬黄灌区率先实现。

4 盐池专用工程运行管理存在的问题

4.1 盐池灌区配套工程运行管理存在的问题

由于配套工程国家补助标准低(2000 年以前国家每亩投资只有 180 元),以致造成工程标准低。加之群众生活困难,对灌区的基础设施投入十分有限,灌区配套不完善影响灌区的生产经营和灌区效益的尽快发挥。主要问题如下。

4.1.1 支渠过水断面面积小,灌溉保证率低,影响灌溉

支渠过水断面面积小,轮灌时间长。灌水矛盾突出,群众争水、抢水现象经常发生,灌水误工误时,灌水难。必加大支渠过水断面,提高渠道输水能力,提高灌溉保证率。需改造的支渠主要有:李家坝、老盐池南、老盐池北、苏家场、龚儿庄左岸、苦水井、南梁、潘儿庄、马儿庄、隰宁堡支渠等共 11 条,长 27.4 km。

4.1.2　斗、农渠间距大,毛渠输水损失大,不利于节水灌溉

一些灌区斗、农渠间距大,斗渠间距为 400～600 m,农渠间距为 80～160 m。毛渠为土渠(一般为沙壤土),输水损失大。涉及的灌区有 11 片 0.35 万 hm²。

4.1.3　灌区土地不平整

由于自筹比例大,群众自筹困难,致使一些灌区土地没有细平,或因工程量大,灌区平田整地设计台阶多,不利于机耕,也不利于节水灌溉。主要涉及惠马灌区 0.51 万 hm²。

4.1.4　量水设施不配套,影响灌溉管理

灌区测量水工程设施不配套,不利于灌溉管理,节约用水。必须完善干、支、斗口量水设施,需增设干、支口量水堰 13 座,斗渠量水堰 292 座。

4.1.5　无排水工程设施,次生盐渍化危害较严重

灌区灌排系统不配套,有灌无排。灌区排水系统在灌区的建设过程中,由于受投资的影响,只做规划,预留排水设施位置未能实施。现在,已开发利用的 28 片 0.97 万 hm² 灌区中,程度不同地出现次生盐渍化的灌区有 5 片 0.13 万 hm²。由此,应该对整个灌区进行排水工程配套。

4.1.6　灌区风沙危害严重

风沙经常掩埋、淤积渠道、道路,群众清沙、修路、补苗投资投劳大,不仅影响农业生产,而且还挫伤了群众积极性。因此,必须对灌区内外环境进行综合治理,即对灌区内进行林网建设,对灌区外进行风沙治理。风沙危害严重的灌区主要有旺四滩、马儿庄、三墩子等灌区。

4.1.7　灌区的生产路、生产桥不配套

整个灌区支、斗渠的生产路一般为生产便道,生产桥不配套。一方面群众生产、生活十分不便,另一方面支、斗渠的维护管理十分困难。

4.1.8　灌区防洪工程不配套

一些灌区无防洪工程设施,稍有降雨便会产生径流,洪水常常危及支、斗渠和农田甚至村庄。存在防洪问题的灌区主要有大小庄子、姚沟塘、王乐井灌区等。

4.2　盐池专用干渠及泵站运行管理存在的问题

专用工程由于工程投资、工程地质、环境及建设经验等因素的影响,也出现了许多不足,直接影响着工程的正常运行。主要如下。

4.2.1　盐池专用干渠风沙、淤积危害严重,影响灌溉运行

一是风沙掩埋、堵塞渠道,无法通水。二是干渠运行时常遇到风沙及扬尘天气,渠道水的含沙量大,加上渠内行水量未达到设计流量,水的流速低,造成渠道泥沙淤积严重。由此,每年清沙、清淤都投入大量的人力物力,增加了运行管理费用。

4.2.2　干渠受膨胀土、盐碱水危害严重

三道井干渠龙记湾至甘洼山 7 km 渠段,由于受膨胀土和盐碱土的危害,混凝土板腐蚀、脱落、隆起、裂缝严重,渠道运行隐患四伏,已无法正常运行。应该提高设计标准,尽快予以彻底维修处理。

4.2.3　三道井泵站站址及管理房受盐碱水、膨胀土危害严重

三道井泵站站围及地坪及管理房受盐碱水、膨胀土危害严重。站围、地坪混凝土腐蚀

脱落、裂缝,浆砌石隆起,生活区管理房地基下沉,屋顶、墙面损坏。

4.2.4 三道井泵站机泵及其保护设备故障多,运行出现问题较多

三道井泵站从 2001 年投入运行至今,就已经先后进行大型维修两次。

4.2.5 专用干渠及泵站没有运行管理的配套设施,给运行管理造成了困难

一是兴建城西水管所,负责城西、王乐井、野湖井灌区的运行管理,以及三道井子干渠的运行管理。需兴建办公室、管理房,配备交通工具。二是三道井泵站无消防及管理人员生活用水设施,应建高位蓄水池以满足泵站消防用水及管理人员生活用水需要。三是配备一至二台清淤机,满足干渠清淤需要。

4.2.6 泵站的通信设施落后

三道井泵站、李家坝泵站现分别只配备一台无绳电话,由于信号不强,与各泵站、水管所、灌区、调度中心联系困难,影响灌溉管理。

4.2.7 三道井干渠防洪工程配套不够完善,影响渠道正常运行

石山子隧洞出口段无防洪设施,三道井干渠王庄子段坡积水危害严重,该渠段防洪工程设施标准低。

4.2.8 三道井干渠一些主要建筑物出现隐患

龙记湾隧洞长期受盐碱水腐蚀,石山子隧洞进口建筑物裂缝,隧洞漏水较严重。路洪庄、甘洼山渡槽槽壳漏水较严重,并且甘洼山渡槽进出口段裂缝严重。

4.2.9 资金严重短缺,制约灌区的可持续发展

李家坝泵站自 1993 年开始,一直由盐池负责运行管理。泵站长期满负荷运行,运行管理费无专项资金解决。而群众又无力承受,常常因为电费、设备更新费影响灌溉(年运行电费 7 万元,年运行管理费 4 万元,设备维修更新费 5 万元/年)。

三道井泵站负责城西等 9 片 0.53 万余 hm² 灌区的灌溉任务。目前机泵老化,属国家淘汰产品(年运行电费 60 万元,电价按现行电价 0.06 元/度计算;泵站年运行管理费 12 万元;泵站年设备维修更新费用 15 万元)。

狼布掌、旺四滩泵站也已投入运行十多年,机泵腐蚀严重(年运行电费 26 万元,运行管理费 18 万元,设备维修更新费 6 万元)。

盐池专用干渠年运行管理费 5 万元,维修养护费 22 万元。

我县管辖 4 个泵站,43 km 干渠,205 km 支渠、分支渠。近年来,随着运行年限的增加,部分渠道及建筑物老化失修,工程带病运行,输水能力降低,安全隐患严重,维修养护费在逐年增加,根据以上水务局近三年的测算,运行管理及维修养护经费每年约 180 万元,而目前全年落实运行费用区水利厅小农水资金 40 万元,县财政自 2007 年每年列入 30 万元,用于支付机泵运行的电费也不能保证,致使灌区工程维修和运行管理难以为继,更无法筹措资金用于工程除险加固,形成恶性循环,资金的严重短缺,直接制约着灌区的可持续发展。

5 意见和建议

针对我县扬黄工程建设标准较低、老化失修严重、配套设施差、管理效益不高的实际,建议如下:

一是自身加大工程更新改造和配套建设力度,积极争取国家大型泵站改造、节水改造、病险水库加固、农田基本建设、土地整治、灌区续建配套等多方面投入,对灌区老化失修的渠系和水利骨干工程进行维修砌护加固,降低水利工程运行成本,提高运营效益。

二是加强水利工程管理,切实解决长期存在的"重建轻管"问题。上级部门及县财政要从工程运行的实际出发,建立起相对稳定、有制度保障的投入机制,对工程运行管理费用、维修养护经费进行定期测算,根据测算情况纳入国家财政预算,从而保证工程正常运行,灌区建设惠泽于民。

浅谈搞好在建水利工程安全生产监督的做法 *

乔建宁[1]　张新元[2]

（1. 宁夏石嘴山市水利灌排与工程质量监督站，石嘴山　753000；

2. 宁夏石嘴山市水务局，石嘴山　753000）

摘　要：通过对在建水利工程安全生产监督工作方法进行探索、总结，阐述了具体的工作措施，为在建水利工程安全生产监督工作提供了清晰的思路和做法。

关键词：水利工程　安全生产监督　做法

目前，在我国水利行业，地（市）级水利工程建设安全生产监督工作，大多尚无专职的监督机构，一般由水利工程质量监督机构兼负相应的职责，且尚无统一、规范的工作程序和方法。宁夏石嘴山市水利灌排与工程质量监督站经过 3 年多的工作探索，在水利工程建设安全生产监督工作程序和方法上取得了一些经验，效果明显。实践证明，把好以下"五关"是搞好水利工程安全生产监督工作的有效做法。

1　把好水利建设工程安全生产文明施工条件审查关

工程开工申请报建被项目主管部门批准后，在工程建设单位办理工程质量监督手续的同时，必须要求各参建单位办理安全生产监督手续，工程建设单位、监理单位、施工单位分别要向监督机构提交水利建设工程安全生产文明施工条件检查表，并附相关资料，以备监督机构审查。

1.1　对建设单位审查的内容

（1）是否取得建设工程项目批复文件；

（2）是否取得施工图设计文件审查批准书；

（3）是否对施工投标单位进行资格审查；

（4）是否已签订施工、监理合同；

（5）是否已按国家有关规定和合同约定拨付建筑工程安全防护、文明施工措施费用；

（6）是否提供施工现场及毗邻区域内地下管线资料，气象和水文观测资料，相邻建筑物和构筑物、地下工程等有关资料的情况；

（7）是否组织编制保证安全生产的措施方案，措施方案是否符合有关法律法规、强制性标准和技术规范的要求并结合工程的具体情况编制并报监督机构备案。

1.2　对监理单位审查的内容

（1）所承接工程是否符合资质承揽范围；

（2）现场监理人员配备及执业资格是否符合要求；

---

* 本文原载于《水利建设与管理》2009 年第 10 期。

（3）监理规划、监理实施细则、旁站监理方案是否已编制并审批；

（4）是否已审查施工企业资质和安全生产许可证；

（5）是否已审查施工从业人员资格与配备；

（6）是否已审批施工组织设计及专项施工方案；

（7）是否已审核安全防护、文明施工措施费用使用计划；

（8）是否已审批工程项目安全应急救援预案。

1.3 对施工单位审查的内容

（1）所承接工程是否符合资质承揽范围，安全生产许可证是否有效；

（2）从业人员资格是否符合要求；

（3）施工组织设计中是否已编制安全技术措施和施工现场临时用电方案，对达到一定规模的危险性较大的工程是否编制专项施工方案，并附具安全验算结果，经施工单位技术负责人签字以及总监理工程师核签；

（4）生产安全事故应急救援预案是否已编制审批；

（5）安全生产文明施工措施费用使用计划及保证措施是否已制定；

（6）工地硬件设施条件是否已达标；

（7）从事危险作业的人员意外伤害保险是否已办理；

（8）现场项目部安全责任制度是否已建立。

经审查相关资料并进行必要的现场检查，具备了上述条件，监督部门方可在水利建设工程安全生产文明施工条件检查表上签字盖章，同时与各参建单位签订安全生产监督书。只有具备了上述条件的工程才能开工建设。

2 把好开工后安全生产检查关

工程开工后，监督机构要不定期深入施工现场进行安全生产监督检查，检查的内容有：安全责任制落实情况，现场管理人员、从业人员是否与备案的一致，人员资格是否符合要求；"三类人员"安全生产考核合格证书是否齐全、有效，专职安全生产管理人员配备数量是否足够；对所有施工作业人员及新进场、转岗人员进入施工现场是否进行了有针对性的安全教育培训；是否按规定对《重大事故应急预案》组织演练；是否在施工现场公示重大危险源，设置警示标志、安全防护设施，并落实专人管理；是否执行安全生产设施"三同时"制度；有度汛要求的工程是否制订施工度汛方案；是否按照要求配备齐全、合格的安全防护用具并正确使用；安全防护设施及文明施工等措施费用是否足额投入并及时支付到位；施工及监理单位是否对深基坑、高边坡、洞室开挖、民用爆炸物品仓库等施工重点部位以及施工用电、脚手架工程、模板工程、起重吊装等施工重点环节的危险源进行经常性检查，有无检查记录，记录否真实、有追溯性；是否存在重大事故隐患；是否按规定对安全事故进行统计、报告和调查处理，是否有漏报、瞒报等现象。监督人员对以上检查内容可采取"听、问、查"等方式。"听"主要是听有关管理人员、作业人员等对安全生产情况的介绍和汇报。"问"是验证所获得的检查信息、查证现场所观察到的情况是否属实，政策、程序是否被贯彻执行的主要手段；对相关从业人员进行有关安全生产知识和安全生产状况进行询问，听他们反映安全生产管理中存在的问题，了解他们对有关安全知识和技能的熟练程度等。"查"主要查看资料、记录、操作证、现场安全标志以及生产作业现场环境情况、各类设备设施的防护情况、作业人员防护用品的使用情况、作业人员是否有违章行为等。对发现的安全问题,填写安全监督检查表记录在案,分发建设(监理)、施工单位,要求在规定的时限内进行消除。对比较特殊的安全情况,还邀请水行政主管部门及当地安监部门进行联合检查。针对工程存在的安全隐患,下发安全整改通知,要求进行按期落实整改并将整改结果报监督机构。

3 把好工程施工安全信息报表关

对达到一定规模的重大危险工程,必须要求施工单位向监督机构报送工程施工安全信息报表,每周一次,报表的格式由监督机构统一制定提供,内容有当前进度、安全状况、下周进度计划等,由施工单位现场安全员填写,项目经理和总监理工程师签字,施工单位(或项目部)和监理单位盖章后,规定于每周星期一上午 12:00 时前报送到监督机构。以便监督机构掌握工程安全动态,并根据情况及时进行现场检查。凡不报、迟报或谎报的,记入企业信用档案。

4 把好安全隐患整治和落实关

安全隐患整治与落实的关键是要消除工程中存在的安全隐患,完成治理工作。真正做到对安全隐患从检(排)查、专项检查—进行分析评估—制订治理措施(方案)—治理(包括落实责任人、时限)—检查验收—登记备案。对暂时无法进行的要分析说明,并制定一系列预防、监控措施,结合工程实际情况,制定治理计划及安排。

为全面消除安全隐患,不留死角,要坚持对安全隐患排除复查进行"回头看"。一是对已消除安全隐患的实效进行检查、评价、备案,真正做到彻底治理,全面消除隐患。二是随工程进展,在时间环境条件变化后检查已治理或消除的安全隐患是否有复活的现象,或检查是否产生新的安全隐患。对达不到治理实效的,或隐患治理不彻底的,则以书面的形式要求各相关责任单位、责任人员继续落实到位,限期完成。同时将情况通报其主管单位,由主管单位做出相应的处罚。

5 把好水利工程建设安全生产考核评价关

在项目法人组织合同工程完工验收时,要求验收组同时对工程建设安全生产进行考核评价,查阅工程安全生产档案资料,监督机构在验收会上要将开工前安全生产文明施工条件审查情况、开工后历次现场安全检查和整改情况向考核组进行通报,考核组按监督机构提供的考核表内容进行逐项打分,根据打分情况评定优良、合格、不合格等次,考核结果最终由监督机构核定。对考核为不合格等次的施工单位,要求项目法人从工程结算中扣除安全生产文明施工措施费用,并将施工企业记入企业信用档案,向安全生产许可证发证机关提出重新审核安全生产许可证的建议,在施工企业没有取得新的安全生产许可证之前,企业不得参与工程招投标活动。

水利工程建设安全生产管理,千头万绪,涉及面广。只有"抓住重点、标本兼治、扎实开展、长抓不懈",才能确保从源头上杜绝建设过程中的重特大安全生产事故的发生,确保水利工程安全生产监督工作健康有序地发展。

参 考 文 献

[1] 中华人民共国建筑法[S].中华人民共和国主席令第 91 号,1997.
[2] 中华人民共和国安全生产法[S].中华人民共和国主席令第 70 号,2002.
[3] 建设工程安全生产管理条例[S].中华人民共和国国务院令第 393 号,2003.
[4] 安全生产许可证条例[S].中华人民共和国国务院令第 397 号,2004.
[5] 水利工程建设安全生产管理规定[S].中华人民共和国水利部令第 26 号,2005.
[6] 建筑工程安全生产监督管理导则[S].中华人民共和国建设部建质[2005]184 号,2005.

作者简介:乔建宁(1965—),男,工程师,现任石嘴山市水利灌排与工程质量监督站站长,主要研究方向为农业节水灌溉管理、水利建设管理、水资源合理开发、管理和保护。联系地址:宁夏石嘴山市大武口区朝阳西街 161 号。E-mail:qiao_0952@163.com。

济宁市山丘区低碳经济治水模式研究与实践
——泉水、雨水、洪水、风能资源综合利用＋节水灌溉模式

牛　奔　于在水　彭绪民

（济宁市水利局，济宁　272019）

摘　要：我国山丘区的人口数量和地域面积较大，自然环境较差，经济发展相对落后，已经成为国民经济整体高速发展的制约因素之一，如何搞好山丘区低碳经济，是当前必须面对的一项重要课题。本文介绍了济宁市近几年来山丘区低碳经济治水模式的实施概况，以及产生的社会经济效益。

关键词：山丘区　低碳经济　治水模式

众所周知，我国山丘区的人口数量和地域面积较大，自然环境较差，经济发展相对落后，已经成为国民经济整体高速发展的制约因素之一。如何搞好山丘区低碳经济，是当前必须面对的一项重要课题。低碳经济的本质是可持续科学发展的经济，是能源的有效利用，清洁能源开发，绿色 GDP 的提高，是以低能耗、低污染、低排放为基础的一种经济模式，其理想形态是充分发展阳光经济、生态经济、风能经济等，山丘区低碳经济已成为未来山区社会经济发展和农民生活质量改善的发展方向。

济宁市山丘区主要集中在泗水县、曲阜市和邹城市三个县市。兖州市、微山县、梁山县、汶上县和嘉祥县仅有零星分布。由于受到各种客观历史原因和科学技术水平、经济基础条件、治水理念等因素的制约，山丘区普遍存在水土流失严重、汛期山洪爆发、常年干旱缺水等现象。解决的方法主要是增打深井或远距离调水、机泵提水灌溉等。造成碳排放量增大，灌溉成本增加，效率低下。加之农民人口增加，过度开垦耕种、毁林烧柴等，造成生态环境恶化，阻碍了农村经济的进一步发展，生存环境得不到改善。

为此，济宁市水利局投入大量资金，以山区自然小流域为载体，把水利工程作为整个生态系统的要素来考虑，照顾到人和自然对水利的共同需求，通过建立有利于促进生态水利的工程规划、设计、施工和维护的运作机制，达到水生态系统改善优化、人与自然和谐、水资源可持续利用、低碳经济运行的目的。其特点是：因地制宜，泉水、雨水、洪水、风能等资源综合利用，节水灌溉相结合，减少碳排放，发展特色经济。

由于山丘区气候地理环境和水文地质环境各有不同，采取的组合处置方案存在差异，以下仅作简要概述。

1　泉水、雨水、洪水资源综合利用

利用工程措施，对泉水、雨水、洪水资源进行拦蓄，是改善和提高水资源保有量的主要

方式。雨水资源的利用,主要采取田间水保措施,达到小雨不出田,大雨不流土。对泉水和洪水资源的利用,主要采取层层拦蓄的方法。

1.1　雨水资源利用

山丘区雨水资源的高效利用,主要采取以下几种方法。

1.1.1　水保林

水保林在荒山的中上部采用乔木、灌木结合的方式,采取松柏、刺槐等树种混交的方式。配以条花等措施进行栽植,形成多林种、多树种相结合的植被防护体系。

1.1.2　经济林

经济林设置在山的中下部,土层较薄、坡度较大的坡耕地中及土层较厚的宜林荒地中。采取先整地,后打大穴再栽植的方式,营造经济林。

1.1.3　坡改梯

坡改梯是在山脚土层较厚处,结合土地开发,采取人机结合的方式,整治坡耕地,建造水平梯田。同时把现有的坡田、坡梯全部进行梯田化改造。

济宁市通过嘉祥县五岭小流域治理、梁山县薛屯风沙片综合治理、曲阜市西官小流域治理、泗水县凤仙山小流域治理、泗水县的红山小流域综合治理等一系列治理,大量坡耕地得到改造,使原有的低产田得到治理开发,提高了经济效益;土地利用率有较大幅度提高,林木覆盖率由 10.74％ 增加到 33.98％,这既能增加水源涵养能力和土壤保肥、抗蚀能力,减少地表径流,增加水资源的可利用量,还可增加空气湿度,净化空气,改善田间小气候,为农业生产的发展提供良好的生态环境。

1.2　泉水、洪水资源综合利用

由于山沟河道坡降太大,沿沟冲刷切割严重,为了避免汛期洪水对下游的安全危害,解决水土流失、沿河灌溉及生态用水等问题,对于泉水和季节性洪水采取层层拦蓄的方式,削减溢流洪水,沿干沟方向,顺坡度布置拦蓄工程,每个拦蓄水坝蓄水高程一般超过或等于上一级水坝的底高程,水坝结构为重力式溢流坝,溢流跌水消能。拦蓄工程为干沟拦蓄和塘坝式拦蓄混合方式,塘坝式拦蓄在肚大口小处设置拦水坝,不改变水道的走向和外延环境,消除了洪水造成的水土流失、洪水危害,增加了蓄水量。

实践证明,小流域的水土保持工程和层层拦蓄工程单个工程规模较小,可就地取材,易于农民群众组织施工,造价低。层层拦蓄工程一般为条带状自然布局,与周围环境接触界面面积大,在回灌补给地下水、缩短灌溉距离、涵养周边植被树木、优化生态环境等方面具有非常显著的优势。

1.2.1　形式多样的供水方式

1.2.1.1　渠道取水方式

为了方便取水,在水坝旁边设置自流灌溉的小型渠道,渠首设置混凝土闸门槽,渠道沿下一级水平梯田进行灌溉。

1.2.1.2　管道取水方式

在拦水坝坝体的适当位置,预先埋设金属管道,安置控制供水的闸阀,需要供水时开启放水管道,不用水时关闭。管道可以直接连接到渠道进行灌溉,也可以接上软管,远距离灌溉。

1.2.1.3　机械提水方式

在不能进行自流灌溉的区域,采用提水灌溉,大多数采用风力提水或其他动力提水灌溉的方式,接上软管,远距离灌溉附近的果园。

1.2.2　水量分配

拦蓄工程的水,主要来源于泉水和雨洪水。水资源的分配主要有四部分构成,一是生态用水,沿蓄水干线两岸的树木植被、地下水补给和湿地用水等。二是畜牧养殖用水。三是灌溉用水,灌溉用水小部分用于良田灌溉,大部分是樱桃园、板栗园、核桃园的灌溉,约占总水资源量的82%。四是旅游度假村用水。

2　风力资源利用与节水灌溉

在山岭坡地水土保持工程和雨洪水层层拦蓄工程基础上,利用风力资源和节水工程,实现清洁能源开发和水资源的高效利用。

2.1　风力提水

风力提水装置主要由风轮、风力压缩机、扬水机等组成,风力机直接带动空气压缩机产生压缩气体,利用导气管输送气体供给扬水机来实现扬水。该机安装位置不限制高度,可以离开水源,安装在风源条件比较好的高处,根据用水量的不同可以多机并联使用。风力机自动迎风,大风自动保护,自动关机,一般可承受 25 m/s 的大风。

蓄水池是为实现配水调节和调度,将大风时提出的多余的水储存到蓄水池中,用于解决农作物、经济果林的灌溉。蓄水池容积按照风力提水能力和控制灌溉面积确定。进出水管均设有控制阀门。蓄水池一般布设在水平梯田的较高处,以便利自流灌溉。

风力提水灌溉系统,它不仅节能省电,而且绿色环保,白色的风车、绿色的田野也构成了一道亮丽的风景,解决了山区山岭薄地的浇水问题。例如:总投资 50 万元兴建的济宁市圣水河风力提灌系统,由 10 台转页风机、16 个拦水坝、5 个蓄水池、4 000 m 地下管网和 28 个田间灌桩组成。风力提灌系统充分利用自然风能,在正常风力条件下,提灌站每小时提水 70 m³,可供 66.67 多 hm² 土地进行灌溉,同等条件下每年可节省柴油 2 万多公升,节电 8 万多 kWh。

2.2　节水灌溉

节水灌溉主要体现在两个方面,一是采用低压管道灌溉工程措施,减少沿程输水损失,二是农艺节水,按照被灌溉对象的需水要求,进行科学灌溉。低压管道灌溉,采用塑料干管供水到果园田间,最末级“小白龙”到灌水点的方式。农艺节水是根据当地各种实际客观条件,采取相应的综合节水措施。

2.2.1　管道输水灌溉

管道输水灌溉是用输水干管代替明渠输水,可以大大减少输水过程中的渗漏和蒸发损失,使输水效率达到95%以上。经测试,分别比土渠、砌石渠道、混凝土板衬砌渠道节水30%、15%和7%,另外,以管代渠,可以减少输水渠道占地,使土地利用率提高2% ~ 3%,且具有管理方便、输水速度快、省工省时、便于机耕和养护等许多优点。

2.2.2　“小白龙”灌溉

由于地面坡度较陡,地面移动管网一般只有 1 级,其管材采用移动软管。软管的一端接在固定管道的给水栓上,沿水平梯田方向,实行长畦分段短灌,或长畦点灌,用软管自上而下或自下而上灌水。其长可达 100 m 以上。移动管长一般为 30 ~ 100 m。

地面移动软管一端配有快速接头,以便与给水栓连接。给水栓和管道安全装置不再叙述。

据测算,果树漫灌每亩需水 70 m³,沟灌每亩需水 35 m³,点穴灌每亩需水 10 m³。采用地面移动软管(小白龙)灌溉,节水效益显著。

2.2.3 农艺节水措施

农艺节水措施主要采取覆盖保墒技术、水肥耦合技术、高效灌水经验等。

2.2.3.1 覆盖保墒技术

覆盖保墒技术主要是采取塑料地膜覆盖、秸秆覆盖、沙石覆盖等措施,减少水分蒸发,达到节省灌溉用水。据测算此方法可节水 9% ~ 23%。

2.2.3.2 水肥耦合技术

水肥耦合技术就是以肥调水、以水调肥的方法。多上有机肥料,有利于水分的蓄积保持。

2.2.3.3 高效灌水经验

根据不同的果树品种的不同季节需水要求,按照农林技术人员指导的灌水量进行灌溉,或按照多年积累的丰产优质灌水经验进行灌溉。

3 结语

济宁市对山丘区采取综合措施,加大水土流失的治理力度,加大水利工程支持体系建设,减少地表水的径流,增加山区雨洪水滞蓄量,积极构筑坡面防护体系,2008 年修建层层拦蓄水利工程项目 128 个,全年共完成土石方 268 万 m³,投资 2 053 万元。截止到 2009 年,采取工程措施与非工程措施相结合,以小流域为单元,已治理水土流失面积 2 012 km²,占全市水土流失面积的 64%(其中小流域治理 59.59 千 hm²),实施生态修复面积达到 650 km²。增加降水有效利用量 3 460.67 万 m³;减少土壤流失 172.6 万 t;增加林草植被面积 7 290.8 hm²;实施节水灌溉面积 2.33 万 hm²;增加果园灌溉面积 0.6 万 hm²;山区直接受益人口 31.46 万人,脱贫人数 12.5 万人;解决饮水 19.3 万人。

工程完成后,形成 4 个省级水利风景区,35 个山丘区休闲度假村,16 个生态示范园。水利风景区分别是:曲阜孔子湖水利风景区、泗水县西侯幽谷水利风景区、贺庄水库水利风景区和邹城市狼舞山风景区,35 个山丘区休闲度假村,每年接待客人 12.5 万人。

新的治水模式改变了山丘区水土流失严重,荒山秃岭多,"光棍村"多,群众生产生活困难,贫穷落后的整体面貌,通过多年坚持不懈地一治一座山,一治一条河,一治一个流域等多种形式的连续开发治理,形成了"一河清泉水、一条经济带、一根产业链、一道风景线"的治理新格局。促进了山丘区经济的跨越式大发展,加大了生态功能保护,带动了生态示范园、生态示范区、生态观光度假等衍生经济的发展。产生了巨大的社会经济效益和生态效益。为济宁市国民经济可持续发展、科学发展作出了巨大贡献。

作者简介:牛奔(1956—),男,济宁市水利学会副理事长兼秘书长,研究员,中国水利学会会员(登记号:EQ81508004M),从事水利水电工程勘察设计、水利工程管理等工作。国务院特殊津贴专家,山东省中青年突出贡献专家,《济宁水利》杂志主编。联系地址:山东省济宁市中区红星中路 17 号。E-mail:2314631good@163.com。

泉城之水的思考

时玉兰[1]　仇登玉[2]　孙　莹[1]

（1.济南水文水资源勘测局,济南　250014；
2.山东省水文水资源勘测局,济南　250014）

摘　要：济南因七十二泉而得名泉城。泉城是资源型缺水城市。泉城因其特殊的地理、地质、地势条件,造就了泉水、饮水、洪水、污水之间的特殊关系。泉水之美妙、饮水之苦涩、洪水之凶猛、污水之烦恼,促使人们深刻地思考。本文对"四水"关系作简要分析论述,提出一系列科学措施和建议。以人为本、科学发展、认识自然、尊重规律、统筹兼顾、长远规划、人水和谐、开源节流,是治水之根本原则。

关键词：泉城　泉水　饮水　洪水　污水

美丽的泉城,因泉水而得名,泉水是泉城之魂。

神奇的泉水,吸引了多少文人墨客,留下了多少名联佳词,更留下了多少美丽的传说。甘冽的泉水,哺育了几多名士佳人,更让老百姓以泉水煮茗待客,其自豪感不言而喻。奇妙的七十二名泉,泉泉流传着美好的故事,处处蕴藏着难以破解的奥妙。

作为泉城水文人,我思考了很久。我想到了泉水,也想到了饮水,更想到了泉城的洪水和污水。泉水令我遐思。饮水让我感到苦涩。洪水给泉城带来了不幸。污水更使我们苦恼。

泉水、饮水、洪水、污水,都是与百姓生活息息相关、与经济建设紧密相连,更是党和政府情系民生之大计。"四水"是一个有机的整体,是相互关联、密不可分的。要将"四水"联系起来,进行深入细致地调查研究,弄清来龙去脉、相互关系,要相信科学,以人为本,科学合理地整体规划,统筹兼顾,让人水和谐,共同发展。使泉水更美好、饮水更安全、洪水变福水、污水变清流。

1　关于泉水的思考

泉水是自然界赐予泉城人的生命之水、幸福之水。千百年来,泉城百姓临泉而居、汲泉而饮、繁衍生息、代代相传。

由于经济社会的快速发展、城市人口的急剧增加,自然生态逐渐被破坏;气候条件的变化、城市化（不透水）面积的扩大、大量抽取地下水等,使泉水之源渐枯、停喷时间越来越长。自1981年开始,趵突泉连续3年发生断涌数月的现象,成为"半年泉";1988年8月~1990年8月,趵突泉断涌两年之久,沉沉入睡。自此,"家家泉水"的盛景,几乎成了泉城人的旧梦了。

在各级政府多方努力、热心专家建言献策,各有关部门采取有力措施（停抽地下水）

和全民节水保泉意识不断增强的情况下,2003 年 9 月 6 日,连续停喷近 3 年的趵突泉、黑虎泉恢复喷涌,至今(2010 年 8 月 5 日)未停。我们希望泉水永不停息。

然而泉城人也付出了沉重的代价:巨资修建玉清湖、鹊山水库,引蓄黄河水,改饮黄河水;放卧虎山水库之水补源和供应水厂;投资开采济西地下水。实现黄河水、水库水、地下水三水齐供,保证了市民的饮水供应,让百姓喝上安全的自来水。黄河水的味道,老百姓的感受是最深的。饮水与保泉的矛盾是非常突出的。

保泉成功,让泉水长流不息,让市民饮水无忧,好事只做好了一半。

大量涌出的泉水,在满足观赏后,白白流入护城河、大明湖、小清河。应该说这是优质水资源的严重浪费,是一种悲哀。泉城人深知:许多桶装水、瓶装水的品质、口感,均比不上泉城的天然泉水。泉水应在满足其第一效益——观赏后,发挥其更重要的作用——人饮。在黑虎泉边,每天都有许多人在汲取泉水泡茶、熬粥,常年风雨无阻、乐此不彼。泉水要实现先观后用,才能体现泉水的更高价值,才能让泉城人更自豪、更健康、更满意,才是真正的以人为本,才是最符合科学发展观的基本精神。

如何实现泉水先观后用,这是一个非常值得研究的问题。我相信,在以人为本、关注民生、科学发展思想的指引下,经过深入调查研究、科学决策,是能够实现的。

建议:(1)泉水出泉池后直接引入水厂。首先满足水厂用水,多余的水再溢入河道。经过水厂必要处理的泉水,可作为优质直饮水,以多种形式供应市场。只要保证优质、价格合理,相信泉城人是可以欣然接受的。原有的普利水厂可以通过科学改造,专门用于泉水处理。也可以通过科学论证,就近建设小规模专用水厂,对泉水进行必要处理,供应市场。

(2)恢复开发济西地下水,加强济东地下水水源地建设。济东、济西地下水水源地的水质非常优良,水量充足,完全能够满足城市及当地农民用水需要。据分析:济东、济西地下水水质优于部分泉水水质。

(3)泉池外的河道景观用水,除泉水外,应主要由中上游河道蓄滞雨洪、城市中水、坑洞水等解决。泉水全部流入河道、大明湖、小清河,是非常可惜的。

(4)为保证泉水的持久喷涌,要在市区各河流的上游,大力发展绿化,涵养水源。大力开展小流域治理、荒山科学治理、山区河道治理等,建设串联式水库、塘坝,以滚水坝、迷宫堰、自动翻板闸门等多种形式拦蓄洪水,使各河道上、中、下游常年有水。城市建设要最大限度地增加透水、绿化面积,减少不透水面积。地面车位、楼间空地,都应进行绿化、透水改造。

2　关于饮水的思考

目前泉城的饮用水水源是黄河水、水库水、地下水三水齐供,并逐步实现分质供水。黄河水将以供应重点工业用水大户为主;人饮水将以地下水和水库水为主。据统计,城区人饮用水仅占总供水量的 15%。趵突泉、黑虎泉、五龙潭、珍珠泉四大泉群每天正常的泉涌水量为 10×10^4 m³ 以上,较好时可达 20×10^4 m³ 以上,相当于泉城自来水日供水量的 12.5% ~ 25%。基本能够满足城区人饮需要。但在地下水和水库水水源不足的情况下,为保证人饮需要,还是要供黄河水。当然,通过两大水库调节和水厂净化处理,供应的水是符合饮用水标准的。

大量泉水的白白流失，是优质水资源的严重浪费。就城市生活用水而言，仅济东、济西地下水和泉水，就很足够了。地下水以供应城市生活用水为主，地表水和黄河水以供应工业为主，各取所需，分质供水的目标是不难实现的。

济西地下水水源很丰富，济东地下水水源也很丰富。但作为一个快速发展的省会城市来说，再丰富的地下水也难以保障供应（包括工业）。况且地下水的水量与降水量的丰枯有着密切的关系。济东、济西的农业灌溉、企业自备井等也在大量抽取地下水。地下水超采的危害也是不可忽视的。只有科学保护、合理开发、节约用水、统筹兼顾，才能有效地保障供应优质、稳定的安全饮水。

节约用水，是在资源性缺水地区必须采取的、行之有效的首要措施。节约用水观念是市民整体素质的重要体现，减少浪费就是节约资源。开源节流是任何能源、资源利用的基本原则。各种节水器具的推广应用、一水多用、中水利用等，都是节约用水的有效措施。

中水利用，是开源节流的重要措施之一。中水主要用于绿化和环卫等。中水利用已经在一些地方和部门实现，并取得了显著成效。作为资源性缺水城市，必须采取政策性引导措施，大力推广中水利用。中水利用还需要技术和设施投入，但对于严重缺水城市来说，是非常重要和必要的措施之一。

3 关于洪水的思考

暴雨洪水，是最令泉城人民惧怕的。其威胁之严重甚于其他任何灾害；其来势之凶猛是任何人也无法阻挡的；其损失之惨重令泉城人民永远难忘。1987 年"8·26"和 2007 年"7·18"暴雨洪水，让我们记忆犹新、谈之色变。灾难之沉重、教训之深刻，不解决泉城的暴雨洪水问题，就无法向党和人民交待。

泉城特殊的地理环境、地形条件是暴雨洪水凶猛的首要原因；城市化效应又使暴雨洪水量成倍增加；南部高山陡坡陡沟使洪水汇集迅猛；南高北低大坡度的市区硬化地面，使暴雨落地成洪；北部黄河大堤横亘东西迫使洪水入小清河调头东流；河道棚盖和收水口不足，使马路行洪、市区汪洋；北部低洼地区易积难排、家家进水；立交桥下更是来水快、排水慢、车被淹、路被堵；小清河的坡降小、流速小，使洪水排泄缓慢。

要战胜自然就必须尊重自然规律，要尊重自然规律就必须首先研究和认识自然规律，必须相信科学，依靠现代科技手段。经过近 80 年的水文观测、研究，对泉城暴雨洪水有了更深刻的认识。利用这些实测的暴雨洪水资料，通过科学的水文分析计算，可以提出任何地点、区域、河段不同设计标准的防洪要求。因此建议：泉城应以"8·26"和"7·18"暴雨洪水的破坏能力进行设防。若再现类似暴雨洪水而不形成灾害，没有人员伤亡损失，就算是丰功伟绩了。

通过水文分析计算提出的防洪要求，还须进行必要而科学的工程措施和非工程措施的规划与建设。除了对本文第一部分的建议 3 进行措施（那是防洪与保泉的双效措施）量化建设外，建议采取以下措施：

（1）加强排洪暗渠和排洪河道建设与改造：要对市区的排洪暗渠（指小区和道路两侧排放雨水的暗沟）、排洪河道（包括市区河道和小清河）进行符合设计标准的建设与改造。

排洪暗渠的设计要根据需要扩建收水口和加大泄洪能力,要完全消除马路行洪现象。排洪河道的设计与改造,既要满足设计标准的排洪能力,又要考虑人性化和安全;要在保证设计洪水能够安全排泄的条件下,通过各种智能化措施(智能闸门)控制,实现全河滞蓄洪水(指入小清河前的河道)。当时可减轻小清河泄洪压力,其后用于景观和绿化。

(2)区域蓄水措施:各种居住小区和工商企业、机关单位等的建设,在其建设范围内因建设而增加的雨洪水量,是其建设前(天然状态)的 3 倍以上。引进外国先进经验,要求其在项目建设区域内(绿化区域、地面停车场等的地下),建设蓄水设施,自行消化所增加的水量,用于绿化。此蓄水设施也可结合中水设施进行设计和建设。无论是新建区域还是已建区域,全部采取这项措施后,有了蓄水再利用的经济效益(减少自来水消耗量),又在很大程度上减轻市区排洪压力,社会效益十分显著。日本东京倡导的屋顶花园工程,将各种建筑物顶面平台改造成为花园或绿地,既能改善环境、降低室温、节能环保,又能增加雨水的拦截量,减少洪水总量,减少因洪水而造成的损失,无疑是一举多得的有效措施。

(3)小清河治理和分、滞、蓄洪措施:小清河治理的主要目的是排泄泉城的洪水。泉城到底有多少洪水需要排泄? 小清河到底能有多大的泄洪能力? 这是一个必须回答的问题。30 年前的小清河是远近闻味的污水河。经过"8·26"后进行了第一次大规模全线治理、扩挖,其行洪能力大大提高,经受了 1996 年大洪水的严峻考验。结合城市规划与南水北调输水工程,又开始了第二次市区河段改造,进行河槽扩宽、建设两岸道路、绿荫与亲水景观等。改造后的小清河能否彻底解决泉城特大暴雨洪水出路问题,有待实践验证。不容置疑的是,只扩挖市区河段,不增加其下游河道的行洪能力,其排洪效益是非常有限的。其科学的配套措施应该是建设蓄滞洪区。利用河段下游(河段以外)低洼区域,经过适当开挖、围堤、设置进出控制闸门等,建设成为蓄滞洪区(人工湖泊或湿地)。既提高市区河段泄洪能力,又改善了区域水环境和生态环境。蓄滞洪区的规模和蓄滞洪能力与管理运行方式,需要进行科学的分析计算和充分论证。

(4)非工程措施:与工程措施配套而必不可少的非工程措施,即水量监测、预报、调度决策与控制系统。该系统的功能是:监测市区(集水面积内)降水量、各排洪河道重要断面和节点的水位与流量、蓄滞洪区水量,进行预测预报,提出调度建议方案。该系统的组成是:区域降水量遥测子系统(应布设十个以上雨量遥测站点);重要河道断面、节点、蓄滞洪区的水位遥测子系统;重要河道断面、节点的流量监测子系统;水位流量预报子系统;调度决策指挥子系统;执行控制子系统;附带数据库子系统。城市防汛指挥中心要全面掌握全部实时信息,根据预报和调度预案,通过严密决策和科学调度与控制,彻底解决泉城特大暴雨洪水问题,把灾害减少到最小甚至为零。

4　关于污水的思考

污水是困扰每个城市而又必须解决的问题。随着人口的增多、工商业的快速发展,城市排污量越来越多,水质也越来越复杂和恶劣。尽管采取了工厂外迁、污水就地处理与限制排污、建设城市污水集中处理厂、雨污分流、排污口水质监测等多项措施,但由于泉城特殊的地理环境、缺乏科学而长远的统一规划和各方面发展的不平衡,作为泉城排污河道的小清河,虽比 10 年前已大为改观,但仍然没有解决好。作为工商业飞速发展的省会城市,要解决好污水排放问题绝非易事。但只要科学规划、正确决策,终久是能够解决的。

建议措施:

(1)加强排污系统建设与管理,全面实现雨污分流,污水排放全部管道化(暗渠化)。

(2)产污单元(单位、企业、小区)自行就地处理(达到排污标准,或处理成中水再利用)与污水处理厂集中处理相结合。

(3)建立中水系统,减少排污量,鼓励产污单元零排放。

(4)建立严格的限制排污制度,实行达标排放、有偿排污,不达标污水不得排出。

(5)排污口设置要经过充分论证和统一规划。

(6)科学规划建设规模湿地,实现自然净化、生物净化,有益于改善生态环境。

(7)学习和引进国内外先进技术与经验,结合河道与道路、城建之给、排、蓄、透水工程等的规划、建设、改造,统一规划,统一建设、统筹兼顾。

5 对泉城"四水"的期待

泉城"四水"治理是一个严密而完整的系统工程,更与整个城市的规划建设密不可分。它关系到每一个人、每一个单位的切身利益,必须统筹兼顾、统一规划、科学治理。它又是一个长期的、宏伟的系统工程,要彻底改变现状,达到预期目标,需要几十年甚至几代人的不懈努力。工程措施的量化实施需要科学论证。要重视从源头抓起,自上而下、先上后下。上游各项措施落实了,下游的压力自然就减轻了。我们期待着梦想能够尽快实现,我们相信科学的梦想一定能够实现。

作者简介:时玉兰(1963—),女,工程师,山东水利学会会员。济南水文水资源勘测局。从事水文勘测、水文测报系统设计与建设管理、水文分析计算、防汛抗旱、城市水文研究等。联系地址:山东省济南市山师北街2号。E-mail:alandelong2006@126.com。

德州市建设节水型社会
实行最严格水资源管理制度

王东云　杨传静　杨秀芹

(山东省德州市水利局,德州　253014)

摘　要:德州市自 2006 年被列为全国节水型社会建设试点市以来,实行最严格的水资源管理制度,因地制宜开展了建设节水型社会的探索,逐步建立起较完善的水资源管理体系,已取得了初步的成效和经验。建设农业高标准节水示范区 14 个,高标准节水面积 95 万亩。2008年,关停了 72 个单位的 77 眼生活自备井,确保了城区居民饮水安全。共建成污水处理厂 14座,污水处理能力达到 42 万 t/d。全市水环境和自然环境恶化现象基本得到遏制,生态环境明显改善。

关键词:建设节水型社会　最严格　水资源　管理制度

德州市位于山东省的西北部,南与济南市隔黄河相望,西北部与河北省以卫运河、漳卫新河为界,西南与聊城市为邻,东与济南、滨州两地市接壤,总面积 10 356 km^2。德州市属暖温带,半湿润季风气候区域,多年平均降水量 527.2 mm,75% 以上集中在汛期(6~9月)。水资源总量 11.53 亿 m^3,人均水资源占有量 211 m^3,仅为全国的 10%,远远低于国际公认维持一个地区经济社会发展所必需的人均 1 000 m^3 水资源量的临界值,属严重缺水地区。在水资源总量有限而用水需求不断增长的情况下,单靠开源或调水,在短期内不可能从根本上解决日益突出的缺水问题。德州市实行最严格的水资源管理制度,建设节水型社会,强化需水管理,走内涵式发展道路,严格实施用水总量控制,遏制不合理用水需求,发展节水经济,提高用水效率,以水资源管理方式的转变引导和推动经济结构的调整、发展方式的转变和经济社会发展布局的优化,使有限的水资源保障经济社会的健康稳定发展。

1　现状存在的主要问题

1.1　水资源供需矛盾突出

据分析,德州市正常年份总需水量为 27.28 亿 m^3,其中生活需水量为 2.88 亿 m^3,工业需水量为 3.48 亿 m^3,农业需水量为 16.54 亿 m^3,生态需水量为 2.19 亿 m^3,其他需水量为 2.19 亿 m^3。可供水量为 15.28 亿 m^3,缺水量 12 亿 m^3,缺水率为 44%。在水资源匮乏的情况下,掠夺性地开采地下水,挤占生态用水,致使地下水因超采形成漏斗,引发了地面沉降等地质环境问题,水环境日益恶化。地下水超采加剧了水污染和水资源短缺的矛盾,形成了井越打越深、水越来越少、费用越来越多的恶性循环。

1.2　水资源调度和配置工程体系不完善

尽管德州水网已初具规模,但区域之间、流域之间的水源互济丰缺互补工程还未建成,因此实现全局性的水资源统一调度、优化配置尚需较大努力。

1.3　水环境不断恶化

德州市自1965年开采深层地下水,1995～2004年深层地下水年均开采量为2.04亿 m³,高强度的不均匀开采已造成3000多km²的地下水深层降落漏斗,通过对全市152眼 深井的水质监测表明,深层地下水属于高氟水,已受到不同程度的污染。据1995～2004 年浅层地下水实际开采量的调查,浅层地下水多年开采量6.60亿m³,多年平均超采量高 达1.17亿m³,2000～2004年根据对全市34个浅层地下水水质监测井的3次监测分析, 浅层地下水污染物总体含量呈上升趋势。德州市属于水资源匮乏区,多年来因超采地下 水而形成漏斗区,引发地面沉降、地下水污染、咸水扩散等现象。据全市369个重点企业 调查,工业废水排放总量12 717万t,达标率100%,其中排入污水处理厂1 884万t。尽 管污水达标排放,但由于污水处理工程不完善和污水处理深度不够,仍造成水源污染。

1.4　取用水管理仍然粗放

在水资源管理上缺乏严格管理的意识和手段,农业和非农业取用水管理,取水许可审 批和用水过程管理尚不平衡,仍未形成健全完善的节水型社会建设管理体制和运行机制。

1.5　整体管理水平有待进一步提高

德州市现行管理体制将水源、供水、排水、污水处理、再生水回用等水资源开发、利用、 保护环节的管理责任划归不同部门,在水资源的管理上存在职能交叉,责权不清,水资源 利用效率低,得不到合理利用和保护,管理体制需进一步理顺。

水资源管理法规有待健全,水价、水市场运行机制需要进一步健全完善,水资源管理 专项资金投入不足,不能保障水资源规划、监测、评价论证、节水技术推广等专项工作的开 展。

2　实施方案

2.1　建设节水型社会

德州市自2006年被列为全国节水型社会建设试点市以来,因地制宜地开展了建设节 水型社会的探索,已取得了初步的成效和经验。

建设农业高标准节水示范区14个,高标准节水面积95万亩,发展各类用水户协会 260个,农民用水户协会管理的灌溉面积171.86万亩。提高水的利用效率,对德州市工 业用水70%集中在电力、化工、造纸、纺织这一特点,重点开展"双百"节水工程建设,两年 来,全市投资技改8.5亿元,完成了工业节水技改项目69个,新形成年节水能力3 000万 m³。开展了66家较大用户企业的水平衡测试,对符合节水型标准的50家企业,由德州市 节约用水办公室分两批公布。关停小造纸厂4家,改造生产工艺2家,逐步优化了产业结 构。

为合理配置德州城区水资源,减少深层地下水开采,2008年,全部关停了72个单位 的77眼生活自备井,确保了城区居民饮水安全。

全市共建成污水处理厂14座,污水处理能力达到42万t/d,加大水污染的治理力度, 改善了生态环境。

2.2　水资源管理体系逐步完善

实行最严格的水资源管理制度,逐步建立起较完善的水资源管理体系,正在编制"德州市实施最严格水资源管理制度实施方案"。在全市实行统一规划、统一调度、统一发放取水许可证、统一征收水资源费、统一管理水量水质的管理体制,初步实现了对地表水与地下水、城市与农村的统一监督管理,合理利用和保护水资源。建立起一套运转灵活、信息畅通的工作机制,强化督促检查和考核落实,加强水管理队伍建设,通过制度建设,实现水资源的合理利用。

2.3　水资源保护力度不断加大

编制完成了"德州市节水型社会规划"、进行"德州市节水法规体系建设"、"德州市非常规水源利用及管理政策拟定"、"德州市用水定额体系"等专题研究,依法核定了水功能区纳污能力,严格执行《入河排污口监督管理办法》《饮用水源地保护区污染防治管理规定》,设置湖(库)供水水源地水质监测站点 8 处,设置入河排污口水质监测站点 24 处,增设支流入河口水量水质监测站点 6 处,在全市范围内共设浅层地下水监测井点 131 处,深层地下水监测井点 26 处,每月 10 日对水量水质进行监测。

2.4　加强执法能力,提升管理水平

建立一支作风优良的水行政执法管理队伍,通过培训、学习等各种再教育途径,加强水管理队伍建设,提高管理部门的行政能力。不断强化水资源费征收力度,大力开展违法取水综合整治行动,严厉查处违法行为,较好地维护了取用水秩序。

安装合格的量水计量设施,保证取用水计量准确,为实行总量控制打下基础,做到水费、水资源费、污水处理费应征尽征到位。

3　实施效果

3.1　建设节水型社会与德州经济社会发展相协调

德州市节水型社会以党的十六届五中全会精神为指针和中央水利工作为指导,以提高水资源利用效率和效益,促进经济、资源、环境协调发展为目标,以水资源统一管理体制为保障,建立了政府调控、市场引导、公众参与的节水型体系,实现水资源可持续利用,保障德州经济的可持续发展。实施以来,支撑地区生产总值从 2008 ~ 2020 年,年均增长 13% 的情况下,总用水年均维持微增长 0.8%。工业用水在支撑工业增加值保持年均 11.7% 的增长速度下,以每年 1.7% 的较小幅度增长,农业用水在支撑农业经济发展指标下实现负增长。节水型社会建设与德州经济社会发展相协调,支撑经济社会可持续发展。

3.2　科技支持

首先大力开展节水新技术的推广应用,聘请省内外相关专家,组成较稳定的专家指导委员会,为制定节水型社会建设的总体规划、政策措施和重大技术问题提供技术支持和指导。另外,针对建设中出现的重大科技问题,积极开展相关科学研究,进行科技攻关,为节水型社会建设提供相关技术支持。

3.3　全面改善德州生态环境

建设节水型社会,首先要控制地下水的开采,德州市水资源利用程度,远远大于水资源的承载力。节水型社会建设试点实施后,超采量将从现状的 2.5 亿 m³ 到 2020 年基本

达到供需平衡,地下水位逐渐恢复。工业基本实现零排放,农业实行节水灌溉,有效解决点源和面源污染。全市水环境和自然环境恶化现象基本得到遏制,生态环境明显改善。

3.4 有效提高水资源的利用效率

农业灌溉水利用系数可由目前的 0.51 提高到 0.7,工业水重复利用率由目前的 54% 提高到 80%,从而保证了水资源的高效利用,缓解了水资源的紧缺状况,提高了水资源的承载能力,为建设节水型社会提供有效的技术支撑。

3.5 经济效益显著

德州市到 2020 年可实现节水 3.57 亿 m^3,但德州市 GDP 较现状却翻了 7 番,若节水贡献率按 10% ~ 15% 计算,节水型社会建设可实现产值 638 亿元。农业用水实行总量控制和定额管理,定额基价、超定额累进加价制度,采取各种节水措施进行节水灌溉,调整种植结构,实现亩均增产 30% ~ 40%,若节水贡献率按 10% 计算,节水型社会建设可使全市农业实现增产 12 亿元。工业由于提高水的重复利用率,提高了生产效益,在用水量逐年降低的情况下,实现工业增加值较现状 5.9 倍的增长,若节水贡献率按 15% 计算,可实现工业增加值 291 亿元。节水型社会建设在产生巨大的社会效益的同时,也产生了可观的经济效益。

宝鸡市水资源特征[*]

刘战胜　　郭星火

（陕西省宝鸡水文水资源勘测局，宝鸡　721006）

摘　要：该文通过对宝鸡市水资源存在的总量不足、分配不均等特征分析，指出现阶段水资源开发利用现状及存在的开发利用率低、水质污染严重、水源建设工程滞后等问题，估算了全市可利用的水资源总供水量 66.11×10^8 m³，为宝鸡市社会经济可持续发展提供依据。

关键词：水资源　可利用水资源　宝鸡市

1　自然地理概况

宝鸡地处陕西省关中西陲，东邻咸阳，南接汉中，西、北与甘肃省毗邻，共辖 12 个县区。东西长 181.6 km，南北宽 160.6 km，总面积 18 172 km²。该市属温带大陆性季风气候区，四季分明，多年平均年降水量 600～950 mm，但时空分布不均。年降水总量的 50%～60% 集中在每年的 7～9 月。秦岭山区雨量充沛，南麓最高达 950 mm，北麓约 800～850 mm，渭河川道及渭北塬区约 650 mm。年降水量空间上呈由南向北递减趋势。降水在时间分布上的不稳定性及空间分布上的不均匀性造成宝鸡洪涝灾害连年发生。

2　水资源组成

全市主要有：渭河、嘉陵江、汉江三大水系。渭河自西向东横贯全境，流程 200.02 km，约占渭河全长的四分之一。发源于市境内的嘉陵江境内流程 102 km，区内多年平均径流量 7.95×10^8 m³。全市多年平均水资源量 37.11×10^8 m³，其中地表水资源量 30.49×10^8 m³，地下水资源量 17.25×10^8 m³，两者重复计算量 10.63×10^8 m³。

宝鸡地区常年可利用的水资源来自三个方面：一是当地径流，二是可开采的地下水，三是过境水。

2.1　当地径流

据降水资料分析，宝鸡地区多年平均降水量为 692.3 mm，年平均径流量 33.51×10^8 m³，年平均产流 24.41×10^8 m³。偏丰、平水、枯水年份的地表径流量分别为 57.09×10^8 m³、40.13×10^8 m³、30.82×10^8 m³。但由于径流分布不均，年季变化较大，每年可供利用的水量仅 14×10^8 m³。

2.2　可开采的地下水量

该市地下水资源拥有量 17.25×10^8 m³，可开采量 6.26×10^8 m³，实际开采量 3.43×10^8 m³，开发利用程度为 54.8%。

---

* 本文原载于福建省《水利科技》2008 年第 4 期。

2.3 过境水量

该市多年平均入境水量 21.08×10^8 m³,出境水量 49.69×10^8 m³。近年全市平均入境水量 10.57×10^8 m³,出境水量 34.60×10^8 m³(渭河 18.21×10^8 m³,泾河 0.262×10^8 m³,漆水河 0.361×10^8 m³,韦水河 0.295×10^8 m³,嘉陵江 5.342×10^8 m³,汉江 10.13×10^8 m³)。

3 水资源特征

3.1 水资源分布不足,时空分布不均

3.1.1 水资源总量不足

全市平均水资源总量为 37.11×10^8 m³,人均水资源量 990 m³,占全国人均水资源量的 44.3%,占全省人均水资源量的 81.8%。除太白与凤县外,黄河流域七县三区的人均水资源量仅 706 m³,低于世界严重缺水临界线人均 1 000 m³ 的水平。亩均占有水资源量 740 m³,低于全省平均水平,相当于全国平均水平的一半,属于水资源脆弱区。

3.1.2 地表水资源时空分布不均

在时间分布上,该市地表水受降水制约,年内、年际径流变化较大。每年 5 ~ 10 月的降水量占全年的 78% 以上,地表径流也集中在 7 ~ 10 月,占全年径流量的 50% ~ 70%,且多形成洪水而流失。水量年际变化相当悬殊,以千河为例,丰水年和枯水年径流量比值为 4.6:1。在空间分布上,全市水资源量呈南丰北枯之势。占全市总耕地面积和人口 95% 的黄河流域仅占全市水资源总量的 66.7%,人均占有水资源量 692 m³。粮油主要产区的凤翔、岐山和扶风三县水资源量人均、亩均都不足 330 m³,是资源性缺水严重地区。耕地面积和人口都占全市 5% 的长江流域,水资源量占全市的比例高达 33.3%,其中,人均占有水资源量超过 7 000 m³。即人口稀少、经济不发达的山区水资源相对丰富,而人口密集、经济较发达地区水资源却十分贫乏。

3.2 开发利用不平衡,综合保证率低

从地域分布看,长江流域水资源丰富,但开发利用程度仅为 2.65%;渭北塬区水资源开发利用率为 53.79%,属超量开发区;渭河川道开发利用率为 36.8%,渭北山丘区和渭河南岸区在 22% ~ 25%,尚有一定的开发潜力;宝鸡峡以上南北区在 0.3% ~ 3% 之间,开发潜力较大,但开发利用难度较大。全市地表水开发利用程度平均为 16.1%,地下水开采程度已达 55.6%。

3.3 水源工程建设滞后

全市的水源调蓄工程多建于 1970 年初期。近 30 多年来全市未修建一座大的蓄水工程,每年新建的水源工程仅为数百眼机井和少量抽水工程,年均新增供水能力 2.30×10^8 m³,而近 20 多年来,由于人口增加和经济发展,全市水资源需求量以每年 3.00×10^8 m³ 的速度递增,水资源的供需矛盾日趋扩大。

3.4 地表水体污染严重,降低了水资源的利用率

由于城区邻近的渭河、金陵河等水质污染严重,水质已超过地面水 V 级水质标准,城市供水水源主要傍河开采地下水,水源水质污染严重。其次,个别城镇生活及工业废水排入河道中,使地表水污染严重。根据有关部门监测,全市年均排放工业及生活污水 $10 \times$

10^8 t 以上,其中全市年均工业废水 6.50×10^8 t,城市生活污水 3.50×10^8 t,达标排放和处理程度较低,造成了地表水和地下水严重污染,市区地表 40 m 以内的地下潜水已不宜饮用。

4　供需情况分析

4.1　供水量

近年来,全市总供水量 66.11×10^8 m^3,其中地表水 32.70×10^8 m^3,占 49.47%;地下水 33.31×10^8 m^3,占 50.39%;其他水源 0.096×10^8 m^3,占 0.14%。在总供水量中,冯家山水库向市区供水 2.06×10^8 m^3,向宝鸡二电厂供水 1.45×10^8 m^3,向宝鸡峡灌区调剂供水 1.03×10^8 m^3,向咸阳羊毛湾灌区调剂供水 0.605×10^8 m^3。

4.2　用水量

据统计,近年全市平均年总用水量 68.78×10^8 m^3。按水源分,取用地表水 34.74×10^8 m^3,占 50.51%;取用地下水 33.95×10^8 m^3,占 49.36%;取用其他水源 0.094×10^8 m^3,占 0.13%。按流域分,黄河流域 65.07×10^8 m^3,占 94.61%,长江流域 3.710×10^8 m^3,占 5.39%。详见表 1。

表 1　宝鸡市近年用水量汇总(按用途划分)

项目	农田灌溉用水	农牧渔畜用水	工业用水	城镇居民生活用水	农村居民生活用水	城镇公共用水	生态环境用水	年总用水量
用水量($\times 10^8$ m^3)	39.88	7.561	9.159	5.261	5.343	1.079	0.494	68.78
百分比(%)	57.98	10.99	13.32	7.65	7.77	1.57	0.72	100.00

4.3　供需分析

根据全市目前用水水平及工农业经济指标及人口状况,计算现状年保证率 50% 时需水量 13.81×10^8 m^3,保证率为 75% 时需水量 13.89×10^8 m^3,保证率为 95% 时需水量 13.98×10^8 m^3。详见表 2。

表 2　宝鸡市用水供需现状　　　　　　　　　　　(单位:10^8 m^3)

保证率		$P = 50\%$	$P = 75\%$	$P = 95\%$
可供水量		12.11	11.86	11.38
需水量		13.81	13.89	13.98
缺水量	年	1.700	2.040	2.600
	日	0.004 7	0.005 6	0.007 1

据有关部门测算,以目前全市 13.4×10^8 m^3 的总供水能力计算,未来几年,市区 GDP 平均若按 15% 左右计算,到 2010 年,全市水资源需求量达 14.91×10^8 m^3,供水能力仅 12.53×10^8 m^3,净缺水 2.38×10^8 m^3,缺口达 15.9%,到 2020 年,缺口达 24.8%。因此,

要从根本上解决宝鸡水资源的不足问题。

5　解决水资源紧缺的有效途径

5.1　非工程措施

5.1.1　建立健全水环境保护利用体系

宝鸡市境内的渭河、金陵河、清姜河等重要河流目前均受到不同程度的污染,渭河尤为严重。因此,必须建立健全水环境监测体系,针对性地制定水资源保护措施,实施依法治水。其次,根据水功能区划情况,建立水源保护区,从源头上保护好水资源。搬迁污染企业,限制建立新的污染企业,使水源污染问题得到有效遏制,还渭河一个清白。同时,开发利用渭河水资源,使每年 34.60×10^8 m^3 的出境水量能有 10% 左右能被工、农业生产充分利用。每年可节约出水量 3.46×10^8 m^3 左右。

5.1.2　实行水资源的有效利用

要弥补宝鸡在不同发展时期中水资源的不足,必须在满足城乡居民生活用水的前提下,做好工业及农业这两个用水大户的文章。

(1)工业用水。应提高水的重复利用率,扩大循环用水量,减少生产中的用水环节。使工业用水重复利用率全市达到 75%,市区达到 80% 以上,工业综合万元产值耗水量下降至 20 m^3 以下,城市供水有效利用率达到 93%;节水器具推广率 100%,城市污水处理率达到 80%。处理回用量达到 70%。每年可节约水量 3.0×10^8 m^3 左右。

(2)农业用水。首先,应改造灌溉节水工程、改造渠系和田间工程,提高渠系水利用系数;其次,应改变陈旧的灌溉方式,推广新型节水灌溉技术,适当发展喷灌、滴灌、微灌等灌溉技术,提高灌溉利用率。使现阶段农业灌溉用水的利用率从不足 50% 提高到 60% ~ 70%,每年可节水 5.0×10^8 m^3 以上,进而从根本上解决宝鸡水资源的紧缺问题。

5.2　工程措施

目前,全市共有各类供水工程 22 269 处。其中:水库 107 座(大型 2 座,中型 5 座,小型 100 座);池塘 558 座,总蓄水能力 8.46×10^8 m^3;抽水站 1 864 处,引水工程 560 处,打配机井 16 275 眼,其他 2 905 处;建成水窖 11 722 座,蓄水能力达 $0.003\ 5 \times 10^8$ m^3。从工程措施上看,要根本解决宝鸡水资源紧缺问题,关键要抓好宝鸡水资源的主要来源区冯家山水库的水源、嘉陵江—清姜河饮用水水源及石头河水库向市区及沿渭城镇的引水问题。并应在渭河上游的小水河开发新水源(小水河年平均径流量为 0.78×10^8 m^3),同时在水资源开发和有效利用上下工夫。

5.2.1　引水工程

(1)引嘉济清工程。引嘉济清工程是将嘉陵江水引入清姜河,解决宝鸡市人畜饮水。经初步估算,年径流量约 4.00×10^8 m^3,年可供水 2.00×10^8 m^3。

(2)引红济石工程。引红济石工程是从汉江支流红岩河向渭河支流石头河调水,补充石头河的水量,每年可由红岩河向石头河调水 0.92×10^8 m^3,石头河年调节水量可达 2.7 $\times 10^8$ m^3。石头河水向西引入宝鸡市区,可解决沿线区县(蔡家坡镇、阳平镇等)及城市三区发展的用水问题。加快"引红济石"工程进度,确保从 2009 年起石头河水库每年向宝鸡市区和沿途眉县县城、蔡家坡、阳平、虢镇等重点城镇供水 4.00×10^8 m^3,到 2010

年年供水可达到 $8.00 \times 10^8 \text{ m}^3$ 的顺利实施,以满足本市社会经济发展的需求。

5.2.2　供蓄水工程

该市最大的水源工程——冯家山水库有效库容 $2.86 \times 10^8 \text{ m}^3$,年调蓄最大能力为 $4.0 \times 10^8 \text{ m}^3$。在凤翔县境内建水厂一座,经凤翔县城到岐山县城,再经法门寺到扶风县城新区和老城区,总管线长 80 km,日新增供水能力 $0.005 \times 10^8 \text{ m}^3$,增加年供水 $1.70 \times 10^8 \text{ m}^3$。

参 考 文 献

[1] 冯学武,杨化勇,等.潍坊市水资源状况与洪水资源利用对策[J].水文,2005,25(6):62-64.
[2] 顾圣华.上海市水资源特征[J].水文,2002,22(5):40-43.

作者简介: 刘战胜(1969—),男,工程师,陕西省宝鸡水文水资源勘测局,陕西省宝鸡市渭滨区益门堡宝鸡水文局。E-mail:BJ6859203@126.com。

北洛河流域延安境内水质变化情况分析

夏群超

（汉中水文勘测局,汉中　723000）

摘　要:本文以北洛河流域延安境内上下游两个控制断面为基础,分析了近10年来该流域内水质变化情况及原因,提出解决办法和对策,对开发利用北洛河水资源具有一定的指导意义。

关键词:北洛河　水质变化　对策

1　基本情况

北洛河,古称洛水或北洛水,是黄河的二级支流。干流发源于陕西省定边县郝庄梁,流经吴起、志丹、甘泉、富县、洛川、黄陵等县,总长 680 km,流域面积 2.69 万 km²,延安境内河长 385 km,流域面积 1.79 万 km²,是延安市境内最大的河流,因此对该流域内北洛河水质的系统分析,极大地有利于延安市对其合理地开发利用与分配,有着积极的现实的意义,能够缓解沿流域水资源缺乏问题。

2　水质分析数据

本文以延安吴起水文站和洛川交口河水文站两个基本断面为延安境内北洛河上下游固定监测断面,收集了近10年来该流域内的水质分析资料,通过对氯化物、总硬度、氨氮等十几个项目的监测,根据《地表水环境质量标准》(GB 3838—2002)对主要污染项目做了系统分析[1],分析数据见表1、表2。

表1　北洛河吴起水文站断面水质监测年均值　（单位:mg/L）

项目	1999 年	2000 年	2001 年	2002 年	2003 年	2004 年	2005 年	2006 年	2007 年	2008 年	平均值
氯化物	760	664	741	595	1 000	1 174	997	843	570	561	790
硫酸盐	198	202	293	166	226	398	270	344	380	511	299
矿化度	3 000	2 430	3 030	2 630	3 430	3 470	2 710	2 720	2 690	2 820	2 890
总硬度	1 110	895	1 070	809	998	1 090	1 090	906	928	1 060	996
氨氮	0.53	0.50	0.50	0.47	0.83	1.6	2.03	1.96	1.92	1.88	1.22
硝酸盐氮	14.5	11.8	8.61	11.8	13.4	18.2	19.8	16.8	8.74	8.26	13.2
高锰酸盐指数	1.6	1.6	3.4	3.8	5.5	5.9	5.0	5.2	4.5	4.2	4.1
五日生化需氧量	5.6	3.6	3	4.2	2.9	2.1	2.2	1.4	1.5	2.1	3.2
挥发酚	0.002	0.001	0.001	0.002	0.001	0.004	0.007	0.003	0.001	0.001	0.002
六价铬	0.106	0.071	0.073	0.068	0.075	0.059	0.075	0.074	0.082	0.076	0.076

表 2　北洛河交口河水文站断面水质监测年均值　　　　（单位:mg/L）

项目	1999 年	2000 年	2001 年	2002 年	2003 年	2004 年	2005 年	2006 年	2007 年	2008 年	平均值
氯化物	199	188	246	210	217	298	253	264	224	218	232
硫酸盐	146	96.8	130	154	169	238	191	157	203	221	171
矿化度	911	879	1 300	1 210	1 060	1 130	1 300	1 020	1 060	1 240	1 110
总硬度	383	364	427	395	399	472	383	387	405	437	405
氨氮	1.00	0.81	0.71	1.41	1.36	2.00	0.70	2.41	2.26	2.56	1.52
硝酸盐氮	3.62	3.52	2.69	3.04	2.82	4.87	4.50	2.32	3.49	2.72	3.36
高锰酸盐指数	1.7	1.7	2.2	2.9	3.3	3.4	3.6	3.7	3.5	24.3	5.03
五日生化需氧量	3.8	1.5	3.0	3.2	3.1	2.8	1.7	1.5	0.9	1.8	2.6
挥发酚	0.005	0.001	0.019	0.006	0.104	0.014	0.008	0.042	0.001	0.007	0.021
六价铬	0.036	0.022	0.031	0.022	0.016	0.012	0.019	0.022	0.036	0.032	0.025

3　水质变化情况分析

3.1　数据分析

从表 1 可以看出,上游吴起水文站断面氯化物含量超标严重,矿化度、总硬度含量高,为苦咸水和极硬水,硫酸盐自 2004 年后一直超标且有增长趋势,氨氮自 2004 年后全部高于Ⅳ类(1.5 mg/L)水质标准,硝酸盐氮有 7 个年份超标,近 2 年未见超标,六价铬近 10 年超标严重,全部高于Ⅳ类(0.05 mg/L)水质标准。从表 2 分析,下游交口河水文站断面氯化物有 3 个年份超标,矿化度和总硬度含量较高,为高矿化度水和硬水,硫酸盐含量相对较小。氨氮自 2002 年后多年超标,近几年一直高于Ⅴ类(2.0 mg/L)水质标准,硝酸盐氮和六价铬未见超标,但挥发酚自 2001 年后有 7 个年份超Ⅲ类标准值,达到Ⅳ类、Ⅴ类。从表 3 综合评价可看出,近 10 年来洛河水质以Ⅴ类为主,分析项目平均值除高锰酸盐指数和五日生化需氧量外,其他项目均有超标。

表 3　水质综合评价　　　　（单位:mg/L）

项目	Ⅲ类标准值	吴起均值	评价	交口均值	评价	综合评价
总硬度	≤450	996	Ⅴ类	405	Ⅲ类	Ⅴ类
氨氮	≤1.0	1.22	Ⅳ类	1.52	Ⅴ类	Ⅴ类
高锰酸盐指数	≤ 6	4.1	Ⅲ类	5.03	Ⅲ类	Ⅲ类
五日生化需氧量	≤ 4	3.2	Ⅲ类	2.6	Ⅱ类	Ⅲ类
挥发酚	≤0.005	0.002	Ⅱ类	0.021	Ⅴ类	Ⅴ类
六价铬	≤0.05	0.076	Ⅳ类	0.025	Ⅲ类	Ⅳ类
矿化度	300 ~ 500	2 890	高	1 110	高	高

续表3

项目	Ⅲ类标准值	吴起均值	评价	交口均值	评价	综合评价
补充项目标准值						

项目	标准值	吴起均值	交口均值
氯化物	250	790	232
硫酸盐	250	299	171
硝酸盐氮	10	13.2	3.36

3.2　递变分析

　　根据图1~图4可看出,吴起断面氯离子、硫酸盐、硝酸盐氮、六价铬年均值变化较大,且无明显规律,交口河断面相应年均值变化幅度较小,但上下游变化趋势基本相同。从图5可以看出,交口河断面除2005年氨氮年均值小于吴起外,其他年份均大于吴起,说明氨氮主要污染是在吴起断面以下造成的。

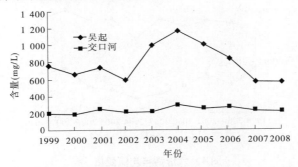

图1　氯离子年均值变化

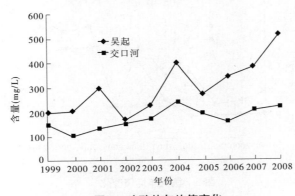

图2　硫酸盐年均值变化

3.3　整体分析

　　根据上下游水质状况分析表明,北洛河延安境内以苦咸水为主,氯化物、矿化度和总硬度整体较高,水质整体状况较差,有的项目长期超标,不适宜生活饮用。吴起、交口河断面氨氮、硫酸盐均呈增长趋势,分析其增大原因,可能有以下几方面:一是城镇化建设速度

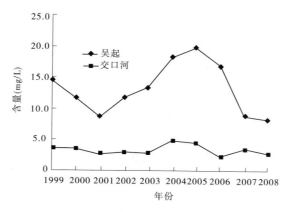

图3　硝酸盐氮年均值变化

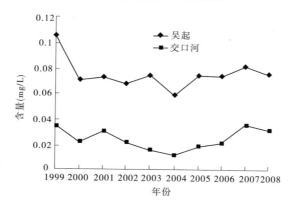

图4　六价铬年均值变化

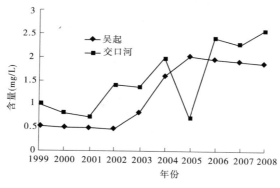

图5　氨氮年均值变化

加快,城市人口明显增多,集中用水、排水量加大,生活污水处理跟不上,造成氨氮、硫酸盐增长;二是沿河流域工业化发展加快,排污监督措施未能及时跟上;三是退耕还林还草工程加大了降雨截留,岩石土壤中矿物组分的溶淋量加大,加之多雨季节暴雨冲刷泥土和耕地中含氮肥料也可能导致硫酸盐和氨氮含量增大。此外,下游挥发酚超标现象,与近年来吴起、志丹等地区石油资源的大量开采和沿流域富县、洛川等炼化基地的建设、生产有着密切关系。

总体来看,分析近 10 年水质,以 V 类为主,除氨氮外,交口河断面监测项目年均值含量均低于吴起监测断面。此外,我们还对水中氰化物、总磷、砷等项目进行了监测,未见有超标现象,在此不作详细分析。

4 水质变化情况及对策

近年来,随着北洛河流域城镇化建设速度的加快,人口密度和工厂数量也日益增高,沿河流域污染源显著增多,水质污染问题日趋严重。虽然,沿流域各级政府不断加大力度,采取一系列有效措施进行环境改善,恢复生态平衡,但从分析来看,水质改善情况仍然不容乐观,有机物污染,特别是石油化工类污染尤为严重。

现今,如何充分合理有效地利用水资源直接关系到地方经济的发展和社会生活的稳定。对于水资源本来就短缺之地,如何加大北洛河流域水质改善的力度,提高其利用效率显得更为重要。

(1)加强北洛河流域退耕还林力度,涵养水源,减少盐碱地的产生和泥沙汇入量[2]。1998 年国家实行退耕还林制度以来,吴起县作为全国退耕还林第一县,还得最快,还得最多,群众受益最广,不仅减少了水土流失,增强了涵养水源的能力,美化了环境,还为农民的种植业转型拓宽了道路,增加了农民收入。退耕还林后吴起县年均输入黄河的泥沙量减少了上亿吨,对下游志丹、甘泉、富县、洛川等洛河流域的泥沙控制起了很大作用。近年来,国家借助退耕还林的长效机制,再次延长时间,流域内各区县应该认清生态保护的重要意义,抓住机遇,继续加强退耕还林力度,进一步减少洛河泥沙汇入量,绿化流域环境,净化水质。

(2)按照工农业及生活污水排放标准,合理规划,合理布局,避免造成污染后再治理的被动局面。近年来国家相继颁布了《地表水环境质量标准》、《环境质量与污染物排放标准》等其他一些质控标准,这些标准首先在废水、污水排放监测上提供了可靠依据,管理部门在这些监测依据的基础上就要有宏观的科学规划,特别是一些石油化工基地和人口居住较密集地区要建立完善的污水处理系统,采用较为先进的污水处理设备,采取集中式污水处理和排放,尽量降低由污水排放不达标而对河流造成的污染。

(3)严格监控北洛河水质变化情况,提高应对和处理水污染突发事件的能力,一旦有污染发生要能及时发现和处理。近年来,随着陕北地区石油、煤炭、天然气等资源大量的开采,由于翻车、燃爆、废旧尾矿垮塌等事故造成污染物泄露形成的突发性水污染事件骤然增多,这些都是突然发生、来势凶猛,在瞬时或短时间内排放大量的污染物质,对水环境造成严重污染和破坏。要及时应对这些问题,就要建立完善的快速反应机制,采用水文、水利、环保等多政府部门联合协作,一旦有突发性污染发生就要明确分工,采取切实有效的控制和保护措施,尽量减少污染物的入河量,同时协调上下游防治部门严格监控,逐级减小污染影响。

(4)利用化学处理和生态防护相结合的方法,采用流域阶段式污染防治方法净化水质。单纯的化学方法处理污染水质不仅造价高,而且还有可能导致二次污染,利用水生植物根及杆的附着微生物降解水中污染物,对改善河水水质,提高河流自净能力有重要作用,此方法已见研究报道[3]。利用生态防护法不仅价格低廉,而且对维持河流生态系统平衡、改善河道环境和持续降解污染物质有着长效作用。

　　(5)建立健全法律法规,完善水资源监督和保护制度。近年来国家相继颁布了《水法》、《水污染防治法》及一些其他的水资源法律法规,延安市在《水法》及《陕西省水资源管理条例》、《陕西省取水许可证制度实施细则》等法规制度的基础上相继颁布了配套的水法规范性文件和行政规章。但在具体执行过程中还存在力度不够、规划不合理、监督不到位等问题,不能达到水污染监管和水资源开发利用的统一管理。因此,为了水资源的可持续利用,由政府部门牵头,水利、环保、水文监测等多部门统一管理的法规制度应尽快制定和完善。

5　结语

　　北洛河作为延安市境内最大的一条河流,因为长年水质污染、水量缺乏导致水资源贫乏,供需矛盾尖锐,直接影响着工农业生产和人民群众生活水平的提高。随着西部大开发的到来和山川秀美工程的启动,给北洛河流域治理带来了千载难逢的机会,各级政府及相关部门应该抓住机遇,加快流域生态环境建设,合理规划,因地制宜,综合管理,切实建立起流域治理的长效机制,彻底改变流域水质现状。

参 考 文 献

[1] GB 3838—2002 地表水环境质量标准[S].
[2] 陶永霞,袁俊森,陈韶君. 北洛河流域延安境内水沙水质变化规律分析[J]. 人民黄河,2009,29(10).
[3] 李睿华,管运涛,何苗. 河岸混合植物带处理受污染河水中试研究[J]. 环境科学,2006,27(4).
[4] 刘开文,李友儒,白生华. 延安水系河谱[J]. 延安文学,2000:837-882.

　　作者简介:夏群超(1983—),男,助理工程师,陕西省汉中市水文勘测局。地址:陕西汉中劳动西路中段 106 号水文勘测局。E-mail:158962790@ qq. com。

新疆地源热泵技术的应用

黄玉英[1]　商思臣[2]

（1. 新疆乌鲁木齐水文水资源勘测局,乌鲁木齐　830000;

2. 新疆水文水资源局,乌鲁木齐　830000）

摘　要:基于新疆地表水资源紧缺,生态环境系统脆弱的现状,本文从如何减少废气的排放、减轻环境污染、利用新型能源这一目标出发,以新疆特殊地理环境下成功与失败的几例地下水地源热泵供热制冷应用的实例,提出了应该给予高度关注的几个问题,以能与使用地源热泵技术比较成熟的地区进行探讨交流,并对地源热泵技术做更进一步的宣传、研究和总结,使水源热泵能够更好地在新疆及其他西部地区广泛应用。

关键词:新疆　地下水　地源热泵　应用实例

　　新疆属于干旱半干旱地区,水资源紧缺,生态环境系统脆弱,保证社会经济和生态环境的可持续发展更是新疆当前面临的最重要的问题。目前,全球变暖的现实正不断地向世界各国敲响警钟,大气中二氧化碳等排放量增加是造成地球气候变暖的根源之一。特别是人类生产、生活所燃烧的矿物燃料,使大气中的温室气体大量增加,造成了大气污染,并导致全球气候进一步变暖。因此,如何有效地使用可循环的新型能源,减少矿物燃料的使用,减轻环境污染,遏制生态恶化趋势,成为一项当前急迫的重要任务。采用地源热泵供热制冷技术,是减少二氧化碳等排放量的有效途径之一。

1　生态环境不容乐观

　　由于受到人类活动的影响,新疆的生态环境状况不容乐观,尤其是城市的空气污染更是严重。如乌鲁木齐市,是新疆污染的重灾区,在全国都是排在前列的。

　　乌鲁木齐市是新疆维吾尔自治区首府,也是新疆工业最集中的城市,在全国 47 个重点城市中,排在空气污染最严重城市的第 3 位,并被列为世界上空气污染严重城市之一。城市空气中悬浮颗粒物、二氧化硫、氮氧化物等主要污染物年平均值全部超标。在冬季采暖期的 21 周中,乌鲁木齐市的空气污染指数均在 101 以上。其中,空气质量级别达到五级重度污染的有 12 周,空气质量级别达到四级中度污染的有 6 周;只有 3 周空气质量级别为三级较度污染。上述情况说明,乌鲁木齐市大气污染状况非常严重,已到了非治理不可的地步。这种城市污染状况形成和日趋严重的原因,主要是由于城市化进程的加快、人口增加、能源消耗量显著增长带来的,特别是以直接燃用原煤为主产生的煤烟型污染,加上城市汽车数量逐年增加,以及本地区荒山裸地多,植被稀少,绿化覆盖率低,抵御自然界风沙扬尘的能力较弱等多种因素综合作用的结果,加剧了城市的大气环境状况的恶化。北疆供暖期为 10 月 15 日至次年 4 月 15 日,达半年之久;南疆为 11 月 1 日至次年 3 月 31

日,也有 5 个月。仅以乌鲁木齐市计算,现有建筑物总面积约 7 000 万 m^2,其中采暖面积近 5 000 万 m^2。每年冬天就要烧掉 175 万 t 煤。可以想象,全疆每年排放的废气废渣数量是多么的巨大。

此外,特殊的地理条件和不利的气象特征,阻碍了大气污染物的稀释扩散,削弱了大气的自净能力。尤其是冬季,由于逆温天气发生频率高,加上降水稀少,成为冬季大气污染危害程度加重的客观原因。乌鲁木齐市 1998 年制定了一系列的政策法规,并采取了一些措施,提出治理大气污染的 5 年目标,即 5 年"蓝天工程",在 5 年内基本解决乌鲁木齐市冬季烟尘污染的目标,但未能实现。由于受地理、气候和现实条件等诸多因素的制约与影响,乌鲁木齐大气污染这一顽症还未能从根本上得到解决。

2　地源热泵应用的有利条件

地源热泵系统是一种利用大自然中蕴藏着大量的较低温度的低品位热能(也称自然能源,包括大气、地表水、海水、地下水、土壤等)的既可供热又可制冷的高效节能系统。新疆气候特征限制了地表水水源热泵的应用。冬季气温 5 个月左右在 0 ℃ 以下,水面结冰,河流封冻。而地源热泵中的土壤源泵由于初期投入较大,在新疆也是很少尝试。而采用地下水源热泵技术比较适宜新疆的实际情况。

新疆同我国北方其他城镇一样,冬季采暖期长,几乎全靠燃煤取暖。煤是各种能源中污染环境最严重的能源,只有减少冬季燃煤的使用,城市大气污染问题才可能得到有效解决。而随着国民经济的发展和人民生活水平的不断提高,建筑能耗占社会总能耗的比重越来越大,空调能耗又是建筑能耗的重要组成部分,能耗增加带来的是环境污染的加剧。当今社会,环境污染和能源紧张已成为威胁人类生存的头等大事。而从降低运行费用、省能源、减少二氧化碳排放量,以及减轻环境污染来看,采用地源热泵技术利用洁净的地热能源不失为一种有效的途径。

新疆现地下水开采量为 30%,开发利用程度大部分较低,除吐哈盆地和乌昌这两处有超采,全疆其他地区开采利用率都不高,地下水具有水量稳定、补给充足,埋深在 1 ~ 150 m,调蓄能力强、不易受到污染等特点,是工业、生活、城镇供水的重要水源。新疆目前地下水水质较好,且地下水水温比较稳定,介于 11 ~ 18 ℃,适合作为水源热泵水源,提取能量后再回灌地下,水质水量基本不发生变化,对于采用地下水源热泵技术具备了良好的条件。经过我们在南北疆几个地州的抽水回灌试验,抽灌比都在 1∶1 至 1∶3 之间。

3　地源热泵技术应用实例

近两年,新疆逐渐开始在城镇建筑业中尝试利用地下水和城市污水水源热泵系统为城市住宅供暖。但是,由于新疆在此方面起步较晚,实际经验不足,在开发利用过程中既有成功的典型,也有失败的例子,同时也暴露出了一些问题值得认真研究和总结。

3.1　实例一:位于天山北坡经济带的乌苏市城东新区地下水水源热泵系统

乌苏市城东新区以居住、行政办公及商业服务为主,具有承接老城区功能转移、工业区生活配套及吸纳奎屯、独山子等周边地区居民等多重职能。规划占地 6 万 km^2,容纳人口数量为 7.5 万人,供热面积为 394 万 m^2。

为节约能源和减少污染排放考虑,设计了新型的地下水源热泵系统作为冬季供暖和部分的夏季空调。针对城东新区建设情况开展了水文地质勘察,地质构造 25 ~ 30 m 为卵砾石层,地下水位埋深达 55 m。对附近的已有机井和新井做了抽水和回灌试验,单位涌水量 35 L/(s·m),渗透系数达 80 ~ 100 m/d,周边井出水量在 150 ~ 220 m³/h。

由于地层以卵砾层为主,透水性好,60 m³/h 回灌的水位升高在 50 ~ 60 cm。100 m³/h 单井出水全部回灌到一口井中水位升高也不超过 1 m,最后采用了 1:1 抽水井和回灌井的比例。

由于时间仓促,回灌试验短,做的不够彻底,据分析没有测出实际回灌能力,应还有回灌空间。

3.2 实例二:天山南坡东部水资源贫乏区的鄯善县楼兰帝王大厦地下水地源热泵系统

鄯善县楼兰帝王大厦及居民活动中心建筑面积为 11 万 m²。该区域地下水埋深 12 m 左右,周围 200 ~ 500 m 之内的农业机井出水量丰富,水量在 120 ~ 200 m³/h。项目区第一眼探采结合井,设计位置距离一口出水量 200 m³/h 的井不足 30 m,但是其出水量却很小,不足 80 m³/h。后据物探勘察分析,该探采结合井恰好位于两条古河道隆起处。由此可见,对水文地质勘察论证工作不能抱侥幸的态度,有时也许会碰巧出现预想不到的结果。

该地区属于地下水超采区,年水位下降 0.5 ~ 2 m,地下水主要是用途是农业灌溉,利用冬闲农业灌溉井抽水,夏季再只获取地下水的温度,可以节省打井、泵用电等很多费用,但是这种设想难以实践,这需要地方政府等有关部门协调统一。

3.3 实例三:南疆重镇喀什市大众蓝湾小区地下水水源热泵系统

喀什市位于昆仑山北坡,第四系松散沉积物巨厚,构成了优越的储水构造,克孜河是流经喀什市的最大河流,是喀什市地下水的主要补给来源,地下水埋深较浅,地下水补给来源充足,静水位埋深 1.5 ~ 2.0 m。

根据对项目区探采结合井所做的抽水试验和回灌试验,并参阅喀什市相关的水文地质勘察报告,喀什市农灌井和生活工业井,机井深度在 100 ~ 120 m,单井出水量在 200 ~ 250 m³/h。通过水源热泵交换热量后的地下水通过回灌井同层回灌至地下。水文地质参数:抽水试验含水层渗透系数为 $K = 40 ~ 50$ m/d。单位涌水量在 20 ~ 36 m³/(h·m)。

大众蓝湾小区总建筑面积为 7 万 m²,该建设项目水源热泵冬季供暖单井最大用水量为 380 m³/h。项目区地下水位在 1.8 ~ 2 m,埋深浅。在回灌试验之前分析,由于回灌空间小,估计回灌量不会太大,可能需要大于数倍抽水井的数量。通过回灌试验和计算,结果和预期的有很大出入。经分析论证,开凿抽水井数 2 眼,回灌井 4 眼,即 1:2 的抽灌井比就可以满足要求。

3.4 实例四:自治区首府乌鲁木齐市仓房沟路办公住宅联合楼地下水水源热泵系统

2008 年在乌鲁木齐市仓房沟路办公住宅联合楼使用地下水热泵技术,这是乌鲁木齐市乃至新疆较早利用地下水水源热泵供暖的项目。但是,由于没有进行前期的水文地质勘察和水资源论证,结果建筑面积为 4 万 m² 的办公住宅联合楼,打了 9 眼井,最后还要靠自来水补给才能使热泵勉强运行。当该系统不能运行时,建设方邀请我水文单位去做抽水试验及井鉴定,发现井深为 100 m,含水层 3 m,单位出水量仅 0.41 m³/(h·m),35 m

以下为泥质粉砂岩。

其失败原因是建设单位将水源热泵整个系统,包括打井、水源泵、供热系统的安装等都承包给了施工单位。而施工单位为了省钱,没有做水文地质勘察分析和水资源论证,甚至自己买台钻机打井,且不按照规范进行,井管周边没有下粒料,井管用钢锯锯了些条缝,最后导致水源热泵不能运行,只得借用自来水补充水源,耗水耗电,致使水源热泵系统投入几百万元却不能用。

3.5　实例五:乌鲁木齐市城市污水水源热泵系统

乌鲁木齐市市区地形为狭窄的盆地,地质构造复杂,加之人口集中,地下水开采量较大,近些年地下水位有明显下降的趋势。因此,利用地下水的地源热泵技术应用受到诸多限制。然而城市工业、生活污水量大,污水源热泵技术发展较快,尤其是 2009～2010 年,在市政府的支持和鼓励下,实力较强的建筑开发商开始重视前期污水源监测和论证工作,污水源热泵系统成功率高,发展平稳。

在乌鲁木齐主要城市污水管线处,由于对污水量不仅进行了日内变化观测,也对整个冬季长期变化过程进行了观测分析,基本掌握了污水量峰谷变化,从水量、水温、水质以及对下游污水处理厂的影响都进行了充分论证,在此基础上利用城市生活污水建立了不同规模的污水源泵,使城市污水得以充分利用,重要的是减少了对空气的污染。

4　小结

总结成功典型的经验以及失败例子的教训,可以看出以下主要问题需要引起我们高度的重视。

首先,政府应出台相关政策限制高污染高能耗建设,并建立有效的激励机制鼓励对可再生新能源的利用。由于政策支持力度不够,缺乏激励机制,建设单位对于采用地源热泵技术热情不高,缺乏积极主动性。我国中东部地区一些城市,对燃料供暖进行限制,鼓励有自然条件的一定要实行地源热泵。新疆在这方面就缺乏有效的政策和激励机制。因此,出台相关政策,建立有效的激励机制刻不容缓。

其次,要解决思想认识上的问题。建设投资方对地源热泵技术持怀疑态度,担心技术不成熟,习惯于燃煤锅炉采暖方式。即使认识到有许多优点,但由于前期投资大,如水文地质勘察、水资源论证、打井、专门的地源热泵设备等都比集中供暖耗资大很多,而远期效益建设投资方一时看不到,也就失去热情。应该认识到,采用地源热泵系统供暖及制冷,不但经济效益是长久的,而且对于减少废气排放,保障经济社会的和环境的良性发展具有重要的作用。

最后,要认真研究解决在地源热泵技术应用过程中以及系统建设和使用过程中存在的具体技术问题。由于新疆地源热泵技术的应用起步晚,近 3 年才在新疆开展水源热泵的摸索和使用,总结我们近几年的经验发现,在具体实施过程中确实存在一些问题:

一是不问自然条件盲目开展项目。只要听说是节能环保项目,对水文地质条件不作调查分析,在缺乏前期工作的基础上就盲目上地源热泵项目。

二是前期工作不扎实细致。没有专业资质及缺乏经验的单位做前期勘察论证工作,分析论证报告东拼西凑,不做抽灌试验,回灌不下去时就往下水管道中排放,根本达不到水资源循环利用。

三是抽水试验和回灌试验简单、时间短,浪费回灌余地,或者盲目多打井,给以后热泵系统实施和长期运行管理埋下隐患。

四是地源热泵井工艺粗制滥造。仿照农业灌溉要求打井,之前不作专业勘探论证,机井不作专业设计、监督,井工艺和材料不按照技术规范标准做,或凿井过深,造成财力物力浪费,影响到井和设备的寿命。

总之,虽然在采用地源热泵技术过程中存在这样或那样的问题,但是其经济和环境效益是显著的。以喀什市大众蓝湾小区为例,采取地热能源进行供暖,每平方米供暖年用煤量按 35 kg 计算,每 1 万 m^2 每年可以节约用煤 350 t,减少二氧化硫排放 4.48 t。每平方米燃煤为 22 元,2009 年采用地源热泵供暖,每平方米为 11.5 元。由此可见,如果在全疆推广此项技术,其经济和生态效益是多么巨大。鉴于地下水源热泵技术的应用涉及地下水资源的有效利用及污染问题,而该技术在国内尤其是新疆的应用时间又相对较短,人们对它的应用状况以及相关问题尚缺乏全面系统的认识。因此,有必要对水源热泵技术做更进一步的宣传、研究和总结,使其能够广泛应用。

参 考 文 献

[1] 窦立杰.地下水源热泵工作原理及特点分析[J].中华建设科技,2008(2).

[2] 曹举胜.地源热泵系统的应用及推广[J].中国高新技术企业,2009(11).

[3] 赵杨.浅谈地源热泵系统[J].金色年华学校教育,2010(4).

作者简介:黄玉英(1963—),女,教授级高级工程师,新疆乌鲁木齐水文水资源勘测局,联系地址:新疆乌鲁木齐市滨河路 120 号。E-mail:yuyingh@ 126. com。

城市河道橡胶坝建设及其对城市防洪的影响[*]

邢广军

（河北省张家口水文水资源勘测局，张家口　075000）

摘　要：城市河道现状一直是影响城市环境的一大因素。以修建橡胶坝为基础，在河道修建水上景观可以美化城市环境，改善城市河道两岸的小气候。但是，橡胶坝修建一定要有水文设计和防洪规划依据。盲目修建橡胶坝可能导致城市防洪体系遭到破坏，影响乃至破坏城市防洪工作，甚至可能造成不可预计的人员伤亡和财产损失。本文从水文设计和城市防洪规划的角度出发，对城市河道修建橡胶坝问题及其对城市防洪的影响提出了自己的观点。

关键词：城市防洪　防洪规划　橡胶坝　水文设计

1　问题的提出

在我国，有很多河流穿越城市而过。造成河流穿越城市这种现实存在既有历史原因又有现实原因。这种现实的存在对城市防洪提出了不同于其他无河道城市的要求。同时，城市改造美化是城市建设的重要内容，河道整饬改造势在必行。修建橡胶坝，进而建设水上景观是城市河道建设的一个优选方案。但是，如何修建橡胶坝并协调与城市防洪的关系、减小对城市防洪的影响已经成为一个迫切的问题。

2　橡胶坝修建的水文设计和防洪规划依据

2.1　橡胶坝修建的水文地质依据

一般情况下，在河道修建橡胶坝，需要掌握下列资料。

首先要摸清上游水文地质情况，包括上游所控流域内的河（支）流、多年平均径流量以及流域面积，流域内的水利工程建筑及其运行状况；收集水文气象资料，包括坝区所处地带、地质岩性、年均温度、最高最低温度，以及多年均降水量、降水量年内分配情况和年径流情况等；进行暴雨洪水特性分析、泥沙分析等工作。

其次，还要准备地质岩性分析、水文地质条件分析，以及相关专家对地质条件的综合评价；水文部门对流域内的降水、径流，特别是暴雨洪水的特性分析报告，以及预选坝址的河道特性分析。

再次，不能缩减河道行洪断面，要充分考虑到河床或河岸的变化特点，要估计建成橡胶坝后对于原有河道可能产生的影响。而且两岸边界处要有相应泄水设施，保证泄水通道无条件畅通。

还有，确定坝址上下游是否有可以作为滞洪区的开阔低洼地带，因为上游滞洪区可以

＊本文原载于《中国水利》2009 年第 10 期。

延缓洪水到达坝址的时间,下游滞洪区可以确保下游人民的生命财产安全。

暴雨洪水分析直接影响到橡胶坝设计的标准和两岸、下游泄洪以及滞洪情况。选取雨洪系列一定要考虑系列的完整性,对于特殊值,应合理推定其重现期。泥沙分析应分清悬移质和推移质泥沙分析。在北方山溪性河流或北方季节河流乃至易发山洪的河流中,推移质泥沙分析尤其重要,因为大量的推移质泥沙随洪水裹挟而下直接威胁橡胶坝的安全。

相关部门在最终作出建设橡胶坝工程决定前,应明确修建橡胶坝是否会对水文部门的测验工作造成影响。如果影响水文测验工作,应协同水文部门进行论证,是否可以对测站进行迁移,如确不能迁移,应改变坝址,防止影响水文部门正常测验工作。《中华人民共和国水文条例》第五章对水文设施与监测环境保护有明确界定,已经出台了水文条例的省市,在其条例中也有较为详细的规定。

2.2　修建橡胶坝的防洪规划依据

城市防洪规划以流域防洪规划为依据,贯彻"全面规划、综合治理、防治结合、以防为主"的防洪减灾方针。如修建橡胶坝、治理河道有利于防洪,不影响城市防洪排涝规划标准且有可行的安全调度及防范方案,则可以修建;如影响防洪防汛则应放弃修建。河道治理和防护的目的就是防洪防汛、保持水土。《中华人民共和国防洪法》第三章内容有明确的有关治理与防护内容的条文。

有河流城市的防洪规划,则更应详细规划河道防洪方面的内容,本着"低地低用"的原则,可将拟建橡胶坝下游的低洼无人地带设计为滞洪区。由于河道在市区,而市区人口密度大,如果修建橡胶坝,应做好防洪排涝工作,防止由于泄洪不力导致向两岸溢流。

2.3　可行性论证

如果拟建橡胶坝工程符合水文地质条件、符合城市防洪规划,有利于改善城市环境,那么就可以进行工程项目的可行性论证。项目负责部门召集有关专家、工程技术人员和橡胶坝厂家技术代表,对初期设计报告书进行论证,形成论证意见,设计部门根据初期设计报告和论证意见制作正式的橡胶坝工程设计施工报告书。

工程设计内容应涉及橡胶坝袋、锚固结构、控制系统、安全与观测设备以及土建工程等内容;工程施工应涉及土建工程施工、控制、安全和观测系统施工以及橡胶坝袋安装与调试等内容。

3　城市防洪防范、上游预警与滞洪区建设

在汛期,根据城市防洪的需要和汛前权威部门对本年度防汛抗旱形势的评估,橡胶坝管理调度部门应确定汛期橡胶坝的运行方式,是低坝、塌坝还是正常运行。同时加强对工程的运行管理,制订科学的运行方案和操作规程。加强检查、维修和养护力度,保证橡胶坝安全运行。

3.1　加强城市河道两岸排水系统改造

橡胶坝建成蓄水以后,随着蓄水量的不断增大,水位不断抬高,河道两岸的排水系统显得日益重要,一旦洪水来临,橡胶坝泄水不力,那么河道两岸的排水系统将发挥重大作用。如有需要,可以考虑建立防洪泵站,必要时配合泄洪分流。

3.2　橡胶坝群泄洪时,防止叠加效应

在同一河道,有连续的 2 座以上的橡胶坝,在本文中被称为橡胶坝群。

应加强对工程的运行管理。要根据坝的用途和工程特点,制订科学的运行方案和操作规程。加强对工程的检查、维修和养护,保证工程安全运行。橡胶坝严禁坝袋超高超压运用,坍坝时应均匀对称、缓慢坍落,严禁骤然放水而人为造成洪峰,给下游造成冲刷和威胁。

汛期,一旦洪水来临,橡胶坝群塌坝泄洪的问题就突出出来,如何使其在短时间内完成泄洪而又不造成下游损失,是一个调度策略问题。

如何正确调度? 首先一定要防止上游来水与被泄洪水以及被泄洪水之间的叠加效应。逆序逐级流水式泄洪,是一个可选策略。

逆序逐级流水式泄洪,就是在上游洪水到来之前,首先泄掉橡胶坝群最后一个坝的蓄水,在泄洪即将完成 2/3 时,开始泄其上一个橡胶坝的蓄水,如此重复,直至全部泄完。这样,所泄蓄水只有较小程度的叠加。调度方案一定要对橡胶坝群泄洪总的时间有很好的控制,避免和上游来的洪水叠加。如果下游有滞洪区,可以加快泄洪速度,滞洪区的"上吞下吐"功能可以实现削减洪峰的作用。

3.3　上游预警

汛期,为了橡胶坝安全运行,橡胶坝管理调度部门应主动与水文、气象部门及上下游水利工程管理部门取得联系,掌握水文预报和水情发展趋势,严密监视工程运行情况。

如果水文、气象部门的观测站点不能满足橡胶坝安全度汛的需要,可以在上游流域内建立满足预警要求的若干水位和雨量预警站,采用自动观测设备,进行实时数据传输。结合水文、气象部门的雨量和水文站实时信息进行汛期橡胶坝调度。

3.4　加强坝区及下游河道清淤疏浚工作和滞洪区建设

橡胶坝修建若干年后,会在坝区产生泥沙淤积,尤其是北方山溪性河流。泥沙淤积的产生导致坝区实际蓄水量减少。坝区下游河道同样如此。因此,选择适当时间清理坝区和下游河道淤积十分重要。

在河道城市的下游如果有大面积未开发的低洼地带,可以建立滞洪区,用于缓解汛期橡胶坝塌坝泄水对下游造成的影响。

滞洪区建设应充分考虑到当地人民的生产生活和国民经济建设,避免人为造成滞洪区附近居民生产生活困难。每年需要对已建滞洪区进行检查、修缮和清理,并适当对当地人民采取一定的倾斜政策或补偿措施,照顾好滞洪区人民的生产生活。

4　与有关防汛主要部门的合作

优选的汛期橡胶坝调度方案,应该是在与水文部门和防汛指挥部门建立紧密联系的前提下制定的。橡胶坝管理调度部门和相关防汛部门合作,可以实时掌握上游除预警站外的雨水情信息,进行橡胶坝合理调度,使其安全度过汛期。

5　结语

修建橡胶坝固然可以改变城市环境和面貌,但应服从于城市整体防洪规划的需要,根

据当地实际情况作出决定。从城市防洪和城市建设的角度进行橡胶坝工程项目设计,并配之以合理可行的汛期橡胶坝调度方案。这样,可以避免由于盲目上马橡胶坝建设项目而影响城市防洪工作。

参 考 文 献

[1] SL 227—98 橡胶坝技术规范[S].北京:中国水利水电出版社,1998.
[2] 中华人民共和国防洪法[M].北京:中国法律出版社,1998.
[3] CJJ 50—92 城市防洪工程设计规范[S].北京:中国计划出版社,1999.
[4] 陈波,包志毅.城市景观规划中的防洪策略[J].自然灾害学报,2003(12):147-151.
[5] 中华人民共和国水文条例[M].北京:中国法制出版社,2007.

作者简介:邢广军(1970—),男,高级工程师,河北省张家口水文水资源勘测局,联系地址:河北省张家口市桥西区沙岗东街副1号。E-mail:teddybear@188.com。

张家口市城市污水资源化规划

石佳丽

（河北省张家口水文水资源勘测局,张家口　075000）

摘　要:水资源缺乏,污水资源化是一种必然。本文对张家口市城市污水的现状进行了介绍,指出城市污水资源化是解决城市污水处理问题的新途径。

关键词:城市污水　资源化　工艺

1　城市污水资源化

1.1　城市污水资源化的概念

所谓污水资源化,系指将污水作为一种综合性资源再开发利用于国计民生之中。它是根据城市工业和生活所排放的各种不同性质与类型的污水水量、污染物质及其含量,参照所处的水土环境容量等自然条件、水质用途的标准、提取某物质的可能性,有针对性地采取系统工程或单项工程或简单形式等措施,按照因地制宜、因时制宜、因条件制宜的原则,从经济效益、环境效益和社会效益等综合出发,对污水进行有效地控制与净化,并加以浓缩,提取有用的重金属和其他有用物质。还可以通过食物链与物理生物化学作用,将污水转化并综合开发为各种资源或能源,再用于工业、农业、生活及其他用途与建设上。

1.2　城市污水资源化研究的背景

水是经济发展和社会可持续发展的一个重要因素。随着城市规模的不断扩大和人口的增加,水环境污染成了一大难题。城市污水是目前江河湖泊水域污染的重要原因,是制约许多城市可持续发展的主要原因之一。“环境保护”是我国的基本国策,中国可持续发展的战略与对策制定的 2000 年治理目标,要求城市污水集中处理率达 20% 。目前,我国正处于城市污水处理事业的大发展时期,尤其随着国家西部大开发战略的实施,中国中西部环境与生态保护已被提上首要议事日程。面对水资源短缺的困境,以传统方式加强对地表水和地下水的开采,还有近期出现的跨流域调水、区域内蓄水等方式,都存在着不可持续发展的因素:传统方式的水资源开采利用,必将导致水资源的加速枯竭,是维持短期内发展的途径;而新的解决途径,通过和其他方式的对比,具有成本高、投资风险大等特点,所以都存在弊端。随着经济社会的发展、污水排放量的增加、人们对污水研究认识的加深,出现了水资源短缺的新的缓解途径——污水资源化。

1.3　污水资源化的必要性

（1）实现污水资源化是控制流域污染,保护北京市供水水源,实施《21 世纪初期首都水资源可持续利用规划》的需要。

（2）实现污水资源化是治理城市水污染,改善城市环境的需要。

（3）实现污水资源化，改善洋河及清水河水质，对于保护张家口市的地下水资源、保障市区人民供水生命线意义重大。

（4）实现污水资源化是解决张家口市引污灌溉问题的关键。

（5）实现污水资源化，可置换出大量优质地下水。

综上所述，实现污水资源化，实现污水的处理再生利用和雨水的收集利用，不仅是张家口市环境保护的当务之急，同时也是张家口市城市发展和保护北京市供水水源的迫切需求。

1.4 污水资源化的工艺选择

一般而言，应根据污废水水质和回用水水质标准，对水处理操作进行多种组合，以选择经济可行的回用水处理流程。所以，选择污水的深度处理工艺流程，应抓住3个重要环节，一是选择先进的污水处理工艺使其出水水质达到或低于国家及地方环保部门规定的水质标准，为水的回用打好基础；二是选择满足回用的目的及回用水水质要求；三是处理设备的造价及运行费用。

2 张家口市污水量预测

因为污水量的预测直接影响到污水资源化的规模和具体途径，为了提高污水量预测的准确性，我们利用两种方法对其进行预测，一是定额法，二是递增法。这两种方法均有一定的误差，所以利用两种方法来互相补充和校核。

2.1 定额法

采用定额法计算出的生活用水量和工业用水量，考虑相应的折污系数，计算出相应规划期内的污水量。目前主城区内排水管网的普及率虽接近100%，但由于城区内平房的比例约占50%，平房内的污水折污系数远低于规范推荐的0.8~0.9。据预测，目前张家口市主城区污水量仅占用水量的50%~60%。未来20年，随着新区向南部扩大及旧城区的大面积改造，城区内的折污系数会大幅度提高。据此2010年折污系数取0.7，2020年折污系数取0.85，水量预测见表1。

表1 张家口市主城区污水量预测

年限	生活与工业用水量（万 m³/d）	折污系数	污水量（万 m³/d）
2005	16.0	0.6	9.6
2010	18.3	0.7	12.8
2020	22.9	0.85	19.5

2.2 递增法

该方法是根据现状用水量和用水量的增长率预测规划期内的用水量，然后根据折污系数求出相应污水量。该方法的关键是要确定用水量的增长率。增长率的确定应根据以往用水量的递增情况，并结合规划期内人口及经济的增长情况。通常，用水量的递增率应大于人口增长率而小于经济增长率。

2.2.1 用水量

张家口市主城区的供水由供水公司供水和自备水源供水两部分组成。自备水源仅有

1993～1999 年资料,供水公司提供的 1985～1999 年售水量资料。根据以上资料,综合分析张家口总的用水情况,呈下降趋势,年均递增率为 -3.54%。

2.2.2　人口

1990～1999 年其年均人口增长率为 1.94%,根据总体规划,张家口市主城区 2005 年规划人口 57.2 万人,2020 年规划人口 70 万人,2000～2005 年年均人口增长率为 2.77%,2005～2020 年年均人口增长率为 1.36%。

2.2.3　经济发展

根据张家口统计局提供的资料,1990 年张家口市主城区国内生产总值为 1.78 亿元,1998 年国内生产总值按不变价格计算为 5.66 亿元,其年均增长率为 15.6%。

根据张家口市总体规划,2005～2010 年国内生产总值年均增长率为 7%,2010～2020 年为 5%。

2.2.4　污水量预测

通过分析张家口市主城区的用水量变化规律,结合人口及经济增长规律,充分考虑目前张家口用水水平低的特点,来确定其未来的用水量增长率。目前主城区存在大量平房区,随着旧城区改造的进行,张家口市生活用水量应有较大增长。另外,随着工业企业的调整及经济的复苏,工业用水量在经历近年的低谷之后也有增长的需求。综合考虑以上情况,确定张家口市主城区 2000～2010 年用水量年均递增率为 5%,2010～2020 年年均递增率为 3%,因此按污水量递增法计算的污水量见表 2。

表 2　张家口市主城区污水量预测

年限	递增率(%)	总用水量(万 m³/d)	折污系数	污水量(万 m³/d)
2010	5	17.9	0.7	12.5
2020	3	24.1	0.85	20.5

根据以上两种方法的预测,结果相近,并结合实际情况,确定污水处理厂近期规模为 10 万 m³/d,处理率达到 78%,远期规模为 20 万 m³/d,处理率达到 100%。

3　张家口市城市污水资源化实施的措施

(1)要从全局出发,制定综合配套政策。要把污水资源化工作纳入地方国民经济和社会发展规划,纳入流域水资源开发利用总体规划,统一管理,统筹安排。

(2)大力宣传、引导全社会牢固树立水资源“稀缺”、水资源有价的观念,强化全社会节水意识;通过建立样板示范工程等多种方式,普及污水资源化知识,引导社会认识再生水。

(3)将污水资源化纳入城市规划。结合城市发展更新的各项建设,将中水回用建设纳入城市污水资源化的总体规划中,充分体现和把握集中与分散相结合的原则。

(4)尽快理顺水资源价格体系,培育污水资源化的动力机制。要尽快扭转水价偏低的局面,进一步增强全社会的节水减污意识,引导用水单位积极利用再生水;逐步调整污水处理收费标准,利用价格杠杆调节污水排放量,并合理补偿污水处理机构的运营成本;

要逐步建立"按质论价"的水资源价格体系。

（5）要保证再生水用户的利益，稳定并扩大再生水用户。再生水供水机构要通过合同的形式，就再生水的供水质量、稳定性以及供水事故的应急处理和损失赔偿责任等具体事项作出明确规定和保证，增强用户的使用信心；要制定明确政策，保留再生水用户的新鲜水使用权，解除再生水用户的后顾之忧。

（6）要拓宽污水资源化项目融资渠道，推动污水资源化项目企业化运营管理。要在理顺水资源价格体系的同时，逐步建立社会投资、政府补助、市场补偿和新型投融资体制。

总之，污水资源化使张家口市的水资源短缺得到缓解，其发展水平直接影响到城市广大居民的身体健康和生活质量的改善，对城市投资环境的改善和社会经济的可持续发展都有着重要的意义。

参 考 文 献

[1] 周彤.污水回用是解决城市缺水的有效途径[J].给水排水,2001,27(11).

[2] 高湘,李耘.污水资源化是水资源可持续开发及利用的重要途径[J].地下水,2000(6).

[3] 黄海歌.污水资源化是解决水危机的重要途径[J].陕西环境,2001(6).

[4] 平小波.略论污水资源化[J].山西能源与节能,2003(4).

作者简介：石佳丽(1979—)，女，工程师，河北省张家口水文水资源勘测局，联系地址：河北省张家口水文水资源勘测局沙岗东街副一号。E-mail：jenny790311@163.com。

京密引水渠距离生态河道有多远

王智敏 吴洪旭 刘 阳

(北京市京密引水管理处,北京 101400)

摘 要:京密引水渠作为一条为北京首都输水的明渠,安全供水是首要任务,各项工作都紧密围绕这项工作而开展,其中的水环境保护任务更是重中之重,水质安全也是一项重要指标。生态治河理念,从材料的选择、方案等方面更加科学,也更加接近自然,尤其追求的目标是还原水的自然、水的健康,这对京密引水渠的发展将会产生积极影响,京密引水渠距离生态河道有多远,这是一个值得探讨的问题。

关键词:京密引水渠 存在问题 生态治理 措施

京密引水渠作为向首都输水的大动脉,最主要的是保证安全供水,这个安全,涵盖了水质安全。由于本人管理范围仅限于昌平区管段,而昌平段具有管段长、情况复杂的特点,具有一定的代表意义,所以本文主要是针对昌平段进行分析

1 京密引水渠概况

京密引水渠,始建于 20 世纪 60 年代,全长 105.059 km,流经密云、怀柔、顺义、昌平、海淀五个区。原设计是以农业灌溉为主,进入 90 年代末,由于水源开始紧张,为减少渠道水的渗漏损失,分别于 1997 年和 2000 年对渠道进行全断面硬化处理。

昌平段,位于京密引水渠中间位置,上接顺义,下连温泉。由龙山管理所承担着管理昌平段的全部任务,是渠道最长的一个管理所。自半壁店大车桥(43 + 352)至后沙涧山洪桥(80 + 390),全长 37.038 km,途经兴寿、崔村、南邵、马池口和阳坊五个乡(镇),下设兴寿、崔村、东沙河和土城四个管理站,管理人员 41 人,渠道右岸有 25.4 km 为怀昌路(昌平境内),这是一条连接怀柔到昌平的交通主干线,路宽 6 m,机动车、非机动车共用一个车道,双向行驶,其中不乏危险品运输车辆;沿线 1 km 范围内有村庄 31 个;有稻田、苗圃、果园等经济作物区;有汽修店、加油站、垃圾堆放区、废品收购场所、汽车站、动物养殖场。

2 京密引水渠进行生态治理存在的问题

(1)水量不充沛。水是京密引水渠的命脉所在,连续 10 年的干旱造成水资源紧缺是主要原因,另一方面,汛期降雨形成径流时,雨水得不到充分利用,使得本来就十分紧张的雨洪资源白白浪费,得不到有效利用,雨洪不能导流到渠道中,而究其根本是渠道上游及周边环境的恶劣影响使雨洪水质指标达不到要求。

(2)京密引水渠的重要性得不到实质体现。复杂落后的周边环境已经远远不能适应

今天的发展要求。京密引水渠建成60余载,一直是粗放性管理,如今,随着社会的进步,我单位对水环境工作日益重视,提高了管理要求,但在人员管理、财力支持以及工作协调配合等方面却没有得到体现,矛盾渐渐凸显。是老百姓整体素质较低。单位进行了大量的宣传工作,在渠道两侧喷标语、挂横幅,但收效不大,渠道边溺水事件仍时有发生,百姓始终没能树立起渠道边禁止靠近的理念,现有法律法规没有得到有效贯彻实施。二是外地来京人员日益增多,一大部分在沿渠村镇租房定居,其乱扔乱倒的生活习惯以及从事的养殖行业对水环境产生极大威胁,村镇政府对其缺乏管理。而我单位作为职能部门,只能要求当地政府、环保局等配合协调解决,而无权强制其解决,使工作开展艰难。乱扔乱倒垃圾的现象得不到有效遏制。

(3)目前的怀昌路运行情况已成为对供水安全存在的一大威胁,50年前的道路设计显然已经跟不上社会的需要,目前怀昌路紧邻渠道,车流量非常大,道路与渠道间没有安全距离,缺乏提供安全保障的缓冲带,车辆一旦侧翻将直接入渠。2005年12月20日,市交管局发布通告,密云水库环库路及京密引水渠堤顶路禁止危险化学品车辆通行。尽管规定已经出台,但落实起来效果并不明显。禁止危险化学品车辆通行的标志已经安装在相关路口,但是依然可以见到危险品运输车辆。而且,任何车辆入渠都会对渠道水体产生影响,处理起来都会需要人力、财力、物力上的投入。

(4)水政执法力度薄弱,政策法律法规,不能保证有法必依,一味强调文明执法,对不听劝阻的游泳钓鱼人员束手无策,行使不了处罚权,造成钓鱼、游泳、渠边倒垃圾等各类违法行为,明目张胆,肆无忌惮,单位执法工作被动艰难。

(5)林木对水体的影响。渠道两边高大的杨树绝大部分已是过成熟林,加之近年来的干旱少雨,树木已失去生长条件,出现干梢甚至枯死。深秋时节,由于这些高大树木紧邻渠道,落叶相继飘落水中,沉入水底,腐烂变质,影响水质安全。

(6)渠道硬化后,河道天然自我净化能力显著欠缺,混凝土断面虽然减少了渠道的渗漏损失,却切断了水的自然呼吸,直接造成渠道水温升高,既加大了蒸发损失,也会影响水质安全。

3 京密引水渠实现生态河道必须采取的措施

(1)多渠道解决水量问题,首先是改善上游环境,加强水土保持,提高植被覆盖率,合理分布暴雨蓄水池,降低有害物的浓度。可考虑在适宜地带设立"简易人工湿地",避免雨水直接入渠。湿地可以减缓水流的速度,流速减慢有利于毒物和杂质的沉淀与排除,湿地植物能有效地吸收水中的有毒物质,净化水质。形成植物天然净化,雨水得到有效利用。二是在冀水进京的情况下,利用余水回补地下水,改善气候条件,促进水的良性循环。

(2)在自然降水充沛的条件下,拆除原混凝土渠道,恢复水的天然活力。渠道水面两侧可以种植一些高秆作物,如香蒲、芦苇等,适时修剪,投放鱼苗,解决水草疯长问题,拆除小挡墙,采用石块,原木加固渠坡,渠道两岸是自然的微地形,种植地锦固坡,点缀花灌木及宿根花卉。同时拆除影响河道自然美观的分水闸门和扬水闸门,农村灌溉已不再是以前的大水漫灌,预留闸门已没有任何意义,每年还要维护保养。

(3)拓宽京密引水渠的管理范围,彻底废弃掉怀昌路的车辆通行功能,作为巡渠专用道路,解决职工巡视中的安全问题,同时将两岸保护带延展,加大防护林与渠道的距离,在紧邻渠道内侧种植常绿树和花灌木,渠道外围种植高大树木起到防护林的作用。

（4）严格执行法律法规,做到执法必严。绝不能保护在渠道边有亲水行为人员的利益,维护水政执法人员的权威,这需要各级政府的协调解决。

4　京密引水渠的愿景

不论如何,京密引水渠都是一条饮用水明渠,即使采取生态治河的理念,其杜绝任何亲水行为的宗旨也是不应改变的。采取生态河道的理念,较之全线围网封闭,将会让路人在心里感到倍加舒适。这是一条可以远看但不能近距离接触的风景,对改善环境,提升潜在价值,具有不可估量的作用。实现这个愿景,需要政府下很大的决心,在崇尚自然、以人为本、和谐社会的大背景下,这个愿景极有可能实现。到那时,确实会是水清岸绿,花儿竞相开放,鸟儿自由飞翔 ,路人身心愉悦,这才是我们为和谐社会为之奋斗的目标。

作者简介:王智敏(1968—),女,北京市京密引水管理处。

缺水性地区供水河道水源污染风险分析

王　涛　邱海波

（北京市京密引水管理处，北京　101400）

摘　要：北京市作为缺水性地区，水源十分珍贵，作为水务管理者如何确保河道安全供水，水源不受到污染是时时需要认真思考的大事。本文以京密引水渠为例，分析渠道的周边情况，对渠道供水和水环境存在水安全各种隐患进行分析，从管理手段、处理措施等方面提出了一些建议以供参考。

关键词：京密引水渠　供水河道　安全风险　分析

北京市是缺水性地区，为建设"人文北京、科技北京、绿色北京"和建设世界城市的重大战略，水务人为城市的发展想方设法做好供水支撑保障工作。京密引水渠作为向首都北京输水的大动脉，与人民群众的生活密不可分，在紧密围绕水源安全、供水安全、水环境安全和迎汛安全的中心工作的前提下，面对日益紧缺的水资源形势，应当居安思危，强化忧患意识，不断提高对突发事件预见性和预防性的工作水平，提高应急处理能力。

在对京密引水渠周边范围进行调查后，通过对基础资料分析，查找对水源安全、供水安全和水环境安全存在的安全隐患，予以剖析，寻求解决方法，以实现事前预防、超前管理、保障安全的目标。

1　北京市水资源现状

北京属资源型重度缺水地区，属111个特贫水城市之一，是水库存水量全国下降最快的三个城市之一。人均水资源占有量不足300 m³，是世界人均水资源量的1/30、全国人均水资源量的1/8，远远低于国际人均1 000 m³的缺水下限。水资源紧缺已成为制约经济社会可持续发展的第一瓶颈。

2　京密引水渠作为供水河道水安全风险分析的必要性

京密引水渠作为向首都输水的大动脉，保证安全供水，既有社会效益，又是政治责任。随着首都的高速发展，人口越来越多，京密引水渠日供水量在为北京用水总量中占有相当重要的位置，而水体一旦被污染，恢复起来将十分困难；在水生态系统中，引水渠所占的空间及蓄水量都是很小的，但其社会地位却是其他水系统无法比拟的，它与首都人民的生活息息相关。京密引水供水系统中目前已将密云水库、怀柔水库、桃峪口水库、十三陵水库、马池口地下水源、张坊应急供水工程、南水北调总干渠等工程全部贯通，构成了地表水、地下水、境外水联合供水体系。京密引水渠可将众水源的水输送至团城湖，并通过团城湖的燕化泵站取水口、东水西调取水口、团城湖南闸及颐和闸向北京城市工业、生活、环境等用户供水,有必要将其受污染的概率降到尽可能低的范围。所以,对京密引水渠进行水安全风险分析,是事前预防、超前管理、保障安全的一个重要环节。

3 潜在的风险隐患分析及应对措施

3.1 工程安全隐患

京密引水渠海淀段全长 105 km,渠道上建筑物众多,其中山洪桥、过渠涵洞、倒虹吸、跨河公路桥是河道上的重要交叉建筑物。工程本体一旦出现问题对引渠的安全运行均存在不同的潜在隐患。

3.1.1 山洪桥存在隐患

山洪桥修建时间与引渠修建时间基本同步,在 1965 年左右,目前山洪桥中的部分进行改造消除了安全隐患。但是其他山洪桥由于桥面宽、改造资金多、改造难度大所以一直没有改造。存在隐患首先是山洪桥经过 40 余年的运行,底部梁、板钢筋锈蚀,混凝土炭化、剥落。其次是山洪桥作为当地村民出行的必由之路,经常有载重车辆通行。对桥体破坏的影响巨大。再次山洪桥承担上游雨洪过渠的作用,但是桥体的安全直接影响雨洪能否安全过渠,一旦雨洪较大造成桥梁坍塌,雨洪直接入渠会对引渠水质、供水安全造成较大不利影响。

隐患消除措施:不断加强山洪桥的检查观测,及时掌握桥梁变化情况。通过限制载重车辆通行山洪桥的措施,减少对桥体的进一步破坏。积极筹措资金对山洪桥进行改造或加固。

3.1.2 过渠涵洞存在隐患

过渠涵洞修建时间与引渠修建时间基本同步,道路改扩建工程将涵洞进口普遍延长。涵洞在渠下通过,进口、出口渠道和引渠基本垂直交叉,一旦上游来水较大涵洞满足不了排洪要求,雨洪漫堤会造成对引渠水质、供水安全产生不良影响。

隐患消除措施:加强对涵洞的检查,及时清理排水河道内和涵洞洞体内淤堵的杂物。

3.1.3 桥梁存在的隐患

尽管公路桥均为近 10 年来修建,但是桥体栏杆多为混凝土预制栏杆,通过近些年的观测,桥体栏杆被车辆撞毁的现象时有发生。一旦栏杆撞毁车辆落入引渠中对水体的破坏是非常严重的。

隐患消除措施:对桥体人行步道进行改造,抬高步道高度,使车辆不能接触到栏杆。同时提高栏杆的刚度。

3.2 入渠雨洪存在的隐患

通过渠道技术改造工程的实施,对有污染的雨洪入渠口进行封堵。所留雨洪入渠口基本没有大的污染。随着经济发展,情况在发生变化。为确保雨洪口排入引渠的水符合要求,应加强雨洪口上游河道的水土保持,提高植被覆盖率,合理分布暴雨蓄水池,降低有害物的浓度。有条件的,可在田地与水渠间设立"简易人工湿地",避免雨水直接入渠。湿地像天然的过滤器,它有助于减缓水流的速度,当含有毒物、杂质(农药、生活污水和工业排放物)的流水经过湿地时,流速减慢有利于毒物、杂质的沉淀和排除,湿地植物能有效地吸收水中的有毒物质,净化水质,或采用集雨池式沸石过滤系统,将雨洪中有害污染物质进行吸附处理。

3.3 公路交通安全隐患

渠道两侧均为公路,每天两岸过往车辆较多。2005年12月20日,市交管局发布通告,密云水库环库路及京密引水渠堤顶路禁止危险化学品车辆通行。该措施体现出对水源的保护。有关禁止危险化学品车辆通行的新标志已经安装在相关路口、路段,但是依然可以见到危险品运输车辆,应与交通部门联动,组织专项整治,水政执法人员应加大检查和资料收集,为交通部门执法提供准确资料(违法影像资料),加大对危险品运输车辆不按照规定线路行驶的惩治力度,强制提高司机的守法意识。

由于公路靠近引渠,过往载重货车较多,加之左岸公路较窄,经常有车辆撞损防护桩、防护网,所幸没有车辆掉入渠道,但是还是存在较多风险。渠道两岸公路夜间运输车辆较多,由于疲劳驾驶或超载运输,经常出现司机瞌睡导致车辆撞到护网,或由于车辆爆胎导致车体失衡撞到护网,所幸未造成车辆掉入渠道和人员伤亡。但是车辆掉入引渠的概率非常高。

隐患消除措施:加强与交管部门的联合管理工作,加大惩处疲劳驾驶和超宽、超载行驶的力度。完善工程设施,对道路狭窄经常出现撞损护网事故的地段,增砌挡墙,安装夜间反光警示牌来进行防护。或将公路迁移离河道较远地带。

3.4 渠道两岸自然因素对渠道影响

渠道两边高大的杨、柳树被誉为绿色风景线,但绝大部分已是过成熟林,加之近年来的干旱少雨,树木已失去生长条件,出现干梢甚至枯死。深秋时节,大量的落叶飘落水中,沉入水底腐烂,影响水质安全。应制定长远计划,逐段更新,营造崭新的绿色长城。

3.5 人为因素对引渠的影响

《两库一渠水源保护条例》明令禁止在渠道内游泳、洗衣和在渠堤露营的活动,但是目前在渠道、湖泊等水源地游泳的人还存在,盛夏季节在渠堤游玩、露营的现象也存在。要开展各种宣传工作,减少公众亲水行为,保障生命安全和水体安全。制定并完善与城管、公安、环保部门的联动机制,形成纵横交错的联合执法体系,确保生命之水不受污染。

4 采取各种有效措施确保一旦出现污染事故能够及时处理

4.1 制定完善各种预案

根据实际不断分析各种风险存在的可能性,详细制定各种处置预案。车辆掉入渠道,车上运输货物和车辆自身油体对水体造成污染。处理流程如下:

(1)调节、关闭渠道上节制闸,使节制闸起到分隔污染物和已污染水体与未被污染水体的作用,使污染物停留在引渠中,不影响下游用水户。

(2)根据对水源污染的物质特性采取措施。以油品污染为例采用的方法是:首先用气幕法或围油栏将溢油围栏挡住,防止更大范围扩散;然后再采用物理方法处理。

物理处理法包括,围油栏、油回收船、油吸引装置、网袋回收装置、油拖把、吸油材料吸油和磁性分离法等。机械的和物理的方法主要用于较厚的油层的回收处理,是目前世界各国使用的主要手段和方法。

利用吸油材料回收水面溢油,是一种简单并有效的方法。该方法不产生二次公害,是今后可以被广泛利用的防除油污材料之一。至今,应用最多的是聚丙烯和聚氨酯为原料制成的吸油材料,以及利用天然纤维加工处理制成的吸油材料。聚丙烯、聚氨酯制成的吸油材料,吸油性能好,效率高,吸油量至少在自身的 10 倍以上,而且不易变质,弹性、韧性好,能反复使用,但价格比天然纤维吸油材料贵。吸油材料的最终处理几乎都是燃烧处理,高分子材料处理起来就比较麻烦,需专用设备,且可能产生少量有害气体。因此,利用天然纤维作吸油材料无论从经济角度、还是环保角度都十分有发展前景。

(3)渠道污染物排除后及时对水体水质进行化验,确认不影响安全的情况下继续向下游供水。

4.2　不断演练提高处置能力

对于突发性水质污染事件的应对措施的诸多细节,还要进行真正的演练和演习。应在排查险情,深挖潜在危险因素的基础上下工夫。对不同的污染源能够及时准确判断。

5　结语

综上所述,通过对京密引水渠存在潜在安全隐患的因素分析,希望引起各方关注。解决这些问题,单靠某个部门的能力是远远不够的,需要政府投入,领导决策,全社会共同支持和配合。京密引水渠不能有丝毫的闪失,它对提高公众的生活质量,保证人民的健康饮水有着积极的作用,社会作用明显,确保京密引水渠的水安全有利于和谐社会的构建。

作者简介:王涛(1973—),男,工程师,北京市京密引水管理处温泉所书记。

生态护岸技术在清河河道治理中的应用

李明慧

（北京市东水西调管理处，北京　　10010）

摘　要: 经济发展和城市化进程的不断加快使得城市河湖已经从简单的防洪排涝发展成为包括排水、景观、人文休闲、生态等诸多功能于一体的综合系统。本文以清河为例介绍了清河两次综合治理工程，这两次治理体现了不同的治河理念，清河下段的治理在考虑排洪需求的同时更多融入生态治河的理念，对河道进行了生态修复。本文通过对传统硬质护岸和生态护岸的优缺点进行对比，阐述了生态护岸的必要性。河道的传统护岸方式是对河坡进行硬化处理，这种护岸方式在保持岸坡的结构稳定性、防止水土流失以及防洪排涝等方面起到了一定的作用，但传统护岸在不同程度上，对景观、环境和生态均产生了不良的影响，造成了水体与陆地环境的恶化，甚至严重威胁着人们赖以生产、生活的生态环境。随着人们对环境要求的不断提高，生态护岸技术得到了极大的发展。本文根据生态护岸技术在清河上的实际应用，介绍了清河两处典型河道生态护岸方案，同时对生态护岸材料的性能进行分析，然后从五个方面对河道生态护岸产生的各种效益进行比较，进一步阐述生态护岸技术在城市河道治理中起到的重要作用。文章最后根据工程治理和河道管理的实际经验提出几点建议。

关键词: 生态护岸　河道治理

1　概述

传统的河道护岸主要有浆砌或干砌块石护岸、现浇混凝土护岸、预制混凝土块体护岸等。这些护岸工程的造价均相对较高，且水下施工、维护工作难度较大。其最大的缺点在于，它仅仅从满足河道岸坡的稳定性和河道行洪排涝功能的角度出发进行设计施工，很少考虑对环境和生态的影响。

随着社会经济的发展和城市建设步伐的加快，城市河道建设不仅要使堤岸发挥出水利工程的功效，而且要融入城市园林景观、生态环保、建筑艺术等多种内容。也就是在这种前景下，生态护岸技术得到人们的广泛关注，并且进行了一系列较深入的探索和实践。

2　传统护岸的特点

常规的护岸工程技术主要考虑河道行洪速度、河道冲刷、岸坡稳定等，对环境因素考虑较少。河道的传统护岸方式是对河坡进行硬化处理，这种护岸方式在保持岸坡的结构稳定性、防止水土流失以及防洪排涝等方面起到了一定的作用。但是传统护岸工程的造价相对较高，且水下施工、维护工作难度较大。更加重要的是它们在不同程度上，对景观、环境和生态均产生了不良的影响，造成了水体与陆地环境的恶化，甚至严重威胁着人们赖以生产、生活的生态环境。传统的硬质化护岸和护岸结构将河岸表面封闭起来，阻隔了水土的连接通道,直接破坏了河岸植被、水生生物的栖息环境,破坏了河流生态系统的整体平衡,同时也使河道的自净能力遭到破坏,进一步破坏了河流生态系统和生物过程的连续性。由此形成的人工化、沟渠化、硬质化的河流景观,严重破坏了城市河流生态系统自然景观的多样性和美学价值。河流平面形状上的裁弯取直,横断面上的规则化,改变了河流蜿蜒的基本形态,违背了现代人回归自然、返璞归真的需要,更与现代城市的人文景观不相和谐。

3 生态护岸的概念和发展现状

3.1 生态护岸的概念

生态护岸指用活的植物,单独用植物或者植物与土木工程措施和非生命的植物材料相结合,以减轻坡面的不稳定性和侵蚀。生态护岸是现代河流治理的发展趋势,是以河流生态系统为中心,集防洪效应、生态效应、景观效应和自净效应于一体的新型水利工程。

生态护岸是"既满足河道体系的防护标准,又利于河道系统恢复生态平衡"的系统工程。生态护岸概念的内涵包括两个要素:一是河道护岸满足防洪抗冲标准要求,要点是构建能透水、透气、生长植物的生态防护平台;二是河道护岸满足边坡生态平衡要求,即要建立良性的河坡生态系统,由高大乔木、低矮灌木、花草、鱼巢、水草、动物沿滩地、迎水边坡、坡脚及近岸水体组成河坡立体生态体系。

3.2 生态护岸的发展现状

发达国家对环境和生态退化的问题认识较早,很早就开始研究传统的护岸技术对环境与生态的影响,认为传统的混凝土护岸会对环境带来不良影响,从而引起生态退化。为了有效保护河道岸坡和生态环境,提出了一些生态型护岸技术。

我国在生态型护岸技术方面的研究起步较晚,近几年在充分吸收国外河道整治和其他领域生态护岸研究成果的基础上,也取得了长足的发展。

4 生态护岸技术在清河的应用

清河位于北京市区北部,是西北部城市近郊区的主要排洪河道,发源于北京西山碧云寺,属北运河水系,流经海淀区、朝阳区、昌平区,在顺义区境内入温榆河,全长 23.7 km,流域面积 210 km^2。主要支流有黑山扈排洪沟、万泉河、小月河、清洋河。

近年来清河分别于 2000 年和 2006 年经历了两次大规模的整治,加固了清河流域的防洪体系,改善了河道周边的整体环境。这两次治理体现了不同的治理思路,清河上段的治理更多地考虑防汛排洪的要求,对河道护岸进行硬化处理。清河下段的治理在考虑排洪需求的同时更多地融入生态治河的理念,在河道整治的同时对河坡进行了生态修复。

清河下段综合整治以自然生态为主线,结合奥林匹克森林公园、生态居住小区、温榆河生态走廊建设,将河道建设成为满足城市景观要求的生态型河道,通过构建科学、经济、可行的生物群落,实现生态复原赋予河道以人性化的休闲空间,与周边环境融为一体,为喧嚣都市中的人们提供了悠然、宁静的活动场所。

4.1 生态护岸的设计及目标

在生态水利工程设计中,通常遵循以下原则:工程的安全性和经济性;提高河流空间的异质性;生态系统的自设计和自修复;景观的整体性等。生态护岸设计的最终目标应是在满足人类需求的前提下,使工程结构对河流的生态系统冲击最小化,不仅对水流的流量、流速、冲淤平衡、环境外观影响最小,而且要适宜于创造动物栖息及植物生长所需要的多样性生活空间。

4.2 生态护岸的类型

生态护岸主要包括自然原型、人工自然型、铁丝网和碎石复合种植基、土工材料固土种植基护岸等。自然原型护岸的做法通常采用发达根系固土植物来保护河堤和生态。如种植柳树、白杨等具有喜水特性的植物,由它们发达的根系稳固土壤颗粒增加堤岸的稳定性,加之柳枝柔韧,顺应水流,可以降低流速,防止水土流失,增强抗洪、保护河堤的能力。这种方法从工程角度上来讲比较简单。人工自然型护岸的做法不仅种植植被,还采用天然石材、木材护底。铁丝网和碎石复合种植基采用镀锌和格栅网装碎石、肥料及种植土组成。土工材料固土种植基可分为土工网垫固土种植基、土工格栅固土种植基、土工单元固土种植基等多种形式。

4.3 立水桥—外环铁路桥段河道右岸生态护岸方案

立水桥—外环铁路桥段河道右岸生态护岸采用石笼和生态袋护岸并绿化。常水位以下采用格栅石笼和高镀锌铅丝石笼加浅水湾,种植水生植物。使用两层 2×2 格栅石笼和铅丝石笼对坡脚进行保护,格栅石笼利用 80~250 mm 卵石填充,铅丝石笼内填现场土料。在河床浅滩处种植水生植物,两岸以缓坡与堤顶连接,坡度较陡处铺设生态袋,河坡进行植草绿化,种植景观树种,其间布置亲水小路及青石台阶(见图1)。

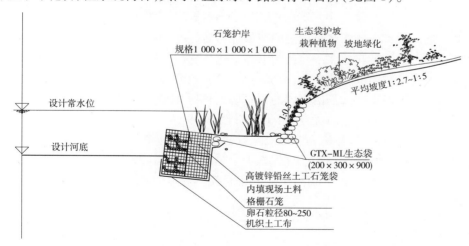

图1 立水桥—外环铁路桥段河道右岸生态护岸断面 (单位:mm)

石笼护岸具有很好的柔韧性、透水性、耐久性以及防浪能力等优点,而且具有较好的生态性。它的结构能进行自身适应性的微调,不会因不均匀沉陷而产生沉陷缝等,整体结构不会遭到破坏。由于石笼的空隙较大,因此能在石笼上覆土或填塞缝隙,加之微生物和各种生物的作用,历经漫长岁月,将形成松软且富含营养成分的表土,实现多年生草本植物自然循环的目标。生态袋允许水从袋体渗出,进而减小袋体的静水压力,同时袋中土壤又不能泻出袋外,达到了水土保持的目的,成为植被赖以生存的介质。此外,生态袋袋体柔软,整体性好,施工简便。

4.4 外环跌水闸下游河道右岸生态护岸方案

外环跌水闸下河道右岸在常水位以下采用生态墙壁砖(鱼巢砖)及浅水湾形式。坡脚以混凝土为基础,用 4 层生态鱼巢砖护脚,生态鱼巢砖规格 500 mm × 500 mm × 200 mm,土工无纺布垫底,覆盖 300 mm 砂砾料,在浅滩处种植水生植物,利用 6 层生态墙壁砖与缓坡连接,护岸顶部布置亲水小路,然后与堤顶连接,河坡采用椰纤植生毯植草绿化,并种植景观树种,局部置石(见图 2)。

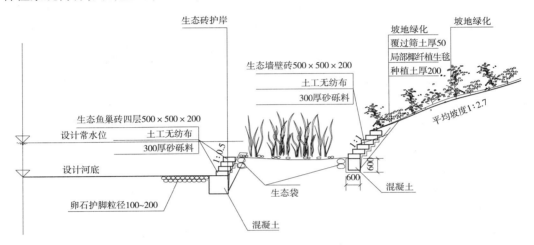

图 2　外环跌水闸下游河道右岸生态护岸断面图

鱼巢砖是一种具有生态修复功能的新型环保砖,一方面能为各种鱼类提供栖息、产卵场所;另一方面,水流带起的泥沙等遇到墙体减速后,会有部分沉积在鱼巢砖孔内,这些沉积物又能给水生植物提供营养来源,形成一个植物、鱼虾和其他水生生物共存的空间。椰毯,又名生态垫(ECOMAT),是由不同的可降解的椰纤维缝合、胶粘在合成纤维网或天然纤维网之内或之间。椰纤毯的优点是:①生态性好,产品的降解性好,环保性强;②防护性好,在边坡表面复合一层椰毯,并按一定的组合种植多种植物,通过植物的生长活动达到根系加筋、茎叶防冲蚀的目的,经过生态护岸技术处理,可在坡面形成茂密的植被覆盖,在表土层形成盘根错节的根系,有效抑制暴雨径流对边坡的侵蚀,从而大幅度提高边坡的稳定性和抗冲刷能力。

5 综合效益分析

5.1 河流生态效益

河流本身就是一个生态系统,它是大自然不可或缺的重要一环。采用传统方法进行堤岸防护对整个生态系统的破坏显而易见,生态护岸把水、河道、岸坡植被连成一体,在自然地形、地貌的基础上,建立起阳光、水、植物、生物、土体、护岸之间的河道生态系统。

5.2 河流自净效益

生态护岸可以增强水体的自净功能,改善河道水质。水体自净是指有机污染物受氧化作用而变成无机物的过程。生态护岸水位变动区的水生植物,既能从水中吸收无机盐类营养物(如氮、磷),其水下茎、根系又是大量微生物以生物膜形式附着的介质,有利于水体自净。

5.3　防汛排洪效益

生态护岸作为一种更加高级的护岸形式,首先同样具备抵御洪水的能力。护岸植被可以调节地表和地下水文状况,使水循环途径发生一定的变化。当洪水来临时,洪水通过坡面植被大量地向堤中渗透储存,削弱洪峰,起到了径流延滞作用。

5.4　景观效益

传统护岸多采用浆砌石、混凝土的硬质化施工方式,造成河道呆板、枯燥,失去了原有的自然美感,现在的生态大堤上建起了绿色长廊,昔日的碧水漪漪、青草涟涟的动态美得以重现,顺应了现代人回归自然的心理,并且为人们休憩、娱乐提供了良好的场所,提升了城市的品位。

5.5　成本效益

相对于传统护岸方式,生态护岸的施工更加方便、灵活,因此造价也相对较低。

6　几点建议

根据生态护岸在清河的实践经验提出以下几点建议:

(1)应对河道冲刷给予足够的重视,因为坡脚的毁坏是河岸不稳定的重要原因之一,适当大小的坡脚材料设置到足够的深度,才能延长河岸生物工程的寿命,生态防护工程的前提是保证工程自身的质量和安全。

(2)在不同位置的植被种植要充分考虑河道水位的变化情况,河道日常管理和水流调度要统筹考虑河道水生植物的生长对水位的要求。

(3)土壤作为植物生长培养基,应防止颗粒脱离和被冲走,土壤应被压实到一定程度,但不应过度压实,因为生物工程处理的长期成功取决于植被的成功,而土壤是植被生长的根本。

(4)工程实施后应进行监测和养护,尤其是在工程完成的初期,要确保植被有充分的成活率,并提前评估干旱或洪水等对工程的影响,以保证生态护岸的稳定。

7　结语

随着人们生态系统保护意识的增强和对自然的重新认识,利用生态工程技术进行护岸已经成为一种趋势。生态护岸技术的应用不应是单纯的技术问题,而是涉及公众意识、政策、管理理念等各方面的复杂问题。在某种情况下,生态护岸技术和传统护岸技术相结合才能取得预期效果。通过生态护岸技术在清河的应用也使我们充分认识到利用生态护岸技术对河坡进行防护是河流生态修复最直接、最有效的方式之一。

作者简介:李明慧,北京市东水西调管理处,总工程师。

水与城市规划和发展

李复兴[1]　李贵宝[2]

（1. 北京公众健康饮用水研究所，北京　100055；2. 中国水利学会，北京　100053）

摘　要：从城市的诞生与发展入手，概述了目前城市存在的水问题；阐述了城市规划与水的关系，提出城市规划应依水而行，量水而定；城市规划应依水而谋，量质而划；涉水部门应共同参与和协调城市规划。

关键词：水　城市　规划

水是世间万物生存的根本，城市是人类文明的集中地，更是创造文明的人类得以栖身的居所。水与城市的关系因为水的短缺和污染，以及城镇化的发展，从来没有像今天这样得以如此重视。

1　城市的诞生与发展

从古到今，从国内到国外，人类逐水而居，不少城市自然因水而诞生。水在城市诞生过程中，直接影响其风格和布局。水对城市的作用是全方位的，也是贯彻始终的。

在我国古代，城镇之间的往来在很大程度上是靠内河航运而发展壮大的，特别是沟通全国的大运河培育了一大批著名城镇。隋唐时期横贯东西的隋唐大运河，先后孕育了长安、洛阳、汴梁等一批著名的古都，元代以后横贯南北的京杭大运河则由于沟通了杭州、南京、北京等大城市的联系而使之更加繁荣，同时在运河沿线也先后形成了一大批与之息息相关的中小城市，如扬州、淮安、徐州、济宁、聊城、临清、德州、沧州、通州等。可以说，在那时没有水、没有水运，城市如何发展、如何得以繁荣，难以想象。

世界四大文明古国更与水有着紧密的联系，古埃及的文明孕育于尼罗河，古印度文明发源于恒河，古巴比伦文明诞生在底格里斯河和幼发拉底河两岸，而黄河成为孕育中华文明的母亲河。

现代城市大都是在古城镇的基础上建立和发展起来的。国内外许多大城市以及经济发达的地区，大多坐落在大江大河附近，如我国的珠江三角洲和长江沿岸的城市，欧洲的莱茵河经济带，美国的密西西比河沿岸等。城市的发展离不开水，城市的发展也带动了水产业、水文化的发展，然而城市的快速发展及其扩张也给城市带来了水问题：缺水、水污染。

有水使城市充满活力，缺水使城市走向衰亡。我国古代四大名镇之一的河南开封朱仙镇，在北宋时地处运河转口地带水陆要冲，得天独厚的地理位置使之成为盛极一时的水陆码头，而后来运河年久堵塞，水运不畅，商贸渐衰，城市也随之失去活力，成为鲜为人知的荒凉小镇。其他三镇，即江西景德镇、广东佛山镇、湖北汉口镇则仍借助水的活力，颇有名气。

现代城市的发展和繁荣同样要得益于水及其文化的发展。"上有天堂,下有苏杭",杭州之所以闻名天下,正是因为有了美丽干净的西湖。相比之下,武汉的东湖,除了是中国最大的城中湖、全国首批顶级4A级景区以外,似乎没有让人想到更多,于是就产生了"东湖大,西湖名"这样的评价。东湖除其文化底蕴与西湖相比较差之外,水质恶化,湖面一度被填占、资源丧失等也是困扰东湖发展的原因之一。

"水能载舟,亦能覆舟"。都江堰市因2 000多年前李冰父子修建的都江堰工程而闻名世界。由此看来,一座城市的兴衰与水是息息相关的。拥有健康的水系统并且能够科学配置合理利用水,让水与城市完美地融合,城市才能得到良好的发展。综观历史,无论是外国还是中国,水资源丰富的地区历来就是人口经济最繁荣的地方,著名的意大利威尼斯水城就是一典型。反之,水资源匮乏的地区其人口数量和经济能力均明显不如前者。

2　我国城市水问题

在中华文明的历史长河中,治水兴水历来是兴国安邦的大事。新中国成立以来,特别是改革开放以来,针对我国经济社会快速发展与资源环境矛盾日益突出的严峻形势,党中央、国务院把解决水资源问题摆上重要位置,采取了一系列重大政策措施。改革开放30年来,我国经济保持了年均近10%的高增长率,而用水总量实现了微增长,特别是近10年来,部分地区实现了零增长甚至负增长;以占世界平均水平60%的人均综合用水量,保障了国民经济3倍于世界经济平均增长率的高速增长。国家"十一五"规划实施以来,万元工业增加值用水量下降30%、万元GDP用水量下降20%两项节能减排指标按年度全部完成。

然而,人多水少,水资源时空分布不均、与生产力布局不相匹配,既是现阶段我国的突出水情,也是我国将要长期面临的基本国情。水环境保护形势依然十分严峻,面临许多困难和挑战。

城市,由于人口高度密集和其经济的快速发展、规模的不断扩大,加之旱涝灾害和水污染事故的不断发生,城市水问题更加突出。

2.1　缺水

缺水是我国城市普遍存在的问题,而且有不断加剧的趋势。全国约655个城市,近2/3的城市存在不同程度的缺水,其中严重缺水的有110多个城市。著名的南水北调工程就是为解决北方地区的缺水而建设的,这样可解决北京、天津等大城市的严重缺水现状。

其实城市调水早就有之,最早的如"引滦入津(天津)"工程。水源短缺制约天津城市的建设发展,影响了市民的正常生活。为了解决城市用水问题,国务院于1981年9月决定兴建引滦入津输水工程,跨流域从300多km以外引滦河水。1963年,香港遭遇历史罕见的特大旱灾,为解决香港水荒问题,中国政府拨专款兴建东深供水工程,1965年3月建成投产。随后,引水调水的工程有"引滦入唐(唐山)"、"引碧入连(大连)"、"引黄济青(青岛)"、"引黄入晋(山西太原、大同等)"、"引江济太(太湖)"、"东北的北水南调(松花江流域的部分水量调往辽河,以补充辽河中、下游及吉林省和内蒙古自治区沿调水线地区部分用水)"、"甘肃引大入秦(大通河水跨流域调至秦王川地区)"等。

　　另一种就是水质型缺水城市。如合肥市为典型的水质型缺水城市,巢湖虽然水量丰沛,但水体呈现严重的富营养化,特别是西半湖水质全年大部分时间为 V 类或劣 V 类水,2003 年合肥市城市生活用水停止从巢湖取水,不得不从上游的响洪甸、佛子岭水库调水。由此可见,对水污染问题、对节水不够重视,结果守在水边没水喝,还得舍近求远取水喝。同样,云南滇池由于水污染,不得不从滇中调水,外流域调水已成为把滇池救活的最根本的措施。

2.2　水污染

　　目前,全国现状受水量及水质不安全影响的城镇人口有近 1 亿人,保障城市饮水安全以及突发水污染事件的任务非常艰巨。2009 年,全国重点城市共监测 397 个集中式饮用水源地,其中地表水源地 244 个,地下水源地 153 个。监测结果表明,不达标水量为 58.8 亿 t,占 27.0% 。

　　城市水环境污染严重,水污染事故频发,有些污染已造成恶劣影响。如 2005 年 11 月,中石油吉林石化公司双苯厂发生爆炸事故,造成大量苯类污染物进入松花江水体,引发重大水环境污染事件,导致哈尔滨全城停水 4 天。2007 年 5 月,太湖蓝藻暴发,导致无锡市城区的大批市民家中自来水水质突然发生变化,无法正常饮用,导致了空前的无锡水资源危机,市区断水数日。可见水污染已经成为我国国民经济快速发展的重要瓶颈,如果不能很好地解决水污染问题,国民经济的发展将受到严重的制约。

　　城市面临的主要水问题可以概括为:多数城市河道断流,污水排放量不断增加,河道水质恶变,藻类暴发频繁;河道断面不断缩小,各种垃圾沿岸堆积,河道阻断严重,排水功能下降,流动水域变成一团死水;河道整治硬质化,过于人工化,生态景观布局差;城市水面不足,水域受到侵占。

3　水与城市规划和发展

　　改革开放 30 年来,我国城镇化发展水平从 1978 年的 17.9% 上升到 2008 年的 45.68% ;1978 年至 2007 年,全国设城市总数从 216 个增加到 655 个,增长了两倍多;人口城市化率由 17.92% 增加到 44.94% ,城镇人口达 6.07 亿,可见发展速度之快。各级各类城市全面发展。其中,20 万人以下的小城市,从改革开放之初的 116 个增加到 286 个,增长了近 1.5 倍,小城市人口从 1 331 万人增长到 3 760.1 万,增长了 1.8 倍;20 万至 50 万人口的中等城市,从 60 个增加到 232 个,增长了 2.8 倍,人口从 1 876.8 万增加到 7 410.1 万,增长了 2.9 倍;50 万至 100 万人口这一级别的城市,从 27 个增加到 82 个,增长了 2 倍多,人口从 1 994.7 万增加到 5 601.5 万,增长了 1.8 倍;100 万人以上的特大城市从 13 个增加到 58 个,增长了 3.5 倍,城市人口从 2 988.3 万增加到 14 830.1 万,增长了 3.9 倍,是增长最快的一类城市。

　　随着城市化进程的不断加快,城市水资源的短缺和水污染对环境与生态的危害,以及水质型缺水问题也日益严重地显现出来,给城市水资源利用与水环境的保护提出了更高更迫切的要求;城市规模的扩大和城市功能的提升,对水量、水质、水环境、水生态、水安全、水景观、水文化等方面都提出了更高的要求。这对涉水管水的部门来说是新的重要的挑战。

　　为此,水利部门提出:必须统筹考虑经济社会发展与水资源节约、水环境治理、水生态保护,实行最严格的水资源管理制度,推动经济社会发展与水环境承载能力相协调,实现经济社会的可持续发展。环保部门提出:把环境保护与推动发展方式转变、污染减排与促进经济结构战略性调整、环境治理与保障改善民生更加有机地结合起来,以解决危害群众健康和影响可持续发展的突出环境问题为重点,充分发挥环境保护优化经济增长的综合作用。

　　然而,目前我国的城市规划依然是由建设主管部门在主导、在编制,城市总体规划与水资源规划以及环境保护规划衔接协调的不够。而不论城市如何发展,总得以水为先。人类生存发展离不开水资源,城市的生存发展更是要依靠水,城市的景观美化更需要优良的水环境。

3.1　城市规划应依水而行,量水而定

　　大多数城市都是依托良好的水源发展起来的,城市是用水户最集中、用水强度最大、供水保证率和水质要求最高的区域,也是水资源供需矛盾最突出的区域。而我们在城市规划和建设中,很少考虑资源的承载力,没有做到以水定规模、量水发展。因此,城市规划应该以水定城,也就是说城市的规模、城市的发展都必须量水而定。同时,在规划中必须考虑节约用水和水资源再利用。一方面城市在叫喊缺水,而另一方面城市又存在着水的大量浪费。

　　由于城市规划和建设过程中缺乏对水资源承受力的考量,华北地区水资源超采量已超过 1 000 亿 m^3,相当于两条黄河的水量,形成了世界上最大的地下水漏斗区。由于地下水超采,我国现在大概有 60 余个城市、地区形成了大小不等的地下水漏斗。从东部的上海到西部的乌鲁木齐,从北方的哈尔滨到南方的海口,几乎所有大中城市都存在因超采地下水而形成的地下水位下降,而有松软冲积层分布的平原、盆地、河谷中的城市尤其严重。如苏州 50 多年来累计的沉降大于 60 m,沉降区几乎覆盖苏州全市。

　　城市规划应将水资源承载力作为其指导思想之一,改革和完善城市规划程序,加强城市规划与水资源规划和管理之间的协调,城市规划应充分考虑城市水资源统一管理及可能采取的措施,并将其作为必要内容以一定形式反映出来。在以往工作过程中,水资源综合规划对城市总体规划的约束作用不强,而依据城市总体规划制定的水资源综合规划更强调它的服务性,往往是“以需定供”的规划,城市发展的主观性极大地影响了水资源配置的合理性。因此,应以水资源为制约条件制定城市总体规划。城市总体规划是确定城市发展的主导规划,水资源综合规划是确定城市发展的重要依据。《中华人民共和国城乡规划法》规定:制定和实施城乡规划,应当遵循城乡统筹、合理布局、节约土地、集约发展和先规划后建设的原则,改善生态环境,促进资源、能源节约和综合利用,保护耕地等自然资源和历史文化遗产,保持地方特色、民族特色和传统风貌,防止污染和其他公害,并符合区域人口发展、国防建设、防灾减灾和公共卫生、公共安全的需要。《中华人民共和国水法》规定:流域综合规划和区域综合规划以及与土地利用关系密切的专业规划,应当与国民经济和社会发展规划以及土地利用总体规划、城市总体规划和环境保护规划相协调,兼顾各地区、各行业的需要。

如《北京城市总体规划（2004－2020 年）》在规划初期,特别强调生态环境承载能力、水资源条件对城市发展的约束限制。在论证北京适宜的人口规模时,重点论证了水资源承载能力条件下的人口规模,由水务部门完成的《北京地区水资源承载能力与建设适宜的生产生活方式研究》,为确定 2020 年北京市总人口控制规模提供了量化依据。同时在规划中增加了"资源和能源的节约、保护与利用"章节,提出了建设先进的节水型社会的目标和城市建设要量水而行、总量控制、统筹配置的原则,尤其要加强对重点发展区域的水资源配置的原则。

3.2　城市规划应依水而谋,量质而划

稳定的来水及其水量是城市规划的基础,而良好的水环境是城市的形象,是城市文明的标志,代表着城市的品位,体现着城市的特色。水环境是提升人居环境的基础。作为水乡城市,广大市民的日常生活与水密切相关,枕河而居、择水而栖是水乡市民的首选。因此,开展城市水环境规划也是城市发展总体规划的一个重要内容,同时也是城市人居环境规划的一个重要方面。

水环境规划和建设要力创城市特色,营造城市新亮点,展示城市个性。要体现生态性和亲水性。山无清水不秀,城无水景不美,人类有着天生的亲水性。随着经济社会的发展,广大市民生活水平有了很大提高,对生活环境和生活质量也有了更高的要求,人们向往自然。改善城市水生态环境,充分体现城市水环境的景观功能,是改善市民生活环境、提高市民生活质量一个很重要的方面,是城市文明的一个重要标志。所以,充分体现生态和亲水已经成为现代城市水环境建设的重点。

水环境建设必须融多项功能于一体。城市水环境的本质决定了它的多功能性,城市水环境建设要最大限度地将城市水利、城建配套、环境保护、文化布局、旅游开发诸多功能统筹布局。除了防洪、蓄水、环保、城市建设的功能外,更要赋予它景观的功能,文化的功能,提升城市品位的功能。

城市的规模与布局,要符合当地水土资源、环境容量、地质构造等自然承载能力,并与当地经济发展、就业空间、基础设施和公共服务供给能力相适应;环境保护要坚持预防为主、综合治理,强化从源头防治污染,坚决改变先污染后治理、边治理边污染的情况。近年来,不少城市因环境保护规划未与城市规划和城市建设同步实施,或在许多城市的总体规划中,对环境保护的论述往往还只停留在各个污染点治理的描述上,从而使城市环境遭到一定程度的破坏,环境污染日趋严重,致使城市环境建设不能进入良性发展的轨道。因此,随着城镇化战略的实施、全面建设小康社会的推进,人民对人居环境的要求日益提高,城市规划中的环境保护工作,特别是水环境保护越来越得到各级政府的高度重视。

安徽省安庆市在水环境建设中重点抓好"五个化",即文化、亮化、美化、净化、绿化,其经验和做法值得有关城市学习和借鉴。武汉市素有"百湖之市"的美誉,水资源丰富,称得上"因水而居、缘水而兴、以水为荣"。武汉市把水资源作为关系人民群众生活、城市可持续发展的核心要素,从保障城市合理用水和水资源永续利用的战略高度出发,大力推动节水、水环境保护以及滨水景观建设工作,2009 年 3 月被命名为"全国节水型城市"。武汉的汉口江滩,通过防洪工程的加强、滨水景观的营造,使之在洪水季节能够有效防洪,平日则为市民提供一个休闲娱乐的好去处;昔日凌乱不堪、常遭洪水侵袭的地方如今已成

为武汉市最亮丽的一道风景线。从 2002 年开始提出了六湖连通,使水景观与城市交融,提升了城市的品质与景观。桂林市从 1973 年到 1995 年,用了 20 多年时间重点治污;从 1996 年到 2005 年,重点对市区湖泊进行生态修复;从 2006 年到现在,开始全面生态修复的建设。目前,整个桂林市城市湖泊和河流生态修复都是相互衔接和贯通的,未来的桂林将是"千峰环野立,三水抱城流"。泰州市水系规划,其中的凤凰河的整治是泰州水文化水景观治理的缩影,通过综合的整治,凤凰河不仅还原成一条自然生态河道,而且成为充分反映泰州市流淌着人文气息的一条河。

总之,城市亲水景观在全国还有许多,它们对挖掘城市文化和水文化的内涵,提升城市整体品位,调整旅游业发展布局,塑造国际大都市形象,无不具有积极而又深远的历史意义。各大、中、小城市应结合城市自身的规模、所处的自然条件、经济能力、技术水平,因地制宜,量力而行;充分发挥水利、艺术、建筑行业工作者的聪明才智,对城市水利工程进行精心设计、精心施工,使其达到既有水文化的底蕴,又不危及城市和人民的生命财产安全。

3.3 城市规划应由涉水部门共同参与和协调

水是城市的血脉,是城市人民生活的基本需要,是城市经济发展的基本保障,是城市的灵性所在。水对于城市,不仅是生产生活的基本条件,而且是生态建设、经济建设、文化建设、社会建设不可缺少的宝贵资源。把宝贵的水资源充分利用好,是提升城市品位、增加城市魅力、繁荣城市经济、改善城市生活的必然选择。

实现人水和谐发展、亲水城市、滨水城市,必须多部门合作、沟通与协调。水资源应统一管理,水质水量要协调,水资源配置工作需要循序渐进。这方面黑龙江省的做法值得各地借鉴。

2009 年,黑龙江省全面推进滨水城市规划建设,以水兴城富城丽城,哈尔滨市在国内城市规划建设中首次提出"以水定城"。提出滨水城市规划建设的四个要:

一要抓好滨水城市水资源规划。树立生态理念,注重环境保护;树立文化理念,保护好城市历史文化遗产;树立功能理念,加强基础设施建设,满足城市的多种需求;树立时尚理念,在风格上注重特色,体现大气、灵气、秀气;树立经济理念,促进城市经济发展和产业结构调整。

二要抓好滨水城市水资源保护。要把城市滨水区的规划建设与实施国家江河污染治理重点项目建设和全省"三供两治"等重点民生工程结合起来,加快推进滨水城市污水、垃圾处理工程建设。要把滨水城市防洪堤防建设与景观建设结合起来,确保堤防安全。

三要抓好滨水城市水资源开发。要注重文化、休闲、贸易、旅游等多种功能的综合利用;要大力推进滨水城市旅游开发,加快五大连池、镜泊湖、兴凯湖等滨水旅游区建设。

四要抓好滨水城市水资源管理。加强国家《城乡规划法》的宣传贯彻落实和执法监督检查,理顺管理体制,共同把水资源管好用好。

总之,我们应该充分认识到城市不能"越摊越大",在城市建设中不能互相攀比、贪大求洋、劳民伤财地搞"形象工程",城市的发展一定得适度规模,努力实现城市建设与自然环境的平衡。必须清醒地认识到调水不是万能的,它只是解决水污染、水资源短缺问题的一种方式。任何一个城市的发展,到一定程度后都会受到资源环境的制约,我们必须寻找第三种方式来解决水的问题,发展低水经济,营造节水社会;以水定城、量水定城。必须树立"以水资源可持续利用支持经济社会可持续发展"的目标,追求人与水和谐发展的理念。实现城市与水和谐发展,必须坚持经济、社会、环境生态协调发展的原则,资源利用的代际原则和区域间协调发展的原则;统筹兼顾水资源的水质保障与水量保障,水资源总量的宏观控制与用水定额的微观管理,城市供水系统安全与生态系统安全,城市规模的发展需求与水资源承载能力的约束。

参 考 文 献

[1] 张忠祥,钱易. 城市可持续发展与水污染防治对策[M]. 北京:建筑工业出版社,1998.

[2] 竺士林. 城市发展与水资源[M]. 太原:山西科学技术出版社,1993.

[3] 张彤. 探索城市与水和谐发展之路[J]. 北京水务,2007(6).

[4] 张显峰. 专家建议:城市规划应该量水而定[N]. 科技日报. 2006 - 09 - 12.

[5] 姜文超,龙腾锐. 水资源承载力理论在城市规划中的应用[J]. 城市规划,2003(7).

[6] 靳怀春. 城市建设要高度重视水环境问题[EB/OL]. 中国知网.

[7] 毛利胜,周达,周以和. 水境规划在城市建设中的作用[J]. 西华大学学报(自然科学版),2004(3).

[8] 周魁一 谭徐明. 论水环境在城市规划中的地位[R]. 中国水城市长论坛,浙江绍兴. 2003. 10.

[9] 杜悦英. 专家称北京水资源问题是生态灾难 调水不能长久[N]. 中国经济时报,2010 - 06 - 10.

[10] 陈雷. 实行最严格的水资源管理制度 保障经济社会可持续发展[R]. 在全国水资源工作会议上的讲话. 2009 - 02 - 14.

[11] 周生贤. 在全国环境保护工作会议上的讲话[N]. 中国环境报,2010 - 02 - 01,http://www. indu-net. com. cn.

[12] 水利部. 中国水资源公报 2008[M]. 北京:中国水利水电出版社,2009.

[13] 环保部. 中国环境状况公报[R]. 2010.

作者简介:李复兴,男,北京公众健康饮用水研究所所长,研究员,北京宣武区南滨河路 23 号立恒名苑 3 号楼 2302 室。E-mail:idm@ chinaidm. com。

网格化管理在城市防汛减灾中的应用研究

王　毅　　刘洪伟

（北京市人民政府防汛抗旱指挥部办公室,北京　100038）

摘　要: 鉴于北京城市近些年极端天气多发,极端降雨增多趋势明显,而大江大河又多年未发生洪水,防洪工程未经受考验,加之,城市极端暴雨天气频发所带来的城市防洪难题,防汛压力剧增。因此,我们提出了城市防汛突发事件的网格化管理模式,并建立了防汛应急指挥平台,实现了防汛突发事件应急处置的流程化、规范化和标准化,建立了更加高效的防汛突发事件的应急处置机制。

关键词: 网格化管理　城市　防汛　减灾

1　问题的提出

1.1　城市极端天气频发、突发事件频发

近些年,北京市防汛形势呈现出一些新的特点。汛期极端暴雨天气频繁发生,2004年至2010年7月以来城市极端暴雨天气(小时雨量超过70 mm或日雨量超过200 mm)共35次。暴雨造成城市道路积水,地铁车站和地下通道雨水倒灌,危旧房漏雨倒塌,山洪泥石流等多种防汛突发事件,严重影响城市安全运行。极端暴雨天气具有突发性、局地性、雨强大、历时短、预测预报难的特点,给城区防洪排水造成压力,给防汛部门的提前布控带来难度。应对城市暴雨给北京市防汛安全带来越来越严峻的挑战。

1.2　城市防汛管理工作现状和挑战

为应对这些突发事件,防汛部门加强了应急管理工作,制定了多项应急措施,包括指挥体系、责任制和应急机制的建立,水雨情信息的监测、预报、预警、风险分析与灾情评估等服务系统的建立,应急抢险机动队伍的建设和各项应急预案的制订,城市防汛的各个部门之间沟通和联动得到了加强,积极性得以调动,为应对各类防汛事件奠定了基础,有效应对了极端天气,特别是在成功保障奥运和60年国庆的过程中发挥了重要作用。

但是在防汛突发事件的处置过程中,由于不同部门、不同领导对防汛突发事件的理解不同,对防汛突发事件的应急处置,没有可供参考的规范和标准,各部门应对防汛事件还处于一种相互独立的状态,从而间接导致了处置过程和处置结果不尽相同。这种现状,不仅存在防汛突发事件处置效率低下的弊端,也必然存在应急处置措施不当、效果不佳等风险,甚至可能因处置措施不当而造成严重的后果,对北京市防汛应急工作不利。

因此,北京市防汛部门提出了城市防汛突发事件的网格化管理模式,建立了防汛应急指挥平台,制定规范的处置流程,实现防汛突发事件应急处置的流程化、规范化和标准化,降低决策风险,提高防汛应急效率,显得愈来愈重要。

2　城市防汛突发事件网格化管理的基本内涵

2.1　网格化管理的基本思路和目的

网格化管理的基本思路就是按照防汛突发事件发生地点划分网格,网格内确定防汛管理关联部件,实现网格内的防汛信息联动,再造防汛应急突发事件处理流程。因此,网格化管理的主要节点是划分网格、明确管理部件、实现信息联动、再造处理流程。

实现防汛业务网格化管理的目的,就是建立以防汛突发事件应急响应和防汛业务并重的网格化管理模式,确定以责任制、预案和技术分析定位为主要的,由以技术服务为重点变为以行政服务为重点的管理模式,以防汛突发事件为驱动机制,实现防汛业务的精细化管理。

2.2　网格化管理的基本要素

2.2.1　事件

事件,即具有基本属性的防汛突发事件。事件的基本属性主要包括:事件类型、发生地点、事件等级、监视方式,触发条件等。当一件防汛突发事件发生时,作为防汛指挥部门,首先需要明确事件的基本属性,然后根据事件的基本属性,即可寻找到需要对该事件进行反应行动的部门、人物,以及物资等,因此事件是防汛应急管理的起点。针对北京市防汛特点,将北京市可能发生的防汛突发事件共分为六大类,即暴雨事件、河道洪水事件、城区积滞水事件、危旧房事件、山区泥石流事件和水利工程出险事件等。

2.2.2　部件

部件,是处置防汛突发事件过程中所有涉及的部门、人物、工程、物资等的统称。北京城市防洪涉及的部件主要有河流、水库、水闸、堤防、泵站、蓄滞洪区、抢险队、防汛单位、河道站、水库站、闸坝站、雨量站、积滞水监测点等。

2.2.3　网格

网格,是指分析和处置防汛突发事件的基本地理范围。根据网格的用途,可以分为分析网格和处置网格两类。分析网格主要是用于分析事件的起因和发展态势,它是事件动因的包络范围。处置网格则主要用于明确事件的责任单位以实现事件的精细化管理,它是事件涉及部件的包络范围.

2.3　网格划分的基本原则

网格的划分按照其目的可以分为分析网格和处置网格。前者可以作为水利要素分析的目标域,后者主要用于责任制落实、预案执行以及突发事件处置的基本单元。

分析网格划分可采用了泰森多边形网格、子流域网格两种分析网格。其中,泰森多边形网格,主要是用于暴雨事件分析,子流域网格主要是用于洪水事件分析。

以北京市 150 个雨量站为中心划分的泰森多边形,如图 1 所示。

以北京市现有的主要河道站、闸坝站、水库站为出口,根据 DEM,对山区范围提取子流域。以河道站为出口控制的子流域 13 个,以闸坝站为出口控制的子流域 5 个,以水库站为出口控制的子流域 17 个,共计 35 个子流域,如图 2 所示。

处置网格,是在分析网格的基础上,扩充至事件相关部件的空间包络范围,即首先以分析网格为基础,通过空间关系确定事件相关的部件,同时,根据业务关系和经验,对空间

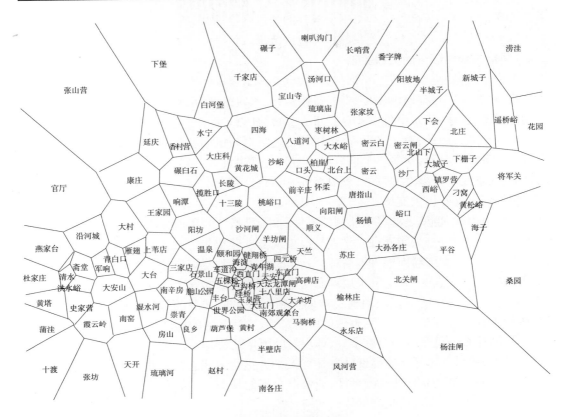

图1 泰森多边形网格

图2 子流域网格

关系确定的事件相关部件进行修正。事件的处置网格,则以通过空间关系、业务关系以及专家经验等方式确定的全部关联部件的包络范围。

2.4 网格内部件要素的关联关系

根据事件监测的方式把事件分为两大类。

第一类事件,自动监测事件,即通过雨量站、水文站、积水监测点等雨水情监测站点监测到的暴雨、洪水、积水事件。对这类事件,事件地点是固定的,监测站点位置即可视为事件发生的地点。因此,对这类事件,可以预先通过对防汛调度业务关系、防汛事件的特征、专家经验等综合分析,对每一个可监测的防汛突发事件,根据事件原因和影响,分析事件网格范围,确定事件涉及的部件,形成事件 - 网格 - 部件关联关系库,从而为防汛事件快速定位、分析、处置提供支持。

第二类事件,也就是非自动监测的事件,主要是指危旧房、山区泥石流、水利工程出险等事件,对这类事件,只能通过工作人员巡查或群众热线等方式上报到指挥调度中心,再由中心值班人员人工输入进入本系统。这类事件发生地点是随机的,不能预先建立其事件 - 网格 - 部件关联关系。可采用动态网格和部件分析的方法,根据事件实际发生地点,动态划分网格,并在网格范围内通过空间分析寻找可能涉及的部件。危旧房、山区泥石流、水利工程出险等非自动监测事件的网格范围、空间搜索的部件类型。

另外,还有一类非自动监测事件,即现有的雨量站、水文站、积水监测点没有监测到的暴雨、洪水、积水事件等。这类事件也是有人工上报的方式进入系统。但是,这类事件的关联关系,参考第一类自动监测事件,即根据上报的暴雨、洪水、积水事件发生位置,自动适应其所在的第一类自动监测事件的网格。

3 网格化管理的事件分析及案例

事件分析要根据实时水雨情信息或者实时上报信息(如下级部门或者群众电话、网络等方式上报的信息),生成事件信息流,进入系统,成为事件分析、处置的事件源。

3.1 事件生成

系统中的防汛突发事件,采用自动触发和人工上报两种方式生成事件,并产生事件信息流。

3.1.1 自动触发的条件

对暴雨、城区积滞水、河道洪水事件等三类突发事件,设定事件自动触发条件。根据雨量站、积水监测点、水文站等监测的实时雨水情数据,当实时雨水情数据满足自动触发条件时,系统将自动触发相应的事件(见表1)。

3.1.2 人工上报事件

将上报的事件,如危旧房事件、防洪工程出险事件、泥石流事件,以及其他事件等,录入事件库。事件相关信息分为两种类型,一种是空间信息,另一种是属性信息。前者的设定需要通过 WEBGIS 的前端功能交互式录入,采用 ARCGIS Server 的相关接口实现;后者直接通过数据库接口插入相关的库表中即可。

表1　事件自动触发条件

事件类型		自动触发条件	备注
暴雨事件		$P_{0.5}>40$ mm，或$P_1>70$ mm，或 $P_{24}>200$ mm	$P_{0.5}$，P_1，P_{24}分别为半小时、1 小时、24 小时降雨量
积水事件		$H>20$ cm	H 为积水深度
洪水事件	河道洪水	$Q>Q_m$	Q_m 为河道警戒流量
	水库洪水	$L>L_M$	L_M 为水库汛限水位

3.2　事件信息流的提取

根据生成事件的条件,形成事件信息流。事件信息流应包括事件的类型、触发标准、实时数据、网格坐标、关联部件等信息。因此,需要分析并确定事件信息流生成方法,当系统自动触发事件后,能自动分析识别事件的类型、该事件触发的标准、触发该事件的雨水情数据,以及该事件的网格位置、关联部件的信息,并将这些信息形成结构化数据,存入数据库。事件信息流,将作为事件分析、处置的基本依据。

3.3　网格化管理的事件处置流程

以事件驱动和网格化管理为核心内容,通过对防汛事件、网格、部件及其关联关系的分析和整理,提供规范的处置流程,主要包括洪水分析、影响分析、调度建议、抢险建议、命令生成、快报生成等,每一步流程,系统提供自动生成的模板和计算结果,供用户即时参考。

4　结语

城市防汛突发事件的处置以网格化管理为基本模式,建立了北京市防汛应急指挥平台,为防汛值班提供处置防汛突发事件的标准流程和模板,实现防汛突发事件的自动应急处置,实现抢险人员、物资的高效准确调度,并对事件可能产生的影响和后果进行分析,极大地提高应对防汛突发事件的决策、指挥能力。网格化管理具有以下的特点。

4.1　网格化的部件关联

以往的信息和决策支持系统,一般都能查询到所有的水雨工情、防汛单位等信息,但很难找到所有信息之间的相关关系。当防汛工作需要处理应急事件时,用户不得不在不同的功能组件中一一查询相关的信息,造成工作的不便。通过网格化的管理实现了网格内所有部件的相互关联。这样,当某个事件发生时,系统能够定位到事件所发生的网格,能够给出与此事件相关的各类部件及其信息,从而缩小事件分析范围,明确事件相关的防汛部件和责任单位。

网格化管理利用数据库,录入了暴雨、积水、洪水、泥石流、危旧房、水利工程出险等六大类防汛突发事件的事件触发条件、网格、部件,以及"事件－网格－部件"关联关系等丰富的数据,为实现事件驱动的防汛突发事件网格化管理,提供了有力的数据支持。通过网格化的部件关联,平台对事件的管理更为精细,提高了对防汛应急事件的处置效率。

4.2　事件驱动的运行控制

网格化管理的运行控制不再使用传统用户交互驱动的方式,而是以防汛应急事件为主线自动进行处置计算。即根据监测数据自动判断是否产生事件,如果产生事件,则以此事件所包含的基本信息决定处置的过程,根据不同的需要依次调用不同的事件处理单元。

在这种结构中,网格化管理将不再简单响应使用者的请求,而可以根据防汛应急事件发生的类型和量级,主动地为使用者的事件处理提供流程和结果;也不再是简单地提供实时和基础信息,而是可以智能地参与决策过程。

4.3　标准化的处置流程和结果

网格化管理对现有防汛突发事件进行分类,并针对各防汛突发事件的特点,制定出标准化的处置流程。对每一类事件的每一步处置流程,定义了规范化输入条件,规定了分析计算的方法,制定了一系列的处置结果模板,从而形成标准化的处置结果。通过防汛突发事件应急处置的流程化、规范化和标准化,降低了防汛应急部门处置防汛突发事件的决策风险,提高防汛应急效率。

参 考 文 献

[1] 李德仁,彭明军,邵振峰.基于空间数据库的城市网格化管理与服务系统的设计与实现[J].武汉大学学报,2006,31.
[2] 承建文.城市网格化管理机制完善的理性思考[R].上海城市管理职业技术学院学报,2008,17.

密云水库水文预报研究[*]

高海伶

（北京市密云水库管理处，北京 101512）

摘　要：密云水库的水文预报工作主要包括洪水预报、汛期中长期来水预报、枯季中长期来水预报。由于近年产汇流条件改变，使得自1989年开发的一些软件在实际工作中无法较好应用。本文基于实践，分析了该流域的降水和径流特点及其发展趋势，对各项预报内容采用的预报方法作了总结和更新，初步提出适合密云水库特点的一套水文预报方案，指出了进一步发展密云水库水文预报服务系统的问题。

关键词：水文预报　径流系数法　周期均值叠加法　前后期径流量相关法　密云水库

密云水库是华北地区最大的水库，总库容43.75亿 m^3，也是北京最重要的地表饮用水源地，南水北调工程进京后它又担负重要的调蓄作用。做好密云水库水文预报研究工作，对于保护下游京津冀地区的防洪安全、北京的供水安全以及调蓄水资源等方面都具有非常重要的意义。

密云水库水文预报的历史可以追溯到建库时期，当时水文预报对正常施工起到了很大作用。建库初，由于当时的特殊历史情况，预报工作发展不快。1989年，密云水库与水利部南京水文水资源研究所合作，研制了"密云水库洪水预报调度软件包"。近年产汇流条件的改变使得其精度不太理想。1999年，大连理工大学制作了"洪水预报调度系统"，其预报方案以1989年方案为基础，没有实质性突破[1]。2004年在密云水库自动化系统建设中，南京水利科学研究院与江苏南大先腾信息产业有限公司共同研制了又一套预报方案，由于未调整到适合密云水库的预报原理和参数，此方案现无法使用。目前在实际工作中，主要是用一些简单的经验方法进行预报，与现代水文预报技术和信息科学技术，以及密云水库在北京市的重要地位十分不符。因此，在已有工作基础上，开发建立一套科学有效的密云水库水文预报系统具有十分重要的理论意义和实用价值。

目前，水文预报在国内外方面，从经验公式、集总模型发展到分布式模型，已取得丰硕成果。国外发达国家如美国、日本在信息采集、传输和处理，作业洪水预报、洪水预警系统以及管理上技术先进、现代化程度高。我国多数大型水库建立了水文预报系统，而中、小型水库相对滞后[2]。

密云水库水文预报工作主要包括三方面：汛期洪水预报、汛期中长期来水预报和枯季中长期来水预报。

---

[*] 本文原载于《水文》2010年第3期。

1 降水和径流特征分析

1.1 流域概况

密云水库由潮河、白河汇流而成,流域面积 15 788 km²。流域地势具有山高、坡陡、沟深、流急的特点。流域内基本上属于土石山区,多片麻岩、花岗岩,个别地区间有石灰岩层。一般土层较薄,植被较好,但流域内各地差异较大,不少地方岩石裸露,裂隙较发育。

该流域属中纬度大陆性季风气候,主要受西北高压气流控制,降水量集中在 6~9 月。从建库至 2008 年汛期流域多年平均降水量为 384 mm,汛期降水量约占全年降水量的 84%。本流域暴雨中心多出现在流域南侧,并由东南向西北递减。

密云水库流域内设水库站 6 处、水文站 6 处、雨量站 25 处,共 37 个站。

密云水库建成至今,上下游发生了很大变化,不仅修建了几座大中型水库和不少中小型塘坝,而且开展了大量水土保持工作。因此,下垫面发生了较大变化。

1.2 降水特点及趋势分析

(1)年际分配不均。

(2)年内分配不均。

(3)递减趋势不明显。如图 1 所示。

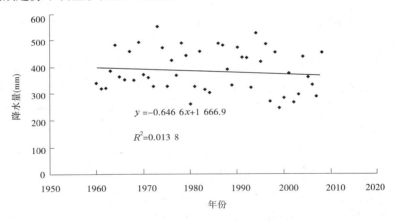

图 1 密云水库流域降水量趋势分析图

(4)暴雨中心无较大变化。

1.3 来水特征及趋势分析

(1)汛期雨量丰沛,大的洪水过程基本发生在汛期。洪水过程形状涨陡落缓。如张家坟水文站,2008 年 8 月 10~12 日连续 2 场降水,其洪水过程线如图 2 所示。

(2)枯季流量过程呈现出比较稳定的消退规律。

(3)年内变化不均匀。

(4)年际变化也很大。如图 3 所示。

(5)年径流量大大减少。

(6)呈急剧下降趋势。如图 4 所示。

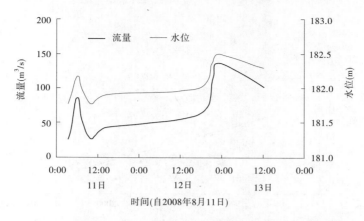

图2 张家坟水文站2008年8月11～13日实测洪水过程线

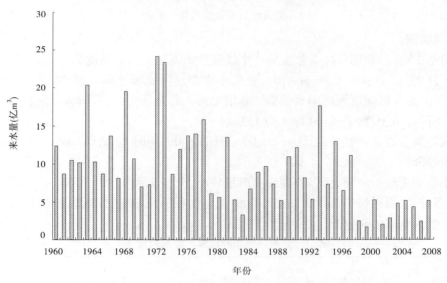

图3 1960～2008年来水量柱状分布图

2 洪水预报

2.1 方法的选取

原预报系统采用新安江模型法,由于产汇流条件改变,许多参数需重新制定。汛期洪水预报常用的预报方法有模型法、径流系数法、等值线图法、下渗曲线法、降雨径流相关图法等[3]。

应用模型法,要花费大量人力物力。另外密云水库一直没有下渗、前期影响雨量 P_a 等方面的基础数据系列,所以也无法采用下渗曲线法和降雨径流相关图法。

等值线图法与径流系数法相似,径流系数法较为简便,为此根据现有资料条件,决定采取径流系数法进行洪水预报。

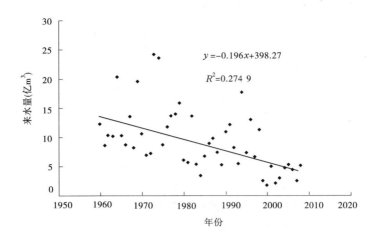

图 4　密云水库来水量趋势分析图

2.2　应用实例

下面是 2005 年利用径流系数法的一个较成功的例子。具体情况为：

自 6 月 28 日 17:00 至 29 日 8:00,密云水库潮白河流域普降大雨;降雨为全流域降雨,潮白河上游及区间流域降雨量偏多。降雨量最大的是下会站(77 mm),最小的是白河堡站(12 mm)。6 月 28 日 8:00 库水位 133.28 m。

此次降雨主要集中在 6 月 28 日 20:00 ~ 29 日 8:00,历时 12 h,雨强为 2.48 mm/h,且前期无较强降雨。

由于前期无较强降雨,所以前期影响雨量较小,土壤含水量少。又因为此次降雨历时较短,雨强较小,所以径流系数应该很小。根据历次径流系数统计和预报经验,故决定选取径流系数为 0.02(见表 1)。

表 1　预报结果与实际来水情况对照

项目	径流量(万 m³)	径流深(mm)	径流系数	7 月 5 日 8:00 库水位(m)
预报值	947	0.6	0.02	133.27
实际值	987	0.6	0.02	133.26
误差(%)	4.1	0	0	0.008

2.3　方法应用分析

径流系数法的关键是选取合理的径流系数,这需要多场降水的分析比较。从有资料的 1990 年开始,分析出密云水库流域径流系数的如下规律:

(1)变化范围在 0.02 ~ 0.36。

(2)1998 年大水后,场次洪水的径流系数均小于 0.1。

(3)流域平均降雨量较大,径流系数可能较小。与前期土壤含水量、雨强、降水时空分布有关。

（4）多场降水连续叠加、间隔出现时，径流系数的选取更加复杂。

与原预报模型相比，径流系数法可取得较好的预报精度，但此法只能完成对洪量的预报，对洪峰及洪水过程的预报无法实现。

本法的准确程度取决于径流系数，要结合前期影响雨量和雨强、降雨历时等因素[4]。此法目前在密云水库普遍应用。

3 汛期中长期来水预报

3.1 方法的选取

主要有天气学法、宇宙－地球物理分析法和数理统计法[5]。前两种方法不仅需要大量非水文资料，而且适合于大范围的趋势预报，对一个流域特定时段流量的定量预报，精度一般。因此考虑用数理统计法。

数理统计方法主要包括回归分析法和时间序列分析法。回归法：因资料有限，很难找齐最主要的预报因子。时间序列分析方法：周期叠加预报是其中的一种比较实用的模型。利用水文要素随时间演变的周期性，把它看成是有限个具有不同周期的周期波互相重叠而形成的过程。

目前发展的主要方法还有人工神经网络、小波分析与变换、混沌理论等，以及这些方法之间的相互耦合。它们都是用非线性分析方法来拟合时间序列的多年演变规律，在此基础上，外推作出预报。但目前预报精度一般。

故决定采用周期均值叠加法。

$$x(t) = \sum_{i=1}^{k} b_i p_i(t) + \varepsilon(t)$$

式中：$x(t)$ 为来水量；b_i 为加权系数；$p_i(t)$ 为第个周期波；$\varepsilon(t)$ 为误差项。

3.2 应用实例

以成果较好的 2006 年汛期来水预报为例，采用 1960～2004 年汛期来水量资料，分析各个月份的周期，并以 2005 年汛期来水为拟合实际数值的参考。预报结果及实践检验误差如表 2 所示。

表 2　2006 年汛期来水量预报成果　（单位：亿 m³）

月份	6	7	8	9	汛期总来水量
预报来水	0.192	0.723	1.377	0.274	2.566
实际来水	0.237	0.724	0.755	0.244	1.960
误差（%）	19	0	82	12	31

在 2006 年的汛期来水预报中，8 月份和汛期总来水量误差较大，主要是因为经验积累有限，对系数的选取、分析欠妥。

3.3 方法应用分析

与原预报方法相比，本文在增长样本的同时对各个周期波及其权重系数进行了重新分析。此法预报具有一定精度，是可以继续深入研究的一种可行方法。目前它在密云水库汛期来水量的使用中还处于探索阶段。

4　枯季来水预报

4.1　方法的选取

常用预报方法主要有退水曲线法、河网蓄水量法和前后期径流量相关法[6]。

退水曲线法:预见期短,只能预测出径流消退过程线,且无地下水基础数据。

河网蓄水量法:地下水基础数据目前没有,也无法采用此法。

前后期径流相关法:对退水曲线进行线性拟合。由于密云水库枯季流量过程较稳定,且流量资料充分,故考虑建立枯季相邻月份流量线性关系模型进行预报。

一元线性相关的数学模型为 $y = \beta_0 + \beta_x + \varepsilon$,通过显著性检验,以 $y = \beta_0 + \beta_x$ 作其估计直线[7]。

4.2　应用实例

为使气候条件和下垫面条件接近目前状况,且样本资料具有充分的代表性,选用 1989~2004 年的枯季流量资料。

利用 Exele 软件中的绘图和添加趋势线功能,找到相邻月份的相关关系。逐一推算出各个月份的平均流量和径流量。图 5 列出了 1989~2004 年 1 月份与 2 月份平均流量线性相关线。来水量预报成果见表 3。

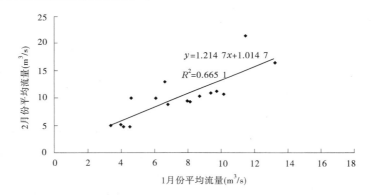

图 5　1989~2004 年 1 月份与 2 月份平均流量关系线

表 3　2004 年 10 月~2005 年 5 月来水量预报成果表　　　　　　　（单位:亿 m^3）

月份	10 月	11 月	12 月	1 月	2 月	3 月	4 月	5 月	枯季
预报值	0.404	0.269	0.192	0.180	0.222	0.282	0.234	0.231	2.014
实测值	0.451	0.305	0.234	0.158	0.158	0.163	0.216	0.194	1.879
误差（%）	10	12	18	14	41	73	8	19	7

注:表中的实测值已扣除了白河堡水库和遥桥峪水库的补水量。

4.3　方法误差分析

在此预报方案中,2、3 月份误差较大,主要原因为:

（1）以 9 月平均流量为初值计算时,部分汛期不稳定因素未消除。

（2）理论上，β_0 与 β 都是随机变量，加上 ε 的作用，导致预报误差总是存在。

（3）水文测验中的客观和人为误差，造成水文预报误差。

（4）Excel 软件进行线性拟合时造成的误差。

（5）计算中的舍入误差和方法误差。

在随后几年的应用中，个别月份也出现有较大误差的情况。为此，在以后的工作中，应尽量找出能代表稳定消退规律的初值，如 9 月份下旬旬平均流量，或 9 月下旬的某一天流量。还可辅以实时校正，减少误差的积累。

5 水文预报服务系统

图 6 为水文预报服务系统的组成结构。它可提高预报的速度和精度，是现代水文预报研究的趋势。

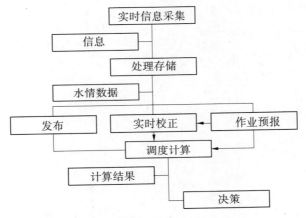

图 6 水文预报服务系统的组成

密云水库自动化系统建设中，已完成水文预报服务系统的雏形。水文预报工作包含于其中的防汛调度管理信息系统中。

实现与计算机技术和水文自动遥测系统配套使用，完善实时联机水文预报服务系统，并实现各系统之间的信息反馈机制，是密云水库现代化水文预报工作的目标[8]。

6 结语

本文通过分析密云水库流域的降水和径流特点及其发展趋势，对密云水库各项预报内容采用的预报方法作了总结和更新，初步提出适合密云水库特点的一套水文预报方案：

（1）洪水预报：径流系数法。还应结合分布式模型法。

（2）汛期中长期来水预报：周期均值叠加法。

（3）枯季中长期来水预报：前后期径流量相关法。

（4）实现与计算机技术和水文自动遥测系统配套使用，完善密云水库水文预报服务系统。

参 考 文 献

[1] 毛慧慧,延耀兴,张杰. 水文预报方法研究现状与展望[J]. 科技情报开发与经济,2005.

[2] 庄一鸽,林三益. 水文预报[M]. 南京:河海大学出版社,1999.

[3] 李人健. 利用径流系数法做好水库水文预报[J]. 现代化农业,1996:11-12.

[4] 水利部国际合作与科技司. 水利技术标准汇编水文卷[M]. 北京:中国水利水电出版社,2002.

[5] 河海大学. 水文预报. 2005.10

[6] 谢新民,杨小柳. 半干旱半湿润地区枯季水资源实时预测理论与实践. 北京:中国水利水电出版社,1999.

[7] Lucien Duckstein, Sandor Ambrust and Donald R. Davis. Management Forecasting Requirements. Hydrological Forecasting,1985:559-585

作者简介:高海伶(1978—),女,工程师,密云水库管理处。联系地址:北京市密云管理处。E-mail:gaohailing1@ sohu. com。

水利风景区建设与管理

艾依河水环境保护初步探讨

王 兵[1] 王学明[1] 董 丽[1] 赵红学[2]

（1.宁夏艾依河管理局,银川 750001;2.宁夏大学,银川 750001）

摘 要:艾依河工程是建设节水型社会的重要标志性工程,是重复利用水资源的典范,它将农田退水、洪水资源、渠道退水作为主要水源,河道经过城市段,充分展示了水的魅力,创造了人水和谐的良好氛围。因为不是天然水源,所以水质较差,因此如何保护艾依河水环境,改善水质是我们面临的重大课题。本文分析了艾依河水源和河道的水质现状和艾依河富营养化形成原因,以及对如何改善艾依河水质进行了初步探索,并利用生态重建与恢复技术进行防治水体富营养化试验。

关键词:水环境保护 水质改善

1 艾依河基本情况

艾依河地处宁夏平原中部的青铜峡河西灌区,是一条集沟道整治、防洪排水、城市景观、中低产田改造等多功能于一体的人工河流。全长158.5 km,流经宁夏境内的永宁县、银川市、贺兰县、平罗县,在石嘴山市入黄河。沿途接引了永清沟、过江沟、四二干沟、第二排水沟的来水,接引了银川市西部贺兰山拦洪库的部分洪水。沿途连接了七子连湖、花雁湖、西湖、阅海湖、北塔湖、沙湖等湖泊,形成水面5万多亩,蓄水量达6 600万 m³。再现塞上湖城景观,形成了大银川一道靓丽的风景线。2006年被水利部评为国家级水利风景区,使沿河的旅游业和房地产业得到了高速发展。艾依河正在以其独特魅力受到人们的关注,并逐渐地被人们所喜爱,也改善了深处祖国西北高原银川市的生态环境。

2 艾依河水体富营养化形成原因

艾依河的主要水源大部来自农田沟道的排水,由于农田施用了大量的化肥,这些化肥的残留物随着农田排水进入河道,因此水源水体里含有大量的氨氮、磷等有机元素。加上排水沟道沿线市镇排水管网不完善,居民的生活污水、生活垃圾以及小型作坊的污水,富含氮、磷、有机物等营养物质,未经处理进入河道。由于水源含富营养物质艾依河水体逐步呈现富营养化是一种必然,如何遏制艾依河水体富营养化,改善其水质是我们面临的主要任务和需要解决的问题。

3 利用生态重建与恢复技术进行防治水体富营养化试验

试验地点设在艾依河银川市北京路桥北侧,陶然水岸西侧水域,为四二干沟与艾依河交汇处。试验区是一个湖湾,南北长80 m,东西宽40 m,面积3 000 m²,平均水深1.2 ~

1.5 m。2007 年建立试验区围栏前,该水域除沿岸有少量狭叶香蒲、扁杆藨草、芦苇外,几乎没有大型水生植物生长,生物群落结构简单,藻类生物量较高,水体透明度低,在 30 ~ 40 cm,水质呈富营养化,见表 1。

表 1　生态重建前的水质状况

指标	TN(mg/L)	TP(mg/L)	COD_{Mn}(mg/L)	Chl. a(μg/L)	SD(m)
2006 年 9 月	4.75	0.075	4.00	10.03	0.33
2006 年 11 月	6.65	0.048	3.50	7.10	0.55
2007 年 3 月	2.76	0.106	6.20	5.95	0.38
平均	4.72	0.076	4.57	7.96	0.42

4　生态重建目标与技术措施

4.1　生态重建总体目标

重建水生植被,恢复生物多样性,建立以水生高等植物占优势的,生物多样性较高的"清水态水体"水质达到中营养水平。

4.2　具体目标

水生植物覆盖度达 50% ~ 60%(在植物生长季节),TN < 2.50 mg/L,TP < 0.100 mg/L,水体透明度(SD)提高 1 倍,水生态系统向"沉水植物占优势的清水态"转换。

4.3　主要技术措施

(1)2007 年 4 月在艾依河陶然水岸西侧湖湾建立了一个 3 000 m^2 的围栏生态重建与恢复治理水体富营养化试验示范区,目的是排除外来干扰,建立生态重建与恢复保护区。

(2)在围栏内部依据环境状况与景观配置需要,分别栽种芦苇 Phragmites australis、狭叶香蒲 Typha angustifolia、菰 Zizania latifolia、菖蒲 Acorus calamus 等挺水植物,为多种生物创造栖息环境,美化湖滨带景观。此项措施于 2007 年 6 月完成。

(3)在围栏区内放置"生物浮岛",削减风浪,吸收水体营养盐,抑制藻类生长,为附生生物创造栖息环境。此项措施于 2007 年 7 月完成。

(4)清除原有的草鱼 Ctenopharyngodon idella、鲫鱼 Carassius auratus 等鱼类,在围拦建成 1 周内进行。按比例搭配放养滤食性鱼类鲢 Hypophthalmichthys molitrix、鳙 Aristichthys nobilis,于 2007 年 9 月完成。

(5)在挺水植物外缘种植浮叶植物,栽种荇菜 Nymphoides peltatum、睡莲 Nymphaea rubra,并配种增殖适宜浅水生长的沉水植物穗状狐尾藻 Myriophyllum spicatum,在敞水区种植增殖穗状狐尾藻、菹草 Potamogeton crispus、篦齿眼子菜 P. pectinatus 等。此项措施于 2007 年 7 月基本完成,但由于沉水植物成活率低,于 2008 年 5 月进行了补种。

(6)放养背角无齿蚌 Anodonta woodiana、中国圆田螺 Cipangopaiudian chinensis 等大型底栖动物,摄食碎屑、藻类,澄清水体,维护和增加多样性,发挥生态系统的自我调节作用,维持系统稳定。

5 监测项目与方法

5.1 监测项目

监测透明度(SD)、总氮(TN)、总磷(TP)、高锰酸盐指数(COD_{Mn})、叶绿素 a(Chl. a)、水生植物覆盖度、种类数量与生物量、分布水深;浮游植物、浮游动物的数量和生物量。采样频次为自 2007 年 6 月开始,每月 1 次。

5.2 监测方法

从南至北设一个断面,均匀布设 3 个样点,试验示范区围栏外艾依河湖泊水体布设 1 个样点。

5.3 水质监测方法

主要水质监测项目监测方法见表 2。

表 2　水质监测项目分析方法

监测项目	分析方法	单位
pH	玻璃电极法 GB 6920—80	
T	温度计法 GB 13195—91	℃
SD	萨氏盘法	m
Chl. a	紫外分光光度法	μg/L
COD_{Mn}	酸性高锰酸钾法 GB 11892—89	mg/L
TN	碱性过硫酸钾消解紫外分光光度法 GB 11894—89	mg/L
TP	钼酸铵分光光度法 GB 11893—89	mg/L

5.4 水生植物监测方法

从 2006 年 8 月至 2008 年 9 月,采集试验示范区水生植物标本,依据《中国植物志》和《宁夏植物志》鉴定整理而得水生植物种类组成。于 2008 年 8 月根据实际测量计算水草覆盖面积和覆盖度。

沉水植物、浮叶植物和漂浮植物及其群丛的生物量测定,采用采样面积为 0.25 m 的带网铁镲将样方内的全部植物连根带泥夹起,洗掉淤泥和杂质后,按种分开,分别称其湿重,计算出单位面积生物量和总生物量。大型挺水植物及其组成的群丛的生物量测定,是在植物群丛中划出 1 m² 面积的样方,按种类计算出植株的数目,选取具有代表性的植株 10~30 株,称重,取平均值计算单位面积生物量和总生物量。

6 生态重建结果与分析

6.1 水生植被恢复

生态重建与恢复防治水体富营养化试验示范区从 2007 年 4 月开始建设,至 2008 年 5 月基本完成各种水生植物栽种增殖计划。2008 年 7~8 月调查结果表明,沿岸带生长的芦苇、狭叶香蒲、菰、菖蒲、扁秆蔍草 Scirpus planiculmis 等挺水植物面积 570 m²;近岸带栽种增殖的睡莲、荇菜等浮叶植物群落面积近 120 m²;穗状狐尾藻、菹草 P. crispus、篦齿眼子菜 P. pectinatus 等沉水植物群落面积近 370 m²。整个试验示范区内水生植物种类从 3 科 3 种上升至 14 科 21 种,植物覆盖度达到 30% ~40%。植物多度最高的为狭叶香蒲、穗状狐尾藻、菹草,其次为芦苇、菖蒲、扁秆蔗草、荇菜、篦齿眼子菜,表明试验示范区内水生植物多样性得到有效恢复。

6.2 水质

水质监测结果见表 3、表 4。水质监测结果显示,围拦内水体的 TN、TP、COD$_{Mn}$(2007 年 6 月至 2008 年 7 月)均值分别为 2.22 mg/L、0.072 mg/L、4.68 mg/L,分别比试验示范围栏外湖泊水体(对照区)的下降 18.7%、22.6%、11.5%。水体透明度(SD)平均值也有较大幅度提高,平均从 0.36 m 提高至 0.61 m;但试验示范区内外的 Chl. a 的均值差异不大,主要原因为:虽然营养盐有较大幅度下降,夏季仍然出现大量藻类,并出现蓝藻水华,但 2007 年蓝藻水华出现时间较短,仅 8 月中的十多天时间。

从月季变化方面看,2007 年 8 月以后,试验示范区水中 TN 在冬季、初春期间与 8 月的含量较高,其他月份含量均低于 2.5 mg/L;TP 含量除 7 月、8 月以外均未超过 0.080 mg/L;水体透明度也有逐渐增加趋势。因此,从水体营养盐与透明度方面看,有利于水体向沉水植物占优势的稳定清水状态转换。

表 3   试验示范区水质状况

时间	TN(mg/L)	TP(mg/L)	COD$_{Mn}$(mg/L)	Chl. a(μg/L)	SD(m)
2007 年 6 月	3.01	0.051	6.35	5.65	0.84
2007 年 7 月	2.43	0.074	5.13	11.53	0.80
2007 年 8 月	1.66	0.122	3.50	32.41	0.38
2007 年 9 月	2.04	0.081	4.30	25.64	0.47
2007 年 10 月	1.87	0.063	3.95	17.18	0.58
2007 年 11 月	2.72	0.056	5.74	14.33	0.65
2008 年 3 月	3.06	0.072	6.46	10.55	0.76
2008 年 4 月	2.37	0.086	5.00	9.89	0.63
2008 年 5 月	1.78	0.054	3.76	11.48	0.49
2008 年 6 月	1.84	0.069	3.88	20.67	0.54
2008 年 7 月	1.63	0.068	3.44	18.46	0.61
平均	2.22	0.072	4.68	16.16	0.61
最小值	1.63	0.051	3.44	5.65	0.38
最大值	3.06	0.122	6.46	32.41	0.84

表4 试验示范区外湖泊水质状况

时间	TN(mg/L)	TP(mg/L)	COD$_{Mn}$(mg/L)	Chl. a(μg/L)	SD(m)
2007 年 6 月	3.70	0.065	7.18	6.55	0.49
2007 年 7 月	2.99	0.095	5.79	12.35	0.46
2007 年 8 月	2.04	0.156	3.96	26.14	0.22
2007 年 9 月	2.51	0.104	4.86	12.46	0.27
2007 年 10 月	2.30	0.081	4.46	18.18	0.34
2007 年 11 月	3.35	0.072	6.49	15.53	0.38
2008 年 3 月	3.76	0.092	7.30	11.25	0.44
2008 年 4 月	2.92	0.110	5.65	19.89	0.37
2008 年 5 月	2.19	0.069	4.24	11.48	0.28
2008 年 6 月	2.26	0.088	4.39	22.76	0.31
2008 年 7 月	2.00	0.087	3.89	28.46	0.35
平均	2.73	0.093	5.29	16.82	0.36
最小值	2.00	0.065	3.89	6.55	0.22
最大值	3.76	0.156	7.30	28.46	0.49

7 讨论

(1)从本试验研究的结果看,尽管生态重建与恢复区(围拦内)栽种增殖有大量水生高等植物,但进入7月后,水生高等植物并没有对水体中藻类生长产生较大的抑制作用;相反,藻类生物量大大超过了无水生高等植物生长的湖区,并且蓝藻水华出现,时间持续了近3月。生态重建的第二年(2008年),水生高等植物覆复率进一步增加,达到30%以上,围拦内藻类生物量仅有6月高于湖区,蓝藻水华现象仅短时间出现,表现出水生高等植物对藻类有抑制作用,但是,藻类的年平均生物量并没有显著降低。

从水体营养盐变化的观测结果分析,2007年6~7月围拦内氮含量没有增加,反而有所下降,磷含量有一定幅度上升,但并没有湖区增加的多,而7月藻类的生物量却比湖区多很多。2008年在藻类大量增殖的6月,围栏内水体氮含量也没有增加,磷有小幅度上升。比较湖区而言,从2007年6月起,围栏内水体中氮磷营养盐比湖区有显著下降,但没有对藻类生长生产较大抑制作用。这些结果表明,氮磷营养盐并不是围栏内蓝藻水华出现的决定因素,同时也说明上行作用力并没有通常认为的强烈。

光照和温度对藻类生长亦有一定的影响。从水下光照方面看,围栏内水体透明度从2007年6月开始已有显著提高,水下有效光合层增大,有利于水柱中藻类进行光合作用,增加水柱的初级生产力,进而促进藻类生长繁殖。另外,水温上升也在一定程度上促进藻类大量增殖,且6~8月水体的水温较适宜蓝藻大量增殖。但比较围栏与湖区两块水域表明,藻类的暴发式增长还存在其他作用更为强烈的影响因素。

（2）针对水质改善,生物操纵技术原理是通过鱼类结构调控来促进浮游动物尤其是大型枝角类大量增殖以抑制藻类生长,并得到有利响应,提高水体透明度,促进沉水植物恢复与发展。去除食浮游动物和底层鱼类、放养凶猛肉食性鱼类是其主要的技术手段,目的是增加浮游动物数量,同时可以降低沉积物再悬浮与营养释放。艾依河中有大量的草食性鱼类,本示范工程建设过程中发现,清除鱼类是初期建立沉水植物群落的关键,并且要长期坚持不懈,因为鱼类特别是一些小体型野杂鱼不仅增殖速度快,而且主要以浮游动物为食,扰动沉积物再悬浮,对沉水植物初期生长有较大破坏性。因此,适当放养一定数量凶猛的肉食性鱼类可以抑制鲤鲫鱼及小体形型野杂鱼增殖。

8　结论

（1）试验示范区内所采取的多项技术措施显著改善了水质,水体的 TN、TP 已基本分别下降至 2.5 mg/L、0.08 mg/L 以下。

（2）经过近 2 年的努力,建立了一个结构较完善,有多种水生植物生长,生物多样性高,并具有美好景观的水生态系统。

（3）湖泊生态重建初步措施（以水生植被重建为主）可以在较短时间内（当年）有效降低水体氮磷营养,提高水体透明度,但要想在较短时间内（2 年内）改变一个较大的水生态系统、较大幅度地降低藻类生物量,特别是夏季,存在相当大的困难;通过 2 年的湖泊生态重建努力,仅使生态重建区浮游植物量出现了下降的趋势,要实现湖泊生态系统从藻类占优势的浊水稳态转变为以水生高等植物占优势的清水稳态,还需要进行更长期的努力。

（4）生态重建措施较大幅度地改善了水环境,但在短时间内对藻类种类组成及藻类多样性指数影响并不显著。因此,藻类多样性指数并不能完全反映水环境改善状况,在评价水环境质量方面需要结合其他多种因素进行综合评价。

（5）重建与恢复湖泊生态系统要从沿岸带着手,同时通过水质改善措施,逐步建立沉水植物群落。湖泊敞水区往往水深、透明度低,直接栽种沉水植物成活率,成本高,系统不稳定,容易毁于一旦。敞水区可以利用生物操纵技术措施来实现湖泊生态恢复。

参 考 文 献

[1] 王兵,王学明,毕顺华.用生态治理的理念整治艾依河 [J].中国水利,2008(17).

作者简介:王兵(1955—),男,1982 年天津大学本科毕业,学士学位,宁夏艾依河管理局副总工程师,副高级工程师,联系地址:银川市解放西街 426 号。E-mail:nxwangbing@163.com。

察尔森水利风景区建设与管理工作探析

刘永权 赵广民

（松辽水利委员会察尔森水库管理局 137400）

摘 要：本文介绍了察尔森水利风景区的水利风景资源状况和建设开发现状,分析了景区开发建设所带来的综合效益,同时总结了景区建设开发所取得的经验与措施,分析了景区在建设与管理工作中存在的问题和不足,并提出了相应的建议和意见。

关键词：察尔森 水利风景区 效益 措施

1 察尔森水利风景区建设的基本状况

1.1 景区概况

察尔森水库是嫩江右岸一级支流,洮儿河中游唯一的一座控制性骨干工程,总库容12.53 亿 m^3,坝长 1 712 m,坝高 40 m,水域面积 78 km^2,是以防洪灌溉为主,结合发电、渔业、旅游等的大型水利枢纽工程。察尔森水利风景区位于内蒙古兴安盟科右前旗境内,总面积为 91.46 km^2,距乌兰浩特市 32 km,距白城市 100 km。景区地处科尔沁草原腹地,向南与吉林省的向海湿地自然保护区相连接,向西与蒙古接壤,向北与大兴安岭和呼伦贝尔草原相邻。景区与葛根庙、成吉思汗、阿尔山神泉雪城构成了这一地区特有的蒙元文化黄金旅游线。察尔森水库具有广阔的土地资源和丰富的水资源,水域面积 80 hm^2,陆地面积 1 461.30 hm^2,松辽委和察尔森水库管理局对景区水生态环境保护工作高度重视,不断加大水土保持和造林绿化力度,使树木覆盖率达到 68%。景区于 1992 年向游人开放,10多年来除主体工程设施外,逐步建设完善了各项旅游配套设施,例如宾馆、饭店、蒙古村、吊桥、益园、垂钓区、游船,绿化区园林小品,各种亭、榭等。目前,景区建设开发已具规模,发展空间巨大。

1.2 景区管理体制

察尔森水利风景区隶属于松辽委察尔森水库管理局,为加强景区建设,科学开发和利用好水利风景区资源,通过学习借鉴和不断探索,景区管理体制日趋完善,旅游业得到蓬勃发展,并于 2005 年被水利部批准为国家水利风景区。随着水管单位体制改革的推进,景区管理工作由负责察尔森水库维修养护工作的科右前旗新源水电工程有限责任公司承担,并成立了"风景区旅游管理部",规范了管理制度,对景区管理人员进行专业培训,明确了旅游从业人员岗位和工作制度,使景区管理逐步走向规范化。

1.3 景区建设投资渠道

察尔森水库自 1973 年动工至 1991 年水库投入运行,之后景区建设资金均由水库管理局自筹。2003 年结合察尔森水利枢纽水保工程施工,进行景区水土保持和生态恢复工程,并对景区的绿化美化做了大量的工作,使水库施工期间遭受破坏的自然生态环境得到了良好的恢复,取得了明显的成效,并增加观赏凉亭、长廊、牌坊等集古代与现代建筑于一体的景点建筑物,使景区的面貌焕然一新。景区建设在依靠国家投资的同时,加大了招商引资力度,不断拓展融资渠道,先后吸引多家企业来景区投资发展,对景区发展起到了促进作用,累计引资达 500 万元左右。

2　景区综合效益

2.1　促进了观念转变

在一段时间里,察尔森景区管理单位对水利旅游的工作热情不高,仅当一项任务来做,对景区的建设和未来发展考虑不够,有的职工对投资兴建景区也不理解。落后的观念制约了景区的发展,造成了景区建设发展缓慢,综合效益不能充分发挥。随着我国旅游业的快速发展,景区管理部门逐步认识到水利风景区工作的重要性,看到了风景区发展的广阔前景,景区建设与管理积极性不断提高,同时也逐步提高了服务意识和管理水平,使察尔森国家水利风景区建设与管理工作逐步走向规范化。

2.2　改善了生态环境

察尔森水利风景区通过多年发展,在改善景区生态环境方面取得了显著成效,特别是 2003 年以来,通过水保工程的实施,使原来遭受破坏的生态环境得到了很好的修复,减少了水土流失。青山绿水和良好的林草资源使库区成为一个天然氧吧,在改善周边的生态环境方面发挥了积极作用。景区休闲广场为人们晨练和休闲娱乐提供了场所,使得人们可以领略水利风景区的独特魅力,受到了广大游客的好评。

2.3　综合效益显著

察尔森水利风景区属洮儿河流域唯一的水利风景区,在区域水利多种经营中占有一定的比重,但由于多年干旱和景区资金紧缺的制约,加上本地区经济条件较差,旅游业发展滞后,景区发展较为缓慢。2005 年之前,景区收入不高,多年平均收入占水利经营收入的 13% 左右。随着景区旅游的发展和知名度的提高,多种经营收入比重逐年得到提高,据统计,景区工作人员收入由 1999 年人均年收入 6 000 元左右增加到 2004 年的 8 000 元左右。被批准为国家水利风景区后,景区生态旅游明显地带动了区域相关产业的发展,促进了就业,经济效益和社会效益较为显著。

3　景区目前存在的问题及建议

3.1　景区目前存在的问题

经过几年的发展,察尔森国家水利风景区建设已具规模,综合效益逐步发挥,但目前在景区建设与管理工作中依然存在下列问题:①思想认识方面。由于本地区旅游业发展缓慢,经济落后,人们的思想认识还不够深刻,发展水利生态旅游的理念还尚未完全形成,对水文化认识不够深刻,景区管理者们大部分刚从水管单位分流而来,对景区旅游服务业还缺乏经验,对未来水利生态旅游的认识不深,对景区未来发展信心不足,这些问题在今后的发展和管理中要逐步解决。②管理体制方面。由于察尔森水利风景区 2005 年成立,在管理上基本沿用原有体制,水管单位的管理制度和体制有相当一部分与景区管理并不吻合,景区的管理需要完全市场化,这与事业单位管理还有一定的界限,所以在管理体制上还需进一步加强和改进,建立一套适合现代化、市场化要求的管理制度。③投资体制方面。察尔森水库管理局作为水管单位,其资金来源基本依靠国家用于水管单位管养的财政拨款,以及自营资金两方面,没有别的经济来源,管养费用只能用于水利设施的管理与养护,而近几年水库水资源紧缺,经济收入微薄,因而用在景区建设的投资很少,景区建设的投资来源将是制约景区设施改善的关键问题。④经营营销方面。景区经营单一,经营者的理念落后,经营品种单一,经营的产品除绿色渔业外,基本没有吸引游客的产品,有待进一步提高。⑤人才队伍方面。景区专业管理人员偏少,人员不固定,专业知识不够,缺少旅游专业管理和专业发展规划人员对景区未来发展作长期管理和规划。

3.2　建议与意见

　　建议相关主管部门设立水利风景区建设资金渠道,为景区建设发展提供资金保障;制定水利风景区建设若干规定或者指导意见,制定促进水利风景区发展的优惠政策,鼓励和指导景区发展;加强水利风景区管理人员和从业人员的培训,为从业人员培训创造机会;开展全系统的水利风景区建设管理的经验交流会,并与实地考察学习相结合。

滴水湖国家水利风景区水利
建设管理的探索与实践

饶应福

（上海滴水湖国家水利风景区，上海　201306）

摘　要：滴水湖国家水利风景区是依托临港新城主城区水利工程设施而形成的城市风景区。港城总体规划和水利规划具有深厚的人文理念，水利工程建设独具特色，景区水利管理探索出适合自身的管理模式。景区秉承的人文水利、生态水利理念为港城建设与发展提供了丰富的水文化和优美的水环境。

关键词：滴水湖　水利工程　水利建设　景区管理

1　前言

临港新城主城区（简称港城）地处上海市东南端、长江口与杭州湾的交汇处。"九五"期间，上海市建设洋山深水港，作为深水港配套陆上工程，港城规划了 74 km² 城区，其中 40 km² 是在滩涂上围海造地吹填而成。水利工程建设是港城城市建设前期基础性工作，围海促淤、修建大堤、开挖滴水湖、贯通水系等水利工程建成后，港城城市形态基本成型，城市发展转入城市功能配套建设和水利工程完善阶段。

滴水湖国家水利风景区是以港城滴水湖及水系为依托的城市风景区。港城建设的大量水利工程是城市防汛防台的重要屏障，承担着保护城市居民人身财产安全的重要职责，同时也是维护城市水环境生态、保障城市水资源、创建城市独特水文化、丰富城市居民生活的物质平台。滴水湖国家水利风景区以水利工程设施为载体，以水利工程精神为内涵，展示港城独特的城市景观与人文。本文从滴水湖国家水利风景区水利规划、水利工程建设及水利管理角度，总结景区建设管理，为景区下阶段水利建设管理积累经验。

2　滴水湖国家水利风景区水利规划

港城总体规划的理念是"一滴水从天而降，落入平静的湖面，泛起层层涟漪，构成了城市的肌理"。以滴水湖为水利生态景观核心，湖中设三座岛屿，整个城市以三涟七射水系作规划分格线。第一环带以商务、办公为主，建筑紧密、连续，紧紧围绕滴水湖湖区，形成优美的天际线；第二环带是城市公园，以绿化为主，是城市的"绿肺"，其间错落布置社会公益设施，内涟河贯穿其中；第三环带是居住区，建筑密度相对较低，成熟完善的社区理念，大型楔形绿地散落其间，中涟河、外涟河依次环绕。港城规划理念与水紧密相连，整个城市依湖傍河而建，体现了天人合一的人文理念，将着力打造生态田园式滨海新城。

港城水利规划以滴水湖为核心,结合"环状与放射状"的城市空间布局结构,河湖水系设计为"一湖、三涟、七射"的蛛网式布局。滴水湖呈圆形,面积为5.6 km²,常水位+2.5 m时,水深为3.7 m。三条涟河依次环绕滴水湖,与七条射向河道相互贯通。在涟河与射河交汇处,规划了众多小型人工湖泊,作为城市亲水平台和生态缓冲区域。七条射河是滴水湖水系与外部河网和杭州湾的联系通道,射河上设置控制闸,建立滴水湖水系调度闸控系统,满足港城排水及对引清河道的控制。根据防洪、排涝、调水、水环境保护等方面要求,规划了从大治河至滴水湖的引清河道(西引河),为滴水湖远期水源补充的生态引清河道。港城水利规划科学部署了港城水利建设,使港城水系具有防洪、防涝、引排水、水资源保护和丰富港城景观等功能,规划突出港城生态特征,实现水利景观与城市景观的统一与融合。

港城水利规划充分利用区域内河道蓄排能力,防洪标准为200年一遇风潮不受灾,除涝标准为20年一遇暴雨不受灾。水环境建设目标为:通过截污治污和河网水系引水调度等综合整治措施,逐步恢复滴水湖水系生态功能,明显改善水质,为港城提供地表水Ⅳ类以上水质和充足水量。近期水环境水质为地表水Ⅴ~Ⅳ类,远期为Ⅳ~Ⅲ类,部分水域达到Ⅲ~Ⅱ类。

3 滴水湖国家水利风景区独具特色的水利建设

滴水湖国家水利风景区发掘区域优势、因地制宜推进水利建设,水利工程中融入水利工程精神和区域文化,突出港城水利景观、生态、人文三大特色。

3.1 景区水利景观塑造

滴水湖国家水利风景区以滴水湖为重点,以港城水系为依托,融合到港城总体规划景观之中,实现"人在城中,城在园中"的景观塑造目标,体现港城自然、生态、时尚的景观塑造理念。滴水湖作为城市景观湖泊,环湖规划80 m景观带,设计为公共开放的城市景区,是游客、市民亲水、休闲、娱乐的重要公共活动平台。环湖70 m景观带长8.3 km,一期已实施2 km。景观带内种植各种适生树木、灌木和绿草,各式精美建筑小品点缀其中,形成港城优美的天际线。

内涟河贯穿港城环湖绿带,河道生态建设与城市公园景观相互融合,水生植物与公园绿化植物共同塑造,形成从水中到岸上,植被统一协调,构建城市公园健康的生态系统。中涟河、外涟河是城市社区水景,根据河道生态建设和水景需要,建设各具特色的生态护岸和亲水平台。港城水系涟河与射河交汇构成众多人工湖泊,发挥水体缓冲、生态自净等功能,结合城市功能布局形成的城市楔形绿地,构建又一城市绿带。

3.2 景区河道生态护岸建设

滴水湖水系规划河道58 km,一期建成38 km,剩余20 km近期将逐步贯通。港城河道建设以生态为中心,汲取了很多城市河道硬质护岸的经验与教训,设计为生态护岸,逐步恢复人工河道生态功能,满足河道生态持续发展要求。但港城靠海、风力大,土壤为吹填起来的粉砂土,在风浪冲刷下容易垮塌。为满足河道生态建设、兼顾护岸安全,除港城一期河道的社区内涟河部分采用石砌硬质护岸,其他部分均未做硬质处理,河道护岸(标

高 +1.5 m 以上)布置生态砌块,采用多孔质护岸和土工网碎石等结构,构成水生动植物生长繁殖平台,为水生植物、水生动物的生长繁殖提供生存空间。涟河与射河交汇形成的人工湖泊,采取放缓坡度,护岸不硬质化处理,维持自然护岸形态,便于水生动植物生长繁殖。景区一期水系河道生态护岸上的水生植物经过五六年的自然生长,河道沿岸形成以芦苇为主的水生植物群落,螺蛳、河虾、螃蟹等水生动物在生态护岸上"安家落户",河道生态系统日趋完善,构成独特的河道湿地景观。

二期水系河道建设借鉴一期河道建设经验,河道生态建设采纳了新的设计方案,调整河道断面设计和基础结构,规划在 +2.0 m,设计宽为 1.5 ~ 3 m 的水生植物平台,促进芦苇为主的挺水植物生长。考虑河道长远维护管理,护岸结构设计中护岸底标高由原来的 -1.0 m 调整为 -1.5 m,预留底泥处理部分,防止底泥施工掏空护岸、破坏护岸基础。

3.3　自成体系的闸控系统

滴水湖水系是相对独立水系,通过闸控系统与外围河网和杭州湾贯通。滴水湖一期水系建设了滴水湖出海闸、黄日港控制闸和绿丽港节制闸,辅之芦潮引河出海闸,构成了滴水湖水系引排水"二进二出"的闸控系统。滴水湖出海闸是滴水湖水系主要排水通道,发挥防汛、防涝、防潮、水体置换等功能。黄日港控制闸是滴水湖水系目前引水的主要控制闸。通过黄日港控制闸,将芦潮引河等外围河道水体引入滴水湖水系;或预降芦潮引河水位,通过黄日港控制闸将滴水湖水体排海。绿丽港节制闸是绿丽港与外围河网农场中心河的控制口门,是滴水湖水域引水的另一通道。芦潮引河出海闸承担着洋山保税港区、物流园区排水及周边河道出海排水重任,也是滴水湖水系引水时蓄水的主要控制工程。

滴水湖水系闸控系统处于建设阶段,其他射向河道(橙和港、青祥港、蓝云港)控制闸尚未建成。目前,闸控系统基本具备引排水、防汛防涝功能,还有很多方面不能满足港城水系要求,特别是滴水湖水系内部流动控制。受内部河网形态和城市建设影响,造成部分涟河水体流动不畅。滴水湖内部水系流动和调度需要结合水利工程建设加以完善,丰富水系水体调度手段,为水系引排水、水体置换及水体流动提供更多的控制选择。

4　滴水湖国家水利风景区水利管理

滴水湖国家水利风景区水利管理汲取了国内湖泊成功的水利管理经验,结合港城水利自身特点,初步建立了以潮差式引排水为基础、洗盐洗碱工作为契机、大力推进港城水系生态建设的管理模式。同时重视水利管理的制度建设,《上海临港新城滴水湖水域管理办法》正处于立法程序的推进中。

4.1　潮差式引排水模式

港城属于平原感潮河网地区,外围系长江口与杭州湾水域,排水受长江口和杭州湾潮汐影响大。但潮汐变化也为港城引排水创造了条件。利用低潮位排水,高潮位闭闸蓄水,发挥景区水利闸控系统功能,实现滴水湖水系与外围河网的引排水。经过 7 年多摸索,景区建立了潮差式引排水管理模式。滴水湖水域受降雨影响,水位较高时,杭州湾退潮、潮位下降,通过出海闸排水冲淤,降低水位,防止出海口淤积。滴水湖水位处于低水位或者需要置换水体,芦潮引河闭闸,抬高外围河网水位(较滴水湖水位高 30~50 cm),利用黄日港控制闸或绿丽港节制闸引河网水补充滴水湖水体。

滴水湖水系潮差式引排水模式充分利用了潮汐造成的水位变化引排水,发挥了水系的闸控系统功能,实现无动力引排水,节省了水体调度动力费用。结合河网水体水质情况,合理引入河网优质水源,部分缓解滴水湖水域水源不足难题,有利于水系河道水体交换和水系内部流动。

4.2 滴水湖水体洗盐洗碱工作

港城大部分为新围垦区,水土盐碱化严重,淡水资源缺乏,难以满足区域开发建设需要,不利于地区可持续发展。滴水湖水体选择为淡水型湖泊,综合了考虑景区水土盐碱化给景区景观和绿化建设带来长期不利影响。滴水湖国家水利风景结合浦东新区水务部门长期洗盐洗碱工作部署,组织滴水湖水系大规模洗盐洗碱工作。每年春节后,预降滴水湖水位至 +1.8 m 左右,通过芦潮引河引入浦东东南片区河网水,置换水量约 500 万 m^3,占滴水湖水系库容的 25%~30%。经过 5 年大规模洗盐洗碱,滴水湖水系的盐度由 3‰降低至 1‰,氯化物浓度由 1 700 mg/L 降低至 600 mg/L,景区内土壤盐碱量也大幅度下降,绿化植物成活率大为提高。

滴水湖水系洗盐洗碱也为水体生态系统建设创造了良好基础,有利于水体中水生植物生长和繁殖,一些淡水鱼类适应滴水湖水域水环境,湖泊、河道的食物链和生态系统结构得到丰富与改善。

4.3 滴水湖景区生态建设

滴水湖 2003 年引水后,作为城市景观人工湖,没有完善的生态系统,水环境不稳定。随着水体中含盐量的逐年降低,水环境中的生态结构和食物链也在不断改变。为了促进生态系统完善、防止水体蓝藻爆发,港城集团联合社会科研力量,共同研究滴水湖水域的生态建设,根据对滴水湖水域水质和环境因子的调查分析,每年投入一定量的滤食性鱼类,控制滴水湖水域藻类的繁殖。在滴水湖内投入大量河蚬,构建滴水湖良好的底栖生态系统;在滴水湖涟河、射河水生植物生长区域及河道护坡平台,投放螺蛳,与水生植物形成良性食物链。同时,利用滴水湖靠海的特征,每年春季控制出海闸开闸排水时机,科学安排开闸时间和流量,将附近海域的鱼苗引入滴水湖,从而滴水湖形成了以滤食性鱼类为主,各种本地鱼类共存的健康生态系统。滴水湖蓄水以来,水质逐年好转,地表水水质由 Ⅴ 类提升至 Ⅳ 类。

5 思考与展望

目前,滴水湖国家水利风景区水利管理工作不断推进建设、积累经验。景区建设管理应着重破解以下难题。一是滴水湖及水系生态系统还未成型,生态理念和生态治理措施须坚持贯彻和落实。二是滴水湖水质型缺水的问题日益显现,推进水源生态缓冲带与生态引水河道建设势在必行。三是丰富滴水湖水利控制手段,摸索滴水湖水系流动管理经验,增强滴水湖水系内部流动性。四是深入挖掘港城的区域文化,弘扬港城水利工程精神,营造丰富多彩的景区水文化。

　　滴水湖国家水利风景区的水利建设体现了港城城市总体规划和水利规划理念,在港城城市建设中,发挥着防汛防涝、生态景观、水资源等重要功能。通过景区生态水利、水文化、科学水利管理的和谐交融,将创建独具特色的滴水湖水利建设管理模式,为港城建设"世界健康之都"的发展目标构建生态的水环境,实现滴水湖国家水利风景区的可持续发展。

　　作者简介:饶应福(1974—)男,高级工程师,主要从事湖泊环境生态建设与管理,水利风景区建设与管理工作。E-mail:dishui_luke@126.com。

东平湖风景区生物－生态修复途径探讨

马广岳[1] 张桂艳[1] 李 霞[2]

（1. 山东黄河河务局，济南 250011；2. 山东黄河东平湖管理局，泰安 271000）

摘 要：东平湖水质状况将直接影响南水北调调水水质及东平湖风景区的建设与发展。目前，东平湖富营养化比较严重，改善其水质势在必行。通过分析东平湖水质现状及生物－生态修复技术改善水质的机制，对东平湖的生物－生态修复途径进行探讨。这些途径包括提高大汶河、东平湖、南水北调进出东平湖干渠流域林草覆盖率，引种水生植物，放流特种鱼类，科学管理网箱养鱼，利用微生物治理东平湖水体，利用自然—人工复合式湿地生态系统净化水质，以及利用底栖动物、水禽作为东平湖的环境监测的指示物种等。

关键词：东平湖 水质 生物－生态修复 探讨

1 东平湖水质现状

东平湖是黄河下游仅存的天然淡水湖泊，总面积 627 km^2，其中水域面积 310 km^2，为山东省第二大淡水湖，在黄河防洪体系及南水北调东线工程中处于重要地位。同时，东平湖又是历史上八百里水泊梁山的遗存水面，湖岸自然景观独特，人文景观众多，被誉为"小岱峰"的腊山与三面环山的"小洞庭"东平湖山水相依，湖光山色交辉相映，成为东平湖风景区一道绚丽的风景线。目前，东平湖风景区已成为山东省极具吸引力的旅游休闲度假胜地。

但是，随着流域经济的迅速发展，工业废水、农业用水和生活污水通过大汶河汇入东平湖，致使水体富营养化加剧，水质长期在地表Ⅴ类和劣Ⅴ类水之间徘徊。最新监测数据表明，东平湖入湖口处 IMn、COD、T－N 含量超过地面Ⅴ类水质标准，NH_3－N、石油类超过地面Ⅳ类水质标准，BOD 超过地面Ⅲ类水质标准；湖心和出湖口水质 COD 超过Ⅴ类水质标准，IMn、T－N、T－P 均超过Ⅲ类水质标准，水质状况不容乐观。庞清江等[1]、窦素珍等[2]根据对东平湖调查、监测所掌握的有关水生生物资料的定量调查统计数据，得出东平湖整体已达中—富营养化程度的结论。孙栋等[3]则通过分析东平湖水域的主要离子、pH、透明度、叶绿素、溶解氧、高锰酸盐指数等理化因子的监测数据，认为东平湖属于富营养型或超富营养型湖泊。

作为南水北调东线工程最后一座调蓄水库，东平湖目前的水质状况不仅影响南水北调调水水质，而且对东平湖风景区旅游业的发展也会产生不利影响。为此，山东省各级政府高度重视，多措并举，通过调整产业结构，集中对沿湖地瓜淀粉加工业进行综合整治，全面禁采东平湖河砂，实施大汶河流域上下游协议生态补偿措施等。目前，东平湖水质较以前有所改善，但离国务院《南水北调东线工程治污规划》所规定的Ⅲ类地表水要求还有很大差距。

中共中央政治局委员、原山东省委书记张高丽曾说过：水就是环境，水就是金钱，水就是生产力。丰富和干净的东平湖水不仅是南水北调东线工程的需要，也是东平湖水利风景区建设与发展的基础。因此，加大大汶河流域环境治理力度，改善东平湖富营养化水体水质势在必行。

2　生物 – 生态修复的概念与机制

2.1　生物 – 生态修复的概念

治理富营养化水体的措施很多，比如采取法律手段、行政手段及经济手段等。但仅从技术层面上分类的话，大致分为物理方法、化学方法、生物 – 生态修复等方法[4]。生物 – 生态修复就是通过建立或恢复合理的生态系统结构、高效的功能和协调的关系，再现一个自然的、具有生物多样性的生态系统，并使系统达到自我维持、自我调节的能力。与物理、化学等方法相比，生物 – 生态修复具有成本低、能耗小、效果好、污染小和有利于资源化等优点。因此，目前国内外越来越多的专家学者对利用生物 – 生态修复途径治理水污染给予高度关注。

2.2　生物 – 生态修复改善水质的机制

水中的微生物能有效分解有机物。水生植物的根、茎、叶可以减缓水流速度和消除湍流，具有过滤和沉淀泥沙颗粒、有机微粒的作用；水中大型植被的快速生长加大水底粗糙程度，减缓水流速度，促进有毒物质沉降；浮水植物发达的根系可以形成密集的过滤层，以过滤掉水体中的污染物质，使周围水体变清。沉水植物在湖泊低层能形成一道屏障，使低层营养物质溢出速度受到抑制；水生植物还能直接吸收无机氮、磷等植物生长所必需的物质并合成有机物质，通过植物的收割而从废水和湿地系统中除去。挺水植物的根系常在植物根系附近形成好氧、缺氧和厌氧的不同环境，为各种不同微生物的吸附和代谢提供良好的生存环境，其中厌氧状态有利于反硝化过程，从而能最大限度地除去水体中的 NO_3^- [2]；一些水生植物对水体中的重金属有吸收富集作用，能将重金属以金属螯合物的形式蓄积于植物体内的某些部位，达到对污水的植物修复；有些水生植物还能向水体中释放化感物质抑制浮游植物的生长。另外，一些水生动物可以通过食用浮游动植物提高水的透明度。

3　东平湖风景区生物 – 生态修复途径

3.1　综合治理，提高大汶河、东平湖、南水北调进出东平湖干渠流域林草覆盖率

大汶河是黄河下游较大支流，并通过大清河汇入东平湖，大汶河流域生态环境对东平湖水质影响很大；南水北调工程建成后，来自千里之外的长江水要通过南水北调干渠进出东平湖，干渠周围的环境直接影响进出东平湖的水质。因此，应结合工程措施整治大汶河、东平湖、南水北调工程干渠流域环境。流域治理要坚持山、水、林、路统一规划，工程措施与林草措施、生态农业发展相结合，大力推进退耕还林、还草、还湿（地），适地适树（草），形成合理布局和结构，搞好封育管护，全面提高林草成活率和保存率。总之，通过以林（草）蓄水，将径流中的有机物和无机物过滤、吸收、滞留和沉积，有效提高出入（河）

湖水质和东平湖调蓄能力。

3.2 湖中引种水生植物

适当引种耐污能力强、喜温及耐寒、根系发达的本地植物及具有观赏和经济价值的外来物种。东平湖拥有芦苇、慈姑、蒲草、菱、芡实、莲、黑藻等多种多年生水生植物，这些乡土植物不仅可净化水体，有的还是草食性鱼类和河蟹的饲料，有的具有重要的经济价值。这些物种适应性很强，便于管理，是恢复东平湖生态系统功能的首选。漂浮植物水葫芦属外来物种，原产南美热带地区，适应于热带及亚热带气候，具有很强的水质净化能力，虽繁殖速度快极易成灾，但无法在属于温带地区的东平湖越冬，不会暴发成灾，因此也可加以引进。在引种的具体操作中，应按生态学原理，考虑适当的群落配置，优化不同植物在水体中的生态位。如在湖岸向中心区依次栽种湿生植物、挺水植物、浮水植物和沉水植物等，形成以挺水植物为主的水陆交错带，有利于提高生态系统的水质净化效果。在引种水生植物的同时，还可运用景观生态学原理，引入园林设计理念，将治污与营造生态景观融为一体，促进当地旅游业发展。由于湖中植物生长迅速而聚集大量富营养化物质，如氮、磷等，所以要尽可能利用收割、捕捞等方式，将死亡的水生植物从水中转移出来，防止其沉积水底而厌氧发酵，造成对水质的二次污染。

3.3 放流特种鱼类，科学管理网箱养鱼

藻类对湖泊富营养化起着决定作用。治理富营养化除了除藻，对浮游动物防治措施也不能忽视。因此，要逐步改善养殖结构，选定素有"水质净化机"之称的滤食性鱼类鲢、鳙鱼为主要放流品种，分批向湖区投放。据研究，东平湖放养鲢鳙鱼最佳搭配比例为 7：3[2]，这个比例不仅可以通过鲢鱼摄食大量浮游植物，同时也可通过鳙鱼摄食大量浮游动物，提高水体透明度；积极筛选具有滤食浮游动植物作用的其他水生动物品种，如蟹类、贝类等，与鲢鳙鱼等混合放养，各种动植物形成上下立体的食物链，可提高湖水的生态自净能力。另外，网箱养鱼、围网养鱼会加重湖水的富营养化程度，应抓紧"退养还湖"，至少要有控制地对网箱养鱼、围网养鱼进行科学管理，尽可能将其规模限制在环境自净能力之内。

3.4 利用微生物治理东平湖水体

生物－生态修复中的微生物对水体污染物的降解起着重要作用。用微生物或微生物菌群降解水体中的有机物或有毒有害物质，如 COD、BOD_5、有机氮或氨氮、石油类、挥发酚等，可将这些物质转变成二氧化碳、氮气或水等，使水质得到改善，生态得到修复。李寿泉将能脱氮除磷的微生物－基因工程菌加入黄河故道的富营养化水体，取得较好的水质净化效果。李勤生等研制的"人造生物膜"利用高效微生物菌株转化多余的氮、磷等营养物，在北京动物园富营养化的水体修复中取得成功。针对东平湖特点，如何利用微生物净化东平湖水质及使用哪些微生物菌株效果较为显著，尚需做进一步深入研究。

3.5 利用自然—人工复合式湿地生态系统净化水质

在大清河入湖口北部，有几十平方千米的沼泽湿地，片片水面与草地相互间隔，有多种鸟类、禽类在这里栖息，要保护好这块很有价值的自然湿地。人工湿地是一种新型污水处理技术，具备处理效果好、管理维护方便、美化环境、运行费用低等优点。在大汶河入东平湖区域及东平湖沿岸滩涂开挖引水，种植水生植物，形成具有多样性、较强水质净化能力和优美景观等多功能的自然—人工复合式湿地，通过湿地植被的拦截和过滤作用，将溶

于水中有毒有害物质吸收、沉淀、过滤和降解,提高水质。目前,山东省着力推进生态建设,稻屯洼水质净化工程,大汶河入湖口、旧县乡出湖口人工湿地工程等三个生态保护项目正在建设过程中,建成后将对恢复原有湿地生态系统、改善东平湖生态环境、确保东平湖水质达标将起到重要作用。

3.6 利用底栖动物、水禽作为东平湖的环境监测的指示物种

生态学诺贝尔奖获得者 Edward O. Wilson 博士认为:"生物多样性越强,则生态系统的稳定性越好。"生物多样性好,也是水质好的表现[5]。水体富营养化的重要危害就是破坏生物多样性,导致耐污生物的数量大增。可选取东平湖具有代表性的断面水体作为固定采样点,如进湖闸、出湖闸、湖心等处,对断面水体底栖动物种类、数量进行了统计分析。一般认为,底栖动物种类多,生物密度小,是水质好的表现,反之,种类少,优势种明显且为耐重污染类,水质则较差。东平湖水禽种类和数量也是反映环境优劣的指示物种。选取东平湖天鹅、雁类和野鸭等水禽作为指示物种,由东平省级监测点对水禽数量、种群变化情况进行观察记录。通过对水体同一断面采样点底栖动物及指示水禽的种群、数量变化情况进行对比,并与其他物理、化学方法相互印证,将能更准确地确定水质状况,便于及时采取有效的应对措施。

4 结论

生物 - 生态修复是治理水污染的有效途径,尽管一些细节性的东西尚处于研究摸索阶段,但生物 - 生态修复途径无疑是今后治理东平湖富营养化水体的重要方向。鉴于东平湖在南水北调东线工程及当地旅游业的重要地位,各级政府及有关部门应深入贯彻和落实科学发展观,加大东平湖周边环境治理和生物生态知识的宣传力度,全面推进东平湖风景区建设与管理,把东平湖景区建设成为水质清冽、菱芡丛丛、鹬鸟声声、风光旖旎的人与自然相和谐的著名风景区和南水北调东线工程清水走廊的重要组成部分,促进北方缺水地区的社会、经济和当地旅游业的可持续发展。

参 考 文 献

[1] 庞清江,亓剑,齐磊,等.东平湖水生物现状及水质分析[J].山东农业大学学报:自然科学版,2007,38(2):247-251.

[2] 窦素珍,喻亲仁,李东元,等.山东省东平湖浮游动物与富营养化防治[J].重庆环境科学,2002,24(2):26.

[3] 孙栋,段登选,王志忠,等.东平湖水质监测与评价[J].淡水渔业,2006,36(4)13-15.

[4] Mitsch William, Lefeuvre Jean - Claude, BouchardVirginie. Ecological engineering applied to river and wetland restoration[J]. Ecological Engineering, 2002, 18(5):529-541.

[5] 潘立勇.利用底栖动物对运河徐州段水质的监测与评价[C]//中国环境科学学会优秀论文集,2008.

作者简介:马广岳(1965.6—),男,工程师、经济师,供职于山东黄河河务局经济发展管理局,联系地址:山东省济南市黑虎泉北路 157 号。E-mail:biogy@163.com。

古桥保护及其对现代旅游的启示

卞二松[1]　李贵宝[2]　付　华[1]

(1. 首都师范大学资源环境与旅游学院,北京　100048;
2. 中国水利学会,北京　100053)

摘　要:本文在了解中国古代桥梁发展历史的基础上,对于比较经典的拱桥、吊桥、梁桥等进行了介绍;阐述了对于古桥保护方面的问题,并且举例进行了论证;最后提出要从古桥中汲取营养,以传承博大精深的古桥文化。

关键词:古桥　石拱桥　文脉　现代旅游

在远古时代,人们为了生存,经常需要跋山涉水。后来随着人类的进步,为了方便人们渡河,桥就在水上诞生了。如今,有水的地方差不多就有桥,二者已成为密不可分的整体了。清澈的水流,给人一种清新的感觉,可以驱走疲劳,振奋精神,陈旧的古桥则给人一种厚重感,二者的结合极具吸引力,是人们休闲旅游的好去处。

1　辉煌的古代桥梁

说到桥,就不得不提中国古代的桥,因为那是值得中国人自豪的事。那时,中国的建桥技术远远高于西方。它起源很早,在远古时代就已经存在。最值得一提的是中国封建社会的桥,特别是隋代至唐宋期间,国力日渐强盛,工商业特别发达,这一时期,桥梁的技术工艺有了很大的发展,并产生了一些经典之作,闻名中外的赵州桥就产生于这一时期。到了宋代以后,汉族多为外族统治,汉文化的发展受到抑制,中国桥梁并没有太大的发展,有的只是一味的抱残守缺。

早在东汉时期,中国桥梁就已经初步形成了梁、拱、吊、浮的基本体系,经过几千年的发展,每种类型都产生了一些经典之作,对于游客具有很大的吸引力。

1.1　经典石拱桥

中国石拱桥在古代桥梁中占据着统治地位,产生了一些经典之作。该类中的代表当然是有着"天下第一桥"之称的赵州桥。其位于河北省赵县城南大石桥村,建于隋开皇十一年至十九年,距今已有1 400多年的历史,是一座单孔空腹式石拱桥,跨径37.02 m。工程艰巨,技术精良,后来同类桥梁无出其右者。另外,卢沟桥也很经典。

1.2　经典吊桥

其代表是位于四川省泸定县泸桥镇,跨越大渡河,建于清康熙四十四年,次年建成。其跨径100 m,高10余m,桥身由13根铁链组成,每隔5 m由一根小铁链上横联主链,9根底链上铺木桥板做桥面,两岸桥头堡为木结构古建筑,风貌独特为我国国内独有,泸定桥一侧山坡上的古建筑是历史悠久的观音阁。1935年5月29日,红军长征在此飞夺此桥,强渡大渡河。

1.3　经典梁桥

其代表是福建省的安平桥,位于晋江市安海镇与南安市水头镇交界处的海湾上,建于宋绍兴八年。桥长约 2.5 km,桥面为密铺石板梁,宽 3 ~ 3.8 m;桥墩 361 座,两侧有石扶栏;桥上有亭 5 座;桥前有砖塔、石将军像;桥基采用抛填筏型基础;桥墩有长方形、船型和半船型等多种式样,是古代著名的跨海湾石桥,有着"天下无桥长此桥"的美誉。

1.4　组合桥

最杰出的代表要数天安门前的金水桥。其建于明永乐年间,是并列的 5 座 3 孔石拱桥。桥栏均用汉白玉雕成,庄重华贵。在 5 座侨中,中间一座最为宽大,长 23.15 m,宽 9.62 m,最大跨径 5.5 m,称"御道桥",为皇帝专用;两旁两座为"王公桥",供宗室亲王使用;最边上两座叫"品级桥",供品级较低的官员行走。清代以后,金水桥的建造样式成为管式拱桥的样板。

1.5　独特的桥

代表之一是位于山西太原晋祠博物馆内的鱼沼飞梁,始建年代不详。其形式奇特、造型优美,为仅存的十字形桥梁。此桥在沼中立八角形石柱 34 根,桥面成十字形,铺砖,周绕汉白玉石栏。桥东月台上蹲有石狮一对,精美生动,系北宋年间所铸。

从以上代表桥梁可以看出,它们之所以与众不同,不外乎以下几个原因:技术精良,坚固持久;雕刻精美,艺术价值高;设计巧妙,外形独特;与周围自然人文景物搭配,或者可以伴着庙宇、塔类建筑,或者与自然景物相搭配,如卢沟晓月;多座桥梁搭配所建;有着重大历史事件发生;长度最长或者跨径最大等。

2　古桥的保护

以上经典桥梁,凭借着自己独特的魅力,早已成为旅游热点。但是,在中国的大江南北(特别是江南)还有着成千上万的古桥没有进入大众的视线,并且有许多还在遭受着人为的破坏。中国古桥有着极高的艺术价值,一经破坏,可能就再也无法恢复。新中国成立初期,为了解决当时的交通问题,改建了一些古桥,给中国古代桥梁造成了无法挽回的损失,我们应该记住这些教训,不要再让悲剧重演。在处理古桥旅游与保护问题时,保护永远是第一位的。在古桥保护中需要重视以下几点:

首先,对于已经开发为景点的古桥,要注意对游客的约束。另外,游客的数量要控制在最佳容量之内;否则,古桥不但得不到保护,还会受到更为严重的破坏,那就得不偿失了。比如闻名于世的石拱桥赵州桥,已经在风雨中度过了 1 400 多年的岁月,依然完好无损。但是随着大众旅游时代的到来,必将会有成千上万的游客去那里游览。那么,游客的数量就必须得到控制,否则,就会大大地加速它的老化。另外,我国游客的素质还有待提高,还没有保护文化遗产的意识,可能在不经意间做出一些不当的行为,如果不加以约束,古桥可能就像长城一样,到处是人们刻下的名字。

其次,对于频繁受到船只撞击的名桥,可以采取建立公园的模式进行保护。七桥瓮桥位于南京市光华门外约 3 km 的外秦淮河上,是一座明代七孔石拱桥,1982 年公布为江苏省文物保护单位。1955 年调查资料显示,桥孔曾多次受到大吨位船只的撞击,主拱圈严重损毁,大部分拱轴线均有不同程度的变形,拱脚受船舶撞击,河水冲刷猛烈,石块脱落严重。为加强对此桥的保护,南京市文物部门及时组织力量,制定了保护方案。秦淮区人民政府结合对古秦淮河的环境整治,拟兴建运粮河公园,将七桥瓮变为该公园的一个景点。

再次,对于不太发达的地区,经济发展当然要很重要,但不能为了暂时的利益而破坏古桥,如水电站的建立、道路房屋的修建等都有可能对古桥造成破坏。泰顺32廊桥之一的"三条桥"就是一个沉痛的教训。泰顺地处温州腹地,经济相对不发达,但是泰顺的水资源比较丰富,可以通过建设小水电站来促进经济发展。但是,在2001年,拟建于"三条桥"上游的小水电却对"三条桥"构成了威胁。水电站大坝会截住水流,让桥下无水,对周围的环境造成很大破坏,原本和谐的周围环境将被彻底打破。

同时,另一个值得关注的问题就是泰顺县准备申请廊桥为世界文化遗产,而水电站的建造将使廊桥"申遗"大打折扣,正如泰顺廊桥协会秘书长所说:"与世界文化遗产比起来,这一小水电站的收益实在是微不足道,纵有千百条理由也难抵世界文化遗产的光环。"因此,人们对于是否建水电站展开了激烈的争论,最终,泰顺县委作出决定,考虑到众多现实因素和人们的经济利益,牺牲了"三条桥"。以牺牲文化遗产来发展经济,毫无疑问是短视行为,不足以长期支撑社会的进步,这样即使经济上有了增长,也不能算是真正意义上的发展。

郭唯等提出的保护古桥的措施不错,对于全国古桥的保护具有一定的借鉴意义。具体措施是,第一,加大古桥的保护力度,建立科学的保护规划;第二,加强和重视古桥保护的宣传、教育和引导工作;第三,全方位、多渠道地筹措古桥保护开发资金。首先,要有保护规划,紧接着注重人们保护意识的培养,最后是如何筹集资金。每一条都是针对古桥保护现状问题,很有现实意义。

3 古桥对于现代旅游的启示意义

我国古桥有着古朴的外表和深厚的文化底蕴,到今天它的主要功能已经发生了变化,交通功能已经不再重要了,重要的是它的极高的艺术价值,即主要供游人鉴赏之用。进入新时代,我们在现代桥梁建设中取得了一些成绩,遗憾的是,我们并没有发现多少现代桥梁对古代桥梁的继承,只可以很清楚地看出,中国桥梁的建设很大程度上是在跟外国桥梁比现代化。

新中国成立时,各方面条件比较落后,还没有独立建设现代化大型桥梁的能力,那时我们就期盼着能够早日改变这种局面。经过不懈的努力,在1968年一座由中国人自己设计、自行施工的具有世界水平的公路铁路两用桥——南京长江大桥建成通车。随后,现代化桥梁在中国如雨后春笋般一个个建成于大江大河之上。现在,仅南京一个城市就有了三座长江大桥,而且南京长江四桥正在建设中。如此快的建设速度的确让人惊讶,但兴奋之余不难发现,我国的桥梁与外国桥梁大同小异,没有太大的区别,一座横架大河两岸,是很有气魄,但多是千篇一律,都在追求气势,没有中国独有的特色,失去了中国桥梁应有的古朴厚重。当然,为了满足现在的交通需求,节省建造时间,还有材料上的原因,很难再建造出像赵州桥那样的经典之作了,但是我们至少应该对传统桥梁有所继承,延续自己独有的特色。比如,在拱桥方面要多加努力,要改进以适应现代的需求,但又可以继承它的内涵。现在我们的经济发展水平已经有了一定的基础,不能在一味地崇拜外国的东西,我们要继承和发展我们民族自己的文化遗产。

当然,我们也出了一些成绩,虽然离我们古代的辉煌还很远,至少我们已在努力了。如湖南省石门县的黄虎港大桥,它于 1858 年建成通车,上部结构为空腹式等截面圆弧石拱,主孔跨径 60 m,为当时中国最大跨径的石拱桥,突破了赵州桥跨径保持 1 300 多年的历史记录。它是石拱桥建桥技术的大胆尝试,为以后修建大跨境石拱桥提供了宝贵的经验。整座桥看起来庄重典雅,加上建于山谷之上,的确值得一游。另一个突破是重庆万县的长江公路大桥。它建成于 1997 年,桥面标高 245 m,单孔跨径 420 m,为世界上最大跨径钢筋混凝土拱桥。整座桥俨然是古代与现代的完美结合,既有古朴的庄重,又有现代的技术和宏大的气势,的确算得上经典之作。

现代桥梁的建设,已经需要考虑到它的旅游功能,除气势外,还需要有文化内涵,要知道,旅游地最重要的内容是它的文脉,没有文化内涵的东西,即使可以风靡一时,也终将被淘汰,而只有那种传承文化的遗产才能够继承下去。有人说,在 21 世纪,中国和美国所拼的不是经济,不是军事,而是文化,当我们还在崇拜美国的摩天大楼时,很多美国人已悄悄地来到中国,以欣赏中国古朴的建筑和厚重的文化。正是这种文化,才是我们最为宝贵的财富,而古桥正是这种文化一个重要组成部分。

参 考 文 献

[1] 中国交通部. 中国桥谱[M]. 北京:外文出版社,2003.
[2] 何锦峰. 泰顺廊桥保护给水利建设带来的思考[J]. 浙江水利科技,2005(1):81-83.
[3] 李燕. 远离古桥建新桥:江苏古桥保护模式[J]. 东南文化,2006(4):85-88.
[4] 鲍倩倩. 丽水廊桥的保护与开发[J]. 丽水学院学报,2005,27(3):18-20.
[5] 郭唯,袁书琪,李晓. 福州古桥文化资源特征、保护及开发利用初探[J]. 福建地理,2006,21(2):55-58.

关于横排头水利风景区建设与管理的对策思考

陈玉兵　黄　娟

（安徽省淠史杭灌区横排头管理处,237000）

摘　要:横排头渠首枢纽工程水利风景区利用 2002 年渠首工程加固改造的契机,抓住机遇,大力发展旅游产业,在由传统水利向现代水利转变过程中,把工程管理与水资源的开发用相结合,充分发挥工程效益,为水利工程的开发树立了典范。本文结合横排头水利风景区建设实际,对风景区建设与管理深入浅出地提出了建设性意见。

关键词:水利　风景区　建设　管理

1　横排头水利风景区概况

横排头枢纽工程是淠史杭淠河渠首,始建于 1958 年,1964 年正式开灌。它是淠河流域上游水资源开发利用的关键控制性工程,拦蓄和调节磨子潭、佛子岭、响洪甸、白莲岩等四大水库下泄水和横排头坝上 1 130 km² 的区间来水,并在溢流坝上形成了库容约900 万 m³ 的水库,名曰"丰源湖",是横排头风景区的主要景点。横排头水利风景资源丰富,水系景观得天独厚,景区内西侧为老淠河,河床上水草茂盛,是天然牧场和水鸟的栖息地,东侧为宽阔清澈的新淠河,为人工河道,常年流水不断,南侧为开阔的滚水坝,溢流时形成一道壮阔的天然瀑布,北面为两处景区大门,渠首枢纽工程不仅在防洪灌溉、供水发电、航运养殖方面发挥着巨大的综合效益,也以特有的资源与景观形态为旅游开发创造了条件。例如:加固改造后的渠首工程,壮阔宏伟,是一道亮丽的风景线,景区内度假村依山傍水、山清水秀,富有特色的山水资源,为观光、休闲、度假等产品的开发奠定了基础。景区以保护性开发为原则,使景区山、水、林、牧资源不断得到优化和升级,依山傍水建成的清源楼(仿黄鹤楼),屹立于景区中央,登高望远,一览景区风景,使人心旷神怡。景区内已建成以大别山红色旅游为主线的苏家埠战役"四十八个日日夜夜"纪念碑、淠史杭工程纪念碑、徐向前铜像等,有佛教名寺金华寺、龙王寺。从实践成效看,水利风景区的开发不仅保护水源、修复生态、维护工程安全,更因水利旅游的经济乘数效应,带动了水利多种经营的全面发展,逐步提高水管单位职工的福利,还促进了当地经济的发展。

2　水利风景区的开发原则

水利风景区是旅游景区的一种重要类型,我国传统水利以兴利除害、防洪灌溉、供水发电为主,在最初设计时较少考虑旅游功能,随着这些年来旅游业的快速发展,旅游才逐渐作为水利工程的一项重要功能得以开发。所以,水利旅游有其特殊性[1,2],主要表现为:①水利设施的主导功能是其社会及生态功能,旅游开发必然受水利主导功能的制约;

②水利风景区的核心要素是"水",旅游开发有可能对水生态环境造成影响;③景观上多为大坝、堤塘等水利工程及水面而略显单调,需要提炼人文景观的主题;④在地域形态上,往往呈线状和面状延展,一般受多个行政区管辖,管理主体难以确定。

正因为水利旅游有其特殊性,所以在水利风景区的规划、建设与开发中,应注意把握以下几个原则[3,4]:①在旅游开发建设中,首先要确保水利工程的安全正常运行;②要重点做好水生态环境保护,避免水体污染;③要深入挖掘水文化和当地特色文化,提升景区的文化内涵;④在所有权和管理体制上,应以水利部门管理为主,协调旅游部门和当地政府共同参与管理。

3　横排头水利风景区旅游开发中存在的问题

横排头水利风景区旅游开发起步较晚,基础比较薄弱,景点比较单一,对旅游资源的开发利用存在天然不足,旅游部门对水利资源的管理保护也知之不多,而两者在利益机制上又难以协调,造成旅游开发中诸多问题。①景区宣传力度不够。一个景区特别是新开发或正在开发中的景区,若想吸引游客,首先就要设法提高其知名度,让外界了解景区的优势及特色。在这方面横排头水利风景区目前投入过少,从调查来看,很多游客会来此旅游仅仅是因为亲戚朋友的推荐。另外,对景区的宣传推介工作较为欠缺,从市区进横排头风景区的公路上没有明显的标志物或指示牌。②基础设施亟待完善。据调查,游客提到最多的意见就是交通条件。六安至横排头沿线尚无公共交通,游客到景区参观游览很不方便,直接影响了游客数量。其次,缺乏医疗条件,游客身体偶有不适,求医、购药困难,健康缺乏保障。③娱乐设施缺乏。到景区游玩的游客,大都有游山玩水、休闲度假、放松心情的目的,此外,他们还渴望能在景区中寻访到名人古迹,或亲身感受水文化及涉水娱乐项目。然而调查表明,有 67% 的游客对这里的娱乐设施不满意或认为不存在。由于娱乐设施单一,旅游基础设施建设滞后,缺乏吸引力,游玩的内容相对较少,难以留住游客。④景区特色不突出。景区没有经过科学规划,目前景区内开发建设随意性较大,对景区特色展示、配套功能设施、宣传筹划等没有整体规划,加上投资方介入少,管理部门调控乏力,难以形成品牌效应。

4　横排头水利风景区建设与管理的对策思考

结合横排头渠首枢纽工程申报省一级工程管理单位工作,提出了"一流的工程,一流的管理,一流的服务,一流的效益",突出做好水利风景区建设与管理工作,使工程管理与水利风景区开发科学、合理衔接。

4.1　抓思路调整

立足当前实际,积极调整旅游开发思路[5]。坚持科学发展观,遵循水的自然规律和社会经济发展规律,统筹做好水安全、水资源和水环境保障工作。把横排头水利风景区建设作为提高工程管理水平、提升资源开发利用、改善水生态环境的标尺,全力推动横排头水利风景区建设与管理工作。

4.2　抓科学规划

依托景区丰富的工程景观、自然景观和人文景观,明确景区开发的指导思想、项目投入原则、开发方向和总体布局。同时,也要统筹区域生态环境平衡,针对水利工程、水土资源、传统文化和风土人情的特点,突出水文化,体现水利科技、水利环境、水利经济、水利产业、水利产品等系列价值,凝聚水文化精华,传达水文化内涵。把景区开发建设放在区域经济、社会发展的大背景下,注重与水资源综合规划等专项规划的衔接。

4.3 抓文化特色

横排头风景区以水文景观为特色,水文化底蕴深厚,历史遗迹随处可见。在水利风景区建设中,要紧紧抓住这一特点,坚持以水为载体,以文化为纽带,使水文化成为横排头风景区的灵魂。建设水利科学博物馆,用照片、模型、文字、多媒体等,展现水文化和水利科技,使之成为吸引游客的亮点。

4.4 抓宣传推广

为了更好地对外宣传横排头风景区,让更多的游客从多方面来了解景区,近期及未来的一段时间,应认真调查并收集景区的人文历史、旅游资源、旅游服务等相关资料,充分利用现代化的传媒手段,制作高品位、高水平的旅游资源影视资料,通过广播、电视、报刊、网络、宣传册等多种传播工具广泛开展宣传工作,提高横排头风景区的知名度。同时,要积极参加各种风景旅游招商洽谈会,提高自身知名度,拓展发展空间。

4.5 抓基础设施建设

为了加快横排头景区发展,景区主管部门与当地政府正努力达成共同开发横排头风景区的协议,进一步完善景区基础设施。一是加快景区交通公路基础设施建设,方便游客出入;二是建垂钓中心,以垂钓、天然浴场、康体休闲为载体,让游客感受度假休闲的安逸和安静;三是建观光休闲项目,在库区建设观景台,鸟瞰渠首雄姿和"十万白鹭园"景观,让游客充分体验青山、绿水、红楼、白鹭相得益彰的自然园林形式与艺术;四是建设亲水园林,利用大水面的特点,突出水文化主题,建设"水乡泽国,小桥流水人家"式的园林景观。

综上所述,横排头水利风景区的旅游开发才刚刚起步,存在的问题颇多。一方面是源于我国当前整体旅游发展不成熟的环境;另一方面,则是对水利风景区的特殊性认识不足所致。今后努力的重点应是加强水利、旅游部门在开发和管理方面的协调,强化水利旅游基础理论的研究,加快水利旅游人才队伍建设,从而推动水利风景区的健康发展。

参 考 文 献

[1] 陈子年.水利风景区建设与管理可持续发展的运行机制[J].湖南水利水电,2005(4):23-25.

[2] 中华人民共和国水利部.水利风景区发展纲要[EB/OL].

[3] 李锋,吴玲.水利景区开发的三大原则[N].中国旅游报,2005-04-18.

[4] 白静媛.对水利风景区建设的几点认识[N].中国水利报,2002-12-21.

[5] 张西林.水库功能调整与旅游开发[J].水利渔业,2005(1).

[6] 中华人民共和国水利部.全国水利风景区建设与管理工作会议暨水生态环境保护高层论坛资料之六.

作者简介:陈玉兵(1971—),男,工程师,安徽省淠史杭灌区横排头管理处,安徽省六安市苏埠镇横排头村横排头管理处。E-mail:nerve_00@sina.com。

加快水利风景区建设 拓展民生水利服务功能

金绍兵

（安徽水利水电职业技术学院，合肥 231603）

摘 要：仁者乐山，智者乐水。随着国民经济持续快速发展和人民生活水平逐步提高，人们对蓝天碧水的渴求与日俱增，催生和促进了水利风景区建设。本文论述了水利风景区建设是一项一举多得的民生水利工程，指出了水利风景区与其他各类景区（保护区）相比，具有一定的特殊性。"水"是水利风景区得以存在和发展的核心要素，文化是风景区的灵魂，而水文化是水利风景区最具特色的文化，和其他各类景区文化有着明显的差异性，并据此提出了如何以先进的水文化引领水利风景区建设管理。

关键词：民生水利 水利风景区 水文化

1 引言

2008 年，全国水利厅局长会议首次明确提出民生水利这一理念。2009 年，陈雷部长在南宁会议上深刻论述了民生水利的内涵和四个特征。2010 年他又语重心长地指出："水利工作与民生息息相关，不能简单地把民生水利局限于某些具体工程项目上。强调民生水利，旨在树立一种发展理念，倡导一种价值取向，确立一种实践要求，实现一种目标追求。"从实践到理论，再从理论到实践，民生水利的思想渐次深入人心，并转化为全国各地水利部门的自觉行动。

起步于 20 世纪 80 年代的水利风景区建设，在探索中稳步前进，水利风景区以其独特的工程、资源、环境优势，在发挥工程效益、涵养水源、保护生态、改善环境、促进区域经济发展、满足人们不断增长的物质文化和精神文化需要等方面发挥着重要作用。水利风景区的建设，拓展了水利服务功能，促进了人与自然和谐，推动了水管单位体制改革，扩大了水利的社会影响。但与此同时，水利风景区建设管理还存在认识不到位、发展不平衡、基础工作薄弱等亟待解决的问题。

尤其是水利风景区如何在众多的国家级公园、保护区和各类景区中脱颖而出，吸引游人前来参观，实现景区社会效益、生态效益和经济效益的有机统一？ 笔者认为，突破之道或在以先进的水文化引领水利风景区建设管理，即在水利风景区建设管理中，重视水文化，突出水文化，挖掘景区水文化内涵，彰显景区水文化特色，同时充分发挥风景区地域文化和历史文化作用，营造底蕴深厚、景色优雅的水环境，提升水利风景区品味，最终提高对游客的吸引力，开创水利风景区建设管理工作的新局面。

2　水利风景区建设是一项一举多得的民生水利工程

2.1　水利风景区建设是生态文明建设的重要组成部分

人与自然和谐相处是建设生态文明的核心。近年来,各级水利部门以"山青、岸绿、水美"为基本要求,统筹协调水利建设与生态建设、人工景观与自然景观、经济效益与生态效益,把水利工程建成生态工程、水资源保护工程、环境美化工程,对水利风景资源进行保护性开发,发挥其涵养水源、保护生态、维护河湖健康的重要作用。实践表明,水利风景区建设与发展是顺应自然、尊重规律,亲近水、涵养水、善待水的重要举措,在生态文明建设中发挥着重要的示范作用,为践行可持续发展治水思路开辟了新的领域。

2.2　水利风景区建设是发展民生水利的重要手段

以水库型水利风景区为例,大多数水库都远离城市,处于深山中,虽然自然环境优美,但是生产生活条件较差,库区周边群众的生活水平较低。水利风景区的建设和开发,吸引了大批城市人群前来观光旅游,反哺了库区群众,是民生水利的生动体现。这是一项惠民工程,巧借自然山水风光,精做亲水文章,为群众提供了环境良好的休闲娱乐场所。这是一项扩大内需工程,水利风景区建设不但得到各级政府的注资扶持,一些社会资本也积极加入进来,带动了景区周边的基础设施配套建设和交通、餐饮、宾馆等相关行业的发展,提供了大量直接、间接的就业机会,促进了区域经济结构的调整。

2.3　水利风景区建设是传承发展水文化的重要载体

水利风景区建设不仅能够挖掘水文化内涵,开发水文化景观,而且能够成为水利宣传教育示范基地,宣传推广水文化价值,让人们在享受水利优美环境的同时,进一步了解我国悠久的治水历史和水利科学知识,感受当代水利事业的巨大成就和水文化的丰富内涵,从而达到了解水利、热爱水利、支持水利、宣传水利的目的。

2.4　水利风景区建设是推动水管单位改革发展的重要支撑

通过水利风景区建设,既能为水利工程管理单位引进资金和管理经验,又能拓宽多种经营渠道,创造更多经济效益,增强水管单位实力。同时,水利风景区建设也为水管单位富余职工分流安置提供大量就业机会,有利于促进水利工程管理体制改革,有利于在管养分离改革中稳定职工队伍。

2.5　水利风景区建设是拓宽水利服务领域的重要窗口

目前,水利风景区建设已经从水利系统走向了社会,成为地方党委政府推动当地经济社会发展的一个重要手段,在社会上产生了积极影响,水利的社会服务功能和经济支撑作用进一步得到强化。

3　水利风景区建设管理要以先进的水文化为引领

3.1　以科学的景观设计展现水文化

景观设计工作是一项十分复杂的系统工程,涉及水利、环境、生态、园林、经济、文化、旅游等各个领域和专业,最高境界的景观设计是哲理性、科学性和艺术性的结合。科学合理的景观设计能为风景区增添文化魅力。如三峡工程在枢纽设计阶段,就考虑到除满足水电站的各项功能外,还兼顾景观设计,打造了水文化韵味浓厚的新景观。在三峡截流纪念园中,有支撑堆放砂石料的隔墙、截流时留下巨大四面体、合龙时使用的 77 t 装卸车和平抛船,从库区移植过来的珍稀树种……正是这些景观设计使得三峡大坝水利风景区水文化特色日益显现,深受游客喜爱,成为长江三峡旅游线上最火爆的景点。另外,城市河道型水利风景区受景观设计影响更大,如南京市通过整治秦淮河水环境,修复水生态,传承水文化,使现代水利与传统文化有机结合,自然生态环境与人居环境融为一体,使秦淮河真正成了一条"美丽的河,流动的河,文化的河",进而形成旅游品牌。

3.2　以全面的导游系统解析水文化

为了更好地传承中华文化,弘扬水文化,水利风景区辅之以导游系统可取得更好的宣传效果。导游系统既有人员导游,也有图文声像导游,关键是要撰写好导游解说词。目前,大多水利风景区导游解说词和其他景区解说词趋同化,缺乏差异性,应组织相关专家深入挖掘景区水文化、地域文化和历史文化内涵,撰写有水利风景区特色的解说词。同时,为加强旅游者的满意度,水利风景区可考虑配备专职景点讲解员。这些讲解员经过培训之后上岗,统一着装,为游客介绍相关的专业知识,提供周到的景区讲解与路线引导服务。如安徽省龙河口水库水利风景区的部分导游,聘用的就是水利单位取得导游资格的正式职工。这样讲解更专业,让游客与水利工程贴得更近,游客反响非常好。图文声像导游可以通过文字说明、录音解说等方法为游客提供服务。在主要景点采用立牌立碑的方式,用文字图片对景点进行说明,或采用录音录像播放形式为游客提供解说服务。此外,还可以设置模型、触摸显示屏为游客展示或演示,使游客对水利风景区相关内容有较深入的了解。

3.3　以形式多样的专题布展彰显水文化

在水利风景区建设管理中,还可以用专题布展的形式,着重呈现与水相关的水利史志和文学艺术作品等,用来彰显水文化。如霍邱县水门塘水利风景区将清李鳌、何本、张海所撰《筑复水门塘》、《过大业陂有怀楚相》和《清理水门塘碑记》等遗存及《县正堂陈示》石碑一块,陈列布展在风景区内。这些碑文或记载了当时塘长每年农隙之中,率领居民开挖塘心淤土,高培界堆,"使之屹然在望,不可磨灭,庶几塘日深,界日固,而先贤之遗泽所以备潴蓄,资灌溉者将永久而不坏也"的建管史实;或记叙了士民出夫出资修建及重申用水规章,并以此事"晓谕勒石建碑以垂久远",成为我国历史上难得的一部水资源管理和利用的"水法"。这些对今天水利工程建设管理仍有借鉴意义,起到寓教于乐的效果。

3.4　集聚人才资源,创新水文化

古人很懂得文化对山水景观的意义和作用,每一景区景点的开发,每一亭台楼阁的创建或重修,都要撰铭、作记、赋诗。这方面绍兴市做得很成功,受到了公众的充分肯定。如请绍籍原中国历史地理学会会长陈桥驿先生为"运河园"撰写《运河记事序》、《玉山斗门遗存记》等文章,请中国水利史研究会原会长姚汉源先生为浙东古运河"运河园"建设精心绘制了《宋代运河图》,请现会长周魁一先生为"运河园"主牌坊题联,请绍籍中国科学院、中国工程科学院院士潘家铮作《浙东运河整治纪盛赋》等。以上图文并茂,对浙东古运河历史功绩、风光、环境作了准确描述,是浙东古运河绍兴运河园水文化的重要创新。在绍兴平水东江,千石诗林景点文化布展中还有费孝通、王蒙、于光远等近 30 位当代名人为此景点及绍兴历史文化、自然风光题诗作词,犹如一幅新的兰亭集序,丰富了绍兴的水

文化内容。

3.5 开发景区节事活动,丰富景区水文化构成

景区节事活动是指结合景区特色举办的常规性或应时性供游客或欣赏,或参与的大、中、小型群众性盛事和游乐项目,如都江堰的放水节、云南的泼水节等。这些活动不仅是景区旅游产品的一部分,而且可以作为促销活动的内容。景区节事活动可以丰富景区水文化构成,使游客感受更有趣味性,使景区特色更加鲜明和更有吸引力。

3.6 水利风景区建设管理还要充分发挥景区的历史文化和地域文化作用

3.6.1 发掘历史文化,提升景区品位

中国是一个文明古国,各个地域都有自己的悠久历史和独特文化。有不少水利风景区本身就历史悠久厚重,如都江堰、秦淮河、浙东古运河、安徽水门塘等。还有不少水利风景区,或处在历史文化名城,或在历史文化遗迹附近,历史文化背景都很久远。即便是新修建的且地处偏僻的水利风景区,也"无古不成今",关键在于发掘、整理和创新,研习习古,达到"彰空补缺"、"梦想成真"的效果。另外,中国人民数千年的治水活动,为我们留下了史籍浩繁的水利文化遗产,形成了我们民族文化绵延繁荣的重要内容。人们在无数次的治水活动中,总结出无数见解深刻的思想材料,阐发了许多光彩照人的哲学精华、美学原理、社会学知识等,水利风景区要大力发掘,让这些历史文化吸引游客,激发游客的怀古幽情,达到寓教于乐的效果。

3.6.2 开发多姿多彩的地域文化,提高景区吸引力

"只有地方的,才是世界的"。遍布大江南北、长城内外的水利风景区,因其所属不同的地域,各具不同的地域文化,表现出浓郁的地方特色。"南船北马",北方尚武,南方崇文。水的流域不同,水文化的特征也不同,甚至水系不同,方言各异。"十里不同风,百里不同俗"。越是具有当地特色的文化,越是能吸引游客,也就越具有市场价值,并形成竞争力。为此,水利风景区管理人员要做到放下架子,入乡随俗,积极吸收当地文化,并尽可能突出地方特色,把所在地的历史文化、风俗特点、饮食习惯结合起来,能打造出与众不同的更具吸引力的风景区。

另外,为弘扬创新水文化,水利风景区在建设管理中应注意推出自己独具特色的文化符号,如风景区标识,宣传口号、广告词、主题雕塑、主题曲等。

4 结语

1998年,联合国教科文组织在一份《文化政策促进发展行动计划》中指出:"发展可以最终以文化概念来定义,文化的繁荣是发展的最高目标。"用先进水文化建设管理的水利风景区,一定能够大力推进水利风景资源的科学开发、合理利用和有效保护,充分发挥水利风景区在维护工程安全、涵养水源、保护生态、改善人居环境、拉动区域经济发展等方面的重要作用,实现水利工程经济效益、社会效益和生态效益的有机统一,增强民生水利保障能力,扩大民生水利成果,使水利更好地惠泽民生,造福人民群众。

参 考 文 献

[1] 陈雷.深入贯彻中央水利工作新要求 全面推进民生水利新发展[J].中国水利,2010(2):1-10.

[2] 胡四一 . 在全国水利风景区建设与管理工作会议上的总结讲话[J]. 中国水利网,2010 – 03 – 23.

[3] 乔世珊. 水利风景区与水文化[J]. 宝鸡网,2009 – 06 – 24.

[4] 丁惠英. 加强水利风景区建设与管理的几点建议[J]. 水利发展研究,2007(8):59-62.

[5] 丁枢,黄江涛. 水利旅游资源的文化内涵及开发思路[J]. 中国水利,2009(2):49-51.

[6] 邱志荣. 绍兴市水环境整治中水文化建设的探索和思考[J]. 水利发展研究,2007(10):54-62.

作者简介:金绍兵(1963—),男,副教授,安徽水利水电职业技术学院市政系总支书记,中华水文化专家委员会研究员、中国水利职工思想政治研究会特约研究员。通讯地址:合肥市东门合马路 18 号安徽水利水电职业技术学院。E-mail:zurenchujin@126.com。

加快水利风景区建设与管理
推动青海水利旅游上台阶上水平

张占君　党明芬

（青海省水利厅水利管理局，西宁　810001）

摘　要：水是人类赖以生存和发展的重要因素，和人们的生活、生产密切相关。水不仅只是生存条件，也关系到对人的情操陶冶，修身养性。随着经济快速发展，国民收入不断提高，对休闲旅游的需求也越来越旺盛，水利旅游作为生态旅游的主要组成部分，越来越受到人们的青睐。作为弘扬中国水文化重要载体的水利风景区建设与管理，则开拓了物质文明、精神文明和生态文明的重要途径，推动了水利资源的科学开发、合理利用和有效保护，满足了越来越多的旅游需求，从而有力地推动了水利旅游业的蓬勃发展。

关键词：水利风景区　建设　管理　水利旅游

水是人类赖以生存和发展的重要因素，它和人们的生活、生产密切相关。早在数千年前，孔子就说"智者乐水，仁者乐山"，可见水在人们生活中的重要性，不仅只是生存条件，也关系到对人的情操陶冶，修身养性。所以，古代名士要么乐水，要么乐山，以至留下了无数有关山水的不朽名篇。随着现代经济的发展，城市进程的不断加快，环境问题的日益严重，人们和水的距离也越来越远，水资源的供给越来越少。但这又恰恰使人们更希望亲近水，享受水，因而也使水利旅游变得更加重要起来。

青海山川壮美，素有"万山之宗、千湖之地、江河之源"的美誉。青海河流、湖泊众多，全省流域面积在 500 km² 以上的河流有 271 条，干支流总长度 27 690 km，青海省年径流总量 63 104 亿 m³，占我国年径流总量的 2.34%；青海省是多湖泊的省份之一，共有湖泊 439 个，面积 13 385.7 km²，为全省总面积的 1.85%，占全国湖泊总面积的 15.8%；全省冰川面积约 5 225.38 km²，占全国冰川面积的 9.2%，冰川总储水量 3 705.92 亿 m³，占全国的 12.5%。新中国成立以来，全省共建成大、中及小型水库 172 座，万亩以上灌区 80 处，水电站 213 座，修筑堤防 251.6 km。这些工程和资源形成了大量的水域景观、自然景观和人文景观，为青海省水利旅游的发展奠定了坚实的基础。

1　发展水利旅游的重要性

我国水利风景资源非常丰富，各种水利资源，无论是类型还是数量，在世界上都排在前面，这种多样性造成的吸引力是全方位的，东部与西部、南方和北方，虽同是水利工程，背景不一样，吸引力也不一样。从市场角度看，中国是国际上第四旅游目的地国家，而随着经济快速发展，国民收入不断提高，国内旅游也逐年增长，休闲旅游需求也越来越旺盛。

从文化方面讲,中国人对水有天然感情,有水文化情结,愿意到有水的地方旅游,这方面的需求是民族文化心理决定的。从国际上看,生态旅游是潮流,呈逐年增长趋势,水利旅游是生态旅游的重要组成部分,城乡居民愿意到山清水秀的自然中去,这种新的理念和产品受到青睐。

1.1　水的内在持久的吸引力

水是生命之源,是自然景观中最亮丽的风景,亲水是人之本性。人类对水的依赖,需要从人类的进化史说起。人类以及其他各类动物都是从海洋生物进化而来,这种进化方式导致人类在潜意识中存在亲水性,就如婴儿对母亲的依恋一样,水就是人类的母亲,对于人类总是有莫大的吸引力。

1.2　发展水利旅游有利于环境保护

水利旅游由于主要内容是水,就要求人们在保护水资源上下工夫,没有良好的水质就谈不上水利旅游的发展。如果一个旅游地的水质差了,就无法达到休闲、怡情、疗养、放松的目的。因此,当地要发展水利旅游,就要首先做好环境保护工作,只有做好了环保工作才能做旅游开发的下一步工作。

1.3　水利旅游是现代旅游发展的大趋势

1.3.1　发展水利旅游是人们的生活需要

生活节奏的加快,城市化的推进,工业的发展,污染的加重,使人们越来越远离山清水秀的大自然。疲惫的人类渴望大自然的回归,期盼纯洁的水来放松自己。亲近水,融于水,就成为人们的一大追求。通过水改善生活、改善健康成为人们的最大愿望,这是发展水利旅游的市场需求。

1.3.2　发展水利旅游是经济发展的必然要求

随着生产力的提高,人们的生活条件也日益提高,有了更多的时间和金钱。在这种条件下,人们必然要求通过旅游来打发这些时间和消费这些金钱,旅游人数也就随之扩大。原有的旅游方式已经无法提供更多的旅游产品给日益增多的旅游消费人群,在这种情况下,发展水利旅游也就成了必然的选择。因为就整个地球而言,水占了 2/3 的面积,水资源相对来说是最丰富的,提供的旅游产品也最多。只有发展水利旅游才能满足越来越多的旅游需求。

1.4　发展水利旅游能彰显青海的资源优势

青海是长江、黄河、澜沧江、黑河的发源地,被誉为"中华水塔",水资源蕴藏量分别占全国的 3.3% 和西北的 27.8%,是我国水能源的富集带。每年源源不断大量的水流向东部、流向南方,滋润了中华大地、滋润了各族人民。目前,青海具有开发前景的旅游资源很多,像中外闻名的"中华水塔"三江源、"候鸟天堂"青海湖、"碧水丹山"坎布拉等景观景点,大多是全球绝无仅有的"精品"、"极品",如何把这些资源优势转换为产业优势和经济优势是当务之急。

2　水利风景区建设与管理现状及问题

近年来在省委、省政府的高度重视下,青海省全面贯彻落实科学发展观,根据生态建省的战略部署,以水资源优势为依托,以景区建设为重点,以市场为导向,以效益为中心,以规范管理为手段,使青海省水利风景区建设呈现了起步晚、发展快、潜力大、势头好、后劲足的可喜局面。根据青海省"万山之宗,江河之源"的地理特征和多民族聚居的人文特征,坚持以发展高原特色旅游业为主体,按照"加强领导、理顺机制、整体规划、形成品牌"的要求,坚持高起点规划、高层次招商、高品位建设、高水平经营,充分利用自然风光、历史文化和民族风情资源,突出高原旅游、生态旅游、健康旅游,促进水利旅游产业从低水平、粗放型向高层次、集约型转变,努力使青海省的水利风景区建设与管理出成绩、出特色、出亮点。目前,青海省先后有互助南门峡水库、西宁长岭沟、黄南黄河走廊、循化孟达天池、黑泉水库、互助北山等6个水利风景区被命名为"国家水利风景区"。水利风景区建设与管理不仅修复了水生态,维护了水工程安全,改善了人居环境,促进了人水和谐,更因水利旅游的效应,带动水利多种经营,促进区域经济的发展。水利风景区及水利旅游知名度逐渐为社会公众所认知,水利旅游已成为青海省特色旅游的重要组成部分。

尽管如此,青海省水利风景区建设与管理工作与其他省份相比,仍有一定的差距,还存在很多的问题。一是思想认识不够。部分景区管理部门和单位,对于水利风景区社会需求的快速增长形势认识不够,对于水利风景资源的珍贵价值认识不高,理论研究不足,工作思路不宽,办法不多,措施乏力。二是规划工作薄弱。水利风景区的建设与管理,涉及水工程安全,水源、水环境保护,水土保持和生态修复等问题,有其特殊的内容和要求,需要以规划来保障。但目前,大多数地区还没有编制本地区的水利风景区发展规划,相当一部分景区的规划有明显的不足和缺陷。三是资金投入不足。水利风景区的基本目的和作用在于水生态环境的保护和水工程安全的维护,对此公益性的工作,各级政府还都囿于财力所限,缺乏应有的经费支持。各景区单位的投融资渠道还不通畅,还没有把有关政策用足、用活,落到实处。四是经营管理粗放。多数水利风景区的经营管理与水资源或水工程的管理一体化,分工不明,责任不清,机制不活,缺乏人才,经营管理工作严重滞后。

3　如何更好地推动水利风景区建设与管理工作

当前和今后一个时期,是我国全面建设小康社会、加快推进社会主义现代化的重要时期,也是传统水利向现代水利、可持续发展水利加快转变的关键阶段,水利风景区面临良好的发展机遇。我们要大力推进水利风景资源的科学开发、合理利用和有效保护,全面提升水利风景区建设与管理水平,充分发挥水利风景区在提升工程效益、涵养水源、保护生态、改善人居环境、拉动地方经济发展等方面的重要作用,实现水利工程经济效益、社会效益和生态效益的多赢。在水利风景区建设方面,我们要遵循严格保护,保证水工程安全和保护水生态环境的原则;统筹兼顾,综合利用水资源的原则;因地制宜,突出水景观特色的原则;市场导向,实现生态效益、社会效益和保护水生态环境的原则。要重点抓好以下几项工作:

(1)强化组织保障。水利风景区建设与管理,关系水利工程安全、水资源保护、水生态建设,与其他旅游业相比具有更高要求。要切实加强水利风景区建设与管理的组织领导,将水利风景区建设与管理纳入重要日程。为加强对全国水利风景区建设与管理工作的领导,水利部成立了水利风景区建设与管理领导小组。青海省也将成立相应的组织机构,明确分管领导,落实工作职责,为加快水利风景区发展提供有力的组织保障。

（2）创新投融资模式。积极争取地方政府加大对水利风景区建设的投入，充分发挥地方在水利风景资源开发、水生态环境保护投入方面的主渠道作用。在保证资源统一管理、统一调度和有效保护的条件下，充分利用市场投融资机制促进水利风景区的开发建设；探索对水利风景区资源实行资产化管理，在确保国有资产保值增值的条件下，创建多元化的投融资模式。把水利风景区开发与水利工程建设结合起来，通过实施病险水库除险加固、灌区改造、水土保持、水生态修复、水环境治理等，带动水利风景区建设与发展。

（3）加大监管力度。按照水利风景区管理办法和水利旅游项目管理办法要求，加大对已经审批的国家级和省级水利风景区的监督检查力度，重点对挂牌以后的国家水利风景区实施动态监督，定期、不定期地检查水利风景区规划实施和水资源保护情况，对水利风景区发展不符合规划要求、破坏水生态环境、影响水工程安全运行等违规行为进行严肃查处。

（4）大力培养人才。加强水利风景区管理机构建设，保障工作经费，稳定管理队伍，强化人员培训，逐步提高队伍素质。有计划、有重点地引进水利风景区管理人才、经营人才、宣传人才、策划人才和服务人才。重视对从业人员专业技能和素质的培训，将水利风景区建设与人才管理列入培训计划，不断提高业务素质和工作能力，推动水利风景区建设与管理工作再上新台阶。

（5）加强水利风景区的宣传和营销工作。社会形象在水利风景区建设与发展中有着举足轻重的作用。我们要做好水利风景区的建设与管理工作，赢得社会的信任和支持。同时，多与新闻媒体沟通、联系、合作，通过电视、报刊、网络等多种形式宣传展示水利风景区风采，提高水利风景区的社会认知，扩大影响。制定切实可行的市场营销战略，逐步建立景区营销网络，不断开拓市场，提高投资回报率。

2009 年 12 月 1 日，国务院颁布了《关于加快水利旅游业的意见》，提出要把旅游业培育成国民经济的战略性支柱产业和人民群众更加满意的现代服务业，充分体现了旅游业快速发展的大趋势及其重要性，是党中央、国务院保增长、扩内需、调结构，加快绿色 GDP 增长和推进我国经济可持续发展的战略举措。《关于加快水利旅游业的意见》的出台，为水利风景区的建设管理和水利旅游的开展带来了难得的发展机遇，也给各级水利部门提出了更高的要求。我们应该认真贯彻该意见的精神，深刻把握当前的新形势和新趋势，积极采取措施，加快推进水利风景区建设与管理，从而推动整个水利旅游上台阶、上水平。

作者简介: 张占君(1956—)，男，高级经济师，青海省水利厅水利管理局，联系地址：青海省西宁市昆仑路 18 号；党明芬(1971—)，女，工程师，青海省水利厅水利管理局。联系地址：青海省西宁市昆仑路 18 号。

嘉陵江源国家水利风景区建设实践与思考

石　方

（陕西凤县水利局，凤县　721700）

摘　要：嘉陵江源水利风景区是第九批国家水利风景区，景区发展紧密结合当地的文化旅游产业，实现了景区近两年来的跨越式发展，成功实现了县域经济从单一的矿产资源向旅游和资源型经济的结构转变。本文仅从凤县建设嘉陵江源水利风景区的建设思路、发展优势、建设与管理的实践经验和做法，以及水利风景区发展建设中存在的问题与大家分享和探讨。

关键词：水利　风景区　建设　实践　思考

1　水利风景区的基本情况

　　嘉陵江源水利风景区位于陕西省凤县境内，属自然河湖型水利风景区，总长度72 km，景观水域面积5.0 km²。景区地处我国南北气候分界过渡区的秦岭南部腹地，陕西省西南部，因地连陕甘，又处入川孔道，北依秦岭主脊，南接紫柏山，古栈道贯通全境，素有"秦蜀咽喉，汉北锁钥"之称。地貌单元由北秦岭中低山、中秦岭中低山和山间断陷盆地三部分组成。地势东北高，西南低，海拔为900～2 700 m，西北隅与甘肃省两当县交界，透马驹山海拔2 739 m，为景区内最高点，区内山间断陷盆地较多。景区属暖温带山地气候，年平均气温11.4 ℃，1月平均气温1.1 ℃，7月平均气温27 ℃，年平均降水量613.2 mm，无霜期188 d。嘉陵江为景区内最大河流，发源于境内代王山南侧，自东北向西南斜贯凤县全境。景区植被繁茂，水体质量为Ⅰ类水，水质甘纯，均为弱碱性低矿化淡水。景区地下蕴藏有丰富的铅、锌、铜、铁、金等金属矿产资源，金属矿和煤、石灰石、硅石、大理石等非金属矿资源。苹果、凤椒、凤党（参）是景区的名优特产。

　　近年来，凤县始终把以嘉陵江源水利风景区建设为主的文化旅游产业作为加快转变经济发展方式，推动县域经济可持续发展的突破口，依托生态资源，做足山水文章，实现了文化旅游产业的突破发展。凤县旅游已经成为宝鸡乃至陕西省旅游界的一面旗帜：凤县这个名不见经传的山区小县，创下了嘉陵江源国家水利风景区、国家湿地公园、国家级生态示范区、中国生态文化旅游强县、中国羌族民俗风情文化旅游名县、中国最美小城等6项国家级生态旅游品牌。一个只有11万人的山区小县，年游客接待量接近常住人口的13倍，2009年达到127万人次，而且还以年均35%以上的速度递增。一个面积不足3 km²的小巧县城，却拥有多家星级酒店和宾馆，酒吧、农家宾馆、农家乐更是多达数百家，凤县人的胆识与气魄、拼搏与创举书写了一段令人瞩目的山水传奇。

2　水利风景区的建设思路和优势

　　凤县矿产资源丰富，2006年以前经济结构以铅锌、黄金资源开发为主的矿业经济一元独大，随着凤县经济社会的快速发展，这种以资源开发为主的县域经济发展模式面临着严峻挑战。一是产业结构不尽合理。凤县经济收入的 80% 以上来自于矿产的收入，受到国家产业政策、国际市场环境和矿产资源枯竭的影响较大。2007 年 5 月，国家取消了铅锌矿石出口退税政策，一直依靠出口的铅锌价格立刻下滑，国家政策出台前，每吨锌 3 万多元，一个多月后，每吨锌降到 2 万元，而到 2008 年 8 月，跌至 3 000 多元。在价格下滑的同时，铅锌业又遭遇了金融危机的影响，占凤县矿业份额四分之一的东岭锌业，从 2008 年下半年开始，采取半数工人休假、半数工人上班制度。当时的企业员工说，锌锭都压在厂里不敢卖，卖就赔钱。二是边缘化趋势日益明显。随着西安至汉中高速公路、姜眉公路、十堰至天水高速公路的相继建成或开工建设，凤县作为沟通秦岭南北交通枢纽的地位也在不断的弱化，整个县城面临被边缘化的危险，以路为本的三产服务业在迅速萎缩。三是农业规模化发展程度不高。由于凤县是山区县，地理条件较差，农业基础薄弱，农业产业很难形成规模发展，加之产业配套等因素，招商引资的难度很大。

　　凤县面对资源依赖型县域经济发展后劲不足的现状，如何科学调整产业结构、推动县域经济科学发展、永续发展，实现经济结构大转型，凤县需要做出战略抉择。众所周知，旅游资源是战略资源，其经济价值超过矿产资源，是取之不竭、用之不尽的财富，文化旅游产业更是前景广阔、关联度高、带动力强的新兴产业。凤县文化旅游资源非常丰富，发展文化旅游产业有着得天独厚的条件。嘉陵江是凤县的"母亲河"，纵贯县城而过，境内流长72 km，其源头位于凤县境内秦岭山脉东峪谷中，源头区域内奇峰突兀，森林茂密，水流清澈，景色迷人。七女峰苍翠秀丽，济公石、飞来石惟妙惟肖，飞云瀑、黑龙潭气势雄伟，嘉陵江第一瀑布犹如高天锦缎，华美绝伦。借助嘉陵江独特的自然资源和深厚的历史文化作好山水大文章，走出生态立县、旅游兴县的发展新天地。基于此，凤县对于资源优势的理解没有狭窄化，没有因为视野的狭窄和思路的封闭而禁锢不前，也没有因为历史没有留下已经具有影响力的寺庙、人文景观就放弃旅游发展，而是以现代的眼光来对待水利旅游产业的开发，借助嘉陵江畔的历史文化背景和其独特的自然、文化资源启动了水利风景区的开发建设。嘉陵江与其他任何一条河流一样，具有开放、自由、多样、壮观、和谐和美丽的特性，这恰恰是现代人在文明社会中丢失了的宝贵的东西。让嘉陵江源的自然景观资源体现审美价值；让嘉陵江水的健康生命系统体现生态价值，让嘉陵江畔的历史积淀彰显其文化价值，并以此为依托带动县域文化旅游产业发展，塑造独具特色的江南休闲旅游文化，打造"西北休闲之都"，成为凤县建设嘉陵江源水利风景区的最佳选择。

　　嘉陵江源水利风景区以嘉陵江水系为主轴，以县城凤凰湖为中心，形成了以嘉陵江源头景区、岭南植物公园、通天河森林公园、古凤州消灾寺景区、嘉陵江西庄段景区、灵官峡漂流自然风光区为支撑的"一轴七区"的水利风景观光带。景区内景点 40 多处，有闻名遐迩的"凤岭晴岚"、"铁棋仙迹"、"消寺晨钟"、"滴泉鸣玉"、"石门秋月"、"唐沟烟柳"、"栈道连云"等八大景观，又有古凤州消灾寺、县城凤凰湖夜景，更有杜鹏程《夜走灵官峡下》的灵官峡景区。景区内春季山花烂漫，万木吐绿；夏季凉风习习，群山披翠；秋季层林尽染，云海松涛；冬季白雪皑皑，玉树琼枝。特别是在炎炎夏日，这里凉爽宜人，是避暑、休闲度假、生态观光、会议的理想之地，是体验攀岩、漂流登山等户外运动的绝佳之地。清晨，当你步入景区，远处云海在山间缭绕，如轻烟，似白纱；近处飞鸟在枝头歌唱，如同步入

"云在脚下生,鸟在耳边鸣"的仙境。负氧离子丰富,堪称"天然氧吧"。亦有大量的人文古迹,有汉高祖刘邦入关时的煎茶坪,诸葛亮北上伐魏时的点将台,宋朝吴玠、吴璘兄弟抗击金兵的和尚塬古战场、代王岭等。尤其是嘉陵江"百里生态画廊"和"一江两岸"综合治理工程的建设,以及亚洲第一高喷泉、嘉陵江漂流、凤凰湖赛龙舟等项目的实施,使景区面貌焕然一新。目前,景区正在建设的古羌文化旅游产业示范区把悠久的羌族文化、江南文化和现代文明有机结合,把弘扬水文化、做活水文章与历史文化结合,使景区展现了山的挺拔俊美、水的灵动秀丽和羌文化的古老神韵,使景区走上了多元化发展的道路。2009年8月25日,嘉陵江源水利风景区被水利部批准为第九批国家水利风景区,这也是宝鸡第一处,而且是唯一一处国家水利风景区,极大地提高景区的知名度。

3 水利风景区建设与管理的基本做法

3.1 高起点规划,高目标引领,启动和加快水利风景区建设工作

一是政府主导,高端发力。凤县是矿产资源大县,依托山水资源,发展生态产业是我们调整产业结构,转变发展方式的必然选择。2006年以来,我县积极实施"生态立县、旅游兴县"战略,把水利风景区建设作为实现可持续发展的突破口,开始了水利事业的二次创业。为此,凤县专门成立了由主要领导任组长,水利、旅游、林业、国土等部门为成员的水利风景区建设领导小组,坚持政府主导,高端发力,举县一致,狠抓落实,确保了水利风景区建设的顺利推进。二是科学谋划,规划引领。水是人类文明的载体,凤县的每一条河流都与凤县的历史文化、经济社会发展息息相关,为了使水利风景区建设突出地域特色和人文精神,我们把"改善水环境,保护水资源,修复水生态,弘扬水文化,发展水经济"作为水利风景区的功能定位,邀请西北农林科技大学高标准编制了《嘉陵江源水利风景区总体规划》,确保了水利风景区建设的科学有序进行。三是系统打造,突出效益。按照"以山为景,以水为魂"的发展思路,着力构建以嘉陵江为主线,以县城凤凰湖为中心,以嘉陵江源头景区、通天河森林公园、灵官峡漂流体验区等为支撑的水利风景区建设大格局,建成了嘉陵江"百公里生态画廊"、县城"一江两岸"景观工程和亚洲第一高喷泉等精品生态旅游项目,实现了水利风景区的社会效益、生态效益和经济效益的有机结合。

3.2 差异化发展,高品质建设,全力打造水利旅游风景区

特色是成功的催化剂,是持续发展的原动力。在差异化发展、高品质建设理念的指引下,力求体现山水和谐、景水和谐、人水和谐,充分发挥水利的综合服务功能。一是把水利风景区建设与水保生态治理相结合。依托"长治"工程、水源区保护、小流域治理项目,不断加大嘉陵江水保生态建设,全县水土流失面积由2006年的1 644 km^{2}减少到678 km^2,森林覆盖率由65%提高到75.8%。依托水保治理工程相继建成了月亮湾公园、凤凰山游乐园和堡子山农业示范园,实现了水保治理工程的效益延伸。二是把水利风景区建设与改善人居环境相结合。整合部门项目资金,实施了嘉陵江上游凤县段生态开发工程,沿嘉陵江在人口集聚区和风景区,因地制宜修堤、拦河、建坝,实施水系绿化、土地复垦和徽派民居改造,建成了迎宾湖、消灾寺景区和西庄景区,形成了60万 m^{2}生态水面,既提高了嘉陵江防洪保障能力,又美化了人居环境,做优了全县旅游发展的大环境。三是把水利风景区建设与改善水环境相结合。先后投资1.3亿元,实施了嘉陵江县城段综合治理工程和

"一江两岸"景观工程。沿嘉陵江的所有乡镇全部建成了垃圾填埋场和污水处理系统,建成了县城污水处理厂,极大地改善了流域环境,提升了城市品位,彰显了水韵江南的独特魅力。四是把水利风景区建设与满足人们生态旅游需求相结合。加强水利风景区的规范管理,成立了凤凰湖娱乐公司和凤水工贸有限公司,先后开发了凤凰湖赛龙舟、水上对歌和灵官峡漂流等娱乐项目,既促进了水利资源的综合利用,又实现了旅游产业的持续发展,达到了水利旅游资源高效开发利用的目的。

3.3 多视角跟进,特色化发展,全方位开展水利风景区的推介和宣传

在水利风景区的建设过程中,我们按照"以水利旅游为龙头,大力弘扬古羌文化,加快旅游事业发展,全面改善人居环境"的总体目标,以点带面,总体突破。现在的凤县,"七星抱月"再现了"七园临江景,万株翠柏岸"的新景观;"江水如明镜、垂钓自悠闲"的18 处沿江景观水面,成为县域旅游的新亮点;惊险刺激的"嘉陵江第一漂"开启了嘉陵江旅游的新篇章;展示羌寨碉楼雄姿,传承古羌神韵的古羌文化旅游产业示范区成为嘉陵江源水利风景区的新地标;而目前正在开展的嘉陵江上游综合开发工程则为实现人、水、景和谐相处增添了新内容。为了使嘉陵江源水利风景区借水而兴、因水闻名,在对外宣传中,我们按照"文化搭台,媒体唱戏"的原则,围绕"水韵江南、七彩凤县"旅游品牌,多渠道、多层面、多轮回地强化旅游宣传促销工作,坚持市级以上主流媒体宣传经常化,扩大宣传影响,坚持中央电视台、陕西电视台、凤凰卫视等重要媒体宣传全面化,抢占宣传高地。2008 年,大型历史神话剧《封神榜》的外景拍摄地落户消灾寺景区,让水韵江南家喻户晓;陕西电视台《畅游天下》、香港有线电视《直通世界》等媒体的专题节目;先后在北京和海口召开的全国水利风景区建设和培训会上,进行了经验交流发言,提升了凤县的知名度和美誉度。

3.4 多元化融资,社会化运营,有力支撑水利风景区快速发展

资金投入强度较大是制约水利风景区发展的"瓶颈",也是摆在县级政府面前的一道难题。我们把搭建水利投融资平台作为破解水利风景区建设资金难题的"金钥匙"。一是加大政府投入。在景区建设初期,采取政府主导与市场相结合的运作模式,由政府先期投资建设水、电、路、桥、堤防等基础设施,待景区形成一定规模时,再采取招商引资等方式进行开发建设,同时对相关基础设施的所有权和经营权进行拍卖,将政府投入退出市场。2006 年以来,县政府先后投入基础建设资金累计达到 3.2 亿元,通过政府财政资金的小杠杆撬动了社会资金的大投入。二是整合部门资金。整合水利、国土、环保、林业等部门的水保生态、土地整理、污水处理等项目资金,将水利风景区建设项目进行归类整理,按照景区建设内容把责任落实到各相关部门,由县上协调组织,统一实施。三年来,共整合部门项目资金 5.7 亿元,集中优势资源加快了水利风景区建设步伐。三是开展招商引资。通过全面开放景区建设市场,引入竞争机制,吸引社会资本投入景区建设。2006 年以来,全县水利风景区合同协议引资达 10 亿元。四是吸引民间资本。引导和鼓励县内民营企业投资近亿元,相继建设了汇丰度假山庄和紫柏山风景区,为水利风景区建设注入了新的活力,实现了资本结构多元化,运行机制市场化,使水利风景区建设步入了健康发展的快车道。

3.5 超常规发展，全方位转型，推动县域经济持续快速增长

凤县水利风景区建设已经从水利系统走向了社会，成为"旅游兴县"战略实施的突破口，也成为了县委、县政府推动县域经济社会发展的一个重要手段，成功实现了产业发展转型，取得了社会效益、经济效益和生态效益的共赢。连续三年来，全县生产总值以年均18%的速度高速增长，地方财政收入比2006年增长了2.7倍，2009年全县游客接待量更是达到了127万人次，实现了旅游综合收入12亿元，人均地区生产总值在全省107个县市中位居第8，县域经济综合实力位居全省第9。今年上半年，水利风景区共接待游客133.79万人，实现旅游综合收入10.56亿元，成为了地方财政收入的主渠道。同时，水利旅游产业的发展带动了全县居民收入的快速增加，富余劳动力迅速向旅游三产行业转移，全县旅游从业人员由2006年的不足2 000人猛增至目前的近万人，水利旅游产业成为"一业兴而百业旺"的点金石。2009年，凤县农民人均纯收入达到了4 695元，增速位居陕西省第三位，宝鸡市第一位，城镇居民人均可支配收入达到16 488元，收入水平位居全省前十位。

4 水利风景区建设与管理中存在的问题及建议

4.1 水利风景区无建设与管理资金投入，影响和制约着水利风景区的快速发展

水生态修复及水利风景区建设，为改善水生态环境和人居环境，满足人们物质文化生活发挥了重要作用，促进了水利改革和发展，是贯彻落实科学发展观、建设民生水利、促进生态文明，以人水和谐促进和谐社会建设的重大举措。但水利风景区建设和管理缺乏相应的专项资金投入，严重制约着水利风景区的健康持续发展。

4.2 水利风景区缺乏相关政策和项目支持，为水利风景区建设与管理带来了困难

建议出台水利风景区建设与管理的相关政策。建立政府统一协调，各相关部门联动机制，把水利风景区规划纳入城市建设规划、大旅游建设规划和"十二五"规划中，同时给予水利风景区相应的优惠和政策支持，为水利风景区建设营造良好的发展氛围。

4.3 水利风景区宣传不到位，管理体制不顺，导致水利风景区建设发展进度缓慢

建议由水利部站在全国的平台上对每个水利风景区进行宣传推介，扩大水利风景区的知名度和影响面。同时，建议明确水利风景区专设机构的工作职能、编制和经费等问题，完善水利风景区建设管理和服务体系，推动水利风景区健康持续发展。

4.4 塑造精品景观，提升水利风景区品位

建议在今后水利风景区内建设的水利、桥梁、道路、建筑和其他辅助性工程建设项目，均要紧密结合当地的旅游规划、水利风景区规划等景区规划，严格按照水利风景区建设的规范和要求进行规划、设计和建设。工程建设要融入协调的景观元素，点缀文化元素，做一些抓人眼球的精品工程，不断丰富水利旅游内涵，达到"建一处工程，造一处景观"的效果，力求做到工程建设与景区人文环境和自然环境协调统一，全面提升水利工程的品位和质量。

4.5 建议成立全国水利风景区协会

全国水利风景区发展已有10年，国家水利风景区已达到370家，省级水利风景区也达到了千余家，为了在政府、企业和公众间架起联络的纽带，沟通的桥梁，逐步建立"政府

引导,市场运作,协会管理"的水利风景区管理模式,建立国家水利风景区建设与管理研讨、交流、宣传等平台,促进水利风景区持续、健康、快速的发展,全国水利风景区协会的设立势在必行。

作者简介:石方(1959—),男,大学,陕西省凤县水利局党组书记、局长,联系地址:陕西省凤县新建路 345 号,E-mail:wshp910@ 163.com。

聚龙潭水利风景区建设与水生态环境保护

赵继新[1]　王俊力[1]　赵　巍[2]

(1.吉林省东辽县聚龙潭水库管理局,东辽,136600;
2.东辽县水利局水资源管理办公室,东辽,136600)

摘　要:文章通过聚龙潭水利风景区建设,从规划设计、建设和开发利用等三个方面进行了揭示和探讨,并着重在景区建设与水生态环境有效保护方面进行探讨和研究。

关键词:水利风景区　建设　保护

聚龙潭水利风景区位于吉林省中南部的东辽县境内,与辽宁省西丰县毗邻。2003年开始规划建设,2005年被水利部评审为国家水利风景区。风景区依托聚龙潭水库,规划设计总面积64 km²,其中主景区面积8.6 km²,分为双龙汇、渥天波、鹤巷楼、思云阁等四大景区,设计总投资7.5亿元,是集休闲、度假、旅游为主的生态旅游度假区。近年来,力求把风景区建成一个集吃、住、行、游、购、娱等功能齐全的国家级水利风景区,大力加强水利风景区建设与水生态环境保护,走出一条建设与保护兼备,开发与利用相结合的健康可持续发展之路。

1　聚龙潭水利风景区的规划与设计

作为国家级水利风景区,其建设必须立足高起点定位、高标准规划设计,才能有利于风景区的长远发展。聚龙潭水利风景区在规划设计上主要是四个结合。

1.1　与水源地保护相结合

聚龙潭水库是以城市供水为主,结合旅游、水产养殖等综合利用的中型水利枢纽工程。所以,在风景区的规划建设上,要以保护水生态环境为宗旨来规划设计风景区。在设计上,风景区水源地周边及上游河道区域重点规划为湿地景区,利用植物生态工程,在水域周边栽植芦苇、香蒲、河柳、刺槐等。营造湿地,涵养水源,保护水质,还可以为本地特有的鹭鸟、水鸭等水鸟营造良好的栖息地。这样规划设计既能保护水生态环境,同时与周边山水相谐,形成水路共生的自然山水景观,极具吸引力。

1.2　与水库枢纽工程相结合

聚龙潭水库枢纽工程,是风景区工程景观的核心,它既具有工程的专项功能,还应具有一定观赏性的旅游功能。所以,在风景区的规划设计上,要依托水利工程来规划设计。基于此,在对水库大坝、泄洪洞、防洪河道等工程的规划设计中,在保持原有专项功能的基础上,以突出聚龙潭"龙文化"为主的景观设计,使每项水库主体工程都能成为一个独立的水利景观,与水利工程结合的景观设计具备了水工专项功能,又体现了旅游需要的观赏价值。

1.3　与历史文化相结合

作为国家级的水利风景区,其建设与发展必须具备一定的文化内涵,才更具发展魅力。聚龙潭水利风景区所在地过去为清代皇家猎场,聚龙潭因此而得名。而且,在水库西山坡有至今保护完整的 2 300 年前的春秋时期古墓群遗址。同时,水库西山建有占地面积 60 000 m² 的龙潭寺,香火旺盛,游人很多,历史文化资源比较丰富,在景区规划建设上,依托这些历史文化资源,规划建设了佛教祭祀区和古墓保护区,提升了风景区的文化品位。

1.4　与生态资源相结合

水利风景区的特点和功能决定了风景区建设必须与当地的生态资源环境相结合。聚龙潭水利风景区地处长白山余脉乌龙山脚下,规划区内的乌龙山、清河村等区域自然植物群落保持完整,为长白山植物区系,有各种野生植物 64 科,251 种,有山鸡、野兔等野生动物 20 余种。另外,还有东北地区特有的柞蚕养殖场,集中分布在该区域的楸树河两岸,生态资源丰富,所以在规划设计上,依托这些生态资源,规划设计了 4.5 km² 的乌龙山狩猎场,6 km² 的清河生态园区和 12 km² 的农业观光园区,使风景区具有更大的开发潜力和发展空间。根据上述规划思路,聚龙潭水库委托大连理工大学环境研究设计院和东北师范大学城乡规划设计院完成了风景区建设总体规划和中心区域控制性详细规划,确定了风景区建设和发展的蓝图。

2　水利风景区建设与保护

水利风景区的建设与保护是一项复杂的系统工程,二者都很重要,不可顾此轻彼。只有把水利风景区的设施建设好、把水利风景区的环境保护好,才能对其开发利用提供保障。所以,在水利风景区的建设和保护上,必须突出重点,把握关键。

2.1　水利风景区建设

水利风景区建设要从功能出发,要突出三个重点。

2.1.1　水库主体工程

水库主体工程作为水利风景区意义上的水利主体工程,包括水库大坝、泄洪洞、防洪河道等主要水工建筑,在这些工程建设中,除既要保持蓄水、防洪、除涝和工程自身安全等专项功能外 ,也要体现旅游景区的观赏功能。聚龙潭水利风景区在主体工程建设上,就充分体现了这两个方面。大坝背水坡采用的云龙图案的植被、碎石护坡,为前驱"双龙汇"景区营造了宏大的背景。防洪河道边坡采用六面体砌护和土工格室立墙,两岸建成人车并行、坡路相间的景观带。至东辽河共 3.9 km,河道上的单臂斜拉式防洪桥,被称为吉林最短的斜拉桥,使整体工程在发挥其行洪、除涝效益外,也成为风景区联系县城的一道亮丽的沿河风景线。

2.1.2　水库配套工程

水库配套工程作为水库除主体工程以外的补充工程,其建设既要服务于主体工程,又要满足于风景区景观的建设需要。聚龙潭水利风景区在水库配套工程建设中,包括竖井闸室工作桥、迎水坡护岸工程等配套建设。采用了仿古建筑形式,建设了四角亭、六角重檐亭、曲廊、水榭、牌楼等仿古建筑,突出了聚龙潭的"龙文化"建筑风格。净水厂西山的防滑坡工程采用的拟石雕塑造型工程,既起到了防止滑坡的作用,又美化了风景区环境。

2.1.3 服务设施建设

水利风景区的服务设施建设,既要满足水库管理运行的要求,又要满足旅游发展的需要,并坚持边建设边运营,分期建设,逐步完善的原则进行开发建设。聚龙潭水利风景区在旅游服务设施建设上,从餐饮服务业入手,改造职工食堂开始,相继建设完成了进入风景区的龙潭路、停车场、聚龙潭宾馆、聚龙城餐饮园、水上游乐园和旅游公厕等交通、餐饮、住宿、游乐服务设施,边建设边经营以满足建设期间游人的需要。通过加强主体工程、配套工程和建设旅游服务设施,逐步提升了风景区的整体服务功能。

2.2 风景区保护

风景区的水生态环境保护工程是风景区建设的重要保障,要与风景区建设同步进行。在保护工作上,要突出三个重点。

2.2.1 强化风景区内日常管理

对风景区内的各种设施的安全运行,园林管护,环境卫生,游人安全,食品卫生等实行专业专人管理,常态管理,确保风景区安全运营,环境良好。

2.2.2 把握风景区建设的准入门槛

对风景区新建的各类项目,要严格按照风景区建设的总体规划和环评要求,严格建设手续,坚持高标准,对不具备规划建设条件的要严把准入门槛,尤其在一级保护区的周边和范围内,禁止开发建设参与性旅游项目,确保水生态环境不受任何污染及影响。

2.2.3 加大水生态环境保护力度

重点是强化政府行为,加大水利、环保、公安等相关部门的联合行政执法力度,严厉打击在水源周边的放牧、排污、挖沙取土、埋坟、垦荒、堆放和储存生活垃圾、排放有毒化学品,新建、改建、扩建与水源保护无关的建设项目等行为,保证风景区内水质安全,防止水质污染,确保公用、民用水安全。

3 风景区的开发与利用

风景区的开发与利用是风景区建设的最终目的,只有加强风景区的开发利用,才能最终促进风景区的发展。所以,作为国家级水利风景区必须做好风景区开发利用这篇大文章。从聚龙潭水利风景区来看,应根据自身特点,以聚龙潭水库大坝为轴,发展两大区域,两大产业。

3.1 大力发展旅游公司自主产业

聚龙潭水库坝下及东西两座山岭地域,建设以中华美食、儿童乐园、宗教祭祀、森林浴场、水上游乐、游艺滑雪和度假别墅等7个景区。这个区域侧重发展旅游公司自主产业,近年来,在该区域内,相继建成了餐饮宾馆、酒店等5处,水上游艺中心1处,年可接待游客60 000人/次,年旅游收入平均为510万元左右,安置就业人员150人,取得了良好的经济效益和社会效益。

3.2 发展社会产业和农业旅游产业

在水库大坝以上区域,利用生态资源、历史文化资源和规划设计的狩猎、生态园与农业观光三大区域,发展社会和农业旅游产业,带动地方农村经济发展,吸引当地群众参与生态保护管理与旅游业开发。通过近几年的开发建设,目前,风景区内的清河生态园区建设已具雏形,秋树河两岸农业观光区域的柞蚕养殖业发展势头良好,乌龙山狩猎区建设已开始启动。聚龙潭水利风景区的开发与利用,对东辽县生态经济和特色农业发展,起到了良好的促进和示范作用。

4　结语

　　加强水利风景区建设和水生态环境保护,是加快发展水利经济的客观要求,是水利管理部门依托自身优势加快发展的正确选择。因此,充分利用,科学规划,有效保护,合理开发水利风景区,势在必行且前途光明。

作者简介:赵继新(1953—),男,工程师,吉林省东辽县聚龙潭水库管理局。

晋城市水利风景区建设与管理工作探索

曹开幸　张　辉

（晋城市水利局，晋城　048026）

摘　要：本文主要介绍和论述晋城市水利风景区的建设和管理工作，旨在进一步提高管理水平，提高经济效益、社会效益、生态效益，共同构建水利风景区建设与管理可持续发展的运行机制。

关键词：水利风景区　建设　管理　发展

水利风景区建设首先要坚持人与自然和谐、可持续发展的目标。人水和谐是人与自然和谐的主要内容，建设水利风景区有利于水资源的合理开发和利用，有利于构建山川秀丽、人水和谐的水环境。其次要坚持以人为本的发展目标。因为人需要水，人喜欢水，人离不开水，这是一个不争的事实。所以，近年来，晋城市在水利部和山西省水利厅的关心指导下，水利系统认真贯彻落实科学发展观，紧紧围绕全面实现小康社会，建设美好晋城的工作大局，确立以人为本，人水和谐的科学理念，积极调整治水思路，深化水利改革，扎实开展水利风景区的规划、建设与规范化的管理工作，努力保障社会、经济与水资源环境的协调发展，取得了较好成效。

1　水利风景区的发展状况

晋城市位于山西省东南部，是山西通往中原的重要门户，下辖城区、泽州县、高平市、阳城县、陵川县和沁水县六个县（市、区），总面积 9 490 km²，占全省总面积的 6%。总耕地为 18.87 万 hm²，总人口 220 万人。

晋城市多年平均降雨量为 624 mm，水资源总量为 13.17 亿 m³，人均水资源占有量为 626 m³，是华北地区相对的富水区，高于全省和周围各省区平均水平。晋城市主要有两大河流，第一大河流为沁河，全长 485 km，发源于沁源县境内，纵贯沁水县、阳城县、泽州县，汇入黄河。第二大河流为丹河，全长 121.5 km，发源于高平市境内，途经高平市、泽州县，注入沁河。晋城市丰沛的山水自然资源为水利风景区建设和发展旅游业提供了得天独厚的条件，伴随"国家水利风景区"管理工作的推进，晋城市水利风景区建设与管理工作逐步加强，陆续建立了水利风景区建设规章，基本形成了管理体系，有力地促进了水利风景区的发展。从实践成效上来看，不仅较好地带动了当地经济及相关产业的发展，而且，其独特的保护水源、修复生态、维护工程安全运行的功能作用越来越明显。

近年来，按照上级安排布置，晋城市狠抓了山里泉、九女仙湖、东焦河、凤凰欢乐谷等水利风景区建设与管理工作，特别是今年，按照山西省水利厅关于编制全省水利风景区发展总体规划的通知，晋城市组织专家编制了总体规划，总体规划本市范围内的水利风景区共 9 处,分别为:市直的九女仙湖水利风景区、山里泉水利风景区、东焦河水库水利风景区,陵川县的凤凰欢乐谷水利风景区,泽州县的任庄水库水利风景区,阳城县的凤栖湖水利风景区,沁水县的湾则水库水利风景区和山泽水库水利风景区,高平市的杜寨水库水利风景区。9 个水利风景区规划投资估算 3.3 亿元。

其中,九女仙湖水利风景区始建于 1998 年,现已具有一定规模,目前年接待游客在 15 万人左右,连续 5 年被省、市海事局评为"先进单位",被省旅游局确定为"重点旅游景区"。山里泉水利风景区始建于 1998 年,现已具有相当规模,目前年接待游客在 15 万人左右,连续四年被晋城市精神文明办评为"文明景区",被省旅游局评为"山西省农业旅游示范点"、"国家二级景区",被山西省水利厅评为"山西省水利风景区",被国家水利部评为"国家级水利风景区"。凤凰欢乐谷水利风景区始建于 2004 年,现已具有相当规模,截至 2008 年底,景区共接待游客近 20 万人次,景区现为国家二 A 级景区、省级地质公园和森林公园,景区内凤凰村为全国农业旅游示范点,景区内举办的红叶节为山西省十大旅游节之一。

水利旅游已成为晋城市旅游经济的重要组成部分,水利风景区不仅为人们提供了休闲、娱乐、度假的场所,同时也改善了生态环境,促进人与自然的和谐发展,实现了生态、社会和经济多赢的综合功能。

2 水利风景区建设与管理的主要做法

2.1 提高认识,加强领导

3 月 19 日,水利部在北京召开了全国水利风景区建设与管理工作会议,陈雷部长指出:要强化组织保障;要创新投融资模式;要搞好内外协调;要加大监管力度;要大力培养人才。晋城市水利系统从上到下在工作实践中深刻体会到水利风景区建设与管理工作的重要性和必要性。抓好水利风景区的建设与管理工作,不仅是科学合理地保护和开发利用水资源,保护水生态环境,促进水利风景区的经济效益、生态效益和社会效益有机统一的需要,也是增强水利行业自身经济实力,深化水管体制改革的需要,更是建设生态文明和发展民生水利,促进人水和谐的迫切要求,同时也是展示水利工作成果的重要舞台,是水利系统招商引资的重要品牌,是进行水管单位管理体制改革、发展水利经济、打造水利产业的重要内容。为此,晋城市将水利风景区建设列入社会主义新农村建议和宜居城市建设的重要内容,成立了全市水利风景区建设与管理领导组,下设具体办公室,负责综合协调指导监督全市水利风景区建设管理与保护工作,负责全市水利风景区发展纲要和总体规划的编制审批,负责全市旅游项目的设立和审批,负责申报省和国家级水利风景区的初审推荐和事后监管工作。

2.2 科学规划,精心组织

科学制定景区规划是建设好景区的基础,在总体规划编制工作上,首先是在做好景区资源调查的基础上,组织专业人员实地考察,结合晋城市水利风景区实际,针对生态平衡、水工程、水土资源、传统文化和风土人情的特点,编制出了起点高、特色鲜明、操作性强的水利风景区发展总体规划。规划充分体现在确保水利工程安全和效益的基础上,依托水利工程丰富而独特的自然山水组合资源及美丽传说等人文景观资源,围绕做强水利风景区旅游品牌的战略思想,突出山水观光和亲水旅游的主题与特色,充分体现了建设生态文明、发展民生水利和促进人水和谐的理念,使水成为景区之魂。近年来,晋城市先后邀请南京师范大学旅游系、西安外语学院旅游与规划研究中心对九女仙湖、山里泉、凤栖湖等水利风景区进行了规划和论证,并在此基础上,编制了全市水利风景区发展总体规划。

2.3 更新观念,多方融资

一是,景区建设与管理单位主动出击,利用贷款和引进社会资金加快水利风景区建设。二是,充分利用目前国家扩大内需,增大水利投入的历史机遇,在新水源工程建设、病险水库除险加固、小水电电气化建设和以小水电代燃料及水保综合治理方面同步考虑水利风景区建设,最大限度地发挥投资的综合效益。三是,市、县各级财政加大对水利风景区建设的扶持力度,实行以奖代补政策,调动建设单位的积极性。四是,结合水管单位体制改革,落实公益性人员基本支出经费和公益性工程维修养护费,根本解决水管单位人员待遇问题。

2.4 强化管理,完善措施

随着旅游事业的不断发展,人们对水利风景旅游需求的不断增大,水利风景区的管理工作就显得尤为重要。对此,我们首先设置了水利旅游行政审批项目,要求所有水利旅游项目必须按程序严格申报审批。其中抓了省级和国家级水利风景区申报推荐工作,山里泉水利风景区获国家级水利风景区,九女仙湖水利风景区、凤栖湖水利风景区和凤凰欢乐谷水利风景区已推荐申报省级水利风景区项目,并对山里泉国家级水利风景区进行了复查和后期监管工作。同时在抓景区管理、工程管理和经营管理上,始终都是把管理二字放在重中之重的位置上,以管理求生存,向管理要效益,以管理促发展。我们把科学管理始终贯穿于景区规划建设、规章制度制定、人员队伍建设的全过程。同时,健全了管理机构,制定了管理措施,落实了管理责任,明确了管理目标,从而保证了水利风景区的安全和秩序,促进了水利风景区旅游的健康发展。每到旅游旺季,我们都通过文件、电话等形式,提前向各景区发布安全警示。通过强化管理,完善措施,使晋城市水利风景区建设上了一个新台阶,达到了水利资源、景区卫生、水利工程和游客人身四大安全。

2.5 加强宣传,扩大影响

水利旅游以其独特的风光和丰富的内涵已逐步成为我国旅游业中一颗璀璨的明珠,为提升本市水利旅游的品牌形象和知名度。近年来,我们加强了对水生态修复及水利风景区建设管理工作的宣传力度,组织水利风景区管理单位利用广播、电视、报刊及各种旅游招商洽谈会等形式,加大对晋城市水利风景区的宣传,不断提高水利风景区的知名度拓展的发展空间,使"水生态旅游"的概念得以推广,为晋城市水利风景区水生态修复和建设与管理工作的深入开展奠定了良好的基础。

2.6 组织培训,增强责任

水利风景区的建设、管理和发展,关键在于人才。近年来,我们把人才培养当做首要工作来抓,努力采取各种培训和学习方式提高管理人员的素质。一是,积极组织景区管理单位参加水利部和省水利厅举办的水利风景区建设与管理培训班学习,几年来共有20余名景区管理人员参加了培训学习;二是,自己举办培训班,聘请省内外知名水利和旅游方面的专家授课,结合晋城市实际,以晋城市水利风景区的规划、建设、管理和旅游市场营销等为内容,共培训各类管理人员近百人次;三是,组织各级水行政主管部门和景区管理人员赴河南、山东、广西、云南等省份进行了学习考察,既开拓了视野,同时也学到了好经验和好做法,使景区管理队伍整体素质有了新的提高。

3 水利风景区建设与管理的下一步工作思路

晋城市虽然在水利风景区建设与管理工作中取得了一些成绩,但我们深知在发展规模、景区效益等方面与兄弟省、市还有很大差距,还有很大发展空间。水利风景区建设与管理工作是一项长期任务,任重而道远。我们将深入贯彻党的十七大精神,以邓小平理论和"三个代表"重要思想为指导,借鉴这次会议的强劲东风,认真学习全国各省、市的先进经验,坚持科学发展观,以人为本,扎实工作,重点抓好以下几项工作。

3.1 要加强宣传,进一步扩大水利风景区知名度

为了提高水利风景区的知名度,加大宣传力度,扩大影响非常重要。我们将充分利用广播、电视、报刊、媒体、网络和旅游节、招商会等形式,加大对晋城市水利风景区的宣传力度,提高晋城市水利风景区的知名度,扩大影响,为促进晋城市水利风景区建设奠定良好基础。

3.2 要打造精品,塑造水利旅游的品牌

品牌是水利行业的一种荣誉、一种无形资产,一定要打好国家水利风景区和省水利风景区这两张王牌。强化精品,突出特色,以景点建设、旅游纪念品开发等配套为重点,坚持高起点、高标准,塑造精品水景观,打造"山西独特"、"华北一流"的特色亲水休闲旅游胜地,使水利风景区成为人们休闲度假的精品线路。

3.3 组织培训,提高水利风景区的管理水平

我们将继续组织各水利风景区管理、服务等人员分批分期进行业务技能培训,到先进省、市、县进行实地考察和学习,邀请有关专家进行水利风景区开发建设与管理知识讲座,积极组织有关人员参加上级部门组织的水利风景区建设与管理交流会及旅游宣传活动,开阔眼界,增长见识,进一步提高景区建设与管理水平。同时,积极引进既有决策水平,懂水利知识,又熟悉旅游管理的专业人才。

3.4 要搞好融资,加速水利风景区的建设

水利风景区的前期建设需要巨额的投资,后期管理也需要不断投入,单靠水利部门解决难以维继,要倡导并鼓励建立多渠道、多层次的投入机制,充分利用市场机制,开展社会融资、招商引资、股份合作,引进社会资金参与水利风景区的开发建设,共同开发,实现共赢。

3.5 进一步强化管理工作

首先是积极推进水利旅游项目审批管理,认真组织好水利部《水利旅游项目管理办法》和《水利旅游项目综合影响评价标准》宣传贯彻的培训工作,摸清水利旅游项目底子,认真搞好项目审批及监管工作。其次是进一步完善水利风景区发展总体规划,不断适应形势发展的新要求。最后是继续做好省级和国家级水利风景区申报推荐和复查工作,争取已规划的 9 个水利风景区到 2015 年底进入省级和国家级水利风景区行列。

水利风景区建设是一项富有开创性和挑战性的工作,困难与希望同在,挑战与机遇并

存。加强水利风景区建设与管理工作,是坚持以人为本,树立和落实科学发展观,推进人水和谐的具体实践。我们坚信,在水利部和省水利厅的坚强领导和大力支持下,经过我们的锐意进取,开拓创新,团结拼搏,狠抓落实,晋城市将实现传统水利向现代水利的转变,水利风景区建设与管理工作也将会取得新的更大成绩,为晋城市经济社会待续发展作出积极贡献。

参 考 文 献

[1] 季书杰. 试论水利风景区建设与管理[J]. 建筑设计管理,2009(4).

[2] 钟再群. 创造水利特色 实现人水和谐[J/OL]. 湖南水利网,2006,11.

作者简介:曹开幸,男,副调研员,晋城市水利局,联系地址:山西省晋城市泽州路1195 号;张辉,男,晋城市政务大厅水利窗口,联系地址:山西省晋城市泽州路458 号,E-mail:jc973075@ sina. com。

潘家口水利风景区生态旅游营销初探

李　华

（水利部海河水利委员会，天津　300170）

摘　要：本文剖析了潘家口水利风景区运行现状及存在的问题，详细论述了潘家口水利风景区在科学定位、高起点规划、多元化筹集资金、妥善处理水利风景区开发与水源地保护关系、建立科普教育基地以及水利风景区软环境条件建设等方面的营销策略，积极探索水利风景区生态旅游营销之路。

关键词：潘家口　生态旅游　营销

　　水利风景区建设与管理工作从 2001 年发展至今，呈现出规模扩大、投入增加、管理加强、服务提高、效益增长、影响增大的良好态势，不少水利风景区已成为当地人气最旺、效益最好的休闲娱乐场所，成为开展水情教育、展示水利成就的窗口。水利风景区在具备了"山青、岸绿、水美"的基础上，如何产生旅游经济效益呢？ 这就需要进一步开展水利风景区旅游营销工作。水利风景区旅游营销是通过市场需求设计旅游产品内容，计划和执行关于旅游景区景点、服务和文化的观念、定价、促销和分销，以创造符合游客的旅游出行目标并最终成行的一种过程。潘家口水利风景区于 2005 年被评为国家级水利风景区，经历了近五年的发展，剖析其现状及存在的问题，以进一步探索水利风景区生态旅游营销之路。

1　潘家口水利风景区运行现状及存在问题

1.1　潘家口水利风景区运行现状

　　潘家口水利风景区地处燕山脚下，毗邻京津两大直辖市，最大水域面积 72 km²，有全国独一无二的水下长城，沿库区逆流而上蜿蜒曲折的燕山山脉美景尽收眼底，山水交映自然风景独特宜人。附近有承德避暑山庄、遵化清东陵、京东名岫景忠山、古塞长城青山关、喜峰雄关大刀园、燕岭胜地五虎山等景区，旅游资源丰富。景区内的引滦枢纽水利工程是著名的引滦入津、入唐工程的组成部分，包括大坝、水电站、分水闸、下池等，其中的潘家口水库和大黑汀水库（以下简称"潘大水库"）是滦河干流上的大型控制性工程，有雄伟壮观的混凝土重力坝。水利风景区是参观学习、修身养性的良好居所。

　　潘家口水利风景区在评为国家级水利风景区之后，根据《潘家口水库管理区环境整治总体规划》，按分步实施的原则，千方百计筹集资金进行水利风景区项目建设。目前，潘家口水利风景区已完成了坝头护坡、码头、停车场、进场道路两侧、坝下区滨库带护坡等项目的建设；缩景园景观区正在施工建设。潘家口水利风景区形成的工程景观、山水风光和基础设施条件，具有一定的风景旅游功能。水利风景区成立了旅游服务公司，实行"小管理、大承包"，明确旅游公司的经营权限，完善各种规章制度，做到规范化经营[2]。

1.2 潘家口水利风景区营销存在的问题

潘家口水利风景区营销存在一些问题，诸如：管理权限不顺，景区投入少，经营收入不理想，景区开发与工程安全、水源地保护的矛盾，水库水面网箱养鱼数量过多影响水体质量等。

1.2.1 有待进一步理顺管理权限

长期以来，大坝由水库主管部门管理，水库水面由地方渔政部门管理，库岸由地方林业、国土部门管理，各部门职能交叉，水利风景区所在水管单位是中央直接管理的单位。地方政府和一些地方部门为了经济发展及提高地方的知名度和对外辐射能力，希望多开放水利风景旅游区，有的还想在原有的基础上扩建水利风景旅游区。对此，既要从保证水利工程正常运行和保障供水安全以及保护水生态环境出发，又要尊重地方政府和有关部门的意见，还要有自己的独立思考，本着实事求是的原则，既不能丢掉管理阵地和管理范围，也不能让水利风景区资源闲置。

1.2.2 水利风景区投资渠道少，经营收入不理想

水利风景区的功能作用有多种，惠及全社会，但国家和地方政府对水利风景区建设投入较少，多元化建设管理投融资模式并未建立。近年来，潘家口水利风景区旅游观光人数1.3万人次/年，年观光收入13万元，为10名职工提供就业岗位。总体来说，水利风景区旅游经营收入不理想。

1.2.3 工程安全、水源地保护与水利风景区开发建设相结合的问题

潘大水库是天津市、唐山市及滦河下游地区供水水源地。自引滦工程通水以来，通过对潘大水库的科学调度，促进了天津、唐山两市经济社会发展，取得了显著的经济效益和社会效益。水管单位的根本工作是保障水利工程安全运行，为了满足人民群众物质文化生活的需要，特别是在市场经济条件下，又要对水利资源进行综合开发利用。但是，所有的开发利用活动，必须建立在防洪安全、水源安全和生态保护的基础之上。

1.2.4 水库水面网箱养鱼数量过多影响水体质量

导致潘大水库水质恶化的主要原因之一是近年来潘大水库网箱养鱼发展迅猛，网箱数量已从2003年的2.5万箱上升到目前的5万余箱，严重影响水体质量，同时，也影响了景区景观。网箱养鱼是库区移民维持生活的经营项目，只有妥善地解决移民的生活，才能从根本上把网箱养鱼数量减少到合理范围内。国家和地方政府应建立水库上游及库区的长效经济补偿机制，积极扶持、引导农民从事其他产业，以逐步替代网箱养鱼。

2 潘家口水利风景区生态旅游营销策略

景区营销是一个系统工程，具有严密的科学逻辑。国际权威的Yankelovich发布的旅游趋势观察报告显示，国际旅游正在从以目的地为中心向以游客为中心转移。资源不是游客们唯一出行的理由，营销时代到来了。以下从潘家口水利风景区科学定位、高起点规划设计、多元化筹措资金、妥善处理景区开发与水源地保护关系、科普教育基地的建立和软环境建设等方面积极探索景区生态旅游营销之路。

2.1　潘家口水利风景区定位和开发目标

生态旅游(Ecotourism)是由国际自然保护联盟(IUCN)特别顾问谢贝洛斯·拉斯喀瑞在 1983 年首次提出。十几年来,生态旅游的发展无疑是成功的,平均年增长率为 20%,是旅游产品中增长最快的部分。生态旅游的含义有两方面:一是生态旅游首先要保护旅游资源,生态旅游是一种可持续的旅游;二是在生态旅游过程中身心得以解脱,并促进生态意识的提高。生态旅游的根本目的是实现人与自然的和谐,是旅游发展和环境保护良性互动的典范。与传统旅游相比,生态旅游的特征有:①生态旅游的目的地是一些保护完整的自然和文化生态系统;②生态旅游强调旅游规模的小型化,限定在承受能力范围之内;③生态旅游可以让旅游者亲自参与其中,有利于自然与文化资源的保护;④生态旅游是一种负责任的旅游,这些责任包括对旅游资源的保护责任、对旅游的可持续发展的责任等。

水利风景区建设是生态文明建设的重要组成部分,建设和管理水利风景区必将有利于丰富提升生态文明内涵,有利于可持续理念的发展。潘家口水利风景区既有自然生态旅游资源,又有人文生态旅游资源,景区首先要在保证水利工程各项功能效益发挥、保护资源的基础上,发展生态旅游,走可持续发展之路。潘家口水利风景区发展目标确定为集观光、体验、休闲、度假为一体的综合性旅游度假区。

2.2　潘家口水利风景区生态旅游规划应高起点

潘家口水利风景区生态旅游规划要在摸清水利风景资源的基础上,遵循因地制宜、有序开发、量力而行的原则,景区规划要保证满足水功能区安全、水生态环境安全的基本要求,与有关水利规划、当地社会发展规划相协调,突出水利特点、地域特色和水文化内涵。可聘请生态旅游方面的专家,编制具有指导意义的高起点、高标准、高水平的全区域生态旅游发展规划,以指导和协调生态旅游资源开发工作。

2.3　潘家口水利风景区生态旅游应多元化筹措资金

在保证资源统一管理、统一调度支配和有效保护的条件下,水利风景资源的使用权和所有权可以适当分离。可将水利资源实行资产化管理,在确保国有资产保值增值的条件下,从共赢思想出发,创建多元化建设管理投融资模式,通过景区水管单位投入、经营权转让、招商引资等多种方式和多个渠道筹集开发建设资金,吸引各种经济成分参与,少量投入、滚动开发,解决开发建设资金不足的问题。潘家口水利风景区可逐步形成"投资主体多元化,投资层次多重化,投资形式多样化"的筹融资体系。潘家口水利风景区涉及承德、唐山两市,由海河水利委员会引滦局、唐山、承德三家组建股份公司,吸引各种经济成分参与,促进潘家口水利风景区的开发与管理。

2.4　妥善处理景区开发与水源地、水土保持及生态环境保护的关系

潘大水库的第一功能是向天津唐山两市供应工农业用水。确保水库水质不被污染是水库能否开发旅游的前提。控制和杜绝水库旅游污染的主要办法:一是以零排放的环保型船只杜绝动力污染,游船交通对水体的充氧作用有利于水库水质的净化;二是环保型厕所和污水处理系统消除粪便和生活污染;三是要有必要的环卫员工和垃圾处理系统,以控制和消除景区的垃圾污染;四是将景区宾馆布置在水库坝下,通过雨污分流,将污水经处理达到一级排放标准后排入下游河道[3];五是对来往游客开展"做景区文明游客"的教育

活动,以加强对景区资源的保护;六是对水库水质定期进行水质监测并向社会公告,接收社会监督。显然,统一有序的保护开发与自发游览和无序服务相比较,更有利于水质和生态环境的保护。

潘家口水利风景区开发以"生态、协调、造景"为景区发展原则,在提高水库基本功能的基础上,大力开展水土保持和植树造林,突出本区植物景观特色,不断提高生态环境质量,以起到保护水源、减少水土流失的作用。

潘家口水利风景区在保护生态环境中,注意与景区内农民形成利益共同体,"堵"、"疏"相结合,形式可多种多样,如按景区门票收入的一定比例支付给库区周边各村,帮助各村村民开展旅游相关的服务工作,各村要做到山林禁伐、禁止网箱养鱼、禁止放火等,以支持水土保持和水源地保护工作。

2.5 潘家口水利风景区探索建立科普教育基地

在考察"人类第七大奇迹"南美洲伊泰普水电站时,水电站统一安排环保型公共汽车,每人都要进行安全检查并佩戴安全帽。水电站管理人员组织游人坝上浏览、下坝参观水电站厂房,配备讲解员重点介绍。水利工程气势宏伟壮观,参观组织得井然有序,给人带来视听感观冲击的同时又增长了水利科普知识,这种水利科普教育基地的建设管理值得深入学习。像国内的都江堰、红旗渠水利风景区的管理模式均值得学习借鉴。

潘家口水利风景区宜利用雄伟的现代化水利工程、重要的津唐水源地供水功能,积极探索建立水利科普教育基地。以构建社会化科普服务平台为着力点,以广大青少年为重点对象,利用水利资源,深入开展群众性、社会性和经常性的科普工作,面向公众普及水利科学技术知识、倡导科学方法、传播科学思想、弘扬科学精神,开展科普教育活动,积极推进科普工作的社会化、群众化、经常化。举办形式多样、内容丰富的"青少年水利夏令营"活动。设立"水法咨询"、"节水猜谜"、"科普资料宣传"等展台,开展"科学节水"科普宣传,通过参观、讲解、资料发放、水法咨询和科学节水有奖猜谜等形式,向广大市民较好地宣传水资源短缺、水利科普知识,促进公众水利科学文化的普及。

2.6 重视软环境条件的建设

景区软环境条件的建设要坚持追求卓越的策划原则,树立文化铸魂的思想,走产业联动之路。

2.6.1 景区布置

景区的投资决策和游线的合理选择,主要取决于近距离景观。把景区最美丽的部分设计在游线的前半段,以2~3 km长度、200 m高度为宜。潘家口水利风景区游线设计在从坝下到坝上这一段,在坝顶设计亭廊,以供游人远眺、休息、遮阳避雨。在亭廊内可设计图片展、简单茶点供应点等。

2.6.2 景区文化

根据景区的景观和文化特色以及地方志,确定景区的文化主线、风景区名称和风景区形象口号。以地方历史文化为主,结合优秀的中国历史文化,巧妙地融入山水景观之中。编写最简洁的导游词和辅助资料,设计和训练导游的歌舞节目。节事活动可以使景区常新,提升景区文化内涵,可带给旅游者更丰富的精神感受。设计和制作具有景区特色和游客喜欢的旅游纪念品和特产,特产可将当地的板栗和核桃进行包装。

2.6.3 景区线路

主游线路设计以"二日游"、"一日游"为主,突出体现休闲度假功能。景区地理位置距北京 200 km,距天津 240 km,距唐山 105 km,景区的主要接待人群主要来自京、津、唐三市,需要开展宾馆与餐饮建设。

2.6.4 景区营销

旅行社是景区十分重要的代理商和销售渠道,门票折扣与奖励政策的制定是关键。旅游电子商务已日益得到重视,既是宣传平台,又是未来重要的销售渠道,可自营,也可分销。

2.6.5 景区宣传

采用不同形式,用好各种载体,集中力量加大水利风景区的宣传力度。

参 考 文 献

[1] 赵建河. 潘大水库生态旅游资源开发的思考与探析,海委深入学习实践科学发展观活动调研报告汇编[R]. 水利部海河水利委员会,2008.

[2] 葛玉荣. 宁波白溪水库建设成就和经验[EB/OL]. http://blog. sina. com. cn/s/blog_60ea5b790100e614. html.

作者简介:李华(1969—),女,高级工程师,水利部海委财务处,联系地址:天津市河东区中山门龙潭路 15 号。E-mail:lihua@ hwcc. gov. cn。

浅谈龙坑水利风景区的可持续发展

李金玲　　石永成

（吉林省松原市龙坑国家级水利风景区，松原　138000）

摘　要：水利风景区建设和管理是工程水利、资源水利向景观水利、效益水利迈进的创新策略。搞好水利风景区的建设必须实施可持续发展战略。龙坑水利风景区可持续发展注重抓好景区水资源的保护、利用与开发，景区的规划、经营与管理，对外的宣传、市场营销等项工作。

关键词：水利　风景区　可持续发展

吉林省松原市龙坑水利风景区位于清代国母孝庄文皇后故里、中国马头琴之乡的前郭尔罗斯蒙古族自治县境内的王府台地，景区面积 260 hm²。近年来，由于风景区建设与管理工作的不断深入，以往承担着城市供水、水田灌溉基本功能的龙坑引水工程极其所辖水域，嬗变为一道靓丽的风景，成为观光、休闲、度假、文化、教育活动的生态园区，于 2009 年晋升为国家级水利风景区。随着社会需求的快速增长，龙坑水利风景区已经成为当地社会经济生活的重要组成部分。虽然龙坑水利风景区建设和管理起步晚，但是我们在水利工程建设和管理当中，一直注重保护水源环境的原生态，从水利建设的角度落实科学发展观，坚持人与自然和谐、可持续发展的目标，建设人水和谐的景区环境，致力于工程水利、资源水利向景观水利、效益水利迈进。为了实施可持续发展的水利风景区，龙坑水利风景区应在水资源的保护及利用、景区的规划、人才队伍建设、对外的宣传、市场营销等项工作中做足文章。

1　营造优质的水资源生态环境，夯实景区资源的可持续利用基础

1.1　必须保证景区赖以生存的水质资源的安全

龙坑水利风景区富有得天独厚的天然矿泉，泉水长年流淌，严冬不结冰。泉水清澈，矿化度 347 mg/L，pH 值为 7.5，为重碳酸钙型水，并且富含有益于人体健康的偏硅酸、锂、钾、锶、锌等多种微量元素，是少有的优质水源。我们以水为睛，置亭台轩榭、休闲小景、娱乐设施于水的下游，力求上游原生态；以水为魂，让碧水玉带在深山丛林中蜿蜒，以满足亲水、乐水的游人享受净水的灵动。几年来，我们在水源库区大水面净化上、在扩泉增流上、在涵养林木栽植养护上相继投入 100 多万元，确保优质泉水的永续利用。为了做到泉水水质能够时时得到管护和监测，在 24 h 专人巡线的同时，还在大水面库区安装了红外线监视仪，并且正在和环保部门沟通，准备上一套水质监测仪器。

1.2　必须保证景区生态环境安全

水利风景区建设本身就是以环境资源为载体，为人们提供休闲娱乐空间的经营活动，

处理不当就会直接危害生态环境安全。首先,搞好龙坑水利风景区小流域的水土保持工作,以水为媒,生态和谐。近年来,我们在景区内共栽植草坪 20 000 m²,栽植梧桐、糖槭、白桦、火炬、五角枫、黄槐、王族海棠等观赏花灌木和果树 40 余个品种 4.8 万株,硬化景区 15 000 m²。其次,积极争取项目资金加大景区生态环境的建设力度。2007 年,我们抓住国家防治松花江污染的契机,申报成功了水源地保护项目,利用 3 100 万元的项目资金对景区范围内的水源环境进行了综合治理,在对水环境综合治理的同时,我们将水利风景区的建设项目放在其中,这样,不仅使水环境质量得到了提高,景区的建设也得到很大的发展。我们还利用向油田供水的关系,向中石油前郭炼油厂争取到了 500 万元的水源地办公设施改造资金,还积极争取到了小流域治理等项目资金,并且和市检察院等单位联合,在景区建立各机关单位植树绿化基地等,拓宽了景区的建设资金来源渠道。最后,把握好水利风景区风景资源保护与开发的辩证关系。几年来的建设与管理,使我们深刻地认识到,水利风景区以培育生态、优化环境、保护资源,实现人与自然的和谐相处为目标,只有创造了生态效益,才能带来更大的社会效益和经济效益。

2 合理的规划、景区人才队伍的建设是水利风景区可持续发展的前提

2.1 规划决定成败

合理的规划要求既要依托水利风景区现有的风景资源,又要有前瞻性、科学性、协调性、统一性和可实施性,景区规划是水利风景区建设和管理的核心,是建设和管理的依据。龙坑引水工程本身就是一道风景,如何使水利风景区建设与水利工程建设有机结合起来,是我们在规划和建设中首先要面对的问题,规划中既要兼顾水利工程的实用性,又要讲究其建筑风格的观赏性,以及与周围自然景观的和谐与协调。我们认为应突出水利资源特色,尽可能去体现水的灵气和水文化内涵,突出满足水功能安全,应该让人们徜徉在水利风景区之中,使游客有一种山水和谐、景水和谐、人水和谐之感。

2006 年,我们请大连市建筑设计院对龙坑水利风景区进行了初步规划设计,2009 年又聘请吉林省天兴园林规划设计研究院的设计专家为水利风景区的规划设计进行了修订和补充,水利和园林景观专家在经过多次实地勘察和调研的情况下,对龙坑水利风景区进行了因地制宜的总体规划。景区定位以原生态的绿色观光休闲为主,注重生态环保、人水和谐,把现代文明元素和原始自然风貌有机结合,挖掘文化底蕴、突出满蒙风情。根据水源地的特殊环境和资源状况,把龙坑水利风景区规划设计为两大区域五个景区,即峡谷区域、开阔平地区域、峡谷保护开放区、峡谷封闭保护区、生产行政管理区、文化娱乐活动区、休闲康乐观赏区。设计总投资 6 522 万元,分两期实施,一期 2008 ~ 2013 年,二期 2013 ~ 2018 年。

按照规划,我们在一期建设中重点进行了景区美化、亮化、绿化、硬化及软硬件设施改造,累计投入资金 4 100 万元,修建了一条 1 000 延长米的混凝土道路直通景区外的公路,在景区安装了 40 余盏景观路灯,构建了亭、廊、桥、榭及景石,建成了可为游人提供餐饮、住宿、会议、健身、娱乐等服务的三星级宾馆天雨楼,同时还建成了"水光山色观赏步道"、"玉带拟木桥"、"听风阁"、"小憩园"、"观澜亭"、"龙坑碑"等景观,建成了"垂钓湖"、"采摘园"、"理疗室"、"健身房"、"棋牌室"、"乒乓球室"等休闲娱乐场所。二期我们还将投

资 2 422 万元,在峡谷封闭保护区植树绿化,形成峡谷两侧植被景观带,具体分为"春芳段"、"夏荫段"、"秋实段"、"冬青段";同时将规划筹建"满蒙风情园"、"名贵花卉、蔬菜瓜果展示园"、"文化休闲娱乐活动中心"以及景区内道路系统。

2.2　抓好水利风景区人才队伍建设

首先要抓好经营管理人才的队伍建设。水利人才队伍以水利专业技术见长,而水利风景区人才必须是景区建设和经营管理方面的行家里手。人才是生产力,既懂得水利专业知识又懂得经营管理的人才是水利风景区可持续发展的关键。一是着重在本部门培养人才,把懂管理的人才安排到景区管理的岗位上;二是加快对行业外人才的引进。首先我们聘请了省内名厨、优秀的前台经理,加入到景区办服务团队,以提高景区的服务水平。其次是抓好景区从业人员的队伍建设。一是教育景区从业人员要爱岗敬业,爱景区就像爱护自己的眼睛,以景区荣为荣,以景区耻为耻;二是,教育景区从业人员要注重礼仪,讲文明,讲礼貌。在食、住、行、游、购、娱的服务接待中,以礼相待,热情友好,有问必答,让礼仪的光华在景区中放出绚丽的光彩,使观光、旅游的客人远道而来有宾至如归之感。

3　全面的宣传、强大的舆论导向是水利风景区可持续发展的条件

水利风景区作为一种新生事物,才刚刚走过 10 年历程。如果不加大宣传,人们对水利工程、水域的认识还将停留在防汛、抗旱、饮水、灌溉等基本功能上,甚至将旅游景区与水利风景区混为一谈。

3.1　借助新闻媒体的力量扩大宣传

我们多次邀请《吉林日报》、《松原日报》和松原电视台的记者到龙坑采风,弘扬水文化,挖掘满蒙文化底蕴。2009 年 9 月份,松原电视台在景区成功举办了"龙坑杯"电视新闻大赛。2 年来,有 20 余篇报道文章在省、市报刊上发表,松原电视台的多个栏目都播放过龙坑的专题节目和新闻,不断提升了龙坑水利风景区的知名度,吸引八方来客。在当前这个飞速发展的信息时代,加大宣传力度,就是要引导社会各界的关注与参与。

3.2　借势造势,塑造品牌形象

我们多次与景区附近的地方群众搞宣传联谊活动,尤其是首届"龙坑之夏"文艺晚会,演出了由职工自己作词、作曲创编的"我爱你——龙坑泉"大型歌舞节目,演出反映了龙坑的历史文化、民俗风情、开发发展的现实故事,因此这场演出得到了当地群众的一致好评,松原市五大班子及市水利局领导也应邀观看了演出并给予了热情的鼓励和极高的评价。通过宣传,也使百姓知道了水利风景区在维护工程安全、涵养水源、保护生态、改善人居环境、拉动区域经济发展诸方面都有着极其重要的功能作用,从而自觉地保护好水生态环境。

3.3　贺卡传情

在每年的新年前夕,都采用龙坑风景照片委托邮政系统精心制做一套新年贺年卡,把打造绿色生态景区的理念倾注其中,以邮寄的形式发赠给松原市直党政机关领导和省及国家相关部门,使人们足不出户就能欣赏龙坑风光。

3.4　利用网络平台,建立自己的宣传网站

龙坑水利风景区网站(www.lkys.net)于 2007 年 11 月 18 日正式开通,指定专人负责

维护网站,及时更新网页内容,开展摄影比赛、有奖征文等活动,成为对外宣传的窗口。

3.5 利用室外广告牌进行推介

目前,我们已经设计出龙坑水利风景区宣传标识,拟于近期投放三块室外宣传广告牌。

4 因地制宜的营销手段、深化管理体制改革是水利风景区可持续发展的保证

开发水利风景资源,发展水利观光、旅游业已经成为水利多种经营工作的热点。经营水利风景区促进了工程水利、资源水利向效益水利迈进。

4.1 实行市场化运作

水利风景区的基本目的和作用在于水生态环境的保护和水工程安全的维护,对此公益性的工作,各级政府还都由于财力有限,缺乏应有的经费支持。所以,必须立足市场,以开放的姿态吸纳其他行业和社会力量共同参与水利风景区的建设和经营工作,发挥其他行业和社会各界的资源优势、资金优势和管理优势,达到资源有效利用和利益共享的目的。我们正在积极运作,以天然矿泉和场地参股等形式,筹建水厂,生产弱碱性瓶装水,发展水利经济。同时,今年年初落成、装修完毕的多功能大会议厅的投入使用,又扩大了对外承揽培训学习、商务会议的规模,增加了景区收入。

4.2 实行产业化推进

水利风景区的建设、开发和管理,必须与水资源或水工程的管理相分开,分工要明,责任要清,机制要活,突出特点、提高品牌、产业化推进。水就是金钱,水就是生产力,以水的开发带动旅游经济、房地产经济,形成经济带、产业链。遵循共同发展的原则,促进区域国民经济发展和社会进步。目前,吉林省推出了"八大景"精品旅游线路,我们正在积极沟通,争取成为当地旅游线路中的一景。

水利风景区作为建设环境友好型社会的一个重要组成部分,其可持续发展战略是当前及今后工作中的一个重大课题。龙坑水利风景区本着立足于现实,着眼于长远的工作方针,在追求人水和谐、可持续发展的道路上,力求提升水利行业的新形象,成为展示现代水利风貌的窗口。

作者简介:李金玲(1970—),女,高级农艺师,吉林省松原市龙坑引水工程管理处,E-mail:woshixueying@126.com。

青海高原水库湿地及水生态保护问题浅析[*]

丁金水　张燕吉

（青海省水利厅水利管理局,西宁　810001）

摘　要:本文简要介绍了青海高原水库湿地的状况,针对水库湿地区域水土流失、土著生物种群保护和生物多样性、水资源的不合理利用和调配、污染、湿地管理缺失等问题,提出构建"五大"体系,加强水库湿地保护,加强"三大"管理,改善和维护水生态环境等对策建议。

关键词:水库　湿地　水生态　保护　青海高原

青海省地处地球第三极的青藏高原地区,复杂的地质变迁和水系发育,造就众多的江河和湖沼,有"中华水塔"之称,自然湿地资源丰富,且地理环境特殊,气候干燥寒冷,生物区系独特,生态极为敏感和脆弱。青藏高原的生态影响不仅仅是局部性的,而且可延展为洲际性的。

水库湿地是人为对自然的河流湿地区域性改变或重塑,是重要的人工湿地,是人为影响局部生态环境的基本方式之一。水库湿地的生态功能主要体现在物质循环,生物多样性维护,调节河川径流和补充地下水,调节区域气候和固定二氧化碳,降解污染和净化水质;通过灌溉影响农田、林地、草场生态;通过水力发电减少矿物能源和薪柴的使用,维护自然生态等。湿地与水生态环境直接相联、密切相关,水文要素特别是水是湿地与水生态环境之间联系的纽带,它既是湿地属性的决定性因子,也是水生态环境中最重要的因子。湿地是水生态环境的重要组成部分,水生态环境是湿地的重要支撑和基础,没有良好的水生态环境,也就没有健康完整的湿地。

我国湿地资源相对丰富,也有较多的学者对湿地及保护作了研究,如陈宜瑜(1995)、左东启(1999)、蔡述明等(2002)、鞠美庭等(2009),有些学者在研究中对于水库等人工湿地的保护提出了一些观点(左东启,1999;蔡述明等,2002)。由于认识上的不足和理解上的偏差,青海水库湿地并未与湖泊、沼泽等自然湿地列入同等地位而引起足够重视,水库湿地及与之密切关联的水生态保护等方面还存在较多问题,本文对此作浅析。

1　青海水库湿地基本情况.

1.1　水库概况

据统计(青海省水利厅,2008),到2007年底,青海省境内已建成小(2)型以上水库173座,其中特大型水库4座,大型水库3座,中型水库12座;水库设计总库容314.8亿m³;正常蓄水位可形成水域面积约4.5万hm²。按河流暴雨径流注集和库尾泄、渗流汇集区域计算,青海水库湿地面积约6.8万hm²。另外,全省还建有涝池432座,总库容0.1

＊原文原载于《水生态学杂志》2010年第3卷2期。本文对原文作了部分修改。

亿 m^3,水域面积共计约 150 hm^2。

　　按水库供水主要用途区分,电站型水库 25 座,其中大型以上 5 座,中型 6 座;调节型水库 2 座,其中大型 1 座,中型 1 座;农牧灌溉型水库 145 座,其中中型 5 座;综合型水库 1 座(大型)。

1.2　水库湿地地表类型

　　青海水库坐落地海拔高度从 1 800 m 到 4 200 m 不等,水库湿地周边地表构造复杂,各水库间差异较大,表层覆盖多样,高原地貌特征明显。水库区间地表层覆盖主要有高寒草甸型(如黄河源水库)、高原草地型(如东大滩水库)、林灌植被型(如黑泉水库)、风化裸露型(如小干沟水库),与其对应的是水库湿地生态功能发挥和影响水生态环境优劣,高低排列为林灌植被型—高原草地型—高寒草甸型—风化裸露型。

　　青海境内部分大、中型水库湿地功能发挥基本评价见表 1。

表 1　青海部分水库湿地功能评价　　　　　　　(单位:km,亿 m^3)

水库名称	海拔	库容	地表覆盖类型				水库湿地功能发挥							功能评价
			林灌	草地	草甸	裸露	物质循环	生物多样	调节径流	调节气候	净化水质	灌溉	发电	
龙羊峡	2.6	247		∨		∨	+ +	+ +	+ +	+ +	+ +	*	+ +	明显
李家峡	2.2	16.5	∨	∨		∨	+ +	+ +	+ +	+ +	+ +	*	+ +	明显
公伯峡	1.9	6.2	∨	∨		∨	+	+	+	+	+	*	+ +	一般
黄河源	4.2	25		∨	∨		+	+ +	+	+	+	+		一般
温泉	3.9	2.5		∨	∨		+	+ +	+ +	+	+	+	*	一般
黑泉	2.7	1.8	∨				+ +	+ +	+ +	+	+ +	+	+	明显
东大滩	3.0	0.26		∨			+ +	+ +	+ +	+	+ +	+	-	明显
黑石山	2.9	0.32		∨			+	+	+	+	+	+	+	一般
大南川	2.4	0.13	∨				+	+	*	-	+	+	-	一般
南门峡	2.5	0.18	∨	∨			+ +	+ +	+	+	+	+	*	明显
尼那	2.3	0.26		∨		∨	-	-	-	-	-	*	+	弱
小干沟	3.2	0.1		∨			-	-	-	-	-	*	+	弱
乃吉里	3.1	0.25		∨		∨	-	-	-	-	-	*	+	弱

　　注:湿地功能发挥:"+ +"作用强,"+"作用一般,"-"作用弱,"*"无此功能。

　　在黄河干流梯级水库中,有两个紧密水库群,其上一级水库尾水距下座水库回水不超过 10 km,即龙羊峡—拉西瓦—尼那水库群和李家峡—直岗拉卡—康杨—公伯峡水库群。如以各水库单例分析,尼那、直岗拉卡和康杨均为电站式中型水库,蓄水均靠上一级水库下泄,水体交换频率高(年均超过 5 次),营养物质流失较快,被生物有效利用的程度低,形成不了物质循环和能量的转化,因此其湿地功能较弱,比同为中型水库的东大滩水库和南门峡水库差异较大。若列入水库群湿地来看待,无疑将增强水库群总体的湿地功能。

1.3　生物类群

　　水库湿地的形成为水禽、喜水植物、水生动植物等提供了栖息生存场所,对物种保存和保护物种多样性发挥着重要作用。青海水库湿地生物除迁徙和人为移入物种外,土著生物种群区系独特,不少品种为青藏高原特有,各水库也有区别。青海水库中常见的水禽主要有鱼鸥、棕头鸥、野鸭、麻黄鸭、赤麻鸭、绿头鸭、鱼鹰、鸬鹚、鹭、鹳、鹤、天鹅等(属、种)(冼耀华等,1964)。水生植物主要有芦苇、眼子菜、水毛茛、荇菜,以及刚毛藻、轮叶藻、狐尾藻、水绵等大型藻类;耐湿植物有藏嵩草、水嵩草、苔草等(青海省农业资源办公室等,1998)。主要鱼类有弓鱼、雅罗鱼、鮈、裸鲤、裸裂尻、扁咽齿鱼、骨唇鱼、裸重唇鱼、高原鳅、黄河鲤、黄河鲫等(属、种)(武云飞等,1992);以及引入的麦穗鱼、草鱼、鲢、鳙、鲤(亚种)、鲫(亚种)、泥鳅、池沼公鱼、大银鱼、团头鲂、虹鳟、高白鲑等。其他水生动物有水獭、水生昆虫、钩虾、豆蚬、水丝蚓、摇蚊幼虫等。

2　青海高原水库湿地及水生态保护面临的主要问题

2.1　水库集雨区水土流失加重使水库湿地水资源生态调蓄功能减弱

　　青海部分水库集雨区内垦耕过度,草场超牧,涵养水源植被破坏,使区域土地及草地的退化、荒漠化、沙化、碱化趋向加大,风力侵蚀作用加强,受暴雨、沙尘暴、泥石流、滑坡等灾害的影响,水土流失加剧,河流中的泥沙含量增大,造成河床、水库淤积加重,区域干旱化倾向益显,河流断流或消失现象增加,影响水库集雨区域的生态平衡,水库湿地面积萎缩、水资源生态调蓄功能减弱。

　　以青海省内最大的水库——龙羊峡水库为例。龙羊峡水库是以发电为主的特大型水库,设计库容 247 亿 m^3,最大蓄水面积约 3.3 万 hm^2,龙羊峡以上(黄河)流域面积约 10 万 km^2。位于龙羊峡水库左岸集雨区的共和盆地,土地及草场的退化、沙化现象严重,特别是塔拉滩地区沙化面积日益扩大,人退沙进,已形成一片沙漠。共和盆地的主要河流恰卜恰河(黄河一级支流,注入水库),其径流由 1995 年的 4 068 万 m^3 减少到 2007 年的 3 500 万 m^3,输沙量却由 38 万 t/a 增加到 50 万 t/a。据水库上游唐乃亥水文站测算,黄河干流水流含沙量由 1995 年的 0.68 kg/m^3 增加到 2007 年的 0.75 kg/m^3,入库泥沙年淤积量增加约 100 万 t(1 300 万 t 增至 1 400 万 t)。由于气候干旱化趋向,水库上游黄河二级支流中,已有 20 多条常流河变为季节性河流,十多条河流已消失,成为砂石荒滩;黄河入库水量比建库初期(年均 185 亿 m^3/a)年均减少约 1.5%,自水库蓄水 20 多年来,从未达到设计库容,除 4 个年份(2005 年最高为 188 亿 m^3)外,其余年份均在设计库容的 3/5(即 150 亿 m^3)以下低水位运行,以致水库湿地功能没有更好发挥,水资源生态调蓄功能减弱。

　　在青海其他地区的水库中,同样存在不同程度的河流来水减少和淤积问题,特别是地处相对干旱地区和集雨区域地表以裸露型为主的水库,大多数的死库容实际淤积完时间比设计时间提前 3~5 年。一些原本可以开展渔业的水库因淤积问题而无法开展;一些水库没有水生植物、鱼类及鸟类栖息,浮游生物量在 0.1 g/L 以下,可视为没有生物气息的大蓄水池,不具有水库(应有的)湿地功能作用。例如:合群水库、赛西水库、英德尔水库等。

2.2　生物资源利用不科学和不法捕猎,对土著生物种群保护和生物多样性造成危害,影响水生态平衡

　　高原水库湿地生物种群区系独特,生物资源利用的不科学和不法捕猎,更易造成水生

态失衡。一是水库集雨区域草场过牧,林灌木的砍伐,涵养水源功能降低,水土流失导致河床和水库淤积加重,湿地萎缩,湿地生物生存、栖息空间被压缩。河流水流量的减少或断流,影响洄游性鱼类的上溯产卵和索饵。二是非法的盗捕、盗猎,致使鱼类、鸟类等资源受到破坏,危及生物种群保护。三是区域外生物引入的不科学,挤占土著生物的生存空间甚至于被侵食,对部分土著生物造成的后果将是不可逆的。省内有部分水库从外省(区)或国外分别引入一些鱼类,在水库(含网箱)中增加养殖,增添了水体生物品种,但也产生了相应的水生态平衡问题。外来种类中,处食物链上层的直接对温和食性的土著种群侵食,同食物链层的对土著种群竞争性增强,食物份额被挤占,导致其种群数量的减少。例如,东大滩水库(水面积约 200 hm^2),1988 年自辽宁移植引入池沼公鱼,1995 年以后形成稳定的自繁种群,年可捕捞产量 2.5 ~ 3 t,同期,黄河裸裂尻商品鱼可捕量由 1991 年以前的年均 2 t 下降至每年不足 0.5 t;由于池沼公鱼属水体上层生活的小型鱼类、水禽等较易捕食,水库中栖息鸟类的数量比 1995 年以前明显增多。省内龙羊峡水库等采用网箱养殖凶猛肉食性的虹鳟鱼, 1997 年 8 月,由于水面大风和管理不善,龙羊峡水库一个网箱(125 m^3)的虹鳟鱼约 10 t(平均规格约 0.5 kg)全部逃逸至水库中,此后,库区和下游贵德县(相距约 80 km)河段中不时有被抓捕的虹鳟鱼个体(多在 2 kg 以上),2002 年 7 月一当地居民在库区钓出 14.7 kg 的虹鳟鱼,能捕(钓)出个体且生长状况表明其对水域中其他鱼类等水生动物的侵食;虽然无人因此对水库水生物的后续影响作调查评估,但如果水生态环境(含上游河段)符合虹鳟鱼自然繁殖生态而产生自繁群体,将对黄河区段(含水库)的其他鱼类种群的保护和水生态平衡产生极为不利的影响,造成难于弥补的生态损失和高原水生物种资源的丧失。

2.3 水库湿地水资源的不合理利用和调配,生态用水得不到保证,引发一些生态问题

省内有少数水库因集雨区域内为工农业生产和生活的需要,过度从河流中截水或开采地下水,使水库湿地水文情势受到威胁,水库湿地萎缩,入库水量减少,向下游供水减少,水库设计效益得不到发挥,水库供水区域的工农业生产和生活受到影响。例如,南门峡水库(1984 年建成),区域植被良好,设计库容 1 840 万 m^3,集雨区内有一个乡镇,由于人口的自然增长,土地耕种面积扩大和工矿业发展,用水需求不断增加,致南门峡河入库水量趋势性降低,2000 年以后,即使雨量充沛的年份,蓄水量最多也只有 900 万 m^3 左右。水库蓄水不足使下游近 0.4 万 hm^2 农田灌溉受到影响。

灌溉和调节型水库的调蓄水不够合理,多数水库蓄水期在 10 月 ~ 翌年 4 月,为了防汛,5 ~ 9 月基本调节至死库容或排空运行。但根据近 20 年的气象分析,全省大部分地区降雨偏少或干旱年份约占 70%,正常年份约占 15%,偏多年份仅约占 15%;省内主要河流基本未产生超二十年一遇的洪水流量。从工程安全度汛考虑,5 ~ 9 月的河流水资源不被蓄积,即使出现干旱,下游农作物、林灌木等也得不到浇灌;同期,也是水生物生长和水库湿地生态构建的黄金时期,由于水库在死水位以下(或空库)运行,正常蓄水淹没区(水域)的 2/3 消落裸露,原着生在浅滩、浅水区的水生植物死亡干枯,鱼类等水生动物生活空间受到压缩或逆流而上,或随流出库而下,以鱼为食的水鸟也迁往别处。水域面积减小,水体空间在阈值之下,水体降解自净能力降低,生物能蓄集减少,物质循环减慢,水库湿地生态功能时段性弱化或遭受损坏。

2.4 污染趋重,危害水库湿地生态系统

由于水库的人工调蓄使得其受污染的累积效应没有自然湖泊、沼泽型湿地明显,青海多数水库坐落在偏僻地域,基本未遭受污染影响,总体来说,青海水库湿地污染问题并不显现。但有部分水库的集雨区域人口相对较多,农作和工矿业生产发展及生活所需,加之防污措施、设施的不到位和缺乏,工矿业、畜牧加工和生活、医疗等废水、废弃物不作处理便直接排放,建筑装潢涂料以及农林用化肥、农药、除草剂等化学品残留,在风、雨和水流的作用下,冲积到水库,致使这些水库湿地受污染程度有加重趋向。在这些水库中,以东大滩水库(上临海晏县城乡和西海镇)和南门峡水库(上临南门峡乡等)所受的污染威胁趋向较为明显。例如东大滩水库,20 世纪 80 年代后期,未经环境评价的情况下,地方部门在距水库约 1 km 的西北区草滩上建设 1 座铬盐化工厂,废气随风四周飘散,方圆十多平方千米的牛羊等牲畜采食受污染的牧草,牙齿熏黄发黑,严重的脱落;化工厂生产数年后,因污染问题 1994 年停产关闭,集中蓄集和堆放的废水和废物未作无害化处理,雨水浸泡溢散和渗透致入库河流受到污染,1996 年元月,水库库区鱼类和坝后池塘养殖的虹鳟鱼大量死亡,当时的水质监测铬超标 3 倍;2001 年 7 月水质监测铬超标仍近 2 倍,该厂对周围草场和河流的污染影响至今尚未完全消除。

2.5 管理缺失,水库湿地及水生态得不到有效保护

青海水库湿地的保护和管理还远未到位,水库湿地保护意识还很淡薄。首先是认识上的不足,公众的湿地概念停留在自然湖泊、沼泽、河滩和海滩,即使是水利部门和管理单位也忽视了水库的湿地功能和水生态保护。青海已有几处自然湖泊、沼泽列为湿地保护区加以管理和保护,虽然水库湿地数量和面积(6.8 万 hm²)不少,有些水库湿地功能也较明显,但没有一处列为保护区。二是湿地保护和管理的法制体系不完善,措施有限。目前,国内相关法律、法规中有关湿地保护的条款比较分散,且不成系统,法条相互交叉或重复的情况并存,难以很好发挥作用。禁猎、禁渔、禁伐、防污、控制垦耕和过度放牧等保护形式发育不足。三是缺乏湿地管理协调机制,管理粗放、水平低。水库湿地保护和管理、开发利用牵涉面广、部门多,各自为政,各行其事。野生动植物保护管理在农林部门,水资源管理在水利部门,环境保护和污染控制在环保部门,由于缺乏管理协调机制,形成不了合力,无法有效管理和保护湿地。对水库湿地生态保护和管理手段和措施极为有限,并处在低水平,只停留在"制"而达不到"防"的要求,即发生问题才去"制",而不是在出现问题之前加以"防"。四是监测网络、评价体系不完善,基础研究薄弱。缺乏对湿地(含水库)资源和土地利用后的生态变化、生物多样性变化的监测,而且不同部门在使用的监测方式、方法上也存在差异,监测标准尚不统一,部门或单位之间尚缺乏信息资料共享机制。由于缺乏科学统一的湿地评价体系和指标体系,尚未对省内湿地(含水库)作出科学有效的环境影响评价,对湿地功能和效益评估大多以浅显直观的定性描述为主;对湿地的结构、功能、演替规律、价值和作用等方面缺乏定量和系统的研究,对湿地生态、经济和社会效益价值评估的研究也很少,满足不了政府部门和社会公众对湿地的效益进行全面、系统、科学和准确评价和认知的要求,极大地制约了对湿地保护和管理的科学有效进行,影响了对湿地资源的合理利用。

3　水库湿地及水生态保护对策

　　健康的水库湿地生态系统,是青海高原生态安全体系的重要组成部分和经济社会可持续发展的重要基础。根据《中国湿地保护行动计划》(国家林业局等,2000)的要求,保护湿地,对维护生态平衡,改善生态环境,实现人与自然和谐,促进经济社会可持续发展具有十分重要的意义。因此,要坚持科学发展观,从维护水库湿地系统生态平衡、保护湿地功能和生物多样性,实现资源的可持续利用出发,坚持"全面保护、生态优先、突出重点、合理利用、持续发展"的方针,把水库湿地作为水生态保护和修复的重要内容,建立水库湿地保护的长效机制,采取宣传、行政、法律、经济、科技、工程等各种手段和有力措施,实行科学管理、依法管理,在保护中开发利用,在开发利用中保护,充分发挥水库湿地在社会经济发展中的生态效益、经济效益和社会效益。

3.1　构建"五大"体系,加强水库湿地保护,改善水生态环境

3.1.1　组织管理及保护监督体系

　　水库湿地是一种多类型、多层次的复杂生态系统,湿地保护是一项涉及面广、社会性强、规模庞大的系统工程。应建立强有力的湿地保护组织管理系统和有效的协调机制,统一协调区域或流域内的湿地保护工作。通过部门间的联合协作,采取协调一致的保护行动,加强水库湿地建设管理,有效保护水库湿地野生动植物资源。同时,要加强管理队伍建设,建立联合执法和监督的体制,加大水库湿地保护执法力度,严格执法,依法处理各类违法违纪案件,严厉打击肆意侵占和非法破坏湿地的违法犯罪活动,杜绝湿地区域内偷捕、盗猎现象,保障鱼类和水禽的生境安全。在履行《湿地公约》国际责任和义务的同时,加强国际合作,通过多种形式,引进先进技术、管理经验与资金,开展湿地优先保护项目合作。充分发挥社会的舆论监督作用,维持水库湿地保护与合理利用的良好秩序,调动各方力量共同做好湿地保护工作。

3.1.2　政策法规体系

　　健全内涵自然湖沼、水库等湿地保护及可持续利用的法规政策体系,以法律法规的形式确定湿地开发利用的方针、原则和行为规范,明确管理权限及管理分工,规范管理程序、对违法行为的处理方式等,为从事湿地保护与合理利用的管理者、利用者提供基本的行为准则,并将水库湿地、水资源的综合管理、环境规划、生物多样性保护、国土利用规划、国际公约等与湿地立法协调一致,使水库湿地保护做到有章可循、有法可依,走上法制化的轨道。同时,要尽快制定完善全省水库湿地保护的相关政策,如水库湿地开发和利用中的有价补偿利用及生态恢复管理的政策,将水资源与湿地保护有效结合的经济政策,制定水库等人工湿地治理、开发的经济扶持政策,制定鼓励节约利用水库湿地自然资源和在部门发展中优先注意保护水库湿地生物多样性的政策,在投资、信贷、项目立项、技术帮助等方面解决政策引导问题,保障水库湿地资源环境和经济协调发展。

3.1.3　工程体系

　　国内已有部分省(区、市)开展实践研究,利用鱼类等降解水体富营养化、移种水生植物改良和修复区域湿地等,取得一些成效,如昆明滇池、武汉东湖、北京密云水库(张如平,2005)等。其表明工程措施也是保护和修护湿地生态功能的有力举措。

　　从青藏高原生态脆弱性和青海水库湿地的实际出发,在全面规划湖泊、沼泽、水库、河流等湿地保护、恢复、合理利用、生态旅游建设的基础上,对一些重要水库湿地及其湿地功能区进行重点保护建设,对一些典型的和功能受损的水库湿地区域优先安排保护、治理和恢复示范项目,加快水库湿地水生态功能修复。力争在 20 年内,建成若干个水库湿地保护与合理利用示范区,使 80% 以上的水库湿地得到有效保护,实现水库湿地资源的可持续利用。

　　采用系统工程和综合治理的方法,加强水库湿地保护的组织实施,确保水库湿地保护目标任务的实现。采取有力措施,积极推进抢救性保护,学习借鉴其他省(区、市)的先进经验,如移种水生植物和喜湿植物,合理移殖和引进对土著生物影响较小且适应地方环境、具有一定经济价值的水生动物品种,跨流域调水补充水库调蓄水,营建水体过渡带及小区域人工湿地工程等,人工修复和改良水库湿地环境。同时,加强水库周边地区的退耕还林还草、限制垦耕和过度放牧,保护和改善区域植被,提高区域涵养水功能,加强上游水污染源治理及污染物的处理。重视水库湿地保护工程建设,把水库湿地保护纳入本地区生态建设和经济社会发展计划,创造优美的水生态环境。

3.1.4　科技和监测评价体系

　　水库湿地是涉及气象、水文、地质、生物以及农、林、牧、水利等多学科的复杂系统。目前,青海省在水库湿地基础研究方面相当薄弱,家底不清,对高原水库湿地的许多特征尚不甚了解,有必要通过基础研究和应用研究,全面、深入、系统地了解青海高原水库湿地类型、特征、功能、价值、动态变化等,为水库湿地的保护和合理利用奠定科学基础,并建立水库湿地质量、功能和效益评价指标体系,根据水库湿地对外界胁迫的反应特点、能力、范围、阈值和生态风险应对,挖掘湿地资源开发潜力。同时,建立技术推广管理机制和组织体系,广泛开展水库湿地保护、资源合理利用、湿地综合管理等方面的技术推广与交流。制定水库湿地野生动植物种群的总体保护规划,注重引进、推广先进的水库湿地生物多样性保护、污染控制等技术。加强水文、水情科学预测,在不影响水库工程安全和下游正常供水的前提下,科学合理、现代化的调控水库蓄调水,保障水库湿地区域生态用水,提高水库湿地保护的科技水平。

　　国内有学者对湿地生态系统评估体系方法(刘红梅等,2007)和评价指标体系(崔保山等,2002)作了理论探讨,虽然侧重于自然湿地,但水库湿地评估也应于借鉴。为了科学利用和保护青海水库湿地资源,要认真查清全省水库湿地资源现状,以流域为单元,对水库湿地进行分类评估和功能区划,构建全省水库湿地资源信息数据管理系统和湿地资源监测体系,对水库湿地水质变化、地下水位、动植物群落、土壤养分的变化及土壤退化的情况等进行监测,掌握各类水库湿地生态变化动态、发展趋势。对水库工程设施进行生态影响评价,并建立补水和生态用水的保障机制,实行水库湿地环境效益的预评估,开展有关水库湿地环境影响的评价理论和方法的科学研究。通过调查、监测、评价和专家论证,科学评估青海省水库湿地资源的开发利用潜力,确定每类水库湿地可承受的最大开发利用限度,划定利用类别,确定水库湿地合理利用开发强度及方法。

3.1.5　投资保障体系

　　水库湿地保护是跨部门、多学科、综合性的系统工程,因而其投入也具有多渠道、多元化、多层次的特点。政府投入是湿地保护资金来源的主渠道,各级政府要将湿地保护纳入国民经济与社会发展规划之中,保证湿地保护行动计划在全省与各地区的实施。同时,还要广泛地争取国内外援助,鼓励社会各类投资主体向水库湿地保护投资,规范地利用社会集资、个人捐助等方式广泛吸引社会资金,建立全社会参与湿地保护的投入机制,为湿地保护提供有力的投资保障。

3.2 以湿地保护为核心,加强"三大"管理,维护良好的水生态环境

3.2.1 加强水资源管理,合理配置科学利用水资源,提高水资源承载能力,保证生态用水

青海虽有"三江源"和"中华水塔"之称,全省水资源总量 636.4 亿 m³(人均占有 1.3 万 m³,为全国人均占有量的 5.3 倍),但地表径流 90% 为过境客水,每平方千米的产水量也仅有 8.37 万 m³,为全国平均水平的 1/3;且时空分布和地域分布不均,6~9 月份径流量占全年的 70% 以上,社会经济相对落后的青南地区约占水资源总量的 60%,经济相对发展及水库较为集中的青海东部、西部只占 40%;总体来说,在维持生态的前提下,青海水资源可利用率不足 30%,资源性缺水和工程性缺水矛盾突出(刘耀等,2001)。全省已建 170 多座水库,且多为小型水库,大型的调控水资源的工程少,调蓄能力较低,水库湿地对区域水生态的影响作用较为有限;水库调蓄水不科学,水资源未科学充分利用,水库湿地功能效应时段性不足。因此,要进一步优化配置水资源,科学利用、保护水资源,提高水资源的利用效率和效益。加强生态水利建设,实现排洪与蓄水相结合,保证充足的水量与水质来维持湿地的存在和湿地的水生态环境功能。不断调整用水结构,保持水资源供需平衡,加强水资源开发对湿地生态环境及与之相关的生物多样性影响预测、监测,建立最优的河流水量分配方式,以维护河流和重要水库湿地状态和其他重要生态功能,研究并推广科学的水资源利用方式,统筹生态、生活、生产用水,保证生态用水需要。

3.2.2 加强水环境管理,依法防治污染,提高水环境承载能力,保证湿地健康

水库湿地及水环境不仅可以提供水资源、生物资源、旅游资源等,还有发电、航运、排水等种多功能。由于人类活动的严重影响,水环境污染日益严重。因此,要坚持和完善环保部门统一监督管理,有关部门分工负责的水环境管理体制,建立健全"国家监察、地方监管、单位负责"的环境监管体制,认真实施污染物排放总量控制制度和环境影响评价制度,加强人类活动对水库湿地生态系统的影响评价,认真分析对湿地构成威胁、破坏和污染的因子和来源,研究评价开垦、围垦、大型工程及其他活动对湿地资源、生态系统、生物多样性的影响。通过环境影响评价控制人为的破坏性活动,避免破坏水库等湿地生态系统。严格实行排污许可制度,制定实施水环境质量标准,地区水污染物排放标准,研究河流、水库的稀释自净能力及环境容量,严格实行依法管理、科学管理、达标管理、总量管理,加强污染控制和防治。对排污超标的部门、企业和单位予以约束和处罚,并限期整改。严格控制高污染高消耗建设项目和工业企业"三废"排放,减轻农药和化肥对水库湿地的危害。积极推行"清洁生产"和循环、低碳经济,建立污染补偿机制,对因开发利用造成的水库湿地环境破坏问题,要按照"谁开发、谁保护,谁利用、谁补偿"的原则,及时采取补救措施,进行湿地功能修复。从源头和过程上严格控制新建项目带来的环境问题,切实加强水环境污染的控制与防治,进一步改善水生态环境。

3.2.3 加强生态保护管理,打造绿水青山

和自然湿地一样,许多生态功能可通过水库湿地系统功能来体现。青海高原水库湿地生态系统具有脆弱性和区域特殊性,它的破坏在许多情况下往往不可逆转,即使经过治理使其恢复也要经过相当长的时间,需要付出巨大的代价。为了遏制水生态环境的恶化趋势,应尽早尽快行动,加强综合治理,对水库湿地应建立保护区、禁猎区或生态治理区。科学合理地划定水库湿地管理和保护范围,明确土地、水域经营权和自然资源统一管理权,建立水库湿地生态环境影响评价制度和生态补偿机制、社会监督机制、协调管理机制,强化水资源开发的生态保护监管,实现在统一规划指导下的水库湿地资源保护与合理利用的分类管理,开展退化水库湿地恢复、重建的示范区建设,发展特种水产品养殖和湿地农业新品种种植,提高资源利用效率,逐步实现湿地资源可持续利用。

以水库湿地保护区为依托,大力实施水生态修复,充分利用和挖掘水库湿地的旅游资源,发展水利生态旅游,进一步促进水库湿地保护。青海水库湿地有的突现青藏高原的特色景致,有的山水秀丽、水洲纵横交错、芦荡深幽、百鸟翔集、湖光山色、水乡泽国、鸟语花香,是人们休闲旅游的良好区域,也是人们认识自然、享受自然、回归自然的理想场所。水利生态旅游是旅游经济的新兴内容,通过自身的参与和宣传教育,可提高广大公众热爱自然、保护水库湿地的意识,也使水库湿地保护有了经济来源和支撑,增强了自我发展能力,更进一步加强了水库湿地管理,还可帮助当地群众就业和脱贫致富。另外,为创造舒适优美的水库湿地环境吸引旅游者,也需要更加注重湿地生态环境的保护,限制对水土资源掠夺性的开发,使水库湿地保护更加规范有序,走上良性循环的发展轨道。因此,应认真制定水利生态旅游开发规划,建立管理服务体系和水库湿地公园示范区,确保对水库湿地环境保护的投入;还要重视加强水库湿地管理和保护的人才队伍建设,提高管理能力和水平,促进水库湿地生态旅游事业和水库湿地保护协调发展,实现人与自然、生态的和谐相处。

参 考 文 献

[1] 陈宜瑜.中国湿地研究[M].长春:吉林科学出版社,1995.

[2] 左东启.论湿地研究与中国水利[J].水利水电科技进展,1999,19(1).

[3] 蔡述明,等.湖北省湿地的保护与利用[J].长江流域资源与环境,2002,11(5).

[4] 鞠美庭,等.湿地生态系统的保护与评估[M].北京:化学工业出版社,2009.

[5] 冼耀华,等.青海省的鸟类区系[J].动物学报,1964(4).

[6] 青海省农业资源区划办公室等.青海植物名录[M].西宁:青海人民出版社,1998.

[7] 武云飞,吴翠珍.青藏高原鱼类志[M].成都:四川科学技术出版社,1992.

[8] 国家林业局,等.中国湿地保护行动计划[M].北京:中国林业出版社,2000.

[9] 张如平.密云水库湿地建设浅谈[J].北京水利,2005(4).

[10] 刘红梅,等.湿地生态系统评估体系的方法学探讨[J].生态经济(学术版),2007(2).

[11] 崔保山,等.湿地生态系统健康评价指标体系 I.理论[J].生态学报,2002(7).

[12] 刘耀,等.希望在水[M].西宁:青海人民出版社,2001.

作者简介:丁金水(1965—),男,江西赣县人,高级工程师,青海省水利厅水利管理局,联系地址:青海省西宁市昆仑路18号,E-mail:ding-jinshui@163.com。

三门峡大坝风景区旅游发展实践与创新

王大勇　李　军　张健锋

（三门峡黄河明珠（集团）有限公司工程管理分局，三门峡　472000）

摘　要： 三门峡水利枢纽是在新中国成立后，国民经济困难的条件下修建的第一座大型水利枢纽，其建设过程中艰苦奋斗的精神，历届党和国家领导人亲切地关怀，可以作为爱国主义教育题材激励和影响着我们。三门峡水利枢纽从 1957 年 4 月开工原建到改建、增建，都经历了中国水利史上少有的坎坷曲折，其经验和教训为后来在多泥沙河流上修建水利枢纽提供了宝贵的财富，这些都是三门峡不可多得的旅游资源和发展前景。

关键词： 三门峡大坝　旅游发展　实践创新

　　三门峡大坝风景区位于河南省三门峡市与山西省平陆县交界处的黄河峡谷地带，距三门峡市区约 15 km。三门峡大坝是新中国在黄河上修建的第一个大型水利工程，是新中国成立初苏联帮助的 156 个工程项目中唯一的水利项目，被称为"万里黄河第一坝"，承载着中华民族不屈不挠的精神。无数水电建设者为之付出过心血和汗水，因此对三门峡大坝怀有深深的感情和眷恋，一直在关注着她的发展变化。三门峡市也以三门峡大坝而诞生，积聚了来自全国各地的人才，他们都以三门峡大坝为荣。坝区还是三门峡市创建全国园林城市规划的重点景区。2001 年 10 月，三门峡大坝景区被国家旅游局首批授予"AAA"级国家风景旅游区。

1　三门峡大坝风景区旅游开发的创新与实践

　　近年来，通过对三门峡枢纽工程、自然景观、人文景观、文化、人造景观等资源进行深入挖掘，充分研究，提出了三门峡旅游开发的总体思路和开发项目，编制了《三门峡旅游发展规划》，在"统一规划，分步分区域实施"原则的基础上有计划、有步骤的进行旅游开发工作，主要实现途径有以下几个方面。

1.1　坚持工程管理与旅游开发并重，修复了三门峡枢纽上坝公路

　　修通了从上坝公路经原办公楼前到电厂办公楼前进出景区的 A 线和从商业楼南侧经苗圃到上坝公路作为过境车辆行使的 B 线，把旅游观光车辆和过境车辆进行分流。并在 A 线两侧进行了绿化美化，形成百米观光大道，改善了景区不合理的道路布局。

1.2　坚持现有设施的创造性改进，建成了廊道水晶宫

　　廊道水晶宫原为建坝时交通廊道，现把廊道空腔的淤泥进行清理，把混凝土人行板更换为钢化玻璃人行板，铁栏杆更换为不锈钢栏杆，水中养殖了各种观赏鱼，并安装了照明彩灯、铺设红地毯等设施，使原先废弃廊道成为耳目一新的景点。

1.3　坚持景点创新

　　新建了一步跨两省、砥柱观景台等新景点，景区文化内涵和旅游资源不断丰富。一步

跨两省的分界石原为建坝时的截流石,在其上刻文字作为河南、山西的分界石更显纪念意义。

1.4 坚持设施改造和更新

旅游电梯是利用原损坏 2# 电梯井安装新的电梯作为旅游专用电梯。充分利用现有资源,废旧利用,增加了旅游景点,完善了旅游设施,投资不多,社会效益和经济效益比较明显。

1.5 打造代表性景观

黄河三门峡代表性的景观可概括为"三门八景",即大坝雄姿、砥柱中流、三门俯瞰、泄洪惊涛、平湖春色、长河落日、禹庙袅香、漕运遗存。"三门八景"作为黄河三门峡旅游开发的精髓向游客进行宣传推介,成为黄河三门峡旅游开发的主打品牌,形成品牌效应。

1.6 坚持统一规划,在景区建设了几项亟待实施项目

由于历史原因,三门峡坝区没有统一规划,坝区内道路和建筑布局比较混乱,加之2003 年上坝沿河公路的开通,使进入坝区的入口发生变化,A 线和 B 线的修建使过境的车辆和进出景区的车辆相分离,景区内实行封闭管理,有利于车辆和行人的安全和景区管理的规范化,提升了坝区形象,使景区的面貌从布局上焕然一新。

1.7 坚持创造文化品位

对展览馆进行重新布置,在坝区展览馆内丰富黄河文化、枢纽建设历程、枢纽建设经验和教训、水利知识(包括中国水利水电史)等,使游客对此有一个大体的了解。在公交车上喷涂了景区宣传画,成为流动的一条广告牌,在电台、电视台、网络等媒体上做了广告宣传,积极参加各种旅游推介会推销三门峡大坝。

1.8 强化宣传促销,拓宽客源市场

大宣传才能促进大旅游,要实施多元化市场开发策略,加大宣传力度,推行"走出去,请进来"的策略,积极利用各种宣传手段进行宣传,并将旅游与教育、科考、商务洽谈、健身娱乐等有机结合起来,提高三门峡大坝景区的知名度。加强与三门峡市及国内旅行社的协作、合作,将三门峡大坝景区纳入精品旅游线路之中,不断拓宽旅游市场。

2 三门峡大坝风景区旅游开发中所形成的经验

在对三门峡大坝风景区旅游发展新思路的创新与实践中,无论是在旅游重点项目推进中资源要素的倾斜供给,还是在旅游整体形象的塑造和推广中,或是在旅游发展环境氛围的营造等方面,都发挥了重要作用。三门峡大坝风景区旅游开发中所形成的经验如下所述。

2.1 抓规划

这里所指的规划不是产业规划或项目规划,而是旅游业发展的总体思路、总体布局和发展方向。"善弈者谋势",只有从整体上把握旅游发展的脉搏,才能有清晰的发展思路,才能引领正确的发展方向。

2.2 抓宣传

通过有针对性的宣传,拓展市场,增加客源,使经营收入有较明显的提高;积极联系网络管理中心,充分利用"三门峡旅游网"、集团公司网络宣传体系,以及三门峡枢纽网上展

览馆、网站窗口和网络平台、市电视台、日报社的作用,及时为其提供公司旅游信息、动态资料、旅游产品及报价等,充分发挥现代科技媒体快捷、互动、面广的优势,大力进行网上宣传促销活动,进一步提高三门峡大坝风景区的知名度,扩大三门峡大坝的对外影响。

2.3 抓营销

加大了市场促销力度,建立了核心营销体系,积极参加水利部、省、市等组织的在主要客源地开展的宣传推介活动,大力推广我们的宣传画册等宣传品,使公司的整体宣传进入一个良性循环发展阶段,呈现出良好的经营趋势。按照优势互补,利益共享,市场共建,信息联动,共同发展的原则,加强了与周边旅行社沟通、景点间协作,走共同发展之路。积极与各大旅行社、企业单位保持密切的客户联系,采用灵活多样的奖励、折扣等办法,增加经营收入。

2.4 抓市场

认真分析游客来源与需求,及时调整经营理念,创造我们的优质品牌,提高推销技巧,树立"精品"品牌、"精品"员工的形象,"创新、求异"灵活开展形式多样的促销活动,不断激发游客认同感,并在现有游客的基础上,加大了推销力度,拓展思路,扮靓景区,尽力吸引外部客源。

3 三门峡大坝风景区今后持续发展的建议

坝区旅游发展是一项长期的工作,按照旅游规划,分步分区域实施,需要长期坚持不懈,才能达到应有的效果。旅游发展投资比较大,如果项目结合三门峡实际并符合市场需求,投资对路,其收益也比较大。需要做好项目前期的研究工作,扩宽资金投入渠道,坝区旅游才能快速、健康的发展。

3.1 加大开发力度,不断寻求新的经济增长点

旅游是绿色产业,大投入才会有大回报。要紧紧依托坝区现有的旅游资源优势,本着"人无我有、人有我精"的原则和打造旅游精品的理念,采取合作开发、融资开发、投资开发等多种资金筹措方式,不断加大三门峡大坝风景区旅游项目开发力度,在丰富和完善坝区旅游功能产业的同时,努力寻求新的经济增长点。

3.2 转变观念,在旅游宣传促销中实施主导型战略

旅游产品的不可移动性、无形性和旅游者的异地性,决定了旅游产品不可能像工业产品那样直观地在市场上展示,只能以信息传递的方式去沟通潜在的旅游者。信息传递的载体多种多样,从政府到各行各业、社会各界和公众,都可进行旅游宣传促销。旅游产品一般都跨地区、跨部门、跨行业,关联度高、综合性强,需要联合不同的地区、部门、行业共同开展宣传促销。信息载体的多样性、广泛性以及旅游产品的关联性、综合性,在客观上需要政府进行有效地引导、推动、协调,集中各部门和全社会的力量,形成比旅游部门和旅游企业独自开展宣传促销强大得多的攻势。

3.3 加强旅游市场调研,把握市场脉博,有的放矢的做好宣传促销

要开拓市场,确保客源增长,首先必须将市场调研作为宣传促销的有机组成部分和前提条件,把宣传促销工作建立在扎实的市场调研基础上,运用科学的方法和手段,加强市场调研,并据此对旅游市场进行科学的分析和预测,宣传促销工作才能从实际出发,有计

划,有步聚,有针对性地进行。

3.4 完善宣传促销手段,增强宣传促销效果

在市场调研和设定市场目标基础上,坚持"走出去,请进来"相结合,通过利用电视、广播、报刊、音像制品、宣传资料等媒体广泛宣传旅游形象,积极推销坝区旅游产品;加强旅游企业间的业务合作与交流仍然是目前最主要的宣传促销方法,也是经过实践检验较为有效的方法,应继续坚持。同时应不断完善,争取获得更好的效果。应对每次重大宣传促销活动进行充分准备,搞好策划,扩大声势,增加影响。对于重要的旅游市场,更应创造条件,开展系列宣传促销活动,增加产业轰动效应。

要针对周末工薪市场做好促销活动。周末工薪市场是一个个体消费量有限,但流量大的市场,针对该市场的促销,除要求和上述措施同步外,还要针对其特点有目的的进行促销。诸如通过三门峡市的相关媒体(如《三门峡日报》、三门峡电视台等)进行广告促销,同时强化服务质量,以求建立良好的口碑。

总之,旅游事业作为绿色产业,一业兴可以带动百业旺。对于三门峡大坝风景区旅游业来讲,要在保证水利枢纽安全生产的前提下,整合和挖掘坝区旅游可资利用的枢纽工程、自然景观、人文景观、文化、人造景观等各种资源,开发其旅游价值;在现有坝区景点的基础上,对坝区进行重点整治,在水利设施旅游、山水旅游、文化旅游、休闲旅游等方面加强旅游硬件和软件建设,增加坝区旅游效益,实现坝区旅游事业的产业化、规模化。

作者简介:王大勇(1963—),汉族,男,四川南充人,大学文化,高级工程师。现任黄河明珠集团有限公司工程管理分局副局长。E-mail:zjf0818@163.com。

山东黄河水利风景区建设与管理

张仰正　　王传全　　唐丽娟

（山东黄河河务局，济南　250013）

摘　要：本文介绍了山东黄河水利工程管理情况、山东黄河水利风景区建设现状及发展远景。论述了目前水利风景区发展与目前运行体制存在的问题，并结合实际提出了个人的意见和建议。

关键词：水利风景区　建设　管理

山东黄河地处黄河最下游。黄河从山东省东明县入境，流经我省 9 市 25 个县（市、区），在垦利县注入渤海，河道长 628 km。山东黄河现有各种堤防 1 525.87 km，其中设防大堤 1 192.37 km；险工 124 处 3 977 段坝岸，长 233.37 km；控导工程 137 处 2 426 段坝岸，长 209.75 km。有东平湖水库、北金堤、齐河北展宽区、垦利南展宽区 4 处蓄滞洪工程。山东黄河河务局是水利部黄河水利委员会在山东省的派出机构，负责山东黄河的治理与开发，是山东黄河的水行政主管部门。山东黄河河务局在沿黄各市设有 8 个市河务（管理）局、29 个县（区）河务局，现有职工 1.2 万人。

1　山东黄河水利工程管理情况

1.1　基本情况

水管体制改革前，县级河务局作为水管单位既是管理者又是实施者，管理体制集"修、防、管、营"四位一体，内部政事企不分，外部缺乏竞争压力，维修养护经费无保障，严重影响和制约了治黄事业的发展。

根据水利部和黄河水利委员会统一安排，山东黄河河务局自 2005 年上半年开始，对 10 个试点单位进行水管体制改革。2006 年，在全局全面实行水管体制改革，打破了 1946 年人民治黄以来工程管理的模式，形成了水管单位、养护公司和施工企业相对独立的新的工程管理体制。现有维修养护公司 8 家，维修养护公司人员 1 867 人。

1.2　取得的主要成效

1.2.1　管理体制和运行机制发生了质的变化，开创了治黄工作的新纪元

水管体制改革后，工程管理与维修养护实现了分离，水管单位从事工程运行管理，工程维修养护业务和养护人员从水管单位剥离出来，组建了专业化的养护企业，专门从事工程的维修养护工作。水管单位和维修养护企业成为两个独立的法人主体，由过去的上下级关系变为甲乙方合同关系，改变了过去政企不分、管养一体、职责不清、机制不活的局面，打破了 1946 年人民治黄以来工程管理的模式，建立了职能清晰、权责明确的水利工程管理体制，形成了管理科学、经营规范的水管单位运行机制。

1.2.2　管理队伍素质有了明显提高

水管体制改革后,通过分离和事业单位聘用制度改革,引入了竞争机制,增强了管理人员的竞争意识和紧迫意识,调动了大家学知识、精业务、强技能的积极性,优化了管理队伍结构,提高了管理队伍素质。

1.2.3　工程维修养护经费有了保障

水管体制改革前,工程管养经费严重不足,工程老化失修,安全隐患多,工程效益衰减。水管体制改革以后,确定了水管单位基本支出和维修养护经费的来源,畅通了水管单位经费渠道,缓解了维修养护资金严重不足的压力,为工程安全运行提供了财力保障。

1.2.4　奠定了提高工程管理水平,全面改善工程面貌的基础

水管体制改革后,工程管理的体制顺畅了,经费得到了保障,为提高工程管理水平,全面改善工程面貌创造了良好的条件。

2　山东黄河水利风景区建设现状

2.1　山东黄河生态工程建设开展情况

21世纪以来,水利部黄河水利委员会提出了要强力推进标准化堤防建设,将黄河堤防建设成为"防洪保障线、抢险交通线、生态景观线"的要求。山东省委、省政府也高度重视黄河的植树绿化工作,要求把山东黄河建设成为山东省第三条绿色风貌带,山东黄河生态景观线建设成为绿色山东建设的重要组成部分。在上级的指导和大力支持下,山东河务局抓住机遇,将工程建设和生态景观建设结合起来,加大植树绿化力度,不断提升管理水平,在黄河下游两岸建成了以"标准化堤防工程"为主体的生态景观风貌带。目前,山东黄河"绿色长廊"已初步建成,其中,47处险工得到重点绿化美化,36处险工设置了人工景点,全局树株存有量达2 200万株。现在黄河两岸郁郁葱葱,花果飘香,险工、控导工程景观或大气或精巧,已成为沿黄城镇居民休闲娱乐的好去处。黄河大堤已成为一条新的绿色景观带。

2.2　国家水利旅游风景区创建和建设情况

经过多年的建设,山东河务局已有三家单位成功申报国家水利旅游风景区。自2003年以来,济南百里黄河风景区、淄博黄河风景区、滨州黄河水利风景区已先后成为"国家水利风景区"。

济南百里黄河风景区近几年知名度不断攀升,多次接待国内外政要和友人,基础设施建设力度逐年加大,先后接待过坦桑尼亚总统等外国政要和友人,成为全省科学发展现场观摩会以及港澳台同胞来济洽谈、联谊时必到的参观之处,已纳入地方旅游定编线路。目前正在积极申请"AAA"级旅游景区。

淄博黄河水利风景区确立了"两区一楼一带"(艾李湖黄河生态休闲区、大芦湖黄河商务度假区、黄河楼博物馆、百里黄河文化观光带)的黄河旅游区开发总体构想,并积极招商引资,开发建设黄河楼博物馆、大芦湖温泉度假村等项目。2009年6月18日,黄河楼博物馆举行了奠基仪式。

滨州黄河水利风景区以张肖堂景区为核心,上至惠民县白龙湾险工,下到滨州黄河公铁大桥,对50多km范围内的工程、生态景观进行整合开发,重点抓了黄河风情园的规划

建设。张肖堂综合服务中心工程已完工,张肖堂险工"黄河母亲"大型主题雕塑安装完成。

山东黄河河务局确定了到 2015 年每个市局争取成功创办一处国家水利旅游风景区的目标。

2.3　依托水利风景区发展旅游业情况

2009 年 8 月 8 日至 10 日,山东省旅游局和山东黄河河务局共同主办的"迎建国六十周年母亲河畔生态游线路考察"正式启动。活动以"观黄河美景,享黄河美食,品黄河文化"和"观黄河金秋丽景,品黄金沙梨美味"为主题,邀请了北京、天津、河北的 20 余家旅行社对沿黄部分景点进行了考察参观。一路上,考察了滨州黄河风景区、魏氏庄园,在黄河黄金梨园进行了采摘活动;游览了滨州中海风景区、黄河口生态旅游区、章丘百脉泉公园、济南百里黄河风景区。8 月 10 日,在济南召开"山东黄河生态旅游项目研讨会暨签约仪式",共有 16 家旅游企业与山东金河旅行社顺利签约。开启了发展山东黄河旅游的新的一页,也引发了关于发展黄河旅游的新的讨论、新的关注。

3　建设水利风景区存在的问题

3.1　缺乏高起点、高标准的统一的总体规划

由于目前存在的实际情况,各单位发展建设水利风景区基本是各自为战,缺乏统一的规划部署。建设情况也多数随着工程资金和计划情况逐年实施和完善。多数险工(控导)景点和庭院建设起点低、建设速度慢,与建设水利风景区的标准要求不相适应。

3.2　在资金投入上缺乏畅通有效的投入机制

山东黄河河务局基层单位事业经费缺口较大,各单位用于黄河水利风景区正常开发和管理的投入不足,设备老化、房屋修缮、苗木管理、水利设施修建、集体开发项目的管理等诸多问题受资金短缺制约。在建设水利风景区问题上,有的单位积极性不高。建设水利风景区所需资金多数依靠工程资金和经营创收所得,资金来源有限。

3.3　水管体制改革的要求与水利风景区的要求的具体标准不完全统一

关于防洪工程景观建设标准,黄河水利委员会新颁布的工程管理标准中有如下规定,其中堤防工程管理标准中的有关规定是:"按照生态景观线的建设要求,选择在靠近城镇或交通要道,傍水近岸的工程,搞好景点规划,结合当地地理、人文特点,黄河重大历史事件,建设具有黄河特色的景观工程,充分展示黄河历史文化";险工、控导工程管理标准中的有关规定是:"在满足防洪抢险要求的条件下,结合工程布局、历史人文景观、风俗民情,建设具有黄河特色的景观工程,充分展示黄河历史文化";水闸工程管理标准中有关规定是:"闸区有景点建设整体规划,并与相临区域黄河防洪工程整体建设规划相协调;景点建设突出当地历史、人文景观与治黄特色"。此外,山东黄河河务局也编制印发了《山东黄河工程景观建设规划》。这些规定和要求一是与水利风景区建设标准不是完全一致;二是与水利风景区标准尚存在一定差距。

3.4　受黄河大堤自身条件决定,发展水利风景区投入产出比较低

黄河大堤的条形分布的自身特点,决定了建设的黄河水利风景区绝大多数以开放式、条形分布为主。从目前拥有和将要发展的水利风景区来看,都难以形成一个有效的封闭

性区域,实行以靠门票收入为主的旅游经济。黄河水利风景区所处区域与市区相距较远,沿黄群众消费能力有限,在发展娱乐设施收费、采摘游、餐饮等方面潜力不大。无法实现较好的经济效益,影响了黄河水利风景区的下一步建设。

此外,还存在相关技术力量不足,思想认识有待进一步解放,缺乏适应市场要求的经营管理体系,与地方旅游衔接程度不够等问题。

4　关于建设发展水利风景区的几点建议

4.1　统筹好防洪工程规划计划、建设管理与开发利用的关系

一是鉴于水利风景区建设与黄河防洪工程规划计划、建设管理息息相关,建议在防洪基建工程中,从立项和设计开始就考虑水利风景区建设因素,完善相应水利设施配套、管理房和电力配套等基础设施建设,做到同步设计、同步施工、同步验收,为今后的开发利用打好基础。二是根据实际需要,在维修养护定额中增加水利风景区部分,或者适当提高相应定额标准,并增加病虫害防治经费,保证管护资金的足额投入。

4.2　制定并严格落实发展规划,有计划、高标准、高起点建设水利风景区

山东黄河有上千公里的堤防,战线长,险工(控导)、庭院数量多,情况复杂。要坚持整体与局部、重点与一般相结合,防洪工程建设与生态景观建设相结合,自然景观与人文景观相结合,人与自然相结合的原则,突出整体性、系统性,制定整体建设规划。尤其要重视险工(控导)景点建设。要严格落实建设规划,并严格按照规划进行建设。景点和景点之间还要做到相互联系、相互配套、相互补充,增强景点的整体吸引力。

4.3　树立整体意识,逐步将山东黄河建设成山东省新的生态景观线和旅游产业带

目前山东黄河由柳荫地、行道林、淤背区为主体的绿色长廊已经初步建成,险工(控导)景点建设正在有序进行,庭院改造取得了初步成果。将黄河大堤比作一条玉带,一个个险工(控导)和庭院就成为了"镶嵌在玉带上的颗颗珍珠"。点、面、线相统一,必将使黄河大堤形成亮丽的生态景观线,不仅可以产生较大的社会效益、生态效益,也为今后旅游产业带的形成和发展打下了坚实的基础。因此,要树立整体意识,在发挥工程效益,防汛保安全的同时,将工程规划、建设、管理和开发统一纳入到生态景观线建设中来,形成整体合力,真正把山东黄河建设成山东省新的生态景观线和旅游产业带,为山东黄河的可持续发展提供保障,为山东省和谐社会建设提供支持。

4.4　以人为本,做好人与自然结合的文章

以人为本,兼顾风景区建设与基层职工的关系。楼房建筑要突出特色,体现差异,展示不同的风貌,避免千篇一律。庭院要按照花园式庭院的标准进行规划建设,做到四季常青,三季有花,两季有果,绿地面积要达到庭院面积的50%以上。充分利用庭院土地种植蔬菜,发展小型养殖、小型种植,配套建设好餐饮、文体活动等相应设施,满足职工日常要求。以人为本,兼顾黄河险工(控导)景点建设与沿黄群众的关系。要充分考虑到群众的需求,以方便群众为出发点,配套建设上堤道路,完善景点指示牌;景点建设要结合沿黄群众的信仰习惯,并与周围的环境和谐映衬,相得益彰,给人以美感,让人以悠闲的心境感受与自然的贴近。

4.5　加强与地方政府的联系和合作,争取与地方政府的支持,实现共赢

一是尽快将山东黄河生态景观线建设纳入山东省旅游规划当中去,从政策、资金等方面给予有力支持,进一步加快山东黄河生态景观线建设步伐,从而为山东省全面建设小康社会、促进经济社会的可持续发展作出更大的贡献。二是把黄河植树绿化统一到全省林业建设中去,并在规划、管理、病虫害防治等方面给予支持,确保绿色黄河建设健康、协调发展。

4.6　加大水利风景区管理力度,增强合理竞争机制

建议加强对申报成功的水利风景区的年审,实行末位淘汰制度,促进水利风景区的长期建设与开发,避免形成半拉子项目。建议水利部在风景区建设方面加大政策和资金倾斜力度,给予申办水利风景区成功的单位一定资金支持。

作者简介:张仰正(1955—),男,教授级高工,山东黄河河务局。联系地址:山东省济南市黑虎泉北路 157 号。E-mail:zhangyz@ sdhh. gov. cn。

上海碧水金沙水利风景区的可持续发展

夏玉兰　张福春

（上海奉贤区水务局，上海　201411）

摘　要：上海市 2006 年投资 1.6 亿元完成碧水金沙水利风景区投资项目，2007 年通过水利部国家水利风景区的资格评定；2008 年又通过国家旅游局全国 AAAA 级风景区的资格评定工作。这是一项水利工程与环境融合、与旅游业结合的典范。本文论述了风景区可持续发展的对策与措施。

关键词：碧水金沙　水利风景区　可持续　对策　措施

1　碧水金沙水利风景区的建设

1.1　决策

上海——世界第三大城市，居住人口总数达到 2 300 多万人，属国际型大都市；上海——我国最大的商业、金融、旅游中心，每年迎送的境内外游客达 5 600 万人次；上海三面环水，北依长江、东连东海、南临杭州湾，拥有 172 km 的江海岸线，是我国最大的港口。然而时代快速发展之余，又带给千万上海人无尽的思索、无尽的遐想——我们上海的"鼓浪屿"在哪里？我们上海的碧水金沙风景区在哪里？因此，打造上海碧水金沙风景区已成为区域时代发展的需求，已经成为人与水和谐相处的迫切需要，更为 2010 年世博会在上海召开增加一个亮点。

1.2　建设

2005 年冬，上海市水务局有关领导、专家经多次选址论证后决定在杭州湾奉贤岸段的金汇港东侧区域实施碧水金沙项目，利用中型的水利项目保滩工程来打造杭州湾畔金色海湾风景区。"碧水金沙"项目岸线全长 3.96 km，设 1、2、3 三个库区，1 号库区为清水源区，面积 850 m × 560 m；2 号库区为海滨游泳区，面积为 79 万 m²，特从广东运来 120 000 t 金沙；3 号库区面积为 1 790 m × 1 030 m，为小型游艇区域。区域隔堤顶宽 6 m，标高吴淞高程 5.0 m；沿杭州湾岸线主堤全长 3 960 m，顶宽 9 m，标高 5.5 m。采用吹泥灌袋坝芯、外砌块石护坡坝体、加扭王块体破浪和二座涵闸、1 个溢流坝组成。工程于 2006 年 5 月竣工，工程总投资 1.6 亿元。6 月正式对外开放旅游，当年度旅游人次就达到近 30 万。

1.3　功能区划分

"碧水金沙"水上乐园共 2.81 km²，分为三个区域：东区是海水沉淀区及海上垂钓区；中间区域是总面积 79 万 m² 的海滨泳场，泳场内的沙滩宽 50 m、长 1.3 km，贯穿东西；西区则是 151 万 m² 的海上运动区。

1.4　建设体会

（1）东海、杭州湾水域水色浑浊,因此设置了清水源区。然而项目实施后由于海水含氯度在 11‰左右,自然沉淀速率较快,仅一夜间水已澄蓝。故今后尚有类似项目,是否设清水源库区可以进一步探讨。

（2）利用杭州湾保滩工程来建设水利风景区,是件一举两得的美事,是当代水利与环境保护的融合,可以作为今后类似工程的借鉴。

2　可持续发展的对策

要实现上海碧水金沙水利风景区的可持续发展,对策之一是需要充分利用区域内的景点资源,吸引大量的国内外游客来观赏、游玩。

2.1　十里水利风景区的亮点

2.1.1　景观资源

碧水金沙水利风景区最著名的景观为"东海日出",在 200 多 d 的天晴日子里都能观赏到。风平浪静日,你会陶醉在"碧水蓝天连一线,岛屿朦胧鸟鸣天。东吐红日西沉月(农历十六、十七清晨),脚下亲水一款款"的美景中。

2.1.2　海湾国际风筝放飞场

海湾国际风筝放飞场坐落在团结塘线南、碧水金沙正北、占地 20 万 m^2 的海湾国际风筝放飞场,是目前我国南方最大的国际风筝放飞场。该放飞场建于 1992 年,由原国家体委主任李梦华亲临勘定并题名。是继山东潍坊国际风筝放飞场之后,国家批准的我国第二座国际风筝放飞竞赛场。

放飞场自 90 年代落成以来,先后举办了十一届全国和国际性的风筝大赛,吸引了全世界 30 多个风筝代表团前来参赛竞技、观摩学习。每一次都盛况空前,成为世界各国人民竞技体育、切磋交流、增进友谊的盛会。

2.1.3　高尔夫球场

上海市唯一的、最后一座证照齐全的高尔夫纯会员球场,市政投资 50 亿的碧水金沙,黄金海岸是区内最受瞩目的项目之一。18 洞 72 杆的真草练习场、豪华尊贵的 1 万 m^2 高尔夫会所,彰显会员身份和地位,会所配备大型室内恒温游泳池和健身房私人宴会厅、会员专用钟点客房,多功能会议中心位于长达 10 km 的碧水金沙水利风景区之中。

2.1.4　滩浒岛

滩浒岛地处杭州湾中,虽隶属浙江嵊泗,但近年来已由海湾旅游开发区开发旅游。其距风景区 12 n mile,总面积 0.64 km^2,"日日沙头看鸟飞,柴站刚枕钓鱼矶。鸥鸣惊见海穿月,客啸不知风满衣。"原汁原味海岛风情,滩浒岛声名鹊起,很快成为上海旅游的一个热点。

2.1.5　龙腾阁

龙腾阁,依海雄踞、凭高沐风;目穷千里、一览无余。不亲临其境,很难体味大自然的妙!看滩涂,飞凫来往、沙鸥云翔;看海潮,喷玉溅珠、震撼激射;看日出,红光摇动、云蒸霞蔚;看生态,翠烟朦朦、竹箭摇风……

2.1.6 华亭东石塘

我们面前的这条由条石垒的海塘,就是上海闻名遐迩的"华亭东石塘"。

雍正五年(公元 1727 年),皇帝亲谕华亭海塘全线改为石塘。圣旨是这么写的:"土塘经历年久未免可虑,不若一列尽修石塘,为百姓万年之利,似为一劳永逸、永垂久远。以副朕经理海疆、爱养民命之意。"

民以食为天,要实现上海碧水金沙水利风景的可持续发展,对策之二应充分利用当地的渔业资源,让游客吃的流连忘返。

2.2 渔业资源

杭州湾以涌潮闻名于世。湾畔景色迷人,湾内物产丰富,东海渔场为杭州湾提供了源源不断的渔业资源。

东海四大家鱼为大黄鱼、鲳鱼、乌贼鱼、带鱼。东海的四大名鱼为鲥鱼、枪鱼、鲔鱼、甲鱼。东海四大家鱼是上海人民生活中的当家菜;而鲥、枪、鲔、甲,曾风领上海餐饮业市场。

好鱼有东海海豚,当地人俗名为"乌豚鱼",正名为海鲀鱼。一般体重在 1 ~ 1.5 kg,切除洗涤后在淘米水中浸泡 2 h,肉体洁白如冰雪,肉质细腻,当地人有"不吃乌豚鱼,不知东海鱼滋味"的说法。

名鱼还有鲚鱼。每年清明时节,东海刀鱼身怀六甲,成群结队,溯江而上,而此时正是捕获刀鱼的大好时节。在杭州湾捕获的刀鱼个大,但量少。2009 年清明时节,上海、苏州、无锡的餐饮业中,200 g 重的刀鱼要达到 1 000 元/kg,而在我们奉贤海湾旅游区海鲜一条街仅售 300 元/kg。

杭州湾奉贤海涂物种丰富,美味多多。白灼海虾,白亮晶莹,简直是一盆工艺品;清蒸鳗头鱼、新鲜金黄,馋涎欲滴;五香烤子鱼,一肚子的籽,一嘴巴的香,分不清鱼香还是籽香,百味回肠,久久舍不得下咽;呛一盒小海蟹(切不可忘放点白酒),它在蠢蠢欲动,你在举棋不定,一旦下定决心,夹一个在嘴巴,你咬住了它的身,它夹住了你的嘴,分不清到底谁吃谁? 这就是我们金色海湾特有的渔业资源……

人气旺则旅游业旺。要实现上海碧水金沙水利风景区的可持续发展,对策之三应汇集当地旅游资源的优势,吸引游客的人气,回返之时能带回当地特产。

2.3 旅游资源

2.3.1 人气

据统计,2009 年来奉贤旅游的国内外游客约达到 360 万人次,去碧水金沙水利风景区人次达到约 130 万人次。人气旺则旅游业旺,上海碧水金沙水利风景区的人气来源于清明节、"五一"长假、"十一"长假、国际风筝节。

每年清明节,海湾旅游开发区需接待来客 30 万人次。每年"五一"长假期间,海湾旅游区可接待游客约 10 万人次。2009 年碧水金沙区共接待游客 30 多万人次。"十一"长假期间海湾旅游开发区共接待来客约 10 万人次。国际风筝节期间可接待来客约 20 万人次。

2.3.2 当地特产

(1)神仙酒是上海市人民政府的宴会酒,1986 年 11 月 19 日胡耀邦总书记来奉贤品尝了此酒,感叹随口而出:"谁说江南无好酒? 此酒胜过小茅台"。其生产的"上海老窖

1608"产品 2005 年初在布鲁赛尔国际评酒会获金奖。

（2）鼎丰玫瑰乳腐清同治三年（1864 年），鼎丰酱园创建于南桥镇，其玫瑰乳腐因色丽、味醇、鲜美而被指定为清政府皇宫贡品。解放后，鼎丰酱菜多次获奖，其中鼎丰玫瑰乳腐荣获国家银质奖。

（3）锦绣黄桃奉贤锦绣黄桃，个大、皮薄、汁多、含糖量高、颜色金黄，被指定为 2008 年奥运会、2010 年世博会特供产品。

（4）其他特产。奉贤特产不胜枚举：奉贤的草莓、鲜红欲滴，一个一两，可与西游记中的"人生果"媲美，曾风靡了整个上海市场；奉贤的黄金雪梨，皮金黄，肉雪白，可用瓤肉晶白如冰雪，浆液甘甜胜琼浆来形容。深秋，游客漫步在果园中，可以领略到阵阵橘香心神怡、点点红柿压枝弯的美景……

（5）综合资源。碧水金沙水利风景区内吃有海鲜一条街、住有棕榈滩大酒店、行有多家旅行社，作为水利风景区的可持续发展的需求，综合资源的开发利用显得十分重要。

2.4 风景区的升级

要打响上海碧水金沙水利风景区的牌子，对策之四要郑重考虑水利风景区的旅游资质的升级。上海碧水金沙水利风景区 2007 年通过水利部的国家级水利风景区的资格评定，随后在此基础上于 2008 年完成了国家旅游局全国 AAAA 级风景区的资格评定工作。

3 风景区可持续发展的措施

做好"水"的文章，通过水环境保护、游艇业的开发、水利工程改建、海上风电场发展、海上城市与海上森林公园建设等规划建设措施，使碧水金沙水利风景区得到可持续发展。

3.1 水环境保护措施

虽然风景区附近海域的水质符合景观用水标准，但为了保护区域水环境质量的可持续发展，努力打造上海市碧水金沙水利风景区的金色海湾，奉贤区人民政府已搬迁了风景区内的排污口并建设奉贤区东部、西部二大污水处理厂，近期每座污水处理厂污水处理量 10 万 t/d 左右，东部污水厂远期规划达到 20 万 t/d，西部污水处理厂远期规划达到 30 万 t/d。

3.2 努力打造奉贤游艇旅游业措施

利用奉贤通江达海的区位优势，把握国际中高端游艇制造业向亚洲转移的发展趋势，积极引进国际游艇制造大型企业落户奉贤。在水利风景区的西邻，以中国船舶工业集团公司与奉贤区人民政府合作建设占地 3 km² 的上海中船游艇制造基地。通过产业链的拓展，打造中国最大的游艇基地，增加水利风景区的亮点。

3.3 金汇港拓宽工程措施

为发挥奉贤地区资源优势，优化产业调整，提高旅游区经济可持续发展的需要，奉贤区人民政府、上海市水务局对金汇港综合整治开发利用方面进行认真规划，21.8 km 的金汇港将全线拓宽为 120 m。2008 年首先投资 8 亿元对金汇港南闸区域进行改造，新建、南移金汇港南闸，并由此向北 6 km 进行拓宽整治。在上海碧水金沙水利风景区域内，该工程南北贯穿为 4.1 km。新建的金汇港南闸以欧式建筑群为主，必将为风景区再添一片靓丽的风景。

3.4 海上风电场发展景点措施

上海奉贤海湾风电场位于金汇港至南竹港岸线,岸线长 4 km。目前在该岸线的中部已建成上海奉贤海湾风电场一期工程,安装 4 台 850 kW 的风力发电机组,装机容量 0.34 万 kW。目前计划在金汇港东侧进行扩建工程,扩建容量 2 万 kW。经二期扩建的上海奉贤海湾风电场总装机容量可达 2.34 万 kW,也可连接成一道壮丽的风景线。

3.5 杭州湾海上城市措施

海上城市建设地位于杭州湾北岸,碧水金沙项目正南海域一侧 3～5 km 处,总体平面分布为长方形,与海岸线呈平行布局,面积约 6 km²(1.5 km×4 km)。

海上城市总体功能为旅游、服务。总体目标为上海的一大海洋旅游景点。兴建包括酒店、商业餐饮中心、豪华住宅、高尔夫球场、游艇码头、电影院和海洋主题公园在内的设施,为休闲假期、各种商务活动、游艇娱乐、海洋展览和探险、富人转业等提供服务。

海上城市通过修建跨海桥梁与陆地连接以方便进出,同时能源供应结构中,风能、太阳能等再生清洁能源应当占一定的比例,生活用水则主要来自于海水综合利用。可作为碧水金沙项目的外缘堤坝或结合考虑。此项工程拟投资 213 亿元。

3.6 海上森林公园措施

规划中的海上森林公园,坐落在水利风景东邻的杭州湾海域。其东西长约 4 km,南北宽约 2 km,从海岸线 -5 m 起围,面积约 8 km²,与上海海湾国家森林公园相对应,总投资概算为 63 亿元。2003 年 10 月 21 日,韩正市长、杨雄副市长率市有关部门到上海海湾国家森林公园召开绿化工作现场会,对规划中的上海海上森林公园规划给予了充分的肯定。上海国家海上森林公园的营造,可为洋山国际深水港及滨海游艇旅游事业提供一个休闲的场所,为上海的城市美景增加一道亮丽的风景。

4 结语

充分利用与集合上海杭州湾畔的旅游资源、区位优势,重点开发金汇港港口和杭州湾滩涂,突出滨海旅游和游艇旅游为核心的水利项目,通过隐堤围海护滩、碧水成湾、铺沙成金色海岸、海上城市、海上森林与海上活动中心建设,构筑"水清、沙软、林密、海市、帆影"的海洋风光,以海洋的"蓝色"主基调,做响"海湾牌",打造环境优美、功能齐全的碧水金沙黄金海岸,全面带动奉贤区旅游业发展,初步建成集海滨观光、休闲娱乐、游艇旅游、度假疗养、商务会展等多功能为一体的长江三角洲滨海旅游中心,实现上海碧水金沙水利风景区的可持续发展。

水利风景区管理模式的实践与思考

许歌辛[1]　　金钟权[2]　　刘兴东[1]

（吉林省水利综合事业管理总站,长春　130022；
吉林省延吉市河道管理站,延吉　133000）

摘　要：随着水利工程建设标准的不断提高,水利风景区应运而生。如何在保证水工程安全的前提下,充分发挥水利景观资源的优势和潜力,规范水利风景区管理工作,各级水利风景区在管理模式上进行了诸多的实践。延吉市布尔哈通河作为吉林省第一处城市河湖型国家水利风景区,积极发挥市场机制作用,摸索出一套适合实际的管理模式,为水利风景区管理提供了借鉴。

关键词：水利风景区　管理　实践

　　水利风景区是指以水域（水体）或水利工程为依托,具有一定规模和质量的风景资源与环境条件,可以开展观光、娱乐、休闲、度假或科学、文化、教育活动的区域。2001 年水利部开展水利风景区评定以来,全国已命名国家水利风景区 370 处。吉林省现有国家级水利风景区 14 处,省级水利风景区 18 处。10 年来的实践证明,水利风景区建设已经成为生态文明建设的重要组成部分,是发展民生水利的重要手段。水利风景区不仅为人们提供了休闲、娱乐、度假的场所,同时也改善了生态环境,促进了人与自然和谐发展,实现了生态、社会效益和经济效益多赢的综合功能。但由于水利风景区类型众多,管理体制各异,管理模式不尽相同,导致景区发展效益差距悬殊,给景区可持续发展带来了挑战。几年来,延吉市布尔哈通河国家水利风景区积极发挥市场机制作用,摸索出了一套适合实际的管理模式,为水利风景区规范化管理提供了有益的借鉴。

1　布尔哈通河国家水利风景区基本情况

1.1　布尔哈通河概况

　　布尔哈通河从东向西横跨延吉市区,将城市分为南北两区,延吉河自北向南,又将河北区一分为二,最后汇入布尔哈通河。作为城市防洪和景观工程,该工程于 1996 年立项,1997 年动工兴建,2008 年竣工,总投资 3.1 亿元,总面积达 7.32 km²,共完成综合工程量 900 万 m³。整个工程由 18.2 km 防洪堤、四座拦河坝、20 座生态坝和总长 2 560 m 的亲水平台等设施以及游园、绿化带、水面、滩地构成,形成了点、线、面相结合的科学、合理、完整的景区布局,景区是以城市防洪为主,集绿色生态、城市美化、娱乐休闲、旅游观光等多功能于一体的综合性水利工程。

1.2　布尔哈通河水利风景区建设情况

　　延吉市委市政府认真贯彻落实科学发展观,积极调整治水思路,把水利工程建设和水生态建设紧密结合,以贯穿市区的布尔哈通河为主线,以城市水利建设为依托,积极打造民生水利工程,创建国家水利风景区。布尔哈通河水利风景区贯穿于整个城市,是依托图们江水系布尔哈通河及支流延吉河的水利工程建设而成的城市河湖型水利风景区。水利风景区建设充分体现了"人水相亲、生态和谐"的理念,目前已成为市民和游客观光娱乐、休闲度假的理想场所。布尔哈通河水利风景区2007年被评为吉林省水利风景区,2008年被命名为国家水利风景区。2008年9月,全国水利风景区建设与管理工作会议在延吉市召开,延吉市水利局在会上做了典型发言,布尔哈通河水利风景区建设与管理经验得到了与会代表的充分肯定。

2　水利风景区管理模式的实践

2.1　建设、管理一体化

延吉市水利局从布尔哈通河工程建设初期,就全面顾及了水利景观建设。在做好景区资源调查的基础上,学习、借签国内外的做法和经验,邀请国内知名水利专家考察论证,结合实际编制了起点高、特色鲜明、操作性强的治理与建设规划。规划充分体现"城水结合、水系畅通、回归自然、人水和谐"的理念,使水成为城市之魂。延吉市河道综合管理处参与工程设计、施工、验收等过程,并在工程竣工后,成立了两河游园管理办公室,专门负责工程的维修养护、绿化美化、卫生保洁、水利旅游项目招商和安全管理等工作。

景区管理中最重要的就是资金问题。为了实现可持续发展,布尔哈通河景区采取招商引资,合作经营,创新机制,实行市场化运作:一是与旅游部门合作,共同开发水利景区游览精品线路,拓展旅游区域和项目;二是结合朝鲜族民俗和饮食文化特点,通过合作和招商引资方式开发新的景点,先后在水利风景区两岸建起了朝鲜族美食文化长廊、休闲文化娱乐区等,并以经营招租方式对房产、场地等可经营性资产采用公开招租方式实行管理,先后建起了亲水平台、草坪公园、沙滩排球场、羽毛球场、小型足球场、摔跤场、健身广场、露天游泳池、旱冰场以及棋牌活动区等众多公共娱乐场所和服务设施,极大的改善了群众的生活居住环境。

2.2　规范管理、职责明确

为加强景区管理,本着"建管并举,管理优先"的原则,延吉市河道综合管理处2007年完成了水管体制改革工作,河道综合管理处定性为纯公益性事业单位,人员由原来13人增加到34人,全部纳入财政拨款事业编制,核定工程养护经费160万元/年。管理体制改革使景区管理职责更加明确,特别是两项经费的落实到位,实现了成本降低、运行高效的管理目标。

为规范景区管理,两河游园管理办公室先后发布了延吉市人民政府《关于加强河道及延吉布尔哈通河国家水利风景区管理和保护的通告》、《延吉市市区河道管理暂行办法的通告》、延吉市水利局和延吉市城市管理行政执法局共同颁布了《关于严禁携带犬类进入两河两游园区域的通告》等。景区管理部门对管理人员实行分片包干,各负其责。为了保证景区秩序,管理人员起早贪黑,节假日加班加点,全身心投入到市场、卫生、旅游项目安全等管理工作之中。景区管理部门还聘用23名河道及水面保洁员,对河岸、水面、草坪及各类植物每天进行保洁和养护,定期对景区设施进行检查,形成了体系完善的管养分离机制,工程管理养护水平也得到了不断提高。

2.3　用活机制、成效显著

经过几年的努力,景区建设与管理工作已初见成效,水利风景区社会和经济效益正在逐步显现。如今延吉两河尽现眼帘的是河水清澈,绿草如茵,堤坝整洁,游人如梭。水利风景区建设不仅改善了水环境,也使城市面貌发生了翻天覆地的变化。水利风景区开发项目实施后,为城市增添了美景,改变了延吉城市建设的景观格局,突出了以绿为本、以河为带、以水为线的景区建设理念,整座城市的景观资源实现了有机组合,城市布局和功能更趋于合理和完整。水装点着城市,与城市交相晖映、相互衬托,使延吉这座民族特色浓郁的城市更显美丽与和谐。

3　水利风景区管理模式的思考

从以上论述中看,布尔哈通河水利风景区的管理模式的特点,主要体现在水利工程养护与景区管理的有机结合,并充分运用了市场机制,有其独到之处和民族特色。这一模式可能并不适合于其他水利风景区,但其勇于创新、敢为人先的精神和作法是值得学习和借鉴的。我们认为,各类型水利风景区都有其自身之特点,只有结合实际和大胆实践,才能寻求到运行规范、管理高效的管理模式。

3.1　超前谋划、实现建设与管理的有机结合是最佳管理模式的前提

所谓超前谋划是指在工程建设之初,就要确定景区的管理模式。景区管理机构要与竣工后水利工程运行管理相结合,做到提前介入、明确职责。在工程建设时,首先要将水利风景区和水利旅游规划纳入前期工作之中,工程建设要充分考虑景观效果,同时还要配备景观或旅游专业管理人员。我省正在建设的哈达山水利枢纽和引嫩入白等工程,从工程开工建设之时就将工程列入了松原市和白城市的旅游开发建设目标之一,聘请专业人员编制了旅游发展策划报告,设立了专门的管理机构,引进旅游专业人才,为工程竣工后的水利风景区管理和水利旅游发展奠定了坚实的基础。

3.2　符合市场规律、体现自身优势和特点是最佳管理模式的精髓

在市场经济条件下,任何管理模式都必须符合市场规律,水利风景区管理也不能例外。实现最佳管理模式,一是要充分利用和发挥自身已有的优势和条件,对现有的管理模式认真分析,寻求改进之处,决不能将别人的模式照搬照用;二是要充分发挥市场的作用,比如在管理理念和管理方式一时无法满足景区管理需要时,要引进先进的管理机构代行管理,实行物业化管理,或者本着"不求所有,只求发展"的原则,按照景区建设规划,将水利景观资源整体打包或分拆,采取承包、租赁、股份合作等形式,引进旅游公司或其他社会团体、企事业单位、资金和管理人才,实现景区的跨越式发展。

3.3　勇于创新是提高管理水平的源泉和动力

目前,伴随着水利风景区建设的不断发展,各地在水利风景区管理模式上都结合实际,进行了一些摸索和探讨,取得了一定的经验和效果。主要模式是:政府单列的管理机构,如江苏省的天目湖水利风景区、松原市前郭县查干湖水利风景区;由水利部门或水利工程管理单位设立管理机构,如延吉市布尔哈通河水利风景区,松原市龙坑水利风景区;由其他部门或行业设立管理机构,如白山市长白县十五道沟水利风景区、安图县两江雪山

湖水利风景区;由景区单位成立旅游公司对景区实行全面管理,如长春市石头口门水利风景区、吉林市磐石市黄河水库水利风景区等。这些管理模式的突出特点都是在探索中勇于创新,充分利用区域和体制优势,实现景区管理和工程管理的有机结合,在保证水利工程、水资源和水生态环境安全的前提下,使水利风景(旅游)资源的开发利用效益最大化。这些成功的经验为我们的景区管理提供了借鉴,但任何模式只能对某一管理单体起作用,创新永远是我们提高水利风景区管理水平的源泉和动力。

4 结论

布尔哈通河水利风景区的发展仅仅 10 年时间,在管理上相关配套的法规及政策还不够完善,需要我们在管理实践中探索和创新。延吉市布尔哈通河国家水利风景区在这方面已经摸索出了较为成功的经验。天下没有万能的景区的管理模式,要想不断提高水利风景区的管理水平,保证水利风景资源可持续利用,达到效益最大化,就必须树立现代化管理理念,遵循市场规律,才能实现景区管理与工程管理双赢。

作者简介:许歌辛(1962—),男,研究员,吉林省水利综合事业管理总站。联系地址:吉林省长春市人民大街8220号。E-mail:gexinxu@ sina. com。

水利风景区与水库的关系浅析

陆　伟

（吉林省水利综合事业管理总站，长春　130022）

摘　要：本文对水库与水库风景区的相互关系从职能、建设、市场营销和管理等四个方面进行了深入探讨，认为：水利风景区是对水库原有功能和各运行要素的延伸和放大，他们之间既是统一的整体，同时又有区别。因此，水利风景区在运行管理上有别于水库，在这方面应加以深入研究。

关键词：水库　水利风景区　关系

1　吉林省水利风景区基本情况

自 2002 年以来，水利风景区开始在吉林省设立，截止到 2009 年，吉林省已有水利风景区 32 家，其中国家级水利风景区 14 家，省级水利风景区 18 家。

根据国家标准《旅游资源分类、调查与评价》（GB/T 18972—2003），吉林省水利风景区按资源类型划分，26 家是主类中 F 建筑与设施类、亚类中的 FG 水工建筑类、基本类型中的 FGA 水库观光游憩区段类；5 家为 B 水域风光主类，亚类 BA 河段，基本类型 BAA 观光游憩河段和 BBA 类观光游憩湖区；1 家为 A 地文景观中的 AD 自然变动遗迹类；三种类型分别占全省水利风景区总数的 81.2%、15.6%、3.1%。在 26 家水库观光游憩区段类型的水利风景区中，均是已建水库。

在水利系统工作中，水利风景区是一项新的系统工程工作，整体运行取得了较大进展。但由于吉林省大部分为水库类型的水利风景区，人们对水库认识的习惯性，对水库与水利风景区二者之间关系理解上的偏颇，因此在对水库任务职能、设施功能、市场营销以及水库管理工作内容等方面的理解上，对水库与水利风景区二者之间关系的认识上模糊不清，混淆了二者之间的异同关系。

水库虽已冠有景区的名称，但仍旧认为水库即景区，景区即水库，二者没有什么差别。在水库规划建设过程中，对水库的职能、功能，仍旧按原有的标准内容进行，这是水库与风景区在职能、功能上的混淆；在市场营销方面采用的是水库传统的市场营销老套路，浪费了大好的水利风景资源，这是市场营销策略的失误；对水库管理对象与管理制度认识的混淆，结果是景区管理不到位。这些认识上的惯性思维模式和误区，导致了在水利风景区工作中的偏差和缺失，当然产生的效果也不好。基于以上认识上的模糊不清，文章从四方面对两者关系进行了分析阐述，以期对今后水利风景区的建设管理有所裨益。

2 水利风景区与水库的关系

2.1 水利风景区使水库职能延伸

水库是用坝、堤、水闸、堰等工程,于山谷、河道或低洼地区形成的人工水域。它是用于径流调节以改变自然水资源分配过程的主要措施,对社会经济发展有重要作用[1]。

作为水利工程意义上的水库,其基本职能是防洪、灌溉,发电、城镇供水、养殖、水土保持、航运等。

但水库被批准设立为水利风景区后,从行政法规的角度讲,就正式有了水利风景区的概念。水利风景区是以水域(水体)或水利工程为依托,具有一定规模和质量的风景资源与环境条件,可以开展观光、娱乐、休闲、度假或科学文化、教育活动的区域。这不仅是概念上的转换,而且是主体职能作用有了外延。

首先,作为水工程意义上的水库,它基本职能的要求是水工方面的要求,而作为风景区意义上的水库,它所强调的是在水库区域范围内所开展的各种活动,以及它对活动的承载作用。也就是说它所强调的是到水库来的游客的行为,以及水库的旅游观光作用,而不是水库的水工功能。这时的水利工程意义上的水库已经变成了游客各种旅游行为的载体。因而说水库的职能有了外延。这也意味着同一座水库,除继续要履行原有的职能外,又有了行政法规意义上的风景区所具有的旅游、观光、娱乐、休闲、度假或科学文化、教育活动的职能。

其次,水库在没有被批准为水利风景区之前,人们也可以把它作为一个景区来游览,但是,它不具备行政法规意义上风景区的概念。就像一些森林公园、地质公园或是名胜景区,其原来也可能就是森林公园、地质公园、名胜景区,人们可以到这里旅游、休闲、观光,但那只是人们约定俗成的风景区,其本身没有行政法规上的概念,因而在这里游览的客人,他是一种自由行为,既没有规章制度来规范其旅游行为,也没有人和机构来为游客的行为承担法律责任。而在被国家有关部门批准后的森林公园、地质公园、名胜景区,就有了行政法规意义上的概念。任何一个管理机构,都有它的规章制度,国家名胜景区,以及我们水利风景区同样也有着相关规章制度,当然也就要执行有关政策法规,承担相关行政法规的权利与责任。因此说,水库的职能有了增加。

2.2 水利风景区使水库设施功能扩展

作为水工意义上的水库,其建设发展的基本要求是满足水利工程功能要求。而作为水利风景区意义上的水库,它的规划、建设发展除要满足水库的建设、发展功能要求外,同时要考虑到风景区的规划建设内容。这是因为水库在被批准为风景区之后,就具有了双重身份,它既是原来的水库,同时又是行政法规意义上的休闲、旅游、度假风景区。单一的水工规划、建设工作已经不能满足双重身份的要求。水利风景区设立后,应当在两年内依据有关法规编制完成规划。水利风景区规划分为总体规划和详细规划,总体规划的规划期一般为20年。水利风景区的建设与管理必须严格按照规划,结合水利工程的建设与管理进行(水利部《水利风景区管理办法》)。

在各项工程的设计建设中,要充分考虑建筑物的可观赏性,力争建设一项水利工程,不仅具备了水利工程的专项功能,同时也具备了风景区所应有的旅游、休闲、度假的功能。

作为景区,人们关注更多的是旅游休闲、度假方面的功能,在规划、设计、建设时,应充分考虑水工设施的观赏因素,以满足旅游市场需求。

2.3　水利风景区使水库市场营销范围扩大

据吉林省 2005～2007 年水利经济年报统计(2008 年后没有统计数字),我们可以看出,按照水库常规收入,水库售电、供水和渔业收入,其市场消费对象和市场价格相对稳定(见表 1)。

表 1　吉林省 2005～2007 年水利经济年报统计

项目	2005 年	2005 年收入(万元)	2005 年平均销售价格	2006 年	2006 年收入(万元)	2006 年平均销售价格	2007 年	2007 年收入(万元)	2007 年平均销售价格
售电量(万 kWh)	5 484	1 409	0.26 万元/万 kWh	4 423	1 295	0.29 万元/万 kWh	2 588	587	0.22 万元/万 kWh
供水量(万 m³)	375 442	10 929	0.03 万元/m³	127 306	12 968	0.10 万元/万 m³	131 033	12 869	0.10 万元/m³
鱼总产量(t)	20 147	4 906	0.24 万元/t	22 476	5 661	0.25 万元/t	23 319	5 098	0.21 万元/t
旅游		764			1 006			1 393	

从表 1 统计数字看,水库旅游收入变化较大。2006 年比 2005 年收入增长 31.7%,2007 年比 2006 年又增长 38.5%。水库的旅游消费人数也在逐年增加,2005～2007 年全省水库旅游人数分别是 791 900 人次、1 742 080 人次、1 876 690 人次。这说明吉林省的水库旅游市场营销范围有所扩大。

吉林省水利风景区旅游市场营销范围的扩大和旅游收入的增加也是一致的。由于水库常规的收入,例如供水、供电的价格是国家相关政策规定的,而不是根据市场需求变化由水库定价,因而,水库每年的收入变化不大。

而设立为风景区的水库开展旅游后,旅游收入变化却很大,这是因为现代旅游是一种高层次的精神指向性消费,根据马斯洛的需求层次理论,当人们的低层次需要得到满足以后,即人们解决了温饱问题以后,就会追求高层次的需要,从而产生旅游动机[2]。依据张林先生的观点,影响旅游主体决策的主要因素,我们可以归纳为动机和目的、感知距离、旅游景观的知名度、最大旅游效益。而我们要做的工作就是在保证水工程安全和保护生态环境的条件下,充分发挥利用水利风景区资源,适应旅游市场需求,扩大市场营销范围,使景区的经济效益最大化,这也是水库市场营销范围不断扩大的内在动力。

2.4　水利风景区使水库管理工作内容增加

作为水库,运行管理的任务是确保工程安全,发挥工程效益,开展多种经营,提高管理水平。运行管理主要内容是完善管理机构和管理人员,明确安全责任主体,健全规章制度,坚持大坝安全鉴定和注册登记制度,积极开展工程检查检测、养护修理和抢险工作,科学的调度运用和经营管理等。从这里我们可以看出,水库运行管理任务其主要对象是水库本身。

水库被批准为水利风景区后,不是仅给水库冠以风景区的名称,而是除了要正常的执行水库相关的法律法规,保证水库的正常运行外,同时还要做好与风景区相关的管理工作。也就是说,从风景区管理工作的角度,面对的对象不再是水利工程设施,而主要是旅游主体和旅游主体所产生的旅游行为,以及由此而产生的相关工作。

　　水利风景区一般都有着比较好的水利风景资源。水利风景资源即水域(水体)及相关联的岸地、岛屿、林草、建筑等能对人产生吸引力的自然景观和人文景观。国家《旅游资源分类、调查与评价》(GB/T 18972—2003)将旅游资源定义为:"自然界和人类社会中凡能对旅游者产生吸引力,可以为旅游业开发利用,并可产生经济效益、社会效益和环境效益的各种事物和因素。"该定义明确了两点:其一,旅游资源涵盖面是整个自然界和人类社会,既包括物质型,也包括非物质型旅游资源,水利风景资源当然也应被涵盖其中;其二,旅游资源应同时具有两大属性,即吸引性(能对旅游者产生吸引力)和经济性(可以为旅游业开发利用,并可产生经济效益、社会效益和环境效益),水利风景资源具备了这种属性,也就有了旅游资源的功能和价值。当然,这种功能和价值在未被批准为水利风景区之前也许就存在,但那时是人们的约定俗成。而被批准为水利风景区之后的水利风景资源,就有了行政法规意义上的旅游功能和价值,因此水库的管理工作,又要从景区的角度,依据水利风景区相关的政策法规,建立与景区密切相关的管理机构,规章制度,配备景区管理人员,设立路线标识等,对游人活动和旅游行为进行科学的、规范化的管理。

3　结论与建议

　　通过以上对水库与水利风景区的职能、建设、市场营销和管理等四个方面的分析,可以认为水利风景区是对水库原有功能和各运行要素的延伸和放大,他们之间是统一的整体关系,但又有区别。因此,在运行管理上要充分考虑水库与水利风景区之间各要素的异同关系,使管理有的放矢,让水利风景区的建设与管理工作在社会效益、经济效益和生态效益等方面都能有很好的发展。同时根据上述的分析论述提出一些建议:

　　(1)加强有关风景区知识培训,建立水利风景区的正确认识,消除水库与景区二者之间的模糊概念。

　　(2)水库在规划建设的同时,就要考虑景区所需的元素与要求,使其在建设或维修改造后,能够具备实际意义上的风景区的各项功能。

　　(3)用风景区和旅游的市场营销意识,充分开发利用水利风景区旅游资源,准确定位,创立品牌,打造特色,提高水利风景区文化品味和层次;扩大水利风景区旅游市场份额,开拓水利经济收入渠道,提高职工和水库的经济收入。

　　(4)设立管理机构,配备专业素质高的人员,完善景区规章制度,按照景区和旅游要素要求管理景区,为游客提供相对完善的服务和与之相关的各种制度保障。

参 考 文 献

[1] 中国大百科全书总编辑委员会. 中国大百科全书(水利卷)[M]. 北京:中国大百科全书出版社,1992.
[2] 张林,等. 旅游地理学[M]. 天津:南开大学出版社,2007.

作者简介:陆伟(1954—),男,高级工程师,吉林省水利综合事业管理总站。联系地址:长春市人民大街 8220 号。E-mail:lw5788@163.com。

水生态环境综合整治的探索

杨香东　聂华斌　叶　明

（宜昌市水利水电局，宜昌　443000）

摘　要： 如何保护水及相关生态系统，加强流域水生态保护与修复，是新农村建设和水利风景区建设的主要内容，迫切需要水利科技提供相关方法和技术支持。本文以宜昌宜都市和夷陵区水生态与水环境治理模式为例，阐述了水生态承载能力、资金整合、建设补偿等科学发展的理念，提出了水资源优化配置与生态环境综合治理的思路、措施。

关键词： 水生态环境　治理模式　探索

1　水生态环境状况

水生态环境是指影响人类社会生存和发展，以（陆地）水为核心的各种天然的和经过人工改造的自然因素所形成的有机统一体，包括地表水、地下水，以及毗邻的土地、森林、草地、自然古迹、人文遗迹、城乡聚落、人工设施等。水生态环境以水为核心，包含多种自然和人工的因素。不仅重视水量、水质，同时也高度重视水生态环境。当前，经济社会发展需求与水资源承载能力、水环境承载能力的矛盾日益突出，水危机频发不断，水安全令人堪忧，水环境每况愈下。如何化解水危机、保障水安全，以水资源的可持续利用支撑经济社会的可持续发展，是摆在人们面前的重大课题。

2　对水生态环境保护的探索和认识

2.1　对水生态环境保护的认识

人类对水资源的开发利用不可避免地影响水的时空分配以及运动形态，对水生态环境造成重大影响，进而影响土地、植物、区域气候等。特别是随着人类社会经济社会的发展，用水量不断增加，导致生态用水被大量挤占，河道断流，湖泊湿地干涸，生态环境遭到破坏；同时污水排放量也大量增加，水体污染不断加重，水环境恶化呈现加剧的趋势。宜昌市为实现人水和谐，水行政主管部门在充分考虑水生态环境保护的基础上合理开发利用水资源，保障生态环境用水，实行严格的排污控制，维护水生态环境的稳定和平衡，为经济社会的发展提供有效的水资源保障，实现人水和谐相处。

2.2　对水生态环境保护的探索

多年来，水利部门在科学发展观的指导下，积极贯彻科技治水新思路，推进资源水利、可持续发展水利，探索水生态环境保护的措施和方式，在水利服务新农村建设、水资源优化配置和调度、区域水环境保护和治理等方面进行了积极的探索，积累了不少成功的经验。一是改善水生态环境，建设秀美山川，服务新农村建设。宜昌市积极开展堰塘清淤、护砌和绿化,农村饮水安全和国家民办公助项目按照新农村建设的要求,建成了花园式供水站和渠系堰塘水生态环境保区,为广大群众休闲、度假、观光、旅游和水利科普教育的理想场所。二是优化水资源配置和调度。2007 年,宜昌市实行流域、区域水资源统一管理,实施远距离调水,有效缓解区域水资源严重短缺的局面,积极修复因缺水、污染而恶化的水生态环境,监控污染物的排放。

3 水生态环境友好与可持续发展

3.1 在发展中充分考虑水生态环境的承载能力

在经济和社会发展中,不仅要考虑一时、一地的水生态环境承载能力,还要树立全局意识,从流域的角度来考虑区域水生态环境承载能力的时间和空间关系。宜昌宜都市在水环境治理方面以流域为单元整体推进,充分运用行政和规范的方式,维护水生态环境稳定,杜绝了水环境的污染。

3.2 在发展中确定科学发展模式

一是编制水生态环境保护与综合治理方案,经过专家审查并报环保行政主管部门批准组织实施。宜昌宜都市编制了水生态环境保护与综合治理方案对,新、改、扩建和已投产各类水利工程严格执行环境影响评价制度和环境保护"三同时"制度,维护生态系统与水利工程长期生态平衡。二是注重河流和山沟、堰塘的水生态系统。要避免河道萎缩,维护河流生态健康。要对污染的河流、水库和山沟、堰塘的淤泥进行疏浚。对河道、堰塘、水库和山冲沟的源水实行生物快速渗滤技术、人工快速渗滤、河道源水回灌抽排、沼气池等技术实施水质净化工程。三是积极开展维护水生态环境恢复治理。加大造林绿化和植被恢复力度,并着力保障和解决因水环境恶化引起的居民饮用水安全问题,使水生态环境质量和居民生活环境不断得到改善。四是充分发挥大自然的自我平衡生态与修复功能。结合一定的工程、非工程措施,促进水生态环境的恢复。在这个过程中,对自然的干预是必要的,但也必须是有限度合理治理的。五是以点带面的方式,进行综合整治,整体推进水生态环境恢复治理工作。对水库、河道、渠道和堰塘周边植被修复生态,保护好水源和生态环境。对河沟、堰塘污染和淤泥进行疏浚,对渠道周边进行绿化和水体净化;要及时评价水生态环境治理规划实施效果,同时要加大水生态修复技术宣传交流和技术推广。

3.3 有重点地推进水生态环境恢复治理和水污染治理

要有重点的对大气、水、土壤污染治理和修复,开展植被恢复及生物多样性保护等水生态环境恢复治理工程时,优先安排资金和项目进行实施。主要整治措施有:一是对河塘整治,垃圾集中处理、清淤泥、净水质、长效管理。通过兴建垃圾处理池和污水处理系统对生活垃圾和污水进行集中处理,可采取"村收集、镇村转运、相对集中处理"的模式,不允许直接倾倒入溪沟和塘堰。二是对水体岸坡护砌、绿化等。农村水环境建设量大面广,需多渠道投入资金,建成农村环境整治示范点,坚持以政府为主导,以农民为主题的建设模式。三是水行政主管部门委托专门机构对农村堰塘、溪河常年开展水质监测,每季度发布一期水质公报。四是控制农业面源污染。从源头上控制农业面源污染。减少农业面源污染要控制农药化肥的使用,推广无公害综合防治技术;积极推广使用高效、低毒、低残留的新农药,推广病虫害综合防治技术;加大对农村水生态环境破坏等违法行为的查处。加强农村范围内水利、环保等法律法规的宣传和教育工作。

3.4 构建"事先防范、过程控制、事后处置"的治理模式

一是强化"事先防范"。严格执行《中华人民共和国环境影响评价法》，强化水利工程开发规划和建设项目环境影响评价工作。从区域水生态环境安全角度出发，合理确定工程规模、布局。二是实行"过程控制"。要实行水生态环境保护年度审核制度。对审核合格的企业，相关部门在政策和资金项目上进行支持；对审核不合格实行水生态质量季报制度。做好对水生态环境质量的动态监管工作。建立水环境监理制度，加强环境监理，预防和减少环境污染和生态破坏。新建和已投产各水利工程必须严格执行建设项目竣工环境保护验收制度，水生态建设、环境保护工程设施要与生产设施同时设计、同时施工、同时投产使用。三是加强"事后处置"。对水生态恢复治理工程要实行后评估制度。提交生态环境恢复治理评估报告书，经环保行政主管部门验收合格后，方可办理有关手续。

3.5 鼓励公众参与生态环境管理、监督与建设

建立重大环境政策、环境保护规划公示制度，保障公众的知情权。宜昌市对重大或热点的水生态环境问题，举行公众听证会，广泛听取社会各界的意见。鼓励公民参与生态环境监督，对破坏生态环境的行为进行举报，加大对水生态环境保护工作和生态破坏行为的舆论监督力度。

3.6 坚持"资金整合、集中使用"的原则

宜昌市宜都鸡头山村水环境治理时，整合了财政、农田水利、水土保持、山洪沟治理、扶贫、烟草等有关部门的资金用于水生态环境综合整治，提高资金的使用效益，从而集中力量整村推进，提高资金的整体合力。积极引导和鼓励社会和民众资金，建立相应奖惩激励机制，充分调动了各方面积极性。

3.7 建立水生态环境保护市场机制和水生态环境补偿机制

积极拓宽生态环境恢复治理的资金渠道，鼓励水生态环境恢复治理的市场行为。宜昌夷陵区水行政主管部门按"谁投资、谁受益"的原则，把水生态环境恢复治理项目投向市场，引导社会资金进入。用好水生态环境恢复治理保证金，制定水生态环境治理恢复保证金使用实施细则，加强保证金的政府监管力度。

4 效果与效益

水环境综合治理工程改善了农村居民生活环境，提高了农村居民生活质量，做到人与自然和谐相处。通过水体岸坡护砌、绿化、水质净化等工程措施，形成了"水清、岸绿、河畅、景美"的和谐新农村景象。

4.1 社会效益

一是树立了新农村形象。水生态环境综合整治改善了农村的生产生活条件，提升了农民的生活质量；二是人人可喝上安全卫生、洁净、达标的饮用水，提高村民生活质量和健康水平；三是灌排设施的完善，提高了输水能力，有利于增加农产品的产量和质量。

4.2 经济效益

农村水环境综合整治后，农田在灌排设施完善后，提高了输水能力，增加农产品的产量和质量，堰塘和渠道蓄水、输水、排水功能显著改善，每亩农田新增收益可达 100 元以

上,有利于村民安居乐业,加快农村奔小康的步伐。堰塘、渔池水质明显改善,蓄水量恢复,实现了清水养殖,售价高于饲料鱼的养殖,养殖效益增加。农村饮水实现了饮水安全,平均户农户每年节约医疗费近 2 000 元。

4.3　生态效益

水环境综合治理工程构建了新农村建设,和谐社会的格局,恢复了河塘、渠系设蓄、引、排和自然生态功能。不仅增加了绿化面积,减少了水土流失,而且减轻沟河淤积,改观了生态面貌。水生态环境综合治理项目采取建设饮水安全工程、整治堰塘、排洪沟、末级渠系,实施"一池三改",增强堰塘和渠道蓄水、输水、排水功能,减少水源污染,对涉及饮水的堰塘划定水功能区管理,严格禁止生活污水排放,确保水质达标,极大地改善水生态环境。

4.4　人文效益

水是人类文明发生和发展的基础。因此,共同维系人水和谐的水生态环境是支撑可持续发展、构建社会主义和谐社会的重要保障。通过人文景观规划设计、绿化措施等生物和其他措施,改善水生态整体环境,提高区域生态系统的稳定性,较好地把生态环境保护、人民生活需求、经济发展和水利资源综合开发利用结合在一起。推动河湖和小流域景观规划设计、修复等工作,有利于改善农村的生产生活条件、提升村民的生活质量;有利于引导村民转变观念,营造文明、健康、向上的社会氛围,为努力营造构建和谐水利的良好。宜昌城区长江护岸工程 6.2 km 的三级平台绿色生态护坡,就是"生态水利、景观水利、和谐水利"的充分体现。

5　结论

5.1　经济越发展,社会越进步,对水生态环境质量的要求就越高

妥善处理好人与自然、人与水的关系,做好水生态环境综合治理建设、水资源优化配置和调度、区域水环境保护和治理等工作,把水生态环境保护工作推向新的高度,共同维系人水和谐的水生态环境已迫在眉睫。

5.2　为最大限度发挥项目资金效益,应整合各种投资资源

宜都市统筹整合了国家"民办公助"、农户"一池三改"、农村饮水安全等项目资金 1 000 多万元,市、乡两级财政配套资金 100 万元,群众投工折资 200 多万元,集中用于鸡头山水利工程设施维修、生态环境治理及配套设施建设,实现了"水清、岸绿、河畅、景美"的和谐新农村景象,为水利风景区建设打下了坚实的基础。

5.3　水生态环境治理建设项目应实行补偿机制

由农户投资投劳建设的水生态环境工程,应由国库收付中心直接将补助资金拨付到农户的"一卡通"。

5.4　水生态环境治理与保护要求公众树立人、水和自然友好和谐发展的理念

只有在科学研究、规划、设计、管理、补偿等各个方面围绕水资源保护、优化水资源配置、给洪水以出路、发挥生态自我修复能力,保障水生态环境结构和功能的稳定,才能实现水生态、水资源永续利用,促进经济社会可持续的科学发展。

参 考 文 献

[1] 李玉梁,李玲.环境水力学的研究进展与发展趋势[J].水资源保护,2002,1.

[2] 李锦秀,廖文根.富营养化综合防治调控指标探讨[J].水资源保护,2002,2.

[3] 张全国,张大勇.生物多样性与生态系统功能.最新的进展与动向[J].生物多样性,2003.5.

[4] 廖文根,石秋池,彭静,等.水生态与水环境学科的主要前沿研究及发展趋势[J].环境科学,2008,4.

作者简介:杨香东(1972—),男,汉族,高级工程师,河海大学水工建筑专业,宜昌市水利水电局。研究方向:生物慢滤水处理技术解决饮用水水质问题、新型雨水集蓄利用技术和水生态环境综合治理技术等,实现生态环保、节约方便管理、水质优等。联系地址:湖北宜昌市东山大道 141 号。E-mail:yxd999999@126.com。

突出甘肃区域特色 打造优秀水利景区

伏金定

（甘肃省水利厅水利管理局，兰州 730000）

摘 要：本文在总结甘肃省水利风景区建设与管理现状基础上，从甘肃水利风景区建设的实际出发，对全省水利风景区建设的总体思路、发展目标提出了初步设想，并针对水利风景区建设与管理中存在的问题，提出改进的建议和具体措施。

关键词：区域 特色 优秀 水利 景区

1 甘肃省水利风景区建设与管理现状

甘肃省于 2002 年起申报国家级水利风景区，截至 2009 年底，水利部共批准了金塔县鸳鸯池水利风景区、山丹县李桥水库水利风景区等 16 个国家级水利风景区。目前，甘肃水利风景区的开发建设已初具规模，各种旅游服务功能日臻完善，经营管理日趋规范，游客逐年增多，效益逐渐显现。景区的建成和挂牌极大地宣传了甘肃省水利工程建设成就和职工的精神风貌，激励了全省水利管理单位建好、管好水利风景区的热情，促进了当地旅游业的发展，同时也给全省水利经济和社会发展注入了新的活力。

甘肃省深居西北内陆，地处黄土高原、内蒙古高原和青藏高原交汇处，地域狭长，地貌复杂多样，山地、高原、平川、河谷、沙漠、戈壁，类型齐全，自然风景资源独特。全省分属黄河、长江、内陆河三大流域 9 个水系，水利风景资源区域特色鲜明。

甘肃西北部的河西内陆河流域，由北山山地、祁连山地、河西走廊三个部分组成，有石羊河、黑河、疏勒河（含苏干湖区）三个水系，年径流量在 1 亿 m^3 以上独立出山的河流有 15 条。北山山地由龙首山、合黎山、马鬃山等一系列断续的中、低山组成，山地周围是平原，主要是戈壁荒漠；祁连山地东起乌鞘岭，西至当金山口，由一系列平行山岭和山间盆地组成，终年积雪，间有冰川分布，是河西内陆河流域河流的产流区；中部为河西走廊，是一条东西长约 1 000 km，南北宽仅几十公里至百余公里的狭长地带，绿洲与戈壁、沙漠断续分布。乌鞘岭以北、大黄山以东，分布着石羊河水系灌溉区；大黄山以西，黑山以东，分布着黑河水系灌溉区；黑山以西，夹山以东，分布着疏勒河水系灌溉区。全省大中型灌区绝大部分集中在河西地区，水库、水闸等水利工程星罗棋布，农田、灌溉渠道阡陌交通，河西走廊地区水利风景区主要依托这些大中型灌区水利工程建设。

甘肃中东部的黄河流域，由陇中黄土高原和甘南高原组成，有黄河干流（包括支流庄浪河、大夏河、祖厉河及直接入干流的小支流）、洮河、湟水、渭河、泾河五个水系。年径流量大于 1 亿 m^3 的河流 36 条。陇东黄土高原，陇山以东至甘陕省界，海拔 1 200 ~ 1 800 m，黄土层厚 100 m 以上，泾河水系的马莲河、蒲河、泾河流经本区；陇西黄土高原，陇南山地以北,陇山以西,东至乌稍岭,海拔1 200~2 500 m,地势起伏,沟壑纵横,黄河干流横贯其北部;甘南高原,位于甘肃省南部,陇南山地以西,属青藏高原边缘,大部是平坦宽广的草滩。甘肃南部的长江流域,由陇南山地组成,地势东低西高,海拔1 500~3 500 m,山高谷深,峰锐坡陡,森林密布,白龙江、嘉陵江流经本区,年径流量大于1亿 m³ 的河流27条。甘肃省中东部和陇东、南地区,蕴藏着丰富的水利资源和水能资源,原始森林密布,动植物种类繁多,地质变化多样,水利风景区依托水资源和水能资源有序开发建设,大力开发水电站,开展水利文化旅游、红色旅游、绿色旅游等西北独特风情的各种旅游业。

甘肃省水利等相关部门十分重视水利风景区建设与管理,根据2010年3月水利部"全国水利风景区建设与管理工作会议"精神,成立了甘肃省水利风景区建设与管理领导小组,加强对全省水利风景区建设与管理工作的领导。各地景点均成立了水利风景区管理处(局),隶属当地水利(水电、水务)局,有的与所属水管单位合并运行,一套班子、两块牌子,属于事业单位企业化管理的经营实体。人员多为水管单位分流人员和外聘人员,主要负责景点环境维护,旅游接待服务,景点安全、绿化管理等日常运营管理等工作。全省水利风景区在维护工程安全、涵养水源、保护生态、改善人居环境、拉动区域经济发展等方面发挥了重要的功能和作用,为人们近水、亲水、敬水提供了一个有效的平台和场所,有效地带动了当地旅游经济的发展,转变了人们对发展水利旅游的认识,探索出了一条节约水资源、保护生态、改善生活环境的发展路子,生态效益、环境效益、经济效益和社会效益全面提高。

2　甘肃省水利风景区建设发展的基本思路

近年来,全省各地依靠各自独特的区域风景资源优势,依托独特的水利风景资源,巧妙地融合森林、气象等自然风景资源和历史文化、民俗文化等人文景观资源,重点突出水利风景区的特色,打造独具地方特色的水利景观,逐步形成了集旅游、观光、餐饮、娱乐、休闲、避暑为一体的综合性旅游亮点。全省各地科学定位、高标准建设开发、开发和保护相结合,走出了一条自我发展、良性循环的路子,为水利经济发展做出了突出贡献,有力地支撑了区域经济的可持续发展。

甘肃省水利风景区建设的思路是:突出区域特色,展示自然景观,以现有水域、水体和水利工程为依托,发挥区域独特的自然资源和历史文化资源等资源优势,发展水利文化旅游业,打造西北地区独特的水利文化旅游优秀景区,壮大水利经济。我省16个国家级水利风景区和拟建的水利风景区都围绕这种思路建设和管理,各地水行政主管部门深刻认识到工程建成后水生态修复及景区建设与管理工作所面临的新形势、新工作,把水利风景区工作重点转移到开发建设与生态环境保护相统一,高起点科学定位、高标准建设,在水利风景区建设中正确处理开发与保护的关系。全省水利风景区建设坚持建设与水生态恢复相结合的原则,使水利工程与水生态、水环境开发保护融为一体,更好地发挥了水利工程的经济、生态效益和社会效益。一方面,认真做好水利旅游资源的开发工作,不断开发新的旅游产品,提高产品的档次,抓好开发建设,增强景区吸引力和竞争力;另一方面,坚持"全面规划、合理开发、严格保护、永续利用"的原则,在开发中保护,在保护中开发,不以牺牲水生态环境为代价来发展旅游经济,把保护好水资源和水环境作为前提,杜绝了破坏性开发。甘肃省水利风景区建设管理的具体做法和经验如下。

2.1 科学定位、分类指导,充分发挥资源优势和区位优势

近几年来,甘肃省为了做大做强"水"的文章,抓住国家西部大开发和国务院扶持甘肃省 47 条政策的有利机遇,围绕水利风景区建设和管理,不断迎接新的挑战。全省各地从科学规划入手,高起点科学定位,分类指导,做好景区建设与管理等各个环节的工作。各地充分发挥各自独特的资源优势和区位优势,依据科学规划高标准建设水利风景区的同时,不断加大对水利风景区建设开发投资力度,景区管理单位采取灵活多样的方式筹集资金,逐年增加对水利风景区的投入,各地建成了独具风格的水利景点,有力地促进了全省水利风景区建设与管理步入良性发展的轨道。如正在建设中的民勤县红崖山水库水利风景区,是 2010 年拟申报国家级水利风景区的水利风景区。红崖山水库位于石羊河末端,建库 50 年来,红崖山水库已成为沙乡人民的生命工程,大漠深处的瀚海明珠。景区突出"亚洲第一沙漠水库"鲜明特色,紧紧围绕沙漠水库生命工程,展现"大漠孤烟"、"瀚海明珠"西部沙漠水库风情,结合 50 年来民勤人民治沙历史,以及党和国家领导人温家宝总理关怀民勤的题词"决不能让民勤成为第二个罗布泊"等,以水利风景开发建设带动沙漠生态治理,大力开展沙漠绿化工作。红崖山水库南北长 5 km,东西宽 3 km 范围内,水库周围建成了 80 hm² 的杨树林,同时还栽植了梭梭、毛条、红柳、花棒等灌木 675 万株之多,成活率高达 95% 以上,已形成沙生植物大观园。通过人力构建了水库的绿色屏障,风力入库的流沙由 20 世纪 60 年代的年均 68 万 m³ 减少至 20 万 m³。随着灌木的成长,绿色保卫工程的作用日益凸现,红崖山水库风景区开发保护的成功经验,为甘肃省水利风景区开发建设与生态保护相结合树立了典范。

如甘南州冶力关水利风景区,为了成功申报 2010 年国家级水利风景区,景区在科学定位时突出了冶海堰塞湖"高山湖泊"等特色。区内河流纵横,沟壑交织,水体类型多样,自西向东 60 km 冶木河贯穿,沿河形成了河、湖、泉、潭、瀑等多种水体景观。众多支流与特殊的地质地貌创造了高峡平湖等多种景观。景区位于甘南藏族自治州东北部,距省会兰州 160 km,距兰州中川机场 230 km,毗邻省道 213 公路,交通便利。境内有冶力关国家森林公园、莲花山国家级自然保护区、冶海赤壁幽谷省级地质公园,原始森林、喀斯特地貌、高山湖泊、草原峡谷、佛教寺庙等诸多各具特色的自然景观和人文景观巧妙结合,充分发挥了自然景观丰富和文化底蕴深厚等资源优势,为成功申报国家级水利风景区打下了良好的基础。

2.2 加强领导,扩大宣传,提高对水利风景区建设重要意义的认识

水利风景区的建设转变了人们对水利工程的单一认识,提高了人们珍惜和保护水资源的意识。近几年来,全省各地在水利风景区建设与管理中,不断加强对水利风景区建设与管理工作的领导,扩大宣传力度,同时通过景观规划设计、绿化等生物和其他措施,涵养了水源,减少了水土流失,从根本上改善了水资源和水生态环境,提高了区域生态系统的稳定性,推动了水生态环境保护和发展。通过水利风景区建设,能让人们充分感受到了水资源水生态保护给我们带来的足以引起心灵震撼的自然之美,从而促进了人们更好地珍惜和保护水资源的意识,促进了水利工程和水生态的和谐发展,增加了水利工程经济效益。如迭部县白龙江腊子口水利风景区,是 2010 年拟申报国家级水利风景区的水利风景

区。迭部县各有关单位深刻认识到水利风景建设的重要意义,在县委、县政府的领导下,举全县之力打造水利旅游文化品牌,在开发建设的同时,不断加大水土保持力度,有效保护了自然生态环境。腊子口水利风景区是红色旅游的典范,也是甘肃省藏文化中心。景区内分布有腊子口战役遗址、古叠州遗址、茨日那毛泽东旧居、杨土司果园、九龙峡等历史文化风景。水利风景资源、红色风景资源、绿色风景资源、藏文化风景资源是白龙江腊子口水利风景区的优势风景资源,几种主题的风景资源同时分布在一个景区,各种风景资源分布在白龙江、腊子河沿线,尤其是水利工程设施,全部分布在白龙江干流以及其支流腊子河上面,众多水库如同洒落在白龙江河谷中的珍珠,使景区内的风景资源表现出很强的红绿结合和红蓝结合特征,增强了风景资源的组合度和整体吸引力。

2.3 拓展空间、丰富内涵,提升景区水利功能和生态环境质量

针对甘肃省干旱少雨、生态环境比较脆弱、生活环境较差的现实,在水利风景区的建设和管理上,严格审查控制工程项目的规划建设,以保护水生态环境为目标,组织建设、环保等部门,加大水体污染监控力度,做好水土保护工作。首先采取先进的节水灌溉技术,在景区周边大量增加绿化面积,美化了水资源和水生态环境,实现了保护水资源和美化水生态的双重功效,更新了人们传统的只通过工程措施等办法来保护水资源的观念,为生活环境的改善探索出了一条水资源和水生态保护新的、有益的模式。同时利用景区交通便利、服务娱乐设施齐全的有利条件,发展水利旅游,使人们在享受大自然风光中休闲娱乐、陶冶情操,大大改善了人们居住环境、生活质量以及招商投资环境。如 2005 年经水利部批准挂牌营业的瓜州县瓜州苑国家级水利风景区,其周边自然生态环境较差,植被稀少、干旱缺水。近年来,瓜州苑水利风景区在开发建设中突出瓜州水利工程资源优势,在发挥工程防洪灌溉效益的前提下,充分依托工程水域,开发利用自然景观和人文景观,在建设中积极采取保护、恢复措施、引进节水灌溉技术,结合生物工程措施,投入大量的资金和人力,在瓜州苑周边和道路沿线营造各种风景林木,栽植各种灌木和沙生植物,实施了水库群生态治沙工程和绿色通道工程,绿化面积 0.8 万 hm^2,为景区的保护和发展奠定了坚实的基础。

2.4 促进水管单位体制改革,带动周边相关产业发展

甘肃省各地水利风景区的建设按照水利部新的治水思路和当地旅游产业发展目标,依靠水利风景区得天独厚的自然优势,围绕吃住行游购娱六大方面满足游人的要求,有效地带动水资源的开发和当地房地产、旅游交通、旅游商品、餐饮服务、宾馆饭店、观光农业、农家园等一大批相关产业的发展。同时提供了大量直接或间接的就业机会,为水管单位改革分流人员提供了良好的工作岗位,并对当地社会闲置人员的就业也提供了很好的机会。每个景区可提供就业岗位几十个,为水管体制改革和社会就业发挥了积极的作用,促进了区域经济结构的调整和资源的充分合理利用。如 2004 年挂牌营业的金塔县金鼎湖国家级水利风景区,主要由金鼎湖和清泽溪两个水体工程组成,占地面积约 10 km^2。近两年来,景区内完成了绿化造林、道路铺筑、人工塑石、跌水瀑布、水利配套、景观灯架设等工程,建成了景区桥、廊、亭、榭、湖、溪、潭、瀑等景观建筑,景区水域面积 40 万 m^2,溪流长度 1.8 km,交通道路 9.5 km,景观灯照 622 盏,景观建筑 1 万 m^2,绿化面积 4 000 多亩。2009 年 4 月,金鼎湖水利风景区被甘肃省旅游局评定为国家 AAA 级旅游景区,大大提高

了景区知名度,活跃了旅游经济。随着服务功能的不断完善和游客的逐年增加,不但拉动了经济增长,带动了相关产业的发展,解决了社会再就业问题,社会效益十分明显。

甘肃省水利风景区建设管理中还有许多亮点可寻,还有诸多潜力可挖,这里不再逐一而论。全省水利风景区充分利用现有水体、水域、水利工程和当地自然风景、人文历史等资源,紧紧围绕水利风景区建设开发与生态保护,突出了地方水利特色,修建了大量的风景配套设施,并完成了水利工程配套、绿化、道路铺筑、污水处理等工程,形成了集休闲、娱乐和宣传人文历史、风土人情、改善区域环境为一体的综合性水利风景旅游区,不但成为游人避暑、休闲的绝好去处,也充分展现了水利行业的良好形象。

3　存在的主要问题及今后发展的举措

3.1　思想认识方面

景区管理单位对水利风景区建设与管理工作任务、目标认识不完全,不深刻,存在一定的局限性,在工作思路上研究硬件建设和经营策略较多,而对景区建设如何更好地与水生态和水资源开发、保护相结合探索不够,工作思路不宽。今后要认真学习实践科学发展观,用科学、辨证的方式,找准工作的切入点,以科学发展观统领全局。全省各地要明确认识到只有合理开发,利用,保护好水资源水环境才是我们建设、管理水利风景区的根本工作。只有使水利工程建设与水资源保护有机的结合起来,创造一个经济效益和生态效益共同发展的大环境,才能使水利风景区建设与管理工作提升到一个新的高度。

3.2　规划编制方面

规划是景区建设与发展的前提和基础,规划水平的高低,在很大程度上决定了景区建设与发展的水平。为此,甘肃省大部分景区都委托专业规划部门编制完成了《水利风景区发展规划》。有些是请园林部门或其他非专业部门做的,仅针对景区的建设提出规划,不能从地区及整个水利行业全方位、多角度做出整体规划;也有些规划是水利部门自己做的,也由于缺乏深度和广度认识,或专业性不强。因此原规划都缺乏深度和广度,下一步需聘请各方面专家在原规划的基础上进一步补充修订完善,使规划更具科学性和前瞻性,以适应新时期水利工作发展的要求。同时针对没有进行全面规划的景区,要尽快补做,以促进全省水利风景区建设科学有序的发展。

3.3　投资体制方面

水利风景区的基本目的和作用在于水生态环境的保护和水工程安全的维护,对此公益性工作,由于甘肃省财力所限,缺乏经费支持。目前水利风景区建设和管理的资金主要靠挤占水利部门的管理经费和争取一部分项目资金,这方面的建设资金不固定,后续投入跟不上,造成水利风景区开发保护项目建设不稳定,发展缓慢。由于没有最终形成灵活多样的水利风景区建设投融资机制,投资的硬件环境不强(如交通、餐饮、娱乐等),还不能够充分吸引民间资金投入水利风景区建设。在这方面除了积极作好景区实施规划的修订外,还要将景区的建设成果和发展前景充分向社会展示、宣传,以其得到社会的广泛支持,吸引更多的社会资金投入。

3.4　经营营销方面

甘肃省各地由于资金短缺,对外宣传力度还不够大,缺乏总体促销形象、宣传口号、促销力度不够,优秀景区得不到广泛宣传。一方面,各地没有真正建立起与其他水利旅游风景区、景点以及旅游公司的互动旅游网络,外地游客对水利风景区还不甚了解,由于缺少对景区的旅游资源、风土人情、接待能力及条件缺乏了解,前来观光旅游的游客数量不多,影响了客源市场;另一方面,全省水利风景区基础设施建设还不够完善,经营项目单一,文化内涵挖掘少,主要以餐饮和水面旅游为主,其他配套旅游项目开发滞后,景区综合旅游功能不强,不能满足游客日益增长的消费需求,制约着旅游业的快速发展。为扩大景区知名度,各地应积极利用广播、电视、报刊杂志等新闻媒体,加大对外宣传推介力度,制作、印发宣传材料,努力开拓客源市场,同时积极与旅游公司合作建立互动旅游网络,借用旅游公司优势推出优秀水利风景区。另外,要针对局部地区景点小、景观少的现状,应充分挖掘当地有特色的民俗民风及人文景观,在景区开办展览,举办节会,充实景区旅游项目,巧妙地利用当地各种旅游资源。同时,还要探讨研究将一个区域内的数个小景点有机的串联起来形成一个网络,变小景点为大景区,有助于打开市场、吸引客源。

3.5 人才队伍建设方面

甘肃省各地经营管理人员大多由水工程管理人员兼职或转岗而来,经营意识淡薄,经营管理水平不高。由于高水平有能力的经营管理和旅游专业人才缺乏,景区规范化管理程度相对较低,远远不能满足景区发展的需要。今后除了积极引进专业管理人员充实管理层外,还要对现有景区管理人员定期培训,采取走出去学习和请进来讲授等灵活多样的培训方式,加强人才队伍的培养和建设。

作者简介:伏金定(1969—),男,水利工程师,甘肃省水利厅水利管理局。联系地址:兰州市平凉路 284 号。E-mail:jgzx163@163.com。

星海湖湿地生态规划与景观设计探讨

马秀丽 李 清 马忠平

(宁夏石嘴山市水务局,石嘴山 753000)

摘 要:星海湖湿地是紧邻石嘴山市区的一块城市滨水湿地,其保护和开发直接关系到石嘴山市的城市生态环境及景观,是自然、经济、社会结合异常紧密的一项复杂工程,本文就几年来星海湖建设中生态和景观两个方面的问题加以分析,总结成功经验和教训,探求一种城市滨水湿地型景观开发与生态保护的新思路、新途径,以期为后续及同类工程建设提供有益的借鉴。

关键词:湿地 生态景观规划设计 探讨

近年来,随着经济的发展及中国加入《湿地保护公约》,2000 年 3 月,国家林业局编制并公布了《中国湿地保护行动计划》,人们在逐渐认识到城市滨水湿地对人类生存环境的深远影响的同时,保护湿地的实践也在同步进行着,科学地对滨水湿地进行保护、恢复及重建已刻不容缓,在城市区域内营建生态型、人文型、景观型的滨水湿地,必将是大势所趋。宁夏作为一个内陆省份,紧跟时代步伐,自 2000 年以来,以恢复和重建湿地以及植树造林为主的生态建设工程,正在如火如荼地进行,并且成效斐然。

星海湖湿地是紧邻石嘴山市区的一块城市滨水湿地,其保护和开发直接关系到石嘴山市的城市环境和城市景观,是自然、经济、社会结合异常紧密的一项复杂工程。通过几年的综合整治建设,虽取得了巨大成绩,但也存在许多不足,本文依据湿地保护及建设条件[1],采用对照比较、归纳总结等研究方法,对这几年来星海湖建设中生态和景观两个方面的问题加以分析,总结成功经验和教训,探求一种城市滨水湿地型景观开发与生态保护的新思路、新途径,以期为今后同类工程建设提供有益的借鉴。

1 星海湖湿地基本情况

1.1 自然概况

星海湖湿地保护区地处贺兰山东麓洪积扇下沿,毗邻石嘴山市老城区东侧,总面积约 43 km²。由于黄河的淤澄作用,区域地势基本平坦,海拔高度为 1 097 ~ 1 105 m 之间。气候为典型大陆性气候,多风干旱少雨、蒸发量大,年平均降水量 300 mm 以下,年均水面蒸发量为 2 400 多 mm,水面蒸发量为降雨量的 5 ~ 9 倍。域内除湖泊湿地外,大部分为荒丘沙地,有部分渔池和农田。在低洼地区土壤的次生盐碱化现象比较突出,盐碱土地面积相对较大;沿第二农场渠分布有人工种植的沙枣、柳树、臭椿等落叶乔木,在湿地边缘分布有芦苇和菖蒲等,植物种类较少,覆盖度低,生物多样性相对匮乏。湿地有鸟类 11 目、24科、98 种,其中国家一级保护鸟类有中华秋沙鸭、大鸨、黑鹳;国家二级保护鸟类有灰鹤、小天鹅、白额雁、鸳鸯、衾羽鹤等 13 种。有各种鱼类 20 余种。

星海湖历史上是一块天然形成的湖泊洼地,是西侧贺兰山洪水的泄、滞区域,自有城市区以来,又承担了大武口城市区和下游工业区及包兰铁路防洪安全的重要使命。由于长期以来洪水下泻带入的泥沙及早期大武口电厂排入的粉煤灰的淤积,使滞洪区湖底持续抬高,加之城市用地的挤占,使库容逐渐减小,防洪能力大大降低,已威胁到城市的防洪安全。另一方面,湖区沙丘凸现,垃圾成堆,污水横流,杂草丛生,蚊蝇四起,严重影响了城市形象和公共卫生环境,社会各界和群众要求整治的呼声强烈。

1.2 星海湖湿地的现状

星海湖湿地综合整治工程项目的决策,是在全球要求保护湿地、林地资源,改善生态环境的大前景下作出的,也是一项顺民心体民意的民心工程,在此之前,我国许多城市都已行动起来,恢复和重建城市湖泊湿地和水系,并取得了巨大成绩,收到了良好效果[2]。从 2003 年起,石嘴山市依托天然湿地资源、以湖泊抢救性保护和合理开发利用为出发点,开展实施星海湖湿地恢复整治工程,经过 7 年的努力,投入了大量人力、物力、财力,期间也得到了兰州军区工兵团的大力支持。目前,已形成南域、北域、中域、东域、西域、新域 6 个湖面景区,总面积 32 km^2。因其主要功能是水利防洪工程,因此在 2007 年被水利部命名为国家级水利风景区并正式挂牌,2008 年又被国家林业局命名为国家湿地公园。

1.3 星海湖湿地的功能

1.3.1 防洪功能

星海湖湿地综合整治工程的完成,使各库蓄洪能力由原来的 20 年一遇提高到 50 年一遇,有利保证了石嘴山市城区、农村、工矿企业及重要交通设施的安全。

1.3.2 蓄洪灌溉功能

星海湖湿地综合整治工程完成后,形成常年性水面 23 km^2,常年蓄水量 2 600 万 m^3,通过拦蓄山洪水,实现雨洪水资源化。同时在灌溉间隙蓄积黄河水,在需要之时,通过各拦洪库的联合调度,以满足城市生态建设和下游农田灌溉用水;三二支沟补水工程建成后还可缓解部分工业用水紧张的矛盾。

1.3.3 补充地下水,维持区域水量平衡

项目区年降水量仅为 180 mm 左右,且降水的季节分配和年度分配不均匀,水资源较为缺乏。由于水资源的过度开采,城市地下位逐年下降。据宁夏地矿厅石嘴山水文监测站 1996~2000 年对大武口归德沟水源地的监测资料显示:1996 年以前大武口归德沟水源地已形成下降漏斗,漏斗中心每年以 2.5 m 的速度下降,1998 年大武口森林公园建成后,由于灌溉水量的下渗,到 2000 年,漏斗不但得到了扼制,漏斗中心水位还有所回升。相信星海湖的建成也一定会对地下水的补充起到一定的积极作用。

1.3.4 调节气候、改善环境

石嘴山市大风天气每年有 26~30 d,沙尘暴日数每年有十三、四次,且降雨量小,温差大。大武口城市拦、滞洪区也一直是城市污水的排放地,水质环境极其恶劣。原来的滞、调洪区由于标准过低,只能空库运行,洪水过后土地干燥,沙化十分严重,每遇刮风,这里便是"平沙莽莽黄入天"、"随风满地垃圾走"的风沙迷漫景象。星海湖的建成蓄水,改变了城市东部的脏、乱、差,改善了城市生态环境,增加了湖区周围空气湿度,缓解城市热岛

效应,大大提升了城市形象,同时也为广大市民提供了休闲娱乐的好去处。

1.3.5　促进城市生态旅游的发展

石嘴山市有着丰富的旅游资源,以国家 AAAA 级景区沙湖为中心,周边辐射贺兰山岩画、西夏皇城遗址、北武当、黄河古渡、兵沟汉墓等自然景观和人文景区,它们共同映射着石嘴山市悠久的历史文化。星海湖因滨邻城市区,更以湿地公园的形式呈现在人们面前,为人们提供休闲、度假的滨水空间。石嘴山正以蓝天碧水、透绿通畅的山水园林新城市形象,吸引着越来越多的八方来客。

2　问题思考

2.1　分区规划的总体设想和现实状况

星海湖湿地综合整治项目工程,在建设中,因地形和地物的自然分割,分为相对独立的六个区域,因其主要功能是拦洪滞洪,因此工程规划时首先考虑了防洪的要求,保持了一定的蓄水能力,起到滞洪补枯、调节水量的作用。在此前提下,应按照生态景观规划的一般规律[3],根据湿地的自然状态和地理位置,进行不同特色的功能分区规划设计,以满足人们不同审美情趣的景观要求和湿地生态功能要求。例如紧邻城市的金西域景区应按照水上园林风格进行规划,利用小桥流水、亭台楼阁、曲径杨柳、假山奇石、文化小品来布局,以方便市民的文化、健身、休闲的要求;白鹭洲景区北段即原三湖景区是生态保持相对完好的一片区域,水质清沏,芦苇丰茂,生物多样,堤岛棋布,是一个很好的自然生态景区,规划中稍加整治,开出必要的游船航道,形成一个以垂钓、非动力游船游览观光和餐饮文化为主的功能景区;山水大道北侧的鹤翔谷景区,因需要大土方的清理,清理后能够形成比较开阔的水面,宜做为水上乐园、水上运动场和机动游船、快艇等的经营区域;位于二农场渠东侧的百鸟鸣景区,因距城区较远,应稍加整治,尽量保持湿地自然的原生态现状,作为野生鸟类、鱼类的栖息地等。

从目前的建设情况来看,前期建设过于偏重于防洪的概念,过多地用治水的惯性思维来进行湿地景区的规划,呈现给人们的除了宽阔的水库水面和笔直高大的湖岸围堤外,在较大的北、东、中三个区域几乎再见不到有何明显不同。建设过程中工程的快速推进使规划显得滞后和随机,缺乏科学论证,也造成了工程的反复和资金的浪费,这不能不说是规划建设中的一个教训。

2.2　现实结果对景观的影响

其实从景观角度来说,水面并不是越大越好[4]。所谓山水形胜,就是要有山(岛)、有水、有树、有草、有亭台楼阁这些要素的有机构成,才能组成一个完美的景观构图。一种美的产生,往往不是平铺直露,而应有尤抱琵琶半遮面式的含蓄。景观也是如此,只有绿树掩映,岛屿棋布,使视线在水面的间隙中穿梭变幻,才更能激发游人的探求欲望。相比之下,杭州的西溪湿地模式值得借鉴,宁夏中卫市黄河公园水系的建设也值得学习。

2.3　湿地整治建设中的生态问题

由于起初一味追求水面的宽阔宏大,而忽略了生态问题的现实存在。比如东侧的百鸟鸣景区,原来除了一些渔塘和少量农田外,本就是大片的草滩、沙丘和浅水湿地,成群的鸟类在草丛中繁衍生息,真正是百鸟齐鸣,鱼翔浅底。在整治建设中本应留些沙丘岛屿供鸟类筑巢产卵,但现实情况是只有一望无际的水面,因为卵产在岸边总被一些无知的孩子拿走,鸟类的数量和种群开始逐年减少;在白鹭洲景区,整治前有大片高大茂密的芦苇,的确有白鹭、仓鹭、中华秋沙鸭、大鸨、黑鹳等珍稀鸟类出没,但整治后,芦苇不见了踪影,许多沙丘岛屿堤埂也消失了,游人再也找不到那种曲径通幽的感觉。没有了生存的条件,这些鸟类也都远走高飞了。

3　经验借鉴

星海湖湿地综合整治项目在建设实践过程中逐步总结经验,改进方法,在随后这几年的建设中积累了一些好的经验值得总结:

(1)星海湖南沙海景区的整治建设,在原来沙漠丘陵的地貌条件下,保留大部分沙丘,在低洼地挖出水道,注水成湖,既节约了资金,又形成了在不同视角变化无穷的景观效果。今日的南沙海,山水相映、沙岛棋布、林荫草茂、鱼跃鸟鸣,景色宜人。

(2)星海镇沙湖大道两侧的泄洪排涝补灌工程,是新开辟的泄洪通道,规划中运用仿自然河流的设计方法,蜿蜒曲折,宽窄有度,并全部采用 1:8 的自然放坡设计。水道游行于沙湖大道两侧,若即若离,若隐若现,美化了景观,维护了生态,提升了沿线的土地价值,工程的实施受到相关领导和各界高度肯定。

(3)在新近的星海镇城市新区规划中,水系规划参考南方水镇形式,水网交错,蜿蜒纵横,新建水道大多采用仿自然河道形式,力求让人们有种回归自然的感觉。

总之,在北方地区由于干旱少雨,植被覆盖率低,生态脆弱且恢复缓慢,在进行湿地整治和水景观建设时,应该因地治宜,有所为有所不为,尽可能地尊重现有保持较好的生态系统,在此基础上适度开发建设,以达到事半功倍的效果。

4　结语

城市滨水湿地受人类活动干预较多,往往是脆弱的人工生态系统,它在生态过程上几乎是耗竭性而非循环式的,因此我们更要对其加倍呵护,要在城市湿地公园建设中,引入"生态优先"的概念。按照"生态优先"原则,在湿地恢复或重建过程中,无论采取何种措施,都要以生态学思想为指导,都应合乎生态学规律,遵循自然辩证法,使生态与经济和谐发展。生态环境的建设是一种渐进、有序的系统发育和功能完善的过程,不能急于求成、急功近利。

星海湖湿地建设总体上呈现出开放的姿态,体现了公益性和以人为本的思想,值得肯定,但在具体设计中却存在诸多问题。例如为追求湖面景观的浩大和视线的通透,挖除了大部分茂密的芦苇丛和沙洲绿岛,营造宽水窄堤,使景观过于单一,没有纵深感和层次感;岸线上多为道路,静态的缓冲空间过少,不利于人的滞留和活动,也不利于其他景观要素的构建;在岸线处理上在许多并不是特别需要的部位采用了规则的砌石方法,显得过于生硬,与自然很不谐调。因水体中岛屿稀少,湖堤上又多有人为活动,许多野生鸟类无法栖息繁育,目前无论种类或是数量都大为减少,这就不是一种生态设计。

城市滨水湿地景观的建设既然是公益工程、民心工程,就必须把公共利益放在第一位。从规划、设计、施工到管理、运作,必须遵循生态学的基本规律。对湿地系统进行景观设计时,要十分尊重原湿地的地形地貌、生态系统和人文环境,始终把生态优先作为设计前提。设计师的责任就在于做到美学与生态兼顾,使人类生活与自然环境之间有良好的结合,最终达到人与自然的高度和谐。

总之,城市滨水湿地规划设计应在保证其自然生态平衡的前提下,最大限度地发挥其净化和调节水体的"传统"特性。同时,也要使湿地环境能够兼具野生的和园林的自然特征,以满足人们与大自然交流的愿望和文化娱乐的要求,使其成为构建和谐社会的载体。

参 考 文 献

[1] 杨永兴. 国际湿地科学研究的主要特点、进展与展望[J]. 地理科学进展,2002,21.

[2] 李长安. 中国湿地环境现状与保护对策[J]. 中国水利,2004,3:24-26.

[3] 孙宁涛. 城市湖泊的生态系统服务功能及其保护[J]. 安徽农业科学,2007,35(22).

[4] 孙鹏,王志芳. 遵从自然过程的城市河流和滨水区景观设计[J]. 城市规划,2000,24.

[5] 戴启培. 城市水景观应注重生态性[J]. 安徽农业,2004(1).

[6] 秦红梅. 大项目规划中湿地生态系统的保护利用与恢复研究[D]. 天津:天津大学,2007.

[7] 杨冬辉. 因循自然的景观规划——从发达国家的水域空间规划看城市景观的新需求[J]. 中国园林,2002(3):12-15.

[8] 王凌,罗述金. 城市湿地景观的生态设计[J]. 中国园林,2004(1).

试论国家水利风景区
贵州杜鹃湖的文化兴旅之路

成　凯

（贵州省水利旅游管理中心，贵阳　550002）

摘　要：杜鹃湖旅游区位于贵州省长顺县，原名猛坑水库，开展旅游业之后更名为杜鹃湖，表面上是名称的改变，实质是观念的转变，是工程水利向景观水利、民生水利的转化，是工程水利向经济水利转化，在这个转化的历程中，演译了自身的独特之路，同时也陷入了自身的困境。旅游区拥有良好的区位优势和丰富的旅游资源，虽然山清水秀，风景优美，却长期陷入美丽中的困境。如何才能走出当前的困境，这是本文所要探讨的问题。

关键词：文化兴旅　应用

1　美丽中的困境

杜鹃湖旅游区旅游资源丰富，融历史文化、民族文化和自然风光为一体，旅游区创立于 1993 年，1999 年正式对外开放。历时十多年的开发建设，投入了大量资金，举办了六届旅游节，大大提高了地方的知名度，但旅游区经营状况一直欠佳。

多年来，旅游高峰期始终未向"3～4 月"以外延伸，成为典型的花季产品，体现了景区对杜鹃花的高度依赖和杜鹃花对景区至关重要的作用。通过分析研究，主要存在以下几方面的问题。

首先，这个时段春暖花开，游人集中在这一时段，说明杜鹃湖已成为一个典型的春游产品。

其次，说明杜鹃湖旅游区尚未找到杜鹃花以外品牌，春季以外的吸引力和旅游功能严重不足，难以满足休闲占主体地位的休闲时代的需要。

在传统的 5～10 月是贵州的旅游高峰期，然而景区在 5 月之后立即进入淡季，旅游高峰随花落去，说明春游后失去了新的注意力，凸显品牌单一，对外宣传称杜鹃湖为休闲度假旅游区，可休闲度假的功能在景区尚不具备，亟待配套。

就目前景区现有的资源和设施来看，为旅游服务而配套的必需的基础设施——食宿条件基本具备，但闲置率较高，这是因为人们不会单纯为了吃和住而去杜鹃湖，这与适宜休闲度假的青山绿水不相映衬，尚缺乏以休闲度假为主题的休闲活动和休闲设施，旅游区内众多景点尚未开发，缺乏新的卖点，为什么去杜鹃湖（吸引力），去杜鹃湖干什么（活动内容）是当前尚未解决的核心问题，使杜鹃湖陷入美丽中的困境。为此，需要对旅游区进行科学的分析，找出发展的道路和关键措施。

总体上，杜鹃湖尚需再创新的品牌，促进产品升级转型。

2 对旅游区的再认识

经过十多年的建设,景区还未达到规划目标,现在又面临如何将旅游业办成人民群众满意的服务业的新要求。

世界旅游发生了质的变化,中国旅游业随着经济的快速发展,产品、需求、行业管理与服务也都发生了质的变化。一方面产品自身已由观光型产品为主上升到观光型+度假型旅游产品,且度假型旅游正取得主体地位,并向精品化方向发展;另一方面,需求也发生了相应的变化。需求是最大的资源,产品应随需求的变化而变化,并适度超前,以激发市场需求,确保产品拥有旺盛的生命力;同时,行业管理也应该随产品和需求的变化而变化。由于旅游是一项国际化程度较高的行业,国内的旅游法规、产品规划、设计及旅游服务等在国际化的过程中得到了较大的提高,已发展到一个标准化、规范化、流程化、品质化的时代,这是景区所面临的最大的挑战。

十多年的发展,杜鹃湖为何会陷入这美丽中的困境,带着这一问题,这里试图通过SWOT 分析工具,对杜鹃湖进行一次系统的分析。

2.1 景区发展的两大优势(Strengths)

首先,杜鹃湖拥有优越的区位优势。

杜鹃湖位于贵州两大旅游中心城市(贵阳、安顺)之间,紧靠省会城市贵阳,分别与贵州八大古镇之一青岩古镇和国家重点风景名胜区天河坛、黄果树、龙宫、格凸河、红枫湖等景区相连。良好的区位优势和交通条件,使杜鹃湖的开发很自然地与周边的著名景区组合成一组内容较为丰富的大型旅游产品,并历史性地构成了贵州西线旅游环线(贵阳—黄果树—天龙屯堡—杜鹃湖—青岩古镇—贵阳)。

杜鹃湖位于夜郎古国的腹地,丰富的历史文化极大地丰富了贵州西线旅游的文化内涵,同时又能共享西线旅游的资源优势和市场优势,与周边景区形成区域互动、产业互补之势。

其次,杜鹃湖拥有较好的资源优势,主要表现在以下几个方面。

(1)杜鹃湖有罕见的杜鹃花资源。有天下名湖,几处杜鹃。杜鹃湖景区流域面积 80 km^2,分布有近 45 km^2 的原始杜鹃林,每年 3 ~ 4 月,杜鹃盛开,使山清水秀的杜鹃湖堪称黔地奇境。从资料上显示,如此分布有大面积原始杜鹃林的湖泊在贵州绝无仅有,在国内亦不多见。

(2)杜鹃湖拥有底蕴深厚的历史文化资源。这里是神秘的夜郎故地。旅游区上游是已有 2 000 多历史的夜郎古镇,占地近 5 km^2 的夜合山夜郎古城遗址,其规模和历史遗存在贵州实属罕见,现存的金筑夜郎侯四世祖金庸墓、《金氏家谱》及大量的古墓群,为发掘、研究夜郎文化提供了丰富的历史素材。神秘的夜郎文化为这片山水增添了许多神秘的色彩和耐人寻味的文化灵魂。这里还是中国古代文学评论家、民族英雄、道光皇帝的老师但明伦的出生地,是中国电影事业著名的创始人之一——但杜宇的故乡;但杜宇的女儿但茱迪是登上世界小姐舞台的首位华人。无疑,这里成了人们追思先贤、怀古、怀旧的地方。

杜鹃湖还是西南帝王佛教胜地。旅游区东北面的白云山被称为中国历史名山、西南帝王佛教圣地,是贵州四大佛教名山之一,已有近600年的历史。因明朝建文帝在此出家修行数十年的传说,1638年清明节,中国大旅行家徐霞客追随建文帝的足迹到此考察。数百年来,众多文人墨客登山探秘。综观古今,以帝王出家成为开山之祖在中国的名山大川中,白云山绝无仅有。应该说,白云山与夜郎古城的组合,使这里占据了黔中历史文化的高峰,成为极具旅游开发价值的历史名胜,这是景区的文化品牌,使杜鹃湖与周边的红枫湖、百花湖及百里杜鹃在同质竞争中大大提高了其核心竞争力,并与红枫湖、百花湖由竞争转为互补。

杜鹃湖拥有独领风骚的民族特色。景区所在地长顺虽然是多民族聚居地,但主要以布依族、苗族为主。

贵州全省各地布依风情大同小异,在大特色中丧失个性。然而,旅游区内数百年历史的中院布依寨,不仅仅山水秀丽,文化厚重,更重要的是电视剧《蒙阿莎传奇》、《布依女》的主人翁人物原型系这里的布依姑娘陈莲珍。毛泽东曾称陈莲珍为"当代女孟获",目前正在拍摄《最高特赦》。

总之,夜郎文化、帝王佛教文化和独具魅力的民族民间文化,不仅仅是杜鹃湖的品牌,而且是贵州的品牌。以杜鹃湖的生态环境和接待服务设施为基础,以佛教文化和夜郎文化为突破口,整合开发其他历史人文资源,实施文化兴旅战略,使杜鹃湖走出美丽中的困境,促进杜鹃湖的快速发展。

2.2 景区固有的两大劣势(Weaknesses)

杜鹃湖的劣势主要体现在景点的小规模且分散布局与产权制度局限带来的商业模式的尴尬。

旅游区内景点以小规模分散布局为主,然而许多小景点的开发又不可能五脏俱全,如果不进行整合开发,相互间难以形成互动和共享,景区的规模化将步履艰难,大旅游的整体效应难以形成。

更重要的是,众多旅游景点资源品位虽然很高,但由于规模较小,如果要独立开发,建立独立的经营主体,投资大,投入产出难成正比,营销推广工作可能会出现五花八门的局面,甚至可能会产生区域内的恶性竞争。而且小景点的前途全系于龙头景区杜鹃湖的成熟度,更有赖于地方旅游业的成熟度,面对这样尴尬的局面,小规模独立景点的开发在市场上很难找到投资主体,这就要求杜鹃湖有做大的能力。

杜鹃湖风景区目前作为独立的市场主体,表面上符合市场规律,景区虽有大量的资产,但多是水利资产,很难进行融资,面临诸多国有水利资产使用的政策瓶颈问题。如何用发展激励开发主体,提高其融资能力和抗风险能力,这是各级主管部门需要解决的问题。

杜鹃湖景区经历了十多年的建设,沉淀了大量的存量资产,鉴于产权制度的原因使资产归属多元化,需要一个用发展统领一切的观念,通过政策措施,使景区的经营主体盘活现有的大量资产,使旅游区整体优势勃发出来,推动一方旅游业的壮大发展。

2.3 景区发展面临的两大机遇(Opportunities)

首先是发展机遇。外部交通环境的改变,使区位条件更加优越。随着贵州与周边省份高速交通网络的逐渐实施,使深居西南的贵州成为交通枢纽中心,历史性地改变了贵州的区域位置,最能受益的莫过于旅游业,最先受益的莫过于排在全国第四名的宜居城市、避暑之都——贵阳。预计在3年左右,贵阳到景区将开通高速公路,作为贵阳周边的旅游区,如何配合共同打造宜居城市、避暑之都,迎接好这一即将到来的历史性机遇,旅游区将大有作为,该做好充分准备。

其次是政策机遇。《国务院关于加快发展旅游业的意见》的出台,为旅游业的发展创造了较好的政策条件。今年3月,在全国水利风景区建设与管理工作会上,水利部陈雷部长作了重要讲话,指出了今后水利风景区建设的工作方向,并提出了一系列的措施。

随着西部大开发战略的进一步实施,将更一步促进西部旅游业的快速发展,作为西部交通枢纽的贵州旅游业将更加蓬勃发展,这一系列的外部环境将给杜鹃湖的发展带来空前的历史性机遇。

2.4　景区发展面临两大挑战(Threats)

1993年,杜鹃湖旅游区创立,十多年来虽然取得了一定的成绩,但在众多优势的丛林里,在竞争激烈的市场中,面对的挑战越来越多、越来越严峻。

首先,地方旅游业发展滞后,整体形象不佳,迎得市场认同的路还很长。由于长顺旅游业发展相对滞后,产业体系尚未建立,整体形象不佳,以县城为中心的旅游接待中心城镇条件尚待改善,旅游基础设施、服务设施、服务水平和接待能力有待逐步配套、完善和提高。景区的长期亏本经营,导致人才流失,整个行业缺少优秀的管理人才和先进的管理文化,粗放的、低水平的服务在市场竞争中面临严峻的挑战。

其次,资源羡余导致同质化竞争。由于简单的湖泊观光在贵州产品较多,由于杜鹃湖当前的旅游活动仍然是以湖泊观光为主,在黔中范围内形成湖泊的资源羡余,走上了同质化竞争之路。

另外,杜鹃湖目前仍以杜鹃花为品牌,虽然水上杜鹃的特色使其有一定的比较优势,但与贵州的百里杜鹃在一定程度上仍存在同质化竞争问题。

同质化竞争不但使营销成本增加,而且在有限的市场范围内难以形成独特的品牌。

3　应对挑战的五大文化兴旅之路

根据对杜鹃湖的分析,虽然存在一些固有的劣势和面临一些重大的挑战,但通过调整战略,实施文化兴旅之路,景区的发展依然前景广阔,形势喜人。

3.1　应对挑战,实施一体化文化价值观统筹发展的战略

旅游区虽然拥有众多优势,但一些固有的劣势和历史定位原因,引发旅游区同质化间竞争,导致发展陷入困境等一系列问题,使旅游区的发展面临诸多困惑与挑战。

文化是旅游的灵魂,历史文化和人文精神是杜鹃湖的优势资源,与周边有较大的差异性和较强的互补性,是旅游区赖以发展的"富矿"。站在历史的高度,面向未来,以国内旅游的宏观视野,结合时代发展和时代精神,发掘旅游区的文化资源,使之成为构建和谐社会的一部分,这不仅仅符合自身优势,而且是景区转换角色创新发展的重要举措,使之从当前的同质化竞争道路转向成为资源互补的战略伙伴,从美丽的困境中走向健康、快速的发展之路。

还有,在发展的背后更多的是政府行为和企业行为,表面上各行其事,在一个三元结

构(政府、企业与市场)体系中,其本质上是一个一体化的共建关系,并维系于这一体系中的文化价值观。因此,这——一体化的文化价值观主宰着旅游区的前途和命运,是确保旅游区实现既定目标的关键。把建设生态水利、景观水利、休闲水利与民生水利,构建人水和谐作为新的历史使命和时代主题,作为今后水文化的核心,这是旅游区建设与管理的最高统率,对引领旅游区应对挑战,谋求发展至关重要。

3.2 应对挑战,景点开发突出文化主导战略

目前杜鹃湖风景区以自然生态为主题,花开花落主导着风景区的前途和命运,湖泊和杜鹃花的同质化竞争使风景区陷入困境,为拓展风景区的发展空间,需要塑造新的核心品牌。

首先,重点打造白云山,推出西南帝王佛教圣地的文化品牌,并逐步推出其他的夜郎文化和民族文化品牌,通过文化魅力扭转同质化竞争的局面。其次,杜鹃湖是建文帝问道高人、禅定佛心之地。以杜鹃湖优美的生态环境为基础,以清澈、泽润万物的湖水为依托,以传统的"上善若水"、"水善利万物而不争"的博大精深的水文化为核心,以"亲水"、"禅水"为主题,打造杜鹃湖的修身养性休闲文化,将风景区建设成为文化底蕴深厚、民族风情浓郁、生态环境优美、休闲活动丰富多彩的亲水休闲度假区。

3.3 应对挑战,旅游活动突出人文精神的战略

人类的发展终将趋向文明大同,作为 5 000 年的文明古国,众多的民族文化、地域文明在几千年的历史长河中不断地消失,特别在国内外文化交流频繁、科学技术发达的今天,其消失程度更快、更彻底,尤其是快速的城市化使众多传统文明已淹没在现代文明中,只能在展览馆、博物馆和书籍中才能看到,这也是众多都市人钟情于乡村文明,激发乡村旅游动机的主要原因之一,也是发展乡村旅游的大好机遇。

依托中国酬神傩贵州还五显杜鹃湖研究基地,推出贵州还五显文化品牌,带动推出景区二大人文文化品牌:一是以传奇人物——女孟获陈莲珍为代表的布依文化品牌,二是以但明伦为代表的儒家文化品牌,从而达到整合区域人文资源,弘扬民族文化,促进文化与旅游互动。

3.4 应对挑战,主题定位实施和谐文化战略

人生应不是追求在结果上"征服了谁"。大自然养育和发展万物,让万物生生不息、绵绵不绝,大自然并不想征服谁,也不想被谁征服,正所谓大道为公,和谐共生。

永续发展,是大自然的真情至性,也是我们应该尊重和遵守的法则。

杜鹃湖山清水秀,鸟语花香,四时清明,全然一派万物生息繁衍的景象。这块风水宝地曾经见证了夜郎国的兴衰,曾经让建文帝在此禅定人生,曾经养育了一代著名文学评论家、民族英雄、道光皇帝的老师但明伦先生和中国电影事业的先驱但杜宇先生。

悠久的历史、厚重的文化、宁静的山水,使人的灵魂得到熏陶和修养。依托这厚重的人文气息,开辟以"修身"为主题的休闲度假游,使人们在旅游度假中净化灵魂,获得修养,获得熏陶,获得成长。同时在景区配套一些传统中医养生文化,把风景区打造成为贵州以和谐文化为核心、以和谐旅游为主要内容、以修身养性为主题的旅游度假地,将多年来单纯以观光为主题的旅游产品升级为休闲度假产品。

3.5 应对挑战,实施积极有效的经济文明战略

实施积极有效的经济文明的战略,通过行业协同发展,以克服景区小规模分散布局的劣势。

"自力更生,滚动发展,有多少钱办多少事",这在竞争激烈的市场环境中求生存、谋发展,已显得乏力。黔中旅游环境趋于成熟,杜鹃湖外部综合条件日臻完善,特别是赶上了"游风西进"的大好时机,建设贵州名湖,机不可失。景区的发展需要科学的投资决策和有效的理财文化,营造新的注意力,找准并开拓新的、更多的赢利点,加大投资力度,完善服务功能,丰富经营内容,对外采取多赢的价格策略,对内采取有效的激励政策,宏观求发展,微观求质量。

名湖战略只不过是旅游区发展的一个主要措施,最终是通过经济文明创造财富,分享财富。名湖战略需要通过各个景区景点克服小规模分散布局的劣势,实现协同、统一发展。各景区景点的经营又是通过企业行为来实现的,企业发展永远是机会主义,永远是投资行为。其发展战略需要以相互认同的文化价值观为基础,其发展过程是一个经济文明的过程,以积极有效的经济措施为核心,是顺利实现名湖战略的思想动力和经济动力,是行业精神的黏合剂、兴奋剂和向心力,否则,我们的事业将会在离心离德中作茧自缚,错失良机。

作者简介:成凯,男,(1966—),贵州省水利旅游管理中心负责人,工商硕士,工程师,高级职业经理人资格,高级项目管理师资格,联系地址:贵州省贵阳市南明区西湖巷 29 号(贵州省水利厅 213 室)。E-mail:cschengk313@163.com。

水利标准化

《工程建设标准编写规定》的变化情况浅析

吴　剑　李建国　谢艳芳　金　玲

（中国水利学会,北京　100053）

摘　要:本文对比分析了建设部于 1996 年印发的《工程建设标准编写规定》及住房和城乡建设部于 2008 年印发的《工程建设标准编写规定》的框架结构与具体条文,通过分析,得出了新编写规定的主要变化情况和对工程建设标准编写工作的启示。

关键词:工程建设标准　编写规定　变化

1　框架结构方面

建设部于 1996 年 12 月 13 日以建标[1996]626 号通知印发的《工程建设标准编写规定》(以下简称原规定)共 8 章 15 节 93 条,住房和城乡建设部于 2008 年 10 月 14 日以建标[2008]182 号通知印发的《工程建设标准编写规定》(以下简称新规定)共 8 章 16 节 107 条。两者比较后发现,编写规定的框架结构没有大的变化。新规定比原规定净增 1 节 14 条,但各章顺序没有变,只是第二章标准构成方面增加了"一般规定"一节,各章节标题比原规定更加简洁。

2　具体条文方面

2.1　第一章总则

这一章新规定共 5 条,比原规定该章共 4 条净增 1 条。主要变化如下:

(1)第一条编写目的,新规定比原规定增加了"为加强工程建设标准编制工作的管理",这一目的是原规定第一条中所没有的。另外,新规定第一条中"有利于正确理解和使用标准"一句与原规定第一条中"便于标准的贯彻执行"相比,虽然含义基本相同,但所表达的内容更加准确完整。还有"保证"编写质量改为"确保"编写质量,要求更高了。

(2)第二条适用范围,新规定没有改,但在企业标准前面冠上"工程建设",指明了编写规定中所说的企业标准是工程建设方面的企业标准,而不是泛指所有的企业标准。

(3)新规定第三条是新增条文,阐明了在体例、格式方面编写标准的共性要求。

(4)新规定第四条在原规定第四条的基础上补充了"并应同时出版,配套使用"一句,对条文说明的出版和使用提出了要求。

(5)新规定第五条也是新增条文,对标准的正式文本、标准局部修订内容和强制性条文的正式文本的出版、发布方式作出了规定。

2.2　第二章标准构成

删去原规定第二章标题中的"的"字,文字更加简洁。

2.2.1　第一节一般规定

这是新规定新增的一节。这一节包括两条:第六条明确规定了标准的构成;第七条规定了标准各部分的构成,但这一条是由原规定第一章总则第三条稍作修改补充而成的。在前引部分中,第 32 页原为"发布通知",现改为"公告"(即以公告的形式发布);在补充部分中,补充规定了"引用标准名录"。这是新规定新增加的规定,原规定中是没有的。

2.2.2　第二节前引部分

这一部分新规定共有 9 条,而原规定只有 5 条,净增 4 条。这一部分是新规定对原规定修订最多的部分之一。

(1)第八条、第九条都是新增条文。第八条规定了标准封面应包括的内容。第九条规定了标准编号的组成,以及标准代号的采用。

(2)第十条是对标准名称所作的规定。该条由原规定第五、六条组合而成,但原规定中标准的"类别属名"现改为"特征名"。

(3)第十一条是对标准发布公告的内容所作的规定。该条由原规定第七条修改而成。一是原规定的发布通知改为发布公告,并将原发布通知的文号改为公告号;二是规定了有强制性条文的应别列强制性条文的编号, 全文强制的用文字表明;三是将标准修订区分为全面修订和局部修订两种,而对局部修订的应采用"经此次修改的原条文同时废止"的典型用语;四是删去原规定发布通知应包括制定标准的任务来源,标准的主编部门或单位,标准的类别、级别,标准的管理部门或单位以及解释单位等内容,这些都无需在标准发布公告中说明。

(4)第十二条是对标准前言的内容所作的规定。该条由原规定第八条修改而成。一是该条第二款增加了"概述标准编制的主要工作"要求;二是该条第四款增加了"标准的管理部门、日常管理机构名称以及解释单位名称、邮编及通信地址"的内容;三是该条第五款增加了"主要审查人员名单,必要时还可包括参加单位名单"的内容;四是新增第三款有关强制性条文采用典型用语,并说明强制性条文管理、解释的负责部门等内容;五是删除了原规定第八条第六款下面有关标准起草人的"注"。

(5)第十三条是新增条文,对参加单位名单的确定和编排作了明确的规定。

(6)第十四条也是新增条文,对标准主要审查人员名单的确定和编排作了明确的规定。

(7)第十五条也是新增条文,规定标准正文目次除中文目次,还要有英文目次,以及英文目次的编排等。

(8)第十六条在原规定第九条的基础上,要求标准的目次增列引用标准名录和条文说明及其起始页码。

2.2.3　第三节正文部分

这一部分新规定共 12 条,比原规定 10 条净增 2 条。

(1)第十七条与原规定第十条内容是一致的,但第四款原规定"相关标准"改为"执行相关标准的要求",比原规定表达更恰当。

(2)第十八条、第二十二条、第二十三条与原规定第十一条、第十四条、第十五条内容比较一致。

（3）第十九条与原规定第十二条比较,内容基本一致,但新规定增加了"标准和适用范围不应规定参照执行的范围"这一规定。

（4）第二十条是"新增条文",对标准的适用范围、不适用范围、采用的典型用语作了规定（实际上该条由原规定第四十一条移来）。

（5）第二十一条与原规定第十三条比较,内容基本一致,但对共性要求独立成章采用的章名作了补充规定。

（6）第二十四条与原规定第十六条比较,内容基本一致,但指明符号包括代号、缩略语这一概念。

（7）第二十五条与原规定第十七条比较,内容基本一致,但新规定增加了"物理量"、《中华人民共和国法定计量单位使用方法》和国家现行有关标准的规定等。删除了原规定中"并应符合使用方法"一语。

（8）第二十六条与原规定第十八条比较,内容基本一致,唯新规定第六款将"逻辑严谨"移至"简练明确"前面,作为文字表达的第一要求;第七款用词严格程度要求,"准确"改为"恰当",并增加了"并应符合标准用词说明的规定"这一要求。

（9）第二十七条为新增条文,对标准中强制性条文的编写要求作了规定。

（10）第二十八条与原规定第十九条比较,内容基本一致,但将《术语标准编写规定》GB 1.6 和《符号、代号标准编写规定》GB 1.5"改为"《标准编写规则　第 1 部分:术语》GB/T 20001.1 和《标准编写规则　第 2 部分:符号》GB/T 20001.2"。

2.2.4　第四节补充部分

这一部分新规定共 3 条,比原规定 2 条净增 1 条。

（1）第二十九条与原规定第二十条比较,内容一致,仅文字表达顺序稍有不同。

（2）第三十条与原规定第二十一条比较,内容有所扩展（实际上所扩展的内容由原规定第四十二条移来）。一是对标准用词说明的列出方式和排列位置作出了规定;二是对典型用词及其说明作了规定,要求将原三级用词改为四级。

（3）第三十一条是新增条文,对引用标准名录的编写作了规定。

2.3　第三章层次划分及编号

删去原规定第三章标题中的"标准的"三字,实质未变,文字更简洁。

2.3.1　第一节层次划分

原规定第一节标题"层次种类"现改为"层次划分",更为恰切。这一节新规定 2 条,与原规定条数一样,没有增加。

（1）第三十二条与原规定第二十二条内容一致,但划分层次的原则由"先主体,先共性"改为"先主后次,共性优先",文字表达更全面一些。

（2）第三十三条与原规定第二十三条比较,增加了关于次分组单元的规定。

2.3.2　第二节层次编号

这一节新规定共 3 条（第三十四条、第三十五条、第三十六条）,与原规定该节条数一致,3 条内容也基本一致,但是第三十四条指明层次之间的圆点位置应加在数字的右下角,更加具体明确。

2.3.3 第三节附录

这一节新规定共 5 条,比原规定该节 2 条净增 3 条。

(1)第三十七条与原规定第二十七条比较,内容基本一致,仅将"拉丁字母"改为"英文字母",同时不得采用的英文字母除"I"、"O"外,增加了一个"X"。第三十七条中如将"A.2"、"A.2.1"改为"A.×"、"A.×.×"将更具普遍意义。

(2)第三十八条、第三十九条、第四十条、第四十一条均为"新增条文",原规定第三节中没有这 4 条条文规定。第三十八条规定了附录顺序、标题设置和排列格式(实际上是将原规定第三十三条移此),第三十九条、第四十条、第四十一条规定了附录表、公式、图的编号方法,包括附录中仅有一个表或一个图的编号方法(实际上是将原规定第四十九条、第五十条、第五十六条、第六十一条适当归并后移此)。

(3)原规定第二十八条关于标准用词和用语说明的编排位置的规定删去。

2.4 第四章格式编排

这一章新规定共 2 条,比原规定该章共 5 条净减 3 条。这一章标题比原规定该章标题更简洁。

(1)第四十二条与原规定第二十九条比较,内容完全一致,没有改动一个字。

(2)第四十三条基本上是由原规定第三十一条、第三十二条合并而成的,内容大体上相同,所不同的是:新规定增加了"当同时存在术语和符号时,应分节编写"的规定。原规定中"术语名称"改为"中文名称",符号的计量单位"不宜"列出改为"不应"列出,符号"不宜"编号改为"可不"编号,表示执行程度的标准用词是有所不同的。

(3)原规定第三十条关于并列要素的规定删去。

(4)原规定第三十三条关于标准附录的规定移至新规定第三章的第三节,稍作补充后,作为新规定的第三十七条。

2.5 第五章引用标准

这一章新规定共 6 条,比原规定共 5 条净增 1 条。这一章标题未变,是对原规定修订相对较多的部分之一。

(1)第四十四条是新增条文,对涉及引用标准的级别方面作了原则规定。

(2)第四十五条也是新增条文,对引用国际或国外标准方面作了原则规定。

(3)第四十六条与原规定第三十四条相比,内容一致,但执行程度要求不同,原规定的"应"改为"宜",原规定的"不得"改为"不宜"。

(4)第四十七条与原规定第三十五条相比,内容一致,仅标准"编号"拆分为代号、顺序号、年号,并举例。

(5)第四十八条与原规定第三十六条相比,内容一致,仅加举例。

(6)第四十九条是新增条文,对强制性条文中的引用标准作了规定。

(7)原规定第三十七条和第三十八条,有关引用条文、表、公式的典型用语,移入第六章第二节典型用语中。

2.6 第六章编写细则

本章标题未变,其下分 9 节也未变。这是编写规定中的重点章节。

2.6.1　第一节一般规定

这一节新规定共 2 条,与原规定条数一样,没有增减。

(1)第五十条与原规定第三十九条内容基本一致,仅"规定"前加"有关"二字,另补充了"行业标准和地方标准的备案顺序号不应改变"的规定。

(2)第五十一条与原规定第四十条的内容完全一致。

2.6.2　第二节典型用语

这一节,新规定共 4 条,比原规定该节共 3 条净增 1 条。这一节标题为"典型用语",删去原规定该节标题中的"标准执行程度用词",因执行程度用词相关内容已移至第二章第四节补充部分。

(1)第五十二条与原规定第四十三条相比,内容基本一致,但执行程度要求不同,原规定的"宜"改为"应"。

(2)第五十三条、第五十四条由原规定第三十七条、第三十八条移来,但是在"本标准"后加"(规范程度)","第 5.2.3 条"改为"第 ×.×.× 条","表 5.2.3"和"公式(5.2.3)"分别改为"表 ×.×.×"和"公式(×.×.×)",更具普遍意义。

(3)第五十五条是"新增条文",对描述偏差范围的典型用语作了规定(实际上这条是原规定第六十八条中一段文字规定)。

(4)原规定第四十一条移至新规定第二章第三节正文部分。

(5)原规定第四十二条移至新规定第二章第四节补充部分。

2.6.3　第三节表

这一节新规定共 6 条,比原规定该节共 7 条净减 1 条。

(1)第五十六条是新增条文,对表的采用作了原则规定。

(2)第五十七条与原规定第四十四条比较,内容基本一致,仅加"并应"和"居中",对执行程度和排列位置要求作出了规定。

(3)第五十八条与原规定第四十五条比较,内容基本一致,仅在表的编号后加执行程度用词"应"字,并要求"排于表格顶线上方",同时表例作了更换。第五十八条中如将"第3.2.5 条"、"表3.2.5"、"表4.7.2"分别改为"第 ×.×.× 条"、"表 ×.×.×"、"表 ×.×.×"将更具普遍意义。

(4)第五十九条与原规定第四十六条比较,内容基本一致,但原规定执行程度用词"可"改为"应"。

(5)第六十条与原规定第四十七条比较,内容基本一致,新规定新增"表内同一表栏中数值以小数点或者以'—'等符号为准上下对齐,数值的有效位数应相同"一段文字规定。

(6)第六十一条与原规定第四十八条比较,内容基本一致,仅在计量单位后加"加括号后"4 字。

(7)原规定第四十九条、第五十条均移至新规定第三章第三节附录中。

2.6.4　第四节公式

这一节新规定共 5 条,比原规定该节共 6 条净减 1 条。

(1)第六十二条、第六十三条、第六十四条与原规定第五十一条、第五十二条、第五十五条内容完全一致,一字未改。第六十二条中"公式(3.2.5)"如改为"公式(×.×.×)"将具普遍意义。

(2)第六十五条与原规定第五十四条比较,内容基本一致,除"意义"改为"涵义"外,执行程度用词不达意"不宜"改为"可"。

(3)第六十六条与原规定第五十五条比较,内容基本一致,仅原规定"式中"后空一格改为"加冒号"。

(4)原规定第五十六条移至新规定第三章第三节附录中。

2.6.5　第五节图

这一节新规定共 6 条,与原规定该节条数一样,没有增减。

(1)第六十七条是新增条文,对引用中华人民共和国地图作出了规定。

(2)第六十八条与原规定第五十七条比较,内容基本一致,仅加"并应"二字,对执行程度作出要求。

(3)第六十九条与原规定第五十八条内容完全一致,一字未改。第六十九条中"3.2.5 条"、"图 3.2.5"如改为"×.×.× 条"、"图 ×.×.×"将更具普遍意义。

(4)第七十条与原规定第五十九条内容也完全一致,一字未改。

(5)第七十一条与原规定第六十条比较,内容一致,仅将"附近"改为"之后",并加执行程度用词"可"。

(6)第七十二条与原规定第六十二条比较,内容一致,仅加"可采用",对执行程度提出要求。

(7)原规定第六十一条移至新规定第三章第三节附录中。

2.6.6　第六节数值

第一节新规定共 10 条,比原规定该节 8 条净增 2 条。这一节标题改为"数值",删去原规定该节标题中的"标准中的"和"写法"6 字,显得十分简洁。

(1)第七十三条与原规定第六十三条比较,内容基本一致,但"对 10 以内的数字"改为"表达非物理量的数字为一至九时"。

(2)第七十四条与原规定第六十四条比较,内容基本一致,原规定中"其中分数宜改为小数表示'和'(或 0.75)"删去。

(3)第七十五条与原规定第六十五条比较,内容基本一致,原规定中对圆点要求"齐底线书写"删去。

(4)第七十六条是新增条文,对四位或四位以上数字的书写方法作出了规定。

(5)第七十七条与原规定第六十六条比较,内容基本完全一致,一字未改。

(6)第七十八条与原规定第六十七条比较,内容基本一致,仅将原规定中"乘以 10^n(n 为整数)的写法"改为"10 的幂次方式"。

(7)第七十九条是新增条文,对多位数值的书写要求作出规定。

(8)第八十条与原规定第六十八条比较,内容基本一致,除"方式"改为"示例"外,修改 20 ℃ ±2 ℃ 或(20 ±2)℃ 和增列(55 ±4)% 书写示例。

(9)第八十一条与原规定第六十九条比较,内容基本一致,仅修改 10N ~ 15N 或(10 ~15)N 和增列 18°30′ ~ −18°30′ 书写示例。

（10）第八十二条与原规定第七十条比较，内容完全一致，一字未改。

2.6.7　第七节量、单位的名称及符号

这一节新规定共 4 条，与原规定该节条数一样，没有增减。这一节标题"量、单位的名称及符号"虽增加了"量"，但不如原规定该节标题"计量单位与符号"简洁。

（1）第八十三条与原规定第七十一条比较，对量和单位作了补充规定。但原规定第七十一条关于单位符号采用正体字母的规定纳入新规范第八十五条。

（2）第八十四条与原规定第七十三条比较，内容基本一致，其中举例取自原规定第七十四条。

（3）第八十五条与原规定第七十四条比较，内容基本一致，有关单位符号采用正体字母的规定由原规定第七十一条移来。

（4）第八十六条与原规定第七十二条比较，内容完全一致，一字未改。

2.6.8　第八节标点符号和简化字

这一节新规定共 6 条，与原规定该节条数一样，没有增减。

（1）第八十七条与原规定第七十五条比较，内容基本一致，但原规定该条"不宜"改为"不应"，执行程度要求提高了一级。

（2）第八十八条与原规定第七十六条比较，内容基本一致，但补充规定了"在条文中不宜采用括号方式表达条文的补充内容"和"括号内的文字应与括号前的内容表达同一含义"。

（3）第八十九条与原规定第七十七条比较，内容基本一致，但补充规定了"标点符号应采用中文标点书写格式"。

（4）第九十条与原规定第七十八条内容基本一致，仅在标点符号前明确加"每个"，标点符号后"均"改为"应"。

（5）第九十一条与原规定第七十九条内容完全一致，一字未改。

（6）第九十二条与原规定第八十条内容基本一致，在原规定条文前加"标准"、条文后加"及条文说明"，即条文说明也应采用国家正式公布实施的简化汉字。

2.6.9　第九节注

这一节新规定共 6 条，与原规定该节条数一样，没有增减。

（1）第九十三条与原规定第八十一条内容完全一致，一字未变。

（2）第九十四条与原规定第八十二条比较，内容基本一致，但首句加"当"和"时"，执行程度用词"宜"改为"应"。

（3）第九十五条与原规定第八十三条比较，内容基本一致，但对表中只有一个注或多个注时的标明方式作了补充规定。

（4）第九十六条、第九十七条、第九十八条与原规定第八十四条、第八十五条、第八十六条比较，内容完全一致，一字未改。

2.7　第七章条文说明

这一章新规定共 7 条，比原规定该章共 5 条净增 2 条，这一章标题为"条文说明"，删去原规定该章标题中的"标准"和"的编写"5 字，更为简洁。这一章也是新规定对原规定修订较多的部分之一。

（1）第九十九条与原规定第八十九条中部分条款相比较，内容基本一致，但除个别文字性修改（如"说明"改为"解释"，保密内容前加"规定的"）外，增加了"标准正文中的条文宜编写相应的条文说明"、"强制性条文必须编写条文说明"、"条文说明不得写入有损公平、公正原则的内容等"规定作为条文编写的原则是完全必要的。

（2）第一百条与原规定第八十七条比较，内容基本一致，但"标准的名称"改为"封面页"。

（3）第一百零一条是新增条文，规定了条文说明封面所应包括的内容。

（4）第一百零二条也是新增条文，规定了制订（或修订）说明应编写的内容。

（5）第一百零三条也是新增条文，对条文说明目次的编列作出了规定。

（6）第一百零四条与原规定第八十八条前半段比较，内容基本一致，仅"条文"改为"正文"。

（7）第一百零五条与原规定第八十八条后半段、第八十九条部分条款以及第九十条、第九十一条相比较，内容基本一致，但补充规定了条文说明需说明正文规定的"目的"、"理由"，对引用的重要数据和图表还应说明出处，以及对于修改的条文"宜保留原条文说明"，"当条文说明与正文合订出版时，其面码应与正文连续编排，其中封面页应为暗码"等。

2.8　第八章附则

这一章新规定共 2 条，与原规定该章条数一样，没有增减。

（1）第一百零六条与原规定第九十二条比较，由于体制的改变"建设部"改为"住房和城乡建设部"。

（2）第一百零七条与原规定第九十三条比较，原规定施行的具体日期改为新规定的"自印发之日起施行"。

以上按新规定章、节、条顺序，对新规定与原规定进行逐条对比，基本揭示了新规定的修订变化情况。

3　初步分析

新规定变化条文数统计见表 1。

表 1　《工程建设标准编写规定》2008 年版变化条文数统计

	章、节号	新增条文	"新增条文"	局部修改 1	局部修改 2	原条文	合计
	第一章	2	0	3	0	0	5
第二章	第一节	1	0	1	0	0	2
	第二节	5	0	4	0	0	9
	第三节	1	1	7	1	2	12
	第四节	1	0	1	0	1	3

续表 1

章、节号		新增条文	"新增条文"	局部修改 1	局部修改 2	原条文	合计
第三章	第一节	0	0	1	1	0	2
	第二节	0	0	1	0	2	3
	第三节	0	4	1	0	0	5
第四章		0	0	1	0	1	2
第五章		3	0	1	2	0	6
第六章	第一节	0	0	1	0	1	2
	第二节	0	1	1	2	0	4
	第三节	1	0	4	1	0	6
	第四节	0	0	1	1	3	5
	第五节	1	0	3	0	2	6
	第六节	2	0	2	4	2	10
	第七节	0	0	1	2	1	4
	第八节	0	0	0	0	1	6
	第九节	0	0	2	0	4	6
第七章		3	0	3	1	0	7
第八章		0	0	2	0	0	2
合计		20	6	46	15	20	107

需要说明的是,表栏内"新增条文"仅是在其所在章节中是新增的条文,这种条文实际上是从原规定别的章节中移过来的,而不是新规定中真正的新增条文,故加双引号以示与真正新增条文的区别;局部修改 1 是指其内容有实质性的修改补充或对执行程度用词作了修改补充的条文;局部修改 2 是指其内容仅是文字性修改或体例格式的修改的条文;原条文是从原规定一字不改地保留下来的条文(当然条号是有变化的)。

从表 1 可见,新规定新增条文共 20 条,约占条文总数的 19%,局部修改 1 条文共 46条,约占条文总数的 43%,两者合计占条文总数的 60% 以上,说明新规定的修订具有实质性的意义。特别是新增有关强制性条文的编写规定和有关引用标准名录的编写规定等具有开创性的意义。

从表 1 还可见,除"新增条文"(实际上仅是章节间位置的改动)和原条文保留外,新规定新增条文数和局部修改(包括局部修改 1 和局部修改 2)条文数共 81 条,约占新规定条文总数的 76%,说明新规定的修订覆盖面还是比较大的,已非一般的局部修订。

另外,新规定第二章标准构成(特别是第二章第二节前引部分)、第五章引用标准和第七章条文说明等部分是新规定本次修订条文相对比较集中的章节,这对我们修订SL 1—2002 具有提示的作用。第二章新增条文数和局部修改 1 条文数共 21 条,约占该章条文总数的 80%（其中第二章第二节新增条文数和局部修改 1 条文数共 9 条,竟占该节条文总数的 100%）,第五章新增条文数和局部修改 1 条文数共 4 条,约占该章条文总数的 67%,而第七章新增条文数和局部修改 1 条文数共 6 条,约占该章条文总数的 86%。

参 考 文 献

[1] 中华人民共和国建设部. 工程建设标准编写规定[S]. 1996.
[2] 中华人民共和国住房和城乡建设部. 工程建设标准编写规定[S]. 2008.

作者简介:吴剑(1973—),男,高级工程师,中国水利学会,主要从事标准化研究与管理工作。联系地址:北京市宣武区白广路二条 2 号。E-mail:wujian@ mwr. gov. cn。

泵站现场检测的质量控制

刘 春

（安徽省机电排灌总站，合肥 230022）

摘 要：泵站现场检测是为泵站更新改造项目的安全鉴定与更新改造的实施提供可靠的基础数据和科学依据。本文依据多年泵站检测工作的实践，论述了泵站现场检测质量的控制措施。

关键词：泵站 现场检测 质量控制

1 泵站现场检测在泵站工作中的重要性

安徽省现有的 16 268 座总装机容量约 367.2 万 kW 的大、中、小型排灌泵站中，其半数以上为 20 世纪六七十年代建成的，至今已运行四五十年，这些泵站中的机电设备和水工建筑物都已处于不同程度的老化状态，泵站功能衰减，效益下降，故障频繁，严重威胁安全运行。自 20 世纪 80 年代以来，中央及地方各级政府投入了巨额资金，用于泵站工程的技术改造和建设，提高泵站工程提排水能力，遏制泵站工程效益衰减。

在市场经济的条件下，为追逐效益的最大化，用较少的投入取得较大的经济效益，对原有泵站技术改造前、后阶段的检测，新建泵站竣工的验收检测，以及泵站日常运行进行的现场检测，都是优化泵站技术改造方案的重要手段；是检验新建泵站设计、施工水平优劣，积累泵站建设经验的重要方法；同时也是评判平时管理水平的重要依据。

泵站现场检测是判断泵站水工建筑物、机电设备、金属结构及附属设施能否投入运行、使用的基础性和关键性环节，也是预防泵站水工建筑物、机电设备、金属结构等损坏及保证泵站安全运行的重要措施。只有保证了泵站现场检测的质量，才能为泵站更新改造的实施及泵站的日常管理提供可靠的基础数据和科学依据，泵站现场检测的质量控制十分重要。

2 泵站现场安全检测的质量控制

水利主管部门先后颁发了《大型排涝泵站改造项目建设管理办法》、《关于开展大型排涝泵站更新改造项目安全鉴定的通知》、《大型排涝泵站更新改造项目安全鉴定工作导则（试行）》、《泵站安全鉴定规程》（SL 316—2004）、《水利工程质量检测管理规定》、《泵站现场测试规程》（SD 140—85）、《泵站技术管理规程》（SL 255—2000）和《泵站设计规范》（GB/T 50265—97）等指导性文件，以确保泵站工程基础性工作的质量。长时期的泵站现场检测工作实践使我们认识到，要搞好泵站现场安全检测的质量控制，必须在以下几个方面做出努力。

2.1　建立机构,配备人员,完善培训制度

搞好泵站现场检测,必须要有一个专业的机构和一群高素质的检测人员。检测质量的好坏,很大程度上取决于操作仪器和测取读数的试验人员的经验与熟练程度。对于复杂仪器的操作和读表要由有经验的专门人员来担任,以保证检测质量和避免损坏仪器。对于不太复杂的仪器的读表也要由经过短期训练的人员来承担,以保证获得可靠的检测数据。

为适应安徽泵站工作的需要,安徽省机电排灌总站适时成立了安徽省泵站检测所,并且得到安徽省质量技术监督局的计量(资格)认证,取得了开展泵站现场安全检测的资质。根据新颁布的《实验室资质认证评审准则》,结合本检测所实际,对质量体系中的人员按质量要素进行分配,每项职责落实到人,明确分工(见表1)。检测人员经过相应专业培训和考核,取得了开展泵站现场安全检测的资格,熟悉相关的检验检测标准和设施、设备的操作规程,为在全省开展泵站检测工作奠定了基础。

表 1　质量要素分配表

章节编号	要素名称	部门职能及责任人								
		所长	副所长	技术负责人	质量负责人	综合室	检测室	现场主检测人	内审员	监督员
1	组织与管理	★	☆	○	○	○	○	△	△	△
2	质量体系、审核与评审	★	△	△	☆	○	△	○	△	△
3	人员	△	★	☆	○	○	△	△	△	△
4	设施与环境		△	★	△	△	☆	○		△
5	仪器设备	△	★	△	△	☆	○	○	△	△
6	量值溯源和校准			△	★	☆	○	○	△	△
7	检测方法			★	○	○	☆	○	△	△
8	记录			△	★	○.	☆	○	△	△
9	证书和报告			★	○	○	☆	○	△	△
10	检验的分包	△	△	★	△	☆	○	○	△	△
11	外部协作与供给			★	△	☆	○	○	△	△
12	申诉/投拆	○	○	○	★	☆	○	○	△	△

注:★主管,☆主办,○协办,△相关。

2.2　检测仪器设备的配置和管理

检测的仪器设备是泵站现场检测的硬件,是检测能力的标志。检测质量的好坏,还取决于所使用测量仪器的自身质量和是否满足检测的现场条件。例如在泵站现场测试要素中,一般项目都有成熟的仪器、仪表进行测试,而流量的现场测试却较为复杂。传统的测试仪器,如旋桨式流速仪、毕托管、均速管、量水堰等,可以测试出一定条件下的泵流量,而对纷繁多样的出水管(流)道,如安徽省沿江压力水箱形式出水的泵站,却难以满足传统

测试方法的现场条件要求。20 世纪 80 年代以来,国内相关科研机关、大专院校、管理部门、工厂企业等单位曾进行了艰苦卓绝的探索,试图找到一种能够满足泵站现场复杂条件要求的流量测试方法,相继出现了北京大学的超声波流量计、武汉水利水电学院的盐水浓度法、南京水利科学研究所的管道流速仪等种类繁多的流量测试仪器、方法,虽都得到了一定范围内的应用,但都因为存在着一定的局限性而难以广泛推广使用。

　　近几年来,随着电子技术、数字技术的发展,利用超声波脉冲测量流体流量的技术发展很快,Pro20 型 ADFM 声学多普勒流量计作为国际上技术领先的高科技产品的代表,在美国、欧洲等国家和地区被大量采用。安徽省机电排灌总站、安徽省泵站检测所经过反复的市场调查和技术论证,于 2002 年引进了这项技术。安徽省泵站检测所成立以后,根据所能承担的泵站检测项目,陆续投入数十万元资金,购入美国 Pro20 型 ADFM 声学多普勒流量计、日本 HIOKI3196 型电能分析仪等一批性能先进的仪器设备。建立了仪器设备库,进行规范化管理。建立仪器设备台账和档案,实行标识管理。组织人员编写采购新仪器的计划,办理仪器开箱验收手续,并送交省计量检测所鉴定,对送检不合格的仪器及时购置补充,建立了仪器档案。使仪器设备保持周期溯源的有效性,保证了仪器设备持续有效、功能可靠。在用的计量仪器设备均处在检定/校准的有效期内,能保证所检测参数的准确性,向社会提供公正、可靠的数据。

2.3　确定检测依据

　　《泵站安全鉴定规程》及《泵站安装与验收规程》规定了泵站现场检测项目,包括泵站工程混凝土结构、砌石结构、泵房上部结构、主机组、电气设备、辅助设备、金属结构、压力管道、计算机监控系统及微机继电保护装置和附属配套设施。为了保证泵站现场安全检测工作顺利进行,检测人员必须尽量收集泵站设计、施工、安装、机电设备、技术管理等资料,学习和熟悉相关的检测标准,认真研究和分析泵站相关资料,确定泵站检测项目,按照新的《实验室资质认证评审准则》,编制"质量手册"、"程序文件"和"操作手则",使内部质量体系更加符合规范要求。编写"检测实施细则",确定泵站检测的依据。

2.4　规范检测过程

　　检测操作过程是现场检测工作的核心环节,必须科学、规范。检测前要做好充分的准备,明确各项检测的依据、标准或实施细则,选用检测仪器设备的操作规程、步骤,检测仪器的状况、适用条件;根据泵站现场检测实际情况决定参加现场检测的人员,指定各检测项目负责人,指定现场检测主检员。非检测人员不得进入检测现场,检测现场只允许检测人员和泵站开机操作工进入。检测人员持证上岗,泵站配合人员凭工作票上岗。检测仪器安装要在泵站停止运行的状态下进行,电气检测人员和泵站开机人员要穿戴绝缘防护服饰进入检测现场。检测现场用红色线绳圈定范围,并用"非检测人员不得进入现场"予以警示。检测记录采用统一的表格,使用法定的计量单位,按统一的要求填写;检测报告应按《泵站安全鉴定规程》及《泵站安装与验收规程》规定的内容编写,现场检测报告应该实事求是,真实而全面地反映泵站建筑物和机电设备的现状及存在的问题,包括工程概况、工程或机电设备的设计参数、实际运行参数、检测执行的标准。

2.5　控制检测误差,科学处理数据

　　检测过程中,由于主观和客观的原因,检测数据与实际值总是存有差距,这就要求我

们必须控制检测误差,科学处理数据。

2.5.1　检测数据的记录

泵站运行检测的记录数据必须是泵站机组、设备都运行正常情况下的运行数据,要求每分钟记录一次,重复读数的组数不应少于《泵站现场测试规程》中的 B 级或 C 级的要求,同时也要达到极限误差的要求。在某一时刻内要求同时记录读取被检测的参数,如流量、水位、输入功率、转速等。这样才能反映在这一时刻内的机组参数。

2.5.2　检测数据误差

根据误差的性质可分为三类,即系统误差、随机误差和过失误差。误差 = 随机误差 + 系统误差 。

(1)系统误差。在重复性条件下,对同一被测量进行无限多次测量所得结果的平均值与预备测量的真值之差,称为系统误差。

(2)随机误差。测量结果与在重复性条件下,对同一被测量进行无限多次测量所得结果的平均值之差,称为随机误差。

(3)过失误差。由于检测人员工作粗枝大叶,数据的读错、记错、算错和测错等原因而引起的误差叫过失误差。

(4)测量结果总的极限误差。在泵站运行检测中,检测的参数都存在随机误差和系统误差,所以要先计算出参数的误差。根据参数误差,再计算测量结果的总极限误差。

泵站效率测量的极限误差按下式计算:

$$\triangle \eta = \pm \sqrt{\Delta H + \Delta Q + \Delta N}$$

式中:ΔH、ΔQ、ΔN 分别为扬程、流量、功率的极限误差。

2.5.3　检测数据处理

处理数据的合理性、数字运算及回归分析:

(1)合理性(过失误差)。在检测中如果发现数据明显不合理,可将该值在记录中划掉,但须注明原因。对不太明显的过失误差需对所有数据按系统方法判断检验。检验准则包括格拉布斯准则、肖维纳准则、狄克逊准则。

(2)数字运算。有效位数——从左边第一个非零字算起所有有效数字的个数,即为有效数字位数,简称为有效位数。

例如　0.00　　　　　1 002 000——7 位有效数字

　　　　不是有效数字　　　　　有效数字(含零)

1.001000 共有 7 位有效数字

有效数字舍入规则——"四舍六入,五凑偶"。

例如:

确定有效位数为四位	3.1415001	3.1414999	3.1425	3.141329	3.1405001
结果	3.142	3.141	3.142	3.141	3.141

3　结语

随着国民经济的快速发展,泵站工程在防洪、排涝、灌溉、救灾中将发挥越来越重要的作用。但是泵站工程老化失修,效益衰减,严重威胁安全运行的状态,越来越难以适应国民经济的发展需要。因此,改变泵站的落后状况,提升泵站技术和管理水平,使泵站充分发挥效益,越来越成为人们关注的焦点。要保障粮食安全和构建社会主义和谐社会的社会经济发展需求,泵站工程面临着新的机遇,我们要认真搞好泵站现场检测工作的研究和实践,做好质量控制,为迎接泵站事业新高潮的到来做好准备。

参 考 文 献

[1] SL 316—2004　泵站安全鉴定规程[S]. 北京:中国水利水电出版社,2004.
[2] 李端明. 浅谈泵站现场安全检测的质量管理[C]∥中国水利学会 2006 学术年会论文集. 2006.

作者简介:刘春(1973—),男,工程师,主要从事泵站工程检测和管理工作。

大型输水工程施工期节能减排设计初探[*]

闫　凯　吕子丹　王昊宇

（辽宁省水利水电勘测设计研究院,沈阳　110006）

摘　要:本文以观音阁水库输水工程为背景,从施工设备选型、辅助生产系统设计、资源综合利用等方面对大型输水工程施工期节能减排的具体实施措施进行探讨,提出水利工程节能减排设计中应注意的主要问题,为做好项目建议书及可行性研究报告阶段的节能设计提供参考依据。

关键词:输水工程　节能减排　水利工程　节能设计

经过水利建设者的不懈努力,我国水电能源开发工程、输水调水工程、除险加固工程均取得前所未有的成就,我国水利事业正处于飞速发展的阶段,但是大型水利工程均具有建设周期长、施工地点偏远、施工场地有限的缺点,同时高强度、高度机械化、立体多点同时施工的现状,对施工区附近的环境带来较大影响,甚至有的工程施工破坏了项目区附近的生态环境,也造成巨大的资金、能源、原材料浪费等情况。2007 年印发的《国务院关于印发节能减排综合性工作方案的通知》[1]明确将推进水电利用作为积极推进能源结构调整的节能减排措施之一,水利部水利水电规划设计总院组织编制的《水利水电工程节能设计标准》,也已进入征求意见阶段,可见今后我国的水利工程设计与施工将逐步走向节能减排的高效发展方向。本文以辽宁省观音阁水库输水工程施工期的节能减排设计为背景,合理解决了大型输水工程的节能减排问题,为今后类似工程设计提供参考。

1　工程概况

辽宁省观音阁水库输水工程是自辽宁省本溪县的观音阁水库库区自流引水,经过输水管线及隧洞将水引到本溪市的一项大型引水工程,包括输水隧洞、输水管线和厂站等部分。工程等别为 Ⅱ 等,主要建筑物取水头部、电站为 2 级建筑物,输水隧洞、输水管道及其附属建筑物等根据输水流量为 2~3 级建筑物,次要建筑物为 3~4 级建筑物。取水头部设计洪水标准为 100 年一遇,校核洪水标准为 1 000 年一遇;其他建筑物根据输水流量和建筑物级别设计洪水标准采用 20~30 年一遇,校核洪水标准采用 50~100 年一遇。

2　施工期节能设计原则

观音阁水库输水工程施工强度与国内已建和在建大型水利工程相比,具有施工规模大、施工强度高的特点,其节能减排设计具有典型代表性。施工组织设计首先立足于国内现有的施工技术水平,以机械化作业为主。在施工机械设备选型和配套设计时,根据各单项工程的施工方案、施工强度和施工难度,工程区地形和地质条件,以及设备本身能耗、维

---

　　* 本文原载于《南水北调与水利科技》2010 年第 1 期。

修和运行等因素,择优选用电动、液压、柴油等能耗低、生产效率高的机械设备。充分做好施工规划,保证节约土地利用、减少运输路程、减少污染排放和排放影响,确保工程施工进度、安全和工程质量。同时,必须考虑包括水资源循环利用、表土资源保护和利用、开挖料利用等施工资源的综合利用,从而达到节能减排的目的[2,3]。本次节能设计中施工机械设备选择具体遵循以下原则:

(1)为提高施工效率,分别以管线施工和隧洞施工作业为主体进行组合配套。

(2)施工设备的技术性能必须适合工作项目的性质、施工对象的性质、施工场地大小和物料运距远近等施工条件,充分发挥机械效率,保证施工质量;所选配套设备的综合生产能力,充分满足施工强度的要求。

(3)所选设备应技术先进,生产效率高,操纵灵活,机动性高,安全可靠,结构简单,易于检修和改装,防护设备齐全,废气噪声得到控制,环保性能好。

(4)注意经济效果,所选机械的购置和运转费用少,劳动量和能源消耗低,并通过技术经济比较,优选出单位土石方的成本最低的机械化施工方案。

(5)选用适用性比较广泛、类型比较单一的通用的机械,并优先选用成批生产的国产机械,必须选用国外机械设备时,所选机械的国别、型号和厂家应尽量少,配件供应要有保证。

(6)注意各工序所用机械的配套成龙,一般要使后续机械的生产能力略大于先头机械的生产能力,运输机械略大于挖掘装载机械的生产能力,充分发挥主要机械和费用高的机械的生产潜力。

3 主要施工设备选型及配套

为保证施工质量及施工进度,在施工过程中尽量采用较大型施工机械设备,因此施工机械的选择是提高施工效率及节能降耗的重点。本工程在施工机械设备选型及配套设计时,按各单项工程工作面、施工强度、施工方法进行设备配套选择。为满足工期的需要,施工中以配备合适容量、工作效率高的机械设备为主,辅以个别小型机械设备进行施工。充分发挥设备机械化程度高、工效快的特点和小设备方便灵活的优势,保证工程的顺利进行。管线工程以土方开挖回填为主配备挖装机械,再依据弃渣运距的远近、道路通行能力、车辆装载能力等因素,确定以 2 m³ 液压挖掘机为主要的挖装机械,15 t 自卸汽车为主要的运输工具;隧洞工程石方洞挖工程主要需配备钻孔设备、挖装设备、集渣设备和运输设备;设计时,采用手持式风钻配合气腿式风钻钻孔,平台车装药,0.26 m³ 风动装岩机装1.0 m³ 斗车出渣;主洞洞内石渣运输采用5 t 电瓶车牵引1.0 m³ 斗车,至主支洞交会处转绞车出渣;洞外石渣采用2 m³ 液压挖掘机为主要的挖装机械,15 t 自卸汽车为主要的运输工具。

本工程混凝土用料地点分散,相互之间距离较远,不适宜集中建设混凝土生产设备。管线工程设计上采用0.8 m³ 搅拌机拌制混凝土,机动翻斗车运输混凝土直接入仓;隧洞工程在洞口设置0.8 m³ 搅拌机拌制混凝土,斗车运输混凝土到工作面,采用湿喷方法,5 m³/h混凝土喷射机喷射混凝土。

4 施工辅助生产系统设计

施工辅助生产系统的耗能系统主要是供风、供水、混凝土拌和系统,在进行系统设计时,采取以下节能降耗措施。

4.1　供风系统

尽量集中布置,并靠近施工用风工作面,以减少损耗。由于电力驱动的固定式空压机比移动式耗能低,往复式空压机与螺杆式空压机相比具有低电耗、排气强制性和排气压力随背压自动变化的特点,在空压机的设备选型上,优先考虑采用往复式空压机的固定式空压站。

4.2　供水系统

根据施工总布置,水池布置在各个工作面附近。为节约能源,设计上考虑生活区和生产区均利用工作面附近的河水,无法利用河水或河水不足的地段采用抽取地下水的方式,经高位水池处理后,供应生产生活区用水。对于施工中产生的生产废水(如砂石料加工过程中产生的废水等)和生活污水的处理,系统采用自然沉淀加人工脱水的水处理措施,场内设沉淀池,生产时的筛分冲洗用水,经自然沉淀后,其上层较清部分可直接作为筛分冲洗用水,充分利用回收水进行生产,可大量节省用水,又可初步回收细沙。含渣量大的部分采取水处理措施,可减小污水处理量,又降低水中颗粒含量,降低水处理难度,回收细沙更彻底,减小细沙损耗量。

4.3　混凝土拌和系统

根据建筑物的不同位置,分散布置,尽量靠近施工工作面,以减少混凝土的运输距离。在搅拌机和水泥罐的布置上利用现场的高低地形,减少水泥和成品骨料的垂直运输距离。

5　结语

大型水利工程施工的工程量大、施工期长,周密细致的规划设计能够挖掘出很大的节能减排潜力,如合理安排施工任务,做好资源平衡,避免施工强度峰谷差过大,充分发挥施工设备的能力;混凝土浇筑中相同标号的混凝土尽可能安排在同时施工,避免混凝土拌和系统频繁更换拌和不同标号的混凝土;充分利用太阳能,减少用电量,合理配置生活电器设备,生活区的照明开关应安装声、光控或延时自动关闭开关,室内外照明采用节能灯具等。通过规划方案优化及专项规划,制定节能减排工作方案,有利于节省资源、能源,减少对环境的影响,加快工程施工进度,确保工程质量,提高工程的费效比,使工程的效益更加明显。

参 考 文 献

[1] 国务院关于印发节能减排综合性工作方案的通知. 国发[2007]15 号.
[2] 陈敏,孙志禹. 大型水电施工节能减排实践[C]//中国环境科学学会学术年优秀论文集. 2008;204-207.
[3] 许祥左. 对当前节能减排工作若干问题的思考[J]. 能源研究与利用,2009(4):1-6.

作者简介:闫凯(1977—),男,工程师,辽宁省水利水电勘测设计研究院施工处。联系地址:辽宁省沈阳市和平区光荣街 68 号。E-mail:yankai96sd5@ 163. com.

堤防工程竣工验收检测项目确定

宋新江

（安徽省·水利部淮委水利科学研究院,蚌埠 233000）

摘　要:本文根据近十几年来水利工程竣工验收检测工作情况,针对目前堤防工程竣工验收检测项目存在的诸多问题,逐项对堤防竣工验收项目进行分析,提出合理的堤防竣工验收检测项目,为堤防竣工验收检测提供可靠的依据。

关键词:堤防工程　工程质量　竣工验收　检测项目

水利水电工程建设涉及水利、建设、电力、交通等多个行业标准规范,工程进行材料质量检验、工程实体检测、工程安全鉴定等工作时,所涉及的多种技术标准相互交叉,同时存在新工艺使用和新、旧规范交替等问题,使施工质量检验、检测与评定存在一定的差异,需要深入研究分析,进行统一规范。迄今水利行业有关单元工程质量评定标准分别来源于几十本相关工程的设计或施工规范,没有一套完整系统的质量检验与评定标准,竣工验收检测项目也参差不齐。本文针对这些问题,依据众多工程实例及竣工验收质量检测报告,结合现有施工、设计规范,对堤防工程竣工验收检测项目进行分析与划分。

1　现有法规对工程竣工验收检测要求及必要性

《建设工程质量管理条例》提出建设单位应按照国家有关规定组织竣工验收,建设工程验收合格的,方可交付使用。

《水利工程质量管理规定》中第十四条规定"水利工程质量监督实施以抽查为主的监督方式,运用法律和行政手段,做好监督抽查后的处理工作。工程竣工验收时,质量监督机构应对工程质量等级进行核定。未经质量核定或核定不合格的工程,施工单位不得交验。工程主管部门不能验收,工程不得投入使用"。第十五条规定"根据需要,质量监督机构可委托经计量认证合格的检测单位,对水利工程有关部位以及所采用的建筑材料和工程设备进行抽样检测……"。

《水利工程建设项目验收管理规定》中第四条规定"水利工程建设项目具备验收条件时,应当及时组织验收。未经验收或者验收不合格的,不得交付使用或者进行后续工程施工"。第三十三条规定"大型水利工程在竣工技术预验收前,项目法人应当按照有关规定对工程建设情况进行竣工验收技术鉴定。中型水利工程在竣工技术预验收前,竣工验收主持单位可以根据需要决定是否进行竣工验收技术鉴定"。第三十六条规定"竣工验收主持单位可以根据竣工验收的需要,委托具有相应资质的工程质量检测机构对工程质量进行检测"。

综上可知,《建设工程质量管理条例》、《水利工程质量管理规定》、《水利工程建设项目验收管理规定》均规定工程竣工验收时需对水利工程建设项目进行合格性评定。因工程施工完成后,工程的总体质量仅仅通过现场察看和已有工程资料审查是很难判定的。所以,《水利工程质量管理规定》、《水利工程建设项目验收管理规定》提出,竣工验收前相关单位可以委托具有相应资质的工程质量检测机构对工程质量进行检测。

以上条例和规定虽然提出对工程建设项目竣工前应进行检测,然而对如何进行竣工验收检测,检测的项目、数量和方法等均未提及。截至目前,水利行业没有关于竣工验收检测的质量检验与评定标准,急需研究制定水利工程竣工验收检测的方法和标准。

2　现有规范项目划分及存在的问题

2.1　现有规范项目划分

《水利水电工程施工质量检验与评定规程》项目按级划分为单位工程、分部工程和单元工程等三级。堤防工程按招标标段或工程结构划分单位工程;按长度或功能划分分部工程;按《水利水电基本建设工程单元工程质量等级评定标准(试行)》(SDJ 249.1~6—88)、《水利水电基本建设工程单元工程质量等级评定标准(七)》(SL 38—92)及《堤防工程施工质量评定与验收规程》(SL 239—1999)规定划分单元工程。

《堤防工程施工质量评定与验收规程》中规定堤防工程项目按单位工程、分部工程和单元工程分级进行划分,单元工程按照施工程序、施工方法、工程量以及便于进行质量控制和考核的原则划分。详见 SL 239—1999 附录 A。因此,现有验收规程重于施工单元自检,其堤防工程施工质量检测项目划分如下:一个单位工程分为若干个分部工程,一个分部工程由若干个单元工程组成,一个单元工程对应若干个检测项目。这种工程项目划分主要针对施工过程中工程质量控制。

单元工程质量由若干个检测项目的检测结果进行评定;分部工程质量由若干个单元工程的质量评定结果进行评定,也可对分部工程质量抽检评定;单位工程质量由若干个分部工程质量评定结果、质量监督部门质量报告和专家技术审查结果共同进行评定。

2.2　竣工验收检测按已有规范项目划分存在的问题

为了更好地对工程建设和施工质量进行管理,现有规范对单元工程进行划分均在工程建设之前,项目划分较细,包括主控和非主控项目,且很多单元项目仅适用于施工期。工程竣工验收检测为工程施工完成的,对工程质量是否满足设计和规范要求而进行的最后阶段质量检测。项目划分在时间上和需求上已有所不同。现行规范部分要求的检测项目在竣工验收时已无法进行检测,如堤基清基、铺料厚度、基础开挖等,所以堤防工程竣工验收检测项目划分按照已有规范执行尚存在一些不足。

3　堤防工程竣工验收检测项目统计

3.1　堤防工程竣工验收检测统计结果

本次在淮河流域和长江流域等区域,收集了近百份堤防工程竣工验收检测报告进行整理统计。现将具有代表性的 I 级堤防竣工验收质量检测报告中的检测项目统计结果列于表1。

表1 堤防工程竣工验收检测项目统计

序号	项目名称	报告时间	检测地点	检测单位	检测及评价内容
1	淮北大堤五河城关段加固工程竣工验收质量抽检和资料核查报告	2005年7月	安徽省	淮河流域水工程质量检测中心	土方填筑质量、堤身几何尺寸、填塘范围、护坡、护岸、防浪墙、防汛道路等
2	洪汝河下游河口段(安徽处)近期治理工程竣工验收质量检测报告	2006年3月	安徽省	淮河流域水工程质量检测中心	堤防土方填筑质量、堤身几何尺寸、压渗平台、新筑庄台、防汛道路等
3	洪汝河下游河口段近期治理工程大洪河中段水上方(淮委实施)工程质量检测报告	2006年7月	河南省和安徽省	淮河流域水工程质量检测中心	堤防土方填筑质量、堤身几何尺寸、防浪墙、防汛道路等
4	淮北大堤淮南段堤防加固工程竣工验收质量检测报告	2008年12月	安徽省	安徽省水利工程质量检测中心站	堤防土方填筑质量、堤身几何尺寸、护坡、截渗墙等,防汛道路检测另附报告
5	安徽省阜阳市沙颍河近期治理工程竣工验收工程质量检测报告(堤防部分)	2009年12月	安徽省	淮河流域水工程质量检测中心	堤防土方填筑质量、堤身几何尺寸、护坡、锥探灌浆、上堤路等,防汛道路未施工完成
6	湖北省黄石长江干堤加固工程质量检测报告	2007年5月	湖北省	水利部长江科学院工程质量检测中心	堤防土方填筑质量、堤身几何尺寸、护坡、护岸、防汛道路、穿堤建筑物和金属结构等
7	湖北省荆南长江干堤加固工程质量检测报告	2006年12月	湖北省	水利部长江科学院工程质量检测中心	堤防土方填筑质量、堤身几何尺寸、护坡、护岸、防汛道路、穿堤建筑物和金属结构等
8	安徽省和县江堤加固工程质量检测报告	2006年1月	安徽省	水利部长江科学院工程质量检测中心	堤防土方填筑质量、堤身几何尺寸、护坡、护岸、防汛道路、穿堤建筑物和金属结构等
9	安徽省安广江堤加固工程质量检测报告	2006年1月	安徽省	水利部长江科学院工程质量检测中心	堤防土方填筑质量、堤身几何尺寸、护坡、护岸、防汛道路、穿堤建筑物和金属结构等
10	安徽省同马大堤加固工程质量检测报告	2006年1月	安徽省	水利部长江科学院工程质量检测中心	堤防土方填筑质量、堤身几何尺寸、护坡、护岸、防汛道路、穿堤建筑物和金属结构等

从表1中可知,堤防竣工验收检测项目多数围绕着实体进行检测,与现行规范检测项目划分要求不同。

3.2 项目统计分析

所搜集的堤防工程竣工验收检测报告检测项目约 15 项,绘制其中 13 项的统计频率图,见图 1。

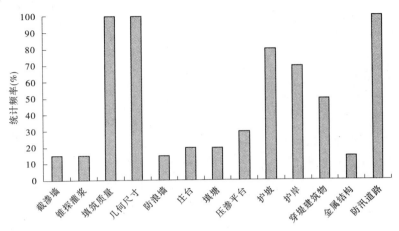

图 1 堤防工程检测项目统计频率图

由图 1 可知,堤防填筑、堤防外观几何尺寸和防汛道路检测频率为 100%,护坡、护岸及穿堤建筑物工程质量检测频率居中,截渗墙、锥探灌浆等检测频率偏低。

4 堤防工程竣工验收检测项目划分

根据《堤防工程设计规范》(GB 50286—98),堤防设计主要分为堤基处理、堤身设计、堤岸防护等。

本次按照已有工程竣工验收检测报告,结合《堤防工程设计规范》,同时参照已有《堤防工程施工质量评定与验收规程》的单元工程划分标准,按照已建工程建设内容对堤防工程进行竣工验收阶段项目划分,具体为:一个单位工程分为若干个分部工程,一个分部工程对应若干个检测项目。

分部工程施工质量直接由检测项目检测结果确定,为施工划分的分部工程和单位工程质量评定提供依据。

堤防工程竣工验收阶段检测项目划分详见表 2。

5 结语

本文根据现有堤防工程竣工验收检测报告及现行相关规范内容,提出了堤防工程竣工验收检测项目设置,基本符合目前堤防工程竣工验收检测的需要,为堤防工程竣工验收检测工作提供参考依据。对于各检测项目的检测内容、数量及方法有待于进一步研究探讨。

表2　堤防工程竣工验收阶段检测项目划分

工程类别	单位工程	分部工程	检测项目
防洪堤	(一)堤身工程	1. 堤基处理	土方填筑质量
		2. 堤基防渗	防渗体抗渗性能等
		3. 堤身防渗	防渗体抗渗性能等
		4. 堤身填筑工程	堤身几何尺寸
			土方填筑质量
			防洪墙几何尺寸及强度等
		5. 填塘固基	填塘范围和高程
		6. 压渗平台	压渗平台几何尺寸
			压渗平台填筑质量
		7. 堤身防护	护坡质量
		8. 堤脚防护	砌体挡墙
		9. 穿堤建筑物	参见建筑物检测项目
	(二)堤岸防护	1. 护脚工程	抛石护脚
		2. 护坡工程	砌体护岸

对水利行业产品类标准编写规定的建议

——SL 1 与 GB/T 1.1 的对比分析

吴　剑　李建国　金　玲　谢艳芳

（中国水利学会,北京　100053）

摘　要:本文对比分析了《水利技术标准编写规定》（SL 1—2002）和《〈水利技术标准编写规定〉（SL 1—2002）宣贯指南》与《标准化工作导则 第 1 部分:标准的结构和编写规则》（GB/T 1.1—2000）的差异,提出了水利行业产品类标准编写的有关建议。

关键词:水利行业　产品类标准　编写规定

1　水利行业产品类标准编写的总体要求

通过学习《水利技术标准编写规定》（SL 1—2002）,特别是 2005 年 6 月出版的《〈水利技术标准编写规定〉（SL 1—2002）宣贯指南》,由于其内容引用资料的翔实,对 SL1—2002 标准的理解更深入了一步。《水利技术标准编写规定》（SL 1—2002）主要用于指导水利行业中工程建设类行业标准的编写。对于水利行业中工程建设类国家标准的编写应按建设部 1996 年 12 月发布的《工程建设标准编写规定》执行,水利行业中产品类国家标准的编写应按《标准化工作导则 第 1 部分:标准的结构和编写规则》（GB/T 1.1—2000）的规定执行,水利行业中新的术语和符号标准就分别按《标准编写规则 第 1 部分:术语》（GB/T 20001.1—2001）和《标准编写规则 第 2 部分:符号》（GB/T 20001.2—2001）的规定执行,这三类标准的编写规定非常明确,没有任何异议。问题出在水利行业中产品类行业标准的编写,虽在 SL 1—2002 的条文说明第 1 章总则的第 1.0.2 条中明确规定:"水利行业中产品类的国家标准和行业标准的编写应按现行国家标准《标准化工作导则 第 1 部分:标准的结构和编写规则》（GB/T 1.1—2000）的规定执行",但毕竟水利行业中产品类行业标准又归属于水利行业这一大类,理应遵守《水利技术标准编写规定》的有关规定。

结合这几年对水利技术产品类标准的体例格式审查中出现的问题和矛盾,在承认 SL 1—2002 和 GB/T 1.1—2000 两个标准在编写规则、编写格式和编写细则上的差异,提出在水利行业中产品类行业标准编写规定的建议（详见附表"两标准在编写规则、格式和细则上的差异对照表"）。

2　SL 1 与 GB/T 1.1 的具体对比

（1）随着对外开放进一步扩大、社会主义市场经济的发展,我国积极采用国际标准,特别对于国际标准中通用的基础性标准、试验方法标准优先采用,正是在这种新形势下修订 GB/T 1.1—1993,这是第一次使我国标准在结构和编写规则上与国际全面接轨,将 1997 年版的国际导则《ISO/IEC 原则——第 3 部分:国际标准的结构和起草规则》作为修订国家标准——GB/T 1.1—1993 的基础,该国际导则中的内容、结构和编写规则都被采用,仅作了适合我国汉字特点和习惯的编辑性修改。例如:1997 年版前的 ISO/IEC 导则其正文技术内容的第 1 章一直就称"总则"(包含标准目的、适用范围和共性要求等),这次修改成:第 1 章范围(与封面、前言、标准名称等四项一起为每个标准都必须要有的要素)。此外,第 2 章规范性引用文件及第 3 章术语和定义,按实际情况,如按照此顺序编写,其他技术内容每个标准就各不相同。又如:术语和数学公式的编写格式过去较混乱、不统一,现按各国代表意见修订得很规范有序。再如:对标准的构成要素、标准名称三个组成要素叫法都统一起来,使名称更严谨、更规范。我国的 GB/T 1.1—2000 修改版 ISO/IEC 导则(1997 年版)不论内容、结构和编写规则完全保持一致,所以 SL 1—2002 与 GB/T 1.1—2000 两标准在编写规则、编写格式和编写细则之间的差异均采用 GB/T 1.1—2000 规定办,实际上就是按国际标准规定办。

(2)SL 1—2002 标准中不全面的地方(如附录)或遗缺之处(如引言、参考文献、索引、示例、书眉位置的标准编写、终结线等)都应按 GB/T 1.1—2000 规定补全。

(3)保留 SL 1—2002 标准中的"批准发布的通知"和"前言",其中"前言"的特定部分实际仅保留了第 3、4 两项,而第 1、2 两项按内容应归纳至第 1 章范围内,第 5 项应移至基本部分中去,并增加 GB/T 1.1—2000 的前言中三项——第 2 项说明采用国际标准的情况、第 5 项说明与其他文件的关系和第 6 项说明附录的性质。

(4)撤消 SL 1—2002 标准中的"标准用词说明"(恢复四种"助动词"的使用规则)和"条文说明"(只要求编写"编制说明")两个独立的"章"。

附表:两标准在编写规则、格式和细则上的差异对照表

项目	SL 1—2002	GB/T 1.1—2000	SL/T(产品类标准)
标准的构成	1. 前引部分 2. 正文部分 3. 补充部分	1. 资料性概述要素 2. 规范性要素 ①规范性一般要素 ②规范性技术要素 3. 资料性补充要素	按 GB/T 1.1—2000 规定
封面	标准名称(包括英文译名)	标准名称、标准英文名称和带圆括号,与国际标准一致性程度的标识	按 GB/T 1.1—2000 规定
目次	1. 无编号项目(包括批准发布通知、前言)不编入目次,另编页码 2. 附录编号和附录标题	1. 目次本身不编入目次,其余无编号项目均顶格排,用大写罗马数字另编页码;页码顺序按目次、前言、引言等排 2. 附录编号、带圆括号的附录性质和附录标题	按 GB/T 1.1—2000 规定,但页码顺序按目次、批准发布通知、前言、引言等编排
批准发布通知	属批准部门的指令性行政文件		保留批准发布通知的空白页,不用编制组起草

续附表

项目	SL 1—2002	GB/T 1.1—2000	SL/T(产品类标准)
标准名称	1.由三部分组成: ①对象名称 ②用途术语 ③类别属名 2.标准名称要求带"标准"。当标准的对象作用属于综合性、基础性,其类别属名应加"……标准"	1.由三部分组成: ①引导要素 ②主体要素 ③补充要素 可由一段式(主体)、二段式(引导+主体或主体+补充)和三段式(引导+主体+补充)组成标准名称 2.标准名称本身已含"××标准",不应重复描述	按 GB/T 1.1—2000 规定
前言	1.指定部分共5项内容: ①制定(修订)标准的依据 ②简述标准和主要技术内容 ③简述修订的主要内容 ④指明标准本身的性质,并列出强制条文的编号 ⑤列出历次版本修订的信息 2.基本部分共8项内容: ①批准部门 ②主持机构 ③解释单位 ④主编和参编单位 ⑤出版、发行单位 ⑥标准主要起草人 ⑦标准审查会议技术负责人 ⑧标准体例格式审查人	1.特定部分(共6项): ①说明标准的结构(特指系列标准) ②采用国际标准的情况 ③(修订)代替或废除其他文件的情况 ④(修订)说明与前一版本的重大变化 ⑤说明与其他标准或文件的关系 ⑥说明附录的性质 2.基本部分(共6项): ①标准的提出 ②标准的批准(特指工程建设标准) ③标准的归口 ④标准的起草单位 ⑤标准主要起草人 ⑥历次版本发布情况	保留 SL 1—2002 的前言,但在特定部分中第1、2两项按内容应归纳至第1章范围内,第5项应移至基本部分中去;并增加 GB/T 1.1—2000 前言特定部分中的三项——第2项说明采用国际标准情况、第5项说明与其他文件的关系、第6项说明附录的性质
引言			按实际情况需要,按 GB/T 1.1—2000 规定
正文首页		只保留标准的中文名称(与目次,前言、引言相同)	按 GB/T 1.1—2000 规定
第1章(正文的技术内容)	总则: 1.标准目的 2.适用范围 3.共性要求 4.引用标准	范围: 1.明确标准的对象 2.简述标准的主要内容 3.指明标准的适用界限	按 GB/T 1.1—2000 规定
第2章	引用标准: 1.名称本身包含面窄 2.引用时首次出现写明标准名称及编号、再次出现只写标准编号 3.编写格式:名称(编号)	规范性引用文件: 1.名称本身更规范、全面 2.正文引用时只写明标准编号 3.编写格式:编号——名称	按 GB/T 1.1—2000 规定

续附表

项目	SL 1—2002	GB/T 1.1—2000	SL/T(产品类标准)
第3章	术语符号和代号: 　1. 术语条号顶格起排,空一个字排名称,再空两个字排英文译名(同一行) 　2. 定义另起行,空两个字排,回行顶格	术语和定义(符号和编略语可单列): 　1. 术语条目编号顶格排,单独占一行 　2. 名称另起行,空两个字排,再空一个字排英文对应词 　3. 定义另起行,空两个字排,回行顶格;如有单位符号直接连,不注单位名称	按 GB/T 1.1—2000 规定
附录	附录: 　1. 与正文具有同等的效力,实指规范性附录 　2. 编写格式:附录的编号和附录的名称	附录: 　1. 按附录的性质分规范性附录和资料性附录 　2. 附录编写格式:附录的编号、带圆括号的附录的性质和附录的名称,在正文中分行依次居中排列;附录中的章、条、图、表、公式等与正文相同	按 GB/T 1.1—2000 规定
参考文献			视情况需要,按GB/T 1.1—2000 规定
索引			视情况需要,按GB/T 1.1—2000 规定
标准用词说明	标准用词说明: 　按不同严格程度分三次标准用词,单列成章,不编附录号,排在附录的最后	(不单列成章,仅作为编写细则中四种助动词的使用规则)	撤销
条文说明	条文说明: 　属我国工程建设标准的独特做法,主要说明制定条文的依据、执行条文的注意事项,有利于对标准条文的正确理解	(只要求编写"编制说明"——仅作为上报材料用)	撤销

续附表

项目	SL 1—2002	GB/T 1.1—2000	SL/T（产品类标准）
层次结构和编排格式	1. 章、节、条、款、项共五个层次 2. 章、节应设置标题，在正文中居中排；在正文中条号左起顶格排，款号左起空两个字排，项号左起空三个字排，自然段第一行均左起空两个字排 3. 章、节、条、款、项的编号采用阿拉伯数字，层次之间，在数字右下角加圆点；若章内不分节（即节的编号为"0"）则条的编号应为"×.0.×."	1. 章、条（需要时条可分解第五层次）共六个层次 2. 每一章都应有标题，在正文中左起顶格排，占两行；原则上第一层次的条最好给出标题，但按实际需要在某一章或某一条中，同一层次的条有无标题应统一，全部顶格起排，单独占一行 3. 条的层次编号采用阿拉伯数字，每两个层次向加下脚点，一直可编到第五个层次	按 GB/T 1.1—2000 规定
注	条文、图、表的注和脚注都不应包含要求，应少用	一般注和脚注不应包含要求，并应尽量少用脚注；但图和表的脚注可包含要求	按 GB/T 1.1—2000 规定
示例			视情况需要，按GB/T 1.1—2000 规定
图	1. 应有图号和图名 2. 图号应与条号一致，加半字长（一个字符）连接号，再加阿拉伯数字，如："图×.×.×-1"；附录 C 仅有一个图，其图号标为"图 C"	1. 有无图题应统一 2. 图号应全标准统一连续编号，与图所在章、条编号无关；只有一幅图，也应标出"图1"、"图 C.1"	按 GB/T 1.1—2000 规定
表	1. 应有表号和表名 2. 表号应与条号一致加半字长（一个字符）连接号，再加阿拉伯数字，如："表×.×.×-1"；附录 C 仅有一张表，其表号标为"表 C" 3. 若表中需注出计量单位，宜加圆括号，标在物理量的名称正下方	1. 有无表题应统一 2. 表号应全标准统一连续编号，与表所在章、条编号无关；只有一张表，也应标出"表1"、"表 C.1" 3. 若表中需注出计量单位，不应加圆括号，直接标在物理量的名称正下方	按 GB/T 1.1—2000 规定

续附表

项目	SL 1—2002	GB/T 1.1—2000	SL/T(产品类标准)
数学公式	1. 公式号应与条号一致,外加"圆括号",列在公式右侧顶格。括号内加半字长(一个字符)连接号,再加阿拉伯数字,如:"(×.×.×.1)";附录C仅有一个公式,其公式为"(C)"。 2. "式中"置于公式下,另起一行左起顶格排,空一个字后,接写注释符号,注释符号与注释文字之间应加破折号,回行文字应在破折号后对齐	1. 公式号应全标准统一连续编号,与公式所在章、条编号无关;公式号加圆括号列在公式右侧顶格,公式与公式号之间用连接点线;只有一个公式也应标出"(1)"、"(C.1)" 2. "式中:"置于公式下,左起空两个字排,单独占一行;每个注释符号各占一行,也是左起空两个字排,后加破折号,再接注释文字,回行与上一行第一个字对齐,末尾加分号,最后一个注释的末尾加句号 3. 若注释文字中需注出计量单位,则在注释文字后直接接圆括号,给出国际单位制所规定的单位符号	按 GB/T 1.1—2000 规定
标准中的字号和字体	1. 上部标识(封面): A 标准文献国际分类号(ICS)—小五号黑体 B 中国标准文献分类号——小五号黑体 C 备案号——小五号黑体 D 中华人民共和国水利行业标准——三号黑体 2. 中部标识(封面): A 标准名称——二号黑体 B 标准英文译名——四号黑体 C 与国际标准一致性程度——(缺) 3. 下部标识(封面): A 发布日期、实施日期——四号黑体 B 中华人民共和国水利部发布——三号黑体 4. 目次 A 目次本身标题——四号仿宋体 B 章、附录的编号和标题——五号宋体 C 节的编号和标题——小五号宋体	1. 上部标识(封面): A 标准文献国际分类号(2CS)——五号黑体 B 中国标准文献分类号——五号黑体 C 备案号——五号黑体 D 中华人民共和国××行业标准——未用字 2. 中部标识(封面): A 标准名称——一号黑体 B 标准英文名称——四号黑体 C 与国际标准一致性程度——四号字体 3. 下部标识(封面): A 发布日期、实施日期和发布——四号黑体 B 标准的发布部门——专用字 4. 目次: A 目次本身标题——三号黑体 B 目次内容(章、条、附录等)——五号宋体	按 GB/T 1.1—2000 规定,对遗缺部分应按 GB/T 1.1—2000 补全;第 5 大项批准发布通知按 SL 1—2002 规定

续附表

项目	SL 1—2002	GB/T 1.1—2000	SL/T（产品类标准）
标准中的字号和字体	5. 批准发布通知： A 中华人民共和国水利部——四号楷体 B 通知名称——四号宋体 C 文件编号、通知内容——五号宋体 D 发布日期——小五号宋体 6. 前言（缺引言）标题——四号黑体 7. 正文： A 正文首页的标准名称——（缺） B 章的编号和标题——四号黑体 C 节的编号和标题——小四号黑体 D 条、款、项的编号——五号黑体 E 图、表的编号和标题——小五号黑体 F 条文内容——五号宋体 G 条文的注，脚注——小五号宋体 H 图表的注、脚注、数字和文字——六号字体 I 附录——（缺） J 参考文献、索引——（缺） K 书眉位置的标准编号——（缺） L 页码——（缺）	5. …… 6. 前言、引言标题——三号黑体 7. 正文： A 正文首页的标准名称——三号黑体 B 章、条的编号和标题——五号黑体 C 列项及其编号和内容——五号宋体 D 无标题条的编号——五号黑体 E 图、表的编号和标题——五号黑体 F 条文内容——五号宋体 G 条文的注、脚注和示例，图、表的注——小五号宋体 H 图中数字和文字——六号宋体 I 附录的编号、性质和标题——五号黑体 J 参考文献、索引（本身标题）——五号黑体 K 书眉位置的标准编号——五号黑体 L 页码（版心的左、右下角）——小五号宋体	
幅面	140 mm×203 mm（~B5）	210 mm×297 mm（~A4）	按 GB/T 1.1—2000 规定
终结线	——（缺）	终结线排在标准的最后一个要素之后，不能另起一面编排。终结线为居中的粗实线，其长度为版面宽度的 1/4	按 GB/T 1.1—2000 规定，补全

参 考 文 献

[1] 中华人民共和国水利部. SL 1—2002 水利技术标准编写规定[S]. 北京:中国水利水电出版社, 2003.

[2] 国家质量技术监督局. GB/T 1.1—2000 标准化工作导则 第 1 部分:标准的结构和编写规则[S]. 北京:中国标准出版社,2001.

作者简介:吴剑(1973—),男,高级工程师,中国水利学会,主要从事标准化研究与管理工作。联系地址:北京市宣武区白广路二条 2 号。E-mail:wujian@ mwr. gov. cn。

搞好水利工程质量监督工作的几点做法[*]

乔建宁[1]　张新元[2]

(1. 石嘴山市水利灌排与工程质量监督站,石嘴山　753000;

2. 石嘴山市水务局;石嘴山　753000)

摘　要:通过对水利工程质量监督工作方法进行总结分析,阐述了具体的工作措施,为水利工程质量监督工作提供了清晰的思路和做法。

关键词:水利工程　质量监督　做法

宁夏石嘴山市水利灌排与工程质量监督站是石嘴山市水利工程质量监督部门,承担着全市水利工程质量监督工作。结合本站的工作,认为把好以下"六关"是搞好水利工程质量监督工作的有效做法。

1　把好工程开工审查和参建单位资质审查关

工程开工申请报建被项目主管部门批准后,要求工程建设单位必须到水利工程质量监督部门办理工程质量监督书,同时工程建设单位需向质量监督部门提交下列资料供质量监督部门审查:①项目工程建设设计、审批文件;②招标投标情况书面报告;③投标企业法人资质证明,施工合同,被委托的项目经理文件、证书、身份证;④被委托的监理单位资质证书,工程监理合同,配备的监理人员资质证书、身份证;⑤工程项目划分清单。此阶段质量监督部门主要审查工程初步设计是否经主管部门批准,投标单位是否具备投标资质,是否借用他人的施工企业资质;投标单位聘请的项目经理是否具备本工程建设的资质要求;建设单位委托的监理单位是否具备本工程监理的资质,是否编制了《工程监理规划、细则》,监理工程师是否具备工程建设监理资格,是否满足本工程监理的需要;建设单位提供的工程项目划分清单是否科学、合理,并批复认可或提出修改意见。只有具备了上述条件,质量监督部门方可办理质量监督书。同时,中标施工企业进驻工地后还要监督审核其施工机械设备、施工技术力量、所配项目经理是否与投标文件承诺的一致,所委托的工程质量检测单位资质是否符合规定。只有具备了上述条件的工程才能开工建设。

2　把好工程建筑材料关

工程的实体是由工程材料构成的,材料质量的好坏将直接影响工程质量,因此把好工程材料质量监督关十分重要。建筑材料有钢材、水泥、块石、碎石、砂子等,中间产品有混凝土预制件、机电设备、金属设备等。按照国家规定,建筑材料、预制件及设备的供应商对供应的产品质量负责。其供应的产品必须达到国家有关法规、技术标准和购销合同规定

---

* 本文原载于《水利发展研究》2009 年第 7 期。

的质量要求,并附产品检验合格证、说明书及有关技术资料。

在原材料和成品到场后,施工单位的质检员首先应对到场材料和产品进行检查验收,填写建筑材料报验单,详细说明材料来源、产地、规格、用途及施工单位的试验情况等。报验单填好后,连同材料出厂质量保证书和有检验资质单位出具的试验报告,并报监理工程师复核验收。质量监督员主要审查监理工程师签发的材料采购单、进场材料质量检验报告,抽查材料证明书和试验报告单,实地检查的建设项目应赴施工现场和材料存储地进行现场检查,检查其型号、品种、数量、性能等指标,若对某种材料的质量有疑虑,要求建设单位委托有资格的检测单位进行复检,直至达到质量合格为止。

3 把好施工过程中的质量监督关

在施工过程中质量监督员要定期或不定期地深入施工现场,检查施工单位是否进行了单元工程质量自检,是否落实工程质量"三检制",检查监理单位是否对工程质量进行了抽检,施工单位和监理单位有无检测资料,检测资料是否真实可靠,有无漏检、漏测,是否按规程对工程质量进行了评定。检查监理日记、施工日记是否记录了施工环境与施工工艺,有无保存和追溯价值。检查关键工序是怎样控制的,隐蔽工程是如何签证验收的,验收手续是否齐全,文字描述是否清楚。检查各工序施工是否规范,工序衔接是否经过监理抽检合格。并根据质检资料有针对性地对工程实体进行检测。

4 把好施工方法、施工工艺质量监督关

施工方法和施工工艺是保证整个工程质量是否可靠、外形是否美观的主要措施。因此,要把好上述质量关,质量监督员要对施工方法和施工工艺进行检查,发现问题及时要求施工单位的技术员、监理工程师严格按照设计图纸施工,进行质量控制。

5 把好工程中间验收关

5.1 重要隐蔽单元工程及工程关键部位单元工程验收

重要隐蔽单元工程及工程关键部位单元工程质量经施工单位自评合格、监理单位抽检后,由项目法人、监理、设计、施工、工程运行管理等单位组成联合小组,共同检查核定其质量等级并填写签证表,报质量监督部门进行核备。虽新的《质量验收与评定规程》(SL 223—2008)未要求工程质量监督部门参加联合验收小组工作,但工程质量监督部门应将其作为对工程实体抽查计划的重要内容,质量监督部门应要求项目法人提前通知,主动列席验收,对联合验收小组质量评定的真实性和准确性进行监督。

5.2 分部工程验收

分部工程的质量,在施工单位自评合格后、由监理单位复核后,由项目法人(或委托监理)主持,项目法人、监理、设计、施工、主要设备制造(供应)商等单位代表组成验收工作组检查认定其质量等级,由项目法人将验收质量结论报质量监督部门核备。主要分部工程质量监督部门应派代表列席验收会议,监督检查分部工程质量检验资料的真实性及其评定是否准确,如发现问题,要求监理单位重新复核,项目法人重新组织参加单位进一步研究,并将研究意见报质量监督机构。

6　把好单位工程和工程项目施工质量验收关

单位工程施工质量评定由施工单位质检部门按照单位工程质量评定标准自评,并填写单位工程质量评定表,监理单位复核后,由项目法人主持,项目法人、勘测、设计、监理、施工、主要设备制造(供应)商、运行管理等单位的代表组成的验收工作组检查验收认定。单位工程验收的质量结论由项目法人报工程质量监督机构核定。项目法人组织单位工程验收时,应提前通知质量监督机构,质量监督机构应派代表列席验收会议。此阶段质量监督部门主要检查以下内容:

(1)审查的资料有:工程竣工报告(附竣工决算、施工日记、施工大事记),图纸部分(设计图纸、工程变更图纸、竣工图纸),单元工程自检资料(包括施工单位单元工程、分部工程、单位工程自检及质量评定),保证资料(各类材料化验单、试验单、复试单、产品合格证、隐蔽工程联合验收资料、监理资料等),工程监理总结报告。

(2)全面监督工程外形尺寸高程、坡比是否与设计、批复文件(或批准的设计变更)相符,并抽查核定工程外观质量评定组对工程外观质量评定结论的准确性和真实性。

只有上述资料完整、规范,数据准确、可靠,各项指标达到验收要求,质量监督部门方可对单位工程核定施工质量等级,并根据核定的各单位工程等级核定工程项目质量等级。

7　结语

水利工程质量监督是按国家法律、法规、技术标准、规范进行的一种监督、检查、管理及执法机构实施行为,是对工程实体施工质量和参建各方主体的质量行为的监督。水利工程质量监督机构在工作中把好以上“六关”,是确保水利工程的质量安全和投资安全的有效措施。

参 考 文 献

[1] 中华人民共和国水利部. SL 223—2008　水利水电建设工程验收规程[S]. 北京:中国水利水电出版社,2008.

[2] 中华人民共和国水利部. SL 176—2007　水利水电工程施工质量检验与评定规程[S]. 北京:中国水利水电出版社,2007.

[3] 中华人民共和国水利部. 水利工程质量监督管理规定[S].

作者简介:乔建宁(1965—),男,工程师,现任石嘴山市水利灌排与工程质量监督站站长,主要研究方向为农业节水灌溉管理、水利建设管理、水资源合理开发、管理和保护。联系地址:宁夏石嘴山市大武口区朝阳西街 161 号。E-mail:qiao_0952@163. com。

固海扬水渠道工程老化评价数学模型应用 *

杜宇旭　张　玲

（宁夏固海扬水管理处，中宁　755100）

摘　要：固海扬水工程近30年来，为宁夏中部干旱带的社会及经济发展作出了巨大贡献，但是由于长期以来经费短缺，工程设施得不到及时维修，老化日益加剧，怎样对工程设施老化状况作出定量的科学评价，为工程改造和长远规划提供科学决策的依据，是不可避免的问题。通过长期实践，结合数学理论知识，建立了固海扬水渠道工程老化现状评价数学模型，为固海扬水工程进一步改造和规划科学决策提供依据，彻底结束了过去凭主观决策不科学的历史。

关键词：工程　老化　评价　数学模型

1　概况

　　固海扬水工程是20世纪70年代国家在宁夏投资建设的一项大型扶贫性质的公益性工程。工程位于固原、海原、同心、中卫、中宁五县清水河流域中下游河谷台地上，地势南高北低，南北长约165 km，东西宽约11 km，由北向南海拔高程在1 200～1 600 m，设计流量28.5 m³/s，工程设计灌溉面积63万亩，工程投资2.98亿元，扬水8级，设有22座扬水泵站，扬水由中宁县泉眼山北麓黄河右岸至海原李旺乡（注：原同心扬水和固海扬水统称为固海扬水工程，2005年以后，固海九干以下划拨固扩灌区管理，不再列入固海扬水工程管理范围）。干、支干渠22条，渠道总长249.5 km，总扬程382.47 m，净扬程342.74 m；主机组157台（套），总装机容量99 890 kW，各类建筑物739座，其中：渡槽26座，进水闸15座，退水闸15座，斗口243座；灌区内受益人口24万多人，大家畜2万多头，羊只20多万只。在大旱之年，周边地区农民用车拉驴驮等方式解决5万～6万人，10万头牲畜、羊只的饮水问题。工程建成至今，发挥了巨大的经济效益、生态效益和社会效益，为宁南山区人民的脱贫致富、促进经济繁荣、保障社会稳定起到了巨大作用，为稳定灾区农民安定、促进民族团结作出了极大贡献，使整个灌区以致周边地区生态环境较过去发生了很大变化，表现出了良好的生态环境效益。

2　老化现状描述

　　固海扬水工程运行近30年来，由于受湿陷性黄土、冻胀破坏和自然老化等因素影响，渠道、建筑物整体老化破损严重，输水能力下降，兼之维修经费短缺，安全生产投入不足，部分渠段、建筑物、机电设备带病、带险运行，工程老化现象日益严重，安全运行问题非常突出，集中表现在：①受冻胀破坏和湿陷性黄土的影响，渠道沉陷变形、滑坡、鼓肚，混凝土板风化、剥落严重，个别渠段发生大面积坡面散浸现象，渗漏损失大；部分渠段安全超高无

---

　　* 本文原载于《宁夏工程技术》2008年第1期。

法保障,渠道供水不安全;建筑物裂缝、倾斜、渗漏、钢筋混凝土保护层脱落,钢筋锈蚀非常严重,造成渠道输水能力降低,严重影响正常灌溉。②水泵气蚀穿孔,电机线圈老化,绝缘子发脆、龟裂,绝缘阻值下降,泄漏值接近极限值,运行中超过允许温度,绝缘击穿,匝间、相间短路,烧毁电机事件时有发生。③泵站压力管道管身、承插口裂缝,大片钢筋保护层脱落,钢筋锈蚀,管道承压能力降低,爆管事故时有发生;管道止水胶圈老化,管道渗漏水严重,浸泡管床,造成支墩沉陷,严重影响压力管道的安全。④泵站主、副厂房和管理房老化失修严重,多数屋面防水层已老化,漏雨严重,门窗锈蚀破损,密封不严,造成泵房内风沙较大,冬季保温难度大,职工生产生活环境艰苦。⑤泵站和渠道防洪标准低,局部地方设计不完善,洪水无出路,每年都不同程度地有洪水侵袭发生,洪水稍大一点即发生渠道淤积、决口、水淹泵房现象。

3　数学模型建立

3.1　模型建立的构想

通过广泛调研,固海扬水工程管理工作中存在以下几个问题:①工程管理几十年,工作经验不少,科学总结不够;②原工程老化评价比较粗放,不能定量地确定某项工程的老化程度,不能准确进行科学决策;③各类工程之间没有统一的老化衡量标准,不能进行比较;④没有科学的思想,决策科学性差。

任何事物的发展变化都有其内在的规律可循,工程老化评价也不例外。为此,我们借助数学模型的应用和模糊数学的相关知识,探索出了一条对工程老化程度进行科学评价的体系,能够及时、准确、定量地评价出某工程的老化程度。工程老化程度评价不再是一个定性的描述,而是能够及时、准确、定量地评价的体系。该评价体系的建立为管理层科学决策、管理和工程规划提供了依据,避免了一些盲目决策,为单位能够更好地把有限的资金用在刀刃上提供了一条科学决策途径。

3.2　工程老化评价体系[4]

不同的问题,往往有不同的数学模型;即使是同一问题,也可能从不同角度要求归结出不同的数学模型。数学模型是将现实的信息加以翻译、归纳的产物,它源于现实,又高于现实,因此它用精确的语言描述了事物的内在特征。数学模型经过求解、演绎,得到数学上的解答,再经过翻译回到现实对象,给出分析、预报、决策、控制的结果。最后,这些结果必须经受实际的检验,完成"实践—理论—实践"这一循环。固海工程老化评价数学模型就是根据此原理进行设计的。以下以渠道工程为例,定量地评价出该工程的老化程度,其他工程评价可以参考进行。

根据渠道工程管理工作内容,把主要单位工程和主要单元工程进行划分,其结构框图如图1所示。

3.3　评价数学模型

渠道工程老化程度评价模型是各层次、各评价指标的综合体,采用综合评价总得分进行测评,选用综合评价指数进行计算,评价数学模型为[4]:

$$P = \sum \omega_i \sum r_k E_{ik}$$

式中:P 为渠道工程综合评价指数,反映该工程的老化程度,指数越小,老化程度越严重;

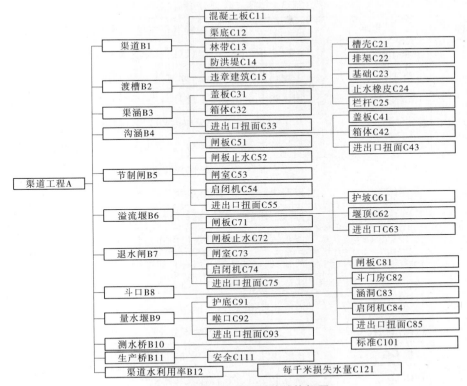

图1 渠道工程管理评价结构框图

ω_i 为各结构体评价指标的权重,见表 1;r_k 为各细部结构的权重,见表 2;E_{ik} 为各细部结构指标评分。

表1 渠道及其建筑物主要因素(B)重要程度权重(ω_i)

B1	B2	B3	B4	B5	B6	B7	B8	B9	B10	B11	B12
0.20	0.30	0.02	0.05	0.10	0.05	0.07	0.04	0.05	0.01	0.01	0.10

表2 渠道及其建筑物细部结构(C)重要程度权重(r_k)

C11	C12	C13	C14	C15	C21	C22	C23	C24	C25	C31	C32	C33	C41	C42	C43	C51	C52	C53	C54
0.3	0.3	0.1	0.1	0.2	0.4	0.2	0.25	0.1	0.05	0.35	0.5	0.15	0.35	0.5	0.15	0.25	0.05	0.35	0.25

C55	C61	C62	C63	C71	C72	C73	C74	C75	C81	C82	C83	C84	C85	C91	C92	C93	C101	C111	C121
0.1	0.3	0.5	0.2	0.22	0.08	0.32	0.28	0.1	0.2	0.1	0.28	0.32	0.1	0.32	0.5	0.18	1.0	1.0	1.0

根据实际状况,建立更加细化的评分标准,由 3 名以上有管理经验的工程师进行评分(也可以根据各位工程师对工程的认识程度分别赋予一定的权值进行评分。分为四个等级:完好 4 分、基本完好 3 分、一般老化 2 分、严重老化 1 分)。以渠道为例,评分细则见表 3。

表 3　渠道工程评分细则

名称	工程项目	工程老化描述及评分细则
渠道 B1	混凝土板 C11	混凝土板滑坡、风化、鼓肚、板缝脱落 4 分 ×（1 − 占总长 %）
	渠底 C12	渠道沉陷变形、淤积 4 分 ×（1 − 占总长 %）
	林带 C13	树木保存率在 95% 以上得 4 分, 60% 得 0 分, 依次插入
	防洪堤 C14	防洪堤完好率在 95% 以上得 4 分, 60% 得 0 分, 依次插入
	保护范围 C15	保护范围无违章得 4 分, 违章 3 次得 0 分, 依次插入
渡槽 B2	槽壳 C21	混凝土脱落、钢筋锈蚀、风化面积 4 分 ×（1 − 占总面积 %）
	排架 C22	混凝土裂缝、钢筋锈蚀、风化 4 分 ×（1 − 占总整体 %）
	基础 C23	河床下切危及安全完好 4 分, 严重危险 0 分
	止水橡皮 C24	漏水、老化长度 4 分 ×（1 − 占总长 %）
	栏杆 C25	风化、保存率 4 分 ×（1 − 占总面积 %）
渠涵 B3	盖板 C31	钢筋锈蚀、裂缝 4 分 ×（1 − 占总面积 %）
	箱体 C32	混凝土脱落、钢筋锈蚀、风化 4 分 ×（1 − 占总面积 %）
	进出口扭面 C33	砂浆缝脱落漏水、裂缝 4 分 ×（1 − 占总面积 %）
沟涵 B4	盖板 C41	钢筋锈蚀、裂缝 4 分 ×（1 − 占总面积 %）
	箱体 C42	混凝土脱落、钢筋锈蚀、风化 4 分 ×（1 − 占总面积 %）
	进出口扭面 C43	混凝土浆缝脱落漏水、裂缝 4 分 ×（1 − 占总面积 %）
节制闸 B5	闸板 C51	混凝土脱落、钢筋锈蚀、风化 4 分 ×（1 − 占总面积 %）
	闸板止水 C52	漏水、老化 4 分 ×（1 − 占总长度 %）
	闸室 C53	混凝土脱落、钢筋锈蚀、裂缝、风化 4 分 ×（1 − 占总面积 %）
	启闭机 C54	磨损严重、丝杠变形、传动装置锈蚀、不能用 0 分
	进出口扭面 C55	砂浆缝脱落漏水、裂缝 4 分 ×（1 − 占总面积 %）
溢流堰 B6	护坡 C61	砂浆缝脱落漏水、裂缝 4 分 ×（1 − 占总面积 %）
	堰顶 C62	混凝土脱落、裂缝 4 分 ×（1 − 占总面积 %）
	进出口 C63	砂浆缝脱落漏水、裂缝 4 分 ×（1 − 占总面积 %）
退水闸 B7	闸板 C71	混凝土脱落、钢筋锈蚀、风化 4 分 ×（1 − 占总面积 %）
	闸板止水 C72	漏水、老化 4 分 ×（1 − 占总长度 %）
	闸室 C73	混凝土脱落、钢筋锈蚀、裂缝、风化 4 分 ×（1 − 占总面积 %）
	启闭机 C74	新可用 4 分, 丝杠变形、传动装置锈蚀、不能用 0 分
	进出口扭面 C75	砂浆缝脱落漏水、裂缝 4 分 ×（1 − 占总面积 %）

续表3

名称	工程项目	工程老化描述及评分细则
斗口 B8	闸板 C81	新可用4分,脱落、锈蚀、密封不严、不能用0分
	斗门房 C82	新可用4分,坍塌、不能起到保护作用0分
	涵洞 C83	砂浆缝脱落漏水、裂缝4分×(1-占总面积%)
	启闭机 C84	新可用4分,丝杠变形、传动装置锈蚀、不能用0分
	进出口扭面 C85	砂浆缝脱落漏水、裂缝4分×(1-占总面积%)
量水堰 B9	护底 C91	新完好4分,不平整、量水误差大于10%得0分
	喉口 C92	变形、量水误差大于10%得0分
	进出口扭面 C93	砂浆缝脱落漏水、裂缝4分×(1-占总面积%)
测水桥 B10	标准 C101	平直、坚固、安全、准确4分,无法保证测水精度得0分
生产桥 B11	安全 C111	无裂缝、风化可以安全使用得4分,无法保证安全得0分
渠道水利用率 B12	每千米损失水量 C121	损失水量在5%以内得4分,20%得0分

4 评估分级

根据有关规范,将工程老化等级分为4个等级:基本完好、轻微老化、较严重老化、严重老化,标准见表4。

表4 工程老化评价标准[2]

评价项目	工程等级评价			
	A 级	B 级	C 级	D 级
评价指标 P	$P \geq 3.5$	$3.5 > P \geq 2.5$	$2.5 > P \geq 1.5$	$P < 1.5$
工程老化程度	基本完好	轻微老化	较严重老化	严重老化

A 级:工程主体及大部分附属结构没有老化病害,工程整体功能可以正常发挥。

B 级:工程主体结构基本完好,部分附属结构有老化现象,工程整体功能基本能够正常发挥。

C 级:工程主体结构部分老化严重,附属结构损坏严重,工程整体功能只能部分发挥。

D 级:工程主体结构老化损坏严重,工程整体功能只能部分发挥作用或基本丧失。

5 应用实例

以固海一~八干渠工程老化评价为例,列表5。

表 5　固海一～八干渠测算表[4]

名称		工程项目		固一干		固二干		…	固八干	
ω_i		r_k		E_{ik}	P_1	E_{ik}	P_2	…	E_{ik}	P_8
渠道 B1	0.2	混凝土板 C11	0.3	2.5	0.15	3	0.225	…	…	…
		渠底 C12	0.3	2.8	0.168	2.8	0.21	…	…	…
		林带 C13	0.1	3	0.06	3	0.075	…	…	…
		防洪堤 C14	0.1	3	0.06	3.5	0.087 5	…	…	…
		保护范围 C15	0.2	1.5	0.06	3.1	0.155	…	…	…
渡槽 B2	0.3	槽壳 C21	0.4	3.5	0.42	4	0.56	…	…	…
		排架 C22	0.2	3	0.18	4	0.28	…	…	…
		基础 C23	0.25	3	0.225	4	0.35	…	…	…
		止水橡皮 C24	0.1	3.5	0.105	4	0.14	…	…	…
		栏杆 C25	0.05	1	0.015	4	0.07	…	…	…
渠涵 B3	0.02	盖板 C31	0.35	4	0.028	3.2	0.022 4	…	…	…
		箱体 C32	0.5	4	0.04	3	0.03	…	…	…
		进出口扭面 C33	0.15	4	0.012	3	0.009	…	…	…
沟涵 B4	0.02	盖板 C41	0.35	3.5	0.024 5	4	0.028	…	…	…
		箱体 C42	0.5	3.5	0.035	4	0.04	…	…	…
		进出口扭面 C43	0.15	3	0.009	4	0.012	…	…	…
节制闸 B5	0.1	闸板 C51	0.25	4	0.1	4	0.1	…	…	…
		闸板止水 C52	0.05	4	0.02	4	0.02	…	…	…
		闸室 C53	0.35	4	0.14	4	0.14	…	…	…
		启闭机 C54	0.25	4	0.1	4	0.1	…	…	…
		进出口扭面 C55	0.1	4	0.04	4	0.04	…	…	…
溢流堰 B6	0.05	护坡 C61	0.3	3.6	0.054	4	0.06	…	…	…
		堰顶 C62	0.5	3.8	0.095	4	0.1	…	…	…
		进出口 C63	0.2	3.6	0.036	4	0.04	…	…	…
退水闸 B7	0.07	闸板 C71	0.22	3.4	0.052 36	3.6	0.055 44	…	…	…
		闸板止水 C72	0.08	3	0.016 8	3.4	0.019 04	…	…	…
		闸室 C73	0.32	3.8	0.085 12	3	0.067 2	…	…	…
		启闭机 C74	0.28	3.2	0.062 72	3.2	0.062 72	…	…	…
		进出口扭面 C75	0.1	2.6	0.018 2	3	0.021	…	…	…
斗口 B8	0.04	闸板 C81	0.2	2.6	0.020 8	3.2	0.025 6	…	…	…
		斗门房 C82	0.1	2	0.008	3.5	0.014	…	…	…
		涵洞 C83	0.28	3	0.033 6	3.5	0.039 2	…	…	…
		启闭机 C84	0.2	2.1	0.016 8	3.6	0.028 8	…	…	…
		进出口扭面 C85	0.1	2.3	0.009 2	2	0.008	…	…	…
量水堰 B9	0.05	护底 C91	0.32	3	0.048	3.2	0.051 2	…	…	…
		喉口 C92	0.5	3.5	0.087 5	3.4	0.085	…	…	…
		进出口扭面 C93	0.18	3	0.027	3	0.027	…	…	…
测水桥 B10	0.01	标准 C101	1	3.2	0.032	3.8	0.038	…	…	…
生产桥 B11	0.01	安全 C111	1	3	0.03	3.2	0.032	…	…	…

续表5

名称	ω_i	工程项目		固一干		固二干		...	固八干	
		r_k	E_{ik}	P_1	E_{ik}	P_2		...	E_{ik}	P_8
渠道水利用率 B12	0.1	水量损失 C121	1	3.2	0.32	3.1	0.31	...	...	...
合计				2.724 6		3.468 1				3.22

通过测算 P_i 值为：

$P_1 = 2.73$	$P_2 = 3.47$	$P_3 = 3.56$	$P_4 = 3.11$	$P_5 = 2.58$	$P_6 = 3.42$	$P_7 = 2.34$	$P_8 = 3.22$

P_i 排序为：$P_7 < P_5 < P_1 < P_4 < P_8 < P_6 < P_2 < P_3$。

由此，可以推断出固海七干渠(P_7)为老化最严重渠道，急需投入进行维修，五干(P_5)也要作为维修的储备项目，三干(P_3)、二干(P_2)老化情况较好，可以暂缓维修。

6 结论

通过以上实例可以看出，数学模型的建立可以定量地评价出渠道工程的老化程度，为科学决策提供技术支撑，使决策更加科学化、人性化，避免一些盲目决策，减少损失。同样的原理，对泵站机电设备或者其他领域进行评价，也可以达到科学、公正评价的目的。作为一项管理机制，数学模型不是一个固定的模式，更不能生搬硬套，关键是要掌握规律，抓住其中的主要因素，进行分析归纳，寻找最佳解决途径和方案。

参 考 文 献

[1] 吴鑫淼. 水工建筑物老化评价研究. 河北农业大学学报[J], 2002(4):199-204.
[2] 吴中如. 水工建筑物安全监控理论及其应用[M]. 北京:高等教育出版社, 2003.
[3] 钱千山. 工程系统设计与规划[M]. 新兴图书公司, 1979.
[4] 熊启才. 数学模型方法及应用[M]. 重庆:重庆大学出版社, 2005.

作者简介：杜宇旭(1965—)，男，高级工程师，固海扬水管理处。联系地址：宁夏中宁县固海扬水管理处。E-mail:nxghdyx@163.com。

灌浆记录仪校验方法研究*

陶亦寿　姚振和　高鸣安　王金发　罗　熠

（长江水利委员会长江科学院，武汉　430010）

摘　要：灌浆记录仪是实时测量和记录水泥灌浆施工进程参数的仪器，是实现灌浆施工过程控制、保证工程质量的重要手段，已在我国水利水电及相关工程的基础灌浆处理中获得广泛应用。该仪器目前尚未纳入法定计量监督管理，产品质量和计量特性评定缺乏统一标准，因而影响了仪器的应用效果和产品市场的健康发展。本文结合灌浆工程实际，在参照相关标准规范的基础上，初步提出灌浆记录仪的校验内容、原则和方法，为灌浆记录仪校验标准的制定提供了基本思路。

关键词：灌浆记录仪　校验　内容　原则　方法

1　前言

灌浆记录仪是实时监测和记录灌浆工程施工进程中的浆液压力、流量和密度等参数的工程监测仪器。灌浆工程属隐蔽施工工程，工程质量依赖于严格的施工过程控制。灌浆记录仪是灌浆工程各方有效实施对施工过程控制的重要手段，也是后期正确分析施工效果所需资料的可靠来源，对工程质量控制意义重大，已广泛应用于我国水利水电建设工程。

在发达国家，灌浆记录仪的应用始于 20 世纪 70 年代，80 年代中期以后我国开始研制灌浆记录仪，并逐步应用于工程实际，1994 年国家水利部和电力工业部共同发布的《水工建筑物水泥灌浆施工技术规范》（SL 62—94）首次对灌浆记录仪的应用作出规定，要求“灌浆工程宜使用测记灌浆压力、注入率等施工参数的自动记录仪”。自此，我国灌浆记录仪的应用进入了一个新的时期。

灌浆记录仪是整合应用计算机技术、数据采集与处理技术，以及液体流量、压力和密度等物理量量测技术而开发的一种工程检测仪器，具有一般电子测量仪器的共性，同时作为灌浆工程专用仪器又有其专业属性。由于该仪器目前尚未纳入国家法定的计量监督管理范畴，产品质量检验和计量特性评定缺乏相应的可资遵循的标准，致使该仪器在生产、流通和使用等环节都出现一定程度的混乱局面，影响仪器的应用效果。因此，研究制定一套合理、实用和操作性强的灌浆记录仪校验标准，是当前一项重要而紧迫的工作。

2　仪器组成及功能简介

灌浆记录仪主要由主机和传感装置两大部分组成。主机为一套数据采集处理装置，一般采用以单片机为核心的微处理系统，集成必要的外设组件及信号输入接口构成专用

* 水利行业标准编写项目，项目编码 1261002410。

主机,也有采用便携计算机或 PC 机,配以接口电路及外围设备构成主机系统。传感装置一般包括流量计、压力计、密度计等。①流量计:目前各厂家基本都采用电磁流量计形式。②压力计:一般以压力传感器为敏感元件,再配以隔离保护构件和信号调理电路等部分构成,也有厂家直接选配压力变送器产品。③密度计:目前大多采用测量定高液位下浆液压力,再换算为浆液密度的原理而制作,也有厂家选用核子密度计产品或其他密度检测形式。

灌浆记录仪的主要功能包括:对灌浆过程参数进行数据采集和处理;实时显示和打印灌浆进程参数;灌浆结束时自动计算并打印注入水泥总量、浆液总量、单耗水泥量等结果数据,并打印灌浆过程曲线;压水试验中,记录注水压力、流量,计算和打印吕容值等。

3 校验内容及原则

3.1 "校验"的涵义

目前,《通用计量术语及定义》(JJF 1001—1998)中涉及仪器计量特性评定的术语为"检定"和"校准",未给出"校验"的定义,但由于检定和校准有一定局限性,因此在它们之外,校验一词实际上已被广泛应用。根据校验在已有标准中的用法,其涵义与检定和校准既有一定联系又有明显区别,它不具有法制性与校准相同,在技术操作内容上又与检定有共性,一般可进行校准,也可以对其他有关性能进行规定的检验,并最终给出合格性的结论。

一般来说,校验主要用于无检定规程场合的新产品、专用计量器具,或准确度相对要求较低的计量检测仪器。此外,某些新产品或专用计量仪器虽然已有相应的检定规程,但不需或不可能完全满足规程要求,但能满足使用要求的场合。

因此,在目前状况下,采用"校验"这一术语来表示对灌浆记录仪技术性能检验及计量特性评定是恰当的。

3.2 校验内容

灌浆记录仪是由主机和传感装置等部分组合而成的一套测量仪器,而构成整机的各部分其本身也是一个相对独立的电子装置,所以仪器校验内容应分为对各组成部分的单独校验和整机校验两个层次。

此外,校验工作还包括仪器技术性能检验和计量特性(精度)评定两方面内容,前者主要是对其基本要件和功能的检查与验证,后者是就计量特性相关项目进行定量测量和分析。

技术性能检验项目可按一般电测仪器及相关标准选定。如:整机及各部分证书和随机文件检查、外观检查、操作件及显示功能检查、漂移及绝缘等电特性或安全性检测等。

计量特性评定的原则和方法参照《测量仪器特性评定》(JJF 1094—2002)相关条文规定并适度从简执行,可选择示值误差(或相对示值误差)和重复性两项作为基本评定指标。

示值误差反映测量数据的准确性,采用比较法评定,即经多次重复测量取得待测装置的测量数据,同时运用可提供标准值(约定真值)的标准器进行同步测量而取得相对应的标准值,以两者差值作为测量示值误差。

重复性反映仪器测量结果的一致性,用相同条件下一组连续测量数据的试验标准差作为重复性测量结果。

3.3　校验原则

灌浆记录仪主机(包括硬、软件)一般是由厂家自主研发生产的,具有较好安全防护的整体结构形式,现场一般安置在专用工作台上,其工作方式除 A/D 转换环节外,其他部分主要是对数字信号的加工处理,原理上因元器件参数偏移而形成测量误差的可能性较小。

流量计、压力计、密度计等传感装置,其工作特点是将流量、压力等物理量俘获并转换为电流或电压等电信号输出,其检测精度依赖于器件质量和参数精确调校,易受外界因素影响而发生变化,因此在使用前和使用中须按规定周期进行检查或率定,以保证其正常工作。传感装置多为直接外购产品或在外购传感器基础上添加辅助部分构成,外购产品一般应附有出厂合格证和检定证书。

灌浆记录仪是应用于施工现场的仪器,相对于主机自身特点和具有较好的防护条件而言,传感装置部分直接安装于灌浆管路系统,工作环境更为恶劣,因而传感装置在使用中发生损坏或失准的几率要远高于主机。

基于以上分析,拟规定灌浆记录仪校验原则如下:

(1)主机精度合格标准按高于各传感装置一个数量级以上确定。传感装置的精度指标宜按适用性、经济性等原则合理选定。主机部分引起的误差在整套仪器校验结果中忽略不计。整机各参数的测量精度用相应传感装置的校验结果来表示。

(2)主机校验采用标准信号源提供输入信号,将主机输出结果和输入标准信号作为评定主机计量特性的基本数据。

(3)传感装置采用相应的标准器进行同步比测的方法校验,采用经校验合格的主机作为传感装置的输出设备。也可根据校验机构的情况,运用专门的校验装置来处理校验结果。

(4)由合格主机和传感装置组合而成的整机视为合格整机,合格整机的校验证书以各分部校验记录为基础填制。

(5)校验周期:主机宜定为 6 个月,传感装置宜定为 3 个月。维修后的主机或传感装置应重新进行校验。整机在使用过程中应建立严格的质量监测制度,以确保其正常工作。

4　校验方法

4.1　主机校验

主机是一专用数据采集处理器。校验方法是将标准信号源产生的电流信号分别调至各校验点规定量值后接入各参数输入接口,读取主机相应参数的输出示值并将其处理为该通道折算输出信号值。将输入信号标准值与折算输出信号值分别代入式(1)和式(2),即可求得主机的相对示值误差和测量结果的重复性。

主机校验原理图见图 1。

4.2　流量计校验

流量计一般为通用电磁流量计(模拟量输出)。采用静态质量法校验。校验介质采

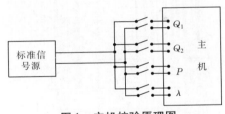

图1　主机校验原理图

用清水。校验装置一般包括水循环系统(水箱、泵、管路、阀门等)、换向器、容器、标准电子秤和计时器(主机内置)等部分,其中换向器是一个可快速切换水出流方向的装置。校验方法是将待检流量计串接入管路中,启动水循环系统并调整至稳定的校验点流量,控制换向阀向容器注水一定时段并计时,停止注水后,从主机显示屏读取该时段流量计测量累积流量。同时从标准电子秤读取注入容器水的质量,经换算得出该时段标准累计流量。将以上两种累计流量分别除以计时器记录的时长,得出两种平均流量。将测量输出平均流量和标准平均流量代入式(1)和式(2),即可求出流量计的相对示值误差和测量结果的重复性。

流量计校验原理图见图2。

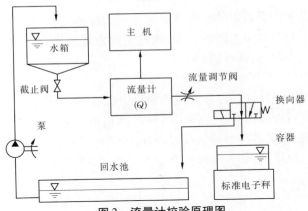

图2　流量计校验原理图

4.3　压力计校验

压力计主要由压力传感器和隔离装置构成。校验方法是将待检压力计经传压管路与压力发生器和标准压力计连通,同时将压力计输出信号端接入主机,操作压力发生器,改变管路压力,使之逐一达到各压力校验点,从主机读取压力计测量输出值。将压力计测量输出值和标准压力计指示值代入式(1)和式(2),即可求得压力计的相对示值误差和测量结果的重复性。

压力计校验原理图见图3。

4.4　密度计校验

密度计的一般校验方法为取样比测法,首先按待校密度范围配制出符合校验点密度的介质(水泥浆液或其他替代液态介质),将密度计接入校验介质循环管路过流,将密度计信号输出端接入主机,主机显示密度值即为密度计测量输出值。用标准泥浆比重/密度

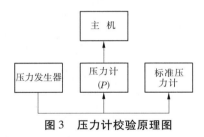

图 3　压力计校验原理图

秤从校验介质循环系统取样测量获得校验介质的标准密度值。将测量值和标准值代入式（1）和式（2），即可求得密度计的相对示值误差和测量结果的重复性。

密度计校验原理图见图 4。

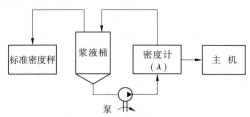

图 4　密度计校验原理图

目前灌浆工程上采用得较多的密度计形式为压力探测式密度计，该密度计利用在固定液位差下浆液密度与流体压力间的关系，通过测压方式换算得出浆液密度。这类密度计可参照压力计校验方法进行间接校验。

4.5　测量数据处理

为使灌浆记录仪计量特性的评定方式简明、实用，在参照相关标准规范基础上，对评定项目和操作流程进行合理取舍。①评定项目选择相对误差和重复性，两个项目从同一组测量数据计算得出，无需进行额外的测量操作，不增加校验工作量。②将校验点数和校验点样本控制在较小规模，校验点一般按全量程选取 3 ~ 5 个，每个校验点重复测量次数一般取 3 ~ 5 次即可。

计算公式如下：

（1）相对示值误差

$$\delta = \frac{x - x_s}{x_s} \times 100\% \tag{1}$$

式中：δ 为相对示值误差；x 为被校验仪器的示值；x_s 为标准器复现的量值。

（2）测量结果的重复性

$$s = \sqrt{\frac{\sum_{i=1}^{n}(x_i - \bar{x})^2}{n - 1}} \tag{2}$$

式中：s 为测量结果的重复性；n 为测量次数；x_i 为第 i 次观测值，$i = 1,2,3\cdots,n$；$\bar{x}$ 为 n 次观测值的算术平均值。

5 结语

灌浆记录仪在我国已有近 20 年的应用历史,在水利水电工程基础灌浆处理中已全面普及应用,对提高我国灌浆工程施工管理水平、控制施工质量和完善工程计量起到了良好作用。近年来,随着我国国民经济的快速发展和新一轮水利水电建设高潮的到来,灌浆记录仪产品生产和技术创新也呈现出快速发展的势头。目前,国内灌浆记录仪生产厂家已从最初的两三家发展为数十家,由于缺乏统一的产品计量检验标准,加上各厂家在基础条件及技术能力上存在差距,导致产品功能和质量良莠不齐,因而难以杜绝劣质产品流入工程使用,给工程施工质量带来隐患,同时也在一定程度上制约了行业的健康发展。

灌浆记录仪市场快速发展与产品质量监管相对滞后的矛盾日益突出,这一状况已引起有关主管部门的关注和重视。本文在开展相关调查研究的基础上就灌浆记录仪校验内容、原则和方法提出初步思路,可作为进一步研究和制定相关标准的基础,供有关部门参考。

作者简介:陶亦寿(1946—),男,教授级高级工程师,长江水利委员会长江科学院。联系地址:武汉市黄浦路 23 号。E-mail:taoyishou@ sina. com。

《海堤工程爆炸置换法处理软基技术规范》
编制背景和主要内容简介

吴保旗　　金利军　　潘桂娥

（浙江省围垦技术中心，杭州　310014）

摘　要：《海堤工程爆炸置换法处理软基技术规范》已立项作为浙江省地方标准，现处于公示阶段。本文简要介绍了该规范的编制背景、工作过程和主要内容，以及本规范编制过程中遵循的基本原则。规范将填补浙江省海堤工程采用爆炸置换法处理软基技术标准的空白。

关键词：海堤　软基　爆炸置换法　规范编制

1　编制背景

海堤工程爆炸置换法处理软土地基筑堤技术是指在滩涂上预抛块石（渣）料，采用爆炸的方法将堤基础软土置换成块石（渣）体的软土地基处理技术。在海堤工程中的应用始于 20 世纪 80 年代，可以分为爆炸排淤填石法和爆炸挤淤置换法。爆炸排淤填石法是指在抛石体外缘软土地基中埋放药包群，通过爆炸手段排开淤泥充填石料，一次达到设计堤基础断面要求的施工工法；该法在 1985 年成功应用于连云海峡拦海西大堤工程。爆炸挤淤置换法是利用爆炸能量将软土挤开，同时借助抛石体的自重及爆炸产生的附加荷载将抛石体"压沉"入软土地基中，经过若干次爆炸挤压叠加，最终形成设计堤基础抛石断面要求的施工工法；该法于 1987 年在浙江省舟山市定海团结海涂围垦工程龙口基础处理中进行过试用，但未取得预期成果。2000 年下半年，爆炸法处理软土地基技术又在浙江省温岭东海塘围涂工程（横歧山—南港山施工交通堤）中进行了应用并取得了成功，为该技术在水利围垦工程中的推广应用积累了一定经验。

2001 年，浙江省围垦技术中心组织洞头县北岙后二期围垦工程建设指挥部、浙江中水围海技术咨询中心、宁波科宁爆炸技术工程有限公司等 7 家单位，结合洞头县北岙后二期围垦工程的建设开展"爆炸置换法处理围垦海堤软土地基技术的研究与应用"课题研究工作。2005 年完成课题研究，爆炸置换法处理围堤软基技术在洞头县北岙后二期围垦工程取得成功。该课题荣获 2006 年度水利部"大禹"水利科学技术三等奖。后该技术成功应用于浙江省内漩门三期、洞头杨文、岱山南扫箕等多个围垦工程。

目前，与爆炸置换法处理软基技术有关的规程规范在我国只有 2009 年实施的《水运工程爆破技术规范》，其中有关于爆炸法处理水下地基和基础的技术，但其爆破排淤填石法不仅只适用于水运工程，而且只是爆炸置换法中的一种。而交通部 1999 年发布的《爆炸法处理水下地基和基础技术规程》已被废止。于是，爆炸置换法处理软基技术的现状是设计规范涵盖不全面、施工规程不完善、质量检查和验收标准缺失。

　　为规范和指导爆炸置换法软基处理技术在浙江省实际工程中的应用及满足海堤建设的需要,浙江省围垦技术中心由浙江省水利厅批准立项于 2007 年开展编制《浙江省爆炸置换法处理软基技术规定》的工作。2009 年围垦中心又向浙江省质量技术监督局提出了该技术规定的立项申请并获批,同时规范名称定为《海堤工程爆炸置换法处理软基技术规范》。

2　工作过程

　　在 2007 年 3 月向浙江省水利厅申请立项进行编制规范的同时,浙江省围垦技术中心就开始做前期准备工作,先后成立了项目工作组,进行了资料收集等。立项批准后,围垦中心通过调研,组织浙江省水利水电工程质量与安全监督管理中心、宁波科宁爆炸技术工程有限公司等 9 家单位对该技术的研究或应用具有较丰富经验和水平的专家组成了编写课题组,正式展开规范编制工作。

　　2007 年 7 月至 2008 年 8 月期间,主要进行现场考察、资料收集和工作大纲的编写。编制组专家根据有关文件的精神和要求,对省内应用爆炸置换法处理软基技术较为典型和具有代表性的若干工程分头进行了考察和资料收集。2008 年 1 月 24 日,编写组全体成员在杭州举行了第一次规范编制大纲和技术研讨会,经过前一阶段的广泛调查研究和技术研讨,该次会议基本确定了规范编制的具体工作内容及编写分工,为下一步深入研究奠定了基础。2008 年 8 月 4 日,围垦中心组织召开了全省围垦工程技术交流座谈会,座谈会除要求规范编写组成员参加外,还特邀了浙江省水利厅及浙江省围垦局的有关领导和专家。会上大家不仅对爆炸置换法处理软基技术的应用进行了深入研讨,而且对规范编制大纲作了审定,规范名称定为《浙江省海堤工程爆炸置换法处理软基技术规定》(简称《海堤爆炸规定》)。

　　2008 年 9 ~ 12 月,编写组成员按分工及要求分头进行《海堤爆炸规定》的起草工作。12 月 20 日,编写组全体成员在杭州举行了《海堤爆炸规定》初稿集中研讨会,对初稿各章节内容进行了全面的审阅和研讨,并对下一步的修改工作提出了意见。

　　2009 年 1 ~ 12 月,根据审阅和研讨意见,编写组成员对各自承担的编写内容进行了修改补充,形成送审讨论稿。12 月 19 日在杭州进行了送审讨论稿的集中研讨,基本通过了对《海堤爆炸规定》(送审稿)的内部评审。

　　2010 年 1 ~ 7 月,根据内部评审意见,对送审稿进行了适当的修改、补充,并编写了编制说明。根据浙江省质量技术监督局有关文件规定,《浙江省海堤工程爆炸置换法处理软基技术规定》更名为浙江省《海堤工程爆炸置换法处理软基技术规范》,形成了《海堤工程爆炸置换法处理软基技术规范》(征求意见稿),并进行网上公示,公开征求意见。

3　编制原则

　　《海堤工程爆炸置换法处理软基技术规范》的编制遵循以下基本原则。

3.1　科学性和规范性原则

　　本规范由具有丰富工作经验且拥有水利标准编制资格证书的同志担任主编,同时要求各编写人员以严谨的科学态度,充分尊重客观事实,总结爆炸处理软基技术的客观规律,按照水利标准规范性的语言和编写方法编制。

3.2　符合浙江省工程实际的原则

本规范编制以浙江省近几十年来的工程实践为基础,总结经验和教训,以作为地方标准指导浙江省今后的工程实际。

3.3　代表性和先进性原则

本规范编制要求不仅是总结的工程实践成果,而且要求能反映和代表我国爆炸置换法处理软基技术当前的最高水平。

3.4　与国家及浙江省现行有关技术标准相衔接的原则

当前与爆炸置换法处理软基技术有关的国家现行的技术标准主要有水利部 2008 年发布 2009 年实施的《滩涂治理工程技术规范》和《海堤工程设计规范》,交通运输部 2008 年发布 2009 年实施的《水运工程爆破技术规范》,浙江省 1999 年发布实施的《浙江省海塘工程技术规定》,作为本规范核心的爆炸置换法处理软基技术,在内容上与上述标准没有矛盾,并尽量做到能补充和完善上述标准的有关内容。

3.5　可操作性原则

作为一项工程设计施工技术,本规范条文内容与工程实际紧密结合,涵盖工程实际的方方面面,在具体条文编写上力求简洁明确,做到方便应用。

3.6　发展的原则

规范内容重在以指导为主,在具体条文编写上尽量不作过细的或强制性的规定,以期在今后的实际运用中得到进一步的改进和完善。

4　主要内容

本规范共 7 章 21 节和 4 个附录,内容包括前言、总则、术语、基础资料、海堤设计、海堤爆炸置换法施工、质量检验和评定、其他。4 个附录为整体稳定计算方法、爆炸处理参数计算方法、爆破器材使用安全规定、爆填堤心石单元工程质量评定表和爆炸处理软基工程检验单。

总则中阐明了规范编制的目的、主要内容、应用范围、限制条件、注意事项等。针对爆炸置换法的特点,明确了海堤软基采用该技术时应收集勘测的资料,以及各设计阶段对资料精度的要求。

海堤设计是本规范的一个重点,分为一般规定、上部结构、地基处理、龙口设计、稳定分析 5 节。上部结构主要对海堤上部断面结构形式的选择依据和注意事项、堤顶高程和结构的设计取值、内外侧护坡和防渗等作了规定;软土层厚度要求、地基处理宽度、堤心石基础结构的选择、堤心石底部宽度要求等都在地基处理中得到反映;对于筑堤时的龙口,本章从设计角度提出了具体要求,龙口位置的选择、置换龙口的设置、常规龙口和辅助过水龙口的规模及度汛保护设计、施工合龙时间选择和设计时序、截流材料的要求等都有规定;稳定分析中包括整体抗滑稳定、沉降稳定、渗透稳定、结构材料个体稳定等,规范中都一一作了规定。

海堤爆炸置换法施工是本规范的又一个重点,对于爆炸置换法能处理的淤泥深度范围两种方法的选择等都有具体规定;施工组织、施工程序中规定了爆炸置换法的施工许可、设备器材选择、堤身抛填参数、堤头堤侧等的爆炸处理;施工质量控制中规定了抛石料质量、抛填尺寸和爆炸参数的控制,另外还特别对施工安全方面作了具体规定。

质量检验主要是针对爆填堤心石部分,规定采用物探、钻探两种方法,并在爆填结束后进行沉降位移观测;规范还给出了施工质量评定的项目和标准及施工质量等级。

本规范是应爆炸置换处理软基技术在浙江省海堤工程中的日益广泛应用而编制的,历时 3 年余。编制的主要目的是规范和指导爆炸置换法处理软基技术在实际工程中的应用,故规范编制主要内容均与实际工程建设有关,在章节安排和条文编写上均依据工程建设程序和各方面的工作惯例进行。规范已立项拟作为浙江省地方标准,将填补浙江省海堤工程采用爆炸置换法处理软基技术标准的空白。

作者简介:吴保旗(1953—),男,教授级高级工程师,浙江省围垦技术中心主任,兼中国水利学会滩涂湿地保护与利用专业委员会秘书长。联系地址:杭州市中山北路 588 号东风大厦 13 楼。E-mail:wbq1120@ zjwater. gov. cn。

灌溉供水水资源重复利用的实践和理论

沈逸轩[1]　　黄永茂[1]　　沈小谊[2]

（1. 广西玉林市水利局，玉林　537000；2. 广西玉林水电设计院，玉林　537000）

摘　要：以全国、一个市和一个工程灌溉供水水资源重复利用实践为基础，讨论灌溉水重复利用的巨大作用，可行性、经济性和基本方法。提出三种定量分析方法，最后提出两个建议。

关键词：灌溉供水　重复利用　保证率　耗水率　人、工程和自然协调　循环经济促进法

据 2008 年中国水资源公报，全国（大陆）用水 5 910 亿 m^3，其中工业用水 1 401 亿 m^3，耗水 333 亿 m^3，重复利用率达 76.2%，生活用水 727 亿 m^3，耗水 386 亿 m^3，其中城镇生活耗水率为 30%，农村为 85%，平均重复利用率达 46.9%，特别是农村重复利用率很高，农业用水 3 664 亿 m^3，耗水量 2 323 亿 m^3，耗水率 63.4%，其中农田灌溉耗水率为 62%。三个大用水户中的工业、生活用水重复利用成绩都很大，且形成了一定的法规和水文化，现就占总用水五成以上的农田灌溉供用水重复利用的实践和理论问题，分三方面分析研究如下。

1　灌溉供用水重复利用的实践和分析

中国大陆灌溉供用水的重复利用的实践和分析，分四个层次分析如下。

1.1　中国大陆灌溉总供用水重复利用的实践和分析

据中国水资源公报、水利发展统计公报和国家统计年报，1997～2008 年灌溉总供用水利用实践的主要指标，整理成表 1。

表 1　1997～2008 年灌溉总供用水实践主要指标

年份	年均降水（mm）	年均亩供用水（m^3/亩）	据水资源公报			据水利统计公报		粮食总产（亿 t）
			农业耗水率	灌溉耗水率	年亩均净用水（m^3/亩）	灌溉水利用系数	年亩均净用水（m^3/亩）	
1	2	3	4	5	6 = 3 × 5	7	8 = 3 × 7	9
1997	613	492	0.66	0.644	317	0.45	221	4.93
1998	713	488	0.655	0.636	310			4.9 以上
1999	629	484	0.630	0.616	298			5.08
2000	633	484	0.630	0.611	296	未公布		4.63
2001	612	479	0.64			未公布		4.53

续表1

年份	年均降水（mm）	年均亩供用水（m³/亩）	据水资源公报			据水利统计公报		粮食总产（亿t）
			农业耗水率	灌溉耗水率	年亩均净用水（m³/亩）	灌溉水利用系数	年亩均净用水（m³/亩）	
2002	660	465	0.64			未公布		4.57
2003	638	430	0.712			未公布		4.31
2004	601	450	0.65	0.64	288	未公布		4.69
2005	644	448	0.63	0.62	278	0.45	202	4.84
2006	611	449	0.63	0.62	278	0.46	207	4.98
2007	610	434	0.63	0.62	269	0.47	204	5.02
2008	655	435	0.63	0.62	270	未公布		5.20

对表1体现的实际数据，先用两种不同思维方法了解本质内容后再思考三个问题如下。

两种不同思维方法中，首先认识灌溉供水只一次性利用，不考虑重复利用内容。据《中国灌溉与排水工程设计规范》（GB 50288—99）3.1.8条规定，灌溉水利用系数

$$n = n_s \cdot n_f$$

式中，n_s是渠系水利用系数，用各级渠道的渠道水利用系数连乘求得，n_f是田间水利用系数，从以上表述可知国家规范只考虑灌溉水的一次性利用，且没有频率概念。文献[1]107页，以该式为基础，得出1997年全国灌溉水利用系数为0.45，文献[1]的今后规划都是以此为基础进行的。因此表1中，以水利统计公报为基础，只考虑灌溉水一次性利用的年灌溉水利用系数1997年为0.45，2005~2007年为0.45~0.47。

1997年首次公布的中国水资源公报，就提出了"用水消耗量"和"耗水率"的新概念。"用水消耗量指在输水、用水过程中，通过蒸腾蒸发、土壤吸收、产品带走、居民和牲畜饮用等各种形式消耗掉而不能回归到地表水体或地下水层的水量。""消耗水量占用水量的比例简称'耗水率'"。按此表述，灌溉"耗水率"即近似灌溉水利用率。为探讨灌溉供用水效率，从水资源平衡方向给出新的途径。

在理解上述两种不同思维方法内容基础上，引入中国工程院重大咨询项目成果"中国可持续发展水资源战略研究报告及专题报告"有关成果进行综合分析，表1中数字体现出的三个问题分别是：

（1）灌溉供水利用水系数（灌溉耗水率）水资源公报数据应更可靠。表1中，1997年水资源公报灌溉供水耗水率为0.644，年亩均净用水为317 m³，水利发展公报灌溉水利用系数为0.45（文献[1]107页），年亩均净用水为221 m³，查文献[1]107页，公布的10个省（区）年亩均综合净定额最低为221 m³，简单算术平均值为293 m³，查文献[1]92~93页。2010年全国亩均综合净定额约为280 m³，因此1997年灌溉耗水率（灌溉水利用系

数)为0.644更合理。同理,水资源公报的2004~2008年灌溉供水耗水率为0.64~0.62合理。因为相应的全国亩均净定额288~269 m^3,与文献[1]相应数据近似,而水利发展公报的灌溉水利用系数为0.45~0.47,相应年亩均净用水为202~204 m^3,与文献[1]相差很大,从一般常识判断也不合理。两种成果相差很大,不能忽视,以1997年为例,年灌溉供水3 606亿 m^3,按水资源公报数据已消耗2 323亿 m^3,能回归地表水体和地下水层的为1 283亿 m^3,按水利发展公报灌溉水利用系数为0.45,能回归到地表水体和地下水的水量为1 983亿 m^3,两种方法回归到地表水和地下水的水量相差700亿 m^3,大于黄河年均来水量,绝对值不能忽视,700亿 m^3 占总供水量的19.4%,相对值也不能忽视。

(2)表1中1997~2008年亩均毛用水下降约57 m^3,主要原因是灌溉面积中水浇地增大,水稻种植面积变小形成。此期间,水浇地面积约增加1亿亩,而水稻种植面积由1997年的4.77亿亩下降到2003年的3.98亿亩,2009年才恢复到4.38亿亩,亩均用水变化也体现此规律,2003年最低为430 m^3/亩。文献[1]45页有近似表述。此期间耗水率,水利用率变化很小,节水效果不足以形成亩均用水下降12%的变化。

(3)还有1 000亿 m^3 以上一次性利用后灌溉供水可重复利用。据文献[1]的资料,2010~2030年灌溉供水约为4 000亿 m^3,一次性利用灌溉水利用系数达0.66,或按"耗水率"上升到0.70计,回归到地下水和地表水体的水量为1 440亿~1 200亿 m^3,超过两条黄河年均来水,以下用三方面实践资料为基础,对1 000亿 m^3 以上可重复利用水进行分析研究。

1.2 一个地(市)灌溉供水水资源重复利用实践和分析

为了进一步探索灌溉供水水资源重复利用基本规律,寻求全国大面积平均后消失的一些特性,现以广西玉林市近20年实践为例进行分析研究。2008年玉林市总人口642万人,其中农村人口569万人,农耕以种植双季稻为主,人均水资源1 800 m^3,与全国均值近似,亩均3 854(水利常用耕地)~2 522 m^3(以国土资源部门统计资料计),有大中型水库30座,万亩以上灌区47处,有效灌溉面积219万亩(水利常用面积),亩均用水761 m^3,据广西水利史,1792年官方已推行水稻轮灌节水方法,近60年来,因节水灌溉获省(部)级奖励工程共23项次,据广西玉林市和贵港市水利局合编2004年出版的《玉林地区水利电力大事记》一书和广西玉林市1998~2008年水资源公报,近20年玉林市灌溉供水水资源利用基本情况如表2所示。

表2　广西玉林市1998~2008年灌溉供水利用基本情况

年份	年均降水（mm）	年降水保证率(%)	年亩均净定额（m^3/亩）	年亩均毛用水（m^3/亩）	利用系数	粮食总产（万t）	说明
1	2	3	4	5	$6 = \dfrac{4}{5}$	7	
1988	1 417					138	

续表2

年份	年均降水（mm）	年降水保证率(%)	年亩均净定额（m³/亩）	年亩均毛用水(m³/亩)	利用系数	粮食总产（万t）	说明
1989	1 076	96	610	692	0.882	172	
1990	1 705	38	454	缺报		189	
1991	1 283	81	544	缺报		195	
1992	1 589	52	474	621	0.763	204	广西千万亩水稻节水年
1993	1 650	43	460	664	0.693	209	同上
1994	2 161	19	400	705	0.567	193	
1995	1 961	28	447	754	0.593	209	
1996	1 536	57	474	737	0.643	229	
1997	2 212	14	400	722	0.554	240	
1998	1 648	48	474	742	0.639	248	
1999	1 469	67	504	751	0.671	244	
2000	1 295	76	517	747	0.692	232	
2001	2 017	24	434	748	0.580	219	
2002	2 223	10	397	738	0.538	207	
2003	1 459	71	504	790	0.638	197	
2004	1 489	62	497	792	0.628	196	
2005	1 204	86	571	741	0.771	199	
2006	1 864	33	447	756	0.591	201	
2007	1 163	90	578	742	0.779	200	
2008	2 259	5	380	761	0.449	175	

　　由表2可得出如下两个概念，一是灌溉水利用系数是人、工程和自然协调的成果，不是一个常数。保证率大于80%的3年，供水利用率高于0.77，其中保证率96%的1989年高达0.882，保证率低于40%的8个丰水年低于0.60。其中，保证率为5%的特丰年，供水利用率仅为0.449。在平水年中，用水最少的是广西实践"千万亩水稻节水灌溉技术开发"期（该成果1995年获水利部,1996年获国家科技进步一等奖）的1992年和1993年，亩均毛用水621 m³和664 m³，在系列排位中居最少的第一和第二，该两年以加强管理为主，突出人的作用，推行节水的灌溉制度（薄、浅、湿、晒和控制灌溉），故用水少。1989年

供水利用率高达 0.882,基础条件是渠系健全,引、蓄、提主要设备处于完好状况,5 076 km 流量大于 0.1 m³/s 的渠道中,1993 年防渗长占 11.45%,2002 年升到 40.4%。管理人员素质好,能主动适应天然水变化的自然条件,合理启动硬件(引、蓄、提设施)和软件(调度方案和推行 1792 年以来大量节水的轮灌度等),最大限度地重复利用当年和当年尚存在灌区内的灌溉供水水资源。据水利志记载,1989 年,集雨面积 424 km² 的小南流江断流 14 d,中小河流普遍断流,全市全部蓄水工程 8.4 亿 m³ 有效库容最低蓄水仅 0.35 亿 m³,占有效库容的 4%,浅层地下水位普遍下降。因此,1989 年供水利用率达 0.882 是可信的。特丰年,亩约占有水资源 1 000 m³ 以上,供大于求,出现文献[1]107 页的田间利用系数有 0.7 的情况,故利用系数只有 0.449。据以上实践和分析,得出的第二个概念是:灌溉供水重复利用是适应客观需要而产生的相对概念。当一次性利用不足时,人为谋发展,自然和必然利用溉区内可重复利用水实践。文献[1]9、10、109 ~ 124 页和文献[2]等对国内外重复利用灌溉供水水源进行了许多论述。因此,重复利用灌溉供水水源实践已存在。

1.3　一个工程的灌溉供水水资源利用的实践和分析

以上分析了全国平均和一个市的情况,现用一个设计和运用资料较全面的典型工程对灌溉供水水源利用的实践进行分析。广西诸大型灌区中,达开水库大型灌区是由广西水电设计院按 20 世纪 60 年代国家(部)规范进行勘测、设计的灌区之一,灌区初设阶段勘探点 569 个,注水试验 58 个点,抽水试验 33 个点,室内进行土壤与岩石试验 268 组,在此基础上,分片计算得的平均渠系水利用为 0.65(包括防渗混凝土 1.0 万 m³ 后)。净用水定额设计用了附近 6 个灌溉试验站的试验成果,据当时较先进的浅晒灌溉制度,计算出 36 年的双季水稻的净灌溉定额和旱作物净灌溉定额,并排了保证率。此成果经多年常规试验和常规实践成果检验,仍被多方运用。投入运行后地(市)管理记录较全。现据达开水库管理局 1998 年出版的"达开水库志"资料为依据,将 1976 ~ 1996 年灌溉水源利用基本情况,整理成表 3。

表 3　达开水库 1976 ~ 1996 年灌溉水利用基本情况

年份	实测水库来水(万 m³)	来水保证率(%)	设计净定额(m³/亩)	实测毛定额(m³/亩)	水利用系数	说明
1	2	3	4	5	$6 = \dfrac{4}{5}$	7
1976	28 208	29	447	1 036	0.431	实际灌溉面积用保证灌溉面积减设计 6 个小(一)型 2.9 万亩
1977	29 008	24	434	1 062	0.409	
1978	21 255	62	497	974	0.510	
1979	21 634	57	474	732	0.648	
1980	10 148	90	577	466	1.238	灌区补充水多,轮灌多

续表3

年份	实测水库来水（万 m³）	来水保证率（%）	设计净定额（m³/亩）	实测毛定额（m³/亩）	水利用系数	说明
1981	38 681	9	394	658	0.599	上半年轮灌多，下半年排洪 0.99 亿 m³
1982	24 594	48	474	1 079	0.439	
1983	29 684	19	400	1 015	0.394	
1984	19 072	76	517	964	0.536	
1985	25 113	33	447	795	0.562	
1987	19 378	71	505	811	0.623	
1988	20 714	67	504	922	0.547	
1989	9 352	95	610	684	0.892	
1990	13 906	86	571	542	1.054	灌区，补充水多，轮灌多
1991	16 029	81	544	568	0.958	
1992	24 912	43	460	954	0.482	
1993	33 100	14	400	910	0.440	
1994	48 734	5	380	1 179	0.322	水库排洪 2.1 亿 m³
1995	24 962	38	454	1 104	0.411	
1996	23 476	52	474	缺	缺	

　　为便于解读表3数据，据《达开水库志》资料对水库和灌区基本资料再补充如下。达开水库是多年调节水库，有效库容 1.98 亿 m³，库容系数（有效库容/多年平均来水）为 0.526。灌区设计面积 48.6 万亩，其中以 31 万亩双季稻为供水大户，设计保证率 95%。旱作以甘蔗为主，保证率为 85%。提郁江水面积为 8.5 亩。灌区建成引、蓄、提并用复式灌溉系统，引水工程共 119 处，分别位于灌区 6 条小河中，正常引水流至 4.2 m³/s。多数为灌区原有工程。大小蓄水工程 705 处，有效库容 3 907 万 m³。其中较大 6 个小（一）型水库，设计灌溉 2.9 万亩，已列入工程统一设计调度中。提水工程 139 座，装机容量 5 158 kW，包括 4 座经广西水电厅批准兴建专为抽取回归水的工程。300 km 主要总干渠、干渠、支渠防渗长约占七成。用水管理实行"大小工程，统一调度"。20 世纪 80 年代初开始，实行"按田分水，按方收费"，根据水库来水和蓄水情况，实行干、支渠"轮溉制度"，灌区节水试验成果有"薄、浅、湿、晒"和"水插旱管（控制灌溉）"成果可供水欠缺时利用。

在此基础上,由表 3 得出如下两个概念,一是灌溉水利用系数是人、工程和自然条件协调的结果,不是一个常数,保证率高系数高。保证率 81% ~ 95% 的 4 年,年利用系数达 0.892 ~ 1.238。保证率 52% ~ 76% 的 6 年,年利用系数为 0.510 ~ 0.648。保证率 48% 以下的 10 年中,8 年低于 0.490,其余两年也低于 0.60,最低为特丰的 1994 年,只有 0.322。得出的概念之二是:管理人员利用"轮灌"等软件和"引、蓄、提"硬件相结合,据客观需要重复利用或不重复利用灌溉供水水源,是形成灌溉水利用系数变化的基本原因。利用系数大于 1,是因为轮灌形成控制灌溉改革了原设计灌溉制度后,用水大幅度减小,原设计常规灌溉制度形成的回归水已充分利用。参看文献[1]124 页,水稻控制灌溉技术可节水 40% 以上,"轮灌"比控制灌溉更节水(参看文献[2]相应部分)。参看文献[1]109 页,水稻灌区利用回归水的江苏骆马湖灌区引水定额仅为 283 m³/亩,不利用回归水多达 1 000 m³/亩。利用上述成果可理解利用率相对大于 1 的原因。

1.4 灌溉供水水源重复利用的已有成果综述

据上述成果和文献[1]、[2](总结出自然、管理和工程三种方式)等有关成果,灌溉供水水源重复利用的已有主要成果,分四方面综述如下。

1.4.1 要点

灌溉供水水源重复利用,是第一次供水不足,人、工程和自然协调提高供水水源利用率的生产活动。

1.4.2 历史长,被部分主流社会认可

以广西玉林市为例,据广西水利史,1792 年(清乾隆五十七年)当地官方就推行水稻轮溉制度,大量重复利用灌溉水源,且有大量石刻保存。近 60 年来,已被几十个大中型灌区抗旱利用。文献 1 第 9 页提出:"在北方的渠灌区内打井,以渠补源,以井保丰,不但可以最大限度利用地表水和地下水……"文献[1]110 页继续指出:"把北方地区的大中型灌区改造成井渠结的灌区是当前节水灌溉的首要问题。"文献[1]107 页提出:"水稻灌区应改造成为能利用回归水的灌区。"文献[1]110 页和文献[2]还介绍了文明古国埃及的相应经验:"埃及在尼罗河三角洲地区改自流灌溉为低扬工程(0.5 m)提灌。""重复利用灌溉水源设施后,灌溉水利用率上升到 80%"。

1.4.3 可靠性和经济性

由表 1 可知,重复可利用水源占总灌溉供水水源的 38% ~ 53%,大于两条黄河年均水量。由于存在于灌区时间与作物需水时间同步,给出最有利的时间和空间,水源可靠。文献[1]107 ~ 110 页,列为重要节水措施之一,据文献[1]10 页,节水供水每立方米投入为 2 ~ 3 元,而新建水源一般要 5 ~ 10 元以上,因此重复利用灌溉水源措施是经济的。

1.4.4 主要的软、硬件措施

主要的软、硬件措施有三:一是要高度重视管理人员的核心作用,所有软、硬件都是通过管理人员才起作用的。要解决文献[1]10 页指出的"重工程、轻管理"的老难题,管理人员要有必要的生活、学习和工作条件。二是要建立科学的软件系统,包括国家抗旱条例中四级抗旱条件下的人员组织培训,推广节水新技术、新工艺,学习培训,订立四级抗旱节水的规章制度,中国大陆的水利教科书应增加有关内容等。三是配套好自然重复利用和引、蓄、提、渠(系)的硬件措施。中国大陆是水资源不丰富的地方,水库供水不足 4 成,且

多年调节水库少,文献[1]按中等干旱年规划,保证率低。因此,文献[1]109页提出的"开发浅层地下水"应引起高度重视,采用109页提出的地下水储量巨大,"干旱年多开采,多雨年得到补偿,对水资源可发挥多年调节作用,可提高用水保证率"的提示。

2 灌溉供水水源重复利用的定量计算

灌溉供水水源重复利用的定量计算,建议用下列三种方法进行。

(1)用年灌溉水利用系数计算,公式是

$$n_p = \frac{m_{p净}}{m_{p毛}} \tag{1}$$

式(1)中,n_p是保证率为p的年灌溉水利用系数,$m_{p净}$是设计或相应省(区)近年制定的灌溉保证率为p时的年净定额(或综合净定额),$m_{p毛}$为实际保证率为P时的毛用水定额。如何确定n_p的重复利用程度,建议由设计、管理、水资源部门共同分析判断。以供执行国家抗旱条件参用。

(2)设计用公式,建议为

$$n_{pd} = n_s n_f n_{pd} \tag{2}$$

式(2)中,n_{pd}是保证率为p的考虑灌溉供水水源重复利用后的灌溉水利用系数,n_s是常规渠系水利用系数,n_f是常规田间水利用系数,n_{pd}是保证率为p时的灌溉水重复利用系数,可用勘测设计方法求取,也可参照有长系列资料相似工程利用。在广西可参考《广西区地表水资源》一书(广西水电厅,1984.9)136~140页有关部分分析利用。

(3)水资源部门提供的水量平衡方法。较大工程、县、市、省(区)应用多种方法综合分析后确定合理数值,供执行国家抗旱条件参用。

3 两个建议

(1)进一步系统地进行灌溉供水水资源重复利用的研究和法规配套。要进一步系统研究,有三个主要理由:一是可供重复利用水量大,大于两条黄河年均来水;二是中国大陆农村有重复利用水资源的水文化基础,表现之一是农村生活用水耗水率大于85%,重复利用成绩大,重复利用的水文化符合2009年执行的国家循环经济促进法精神,应发扬推广;三是科学精神的需要,从科学思维方法分析。一次利用只是重复利用为1时的特例。全面研究重复利用,有助于全面认识客观规律,更好地利用水资源。建议大中型灌区进行重复利用灌溉供水,提高水利用率,保灌区90%保证率以上城乡以亿人计的生活用水的配套设计和实践。

(2)用人、工程和自然协调的观点进行研究。上面分析研究表明,灌溉水利用率(耗水率)变化在0.3~1.3,是管理人员操作、工程、自然条件、作物需水的软、硬件的"灌溉系统计算机"的结果,管理人员起了核心作用,要科学解决文献[1]10页提出的"重工程,轻管理"的老难题。

参 考 文 献

[1] 钱正英,张光斗.中国可持续发展水资源战略研究综合报告及各专题报告[M].北京:水电出版社,

2001.

［2］沈逸轩,黄永茂,沈小谊.建立年灌溉水利用系数及其基本问题的研究[J].人民珠江,2006(4):62-64.

［3］沈逸轩,黄永茂,沈小谊.年灌溉水利用系数研究[J].中国农村水利水电,2005(7):7-8.

作者简介:沈逸轩(1935—),男,高级工程师。

流量计现场在线计量校准方法初探

吴新生　廖小永　魏国远　王　黎

（长江水利委员会长江科学院，武汉　430010）

摘　要：针对水量计量流量计无法离线送检的情况，考察了流量计在其他行业的在线校准方法、国内外研究现状及应用前景，分析了现场校准方法与装置的基本原理和特点。利用便携式超声流量计准确度高、安装方便的特点，提出了基于现场比对方法用于水利行业开展校准技术研究，并重点阐述便携式超声流量计用于液体流量计实流在线校准的技术要求、测量过程和计算方法。可为今后有效开展计量校准工作提供切实可靠的基础，为水利行业取水计量的量值溯源提供技术保证。

关键词：液体流量　在线校准　现场比对法　便携式超声流量计

1　流量计的计量与校准

　　水量计量是进行水资源宏观调控和微观管理的重要基础性技术措施，但以往水利行业计量工作基础薄弱，涉及水量计量的有关技术标准、标准化装置、量值传递和溯源问题十分突出。我国拥有大量的流量计测仪器，而普遍缺少校准设备，尤其是管道流量计的在线校准与检定规程在水利行业还是一个空白，计量的准确性和权威性问题亟待解决。根据国家强制性标准《用能单位能源计量器具配备和管理通则》（GB 17167—2006）的要求及相关的计量法规，作为结算的流量计，都需要进行周期检定。但是，法规中的检定周期并不能保证在用流量计的准确性。由于使用场合和介质的复杂性，很多流量计还没有到检定周期就已经超差，因此需要通过采用现场校准的核查方式来保证流量计量的准确性[1]。

　　校准（calibration）有时也称标定或校验。以前流量仪表业内对流量值传递性质的校准习惯用"标定"，水工业内习称"率定"，用户对判别准确度性质的校准过程称为"校验"，现在这些名称渐趋一致，改用"校准"。流量计的流量校准有直接测量法和间接测量法两种方法，校准方式分为离线和现场在线检测两种方式。

　　直接测量法亦称实流校准法，以实际流体流过被校验仪表，再用别的标准装置（标准流量计或流量标准计量器具）测出流体的流量与被校仪表的流量值作比较，也称为湿法标定（wet calibration）。实流校准法获得的流量值既可靠又准确，为目前许多流量仪表（如电磁流量计、容积式流量计、涡轮流量计等）所采用，而且作为检测标准流量的方法。制造厂在流量计出厂前均以实流校准法在流量校准标准装置（有时简称流量标准装置或流量校准装置）上完成流量量值传递过程。流量校准标准装置是按照有关标准和检定规定建立的，并由国家授权的专门机构认定，能作流量量值传递的装置，是提供流量量值的校准设备，其量值可溯源到质量、时间和温度的国家计量基准量。从计量学意义上，在线实流校准最符合准确性、一致性、溯源性和实验性等计量特点。

干法校准是一种间接校准法,是以测量电磁流量传感器的流通面积、结构尺寸和磁通密度 B 等参数来计算流量值。干法校准是在 20 世纪 70 年代以解决大口径电磁流量计无法实现实流校准的校准方法,在日本曾作为工业标准《应用电磁流量计测量流量的方法》(JIS Z 8764—1975)的内容;20 世纪 90 年代中期开始,世界著名的电磁流量计制造厂相继开发专用检验仪器,英国 Kent 公司于 90 年代末期开发了 CalMaster 检验器,德国 Krohne 公司 2002 年向水行业市场推出 MagCheck 电磁流量计检验器,这类专用仪器的应用现在已从水行业扩展到石油、化工等流程工业。

目前国内对干法校准进行了一定的研究,如浙江大学重点分析了涡电场测量法与面权重函数法两种新型干标定方法的测量原理、特点及实现方法[2];上海地区探索和制定了"在线检验法",积累了多台大口径电磁流量计检查经验,上海水务局正在制订《电磁流量仪在线校验规范》地方行业性标准[3];广州市自来水公司还起草了中华人民共和国城镇建设行业标准《管道式电磁流量计在线校准规程》(征求意见稿)[4],等等。但是干法校准多用来检修或判别电磁流量计传感器有关技术参数的变化对测量精度的影响。因为这种方法不直观,不能直接反映管道的中水流量。

2　现场校准方法与装置

在江河湖泊的管道取水计量设备主要采用电磁流量计或超声波流量计,而检测流量的传感器(包括涡轮、差压、容积和质量等其他类型的流量计)安装在管道内,不便于拆卸或受工况的影响根本无法拆卸,如大型输水管不允许停水,大口径流量计设备安装复杂,体积大、重量大难以运输送检等。流量计广泛应用于水量计量和公用事业,按规定必须在受控状态下运行和定期校准。如何对越来越多的大管径、大流量的液体流量计进行现场在线实流校准,成为一个意义重大的问题。因此,水利行业开展现场在线校准技术研究是很有必要的,也是非常具有挑战性的任务。

流量计的现场校准和验证实际上是在现场针对流量测量系统(包括流量计、前后连接管道、介质流动状态等)的检测运作,目前我国尚没有明确的在线检定的计量法规,现场在线校准方法与技术研究有望为流量计在线检定开拓出一个可供借鉴与参考的有效途径。

2.1　现场校准方法与常用标准装置

目前采用现场在线校准的方法有流量标准装置法和示踪法,流量标准装置法又分为固定安装的基地式和移动式[5,6],其体系如图 1 所示。

2.1.1　基地式流量标准装置

(1)标准体积管。一般采用一套体积管流量标准装置和相应的切换闸阀,就可实施流量计的定时轮换在线校准。如图 2 所示,关阀 1,开阀 2,流体经待校流量计后进入标准体积管实现在线校准。国内原油贸易计量基本实行了这种方法。

(2)标准流量计。固定安装标准流量计系统组成与图 2 相似,只是用标准流量计替代图中的标准体积管。很明显,基地式流量标准装置需要在管道上预留较多的连接管线和切换控制闸阀等辅助设备,有些类型流量计购置费较低,但其辅助设备费用会大大超过

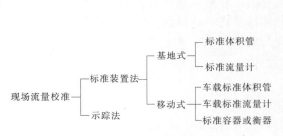

图 1　现场流量校准方法体系

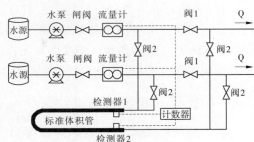

图 2　标准体积管在线校准流量计

流量计本身购置费,这种现场校准装置实际上在大部分取排水管道上是不具备的。

2.1.2　移动式流量标准装置

移动式与基地式的基本相同,只不过标准装置是由专用的汽车或拖车装载,移动式车载流量标准装置灵活性高,到现场检定方便,但装置设备费用较高。国内利用移动标准体积管现场校准流量计已有 20 余年经验,原上海自动化仪表一厂曾有定型车装球型体积管。空军油料研究所开发校准机场加油流量计的“JLC – A 型在线检验装置”,配有 DN 50 和 DN 100 高精度涡轮流量计各一台,可校准流量为 12 ~ 100 m^3/h 的航空煤油,随车还有计算机辅助测试系统和档案管理信息系统。

2.2　示踪法

在现场应用示踪法校准流量计国际上已相当成熟,早在 20 世纪 70 年代就颁发了国际标准 ISO 2975 – (1 ~ 7)《封闭管道中水流量测量——示踪法》,标准规定了用放射性示踪剂或非放射性示踪剂的实施方法和要求。示踪法测量的基本工作原理有两类:一是恒速注入法(也有称稀释法),是在管道的液体中恒速注入示踪剂,然后测量示踪剂沿管道长度方向的稀释比例,按扩散稀释理论计算流量;二是示踪剂瞬时注入,然后测量示踪物流经一段距离所需的时间计算流量,称为传输时间法。传输时间示踪法也使用于明渠流、非满管流或疑有沉淀物的满管流的流量校准。

近些年国内也在探索示踪法,试图在线校准大口径水流量计。大庆石油工业计量研究所在实验室以化学示踪剂($ZnCl_2$)和同位素示踪剂(铟 – 113 m)传输时间法验证实施的可行性,证明同位素示踪剂效果较好。

但是,化学试剂和同位素示踪剂污染环境,破坏水质,在水行业一般很少采用。

2.3　现场比对法

现场“流量比对”是指流量计在现场与其他“参照流量”进行比较,例如临时夹装的超声波流量计的测量值、流入管系中已丈量过容量的液体体积等都可作为“参照流量”。关于现场校准、比对和验证等名词的含义,可参看相关文献的标准定义,不再赘述。实践中许多专业人员探索出多种现场比对的方法和间接检查方法,主要有以下 3 种类型:

(1)利用流程中存储容器、工作容器、水池或衡器的容器衡器法比对。水池容积比对法是供水企业经常采用的方法,制水厂利用大容积清水池的有利条件,可获得较高的比对精度。

(2)在待测流量计的管线预留位置,以备接入参比流量计的流量计比对法。

（3）外敷式超声换能器的超声流量计比对法。外敷式亦称外贴式、外夹式、捆绑式，超声波流量计是流量测量最有发展前途的三种途径之一。特别是国外已有产品测量精度误差 < ±0.5%，这有利于高精度的对比检测与现场在线校准系统的建立，方便计量检定部门到现场校准检测。

3　运用便携式超声波流量计实现在线校准

利用便携外敷式换能器超声流量计比对使用中的流量计，在供水业应用十分普遍[7-9]。便携式超声波流量计既是一种外敷式又是一种便携式的流量计量器具，比较适用于大口径流量计的现场在线检测和校准，可供水利行业的相关检测参考借鉴。这里对有关的原理、方法和设备等进行归纳和阐述。

3.1　外敷式换能器超声流量计比对法原理

其原理是：将准确度较高的便携式超声波流量计作为标准器具，安装在被测管道上进行检测，然后将测量值和被检流量计的采集数据进行比对，根据比对结果计算被检流量计的误差，误差 =（测量值 － 标准值）/标准值，再利用计算的相对误差调整被检流量计的系数，使被检流量计与便携式超声波流量计显示流量数据一致，以达到校准被检流量计的效果。

3.2　标准流量计的技术要求

在线校准采用的便携式超声流量计应具有国家法定计量检定机构出具的检定证书，便携式超声流量计的安装、使用应严格按其操作使用说明书进行，应符合《超声流量计检定规程》（JJG1030—2007）附录 D 的要求[10]。

在线校准用的其他辅助设备，如卷尺、测厚仪、秒表等计量器具均应具有有效的检定证书，被校流量计应附有使用说明书，周期校准的流量计还应有前次的校准证书。现场校准时温度、湿度、外界磁场、机械振动等环境条件，应符合开展现场校准的环境条件要求，同时明确测量介质及工作状态、介质温度等工况参数，了解被校流量仪表工作状态和参数设置，确认可以开展现场校准。

3.3　测量过程及计算方法

（1）管径测量。用量具分别在换能器安装位置附近的同一截面上大致等角分布测量 n 次外直径，或测量几次外周长推算出外直径，其平均值 D 按式（1）计算：

$$D = \frac{\sum_{i=1}^{n} D_i}{n} \tag{1}$$

式中：n 为测量次数，$n \geqslant 4$；D_i 为第 i 点测得的管道外直径或推算出的外直径。

（2）壁厚测量。在换能器安装位置均布 5 个点，使用测厚仪测量管道壁厚，并取其平均值。对无法测量的参数，如管道材质、衬里材料、厚度等，根据现场技术资料查明并确认。

（3）标准表安装。将上述管道参数输入标准表内，得出换能器安装距离。在安装标准表管段上画线定位，确定换能器的位置。清理已定安装位置附近的管壁，将管壁上的油漆、铁锈、污垢等清除干净，露出管道材质，打磨光滑。在换能器表面均匀涂以耦合剂，将换能器上标志对准安装位置,使其发射面与管壁紧密接触,并固定在管道上。将换能器信号传输电缆连接到转换器上,按要求将信号调试到最佳状态。

(4)计量性能校准。在一定的时间内分别读取被校流量计和标准表的流量示值,分别按式(2)~式(4)计算被校流量计的示值误差和重复性:

$$E_{ij} = \frac{q_{ij} - (q_s)_{ij}}{(q_s)} \times 100\% \tag{2}$$

$$E_i = \frac{1}{n} \sum_{i=1}^{n} E_{ij} \tag{3}$$

$$(E_r)_i = \frac{1}{K} \cdot \sqrt{\frac{1}{(n-1)} \sum_{j=1}^{n} (K_{ij} - K_i)^2} \times 100\% \tag{4}$$

式中:E_{ij}为流量计每个流量点每次校准的相对示值误差;q_{ij}为第 i 流量点第 j 次校准时的流量计示值(瞬时值或累积值);$(q_s)_{ij}$为第 i 流量点第 j 次校准时的标准表示值(瞬时值或累积值);E_i为被校流量计第 i 流量点示值误差;$(E_r)_i$为被校流量计第 i 流量点重复性。

流量点一般选择 1~3 个,每个流量点校准 3 次。每次校准时,同时读取并记录流量计和标准表的示值,比对标定法必须保证比对过程中时间的同步。若读取的数值为瞬时值,则至少读取 20 个数值,取其平均值;若读取的数值为累积值,则应保证大于最小读数的 1 000 倍或读取至少 20 min 的累积值[11,12]。

便携式超声波流量计在实际应用中具有不可替代的优势:可实现不断流测量,设备体积小,便于携带,安装方便;外敷式探头,不干扰流场,无压力损失,仪表无可动及易损部件,稳定性好;适用范围广,可用于各种类型流量计的在线比对;适应性强,可用于不同管径、不同介质(高温、高压、易爆、高黏度、强腐蚀、放射性高)的比对,标准表价格基本与所测管径无关,性价比高。

但是,便携式超声波流量计受其自身测量方式的限制,测量精度受到很多外界因素的影响,人为因素对测量的影响较大,对专业检测人员的技术性和经验性要求很强、操作要求很高,还需要在实践中进一步积累经验,形成技术规范。

4 结论

现场校准方法是计量技术发展的趋势,特别是运用便携式超声波流量计开展在线流量计的校准是可行的方法,能极大地方便现场计量校准工作,有效降低计量方面的资金消耗,易于推广应用。资料表明[9-12],通过开展流量计量仪表现场校准技术的研究与应用,可以提高计量检测水平,达到周期性计量检定的目的,使在线流量计测量数据准确可靠,只要准确操作,尽量减少随机误差和附加误差,是可以达到国家有关部门对于工业及民用水计量准确度要求的。

参 考 文 献

[1] 苟连敏. 水介质测量设备在线校准的探索[J]. 工业计量,2009(21):1-4.
[2] 傅新,胡亮,谢海波,等.电磁流量计干标定技术[J]. 机械工程学报,2007(6):26-30.

［3］ 蔡武昌. 流量计的现场校准和验证［J］. 世界仪表与自动化,2006(3):56-60.

［4］ 邓慧莉,左志良,陈赣声,等. 管道式电磁流量计在线校准规程(征求意见稿)［S］. 中华人民共和国建设部发布,2007.

［5］ 蔡武昌. 电磁流量计和超声流量计在线验证［J］. 自动化仪表,2007(4):1-4.

［6］ 蔡武昌. 电磁流量计在线检查和验证［J］. 世界仪表与自动化,2004(7):46-48.

［7］ 邰振国. 供水企业大口径流量仪表的现场比对方法［J］. 山西科技,2007(2):112-113.

［8］ 张艳萍. 实现在线大口径水流量计的检测及校准［J］. 山西科技,2008(3):168-169.

［9］ 于德兴,苏立明,王兴涉. 用 FLB 便携式超声波流量计对在线流量计进行比对测试方法探讨［J］. 计量技术,2003(1):16-17.

［10］ JJG 1030—2007,超声流量计国家计量检定规程［M］.北京:中国计量出版社,2007.

［11］ 吴静. 采用超声波流量计进行在线校准研究［J］. 中国计量,2008(9):68-69.

［12］ 李长武,张东飞,袁明,等. 液体流量仪表在线校准方法研究［J］. 中国测试,2009(5):27-29.

作者简介:吴新生(1954—),男,高级工程师,长江水利委员会长江科学院。联系地址:武汉市汉口九万方长江科学院河流研究所。E-mail:wxs5888@ sina. com。

宁夏中部干旱带压砂地建设技术标准

薛塞光　马　斌

（宁夏水利厅，银川　750001）

摘　要： 宁夏中部干旱带特殊的自然条件和水资源特点，决定了当地必须打破常规耕种方式和用水方式，才可能从根本上缓解缺水难题、群众脱贫和生态环境改善。压砂地作为一种具有综合效能的旱作覆盖技术和水土保持措施，在当地发挥了蓄水保墒、增温压碱、保土保肥、抗旱增产的独特作用。本文结合宁夏中部干旱带自然特征，通过分析压砂地的有效作用，提出和解读了压砂地建设技术标准。在评价压砂地经济效益、社会效益和生态效益基础上，反映出建设压砂地，发展减灾农业，是干旱地区节约用水、高效用水和改善民生的一条新途径。

关键词： 干旱带　压砂地　建设标准　成本效益

宁夏中部干旱带是我国水资源最匮乏的地区之一，天上降水少，地下好水少，群众饮水安全和生产用水非常困难。特殊的自然条件和水资源特点决定了当地必须打破常规耕种方式和用水方式，从根本上缓解缺水难题、群众脱贫和生态环境改善。

近些年，宁夏中部干旱带缺水地区通过大力建设压砂地，补充作物生长"关键"水的做法，已发展压砂西瓜、马铃薯、红枣等特色产业 100 万亩。初步探索出在干旱地区发展减灾农业，节约用水、高效用水和改善民生的新路。

本文将以宁夏中部干旱带压砂地为研究对象，通过分析压砂地具有蓄水保墒、隔热保暖、抑制土壤水分蒸发、减少地表径流和养分损失、抗旱增产、改善作物品质等作用，解读宁夏压砂地建设技术标准，对我国同类缺水地区解决水土资源平衡和压砂地建设提供借鉴。

1　概况

1.1　基本条件

按照自然地理和经济社会水平，宁夏可以分为北部引黄灌区、中部干旱风沙区（以下简称中部干旱带）和南部黄土丘陵区，其中，中部干旱带的面积 2.74 万 km^2，占宁夏面积的 53%，当地水资源可利用量 0.76 亿 $m^{3[1]}$，人均占有量 51 m^3。这里最大的特征是干旱，最大的问题是贫困，缺水是制约群众生活和经济社会发展的关键因素。

中部干旱带上的同心县和中卫市年降水量 239 ~ 313 mm，保证率 75% 的降水量 146 ~ 211 mm，其中 7 ~ 9 月占 70%，4 ~ 6 月占 20%；水面蒸发量 1 280 ~ 1 350 mm；年平均气温 8.0 ~ 8.4 ℃，最高 7 月份气温 20.7 ~ 22.8 ℃，极端最高气温 35.7 ℃，最低 1 月气温 - 10.2 ~ - 6.8 ℃，极端最低气温 - 30.7 ℃。年辐射热平均 140 ~ 144 kcal/cm^2，日照时数 2 845 ~ 3 054 h，日较差 31.2 ~ 30.5 ℃；每年 11 月底开始结冻，次年 3 月中旬解冻，最大冻土深度 130 cm；主风向西北风，平均风速 3.3 m/s，最大风速 18 m/s。

区域地貌单元有中低山丘陵、山前洪积扇、山间洼地等,地面坡度 1/40 ~ 1/100,海拔
1 340 ~ 1 780 m,地下水埋深深;地面坡度 ≤5° 的土地占 50% 、15° ~ 25° 的约占 18% 、
> 25° 的约占 2%[2]。地层岩性主要有第四系全新统和上更新统的黄土状壤土、沙壤土、
砾石、粉细砂及第三系泥岩、砾岩等。

1.2　生态特征

中部干旱带土壤类型以灰钙土为主,有机质含量 0.3% ~ 1.0% ,厚度约 20 cm;自然
植被有旱生灌木、半灌木、耐旱蒿属和禾本科草类,植被覆盖率一般低于 20%。该地区水
土流失、土地沙化、绿洲农业等多种生态类型并存,荒漠化面积占该区土地总面积的70%
以上,水土流失表现为风力侵蚀和水力侵蚀,年侵蚀模数 1 000 ~ 2 500 t/km²,属轻度水
蚀、中度风蚀。

1.3　经济社会

中部干旱带是宁夏最贫困的地区和回族聚居地区。当地以旱作农业为主,广种薄收,
作物包括小麦、马铃薯、糜谷、油料等,每亩粮食产量 40 kg 左右。人均纯收入 2 000 元左
右,外出务工是收入的主要来源。长期受缺水制约,当地基础设施条件薄弱,经济社会发
展不快,是国家和宁夏扶贫攻坚的重点地区。

2　压砂地的作用机制

2.1　蓄水保墒,提高水分利用率

旱地土壤表层铺盖的砂砾石,其之间孔隙大、抗冲力强,除遇较大降雨外,一般降水均
可拦蓄渗入土壤中,减少了径流。另外,砂砾石铺盖既可以防止旱地土壤直接受到阳光照
射和风吹,又切断了土壤毛管水上升,防止了土壤水分向外散发,从而有效降低了旱地土
壤表层水分蒸发,使旱地土壤保蓄水分。

2.2　隔热保暖,提高旱地土壤温度

砂砾石具有较快的导热性,受阳光照射后温度升高较快,其下的土壤受砂砾石热辐射
后温度升高也快。夜晚砂砾石有散热条件,但其下土壤受砂砾层保护,散热缓慢。因此,
在同等日照条件下,压砂地土壤温度要高于裸露田地。据测定,春季压砂地土壤温度比裸
露土壤田地高 1 ~ 2 ℃、夏季高 3 ~ 4 ℃。不仅如此,砂砾石的反射作用,还使近地层产生
增温效应,对喜温作物的生长也非常有利。

由于地表热量状况得到改善,压砂地土壤冻结期一般推迟 20 ~ 30 d,解冻期提前 10 d
左右,也使作物较普通农田提前成熟,一般秋作物早熟 20 ~ 30 d,夏作物早熟 7 ~ 10 d。

2.3　减轻盐害,防治旱地土壤盐渍化

宁夏干旱带作物除受水分不足的影响外,一些地区还因土壤中水分蒸发强烈,造成土
壤盐分上升积累在表层,严重危害农作物正常生长,如出苗困难、根系吸水不易、生长不良
等。土壤铺砂砾石后,减少了土壤蒸发,阻断了毛管水上升和盐分上升积累,同时,在天
然或人工雨水的淋洗下,耕层土壤含盐量会明显下降。据调查,铺设第二年的压砂地土壤
含盐量为 3.38% ,铺设 20 年的压砂地土壤含盐量只有 0.07%[3]。

2.4　抗旱增产,改善作物品质

压砂地栽植的作物,根系发育和叶面积较大,其吸收、光合、蒸腾等作用比较旺盛,有

利于促进作物有机质的制造和积累,增产效果显著。在正常降水年份,压砂地作物比普通旱地增产 30% ~ 80%;在特殊干旱年份,普通旱地一般难以播种或出现绝收,而压砂地却能播种,出苗生长,并获得六成以上的收成[4]。

与此同时,中部干旱带降雨少,日照充足,温差较大,为西瓜等作物积聚天然葡萄糖、维生素、氨基酸和多种微量元素提供了独特的自然条件,对增强品质十分有利。如中卫"硒砂瓜"含人体所需硒元素,被国家绿色食品发展中心认证为 A 级绿色食品。

2.5 保持水土,防治旱地土壤侵蚀

宁夏中部干旱带风蚀、水蚀并重。当风速 ≥ 5 m/s 时,会引起地面裸露表土风力侵蚀;当局地较大降雨时,地表径流经常引起土壤水力侵蚀。旱地土壤表层铺盖砂砾石后,地表面粗糙度增加,有效阻止了风力对土壤的风蚀,减轻了风沙对农作物的袭击与危害,据调查,压砂地无明显的表土风蚀。同时,砂砾石层还使降雨不能直接冲击表层土壤,而是渗入土壤中,从而减轻了地表径流对表层土壤冲刷,压砂地有明显的抗水蚀作用。

3 压砂地建设技术标准

历史上,黄河流域宁夏、甘肃等省区干旱带上利用压砂地从事旱作农业已不是新鲜事,对此,民间流传"累死老子、富死儿子、饿死孙子",意思是,父亲建筑压砂地非常辛苦劳累,到了儿子一代压砂地作物达到高产期,到了孙子一代压砂地开始退化。如今宁夏中部干旱带要大力、快速发展压砂地 100 万亩,制定压砂地建设技术标准十分必要与紧迫。

以往关于压砂地建设技术资料不多。为制定压砂地建设技术标准,项目研究人员在广泛调查和查阅资料的基础上,于 2007 年制定了宁夏《压砂地建设技术规范》(DB/T 501—2007),目前已由宁夏回族自治区质量技术监督局发布实施。以下对《压砂地建设技术规范》主要内容作简要介绍。

3.1 术语与定义

(1)压砂地:也叫砂田、砂地、石田,是指在干旱地区用砂砾石覆盖于土壤耕层表面形成的一种免耕农田。

(2)压砂地老化:压砂地经长期种植耕作后,砂、土逐渐混合,将会丧失压砂地蓄水、保墒、增温、增产的作用,称为压砂地老化。

(3)压砂地更新:对老化压砂地去除老砂、重铺新砂称为压砂地更新。

3.2 压砂地分类

(1)旱砂地、水砂地:种植过程中,不灌溉的压砂地称为旱砂地,灌溉的压砂地称为水砂地。

(2)卵石压砂地:由河卵石为覆盖料的压砂地。该地砂砾颗粒粗、砂层结构疏松、不易风化和板结、吸热保温效果好、增产效果明显、使用年限长,属上等压砂地。

(3)片石压砂地:由大小不等、形状不规则的板岩片石和小于 15% 的泥土等混合料覆盖的压砂地。该地砂砾易风化、含泥土较高、易板结、渗水性差,保墒、增温、增产效果不如卵石压砂地。

(4)绵砂压砂地:以河沙、黄土层透镜体为主的砂料覆盖的压砂地,其砂质均匀,颗粒较细,含泥土 10% 左右。该压砂地砂易与土壤混合、蓄水保墒性差、使用年限短,是效果

差的压砂地。

（5）新砂地、中砂地、老砂地：按照使用年限，卵石压砂地使用 20 年以内的为新砂地，20～40 年的为中砂地，40 年以上的为老砂地；片石压砂地 10 年以内的为新砂地，10～20 年的为中砂地，20 年以上的为老砂地。

3.3　规划原则

3.3.1　基本原则

一是以建设卵石压砂地和片石压砂地为主，限制建设绵砂压砂地；二是在壤土或沙壤土上建设，避免在透沙地、白碱土地上建设；三是先近后远（砂源）、先平地后坡地、集中连片。

3.3.2　区域选择

压砂地建设区域要选择在砂料丰富、砂质优良、年降水量 300 mm 以下的地区，并根据当地人口、产业结构等确定压砂地规模。力争压砂地集中连片，便于田间管理，有利于产品运销，同时要考虑压砂地机械作业的便利。

3.3.3　土地要求

压砂地要求土层深厚肥力中等、坡度平缓（≤15°）、有利于蓄水保墒的壤土。土壤含盐量≤1.0%，pH 在 4.5～8.5，之前以牧草、麦类、豆类耕地为宜。

3.4　砂料选择

3.4.1　一般要求

砂粒料要求含泥土少、颜色深、松散、表面棱角小、圆滑扁平的河床卵石或土层中的砂砾石透镜体。易分化、颗粒小的砂料不宜使用。

3.4.2　粒径要求

砂砾料粒径以 1～10 cm 混合为宜，一般要求粒径大于 5 cm 的砂砾料占 50%～60%，含泥土 5% 以下，粒径大于 10 cm 的块石应除去。

3.5　压砂地建设

3.5.1　平整土地

将选择好的地块随原坡度修整，达到坡度均匀；夏、秋季对田块多次翻耕，充分暴晒，促进土壤熟化，达到上实下虚，地绵墒饱，无杂草。

3.5.2　铺垫底肥

铺砂前，有条件情况下，按有机产品和无公害产品的要求，将有机肥（羊粪较好）撒在修整好的土壤表面，不与土壤混合，一般每亩施量 2 500～5 000 kg。

3.5.3　铺压砂料

铺砂一般在施肥之后立即进行，砂层厚度 10～15 cm；铺好砂后，应用齿耙耙一次，把大粒径料耙到砂砾层表面，过大砾料石拣出。

3.6　压砂地耕作

3.6.1　松砂

作物收获后，需及时对压砂层松砂，以便于蓄纳雨水；对新砂地，其含泥土少、板结程度轻，如果杂草少，可以不进行松砂。

3.6.2 追肥

压砂地追肥在播种前进行,将播种穴旁的砂层拔开,施入适量有机肥,再耙平盖好砂层。肥料的数量根据土壤肥力而定。

3.6.3 播种

压砂地常常采用穴播方式种植,即先拔开砂层→挖穴→种子放入壤土→埋土→穴周地膜覆盖→出苗后适时破膜。如,西瓜地每亩180~200株;枣树、瓜间作地,西瓜220株、枣树37棵。

3.6.4 灌水

传统上的压砂地一般不灌溉水,即旱砂地,其产量受土壤墒情影响很大。在近年来的实践中,农户在影响作物生长关键期和降雨缺少期,一般都采用点灌方式或微灌方式进行补充灌溉,如每年4~6月中,每亩补水3~5次,每次3~7 m³。

3.7 压砂地更新

压砂地经过多年耕作,受松砂、收获、灌溉、风沙等影响,泥土会逐渐掺入砂砾层,造成压砂地老化。当砂砾层中泥土含量超过50%时,就需对压砂地更新。本文借鉴压砂地传统管理经验,提出压砂地更新方式。

3.7.1 去旧铺新

去除老化压砂地中的旧砂,再次充分耕翻、暴晒熟化土壤,歇地2~3年再按照上述步骤铺压一层新砂。

3.7.2 旧砂再用

在砂料短缺的地区,用网孔大于3 mm的钢筛除去砾石层中的泥土,再次充分耕翻、暴晒熟化土壤,歇地2~3年再将过筛的旧砂石重铺到田里。

3.7.3 垒砂

在砂料丰富、劳力紧缺的地区,压砂地老化后,可以直接在压砂地上再铺5~10 cm厚新砂。

针对压砂地更新工程量大、投入高、影响效益总量等方面的问题,今后还需要对此进一步研究。

4 压砂地成本与效益

4.1 建设成本

按照前述压砂地建设内容,宁夏中部干旱带压砂地建设成本为每亩1 000~1 400元,其中:①砂砾料铺垫,每亩铺砂约90 m³,费用800~1 200元;②地面修整,每亩土方约30 m³,费用60元;③铺垫底肥,每亩100~200元。从建设成本构成看,砂砾石铺垫费用最高。近年来,宁夏干旱带压砂地的砂砾石运输距离已由2~3 km增加到4~6 km,个别运距已经超过10 km。

若计入微灌工程投入,压砂地每亩还要增加投资1 000~1 500元。

4.2 经济效益

压砂地把没有利用的水、土、光、热资源转化为可利用资源和经济效益,以中卫市68万hm²压砂西瓜为例,2007年总产量7.34万kg,亩均产量1 080 kg、纯收入562元,瓜农收入 2 680 元/人,瓜产业总收入 3.82 亿元;2008 年总产量 12 万 kg,亩均产量 1 200 kg、纯收入 600 ~ 900 元,瓜农收入 4 500 元/人,占当地农民人均纯收入的 90% 左右[5],瓜产业总收入 6.0 亿元。

4.3　社会效益

近年来,宁夏中部干旱带旱情不断加剧,"十年十旱"已成为现实,缺水地区民生问题越来越突出。压砂地作为应对干旱的特色产业,增加农民收入的重要途径,得到了群众接受和社会认可,压砂西瓜产业迅速发展,已成为当地群众脱贫致富奔小康、实现经济社会可持续发展的产业支柱,"中卫硒砂瓜"品牌在全国已有较高的知名度。

4.4　生态效益

每亩用水量 30 m³,植被覆盖率达到 50% 以上,压砂地具有明显的抗风蚀、水蚀作用,对改善当地生态环境已经发挥重要作用。

参 考 文 献

[1] 魏立宁,马如国,等.宁夏回族自治区水资源调查评价[M].银川:宁夏人民出版社,2005.
[2] 周特先,李岳坤.宁夏国土资源[M].银川:宁夏人民出版社,1988.
[3] 高炳生.甘肃的砂田[J].中国水土保持,1984(1).
[4] 杜处珍.砂田在干旱地区的水土保持作用[J].中国水土保持,1993(4).
[5] 陈洁.压砂地建设与利用探讨[J].农业科学研究,2009(1).

作者简介:薛塞光(1957—),男,教授级高级工程师,宁夏水利厅。联系地址:宁夏银川兴庆区解放西街 426 号(水利厅)。E-mail:xuesaiguang@ 163. com。

河道工程管理工作中的几点体会

谢传宏

（淮南市堤防管理处，淮南　232001）

摘　要：结合本人对田家庵圈堤堤防及其穿堤建筑物防洪工程管理的实践，总结了河道管理工作中的几点体会。

关键词：田家庵圈堤　依法管理　河道工程管理

田家庵圈堤位于淮河右岸，西自临王家，东至杨郢孜与窑河封闭堤相连，全长 7.55 km。其中穿堤涵闸 9 座、穿堤旱闸 3 座。堤顶高程 27.5～28.0 m，堤顶宽 10 m，临水坡 1:3，背水坡从堤顶至堤脚 1:2.5～1:3～1:5，部分堤段设有戗台（临王至曹嘴段 1.1 km 设有宽 30 m 戗台）、块石护坡坡长 2.2 km、防洪墙长 2.21 km，修建甲级堤防园林景区 82 亩，林王段营造长 1 100 m、宽 30 m 经济林带并命名为"世纪共青林"。

田家庵圈堤是城市确保堤，依据堤防划分等别属一级二类堤防，保护着淮南市政治、经济、文化中心，60 多万人口，堤内有淮南供电公司、田家庵发电厂、洛河发电厂、华联商厦、中建四局六公司、化三建、矿务局、淮化集团、淮南石化集团等特大型、大型企业十几家。依据《淮南市河道管理办法》规定，市堤防管理处负责田家庵圈堤维修、管理和本堤段涉及河道管理。面对管理工程的特性和工程位置，管理工作繁杂、任务重大，结合本人河道工程管理工作的实际，浅谈几点体会。

1　依法管理见成效

1.1　依法做好辖区涉河项目管理工作

认真学习、宣传、贯彻《中华人民共和国水法》、《中华人民共和国防洪法》、《中华人民共和国河道管理条例》、安徽省实施《中华人民共和国河道管理条例》办法、《淮南市河道管理办法》。依据安徽省实施《中华人民共和国河道管理条例》办法第三章"河道整治与建设"第十四条"在长江干流、淮河干流河道管理范围内修建工程的，经省长江、淮河河道管理局初审，报省河道主管机关审查；省长江、淮河河道管理局在初审建设方案时应征求工程所在地河道主管机关的意见"；第十五条"经批准在河道管理范围内修建工程的开工前建设单位应将开工日期及其他有关事项报告原批准的河道主管机关；施工中涉及防洪安全的部位，应严格执行水工程施工规范，接受河道主管机关及河道管理机构的监督、指导；竣工后应有河道主管机关及河道管理机构参加验收，确认符合防洪安全标准的，方能启用"。对"龙王沟排涝站扩容工程"、"淮南市航运局港口生产调度室建设"、"淮南市酿造总厂兴建出厂道路建设"、"关于对广场北路东侧道路网规划图的意见"四项涉河项目，从报批到开工建设、建设过程监督、指导及竣工参加验收，市堤防处依据权限进行全程管理、服务。严格依法做好辖区涉河项目管理工作,市堤防处河道工程管理范围内没有违章建设项目。

1.2　依法确权划界,提高管理效率

依据安徽省实施《中华人民共和国河道管理条例》办法第二十四条"堤防两侧必须有护堤地。凡已预留、征用、划拨、历史形成或公认的护堤地,包括堆土区、加固堤防填塘区、取土塘、外滩地、压渗平台、防渗铺盖和减压井等,属于国家所有的,由县人民政府登记造册,按《中华人民共和国土地管理法》的规定,核发土地使用证书,河道管理机构负责管理使用";"长江干流其他堤防和淮河干流堤防,临河侧不得低于三十米,背水侧不得低于二十米",堤防管理处1997年依法开展了堤防管理范围的土地确权划界工作,当年市政府依法划拨堤防管理范围的土地使用权给堤防管理处并颁发了土地使用证书。2004年在田家庵圈堤姚北段堤防整治时,当地村民占用土地等赔偿要求,经过及时向群众宣传有关水法规,讲明土地使用权依法划归堤防处管理使用后,当地村民最后放弃占用土地赔偿要求,田家庵圈堤姚北段堤防整治工程建设得以顺利进行。

1.3　依法清除河道管理范围内违章建筑、阻水物

依据安徽省实施《中华人民共和国河道管理条例》办法第五章"河道清障"第四十条"对河道管理范围内的阻水障碍物,按照'谁设障、谁清障'的原则,由河道主管机关提出清障计划和实施方案,由有关县防汛指挥部在规定的期限内清除。由有关县防汛指挥部组织强行清除,并由设障者负担全部清障费用"。堤防管理处作为工程管理单位积极配合有关权力部门进行清障。每年汛期堤防管理处给河道管理范围违章建筑、地面阻水堆积物者下发通知,要求规定期限内清除违章建筑、地面阻水堆积物,逾期不清除的由防汛指挥部权力部门组织强行清除,一切后果由设障者自负。近几年清除姚北段平台违章搭建3处50余间房屋,拆除田家庵码头栈桥2座、附近40余间房屋,清除夏陶段电厂后河滩地伸入河床两处砂场。

1.4　建立了有效的行政、管理执法体系

堤防管理处是水工程管理主体,不是水事违法案件行政处罚主体。依据《中华人民共和国行政处罚法》、《水行政处罚实施办法》有关条文规定,对河道管理范围内违规建房、设障水事案件及时向河道主管机关水政监察部门报告并积极配合河道主管机关水政监察部门对水事违法案件受理、案件调查,下发"责令停止水事违法行为通知书"、"水行政处罚告知书"、"水事违法案件行政处罚决定书"、"强制执行申请书"等工作。2002年查处了淮南师范学院教学楼改造废弃大体积混凝土基础倾倒林王段堤坡案件及2004年姚北段堤防背水面管理范围内违章建房案件。

1.5　联合行动,打击非法采砂,成效显著

依据安徽省实施《中华人民共和国河道管理条例》办法、《安徽省河道采砂管理办法》及上级指示,成立了由市水利局牵头,公安部门、市堤防管理处、市海事局、市河道局、市防汛物资供应处参加的联合打击淮河河道非法采砂办公室。到目前共处罚非法采砂船只300余只,有效地扼制了非法采砂的势头,使非法采砂处于可控状态,保障了河势稳定和堤防防洪安全。

2 管理促建设、建设促管理见成效

工程建设和工程管理是两个不同的概念属性,建设在先、管理在后,管理是向工程要效益,保持工程平稳运行,并把工程建设不足归纳出来,便于工程再建设的改进,建设工程又可促进工程管理上水平、上台阶,二者存在必然的联系。1991 年、1993 年两年淮河整个流域大洪水过后,许多防洪工程反映出抗洪能力不足、运行管理诸多问题,按照"蓄泄兼筹"治淮方针及"一定要把淮河治好"伟大号召,在洪水过后整个淮河流域又掀起了一轮规模宏大的治淮工程建设。淮南市是全国 25 个重点防洪城市之一,1998 年 10 月开始确保堤加固建设至 2001 年 12 月完工,加固堤防 3 912 m,抗御 40 年一遇洪水,总投资 7 500 万元,其中结合堤防景区建设修建田家庵圈堤防洪墙 1 740 m。按照市领导的批示:"田家庵圈堤是我市最重要的城市堤防,应当高标准、严要求,不断整治,使其成为全省一流水平的大堤,成为我市城区的风景线"。堤防管理处从 2003 年开始至今逐年安排计划,先后完成了对田家庵圈堤姚家湾后函东西 155 m 堤防整治工程、田家庵圈堤煤建旱闸东 82 m 堤防整治工程、田家庵圈堤姚北村堤防长 200 m 堤防平台绿化工程、田家庵圈堤 6 号码头旱闸东 105 m 堤防整治工程、田家庵圈堤 6 号码头旱闸西 145 m 堤防整治工程。至今我处组织完成田家庵圈堤整治工程堤段长 685 m,新增加防洪墙 485 m,新增加堤防游园景区面积 21 000 m²,铺植草坪 20 000 m²,栽植各种花木 3 000 棵,工程总投资 220 万元。堤防整治工程的完成增强了堤防的抗洪能力,同时也大大改善了堤防卫生环境面貌、美化了环境,给市民提供休闲键身的好场所,是淮河岸边一道美丽的风景线。

3 加强堤防景区管理,创建全省一流堤防游园景区

堤防游园景区总面积 55 000 m²,划分 13 个责任段,责任到人,定期评比检查,制定了景区工作考评制度。现在景区花木郁郁葱葱,马尼拉草坪、园路园凳等设施整洁美观,游人熙熙攘攘,是深受市民称道的休闲健身的好地方。

4 加强领导班子建设,政策措施落到实处

水管单位是基层管理单位,圈堤管理所更是落实政策措施、河道管理一线单位,直接面对被管理的各种对象,相对来讲遇到管理矛盾、需要解决的管理问题更加直接,有时很复杂、很尖锐,甚至出现冲突。因此要加强基层班子建设,把不怕事、想干事、真干事、会干事、能干事、作风正派、工作责任心强的人选拔到管理岗位上来,共同把河道工程管理工作做好,更上一层楼。

5 加强职工队伍教育、培训,提高职工队伍素质

单位职工由正式职工、聘用制职工、合同制职工组成,教育好队伍爱岗敬业干好自己本职工作很重要。堤防工程管理不是单纯的工程管理,在管理中涉及宣传贯彻水法规,因此要让我们的职工队伍岗前进行管理知识的培训或定期不定期培训,让职工懂得为什么去管、怎么管,形成人人讲责任、人人讲团结、人人比奉献、人人争先进的局面。

6　加强日常巡查,注重汛前汛后检查,更新改造涵(旱)闸,确保大堤安全度汛

田家庵圈堤是城市确保堤,全长 7.55 km,有 9 座穿堤涵闸、3 座旱闸。防汛实行单位行政首长负责制,成立单位防汛指挥机构。堤防分 4 段管理,9 座穿堤涵闸、3 座旱闸管理运用责任到人,制定了护堤员管理责任制度,涵闸管理运用责任制度。日常巡查由圈堤管理所组织人员加强堤防、涵(旱)闸日常巡查,检查堤身有无动物洞穴特别是白蚁洞穴、雨淋沟、堤身塌陷,检查防洪挡土墙工况、涵(旱)闸工况,河道工程管理范围有无违章搭建等。

水管单位应特别重视汛前汛后检查,发现工程隐患及时上报,列入单位年度工程维修计划或淮河险工应急工程处理计划,下一年度汛期前、后实施。2003 年整个淮河流域发生了大洪水,田家庵圈堤面临高水位持续居高不下,最高水位达到 24.20 m。田家庵圈堤、穿堤涵(旱)闸经受住了大洪水高水位的严峻考验,同时也暴露了防洪工程(穿堤涵(旱)闸)的一些问题。汛后(中)按照上级指示立即对穿堤涵(旱)闸汛期运用情况进行了调查并提出了险情处理意见,以淮堤管[2003]第 17 号文上报了市防指。翌年汛前由省河道局安排经费,堤防管理处协助对田家庵圈堤煤建旱闸接触渗漏等险情进行了加固处理,对多年不用的安徽造纸厂旱闸进行了封堵。2004 年汛后至今堤防管理处先后组织完成了田家庵圈堤夏郢孜涵闸更新改造工程、田家庵圈堤龙王沟涵闸闸门更换改造工程、田家庵圈堤金郢子涵闸闸门更换改造工程、田家庵圈堤小站台涵闸启闭机平台提高改造工程、田家庵圈堤曹嘴涵闸启闭机更新改造工程。上述工程的完成不仅增强了田家庵圈堤涵(旱)闸的抗洪能力,而且大大美化了堤涵(旱)闸周围环境。经 2005 年、2007 年大洪水考验,涵(旱)闸运行良好。

7　加强堤防管理达标建设,促进河道工程管理规范化

水管单位应积极开展水利工程管理达标建设活动,对照《安徽省水利工程管理考核办法》(试行),进行自我打分,积极申报,找出差距,改进管理方式,促进河道工程管理规范化、标准化,争取达到省三级水利工程管理单位,使河道工程管理水平上一个新台阶。

8　河道工程管理中存在的薄弱环节及对策

随着社会和经济的不断发展,给河道工程管理特别是经济发达地区河道工程管理带来了不少新的课题,从河道工程管理自身来讲,有的课题是自身能够解决的,有的需要外部条件才能够解决。河道工程管理不单单是水工程运用管理维护,管理当中有法规贯彻执行。结合本人河道工程管理工作实践,对河道工程管理存在的薄弱环节及对策谈几点看法。

(1)水行政监察支队、水工程管理单位应该形成更为有效紧密的联合执法体,共同面对水事违法案件。

(2)汛期县级防汛指挥机构应该按照法规权限每年或至少两年组织一次河道工程管理范围内违章建筑或阻水堆积物清除,管理单位应积极配合。

(3)大江大河流域管理机构应当给予水管单位业务上、技术上的支持。

（4）水行政监察、水工程管理单位应着装管理、执法。水管单位应成立水行政监察中队或设有水行政监察专员配合水行政监察支队工作。

（5）政府组织把堤防管理范围内的居民或企业单位搬迁走,改善堤防管理环境。

（6）水管单位增加一些必要管理设备或设施,利于工程管理。

以上几点有不妥之处请同行商榷。

参 考 文 献

［1］ 安徽省实施《中华人民共和国河道管理条例》办法.
［2］ 安徽省河道采砂管理办法［S］.
［3］ 中华人民共和国行政处罚法［S］.
［4］ 水行政处罚实施办法［S］.
［5］ 水利建设与管理法规汇编［S］.中国水利出版社.
［6］ 安徽省水利工程管理考核办法(试行)［S］.
［7］ 淮南市河道管理办法［S］.
［8］ 中华人民共和国土地管理法［S］.

作者简介:谢传宏(1964—),男,高级工程师,安徽省淮南市堤防管理处。联系地址:淮南市舜耕中路 130 号。E-mail:wangchuanvip@ 126. com。

浅谈如何落实后扶机制，建设百姓满意工程

许　曼

（安徽省广德县水务局，广德　242200）

摘　要：大中型水库移民后期扶持工作是党中央、国务院坚持以人为本，全面贯彻落实科学发展观，构建和谐社会，切实为库区移民办实事、办好事的一项重要决策。本文从广德县大中型水库移民后期扶持工作的实际出发，对移民后期扶持工作的具体做法、存在问题及解决方式等方面进行了论述和探讨。

关键词：水库移民　后期扶持项目　民生为本　移民至上　新机制

大中型水库移民后期扶持工作是安徽省2010年的33项民生工程之一，广德县移民办认真贯彻落实国发〔2006〕17号文件精神，坚持"民生为本，移民至上"的宗旨，自觉践行科学发展观，通过几年不懈努力，加快改善了库区和移民安置区移民群众生产生活条件。为全面总结后期扶持项目实施的经验与成效，县移民办先后对全县6个重点乡（镇）24个重点行政村进行了深入的调查与研究，对广德县移民后扶项目建设进一步深入开展具有一定的指导意义。

1　水库移民后扶项目实施的基本情况

广德县辖9个乡（镇）127个行政村，人口51.68万人，位于皖东南三省八县交界处，是一个经济发展水平较低、群众生活相对贫困、农村和农业基础设施十分薄弱的经济欠发达山区县。县内有卢村、张家湾两座中型水库，本县和外省市迁入移民共计6 356人，大部分分布在卢村、誓节两个库区乡（镇）和桃州、邱村、新杭、东亭四个乡（镇）移民安置区。2008年以来，全县共落实水库移民后扶项目资金487万元。县移民办充分调动移民及移民安置区群众的积极性，严格安照"项目民选、工程民建、资金公开"的程序，落实"自建、自管、自用、自有"新机制，精心策划，先后严密组织实施修建了9条村组道路、12个山塘加固扩容工程、4条干支渠的清淤硬化畅通、3处水毁堤坝修复加固等工程，对移民和移民安置区的农村水利基础设施有很大程度的改善。

2　项目实施采取的主要措施

2.1　充分尊重群众意愿，编报项目扶持计划

每年初各乡（镇）移民工作人员深入移民安置区，广泛开展移民后扶政策和后扶项目实施的宣传，充分听取移民和移民安置区群众意见，尊重移民意愿。按照"先急后缓，推磨转圈"的原则，由移民村村委会议根据群众的意见，初步拟定本年度实施的后扶项目；召开村民代表大会表决通过建设地点、内容、方式，在公示无异议后经乡（镇）政府审核

后，报县移民办进入项目库，待省级计划下达后再进行项目筛选并上报省移民局审查备案批准。

2.2 充分发扬民主，成立后期扶持项目管理理事会

上级水库移民主管部门的年度实施项目计划批复下达后，由村支两委按照后扶建管新机制要求，依照民主程序，迅速召开村民代表大会。选举产生的 5~7 人理事会成员并在成员中产生理事长，任期 3 年。成立财务组、施工组和财务报账员；确定材料采购、保管、施工记时和质量监督员；聘请有技术职称的人员担任技术指导。群众对这种方式产生的理事会十分满意。

2.3 因地制宜，科学制订实施方案

广德县是一个集山区、丘陵、平原于一体的地形十分复杂的县。由于地形复杂，给项目实施方案的制订带来了一定的困难。全县各项目实施村项目管理理事会都能认真负责，每一个项目的实施方案编制前采取因地制宜、实地测量，对重点、难点的建设项目在施工方式等方面进行反复核算、比对，找出投资最少、效益最好的方案，制订出切合实际的项目实施方案。例如村组道路建设项目多选择机械施工为主，这样既解决了劳动力不足的问题，又能节省建设资金，减少工时，加快项目建设进度。

2.4 合理分工，明确理事会成员职责

移民后扶项目实施村以项目实施方案为依据，在项目实施前召开理事会会议，进一步明确分工，对每一项事务明确具体责任人。理事会负责采购的人员深入建筑材料产地咨询工程所需材料价格及质量，并将所得到的信息提供给村两委和理事会，讨论确定采购方案，以价优质高购买工程所需材料；施工组在技术员指导下负责组织施工，并做好施工日志；安排经验丰富的理事会成员，负责工程质量监督并做好旁站记录；材料保管员负责材料验收和发送并做好耗材记录、入出库记录；临时组成的施工安全组负责施工安全秩序、施工环境，保证工程顺利施工。由于理事会"公平、公正、公开"地开展后期扶持项目实施的具体工作，当地村民给予了密切配合和大力支持。如本县邱村镇南阳村，南阳水库西支干渠清淤加固工程，砍伐了大量的树木、毛竹，压损了许多油菜、小麦，一些农户损失达500 元以上，群众没要一分钱的赔偿。由于得到了移民群众的大力支持，使有限的资金发挥了最大效益。

2.5 严格执行政策，明确项目建设方式

移民后期扶持项目的建设只要不涉及重大技术的不发包。只对水泥路面浇灌、山塘加固等技术要求高的工程实行由理事会组织当地有施工资质的施工队以"包技术不包料"的方式承建，并由理事会负责采购项目建设所需的材料。2008 年实施的新杭镇阳湾村的独山至朱村 3.5 km 水泥路面，按照当时招投标承包价需要 70 多万元。而在村理事会的组织实施下，工程仅投入 52 万元，节约资金 20 多万元。在全县已实施的项目中有 80% 是由项目理事会组织村民自建的。由于村民自建的项目是移民群众直接参与施工，不仅节约了建设资金，而且还增加了移民群众的收入。后期扶持项目采取"村民自建"和"自建与技术承包相结合"两种实施方式，能有效地降低建设成本，并增加了农民收入。

3　后期扶持项目实施的基本经验

3.1　加强领导,正确发挥村两委的作用是前提

全县在实施移民后扶项目中,始终坚持"县乡监管服务,村委会管钱管事,理事会花钱办事"的原则来定好位,定好各自在项目实施建设中所扮演的角色,前提是发挥村两委的作用。村两委把自己定位为宣传、组织、监督、服务和项目实施的责任主体。作为村两委,重点是宣传政策,让移民群众了解政策;组织群众选好项目,民主选举好理事会;监督理事会按章办事;服务就是为项目开始创造好的施工环境,解决实施过程中的难题和矛盾,为项目的顺利实施保驾护航。

3.2　充分发挥和调动理事会成员的工作积极性是关键

移民后扶项目管理理事会成员由群众民主选举产生。在候选人推荐时,把为人正派、办事公正、能吃苦耐劳、热心公益事业、在群众中有一定威望的人推荐为候选人是关键。在项目实施期间,村两委充分调动理事会成员工作积极性,按照工作职责和权限,放手让理事会成员干事。

3.3　按章办事,建立完善的规章制度是保障

全县已实施的水库移民后扶项目在县水务局、移民办和各项目实施乡(镇)政府的指导下,依照省移民局相关政策要求,各项目实施村,认真制定《村项目管理理事会章程》等一系列规章制度,规范管理,按章办事。在明确理事会生产程序、权利、责任的同时,制定了理事会财务小组、施工小组和询价、采购员职责制度,以确保项目规范实施;财务制度确保了财务公开透明。完善的规章制度保障了项目实施。

4　后期扶持项目实施取得的成效

4.1　移民和移民安置区群众生产生活条件明显改善

全县实施完成的 34 个项目共完成村组水泥浇灌道路 30 km,收益村达 10 个以上,村民组 30 多个,收益村民达 5 000 人以上。新修的水泥路不仅改变了原来晴雨不通车、群众出行难状况,而且美化了村容村貌。通过对 12 座大山塘加固扩容,6.85 km 渠道清淤以及 3 处拦河坝河堤水毁修复,改善农田有效灌溉面积 3.5 万亩以上。以上项目实施后,既解决了移民安置区农业基础设施薄弱的现状,又解决了村民饮水安全的实际困难,实现了农业增效、农民增收的"双赢"目标。

4.2　项目资金使用效益和工程质量明显提高

全县实施的水库移民后扶项目中,无论是水泥公路项目还是渠道清淤加固除险项目,只要是自管自建,理事会均精打细算采购材料,实行低价包工。公路建设实际投资与"村村通"相比每公里可以节约 5 万 ~6 万元,大大节约了工程成本,杜绝了承包方偷工减料现象,确保了工程质量。

4.3　密切了干群关系

移民项目建设实行村民"自建、自有、自管、自用"新机制,让村民自己作主、自建自管,资金使用公开、公示、接受监督,杜绝了工程建设中腐败现象发生,既节省了资金,又保证了工程质量。群众都称赞村干部和理事会是办实事的好干部,高兴地称这项民生工程

为"致富路、民心渠、增收坝、保收塘"，部分受益村民组村民还主动给村委会和县移民办送来了锦旗，干群关系也得到了进一步密切和融洽。

5　对今后更好地实施后期扶持项目的几点建议

5.1　进一步加大基础设施的投入，不搞重复建设

农村小型水利基础设施老化，农田旱涝保收面积有限，在完成大中型和小型水库除险加固后，应加大对农村小型水利基础设施建设投入，尤其是山塘清淤扩容、渠道硬化畅通、河堤修复加固等，每年有必要安排一定数量的资金，采取"一事一议"、村民自建的方式进行。

农村小型水利基础设施项目建设中，应扩大受益农民的知情权，减少政府包办，让受益者参入监管，切实做到"民选、民建、民管、民用"，确保资金专款专用，保证工程质量，不搞重复建设，把有限的资金用在项目建设上。

5.2　加强乡(镇)水利站所队伍建设

各乡(镇)政府要加强对水利站、所队伍素质建设。素质优秀、作风过硬的战斗集体是凝聚人心、扎实推进民生工程工作的重要保证。

5.3　建立健全管护制度，克服重建轻管的不良倾向

民生工程要做到花钱少、多办事，应高度重视已建项目的管养。制定完善的管护制度，使投资发挥长效，最终目的是要让老百姓长期受益，真正体现把好事办好。

广德县近两年来实行移民后扶项目管理新机制的实践证明，村民自建自管机制是一项顺民心、合民意的新机制，值得推广和借鉴。移民后扶项目的实施，对促进库区和移民安置区的经济社会发展、改善移民群众生产生活条件发挥了重要作用。

作者简介：许曼，女，助理工程师，安徽省广德县水务局。E-mail：ahgdqcd@163.com。

浅谈水利行业技术标准的编制过程

谢艳芳　李建国　金　玲

（中国水利学会，北京　　100053）

摘　要：水利行业技术标准的编制过程决定着标准的质量，影响着标准的后期实施。本文在实际工作经验的基础上，详述了《水利技术标准制修订项目管理细则》（2010 年）中标准编制过程的变化以及各阶段的注意事项。

关键词：水利　标准　编制　管理

水利行业技术标准在加强水资源统一管理，实践依法治水，科学治水，实现现代化水利、可持续发展等方面发挥着巨大作用。而标准的编制过程直接影响着标准的质量和及其在生产建设中的应用。因此，规范标准编制过程一直是水利标准化管理中一项重要的内容。

1　概述

除了等同采用、局部修订等特殊情况外，水利技术标准的编制过程一般分为起草、征求意见、审查和报批四个阶段。到目前为止，水利技术标准一直按照 2003 年水利部发布的《水利标准化工作管理办法》编制。为适应水利标准化工作的发展，进一步规范和加强标准化管理工作，《水利技术标准制修订项目管理细则》（以下简称新《细则》）经过多次协商、审查、修改后已于 2010 年 9 月印发，今后的标准编写将照此规定进行。

新《细则》对标准编制四个阶段的工作做了较大的改动。主要表现在以下几个方面：第一，对标准编制的各个阶段作了明确的划分；第二，对于各层面机构，主要是主管机构、主持机构和主编单位的职责和分工作了进一步的明确；第三，对于各项工作的完成时间作了严格的规定；第四，对各阶段的工作程序进行了部分调整和细化。

根据新《细则》以及标准化管理工作中的实际情况，本文将分别阐述各个阶段工作的变化内容和注意事项。

2　水利技术标准编制的四个阶段

2.1　起草阶段

自项目下达到形成标准征求意见材料，为标准起草阶段。这一阶段主要工作包括主编单位完善工作大纲，主持机构组织审定工作大纲，主编单位起草标准初稿，形成标准征求意见材料。

本阶段工作重点有两个：第一是完善工作大纲。工作大纲初稿需在标准项目申报立项时提交，现阶段是按照立项过程中各方面的反馈情况，如专家可行性论证意见、计划下达内容等进行调整。

工作大纲的内容除保留了原有的标准编制的目的和必要性,适用范围,国内外相关标准分析以及技术发展介绍,章、节、附录的主要内容,必要的专题研究,编制人员分工,进度安排和经费安排等内容外,新《细则》中增加了对于支撑条件,现承担标准项目情况,以及参加水利标准化培训的要求。

工作大纲是标准编制工作的基础,决定着标准编制的方向,也是标准管理的依据,因此应十分重视大纲的编制和完善工作。值得注意的是,在实际工作中一般容易忽视国内外相关标准分析和技术发展调研,这往往会造成标准之间的重复、交叉甚至矛盾,以及标准内容与社会发展不符,影响标准编制的质量和后期的应用。另外,进度、经费安排也应引起足够的重视,这两项是标准项目管理的主要依据,若考虑不周全、安排不合理,特别容易作茧自缚,也给项目管理造成不利的影响。

第二是形成标准征求意见材料,包括征求意见稿和编制说明。征求意见稿是整个标准的雏形,是接受各方审阅的第一稿。因此,征求意见稿质量的优劣是影响整个标准编制进度的重要环节。

2.2 征求意见阶段

自提交标准征求意见材料到形成送审材料,为标准征求意见阶段。主要内容包括主持机构办理征求意见通知,主编单位对反馈意见汇总处理、修改形成标准送审材料。

本阶段工作重点有两个:第一是征求意见。征求意见的目的是利用社会资源完善标准初稿,同时,为标准发布后的实施创造有利条件,这就要求征求意见的范围应尽可能广泛。为解决实际工作中部分标准征求意见反馈较少的问题,新《细则》对这一阶段作了较大的改动。首先,对于争议较大的标准可以进行二轮或多轮征求意见;其次,除采用纸质文件外,还应利用网络途径征求意见;再次,对征求意见的发送范围也作了明确的规定,包括了中央国家机关、地方机构以及企事业单位、社会团体和专家等各方群体。第二是征求意见的汇总处理并形成送审材料。征求意见的汇总处理过程是吸纳意见、完善初稿的过程,也是平衡各方利益的过程。应坚持"去伪存真、异中求同、协商一致"的原则,保证标准的权威性、科学性和适用性。修改后形成的送审材料包括送审稿、征求意见阶段意见汇总处理表等。

2.3 审查阶段

自提交标准送审材料到形成报批材料,为标准审查阶段。主要内容包括主持机构组织对送审材料进行审查,主编单位修改形成标准报批材料。

本阶段工作重点有两个:第一是对送审材料进行审查,主要形式是召开送审稿审查会,目的是进一步对标准的技术内容、体例格式以及与相关标准的协调性进行全面的审查,这对保证标准的质量起着至关重要的作用。审查专家组成员的资质以及构成是这一阶段的关键。为此,新《细则》对专家组作了详细的规定,例如:专家组成员的选择除了应具有过强的业务能力等一般性要求外,还将反馈意见认真积极作为了条件之一。另外,新《细则》对审查内容也作了修改,例如,明确了应对强制性条文进行审查,使审查会的任务更加具体、更具可操作性。第二是形成报批材料。根据送审稿审查会的意见形成的报批材料,除了报批稿、强制性条文及其理由、审查会意见、必要的专题报告外,新《细则》还增加了财务决算资料。

2.4 报批阶段

自提交标准报批材料到水利部发布水利行业标准公告或行文上报水利国家标注报批材料,为标准报批阶段。新《细则》对这一阶段的内容作了较大的变动,主要是报批程序上的设定更加详细,除了技术与格式体例的复读、相关司局审核、强制性条文的审定、反馈意见的汇总修改和公文的办理外,还增加了强制性条文的审定和召开部组织的专家会议等内容。

据此,今后的标准报批工作也将作较大的调整。首先,主管机构、主持单位、主编单位之间的沟通在这一阶段更为密切。技术复核、格式体例复读、强制性条文审定以及相关司局和部专家意见的提出、汇总、采纳、审核需要三方的紧密配合。其次,时效性在这一阶段更为突出,为了尽可能加快报批进程,缩短报批时间,三方有效快速的沟通将成为该阶段工作的常态。

3 重大变更报告制度

在实际工作中,部分标准项目在编制过程中会出现变更,例如主要工作内容、预期成果、主编单位或主要参编单位、主要编制人员、进度安排、经费使用等因国家的政策法规、相关单位人事变动以及不可抗因素的影响需进行调整。为规范变更处理方式,严肃标准编制程序,新《细则》增加了标准项目重大变更报告制度,针对上述各种情况,规定了不同的变更程序。例如:主要工作内容出现变更时,首先需要主编单位组织专家论证,出具书面报告,交由主持机构审查;然后主管部门对其复核,再经部专家会议审定后,履行审批手续。

4 总结

随着社会生产对水利技术标准需求的日益增多,水利标准化管理工作也已步入正轨,向更加规范化和科学化的目标迈进,在保证标准编写进度的同时,如何保证标准质量已成为目前需要面对的问题。基于此种原因,新《细则》在很多方面进行了变动和改进。标准编制四个阶段的工作内容和程序也根据实际工作相应发生了变化。这四个阶段是环环相扣、缺一不可的。任何一个阶段的缺失或疏忽都可能对标准的进度和质量造成严重的影响。因此,为保障标准的顺利编制和后期实施,相关机构和人员需明晰标准编制过程的规定要求,严格按照新《细则》的要求进行标准编制工作。

作者简介:谢艳芳(1980—),女,工程师,中国水利学会,工程师。联系地址:北京市宣武区白广路 2 条 2 号。E-mail:yfxie@ mwr. gov. cn。

浅析欧标委有关河流水文形态标准化方法的经验

金 玲 谢艳芳 李建国 吴 剑

（中国水利学会，北京 100053）

摘 要：在过去的 20 年中，"淡水水质"这一概念已经扩展到涵盖了物理、化学、水文形态学以及生物学等多方面的特征。而在欧洲，由于欧洲标准化委员会（CEN）发布的 WFD（Water Framework Directive）以及对成员国关于淡水特征一整套复杂的评价和监测的要求，这一概念的扩展更是得到极大的推动。其中，对于河流水文形态的评价尤其重要，一方面它是实施 WFD 的需要，另一方面也有利于保护自然生态。然而，对于河流水文形态评价方法却相当匮乏，建立标准化的方法是当务之急。因此，欧洲标准化委员会（CEN）开始与其合作伙伴一道主动促进技术上的协调发展，于 1999 年 9 月开始编制评价河流水文形态特征的标准并于 2004 年 11 月完成了 EN 14614 的标准。虽然欧洲标准化委员会（CEN）在鼓励欧洲合作、提供一个框架以便于其他国家发展自己的评价方法等方面取得很多成绩，但还存在一些问题需要进一步解决，一是提高标准化制定的效率，二是保证出版的标准能够影响研究人员、环境管制人员以及政策决策人员的相关工作。

关键词：淡水水质 EC Water Framework Directive 河流水文形态评价 CEN standard EN 14614

1 引言

过去的 20 年中，许多方法被设计用来评价及监测淡水生态系统，例如，在欧洲，河流的水质早期主要通过水的化学性质确定，随后补充了对生物学性质——主要是底栖的大型无脊椎动物——的监测。而最近，"淡水水质"逐渐发展为更宽广的概念，相应的技术被设计发明以评价那些新增的特征，例如，英国为满足涉及水质的河流生境的评价需要，发展了 River Habitat Survey，而 System for Evaluating Rivers for Conservation（SERCON）的制定则是为了促进更全面地评价河流保持。

对于水质评价的更深入的理解则是源于 2000 年 EC WFD 对其极大的推动。WFD 不但拓展了水生生态系统评价的范围，从而超越了从前的限制，并且第一次将流域计划设为法定程序以维持并提高地表水水质。WFD 的一个主要环境目标是到 2015 年 12 月，使包括河流、湖泊、过渡水区以及沿海水域在内的水体达到好的状况（good status），这里"好的状况"（good status）是指，从"高的状况"（high status）到"坏的状况"（bad status）划分为五级中的第二级，而划分的依据是测量得到的生态学表征（如浮游植物、水底植物、大型植物、无脊椎动物、鱼类等）、水的化学性质以及对于流量、物理结构和连续性的评价。

在欧洲，水文形态评价之前从未被要求过予以立法，而 WFD 的引入促使了对水文形态评价立法,并且也使人们更好理解了水文形态以及生态学之间的联系。除 WFD 对水文形态评价产生的有力激励外,还有其他一些原因促进了水文形态评价的发展,这其中很重要的一条是出于监测对于自然保持及河流恢复管理有重要影响的水体水文形态特征的需要。

EC directives 广泛的地理学应用需要一个能与之协调一致的、坚实的、防御性、能够在整个欧洲运用的方法,应以测量评价水生生态系统的物理、化学和生态学特征。本文主要目的即分析欧洲标准化委员会(CEN)在发展评价河流水文形态特征方面发挥的重要作用,以及其宝贵经验。

2 CEN 的标准化制定

标准化在世界范围内分为三个层次制定:各个国家有自己的标准机构(例如英国标准协会 BSI、奥地利标准协会 ON、德国标准协会 DIN 等);区域标准机构,具代表性的就是欧洲标准化委员会(CEN),它由 27 个欧盟国连同冰岛、挪威、瑞士的标准化体一起构成,中心秘书处设置在布鲁塞尔;全球性的则是国际标准化组织(ISO),由 159 个国家的标准化体组成一个网络,中心秘书处设置在日内瓦。

欧洲标准化委员会的工作主要是协同全球性组织及其欧洲合作伙伴,主动促进技术上的协调发展,其主要任务是培育欧洲经济在世界贸易中的地位、欧洲公民的福利以及环境。通过其服务,它提供了一个发展欧洲标准以及技术规范的平台。而其标准的产生制定很大程度上依赖于企业专家、政府机构、研究团体以及科学院等所做的技术工作。

由于必须遵从一个正式的系列程序,一个标准的制定通常要经过几年的时间。而在标准制定的众多步骤当中,可以将最重要的内容概括如下:①起草及协作——连续的标准草案要通过技术组、工作组及技术委员会这样一个层次的审核;②公开问询——将标准进行翻译以使各个国家的标准机构能够对其公开评论;③批准——将标准进行修订并再次予以翻译以进行各个国家的标准机构对其的表决;④出版——若标准被批准,则欧洲标准化委员会对其最终文本予以发行,而各个国家的标准机构将其印刷公布。

3 河流水文形态与 WFD

水文形态这一术语是随同 WFD 一起引入的。而之所以要将水文形态包含在 WFD,主要源于以下几点原因:①建立典型的水文形态情况;②识别造成水体不能达到环境目标的水文形态压力;③将水体分级,并确保处于高级状况的水体的水文形态能够与相应的生态学状况保持一致;④定义对于改良及人造水体的水文形态而言最大的生态学潜力;⑤制定测量程序以提高或者恢复水文形态状态,从而使其满足环境目标要求。

实际上,WFD 并没有对水文形态进行定义,而是列举了哪些是应当评价的水文形态特征(见表 1)。虽然 WFD 并未强制要求对水文形态像生态学一样进行五级分级(高、好、中、差、坏),但为了使水体保持在高的状态(high status),就必须要求水文形态以及生物学上都保持在高的分级状况。

表1　WFD 中给出的水文形态质量元素以及其描述

Hydromorphological quality elements	WFD description of high status
Hydrological regime	The quantity and dynamics of flow, and the resultant connection to groundwaters, reflect totally, or nearly totally, undisturbed conditions
River continuity	The continuity of the river is not disturbed by anthropogenic activities and allows undisturbed migration of aquatic organisms and sediment transport
Morphological conditions	Channel patterns, width and depth variations, flow velocities, substrate conditions and both the structure and condition of the riparian zones correspond totally or nearly totally to undisturbed conditions

4　评价河流水文形态的 CEN 标准

4.1　已颁的 EN14614：水质——评价河流水文形态特征的指导标准

WFD 的文本中在附件 V 提及的标准记载内容如下（1.3.6，监测质量元素的标题标准）：用以监测典型参数的方法应当与下面列出的国际标准或者其他的国家或国际标准保持一致，以确保给出的数据具有与之相当的科学性及可比性。文本下面列出了 6 个出版的国家标准、三个 CEN/ISO 联合标准，其中 5 个涉及水生无脊椎动物的取样方法以及后续数据的解释。此外，WFD 还提到对于发展生物学、物理化学、水文形态学等元素，也可以使用任何相关的 CEN 或 ISO 标准。

与 WFD 的其他方面不同，指示文件中对于河流水文形态还没有要求其实施用来保证其与成员国之间的生态学状况分级相兼容的校准机制。尽管如此，用标准方法对河流水文形态进行评价，对于欧洲不同国家间进行有意义的水文形态的比较而言，是重要的一步。

CEN 对于河流水文形态的工作由第二工作组（生物学及生态学评价方法）的第五任务组（水体特征）完成，结果汇报给水分析技术委员会。评价河流水文形态特征的 CEN 标准始于 1999 年 9 月，并于 2004 年 11 月完成了 EN 14614 标准。其中，该由第五任务组领导的工作中涉及技术发展的大部分是由几个欧洲国家的专家通过每年会面讨论方式完成的。参与国家通常有英国、法国、德国、奥地利、芬兰及意大利，另外荷兰、瑞士、波兰、斯洛文尼亚和罗马尼亚也作出了贡献。

出版的 EN 14614 是一个指导标准，它首先是提供了一个通用原理的框架，但并未包括已经在一些成员国中使用的方法，特别是英国、法国、德国和奥地利，意大利和荷兰也有相对较少的一部分。它还为那些没有评价河流水文形态的正式方法的欧盟国家提供了一些指导方针，以使得他们在通用的标准下发展自己的技术。由于方法已经存在，更多的工作是比较这些方法的结果以确保标准能够适用于所有这些方法，某些情况下，这些比较还包括了新领域的研究。

　　EN 14614 的印刷文件包括 CEN 标准通用的几个部分:关于适用范围的描述、标准的主要原理、定义列表、其他相关的已颁标准的详述。整个文本被分为:指导部分,指出哪些河流水文形态的特征应当评价、如何设计以及管理区域的测量调查、如何解释及给出测量结果等;适用水质安全程序的方法部分。

　　标准中将水文形态定义为河流水文学与河流产生的物理结构性质。而标准的核心内容是表 2 中列出的需要测量及评价的特征。这些特征中涵盖并超出了 WFD(表 1)的要求,因此该标准可更广泛地用于其他用途。CEN 成员表决通过该标准并认可表 2 中的是反映了全部欧洲河流主要的水文形态特征的重要参数。

表 2　　EN14614 中设定的评价种类、特征、属性组成的标准水文形态评价

Assessment Categories	Generic Features	Examples of Attributes Assessed
Channel		
Channel geometry	Planform	Braiding, sinuosity
		Modification to natural planform
	Longitudinal section	Gradient, long section profiles
	Cross section	Variations in cross-section shown by depth, width, bank profiles, etc.
Substrates	Artificial	Concrete, bed-fixing
	Natural substrate types	Embedded (non-movable boulders, bedrock, etc.)
		Large (boulders and cobbles)
		Coarse (pebble and gravel)
		Fine (sand)
		Cohesive (silt and clay)
		Organic (peat, etc.)
	Management/catchment impacts	Degree of siltation, compaction
Channel vegetation and organic debris	Structural form of macrophytes present	Emergent, free-floating, broad-leaved submerged, bryophytes, macro-algae
	Leafy and woody debris	Type and size of feature/material
		Weed cutting
Erosion/deposition character	Features in channel and at base of bank	Point bars, side bars, mid-channel bars and islands (vegetated or bare);
		Stable or eroding cliffs; slumped or terraced banks
Flow	Flow patterns	Free-flow, rippled, smooth
		Effect of artificial structures (groynes, deflectors)
	Flow features	Pools, riffles, glides, runs
	Discharge regime	Off-takes, augmentation points, water transfers, releases from hydropower dams
Longitudinal continuity as affected by artificial structures	Artificial barriers affecting continuity of flow, sediment transport and migration for biota	Weirs, dams, sluices across beds, culverts
River Banks/Riparian Zone		
Bank structure and modifications	Bank materials	Gravel, sand, clay, artificial
	Types of revetment bank protection	Sheet piling, stone walls, gabions, rip-rap
Vegetation type structure on banks and adjacent land	Structure of vegetation	Vegetation types, stratification, continuity
	Vegetation management	Bank mowing, tree felling
	Types of land-use, extent and types of development	Agriculture, urban development fish ponds, gravel pits)
Degree of (a) lateral connectivity of river and floodplain, (b) lateral movement of river channel	Degree of constraint to potential mobility of river channel and water flow across floodplain	Embankments and levees (integrated with banks or set back from river); flood walls and other constraining features
	Continuity of floodplain	Any major artificial structures partitioning the floodplain

　　尽管标准中这些核心元素在统一河流水文形态方法中起到重要作用,但还有一个存在很大争议的问题,那就是标准中包含了一些关于如何组成水流水文形态参考状况的简单描述(在 WFD 中近自然特征等价于"高的状况",参见表 3),负责制定标准的通常认为所述参考状况应该表述为河流没有受到人类影响的状况,而 WFD 中"高的状况"则由一

个更宽的水文形态质量范围组成,这其中允许了人类的轻微影响,标准中的文本即反映了上述观点,但欧洲委员会的指导意见认为参考状况与"高的状况"应该是同义的。综上所述,水文形态中的参考状况在多大程度上可以偏离自然状况已经成为了激烈争论的焦点,暂时没有得到完满的解决。

表3　EN 14614 中设定的河流水文形态参考状况

River characteristics	Description
Bed and bank character	Lacking any artificial instream and bank structures that disrupt natural hydromorphological processes, and/or unaffected by any such structures outside the site; bed and banks composed of natural materials.
Planform and river profile	Planform and river profiles unmodified by human activities.
Lateral connectivity and freedom of lateral movement	Lacking any structural modifications that hinder the flow of water between the channel and the floodplain, or prevent the migration of a river channel across the floodplain.
Free flow of water and sediment in the channel	Lacking any instream structural modifications that affect the natural movement of sediment, water and biota.
Vegetation in the riparian zone	Reference conditions: having adjacent natural vegetation appropriate to the type and geographical location of the river.

4.2　关于 CEN 评价河流水文形态的修正标准

　　随后,CEN 针对完善 EN 14614 标准进行了讨论,以制定有关河流水文形态的第二个标准。CEN 成员的机构在 2009 年 10 月 27 日完成了对该标准的表决,表决结果是 21 个成员赞成,9 个弃权,没有反对,该标准获得批准。

　　该标准(EN 15843)包含了一致的更广泛的水文形态修正的特征,涉及河槽、河岸、河边区域以及漫滩等,其主要目标是评价人类压力对河流水文形态造成的偏离自然状况的程度。特别是它设立了评分系统,并给出了适于评价水文形态特征修正的信息源。该标准的主要应用如下:①帮助识别可能导致 WFD 中生态学状况评级降低的水文形态压力;②涉及整个欧洲的河流水文形态修正的高级报告;③陆地用计划和环境战略评价;④河流集水管理和维护工作的评价;⑤Natura 2000 位置及其余对保存有重要意义位置的管理。

　　对该标准编制工作有主要贡献的是英国、德国、奥地利、法国、荷兰、意大利和芬兰,此外,还有挪威、斯洛文尼亚、西班牙和葡萄牙。

　　EN 15843 的主要内容是一个详细的附件,其中涉及 EN 14614 标准中的 10 个类别的水文形态特征,还提供了一个评分分段,用以评价修正程度。评价的特征分为两组,一个较大的核心特征组和一个较小的补充特征组。核心特征用以评价人类压力对河流水文形态造成的偏离自然状况的程度,而补充特征包括了一些对栖息质量有积极贡献的特征。前者可以通过区域测量、遥感、地图或局域常识等数据确定而无需考虑河流类型,后者则需要对不同类型河流的预期特征有所了解。通过测量偏离自然状况而不是预期水文形态特征发生,对人工修正程度进行分级的方法在 Raven 中有详细解释。尽管标准中记载的程序能以根据河流的水文形态特征对其进行分级,但是标准的文本强调,其并不试图将该分级与 WFD 中所进行的生态学状况分级相联系。

　　特征的评分,有些情况采用定量的数据,有些情况采用定性数据,还有些既定量又定性,而当评分不可能实现的时候,则鼓励给出描述说明来替代。表4 给出了用以评分的10 个类别的例子。CEN 对每个特征的质量段,根据来自发展组中的成员的真实数据予以评价。图1 是一个利用了来自英国的 RHS 数据所进行的河岸结构和修正的评分段,根据从英国收集的分层的随机数据,在河道和河岸多种修正的基础之上,所有的位置被分配为从一到五的生境修正级别,而每一个位置根据原始数据可以被分配为从一到五的 CEN 级别(见表4)。表4 表明,对于生境修正级别中的级别 1,90% 以上的位置都位于 CEN 级别中的 1 中,而生境修正级别中的级别 2 ~ 4 有 30% 左右位于 CEN 级别中的 1 中,而生境修正级别中的级别 5 的这一百分比仅有少于 5% 。相反地,CEN 的级别 5 没有出现在生境修正级别中级别 1、2 的部分,而主要位于栖息修正的级别 5 中。

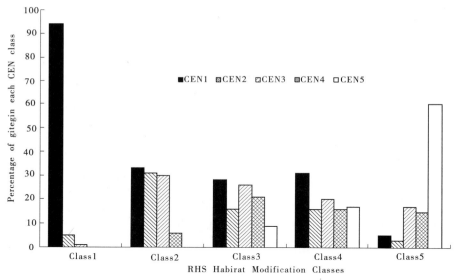

图1　RHS 生境修正级别对应于 CEN 级别所占的百分比

表4　EN 14614 中设定的河流水文形态参考状况

	Features assessed	Score band A — Quantitative	Score band B — Qualitative	Guidance	Examples of methods/data use
Bank structure and modifications	Extent of reach affected by artificial bank material (% of bank length) (both 'hard' and 'soft')	1 = Banks affected by 0-5% hard, or 0-10% soft, artificial materials. 2 = Banks affected by >5-15% hard, or >10-50% soft, artificial materials. 3 = Banks affected by >15-35% hard, or >50-100% soft, artificial materials. 4 = Banks affected by >35-75% hard artificial materials. 5 = banks affected by >75% hard artificial materials.	1 = Banks not, or only minimally, affected by hard artificial materials, or moderately affected by soft materials. 3 = Banks slightly or moderately affected by hard artificial materials, or greatly affected by soft materials. 5 = Majority of banks composed of hard artificial materials.	If modified bank materials are 'natural' (e.g. willow spiling) maximum score is 3. Assessment of extent of bank affected is based on predominant material present (may be a mix of two types) Data from both banks are combined for the assessment.	• Local/management/ engineering personnel/expert assessment; • hydromorphological and walk-over surveys; • air photos;

5　讨论

WFD 刺激了整个欧洲对于如何定义水文形态及其与生态学的关系的极大兴趣。现在的焦点更多地集中在这一领域中未知的内容及如何应用。毫无疑问,尽管在过去的 50 年中,对于河流生态学、水文学、形态学之间的关系作出了大量研究,但对于水文形态学这一有机体还是缺乏更深入细致的理解。回顾近些年的生态 – 水文形态领域,Vaughan 等已经综述了将生态学与水文形态学进一步综合联系的需要。这一综述涉及了一个广阔的范围,涵盖了诸如空间结构在为不同物种提供生境中的角色、物理结构如何影响生态学进程、监测及评价中度量的影响、工具及方法的发展等多个方面。尤其重要的是 CEN 标准在这些领域中作出的重要贡献。

过去的 3 年中,欧洲环境委员会紧密地与 CEN 的标准发展联系到一起,特别是有关 WFD 的监测方面。于是委员会审阅了 CEN 的已颁标准、正在编制的标准、计划的标准,并且与 CEN 讨论那些应该成为未来发展优先基础的标准。尽管 CEN 标准在 WFD 的应用并未产生争论,但在标准化的制定过程中,还是必然地既存在优点也有缺点,这些在 CEN 关于河流水文形态的工作中就有很好的体现。

积极的一方面讲,首先,同欧洲合作伙伴协作,能够激励其更多的辩论,而这些辩论对于解释科学数据的科学性及差异方面大有益处,例如,仍在继续的关于何谓参考状况的争辩,已经超越了关于河流特征的技术描述的层面,而触及到区分对自然的理解的层面;另一个具有实际意义的积极影响是,标准化的过程为其他国家提供了发展自己的评价方法的框架,经常的不同国家的同事间的会议帮助了相关领域之间研究工作的协作,例如将 RHS 予以扩充而进入更为宽广的欧洲舞台。

而消极的一方面讲,漫长的磋商和核准程序是标准完成颁布前的必需步骤,而这往往要花费几年的时间;标准的制定几乎全部是自发的行为,而维持这种包含科学人士个人以及团体在内的工作的连续性几乎不可能;欧洲标准是用英文写的,并翻译成法语和德语,但在翻译的过程中,文本中的术语无意间就会产生细微的不同,在 EN 14614 标准的磋商阶段,来自非英语成员机构的提议产生的文本的修改纯粹源于语言上对于术语的误解;标准的文件中还涉及一部分"灰色文献",这些部分不是免费的,你必须向那些标准的来源国家支付不菲的费用;他们的影响力较小,使得他们对于科学工作者、政策的制定者及环境管理者影响不够,防碍了他们广泛的应用以及融入学院团体。但是上述这些问题并非不可克服的,需要制订一个长期计划,来提高标准化编制的效率。此外,水体表面水文形态标准的应用也正从河流向湖水、过渡水区及沿海水域发展。

也许,最大的问题是上述标准主要还是投入许多努力来制定监测和评价水生系统的新方法,而并没有与环境标准关联。很多标准在被真正使用之前,便已经到了需要复审和修订的阶段,最终,这些方法都草草终结。方法的发展,不能仅仅是水生科学工作者们的圣杯,而在众多的可用的和尚在编制的技术中,维持、提高以及恢复淡水生态系统的目标是始终不能忘记的。

参 考 文 献

［1］ BOON P J et al. Developing standard approaches for recording and assessing river hydromorphology: the role of the European Committee for Standardization (CEN), AQUATIC CONSERVATION: MARINE AND FRESHWATER ECOSYSTEMS, 20: S55 – S61 (2010).

作者简介:金玲(1980—),女,助理工程师,中国水利学会。联系地址:北京市宣武区白广路二条 2 号。E-mail:jinling@ mwr. gov. cn。

水利工程建设类与非工程建设类标准界定原则探讨

胡　孟[1,2]　吴　剑[3]　郭　萍[4]　刘海瑞[5]　李建国[3]

(1. 中国水利水电科学研究院,北京　100048;2. 国家节水灌溉北京工程技术研究中心,北京　100048;3. 中国水利学会,北京　100053;4. 北京工业大学,北京　100044;5. 水利部水利水电规划设计总院,北京　100120)

摘　要: 为明确水利技术标准的编写体例格式,满足水利行业标准备案、升格为国家标准的需要,并为《工程建设标准强制性条文》(水利工程部分)的摘编标准范围界定提供依据,本文对标准的各种分类方式进行了介绍,结合《水利技术标准体系表》,采用列举法和排除法,研究提出了水利工程建设类与非工程建设类标准的界定原则。

关键词: 水利　标准　工程建设类　非工程建设类　界定原则

1　现行标准分类

标准化工作是一项复杂的系统工程。为便于研究、应用和管理,人们从不同角度对标准进行分类,由此形成不同的标准种类。世界各国标准种类繁多,分类方法不尽统一,我国标准的分类亦同样如此,目前尚无权威文件对所有的标准分类方法进行统一界定。目前我国普遍认可的标准分类方法包括:

(1)按标准制定的主体,标准分为国际标准、区域标准、国家标准、行业标准、地方标准和企业标准。根据《中华人民共和国标准化法》(以下简称《标准化法》)的规定,按适用范围划分,我国标准分为国家标准、行业标准、地方标准和企业标准[1]。

(2)按标准实施的约束力,根据《标准化法》,我国国家标准、行业标准分为强制性标准和推荐性标准[1]。国家质检总局原标准化司司长陈渭认为,按法律属性划分,标准划分为强制性标准、推荐性标准和标准化指导性技术文件[2]。

(3)按标准化对象的基本属性(或标准性质)划分,标准分为技术标准、管理标准和工作标准。技术标准是指对标准化领域中需要协调统一的技术事项所制定的标准。技术标准的形式可以是标准、技术规范、规程等文件,以及标准样品(标准物质)。

(4)按标准化的对象和作用划分,陈渭认为,标准分为基础标准、产品标准、方法标准、安全标准、卫生标准和环境标准等[2]。而我国著名标准化专家李春田认为,技术标准主要包括基础标准,产品标准,设计标准,工艺标准,检验和试验标准,信息标识、包装、搬运、储存、安装、交付、维修、服务标准,设备和工艺装备标准,基础设施和能源标准,医药卫生和职业健康标准,安全标准,环境标准[3]。

(5)按标准信息载体划分,标准分为标准文件和标准样品(标准物质)。标准文件有不同的形式,包括标准、规范、规程等[3];目前对 RM(Reference Material)的称谓不统一,包括标准样品、标准物质、参考物质等。我国在计量领域习惯称为标准物质,而标准化领域习惯称为标准样品[4]。《体系表》[5]列出了 55 种已研制和 6 种在研的标准物质。

　　(6)目前国际上正在探索一种公共标准、事实标准相结合的新标准体制,处于两者之间的为"论坛性标准"或"协商标准"[6]。公共标准(法定标准)由公共机构(包括国家标准委、各部委、地方质检局,以及协会、学会等社团)组织制定;事实标准则经过市场竞争形成,通过控制市场来确立其主导权,包括单个企业标准和联盟标准;联盟标准又分为开放标准和封闭标准,开放标准对联盟外的成员授权、许可和开放,如微软的操作系统和我国的"闪联标准"等;而封闭标准不对外开放,只在联盟内共用。如图 1 所示。

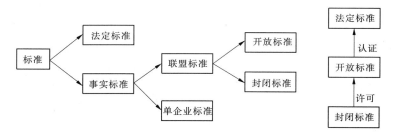

图 1　标准的一种新分类方式[7]

2　研究背景

　　综观通行的标准分类,同一种分类方式,分类结果也不尽相同,且均未提到工程建设类标准。《中华人民共和国标准化法实施条例》第十二条规定:"国家标准由国务院标准化行政主管部门编制计划,组织草拟,统一审批,编号、发布。工程建设、药品、食品卫生、兽药、环境保护的国家标准,分别由国务院工程建设主管部门、卫生主管部门、农业主管部门、环境保护主管部门组织草拟、审批;其编号、发布办法由国务院标准化行政主管部门会同国务院有关行政主管部门制定[8]。"首次提出了"工程建设标准"。

　　按照《水利标准化工作管理办法》,水利技术标准包括水利国家标准、水利行业标准、水利地方标准和水利企业标准[9]。水利地方标准由各省市的质量技术监督部门归口管理,水利企业标准由各企业自行管理;水利行业标准由水利部负责归口管理。而水利国家标准根据项目立项渠道不同,由国家标准委或建设部负责发布,但具体工作还是由水利部负责。因此,将水利技术标准分为工程建设类与非工程建设类,是基于下述的需要:

　　(1)明确水利技术标准编写体例格式的需要。"统一"是标准化的基本原理之一,标准作为一种规范性文件,其编写格式、用词用语及表达方式等也需要统一。国家标准委、建设部和水利部均对标准的编制体例格式进行了明确要求。但由于工程建设类与非工程建设类标准的编写体例格式差异甚大,一些起草组对此了解不深而混用,甚至错用,造成返工和编制进度滞后现象。就水利技术标准而言(本文专指水利国家标准和水利行业标准),其体例编写格式应符合表 1 的规定。

表 1　水利技术标准体例格式要求

序号	标准类别	体例格式执行的标准（文件）	发布部委
1	水利国家标准（工程建设类）	工程建设标准编写规定（建标〔2008〕182 号）	建设部与国家标准委联合发布
2	水利行业标准（工程建设类）	《水利技术标准编写规定》（SL 1—2002），目前正在修订	水利部
3	水利国家标准（非工程建设类）	《标准化工作导则 第 1 部分：标准的 结构和编写》（GB/T 1.1—2009）	国家标准委
4	水利行业标准（非工程建设类）		水利部

（2）适应水利行业标准备案或升格为水利国家标准的需要。根据《标准化法》规定，"行业标准由国务院有关行政主管部门制定，并报国务院标准化行政主管部门备案，在公布国家标准之后，该项行业标准即行废止"。因此，工程建设类的水利行业标准进行备案或升格为国家标准时，需要在建设部进行备案或立项。同理，非工程建设类的水利行业标准进行备案或升格为国家标准时，需要在国家标准委进行备案或立项。

（3）满足水利技术标准中强制性条文摘编工作的需要。由于工程建设的特殊性，全文强制性标准较少，即便是全文强制性标准，其中也有不少非强制性执行的内容；而推荐性标准也有一些需要强制执行的条文。《建设工程质量管理条例》提出的强制性条文，既解决了全文强制性标准可操作性差，又解决了推荐性标准执行力度不强的弊端。水利部据此开展了《工程建设标准强制性条文》（水利工程部分）的摘编工作，现已提出了 2000 版、2004 版、2006 版（未正式发布），目前正在对 2006 年 8 月至 2009 年底发布的水利工程建设类标准中的强制性条文进行摘编。摘编范围为标准中完整的条或款。因此，摘编强制性条文时，首先应明确界定水利技术标准中哪些为工程建设类标准。

3　工程建设标准的范围与定义

《工程建设国家标准管理办法》[10]第二条规定："对需要在全国范围内统一的下列技术要求，应当制定国家标准：（一）工程建设勘察、规划、设计、施工（包括安装）及验收等通用的质量要求；（二）工程建设通用的有关安全、卫生和环境保护的技术要求；（三）工程建设通用的术语、符号、代号、量与单位、建筑模数和制图方法；（四）工程建设通用的试验、检验和评定等方法；（五）工程建设通用的信息技术要求；（六）国家需要控制的其他工程建设通用的技术要求。"《工程建设行业标准管理办法》（1992 年建设部第 25 号令）也明确提出了工程建设行业标准的统一范围。

根据《工程建设标准编制指南》，工程建设标准是指"为在工程建设领域内获得最佳秩序，对各类建设工程的勘察、规划、设计、施工、验收、运行、管理、维护、加固、拆除等活动和结果需要协调统一的事项所制定的共同的、重复使用的技术依据和准则，它经协商一致并由公认机构审查批准，以科学技术和实践经验的综合成果为基础，以保证工程建设的安全、质量、环境和公众利益为核心，以促进最佳社会效益、经济效益、环境效益和最佳效率为目的[11]"。该定义是"工程建设"与"标准"两个术语的组合定义，且套用"标准"的定义模式，没有给出"工程建设"的区别特征。因此，需要从可操作性层面进一步研究明确水利工程建设类与非工程建设类标准的界定原则。

4　界定原则探讨

2008 版《水利技术标准体系表》(以下简称《体系表》)列入了 942 项水利技术标准,基本覆盖了水利工作的主要领域,对推动水利工程建设质量、促进水利科技发展等发挥了重要作用。从《体系表》的名称可以看出,目前水利标准均属于"技术标准"。水利技术标准体系为专业门类、功能序列和层次构成的三维框架结构。专业门类包括水资源、水文水环境、大中型水利工程、防洪抗旱、农村水利、水土保持、农村水电、移民、水利信息化,功能序列包括规划、勘测、设计、施工安装、质量验收、运行维护、安全评价、监测预测、材料试验、计量检定、仪器、设备,层次维包括基础、通用、专用[5]。

对于大多数水利技术标准而言,工程建设类与非工程建设类的界定难度并不大,但对于一些技术内容交叉,尤其是水文、水利信息化领域以及基础类、试验类、规划类和材料应用类的标准,很容易引起分歧。结合《体系表》中的标准,研究提出了下列分类界定原则。

4.1　水利工程建设类标准界定原则

标准主要内容以水利工程建设和管理为主体,主要为工程建设领域服务,直接涉及土建工程,尤其是涉及"动土"(土石方工程)的标准,一般为工程建设类标准。从可操作性而言:

(1)标准化对象主要为(或标准名称中含)"工程"、"建筑物"、"坝"、"堤"、"闸"、"泵站"、"电站"、"机井",且标准名称中不含"产品"、"仪器"、"设备"、"装置"、"系统"的标准。如《微灌工程技术规范》(GB/T 50485—2009)属于工程建设类;而《岩土工程仪器可靠性通用技术要求》(GB/T 24108—2009)由于标准名称中包括"仪器",即便名称中也包括"工程"二字,仍属于非工程建设类标准。

(2)功能序列为"规划"(内容为工程规划、非区域规划)、"勘测"、"设计"、"施工安装"、"质量验收"、"运行维护"、"安全评价"、"监测预测"的,且专业门类不是"综合"或"水利信息化"类的标准。如《江河流域规划环境影响评价规范》(SL 45—2006)属于工程建设类;而《水利单位管理体系要求》(《体系表》中名称为《水利管理体系认证系列标准》)由于专业门类为"综合"类,仍属于非工程建设类。

(3)专业门类为"水土保持"(水土保持植物措施以及功能序列为"综合"类、层次维为"基础"类的标准除外)的标准。如《水土保持综合治理技术规范》(GB/T 16453.1~6—1996)为工程建设类;而《沙棘种子》(SL 283—2003)为非工程建设类。

(4)水利工程建设三阶段等报告的编制规定类标准、水利水电工程制图系列标准,为工程建设类;通用类标准为非工程建设类。如《水利水电工程制图标准 基础制图》为工程建设类,而《水利水电量、单位及符号的一般原则》(SL 2.1—98)为非工程建设类。

(5)直接影响到工程质量的大型装置或设备安装标准、现场试验、模型试验类标准。如《水文基础设施及技术装备管理规范》(SL 415—2007)、《灌溉试验规范》、《水流空化模型试验规程》(SL 156—95)等。

(6)标准技术内容中包括工程建设内容,标准的适用范围主要为工程建设服务的标准。如《水位观测标准》(GBJ 138—90)中包括水位站的建设,《凌汛计算规范》(SL 428—2008)主要适用于寒冷地区江河流域的大中型水利水电工程可行性研究和初步设计阶段的凌汛计算。因此均属于工程建设标准。

（7）《水利技术标准编写规定》（SL1）。鉴于本标准主要规范水利行业工程建设类标准的编写体例格式要求，为加强示范引导，特规定本标准为工程建设类。

（8）一般而言，经费补助来源渠道为建设部的已颁或在编水利国家标准。

4.2　水利技术标准非工程建设类界定原则

标准主要内容以基础性、综合性或通用性为主，不仅仅在工程建设流域使用，不仅仅为工程建设服务，主要技术内容远远超出了工程建设的范畴，不含或较少涉及土建工程且符合下列条件的标准，一般为非工程建设类标准：

（1）标准化对象为（或标准名称中含）"产品"、"仪器"、"设备"、"装置"、"系统"、"沙棘"（水土保持等植物），尤其标准主要内容为（标准名称中还含）水利产品（含仪器、设备、装置、系统，下同）的"参数"、"条件"、"性能"、"方法"、"检测"、"试验"、"校验"、"报废"或"统计"类的标准。如《大坝安全自动监测系统设备基本技术条件》（SL 268—2001）。

（2）功能序列为"材料试验"（模型试验、水利工程试验的标准除外）、"计量"、"仪器"、"设备"的标准。如《小型水轮机现场验收试验规程》（GB/T 22140—2008）为非工程建设类；而《水电站有压引水系统模型试验规程》（SL 162—95）为工程建设类。

（3）专业门类为"综合"（SL1、水利水电工程制图系列标准除外）或水文预测预报类（水文站网类除外）、水利信息化类（水利信息化工程建设、验收、质量评定类除外）的标准。如《水利立法技术规范》（SL 333—2005）为非工程建设类，而《水利系统通信工程质量评定规程》为工程建设类。

（4）标准的适用范围广泛，不仅仅在水利工程建设领域适用的标准，以及技术内容没有或很少工程建设内容的标准。如《水源地水质标准》等各种水质类标准，《水资源分区导则》等。

（5）术语、符号、代号与编码、量与单位、制图，以及公报、公文、年鉴、应急预案、风险图等编写（编制）规定类的标准（SL1、水利工程建设三阶段等报告编制规定类、水利水电工程制图系列标准、水利水电工程概预算类标准除外）。术语等基础类标准的统一和规范化，对于科学技术的传播、交流与推广，资源信息共享有着重要意义，鉴于目前已有多部国家标准对术语概念体系的建立、原则与方法作出了统一规定，因此建议水利术语标准均作为非工程建设类标准对待。

（6）非水利水电工程方面的评价标准、（计算）方法类标准。如《地下水超采区评价导则》（SL 286—2003）、《水库鱼产力评价标准》、《水域纳污能力计算规程》等。

（7）一般而言，经费补助来源渠道为国家标准委的已颁或在编水利国家标准。

5　结论与建议

标准编写的体例格式属于形式规定范畴，一般而言，形式应服从于技术内容，不同的体例格式并不影响标准技术内容的理解与执行。水利技术标准的"多龙管理"是历史形成的原因，如建设部多借鉴"前苏联"（俄罗斯）的标准管理模式，而国家标准委则更多借鉴欧美国家的标准管理模式。目前我国的标准管理模式正在互相渗透、互相借鉴，如目前工程建设类的水利国家标准由建设部和国家标准委共同发布,而以前为建设部独立发布,另外,GB/T 1.1—2009 也吸收采纳了不少工程建设标准的编写体例格式。

工程建设强制性条文属于过渡性产物,在标准体制改革中,强制性条文会逐渐向技术法规转变。由于部分水利技术标准的技术内容不仅有工程建设方面的内容,还有非工程建设方面的内容,属于综合类标准,不是简单的"非此即彼"关系,如前文提到的基础类、试验类和材料应用类的标准。强制性条文摘编时,主要遵循《水利标准化工作管理办法》的规定,即"现行有效的水利技术标准中直接涉及国家安全、人身健康、生命财产安全、水资源和水环境保护、其他公众利益以及有关提高经济效益和社会效益等方面的内容,必须强制执行[12]"。对于非工程建设类或综合类的水利技术标准,只要符合上述规定,也应属于摘录范围。因此,水利工程建设类标准为强制性条文的摘编标准范围,但摘编标准范围不应仅仅局限于水利工程建设类标准。

标准分类虽然总体达成了共识,但仍有不少分歧之处,尤其是工程建设类和非工程建设类界定而言,需要加强研究,并以权威文件进行发布,以便于更好地开展标准化相关工作。本文对水利技术标准的工程建设和非工程建设分类进行了探讨,并结合《体系表》中的标准,采用列举法和排除法,初步提出了界定原则。建议主管机构加大标准分类方面的宣贯培训力度,主持机构组织审定标准工作大纲时就同时明确该标准所属的类别,并建议今后在《体系表》修订时,增加一列,明确其所属类别。需要说明的是,标准分类的主要依据是其技术内容和适用范围。研究所提出的界定原则,是出于水利技术标准管理的需要;从逻辑的严密性而言,在编或拟编标准应等其正式颁布,标准的技术内容和适用范围明确后,方能最终进行分类;这又与在编标准需要预先确定体例格式相矛盾。但从实际可操作性而言,二者差别不大,基本能满足实际工作的需要。

参 考 文 献

[1] 中华人民共和国标准化法. 1988 年第 11 号主席令.
[2] 陈渭. 标准化基础教程——标准化理论与实践[S]. 北京:中国计量出版社,2008.
[3] 李春田. 标准化概念(第四版)[S]. 北京:中国人民大学出版社,2005.
[4] 刘斌. 浅谈标准样品标准物质的认识与应用[J]. 中国石油和化工标准与质量,2006(3).
[5] 高波,陈明忠,李赞堂,等. 水利技术标准体系表[S]. 北京:中国水利水电出版社,2008.
[6] 刘咏峰,窦以松,吴剑,等. 《水利技术标准编写规定》(SL 1—2002)宣贯指南[S]. 北京:中国水利水电出版社,2005.
[7] 互联网实验室. 新全球主义——中国高科技标准战略研究报告[EB/OL]. http:// www. enet. com. cn/article/2004/0729/A20040729328764. shtml.
[8] 中华人民共和国标准化法实施条例. 1990 年国务院第 53 号令.
[9] 水利标准化工作管理办法. 水国科[2003]546 号文.
[10] 工程建设国家标准管理办法. 1992 年建设部第 24 号令.
[11] 住房和城乡建设部标准定额司. 工程建设标准编制指南[S]. 北京:中国建筑工业出版社,2009.
[12] 水利标准化工作管理办法. 水国科[2003]546 号.

作者简介: 胡孟(1977—),男,工程师,主要从事村镇供水、标准化等领域的研究工作。

天津地下水资源监测系统构建模式研究

阎戈卫[1] 蔡 旭[2] 陆 琪[1]

(1.北京圣世信通科技有限公司,北京 100089;
2.天津市水文水资源勘测管理中心,天津 300061)

摘 要:按照市委提出的"建设节水型社会,发展大都市水利"的治水思路,结合天津市地下水管理特点,建设了天津市地下水资源信息系统,本系统由地下水采集、通信子系统和地下水综合业务应用系统组成。系统实施后可协助决策者更加全面地了解天津市的地下水状况,加强地下水调查研究,深化水资源分析论证力度,提高地下水动态监测成果利用率和地下水资源的保护工作,实现地下水管理工作由传统管理向现代管理转变。

关键词:天津 地下水 监测

1 概述[1,2]

天津市是中国北方经济发展最活跃的地区之一,又是北方干旱地区。随着经济社会的快速发展和城市化水平的不断提高,水资源供需矛盾日益突出和水环境不断恶化,现已成为海河流域经济社会可持续发展的重大隐患。自 1959～1998 年,市区及塘沽区沉降中心最大累计沉降量分别为 2.814 m 和 3.091 m;1957～1998 年汉沽区最大累计沉降量达 2.84 m,这一大范围的沉降区域已与临近的河北省地面沉降区连成一片,构成华北平原沉降地区的一部分,并引发了地裂缝、地面沉降等生态环境地质问题,给城市经济建设和社会发展带来了很大影响。为了及时准确地向社会和有关部门提供地下水动态信息,促进城区地下水资源合理开发、有效保护。天津市按照科学发展观要求,坚持拓宽地下水动态监测范围,加快地下水监测井网基础设施改造和优化建设工作步伐,1997 年到 2006 年初先后在天津市及各区主要的承压水下降漏斗中心布设了 400 眼动态监测井,并部分安装了地下水自动监测仪,实现了水位的自动监测和数据的自动存储。但由于资金等方面原因,自动监测井数量过少,部分设备老化等造成系统不能完全满足需要。

因此,为更加全面地了解天津市的地下水状况,加强地下水调查研究,深化水资源分析论证力度,提高地下水动态监测成果利用率和地下水资源的保护工作,为地下水资源管理部门建立一个满足数据实时采集、现代管理的信息化平台,使其对区域的地下水预报、资料整编、日常办公、文件管理等工作网络化、信息化,在依据《地下水监测规范》(SL 183—2005)、《地下水监测站建设技术规范》(SL 360—2006)等技术标准的基础上,构建了地下水自动监测系统。

2 监控系统组成

天津市地下水自动监测系统由地下水采集、通信子系统和地下水综合业务应用系统组成,其中地下水采集和通信网络是地下水自动监测系统的基础,地下水综合业务应用系统由数据库和区县水资源办、天津市水资源办业务应用软件系统组成,是地下水自动化监测业务应用的体现。

2.1　地下水自动监测系统组成

　　地下水自动监测系统是以地下水位观测为基础,以实现信息的准确、定时采集和固态存储为目的,依托先进的传感器技术、先进的工业采集技术和可靠的光电技术,以及优良的施工质量,从而达到为上层的传输和应用提供准确的数据的目标,实现信息采集自动化、信息存储长期化、信息处理智能化,为天津地下水管理和水资源可持续利用提供有力的保障。

　　地下水自动监测系统组成如图1所示。

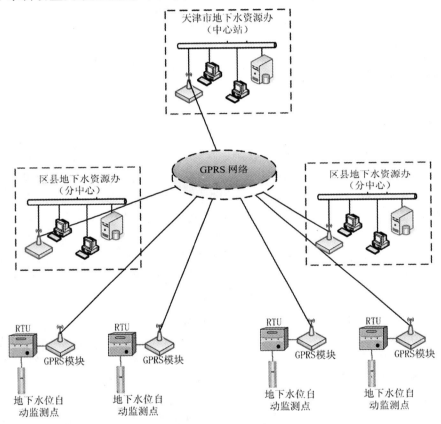

图1　地下水自动监测系统组成结构图

　　根据《地下水监测规范》,对地下水位数据可以进行定时采集,水位数据采集周期可以根据需要进行设置。为了消除水位参数的波动特性,必须对水位数据进行多次采集,并对多次采集的数据进行算术平均,得出所需的结果,并加注采集该数据的时间。

　　固态存储器能够存储一年以上的水位数据。每采集一个新的数据,该数据与采集到该数据的时间都要存入监测站内部的非易失性存储器内,所存储的数据带时标(年月日时分)。测报数据按时间顺序存储,并按一定的时间段(如一月时间)组织存放,以便于检索。非易失存储器的容量足够大,可存储一段时间内监测站所采集到的所有数据(存储一年的水位数据)。当非易失存储器存满后,新的测报数据可覆盖最早的测报数据。遥测终端机可将实时采集的水位数据写入遥测终端机自记内存中内,自记内存具有掉电数据自动保护功能。

2.2 系统组网方式

通信组网结构是建立以天津市地下水资源办为中心,武清地下水资源办为分中心的星形结构通信网络。系统所有测站直接对中心站、分中心站通信,中心站、分中心站也可直接召测所相关的测站。全部测点采用 GPRS 卡,监测站、市区县水资源办配置相应的 GPRS 模块。该种方式由测站主动向市区县水资源办一包两发,区县水资源办同时也可实现向测站访问,实现自报、召测两种工作体制。组网结构如图 2 所示。

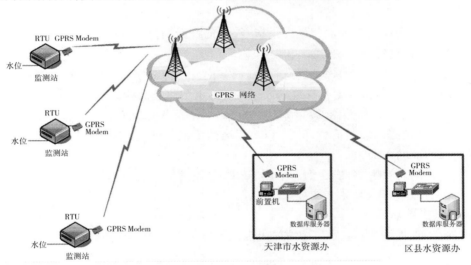

图 2 通信系统组网结构示意图

自报体制是一种由遥测终端发动的数据传输体制。采用该种通信体制的监测站通常处于微功耗的掉电状态,由事件触发或定时触发上电采集传感器数据,在满足发送条件时,主动向分中心和中心站发送数据,然后即可返回掉电状态。

采用该种通信体制工作的监测站,发送的测报数据实时性好,信道占用时间短,功耗很低,非常适合通常的测报类系统应用。

召测体制是一种由数据采集中心发出数据采集命令,遥测终端收到该命令后再返回数据的数据通信体制。工作于该体制的测站要随时监听分中心或中心站的命令,收到中心站命令后根据命令要求完成指定的操作(发送数据,按时间段成块发送或发送当前值)。该种体制可由数据采集中心完全控制遥测终端的操作。测站完成可由中心站控制,不会产生数据碰撞,数据采集灵活,适合中心站需要随时操作的监测站。

为考虑局部降暴雨时系统能及时收集雨情信息,系统的工作机制采用查询应答与自报兼容的方式。其中报汛站的自报功能设置和暴雨自报标准的设置由中心遥测控制,以便使运行费用降至最低。系统中任何 1 台 RTU 均具有存储、转发功能,可起到中继站的作用,而不需要建设专用中继站。实现自动加报功能,当数据变化异常时,系统自动增加监测次数,每 5 min 自动发报一次,并且提醒工作人员。

3　功能设计

本项目主要以天津市水资源办和各区县水资源办对全市的地下水进行自动监测、对地下水信息进行现代化管理、数据采集自动化为建设目标。

3.1　系统的主要功能

(1)所有测报点信息通过 GPRS 主信道传输至天津市水利局水资源中心。

(2)武清分中心可以通过无线路由登陆 GPRS 专属网络实时接收本地区 6 个测报点正点发送的测报信息。

(3)测报站整点向中心站、分中心站发送测报信息。各测报点在接到中心站的回执(握手信息)后进行时钟同步校时。

(4)中心站、分中心站向测报站发送指令,主动查询、召测数据。实现遥测站管理、状态查询、改变参数设置、分析畅通率和误码率等功能。

(5)实现水位数据自动采集、固态存储、数字化自动传输至站房的目标。观测精度能满足有关技术规范要求,分中心收集的数据满足地下水业务资料整编的要求。

(6)RTU 具有固态存储器,容量 2MB,可存储半年以上的测站采集信息数据。

(7)武清区测报站发送信息采用 GPRS 双通信信道,支持扩展为 4 信道的功能,并确保每份信息的准确无误。

(8)天津市区内测报站发送信息采用 GPRS 单通信信道,支持扩展为 4 信道的功能,并确保每份信息的准确无误。

3.2　遥测站主要功能

(1)水位、电压采集:每天 24 次的"半点时"水位采集、电压自测记录写入固态存储器。

(2)数据存储:遥测终端配置大容量非易失存储模块(2Mbit),可存储半年以上的水位、电压信息,可以用于地下水资料整编。

(3)"整点时"测站信息报送:每天 24 次"正点时"向中心和分中心自报前一个"半点时"的水位采集、电压自测数据。

(4)具有 DTU 定时整点上、掉电功能,可以由中心、分中心控制。

(5)响应召测:响应中心、分中心站召测命令,将测站信息及时发送到中心或分中心站。

(6)具有现场查询显示水位、电压等数据的功能。

(7)具有 RTU 自测显示水位、电压等数据的功能。

(8)具有同步中心的时钟校准功能。

3.3　分中心主要功能

(1)分中心站通过 GPRS 网络对武清区的 6 个自动测报点实现发送指令,主动查询、召测数据功能。完成一次所属监测站数据采集的时间不超过 15 s。

(2)建立实时测站信息数据库,具有数据库系统管理、维护功能。

（3）具有对测报站工作状态监控的功能，包括时钟校准、下一时段开机功能等。

3.4 中心主要功能

（1）中心站通过 GPRS 网络对市区内、武清区的所有自动测报点实现发送指令，主动查询、召测数据功能。完成一次所属监测站数据采集的时间不超过 15 s。

（2）建立实时测站信息数据库，具有数据库系统管理、维护功能。

（3）具有对测报站工作状态监控的功能，包括时钟校准、下一时段开机功能等。

（4）实现数据分解、归类、存入数据库等功能。

（5）实现测报信息查询、检索、统计等，浏览快捷、方便，菜单思路清晰。

（6）查询实时和任意时段的历史水位信息的功能。

（7）实时自动测报信息图、表一体化，图形、表格规范化和标准化，表格能够导出到 Excel 编辑器。

4 结语

地下水监测是国民经济建设的基础工作，是地下水合理开发利用、水资源优化配置、生态环境保护的重要依据。从天津市地下水监测系统在 2006 年至今的实际运行及所取得的效果情况看，水情自动测报系统在为地下水资源管理服务工作中成效显著，表明水情分中心系统的建设符合现代水文的发展方向，应加强、加快水情信息采集自动化建设进程，开创水文现代化建设新局面。在大力推进水情自动测报系统建设的同时，还需要注意"重建设，轻管理"的现象，充分重视系统的运行管理和维护，切实保障必要的系统运行管理经费，才能确保系统正常运转，逐步发挥更大的效益。

参 考 文 献

[1] 北京圣世信通科技有限公司. 天津市 2006 年地下水监测方案[R]. 2006

[2] SL360—2006 地下水监测站建设技术规范[S].

[3] 吴光红，刘德文，丛黎明. 海河流域水资源与水环境管理[J]. 水资源保护，2007(11).

[4] 高学平，崔广涛. 生态城市与水利现代化[J]. 水利学报，2007(11).

[5] 曾彦超，秦建敏. 基于 GSM 短消息的地下水水位自动测报系[J]. 微计算机信息 2005(12).

[6] 李可，刘跃，周新志. 基于 ARM 和 GPRS 网络的水情信息系统设计[J]. 计算机技术与应用，2007(12).

[7] 王景雷，齐学斌，吴景社. 基于 NNARMAX 模型的地下水位预报研究[J]. 灌溉排水，2002(12).

帷幕灌浆在鲤鱼冲水库坝体防渗
工程中的应用

许　曼

（安徽省广德县水务局，广德　242216）

摘　要：本文论述了帷幕灌浆在鲤鱼冲水库除险加固工程中的应用，采用帷幕灌浆对坝基防渗处理，防渗效果良好，具有推广价值。
关键词：坝基防渗　帷幕灌浆　水库除险加固工程

1　工程概况

鲤鱼冲水库属长江流域水阳江水系郎川河支流无量溪河，位于安徽省广德县桃州镇山关村境内，地理位置为东经 119°26′46″，北纬 30°48′11″。水库于 1965 年动工，1966 年竣工。坝址以上集水面积 0.3 km²，原设计总库容 22.4 万 m³，其中兴利库容 17.7 万 m³，死库容 0.1 万 m³。水库属年调节水库，是一座以防洪、灌溉为主，兼有养殖等综合利用的小（二）型水库。水库枢纽工程由大坝、溢洪道和放水涵组成。坝长 145 m，坝顶高程 68.23 m，最大坝高 8.2 m。迎水坡现浇混凝土护坡，边坡 1:2.3，背水坡无任何防护措施和排水设施，边坡 1:2.4。

鲤鱼冲水库坝址区域构造为第四纪地处扬子地层区江南地层分区，坝基多建于全－强风化粉砂岩上，钻探发现坝中部尚有一厚度不大的粉质壤土夹卵砾石分布，厚度一般小于 2 m，卵砾石多为砂岩质，含量 15%～25%，两坝肩多为全－强风化基岩，全坝基渗漏。右坝肩临库岸局部欠稳；左坝肩临库岸附近边坡较缓，稳定性较好。勘察期间在全－强风化粉砂岩注水试验，其渗透系数推荐值为 $K = 5.5 \times 10^{-6}$ cm/s，属微透水；在坝基弱风化粉砂岩压水试验，其单位吸水率推荐值为 $q = 0.08$ Lu，属极微透水。

2　防渗方案的选择与设计

该库前期经过黏土斜墙和混凝土面板等防渗工程措施的处理，未达到理想的防渗效果。通过上述方案比较，结合本工程的坝体材料与施工条件等实际情况和类似工程的处理经验，本次除险加固拟采用垂直防渗措施进行加固。基、坝肩防渗处理采用如下方案：大坝迎水坡 58.70 m 高程处，开挖 2.5 m 宽的施工平台，对坝基和两岸山体 6 m 范围内进行帷幕灌浆处理，灌浆排数为一排，孔距 1.5 m，深入相对不透水层（$q \leqslant 10$ Lu）以下 1.5 m。

3　施工方案的选择及试验效果

3.1　施工方案的选择

根据以上帷幕灌浆工程特点，若按原设计的回转钻机钻孔、孔口封闭、自上而下灌浆的施工方案,很难满足工期要求。经过多位专家的咨询,多种方案的试验对比,最终采用冲击钻全孔一次成孔、自下而上分段灌浆的新施工方案。

3.2 灌浆试验

在帷幕主体工程部位进行施工前,对上述这两种施工方案进行了试验对比,结果表明,新施工方案在单台冲击钻机钻孔进度是单台地质钻机的 6 倍,灌浆的辅助时间和灌浆时间也相应缩短,大大加快了施工进度。新施工方案中钻孔的孔底偏差均在规范要求范围内,灌浆质量能够满足设计要求。

4 帷幕灌浆施工方法

帷幕灌浆高峰期投入 2 个生产机组,右岸 0 + 000 ~ 0 + 078.5 坝段安排 1 台设备,0 + 078.5 ~ 0 + 157 坝段安排 1 台设备,若因地质条件复杂,工程进展缓慢,再随时增加施工设备,确保按时完工。

4.1 钻孔

先导孔采用岩芯回转钻机分段取芯钻进,其他灌浆孔采用冲击钻机、合金钻头分序钻进,廊道外采用空压机站集中供风,孔径为 90 mm,全孔一次成孔。根据设计要求,凡在河床段的帷幕孔均加深了 3.0 m,最大孔深达 35 m(包括混凝土)。两坝肩露天平面段帷幕孔,钻孔前对钻机采用地锚固定;左右岸 45°斜坡段均在钻孔台车上钻孔,采用 5 t 卷扬机使台车在两条平行的固定钢轨道上移动,并采用卷扬钢丝绳、倒链、丝杠及台车后的钢筋插筋等固定,钻机在台车上水平固定牢靠。用水平尺、罗盘仪校正机身和钻机立轴,保证钻机水平及钻孔垂直。为保证钻孔偏斜率满足规范要求,在钻孔过程中需要随时对钻机进行检查和校正,保证立轴的垂直精度和动力头平稳不晃动地运转。

4.2 孔斜测量

采用 JXY – 2 型电动测斜仪量测钻孔斜率,每 5 m 量测一次,不足 5 m 的钻孔,终孔量测一次,根据测试结果随时采取纠偏措施,严格控制钻孔偏斜率在允许范围内,终孔后再次在孔底段进行一次终孔测斜。

4.3 钻孔冲洗

钻孔结束后立即以大流量高压水对孔底、孔壁的岩粉进行冲洗,待孔口回水澄清为止。孔深合格后,下设充气塞进行一次全孔裂隙冲洗。

4.4 压水试验

先导孔作自上而下分段阻塞五点法压水试验。根据灌浆规范,采用自下而上分段灌浆法,其他灌浆孔只在孔底段做一次单点简易压水试验,其余灌浆段不做压水试验,大大缩短了灌浆的辅助时间。

4.5 灌浆

根据灌浆规范要求,灌浆分序进行。在灌浆过程中,设计单位根据地质情况在河床部位廊道内增加了Ⅳ序灌浆孔,为孔间加密孔。

4.5.1 制浆

灌浆材料选用“海螺”牌 PO. 42.5 普通硅酸盐水泥,细度要求为 80 μm 的方孔筛的筛余量不大于 5%,要求材质新鲜,不得使用过期、失效水泥和散装水泥,每批水泥应做好水泥细度试验,并做好记录,每批水泥要求有产品出厂合格证、检验合格证,并抽样由监理部门指定的试验室做检验。制浆采用集中制浆站的方法,用 2 000 L 搅拌槽将水泥制成 0.5∶1 的浓浆,通过输浆钢管输送到各灌浆点。浆液温度保持在 5 ~ 35 ℃。

4.5.2　灌浆方法

采用自下而上分段、气压塞卡塞循环灌浆方法。气压塞的使用缩短了灌浆辅助的时间,同时,灌浆过程中采用自动记录仪记录灌浆时间、压力、流量等施工参数。

4.5.3　灌浆段长及压力

(1)灌浆段长:灌浆接触段为 1.5 m,第二段以后包括第二段均为 3.0 m,最底段适当加长,但未超过规范要求。

(2)灌浆压力:灌浆压力在施工过程中逐步得到了优化,通过灌浆试验以及施工过程的总结,灌浆压力采用了第一段 0.50 MPa、第二段 0.75 MPa、第三段 1.0 MPa、第四段以及第四段以后为 1.2 MPa。

4.5.4　浆液水灰比

灌浆浆液浓度应由稀到浓,逐级变换。水灰比采用 5∶1、3∶1、2∶1、1∶1、0.8∶1、0.6∶1、0.5∶1 七个比级,开灌水灰比采用 5∶1。

4.5.5　灌浆结束标准

灌浆结束标准按下述标准执行:在灌浆规定压力下注入率小于 0.4 L/min 时,持续灌注 60 min 或注入率小于 1 L/min,继续灌注 1.0 h,灌浆可以结束。

5　灌浆效果分析

5.1　灌浆注灰量整理分析

防渗墙墙底帷幕灌浆单排共 104 个孔,灌浆总进尺 1 936.8 m,水泥注入量190 387.26 kg,平均单位水泥注入量 98.26 kg/m。从单排帷幕灌浆Ⅰ、Ⅱ、Ⅲ序孔单位注入量情况来看:Ⅰ序孔 27 个,灌浆进尺 601.53 m,水泥注入量 74 114.51 kg,平均单位水泥注入量 123.51 kg/m;Ⅱ序孔 25 个,灌浆进尺 563.18 m,水泥注入量 57 061.39 kg,平均单位水泥注入量 101.32 kg/m,较Ⅰ序孔平均单位水泥注入量降低 26.9%;Ⅲ序孔 52 个,灌浆进尺 772.09 m,水泥注入量 59 211.36 kg,平均单位水泥注入量 76.69 kg/m,较Ⅱ序孔平均单位水泥注入量降低 29.0%。由此可以看出,防渗墙帷幕灌浆分三序施工,各次序孔灌浆规律明显、变化较大。

5.2　检查孔压水试验分析

帷幕灌浆效果检查主要以钻孔压水试验为主,共 15 个检查孔并报业主、设计、监理、地质部门同意,经钻孔压水试验,透水率最大值 4.67 Lu,最小值 0.80 Lu,满足设计小于 5 Lu 的标准。

经过试验得出,灌浆后透水率均小于 5 Lu,说明帷幕灌浆后,渗水通道已被堵塞,灌浆效果较好。

6　帷幕灌浆施工的特点

(1)帷幕灌浆施工最大特点是,由于采取快速施工方法,钻孔和灌浆的施工进度大大加快了。钻孔采用冲击钻机,单机进度等同于近 10 台地质钻机;灌浆前的压水时间缩短为底部一段,而且每段灌浆的结束时间都相应地缩短了 30 min,在保证灌浆质量的基础上,真正达到了快速施工的目的,

(2)帷幕灌浆施工采用了冲击钻机钻孔,气压塞卡塞灌浆和卷扬机拉动台车上施工设备和辅助工具向前移动,为帷幕灌浆施工提供了借鉴经验。

(3)鲤鱼冲水库帷幕灌浆施工,较同类工程所投入的设备和人员的数量减少了,相应地也产生了较好的经济效益。

7 结语

通过鲤鱼冲水库帷幕灌浆后,经历年观测防渗效果较好,采用帷幕灌浆方法处理该库坝基防渗其评价如下:

(1)设备简陋,易于操作。

(2)工艺经济适用,节约成本,降低工程造价。

(3)施工速度快,在保证质量的前提下,大大缩短工期,并创造较好的经济效益。

参 考 文 献

[1] SL62—94 水工建筑物水泥灌浆施工技术规范[S].

[2] SDJ249—88 水利水电基本建设工程单元工程质量等级评定标准[S].

[3] 水工建筑物水泥灌浆施工技术规范[S].

作者简介:许曼,女,助理工程师,安徽省广德县水务局。E-mail:ahgdqcd@163.com。

英国技术法规和标准体系特色与启示

王建文　　窦以松

（中国水利水电科学研究院，北京　100038）

摘　要：本文在通过对英国工程建设标准编制与管理体系的了解和研究，并与中国工程建设标准的编制与管理进行对比研究，提出了中国工程建设标准体系的相关建议。

关键词：工程建设　标准体系　编制　管理

1　英国标准化机构简介

英国标准学会（BSI）的前身是英国工程标准委员会，创建于 1901 年，是世界上第一个国家标准化机构，是英国政府承认并支持的非营利性民间团体（1929 年得到英国"皇家宪章"的认可）。1931 年改称为英国标准学会（BSI）。

皇家宪章规定：英国标准学会的宗旨是协调生产者与用户之间的关系，解决供与求的矛盾，改进生产技术和原材料，实现标准化，避免时间和材料的浪费；制定和修订英国标准，并促进其贯彻执行；以学会名义对各种标志进行登记，并颁发许可证；必要时采取各种措施，保护学会的宗旨和利益。

BSI 组织结构包括全体会议大会、执行委员会、理事会、标准委员会和技术委员会。

执行委员会是 BSI 的最高权力机构，负责制定 BSI 的政策，下设电工技术、自动化与信息技术、建筑与土木工程、化学与卫生技术装备、综合技术 6 个理事会。理事会下设标准委员会，标准委员会下设技术委员会（TC），技术委员会可设立分技术委员会（SC）和工作组（WG），共有 3 000 多个 TC 和 SC。

标准部是标准化工作的管理和协调机构。BSI 每 3 年制定一次标准化工作计划，每年进行一次调整，并制定出年度实施计划。与 6 个理事会相对应，标准部下设 6 个标准处，分别承担 6 个理事会的秘书处工作。

BSI 的标准部是世界上最主要的标准提供者，包括现代经济的各方面，从知识产权保护到个人保护设备的技术规范。英国标准学会总部设在英国伦敦，它与世界各国的标准制定机构存在深入的联系。

BSI 标准部的主要工作基本都用在欧洲标准和国际标准上。长期以来，BSI 凭借着世界对其历史的认可，广泛的基础，雄厚的实力和信誉，成为国际标准组织秘书处五大所在地之一（其他四个为美国 ANSI、日本的 JISC、德国的 DIN 和法国的 AFNOR），共有 245 个国际和欧洲标准组织秘书处设在 BSI。

英国标准分三级：国家标准、专业标准和公司标准。

1.1　英国标准的制定程序

英国制定标准采取协商一致的原则，在编写标准草案阶段，技术委员会对实质性内容的主要条款如有不同意见,不采取投票表决方式解决,尽可能在技术委员会内部充分协商,取得一致意见;如果经过协商仍不能统一意见,则请执行理事会进行仲裁,以便寻找一个能为各方所同意的解决方法。

技术委员会评价一项标准准则是:①能取得最佳经济效果;②安全、卫生符合消费者利益;③方便国际贸易。

BSI 的标准计划项目来自三个方面:一是制造商、专业团体、国营企业、政府各部门、大专院校和个人提出的项目建议;二是国际标准计划中英国准备采用的项目;三是根据 5 年复审和经过复审后要进行工作的项目。

英国制定标准分以下 6 个步骤:

(1)提出制定标准的项目计划。

(2)技术委员会制定起草标准草案的工作计划,规定标准草案完成编写、征求意见和提交标准委员会审批的时间。

(3)技术委员会提出标准草案,分发有关部门,并在《英国标准学会新闻》上发布,用两个月时间广泛征求公众意见。

(4)技术委员会收集各方面的意见,进行讨论、研究,对公众提出的重大不同意见,技术委员会可以邀请他们来共同讨论。

(5)技术委员会通过标准草案的最后审定稿,提交标准委员会审批。标准委员会不负责审查标准的技术内容,只审查是否符合程序和有关规定。

(6)由标准委员会批准的标准草案,由 BSI 标准编辑部负责制图和进行标准质量(如符号、代号、名词、术语、标准格式等)的检查,最后由出版部出版发行。

1.2　BSI 在创新标准化方面实施的四项举措

(1)着重致力于标准的市场应用,通过加强标准化服务的方式,提高标准化组织的地位和实际影响。

(2)不断提高国际合作的范围和水平,通过标准化服务,扩大 BSI 的品牌效应。

(3)大力开展标准化的理论研究,为标准化工作的创新和发展奠定基础。

(4)推出了有别于标准的公众实用规范,使标准体系更加全面,更加符合实际。

2　英国工程建设技术法规和标准的编制与管理体系

通过研究分析英国工程建设技术法规和标准的编制与管理体系,找出英国标准编制与管理的特点,对比分析中英两国标准编制的异同点,并加以借鉴。

英国的工程建设技术法规体系包括三个层次——法律(Act)、条例(Regulation)、技术准则(Approved Documents)。其中,法律是最高层次,具有最高法律效力,比如《建筑法》(Building Act)、《住宅法》(Housing Act)等。第二个层次为条例,按照法律的授权和要求,在法律范围内强制实施,如《建筑条例》(Building Regulation)、《建筑产品条例》(Building Products Regulations)等。第三个层次为技术准则(Approved Documents)或实用指南。

技术标准(Building Stands)是指为实现条例中的技术要求可采取的具体途径和措施,技术标准并不属于法规的范畴,但它们是技术法规的实施所不可缺少的重要资料。

2.1　工程建设法律的编制

在英国，法律的起草和通过是由议会负责的，但是有关政府部门要提供咨询和协助。比如建筑法的形成，ODPM 的法律组就要与政策管理官员、律师一起给议会法律顾问（负责起草建筑法的人）提供指导，以形成建筑法的草案，并参与议会的立法过程，促使建筑法的最终出台。

2.2　工程建设条例的编制与管理

英国的工程建设条例的管理机构是英国交通地方区域部（DTLR）。该部是 2001 年英国大选之后内阁调整之时从原来的环境交通及区域部（DETR）中分割出来独立成部的。2002 年 3 月英国政府行政主管部门又进行了调整，DTLR 撤销，将其职能转到 ODPM（英国副首相办公室）的建设条例部门（Building Regulation Division），但其编制与管理工作体系得以保留。

工程建设条例是由 ODPM 负责起草和管理的，其中由法律组负责起草工程建设条例。工程建设条例的草案或者是今后在实施过程中工程建设条例的修订等都由建设条例部来组织。在法律组提出的草案的基础上，工程建设条例部要广泛征求社会的意见，做出提案以及相应的咨询报告。通常工程建设条例部会向社会公布该提案，并提交给相关的咨询部门和专家。建筑法规定 ODPM 的内阁大臣在建筑条例有关方面要咨询建筑法规咨询委员会 BRAC（Building Regulations Advisory Committee，是 ODPM 的一个非部局公共机构）。工程建设条例在接受咨询之后进一步完善，最后由 ODPM 的内阁大臣签署颁布实施。

英国工程建设条例的编制与管理从总体上来说，管理有序有效、负责的组织职责明晰、机构划分明确、工作任务清楚，条例大的修改和小的修订都有一套适宜的程序和管理制度。尤其是其制定和修订程序具有很高的知信度及科学性，这也是长期以来不断完善的制定和咨询程序所带来的。

2.3　工程建设技术准则的编制与管理

工程建设条例的每一部分要求又分别由一个专门的文件来支持，这就是建筑技术准则（Approved Documents）。技术准则所给出的是在满足工程建设条例要求的条件下具有操作性和技术性的指南。每一本技术准则里首先会引用建筑条例中的相应要求，然后给出一系列可操作的方法指南，但是这些方法并不是强制执行的，如果有其他的替代方法，同样可以满足要求，建造者也可以用其他的方法。

工程建设技术准则的编制和修改也由 ODPM 的建设条例部负责。在技术准则上，BRAC 根据实践需要拟定和修订相关的条款。最近几年，BRAC 的成绩主要是将技术准则的要求修改得更为技术化，而改变了原来仅是原则性描述的风格。

2.4　工程建设技术标准的编制与管理

在英国，是由英国政府委托民间独立的非营利性组织——英国标准协会 BSI（The British Standards Institution），统一领导主持标准的编制和监督。它是英国发布国家 BS 标准的唯一组织。工程建设技术标准的编写和发布是非政府行为。每个标准成立专门的专家组进行编制，这些专家包括来自学术单位、设计单位和科研机构的人员。一般地，政府委托 BSI 编制标准，BSI 组织专家进行编制，然后征求意见。因此，标准是专家的产物，而不是政府的产物。但编制小组里往往有政府的代表参加，以协调和解释建筑法规的要求。BSI 编制标准要与政府签合同，政府要提供一定的资金，但这些费用是不够的，然而标准一旦发行，BSI 可以从中获得回报。

3　中英两国工程建设技术法规和技术标准的编制与管理的比较

我国的强制性条文和英国的技术准则的编制与管理都由国家建设行政主管部门——建设部负责，其基本的编制与管理方式是一样的，由专门的机构来负责，并且通过详细的编制、咨询、修订等程序才运用于实践。这是一个复杂也是较长期的过程。

中英工程建设技术标准的编制最大的区别在于：英国政府把这项工作交给了非政府性质的机构去完成，而我国过去还是由政府部门来牵头完成这个工作，只是在近年来的改革当中，已经开始尝试采用国际化的方法，工作下放给非营利性的中国标准化协会。还有一个值得注意的地方是，我国的标准实际上一个非常复杂的系统，因为大量的各种级别标准的存在给标准化工作的推行以及管理带来了一定的难度。今后在标准化工作改革中应该考虑如何最好地发挥各种标准的作用，而且不影响各自的贯彻实施，使各种标准最有效化。

4　关于技术法规和标准的编制与管理工作的建议

从以上的分析和比较中可以看出，英国的工程建设条例、工程建设技术准则和技术标准的标志有一套比较完善的程序和管理制度。我国和英国的工程建设技术法规及技术标准在制定和管理上的基本思想与基本做法是一样的，需要完善的是细节和力度。

针对我国目前的现状，结合对英国做法的了解，建设部及国家有关部门要进一步完善工程建设技术法规的编制与管理体系，进一步明确组织开展这方面工作的责任分工，避免工作的重复与漏项，以确保其管理有序有效。任何大的修改和小的修订都要建立起一套适宜的程序与管理制度。尤其是在制定和修订程序中体现出较强的知信度与科学性。

政府组织制定技术法规，强制执行，由协会等社会团体及标准化组织机构制定技术标准，自愿采用，工程建设技术标准的编制与管理乃至发布要逐渐向非政府行为过渡。标准要由编制单位组织专家来编写，修改由编制单位负责。明确政府不是技术标准的拥有者，仅是使用者，但政府的代表可以参加到标准的编制小组里，以便信息的交流。

参 考 文 献

[1] 王朋.英国标准协会及标准战略框架[J].中国质量技术监督,2007(10).

[2] 王忠敏.重访 BSI[J].中国标准化,2007(11).

[3] 王金玉.发达国家标准化管理体系研究[J].世界标准信息,2002(4).

[4] 谢娴莉,李孟徽.中英建筑技术法规和标准的编制与管理的对比研究[J].重庆职业技术学院学报, 2007(3).

作者简介：王建文(1978—)，男，工程师，中国水利水电科学研究院。联系地址：北京市复兴路甲一号。E-mail：wangjw@iwhr.com。

作物地表咸水与黄河淡水掺混灌技术研究

陈　鸿　姬文涛　李金娟

（宁夏固海扬水管理处灌溉试验站，中宁　755100）

摘　要：通过在固海扬水灌区进行的 4 种作物 6 种水质处理，3 次重复共计 72 个小区的灌溉试验结果表明：4 种作物均可采用黄河淡水与地表咸水掺混灌溉，且混合水矿化度在小于 3.0 g/L 时四种作物均能安全生长。通过 4 种作物的产量性状及生育动态进一步分析得出，春小麦、玉米混合水灌溉，安全丰产的灌溉水矿化度在 2.0 g/L 以下，大麦、油葵安全丰产的灌溉水矿化度在 2.5 g/L 以下。土壤盐分会因灌溉水的矿化度增高而升高，但冬灌利用黄河淡水轮灌洗盐，土壤积盐与脱盐水平相当，且第二年春季基本不存在返盐现象。

关键词：地表咸水　黄河水　掺混灌　轮灌

1　前言

当前，固海扬水灌区面临三个主要问题：水资源紧缺（灌溉面积进一步扩大及持续干旱），灌区境内清水河及水库咸水资源（大多为固海扬水回归水）未得到充分利用和扬水工程老化严重，扬水成本进一步增大的问题。该地区的主要种植作物均采用大水漫灌，灌溉水的利用效率低，过量灌溉造成地表咸水资源得以补充日渐丰富。因为固海扬水灌区地下水位低且地表咸水丰富，所以开发利用地表咸水进行灌溉不仅可以降低扬水成本，而且可以减轻扬水资源紧缺的压力，更重要的是可以使闲置的地表咸水资源得以充分利用以补充扬水资源的不足，从根本上解决该地区的主要问题。

国内外利用咸水灌溉发展农业已有 100 多年的历史，就咸水水质、适宜灌溉土质和作物田间管理等方面进行了大量的实践，结果表明，咸水灌溉比不灌的旱作物增产 3 ~ 4 倍，并且大多采用矿化度为 2 ~ 8 g/L 的咸水灌溉，在灌后 3 ~ 4 年土壤化学组成和含量基本稳定。为了节约扬水资源，充分利用咸水资源，使咸水资源充分发挥其经济、社会效益和生态效益，在固海扬水灌区进行了作物地表咸水与黄河水掺混灌、轮灌技术研究。

2　材料和方法

2.1　试验条件

试验在宁夏固海扬水灌区石峡口泵站（位于中部干旱带）进行。土壤为轻壤土和紧砂土（0 ~ 40 cm），0 ~ 100 cm 土壤平均容重 1.42 t/m³，0 ~ 50 cm 土层土壤平均含盐量为 0.39 g/kg，地下水埋深 50 ~ 80 m，田间持水量为 22.6%，，年平均气温 8 ℃，无霜期 184 d。试验地面积 10 亩，土壤肥力水平、质地一致。在所研究的两年内，大麦、春小麦、油葵生育期有效降雨量为 87.9 ~ 131.2 mm，蒸发量为 630.6 ~ 912.8 mm，玉米生育期有效降雨量 190.2 ~ 246.3 mm，蒸发量为 1 082.1 ~ 1 998.3 mm。

试验于 2004 年 3 月始至 2005 年 11 月结束,历时两年。

2.2 试验作物

供试作物为大麦、春小麦、玉米、油葵,试验作物种植设计见表 1。

表 1　试验作物种植设计

项目	大麦	春小麦	玉米	油葵
亩播量(kg/亩)	25	25	2.5	1.0
播种时间(月-日)	03-13	03-13	03-26	03-26
株距×行距(cm)	行距 15	行距 15	20×15	20×40

2.3　灌溉处理

试验采用作物生育期利用地表咸水与黄河水掺灌,冬灌用黄河淡水轮灌洗盐。地表咸水的矿化度为 3.7~11.2 g/L。黄河水矿化度为 0.35~0.50 g/L。

2.3.1　灌溉制度设计

作物利用地表咸水与黄河水掺灌、轮灌具体的灌溉制度设计见表 2。

表 2　作物地表咸水、黄河水掺灌、轮灌灌溉制度设计

| 作物 | 掺灌(作物生育期进行) | | | | | | | | 生育期灌水定额(m³/亩) | 轮灌(冬灌进行) | |
| | 一水 | | 二水 | | 三水 | | 四水 | | | | |
	时间	定额(m³/亩)	时间	定额(m³/亩)	时间	定额(m³/亩)	时间	定额(m³/亩)		时间	定额(m³/亩)
玉米	6月中上旬	60	7月上旬	70	7月下旬	70	8月中上旬	70	270	11月上旬	80
油葵	6月中旬	60	7月上旬	70	7月下旬	40			170	11月上旬	80
春小麦	4月下旬	60	5月上旬	60	5月下旬	60	6月中旬	60	240	11月上旬	80
大麦	4月下旬	60	5月上旬	60	5月下旬	60	6月中旬	60	240	11月上旬	80

2.3.2　处理、重复

利用固海灌区石峡口泵站附近清水河地表咸水与黄河水掺混后的不同矿化度水作为处理因素,共设 6 种处理,即 1.0 g/L、1.5 g/L、2.0 g/L、2.5 g/L、3.0 g/L 和黄河淡水,每种处理因素设 3 次重复,每种作物设在同一试区,处理与重复随机布设。

2.3.3　试验小区设计

同一作物的试验小区均设在同一田块,其中春小麦、大麦两种作物的试验小区规格为 3.5 m×3.5 m,玉米、油葵(高秆作物)小区规格 4 m×6 m,试验小区外设 4 m 宽的保护区,为防区间渗漏,试验小区四周设 1.1 m 深防渗薄膜埂,4 种作物共计 4(作物种类)×6(处理数)×3(重复数)=72 个试验小区。

2.3.4　咸淡水掺灌技术设计

为了便于配水灌水,在试验区外做好三个容积分别为 10 m³、6 m³、3 m³ 的混凝土筑储、配水池,准确标定刻度备用。

具体实施掺灌方法步骤如下:

（1）灌前利用电导率仪实测黄河水与固海灌区实时咸水矿化度。

（2）根据小区面积和不同作物、不同处理亩次设计灌水定额计算每个小区灌水量。

（3）利用公式设计矿化度 $M = (Q_1 \times A + Q_2 \times B)/Q$

$$Q = Q_1 + Q_2$$

准确计算出每个小区咸水与黄河水掺入量。

其中 Q 是每个小区灌水量；Q_1、Q_2 分别是黄河水与咸水的掺入量；A、B 分别是黄河水与咸水的矿化度。

（4）配水：用车将咸水拉来倒入储水池，用计算好的每个小区黄河水与咸水掺入量，在标有刻度的配水池准确配水，配好后用电导率仪实测混合水矿化度，标定至设计矿化度。

（5）灌水：根据每个小区配好的混合水，利用两台水泵和两套 100 m 长的 1 in 软管将水引入该区。

2.4 测量内容

2.4.1 土壤盐分动态测定

土壤盐分用土钻取土，采用电导法测量，测量的是土壤的全盐含量，不同作物不同处理种前、收后、冬水洗盐前后，每次灌前灌后，第二年3月土壤消融返盐期测量一次，每20 cm 一个观测层次，观测深度 100 cm。

2.4.2 作物生育动态观测

平均每5 d 观测一次，作物生育阶段转变临界期 1～3 d 观测一次，作物收后测产、考种，观测产量性状。

3 结果和讨论

3.1 不同作物产量与咸水灌溉水质的关系

4 种作物6 种不同矿化度水质的水处理，其产量变化动态如图1 所示。由图1 可以看出，4 种作物的产量性状都有因灌溉水矿化度增高而降低的态势，且每种作物同一处理两年的产量接近。就每种作物产量性状而言，处理Ⅵ（3.0 g/L）与处理Ⅰ（黄河淡水）相比产量降幅最大。处理Ⅰ（黄河淡水）、处理Ⅱ（1.0 g/L）、处理Ⅲ（1.5 g/L）春小麦、玉米的产量变幅不大，从处理Ⅳ（2.0 g/L）开始产量出现较大降幅，大麦、油葵从处理Ⅴ（2.5 g/L）开始产量出现较大降幅。相比处理Ⅰ（黄河淡水），4 种作物（玉米、油葵、春小麦、大麦）产量出现较大降幅时 2004 年分别减产 5.3%、7.4%、8.0%、6.2%，2005 年分别减产 7.7%、8.4%、8.0%、9.3%。处理Ⅵ（3.0 g/L）相比对照处理Ⅰ（黄河淡水）4 种作物 2004 年分别减产 16.0%、11.2%、22.2%、13.1%，2005 年分别减产 11.5%、12.9%、24.3%、17.2%。说明 4 种作物利用 3.0 g/L 的水灌溉均可获得较理想的产量，但作物不同，对不同水质的适应性也不同，同比之下，大麦适应性最强，其次是油葵，玉米、春小麦适应性较差。同时由图1 可以看出，玉米、春小麦利用 2.0 g/L 的水灌溉，其产量开始出现较大降幅，大麦、油葵利用 2.5 g/L 的水灌溉，其产量开始出现较大降幅，说明玉米、春小麦两种作物安全丰产的灌溉水矿化度在 2.0 g/L 以下，大麦、油葵安全丰产的灌溉水矿化度在 2.5 g/L 以下。

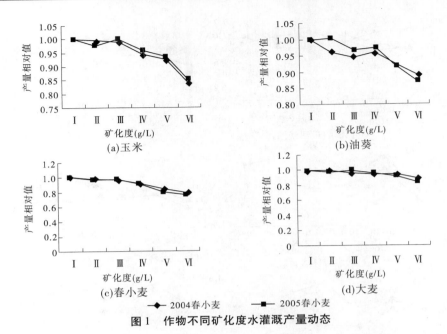

图1 作物不同矿化度水灌溉产量动态

注:1. Ⅰ Ⅱ Ⅲ Ⅳ Ⅴ Ⅵ分别表示淡水、1.0 g/L、1.5 g/L、2.0 g/L、2.5 g/L、3.0 g/L。

2. 作物产量性状动态图是以淡水灌溉实测产量为1,其他水质灌溉实测产量与此相比的相对值。

3.2 土壤(0～60 cm)不同剖面盐分动态

根据试验所得不同作物不同水质的水灌溉,其剖面(0～60 cm)土壤盐分动态基本一致,为此将不同作物同一处理剖面土壤(0～60 cm)实测盐分加权平均,得出不同水质的水灌溉剖面(0～60 cm)土壤盐分动态曲线图(见图2)。

由图2可以看出,作物各处理冬水洗盐前后,土壤含盐量的变化趋势基本相同。土壤表层0～20 cm剖面经冬水洗盐,不同处理灌后土壤含盐量明显低于灌前土壤含盐量;20～40 cm剖面,灌后土壤含盐量增幅较大,略高于灌前;40～60 cm剖面,灌后土壤含盐量略高于0～20 cm剖面,说明作物一个生育周期经过不同矿化度水灌溉处理后,表层土壤形成积盐,但经冬灌淡水洗盐,耕作层土壤盐分下渗,形成明显脱盐,土壤表层盐分经水分下渗大部分转移到20～40 cm处,小部分转移到40～60 cm处,土壤洗盐效果、盐分下渗深度与灌水量关系密切。

经冬水洗盐,土壤经过一个冬季后,第二年春季,土壤冻土层消融后地表回潮,4种作物不同处理、土壤不同剖面盐分基本与灌后接近,说明春季返盐现象基本不存在,这与灌溉水水质和灌溉年限、土壤质地有关,因灌溉水矿化度3.0 g/L以下,属微咸水,灌溉水带入土壤的盐分少。另一方面,试验地土壤属紧砂土,土壤40～60 cm处粗砂粒含量大,因此土壤本身毛孔少,通透性好,可能对春季返潮盐分上移形成影响。

3.3 淡水冬灌洗盐效果分析

以黄河淡水灌溉做对照,作物生育期用不同矿化度的咸水灌溉,入冬进行黄河淡水灌溉,将2004年、2005年灌前灌后监测的表层土壤(0～20 cm)盐分的具体数据做成柱状图(见图3)。

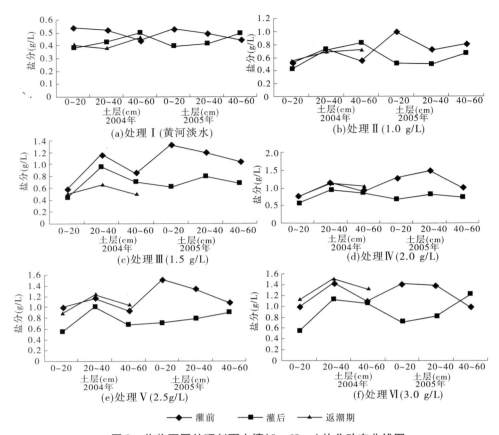

图 2　作物不同处理剖面土壤(0~60cm)盐分动态曲线图

注:图中,灌前指冬水洗盐前,灌后指冬水洗盐后,返盐期指土壤经过一个冬季后,
第二年春季 3 月土壤返潮期的盐分动态。

从图 3 作物经过淡水冬灌洗盐,灌前、灌后柱状图可以看出,作物生育期进行咸水灌溉,土壤积盐,不同处理土壤积盐 10% ~50%,冬灌进行淡水灌溉,表层土壤脱盐,淡水冬灌洗盐效果十分显著,土壤表层 0~20 cm 处积盐跟脱盐水平相当,接近平衡状态。

3.4　咸水灌溉土壤脱盐技术探讨

由作物利用不同矿化度咸水灌溉结果可知,作物进行 3.0 g/L 以下咸水灌溉,在获得良好的生长发育的同时会引起表层土壤的积盐,长此以往,势必导致表层土壤盐化,影响作物安全生长。因此,作物进行咸水灌溉,就要掌握作物的耐盐极限,当耕作层土壤含盐量达到一定指标时,利用冬季淡水灌溉措施进行降盐处理。

土壤脱盐技术最简单、最直接的方法就是用淡水灌溉洗盐,洗盐效果与淡水的灌溉量、灌溉次数、土壤质地等有关。从图 2 可知,作物土壤经淡水灌溉洗盐,虽然有利于耕作层土壤脱盐,但同时形成深层次的土壤盐分积累,会对地下水土环境形成影响(长期灌溉,对地下水土环境的影响及地下咸水的再利用有待研究)。

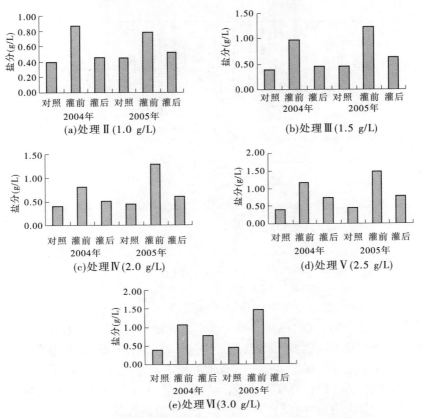

图3 作物冬灌洗盐前后土壤表层(0~20 cm)盐分动态柱状图

注:灌前是指作物冬水灌溉之前,灌后是指作物冬水灌溉之后。

3.5 不同作物生育动态与咸水灌溉水质的关系

经过两年的灌溉试验,不同作物用6种不同水质的水灌溉,其生长发育动态见表3。

表3 作物生育动态记录统计表

处理		玉米	油葵	春小麦	大麦	苜蓿
黄河淡水	M	○	○	○	○	○
	B	○	○	○	○	○
	G	○	○	○	○	○
1.0 g/L	M	○	○	◿	◿	○
	B	○	○	○	○	○
	G	○	○	○	○	○
1.5 g/L	M	○	○	◿	◿	○
	B	○	○	○	○	○
	G	○	○	○	○	○

续表 3

处理		玉米	油葵	春小麦	大麦	苜蓿
2.0 g/L	M	○	○	△	△	○
	B	○	○	X_1	○	○
	G	○	○	○	○	○
2.5 g/L	M	○	○	△	△	○
	B	○	○	X_1	○	○
	G	○	○	○	○	○
3.0 g/L	M	○	○	△	△	○
	B	X_1	○	X_2	○	○
	G	○	○	○	○	○

注:M—苗期;B—拔节孕穗期;G—灌浆成熟期。○—生长发育正常;△—生长发育健壮;X—受抑制;1—部分株叶尖发黄变干;2—几乎所有植株都出现叶尖变干现象,下层叶片变黄、枯萎。

由表 3 知,油葵、大麦三种作物用不同矿化度(3.0 g/L 以下)的水灌溉都能够安全生长,其生长发育不受影响。春小麦利用 2.0 g/L 的水灌溉,在拔节孕穗期就出现受抑制的现象,出现部分植株叶尖发黄变干现象,利用 3.0 g/L 的水灌溉,不但植株出现叶尖发黄变干现象,而且其下层叶片也变黄枯萎。玉米利用 3.0 g/L 的水灌溉,在拔节孕穗期才开始出现受抑制现象,部分植株叶尖发黄变干。春小麦、玉米在苗期、灌浆成熟期用 3.0 g/L 的水灌溉,其生长表现均正常,说明拔节孕穗期是作物生长发育需水高峰期,作物对灌溉水的水质最敏感。春小麦、大麦在苗期利用 3.0 g/L 的水灌溉,其植株生长表现比黄河淡水灌溉下的植株生长更为旺盛、更为健壮,表现出一定的喜盐特性。

作物生育阶段不同对咸水的适应性不同,进行咸水灌溉应根据不同作物的生育关键期(需水敏感期)实行安全的咸水灌溉技术,才能使作物正常生长发育而不受危害。在苗期、灌浆成熟期采用较高矿化度的水灌溉,在拔节孕穗期采用较低矿化度的水灌溉,且尽可能保证这一时期用淡水灌溉。

4　结论

(1)玉米、油葵、春小麦、大麦利用矿化度为 3.0 g/L 以下的咸水灌溉能够安全生长。春小麦在拔节孕穗期利用 2.0 g/L 以上的水灌溉,从其生育动态上看有不适反应,玉米在拔节孕穗期利用 3.0 g/L 的水灌溉,从其生育动态上看有不适反应。从不同试验作物产量因素上看,春小麦、玉米利用 2.0 g/L 的水灌溉,其亩产量开始出现较大降幅,比黄河淡水处理亩减产 8.0%、5.3% ~ 7.7%;油葵、大麦利用 2.5 g/L 的水灌溉,其亩产开始出现较大降幅,比黄河淡水处理分别减产 7.4% ~ 8.4%、6.2% ~ 9.3%。因此,春小麦、玉米安全丰产的灌溉水矿化度指标为 2.0 g/L 以下,油葵、大麦安全丰产的灌溉水矿化度指标为 2.5 g/L 以下。

(2)从咸水灌溉与土壤积盐的关系看,土壤积盐情况会因灌溉水的矿化度增高而升高。通过冬水淡水洗盐,土壤 0 ~ 20 cm 层脱盐,第二年春季,土壤消融后,由于是低矿化度水灌溉,灌溉带入土壤的盐分少,基本不存在返盐现象。

(3)在固海灌区,针对当地 4 种主要作物(玉米、油葵、春小麦、大麦)进行咸水灌溉,灌溉前,要根据不同作物、作物不同生育阶段对咸水的适应性,采用黄河水与地表咸水混合掺灌,且应根据不同的水源状况,作物品种在进行效益核算的基础上,采用不同的灌水技术,玉米、春小麦在拔节孕穗期争取多灌一次,且灌水时间间隔不宜太长,尽可能保证这一时期用淡水灌溉。

(4)作物在生育期采用咸水灌溉,会引起土壤盐分不同程度的积累,影响作物的生长发育、产量性状,当作物经过一个生育周期的咸水灌溉后,结合冬灌,采用淡水轮灌进行土壤洗盐,耕作层土壤脱盐效果十分明显,脱盐与积盐水平接近平衡状态。

(5)在没有淡水资源的情况下,4 种作物可以利用 3.0 g/L 以下的咸水灌溉,且能获得较高产量。在淡水资源不足的情况下,4 种作物在不超过其安全丰产的矿化度水质指标条件下,可以充分进行咸水与黄河水掺混灌溉,当灌溉引起土壤积盐时,冬灌采用黄河淡水轮灌洗盐,可以收到很好的效果。

作者简介:陈鸿(1969—),男,高级农艺师,固海扬水管理处灌溉试验站。联系地址:宁夏中宁县固海扬水管理处。E-mail:nxghch@163.com。

国际分会场

A Flood Reduction Master Plan Study in Canada

Jinhui Jeanne Huang *

Canadian Society for Civil Engineering

Abstract: In July of 2004, a city with population about 116,000 in south Ontario experienced severe flooding, which caused a flood damages in excess of $100 million in direct physical damages to private and public property. A flood reduction master plan study was conducted in order to achieve higher level of protection over the long term. This study is designed to address two types of flooding situations which have occurred in the past or may occur in the future. The framework of a Municipal Class Environmental Assessment was applied during the study. This is appropriate not only because it provides a basis for approvals for any specific recommended projects but also because it addresses the problem in a multi – objective, ecosystem based way. This provides opportunities to not only avoid potential environmental impacts but to develop projects which integrate environmental restoration and enhancement. Examples could include the use of "natural channel design" where channel improvements are recommended, the provision of fish passage where culvert improvements/enlargements are required and use of artificial wetlands to provide runoff storage. This paper described a procedure to do the flood reduction master plan in Canada.

Key words: Flood Reduction, Master Plan, Watershed Management, Environmental Assessment

1 Introduction

1.1 Background

In July 2004, a city in south Ontario experienced severe flooding as a result of an extreme rainfall event which centred on the downtown area. A total of 250 mm rainfall was poured into the city over 40 hours. Flood damage was reportedly in excess of $100 million in direct physical damages to private and public property. In addition, the city suffered indirect damages such as disruption in residential living conditions, loss of business, and loss of wages or income.

In the aftermath of the July 2004 storm, it was recognized that measures would be needed to upgrade the level of flood protection. The first step was to complete a city – wide Flood Reduction Master Plan which examined the problem in a comprehensive way and recommended a series of actions to achieve higher levels of protection over the long term. A key recommendation was the need to complete detailed Flood Reduction Studies covering all the watercourses within the City's boundaries. These studies are designed to:

· Identify the severity and frequency of flooding and associated damages;

· Identify and assess alternative, cost – effective solutions which can be implemented to alleviate existing problems and prevent problems from future development;

　　· Assess and rank solutions in terms of flood reduction, erosion and water quality effectiveness.

　　The study area is one of seven study areas for the flood reduction master plan. It is located on the eastern boundary of the City and consists of three distinct sub-basins; South Basin, North Basin and an unnamed tributary. The entire study watershed covers area of 86.08 km^2 (see Fig. 1 for the general location). The majority of the land within the city boundary is either developed or in the process of being developed.

Table 1　Watersheds discretization summary

Watershed	Total watershed area (hm^2)	No. of subwatersheds	Average catchment size (hm^2)
North Basin	505	4	126
South Basin	8100	26	311
Unnamed Tributary	18	1	18

　　The study is designed to address two types of flooding situations which may have occurred in the past or may occur in the future. The first case is water course related, i.e. inadequacies in the capacity of the creek channels or culvert crossings which cause flooding to adjacent areas. The second case is more localized flooding resulting from inadequacies in the storm sewer systems or local roadways/ditches, i.e. lack of capacity for relatively frequent events. Both types of flooding were investigated during the study and appropriate solutions are recommended where appropriate.

　　The study was conducted within the framework of a Municipal Class Environmental Assessment. This is appropriate not only because it provides a basis for approvals for any specific recommended projects but also because it addresses the problem in a multi-objective, ecosystem based way. This provides opportunities to not only avoid potential environmental impacts but to develop projects which integrate environmental restoration and enhancement. Examples could include the use of "natural channel design" where channel improvements are recommended, the provision of fish passage where culvert improvements/enlargements are required and use of artificial wetlands to provide runoff storage.

　　This study investigated the existing conditions and level of flood vulnerability within the study area. Subsequently, any measures required to improve the level of flood protection will be identified and assessed. As noted, the project was based upon detailed technical studies and consultation with the public, relevant agencies and other stakeholders through the Class Environmental Assessment process.

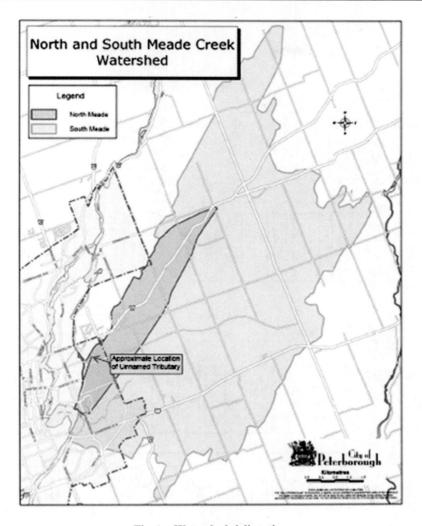

Fig. 1 Watershed delineation

1. 2 Class environmental assessment process

This study has been prepared within the framework of the Class Environmental Assessment according to the Municipal Engineers Association (MEA) Municipal Class Environmental Assessment (June 2000). The Class EA document has been accepted and approved under the Environmental Assessment Act. The Municipal Class EA process is generally undertaken in five phases (see Fig. 2) as follows:

- Phase 1 – identification of the problem or opportunity;
- Phase 2 – identification of alternative solutions;
- Phase 3 – preparation of alternative design concepts for preferred solution;
- Phase 4 – preparation of the Environmental Study Report or Master Plan Report;
- Phase 5 – implementation.

The Master Plan process involves a minimum of two mandatory points of contact with the

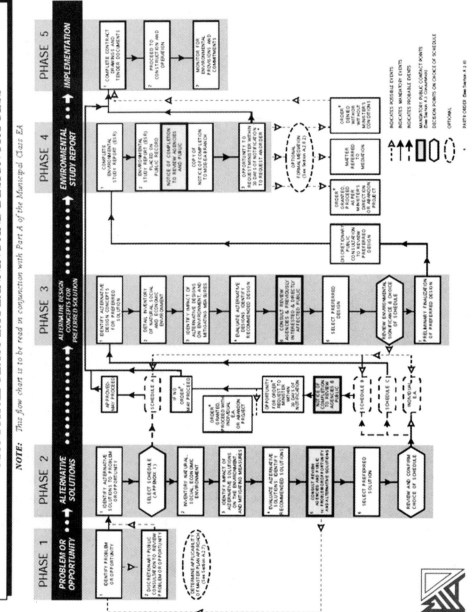

Fig. 2　Schematic showing municipal class ea process

directly involved public and relevant review agencies to ensure they are aware of the project and that their concerns are addressed. The process requires that a project file be prepared and submitted for review by the public at the end of Phase 2. If outstanding concerns do not emerge from this review, the municipality may proceed to implementation (subject to any additional EA requirements). If the review process raises a concern that cannot be resolved, the opportunity to request a Part Ⅱ order to "bump up" of the Class EA to an Individual EA is available at the point when individual projects identified within the Plan are implemented. It is not possible to request a Part Ⅱ order for a Master Plan itself.

As part of the current study, the following EA activities were completed:

Issuance of Notice of Commencement

A Notice of Commencement was issued in the local media and by direct mailing to appropriate agencies, NGOs and other potential stakeholders. Documentation of these actions and comments received is provided in Appendix B.

Public Information Centre No. 1

Depending on the nature of the project, review agencies and the public may be consulted as part of Phase 1. As part of this Class EA, a Public Information Centre/Meeting was held at the beginning of the process (November 25, 2008) to introduce the public to the study, to request information on flooding issues and solicit their input into the problem definition.

Public Information Centre No. 2 – to be completed at end of Phase 2.

Technical Advisory Committee (TAC)

A Technical Advisory Committee was formed by the City to guide the direction of the study and provide input from agency and public stakeholders. The Technical Advisory Committee (TAC) consisted of representatives of various departments of the City, the County, the Conservation Authority (CA), the Ministry of Natural Resources (MNR), and the Department of Fisheries and Oceans Canada (DFO).

2　Data and methodology

2.1　Data

Data from Environment Canada's radar was calibrated with the available rain gauge data to adequately define the areal extent, magnitude, duration and frequency of the storm event. The data revealed a concentrated and concentric accumulation of rainfall of approximately 15 km in diameter that encompassed the entire urban area of the City, which received about 90 mm to 200 mm of precipitation over the duration of the entire event. Rainfall accumulations were largest in the eastern – most portion of the city while the rural areas to the south, south – west and west of the City received lesser amounts of rain ranging between 40 mm to 90 mm. The maximum intensities observed by the radar vary from 40 mm/hr to 95 mm/hr over the City while 10 mm/hr to 40 mm/hr, in the rural areas within the study area. The statistical analysis indicated that all areas within the City were subjected to rainfall with a return period over 100 years. The rainfall hyetograph in ten minute intervals with the entire duration of 42 hours is shown in Fig. 3. This rainfall hyetograph was used to simulate the response of the Creek and the local drainage areas to the July 2004 storm.

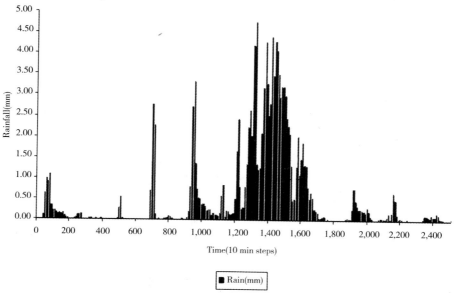

Fig. 3　Rainfall July 14/15, 2004

An analysis of the soil moisture conditions immediately preceding the storm was also carried out to assess the potential ground-level impacts of the storm event. The analysis indicated that the antecedent soil moisture conditions prior to the July 14/15, 2004 storm could be characterized as generally normal and average across most of the study area for this time of year.

The purpose of the current study was to develop a Detailed Flood Reduction Plan for the study area based upon a technical analysis of flood vulnerability and potential remedial measures in an environmental assessment framework.

2.2　Identification of the problem

There is a long history of flooding in certain areas of the City. The natural physiography of the area and the historical evolution of the City have resulted in situations where the both the natural and man-made drainage systems are unable to safely convey storm runoff during extreme events. The storm of July 2004 was a dramatic example of this situation where extensive flood damages occurred throughout the City. Flooding occurred for several reasons:

(1) Water courses overflowed and flooded adjacent lands;

(2) Water courses overflowed and spilled flow down the "line of least resistance" flooding properties in its path;

(3) Storm sewers surcharged and flow went down available overland flow routes flooding properties in its path;

(4) Storm and/or sanitary sewers backed up into the basements of properties connected to

them.

The problems identified above may be presented as varying degrees within the study area. Defining the magnitude of specific problems was part of the investigations completed during the current study. However, the general problem statement can be stated as: "What are the preferred methods of providing current and future residents of the study area with a satisfactory level of protection from the negative impacts of flooding in an environmentally acceptable manner".

2.3   Research methodology

As stated before, this study was designed to address two types of flooding situations, one is water course related, i. e. inadequacies in the capacity of the creek channel or culvert crossings which cause flooding to adjacent areas; and another one is more localized flooding resulting from inadequacies in the storm sewer systems or local roadways/ditches, i. e. lack of capacity for relatively frequent events. These two cases required different approaches to be used in their analysis of flood vulnerability.

For the first case, which applies to North/South Basins, a Visual OTTHYMO hydrologic model was developed to estimate flows in the creeks for extreme storm events. These were then used in a HEC – RAS hydraulic model to calculate corresponding flood water levels.

In the second case, a more detailed analysis of the internal drainage systems was required for both the North and South Basins within the city boundary and a sub – division area located at Naish Road within North Basin boundary. An OTTSWMM model was used to simulate flows in both the sewer pipes (minor system) and along the streets and any other swales, channels, etc. (major system) for the extreme events of interest. For a sub – division without storm sewer system (minor system) capturing the major flows along the streets, a Visual OTTHYMO hydrologic model was used to estimate the total runoff first, and a HEC – RAS model to simulate water levels in the existing ditches and culvert crossings.

3   Results and discussion

3.1   General

The watershed parameters for the hydrologic models were derived from the DTM, aerial photographs and soils mapping. The SCS Curve Number method was used to model the rainfall – runoff relationship for the watersheds. The runoff curve number is a function of the soil type, land – use and Antecedent Moisture Conditions (AMC).

Model verification consisted of simulating the flows from a measured rainfall event from the monitoring period and comparing the results with measured flows in the creek. The event selected started at about 05:45 PM on June 5, 2008 with the peak intensity of 105.6 mm/hr (5 minutes time interval) occurring at 12:30 AM on June 6, 2008, and ending at 12:55 AM on June 6, 2008. According to the rainfall gauge located at City Hall, about 40.4 mm of rainfall fell in about 7 hours. This is approximately a 1 in 2 year rainfall for that duration. The results of the simulation of the calibration event are summarized in Table 2.

Table 2   Comparison of observed and calibrated flows for june 5 to june 6, 2008 event

Location	Rainfall (mm)	Observed flow with base flow substructed (m³/s)	Calibrated flow (m³/s)
North Basin Downstream	40.4	1.90	1.91
South Basin Downstream	40.4	8.24	8.56

3.2   HEC – RAS model

HEC – GeoRAS extension in ArcGIS computer program was used to establish a complete HEC – RAS model for both North and South Creek from the provincial Digital Elevation Model (DEM) with a high resolution (10 meter) raster data set. This DEM data provides better resolution than those based on Ontario Base Map (OBM). A total number of 50 cross sections with 3 tributaries were included in North Creek model. For South Creek model, a total number of 66 cross sections with 5 tributaries were created to properly represent current creek conditions. The low flow profiles of these cross sections have been adjusted based on detailed field surveys of the low flow channel. The survey also confirmed the geometry data of the existing culverts which were included in the updated HEC – RAS model. The starting water levels as downstream boundary conditions required for the hydraulic analysis were setup according with the yearly mean water levels at downstream lake.

3.3   OTTSWMM model

There are nine (9) main local storm sewer systems within the study area boundary servicing a total urban area of approximately 93 hm² draining to the study creek. Each of these was modelled using the OTTSWMM model. This tool has the ability to calculate both "major" and "minor" system flows based upon a description of the drainage areas, street layout/width and storm sewer systems. The "major" system flows are those which travel overland along the streets, over parking lots, down grassed channels, etc. The "minor" system flows are those which are contained in the sewer pipes. The model uses a hydraulic description of the catch basins in the system to determine how much of the flow is actually "captured" by the sewer system and how much remains on the streets, etc. This allows the analysis of whether the pipes are full and the water depth on the streets as well as if there are other overland flow routes throughout the system.

3.4   Model calibration and verification

Model verification consisted of simulating the flows from three measured rainfall events during the monitoring period and comparing the results with measured flows at the outlet from the storm sewer system. The events selected were the three largest recorded flows in May to June in 2008. They included the same event as used for the OTTHYMO model i. e. a storm which occurred at about 10:50 PM on June 5, 2008. As previously discussed, it was approximately a 1 in 2 year rainfall for its three hour duration. Hence this was a significant event for the model verification. At the sewer system outlet, the flows are 1.38 m^3/s, 0.86 m^3/s and 0.52 m^3/s, for the three events, respectively.

Table 3 compares the observed and simulated peak flows for the three events. As indicated, the modelled and observed results agree well and the model can be considered to be an accurate representation of the system. As with the OTTHYMO model, the model parameters adopted for design simulations were those originally estimated from the physiographic data. Since the other systems in the study area are within close proximity of the verified area and have similar characteristics, it was concluded that OTTSWMM models developed using similar parameters and procedures would also be satisfactory representations of those systems.

Table 3　Comparison of observed and simulated peak flows ottswmm

Date of event	Observed rainfall (City Hall) (mm)	Observed peak flow (m^3/s)	Simulated peak flow (m^3/s)
June 5, 2008 ~ June 6, 2008	33.2	1.38	1.51
June 9, 2008	11.2	0.86	0.67
June 22, 2008	13.04	0.52	0.61

The rainfall of July 2004 storm was applied to the OTTHYMO hydrologic model to estimate the runoff from study drainage area. Table 3 shows the calculated peak flows at different flow locations along the Creek for the six volumes based events with the 12 hour AES distribution. The final member of the specified event volume rainfall set was the 193 mm storm. This is the Regional Storm for the Peterborough area known as the Timmins Storm. It was simulated using the Visual OTTHYMO model by applying the areal adjustment factors for the total rainfall amount and modifying catchment CN values based on saturated Antecedent Moisture Condition (AMC Ⅲ).

3.5　Flood reduction master plan

The Study identified a range of options which could be applied to address these problems. It includes a Master Plan, to determine which solutions to apply, to which systems, and in which parts of the City. Priorities established were as follows:

　　· Preventing basement flooding from sanitary sewage as a priority;

　　· Urgent drainage system attention for four catchments: Jackson, Curtis, Byersville/Harper, and Riverview.

The Master Plan maps out the broad steps to reduce flooding damage in the City and outlines the short term activities required to begin the process. The analysis undertaken as part of the Master Plan indicates that the City is currently at risk of damage in the event of future storms. The Action Plan derived from the Master Plan Study provides the broad steps to reduce flooding damages. Important next steps identified were: prepare a detailed implementation plan, including amounts / sources of funding and other resources; prepare detailed terms of references for the most urgent action steps. The current study was one of the recommended actions included in the Action Plan.

In addition to the Action Plan, the report recommended continuation of the Technical Committee and Citizens Advisory Panel to advise, monitor and report on progress and performance, in addition to providing input on public consultation. It also recommended that certain key parameters be monitored and reported to demonstrate progress in implementing the Plan.

3.6　Return period events for flood damage estimation

For the purpose of estimating average annual flood damages, it is necessary to calculate flood damages for events with a known probability. To facilitate this, flows and water levels must be calculated for events of known probability (or equivalently return period). Hence a series of rainfalls with return periods of 1 in 2 years, 1 in 5 years, 1 in 10 years, 1 in 25 years, 1 in 50 years and 1 in 100 years were required. The rainfall volumes for these events were derived from the Intensity – Duration – Frequency (IDF) curves from the Peterborough Airport since it has the longest period of record in the area. Table 4 shows the total rainfall amounts (mm) for 1 – and 12 – hour durations for the noted return periods. In order to simulate the required hydrographs with the hydrologic models described earlier, a hyeotograph (volume – time distribution) was required for each event. As in the case of the volume events discussed above, the "AES distribution" was used for both the one and twelve hour distribution. The 1 in 100 year 1 – hour and 12 – hour storms are shown on Figure 4.12 and 4.13 respectively. Due to the relatively small drainage area, short duration storms (1 – hr) were used for analysis local drainage systems. The actual rainfall amounts used for each storm are tabulated in Appendix K.

Table 4　Total rainfall volumes for 1 hour and 12 hour storms(petrborough airport)

Return period	12 hour volume (mm)	1 hour volume (mm)
2 Year	48.1	22.2
5 Year	62.7	30.4
10 Year	72.4	35.8
25 Year	84.7	42.6
50 Year	93.7	47.6
100 Year	102.8	52.6

As already discussed in Section 3.5, the design storms with 12 hour duration were implemented in the OTTHYMO hydrology model to generate more conservative flows for the watershed with a relatively large drainage area (86 km^2 in this case). Hence these flows were adopted as the "design flows" for the return period events for the study watershed. Table 5 shows the resulting peak flows for the six return period events (1 in 2 year to 1 in 100 year) for the 12 hour AES storm distribution at the locations on the creek indicated on Figure 4.15.

Table 5　Peak flows for meade creek for 12 hour aes return period storms

Flow points #	FP1	FP2	FP3	FP4	FP5	FP6	FP7	FP8	FP9	FP10
VO2 Model Node #	1266	3023	1263	3019	3020	1253	586	569	546	3024
Drainage Area (m^2)	8,100	7,926	1,290	2,685	5,028	3,738	8,100	7,926	1,290	2,541
2 – Year 12 – Hour AES Peak Flows (m^3/s)	10.5	10.3	2.5	2.8	7.7	5.9	1.4	0.4	0.5	3.2
5 – Year 12 – Hour AES Peak Flows (m^3/s)	19.5	19.2	4.6	5.6	14.2	10.6	2.5	0.7	0.8	6.3
10 – Year 12 – Hour AES Peak Flows (m^3/s)	27.0	26.6	6.8	8.1	19.2	14.3	3.2	0.9	1.1	9.5
25 – Year 12 – Hour AES Peak Flows (m^3/s)	38.5	38.1	9.2	11.9	27.4	19.4	4.3	1.2	1.4	13.0
50 – Year 12 – Hour AES Peak Flows (m^3/s)	46.4	46.0	11.2	14.6	32.2	22.6	5.2	1.4	1.7	15.8
100 – Year 12 – Hour AES Peak Flows (m^3/s)	56.9	56.3	13.2	17.5	40.0	28.4	6.1	1.7	2.0	18.8

The calculated peak flows were input to the HEC – RAS model of the study to calculate the corresponding water levels.

3.7　Flood damage estimation

One of the factors considered in deciding whether to proceed with flood protection measures for flood vulnerable areas is the economics of the project. Generally, a benefit – cost analysis is completed to evaluate whether the dollar value flood damages prevented by flood protection exceeds the capital and operating costs of the project. Many other factors must be considered such as environmental issues and social issues but the benefit – cost relationship is generally an important decision factor.

To estimate the benefit side of the "equation", a method of assessing the dollar value of flood damages must be identified and applied. The result is generally a value known as the Present Value (PV) of the Average Annual Flood Damages (AAFD). It can be directly compared with the sum of the capital cost and present worth of operation/maintenance of any protection works. The approach used to estimate the PV of the AAFD is generally as follows:

(1) The extent of flooding is identified for different return periods (e.g. 1 in 2 year, 1 in

5 year, 1 in 10 year, 1 in 25 year, 1 in 50 year and 1 in 100 year).

(2) Any assets affected by the flooding are identified for each return period and an estimate of the $ damages which each would suffer under those conditions is assessed. Generally more assets will be affected by larger events. Hence the $ damages will increase with the return period of the event.

(3) The AAFD is calculated by weighting the estimated damage for each return period by its probability of occurrence, e. g. using the six return periods noted above, the AAFD would be:

$$AAFD = 0.5D_2 + 0.2D_5 + 0.1D_{10} + 0.04D_{25} + 0.02D_{50} + 0.01D_{100}$$

where D_n is the $ damage associated with the return period n and the weighting factors 0.5, 0.2, 0.1, etc. are the inverse of the return period, e. g. 1/2, 1/5, 1/10, etc.

4　The present value is calculated using an accounting formula which converts an infinite stream of annual values to a present worth using a discount factor

It is worth noting that in calculating the $AAFD$, less frequent events have relatively little impact on the total since their weighting is so small compared to more frequent events. For example, any damages occurring for a 100 year storm have one 50th of the weight for damages from a 2 year event. This means that it is not necessary to evaluate higher return period events (e. g. 1 in 200 year or 1 in 500 year) since they do not materially affect the AAFD.

In theory, it was intended to apply the procedure described to each flood vulnerable area within the study area to assess the economic benefits of providing flood protection for these locations. In practice, this was only necessary in a few cases as most locations suffered no tangible damages or did so only for return periods greater than 1 in 100 years.

There is a total of seven locations that have been identified as potential flood vulnerable areas. These areas include five locations within the local drainage system of the Meade Creek study area, one location near Naish Road local drainage area and one location related to flooding directly from the Meade Creek watercourse. The following sections discuss the detailed flood damage estimation for these 7 potential flooding locations.

5　Phase 2 – evaluation of flood pro tection options

Alternative ways to address flood remediation including the "base" option of do – nothing are evaluated. Where appropriate, environmental and social factors are discussed before providing a recommended "preferred alternative" for consideration by the City and the public.

The areas of flood vulnerability at each location are identified in this study. The causes of flooding are investigated as well. They include the followings:

(1) Low point with insufficient inlet and sewer capacity;

(2) No overland flow outlet from the low point other than by spilling over the private property;

(3) Ponding areas;

(4) Lack of catchbasins to capture the flow;

(5) Restricted outlet structure;

(6) No designed overland flow route exists to convey the accumulated flow to the creek.

The recommended options include the followings:

(1) Intercept flows and transmit them safely to an existing outlet.

(2) Construct overland flow route.

(3) Add additional catchbasins upstream of the outlet pipe to allow the ponded water to enter the storm sewer more quickly.

(4) Create a "curb – cut" at the low point at the corner and build a 50 long major flow route, e. g. swale, to the receiving water body.

(5) Control inflows to the sewer system at certain points to reduce flows in the system to more closely match its capacity, namely to adopt the concept of integrated stormwater management. Integrated stormwater management refers to the use of a variety of techniques designed to control storm runoff to mitigate its potential negative impacts such as flooding, degradation of water quality, channel erosion and damage to the ecological health of natural systems. The techniques available are generally either designed to temporarily store runoff to reduce its rate of flow and allow settling of suspended particles or to reduce its volume by allowing it to soak into the ground or evaporate.

(6) Construct a parallel storm sewer system with a major flow collection.

(7) Re – grade the road in order to direct the major flow.

Based upon the evaluation of flood vulnerability and evaluation of flood protection options, the following actions are recommended:

(1) The City should consider implementing the alternative (increased inlet capacity and parallel sewer to capture 1 in 100 year storm flow and create overland flow route to convey major flow to the creek) to reduce the frequency of flooding at Walker Avenue between Bramble Road and Meadowview Road. This is the highest priority flood vulnerable area in the Meade Creek study area.

(2) The City should review the potential flood remedial works discussed for the other six flood vulnerable areas in the context of the overall City priorities and determine whether implementing them is justified. These are all essentially cases of nuisance flooding which could be reduced by implementing the measures discussed.

(3) Given the existence of this document as a Master Plan under the Municipal Class EA (2000), the lack of environment impacts of any of the suggested projects and their limited scale/scope, it should be feasible to implement them without further EA process.

Analysis on Runoff Changes and their Causes in the Upper Yangtze River Basin

Miaolin Wang[1,2] *and Jun Xia*[2]

1. Upper Yangtze River Survey Bureau of Hydrology & Water Resources, Bureau of Hydrology, Changjiang Water Resources Commission, Chongqing, 400014, China
2. Key Laboratory of Water Cycle & Related Land Surface Processes, Institute of Geographic Sciences and Natural Resources Research, Beijing, 100010, and Graduate School of the Chinese Academy of Science, Beijing, 100039, China

Abstract: The Yangtze River from the source regions to the Yichang station is called as the upper Yangtze River. Its area is about one million square kilometres. The runoff changes at sixteen main control stations in the upper reaches of Yangtze River basin were analyzed firstly. The results show that except in the Jinsha River basin, the runoff in the other basin decreased more or less. Among them, the runoff in the Minjiang River, Hengjiang River, Tuojiang River and Jialing River decreased significantly. The runoff at the Cuntan station increased before 1968, but decreased significantly after 1993. A large scale distributed monthly water balance model was developed and applied in the upper Yangtze River. The model was used to evaluate the impacts of climate change and human activities on the changes of runoff generation in the upper Yangtze River basin and to explore the causes of runoff change. The runoff at the Cuntan station of Yangtze River decreased significantly since 1993 and climate change was the main factor that the contribution rate of climate change was 71.43%. Meanwhile, it was need paid attention to that the runoff in the Minjiang and Jialing River basin decreased obviously and the contribution of human activities to runoff change reaches to about a half. It was related to the intense human activities in those areas. Human activities will most probably play a dominant role in influencing the discharge of the Minjiang and Jialing River basin.

Key Words: hydrology and water resources, distributed monthly water balance model, runoff change, human activities, climate change, the upper Yangtze River

1　Introduction

The Yangtze River (Changjiang) is the largest river in China and often called the equator of China. The river from the source regions to the Yichang station is called as the upper Yangtze River. Its area is about one million square kilometres. The main tributaries of the upper Yangtze River include Jinsha River, Minjiang River, Tuojiang River, Jialing River and Wujiang River etc. The runoff amount of the upper Yangtze River occupies 47% of the total amount of the Yangtze River basin.

The previous studies on runoff changes of the Yangtze River basin mainly focused on the Yichang station in the upper Yangtze River and Datong station in the lower Yangtze River. The coincident conclusion is that the runoff at Yichang station decreased and runoff at Datong station increased (Chen et al, 2001; Xiong & Guo, 2004; Wang et al, 2005; Jiang et al, 2005; Yang et al, 2005). Other conclusion was that the runoff at the Zhimenda station in the original area of Yangtze River decreased (Xie et al, 2003; Li et al, 2004) and the runoff at the Pingshan station of the upper Yangtze River increased (Wang et al, 2005).

The objectives of this paper are to analyze the runoff changes of the upper Yangtze River basin and their causes: (1) to detect the changing trend of runoff of major stations along the main stream and the major tributaries in the upper Yangtze River basin; (2) to develop a large scale distributed monthly water balance model; (3) to explore and discuss the possible influences of human activities and climatic variability on runoff in the upper Yangtze River basin.

2 Runoff changes in the upper Yangtze River basin

According to water resources engineering and hydrologic stations distribution, 13 main control stations in the upper reaches of Yangtze River basin were selected (see Table 1).

The runoff changes were analyzed by the Mann – Kendall statistical test methods. The rank – based non – parametric Mann – Kendall statistical test has been commonly used for trend detection (Yue et al, 2002) due to its robustness for non – normally distributed and censored data, which are frequently encountered in hydro – climatic time series. This method defines the test statistic M as:

$$M = S/\sigma_s \tag{1}$$

with,

$$S = \sum_{i=1}^{n-1} \sum_{j=i+1}^{n} \text{sgn}(x_j - x_i) \tag{2}$$

and

$$\sigma_s^2 = \frac{n(n-1)(2n+5) - \sum_{i=1}^{n} t_i i(i-1)(2i+5)}{18} \tag{3}$$

where n is the data record length, x_j and x_i are the sequential data values. The function $\text{sgn}(x)$ is defined as:

$$\text{sgn}(x) = \begin{cases} 1 & if\ x > 0 \\ 0 & if\ x = 0 \\ -1 & if\ x < 0 \end{cases} \tag{4}$$

Equation (3) gives the standard deviation of S with the correction for ties in data with t_i denoting the number of ties of extent i. The null hypothesis of an upward or downward trend in the data cannot be rejected at the significance level if $|M| > u_{1-\alpha/2}$, where $u_{1-\alpha/2}$ is the $1-\alpha/2$

quantile of the standard normal distribution (Kendall, 1975). A positive M indicates an increasing trend in the time series, while a negative M indicates a decreasing trend.

Table 1 show the analysis results of runoff changing trend of 13 stations. The results show that except the runoff in the Jinsha River basin increased slightly, the runoff in the other river decreased more or less. Among them, the runoff at the Gaochang station on the Minjiang River; Hengjiang station on the Hengjiang River; Lijiawan station on the Tuojiang River; Xiaoheba, Wusheng and Beibei station on the Jialing River decreased significantly. And the runoff at the Cuntan station, one of the control stations of the upper Yangtze River decreased slightly.

Fig. 1 show the annual mean flow series at Beibei station on the Jialing River. It was found that the annual mean flow at Beibei station show a significant decreasing trend. Further, through the analysis on the accumulated deviation from the mean runoff, it was found that the runoff at Gaochang, Beibei and Cuntan station increased before 1968, but decreased significantly after 1993 (see Fig. 2).

Table 1　Runoff changes

Station	Basin	Area (km^2)	Range	M	Changing trend
Shigu	Jinsha River	232,651	1956 ~ 2006	1.172	↑
Panzhihua		284,540	1965 ~ 2006	1.864	↑
Pingshan		465,099	1950 ~ 2006	1.077	↑
Gaochang	Minjiang River	135,378	1950 ~ 2006	− 2.629	↓ *
Hengjiang	Hengjiang River	14,781	1964 ~ 2006	− 3.717	↓ *
Lijiawan	Tuojiang River	19,613	1952 ~ 2000	− 2.400	↓ *
Xiaoheba	Jialing River	29,420	1952 ~ 2006	− 3.260	↓ *
Luoduxi		38,064	1954 ~ 2006	− 0.884	↓
Wusheng		79,714	1944 ~ 2006	− 3.432	↓ *
Beibei		156,142	1943 ~ 2006	− 2.367	↓ *
Zhutuo	Yangtze River	694,725	1954 – 2006	− 0.343	↓
Cuntan		866,559	1939 ~ 2006	− 0.936	↓
Gongtan	Wujiang River	64,200	1940 – 2006	− 0.710	↓
Wulong		83,035	1952 ~ 2006	− 0.007	↓
Wuxi	Daning River	13,721	1972 ~ 2006	− 1.150	↓
Yichang	Yangtze River	1,005,501	1952 ~ 2004	− 1.081	↓

Note: M: Mann-Kendall test statistic. The sign " ↑ " means an increasing trend, while " ↓ " means a decreasing trend. The sign * means the trend is statistically significant at 10% level.

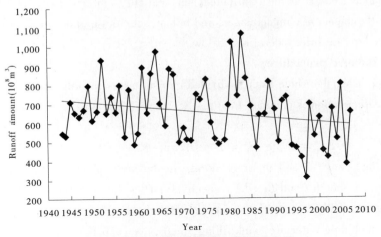

Fig. 1   Runoff hydrograph at Beibei station

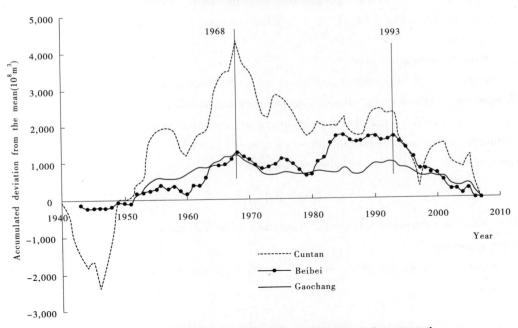

Fig. 2   Residual mass curves of Gaochang, Beibei and Cuntan station

3   Monthly water balance model

Climate change and human activities are expected to alter the timing and magnitude of runoff and soil moisture etc. Quantitative estimates of the hydrological effects of the climate change and human activities are essential for understanding and solving potential water resources problems. The question are, which of the two crucial reasons for runoff changes – climate change and human activities – acted as the leading factor and how much are their contribution? In order to probe this issue, a monthly water balance model was developed. Such a distributed monthly hydrological model, called as the Distributed Time Variant Gain Model (DTVGM), was adopted to analyze the impact of climate change and human activities on the runoff. The model structure and procedure are briefly described below.

3.1　Water balance procedure

In the DTVGM, the whole basin is divided into sub areas according to DEM, and the land use and cover information is obtained from the RS images. The water balance procedure can be expressed as:

$$\Delta S_t = S_{t+1} - S_t = P_t - ETa_t - RS_t - RSS_t - WU_t \tag{5}$$

where ΔS_t is the change of soil moisture storage in the units of mm; S_t and S_{t+1} are the soil moisture storage at month t and $(t+1)$ respectively; P_t is the precipitation; ETa_t is the actual evapotranspiration; RS_t、RSS_t are the surface runoff and subsurface runoff; WU_t is the net water consumption, including water use, sink filling, ineffective evapotranspiration and seepage loss. Normally, due to the difficulty of evaluating the value of WU_t, in the study, this term is included in the computation of ETa, RS and RSS through adjusting the parameter values related to human activities.

3.2　Runoff generation model

In the DTVGM, the rainfall and antecedent soil – moisture content are used to model runoff generation. Analyzing the observations of runoff and soil moisture over several river basins, Xiajun et al. (2005) found that the surface runoff generation coefficient is time – variant, and is a function of the antecedent soil – moisture content. Therefore, the surface runoff (RS_t) generated in a subbasin can be described as follows:

$$RS_t = g_1 \left(\frac{S_t}{SM} \right)^{g_2} \cdot P_t \tag{6}$$

where SM is the saturated soil moisture content; g_1 and g_2 are the parameters in the time – variant gain function.

In the DTVGM, the RSS_t was calculated by a linear storage – outflow relationship (Thompson, 1999):

$$RSS_t = Kr \cdot S_t \tag{7}$$

where Kr is the subsurface runoff generation coefficient.

Then, the total runoff (R_t) generated during the month t is the sum of surface and subsurface runoff in the subbasin:

$$R_t = RS_t + RSS_t \tag{8}$$

3.3　Evapotranspiration model

The actual monthly evapotranspiration, ETa_t, can be calculated by (Xiong and Guo, 2004):

$$ETa_t = Kaw \times EP_t \times \tanh(P_t/EP_t) \tag{9}$$

where EP_t is the monthly potential evapotranspiration, Kaw is the evaporation coefficient.

3.4 Parameters related to the influence of human activities

Intuitively, the impacts of human activities on the terrestrial hydrologic processes can be observed through various aspects of runoff generation, evapotranspiration and soil moisture movements. Consequently, some parameters in the DTVGM will be influenced when such the impacts are considered in the model.

The parameters SM, g_1 and g_2 used in equation (6) are related to surface runoff generation, and their values would be adjusted during modelling the influences of human activities. The other two parameters, Kr in Equation (7) and kaw in the Equation (9) can represent the influences of human activities through manipulating the soil moisture simulation in the model.

4 Analysis on driving forces of runoff changes

The proposed model was used for quantitative estimates of the hydrological effects of the climate change and human activities. Here climate changes mainly include the rainfall and temperature. Human activities are decided by model parameters. According Fig. 2, the runoff process of the upper Yangtze River can be divided into three stages: a) from 1955 to 1968; b) from 1969 to 1992; c) from 1993 to 2001. In this paper, we main compare the runoff from 1955 to 1968 and from 1993 to 2001. The first stage (from 1955 to 1968) was considered as the reference period which human activities were not obvious.

Table 2   Runoff simulation stages

Stage	Range	Number of years	Climate data set	Human activities – related parameter set(HAPS)
I	1955 ~ 1968	14	Data1	Para1
II	1993 ~ 2001	9	Data2	Para2

The proposed model was used for assessing the effects of climate change and human activities as follows: (a) Firstly, the runoff depth, R_0, was calculated by using the human activities – related parameter set (HAPS) Para1 and the climate data set (CDS) Data1; (b) Secondly, the runoff depth, R_1, was calculated by using the human activities Para1 and the climate data Data 2. So the impact of climate change on runoff can be evaluated by comparing R_1 with R_0; (c) Thirdly, the runoff depth, R_2, was calculated by using the human activities Para 2 and the climate data Data1. So the impact of human activities on runoff can be evaluated by comparing R_2 with R_0; (d) Finally, the runoff depth, R_3, was calculated by using the climate data Data 2 and the human activities Para 2. So the impact of climate change and human activities on runoff can be evaluated by comparing R_3 with R_0. And we can divide their contributions to runoff change.

For example, in the Jialing River basin, the human activities – related parameter set in two periods were calibrated and obtained respectively (See Table 3). Through the model calculation, the simulated runoff in stage I was 454 mm and it was defined as the reference value. If keep the human activities not change (Para1) and climate data changed to stage II (Data2), the simulated runoff was 375 mm. It decreased 79 mm compared to the reference value. It occupied 57.66% of total change (137 mm) and so the contribution rate of climate change is 57.66%. If keep the climate data changed not change (Data1) and human activities changed to Para 2, the simulated runoff was 390 mm. It decreased 64 mm compared to the reference runoff and occupied 46.72% of total change (137 mm). So the contribution rate of human activities was 46.72 % (see Table 4).

Table 3　Optimized parameters at different stages for Jialing River basin

HAPS	Parameters					Model efficiency	
	$W\,um$	g_2	g_1	Kaw	kr	$R^2(\%)$	$RE(\%)$
Para1	255	0.161	0.475	1.129	0.290	84.72	2.33
Para2	271	0.114	0.460	1.230	0.129	88.38	1.82

Table 4　Contribution of climate change and human activities to runoff decrease in Jialing River basin

Stage	I	Climate impact	Human influence	II	
Variable and parameter	Data1 Para1	Data2 Para1	Data1 Para2	Data2 Para2	Change
Annual observed runoff (mm)	456			319	−30.04%
Annual simulated runoff (mm)	454	375	390	317	−30.18%
$Diff = Sim - Sim(\mathrm{I})$ (mm)		−79	−64	−137	
Contribution ratio (%)		57.66	46.72	100	

In turn, the contribution of the climate change and human activities to runoff change in 7 areas of the Upper Yangtze River basin were calculated respectively (see Table 5). It was found that the total contribution rates of the climate change and human activities may not equal to 100%. It would be caused by simultaneous changes of the climate change and human activities and the nonlinear features of the DTVGM in simulating runoff (Wang et al, 2006).

Table 5　Contribution of climate change and human activities to runoff change in 7 basins of upper Yangtze River basin

Basin	Jinsha	Minjiang	Tuojiang	Jialing	Wujiang	Cuntan
Runoff change (mm)	13	−60	−165	−137	77	−28
Change percent (%)	4.25	−9.04	−23.84	−30.18	13.32	−6.75
Climate impact (%)	62.90	−55.00	−73.33	−57.66	58.44	−71.43
Human influence (%)	32.77	−48.33	−28.48	−46.72	40.26	−25.00

In short, the runoff at the Cuntan station decreased significantly since 1993 and climate change is the main factor. However, it is need paid attention to that the runoff in the Minjiang and Jialing River basin decreased obviously and the contribution of human activities to runoff change reaches to about a half. It was related to the intense human activities in those areas. The middle and lower reaches of the Minjiang and Jialing River is mostly located in Sichuan Province of China. Sichuan Province is one of the agricultural and industrial centres in China. The population of Sichuan Province in 1952 was about 46 million and in 2000 was about 110 million (including the population of Chongqing City). The population boom and the rapid development of agriculture and industry in those areas greatly increased water consumption. Furthermore, more than 5,000 reservoirs had been built from the 1950s to the 1980s, with total volume capacity of $3,400 \times 10^6$ m^3 in the Jialing River basin (Chen, et al, 2001). These human activities have influenced the water cycle, with strong implications for water resources use. Changes in the water cycle are also linked to changes in biogeochemical cycles. In the future decades, the increasing trend in population and development of economy will continue, and many new reservoirs will be built in the catchments, which will inevitably lead to further decrease in discharge. Human activities will most probably play a dominant role in influencing the discharge of the Minjiang and Jialing River basin.

Acknowledgements: This research was supported by the National Natural Science Foundation of China (No. 40671035).

References

Chen Xiqing, Zong Yongqiang, Zhang Erfeng, etc. Human impacts on the Changjiang (Yangtze) River basin, China, with special reference to the impacts on the dry season water discharges into the sea, Geomorphology, 2001, 41:111-123.

Jiang Tong, Su Buda, Wang Yanjun, etc. Trends of temperature, precipitation and runoff in the Yangtze River basin from 1961 to 2000, Advances in Climate Change Research, 2005, 1(2): 65-68(in Chinese).

Li Lin, Wang Zhenyu, Qin Ningsheng, et al. Analysis of the relationship between runoff amount and its impacting factor in the upper Yangtze River, Journal of Natural Resources, 2004, 19(6): 694-700 (in Chinese).

Thompson, S. A. Hydrology for water management, A. A. Balkema, Rotterdam. 1999, 362pp.

Wang Gangsheng, Xia Jun, Wan Donghui, etc. A distributed monthly water balance model for identifying hydrological response to climate changes and human activities, Journal of Natural Resources, 2006, 21(1): 86-91(in Chinese).

Wang Yanjun, Jiang Tong and Shi Yafeng. Changing trends of climate and runoff over the upper reaches of the Yangtze River from 1961 to 2000, Journal of Glaciology and Geocryology, 2005, 27(5): 709-714(in Chinese).

Xia Jun, Wang Gangsheng, Ye Aizhong, etc. A distributed monthly water balance model for analysing impacts of land cover change on flow regimes, Pedosphere, 2005, 15(6):761-767.

Xie Changwei, Ding Yongjian, Liu Shiyin , etc. Comparison analysis of runoff change in the source regions of the Yangtze and Yellow Rivers, Journal of Glaciology and Geocryology, 2003, 25(4): 414- 422 (in Chinese).

Xiong, L. and Guo, S. Trend test and change – point detection for the annual discharge series of the Yangtze River at the Yichang hydrological station. Hydrological Sciences Journal, 2004, 49(1): 99-112.

Yang S. L., Gao A., Hotz Helenmary M., etc. Trends in annual discharge from the Yangtze River to the sea (1865 ~ 2004). Hydrological Sciences Journal, 2005, 50(5): 825-836.

Yue, S., Pilon, P. and G. Cavadias. Power of the Mann – Kendall and Spearman's rho tests for detecting monotonic trends in hydrological series. Journal of Hydrology, 2002, 259:254-271.

作者简介:王渺林(1975—),男,安徽黄山人,长江水利委员会水文局长江上游水文水资源勘测局,高级工程师,从事水文水资源研究。联系地址:重庆市健康路 4 号长江上游水文局。E-mail:wangmiaolin@ 163. com。

Microcomputer – Based Control and Regulation for Low – Voltage Turbine – Generator Unit

Yin Gang

Hubei Local Hydroelectric Company, 430071

Abstract: Some basic problems, existed in low – voltage turbine – generator units accounting for more than 80% of the total rural hydropower stations, are analyzed. A cost – effective microcomputer – control equipment with perfect function for the low – voltage unit is introduced to provide a new solution, to realize the automation of low – voltage unit station in rural area and speed up the modernization of rural hydropower.

Key words: Low – voltage turbine – generator unit, automation, solution

1 Introduction

In China, about 50,000 rural hydropower stations have been built, 80% of which are 0.4 kV low – voltage unit station. In 2003, Chinese government demanded the overall modernization of rural hydropower industry before 2015. To achieve this goal, it is required to solve the modernization problem of low – voltage unit stations accounting for more than 80% of the total rural hydropower stations.

Since the technical equipment of the low – voltage unit stations falls far behind that of the high – voltage unit stations for a long time, all controls and regulations are manually finished with low automation level, which causes low production efficiency and unstable electric energy quality of low – voltage unit stations and highly – frequent accidents. All these seriously affect the benefits and competitive strength of the stations, even endanger the safety of the people and equipments.

In order to solve these problems once for all, it is very necessary to develop a special digital automatic control and regulation system for the low – voltage turbine – generator units.

2 Basic problems existed in low – voltage unit station

2.1 The safety automation of the hydropower station had been ignored

The development of the safety technology and equipments had fallen behind that of the hydropower station for a long time because of lack of safety automation concept, which made a severe safety situation. In order to reduce the construction cost, the automation control and regulation equipments are too simple with no safety protection for the control cabinet and no safety certification for control equipments. No attention to the frequent incidents involved in equipments and personal security has been fully given.

2.2　Lack of professional and technical personnel

The low – voltage unit stations are mostly built in the remote areas with inconvenient transportation and communication. Because of the bad working and living conditions, it is difficult to keep highly – skilled personnel and therefore the personnel in hydropower stations have generally low skill.

2.3　Frequent and complex start and shut – down operation of units

Since most of the low – voltage unit stations are run – of – river ones, namely it generates electricity when there is water and it stops generating electricity when there is not water, the units are frequently started and shut – downed. The auxiliary equipments and auto – control equipments are very simple, therefore it is impossible to finish the start and shut – down operations by one instruction. The start and shut – down operations are mainly manually done, which very easily causes equipment fault and personnel damage due to misoperation.

2.4　Unsafe synchronization mode

Currently, manual synchronization is achieved by manually – observing the light level and rotating the light or by using synchronoscope, so it has high requirement for technical level and working experience and psychological quality of the operator. Because of simple equipment in these stations, it takes a long time to finish the synchronization with a low synchronization switching rate. It is very easy to cause asynchronization switching, which will damage the main machine and the related equipments. So operators are always scared of it.

2.5　High measurement error

In order to measure the current, voltage, frequency and electrical quantity of the generator, transformer and transmission line, as well as understand the operation of the low – voltage turbine – generator units, the direct – reading instruments are mainly adopted for these units, and the operators operate them according to the instruction from the instrument, for example, the operator will adjust the guide vane opening of the turbine according to the instructions from frequency meter. However, because these instruments have very low measuring precision with rather high error and the operator's visual error, it is very easy to make wrong judgment and improper operation.

2.6　Backward regulating equipment

The auto – regulation of the active and reactive powers is the basic function that a hydropower station should possess. However, in low – voltage turbine – generator station, the excitation is usually manually regulated and active power regulation is conducted by using handwheel or electric manipulator. Even few stations using auto – governor mostly can not work automatically. The backward regulation means not only affects the electricity quality, but also can cause runaway of the unit and over – voltage of the generator, not to mention the unattended operation of the station.

2.7 Unreliable operation power supply

Usually, the low – voltage turbine – generator station is not equipped with DC operation power supply or other backup power supply. Since the power for control and protection of the station is directly supplied from service AC power which comes from the system or directly from generator's bus, it is very unreliable.

2.8 Bad safety of the brake device

In low – voltage turbine – generator unit, hand oil pump brakes are usually used for braking. Many small – sized stations are not equipped with any brake devices, so the shut – down is slowly by the unit itself or braking is carried out by using stick, which can easily cause human injury.

2.9 Unadvanced communication means

The low – voltage turbine – generator stations are mostly connected to the grid by a 10 kV transmission line, there is no special communication equipment for power dispatching; instead, a telephone is adopted as a main communication means, so dispatching instruction is difficult to be sent to the station timely.

2.10 Low affordability

Since the low – voltage turbine – generator stations are mostly built by self – raised funds, their affordability is quite low. According to a research, their acceptable price for a control cabinet and an automatic governor is 30,000 RMB $ per set. In the past, there is no special low priced auto – control and regulation equipment for the low – voltage turbine – generator unit. If the auto – control and regulation equipments from the high voltage unit are used, it will increase the cost greatly. In order to decrease the cost, a great number of the stations use simple control and regulation equipments with low automation level, which causes serious safety problem.

3 Current situation of the automation of the low – voltage turbine – generator unit and governor equipment

Currently, the electromagnetic control devices are mainly adopted for low – voltage turbine – generator stations. Recently, some manufacturers simplified the microcomputer – based control equipment used in the high voltage turbine – generator unit to transplant into the low – voltage turbine – generator unit, and produced several kinds of microcomputer – based auto – control equipment. PLCs are used for the control part and box PC is adopted for the protection. However, since their technique and structure are complex, operator can not easily master them and price is higher, these products are hard to be popularized.

With respect to the governor, in order to reduce the investment, hand wheel or electric manipulator is usually used to adjust the speed in the low – voltage turbine – generator unit. Recently, the hydraulic manipulator with accumulator has been applied. Also in some stations load controllers are used. Only other stations with large installed capacity and good financial ability start to use auto – governors for speed adjustment.

The manual speed adjustment not only takes long time to start units and connect them to the grid, but also it is easy to produce the runaway for the unit and then cause over – voltage for the generator if the operator respond a little lag during the load rejection. Although the electric manipulator partly solves the runaway of the unit under the condition of reliable service power supply, the difficult connection to the grid still exist. Moreover, since the shut down speed is hard to be adjusted, it could cause the water pressure of part penstocks in a power station to be too high. The manipulator with accumulator can safely shut down the unit according to the requirements calculated and accelerate its connection to the grid, but it can not realize the fast connection to the grid and the isolated operation, and price performance ratio is not good. The reliable operation and electric energy quality for the station by using various auto – governors are much better than the above governor manners.

4   The R & D requirements for the digital control equipment of the low – voltage turbine – generator unit

With the improvement of the microcomputer's cost – performance ratio and reliability and with the wide spread of the digital technology, the digital control equipment for low – voltage turbine – generator unit is the R & D direction for the automation of the low – voltage unit. And based on the safety automation concept, it has the following characteristics:

(1) Focus group panel, namely put the heavy current and light current control devices in one integrated panel with protection capability; its core part is a mini – sized and multifunctional intelligent control device.

(2) It has the functions of monitoring, protection, automatic synchronization, speed adjustment, excitation regulation and temperature routing inspection etc.

(3) Automatically operate and regulate according to the preset logic sequence, realizing that one button starts and shut – downs.

(4) Finish real – time collecting, processing and storage of data.

(5) Auto off – limit alarm.

(6) Automatic recording the sequence of the event.

(7) Have a fault recorder function to a certain degree.

(8) Have communication interface.

(9) Equipment fault self – diagnosis can be achieved.

(10) Reliable operation power supply.

In addition, it should be easy to be operated and simple to be maintained, and has a good interchangeability and cost – effectiveness.

5　The introduction of the auto control panel and microcomputer governor for the low – voltage turbine – generator unit

5.1　DZK – series auto control panel for the low – voltage turbine – generator unit

This series control panel is practical and professional equipment developed by using the microelectronics and modern communication technologies and based on the survey and summary of the current situation of the low – voltage turbine – generator stations. It, integrating the monitoring, protection and auto – synchronization functions of the unit, and arranging the generator's circuit brake, isolating switch, transformer and excitation system in one panel, can meet the requirements of basic control, regulation and protection for different kinds of low – voltage turbine – generator units, and realize the integrated arrangement of primary and secondary equipments and the digitalization of secondary equipment. The digital integrated panel for the low – voltage turbine – generator unit not only solves the poor unreliability, bad regulation and low level of safety automation existed in conventional equipment, but also makes it possible to realize the unattended in low – voltage unit station.

This integrated panel is of an all – closed cabinet structure with rather high protection level and easy to be operated. The intelligent control device is of a plug structure with good interchangeability and easy to be maintained; a friendly human – machine interface makes it possible for an operator to operate the machine even with simple training. The good safety automation design makes it possible for no people to manually intervene them during their daily operations and meet the current situation of operators with low quality. A unit needs only one panel, which greatly simplifies the equipment layout; the perfect communication interfaces make it possible to carry out remote management. The proper price reduces the threshold price of equipment purchase.

5.2　DWT series microcomputer governor for the low – voltage turbine – generator

It is especially designed for digital automation system for the low – voltage turbine – generator unit, and has the following functions:

(1) Can manual and automatically start and shut – down the unit and realize the fast connection to the grid; have both remote and local control functions.

(2) The shut – down time is easily adjusted and can be set by the unit's demand.

(3) Simple structure, easy maintenance, stable operation and good regulation performance can meet the requirement of isolated operation.

(4) No need for air replenishment and oil level regulation during its operation.

(5) Have several operation modes of frequency and opening regulation, water level control, etc, which can satisfy the needs of different operating conditions.

(6) Provide oil resource and control valves for brake to realize the auto – braking.

(7) It can be configured with hand pump and start the unit even without power supply.

(8) Provide communication interfaces to realize the communication with the host micro-

computer

As the upgrade product of governor for low – voltage unit, the performance of DWT series microcomputer governor is much better than most of the existing governors and it is rather cheap. The combination of DWT series governor and the integrated digital panel of the low – voltage turbine – generator unit can guarantee the safe and stable operation of the station, and greatly improve the quality of the electric energy and the market competitive ability, which is the best configuration of unattended duty in a low – voltage turbine – generator unit station.

6 New digital automation system for the low – voltage turbine – generator unit

In general, the new automatic control and regulation system for low – voltage unit is consist of the integrated digital panel of low – voltage generator unit, the digital governor of low – voltage unit and the wall – mounted maintenance free DC system (option) to form a complete auto control and regulation system with no human intervention. The system uses modular combination structure and therefore, it is advanced in technology, compact in layout and high in cost – performance ratio. It can radically solve the current situation of the backward automatic technical equipment in low – voltage turbine – generator station.

The new automatic system for the low – voltage turbine – generator unit is not simply the miniaturization of automatic system used in large and middle hydropower station. It is not only clearly in function division, but also considers the layout as a whole. The intelligent control system will finish the tasks such as measuring, operation, regulation; the PC excitation and active regulator will finish the active and inactive power auto regulation work; the servo system of governor with a high oil pressure could not only control the guiding mechanism, but also achieve the auto – braking of the unit; the wall – mounted free – maintenance DC power supply (option) provide reliable DC and AC power supply for the system. Since it realizes the reasonable allocation and the full utilization of technical resources, avoids the repeated collection and calculation of data, and reduces the repeated configuration of hardware, it can improve the performance of equipment and effectively reduce the cost as well.

The new auto control system for low – voltage turbine – generator unit has the functions of digital protection, temperature routing inspection, and auto synchronization, which greatly shorten the time for connecting to the grid. Its governor part can meet the regulation requirement of isolated operation for low – voltage unit, and reaches advanced international level in technology.

As an update product for the low – voltage turbine – generator unit, it not only pays great attention to the operation concept of safety automation for the low – voltage turbine – generator unit, but also considers the price factor affecting the adoption of modern technology, which makes the equipment price of digital integrated panel close to that of the conventional equipment, and makes the price of digital microcomputer governor be much less than that of existing auto governors.

It can be expected that this new automatic control system developed for low – voltage tur-bine – generator unit will help the modernization of rural hydropower industry due to its perfect function and excellent cost – performance ratio.

About the author: Yin Gang, born in 1957, graduated from the Central China College of Technology (Central China University of Science and Technology now) majoring in power sys-tem and its automation, has involved in the design, management of rural hydropower station and the research on the monitoring system.

Unit: Hubei Local Hydroelectric Company.

Address: No. 17, Zhongnan Road, Wuchang District, Wuhan City.

E-mail: yg76531@ 163. com.

Framework for Adaptive Water Resources Management in South Korea

Kang Mingoo[1] and Park Seungwoo[2]

1. Research Fellow, Future Resources Institute, Seoul, South Korea;

2. Professor, Dept. of Rural Systems Engineering, Seoul National Univ., Seoul, South Korea

Abstract: In South Korea, the factors related to water resources have changed and water resources problems have occurred frequently in view of water quantity, quality, and ecosystems. And, in the near future, it is predicted that climate change will affect water resources management, the purposes of water resources use will be diversified, and conflicts over water resources will be more complex. In this study, taking into account the above context, the concept and principles of adaptive management were incorporated into the water resources management of the Han River basin. Specifically, because, in the study basin, related problems have complex relationships and high uncertainty, a-daptive management is necessary to resolve them, incorporating learning and feedback into the process. To incorporate expert opinions about the progress of water resources management into the framework for adaptive water resources management, interview surveys were performed; it was found that in order to improve the states of river basins in South Korea, it is necessary to make systematic plans and consistently implement them, to evaluate the results of measures from multiple perspectives once every three or five years, and to incorporate those results into management processes. Taking into account the findings, three frameworks for the adaptive water – use management, flood management, and environment and ecosystem management of the study basin were developed, respectively. In conclusion, to effectively achieve the goals and objectives of water resources management in South Korea, it is necessary to revise management processes, reflecting the expert opinions and to accommodate stakeholders' participation.

1　Introduction

Worldwide, water resources are being used for various purposes, including municipal and industrial water, agricultural water, environmental water, in – stream flow, and recreation, and the degree of usage has been affected by changes in socio – economic systems such as population growth, industrialization, farming irrigation, urbanization, and the emergence of new paradigms. Because of this, pollutant loads have increased, water quality has degraded, and ecosystems have deteriorated; thus, all over the world, water resource projects and management practices have been carried out to resolve these problems (Giupponi et al, 2006).

In South Korea, water resources projects have been carried out to overcome water problems resulting from geographic and topographic features, climate, hydrology, etc. In the past, the objectives of those projects were stable water supply and flood control. Therefore, their impacts on the environment and ecology were given less consideration than other objectives. Recently, there are new concerns to use water resources while considering sustainability, restoration of ecosystems, and improvement of water quality in rivers. And, consumers want to be supplied with sufficient good quality water and want to preserve the environment and ecology. However, unfortunately, conflicts over water resources have occurred frequently. Mostly, they originated from private and regional competition concerning the benefits of water resources. These conflicts have delayed the start of projects and caused some projects to be withdrawn. Therefore, preliminary arrangements and settlements prior to planning are necessary to effectively carry out these projects.

In general, the socio – economic system, the natural system, and the social value system have changed. Especially, population increase, industrialization, and urbanization cause changes in water resources use and the deterioration of the environment. Therefore, water price, management paradigms, goals and objectives, and institutions have changed. All over the world, climate change has been one of hot issues. Climate change results in the increase of temperature and frequent occurrence of extreme events. And severe natural disasters are predicted to occur more frequently. Particularly, in South Korea, the magnitude of flood damage has increased, and effective flood management has been inevitably considered.

Water resources projects are large – sized and long – term. And, their impacts may emerge in the environment extensively and intensively both in the near future and the long – term. Therefore, post – management is inevitable, and the adaptive management approach should be applied to conducting the projects, with consistent monitoring, evaluation, feedback, adjustment, and post – management. In addition, to adapt to the changes in the factors related to water resources, introducing appropriate structural and non – structural measures into water resources management and river basin management is necessary. Successfully carrying out these measures includes high uncertainty caused by the changes in climate, socio – economic systems, ecosystems, and social preferences, etc. Therefore, measures are to be carried out step by step, and their results and related factors are to be evaluated. And then the objectives and principles of the planning and measures are to be revised and adjusted to the changes in circumstances.

Adaptive management has already been introduced in water resources projects in the USA. In particular, the Army Corps of Engineers has applied adaptive management principles to river basin management in such places as the Florida Everglades, the Missouri River Dam and Reservoir System, the Upper Mississippi River, and coastal Louisiana. And, adaptive management programs at the Glen Canyon Dam and the Colorado River ecosystem have been carried out, in which the Corps is not involved (PAMRS 2004). Freedmann et al. (2004) proposed an adaptive watershed management process, which integrates the concepts of adaptive management with watershed management and is applicable to the implementation of the Total Daily Maximum Loads (TMDL) program. Achet and Fleming (2006) presented a process – based framework to adaptively implement a participatory watershed management program for mountain areas, that reflected the lessons learned from the watershed management in Nepal. These research results revealed that to effectively carry out management processes in the context of river basins, it is essential to reflect the results from evaluations of the current states from multiple perspectives in the processes, to modify the measures to achieve the goals and objectives, and to adjust the project schedules to real situations (US EPA 2008; Kang, et al. 2010).

To practically incorporate stakeholders' participation and learning into water resources management processes and to effectively address problems, it is necessary to establish a definitive and efficient framework (Lai et al, 2001; Achet and Fleming, 2006). In case it is difficult to achieve the objectives of water resources management, we can efficiently identify both the status quo of the system and the causes of the problems using the framework. In addition, it can be possible to effectively introduce new technologies and up-to-date methodologies into the process. In this study, the necessity for introducing adaptive management in water resource management was studied by literature review and opinion surveys, including the review of the concept and principles of adaptive management. And, for the Han River basin in South Korea, adaptive management frameworks for water-use management, flood management, and environment and ecosystem management were presented, along with the necessities for successfully implementing these processes, which were developed on the basis of the concepts and principles of adaptive management and reflecting the results of opinion surveys.

2　Adaptive water resources management

2.1　Concept of Adaptive Management

If a system is affected by environmental changes, its capacity may decrease, and then the affected system responds adaptively to return to its original state. During this process, both the ability of the system to respond and the environmental changes are highly uncertain. Therefore, management policies and practices need to be established throughout the process of learning and understanding the system, and they then need to be adaptively adjusted to any change in the circumstances of the system. Based on this, adaptive management has been developed since the 1970s to effectively manage the natural resources under uncertainty. Adaptive management is "learning by doing" despite the existence of uncertainty. Adaptive management promotes learning to a high priority and implies being willing to change the end point if necessary.

Adaptive management embraces uncertainty and recognizes that models used for decision-making are approximations, and that there is never enough data or resolution about uncertainty. Therefore, the adaptive process allows decision-makers to proceed with initial decisions based on modeling or other analyses and then to update forecasts and decisions as experience and knowledge improve. Adaptive management has been applied in the following ways: management experiments in fisheries in Australia, to balance hydropower needs and fisheries protection in the Columbia River, to balance fisheries' needs and downstream water uses in the Feather River, to restore the riparian habitat in the Glen Canyon Dam, to integrate habitat conservation plans with TMDLs, to balance agricultural and other uses, and to develop storm water management plans (Freedmann et al. 2004).

2.2 Elementary steps in adaptive management process

The adaptive management process has six elementary steps, namely, problem assessment, design, implementation, monitoring, evaluation, and adjustment. All stages of the process can be adapted, based on the results monitored and evaluated. The adaptive management process recognizes that strategies, policies, and activities for specific management have uncertainty. In the problem assessment and design steps, many activities and experiments are selected. In the implementation step, identifying the characteristics of the system by learning from activities and experiments is carried out. After response indicators are selected, monitoring is carried out. And then the results of the activities are evaluated and analyzed giving consideration to the goals and objectives. Plans are revised and adjusted on the basis of the information generated. The results of plans and activities are reflected in future decision – making processes.

Fig. 1 shows the evaluations during each stage. In the problem assessment stage, the states of the system and the problems are evaluated. In the design stage, how the goals are achieved is evaluated. In the implementation stage, the ways through which actions proceed toward the goals are evaluated. In the monitoring stage, the quality of the monitoring program and data are evaluated. In the evaluation stage, the results of actions and the states of the system are evaluated. In the adjustment stage, the management of the system is evaluated. These evaluations need to be carried out on the basis of the visions, goals, and objectives of management processes.

Fig. 1   Evaluations during each stage of adaptive management processes

2.3　Principles of the adaptive management process

The adaptive management process requires the consensus among participants on goals, objectives, and principles. On the basis of these criteria, systems are evaluated, and their problems are identified. Because management objectives are not established with full understanding and information about all the systems, objectives can be changed according to the changes in the related factors, paradigms, and social preferences. Therefore, management objectives are regularly revisited and revised accordingly.

The adaptive management process is learning by doing, using insufficient information about the system. And, the system is increasingly understood, using the results of evaluation and information, as the project proceeds toward its goals. In the initial stage, to help explain responses to management actions, models of the system are developed, employing simple variables and insufficient data. Models are updated using the collected data and the monitored indicators and become sophisticated and complex. Models can educate decision makers and participants by organizing information, highlighting missing information, and providing a framework for comparing alternatives.

Even when objectives are agreed upon, uncertainties about the ability of possible management actions to achieve those objectives are common. Additional information and understanding about the system may cause the single best management policy to not be implemented. Therefore, for each decision, the range of possible management choices needs to be considered on the basis of objectives and models of the system.

Adaptive management requires some mechanism for evaluating the outcomes of management decisions. The gathering and evaluation of data allow for the testing of alternative hypotheses and are used for improving knowledge of ecological, economic, and other systems. Monitoring should also help distinguish between natural perturbations and perturbations caused by management actions. Monitoring programs and their results should be designed to improve understanding of environmental and economic systems and models, to evaluate the outcomes of management decisions, and to provide a basis for better decision making.

Adaptive management aims to achieve better management decisions through an active learning process. Objectives, models, consideration of alternatives, and formal evaluation of outcomes all facilitate learning. And there should be one or more mechanisms for feeding the information gained back into the management process. Without a mechanism to integrate the knowledge gained during monitoring into management actions, monitoring and learning will not result in better management decisions and policies.

The inclusion of parties affected by management actions in decision making is becoming a broadly – accepted management tenet of natural resources management programs around the world. Even though differences among stakeholders are inevitable, some agreement upon key questions and areas of research is essential to adaptive management of public projects. Stakeholders may also need to exhibit flexibility and some willingness to compromise in order for adaptive management to be implemented effectively. A collaborative structure for stakeholder participation and learning is fundamental (PAMRS 2004).

2.4 Adaptive water resources management framework

The natural and socio – economic systems have proceeded, adapting to the changes in the climate, paradigm, and ecosystem through the integration of water resources projects. As shown in Fig. 2, the natural and socio – economic systems are evaluated periodically by a comparison of the states and the criteria. If the state is not satisfactory, in terms of the criteria, measures would be taken to resolve the problems and improve the states. In the field of water resources management, those problems are classified into three categories: water supply, flood protection, and environment and ecosystem conservation. As shown in Fig. 2, the problems are analyzed in greater detail, employing an inter – sectoral approach, and appropriate measures are selected. During this stage, after grasping the relationships among the variables, models of the system are developed, validated, and used to make initial decisions. And then, to achieve the goals, the measures are implemented and must be modified and adjusted through periodical evaluation and review of the results, varying with the related systems. Giving shape to the strategies, the policies and the institutions are implemented. The results of the implementation are monitored, the monitoring systems are checked, and the models are upgraded and recalibrated. Lastly, the results of the measures are periodically evaluated, and the lessons and information are fed back into the management process. And then the plan and measures are adjusted to the changed circumstances.

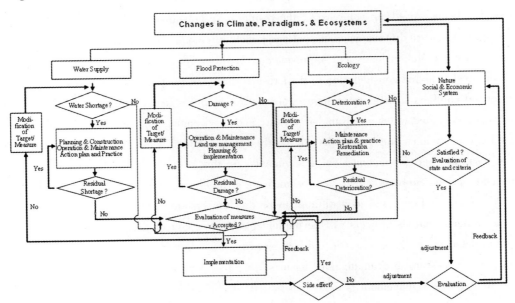

Fig. 2 Framework for adaptively carrying out water resources projects in terms of the changes in related circumstances

3　Application and results

3.1　Context of the study basin

In this study, the Han River basin was selected as the study basin, and appropriate frameworks were developed for water resources management, considering water – use management, flood management, and environment and ecosystems management. The basin is located from 126° 41′ to 129° 02′ east longitude and 36° 30′ to 38° 55′ north latitude and was subdivided into 19 watersheds for this study, as shown in Fig.3. In the Han River basin, water resources projects have been implemented to supply water, to control floods, and to produce electricity. A long time has passed, since most of the water resources facilities were constructed. However, water resources problems have occurred in view of water quality and ecosystems. In the upper Han River basin, development projects have been carried out such as construction of residential areas, cropland development, and water resources facilities such as Hwoing – seung Dam and Keum Dam. In particular, the amount of water resources, about 1.7 billion m^3 per year, has been reduced by Keum – dam's operation, which has deteriorated water resources and ecosystems in the lower basin. Recently, flood damage to property has increased in the Han River basin. In the lower basin, as new residential and industrial areas have been created, impervious areas have been increased. Due to land development, water quality has degraded, ecosystems have deteriorated, and stream dryness has increased. In the Han River basin, several policies and institutions have been implemented to achieve water quality standards. However, since TMDL has been carried out voluntarily, the results have not proved to be effective. Therefore, appropriate water quality management policies, including compulsory TMDL, are being considered to control pollutant loads and improve water quality. These policies need to be implemented adaptively, giving consideration to their results during each stage. In the study basin, there are several conflicts such as transferring water intake facilities in the lower basin, Doam dam's releasing degraded water into Namdae stream, and flood damage in the lower basin due to water release upstream. These conflicts are mostly due to regional competition and the gap in the water resources benefits among local governments. In this context, in the future, it is thought that more serious conflicts will occur, because these problems are complex, the uncertainty about the future is high, and it is difficult to predict the system's behavior. Therefore, in the future, water resources projects will be implemented giving consideration to the changes in the factors related to water resources in the context of sustainable river basin management. To plan them, it is necessary to evaluate river basin states, based on the management goals. In addition, their post – management is to be considered. Their influences on the environment and ecosystems are also monitored, evaluated and reflected in adjusting the plans. Therefore, adaptive water resources management needs to be applied to managing the study basin in spite of high uncertainty.

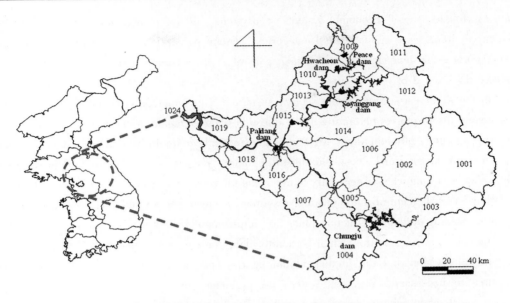

Fig. 3   Location of the Han River basin and its watersheds in South Korea

3.2   Evaluation of the states of the study basin

To identify the appropriate measures for adaptive water resources management, three aspects of the Han River basin were evaluated: water – use management, flood management, and environment and ecosystem management. Each watershed was evaluated using the Index for Evaluating Watershed Management (IEWM), including three sub – indexes and nine indicators (Kang et al. 2010). Comparing the results of the evaluation, it was revealed that the downstream portion of the Han River basin is more vulnerable to flooding and its environment and ecosystem is poorer, while the convenience of water – use is better because it is more urbanized and industrialized. Specifically, after comparing the states of the watersheds in terms of water – use management, the following is revealed: the watersheds that have a sufficient amount of water resources or a high level of water – use infrastructure are in an excellent state; from a flood management perspective, it is illustrated that watersheds situated in the upper portion of the Han River basin are less vulnerable to floods than ones that lie in the lower portion of the basin; and from an environment and ecosystem management viewpoint, it is indicated that the state of the environment and ecosystem management of the upper basin is better than that of the lower basin. Therefore, before any measures are taken, the inadequate parts of each watershed must be identified from multiple perspectives, and then the frameworks for achieving the management objectives – including stable water – use, safety from flooding, and environment and ecosystems conservation – must be developed.

3.3   Orientation of Water Resources Management's Progress

In this study, an interview survey was performed to investigate expert's opinions on how to carry out water resources management from the aspects of water – use management, flood management, and environment and ecosystem management, taking into account changing factors such as climate, socio – economic systems, ecosystems, environment, and social preferences. The survey items were divided into 4 categories: general perceptions of water resource management, water – use management, flood management, and environment and ecosystem management in the context of river basins.

In the water – use management sector, sustainable implementation of policy was ranked as first among the responses pertaining to the question regarding what is necessary for a stable water supply. Then, efficient water – use management and environment – friendly dam construction received the second highest and the third highest responses, respectively. The results of the survey regarding what is necessary to overcome the problems related to water – use in the future shows that the centralization of water resources management is ranked as first among the responses. Making systematical action plans and implementing them was ranked second, and the third ranked item was environmental – friendly dam construction. This reveals that consistent institutional revision and the implementation of the best mix of structural and nonstructural measures are necessary to overcome water – use problems. In the flood management sector, interview results about what is necessary to reduce flood damage show that the first priority among respondents was introducing Integrated Flood Management (IFM). The second priority was making systematic flood management plans and implementing them consistently, and the third priority was selectively increasing the amount of design flood. This reveals that in order to reduce flood damage, appropriate structural and non – structural measures are necessary, together with consistent implementation and adjustment, considering the changes that are needed. On a question regarding what is needed to manage the environment and ecosystems in rivers, the first ranked answer among respondents was making systematic river management plans. The second ranked answer was reducing pollutant loads from upper watersheds, and the third ranked answer was improving water quality and constructing water – friendly spaces. These results show that in order to manage the environment and ecosystems in rivers, making systematic river management plans and consistently implementing them is necessary.

This survey also investigated the timelines for evaluating measures for flood management and environment and ecosystem management. The respondents were asked how often flood management measures should be evaluated. The first ranked choice among the respondents was once every three years, and the second ranked choice was once every five years. In addition, on a question regarding how often the goals, objectives, and principles of flood management should be established, the first ranked choice was once every five years, and the second ranked choice was once every three years. For the question about how often the results of the TMDL program should be evaluated, the first ranked choice among the respondents was once every three years, and the second ranked choice was once every five years. In addition, on a question about how often the environment and ecosystems in rivers should be evaluated, the first ranked choice was once every five years, and the second ranked choice was once every three years. These results show that the appropriate interval of the evaluations on the timeline for watershed management would be three or five years.

3.4 The adaptive water resources management framework for the study basin

According to the foregoing analyses results, it is predicted that in the Han River basin, water resource projects will be conducted, giving consideration to the changes in systems related to water resources in the context of sustainable river basin management, which is defined as managing river basins, using the natural resources in an economically – efficient and socially – equitable manner and taking environmental conservation into account. In order to achieve the goals of river basin management. First, it is necessary to identify the interaction between water resources and river basin's sub – systems such as socio – economic systems, ecosystems, and climate. These sub – systems affect the states of water resources in view of water quantity, water quality, and environment. In order to enhance the sustainability in river basins, several methodologies need to be incorporated into the existing management system. Especially, to modify the susceptibility of river basins, it is necessary to introduce integrated water resources management, the participatory decision – making process, and adaptive water resources management.

3.4.1 Water – Use Management

In the Han River basin, considering the context of the study basin, it is thought that water – use management needs to be carried out toward overcoming the water shortage of some watersheds, mitigating the impact of water resource projects on the ecosystems, and inducing stakeholders' participation, while taking sustainability into account. Fig.4 shows an adaptive water resources management framework. Changes in socio – economic systems and natural systems affect the river basin regime and other regimes. Water resources management can be divided into two contexts, namely, the institutional and political context and the water resources management context. In the institutional and political context, laws and policies related to water resources are made and implemented, and then, revised, considering the all sectors' opinions and the changes in the circumstances. And the resources, institutions, and governance are monitored and evaluated; the results are fed into the process. In the water resources management context, water resources are integrated and managed, and the operation results are reviewed and reflected in the next operation. And the achievement of the goals and objectives, the adherence to principles, and the results of planning and implementation are monitored and evaluated, and the results are fed back into the management process.

3.4.2 Flood Management

To reduce flood damage in the study basin, it is necessary to subdue injudicious artificial developments, make systematic long – term plans, consistently implement those plans, and modify measures, considering the evaluation results. Specifically, in the context of sustainable flood management, structural measures, non – structural measures, and human activities need to be improved consistently and connected organically considering the states of the river basin. In addition, to enhance the efficiency of systems, the systems are integrated and operated, giv-

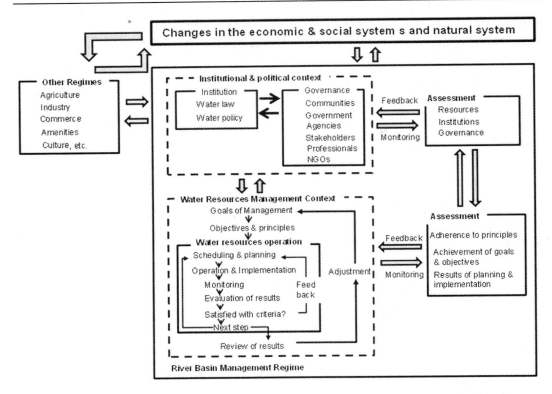

Fig. 4　Proposed framework for adaptive water – use management in the Han River basin

ing consideration to prevention and recovery from flooding. Fig. 5 shows the adaptive flood management framework that is developed, taking into account the current states of the watersheds and the state – of – the – art methodologies. In order to make a plan and implement measures for reducing flood risks, first, the goals for flood management are to be established, as shown in this figure. The goals are to be established at the river basin level to enhance the sustainability of the river basin, considering the state of flood management and other sectors. And then the state of flood management is evaluated using the indicators system, and measures are decided, reflecting the results of evaluations. In order to make a plan for reducing flood risks, it is necessary to identify risks, to analyze the frequency of the occurrence of events, and to estimate the magnitude of flood damage; these measures are then implemented. The results of the implemented measures are to be evaluated periodically, and the plan is to be modified and adjusted for achieving the goals while reflecting the results of evaluations. And, the plan and measures are to be adapted to the changing circumstances. As shown in this figure, the participation of the public is added into the decision – making process to obtain efficient flood management.

3.4.3　Environment and ecosystem management

In the Han River basin, appropriate water quality management policies, including compulsory TMDL, are being considered to control pollutant loads and improve water quality. These

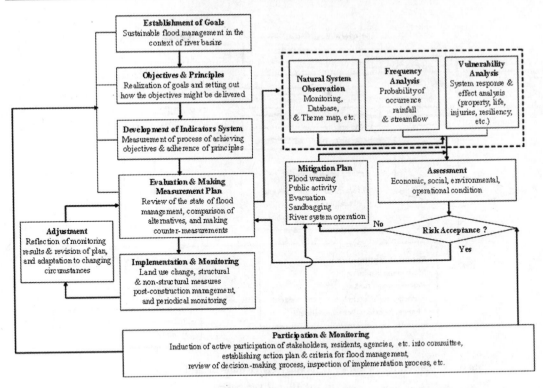

Fig. 5   Proposed framework for adaptive flood management in the Han River basin

policies must be adaptively implemented, giving consideration to their results during each stage. Fig. 6 shows the adaptive environment and ecosystem management framework that is developed for the study basin. In general, to make structural and non – structural measures for improving the states of environment and ecosystem management, first, it is necessary to identify stakeholders, to conduct public outreach, and to build strong partnerships. And characterizing the watershed is conducted, including gathering data and analyzing and identifying the states of watersheds. Using analysis tools such as GIS, models, and statistical packages, problems are identified, and the goals and objectives are established. And then management plans are made, after securing funding and resources. Also, to achieve goals, appropriate measures are developed, indicators and targets are developed to evaluate their results, and implementation programs are designed for the management process. In this step, an implementation schedule is also made, a monitoring program is developed, evaluation processes are developed, and the responsibility of reviewing and revising the plan is assigned. The results of implementation and the states of environment and ecosystem management are evaluated periodically in view of water quality, ecosystem, and amenities. If the implementation results and the states of the management are satisfied, the management process will proceed continuously. If it is not satisfied, measures and plans are reviewed, why the management does not meet its targets and milestones is identified, and the plans and measures are then revised and adjusted to the changed circumstances.

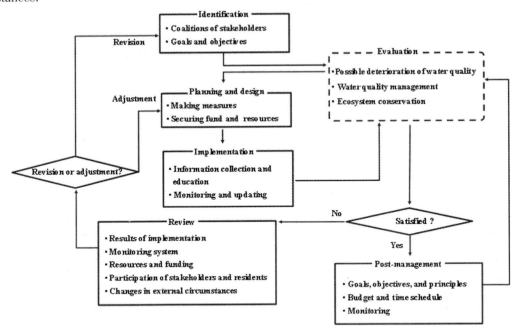

Fig. 6　Proposed framework for adaptive environment and ecosystem management
in the Han River basin

4　Conclusions

There have been several conflicts over water resources in the Han River basin, which are mostly due to regional competitions and the gap in the water resource benefits among local governments. In the future, it is predicted that more serious conflicts will occur, because the related systems' behaviors will be complex, the uncertainty about the future will be high, and the purposes of water resources use will be further diversified. In particular, climate change will deeply affect water resource management. Therefore, in the Han River basin, to effectively prepare for future changes, it is thought that it is necessary to separate the project into several steps and to facilitate the incorporation of the learning and feedback mechanisms into the process to understand the system, employing adaptive management.

To conduct the adaptive management process in river basins' context, several items are necessary, including vision and goals, models, finance, monitoring and evaluation, participation, and law and institutions. First, establishing goals of river basin management is needed. On the basis of the goals, policies related to water resources management, land uses, ecosystems, and socio – economic system are made. Second, to understand about the system, models must be provided, taking into account their approximations and uncertainties. Third, to obtain the independence of policy implementation, securing funding is necessary. Forth, to check monitoring program and data quality and to evaluate the results of the measures, monitoring the states of factors related to river basin management is implemented. Fifth, to form the coalition of stakeholders, periodic opinion surveys and participatory decision – making process are needed. Lastly, to publicize the effectiveness of adaptive management, making incentives, restrictions, BMPs, policies, etc. is needed. Among those items, to induce stakeholders' participation into the study basin's management, it is the top priority to perform periodic opinion surveys, to publicize the effectiveness of adaptive management, and to introduce incentives.

References

Achet S H, Fleming B. 2006. A watershed management framework for mountain areas: Lessons from 25 years of watershed conservation in Nepal. J. Environmental Planning and Management, Vol. 49, No. 5, pp. 675-694.

Freedman P L, Nemura A D, Dilks D W. 2004. Viewing total maximum daily loads as a process, not a singular value: Adaptive watershed management. J. Environ. Eng., ASCE, Vol. 130, No. 6, pp. 695-702.

Giupponi G, Jakeman A J, Karssenberg D, et al. 2006. Sustainable management of water resources: An integrated approach, Edward Elgar Publishing, Inc., Massachusetts, USA.

Kang M G, Lee G M, Ko I H. 2010. Evaluating Watershed Management in a River Basin's Context Using an Integrated Indicator System. J. Water Resour. Plann. Manage., ASCE, Vol. 136, No. 2, pp. 258-267.

Lai P, Lim – Applegate H, Scoccimarro M C. 2002. The adaptive decision – making process as a tool for integrated natural resource management: Focus, attitudes, and approach. Ecology and Society, Vol. 5, No. 2, [online] URL: http://www.consecol.org/vol5/iss2/art11/

Panel on Adaptive Management for Resource Stewardship (PAMRS). 2004. Adaptive management for water resources project planning, National Academies Press, Washington, D.C.

U.S. Environmental Protection Agency (USEPA). 2008. Handbook for developing watershed plans to restore and protect our waters, EPA, Washington, D.C.

Improvement of Flow Duration Curves in Downstream Reach Followed by Operations of Bakgog and Miho Irrigation Reservoirs to be Heightened

Noh and Jaekyoung

Professor, Dept. of Agricultural and Rural Engineering,
Chungnam National University, Daejeon, Korea

Abstract: Bakgog reservoir with watershed area of 84.8 km^2 and Miho reservoir with watershed area of 133.3 km^2 are located in Jincheon County, Chungbuk Province within the watershed of Miho stream with its area of 1,856.08 km^2. Followed by heightening 2 m of Bakgog reservoir with total water storage capacity increased from 21.75 mm^3 to 26.62 mm^3 and 1 m of Miho reservoir with total water storage capacity increased from 13.87 mm^3 to 16.49 mm^3, streamflows at Miho A station with watershed area of 579.6 km^2, at Miho B station with watershed area of 1,625.1 km^2, and at Miho C station with watershed area of 1,856.1 km^2 downstream were simulated on a daily basis and flow duration curves were drawn and compared between before and after heightening upstream reservoirs. Improvement of flow duration curves could be not visible at any station. But a little some streamflow increase could be visible in low flows from 275th flow to 355th flow at Miho A station. Increases of reservoir water storage capacity were 4.87 mm^3 in Bakgog reservoir and 2.62 mm^3 in Miho reservoir. Amounts of annual mean streamflows were decreased from 295.2 mm^3 to 294.9 mm^3 at Miho A station, from 1,050.2 mm^3 to 1,049.9 mm^3 at Miho B station, and from 1,182.2 mm^3 to 1,180.8 mm^3 at Miho C station. These decreases of annual streamflows were considered as the storage effect of reservoirs. From the above study it was concluded that any effect of increasing downstream streamflows by heightening upstream irrigation reservoirs would be very negligible low. But the possibility of improving low flows in a short reach downsream of irrigation reservoirs would be remained.

1　Introduction

The most fundamental role of water is as the bloodstream of the biosphere (Falkenmark and Rockström, 2004). The amounts of streamflows in each reach are more and more important because water uses in the future will be competitive between humans and nature. Especially the 4 major rivers restoration project to be progressing rapidly in South Korea advance the date by no moments. The amounts and requirements of water are different in each river and reach. And if there are irrigation reservoirs upstream, the amount of streamflow downstream is greatly decreased in normal season, especially in irrigation period because irrigation reservoirs have no space to supply instream flow downstream.

There are about 140 irrigation reservoirs with water capacity of over 100 mm^3 in the Geum river basin with basin area of 9,912.65 km^2 consists of upland of 8.5%, paddy field of 19.7%, forest of 61.4%, grass of 3.3%, open land of 1.4%, village of 4.3%, and water of 1.4%. River weirs such as Buyeo, Geumgang, and Geumnam are constructed in the Geum river. After completing the construction about these river weirs, water uses to nearby areas will be increased and water quality will be more or less deteriorated due to more long time water staying. This will ultimately require more waters from upstream. Also 30 irrigation reservoirs are heightening to secure water storages to be supplied for instream flow to downstream.

The objective of this study is to provide improvement effects of flow duration curves at several stations downstream followed by operations of Bakgog and Miho reservoirs to be heightened. These reservoirs have some complicated water uses and movement with paralleled and cascaded.

2   Materials and methods

2.1   Study area

Bakgog and Miho reservoirs are located in Jincheon County, Chungbuk Province within the watershed of Miho Stream with its area of 1,856.08 km^2 (Fig. 1). Bakgog reservoir has irrigated paddy area of 2,975.0 hm^2 and total storage capacity of 21.75 mm^3 from which heightening of 2 m is increased to 26.62 mm^3. Miho reservoir has irrigated paddy area of 1,656.8 hm^2 and total storage capacity of 13.872 mm^3 from which heightening of 1 m is increased to 16.49 mm^3 (Table 1). Land uses of Miho Stream are upland of 256.99 km^2 with 13.8% of all, paddy 536.03 km^2 with 28.9%, forest 849.10 km^2 with 45.7%, grass 63.74 km^2 with 3.4%, open 33.41 km^2 with 1.8%, village 103.69 km^2 with 5.6%, and water 12.90 km^2 with 0.7% (Fig. 2). Numbers of persons are 84,497, 908,231 and 72,730 and numbers of workers in industrial area are 7,501, 80,819, and 3,900 within the sub watersheds such as Miho A, B, and C excluding Bakgog and Miho watersheds, respectively.

Land uses of watersheds of Bakgog and Miho reservoirs and watersheds of Miho A, B, and C stations were analyzed as shown in Fig. 1 and Table 1. Watershed area of Bakgog reservoir is 84.79 km^2 of which paddy field is consisted of 9.57 km^2 with 11.3% of all, forest 64.10 km^2 with 75.6%, grass 1.27 km^2 with 1.5%. Watershed area of Miho reservoir is 133.30 km^2 of which paddy field is consisted of 14.04 km^2 with 10.5% of all, forest 88.44 km^2 with 66.3%, grass 4.50 km^2 with 3.4%. Watershed area of Miho A station is 579.56 km^2 of which paddy field is consisted of 182.96 km^2 with 31.6% of all, forest 266.18 km^2 with 45.9%, grass 10.37 km^2 with 1.8%. Watershed area of Miho B station is 1,625.09 km^2 of which paddy field is consisted of 474.01 km^2 with 29.2% of all, forest 750.88 km^2 with 46.2%, grass

23. 42 km² with 1. 4%. Watershed area of Miho C station is 1,856. 08 km² of which paddy field is consisted of 536. 03 km² with 28. 9% of all, forest 849. 10 km² with 45. 7%, grass 63. 74 km² with 3. 4%.

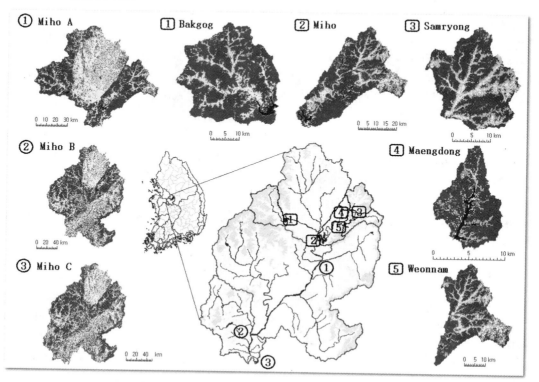

Fig. 1   Site of study area

Table 1   Characteristics of study reservoirs and watersheds

Reservoir or station	Watershed area (km²)	Irrigated paddy area (hm²)	Heightened (m)	Total storage capacity (mm³)		Full water level (EL. m)	Land uses (km²)		
				Existing	Added		Paddy	Forest	Grass
①Bakgog	84. 79	2,975. 0	2. 0	21. 75	26. 62	100. 1	9. 57	64. 10	1. 27
②Miho	133. 30	1,656. 8	1. 0	13. 872	16. 49	61. 0	14. 04	88. 44	4. 50
③Samryong	39. 45	33. 7	—	—	—	125. 5	3. 39	25. 20	2. 13
④Maengdong	7. 06	1,338. 5	—	12. 69	—	125. 0	0. 15	5. 41	0. 24
⑤Weonnam	76. 00	852. 1	—	8. 79	—	115. 7	9. 04	47. 57	3. 22
⑥Miho A	579. 56	—	—	—	—	—	182. 96	266. 18	10. 37
⑦Miho B	1,625. 09	—	—	—	—	—	474. 01	750. 88	23. 42
⑧Miho C	1,856. 08	—	—	—	—	—	536. 03	849. 10	63. 74

2.2 Meteorological and hydrological data

Data on daily evaporation, relative humidity, temperature, sunshine duration, and wind speed were used to estimate evapotranspiration of rice paddy. This is used as basic data to estimate the requirement to paddy water from which return flows are added to reservoir inflows and streamflows. Meteorological data were selected on Cheongju (http://www. kma. go. kr). Rainfall was obtained from reports of river basin survey. Data on daily effective ratio of reservoir water storages on Miho and Bakgog reservoirs were also obtained (http://rims. ekr. or. kr). Streamflow data at Miho A, B, and C stations were also obtained from 2004 to 2009 measured on an 8 day interval basis by the Korean Ministry of Environment (http://water. nier. go. kr/smat/).

2.3 Runoff model

DAWAST model (Noh, 1991) is used to simulate natural streamflows. This model introduced the concept of water storage in 2 soil layers which is consisted of unsaturated and saturated zones to simulate runoff in South Korea. Model parameters are consisted of UMAX of upper soil depth (mm), LMAX of lower soil depth (mm), FC of field capacity (mm), CP of percolation coefficient, and CE of evapotranspiration coefficient. And this model is conceptual lumped rainfall runoff model of which input is only rainfall and pan evaporation, and output is runoff on a daily basis.

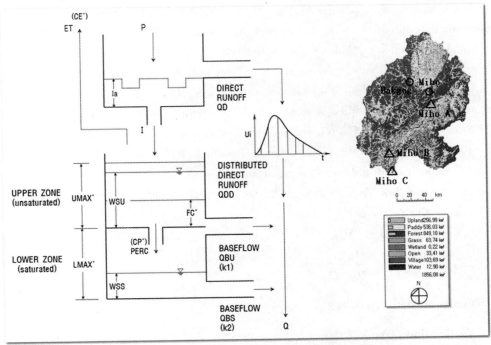

Fig. 2 Conceptualizing runoff model in which natural flow is from the
DAWAST model and return flow is just from paddy water in this study

2.4　Upstream reservoir operations

Water storage balances in reservoirs are written in Equation (1).

$$S(t) = S(t-1) + QI(t) - EW(t) - SQ(t) \tag{1}$$

$$OV(t) = S(t) - FS, \text{ if } H(t) > FH \tag{2}$$

$$QI_{md}(i) = QA_{md}(i) + QB_{sr}(i) \tag{3}$$

$$QI_{wn}(i) = QL_{wn}(i) + SQ_{sr}(i) \tag{4}$$

$$QI_{mh}(i) = QL_{mh}(i) + SQ_{md}(i) + OV_{md}(i) + SQ_{wn}(i) + OV_{wn}(i) \tag{5}$$

where S is water storage in reservoirs, QI is inflow to reservoir, EW is evaporation in reservoir water surface, and SQ is outflow which is composed of domestic and industrial water, and downstream instream flow water. OV is overflow that exerts if water storage of H is over full water storage of FH as shown in Equation (2), and t denotes time in here day. Subscript md, sr, and mh represent Maengdong, Weonnam and Miho reservoirs, respectively. Inflow to Maengdong reservoir is composed of inflow from inside watershed and inflow from Samryong diversion weir located in outside watershed as shown in Equation (3). Inflow to Weonnam reservoir is composed of inflow from lateral watershed and outflow from Samryong diversion weir. And inflow to Miho reservoir is composed of inflow from lateral watershed and outflows and overflows from Maengdong and Weonnam reservoirs.

2.5　Downstream streamflow simulations and flow duration curves

Check stations such as Miho A, Miho B, and Miho C in downstream reaches are selected to compare flow duration curves before and after upstream Bakgog and Miho reservoirs are heightened. Streamflows at Miho A are simulated in Equation (6) which are composed of lateral flow from watershed subtracted upstream Bakgog and Miho watersheds, outflows and overflows from Bakgog and Miho reservoirs. Streamflows at Miho B are composed of lateral flow from watershed subtracted Miho A watershed and streamflows at Miho A as shown in Equation (7). Streamflows at Miho C are composed of lateral flow from watershed subtracted Miho B watershed and streamflows at Miho B as shown in Equation (8). Flow duration curves at Miho A, B, and C stations are drawn on an average value and a 10 - year frequency low value using daily simulated streamflows from 1966 to 2009. Subscripts ma, mb, and mc represent Miho A, B, and C, respectively.

$$Q_{ma}(t) = QL_{ma}(t) + SQ_{bg}(t) + OV_{bg}(t) + SQ_{mh}(t) + OV_{mh}(t) \tag{6}$$

$$Q_{mb}(t) = QL_{mb}(t) + Q_{ma}(t) \tag{7}$$

$$Q_{mc}(t) = QL_{mc}(t) + Q_{mb}(t) \tag{8}$$

3　Results and discussions

3.1　Verification of runoff model

There were no inflow data. So using effective water storage ratio of Bakgog and Miho reservoirs, effective daily water storages were calculated and water storages were simulated on a daily basis by using Equation (1) to (5). Parameters for simulating reservoir inflows were deter-

mined by unconstrained Simplex optimization method named Nelder – Mead method (Nelder
and Mead, 1965) with objective function of minimizing sum of differences between observed
and simulated daily reservoir water storages as summarized in Table 2.

Table 2　**Determined parameters of DAWAST model for simulating inflows to Bakgog and Miho reservoirs**

Dam	Calibration period	Verification period	UMAX (mm)	LMAX (mm)	FC	CP	CE
Bakgog (BG)	1991 ~ 2000	2001 ~ 2009	315.6	33.7	164.8	0.017,3	0.007,9
Miho(MH)	1991 ~ 2000	2001 ~ 2009	331.4	34.6	159.6	0.018,9	0.008,2

3.1.1　Inflow to reservoir

Separating simulation period into calibration and verification periods, daily inflows were
simulated by DAWAST model and reservoir water storages were simulated by Equation (1) and
(2). Fig.3(a) showed process of decreasing norm formed by parameters in which daily mean
storages of annual sum of errors of reservoir daily water storages were used as objective function
of inflow model. Determined parameters were UMAX of 315.6 mm, LMAX of 33.7 mm, FC of
164.8 mm, CP of 0.017,3, and CE of 0.007,9 in Bakgog reservoir. Fig.3(b) showed that
reservoir inflows were simulated by determined parameters and reservoir water storages were
simulated and compared with observed values on a daily basis. Daily mean of annual sum of
reservoir water storages was 3.717 mm^3. Fig.4 showed comparison of equal value lines between
observed and simulated reservoir daily water storages in calibration period from 1991 to 2000
(a) and in verification period from 2001 to 2009 (b). Results were some poor with coefficients
of determination 0.342 in calibration period, 0.572 in verification period. But reservoir water
storages were scattered on balanced below and above the equal value line, so determined
parameters were used to simulate reservoir inflow. And parameters determined in Bakgog reser-
voir were used in simulating streamflows at Miho A, B, and C stations downstream, because
Miho reservoir was composed of upstream complicated reservoir group such as Samryong diver-
sion weir, Maengdong, and Weonnam reservoirs.

3.1.2　Streamflows at Miho A, B, and C stations

An example of Miho A station was shown. Population is 84,497, workers in industrial
area are 7,501, and paddy area is 15,935 hm^2. Domestic waters were calculated by number of
persons of 84,497 times 360 lpcd, industrial waters were calculated by workers in industrial
area of 7,501 times 2.34 m^3/d/person applied with monthly weighting coefficients. Paddy
waters were estimated by reducing ponding depth in a day that is composed of evapotranspira-
tion, infiltration, and management waters as shown in Fig.5(a). Evapotranspiration was esti-
mated by modified Penman method (FAO, 1977). Return flows were applied to domestic and
industrial waters of 65%, paddy waters of 35% (MOCT, 2000). Streamflows at Miho A
station were simulated by applying parameters determined in Bakgog reservoir to sub watershed

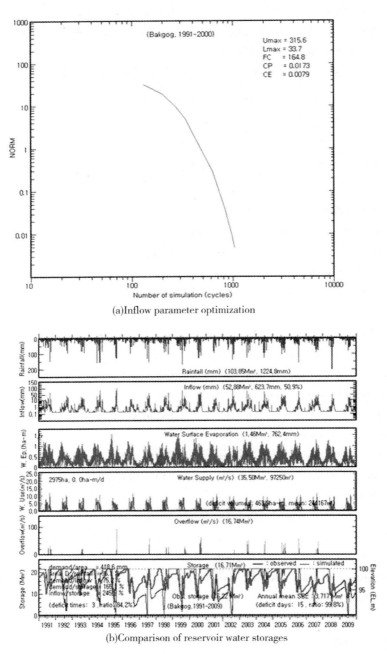

(a)Inflow parameter optimization

(b)Comparison of reservoir water storages

Fig. 3　Determination of parameters of DAWAST model for simulating inflow to Bakgog reservoir with objective function of minimizing sum of errors of reservoir water storages（a）and comparison of observed and simulated reservoir daily water storages（b）

excluded Bakgog and Miho reservoir watersheds, to which outflows and overflows from Bakgog and Miho reservoirs were added as shown in Fig. 5 （b）.

　　Fig. 6 showed that daily simulated streamflows and measured streamflows every 8 day were

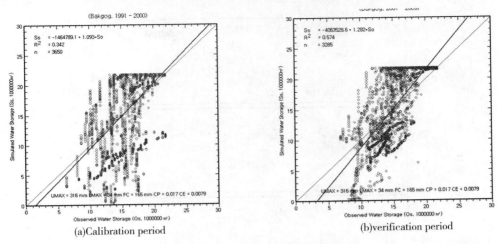

(a)Calibration period   (b)verification period

**Fig. 4   Equal value comparison of observed and simulated daily water storages in Bakgog
reservoir in calibration period (a) and verification period (b)**

compared by hydrograph (a) by equal value line (b). Nash and Sutcliffe's model efficiency
was 0. 385 and coefficient of determination was 0. 442 from 2004 to 2009 using every 8 day
streamflows. Results were more or less poor.

3. 2   Flow duration curves followed by upstream reservoirs' operations

3. 2. 1   Flow duration curves before heightening reservoirs

Bakgog and Miho reservoirs were simulated to supply irrigation waters and instream flows
downstream to have 90 % reliability of reservoir water storage. Bakgog reservoir with total water
storage of 21. 75 mm^3, full water level of EL. 100. 10 m, irrigated paddy area of 2 ,975 hm^2,
and watershed area of 84. 8 km^2 showed that rainfall was 102. 17 mm^3, inflow was 51. 45 mm^3,
reservoir water surface evaporation was 1. 42 mm^3, paddy water 34. 55 mm^3, overflow was
16. 55 mm^3, and ratio of water storage was 75. 7% on an annual average from 1966 to 2009,
but reliability of water storage was only 77. 3% (Fig. 7(a)). Miho reservoir with total water
storage of 13. 87 mm^3, full water level of EL. 61. 00 m, irrigated paddy area of 1 ,656. 8 hm^2,
and watershed area of 133. 3 km^2 showed that rainfall was 158. 07 mm^3, inflow was 51. 73
mm^3, reservoir water surface evaporation was 1. 62 mm^3, paddy water 19. 27 mm^3, instream
flow was 1. 94 mm^3, overflow was 28. 98 mm^3, and ratio of water storage was 82. 9% on an an-
nual average from 1966 to 2009, but reliability of water storage was 93. 2 % (Fig. 7(b)).

Amount of streamflow at Miho A station was 295. 24 mm^3 of which 16. 55 mm^3 of 5. 6%
was outflows from Bakgog reservoir with watershed area of 84. 8 km^2, 30. 93 mm^3 of 10. 5%
was outflows from Miho reservoir with watershed area of 133. 3 km^2, and 247. 60 mm^3 of
83. 9% was from lateral watershed with watershed area of 361. 8 km^2(Fig. 8(a)). Fig. 8(b)
showed flow duration curves at Miho A station before heightening Bakgog and Miho reservoirs.
Annual mean and 10 year frequency low flow were shown. And 7Q10 high and low flows and
maximum, minimum, mean daily rainfall every month, and mean monthly rainfall were shown.

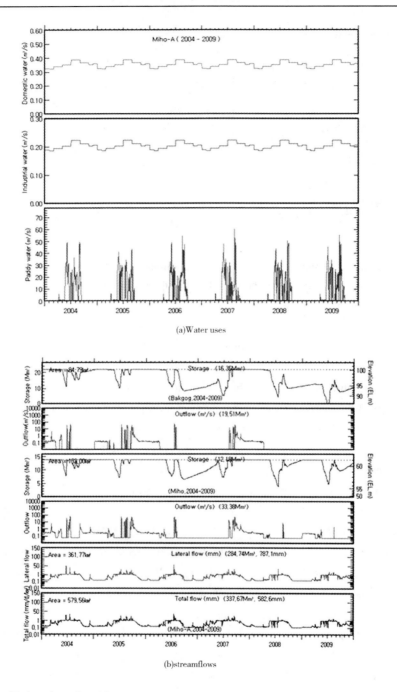

(a)Water uses

(b)streamflows

Fig. 5　Estimation of paddy water, domestic water, and industrial water in Miho A sub watershed excluded Bakgog and Miho reservoir's watersheds (a) daily simulated streamflows Miho A station in which outflows and overflows from Bakgog and Miho reservoirs, and return flows from sub watershed were added (b)

First flow was 33. 97 mm, 95th flow was 1. 17 mm, 185th flow was 0. 38 mm, 275th flow 0. 17

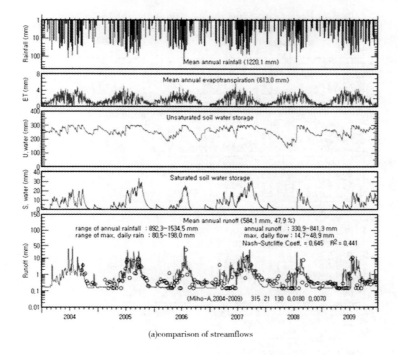

(a)comparison of streamflows

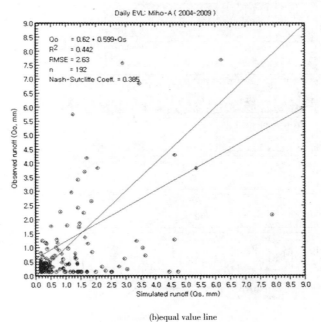

(b)equal value line

**Fig. 6   Comparison of daily simulated streamflows and measured streamflows every 8
day by hydrograph (a) and comparison by equal value line (b) at Miho B station**
mm, and 355th flow was 0.11 mm on an annual average from 1966 to 2009.

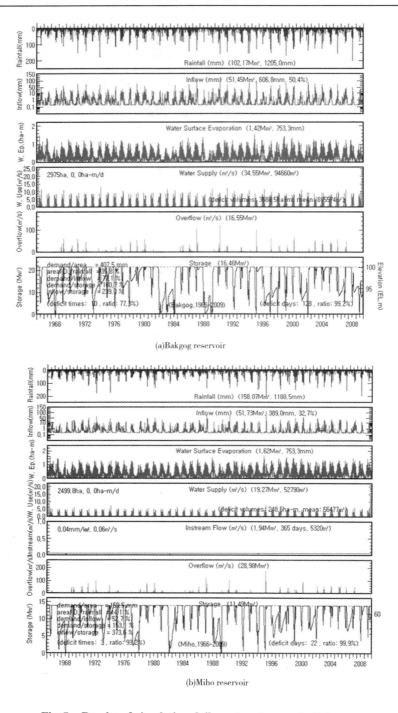

Fig. 7　Results of simulating daily water storages in Bakgog
（a）and Miho（b）reservoirs before heightening

3.2.2　Flow duration curves after heightening reservoirs

Bakgog and Miho reservoirs were simulated to supply irrigation waters and instream flows

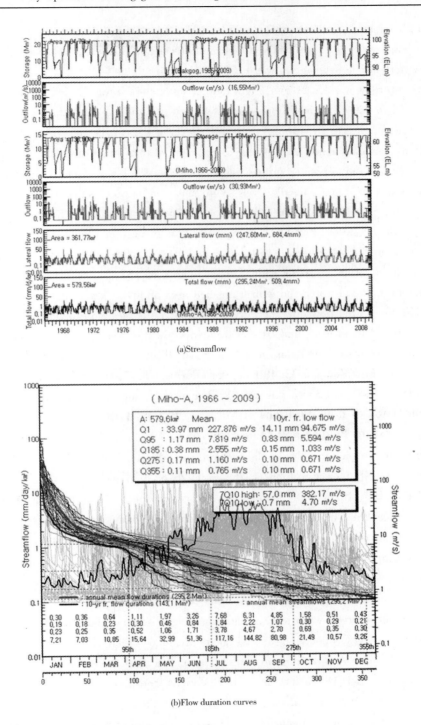

(a)Streamflow

(b)Flow duration curves

**Fig. 8　Daily simulated streamflows (a) flow duration curves (b) at Miho A station
before heightening of Bakgog and Miho reservoirs**

downstream to have 90% reliability of reservoir water storage.　Bakgog reservoir with total water storage of 26.62 mm^3, full water level of EL. 102.10 m, irrigated paddy area of 2,975 hm^2, and watershed area of 84.8 km^2 showed that rainfall was 102.17 mm^3, inflow was 51.45 mm^3, reservoir water surface evaporation was 1.61 mm^3, paddy water 34.55 mm^3, instream flow was 0.93 mm^3, overflow was 15.21 mm^3, and ratio of water storage was 77.1% on an annual average from 1966 to 2009. Reliability of water storage was 90.9% (Fig. 9(a)). Miho reservoir with total water storage of 16.49 mm^3, full water level of EL. 62.00 m, irrigated paddy area of 1,656.8 hm^2, and watershed area of 133.3 km^2 showed that rainfall was 158.07 mm^3, inflow was 51.73 mm^3, reservoir water surface evaporation was 1.72 mm^3, paddy water 19.27 mm^3, instream flow was 7.73 mm^3, overflow was 23.49 mm^3, and ratio of water storage was 76.6% on an annual average from 1966 to 2009, but reliability of water storage was 90.9% (Fig. 9(b)).

Amount of streamflow at Miho A station was 294.89 mm^3 of which 16.12 mm^3 of 5.5% was outflows from Bakgog reservoir with watershed area of 84.8 km^2, 31.21 mm^3 of 10.6% was outflows from Miho reservoir with watershed area of 133.3 km^2, and 247.60 mm^3 of 84.0% was from lateral watershed with watershed area of 361.8 km^2(Fig. 10(a)).

Fig. 10(b) showed flow duration curves at Miho A station before heightening Bakgog and Miho reservoirs. Annual mean and 10 year frequency low flow were shown. And 7Q10 high and low flows and maximum, minimum, mean daily rainfall every month, and mean monthly rainfall were shown. First flow was 33.48 mm, 95th flow was 1.17 mm, 185th flow was 0.38 mm, 275th flow 0.18 mm, and 355th flow was 0.12 mm on an annual average from 1966 to 2009.

3.3　Comparison of flow durations at Miho A, B, and C stations followed by heightening upstream Bakgog and Miho reservoirs

Followed by heightening 2 m of Bakgog reservoir of watershed area of 84.8 km^2 with total water storage capacity increased from 21.75 mm^3 to 26.62 mm^3 and 1 m of Miho reservoir of watershed area of 133.3 km^2 with total water storage capacity increased from 13.87 mm^3 to 16.49 mm^3, streamflows at Miho A, B, and C stations downstream were simulated on a daily basis and flow duration curves were drawn and compared before and after heightening upstream reservoirs. An example of Miho A was shown in Fig. 11 and the other were summarized in Table 3.

Improvement of flow duration curves could be not visible at any station. But a little some streamflow increase could be visible in low flows from 275th flow to 355th flow at Miho A station. Increases of reservoir water storage capacity were 4.87 mm^3 in Bakgog reservoir and 2.62 mm^3 in Miho reservoir. Amounts of annual mean streamflows were decreased from 295.2 mm^3 to 294.9 mm^3 at Miho A station, from 1,050.2 mm^3 to 1,049.9 mm^3 at Miho B station, and from 1,182.2 mm^3 to 1,180.8 mm^3 at Miho C station. These decreases of annual streamflows were considered as the storage effect of reservoirs. From the above study it was concluded that any effect of increasing downstream streamflows by heightening upstream irrigation reservoirs would be negligible low. But the possibility of improving low flows in a short reach downsream of irrigation reservoirs would be remained.

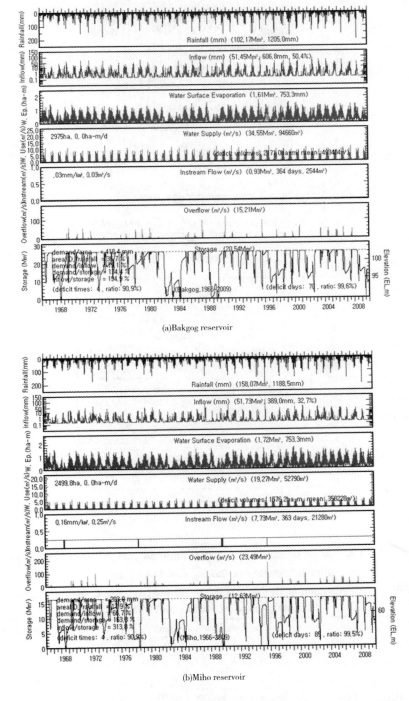

(a)Bakgog reservoir

(b)Miho reservoir

**Fig. 9   Results of simulating daily water storages in Bakgog (a) and Miho
(b) reservoirs after heightening**

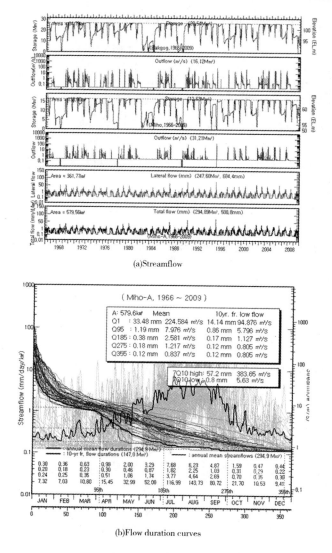

(a)Streamflow

(b)Flow duration curves

Fig. 10　Daily simulated streamflows（a）flow duration curves（b）at Miho A station after heightening of Bakgog and Miho reservoirs

Table 3　Comparison of flow durations at Miho A，B，and C stations followed by heightening upstream Bakgog and Miho reservoirs

Station	Reservoir Heightening	1 st flow		95 th flow		185 th flow		275 th flow		355 th flow	
		mm	m³/s	mm	m³/s	mm	m³/s	mm	m³/s	mm	m³/s
Miho A	Before	33.97	227.87	1.17	7.85	0.38	2.55	0.17	1.14	0.11	0.74
	After	33.48	224.58	1.19	7.98	0.38	2.55	0.18	1.21	0.12	0.80
Miho B	Before	46.70	878.38	1.41	26.52	0.59	11.10	0.35	6.58	0.27	5.08
	After	46.58	876.12	1.42	26.71	0.59	11.10	0.35	6.58	0.27	5.08
Miho C	Before	46.78	1,004.95	1.34	28.79	0.57	12.24	0.33	7.09	0.26	5.59
	After	46.67	1,002.58	1.34	28.79	0.57	12.24	0.34	7.30	0.26	5.59

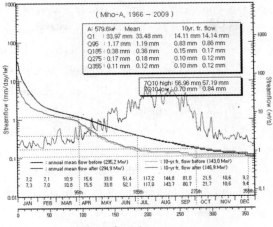

(a) Flow duration curves

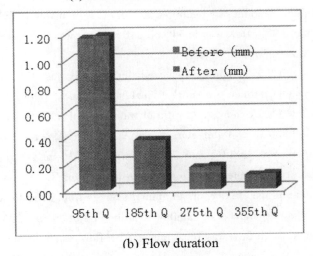

(b) Flow duration

**Fig. 11   Comparison of flow duration curves (a) flow durations (b) at Miho A
station before and after heightening of Bakgog and Miho reservoirs**

4   Summaries and conclusions

Followed by heightening 2 m of Bakgog reservoir of watershed area of 84. 8 km^2 with total
water storage capacity increased from 21. 75 mm^3 to 26. 62 mm^3 and 1 m of Miho reservoir of
watershed area of 133. 3 km^2 with total water storage capacity increased from 13. 87 mm^3 to
16. 49 mm^3, streamflows at Miho A station with watershed area of 579. 6 km^2, at Miho B sta-
tion with watershed area of 1, 625. 1 km^2, and at Miho C station with watershed area of
1, 856. 1 km^2 downstream were simulated on a daily basis and flow duration curves were drawn
and compared before and after heightening upstream.

Bakgog reservoir with total water storage of 21. 75 mm^3, full water level of EL. 100. 10 m,
and irrigated paddy area of 2, 975 hm^2 showed that rainfall was 102. 17 mm^3, inflow 51. 45

mm^3, reservoir water surface evaporation 1. 42 mm^3, paddy water 34. 55 mm^3, overflow was 16. 55 mm^3, and ratio of water storage was 75. 7% on an annual average from 1966 to 2009, but reliability of water storage was only 77. 3%. Miho reservoir with total water storage of 13. 87 mm^3, full water level of EL. 61. 00 m, and irrigated paddy area of 1,656. 8 hm^2, showed that rainfall was 158. 07 mm^3, inflow was 51. 73 mm^3, reservoir water surface evaporation 1. 62 mm^3, paddy water 19. 27 mm^3, instream flow 1. 94 mm^3, overflow 28. 98 mm^3, and ratio of water storage 82. 9% on an annual average from 1966 to 2009. Reliability of water storage was 93. 2%. Amount of streamflow at Miho A station was 295. 24 mm^3 of which first flow was 33. 97 mm, 95th flow was 1. 17 mm, 185th flow was 0. 38 mm, 275th flow 0. 17 mm, and 355th flow was 0. 11 mm on an annual average from 1966 to 2009. Amount of streamflow at Miho B station with watershed area of 1,625. 1 km^2 was 1,050. 29 mm^3 of which first flow was 46. 7 mm, 95th flow was 1. 41 mm, 185th flow was 0. 59 mm, 275th flow 0. 35 mm, and 355th flow was 0. 27 mm. Amount of streamflow at Miho C station was 1,181. 27 mm^3 of which first flow was 46. 78 mm, 95th flow was 1. 34 mm, 185th flow was 0. 57 mm, 275th flow 0. 33 mm, and 355th flow was 0. 26 mm.

Bakgog reservoir with 2 m heightened showed that rainfall was 102. 17 mm^3, inflow was 51. 45 mm^3, reservoir water surface evaporation 1. 61 mm^3, paddy water 34. 55 mm^3, instream flow 0. 93 mm^3, overflow 15. 21 mm^3, and ratio of water storage 77. 1% on an annual average from 1966 to 2009. Reliability of water storage was 90. 9%. Miho reservoir with 1 m heightened showed that rainfall was 158. 07 mm^3, inflow was 51. 73 mm^3, reservoir water surface evaporation 1. 72 mm^3, paddy water 19. 27 mm^3, instream flow 7. 73 mm^3, overflow 23. 49 mm^3, and ratio of water storage 76. 6% on an annual average from 1966 to 2009. Reliability of water storage was 90. 9%. Amount of streamflow at Miho A station was 294. 89 mm^3 of which first flow was 33. 48 mm, 95th flow was 1. 17 mm, 185th flow was 0. 38 mm, 275th flow 0. 18 mm, and 355th flow was 0. 12 mm on an annual average from 1966 to 2009. Amount of streamflow at Miho B station with watershed area of 1,625. 1 km^2 was 1,050. 0 mm^3 of which first flow was 46. 58 mm, 95th flow was 1. 42 mm, 185th flow was 0. 59 mm, 275th flow 0. 35 mm, and 355th flow was 0. 27 mm. Amount of streamflow at Miho C station was 1,180. 89 mm^3 of which first flow was 46. 67 mm, 95th flow was 1. 34 mm, 185th flow was 0. 57 mm, 275th flow 0. 34 mm, and 355th flow was 0. 26 mm.

Improvement of flow duration curves could be not visible at any station. But a little some streamflow increase could be visible in low flows from 275th flow to 355th flow at Miho A station. Increases of reservoir water storage capacity were 4. 87 mm^3 in Bakgog reservoir and 2. 62 mm^3 in Miho reservoir. Amounts of annual mean streamflows were decreased from 295. 2 mm^3 to 294. 9 mm^3 at Miho A station, from 1,050. 2 mm^3 to 1,049. 9 mm^3 at Miho B station, and from 1,182. 2 mm^3 to 1,180. 8 mm^3 at Miho C station. These decreases of annual streamflows were considered as the storage effect of reservoirs. From the above study it was concluded that any effect of increasing downstream streamflows by heightening upstream irrigation reservoirs would be negligible low. But the possibility of improving low flows in a short reach downsream of irrigation reservoirs would be remained.

References

FAO. 1977. Crop water requirements. FAO Irrigation and Drainage Paper 24.

Falkenmark, M. and Rockström, J. (2004). Balancing Water for Humans and Nature - The New Approach in Ecohydrology. EARTHSCAN.

MLTM. 2009. Master plan for 4 major rivers restoration project. Ministry of Land, Transport and Maritime Affairs, Korea.

MOCT. 2000. Water vision 2020. Ministry of Construction and Transportation, Korea.

Nelder, J. A. and Mead, R. (1965). A simplex method for functional minimization. The Computer Journal 9: 308-313.

Noh, J. 1991. A conceptual watershed model for daily streamflow based on soil water storage. Ph. D. dissertation. Seoul National University. Seoul, Korea.